地质学与生活

——故事背后的地球科学（第13版）

Earth: An Introduction to Physical Geology, Thirteenth Edition

〔美〕Edward J. Tarbuck　Frederick K. Lutgens　Scott R. Linneman　著

〔美〕Dennis Tasa　绘图

李玉龙　窦秀明　李峻巍　译

电子工业出版社

Publishing House of Electronics Industry

北京·BEIJING

内 容 简 介

本书是地质学领域的经典入门书籍之一，全面系统地介绍了地质学各领域的基础知识，通过通俗易懂的文字、图表、照片和示例，将地质学基本原理和概念与人们的日常生活紧密关联。全书共24章，主要内容包括绪论、板块构造、物质和矿物、火成岩和侵入活动、火山和火山灾害、风化作用和土壤、沉积岩、变质作用和变质岩、地质年代、地壳变形、地震和地震灾害、地球内部、洋底的起源与演化、造山运动、块体运动、流水、地下水、冰川和冰川作用、荒漠和风、海滨线、全球气候变化、地球演化历史、能源及矿产资源、漫游太阳系等。

本书内容丰富翔实，既具有专业书籍的严谨性，又具有科普书籍的可读性，可作为高等院校地球科学相关专业的导论性教材，也可作为地球科学工作者和爱好者的参考资料，以及中小学生拓展知识面的科普书籍。

版权贸易合同登记号　图字：01-2023-5361

图书在版编目（CIP）数据

地质学与生活 ： 故事背后的地球科学 ： 第13版 / （美）爱德华·J.塔尔布克（Edward J. Tarbuck），（美）弗雷德里克·K.卢特金斯（Frederick K. Lutgens），（美）斯科特·R.林内曼（Scott R. Linneman）著 ； 李玉龙等译. -- 北京 ： 电子工业出版社，2025. 6.
ISBN 978-7-121-50458-7

Ⅰ. P5-49
中国国家版本馆CIP数据核字第2025H9Y876号

审图号：GS京（2025）1139号（本书插图系原文插图）

责任编辑：谭海平
印　　刷：北京市大天乐投资管理有限公司
装　　订：北京市大天乐投资管理有限公司
出版发行：电子工业出版社
　　　　　北京市海淀区万寿路173信箱　　　　邮编：100036
开　　本：787×1092　1/16　　印张：40.75　　字数：1177.5千字
版　　次：2025年6月第1版（原著第13版）
印　　次：2025年6月第1次印刷
定　　价：189.00元（全彩）

凡所购买电子工业出版社图书有缺损问题，请向购买书店调换。若书店售缺，请与本社发行部联系，联系及邮购电话：(010)88254888，88258888。
质量投诉请发邮件至zlts@phei.com.cn，盗版侵权举报请发邮件至dbqq@phei.com.cn。
本书咨询联系方式：(010)88254552，tan02@phei.com.cn。

译 者 序

人间终日尽行经，偶感所经多衍承。万代石乳呈洞妙，朝夕壳动启新程。
风火正积高城起，雪雨更琢沃土生。探世诸君今既在，地中且共见奔腾。

——《地轮》，李峻巍，2024 年

　　经过近一年的辛勤耕耘，本书的中译稿终于完成。在我曾翻译过的十几部科普书籍中，这部普通地质学教材内容最丰富、专业性最强、复杂程度最高，因此翻译耗时也最长，期待着能够尽快与广大读者分享这些地质学知识。

　　1989年9月，我在考入南京大学地球科学系时，对地质学基本上没什么概念，只是朦胧记得南园迎新标语"欢迎未来的地质学家"，莫名中还有些惆怅和失落。记得当时的普通地质学课程是由夏邦栋、陈智娜两位老师讲授的，两位老师博学、敬业和儒雅，从他们身上我学到了很多很多。毕业至今已超过30年，虽然涉及领域很广，但基本上还是围绕着地质矿产和信息化两条主线，踏踏实实地做着"信息搬运工"，尽力做些对国家和社会有意义、有价值的事情。由于在科普翻译方面做过很多探索，翻译地质老本行书籍理应驾轻就熟，不过地质学实在是太高深、太复杂，这部译作根本不可能做到满足所有人的需求，因此本书的定位是一本地质学科普书籍，尽可能用通俗易懂的语言解释清楚主要内容，更严谨、专业的描述还请参阅舒良树老师和业界其他专家学者的专业书籍。在此恳请各位读者，发现错误之处请指出为盼，争取下一版能够更加完善。

　　这本书是国外经典普通地质学教材，迄今已发行13个版本，全书通过浅显易懂的语言、形象直观的图表和照片，结合大量新闻事件和实际案例，深入浅出地描绘了深奥难懂的地质学知识。三位作者长期从事地质学教学和研究工作，学识渊博，经验丰富，文字表达能力强。对于深奥难懂的地质学原理，只要按照书中的指引循序渐进，即可轻松理解。在本书翻译过程中，我主要秉承两点原则：一是将原书的内容完整、准确、清晰地传递给读者；二是尽可能符合业界标准、约定和惯常用法，主要参考了国家标准全文公开系统、《地球科学大辞典》、《普通地质学（第四版）》（舒良树著）、《火成岩岩石学》（徐夕生等著）和《地球科学与生活（第7版）》（徐学纯等译）。

　　关于地质学专业内容，这里要特别强调几点。①地质年代：地质纪年常以Ma（百万年）和Ga（十亿年）为单位，译文主要采用"万年"和"亿年"等单位；②火成岩：与岩浆岩的含义基本相同；③矿物分类：原文仅划分为Group，译文视情况表述为矿物类或矿物族；④结构和构造：未明确区分，统称"结构"，与国内用法存在差异；⑤潘吉亚超大陆：中文名称多样，如泛大陆、泛古陆、联合古陆和盘古大陆；⑥冰期：ice age和glacial period是冰川地质学中的两个重要术语，含义基本相同但略有差异，前者（统称）包含后者（单次），但二者均可称为"冰期"。本书原文并未明确区分，译文将ice age称为冰期/冰川时期/大冰期，将glacial period/stage称为冰期，将Ice Age称为第四纪冰期/第四纪大冰期。

　　本书由李玉龙、窦秀明和李峻巍翻译，李玉龙统稿。本书内容丰富、涉及面广专业性强，译者的能力和水平有限，肯定存在一些不当甚至错误之处，请广大读者批评指正。如果有任何意见和建议，请直接联系电子工业出版社（tan02@phei.com.cn），或者发送电子邮件至780954763@qq.com（李玉龙）。

　　感谢中国国家标准化管理委员会和百度公司；感谢家人的理解、支持与陪伴。

李玉龙
2024 年 9 月于北京通州

前　　言

本书是一部大学教科书，旨在为首次选学地质学课程的学生提供易于理解的非技术性概论。除了内容丰富翔实和时效性较强，本书还具有较高的可读性，对广大读者非常友好，因此是学习地质学基本原理和概念的一个重要工具。

在策划出版这一版书籍时，Scott R. Linneman 博士受邀加入了作者团队。他在华盛顿大学担任地质学和科学教育教授，为本次修订带来了内容更广及更新的视角。除了提供许多深思熟虑的建议，他还负责修订了第 6 章、第 7 章、第 9 章、第 15 章和第 16 章。Scott R. Linneman 获得了明尼苏达州卡尔顿学院的学士学位和怀俄明州大学的博士学位，研究领域包括地貌学、火成岩岩石学和火山学。2011 年，他被华盛顿科学教师协会评为华盛顿年度高等教育科学教师，2013 年被评选为华盛顿州年度卡内基教授，目前担任西华盛顿大学荣誉课程项目主任。

内容组织

本书采用"目标驱动"学习路径，引导学生循序渐进地完成学习，每章均包含以下内容。

- 新闻中的地质：第 13 版新增内容，在每章开篇之前，以图文形式提供实际生活案例，说明本章核心话题的重要性和相关性。话题范围非常有趣，例如，火山灰如何对飞机造成严重破坏，"盗沙者"为何偷走整个海滩及岛屿来制造混凝土，内华达山脉为何在最近加利福尼亚州干旱期间生长得更高。
- 学习目标：在每章的开始部分列出了主要学习目标，每节都与特定学习目标相关联，为学生提供一条非常清晰的学习路径。
- 概念回顾：在每节的结束部分列出了与该节学习目标相关的问题，以帮助学生掌握该节的重要事实和观点。
- 主要内容回顾：在每章的主要内容之后为学生提供对各章内容的结构化复习，围绕每个部分的学习目标构建，与学习目标和概念回顾保持一致。
- 深入思考和地球之眼：在每章的最后部分提出了鼓励学生主动学习的挑战性问题，旨在提升学生分析、综合、应用章节素材的能力，以及培养学生批判性地质学思维等方面的能力。

在本书中，作者对各章的内容都进行了重大更新和修订。除了更新整个章节的数据，还简化了讨论以便于阅读，增补了最新地质事件（如块体运动、地震和火山喷发）的新照片。本书增加了 20 多张全新插图，并对更多的插图进行了修订，包括经常成对出现以强化理解的地图、卫星影像、照片和图表。

致谢

编写和修订大学教科书需要许多人的智慧与合作，本书源于整个团队的努力，作者很幸运能够成为培生教育杰出团队的一部分。他们是非常优秀的合作伙伴，在编辑和出版教科书方面精益求精。特别感谢本书的编辑 Cady Owens 和 Christian Botting，感谢他们的热情、辛勤工作和追求卓越。感谢资深内容分析师 Erin Strathmann 和 Margot Otway，他们才华横溢并对本书投入了极大的热情。感谢内容制作人 Heidi Allgair，她在保持项目正常进行方面做得非常出色。Heidi Allgair 带领的制作团队将我们的手稿变成成品，感谢该团队的 Kitty Wilson（文字编辑）、

Heather Mann（校对）、Francesca Monaco（项目经理）和 Kristin Piljay（美术编辑）。像以前一样，营销经理 Mary Salzman 和 Alysun Estes 每天都与教师们保持沟通，为我们提供了有益的建议和许多有价值的想法。感谢这些才华横溢的人，他们是真正的专业人士，很幸运与他们合作。

特别感谢对本书做出重要贡献的如下人员。

- Dennis Tasa：负责制作书中所有优秀插画，他加入团队已超过 30 年，我们不仅尊重他的艺术才华、勤奋、耐心和想象力，还特别珍视他的友情。

- Michael Collier：本书包含了他所拍摄的数十张非凡照片，大多数在近 60 年机龄的塞斯纳 180 飞机上拍摄。他获得了大量奖项，"美国地质学会奖"充分肯定了他对"社会公众理解地球科学"所做的杰出贡献。我们认为他的照片和野外考察的重要程度仅次于这个奖项，很幸运本书得到了他的帮助。

- Callan Bentley：他是北弗吉尼亚社区学院（位于安南代尔）的地质学助理教授，多次被授予杰出教师的荣誉，常为《地球》杂志撰稿，且是热门地质学博客 Mountain Beltway 的作者。Callan Bentley 负责准备概念回顾部分，总结每个学习目标，感谢他对本版书籍所做的贡献。

感谢西伊利诺伊大学的 Redina Herman 教授在数据分析方面所做的工作。感谢准备了深入评论的同事们，他们提出的建设性意见和建议有助于指导我们的工作。此外，还要特别感谢以下人员：Sulaiman Abushagur, El Paso Community College; Evan Bagley, University of Southern Mississippi; Martin Balinsky, Tallahassee Community College; Holly Brunkal, Western State Colorado University; Alvin Coleman, Cape Fear Community College; Ellen Cowan, Appalachian State University; Can Denizman, Valdosta State University; Gail Holloway, University of Oklahoma; Rebecca Jirón, College of William & Mary; Beth Johnson, University of Wisconsin, Fox Valley; Steve Kadel, Glendale Community College; James Kaste, College of William & Mary; Dan Kelley, Bowling Green State University; Pam Nelson, Glendale Community College; Bill Richards, North Idaho College; Jeffrey Ryan, University of South Florida; Jinny Sisson, University of Houston; Christiane Stidham, Stony Brook University; Donald Thieme, Valdosta State University。

最后也非常重要的是，感谢我们的夫人 Joanne Bannon、Nancy Lutgens 和 Rebecca Craven 的支持与鼓励，如果没有她们的耐心和理解，本书的准备工作会更加困难。

Edward J. Tarbuck

Frederick K. Lutgens

Scott R. Linneman

目　录

第 1 章　绪论 ················· 1
  1.1　地质学：地球的科学 ········· 2
  1.2　地质学的发展 ············ 5
  1.3　科学探索的本质 ··········· 8
  1.4　地球系统 ·············· 9
  1.5　地球的起源和早期演化 ······· 14
  1.6　地球内部结构 ··········· 17
  1.7　岩石和岩石循环 ·········· 19
  1.8　地球表面 ············· 22

第 2 章　板块构造 ············· 28
  2.1　从大陆漂移到板块构造 ······· 29
  2.2　大陆漂移假说 ··········· 30
  2.3　板块构造理论 ··········· 34
  2.4　离散型板块边界和海底扩张 ····· 36
  2.5　汇聚型板块边界和俯冲作用 ····· 39
  2.6　转换型板块边界 ·········· 42
  2.7　板块及其边界的变化 ········ 45
  2.8　板块构造模型的检验 ········ 48
  2.9　板块运动的测量 ·········· 53
  2.10　板块运动的驱动力 ········· 55

第 3 章　物质和矿物 ··········· 61
  3.1　矿物：岩石的构成单元 ······· 62
  3.2　原子：矿物的构成单元 ······· 63
  3.3　原子如何联结形成矿物 ······· 66
  3.4　矿物性质 ············· 69
  3.5　矿物结构和矿物成分 ········ 74
  3.6　矿物分类 ············· 77
  3.7　硅酸盐 ·············· 79
  3.8　常见硅酸盐矿物 ·········· 80
  3.9　重要非硅酸盐矿物 ········· 85

第 4 章　火成岩和侵入活动 ······· 91
  4.1　岩浆：火成岩的母物质 ······· 92
  4.2　火成岩的成分 ··········· 94
  4.3　火成岩的结构 ··········· 96
  4.4　火成岩的命名 ·········· 100
  4.5　岩浆的起源 ··········· 104
  4.6　岩浆的演化 ··········· 106
  4.7　部分熔融和岩浆成分 ······· 109
  4.8　侵入活动 ············ 110

第 5 章　火山和火山灾害 ········ 118
  5.1　圣海伦斯火山和基拉韦厄火山 ··· 119
  5.2　火山喷发的基本性质 ······· 120
  5.3　火山喷发物 ··········· 123
  5.4　火山机构 ············ 127
  5.5　盾状火山 ············ 128
  5.6　火山渣锥 ············ 131
  5.7　复式火山 ············ 133
  5.8　火山灾害 ············ 134
  5.9　其他火山地貌 ·········· 137
  5.10　板块构造与火山作用 ······ 142
  5.11　火山活动监测 ········· 146

第 6 章　风化作用和土壤 ········ 152
  6.1　风化作用 ············ 153
  6.2　机械风化 ············ 154
  6.3　化学风化 ············ 157
  6.4　风化速率 ············ 162
  6.5　土壤 ·············· 164
  6.6　成土因素 ············ 165
  6.7　土壤描述和土壤分类 ······· 168
  6.8　人类活动对土壤的影响 ······ 171

第 7 章　沉积岩 ············· 178
  7.1　沉积岩概述 ··········· 179
  7.2　碎屑沉积岩 ··········· 181
  7.3　化学沉积岩 ··········· 187
  7.4　有机沉积岩：煤炭 ········ 191
  7.5　沉积物转化为沉积岩 ······· 193
  7.6　沉积岩分类 ··········· 194
  7.7　沉积岩反映古环境 ········ 195
  7.8　碳循环与沉积岩 ········· 201

第 8 章　变质作用和变质岩 ······ 207
  8.1　变质作用概述 ·········· 208
  8.2　变质作用的控制因素 ······· 209
  8.3　变质结构 ············ 213
  8.4　常见变质岩 ··········· 216
  8.5　变质环境 ············ 219
  8.6　变质环境的确定 ········· 224

第 9 章　地质年代 ··········· 233
  9.1　建立年代表：相对年龄确定原理 ·· 234
  9.2　化石：古代生命的证据 ······ 240

9.3　岩层对比 ································ 244
9.4　利用核衰变测定绝对年龄 ······· 246
9.5　确定沉积地层的绝对年龄 ······· 251
9.6　地质年代表 ··························· 251

第10章　地壳变形　257
10.1　岩石如何变形 ······················ 258
10.2　褶皱 ·································· 261
10.3　断层和节理 ························· 264
10.4　地质构造图件绘制 ················· 272

第11章　地震和地震灾害　276
11.1　什么是地震 ························· 277
11.2　地震学：地震波的研究 ··········· 281
11.3　地震位置的确定 ··················· 284
11.4　地震规模的确定 ··················· 285
11.5　地震的破坏性 ······················ 288
11.6　最具破坏性的地震发生在哪里 ··· 294
11.7　地震：预测、预报和减灾 ········· 296

第12章　地球内部　305
12.1　探索地球内部 ······················ 306
12.2　地球的分层结构 ··················· 310
12.3　地球分层的发现 ··················· 312
12.4　地球的温度 ························· 315
12.5　地球内部的水平变化 ············· 318

第13章　洋底的起源与演化　326
13.1　洋底地图 ···························· 327
13.2　大陆边缘 ···························· 330
13.3　深海盆地 ···························· 333
13.4　洋脊系统 ···························· 336
13.5　洋壳的基本性质 ··················· 339
13.6　大陆裂谷作用：新洋盆的诞生 ··· 342
13.7　大洋岩石圈的破坏 ················· 347

第14章　造山运动　352
14.1　什么是造山运动 ··················· 353
14.2　俯冲带 ······························ 354
14.3　俯冲作用与造山运动 ············· 357
14.4　碰撞型造山带 ······················ 359
14.5　断块山 ······························ 365
14.6　地壳的垂向运动 ··················· 367

第15章　块体运动　373
15.1　块体运动的重要性 ················· 374
15.2　块体运动的控制因素和触发因素 ··· 376
15.3　块体运动过程的分类 ············· 380
15.4　块体运动的常见形式 ············· 382
15.5　极慢速块体运动 ··················· 387
15.6　滑坡的探测、监测和防治 ········· 389

第16章　流水　393
16.1　水循环 ······························ 394
16.2　河流系统 ···························· 396
16.3　水流特征 ···························· 400
16.4　流水作用 ···························· 404
16.5　河道 ·································· 406
16.6　河谷形态 ···························· 408
16.7　沉积地貌 ···························· 413
16.8　洪水和防洪 ························· 417

第17章　地下水　425
17.1　地下水的重要性 ··················· 426
17.2　地下水和地下水面 ················· 428
17.3　地下水的赋存和运动 ············· 431
17.4　井和自流系统 ······················ 434
17.5　泉、温泉和间歇泉 ················· 437
17.6　环境问题 ···························· 440
17.7　地下水的地质作用 ················· 445

第18章　冰川和冰川作用　453
18.1　冰川概述 ···························· 454
18.2　冰川冰的形成和运动 ············· 457
18.3　冰川侵蚀 ···························· 462
18.4　冰川沉积 ···························· 466
18.5　第四纪冰期冰川的其他影响 ····· 471
18.6　第四纪冰期 ························· 475

第19章　荒漠和风　483
19.1　干燥陆地的分布和成因 ··········· 484
19.2　干旱气候下的地质过程 ··········· 487
19.3　美国西部干旱景观 ················· 490
19.4　风蚀作用 ···························· 492
19.5　风积作用 ···························· 496

第20章　海滨线　502
20.1　海滨线和海浪 ······················ 503
20.2　海滩和海滨线过程 ················· 506
20.3　海滨线地貌特征 ··················· 510
20.4　美国海岸 ···························· 512
20.5　飓风 ·································· 515
20.6　海滨加固 ···························· 521
20.7　潮汐 ·································· 524

第21章　全球气候变化　531
21.1　气候与地质学 ······················ 532
21.2　气候变化探测 ······················ 534
21.3　大气基础知识 ······················ 537
21.4　大气加热 ···························· 540
21.5　气候变化的自然原因 ············· 542
21.6　人类对全球气候的影响 ··········· 545

21.7 未来气候变化预测 ·························· 549
21.8 全球变暖的部分后果 ·················· 550

第 22 章　地球演化历史 ·················· 559

22.1 地球宜居的原因 ·························· 560
22.2 地球的诞生 ······························ 562
22.3 大气和海洋的起源及演化 ·········· 565
22.4 前寒武纪历史 ·························· 567
22.5 显生宙地质历史 ·················· 571
22.6 地球上的最早生命 ·················· 575
22.7 古生代：生命大爆发 ·············· 577
22.8 中生代：恐龙称霸陆地 ·········· 581
22.9 新生代：哺乳动物多样化 ·········· 584

第 23 章　能源及矿产资源 ·············· 590

23.1 可再生资源和不可再生资源 ······ 591

23.2 能源资源：化石燃料 ·················· 592
23.3 核能 ······································ 597
23.4 可再生能源 ·························· 598
23.5 矿产资源 ······························ 603
23.6 火成过程和变质过程 ·············· 604
23.7 与地表过程相关的矿产资源 ······ 608
23.8 非金属矿产资源 ·················· 609

第 24 章　漫游太阳系 ···················· 614

24.1 太阳系概述 ·························· 615
24.2 月球 ······································ 621
24.3 类地行星 ······························ 623
24.4 类木行星 ······························ 628
24.5 太阳系小天体 ·················· 634

附录 A　公制单位和英制单位 ·················· 644

第1章 绪 论

2017 年 12 月，野火席卷了美国加利福尼亚州蒙特西托地区，烧毁了大部分山坡植被。2018 年 1 月，暴雨如注，大量泥石流吞没了该小镇

新闻中的地质：山洪和泥石流为何经常发生在野火肆虐之后？

2017 年 12 月，野火烧毁了美国加利福尼亚州南部山区的大片区域。由于天气异常干燥，加之季节性圣安娜风（强烈且高温）的煽风点火，火势特别猛烈。2018 年 1 月初，这一地区遭遇了特大暴雨。按道理来讲，雨水应当会受到厌倦火灾的当地人的欢迎，但实际上人们却保持了高度警惕，因为他们基于生活经验知道，加利福尼亚州火灾后经常发生山洪和泥石流。在加利福尼亚州的圣巴巴拉和蒙特西托附近地区，两天内的降水量高达 10 厘米。由于植被（通常锚定在陡峭山坡上）被烧毁，雨水浸泡的山坡变得不稳定，为大规模泥石流和山洪暴发并破坏财产与夺走生命埋下了隐患。

如此案例所示，大气状况（如干旱）和各种过程将水从水圈输送至大气圈，然后返回到固体地球，可能对植物和动物（包括人类）产生深远影响。如本章所述，地球是一个复杂的系统，地质学提供了研究该系统各部分之间如何相互影响和相互作用的一种方法。

学习目标

1.1　区分普通地质学和历史地质学，描述人类与地质学之间的关系。

1.2　概述关于地球如何发生改变的早期观点和现代观点，并将其与地球年龄的主流观点相关联。

1.3　讨论科学探索的本质，包括假说的构建和理论的发展。

1.4　列举并描述地球的4个主要圈层，定义系统并解释为何将地球考虑为一个系统。

1.5　概要介绍太阳系形成的各个阶段。

1.6　绘制地球的内部结构，标注和描述主要细分结构。

1.7　绘制、标注和解释岩石循环。

1.8　列举并描述洋盆和大陆的主要特征。

　　火山的壮观喷发、地震的恐怖晃动、山脉的壮丽景色以及山体滑坡（或洪水）造成的破坏都是地质学家的研究主题。地质学研究涉及与自然环境相关的许多有趣而又实用的问题，例如什么样的力形成了山脉？美国加利福尼亚州下一次大地震何时发生？冰川时期是什么样子？是否还会出现另一个冰川时期？矿床是如何形成的？我们应当在哪里找水？在特定地点打钻是否能够发现大量石油？地质学家努力尝试回答这些问题，以及与地球、地球历史和地球资源相关的许多其他问题。

1.1　地质学：地球的科学

区分普通地质学和历史地质学，描述人类与地质学之间的关系。

　　本书的主题是地质学（geology）。地质学是致力于理解地球的科学，由于地球是具有许多相互作用部分和复杂历史的动态天体，理解地球具有一定的挑战性。在漫长的演化历史中，地球始终在不断变化。实际上，当读者阅读至此时，地球正在发生改变，而且会持续改变。有时，这种改变快速而猛烈，如发生山体滑坡或火山喷发。但是，在大多数情况下，改变速度非常缓慢，甚至改变结束时都未被人们发现。在地质学家研究的各种现象中，大小和空间的尺度也存在巨大差异，地质学家有时必须关注微观现象（如矿物的晶体结构），有时则必须处理大陆或全球尺度的过程（如主要山脉的形成）。

1.1.1　普通地质学和历史地质学

　　传统意义上，地质学可划分为两大领域，即普通地质学和历史地质学。普通地质学（physical geology）是本书的重点，主要考察构成地球的各种物质，并寻求理解地表之上（及之下）的各种过程（见图1.1）。

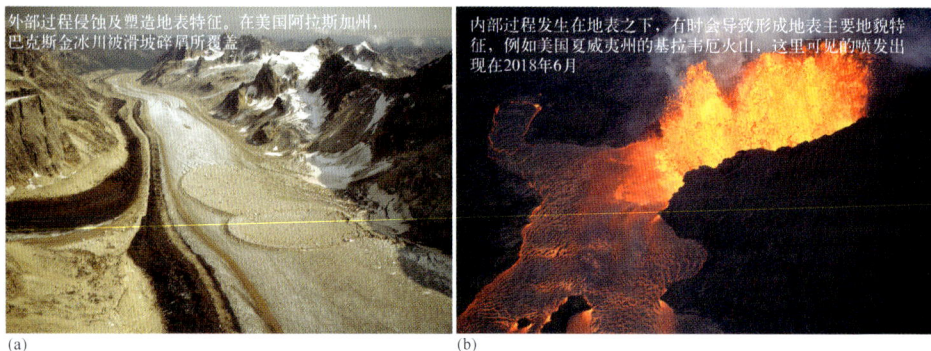

(a) 外部过程侵蚀或塑造地表特征。在美国阿拉斯加州，巴克斯金冰川被滑坡碎屑所覆盖。

(b) 内部过程发生在地表之下，有时会导致形成地表主要地貌特征，例如美国夏威夷州的基拉韦厄火山，这里可见的喷发出现在2018年6月。

图1.1　内部过程和外部过程。地表之上（及之下）的过程是普通地质学的关注重点

历史地质学/地史学（historical geology）的研究目标是了解地球的起源及其随时间的发展变化，致力于将地质历史中发生的大量物理及生物变化按时间顺序进行排列。逻辑上讲，普通地质学研究位于历史地质学研究之前，因为在尝试解开地球历史之谜以前，首先必须知道地球的运行机制。此外，还应指出的是，普通地质学和历史地质学可细分为许多专业领域，本书中的每章都代表地质学中的一个（或多个）专业领域。

地质学被视为一门在户外进行的科学，确实理当如此，大量地质学研究均基于在野外开展的观测、测量和实验。但是，地质学家也在实验室中工作，例如，通过在实验室中对矿物和岩石进行分析，以便深入理解许多基本过程；通过在实验室中对化石进行微观研究，以便能够找到过去环境的相关线索（见图 1.2）。此外，对于物理学、化学及生物学的相关知识和原理，地质学家也要理解并学会应用。地质学是致力于扩展自然界及人类在其中的地位知识的科学。

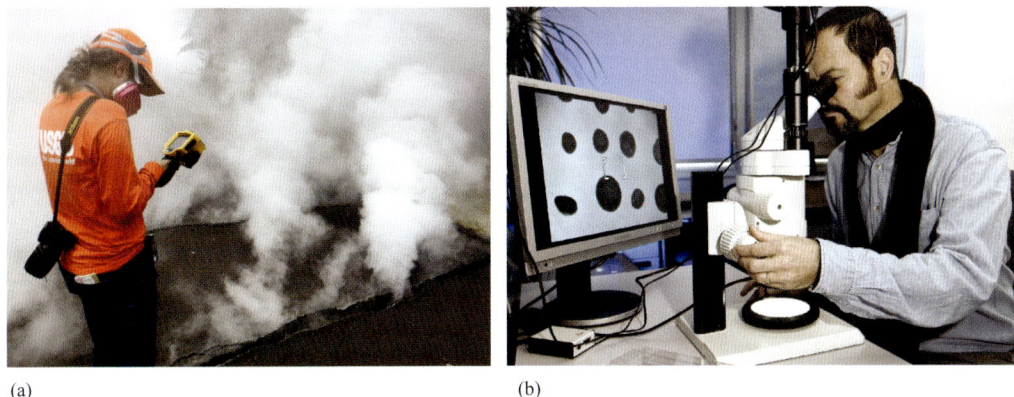

(a)   (b)

图 1.2　野外和实验室。地质学不仅包括野外工作，还包括实验室工作。(a)这位地质学家来自美国地质调查局的夏威夷火山观测站，在 2018 年 5 月的火山活动期间，他正在基拉韦厄火山附近进行测量；(b)这位研究人员正在研究微陨石，即从太空中坠落到地球的微小岩石颗粒

1.1.2　地质学、人类和环境

地质学是探索人类与自然环境之间许多重要关系的科学。随着世界人口的快速增长和人们对提高生活水平的渴望，所有环境问题变得日益复杂（见图 1.3）。

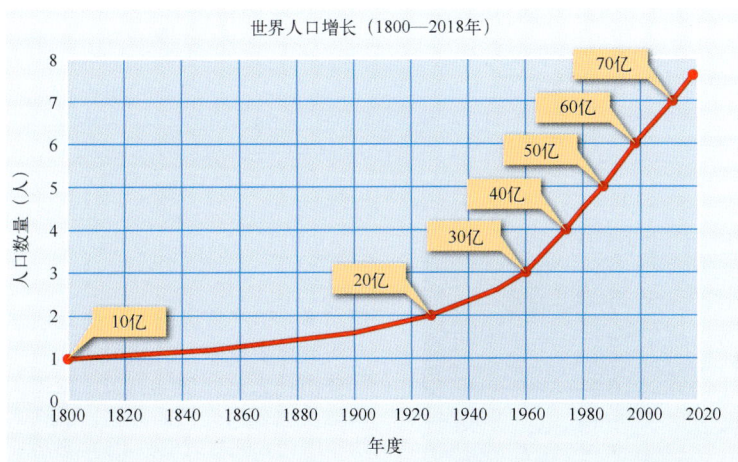

图 1.3　世界人口增长。目前，世界人口数量每年增加约 8300 万人，人类对资源的需求正在膨胀，人们生活在面临重大地质灾害环境中的压力越来越大

1. 自然灾害

自然灾害是地球生活中的一部分，每天都会对全世界数百万人产生不利影响，并造成数量惊人的损失。地质学家负责研究火山、洪水、海啸、地震和滑坡。当然，这些地质灾害属于自然过程，只有当人们生活在这些过程发生的位置时，它们才会成为灾害（见图 1.4）。

图1.4 厄瓜多尔地震。2016 年 4 月 16 日，厄瓜多尔沿海地区发生了7.8 级地震,这是该地区40 年来的最强地震,近700 人死亡, 7000 多人受伤。自然灾害是自然过程,只有当人们生活在这些过程发生的位置时,它们才成为灾害

　　根据联合国提供的数据,全球城市人口多于农村人口,这种全球城市化趋势将数以百万计的人口集中在特大型城市中,但其中的许多城市容易受到自然灾害的影响。沿海地区尤其脆弱,因为开发活动经常破坏自然风暴防御体系(如湿地和沙丘)。部分特大型城市面临着地震和火山灾害,加上土地利用不当、建筑施工质量较低及人口数量快速增长等因素,导致死亡及破坏风险不可避免地上升。

　　2. 全球气候变化

　　全球气候变化是与人类活动相关的最重要的环境问题之一。如第 21 章所述,气候是自然变化的,但是当考虑最近和未来的气候变化时,自然变化会被人类影响所掩盖。人类活动(特别是与煤炭、石油和天然气等化石燃料相关的燃烧活动)会导致大气成分发生改变,进而引发全球气温上升。全球变暖会产生许多潜在的影响,如海平面上升、极端天气事件及大量动植物物种的灭绝(见图 21.26)。

　　3. 资源

　　资源是地质学研究的重点领域之一,对人类具有极大的实用价值。资源包括水、土壤、各种矿产(金属和非金属)以及能源(见图 1.5),它们共同奠定了现代文明的重要基础。地质学不仅研究这些重要资源的成因和产地,还研究如何维持资源供给,以及这些资源的开发利用产生的环境影响。第 23 章将重点介绍地质学这一领域的情况。

图 1.5 矿产资源是人类与地质学之间的重要联系。普通美国人每年都要消耗大量的地球物质,根据美国地质调查局提供的数据,美国人均年消耗 6 吨多岩石、4.5 吨砂砾、近半吨水泥、近 400 磅盐、360 磅磷肥以及约半吨其他非金属。此外,铁、铝和铜等金属的人均消费量超过 700 磅。图中的露天铜矿位于亚利桑那州南部

4．人类对地质过程的影响

在地质过程影响人类的同时，人类也对地质过程产生巨大影响。例如，滑坡和河流泛滥是自然发生的，但是这些事件的规模和频率可能受到人类活动（如森林砍伐、城市建设、道路修建和堤坝修筑）的严重影响。遗憾的是，自然系统并不总以人类能够预见的方式适应人为变化，因此旨在造福社会的环境改变有时会产生相反的效果。

纵观本书，多处可见人类与自然环境之间关系的不同方面，几乎每章都涉及自然灾害、资源及其相关环境问题，部分章节的重要部分还提供理解环境问题所需的基本地质知识和原理。

概念回顾 1.1

1. 指出地质学两大分支的名称，并说明如何进行区分。
2. 列举至少 3 种不同的地质灾害。
3. 除了地质灾害，描述人类与地质学之间的另一种重要关联。

1.2 地质学的发展

概述关于地球如何发生改变的早期观点和现代观点，并将其与地球年龄的主流观点相关联。

若干世纪以来，地球的自然性质（物质和过程）始终是人们的研究重点，关于化石、宝石、地震及火山等主题的文献可追溯到古希腊早期（2300 多年前）。

最有影响力的古希腊哲学家是亚里士多德，遗憾的是，他对自然界的解释并不基于敏锐的观测和实验，而是非常武断地认为：岩石在恒星的影响下形成；空气涌入地下后，被中心火加热，最后爆炸性逃逸，导致地震发生；对于鱼类化石，他认为大量鱼类一动不动地生活在泥土中，挖掘后就会被发现。虽然亚里士多德的解释在那个时代可能足够权威，但持续长达几个世纪的这种权威却抑制了人们对新思想的接纳。不过，在 16 世纪文艺复兴后，越来越多的人开始对寻找地球相关问题的答案倍感兴趣。

1.2.1 灾变论

17 世纪中期，詹姆斯·乌舍尔（爱尔兰首席主教兼阿玛教区大主教）发表了一篇影响深远的重要论文。作为一位受人尊敬的圣经学者，乌舍尔构建了一个人类和地球历史年表，计算出地球仅有几千年历史，诞生于公元前 4004 年。乌舍尔的论文被欧洲的科学和宗教领袖广泛接受，且该年表很快就被印在了《圣经》的边白位置。

17 世纪和 18 世纪期间，对于地球的特征和过程，西方思想受到了乌舍尔计算的强烈影响，形成了称为灾变论/灾变说（catastrophism）的一种重要学说。灾变论的支持者认为，地球上的地形地貌主要由大灾难塑造而成，各种地貌特征（如山脉和峡谷）被解释为形成于不再起作用的未知原因造成的突发性灾难（往往呈全球性）。这种思想体系试图用地球过程的速率去迎合当时关于地球年龄的观点。

1.2.2 现代地质学的诞生

在亚里士多德观点和地球诞生于公元前 4004 年构想的背景下，詹姆斯·赫顿（苏格兰医生和农场主）于 1795 年发表了论文"地球论"（*Theory of the Earth*）。在这篇论文中，赫顿提出了成为当代地质学基础支柱的基本原则，称为均变论/均变说/渐变论（uniformitarianism），指出今天发挥作用的物理学、化学及生物学过程也会作用于地质历史，意味着人们如今观测到的塑造地球的各种力已持续作用了很长一段时间。因此，要想理解古代岩石，就必须首先理解如今的过程及其结果，这种观点通常表述为"将今论古/现今是过去的钥匙/历史比较法"。

在赫顿发表"地球论"之前，无人能够有效证明许多地质过程必定持续发生了相当长一段时间。但是，赫顿令人信服地论证了经过较长一段时间后，看似微小的力能够产生与突发灾难性事件同样大的影响。与其前辈不同，为了支撑自己的观点，赫顿精心引用了可验证的观测结果。

例如，赫顿认为山脉受到风化和流水作用剥蚀并最终摧毁，岩石废料通过可观测过程被携带入海。他说："一系列事实清晰地表明……山脉残余物质已经通过河流搬运而运移。""在所有这些运移中，没有一步……是不可实际感知的。"通过提出问题并立即给出答案——"我们还需要什么？除了时间，什么都不需要！"，他总结了自己的这一观点。

1.2.3 当代地质学

如今，均变论的基本理念像赫顿时代一样独立可行。实际上，与以往的任何时候相比，我们都更加强烈地意识到，将今论古让我们能够洞察过去，控制着地质过程的物理学、化学及生物学定律随着时间的推移而保持不变。但是，我们同样能够理解这一学说不应过于教条化，当提到过去发生的地质过程与今天发生的地质过程相同时，并不意味着它们始终具有相同的相对重要性，也不是说它们以完全相同的速率运行。此外，部分重要地质过程当前无法观测，但有确凿证据表明其确已发生。例如，我们知道地球遭受过大型陨石的撞击，但是没有人见证过这些撞击。虽然如此，这些事件仍然改变了地壳和气候，并强烈地影响了地球上的生命。

接受均变论意味着接受地球的悠久历史。虽然地球过程的强度各不相同，但它们仍然需要极长时间才能形成（或破坏）主要地貌特征，大峡谷即为一个较好的例子（见图1.6）。

岩石记录包含了显示地球经历过许多次造山运动和侵蚀作用循环的证据（见图1.7）。关于地球在漫长地质时期不断变化的基本性质，赫顿1788年曾经说过以下名言："因此，我们目前的探索结果是，我们没有发现任何开始的痕迹，也没有发现任何结束的前景。"

在后续各章中，本书将逐步介绍构成地球的物质及其改造过程。虽然经历数十年观测的自然景观的许多特征似乎保持不变，但是它们实际上仍然在改变，只不过时间尺度为百年、千年甚至百万年。

1.2.4 地质年代的量级

地质学对人类文明的重要贡献之一是发现地球具有漫长而复杂的历史。虽然赫顿及其他人认识到地质年代极其漫长，但是他们没有办法准确地测定地球年龄，早期时间尺度仅将地球历史上的各个事件按固有顺序进行排列，或者排列时并未说明它们发生在距今多少年前。

通过对放射性的准确理解和把握，以及各类岩石和矿物含有特定放射性同位素（衰变速率从数十年到数十亿年不等）的事实，人们现在能够精确测定各类岩石（代表地球遥远过去发生的重要事件）的绝对年龄（见图1.7），例如恐龙约在6500万年前灭绝、地球年龄约为46亿年。第9章将全面讨论地质年代和地质年代表。

对许多非地质学家而言，地质年代/地质时间/地质时期/地史时期/地质时代（geologic time）的概念较为陌生。人们通常以小时、天、周和年为单位来测量时间增量；历史书籍描述的事件一般跨越数个世纪（但1个世纪即已很难完全理解）；对大多数人来说，90岁的人（或物品）已经很老，1000年前的文物则非常古老。

相比之下，地质学家则要经常处理跨度极大的时间段 —— 数百万年或数十亿年。当以地球年龄（约46亿年）视角进行观察时，地质学家可能将5000万年前发生的地质事件定性为最近，或者将500万年前的岩石标本定性为较新（年轻）[注：按照业界惯例，地质纪年常以Ma（百万年）和Ga（十亿年）为单位，但考虑到本书的科普属性和读者对象，为便于理解和避免引起混淆，译文主要采用万年和亿年等单位]。在地质学研究中，理解地质年代的量级非常重要，因为许多过程都是渐进式缓慢发生的，重大变化发生前需要经历极为漫长的时间。46亿年时间到底有多长？如果你以1个数字/秒的速度开始计数，并且昼夜不停歇地持续数下去，那么数到46亿大致需要两辈子时间（150年）。图1.8提供了理解地质年代巨大跨度的另一种有趣方式，在表现地质年代的量级方面较为形象。但是，无论设计多么精巧，该图及其他类比都只是开始帮助我们理解地球历史的漫漫长途。即便如此，在该图及其他类比的帮助下，我们对地质年代的认知将会从100万年是不可思议的漫长转变为100万年只是地球历史上的眨眼瞬间。

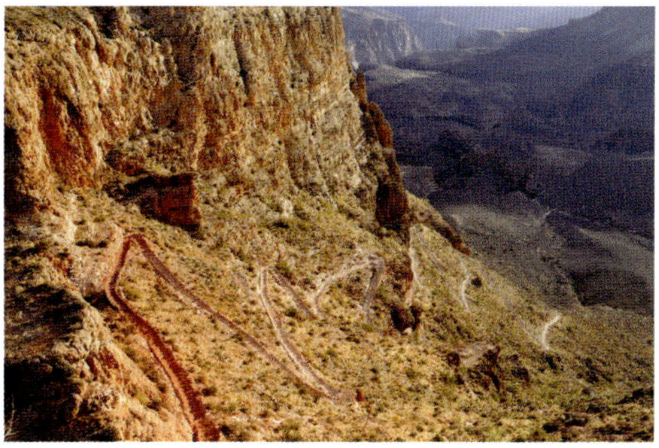

图 1.6 地球历史书写在岩石中。科罗拉多河的侵蚀作用及其他外部过程塑造了这一自然奇观。对历史地质学研究者而言，沿着大峡谷国家公园的南凯坝小径徒步旅行是一次穿越时间的旅行，峡谷中的岩层为超过 15 亿年的地球历史提供了线索

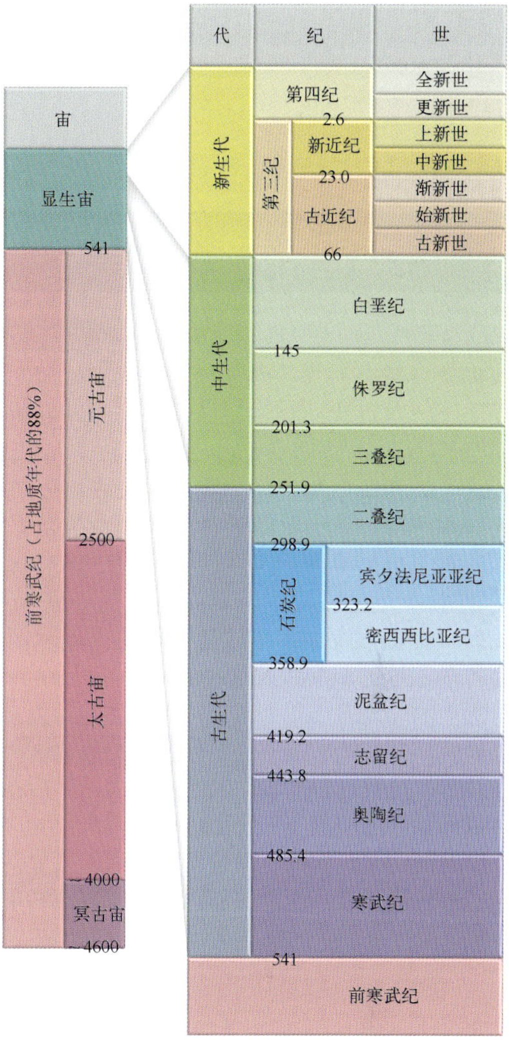

宙
显生宙
541
元古宙
2500
太古宙
~4000
冥古宙
~4600
前寒武纪（占地质年代的88%）
代
纪
世
新生代
第四纪
全新世
更新世
2.6
新近纪
上新世
中新世
23.0
第三纪
古近纪
渐新世
始新世
古新世
66
中生代
白垩纪
145
侏罗纪
201.3
三叠纪
251.9
古生代
二叠纪
298.9
石炭纪
宾夕法尼亚亚纪
323.2
密西西比亚纪
358.9
泥盆纪
419.2
志留纪
443.8
奥陶纪
485.4
寒武纪
541
前寒武纪

图 1.7 地质年代表。地质年代表将 46 亿年的地球历史划分为宙、代、纪和世。数字表示距今时间，单位为百万年。前寒武纪占地质年代的比例超过 88%。地质年代表是一种定期更新的动态工具，表中和数字年龄（绝对年龄）是国际地层委员会（ICS）2018 年接受的年龄。ICS 负责制定地质年代表的全球标准

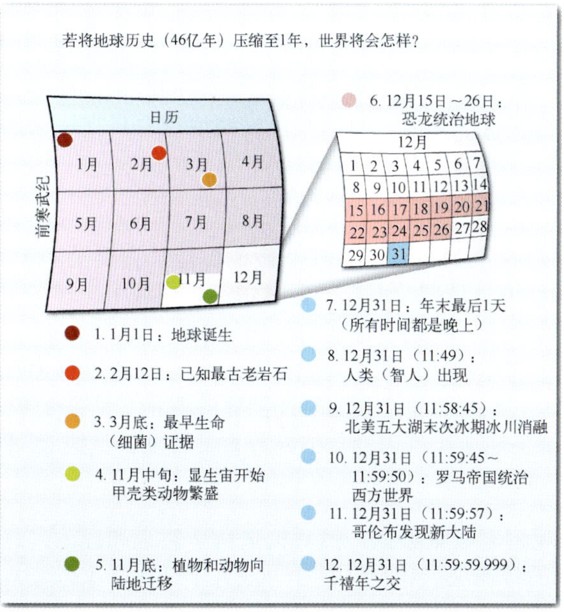

若将地球历史（46亿年）压缩至1年，世界将会怎样？
日历
前寒武纪
1月 2月 3月 4月
5月 6月 7月 8月
9月 10月 11月 12月
12月
1 2 3 4 5 6 7
8 9 10 11 12 13 14
15 16 17 18 19 20 21
22 23 24 25 26 27 28
29 30 31
1. 1月1日：地球诞生
2. 2月12日：已知最古老岩石
3. 3月底：最早生命（细菌）证据
4. 11月中旬：显生宙开始甲壳类动物繁盛
5. 11月底：植物和动物向陆地迁移
6. 12月15日～26日：恐龙统治地球
7. 12月31日：年末最后1天（所有时间都是晚上）
8. 12月31日（11:49）：人类（智人）出现
9. 12月31日（11:58:45）：北美五大湖末次冰期冰川消融
10. 12月31日（11:59:45～11:59:50）：罗马帝国统治西方世界
11. 12月31日（11:59:57）：哥伦布发现新大陆
12. 12月31日（11:59:59.999）：千禧年之交

图 1.8 地质年代的量级

1.3 科学探索的本质

讨论科学探索的本质，包括假说的构建和理论的发展。

向读者推介科学如何进行及科学家如何工作是本书的重要主题。在现代社会中，科学带来的好处随处可见，但是科学探索的本质究竟是什么呢？科学是产生知识的过程，这个过程既取决于仔细观测，又取决于对观测结果做出的合理解释。通过收集各种不同类型的数据，通常有助于回答关于自然界的定义明确的问题。本书将介绍数据收集的困难及为克服这些困难而提出的一些巧妙方法（见图 1.9），提供假说如何形成和检验的大量示例，描述部分主要科学理论的演变和发展。

所有科学均基于以下假设：自然界的行为方式始终如一且可预测，并且能够通过仔细且系统的研究进行理解。科学的总体目标是发现自然界中的潜在模式，然后在给定某些事实（或条件）的情况下，利用这些知识来预测应当（或不应当）出现的结果。例如，通过了解石油矿藏如何形成，地质学家能够预测最有利于勘探的地点，或许同样重要的是，还可以避开潜力很小（或根本没有潜力）的区域。

图 1.9 观测和测量。科学数据通过多种方式收集。这种设备产生人工地震波，随后用于探测地下岩石构造。源于 26 吨卡车的振动通过基板向地面传播，产生的波遇到岩层和地质构造时发生反射，然后由地震仪网络记录下来

1.3.1 假说

科学**假说**（hypothesis）是对自然界中发生的某种特定现象提出的一种建议性解释。在成为科学知识的一部分前，假说必须经过客观的检验和分析。因此，假说必须是可检验的，且必须可能基于正在考虑的假说而做出预测。换句话说，假说必须与最初用来表述它们的观测结果相吻合，没有通过严格检验的假说最终会被抛弃。科学史上充斥着各种遭到抛弃的假说，地心说（地心宇宙模型）是其中最著名的假说之一，虽然获得了太阳、月球和恒星绕地球每日视运动的支持，但是详细的天文观测却推翻了这一假说。

1.3.2 理论

当经受并通过了广泛审查且竞争性假说遭到抛弃时，某一假说可能被提升为科学**理论/学说**（theory）。在日常语言中，我们可能说某件事只是理论而已，但是在科学领域中，理论是经过充分检验并被广泛接受的观点，科学界认为其最能解释某些特定的可观测事实。

经过广泛证实和充分支持，某些理论的适用范围更广泛，如板块构造理论不仅为理解山脉、地震和火山活动的成因奠定了基础，解释了各大陆和洋盆随时间推移的演化（见第 2 章、第 13 章和第 14 章），还能帮助人们理解气候在漫长地质年代内变化的部分重要特征（见第 21 章）。

1.3.3 科学方法

在刚才描述的过程中，科学家通过观测来收集数据，然后构建科学假说和理论，这个过程称为**科学方法**（scientific method）。与人们的普遍观点相反，科学方法并不是科学家以常规方式为自

然界揭秘的标准方法，而是关于创造力和洞察力的一种尝试。卢瑟福和阿尔格伦曾经如此描述："提出假说（或理论）来想象世界如何运行，然后确定如何使其能够接受现实检验，这与写诗、作曲或设计摩天大厦一样具有创造性。"

科学家并没有始终能够遵循且能正确无误地获得科学知识的固定路径，但是许多科学调查步骤基本类似（见图 1.10）。此外，有些科学发现由纯理论观点得出，且能经得起广泛验证。有些研究人员利用高速计算机建立模型，模拟真实世界中发生的事情。研究发生在长时间尺度或者极端（或难以接近）地点的自然过程时，这些模型非常有用。当实验过程中发生完全出乎意料的事情时，也有可能推动其他方面的科学进步，这些偶然发现并不完全是运气。

科学知识能够通过多种途径获得，因此最好将科学探索的本质描述为多种科学方法的集合，而非一种科学方法。此外，应始终牢记，即使是最令人信服的科学理论，仍然只是对自然界的简化解释。

1.3.4 板块构造与科学探索

为了帮助广大读者加深对科学过程的理

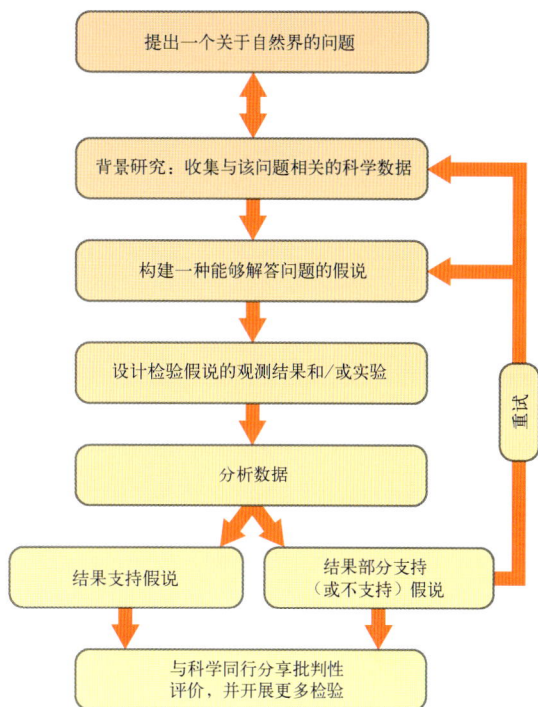

图 1.10 科学研究中经常遵循的步骤。此图描述了科学方法过程包含的步骤

解，本书提供了大量机会，特别是介绍了地质学家所运用的数据采集方法、观测技术和推理过程。

在最近数十年间，人类对动态地球的运行机制有了更多认知。这种认知革命始于 20 世纪初，当时诞生了较为激进的大陆漂移假说（各大陆在地球表面漂移的观点）。这一假说与主流观点（大陆和洋盆是地球表面永久及静止的地貌特征）相矛盾，因此受到了极大的怀疑甚至嘲笑。50 多年后，科学家才收集到足够的数据，将存在争议的这一假说转化为一种健全的理论，进而将在地球上运行的各个已知基本过程捏合在一起，形成了板块构造理论，为地质学家提供了关于地球内部运行机制的首个综合模型。

在详细介绍板块构造的第 2 章中，读者不仅可以深入了解地球的运行机制，还能看到一个介绍如何揭示并再加工地质真相的较好例子。

概念回顾 1.3

1. 科学假说与科学理论有何差异？
2. 总结许多科学研究所遵循的基本步骤。

1.4 地球系统

列举并描述地球的 4 个主要圈层，定义系统并解释为何将地球考虑为一个系统。

研究地球的任何人很快就会知道，地球是拥有许多独立但相互作用部分（或圈层）的动态天体，水圈、大气圈、生物圈和地圈以及这些圈层的所有组成部分都可单独研究。但是，这些圈层并不是孤立存在的，每个圈层的许多方面都与其他圈层相关，从而形成了一个复杂且持续相互作用的整体，称为地球系统（Earth system）。

1.4.1　地球的圈层

图 1.11 中的两张照片非常重要，它们让人类能以前所未有的视角来观察地球。20 世纪 60 年代末和 70 年代初，美国航空航天局（NASA）的月球任务拍摄了这些早期的照片，深刻地改变了人们的地球概念。当从太空中观察时，地球之美令人叹为观止，但其孤独同样令人震惊。这些照片提醒着我们：人类的地球家园毕竟只是一颗小而孤立的行星，某些方面甚至非常脆弱。拍摄"地球升起"照片的阿波罗 8 号宇航员比尔·安德斯如是表达："我们不远万里来探索月球，最重要的收获是发现了地球。"

如图 1.11 所示，从太空望地球的更近照片能够帮助我们理解关于地球的更多信息，例如自然环境为何传统上划分为以下 3 个主要部分：地球的水部分，即水圈（hydrosphere）；地球的气态包层，即大气圈（atmosphere）；固体地球，即地圈（geosphere）[注：业界对地球圈层的主流划分稍有差异，通常将此处的地圈替换为岩石圈（地壳和上地幔顶部），本书中的地圈是指从地表至地心的部分]。要强调的是，地球环境高度融合，并非由岩石、水或空气单独主导，主要特征是空气与岩石、岩石与水、水与空气接触时的连续相互作用。此外，生物圈（biosphere）是地球上所有动植物生命的总和，与 3 个物理圈层中的每个圈层都相互作用，属于地球上同样不可或缺的一部分。

1968年12月，当阿波罗8号宇航员乘坐的航天器从月球背后出现时，这幅名为"地球升起"的图像向他们致意。这张经典照片让人们能够以前所未有的方式观察地球

(a)

1972年12月，阿波罗17号拍摄了称为"蓝色弹珠"的首张照片，深蓝色海洋和旋涡云图案提醒了海洋和大气的重要性

(b)

图 1.11　从太空望地球的两张经典照片。阿波罗 8 号任务中的载人航天器首次抵达月球轨道，航天员看到并拍摄了地球从月球背后升起的画面

地球各圈层之间的相互作用无法计算，图 1.12 提供了一个易于可视化的示例。海滨线处于岩石、水和空气的明显交汇位置，这些圈层又相应地支撑着水中及附近的生命形式。在这个场景中，空气移动拖曳海水而形成海浪，海浪在岩质海滨处破碎，海水的力量则侵蚀海滨线。

1. 水圈

地球有时被称为蓝色星球，水能够令地球更加独特（与世间万物相比）。水圈（hydrosphere）是一种持续运移的动态水系统，水从海洋蒸发到大气中，然后降落至陆地，最后再次流回海洋。全球海洋无疑是水圈的最突出特征，覆盖了地球表面近 71% 的区域，平均深度约为 3800 米，占地球水的96%以上（见图1.13）。水圈还包括淡水，可见于地下、河流、湖泊、冰川和云层中。此外，水是所有现生生物的重要组成部分。

图1.12　地球各圈层之间的相互作用。海滨线是一个明显的界面（一个系统中不同部分相互作用的共同边界），在这个场景中，移动空气（大气圈）的力形成的海浪（水圈）在岩质海滨（地圈）处破碎。水的力量非常强大，侵蚀作用可能特别巨大

水圈

淡水 2.5%

海洋 96.5%

冰川 1.72%

地下水 0.75%

所有其他淡水 0.03%

地下咸水和咸水湖0.9%

地球上近69%的淡水锁定在冰川中

虽然地下淡水在水圈中占比不到1%，但却占所有淡水的30%，且约占所有液态淡水的96%

河流、湖泊、土壤水分和大气等共占0.03%

图1.13　地球上的水。水圈中水的分布

虽然淡水仅占地球水总量的一小部分，但是重要性却远非其低得可怜的百分比所能体现，例如云在许多天气和气候过程中发挥着至关重要的作用，河流、冰川和地下水则负责雕琢千变万化的各种地貌。

2. 大气圈

地球周围环绕着一个护佑生命的气态包层，称为大气圈/大气层/大气（atmosphere），如图1.14所示。当看到喷气式飞机在高空中穿梭滑翔时，大气圈似乎又向上延伸了较长的距离，但是与固体地球的厚度（半径）相比，大气圈却只是一个非常浅的薄层。虽然体积不算太大，但这个薄空气层却是地球不可或缺的重要组成部分，不仅为人类提供了呼吸所需的空气，还

能保护人类免受太阳的高温和紫外辐射的危害。在大气圈与地球表面之间，以及大气圈与太空之间，能量交换持续不断地发生，产生的影响称为天气（weather）和气候（climate）。对于地球外部过程的基本性质和强度，气候能够施加非常强烈的影响，当气候发生改变时，这些过程会做出反应。

如果没有大气圈（像月球一样），那么地球上应当不存在生命，许多过程和相互作用（使得地球表面部分区域动态改变）无法运行。如果没有风化和剥蚀，那么地球表面或许会与月球表面（近30亿年内无明显变化）更为相像。

3. 生物圈

生物圈（biosphere）包含地球上的所有生命（见图1.15），其中海洋生物聚集在日照充足的表层水域；陆地生物大多数也聚集在地表附近，树根和穴居动物则在地下几米处生存；飞虫和鸟类能够抵达约1千米大气高度。令人惊讶的是，各种生命形式也能适应极端环境。例如，在洋底，压力非常大且光线无法穿透至此，但是有些地方的热液喷口能够喷出富含矿物质的高温流体，支撑着一些奇特生命形式的群落；在陆地上，有些细菌在4千米深的岩石和沸腾的热泉中繁盛；在大气中，气流可将微生物携带至数千米之外。但是，即便考虑到这些极端情形，生命仍然肯定局限在距离地表很近的狭窄区域中。

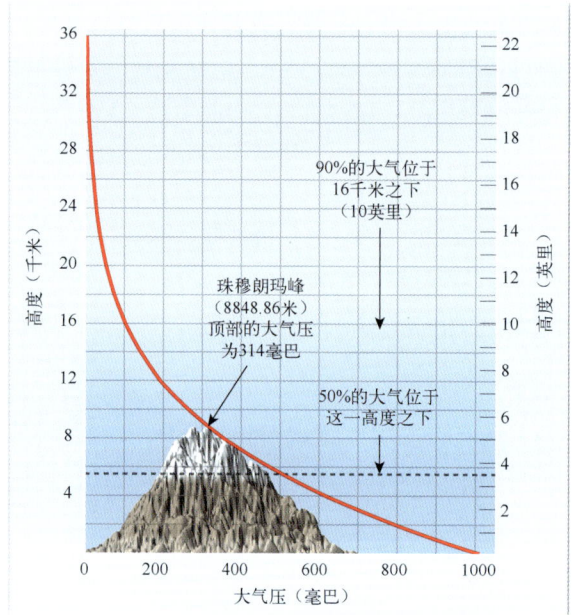

图1.14　大气圈。较薄的空气包层是地球不可分割的一部分，平均海平面大气压略高于1000毫巴，上边界并不清晰，但是当抵达更大的高度时，大气会快速变得稀薄

图1.15　生物圈。生物圈是地球的4大圈层之一，包含了所有生命

海洋包含了地球生物圈的重要部分，现代珊瑚礁是独特而复杂的示例，成为约25%海洋物种的家园，由于其具有这种多样性，所以有时称为"相当于雨林的海洋"

热带雨林的特点是每平方千米拥有数百个不同的物种

植物和动物的基本生活依赖于自然环境，但是生物体不仅会对自然环境做出反应，还能通过不计其数的相互作用帮助维持并改变自然环境。如果没有生命，那么地圈、水圈和大气圈的构成与基本性质将大不相同。

4. 地圈

大气圈和海洋之下是固体地球，称为**地圈**（geosphere）。地圈从地表延伸至地心，深度近6400千米，在地球4大圈层中是最大的。人们对固体地球的研究大多数面向更容易接近的地表特征，不过，幸运的是，许多地表特征代表了地球内部动态行为的外在表现，通过研究最突出的地表特征及其全球分布，即可发现塑造地球动态过程的相关线索。本章稍后将介绍地球内部结构和地圈的主要表面特征。

土壤（soil）是地球表面支撑植物生长的薄层物质，可视为所有4个圈层的组成部分。固体部分是风化岩屑（地圈）和腐烂动植物中有机质（生物圈）的混合物；分解和破碎的岩屑是风化过程的产物，需要空气（大气圈）和水（水圈）的参与；空气和水也占据了固体颗粒之间的空隙。

1.4.2 地球系统科学

科学家已经意识到，要更全面地理解地球，就必须了解地球各组成部分（陆地、水、空气和生命形式）之间是如何相互联系的。这项研究称为**地球系统科学**（Earth system science），旨在将地球作为一个系统（由许多相互作用的部分或子系统组成）进行研究。地球系统科学并不是仅从传统科学（如地质学、大气科学、化学和生物学等）的有限视角开展独立研究，而是努力整合多个学术领域的知识。地球系统科学工作者采用跨学科方法，尝试达到领悟并解决许多全球环境问题所需的理解水平。

系统（system）是相互作用（或相互依存）且形成一个复合整体的多部分组合，大多数人经常会听到和用到这个词汇。例如，我们可以维修汽车冷却系统、利用城市交通系统和参与政治系统；新闻报道可能提示天气系统即将来临；地球只是更大系统（称为太阳系）的一小部分，太阳系则是另一个更大系统（称为银河系）的子系统。在本章章首的"新闻中的地质"和图1.16中，我们提供了地球系统不同部分之间相互作用的例子。

图1.16　致命泥石流。这张照片提供了地球系统不同部分之间相互作用的示例。2018年1月，特大暴雨引发了泥石流，掩埋了美国加利福尼亚州蒙特西托的这栋房屋

1.4.3 地球系统

地球系统包含几乎无数个子系统，物质在这些子系统中反复循环利用。较为常见的循环（或子系统）称为**水循环**（hydrologic cycle），代表了地球水在水圈、大气圈、生物圈和地圈之间的无休止循环，如图16.2所示。通过地表的蒸发作用和植物的蒸腾作用，水进入大气圈；水蒸气在大气圈中凝结成云，云随后产生降水并落回地表；在落回陆地的雨水中，部分水渗入地下，随后被植物吸收或者成为地下水，还有一部分水则穿越地表流向海洋。

从长时间跨度来看，地圈中的岩石不断形成、变化和再次形成。与两种岩石之间变化过程相关的循环称为**岩石循环**（rock cycle），本章稍后将详细讨论。地球系统中的各个循环并不是彼此独立的，而是在许多地方彼此接触和相互作用的。

1. 各组成部分相互关联

地球系统的各组成部分密切相关，一个部分的变化可能导致任何（或所有）其他部分发生改变。例如，当火山喷发时，熔岩（源于地球内部）可能从地表流出，然后堵塞附近的山谷。通过形成湖泊或迫使河流改道，这种新障碍物会影响该区域的排水系统。火山喷发期间排放的大量火山灰和气体可能被吹到高空，影响照射到地球表面的太阳能数量，导致整个半球的气温下降。

在地表被熔岩流（或厚层火山灰）覆盖的地方，原有土壤被掩埋，导致土壤形成过程再次开始，将新表面物质转化为土壤（见图1.17），最终形成的土壤将反映地球系统中许多部分（火山母质、气候和生物活性影响）之间的相互作用。当然，生物圈应当也会发生重大改变，某些生物及其生境将被熔岩和火山灰消灭，新的生命环境（如由熔岩坝形成的湖泊）应当会诞生。潜在气候变化可能也会影响敏感生命形式。

2. 时空尺度

地球系统的时空尺度特征如下：在空间尺度上，地球过程从几毫米到数千千米不等；在时间尺度上，地球过程从几秒到几十亿年不等。随着人类对地球了解程度的加深，有一个事实变得越来越清晰，就是虽然在距离（或时间）上存在显著分离，但是许多过程仍然相互关联，某一组成部分的变化可能影响整个系统。

3. 地球系统的能量源

地球系统由两种能量源提供能量驱动。太阳驱动着发生在大气圈、水圈和地表的外部过程，天气和气候、海洋环流和侵蚀过程也受到太阳能量的驱动。地球内部是第二种能量源，地球形成时残留的热量和放射性衰变持续产生的热量为内部过程（形成火山、地震和山脉）提供了驱动能量。

4. 人类与地球系统

人类是地球系统的组成部分，地球系统是生命和非生命部分相互交织和相互关联的一个系统，因此人类行为会导致所有其他部分发生改变。例如，当人类燃烧汽油（和煤）、处置垃圾及整理土地时，地球系统中的其他部分就会做出反应（通常以不可预见的方

(a)　　　　　　　　(b)

(c)

图1.17　地质变化的持续性。1980年5月喷发的圣海伦斯火山。(a)火山喷发；(b)直接后果；(c)随后的复苏

式）。本书将介绍地球许多子系统的相关知识，包括水系统、构造（造山）系统、岩石循环和气候系统等，这些子系统和人类都是地球系统这个复杂相互作用整体的一部分。

概念回顾 1.4

1. 列举并简要对比构成地球系统的4个圈层。
2. 地球表面的海洋覆盖比例是多少？海洋占地球水供应量的百分比是多少？
3. 什么是系统？列举3个示例。
4. 地球系统的两种能量源是什么？

1.5　地球的起源和早期演化

概要介绍太阳系形成的各个阶段。

在地球达到当前形态和结构的一长串诱发事件中，由地壳位移和活火山喷出熔岩所引发的最近地震只是其中的最新事件。当结合地球历史上的早期事件进行研究时，我们能够最好地理解运行在地球内部的地质过程。

1.5.1 地球的起源

本节描述关于太阳系起源的最广为接受的观点，所述理论代表了要解释的人类今天所知道的关于太阳系的最一致的观点集合。地质美图 1.1 为太阳系的大小和尺度提供了一种有用视角，第 22 章和第 24 章将更详细地讨论地球和太阳系中其他天体的起源。

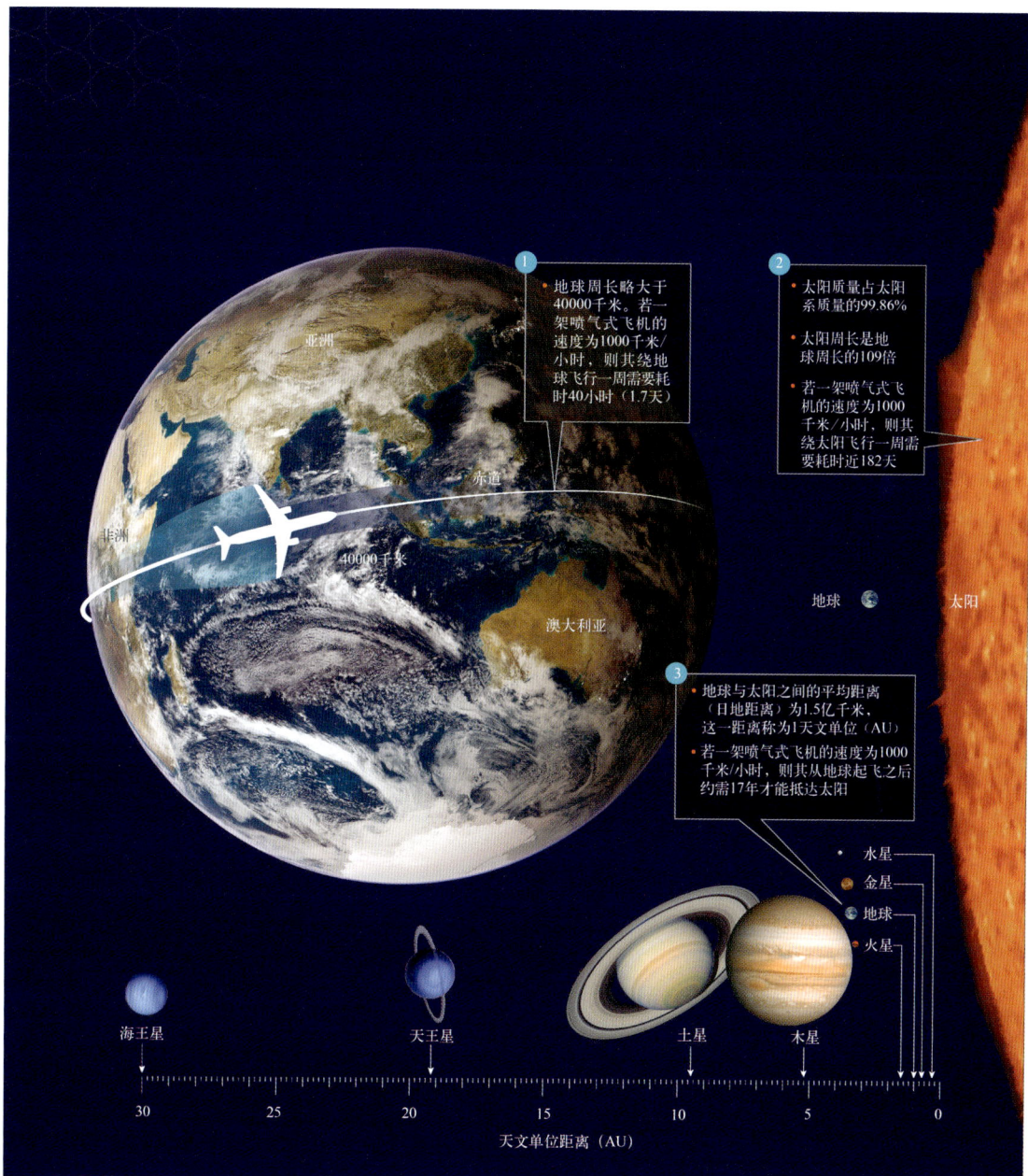

① 地球周长略大于 40000 千米。若一架喷气式飞机的速度为1000千米/小时，则其绕地球飞行一周需要耗时40小时（1.7天）

② 太阳质量占太阳系质量的99.86%
• 太阳周长是地球周长的109倍
• 若一架喷气式飞机的速度为1000千米/小时，则其绕太阳飞行一周需要耗时近182天

③ 地球与太阳之间的平均距离（日地距离）为1.5亿千米，这一距离称为1天文单位（AU）
• 若一架喷气式飞机的速度为1000千米/小时，则其从地球起飞之后约需17年才能抵达太阳

亚洲　赤道　非洲　40000千米　澳大利亚

地球　太阳

水星　金星　地球　火星

海王星　天王星　土星　木星

30　25　20　15　10　5　0
天文单位距离（AU）

地质美图 1.1　太阳系：大小和尺度

1．宇宙的诞生

宇宙诞生于约 137 亿年前的一次大爆炸（虽然令人费解），宇宙中的所有物质以惊人的速度向外飞行。随着时间的推移，这次爆炸产生的碎片（几乎全部为氢和氦）开始冷却，随后凝聚形成首批恒星和星系。在其中的一个星系即银河系中，太阳系和地球逐渐形成。

2．太阳系的形成

地球是绕太阳公转的 8 大行星之一，同时还有几十颗卫星和许多小天体也在绕太阳公转（注：截至 2024 年 7 月 16 日，太阳系中的已知天然卫星数量为 293 颗）。基于太阳系的有序基本性质，研究人员得出了以下结论：地球及其他各大行星基本上在同一时间形成，且由与太阳相同的原始物质形成。星云理论/星云说（nebular theory）认为，太阳系中各天体由称为太阳星云（solar nebula）的巨大自转云演化而来（见图 1.18）。除了大爆炸期间生成的氢原子和氦原子，太阳星云还含有微型尘埃颗粒和早已死亡恒星的喷出物质（恒星中的核聚变将氢和氦转化为宇宙中发现的其他元素）。

近 50 亿年前，由于受到某种因素（或许来自爆发恒星即超新星的激波）的影响，这个星云在自身引力作用下开始坍缩。随着坍缩进程的不断推移，星云从缓慢自转的巨型云演变成为快速自转的较小圆盘。通过碰撞及其他相互作用，气体和颗粒逐渐开始在一个平面上绕轨道运行。圆盘在收缩时旋转得更快，云的大部分物质最终汇聚到圆盘中心，在那里形成原太阳（protosun）。在银河系邻近区域的新生恒星周围，天文学家已观测到许多这样的圆盘。

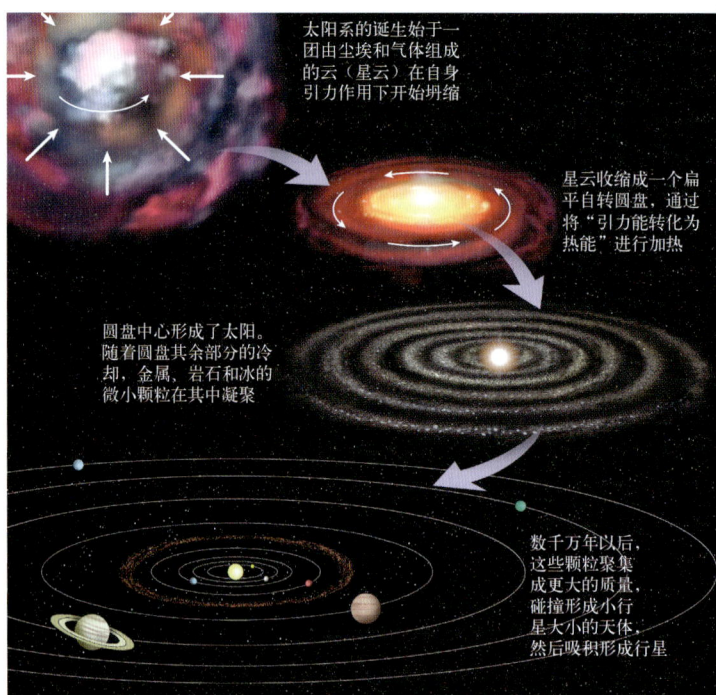

图 1.18　星云理论。星云理论解释了太阳系的形成

原太阳和内层圆盘被内落物质的引力能加热。在内层圆盘中，温度高到足以使尘埃颗粒蒸发。但是，在火星轨道之外的较远距离处，温度可能仍然相当低。在−200℃的温度下，星云外层部位的微小颗粒可能覆盖了厚层冷冻水、二氧化碳、氨和甲烷。圆盘状云还含有相当数量的较轻气体（氢和氦）。

3．内行星的形成

太阳的形成标志着收缩期的结束，进而标志着引力加热的结束。内行星所在区域的温度开始下降，高熔点物质凝结成微小颗粒并开始并合，铁和镍等物质及造岩矿物的组成元素（硅、钙和钠等）形成了绕太阳运行的金属质和岩质团块（见图 1.18）。经过反复多次碰撞，这些团块并合形成小行星大小的更大天体，称为星子/微行星（planetesimal）。在数千万年间，这些星子吸积形成 4 颗内行星，分别称为水星、金星、地球和火星（见图 1.19）。但是，并非所有这些物质团块都并合到星子中，如果某些岩质（或金属质）碎片滞留在轨道上，随后与地球撞击后幸存下来，则称为陨石/陨星（meteorite）。

随着越来越多的物质并入这些不断生长的行星天体，星云碎片的高速撞击导致其温度上升。

由于温度相对较高和引力场相对较弱，内行星无法继续吸积星云中的大部分较轻成分，所以其中最轻的氢和氦最终被太阳风从内太阳系中吹离。

4. 外行星的发育

在内行星形成的同时，较大外行星（木星、土星、天王星和海王星）及其卫星系统也在发育。由于远离太阳而温度较低，这些行星的形成物质中含有较高比例的冰（冷冻的水、二氧化碳、氨和甲烷）以及岩质和金属质碎片。在一定程度上，冰的积聚解释了外行星体积大且密度低的原因。木星和土星是质量最大的两颗行星，表面重力足以吸引并束缚大量最轻的元素（氢和氦）。

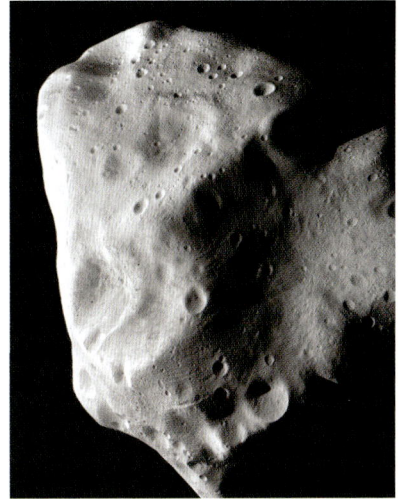

图 1.19　残留的星子。小行星 21 号（巴黎/鲁泰西亚），2010 年 7 月 10 日由罗塞塔号航天器上的专用相机拍摄。这是太阳系形成时遗留下来的原始天体（星子）

1.5.2　地球层状结构的形成

随着物质堆积而形成地球，在后续的较短时间内，由于星云残骸的高速撞击和放射性元素的衰变，导致地球的温度稳步上升。在剧烈加热的这段时期内，地球变得足够炽热，铁和镍开始熔融并生成致密的金属液滴，这些液滴朝向地心下沉。这个过程发生的速度很快（地质年代尺度），生成了致密且富铁的地核。

1. 化学分异和地球分层

早期加热引发了另一种化学分异过程，即熔融期间形成的具有较大浮力的熔融岩石物质朝地表上升，然后固化形成原始地壳。这些岩石物质富含氧元素和亲氧元素，特别是硅和铝，同时伴有少量钙、钠、钾、铁和镁。此外，部分重金属元素（如金、铅和铀）的熔点较低，或者在上升熔融物质中高度溶解，因此从地球内部逃逸并富集在正发育的地壳中。这种早期化学分异建立了地球内部的 3 个基本分层：地核，富铁；原始地壳，薄层；地幔，地球的最大分层，位于地核与地壳之间。

2. 大气的发育

早期化学分异产生了一个重要结果，就是大量气态物质从地球内部逃逸，类似于现代火山喷发时出现的情形。在这个过程中，原始大气逐渐发展演化，地球正是因为有了大气，人类所知的生命才得以生存至今。

3. 大陆和洋盆的演化

构建地球基本结构的各个事件后，原始地壳因剥蚀作用及其他地质过程而消亡，因此我们没有关于其构成的直接记录。陆壳（及地球的首个陆块）究竟何时形成及如何形成？这个问题正在研究之中。虽然如此，人们仍然普遍认为陆壳是在过去 40 亿年间逐渐形成的（迄今发现的最古老的岩石是位于加拿大西北部地区的孤立碎片，放射性测年结果显示其年龄约为 40 亿年）。此外，如后续各章所述，地球是一颗正在演化的行星，大陆和洋盆的形状（甚至位置）始终都在变化。

概念回顾 1.5

1. 简单描述太阳系形成理论，然后描述地球层状结构的形成步骤。
2. 列举所有内行星和外行星，描述二者之间大小和成分的基本差异。
3. 解释在地球层状结构的发育中，密度和浮力为何非常重要。

1.6　地球内部结构

绘制地球的内部结构，标注和描述主要细分结构。

如上节所述，由于地球历史早期的物质分异，导致形成了由化学成分定义的 3 个主要分层，即地壳、地幔和地核。除了化学成分不同的这些主要分层，地球还可基于物理性质划分为多层，这些物理性质包括该层是呈固态还是呈液态，以及该层有多弱或多强，常见的重要分层包括岩石圈、软流圈、外核和内核。对于理解诸多地质过程（包括火山作用、地震和造山运动）而言，化学分层和物理分层的相关知识非常重要。图 1.20 显示了地球分层结构的不同视图。

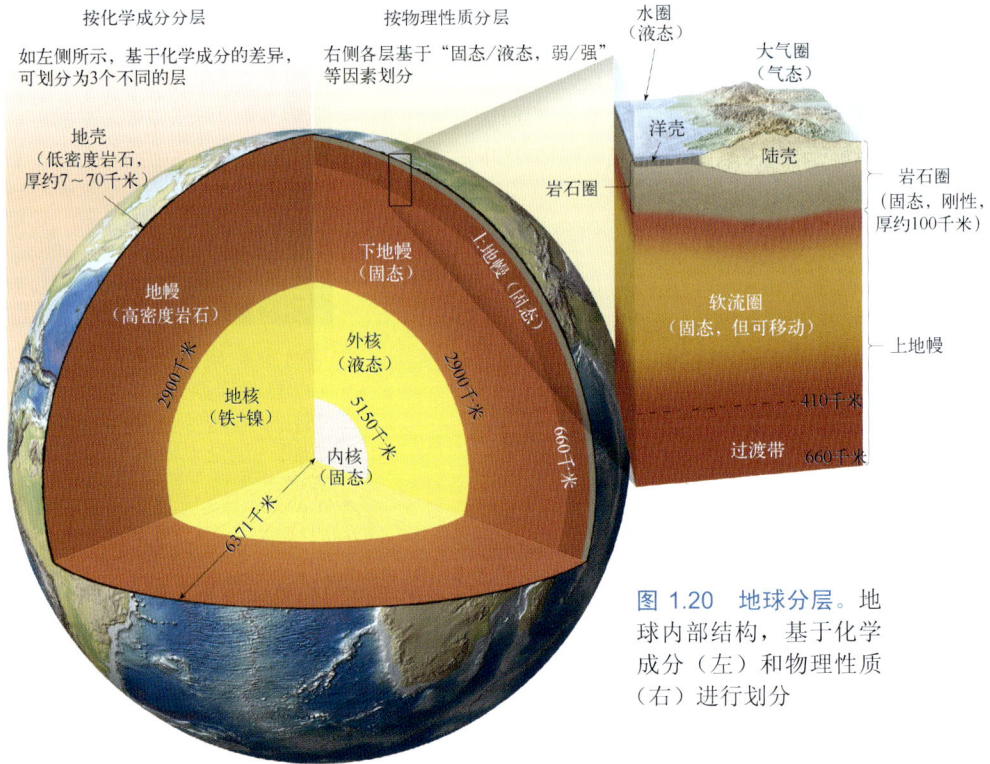

按化学成分分层
如左侧所示，基于化学成分的差异，可划分为3个不同的层

地壳
（低密度岩石，
厚约7～70千米）

地幔
（高密度岩石）

2900千米

地核
（铁+镍）

6371千米

内核
（固态）

5150千米

下地幔
（固态）

外核
（液态）

2900千米

660千米

按物理性质分层
右侧各层基于"固态/液态，弱/强"等因素划分

上地幔（固态）

岩石圈

水圈
（液态）

大气圈
（气态）

洋壳

陆壳

岩石圈
（固态，刚性，
厚约100千米）

软流圈
（固态，但可移动）

上地幔

410千米

过渡带

660千米

图 1.20 地球分层。地球内部结构，基于化学成分（左）和物理性质（右）进行划分

我们怎么会知道地球内部的成分和结构呢？地球内部的基本性质主要通过分析地震产生的地震波进行确定。当穿透地球时，这些能量波的速度会发生变化，并在穿越具有不同性质的区域时发生弯曲和反射。全球各地的监测站会探测并记录这种能量，然后在计算机的帮助下对数据进行分析，随后将其用于构建地球内部的详细图像（见第 12 章）。

1.6.1 地壳

地壳（crust）是地球相对较薄的岩质外壳，由大陆地壳（简称陆壳）和大洋地壳（简称洋壳）组成。洋壳厚约 7 千米，由深色火成岩——玄武岩构成。陆壳平均厚约 35 千米，但是部分山区（如落基山脉和喜马拉雅山脉）的厚度可能超过 70 千米。洋壳的化学成分相对均匀，陆壳则含有许多岩石类型。虽然上地壳含有较为均匀的花岗岩成分（称为花岗闪长岩），但是不同地点的差异相当大。

大陆岩石的平均密度约为 2.7 克/立方厘米，有些岩石的年龄确认超过 40 亿年。与大陆岩石相比，洋壳岩石更年轻（低于 1.8 亿年）、密度更大（约 3.0 克/立方厘米）。作为对比，液态水的密度为 1 克/立方厘米，因此玄武岩（构成洋壳的主要岩石）的密度是水的 3 倍。

1.6.2 地幔

地球体积超过 82%位于地幔（mantle）中，这是向地球深部延伸约 2900 千米的固态岩质壳。壳-幔边界（地壳与地幔之间的边界）代表着化学成分的显著变化。上地幔顶部的主要岩石类型是橄榄岩，与陆壳（或洋壳）中发现的矿物相比，橄榄岩含有丰度更高的金属镁和铁。

1．上地幔

上地幔从壳-幔边界向下延伸约 660 千米，可以划分为 3 个不同的部分，顶部是岩石圈（较强）的一部分，中间是软流圈（较弱），底部称为过渡带。

岩石圈（lithosphere）由整个地壳和上地幔顶部构成，形成了地球相对低温的刚性外壳（见图 1.20）。岩石圈的平均厚度约为 100 千米，在大陆的最古老部分之下，岩石圈厚度最高可达平均厚度的 2.5 倍。这个坚硬岩层之下存在一个相对较弱的柔软层，称为软流圈（asthenosphere），厚度约为 410 千米。软流圈顶部存在一种温度/压力机制，导致出现少量熔融。在非常脆弱的这个区域内，岩石圈与下伏层位发生物理分离，因此能够独立于软流圈之外运动，这是第 2 章讨论板块构造时需要考虑的事实。

这里需要重点强调的是，各种地球物质的强度与其化学成分、环境温度和环境压力相关，因此不应认为整个岩石圈的行为完全类似于刚性或脆性固体（如地表岩石），随着深度逐渐加大，岩石圈中的岩石温度变得越来越高，刚性变得越来越弱（更易变形）。在软流圈最顶部所在的深度，各类岩石非常接近其熔融温度（实际上可能发生一些熔融），导致非常容易发生变形。由于接近熔点，软流圈最顶部很弱，类似于热蜡比冷蜡更弱。

上地幔中深度为 410～660 千米的部分称为过渡带（transition zone），如图 1.20 所示。通过密度突然增大（从约 3.5 克/立方厘米到 3.7 克/立方厘米），即可识别出过渡带的顶部。之所以出现这种变化，是因为橄榄岩中的矿物为了响应压力的增大，形成了具有紧密堆积原子结构的新矿物。

2．下地幔

下地幔位于 660～2900 千米深处，底部终止于地核顶部。由于压力增大（上覆岩石重量所致），地幔的强度随深度增大而逐渐增大。虽然强度很大，但下地幔中的岩石非常炽热，因此能够极为缓慢地流动。

在地幔底部数百千米处，存在一个高度多变和不同寻常的层，称为 D″层。第 12 章中将介绍岩质地幔与炽热液态铁质外核之间的边界层的基本性质。

1.6.3　地核

顾名思义，地核（core）是地球内部的核心区域，由铁镍合金构成，含有少量氧、硅和硫（容易与铁形成化合物的元素）。在地核中存在的极端压力下，这种富铁物质的平均密度几乎高达 11 克/立方厘米，接近地心水密度的 14 倍。

地核可划分为两个区域，分别呈现出差异极大的机械强度。外核（outer core）是液态层，厚约 2250 千米，金属铁在其中运动而产生地球磁场；内核（inner core）是半径为 1221 千米的球体，虽然温度更高，但由于地心存在极大的压力，所以内核中的铁呈固态。

概念回顾 1.6

1. 描述由化学成分定义的 3 个主要分层。
2. 比较岩石圈和软流圈的特征。
3. 内核为何呈固态？

1.7　岩石和岩石循环

绘制、标注和解释岩石循环。

岩石（rock）是地球上最常见和最丰富的物质，对好奇心较强的旅行者而言，岩石变化似乎不计其数。当近距离观察岩石时，即可发现其通常由称为矿物（mineral）的较小晶体组成。矿物是化合物（偶尔为单一元素）具有各不相同的化学成分和物理性质。矿物颗粒（或晶体）可能在显微镜下很小，也可能肉眼就很容易看到。

岩石的组成矿物对其基本性质和外观影响很大，岩石的结构（组成矿物的大小、形状和排列）也对其外观具有重要影响。反过来，岩石的矿物成分和结构也能反映形成它的地质过程（见图1.21）。对于理解地球而言，这样的分析至关重要，并且存在着大量实际应用，包括寻找能源和矿产资源以及解决环境问题等。

地质学家将岩石划分为三大类：火成岩（又称岩浆岩）、沉积岩和变质岩，图1.22提供了部分示例。如后所述，通过作用于地球表面及内部的各种过程，这几类岩石能够相互关联。

如前所述，地球是一个系统，即地球是由许多相互作用部分构成的复合整体。研究岩石循环时，没有什么比这一观点更能说明问题（见图1.23）。岩石循环（rock cycle）使得人们能够看到地球系统不同部分之间的许多相互关系，帮助人们理解火成岩、沉积岩和变质岩的成因，了解每种类型的岩石通过作用于地球表面和内部的过程与其他类型岩石进行关联。岩石循环可视为简化但有用的普通地质学概论，掌握岩石循环知识特别重要，本书将详细介绍其中的各种相互关系。

(a) 在花岗岩中，浅色矿物大晶体形成于"地下深处熔融岩石的缓慢冷却"。花岗岩在陆壳中极为丰富

(b) 玄武岩富含深色矿物。"熔融岩石在地表快速冷却"形成了岩石的微小晶体。洋壳富含玄武岩

图1.21　两种基本岩石特征。结构和矿物成分是基本岩石特征。这两块标本是常见的火成岩：(a)花岗岩；(b)玄武岩

火成岩形成于以下场景：熔融岩石在地表固结（喷出岩）；熔融岩石在地下固结（侵入岩）。前景中的熔岩流是细粒玄武岩，来自美国亚利桑那州北部的SP火山口

沉积岩由其他岩石风化形成的颗粒构成。该岩层由固结成固态岩石且持久性较强的砂粒大小矿物石英构成，这些颗粒曾经是广阔沙丘的一部分。这个岩层称为纳瓦霍砂岩，在美国犹他州南部特别突出

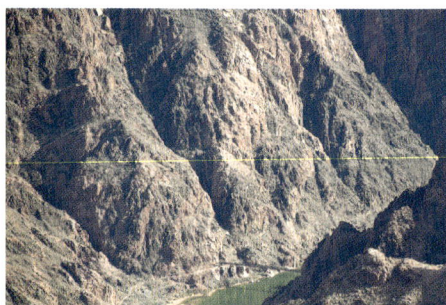

图1.22　三大岩类。地质学家将岩石划分为三大类：火成岩（又称岩浆岩）、沉积岩和变质岩

图中所示变质岩称为毗湿奴片岩，出露于美国科罗拉多大峡谷的谷底部位，形成于温度和压力较高的地下深处，与前寒武纪时期的造山事件有关

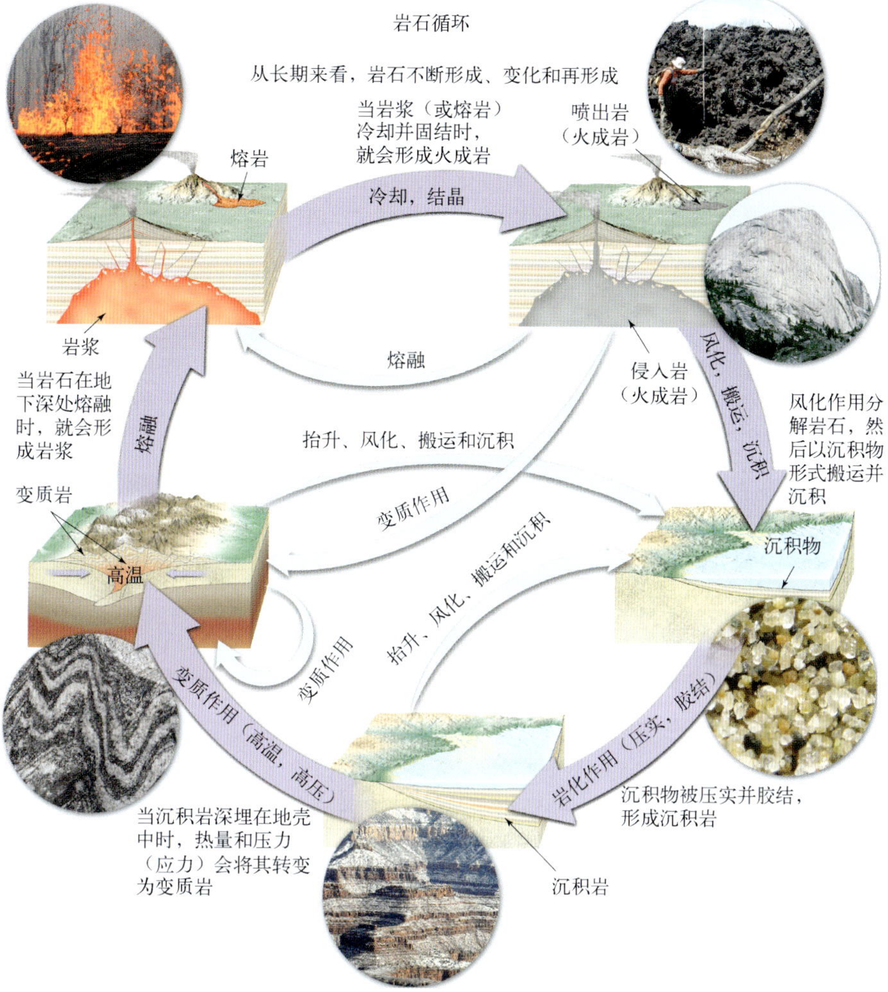

图 1.23　岩石循环。岩石循环有助于理解 3 种基本岩石类型的成因。箭头表示连接各岩石类型的过程

1.7.1　基本岩石循环

　　岩浆（magma）是在地下深处形成的熔融岩石。随着时间的推移，岩浆冷却并固结，这个过程称为结晶（crystallization）。结晶可能发生在地表之下，也可能发生在火山喷发后的地表，这两种情况下形成的岩石均称为火成岩或岩浆岩（igneous rock）。

　　如果火成岩出露于地表，则会经历风化作用，在大气圈、水圈和生物圈的日积月累影响下，最终缓慢地碎裂和分解。由此形成的松散物质通常会因重力而向下坡移动，然后通过一种（或多种）侵蚀营力（如流水、冰川、风或海浪）进行搬运，称为沉积物（sediment）的这些颗粒和溶解物质最终会沉积下来。虽然大部分沉积物的最终归宿是海洋，但是仍然存在其他类型的沉积地点，包括河漫滩、沙漠盆地、沼泽和沙丘。

　　接下来，沉积物会经历岩化作用（lithification），这一术语的意思是转化为岩石。当被上覆各层的重量压实（或被渗透地下水中的矿物质填满孔隙而胶结）时，沉积物通常会岩化为沉积岩（sedimentary rock）。

　　如果由此形成的沉积岩被深埋在地球内部，然后受到造山运动的动力影响，或者遭遇大量岩浆侵入，那么其就会受到高压和高温的影响。通过对环境变化做出反应，沉积岩可能转化为第三种岩石类型，称为变质岩（metamorphic rock）。当经历更多压力变化或更高温度时，变质岩可能熔融而形成岩浆，然后再次开始循环。

地球岩石循环的驱动能量来自哪里？由地球内部高温驱动的过程形成了火成岩和变质岩，风化和剥蚀（由太阳能驱动的外部过程）则产生了形成沉积岩的沉积物。

1.7.2 其他路径

基本岩石循环中显示的路径并非唯一路径，图 1.23 中的浅蓝色箭头还标出了其他可能路径。

火成岩可能并不出露于地表（不会受到风化和剥蚀作用），而深埋在地表之下，这些物质最终可能受到与造山作用相关的高压和高温的影响，直接转化为变质岩。

变质岩、沉积岩和沉积物并不总是处于埋藏状态，上覆盖层可能被剥离而暴露出曾被掩埋的岩石。通过风化过程的剥蚀，这种裸露物质就会成为沉积岩的新增原始物质。

虽然岩石似乎是不变物质，但是岩石循环表明其经常处于转化状态，不过这些变化需要耗费大量时间。我们能够观测到岩石循环的不同部分在世界各地出现。今天，新岩浆正在夏威夷岛下方形成，当其从地表喷发后，熔岩流就会使得岛屿变大。与此同时，在科罗拉多州境内，落基山脉正在逐渐被风化和剥蚀磨损减薄，部分风化碎片最终被搬运至墨西哥湾，并在那里为已有大量沉积物补充物质。

概念回顾 1.7

1. 列举两种岩石特征，确定岩石的形成过程。
2. 绘制并标注基本岩石循环，确保包含其他路径。

1.8 地球表面

列举并描述洋盆和大陆的主要特征。

如图 1.24 所示，地球表面的两个主要部分是洋盆/海盆/海洋盆地/大洋盆地（ocean basin）和大陆（continent），二者之间的明显差异是相对标高，这种高程差异主要缘于其密度和厚度差异：

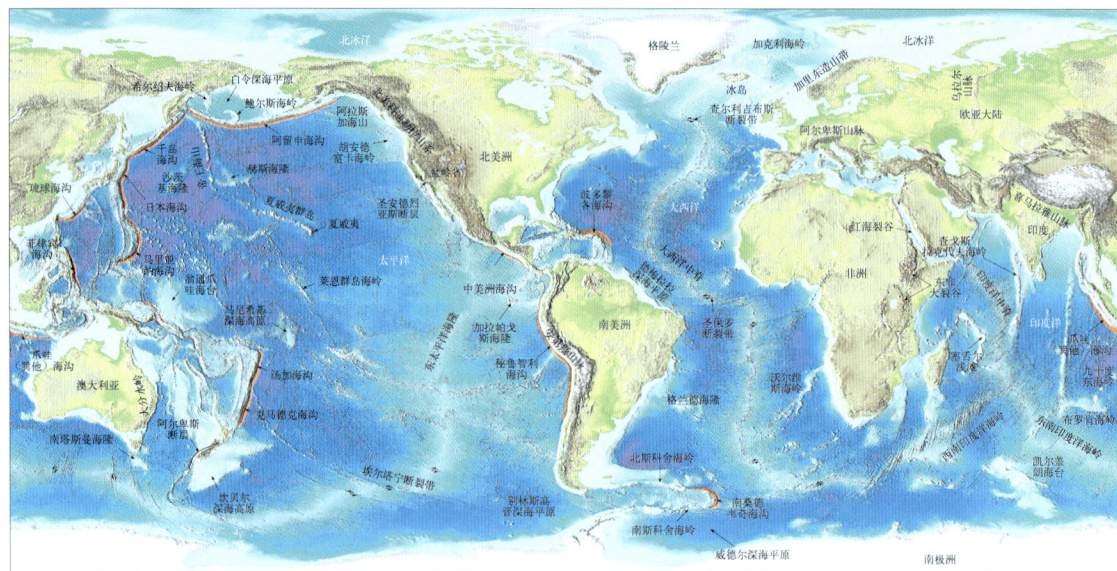

图 1.24　**地球表面**。地圈的主要表面特征

- 洋盆。洋底平均深度约为 3.8 千米，比大陆平均海拔低约 4.5 千米。构成洋壳的玄武岩的平均厚度仅为 7 千米，平均密度约为 3.0 克/立方厘米。
- 大陆。大陆是相当平坦的地貌特征，外观类似于突出到海平面之上的海台。各大陆块体的平均海拔约为 0.8 千米，与海平面之间的高差相对较小，但是山区地形（较有限）除外。如前所述，这些大陆的平均厚度约为 35 千米，由密度约为 2.7 克/立方厘米的花岗岩构成。

与洋壳相比，陆壳的厚度更大、密度更低且漂浮性更强，因此漂浮在地幔易变形岩石的顶部，高度超过洋壳，类似于空载大船（密度低）的高度超过满载小船（密度高）。

1.8.1 洋底特征

如果将全部海水从洋盆中抽出，就会看到各种不同类型的地貌特征，如火山链、深谷、高原和大片平原。实际上，洋底的多样化景观与大陆的相似度极高（见图 1.24），第 13 章将详细介绍这些地貌特征及其形成过程。

在最近 75 年间，通过利用现代回声测深设备和卫星技术，海洋学家测绘了洋底的主要部分，进一步确认了 3 种主要区域：大陆边缘、深海盆地和洋脊（含洋中脊）。

1. 大陆边缘

大陆边缘（continental margin）是靠近主要陆块的海底部分，可能包括大陆架、大陆坡和大陆隆。

虽然陆地和海洋在海滨线位置交汇，但这里并不是中大陆与洋盆之间的边界。在大多数海岸沿线，一个平缓倾斜的物质平台从海滨向海延伸，称为大陆架（continental shelf）。大陆架由陆壳构成，因此显然是大陆的水下延伸。由图 1.24 可知，大陆架的宽度各不相同，例如美国东部和墨西哥湾海岸沿线的大陆架很宽，但是美国西部太平洋沿线的大陆架则相对狭窄。

大陆与深海盆地之间的边界位于大陆坡（continental slope）沿线，这是从大陆架外缘延伸至深海底的相对陡峭落差（见图 1.24）。以此为分界线，地球表面约 60%可表示为洋盆，其余约 40%可表示为大陆。

在不存在海沟的区域，陡峭的大陆坡并入更平缓的斜坡，称为大陆隆（continental rise），这是从大陆架向下运移并在深海底堆积的巨厚沉积物楔。

2. 深海盆地

深海盆地（deep-ocean basin）位于大陆边缘与洋脊之间。深海盆地的一部分由极其平坦的地貌特征构成，称为深海平原（abyssal plain）。洋底还包含部分极深坳陷，有些坳陷的深度超过 11000 米，称为深海沟（deep-ocean trench）。深海沟相对狭窄且仅占洋底的一小部分，但它们仍然是非常重要的地貌特征。有些海沟位于大陆侧翼的年轻山脉附近，例如秘鲁-智利海沟与南美洲西海岸的安第斯山脉平行（见图 1.24）。其他海沟平行于称为火山岛弧（volcanic island arc）的岛链。

洋底散布着称为海山（seamount）的水下火山构造，有时会形成窄长的火山链。火山活动还形成了几个大型熔岩高原/熔岩台地（lava plateau），如位于新几内亚东北部的翁通爪哇海台。此外，有些水下高原/海台由大陆型地壳构成，如坎贝尔深海高原（新西兰东南部）和塞舌尔浅滩（马达加斯加东北部）。

3. 洋脊

洋底最突出的地貌特征是洋脊/海岭/海脊（oceanic ridge）或洋中脊/大洋中脊/中央海岭（mid-ocean ridge）。如图 1.24 所示，大西洋中脊和东太平洋海隆是该系统的组成部分。这一宽阔的高架地貌特征形成了一种连续带，以类似棒球接缝的方式绕地球蜿蜒前行 70000 多千米。与由高度变形岩石组成的大多数大陆山脉不同，洋脊系统由断裂并抬升的层叠火成岩组成。

1.8.2 大陆特征

各大陆的主要地貌特征可划分为两种不同的类型：一是变形岩石隆升区，构成当前造山带；二是广阔的平坦稳定区，几乎侵蚀至海平面。如图 1.25 所示，年轻造山带趋于成为大陆边缘的狭长地貌特征，平坦稳定区则通常位于大陆内部。第 14 章将进一步介绍造山运动。

1. 山脉

大陆最突出的地貌特征是造山带/山带/山系（mountain belt）[注：原文直译应为山带，指密切相关的多个相邻山脉，与中文语境中造山带（Orogenic belt）和山系的含义大致相当，但由于山带的用法不太常见，所以译为造山带]。造山带的分布似乎比较随机，但实际情况却并非如此。最年轻的山脉（年龄不到 1 亿年）主要位于两个区域。环太平洋带（环绕在太平洋周围的区域）不仅包含美洲西部各山脉，而且以火山岛弧形式延伸至西太平洋中（见图 1.24）。岛弧是活动山脉区域，主要由火山岩和变形沉积岩构成，如阿留申群岛、日本、菲律宾和新几内亚。

加拿大地盾是由古老的前寒武系岩石（部分岩石的年龄超过40亿年）构成的广阔区域，最近经过了冰期冰川的冲刷

阿巴拉契亚山脉是年老山脉，造山运动始于约4.8亿年前，然后持续了2亿年以上。剥蚀作用削低了这些曾经高耸的山峰

崎岖的喜马拉雅山脉是地球上的最高山脉，在地质上还很年轻，约5000万年前开始形成，至今仍在持续抬升

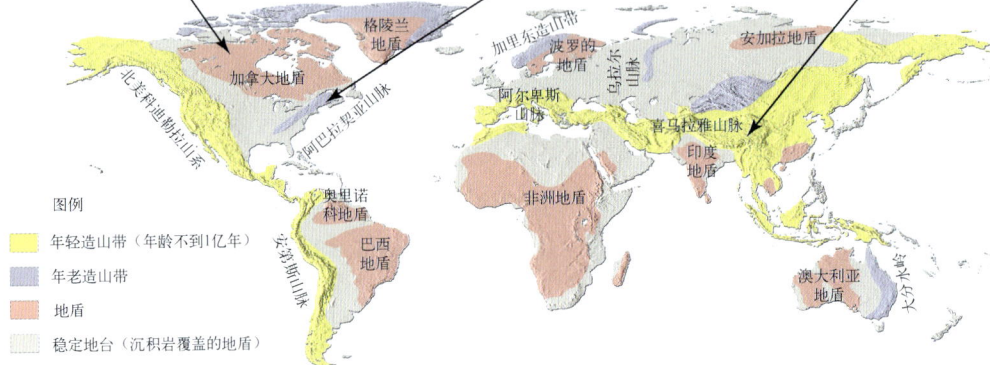

图例
年轻造山带（年龄不到1亿年）
年老造山带
地盾
稳定地台（沉积岩覆盖的地盾）

图 1.25　大陆。造山带、稳定地台和地盾的分布

　　另一条主要造山带从阿尔卑斯山脉向东延伸，穿过伊朗和喜马拉雅山脉，然后向南斜向进入印度尼西亚。通过详细勘查山区地形，人们发现大多数山脉所在的位置均为遭受挤压并高度变形的厚层岩石序列，就像在巨大老虎钳里挨夹一样。大陆上也发现了年龄更老的山脉，如阿巴拉亚山脉（美国东部）和乌拉尔山脉（俄罗斯），由于经历了数百万年的风化和剥蚀，曾经高耸的山峰现在已被削低。

　　2．稳定内部

　　不同于过去 1 亿年内形成的年轻造山带，大陆内部［称为克拉通（craton）］在过去 6 亿年（甚至更长时间）内始终保持相对稳定（未受干扰）。通常，这些区域参与了地球历史上的早期造山事件。

　　稳定内部包含称为地盾（shield）的各个区域，主要是由变形的火成岩和变质岩构成的广阔平坦区域。如图 1.25 所示，加拿大地盾出露于北美洲东北部的大部分区域。放射性测年结果表明，地盾确实是年龄非常古老的区域，均含有年龄超过 10 亿年的前寒武系岩石，其中部分样品的年龄接近 40 亿年。即使是这些最古老的已知岩石，也显示出了强大力量使其褶皱、断裂和变质的证据。由此可得出结论：这些岩石曾是古老山脉系统的一部分，后来由于受到剥蚀而形成了广阔且平坦的区域。

　　克拉通内部也存在岩石高度变形的其他平坦区域，如地盾中被相对较薄沉积岩覆盖的那些区域，称为稳定地台（stable platform）。除了被扭曲形成大型盆地（或穹隆）的地方，稳定地台中的沉积岩几乎呈水平状态。在北美洲，稳定地台的主要部分位于加拿大地盾与落基山脉之间。

对于理解地球的塑造机制而言，熟悉构成地球表面的地形地貌特征至关重要。延伸并贯穿世界海洋的庞大洋脊系统有何重要意义？年轻活动造山带与海沟之间存在何种关联（若有的话）？什么样的力导致岩石出现褶皱而形成雄伟的山脉？下一章将探讨这几个问题，研究在地质历史中塑造地球（并将在未来继续塑造地球）的动态过程。

概念回顾 1.8

1. 比较洋盆和大陆。
2. 说出洋底的 3 种主要区域，描述每种区域与哪些地貌特征相关。
3. 描述地球上最年轻山脉的总体分布。
4. 地盾与稳定地台之间的差异是什么？

主要内容回顾

1.1 地质学：地球的科学

关键词：地质学，普通地质学，历史地质学

- 地质学家研究地球。普通地质学家关注地球运行的作用过程及其形成物质，历史地质学家利用对地球物质和过程的理解来重建地球历史。

- 人类与地球的关系可能是积极的，也可能是消极的。地球的过程和产物每天都在支撑着人类，但也可能伤害人类。同样，人类有能力改变（或伤害）自然系统，包括支撑人类文明的那些系统。

1.2 地质学的发展

关键词：灾变论，均变论

- 关于地球基本性质的早期观点基于宗教传统和大灾难观念。1795 年，詹姆斯·赫顿强调，同样缓慢的各个过程在很长一段时间内都发挥作用，且是地球上岩石、山脉和地貌的成因。由于这些过程具有很长时间跨度上的这种相似性，导致这一原则称为均变论。

- 基于特定元素的放射性衰变速率，人们计算出地球的年龄约为 46 亿年。

问题：宙、代、纪和世是什么？

1.3 科学探索的本质

关键词：假说，理论，科学方法

- 地质学家进行观测，然后为这些观测构建初步解释（假说），最后通过野外调查和实验室工作来检验这些假说。在科学中，理论是经过充分检验且被广泛接受的观点，科学界同意其能最佳解释某些可观测事实。

- 随着舍弃存在缺陷的假说，科学知识越来越接近正确理解，但人们永远无法完全相信自己知道所有答案，科学家必须始终迫使人类改变世界模型的新信息持开放态度。

1.4 地球系统

关键词：水圈，大气圈，生物圈，地圈，地球系统科学，系统

- 地球的自然环境传统上划分为 3 大部分：固体地球，称为地圈；地球的水域，称为水圈；地球的气态外壳，称为大气圈。

- 生物圈是地球上生命的总和，集中在一个相对狭窄的区域内，向水圈、地圈和大气圈各延伸几千米。

- 地球上所有水的 96% 位于海洋中，海洋覆盖了地球表面近 71%。

- 在地球的 4 个圈层中，每个圈层都可单独研究，但它们均在一个复杂且持续相互作用的整体中相关联，这个整体称为地球系统。

- 地球系统科学运用跨学科方法，将若干学术领域的知识整合到对地球及其全球环境问题的研究中。

- 为地球系统提供动力的两种能量源为：①太阳，驱动大气圈、水圈和地表发生的外部过程；②源于地球内部的热量，驱动产生火山、地震和山脉的内部过程。

问题：附图中的冰川冰是属于地圈还是属于水圈？解释理由。

1.5 地球的起源和早期演化

关键词： 星云理论，太阳星云

- 星云理论描述了太阳系的形成。约在 46 亿年前，各行星和太阳开始形成于一个极其巨大的尘埃和气体云。
- 随着收缩，云开始自转并呈圆盘状，被引力朝中心牵引的物质变成了原太阳。在自转盘内部，称为星子的小中心会清除越来越多的云碎片。
- 由于存在高温和弱引力场，内行星无法吸积并维持大量较轻组分。由于距离太阳很远地方的温度极低，较大外行星由大量较轻物质组成，这些气态物质解释了外行星相对较大的体积和相对较低的密度。

1.6 地球内部结构

关键词： 地壳，地幔，岩石圈，软流圈，过渡带，下地幔，地核，外核，内核

- 从成分上讲，固体地球包含 3 层：地核、地幔和地壳。地核密度最高，地壳密度最低。
- 地球内部亦可基于物理性质划分为多层。地壳和上地幔形成一个由两部分组成的层，称为岩石圈，可分解为板块构造中的各个板块。岩石圈之下是弱软流圈。下地幔比软流圈强，覆盖在熔融外核之上。这种液体由铁镍合金（与内核相同）组成，但地心的极高压力将内核压缩成固体。

问题： 附图代表了地球的层状结构。它显示的是基于物理性质的分层还是基于化学成分的分层？识别各字母所代表的层名。

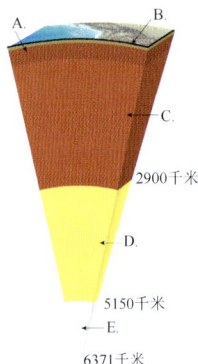

1.7 岩石和岩石循环

关键词： 岩石循环，火成岩，沉积物，沉积岩，变质岩

- 岩石循环是一个模型，用于思考地球各过程

中不同类型岩石之间的转换。所有火成岩均由熔融岩石形成，所有沉积岩均由其他岩石的风化产物形成，所有变质岩均为已有岩石在高温（或高压）下转化的产物。在适当的条件下，任意一种岩石都可转化为任何其他类型的岩石。

问题： 指出附图中简化岩石循环图中各字母所代表的过程。

岩石循环

1.8 地球表面

关键词： 洋盆，大陆，大陆边缘，大陆架，大陆坡，大陆隆，深海盆地，深海平原，深海沟，海山，洋脊，造山带，克拉通，地盾，稳定地台

- 地球表面的两个主要部分是洋盆和大陆，二者之间的明显差异是相对标高，这种高程差异主要缘于其密度和厚度差异
- 海洋的浅部基本上是各大陆的淹没边缘，深部则包括广阔的深海平原和深海沟。海山和熔岩高原在某些位置中断了深海平原。
- 大陆由相对平坦且稳定的区域构成，称为克拉通。当克拉通被相对较薄的沉积物（或沉积岩）覆盖时，称为稳定地台；当克拉通出露于地表时，称为地盾。造山带环绕在部分克拉通的边缘，这是强烈变形及变质的线性带。

问题： 将以下洋底地貌特征按照由浅至深的顺序排列：大陆坡、深海沟、大陆架、深海平原和大陆隆。

深入思考

1. 人类有记载的历史约为 5000 年，这与地质年代长度相比如何？计算这段历史所代表的地质年代的百分数（或小数）。为方便计算，将地球年龄四舍五入至最接近的十亿。

2. 根据图 1.14 中的曲线，回答以下问题：**a.** 如果登上珠穆朗玛峰，你需要呼吸多少次空气才能等于在海平面位置呼吸 1 次空气？**b.** 如果乘坐商用喷气式飞机在 12 千米高度飞行，则位于飞机之下的大气层质量所占的百分比大约是多少？

3. 附图显示了 2014 年 3 月由特大暴雨引发的泥石流，这场自然灾害掩埋了华盛顿州奥索附近一个约 2.6 平方千米的农村社区，造成 40 多人死亡。描述地球 4 个圈层中的每个如何卷入这场自然灾害。

4. 参考图 1.23，岩石循环图（特别是过程箭头所指出的信息）如何支持沉积岩是地表最丰富的岩石类型这一事实？

5. 附图所示为阿卡迪亚国家公园中缅因州海岸沿线的一段海滨线景观。**a.** 类似于其他海滨线，这个区域被描述为一个界面，这是什么意思？描述地球系统中的另一种界面。**b.** 海滨线（海水与陆地的交汇线）是否标志着北美洲大陆的外缘？解释理由。

6. 进入漆黑的房间后，你按了墙壁上的开关，但是灯却不亮。提出可能解释这一观测结果的至少 3 种假说。构想假说后，你的下一个合乎逻辑的步骤是什么？

地球之眼

1. 附图中这些岩层由沉积物（如由河流、海浪、风及冰川沉积的砂、泥和砾等）构成。该物质遭到掩埋，最终被压实并胶结成固态岩石。再后，剥蚀过程使得这些岩层出露。**a.** 你能为这些岩石建立相对时间尺度吗？也就是说，在这里显示的岩层中，你能确定哪一层可能最古老和哪一层最年轻吗？**b.** 解释你用的逻辑。

第2章 板块构造

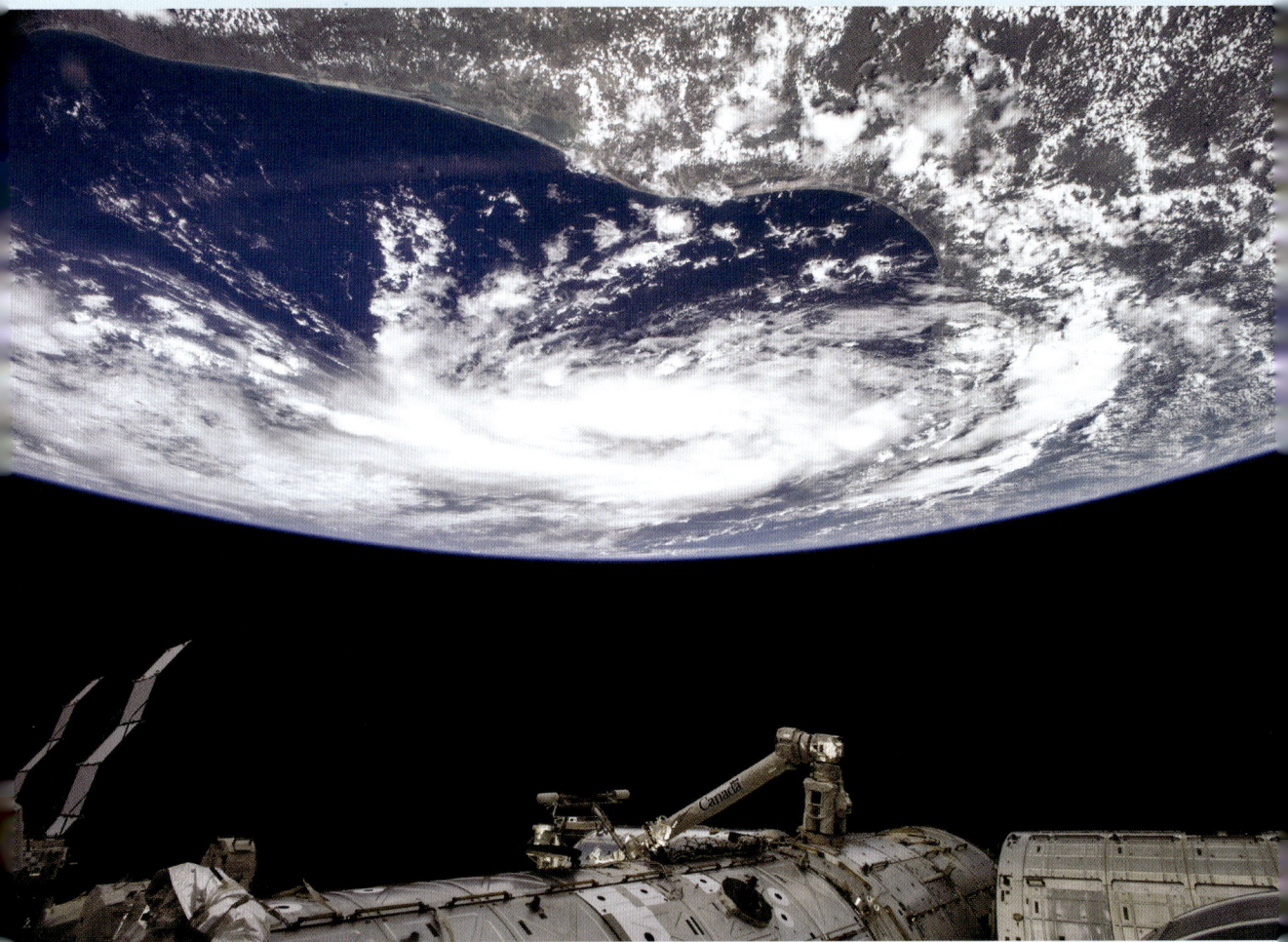

从太空中回望地球家园

新闻中的地质：搜寻板块构造和外星生命

地球是太阳系中唯一能够维持生命的已知行星，也是唯一表现出板块构造活动的行星。这种关联性给人以无限遐想，甚至搜寻地外生命的天文学家现在也专注于研究大型岩质行星，即最有可能存在板块构造的那些行星。但是，为什么这两件事情被认为密切相关呢？

在地球外壳各大块体滑动并相互作用的位置，板块构造不仅形成了山脉、地震和火山喷发，还提供了一种机制，使得二氧化碳（重要的温室气体）在地球各圈层之间循环运移：从大气圈到地球内部，然后返回大气圈。

这种循环起到了恒温器的作用，将温度保持在冷热适中的范围内，进而将液态水保持在地球表面。数十亿年来，液态水在地球上的存在对人们所知的生命发展至关重要。

岩质系外行星可能也存在板块构造，这种情形的普遍性如何？最新研究成果表明，银河系中约1/3的类地行星具有支持板块构造的潜力，意味着数十亿颗行星具有这些基本特征，使其成为可能存在生命的较好候选天体。

地球上的生命发展可能与板块构造相关

学习目标

2.1 概述 20 世纪 60 年代以前大多数地质学家对洋盆和大陆的地理位置的看法。

2.2 列举并解释魏格纳提出大陆漂移假说的支持证据。

2.3 列举地球岩石圈与软流圈之间的主要差异，并解释它们在板块构造理论中的重要性。

2.4 绘制并描述导致新大洋岩石圈形成的离散型板块边界沿线的运动。

2.5 比较 3 种类型的汇聚型板块边界，并命名每种类型边界的位置。

2.6 描述转换断层边界沿线的相对运动，并在板块边界地图上定位几个转换断层示例。

2.7 解释为何非洲板块和南极洲板块在增大，而太平洋板块却在缩小。

2.8 列举并解释板块构造理论的支持证据。

2.9 描述研究人员用于测量相对板块运动的两种方法。

2.10 描述板块-地幔对流，解释板块运动的两种主要驱动力。

板块构造是全面解释地表主要特征（包括大陆和洋盆）形成过程的首个理论，在这个模型的框架内，地质学家已经能够解释地震、火山及山脉的基本成因和分布。此外，板块构造理论还有助于解释火成岩和变质岩的形成与分布，以及它们与岩石循环之间的关系。

2.1 从大陆漂移到板块构造

概述 20 世纪 60 年代以前大多数地质学家对洋盆和大陆的地理位置的看法。

板块构造（plate tectonics）是导致各大陆发生位移并引发火山作用、地震和造山运动的岩石圈板块运动。构造过程（tectonic process）是导致地壳发生变形而形成主要构造特征（如山脉、大陆和洋盆）的过程。

直到 20 世纪 60 年代末，大多数地质学家均认为，洋盆和大陆都很古老且地理位置固定不变。但是，地球上的各大陆却不是静止不动的，而是在全球范围内极为缓慢地迁移。这些运动导致各大陆物质块体（简称大陆块体或大陆块）发生碰撞，使得介于其间的地壳发生变形，最终形成地球上的各大山脉（见图 2.1）。各大陆块偶尔发生裂解并逐渐分离，导致其间出现一个新洋盆，海底的其他部分则沉入地幔。

这种科学思想的深刻逆转称为科学革命（scientific revolution），这场革命始于 20 世纪初大陆漂移/大陆位移/大陆迁移（continental drift）假说的提出。在此后 50 多年间，科学界人士始终拒绝接受各大陆具有移动能

图 2.1 印度次大陆与东南亚发生碰撞时形成的喜马拉雅山脉

力的观点，北美洲地质学家尤其难以接受大陆漂移假说，或许是因为大部分支持证据均从非洲、南美洲及澳大利亚收集而来，而大多数北美洲地质学家并不熟悉这些大陆。

第二次世界大战后，各种现代仪器设备取代了地质锤，成了许多地球科学家的首选工具。研究人员（包括地球物理学家和地球化学家）取得了几项令人惊讶的发现，重新激发了人们对大陆漂移假说的兴趣。1968 年，大陆漂移假说最终发展成为更全面的解释，称为板块构造理论（theory of plate tectonics）。

本章将介绍引发科学观点发生深刻逆转的各个事件，并简要回顾大陆漂移假说的发展进程，研究其最初不被接受的原因，并考虑使其后续理论（板块构造理论）获得最终认可的证据。

2.2 大陆漂移假说

列举并解释魏格纳提出大陆漂移假说的支持证据。

17 世纪期间，随着更好世界地图的出现，人们发现各大洲（特别是南美洲和非洲）能够像拼图游戏一样吻合在一起。但是直到 1915 年，德国气象学家和地球物理学家阿尔弗雷德·魏格纳出版了《海陆的起源》一书，这一观测才被赋予了更多意义。该书概述了魏格纳的大陆漂移假说/大陆漂移说（continental drift hypothesis），挑战了各大陆和洋盆具有固定地理位置的长期假说。

魏格纳认为，地球上曾经存在一个由所有陆块构成的超大陆（supercontinent）（注：魏格纳并不是构想出消亡已久超大陆的第一人，地质学家爱德华·休斯之前曾经拼凑出一个巨型地块由南美洲、非洲、印度及澳大利亚构成的证据），并将其命名为潘吉亚超大陆/泛大陆/泛古陆/联合古陆/盘古大陆（Pangaea），如图 2.2 所示。魏格纳还进一步假设，约在 2 亿年前的中生代（Mesozoic era）（见图 1.7），这个超大陆开始裂解成较小的大陆块/大陆块体（continental block），然后在数百万年间漂移到了当前的位置。

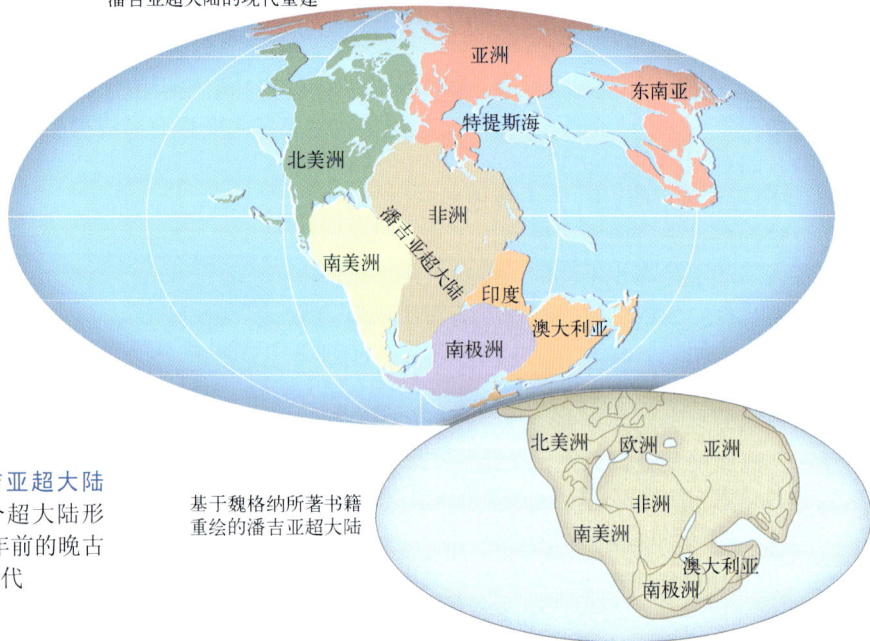

潘吉亚超大陆的现代重建

亚洲
东南亚
特提斯海
北美洲
非洲
潘吉亚超大陆
南美洲
印度
澳大利亚
南极洲

基于魏格纳所著书籍
重绘的潘吉亚超大陆

北美洲　欧洲　亚洲
非洲
南美洲
澳大利亚
南极洲

图 2.2　潘吉亚超大陆的重建。这个超大陆形成于 2 亿多年前的晚古生代和早中生代

为了支持大陆漂移假说，魏格纳及其他人收集了大量重要证据，南美洲和非洲的地理位置、化石的地理分布以及古气候的吻合程度似乎都支持当前分离的陆地曾经连接在一起的观点。

2.2.1　证据：大陆拼图

魏格纳及其他人指出，大西洋两侧的海岸线形态明显相似，证明这些大陆可能曾经相连。但是，其他地球科学家却对这一证据提出了质疑，这些反对者认为（实际上正确），海浪侵蚀和沉积过程持续不断地改变着海滨线，即使大陆漂移确已发生，现在也不太可能吻合程度较高。由于魏格纳最初做出的大陆拼图比较粗糙，人们认为他已经意识到了这个问题（见图 2.2）。

科学家后来确定，大陆外边界的更好近似是其大陆架的向海边缘，淹没在海平面之下数百米处。

20 世纪 60 年代初，爱德华·布拉德爵士和两名同事绘制了一幅地图，将约 900 米深处的南美洲和非洲大陆架边缘拼在一起（见图 2.3），通过这些测量而获得的吻合效果相当完美。

2.2.2 证据：跨海匹配的化石

魏格纳了解到，在南美洲和非洲的岩石中，人们发现了相同类型生物的化石。实际上，该时期大多数古生物学家（研究古生物化石遗迹的科学家）认为，为了解释相互远离陆块上存在着相似的古生代生命形式，人们需要建立某种类型的陆地关联。就好像源于北美洲本土的现代生命形式与源于非洲本土和澳大利亚本土的现代生命形式不同一样，分布在相距遥远的各大陆上的古生代生物也应当存在明显差异。

1. 中龙和舌羊齿

魏格纳记录了几个案例，在当前相距较远的不同陆块上，人们发现了相同化石生物，但是这种生物不太可能跨越广阔的海洋屏障（见图 2.4）。

图 2.3　大陆拼图。南美洲和非洲的最佳拼合效果出现在约 900 米深处的大陆坡沿线

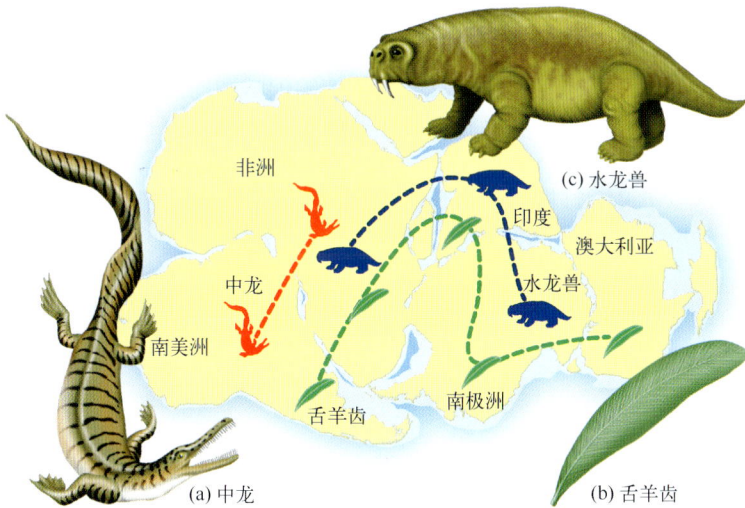

图 2.4　支持大陆漂移的化石证据。在澳大利亚、非洲、南美洲、南极洲和印度等地（当前被海洋屏障分隔较远）的年龄相似岩石中，人们发现了相同生物的化石。通过将这些大陆置于漂移之前的位置，魏格纳对这些事件进行了解释

中龙是一个典型示例，这是一种小型水生（淡水）爬行动物，化石遗迹主要发现于南美洲东部和非洲西南部的二叠系（约 2.6 亿年前）页岩中。如果中龙能够穿越南大西洋而进行长途旅行，那么其遗骸的分布范围应当更广，但实际情况却并非如此（注：指中龙化石的分布范围有限，且无法穿越成水海洋），因此魏格纳坚定地认为南美洲和非洲在那段地球历史时期必定相连。

魏格纳还引述了种子蕨类舌羊齿的化石分布作为潘吉亚超大陆存在的证据。这种植物的叶子呈舌状，种子因太大而无法被风吹走，广泛分布在非洲、澳大利亚、印度和南美洲，南极洲后来也发现了舌羊齿化石残骸（注：1912 年，在首次南极探险失败后返回时，罗伯特·斯科特上尉和两名同伴冻死在质量为 16 千克的岩石旁。这些岩石标本采集于比尔德莫尔冰川，含有舌羊齿化石残片）。魏格纳还了解到，这些种子蕨类植物及相关植物群只能在凉爽气候（类似于加拿大中部）下生长，因此得出这些陆块相连时的位置距离南极更近的结论。

相隔数千千米开阔大洋的不同地点出现了相同的生物化石，大陆漂移假说的反对者如何解释这一点呢？对这些大范围生物迁徙而言，最常见的解释是漂洋过海、跨洋陆桥（地峡连接）和岛屿跳板（见图2.5）。例如，已知在约8000年前结束的末次冰期内，由于海平面的下降，哺乳动物（包括人类）能够穿越狭窄的白令海峡（分隔俄罗斯和阿拉斯加）。"陆桥曾经连接非洲和南美洲，但是后来沉入海平面之下"是否可能？但是，现代海底地图显示沉没的陆桥并不存在，这佐证了魏格纳的观点。

图 2.5 陆地动物如何穿越汪洋大海？这些草图描绘了各种早期的建议，以解释相似物种出现在目前被浩瀚海洋隔开的不同陆块上

2.2.3 证据：岩石类型和地质特征

要成功地完成拼图游戏，在将大量碎片拼在一起的同时，还要能够保持图面的连续性。对大陆漂移而言，这意味着中生代裂解之前的大西洋两侧岩石应该能够匹配，进而形成一幅当各大陆像魏格纳提出的那样相吻合时的连续画面。

实际上，魏格纳在大西洋两岸发现了多个这样的吻合，例如南美洲东部高度变形的火成岩与非洲同时代的类似岩石非常相似；包括阿巴拉契亚山脉在内的造山带向北东方向延伸，穿过美国东部区域，然后消失在纽芬兰海岸之外（见图2.6a）。在不列颠群岛和斯堪的纳维亚半岛，年龄和结构相似的山脉再次出现。当这些地块按照魏格纳的观点进行定位时（见图2.6b），该山脉链形成了一个几乎连续的造山带。

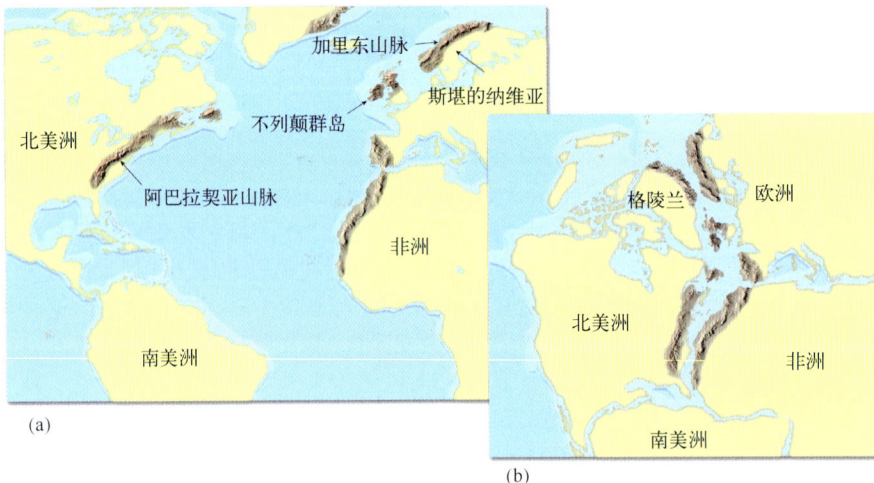

图 2.6 横跨北大西洋的匹配山脉。(a)大西洋周边大陆的当前位置；(b)约2亿年前的大陆格局

2.2.4　证据：古气候

作为主修世界气候专业的学生，魏格纳感觉古气候数据或许也会支持大陆漂移观点。在南部非洲、南美洲、澳大利亚和印度，人们发现了可追溯至晚古生代的冰期证据（见图1.7），他的预测由此获得了支持。在约3亿年前的那个冰川时期，巨型冰盖覆盖了南半球和印度的大部分区域（见图2.7a）。目前，在亚热带（或热带）气候下，含有古生代冰川作用证据的大量陆地位于赤道两侧30°纬度范围内。

赤道附近怎么会形成大面积冰盖呢？一种意见认为，地球曾经历一段全球极寒时期。魏格纳拒绝接受这一观点，因为在同一地质时期，北半球若干地点都存在大型热带沼泽，其中所含茂盛植被最终被掩埋并转化为煤炭（见图2.7b）。如今，这些煤炭形成了美国东部和北欧的各主要煤田，含煤岩石中发现的许多化石形成于应当生长在温暖潮湿气候下的大叶蕨类植物（注：若大量植物遭到掩埋，则煤炭能够在各种不同气候下形成）。魏格纳认为，这些大型热带沼泽的存在与全球极寒导致当前热带地区形成冰川的观点不相符。

图2.7　**大陆漂移的古气候证据**。(a)位于当前位置的各大陆提供了证据，证明大约在3亿年前，冰川覆盖了南半球和印度的大片区域。箭头显示了冰的运动方向，可从冰川擦痕和基岩中冰蚀凹槽的形态进行推断。热带煤沼泽也存在于当前的温带地区；(b)将各大陆复原至漂移前的位置，形成了以南极为中心的单一冰川，并使煤沼泽位于赤道附近

当重新拼接已经撕成若干片的报纸时，需要检查各种线条及文字是否平滑衔接，若拼接效果完美，则可得出这些碎片的位置原本如此的结论。

——阿尔弗雷德·魏格纳

魏格纳对晚古生代的冰川作用提出了一种更为合理的解释：在潘吉亚超大陆中，南部各大陆连在一起并位于南极附近（见图2.7b）。这种解释应当能够说明这些陆块上产生极大数量冰川冰所需的极地条件，这种地理位置也使得今天的北部各大陆更靠近赤道，同时还能说明形成了大量煤矿床的热带沼泽。

2.2.5　大辩论

从书籍出版到魏格纳去世，大陆漂移假说遭受了大量的敌意批评，主要反对意见之一是无法确定大陆漂移的可信驱动机制。魏格纳提出，可形成地球潮汐的月球和太阳的引力也能渐进地移动全球各大陆。但是，著名物理学家哈罗德·杰弗里正确地反驳说，若引潮力强大到足以移动地球各大陆，则其应当能够导致地球自转停止——当然，这种情形并未发生。

魏格纳还错误地认为，更大且更坚固的大陆冲破了更薄的洋壳，类似于破冰船刺穿了冰面。但是，没有证据表明洋底的脆弱程度足以令各大陆穿过，而各大陆在此过程中又不会明显变形。

1930年，魏格纳第4次（也是最后一次）前往格陵兰冰盖（见图2.8），虽然这次考察的主要目标是研究这个大型冰盖及其气候，但是魏格纳仍在继续检验其大陆漂移假说。从伊斯米特（位

于格陵兰岛中心）的实验站返回时，魏格纳及其格陵兰同伴一起遇难。人虽然不在了，但其观点却并未消失。

魏格纳为何无法推翻当时已经建立的科学观点呢？最重要的事实是，魏格纳大陆漂移假说的中心主题虽然正确，但是某些细节并不正确，例如大陆不会冲破洋底，以及潮汐能太弱而不可能移动大陆。对全面综合的任何科学假说而言，获得广泛接受必须要经受住所有科学领域的批判性检验。虽然魏格纳对人类理解地球做出了巨大贡献，但是并非所有证据都支持其提出的大陆漂移假说，因此大多数（特别是北美洲）科学界人士都拒绝承认（或持较大的怀疑态度来看待）大陆漂移。但是，部分科学家认识到魏格纳所累积证据的力量，从而继续致力于此项研究。

在1912—1913年的格陵兰岛考察期间，阿尔弗雷德·魏格纳正在等待北极冬季的结束，他完成了横穿冰盖最宽部分的考察，行程长达1200千米

图2.8　在格陵兰岛考察期间的阿尔弗雷德·魏格纳

概念回顾 2.2

1. 早期研究者怀疑大陆曾经相连的第一条证据是什么？
2. 人们在南美洲和非洲发现了中龙化石，但在其他地方并未发现，这种情形为何能够支持大陆漂移假说？
3. 20世纪初，人们对陆地动物如何在汪洋大海中明显迁徙的普遍观点是什么？
4. 针对魏格纳的大陆漂移假说，描述大多数地球科学家反对的两个方面。

2.3　板块构造理论

列举地球岩石圈与软流圈之间的主要差异，并解释它们在板块构造理论中的重要性。

第二次世界大战以后，海洋学家在配备了新型海洋工具和充足的资金后，迈入了前所未有的海洋探索时期。在接下来的20年间，效果更佳的大范围海底景象开始显现，人们最终发现了蜿蜒穿过所有主要海洋的全球洋脊/海岭（oceanic ridge）系统。

西太平洋研究结果表明，地震发生在深海沟之下的极深处。还有一项事实同样重要，就是海底调查并未发现年龄超过1.8亿年的任何洋壳，深海盆地中积聚的沉积物厚度也非常薄（而非此前预测的数千米）。1968年，这些进展最终形成了比大陆漂移假说更具包容性的一种理论，称为板块构造理论/板块构造论（theory of plate tectonics）。

2.3.1　刚性岩石圈和塑性软流圈

根据板块构造模型，地壳和地幔最顶部（温度因此最低）构成了地球的刚性外层——岩石圈（lithosphere）。不同岩石圈的厚度和密度各不相同，具体取决于类型是大洋岩石圈还是大陆岩石圈（见图2.9）。大洋岩石圈（oceanic lithosphere）的厚度

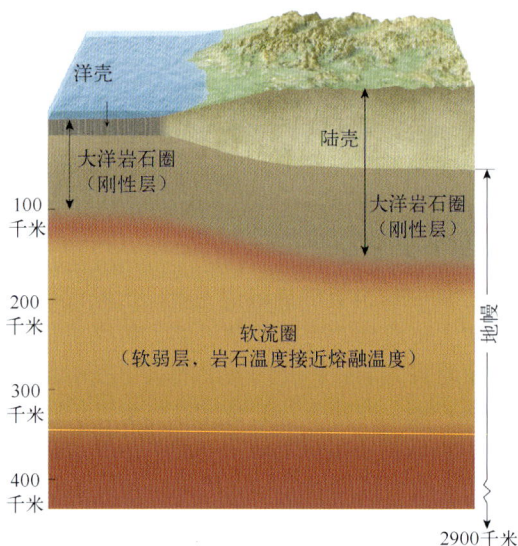

图2.9　刚性岩石圈上覆于塑性软流圈

在深海盆地中约为 100 千米，但是在洋脊系统顶部则要薄得多（如后所述）。相比之下，大陆岩石圈（continental lithosphere）的平均厚度约为 150 千米，但可能延伸至大陆稳定内部之下 200 千米（或更深）。此外，洋壳和陆壳的密度不一样，洋壳由玄武岩（富含密度较高的铁和镁）构成，陆壳主要由花岗岩（密度较低）构成。由于存在着这些差异，大洋岩石圈（地壳和上地幔）比大陆岩石圈的整体密度更大，本章后面将进一步探讨这一重要差异。

软流圈（asthenosphere）是地幔中相对软弱的炽热区域，位于岩石圈正下方（见图 2.9）。在上层软流圈（深度为 100~200 千米）中，高压和高温导致岩石非常接近熔融状态，因此虽然岩石基本上保持为固态，但会通过流动对各种力做出响应，方式类似于缓慢压缩时的黏土可能变形。相比之下，为了对作用于其上的各种力做出响应，岩石圈（相对较冷和刚硬）则趋于弯曲（或断裂）而非流动。由于存在这些差异，地球的刚性外壳能够有效地与软流圈分离，从而使得这些层能够独立移动。

2.3.2 地球的主要板块

岩石圈可分解为具有不规则大小和形状的许多地块，称为岩石圈板块（lithospheric plate），简称板块（plate），这些板块彼此之间不断运动（见图 2.10）。目前，人们已经确认 7 个主要岩石圈板块，约占地球总表面积的 94%，包括北美洲板块/北美板块、南美洲板块/南美板块、太平洋板块、非洲板块、欧亚板块、澳大利亚-印度板块和南极洲板块。其中，太平洋板块最大，包含太平洋洋盆的很大一部分，其他 6 个板块均由一个完整大陆和大量洋壳构成。如图 2.10 所示，南美洲板块几乎覆盖了整个南美洲和约 1/2 的南大西洋洋底。注意，没有任何一个板块完全通过单一大陆边缘进行定义，这与魏格纳的大陆漂移假说（认为各大陆穿破洋底，而非与其同时运动）存在着很大的差异。

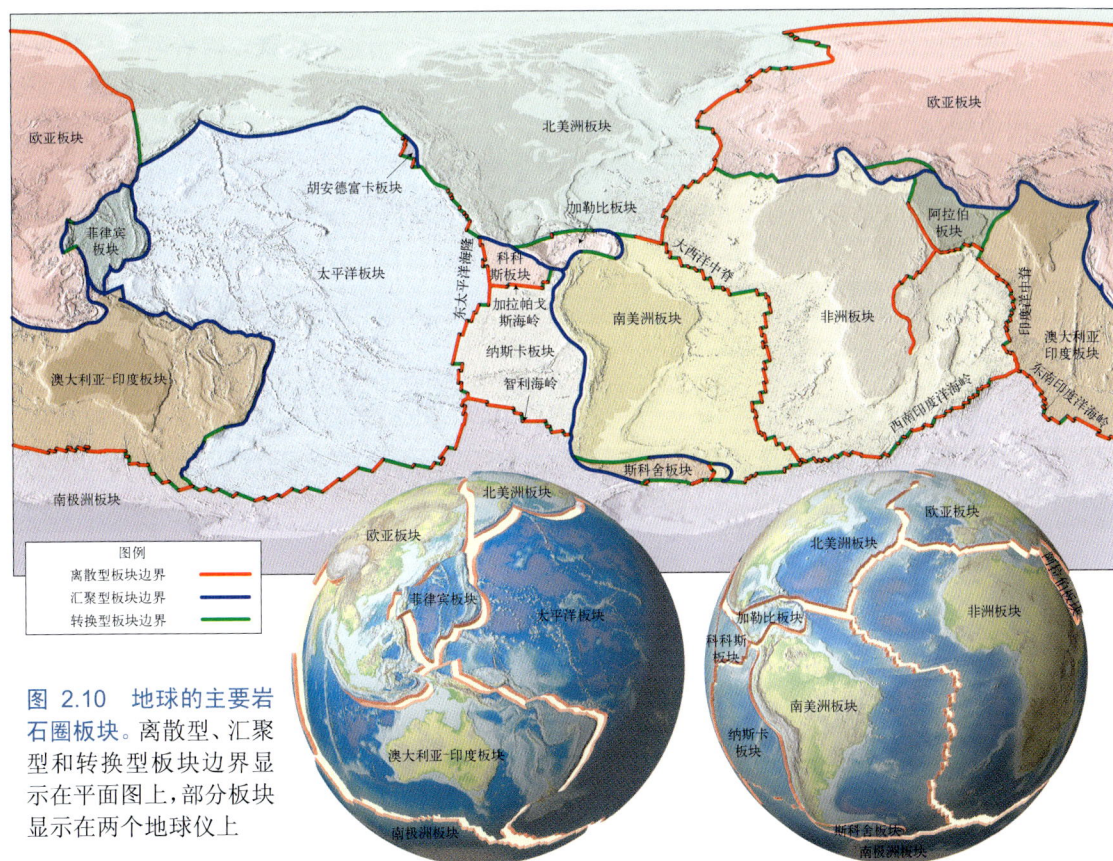

图 2.10 地球的主要岩石圈板块。离散型、汇聚型和转换型板块边界显示在平面图上，部分板块显示在两个地球仪上

中等大小的板块包括加勒比板块、纳斯卡板块、菲律宾板块、阿拉伯板块、科科斯板块、斯科舍板块和胡安德富卡板块，这些板块主要由大洋岩石圈构成（阿拉伯板块除外）。此外，称为微板块（microplate）的大量更小板块已经获得确认，但并未显示在图 2.10 中。

2.3.3　板块运动

板块构造理论的一种主要原则如下：随着各板块的运动，不同板块上的两个地点（如纽约和伦敦）之间的距离会渐进式改变，同一板块上的两个不同地点（如纽约和丹佛）之间的距离则保持相对稳定。但是，某些板块的某些部分相对较弱，如随着印度次大陆挤入亚洲，华南地区确实受到了挤压。

由于各板块彼此之间的运动相对恒定，大多数主要相互作用发生在板块边界沿线，因此这里是大多数地壳变形的发生之地。实际上，各板块边界最早就是通过绘制地震和火山的位置而确定的。板块通过以下 3 种不同类型的边界（表现出不同的运动类型）进行界定。

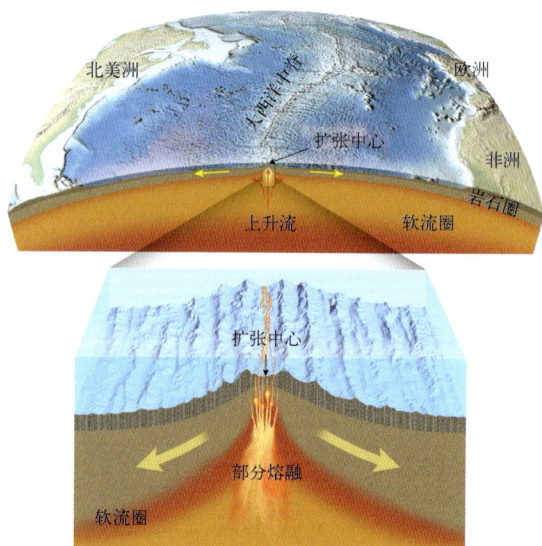

图 2.11　海底扩张。离散型板块边界大多位于洋脊顶部沿线，即海底扩张之处

- 离散型板块边界。两个板块反向运动，地幔热物质上涌并部分熔融，从而生成新洋底（见图 2.11）。
- 汇聚型板块边界。两个板块相向运动，导致出现两种情形：一是大洋岩石圈下插到上驮板块之下，最终被地幔再次吸收；二是两个大陆块体发生碰撞，最终形成造山带（见图 2.15）。
- 转换型板块边界。两个板块彼此交错，不会生成（或消减）岩石圈（见图 2.20）。

在所有类型的板块边界中，离散型板块边界和汇聚型板块边界各约占 40%，转换型板块边界约占 20%。下面几节将逐一讨论这 3 种类型的板块边界。

概念回顾 2.3

1. 第二次世界大战后，海洋学家发现了关于洋底的哪些新情况？
2. 比较地球的岩石圈和软流圈。
3. 列举 3 种类型的板块边界，并描述每种类型边界沿线的相对运动。

2.4　离散型板块边界和海底扩张

绘制并描述导致新大洋岩石圈形成的离散型板块边界沿线的运动。

离散型板块边界（divergent plate boundary）大多位于洋脊顶部沿线，由于这里是新洋底的诞生之处，可视为建设性板块边缘（constructive plate margin），如图 2.11 所示。洋脊/海岭/海脊（oceanic ridge）是海底隆升区域，以高热流和火山活动为特征。全球洋脊系统（oceanic ridge system）是地球表面的最长地形特征，总长度超过 70000 千米。如图 2.10 所示，全球洋脊系统的各个部分已获命名，如大西洋中脊（Mid-Atlantic Ridge）、东太平洋海隆（East Pacific Rise）和印度洋中脊（Mid-Indian Ridge）等。

洋脊系统占地球表面的约 20%，蜿蜒穿越所有主要洋盆，与棒球上的接缝特别相像。虽然洋脊顶部通常比相邻洋盆高 2～3 千米，但术语脊/岭可能因字面含义（狭窄）而产生误导，其实洋脊的实际宽度为 1000～4000 千米。此外，某些洋脊段的顶部沿线还存在深峡谷构造，称为裂谷（rift valley），如图 2.12 所示，这些构造是张应力正在主动拉张洋脊所在位置洋壳的证据。

2.4.1 海底扩张

洋脊系统沿线产生新海底的运行机制称为海底扩张（seafloor spreading），典型海底扩张的平均速率约为 5 厘米/年，与人类指甲的生长速率大致相同。大西洋中脊沿线的扩张速率相对较慢（2 厘米/年），东太平洋海隆沿线部分区域的扩张速率相对较快（超过 15 厘米/年）。仅就人类时间尺度而言，这些海底的扩张速率较为缓慢，但足以在过去 2 亿年内形成地球当前的所有大洋岩石圈。

海底扩张发生在两个相邻板块彼此远离的位置，在洋壳中形成又窄又长的断裂破碎带。海底扩张会引发来自地表下方的上升流（upwelling），继而导致软流圈中一小部分上升地幔热岩发生熔融，这一过程生成的岩浆上涌，在洋脊轴部（正在分离的两个板块边缘）沿线形成 7 千米厚的洋壳。于是，两个相邻板块以缓慢但永不停歇的方式扩张，二者之间形成新洋壳，离散型板块边界因此也称扩张中心（spreading center）。

图 2.12 冰岛的裂谷。冰岛辛格维尔国家公园位于一条裂谷（约 30 千米宽）的西缘，该裂谷与大西洋中脊顶部沿线的类似地貌特征相连。图像左半部分的悬崖近似为北美洲板块东缘

2.4.2 大洋岩石圈的生长变化

在新生成的洋壳之下，由于岩浆上升流区域极其炽热，岩石圈中的地幔部分相当薄。软流圈岩石的温度极高（密度较低），支撑着上面抬升的可能比邻近洋盆高 2.5 千米的洋脊。

洋壳一旦形成，就会缓慢而持续地离开热地幔上升流区域，新生成的洋壳与相对较冷的海水接触，快速冷却并将厚度保持在约 7 千米。同时，通过向上方地壳辐射热量，下伏软流圈以较慢的速度冷却，导致上部软流圈的刚性逐渐增强，最终成为大洋岩石圈的一部分。换句话说，当温暖且软弱的软流圈离开上升流区域时，冷却过程会生成更冷且更刚硬的岩石圈岩石。随着岩石圈变得越来越厚，冷却也会导致其收缩且密度增大。

大洋岩石圈的温度需要约 8000 万年才能稳定下来，最大厚度届时将达到约 100 千米。因此，在一定程度上，大洋岩石圈的厚度与其年龄相关：年龄越老（越冷），厚度就越大。

大洋岩石圈的收缩及其密度增大导致远离洋脊顶部的海洋深度增大，因此曾经是抬升洋脊系统一部分的岩石将位于深海盆地中（大致为海平面之下 5 千米）。考虑新形成的大洋岩石圈的高程变化时，以下方法可供参考：洋脊顶部的板块年轻、温度高且高度大，然后随着年龄增长和冷却过程而变老、变冷且变低。

2.4.3 大陆张裂

离散型边界能够在单一大陆内部发育，并且可能导致该大陆裂解为两个（或更多）较小的部分（由洋盆分隔）。当板块运动形成拉张岩石圈的张应力时，大陆张裂过程随即开始，这种拉张作

用又会推动地幔上升流的上涌和上覆岩石圈的广泛上翘（见图2.13a）。这一过程使得岩石圈变薄，并将脆性地壳岩石裂解为若干大断块。随着构造应力继续撕裂地壳，破碎后的地壳碎片向下沉降，形成称为 **大陆裂谷**（continental rift）的狭长坳陷。大陆裂谷能够变宽而形成狭窄的海洋（见图2.13b和图2.13c），最终形成一个新洋盆（见图2.13d）。

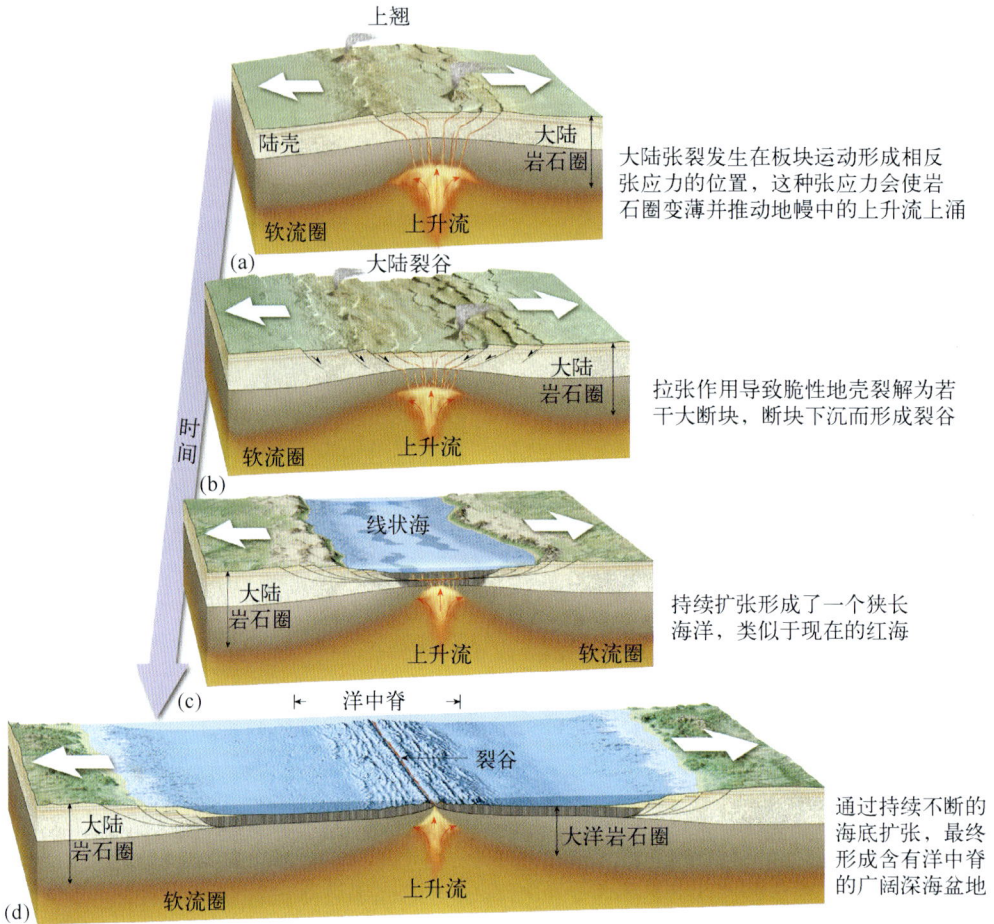

图 2.13　大陆张裂：新洋盆的形成

　　活动大陆裂谷的典型示例为东非大裂谷（见图2.14），人们目前正在研究该裂谷是否会导致非洲解体。无论如何，东非大裂谷都是大陆裂解初期的极佳模型，这里的张应力已经拉张并使岩石圈变薄，从而允许上地幔中的熔融岩石上涌。这种上升流的证据包括几座大型火山，如非洲的两座最高山峰（乞力马扎罗山和肯尼亚山）。研究结果表明，如果张裂过程持续下去，那么该裂谷将变长和变深（见图 2.13c）。在未来的某个时刻，该裂谷将变成一个狭窄的海洋，并且包含通向开阔大洋的出口。红海就是具有此类特征的现代示例，它形成于阿拉伯半岛从非洲分离的时候，为人们提供了大西洋幼年时期可能的外观（见图2.13d）。

概念回顾 2.4

1. 绘制（或描述）离散型板块边界沿线两个板块彼此之间的相对运动。
2. 在现代海洋中，海底扩张的平均速率是多少？
3. 列举洋脊系统的4种标志性特征。

2.5 汇聚型板块边界和俯冲作用

比较3种类型的汇聚型板块边界，并命名每种类型边界的位置。

洋脊位置不断形成新岩石圈，但是地球却并未生长变大，总表面积保持恒定。由于大洋岩石圈中密度更大的较老部分以与海底形成速率相等的速率下潜到地幔中，地球总体上保持了一种平衡。这种活动发生在汇聚型板块边界（convergent plate boundary）沿线，两个板块在这里彼此相向运动，其中一个板块的前缘在另一个板块下方滑动并向下弯曲。

汇聚型板块边界是岩石圈下潜（俯冲）到地幔中的位置，也称俯冲带（subduction zone）。当岩石圈板块的密度大于下伏软流圈的密度时，就向下俯冲（下潜）。一般而言，年龄更老的大洋岩石圈主要由致密的富铁镁矿物构成，密度比下伏软流圈的高约2%，它们会像船锚一样下沉。相比之下，大陆岩石圈的密度低于大洋岩石圈和下伏软流圈，趋于抵抗俯冲作用的发生。但是在有些地点，大陆岩石圈被迫低于上驮板块，只不过深度相对较浅而已。

地质学家一致认为，密度较大的岩石圈板块会俯冲到下伏软流圈中。但是，在俯冲过程开始之前，地球的刚性外壳必定发生破裂。究竟是何种原因导致岩石圈破裂呢？研究人员仍在激烈争论。

深海沟（deep-ocean trench）是位于海底的线性长坳陷，通常位于距离大陆或火山岛链（如阿留申群岛，见图13.8）数百千米之外的近海海域。当大

图2.14 东非大裂谷。东非大裂谷代表大陆裂解的早期阶段。红色区域由已被拉张并变薄的岩石圈组成，使得岩浆能够从地幔中上涌

洋岩石圈沿俯冲带下潜到地幔中时，弯曲地带形成了这些水下表面地貌特征（见图2.15a），如位于南美洲西海岸沿线的秘鲁-智利海沟，其长度超过4500千米，海底位于海平面之下约8千米。

大洋岩石圈的各个板片（slab）下潜到地幔中的角度不等，俯冲角度从几度到接近垂直（90°），这很大程度上取决于其年龄和密度。例如，当海底扩张位置距离俯冲带相对较近时（类似于智利海岸沿线的情形，见图2.10b），俯冲岩石圈较为年轻且浮力较大，导致下潜角度较小。当两个板块汇聚时，上驮板块刮擦下插俯冲板块的顶部，这是一种强迫性俯冲作用。因此，秘鲁-智利海沟周围地区经历了多次大地震，如2010年发生的智利地震，这是人类有记录以来的十大地震之一。

随着年龄逐渐变老（远离扩张中心），大洋岩石圈逐渐冷却、变厚及密度增大。在西太平洋的部分地区，有些大洋岩石圈的年龄约为1.8亿年，在当今大洋中最厚且密度最大，非常致密的板片通常以接近90°的角度陷入地幔。在很大程度上，这可解释西太平洋的大多数海沟（如马里亚纳海沟和汤加海沟）为何比东太平洋的海沟更深。

虽然所有汇聚地带都具有相同的基本特征，但是根据所涉及的地壳物质类型和地质构造背景，它们可能存在相当大的差异。汇聚型板块边界能够在以下类型的两个板块之间形成：大洋板块和大陆板块；两个大洋板块；两个大陆板块（见图2.15）。

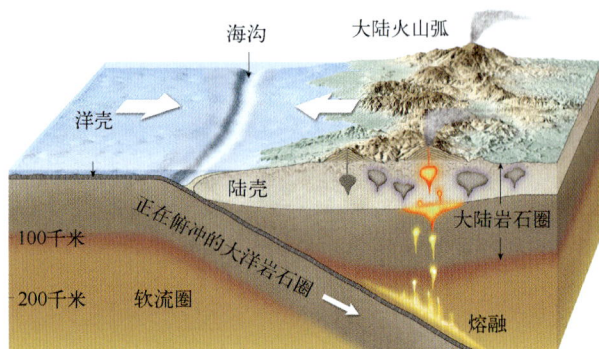

(a) 大洋岩石圈俯冲到大陆岩石圈之下

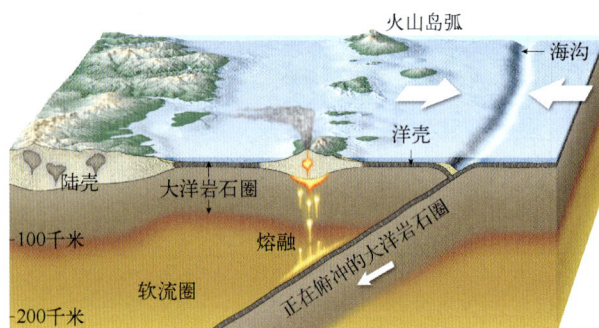

(b) 发生在两个大洋岩石圈板片之间的汇聚型板块边界

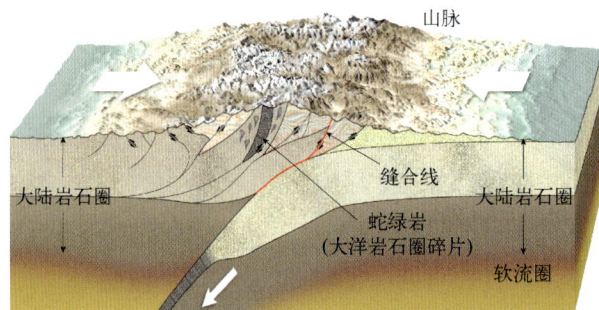

(c) 当两个板块均被陆壳覆盖时，大陆碰撞发生在汇聚型板块边界沿线

图 2.15   汇聚型板块边界的 3 种类型

2.5.1   洋-陆汇聚

当陆壳覆盖板块的前缘与大洋岩石圈板片汇聚时，浮力较大的大陆板块保持漂浮状态，密度较大的大洋板片则沉入地幔（见图 2.15a），这一过程触发了下潜板块正上方地幔楔（wedge of mantle rock）的熔融。大洋岩石圈冷却板片的俯冲作用如何导致地幔岩石发生熔融呢？

洋壳中含有大量水分，俯冲时会被下潜板块携带至地下极深处。当板块向下俯冲时，热量和压力驱使水分从俯冲板片的水合（富水）矿物中排出。在约 100 千米深处，地幔楔的温度足够高，从下方板片中析出的水导致部分熔融（见图 2.16a）。下潜板块释放水分发挥的作用类似于融化冰的盐，即在高压环境中，湿岩石的熔融温度远低于相同成分的干岩石。

这一过程称为部分熔融（partial melting），人们认为其能够生成一些与未熔融地幔岩石相混合的岩浆。由于密度低于周围地幔，这种可移动的热物质朝向地表逐渐上升。基于各种不同环境，源于地幔的这些熔融岩石可能穿越地壳而上升至地表，引发火山喷发。但是，大多数这种物质无法抵达地表，而在地下深处固结，导致地壳变得更厚。

当纳斯卡板块俯冲至南美洲大陆之下时，生成的熔融岩石最终形成安第斯山脉中的各座火山（见图 2.10）。部分通过与大洋岩石圈俯冲作用相关的火山活动而形成的山系（如安第斯山脉）称为**大陆火山弧**（continental volcanic arc）。喀斯喀特山脉（位于美国华盛顿州、俄勒冈州和加利福尼亚州）是由几个著名火山组成的另一个山系（包括雷尼尔山、沙斯塔山、圣海伦斯山和胡德山），这条活动火山弧也延伸到了加拿大，并在那里形成加里波第山和米尔格山（见图2.16b）。

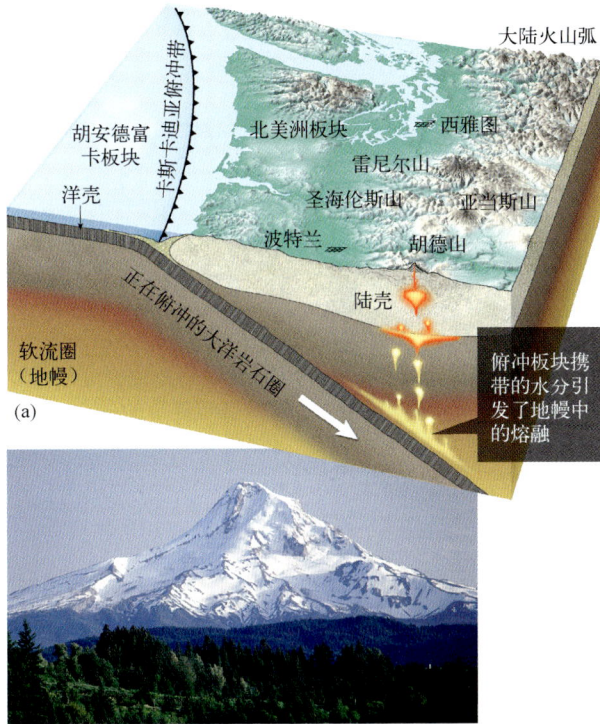

(b) 位于俄勒冈州的胡德山

图 2.16　洋-陆汇聚板块边界。(a)喀斯喀特山脉是由胡安德富卡板块俯冲至北美洲板块之下形成的大陆火山弧；(b)胡德山（位于俄勒冈州）是喀斯喀特山脉中的十几座大型复合火山之一

2.5.2　洋-洋汇聚

在洋-洋汇聚边界，许多地貌特征与洋-陆板块边缘相同（见图 2.15a 和图 2.15b）。在两个大洋板块汇聚之处，一个板块下潜至另一板块之下，通过与所有俯冲带相同的运行机制引发火山活动（见图 2.10），大洋岩石圈俯冲板片释放的水分引发正上方的炽热地幔楔发生熔融。在这种背景下，火山从洋底（而非大陆平台）向上生长。持续性俯冲最终导致一个火山构造链，这些构造的规模非常庞大，足以浮出海面并形成岛屿。新形成的陆地由一个弧形火山岛链构成，称为**火山岛弧**（volcanic island arc），简称**岛弧**（island arc），如图 2.17 所示。

岛弧通常位于距离深海沟 120～360 千米的地方。阿留申群岛、马里亚纳群岛和汤加群岛是相对年轻的火山岛弧示例，它们各自位于具有相同名称海沟的邻近位置。

大多数火山岛弧位于西太平洋，仅有两个火山岛弧位于大西洋，即小安的列斯群岛（位于加勒比海东缘）和南桑威奇群岛（位于南美洲尖端之外）。小安的列斯群岛形成于大西洋海底俯冲至加勒比板块之下，美属维尔京群岛和英属维尔京群岛均位于这个火山弧内。1902 年，在这个火山弧内，马提尼克岛上的培雷火山喷发，摧毁了整个圣皮埃尔镇，造成约 28000 人死亡。2010 年，这一岛链中的蒙特塞拉特岛出现了火山活动。

岛弧通常是由许多火山锥组成的简单结构，下伏洋壳的厚度一般不到 20 千米。但是，有些岛弧更复杂，下伏洋壳高度变形且厚度可达 35 千米，如日本、印度尼西亚和阿拉斯加半岛。这些岛弧构建在俯冲作用事件早期生成的物质上，或者构建在远离大陆主体的小块陆壳上。

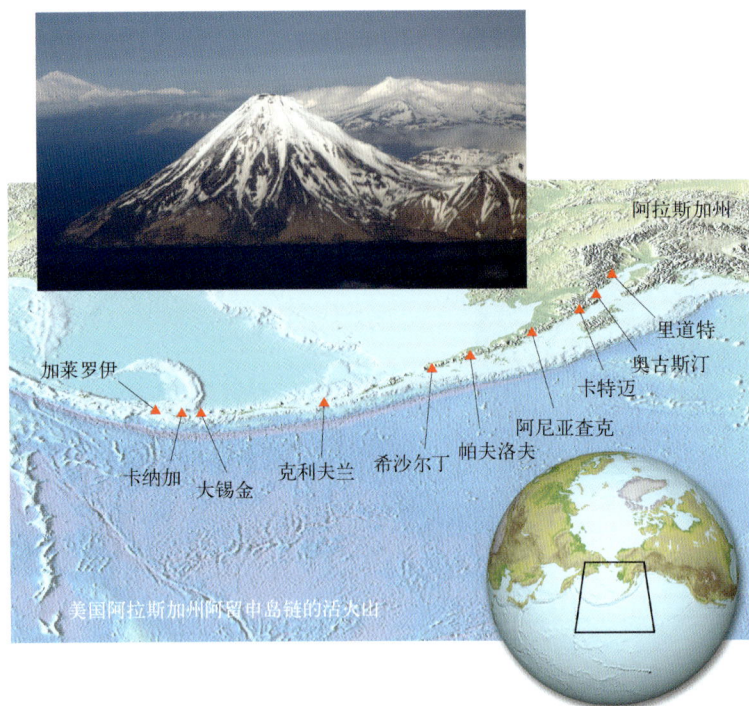

图 2.17　阿留申岛链中的火山。阿留申群岛是一个火山岛弧，由太平洋板块俯冲至北美洲板块之下形成。可以看到，阿留申岛链中的各火山一直延伸到了阿拉斯加

2.5.3　陆-陆汇聚

当一个大陆块由于居间洋底的俯冲作用而与另一大陆块的边缘发生碰撞时，即形成第三种类型的汇聚型板块边界（见图 2.18a）。虽然大洋岩石圈往往非常致密而很容易沉入地幔，但是大陆岩石圈物质的浮力通常会抑制其被俯冲，至少能够抑制到其被俯冲至任何较大的深度。因此，正在汇聚的两个大陆碎片之间的碰撞随后发生（见图 2.18b）。这一过程导致大陆边缘沿线的沉积物和沉积岩堆积发生褶皱和变形，就好像将其放在一把巨型老虎钳中一样，形成由变形的沉积岩和变质岩（通常含有大洋岩石圈碎片）构成的新造山带。

这样的碰撞始于约 5000 万年前，印度次大陆撞入亚洲，形成了最雄伟的山脉——喜马拉雅山脉（见图 2.18c）。在这次碰撞过程中，陆壳弯曲并断裂，大体上水平方向缩短和垂直方向增厚。除了喜马拉雅山脉，其他几个主要山系（如阿尔卑斯山脉、阿巴拉契亚山脉和乌拉尔山脉）均形成于大陆碎片碰撞。第 14 章将进一步讨论这一主题。

概念回顾 2.5

1. 为何大洋岩石圈俯冲而大陆岩石圈不俯冲？
2. 大洋岩石圈板片的何种特征解释了与不那么深的海沟相反的深海沟的形成？
3. 大陆火山弧和火山岛弧的区别是什么？

2.6　转换型板块边界

描述转换断层边界沿线的相对运动，并在板块边界地图上定位几个转换断层示例。

转换型板块边界（transform plate boundary）也称转换断层（transform fault），两个板块在此边界沿线彼此水平交错滑动，并不发生岩石圈的增减。1965 年，加拿大地质学家约翰·图佐·威尔逊发现了转换断层的基本性质，认为这些大断层连接了两个扩张中心（离散型边界）或者（不太常见）两个海沟（汇聚型边界）。大多数转换断层发现于洋底，它们将所在的洋脊系统分割成

若干段，进而形成阶梯状板块边缘（见图2.19a）。图2.10中大西洋中脊的形状大致反映了导致潘吉亚超大陆发生裂解的原始裂谷的形状（将大西洋两岸陆块大陆边缘的形状与大西洋中脊的形状进行比较）。

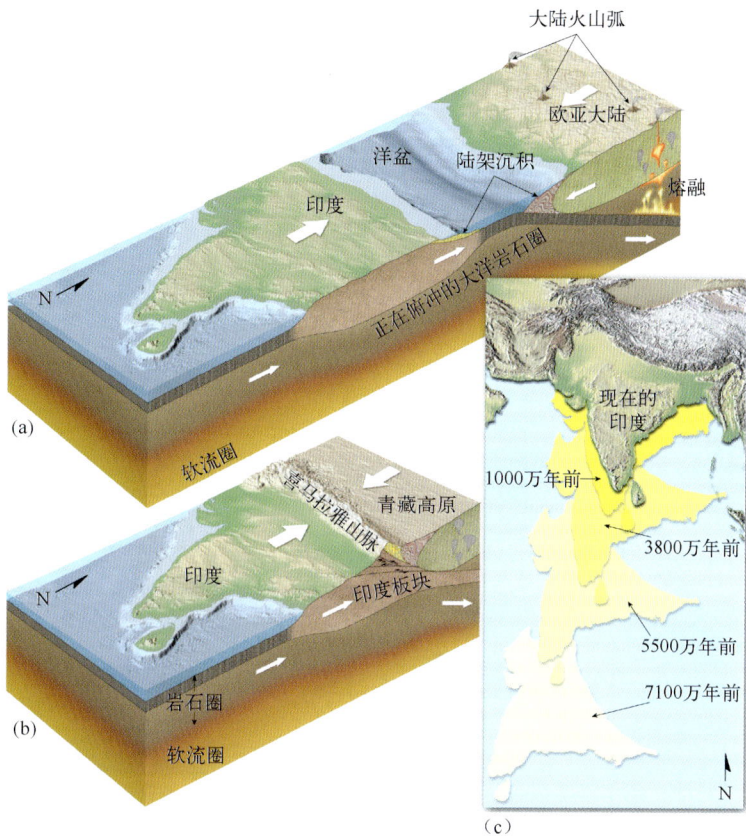

图 2.18 印度与欧亚大陆碰撞形成喜马拉雅山脉。印度次大陆与欧亚大陆的持续碰撞始于约 5000 万年前，形成了雄伟的喜马拉雅山脉。虽然(c)中的地图仅显示了印度次大陆的运动，但是当发生碰撞时，印度次大陆和欧亚大陆都在运动

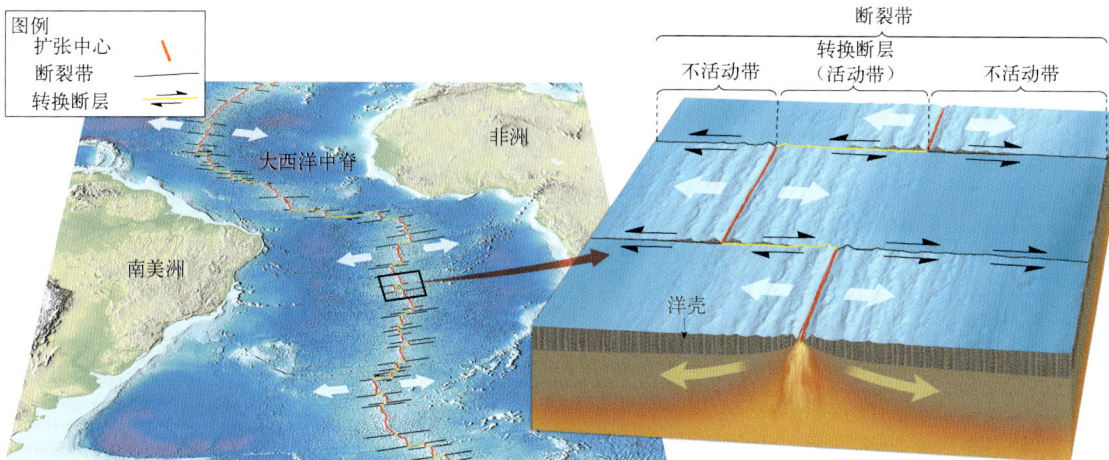

(a) 大西洋中脊及其锯齿状图案大致反映了导致潘吉亚超大陆解体的裂谷带形状

(b) 断裂带是海底狭长且较窄的疤痕状地貌特征，大致垂直于错断的各个洋脊段，既包括活动转换断层，又包括其向板块内部的不活动延伸

图 2.19 转换型板块边界。大多数转换断层错断了扩张中心的各个部分，形成了锯齿状板块边缘

通常，转换断层是断裂带（fracture zone）的一部分，断裂带是海底中的明显线性断裂，既包括活动转换断层，又包括其向板块内部的不活动延伸（见图 2.19b）。在一条断裂带中，活动转换断层仅位于两个错断洋脊段之间，一般通过弱浅层地震进行定义。在转换断层的每侧，海底都会远离相应的洋脊段，因此在各洋脊段之间，这些相邻的洋壳板片沿转换断层彼此摩擦经过。在洋脊顶部之外，由于两侧岩石均朝同一方向移动，这些断层并不活动。但是，这些不活动断层被保留为线性地形坳陷，成为过去曾经发生转换断层活动的证据。这些断裂带的走向与其形成时的板块运动方向大致平行，因此有助于地质学家绘制地质历史时期的板块运动方向图。

转换断层还提供一种搬运方法，将洋脊顶部形成的洋壳搬运至消减地点——深海沟，如图 2.20 所示。胡安德富卡板块向南东方向移动，最终俯冲至美国和加拿大西海岸之下。这个板块的南端以一条转换断层（门多西诺断层）为界，该转换边界将胡安德富卡海岭与卡斯卡迪亚俯冲带连接在一起，促进了胡安德富卡海岭形成的地壳物质向北美洲大陆之下的目的地搬运。

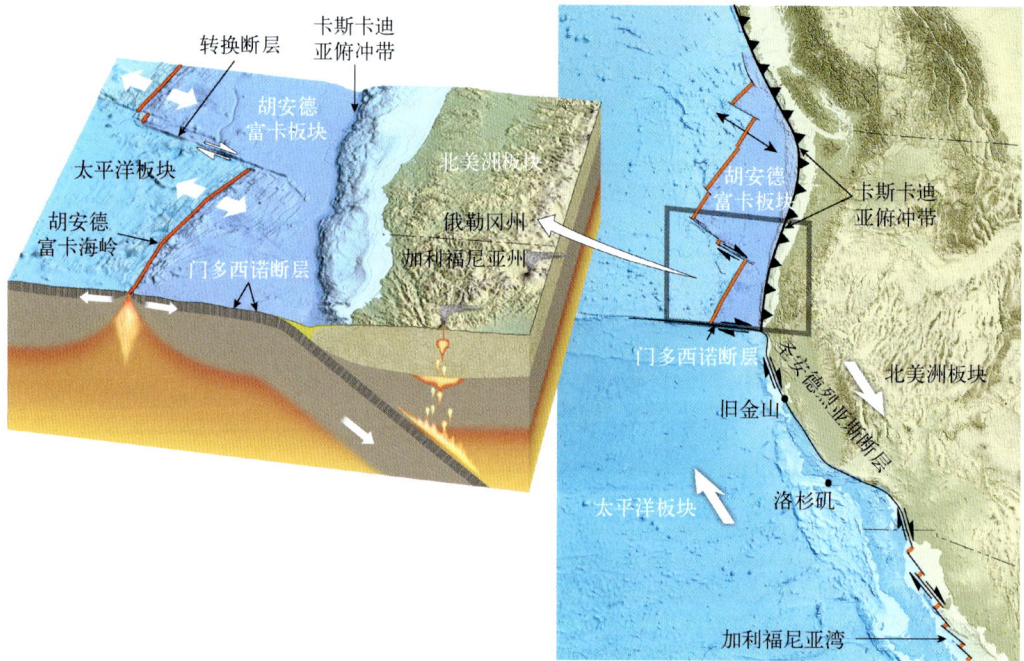

图 2.20 转换断层促进板块运动。胡安德富卡海岭沿线生成的海底向南东方向移动，经过太平洋板块，最终俯冲至北美洲板块之下。因此，这个转换断层将扩张中心（离散型边界）与俯冲带（汇聚型边界）连接在一起。这里也显示了圣安德烈亚斯断层，即连接加利福尼亚湾扩张中心与门多西诺断层的转换断层

大多数转换断层（如门多西诺断层）边界位于洋盆内，但是也有少数转换断层边界切过陆壳，如圣安德烈亚斯断层（位于美国加利福尼亚州）和阿尔卑斯断层（位于新西兰）。如图 2.20 所示，圣安德烈亚斯断层将一个扩张中心（位于加利福尼亚湾）与卡斯卡迪亚俯冲带和门多西诺断层连接在一起。沿着圣安德烈亚斯断层，太平洋板块朝北西方向移动，途经另一侧的北美洲板块（见图 2.21）。如果这种运动持续下去，那么断裂带以西的部分（美国加利福尼亚州的一部分和墨西哥巴哈半岛）将成为美国和加拿大西海岸之外的岛屿。但是，人们目前更需要关注另一个问题，就是这个断裂系统沿线的运动所引发的地震活动。

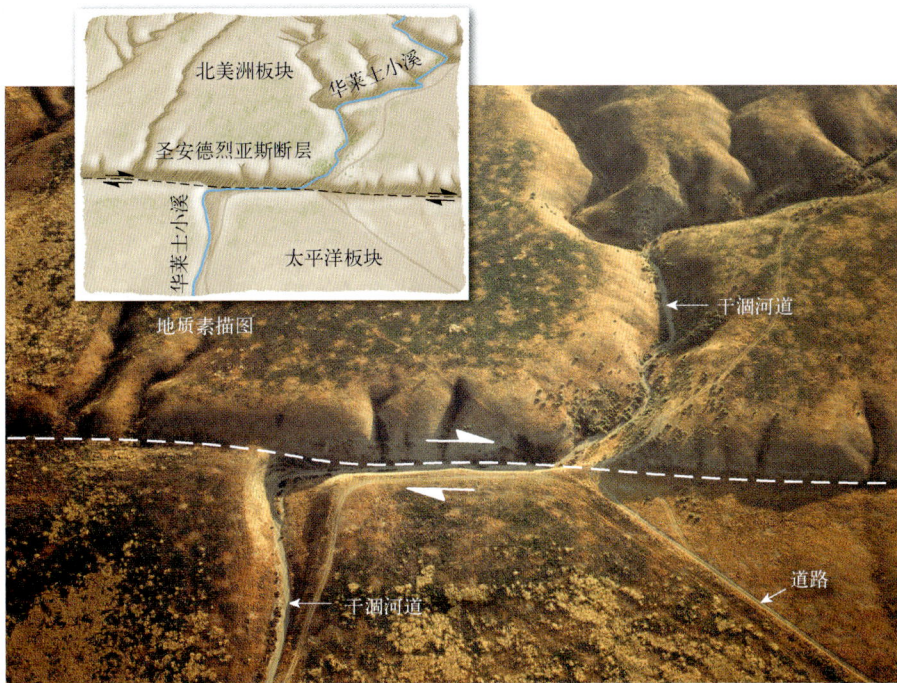

图 2.21　圣安德烈亚斯断层沿线的运动。如这张航拍照片所示，在美国加利福尼亚州塔夫脱附近，华莱士小溪干涸河道的错断清晰可见

概念回顾 2.6

1. 草绘（或描述）两个板块在转换型板块边界沿线彼此之间的运动。
2. 列举将转换断层与其他两种类型的板块边界进行区分的两个特征。

2.7　板块及其边界的变化

解释为何非洲板块和南极洲板块在增大，而太平洋板块却在缩小。

虽然地球的总表面积并未发生改变，但是各个板块的大小和形状却始终在变化。例如，非洲板块和南极洲板块主要由离散型边界（洋底生产基地）界定，并且随着新岩石圈拼贴至边缘而不断生长。相比之下，太平洋板块则正在变得越来越小，因为其大部分外缘沿线沉入地幔的消减速度要快于东太平洋海隆沿线的增生速度。

板块运动的另一种结果是边界迁移，如秘鲁-智利海沟（纳斯卡板块俯冲至南美洲板块之下时向下弯曲形成）的位置随时间推移而发生了变化（见图 2.10），由于南美洲板块相对于纳斯卡板块向西漂移，秘鲁-智利海沟也向西迁移。

为了对岩石圈上的作用力变化做出反应，各板块边界也能生长（或消亡），如某些板块及其陆壳目前正在彼此相向运动。在南太平洋，澳大利亚正在向北移动，如果这种状况持续进行下去，那么当这些板块合为一体时，澳大利亚与南亚之间的边界最终将消失。还有一些板块正在分离，如红海是一个相对较新的扩张中心所在地，这个中心在不到 2000 万年前出现，阿拉伯半岛那时开始从非洲分离。

2.7.1　潘吉亚超大陆的裂解

潘吉亚超大陆的裂解（解体）是描述板块边界如何随地质年代的推移而改变的经典示例。通过利用魏格纳无法获得的现代工具，地质学家重建了这个超大陆的裂解步骤，这一事件始于约

1.8 亿年前（见图 2.22a 和图 2.22b）。该项工作确定了各个地壳碎片彼此分离时的日期和相对运动（见图 2.22）。

潘吉亚超大陆裂解的重要结果之一是形成了一个新洋盆，即大西洋。如图 2.22 所示，该超大陆的裂解并未在大西洋边缘沿线同时发生，首次裂解发生在北美洲与非洲之间，这里的陆壳高度断裂，为巨量流体熔岩抵达地表提供了便捷通道。如今，这些已固结的熔岩以美国东海岸沿线发现的风化火成岩为代表，主要埋藏在形成大陆架的沉积岩之下。放射性测年结果表明，张裂作用始于约 1.8 亿年前，这一时间代表了北大西洋这一区域的"出生日期"。

约 1.3 亿年前，在当前的南非最南部的尖端附近，南大西洋开始打开。这一裂谷带逐渐向北迁移，进而渐进地打开了整个南大西洋（见图 2.22b 和图 2.22c）。由于南部陆块的持续裂解，非洲和南极洲发生分离，印度则继续北上。约 5000 万年前（新生代早期），澳大利亚已经从南极洲分离出来，南大西洋终于发育成为一个成熟的海洋（见图 2.22d）。

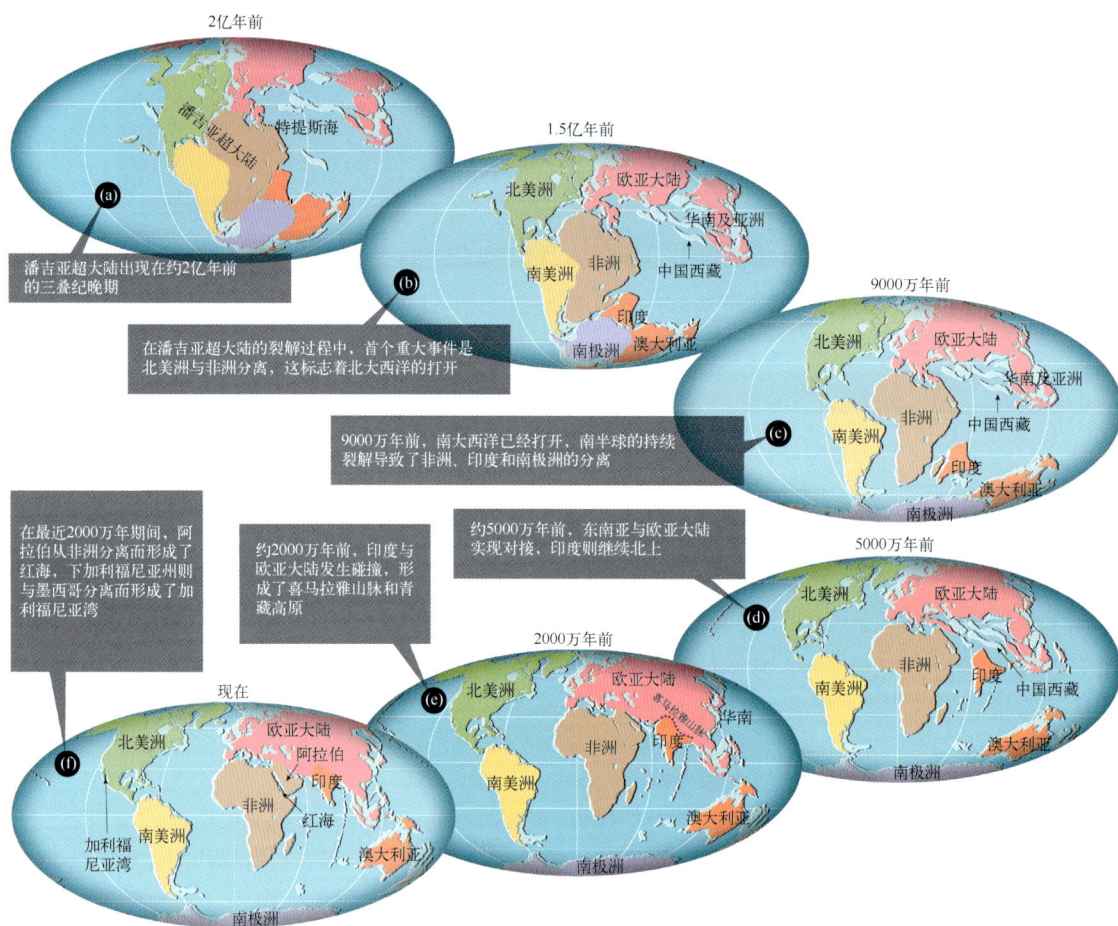

图 2.22　潘吉亚超大陆的裂解

印度最终与亚洲发生碰撞（见图 2.22e），这一事件始于约 5000 万年前，最终形成了喜马拉雅山脉和青藏高原。大致在相同的时间，格陵兰岛从欧亚大陆分离，完成了北半球地块的裂解。在最近 2000 万年左右的地球历史中，阿拉伯半岛从非洲裂解，形成了红海，下加利福尼亚州从墨西哥分离，形成了加利福尼亚湾（见图 2.22f）。与此同时，巴拿马弧连接北美洲和南美洲，形成了人们熟悉的现代地球外观。

2.7.2　未来的板块构造

地质学家推断出了当前板块运动的未来状态，如果今天的板块运动保持不变，那么 5000 万年后的地球陆地形态如图 2.23 所示。

在北美洲，巴哈半岛（下加利福尼亚半岛）和位于圣安德烈亚斯断层以西的南加利福尼亚州部分都将滑过北美洲板块。如果这种向北迁移持续进行，那么洛杉矶和旧金山将在约 1000 万年后擦肩而过，巴哈半岛将在约 6000 万年后开始与阿留申群岛发生碰撞。

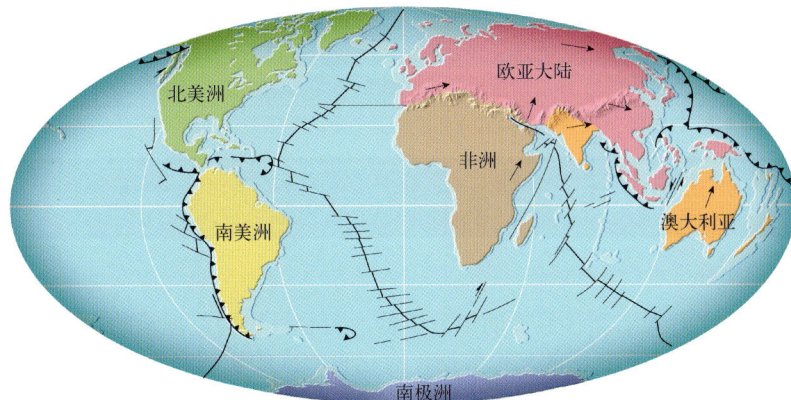

图 2.23　5000 万年后的世界。这种重建高度理想化，且基于以下假设：导致潘吉亚超大陆发生裂解和分离的过程将始终持续

若圣安德烈亚斯断层沿线的运动持续进行，则洛杉矶和旧金山将在约 1000 万年后成为相邻的 2 座城市。

若非洲持续向北发展，则将继续与欧亚大陆发生碰撞，导致地中海[曾称特提斯洋（Tethys Ocean）的最后残余]彻底闭合，并引发另一次重大造山事件（见图 2.23）。澳大利亚将跨在赤道上，联合新几内亚一起与亚洲发生碰撞。与此同时，北美洲和南美洲将开始分离，大西洋和印度洋将继续生长，太平洋则将持续萎缩。

有些地质学家甚至预测了未来 2.5 亿年后的地球场景。在这一预测中，大西洋海底最终将变得极其古老和致密，足以在其大部分边缘形成俯冲带，这与当今的太平洋洋盆并无差异。大西洋海底的持续俯冲将导致大西洋洋盆闭合，美洲与欧亚大陆-非洲大陆发生碰撞，最终形成下一个超大陆，如图 2.24 所示。

图 2.24　2.5 亿年后地球的可能外观

大西洋可能闭合的支持证据来自以下类似事件：在潘吉亚超大陆形成期间，大西洋之前的早期大洋发生了闭合。在该预测中，澳大利亚届时也将与东南亚发生碰撞。如果这一预测准确，那么当各大陆重组为下一个超大陆时，潘吉亚超大陆的裂解将彻底宣告结束。这样的预测虽然很有趣，但是请务必对其持怀疑态度，因为要使前述这些事件符合预期，许多假设就要确保正确无误。无论如何，在未来数亿年内，同等规模的各大陆的形状和位置的巨大变化无疑将发生。只有在地球内部热量损耗足够多后，板块运动的驱动引擎才会停止运行（要了解与板块构造成因相关的主流理论，请参阅 2.10 节）。

概念回顾 2.7

1. 指出正在变大的两个板块的名称，并指出正在收缩的一个板块的名称。

2. 潘吉亚超大陆裂解形成的新洋盆是什么？

2.8 板块构造模型的检验

列举并解释板块构造理论的支持证据。

本章前面展示了支持大陆漂移假说的部分证据，随着板块构造理论的发展，研究人员开始检验这个地球运行模型。除了新获取的支撑数据，对已有数据的新解释往往也会引发各种热议。

2.8.1 海底扩张证据：大洋钻探

海底扩张最令人信服的部分证据来自深海钻探计划，该计划实施于 1966—1983 年，早期目标之一是获取洋底样品以确定年龄。利用可在数千米深海水中作业的钻探船，研究人员先后打了数百个钻孔，不仅钻透了覆盖洋壳的多个沉积物层，还钻进了下方的玄武岩中。确定海底年龄时，研究人员并未采用放射性测年法，而是检查每个钻孔点位置地壳上方沉积物中发现的微生物化石遗迹，这是因为海水会改变玄武岩，导致放射性测年法直接测量的海洋岩石年龄可能不可靠。

研究人员记录了每个采样点位置的沉积物样品年龄，并且备注了每个样品与洋脊顶部之间的距离，发现沉积物的年龄随着与洋脊之间距离的增大而变老。这一发现支持了海底扩张假说，即最年轻的洋壳应当位于洋脊顶部（洋底生产基地），最年老的洋壳应当位于大陆附近。

洋底沉积物的分布和厚度为海底扩张提供了更多验证。格洛玛·挑战者号钻探船钻取的岩心显示，洋脊顶部的沉积物几乎完全缺失，沉积物厚度随着与洋脊之间距离的增大而增大（见图 2.25a）。若海底扩张假说正确，则这种沉积物分布形态应当符合预期。

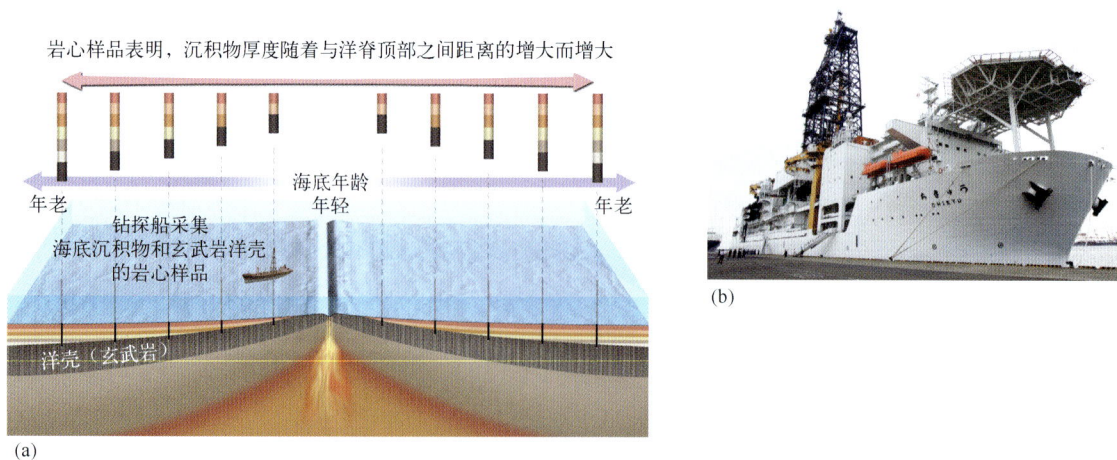

图 2.25 深海钻探。(a)深海钻探采集的数据表明，洋底在洋脊轴部位置确实最年轻；(b)日本地球号深海钻探船于 2007 年投入使用，最大设计钻深为海底之下 7000 米

深海钻探计划采集的数据也强化了以下观点：由于没有发现超过 1.8 亿年的海底，洋盆的地质年龄比较年轻。相比较而言，陆壳的年龄大多数超过几亿年，某些样品的年龄甚至超过 40 亿年。

1983 年，地球深部取样海洋研究机构联合体（JOIDES）启动了一项新的海洋钻探计划。现在，国际大洋发现计划（IODP）正在利用多艘船只进行勘探，包括 2007 年投入使用的 210 米长的地球号（见图 2.25b），目标之一是建立一套完整的洋壳剖面（自上至下）。

2.8.2 证据：地幔柱、热点和岛链

通过测绘太平洋中的各火山岛和海山（海底火山），科学家揭示了几个线性火山链结构，其中之一由至少 129 个火山构造组成，从夏威夷群岛延伸至中途岛，然后朝北西方向延伸至阿留申海沟（见图 2.26）。这一线性地貌特征称为夏威夷岛–帝王海山链（Hawaiian Island–Emperor Seamount chain），放射性测年结果表明，距离夏威夷的大岛越远，火山的年龄就越老。

在人们广为接受的一种假说中，夏威夷岛下方存在大致呈圆柱状且发源于地幔深处的热岩上升流，称为地幔柱（mantle plume）（注：虽然地幔柱假说获得了人们的广泛认可，但是与板块构造理论不同，地幔柱假说的有效性仍然尚未得到解决，核–幔边界附近细长地幔柱的存在始终未获得地震研究的证实，因此有些地质学家提出，形成夏威夷岛链的岩浆源来自上地幔中的局部熔融）。当热岩上升流穿越地幔时，围压下降引发部分熔融，这一过程称为减压熔融/降压熔融（decompression melting），详见第 4 章。这种活动的地表表现形式为热点（hot spot），即具有高热流和地壳抬升特征的火山作用区域，其延伸跨度可达数百千米。

研究人员认为，热点在地幔中的位置相对固定，因此当太平洋板块在其上方运动时，就形成了一个火山构造链，称为热点轨迹（hot-spot track）。如图 2.26 所示，每座火山的年龄标识了其从位于地幔柱正上方至当前位置的时间跨度。夏威夷岛是该链中最年轻的火山岛，不到 100 万年前从洋底隆升而成；中途岛的年龄约为 2700 万年；底特律海山（位于阿留申海沟附近）的年龄约为 8000 万年[注：在因热地幔柱上升而形成的约 40 个热点中，大多数（但非全部）热点存在热点轨迹]。通过仔细观察夏威夷群岛中的 5 个最大岛屿，即可发现一种非常相似的年龄规律，从存在火山活动的夏威夷岛逐渐过渡到构成考艾岛（最古老岛屿）的死火山（见图 2.26）。当 500 万年前位于热点之上时，考艾岛是当时夏威夷区域的唯一岛屿。考艾岛的年龄明显体现在其死火山中，这些火山目前已被剥蚀成锯齿状山峰和大峡谷。相比之下，夏威夷岛则相对年轻，目前仍然存在许多新鲜熔岩流，基拉韦厄火山（5 大火山之一）至今仍然非常活跃。

2.8.3 证据：古地磁

你可能知道地球拥有磁场，不可见的磁力线穿过地球内部，随后经过外太空，从一个磁极延伸至另一个磁极（见图 2.27）。当今，磁北极和磁南极与地理北极和地理南极（地轴与地球表面的交点）相差不多。由于无法感知，地球的磁场不如引力那么明显，但是指南针运动能够证实它的存在。在传统的指南针中，小磁针能够绕轴心自由旋转，最终与磁力线平行排列。当水平放置时，小磁针一端指向磁北，另一端指向磁南。

此外，有些天然矿物具有磁性，并会受到地球磁场的影响，其中磁铁矿（富铁矿物）最常见，在玄武质熔岩流中蕴藏量丰富（注：有些沉积物和沉积岩也含有含铁矿物颗粒，数量足以获得可测量的磁化强度）。玄武质熔岩的地表喷发温度高于 1000℃，超过了称为居里点/居里温度（Curie point）的磁性阈值温度（约 585℃）。熔岩中的磁铁矿颗粒并不具有磁性，但是随着熔岩逐渐冷却，这些富铁颗粒被磁化且沿已有磁力线方向对齐排列。矿物固结后，它们拥有的磁性通常会在这个位置保持"冻结"，因此其作用类似于指南针中的小磁针，指向形成时的磁极位置。有些岩石形成于数千年（或数百万年）前，且包含形成时的磁极方向记录，这样的岩石即可称为具有古地磁（paleomagnetism）或剩余磁性/保留地磁（preserved magnetism）。

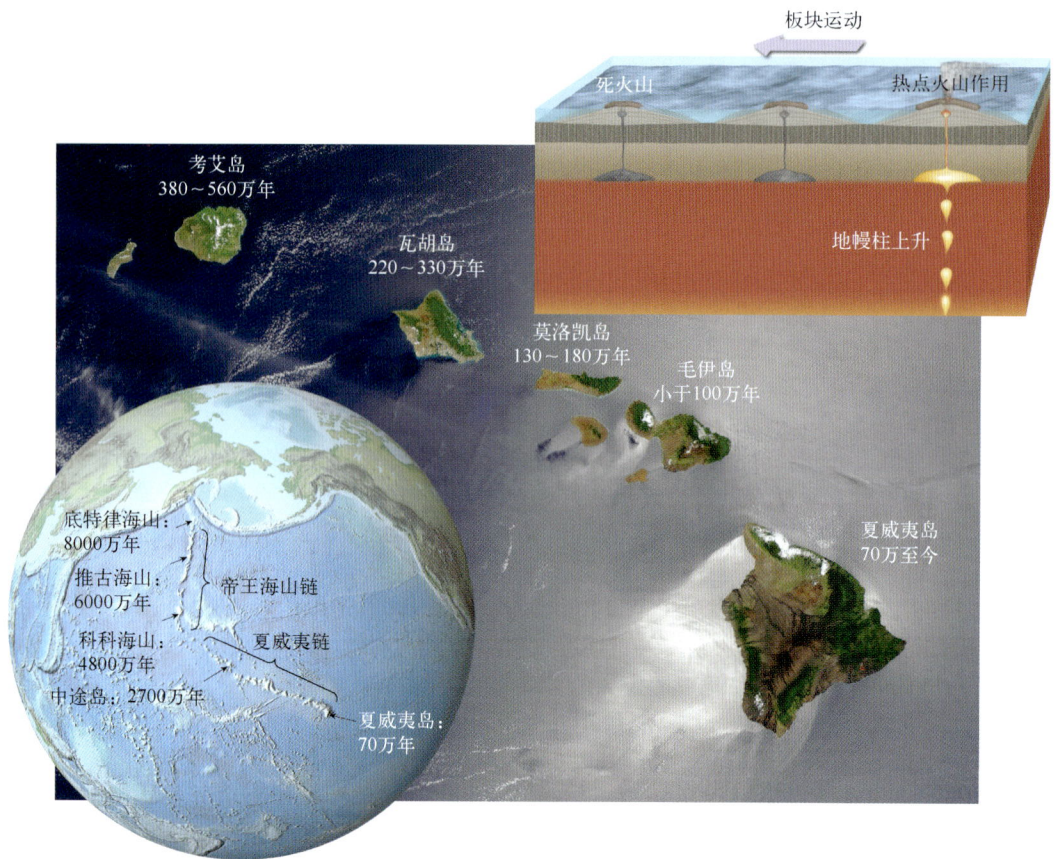

图 2.26　热点火山作用和夏威夷链的形成。夏威夷群岛的放射性测年结果表明，火山活动的年龄随着远离夏威夷大岛而逐渐变老

1. 视极移

通过研究整个欧洲古代熔岩流中的古地磁，人们发现了一种有趣的现象。从欧洲测得的磁北极位置图表明，在最近 5 亿年间，磁北极从夏威夷东北方向附近逐渐漂移到北冰洋上的当前位置（见图 2.28）。这种现象强有力地证明了要么是磁北极发生了迁移，称为极移（polar wandering）；要么是两个磁极的位置保持不变，但它们之下的大陆块发生了漂移——换句话说，欧洲相对于磁北极发生了漂移。

从表面看，不同年龄熔岩流中富铁矿物的磁性排列应当会标识出古地磁两极随时间推移而改变的位置。不过，虽然已知两个磁极在一条有些不规则的路径中移动，但是多个地点的古地磁研究结果表明，磁极位置（数千年的均值）与地极位置相当一致。因此，魏格纳的假说提供了一种更可接受的解释：若磁极保持固定不变，则其视运动（apparent movement）由各大陆（似乎固定不变）的漂移产生。

几年后，随着人们构建了北美洲的极移路径（见

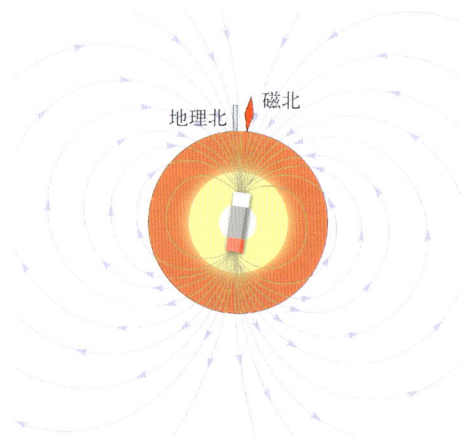

图 2.27　地球的磁场。地球的磁场由许多磁力线组成，这些磁力线很像放在地心的巨型条形磁铁产生的磁力线

图 2.28a），大陆漂移假说的进一步证据终于出现。人们发现在最初 2 亿年左右，北美洲和欧洲的视极移路径方向比较类似，但是相距约 5000 千米。然后，在中生代中期（1.8 亿年前），二者在当前北极位置开始交汇。这些曲线可以解释如下：北美洲和欧洲在中生代以前相连，大西洋从中生代开始打开，随后两个大陆不断远离。当将二者移回至漂移前的位置（见图 2.28b）时，这些视极移路径就会重合，证明北美洲和欧洲曾经相连且相对两极移动（作为同一大陆的一部分）。

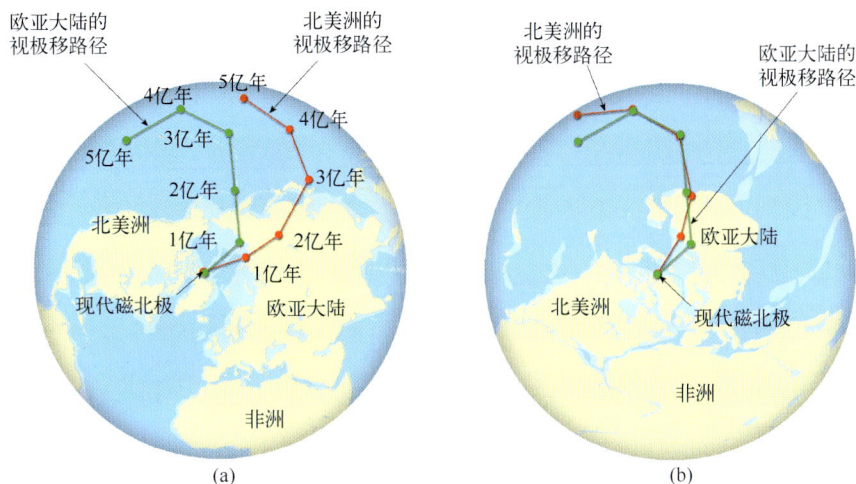

图 2.28　视极移路径。(a)科学家认为，基于北美洲数据确定的西侧路径由北美洲从欧亚大陆向西漂移约 24°导致；(b)各大陆块恢复至漂移前位置时的漂移路径位置

2．地磁倒转和海底扩张

地球物理学家发现了在成千上万年期间地球磁场周期性地发生极性倒转的更多证据。在地磁倒转/地磁场转向/地磁反向/磁场倒转/磁极倒转（magnetic reversal）过程中，磁北极会变成磁南极，磁南极会变成磁北极，极性倒转期间固结的熔岩被与今天形成的火山岩极性相反的极性磁化。当岩石表现出与当前磁场相同的磁性时，可认为其具有正向极性/正常极性/正极性（normal polarity），表现出相反磁性的岩石则被认为具有反向极性/倒转极性/反极性（reverse polarity）。

确认地磁倒转的概念后，研究人员开始着手建立这些事件的时间表，这项任务是测量数百个熔岩流的磁极性，并运用放射性测年技术来确定每个熔岩流的年龄。图 2.29 显示了运用该技术建立的最近数百万年的地磁年表/地磁极性年表（magnetic time scale），该年表的主要刻度划分称为时/年代（chron），1 时的持续时间约为 100 万年。随着越来越多的测量结果可用，研究人员意识到 1 时内有时会发生几次短暂倒转（不到 20 万年）。

与此同时，海洋学家开始对洋底进行磁性调查/地磁测量，同时尝试绘制详细海底地形图。为了完成这些磁性调查，人们在科学考察船后面拖曳了高精度仪器，称为磁力仪/地磁仪/磁强计（magnetometer）（见图 2.30a）。这些地球物理调查的目标是绘制因下伏地壳岩石的磁性差异引发的地球磁场强度变化图。

在北美洲的太平洋海岸之外，首次进行了这种类型的综合研究，并且取得了出乎意料的结果。研究人员发现，高强度磁性条带和低强度磁性条带交替出现，如图 2.30b 所示。这种相对简单的磁性变化模式无法解释，直到 1963 年瓦因和马修斯证明了高强度条带和低强度条带支持海底扩张观点。瓦因和马修斯认为：高强度磁性条带是洋壳古地磁呈正向极性的区域（见图 2.29a），因此这些岩石增强了地球磁场；低强度磁性条带是洋壳被反向极化的区域，因此削弱了已有磁场。

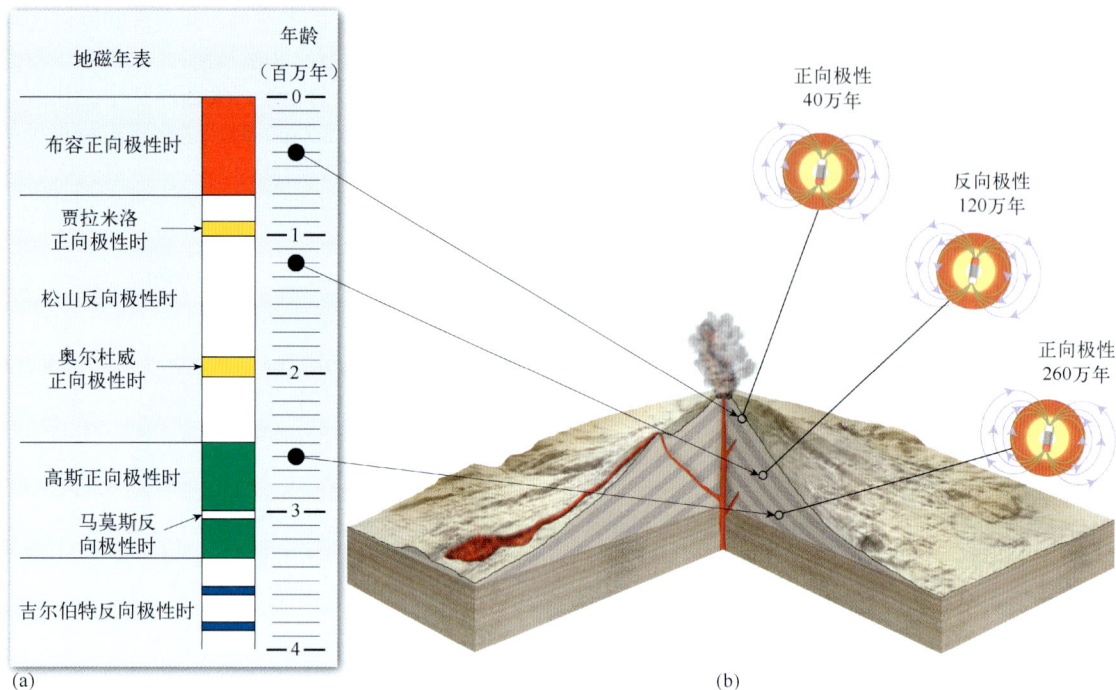

图 2.29　地磁倒转年表。(a)最近 400 万年的地磁倒转年表；(b)此年表是通过确立已知年龄熔岩流的磁极性而开发的

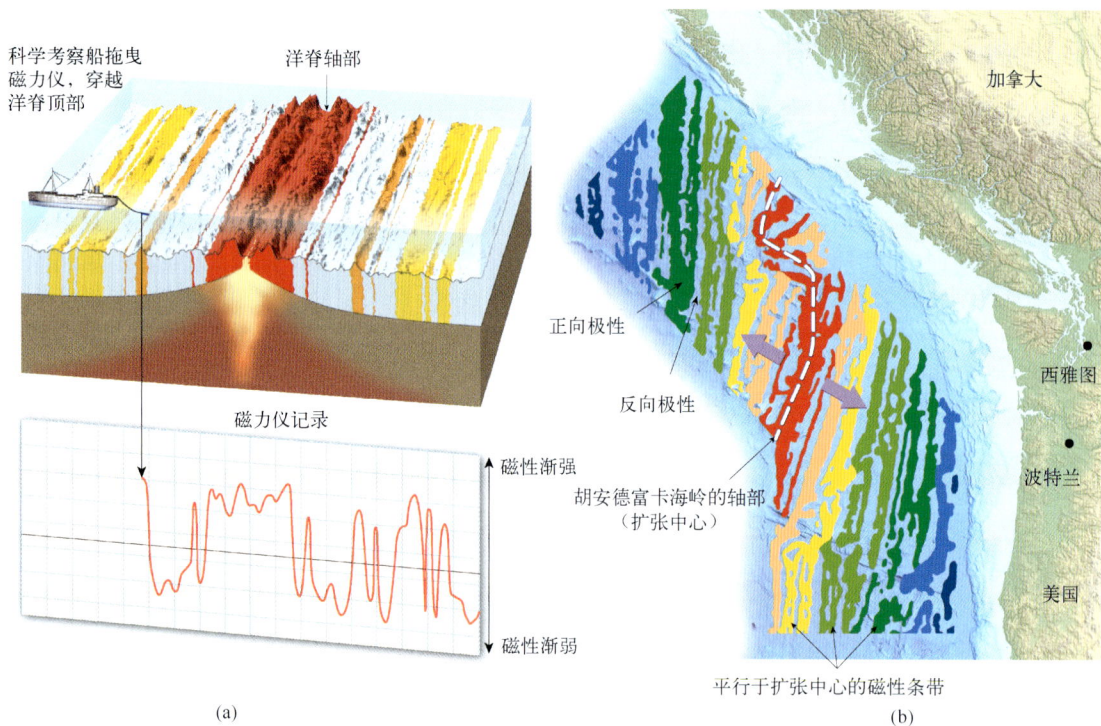

图 2.30　洋底作为磁性记录器。(a)磁力仪扫过一段洋底，记录磁性强度；(b)注意观察平行于胡安德富卡海岭轴部的对称条带（低强度磁性和高强度磁性），高强度磁性的彩色条带出现在正向磁化海洋岩石增强已有磁场的区域，低强度磁性的白色条带出现在地壳被反向极化而削弱已有磁场的区域

但是，正向磁化和反向磁化岩石的平行条带如何在洋底分布呢？据瓦因和马修斯推断，当在洋脊顶部固结时，岩浆会被当时地球磁场的极性磁化（见图 2.31）。由于海底扩张，这个磁化地壳条带应当会逐渐变宽。当地球磁场的极性发生倒转时，具有相反极性的新生海底应当会在老条带的中间形成。老条带的左右两部分应当会被逐渐带往相反的方向，进而离洋脊顶部越来越远。后续各次倒转应当会构建正向磁性条带和反向磁性条带相间的模式，如图 2.31 所示。由于新岩石以相等数量分别新增至正在扩张洋底的两个后缘，应当可以预期洋脊一侧发现的条带模式（宽度和极性）是另一侧条带模式的镜像。实际上，人们横跨大西洋中脊（冰岛以南）进行了一项调查，结果显示磁性条带模式以洋脊轴部为中心的对称性非常明显。

概念回顾 2.8

1. 深海钻探钻取的最古老沉积物的年龄是多少？这些沉积物的年龄与最古老大陆岩石的年龄相比如何？
2. 通过研究古代熔岩流中的剩余磁性，研究人员发现了约 1.8 亿年前北美洲和欧洲的地理位置的何种相关信息？
3. 假设热点的位置固定不变，当夏威夷群岛形成时，太平洋板块向哪个方向运动？
4. 描述地磁倒转如何为海底扩张假说提供证据。

2.9 板块运动的测量

描述研究人员用于测量相对板块运动的两种方法。

为了确定板块运动的方向和速率，人们尝试应用了多种方法，其中的部分技术不仅证实了各岩石圈板块的运动，还能回溯它们在不同地质时期的运动。

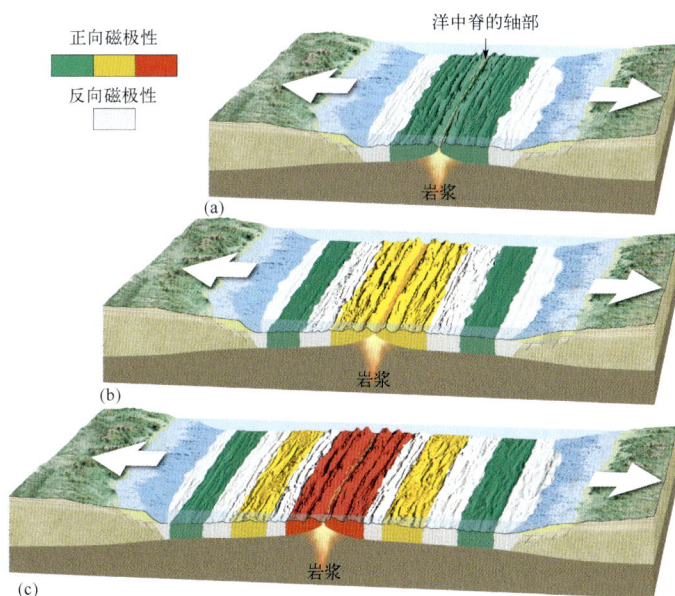

图 2.31 **地磁倒转和海底扩张**。当新玄武岩在洋中脊处形成时，它们会基于地球已有磁场发生磁化，因此洋壳提供了最近 2 亿年间地球磁场每次倒转的永久记录

2.9.1 地质测量

利用大洋钻探船，研究人员获得了洋底数百个位置的年龄数据。通过掌握岩石样品的年龄及其与洋脊轴部之间的距离，即可计算出板块运动的平均速率。

通过利用这些数据，结合对洋底硬化熔岩中存储的古地磁及对海底地形的了解，科学家绘制了显示洋底年龄的地图。在如图 2.32 所示的年龄范围中，红色–橙色条带从当前到约 4000 万年前，条带的宽度表示该时期形成的地壳数量，例如东太平洋海隆沿线的红色–橙色条带宽度约为大西洋中脊沿线的红色–橙色条带宽度的 3 倍多，因此太平洋洋盆中的海底扩张速率约为大西洋洋盆中的海底扩张速率的 3 倍。

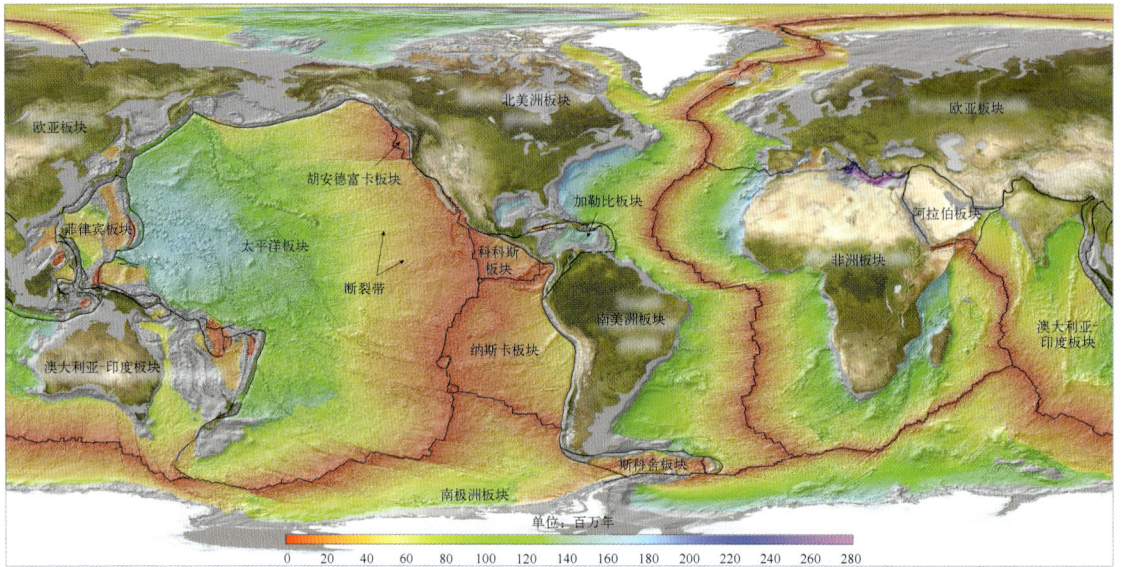

图 2.32　洋底的年龄

这种类型的地图也为当前的板块运动方向提供了线索。注意观察各洋脊中的错断，其为连接扩张中心的各转换断层。如前所述，转换断层方向平行于海底扩张方向，所以仔细测量转换断层即可揭示出板块运动方向。

为了确定以往的板块运动方向，地质学家可以检查从洋脊顶部向外延伸数百（甚至数千）千米的长断裂带，这些断裂带中包含了转换断层的不活动延伸，因此提供了以往的板块运动方向记录。遗憾的是，大部分洋底的历史不到 1.8 亿年，因此为了能够更深入地了解过去，研究人员必须依靠大陆岩石提供的古地磁证据。

2.9.2　空中测量

若在驾车时使用手机地图应用进行导航，则你已经体验了全球定位系统（GPS）技术。利用卫星发射可被地表接收机截获的无线电信号，同时确定该接收机与 4 颗（或更多）卫星之间的距离，GPS 即可确定某一地点的精确位置。利用专门设计的仪器设备，研究人员能够将地球上某点的定位精度控制在几毫米以内。为了研究板块运动，人们长期反复在多个地点持续采集 GPS 数据。

由 GPS 及其他技术获取的数据如图 2.33 所示。计算结果表明，夏威夷正以 8.3 厘米/年的速率朝北西向的日本移动；美国马里兰州某地正以 1.7 厘米/年的速率远离英格兰某地，这一速率接近由北大西洋获取的古地磁证据确定的扩张速率（2.0 厘米/年）。在确认小规模地壳运动方面，例如在已知构造活动区域（如圣安德烈亚斯断层）中的断层沿线发生的那些地壳运动，GPS 相关技术也非常有用。

概念回顾 2.9

1. 转换断层的方向指示了板块运动的何种特征？
2. 由图 2.33 可知，哪三个板块的运动速率最快？

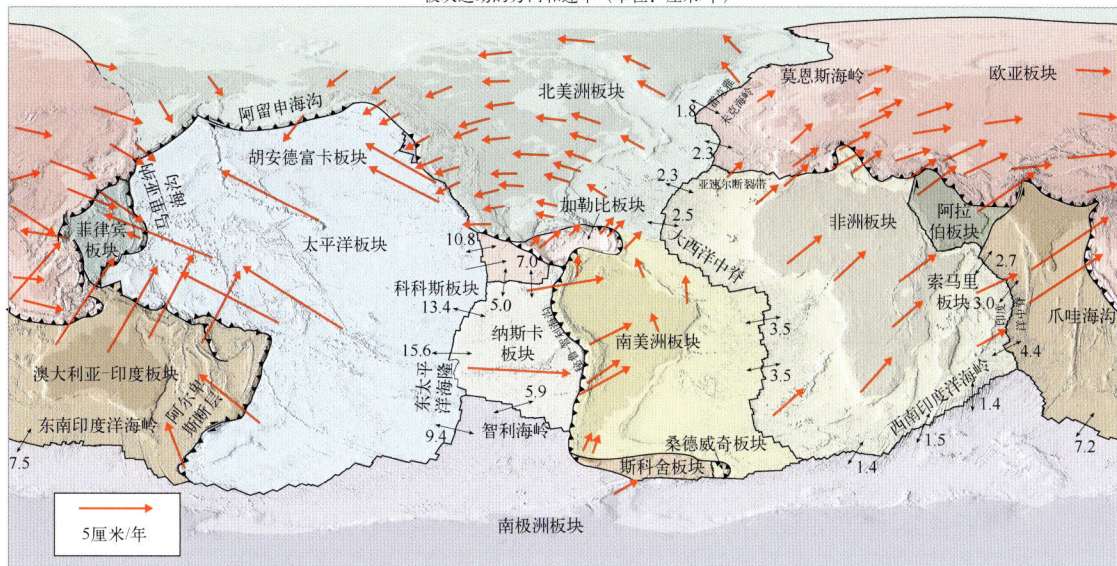

图 2.33 **板块运动速率**。红色箭头显示了通过 GPS 数据确定的箭头基部位置的板块运动，箭头越长说明扩张速率越快。黑色小箭头和标注显示了主要基于古地磁数据获取的海底扩张速率

2.10 板块运动的驱动力

描述板块-地幔对流，解释板块运动的两种主要驱动力。

当板块构造理论首次被提出时，地质学家认为地幔内的对流主动拉动了岩石圈板块沿线。利用数学模型，人们发现地幔内的对流并未强大到足以独立推动巨厚的构造板块。

2.10.1 板块运动的驱动力

地质学家发现，岩石圈板块是产生板块运动的庞大对流系统的一部分，对流（convection）是通过液体和气体传递热量的方式。为了便于理解，可以想象用煤气灯加热一烧杯水，此时火焰附近的水变得更热，因此密度变低而以相对较薄的片状（或团状）上升，最后在表面扩散开来。随着表层水的冷却，水的密度增大而导致其沉向烧杯底部。这种热水上升和冷水下沉的循环形成了对流。与刚才描述的模型相比，驱动板块构造的对流系统有些类似，但是要复杂得多。

1. 板拉

地质学家一致认为，低温且致密的大洋岩石圈板片的俯冲是板块运动的主要驱动力。低温大洋岩石圈板片的密度大于下伏温暖软流圈的密度，因此会像船锚一样下沉，意味着板片被重力作用拉入地幔（见图 2.34），这种现象称为板拉/板拉作用/板片拉动（slab pull）。虽然俯冲板片下潜时开始变暖，但其以传送带方式不断地被来自上方的更冷且更致密的岩石圈取代，因此

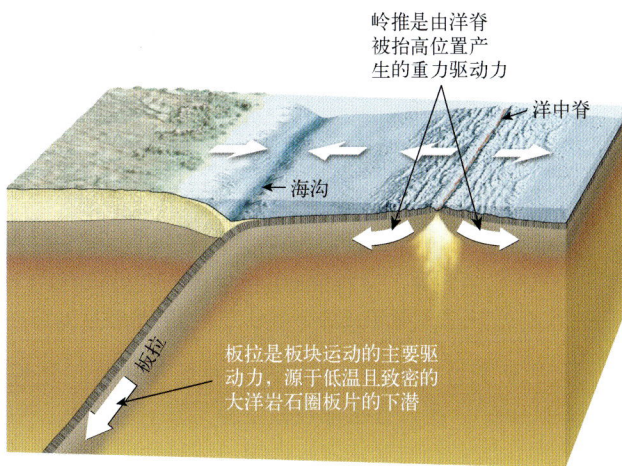

图 2.34 **岩石圈板块的主要作用力**

当岩石圈板片被俯冲时，温度仍比周围软流圈低数百度。温度较低导致俯冲板片比周围软流圈的密度更大，因此在重力作用下，比软流圈中的较暖岩石被更猛力地拉下——因此得名板拉。

2．岭推

另一种重要驱动力出现在洋脊沿线，新生成的大洋岩石圈在这里被推离洋脊轴部。这种由重力驱动的机制称为岭推/脊推/岭推作用/海岭推动（ridge push），洋脊的被抬高位置导致岩石圈板片从洋脊顶部的两个侧翼向下滑动（见图 2.34），类似于雪崩期间重力将雪拉下山坡。虽然洋脊具有缓坡是事实，但所涉及的物质数量极其巨大，因此岭推的驱动力也很大。

研究结果表明，岭推对板块运动的贡献小于板拉，主要证据如下：运动速率最快的各个板块（太平洋板块、纳斯卡板块和科科斯板块）的边缘存在着大范围俯冲带；大西洋洋盆（几乎不存在俯冲带）的平均扩张速率最慢，仅约为 2.5 厘米/年。

2.10.2　板块-地幔对流模型

虽然尚未完全了解驱动板块构造的大规模对流系统，但是研究人员普遍认同以下观点：

- 板块构造和地幔中的对流是同一系统中的两个组成部分，正在俯冲的大洋板块驱动着对流的低温下行部分，洋脊沿线的浅层热岩上升流和浮力较大的地幔柱是对流机制的温暖上行部分。
- 板块构造的能量来源是地球的内部热量。这种热量不断地移到地表，并最终辐射到太空中。

虽然目前尚无法确定这种对流的精确结构，但是人们已经提出若干板块-地幔对流模型，下面介绍其中一种被认为可行的模型。

有些研究人员支持全地幔对流模型（whole-mantle convection model），亦称热柱模型（plume model），认为低温大洋岩石圈下沉至极深处并扰动整个地幔（见图 2.35），俯冲岩石圈板片的最终埋藏地点是核-幔边界，这些俯冲板片的下沉流与浮力较大的地幔柱上升流（将地幔热岩向地表输送）达成平衡。

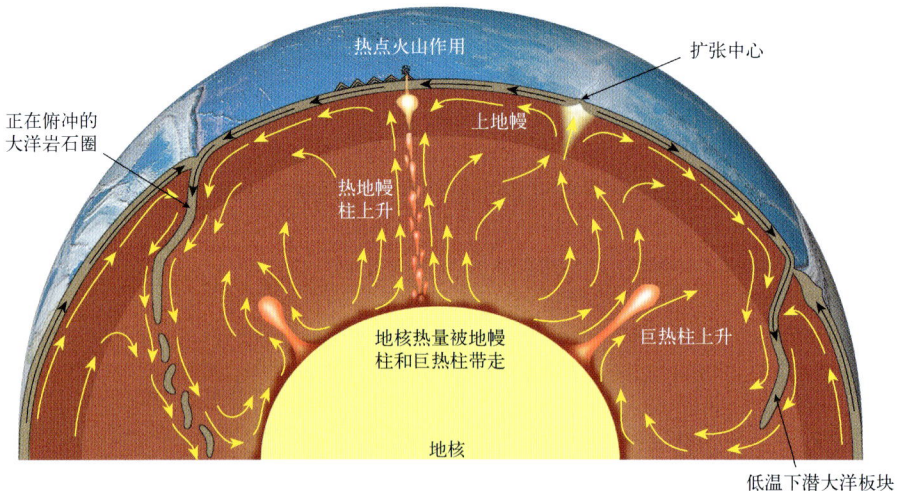

图 2.35　一种地幔对流模型。在全地幔对流模型中，低温大洋岩石圈的下潜板片是对流单元的下行分支，上升地幔柱则将热物质从核-幔边界处携带至地表

人们认为存在两种地幔柱：一种是狭长管状地幔；另一种是巨型上升流，通常称为巨热柱（mega-plume）。狭长管状地幔柱发源于核-幔边界，形成了与夏威夷群岛、冰岛和黄石公园相关的热点火山作用。科学家认为，大型巨热柱出现在太平洋洋盆和南部非洲之下（见图 2.35），这些巨热柱被认为能够解释南部非洲的海拔为何远高于稳定大陆块体的预测值。在这个全地幔对流模型

中，狭长管状地幔柱和巨热柱的热量主要来自地核，但是有些研究人员却对这一观点提出了质疑，认为大多数热点火山作用的岩浆源于上地幔（软流圈）。

值得注意的是，地质学家仍在争论板块-地幔对流的基本性质，随着调查研究的持续和深入，一种大家都能接受的假说应当会最终出现。

概念回顾 2.10

1. 在板拉和岭推这两种力中，哪种力对板块运动的贡献更大？
2. 简要描述全地幔对流模型（热柱模型）。

主要内容回顾

2.1 从大陆漂移到板块构造
关键词：板块构造

- 地质学家曾经认为，洋盆非常古老，大陆的位置固定不变。板块构造理论改变了这种观点，在多种证据的支持下，成了现代地球科学的基础。

2.2 大陆漂移假说
关键词：大陆漂移假说，超大陆，潘吉亚超大陆

- 1915 年，德国气象学家魏格纳提出了大陆漂移假说，认为地球大陆并不是固定不动的，而是在地质时期内缓慢移动的。

- 魏格纳提出，潘吉亚超大陆是一个超大陆，存在于约 2 亿年前的晚古生代和早中生代。

- 潘吉亚超大陆存在以及后来裂解成碎块的证据包括：①各大陆的形状；②跨洋吻合的大陆生物化石；③在相互远离的各大陆上，比较吻合的岩石类型和现代造山带；④记录古气候的沉积岩，包括潘吉亚超大陆南部的冰川。

- 大陆漂移假说存在两个缺陷：提出各大陆运动的机制是引潮力；暗示各大陆穿越较弱的洋壳，类似于船只穿越薄层海冰。当魏格纳提出大陆漂移假说时，大多数地质学家都拒绝接受。

问题：魏格纳为何选择舌羊齿和中龙等生物作为大陆漂移假说的证据，而未选择其他化石生物（如鲨鱼或水母）？

2.3 板块构造理论
关键词：板块构造理论，岩石圈，软流圈，岩石圈板块

- 第二次世界大战后，地质学的研究有了新发现，重新激发了人们对大陆漂移假说的兴趣。海底探测发现了一个超长洋中脊系统，洋壳采样结果表明其年龄相当年轻（相对于大陆而言）。

- 岩石圈相对坚硬，通过弯曲或断裂而变形。

岩石圈由地壳和上地幔顶部组成。岩石圈之下是软流圈，这是相对软弱的固体岩石，通过流动而变形。

- 岩石圈的组成部分包括许多大小和形状不规则的部分，称为岩石圈板块。大板块有 7 个，中板块也有 7 个，微板块的数量非常多。各板块的可能汇聚地点包括：离散型边界、汇聚型边界或转换型边界。

问题：比较地球的岩石圈和软流圈。

2.4 离散型板块边界和海底扩张
关键词：离散型板块边界，洋脊系统，裂谷，海底扩张，大陆裂谷

- 海底扩张导致新大洋岩石圈在洋脊系统的所在位置形成。当两个板块彼此反向运动时，张应力打开各板块中的裂缝，使得岩浆能够上涌并生成新海底碎片。这一过程以 2～15 厘米/年的速率生成新大洋岩石圈。

- 随着年龄的增长，大洋岩石圈冷却并变得致密。因此，当被输送离开洋中脊时，它向下沉降。与此同时，下伏软流圈冷却，为板块底部添加新物质，板块从而变厚。

- 离散型板块边界（扩张中心）并不局限在海底，大陆也可能发生裂解，从产生裂谷的大陆裂谷（如现代东非大裂谷）开始，裂谷两侧之间可能形成新洋盆。

2.5 汇聚型板块边界和俯冲作用
关键词：汇聚型板块边界，深海沟，部分熔融，大陆火山弧，火山岛弧

- 在汇聚型板块边界处，各板块彼此之间相向运动。大洋岩石圈俯冲到地幔中，然后在那里再次循环。俯冲作用的表现形式为深海沟。大洋岩石圈的俯冲板片能够以各种不同角度下潜，从几乎水平到几乎垂直。

- 在水的帮助下，正在俯冲的大洋岩石圈触发地

幔中的部分熔融，从而形成岩浆。岩浆的密度低于周围岩石，随后上涌。岩浆可能在一定深度处冷却，从而导致地壳增厚；也可能一直抵达地球表面，并在那里以火山形式喷发。

- 穿过陆壳出现的一系列火山是大陆火山弧，在大洋岩石圈上驮板块中出现的一系列火山是火山岛弧。
- 陆壳由于密度相对较低而抵抗俯冲，因此当一个居间洋盆因俯冲作用而被完全摧毁时，两侧的大陆就会发生碰撞，从而形成新山脉。

问题：绘制一个典型的大陆火山弧，并标注关键部分，然后用由大洋岩石圈构成的上驮板块重复绘制。

2.6　转换型板块边界
关键词：转换型板块边界，断裂带

- 在转换型板块边界处，两个岩石圈板块彼此之间水平滑动，既不产生新岩石圈，又不消减旧岩石圈。浅层地震是这些岩石板片彼此移动经过时的信号。
- 美国加利福尼亚州的圣安德烈斯亚断层是陆壳中的转换边界示例，大西洋中脊各段之间的断裂带是洋壳中的转换断层。

问题：在附图所示的加勒比构造图上，找到恩里奎罗断层（2010年海地地震所在位置显示为黄色五角星）。这里显示了何种类型的板块边界？该区域是否存在显示相同类型运动的任何其他断层？

2.7　板块及其边界的变化

- 虽然地球的总表面积并未发生改变，但是由于俯冲作用和海底扩张的影响，单个板块的形状和大小不断变化。随着岩石圈的作用力变化，各板块边界也可能产生或被破坏。
- 潘吉亚超大陆的裂解和印度与欧亚大陆的碰撞是地质时期内的两个板块变化示例。

2.8　板块构造模型的检验
关键词：地幔柱，热点，热点轨迹，居里点，古地磁，地磁倒转，正向极性，反向极性，地

磁年表，磁力仪

- 多条证据线验证了板块构造模型，如深海钻探发现海底年龄随着与洋中脊之间距离的增大而增大；这一海底顶部的沉积物厚度也与该洋中脊之间的距离成正比；古老岩石圈拥有更多时间来积聚沉积物。
- 热点是地幔柱抵达地球表面的火山活动区域。热点轨迹产生的火山岩提供了板块运动随时间推移而改变的方向和速度证据。
- 当岩石形成时，磁性矿物（如磁铁矿）与地球磁场对齐排列。这种古地磁（剩余磁性）是对地球磁场古代方位的记录，使得给定的岩层堆叠可以根据其随时间而改变的相对磁极方位进行解释。地球磁场方向的磁性倒转被保存为洋壳中的正向极性和反向极性条带。磁力仪揭示了海底扩张的特征，即平行于洋中脊轴部的对称磁性条带形态。

2.9　板块运动的测量

- 洋底数据确定了各岩石圈板块的运动方向和速率。转换断层指向板块运动方向。海底岩石测年有助于校准运动速率。
- 全球定位系统（GPS）可用于精确测量各接收机的地表运动，精度可达毫米级，采集的实时数据支持海底观测推断。平均而言，板块运动速率与人类指甲的生长速率大致相同，约为5厘米/年。

2.10　板块运动的驱动力
关键词：对流，板拉，岭推

- 一般来说，对流（密度较小物质向上运动，密度较大物质向下运动）似乎驱动了各板块的运动。
- 由于俯冲板片的密度大于下伏软流圈，大洋岩石圈各板片在俯冲带处下潜。在这个过程（称为板拉）中，地球引力拖曳板片，将该板块的其他部分拉向俯冲带。当沿着洋中脊向下滑动时，大洋岩石圈会施加另一种额外（但较小）的力，称为岭推。
- 板块构造和地幔中的对流是同一系统中的两个组成部分，正在俯冲的大洋板块驱动着对流的低温下行部分，洋脊沿线的浅层热岩上升流和浮力较大的地幔柱是对流机制的温暖上行部分。

问题：将地幔对流与附图所示熔岩灯的运行进行对比。

深入思考

1. 参阅 1.3 节和附图，回答以下问题：**a.** 大陆漂移假说源于何种观测结果？**b.** 大多数科学界人士为何拒绝接受大陆漂移假说？**c.** 你认为魏格纳是否遵循了科学探索的基本原则？解释理由。

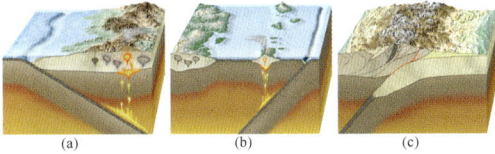

(a)　　　　(b)　　　　(c)

2. 有人认为美国加利福尼亚州将沉入大海，这一观点是否符合板块构造理论？解释理由。

3. 澳大利亚有袋类动物（如袋鼠和考拉等）与在美洲发现的有袋负鼠具有直接化石关联，但是二者的现代特征却大不相同，潘吉亚超大陆的解体如何帮助解释这些差异？（提示：参见图 2.22。）

4. 热点火山链和火山岛弧的形成过程有何差异？

5. 针对汇聚型板块边界的 3 种类型（洋-陆、洋-洋和陆-陆），回答问题：**a.** 识别汇聚型板块边界的每种类型。**b.** 火山岛弧发育在何种类型的地壳上？**c.** 描述洋-洋汇聚边界区别于洋-陆汇聚边界的两种方式，二者有何相似之处？

6. 参考假想板块附图，回答以下问题：**a.** 图中显示了多少个块板？**b.** 为什么 A 大陆和 B 大陆比 C 大陆更易发现活火山？**c.** 提供可能在 C 大陆引发火山活动的一种场景。

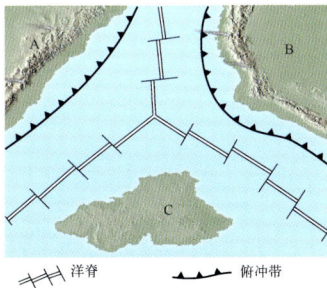

7. 地幔柱之上形成的火山岛（如夏威夷岛链）是地球上某些最大火山的发源地，但是与地球上的任何火山相比，火星上的几座火山都极其巨大。关于板块运动在塑造火星表面特征的作用方面，这种差异告诉了我们哪些事情？

8. 假设你正在研究两个不同洋脊沿线的海底扩张，并利用磁力仪数据生成了以下附图。**a.** 基于这些图，你能确定两个洋脊沿线的海底扩张的相对速率是多少吗？解释理由。**b.** 利用图中提供的比例尺，以千米为单位，测量每个洋脊从洋脊轴部到正向极性黄色条带起点（右边缘）的距离。在过去 100 万年间，这些洋盆两侧各自扩张了多少千米？

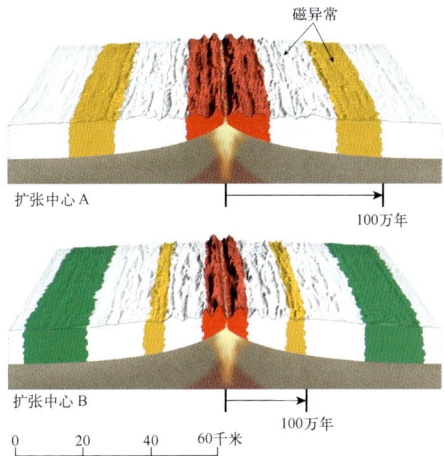

参考附图和城市对（波士顿/丹佛、伦敦/波士顿、檀香山/北京），回答问题：**a.** 哪对城市由于板块运动而远离？**b.** 哪对城市由于板块运动而靠近？**c.** 哪对城市目前不存在相对运动？

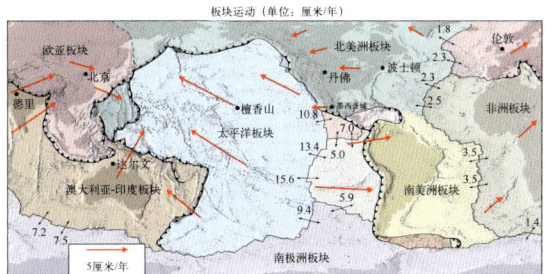

地球之眼

1. 在附图中，下加利福尼亚州与墨西哥大陆之间，相隔着一片狭长的海，称为加利福尼亚湾（本地居民也称其为科尔特斯海），湾内存在由火山活动形成的大量岛屿。**a**. 何种类型的板块边界能够打开加利福尼亚湾？**b**. 美国哪条主要河流发源于科罗拉多落基山脉，并在加利福尼亚湾北端形成了一个大三角洲？**c**. 如果问题 b 中的河流所携带的物质并未沉积，加利福尼亚湾应当会向北延伸，从而包含这幅卫星图像中显示的内海。这个内海的名称是什么？

2. 2011 年 12 月，附图中红海南端附近形成了一个新火山岛，在该区域钓鱼的人们目睹了高达 30 米的熔岩喷泉。这次火山活动发生在也门西海岸外的红海裂谷沿线，位于祖拜尔群岛中的一系列小岛中间。**a**. 红海裂谷是哪两个板块的边界？**b**. 这两个板块是彼此靠近还是彼此远离？**c**. 何种类型的板块边界形成了这个新火山岛？

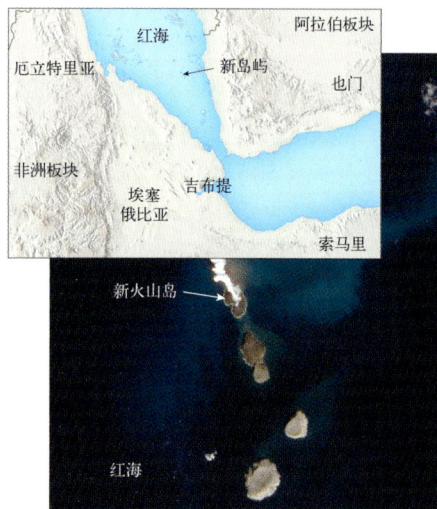

第 3 章 物质和矿物

在墨西哥奈卡的晶体洞穴中，蕴藏着极其巨大的石膏晶体，这是人类迄今发现的最大天然晶体之一

新闻中的地质： 晶体洞穴的发现及再次淹没

当墨西哥奈卡的矿工们将钻孔打入 305 米深的水下洞穴并抽干地下水时，他们的发现成了世界各地新闻媒体争相报道的内容：一个充满着巨大石膏晶体的洞穴逐渐显露真容，其中最大的晶体像 3 层楼那么高，质量高达 55 吨。

与晶体同样值得关注的是，人们观察晶体的时间长度受到限制，洞穴之下几千米处存在一个岩浆体，将洞穴中的空气加热到 57.8℃，且相对湿度超过 90%。正如冒险家兼电视节目主持人乔治·库鲁尼斯所说："只要走进去，你就开始踏上死亡之旅。"为了能在这种极端环境中待上 10 分钟以上，每位研究人员都需要穿戴一套配备冰制冷呼吸系统的特殊冷却服装。经过多年研究后，随着该区域采矿作业的结束，持续性抽水作业也宣告终止。2017 年，该洞穴重新恢复到原来的淹没状态。

对发现奈卡晶体洞穴的矿工们而言，他们的主要目标是寻找铅、锌、银和铜。这些金属只是许多已有矿物中的一小部分，地质学家研究的每个过程都取决于这些基本地球物质的性质，只不过程度不同而已。

学习目标

3.1 列举并描述地球物质必须具备哪些主要特征才能被视为矿物。

3.2 比较原子中包含的 3 种基本粒子。

3.3 区分离子键、共价键和金属键，并解释它们如何形成矿物。

3.4 列举并描述矿物鉴定中使用的性质。

3.5 区分矿物的成分与结构变化，并分别提供一个示例。

3.6 解释如何对矿物进行分类，指出地壳中丰度最高的矿物类。

3.7 绘制硅氧四面体示意图，解释这个基本构成单元如何联结形成各种硅酸盐结构。

3.8 比较浅色（非铁镁质）硅酸盐和深色（铁镁质）硅酸盐，并分别列举 3 种常见矿物。

3.9 列举常见非硅酸盐矿物，并解释为何每种矿物都非常重要。

地壳和海洋能够产出各种非常有用的主要矿物。大多数人熟悉许多基本金属的常见用途，例如饮料罐中的铝、电线中的铜以及珠宝饰物中的金和银。但是，有些人不知道铅笔中的铅含有滑感矿物石墨，也不清楚痱子粉及许多化妆品中含有矿物滑石，还有许多人不知道牙医使用金刚石钻头来钻穿牙釉质。实际上，几乎每种制成品都含有从矿物中获得的物质。

岩石和矿物除了具有经济用途，所有地质过程都会在某种程度上受这些基本地球物质的性质的影响，各种事件（如火山喷发、造山运动、风化作用、侵蚀作用甚至地震）都会牵涉到岩石和矿物。因此，对理解所有地质现象而言，掌握地球物质的基本知识至关重要。

3.1 矿物：岩石的构成单元

列举并描述地球物质必须具备哪些主要特征才能被视为矿物。

矿物是岩石的基本构成单元。人类的文化发展与矿物利用密切相关，因此人们采用与矿物相关的各种术语来标识人类文明的各个时代，例如石器时代、青铜时代和铁器时代。在石器时代（始于史前时期），人们用火石和燧石制造武器与切割工具。早在公元前 3700 年，埃及人就已为珠宝和艺术应用而开采了金、银和铜。在青铜时代（始于公元前 2200 年），人类发明了如何将铜和锡锻造成青铜，这是一种用于武器、工具及其他制品的坚硬合金。在铁器时代（随后到来），人们学会了从赤铁矿等矿物中冶炼铁。到了中世纪，各种矿物的开采已经非常普遍，正式研究矿物的科学最终诞生，称为矿物学（mineralogy）。时至今日，矿物的开采和利用继续扩大与发展，例如常见矿物石英是计算机芯片中硅的来源（见图 3.1）。

关心健康的人们经常颂扬摄入维生素和矿物质的益处，猜谜游戏《二十个问题》通常以"这是动物、蔬菜还是矿物？"这一问题开始。采矿业通常利用术语矿产/矿物来指代从地球上提取的任何物质，如煤炭、铁矿石、沙子和砾石，但是地质学家用什么标准来确定某种物质是否为矿物呢？

图 3.1　石英晶体。发育良好的石英晶簇，发现于美国阿肯色州温泉城附近

3.1.1 矿物的定义

地质学家将矿物（mineral）定义为具备以下特征的任何地球物质。

1. **自然生成**。矿物是地质过程形成的天然物质，人工合成物质（如立方氧化锆）不是矿物。

2. **通常为无机化合物**。矿物通常为无机化合物，意味着并非从生物中提取，也不包括碳氢化合物。由此判断，普通食盐（NaCl）属于矿物，外观与食盐相似的蔗糖（$C_6H_{12}O_6$）则不属于矿物。但是海洋动物的分泌物除外，例如形成甲壳和珊瑚礁的碳酸钙（方解石），若这些物质被掩埋并成为岩石记录的一部分，则地质学家就会认为它们属于矿物。

3. **有序的晶体结构**。矿物包含有序排列的原子，这些原子形成了具有规则形状的各个单元，称为 晶体（crystal），如图 3.2 所示。某些天然形成的固体缺乏重复性原子结构（如火山玻璃/黑曜石），因此不被视为矿物。

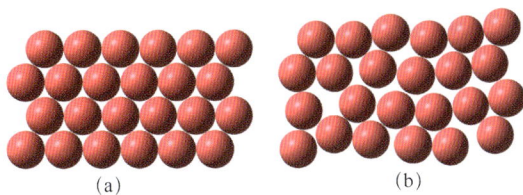

(a)   (b)

图 3.2　原子排列。(a)矿物具有有序且重复排列的原子；(b)有些物质（如玻璃）具有无序或不规则的原子结构

4. **固体**。所有矿物都是固体。有趣的是，冰（冷冻水）被归类为矿物（由于符合这些标准），但是液态水和水蒸气则不被视为矿物（注：汞是个例外，虽然呈液态，但却属于矿物）。

5. **明确的化学成分（允许存在一些变化）**。大多数矿物的成分可用化学式表示，例如矿物石英的化学式为 SiO_2，说明石英由硅（Si）原子和氧（O）原子以 1:2 的比例构成，而且硅与氧的比例适用于任何纯石英样品（无论来自哪里）。但是，有些矿物的成分可能在特定且定义明确的范围内变化，这是因为某些元素能够在不改变矿物内部结构的情况下替代其他相似大小的元素。

3.1.2　岩石的定义

岩石的定义比矿物更加宽泛(不确切)。岩石（rock）是作为地球一部分天然形成的任何固体矿物（或类矿物）块体，大多数岩石（如图 3.3 中的花岗岩标本）是若干不同矿物的集合体。术语集合体（aggregate）意味着各矿物以某种方式联结在一起，但却能够保留各自的性质。注意，构成花岗岩的不同矿物很容易识别，有些岩石则几乎完全由单一矿物构成，常见示例如由杂质较多的矿物方解石构成的石灰岩（一种沉积岩）。此外，有些岩石由非矿物物质构成，例如火山岩中的黑曜岩和浮岩（非晶质玻璃物质）以及煤炭（由固态有机物残骸构成）。

在进一步讨论岩石和矿物以前，回顾原子（所有物质的构成单元）的部分细节很有帮助。

花岗岩（岩石）

石英（矿物）　　普通角闪石（矿物）　　长石（矿物）

图 3.3　大多数岩石是矿物集合体。这里显示的是花岗岩（火成岩）及其 3 种主要组成矿物的手标本

概念回顾 3.1

1. 列举矿物的 5 种特征。
2. 基于矿物的定义，判断自然金、液态水、人造金刚石、冰和木头中的哪些物质不属于矿物？
3. 岩石的定义是什么？岩石和矿物有何差异？

3.2　原子：矿物的构成单元

比较原子中包含的 3 种基本粒子。

所有物质（包括矿物）均由称为原子（atom）的微小构成单元组成，原子是构成特定元素的最小颗粒，无法通过化学方法进一步拆分。原子由体积更小的粒子构成，包括位于中心原子核（nucleus）中的质子和中子，以及环绕在原子核周围的电子（见图 3.4）。

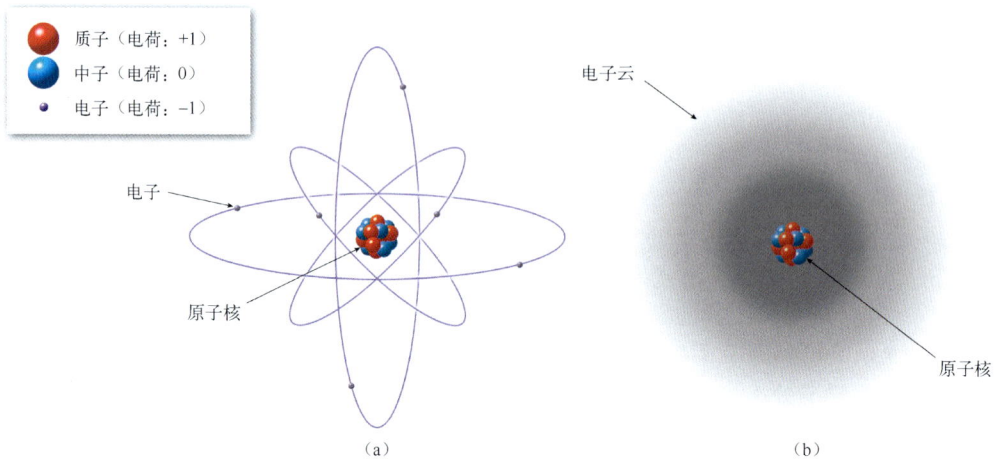

图 3.4　原子的两种模型。(a)中心原子核的简化视图，由质子和中子组成，周围环绕着高速电子；(b)显示中心原子核周围球形电子云（壳层）的原子模型（未按比例绘制）

3.2.1　质子、中子和电子的性质

质子（proton）和中子（neutron）是极其致密且质量几乎相同的两种粒子。相比之下，电子（electron）的质量约为质子的 1/2000，几乎可以忽略不计。为了可视化对比这种质量差异，可将质子（或中子）类比为 1 个棒球，而将电子类比为 1 粒米。

质子和电子都具有称为电荷（electrical charge）的基本性质，质子的电荷为+1，电子的电荷为−1，中子则不带电荷。质子和电子所带的电荷大小相等但极性相反，因此二者成对出现时电荷会相互抵消。由于物质通常含有相同数量的质子（带正电荷）和电子（带负电荷），大多数物质呈电中性。

对于电子绕原子核运行的方式，各种示意图有时会显示其类似于太阳系中绕太阳运行的各大行星（见图 3.4a），但实际上电子并不以这种方式运行，更真实的描绘是将电子显示为环绕在原子核周围的负电荷云（见图 3.4b）。通过研究电子的排列方式，人们发现电子在称为主壳层（principal shell）的各个区域中绕原子核运行，每个主壳层区域都与不同的能级相对应。每个主壳层都能容纳特定数量的电子，最外主壳层通常包含价电子（valence electron），这些外层电子能够转移给其他原子或与其他原子共用，从而形成化学键。

宇宙中的大多数原子（氢和氦除外）均形成于大质量恒星内部的核聚变，然后在炽热的超新星爆发期间释放到星际空间中。当这种喷出物质冷却时，新形成的原子核就会吸引电子而完成其原子结构。在地球表面温度下，自由原子（未与其他原子联结的那些原子）通常拥有完全互补的电子数量，即原子核中的每个质子都有一个对应的电子。

3.2.2　元素：由质子数定义

最简单原子的原子核中仅有 1 个质子，但是有些原子的原子核中的质子数可能超过 100 个。一个原子的原子核中的质子数称为原子序数（atomic number），它决定了该原子的基本化学性质。具有相同质子数的所有原子都具有相同的化学性质和物理性质，它们共同构成同一种元素（element）。除了自然界中存在的约 90 种元素，人们还在实验室中人工合成了若干元素。读者可能熟悉许多元素的名称，例如碳、氮和氧，在这几种元素中，每个碳原子含有 6 个质子，每个氮原子含有 7 个质子，每个氧原子含有 8 个质子。

为了将全部已知元素组织在一起，科学家开发了元素周期表（periodic table），如图 3.5 所示。在这种重要参考工具中，具有相似性质的各元素按列对齐，称为族（group）；每种元素都分配了一个符号，由一个或两个字母组成；每种元素的原子序数和原子量也包含在内。

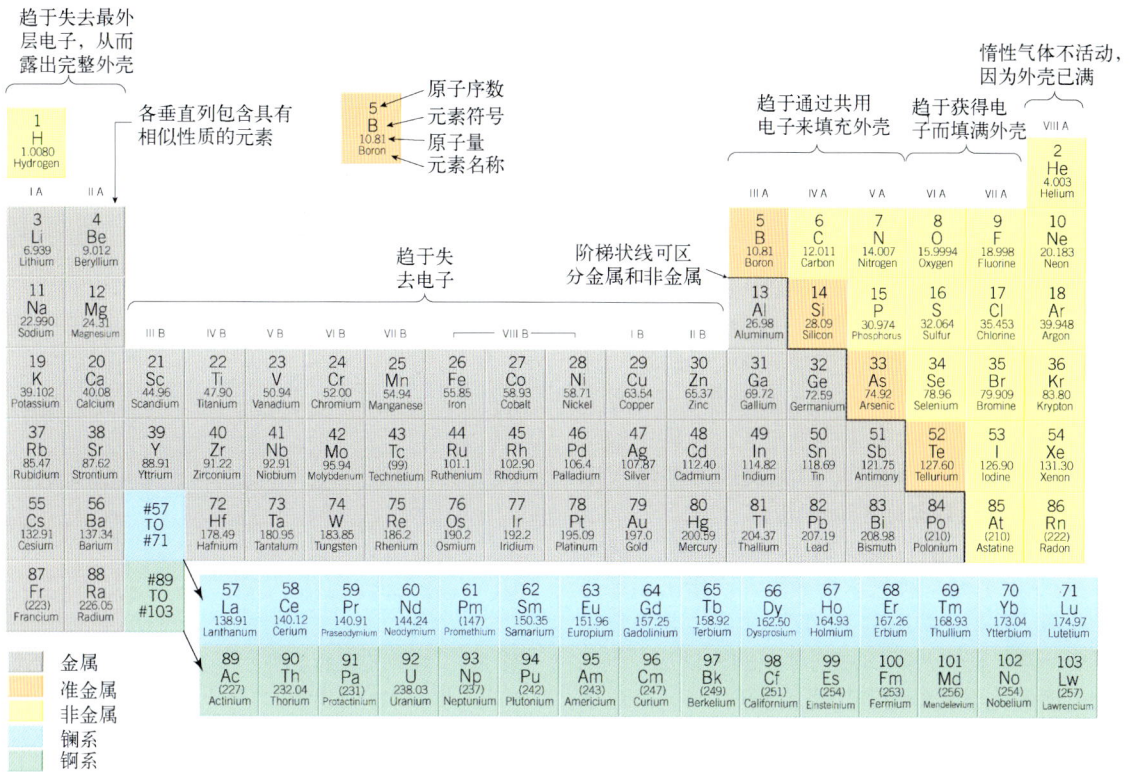

图 3.5　元素周期表

原子是地球矿物的基本构成单元。大多数原子结合形成化合物（chemical compound），即由两种（或多种）元素的原子通过化学键联结而构成的物质，如常见矿物石英（SiO_2）、石盐（$NaCl$）和方解石（$CaCO_3$）。但是，有些矿物（如金刚石、自然硫、自然金和自然铜）完全由单一元素的原子构成（注：自然/原生一词用作前缀，用以描述自然界中以纯元素形式天然赋存的金属），如图 3.6 所示。

(a) 石英上的自然金　　　(b) 自然硫　　　(c) 自然铜

图 3.6　由单一元素构成的矿物示例

概念回顾 3.2

1. 绘制简单的原子示意图，标注其 3 种主要粒子，并解释这些粒子之间的差异。
2. 价电子的作用是什么？

3.3 原子如何联结形成矿物

区分离子键、共价键和金属键，并解释它们如何形成矿物。

在地球上可见的各种条件下，大多数元素会与其他元素的原子形成各种键/联结[称为惰性气体/稀有气体（noble gas）的一族元素例外，它们不容易与其他元素联结]。有些原子联结形成离子化合物（ionic compound），有些原子联结形成分子（molecule），还有些原子联结形成金属物质（metallic substance）。为什么会发生这种情况呢？实验结果表明，电引力将各原子束缚在一起，并使它们相互联结。这些电引力降低了联结原子的总能量，进而使其更加稳定。

3.3.1 八隅体规则和化学键

化学键（chemical bond）是一种电子转移或共用，使得每个原子的价电子主壳层都能排满。如前所述，价电子（外主壳层）通常参与这一过程。图 3.7 简要描绘了某些元素的价电子数量，I 族中的每个元素含有 1 个价电子，II 族中的每个元素含有 2 个价电子，以此类推，直至 VIII 族中的每个元素含有 8 个价电子。

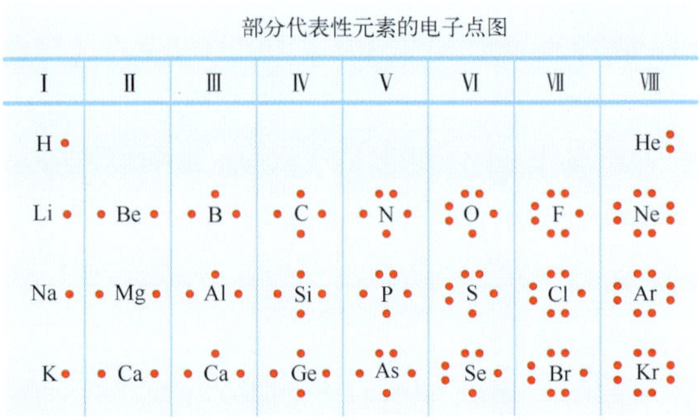

八隅体规则/八隅规则/八隅律/八电子规则（octet rule）是一种化学指导原则，指出原子趋于获得、失去或共用电子，直至最终被 8 个价电子所环绕。虽然八隅体规则存在例外情形，但仍然是理解化学联结的有用经验法则。当一个原子的外主壳层没有包含 8 个电子时，它很可能与其

他原子发生化学联结，从而在其外主壳层中获得 1 个八隅体。惰性气体（稀有气体）具有非常稳定的电子排列，共拥有 8 个价电子（氢除外，仅有 2 个），这解释了它们缺乏化学反应性的原因。化学键包括 3 种主要类型：离子键、共价键和金属键。

图 3.7 某些元素的点图。 每个点代表最外主壳层中发现的 1 个价电子

3.3.2 离子键：电子转移

离子键（ionic bond）可能是最容易可视化描述的化学键，一个原子将一个（或多个）价电子转移给另一个原子，形成称为离子（ion）的两个原子（分别带正电荷和负电荷），失去电子的原子变成阳离子/正离子，获得电子的原子变成阴离子/负离子。当带相反电荷的多个离子彼此强烈吸引并联结时，即可形成离子化合物（ionic compound）。

例如，当钠（Na）和氯（Cl）之间发生离子联结时，即可生成固态离子化合物氯化钠，即矿物石盐（普通食盐）。如图 3.8a 所示，钠原子将 1 个价电子转移给氯原子，随后成为带 1 个正电荷的钠离子（Na^+）。另一方面，氯原子获得 1 个电子，随后成为带 1 个负电荷的氯离子（Cl^-）。由于带不同电荷的离子相互吸引，离子键是带相反电荷离子之间的一种吸引力，能够生成呈电中性的离子化合物。

图 3.8b 描绘了普通食盐中钠离子和氯离子的排列情形，可知普通食盐由交错排列的钠离子和氯离子构成，每个阳离子都被周围环绕的所有阴离子吸引，反之亦然。这种排列最大化了带相反电荷离子之间的吸引力，同时最小化了带相同电荷离子之间的排斥力。因此，离子化合物由有序排列且带相反电荷的离子构成，为了确保提供整体电中性，这种排列需要以明确的比例进行组合。

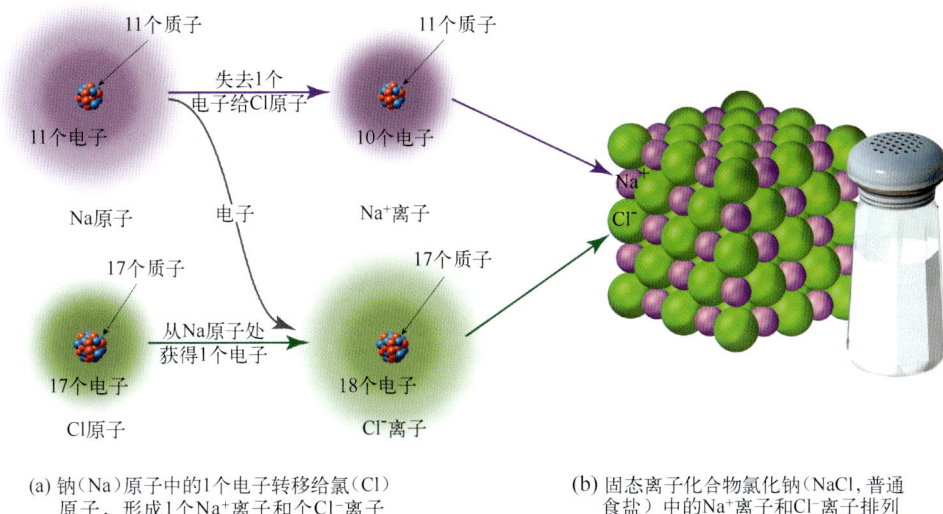

(a) 钠(Na)原子中的1个电子转移给氯(Cl)   (b) 固态离子化合物氯化钠(NaCl,普通
原子,形成1个Na⁺离子和个Cl⁻离子   食盐)中的Na⁺离子和Cl⁻离子排列

图 3.8 氯化钠（离子化合物）的形成

化合物的性质与其各组成元素的性质差异极大。例如，钠是一种软质银色金属，化学反应能力和毒性均极强，即便摄入极少量的钠元素也需要立即就医；氯是一种绿色有毒气体，毒性非常强，第一次世界大战期间曾被用作化学武器。但是，当这两种元素发生化学反应时，所生成的氯化钠反而是一种无害调味剂，即常见的普通食盐。因此，当结合形成化合物时，各元素的性质会发生显著变化。

3.3.3 共价键：电子共用

利用共价键（covalent bond），2 个原子能够共用一个（或多个）价电子，例如氢分子（H_2）。氢是八隅体规则的例外之一，单一主壳层仅用 2 个电子即可排满。假设 2 个氢原子（各有 1 个质子和 1 个电子）相互靠近（见图 3.9），一旦相遇，电子构型就会发生改变，2 个电子首先占据 2 个原子之间的空间。换句话说，这两个电子由 2 个氢原子共用，并被每个原子核中的质子的正电荷同时吸引。在这种情况下，氢原子不会形成离子，将这些原子束缚在一起的力来自带相反电荷粒子的吸引力——原子核中带正电荷的质子和原子核周围带负电荷的电子。

3.3.4 金属键：电子自由移动

有些矿物（如自然金、自然银和自然铜）完全由金属原子按有序方式紧密堆积而成，将这些原子束缚在一起的联结源于每个原子将其价电子

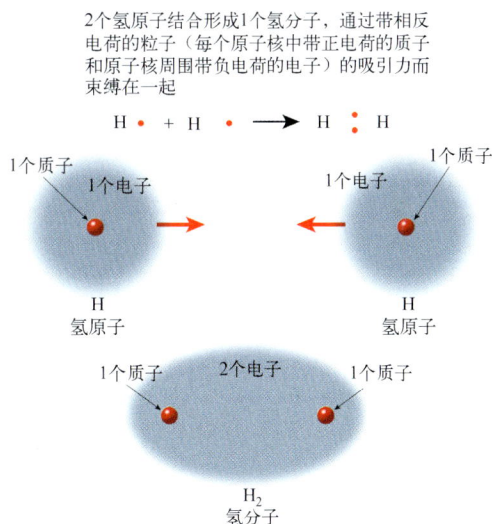

图 3.9 共价键的形成。当氢原子联结时，带负电荷的电子由 2 个氢原子共用，并被每个原子核中的质子的正电荷同时吸引

贡献给一个共有电子池，该电子池在整个金属结构中自由移动。通过贡献一个（或多个）价电子，使得阳离子阵列浸没于价电子"海洋"中，如图 3.10 所示。

这个电子海洋（带负电荷）与阳离子之间的吸引力形成了赋予金属独特性质的金属键（metallic bond）。由于价电子能够在不同原子之间自由移动，金属是良电导体。金属也具有韧性（延展性），意味着既能被锻造成薄板，又能被拉拽成细丝。相比之下，当被施加应力时，离子型固体和共价

型固体则趋于脆性和断裂。为了可视化金属键、离子键和共价键之间的差异，可将其与金属餐具和陶瓷餐盘分别掉到地板上时发生的情形进行类比。

3.3.5 矿物如何形成

矿物在许多不同环境中通过各种不同化学反应形成，其性质一定程度上取决于各原子的联结方式。矿物形成主要包括 3 个过程，即沉淀（precipitation）、结晶（crystallization）和沉积（dlposition）。

1. 矿物沉淀

回想化学课上所学的知识，可知固体形成并从溶液中析出的过程称为沉淀（precipitation）。矿物质（离子）的沉淀发生在咸水体蒸发时，这种咸水体通常为美国犹他州大盐湖那样的内陆水体。当这种富含矿物质的水体达到饱和时，其中的各种离子开始联结，形成从溶液中沉淀出来的结晶质固体，称为盐（salt）。部分常见蒸发盐沉积包括石盐（NaCl）、钾盐（KCl）和石膏（$CaSO_4 \cdot 2H_2O$）。在全球范围内，大量蒸发盐沉积（部分厚度超过数百米）提供了古海洋很久以前已经蒸发的证据（见图 3.40）。

美国犹他州大盐湖是利用日晒蒸发过程开采矿物的全球许多地点之一，人们将湖中的盐水泵入一系列浅水池中，使其承受经年累月的日晒蒸发。首先沉淀出来的矿物是石盐（普通食盐），主要用于软化水或在高速公路上融化冰。几家矿业公司从大盐湖中开采各种矿物，著名的莫顿盐业公司即为其中之一。

各种矿物也能从缓慢运移的地下水中沉淀出来，这些地下水填充了岩石和沉积物中的断裂和空洞。晶洞/晶球（geode）是一种略呈球形的有趣物体，向内凸出的晶体由地下水逐渐沉积而成（见图 3.11）。晶洞通常包含令人惊叹的石英、方解石或其他不常见矿物的晶体。

2. 熔融岩石结晶

矿物从熔融岩石中结晶（crystallization）是与水结冰过程类似但却更复杂的一种过程（见图 4.3）。岩浆中原子的流动性非常强，但是随着熔融物质的冷却，原子的流动会变慢并开始化学结合。熔融物质结晶会生成由共生晶体镶嵌体构成的火成岩，这些晶体趋于缺乏发育良好的晶面（平面或表面）（见图 3.3）。第 4 章将详细地讨论这一过程。

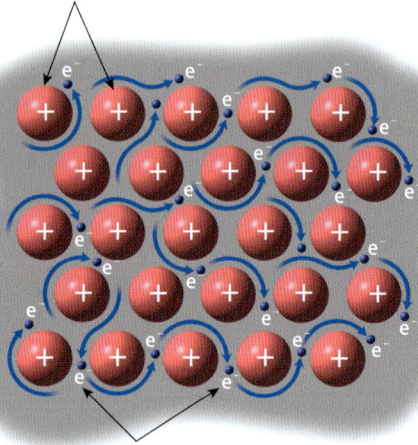

每个金属原子的中心核（带正电荷）由原子核和内层电子构成

带负电荷的外层电子"海洋"在整个结构中环绕着阳离子自由移动

图 3.10 金属联结。金属联结源于每个原子将其价电子贡献给在整个金属结构中自由移动的共有电子池

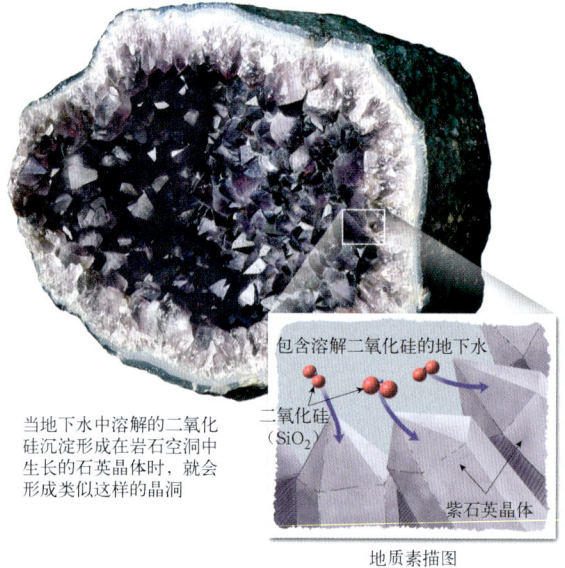

当地下水中溶解的二氧化硅沉淀形成在岩石空洞中生长的石英晶体时，就会形成类似这样的晶洞

包含溶解二氧化硅的地下水

二氧化硅（SiO_2）

紫石英晶体

地质素描图

图 3.11 填充了部分紫水晶的晶洞。晶洞形成于岩石（如石灰岩和火山岩）中的空洞，缓慢运移的地下水沉积将矿物质溶解在这些空洞中

3．生物过程沉积

如前所述，水生生物将大量溶解物质转化为矿物质，例如珊瑚虫形成了大量海洋石灰岩，即由矿物方解石构成的岩石。这些相对简单的无脊椎动物从海水中吸收钙（Ca）离子，然后利用这些钙离子分泌由碳酸钙（$CaCO_3$）构成的外部骨架。随着时间的推移，这些小型生物能够形成巨型石灰岩结构，称为珊瑚礁（coral reef）。

有些海洋无脊椎动物（如蛤蜊和牡蛎）也能分泌由方解石和文石（碳酸盐矿物）构成的甲壳，这些甲壳的残骸被掩埋后，即可成为石灰岩（沉积岩）的主要成分。还有些生物（如硅藻和放射虫）产生玻璃状二氧化硅骨架，掩埋期间会形成作为岩石主要成分的微型二氧化硅（石英）晶体，例如燧石和火石。

概念回顾 3.3

1. 解释原子与离子之间的差异。
2. 原子怎样变成阳离子？原子怎样变成阴离子？
3. 简要区分离子键、共价键和金属键，并讨论电子在其中发挥的作用。
4. 描述矿物能够形成的 3 种途径。

3.4　矿物性质

列举并描述矿物鉴定中使用的性质。

矿物具有明确的晶体结构和化学成分，这为它们赋予了独特的物理性质和化学性质，这些性质为该类矿物的所有标本（无论何时何地形成）共有。例如，两个石英矿物标本的硬度和密度应当相等，且断裂方式相似，但是由于离子取代、外来元素（杂质）的掺杂以及晶体结构中的缺陷，单个标本的物理性质可能在特定范围内发生改变。在未知矿物鉴定方面，称为鉴定特征（diagnostic property）的某些性质非常有用，例如矿物石盐具有其他矿物少见的咸味，使得这种味道成了石盐的鉴定特征。还有些性质（特别是颜色）可能因同类矿物的不同标本而存在差异，称为模糊特征（ambiguous property）。

3.4.1　光学性质

鉴定矿物时，人们经常用到光学特征，如光泽、颜色、条痕和透光能力。

1．光泽

矿物表面所反射的光的外观（或质量）称为光泽（luster）。无论颜色如何，像金属一样反光的矿物均被认为具有金属光泽（见图 3.12a）。当暴露在空气中时，有些金属矿物（如自然铜和方铅矿）会形成暗淡的涂层（或失去光泽），由于光泽不如具有新鲜断面的标本，这些标本通常被认为呈现半金属光泽（见图 3.12b）。

大多数矿物具有非金属光泽，可以通过各种形容词进行描述。例如，有些矿物具有玻璃光泽，有些非金属矿物具有土状光泽或珍珠光泽（类似于珍珠或蚌壳内部），还有些矿物则呈现出丝绢光泽（类似于真丝绸缎）或油脂光泽（仿佛涂抹了油脂）。

2．颜色

虽然颜色（color）通常是任何矿物最明显的特征，但却仅是少数几种矿物的鉴定特征。例如，萤石中通常含有少量杂质，使得这种常见矿物呈现出多种颜色，包括粉色、紫色、黄色、白色和绿色（见图 3.13）。还有些矿物（如石英）也呈现出各种色调，有时候同一块标本中还会出现多种颜色。因此，当利用颜色作为鉴定手段时，结果通常模棱两可甚至误入歧途。

(a) 这个方铅矿标本刚刚
破碎，显示出金属光泽

金属光泽

半金属光泽

(b) 这个方铅矿标本变得
暗淡，具有半金属光泽

图 3.12　金属光泽和半金属光泽

图 3.13　矿物的颜色变化。有些
矿物（如萤石）呈现出多种颜色

3．条痕

矿物粉末的颜色称为条痕（streak），在矿物鉴定过程中通常很有用。通过在条痕板（未上釉的素瓷板）上摩擦，然后观察所遗留痕迹的颜色，即可获知该矿物的条痕（见图 3.14）。虽然矿物的颜色可能因不同标本而存在差异，但其条痕的颜色通常会保持一致（注意，并非所有矿物在条痕板上摩擦时都产生条痕，例如石英的硬度大于陶瓷条痕板，因此不会留下条痕）。

条痕还能帮助区分具有金属光泽和非金属光泽的矿物，金属矿物通常具有致密深色条痕，具有非金属光泽的矿物通常会产生浅色条痕。

4．透光能力

透光能力（透明度）是可用于鉴定矿物的另一种光学性质，当矿物标本完全不透光时，该矿物被描述为不透明；当光能透过而图像无法透过时，该矿物被描述为半透明；当光和图像透过标本均可见时，该矿物被描述为透明。

矿物
（黄铁矿）

条痕
（黑色）

颜色
（黄铜色）

虽然矿物的颜色并不总是有助于鉴定，但是条痕（矿物粉末的颜色）可能非常有用

图 3.14　条痕

3.4.2　晶形

为了描述单一晶体（或晶体集合体）的常见形状或特征形状，矿物学家经常用到两个专业术语，即晶形/晶体形态（crystal shape）和结晶习性（crystal habit）。有些矿物趋于在所有 3 个维度上均匀生长，有些矿物趋于在单一方向上延伸生长，还有些矿物则趋于在两个方向上呈扁平状延展生长（由于在某一维度上的生长受到抑制）。少数矿物的晶形为正多边形，因此有助于矿物鉴定。例如，磁铁矿晶体有时以八面体形式出现，石榴子石晶体通常形成十二面体，石盐和萤石晶体则趋于生长为立方体（或近立方体）。大多数矿物仅有一种常见晶形，但也有少数矿物（如图 3.15 中所示的黄铁矿标本）具有两种（或多种）特征晶形。

虽然大多数矿物仅表现出一种常见晶形，但是有些矿物（如黄铁矿）具有两种（或两种）特征习性

图 3.15　黄铁矿的常见晶形

此外，有些矿物标本由许多共生晶体组成，这些晶体呈现出的特征形状也有助于鉴定。在描述这些及其他晶体的习性时，常用术语包括等轴状（等维状）、刀片状、纤维状、层状、立方体、棱柱状、板状、块状和纹带状等，其中部分习性如图3.16所示。

(a) 纤维状（标本：石棉） (b) 刀片状（标本：透石膏）

(c) 纹带状（标本：玛瑙） (d) 立方体晶体（标本：石盐）

图 3.16　部分常见结晶习性。(a)分解成纤维的细圆晶体；(b)在单一方向上变平的细长晶体；(c)具有不同颜色或结构条纹（或条带）的矿物；(d)呈立方体形态的晶体集合体

3.4.3　强度

为了描述矿物的强度以及被施加外力时的破裂方式，矿物学家采用硬度、解理、断口和韧性等专业术语。至于矿物在外力作用下破裂（或变形）的难易程度，则取决于晶体联结化学键的类型和强度。

1. 硬度

硬度（hardness）是最有用的鉴定特征之一，是衡量矿物的耐磨性（或刮擦性）的测度，通过采用未知硬度矿物刻划已知硬度矿物而确定，反之亦可。硬度值可通过摩氏硬度计（Mohs scale）获得，该硬度计由10种矿物组成，硬度值分别为1（最软）～10（最硬），如图3.17a所示。注意，摩氏硬度计仅为一种相对分级排序，并不意味着硬度为2的矿物（如石膏）的硬度是硬度为1的矿物（如滑石）的硬度的2倍。实际上，石膏仅比滑石略硬一点，如图3.17b所示。

在实验室中，可用于测定矿物硬度的常见物体包括：人类指甲（硬度为2.5）、铜币（硬度为3.5）和玻璃（硬度为5.5）。矿物石膏的硬度为2，人类指甲能够很容易刻划。矿物方解石的硬度为3，能够很容易划伤人类指甲，但是不会划破玻璃。石英是最硬的常见矿物之一，很容易划破玻璃。金刚石的硬度最大，能够刻划所有一切物质，包括其他金刚石。

2. 解理

在许多矿物的晶体结构中，有些原子键相对较弱，矿物受外力作用时趋于沿着这些弱键破裂，解理（cleavage）就是矿物沿弱联结面破裂的趋势。并非所有矿物都存在解理，但是对存在解理的那些矿物而言，可通过矿物破裂时产生的解理面（相对光滑且平坦的表面）进行鉴定。

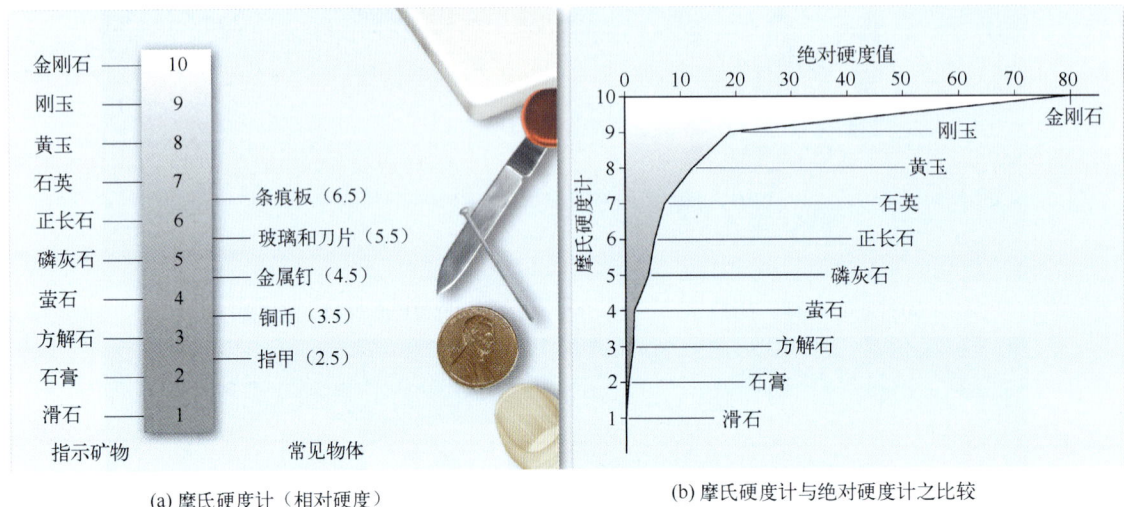

(a) 摩氏硬度计（相对硬度）

(b) 摩氏硬度计与绝对硬度计之比较

图 3.17　硬度计。(a)摩氏硬度计对部分常见物体的硬度进行分级排序；(b)摩氏相对硬度计和绝对硬度计之间的关系

云母的解理最简单，由于在一个方向上的联结非常微弱，它会劈开而形成扁平薄片（见图 3.18）。有些矿物具有完好程度相当高的解理（在一个、两个、三个或更多方向上），还有些矿物则表现出完好程度为中等（或较差）的解理，部分矿物甚至根本就没有解理。当矿物在多个方向上均匀破裂时，解理可由解理方向的数量及其夹角进行描述（见图 3.19）。

具有不同方位的每个解理面均被计数为一种不同解理方向，例如有些矿物（如石盐）会破裂形成六面立方体，由于立方体由 3 组以 90°角相交的不同平行平面定义，矿物石盐的解理可描述为"三向解理，夹角为 90°"。

不要混淆解理和晶形。当某种矿物具有解理时，破裂后的碎片均具有相同的几何形状。相比之下，侧面光滑的石英晶体（见图 3.1）没有解理，断裂后碎片的形状与原始晶体（或彼此之间）不相似。

3. 断口

当化学键在所有方向上的强度均相等（或近似相等）时，矿物会表现出一种称为断口（fracture）的性质。大多数矿物出现断口时会形成凹凸不平的不规则表面，称为不规则断口（irregular fracture），如图 3.20a 所示。但是，某些矿物（包括石英）有时会破裂形成平滑曲面（类似于碎玻璃），称为贝壳状断口（conchoidal fracture），如图 3.20b 所示。还有些矿

图 3.18　云母具有完全解理。此处所示薄片呈现出一个解理面

物破裂产生的断口呈碎片状或纤维状，分别称为参差状断口（splintery fracture）和纤维状断口（fibrous fracture）。

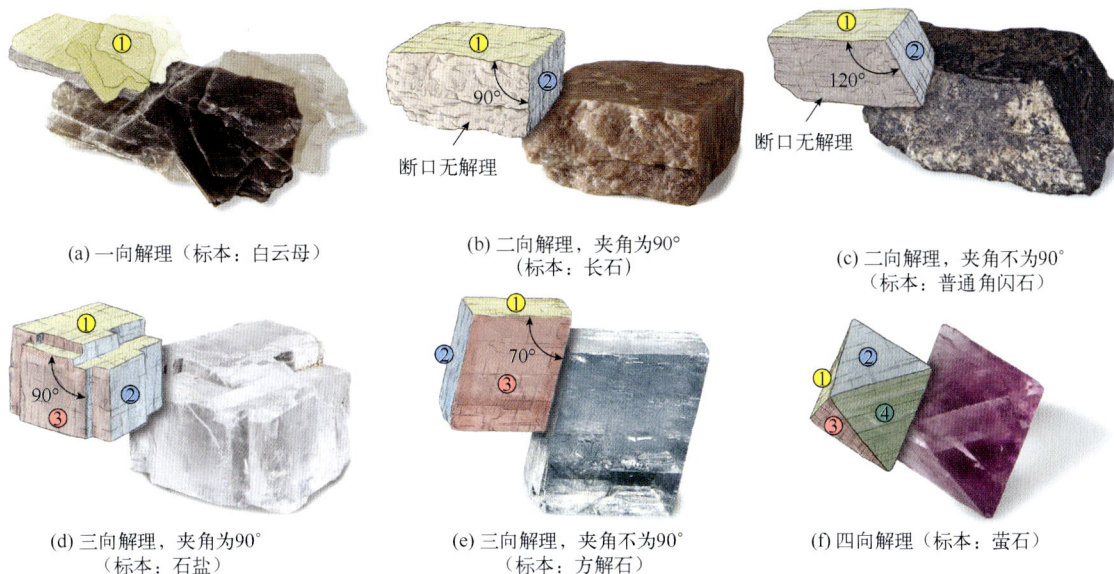

(a) 一向解理（标本：白云母）

(b) 二向解理，夹角为90°（标本：长石）

(c) 二向解理，夹角不为90°（标本：普通角闪石）

断口无解理

断口无解理

(d) 三向解理，夹角为90°（标本：石盐）

(e) 三向解理，夹角不为90°（标本：方解石）

(f) 四向解理（标本：萤石）

图 3.19　各种矿物的解理方向

4．韧性

韧性（tenacity）描述矿物如何对外部应力做出反应，如趋于以脆性方式断裂还是以弹性方式弯曲。如前所述，当受到外力撞击时，非金属矿物（如石英）和离子联结矿物（如萤石和石盐）趋于变为脆性（brittle），然后断裂（出现断口）或者呈现解理。相比之下，自然金属（如自然铜和自然金）具有延展性（malleable），意味着受到锤击而不断裂。此外，可切成薄片的矿物（包括石膏和滑石）被描述为可切割（sectile）。还有些矿物（特别是云母）具有弹性（elastic），在应力释放后会弯曲并快速回弹至原来的形状。

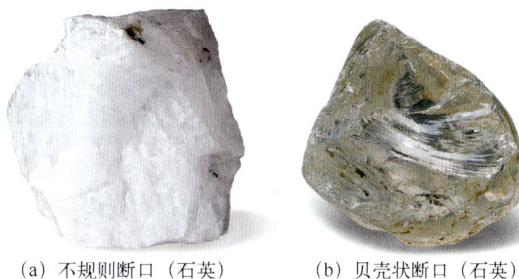

(a) 不规则断口（石英）　　(b) 贝壳状断口（石英）

图 3.20　不规则断口和贝壳状断口

3.4.4　密度和比重

密度（density）的定义是单位体积的质量。矿物学家经常采用比重（specific gravity）一词，即某种矿物与等体积水的质量之比。大多数常见矿物的比重为 2～3，如石英的比重为 2.65。相比之下，某些金属矿物（如黄铁矿、自然铜和磁铁矿）的密度是石英密度的 2 倍多，因此比重也是石英比重的 2 倍多。24K 金的比重约为 20。通过拿在手上掂量一下，通常可估计出一种矿物的比重。是否感觉到这种矿物与自己处理过的类似大小岩石一样重？若是，则该样本的比重可能为 2～3。

3.4.5　其他性质

有些矿物可以通过其他独特性质进行鉴定，例如石盐有咸味，滑石的触感如肥皂般光滑，石墨的触感油腻且污手。此外，许多含硫矿物的条痕闻上去像臭鸡蛋；有些矿物（如磁铁矿）含铁量较高，因此可被磁铁吸引；某些矿物变种（如天然磁石）本身就是天然磁铁，可以吸附较小的铁制品（如大头针和曲别针），如图 3.39f 所示。

此外，有些矿物具有特殊的光学性质，例如，当将一块透明方解石放在打印文稿上时，底下的文字会出现两次，这种光学性质称为双折射（double refraction），如图 3.21 所示。

鉴定碳酸盐矿物有一种非常简单的化学实验，即从滴瓶中吸取一滴稀盐酸，然后置于新鲜破裂的矿物表面，含有碳酸盐矿物的标本在释放二氧化碳时将嘶嘶起泡（见图 3.22）。在鉴定方解石（一种常见碳酸盐矿物）时，这种方法特别有用。

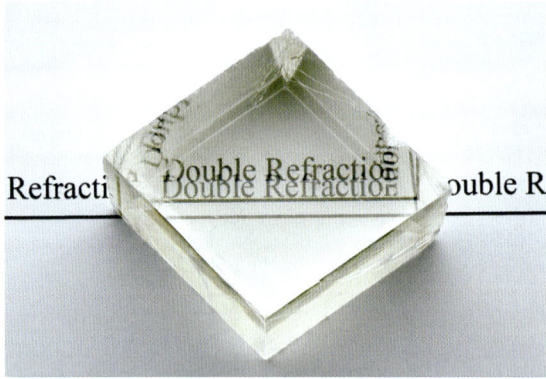

图 3.21　双折射。这块方解石标本呈现出双折射特征

方解石

图 3.22　方解石与弱酸发生反应

概念回顾 3.4

1. 在矿物鉴定中，颜色为何并不总是有用性质？举例说明。
2. 如何区分解理和断口？
3. 什么是矿物的韧性？列出描述韧性的 3 个专业术语。
4. 描述一个有助于鉴定方解石矿物的简单化学实验。

3.5　矿物结构和矿物成分

区分矿物的成分与结构变化，并分别提供一个示例。

许多人将英文 crystal（晶体/水晶）与侧面光滑且呈宝石状的精致酒杯（或玻璃状物体）相关联。在地质学中，晶体（crystal）或结晶质/晶质（crystalline）是两个专业术语，指具有有序和重复排列内部结构的任何天然固体。因此，所有矿物标本都是晶体（或结晶质固体），即使缺乏光滑侧面也是如此。例如，图 3.1 中所示的标本显示出与石英相关的特征晶形（具有锥形顶端的六方柱形），图 3.3 中所示花岗岩标本中的石英晶体却并未显示出发育良好的晶面，但是这两个石英标本都是结晶质。

3.5.1　矿物结构

发育良好的晶体拥有较为光滑的表面和对称性，这是构成矿物内部结构的原子（或离子）有序堆积的表面体现。利用以离子键、共价键或金属键形式结合的球形原子，可以描述矿物中的这种高度有序原子排列。自然金属（如自然金和自然银）的晶体结构最简单，仅由一种元素构成，这些矿物中的所有原子堆积在一起，构成了孔隙最小化的简单三维网络，类似于将许多枚炮弹层层堆叠，每层中的长球体位于相邻各层中各长球体之间的空隙中。

对大多数矿物而言，原子结构至少由两种不同的离子构成，这两种离子的大小通常差异极大。图 3.23 描绘了矿物中部分最常见离子的相对大小，阴离子（获得电子的原子）往往比阳离子（失去电子的原子）更大。

晶体结构可视为各大球（阴离子）与大球之间各小球（阳离子）的三维堆积，因此正电荷与负电荷相互抵消。例如，矿物石盐（NaCl）的结构相对简单，由数量相等的钠离子（带正电荷）和氯离子（带负电荷）构成。电荷相似的离子相互排斥，它们之间相距尽可能远，因此在石盐中，每个钠离子（Na^+）周围均环绕着多个氯离子，反之亦然（见图 3.24）。这种特殊排列形成了基本构成单元，具有立方体形状，称为**晶胞（unit cell）**。如图 3.24c 所示，这些立方体晶胞相结合即可形成立方体形状的石盐晶体，包括从小盐瓶中倒出来的那些食盐。

这些构成单元的形状和对称性与整个晶体的形状和对称性相关，但要注意的是，两种矿物虽然能够由几何形状相似的构成单元构建，但却可能呈现出不同的外部形式。例如，萤石、磁铁矿和石榴子石都是由立方体晶胞构建而成的矿物，但这些晶胞相结合却能形成许多不同形状的晶体。通常，萤石晶体是立方体，磁铁矿晶体是八面体，石榴子石晶体是十二面体（由许多小立方体构成），如图 3.25 所示。由于构成单元非常小，生成晶体的表面（晶面）光滑且平坦。

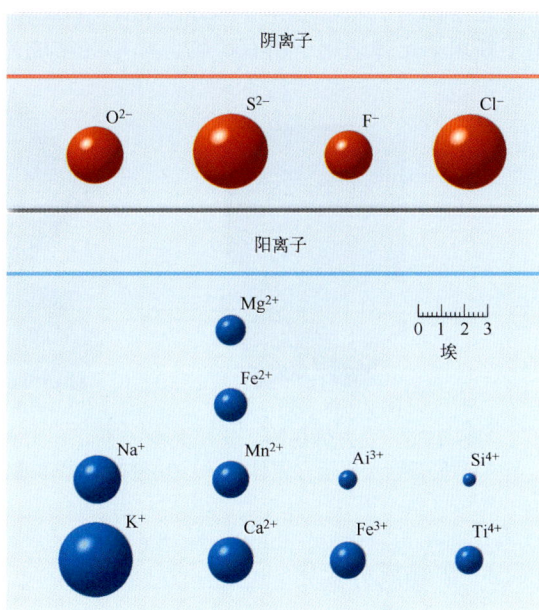

图 3.23　某些离子的相对大小和电荷。离子半径通常以埃表示（1 埃等于 10^{-8} 厘米）

(a) 钠离子和氯离子　(b) 矿物石盐的基本构成单元

(d) 矿物石盐的晶体　(c) 基本构成单元的集合（晶体）

图 3.24　矿物石盐中钠离子和氯离子的排列。各原子排列成具有立方体形状的基本构成单元，形成具有规则形状的立方体晶体

虽然完美的天然晶体确实非常少见，但是相同矿物的各等效晶面之间的夹角却极其一致。1669年，尼古拉斯·斯坦诺首次观察到了这一现象，他发现无论标本大小、晶面大小或晶体采集位置

如何，石英晶体中各相邻柱面之间的夹角都是 120°（见图 3.26）。由于适用于所有矿物，这一观察结果通常称为斯坦诺定律（Steno's law）或面角守恒定律（law of constancy of interfacial angles）。由于斯坦诺定律适用于所有矿物，晶形经常成为矿物鉴定中的一种有价值的工具。

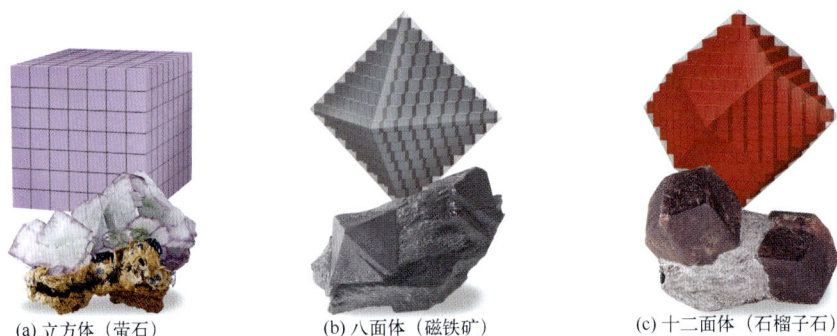

(a) 立方体（萤石）   (b) 八面体（磁铁矿）   (c) 十二面体（石榴子石）

图 3.25　立方体晶胞。这些晶胞以不同方式堆叠在一起，形成了呈现出不同形状的各种晶体。
(a)萤石趋于显示立方体晶体；(b)磁铁矿晶体通常为八面体；(c)石榴子石通常以十二面体形式出现

3.5.2　矿物成分变化

矿物学家已经确认，有些矿物的化学成分大体上因标本不同而存在差异。矿物中之所以存在这些成分变化，可能是因为大小相似的离子能够很容易地相互替代，但是又不会破坏矿物的内部结构。就好像由不同颜色及材质的砖块所砌成的墙壁，只要砖块的大小大致相同，墙壁的形状就不会受到影响，只是组成/成分会发生改变（注：这种现象称为类质同象）。

例如，在橄榄石的化学式 $(Mg,Fe)_2SiO_4$ 中，括号中的镁和铁属于可变成分。由于大小几乎相同且含有相同电荷，镁（Mg^{2+}）和铁（Fe^{2+}）很容易相互替代。在一种极端情况下，橄榄石可能只含镁而不含铁，形成称为镁橄榄石（Mg_2SiO_4）的一个变种；在另一种极端情况下，橄榄石可能只含铁而不含镁，形成称为铁橄榄石（Fe_2SiO_4）的另一个变种。但是，大多数橄榄石标本的结构中都含有这两种离子（或多或少），所有类型橄榄石的内部结构完全一致，呈现出的性质非常相似但不完全相同。例如，富铁橄榄石比富镁橄榄石的密度更大，反映了铁比镁的原子量更大。

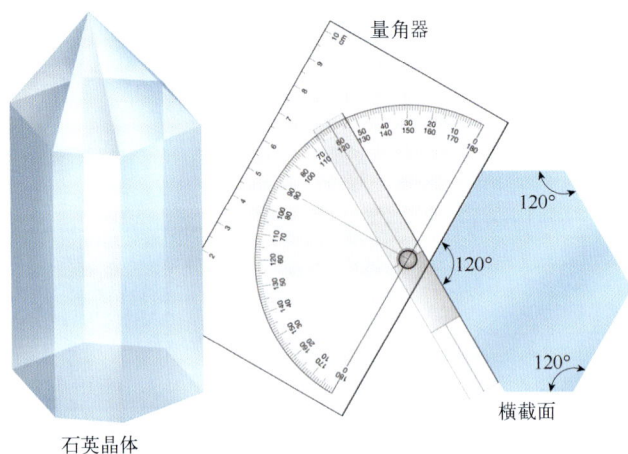

图 3.26　斯坦诺定律。由于晶体的部分表面可能生长得比其他表面更大，相同矿物的两个晶体可能形状不一样，但是各等效晶面之间的夹角却非常一致

与橄榄石相反，石英（SiO_2）和萤石（CaF_2）等矿物的化学成分趋于与其化学式差异极小，但是这些矿物经常含有少量不太常见的其他元素，称为痕量元素/微量元素（trace element）。虽然痕量元素对矿物的大部分性质影响不大，但会显著影响矿物的颜色。

3.5.3　矿物结构变化

对具有完全相同化学成分的两种矿物而言，仍可能具有不同的内部结构，进而具有不同的外部形式，这种类型的矿物称为同质多象变种(polymorph)。石墨和金刚石是同质多象(polymorphism)

的极佳示例，因为它们的纯矿物均完全由碳原子构成。石墨是制造铅笔芯的软灰色矿物，金刚石是目前已知的最硬矿物。这两种矿物之间的差异主要归因于它们的形成环境，金刚石的形成深度可能超过 200 千米，该位置的极端压力和温度形成了图 3.27a 中所示的致密结构。石墨则在相对较低的压力下形成，由间距较宽且联结较弱的碳原子片构成（见图 3.27b）。由于石墨中的碳片很容易相互滑动，石墨存在滑感而成为极佳润滑剂。

科学家发现，通过在高围压下加热石墨，即可以人工方式合成金刚石。由于在极端压力和温度环境下形成，金刚石在地球表面有些不稳定。所幸的是，对珠宝商而言，"钻石恒久远"，因为金刚石（钻石）转变为更稳定形式石墨的速度无穷慢。

从同质多象的一个变种转换为另一个变种是相变（phase change）的示例。在自然界中，当从一种环境迁移至另一种环境时，某些特定矿物会发生相变。例如，当洋壳板片（由富含橄榄石的玄武岩构成）被正在俯冲的板块携带至极深位置时，橄榄石会变成一种更紧凑且更致密的同质多象变种，其与矿物尖晶石具有相同结构。

如前所述，由于比下伏地幔温度更低且密度更大，大洋岩石圈会下潜。因此，在接下来的俯冲过程中，橄榄石从低密度形式转变为高密度形式应当有助于板块俯冲。换句话说，这种相变导致板片的整体密度增大，从而提升了下潜速率。

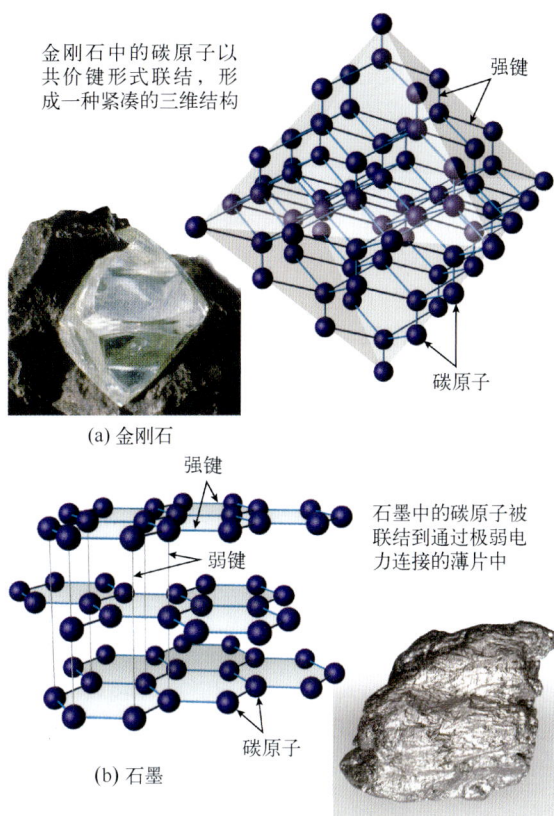

图 3.27 金刚石和石墨。金刚石和石墨是具有相同化学成分碳原子的天然物质，但是内部结构和物理性质反映了它们形成于差异极大环境中的事实

概念回顾 3.5

1. 用你自己的语言解释斯坦诺定律。
2. 定义同质多象变种，并举例说明。

3.6 矿物分类

解释如何对矿物进行分类，指出地壳中丰度最高的矿物类。

当前已命名矿物超过 4000 种，而且每年都会发现一些新矿物。所幸的是，对刚开始学习矿物的学生而言，只要学习几十种矿物就已足够。总体而言，这些少数矿物构成了地壳中的大部分岩石，因此通常称为造岩矿物（rock-forming mineral）。

许多其他矿物虽然丰度不高，但广泛用于产品制造领域，因此称为经济矿物（economic mineral）。但是，造岩矿物和经济矿物并不相互排斥，有些发现于大型矿床中的造岩矿物同样具有重要经济意义，例如方解石是石灰岩（沉积岩）的主要成分，实际用途非常多（包括生产混凝土）。

3.6.1　矿物分类

与植物和动物的分类方式基本类似，矿物学家利用术语矿物种（mineral species）来表示具有相似内部结构和化学成分的标本集合，常见矿物种包括石英、方解石、方铅矿和黄铁矿等。但是，相同动物种（或植物种）中各单独个体彼此之间存在差异（或多或少），相同矿物种的大多数标本同样如此。

有些矿物种可进一步细分为矿物变种（mineral variety）。例如，虽然纯净石英（SiO_2）无色且透明，但是烟水晶（石英变种之一）的原子结构中纳入了少量铝，因此石英外观显得相当暗；在紫水晶（石英的另一变种）中，由于存在痕量铁而呈紫色。

全部矿物种可划归到不同矿物类/矿物族（mineral group）中，部分重要矿物类包括硅酸盐类、碳酸盐类、卤化物类和硫酸盐类。每种矿物类中的矿物趋于具有相似的内部结构，因此也具有相似的性质。例如，碳酸盐类矿物与酸发生化学反应（虽然程度不同），许多矿物具有比较相似的解理。此外，相同矿物类中的矿物经常出现在相同岩石中，例如石盐（NaCl）和钾盐（KCl）同属于卤化物类，通常共同出现在蒸发岩矿床中（注：全部矿物通常可基于晶体结构及化学成分划分为大类、类、族和种，但是本书原文仅划分为 Group 和种，译文视情况将 Group 表述为类或族）。

3.6.2　硅酸盐矿物和非硅酸盐矿物

绝大多数造岩矿物仅由 8 种元素构成，这 8 种元素占地球陆壳的 98%以上（按质量计），如图 3.28 所示。按照丰度从高到低的顺序，这些元素依次为氧（O）、硅（Si）、铝（Al）、铁（Fe）、钙（Ca）、钠（Na）、钾（K）和镁（Mg）。如图 3.28 所示，硅和氧是地壳中最常见的元素，它们很容易结合形成最常见矿物类硅酸盐（silicate）的基本构成单元。当前已知硅酸盐矿物超过 800 种，约占地壳的 92%。

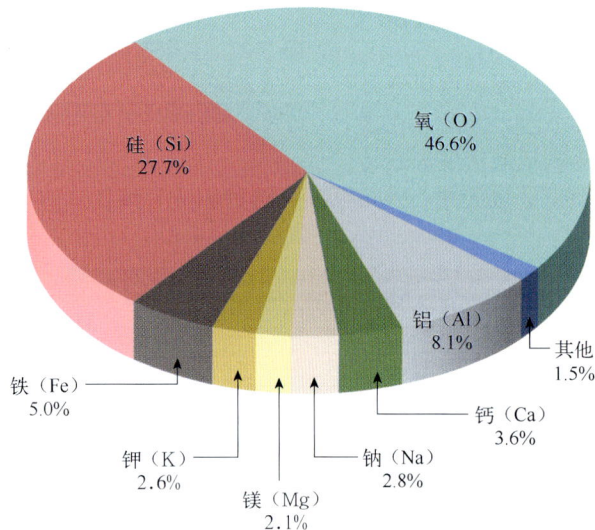

氧（O）46.6%
硅（Si）27.7%
铝（Al）8.1%
其他 1.5%
钙（Ca）3.6%
钠（Na）2.8%
镁（Mg）2.1%
钾（K）2.6%
铁（Fe）5.0%

图 3.28　地球陆壳中丰度最高的 8 种元素。数字代表质量百分比

由于地壳中其他矿物类的丰度远低于硅酸盐，它们通常被归类为非硅酸盐（nonsilicate）。虽然不像硅酸盐那样常见，但是许多非硅酸盐矿物具有特别重要的经济价值，例如为制造汽车提供铁和铝，为住宅建筑中的灰泥和干墙提供石膏，为输送电力和连接互联网提供铜线。常见非硅酸盐矿物类包括碳酸盐类、硫酸盐类和卤化物类。除了具有重要经济意义，这些矿物类中所含的矿物还是各种沉积物和沉积岩的主要成分。

3.7 硅酸盐

绘制硅氧四面体草图，解释这个基本构成单元如何联结形成各种硅酸盐结构。

每种硅酸盐矿物都含有氧和硅，其中大多数还含有一种（或多种）其他常见元素。这些元素形成了数百种硅酸盐矿物，包括硬石英、软滑石、片状云母、纤维状石棉、绿色橄榄石和血红色石榴子石。

3.7.1 硅酸盐结构

每种硅酸盐矿物的结构均包含硅氧四面体（SiO_4^{4-}）。在这种结构中，4 个氧离子和 1 个硅离子（相对较小）通过共价键相联结，形成一个四面体（tetrahedron），即具有 4 个相同平面的单锥形状（见图 3.29）。四面体是具有 -4 个净电荷的络离子（SiO_4^{4-}）。为了实现电平衡，这些络离子与带正电荷的金属离子联结。具体来说，每个 O^{2-} 都有一个价电子与位于四面体中心的 Si^{4+} 联结，每个氧离子上的剩余负电荷可与另一个阳离子（或相邻四面体中的硅离子）联结。

1. 岛状

岛状结构是最简单的硅酸盐结构之一，由单四面体（孤立四面体）构成，4 个氧离子与阳离子（如 Mg^{2+}、Fe^{2+} 和 Ca^{2+}）联结。例如，在化学式为 $(Mg,Fe)_2SiO_4$ 的矿物橄榄石中，镁离子（Mg^{2+}）和/或铁离子（Fe^{2+}）堆积在相对较大的 SiO_4 单四面体之间形成了一种非常致密的三维结构（岛状）。石榴子石是另一种常见硅酸盐，同样由单四面体以离子形式联结至阳离子而形成。橄榄石和石榴子石均会形成致密、坚硬、等维且缺少解理的晶体。

2. 链状或层状

硅酸盐矿物之所以种类繁多，原因之一是硅氧四面体能够以各种不同的构型彼此连接。这种重要现象称为聚合（polymerization），通过与相邻四面体共用氧原子（1 个、2 个、3 个或全部 4 个）而实现。大量硅氧四面体连接在一起，可以形成单链、双链、层状或架状结构，如图 3.30 所示。

为了解氧原子如何在相邻四面体之间共用，选择图 3.30b 中所示单链中部附近的 1 个硅离子（蓝色小球）。这个硅离子被 4 个较大氧离子（红色大球）完全包围，而且 4 个氧原子中的 2 个氧原子与 2 个硅原子联结，剩余 2 个氧原子则不以这种方式共用，穿过共用氧离子之间的链环将各四面体连接成链状结构。下面查看层状结构中部附近的硅离子（见图 3.30d），并计数其周围环绕的共用氧离子和非共用氧离子。层状结构形成于 4 个氧原子中的 3 个氧原子为相邻四面体共用。

3. 架状

在最常见的硅酸盐结构中，所有 4 个氧离子均是共用的，从而形成了一种复杂的架状结构（见图 3.30e），例如石英和长石（最常见的矿物族）。

在各种不同类型的硅酸盐结构中，氧离子与硅离子的数量之比不同。在岛状结构中，每个硅离子中有 4 个氧离子；在单链结构中，氧与硅的比例为 3:1（SiO_3）；在架状结构（如石英）中，

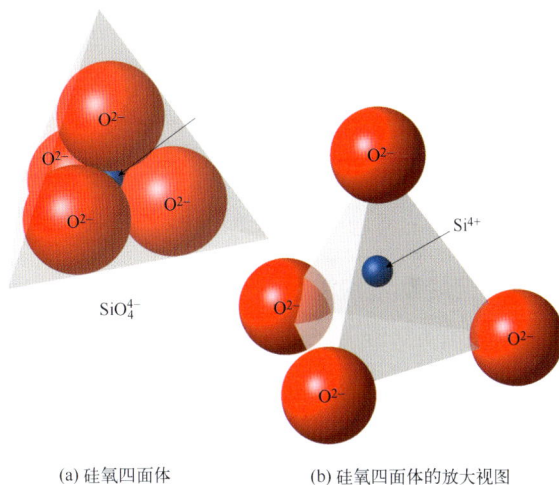

(a) 硅氧四面体　　　　　(b) 硅氧四面体的放大视图

图 3.29　硅氧四面体的两种表示

氧与硅的比例为 2:1（SiO_2）。随着更多氧离子被共用，硅在结构中的百分比上升。因此，硅酸盐矿物可基于硅氧比例描述为硅含量高（或低），其中架状硅酸盐矿物的硅含量最高，岛状硅酸盐矿物的硅含量最低。

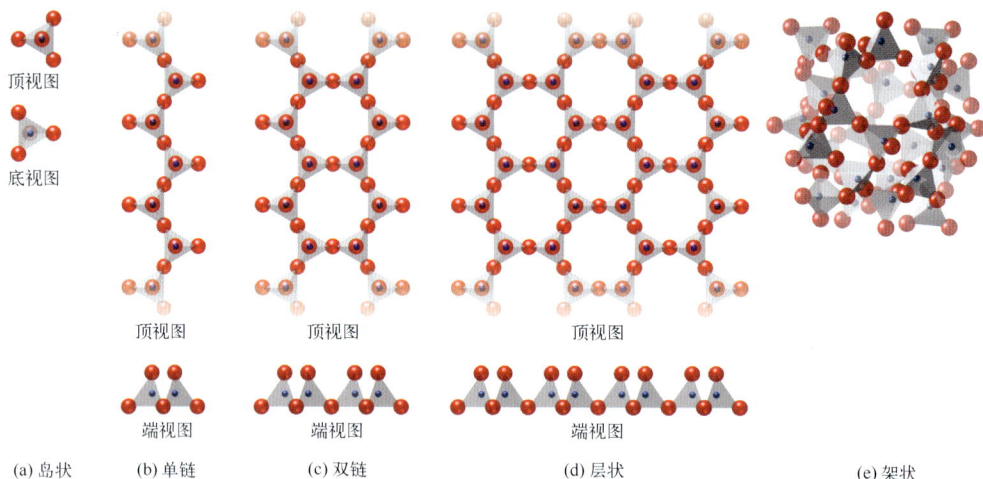

图 3.30　5 种基本硅酸盐结构。(a)岛状（单四面体）；(b)单链；(c)双链；(d)层状；(e)架状

3.7.2　硅酸盐结构的联接

除了石英（SiO_2），大多数硅酸盐矿物的基本结构（单链、双链、层状或架状）都带净负电荷，因此需要金属离子对整体电荷进行平衡，并充当将这些结构束缚在一起的灰泥。联接硅酸盐结构的最常见阳离子是铁（Fe^{2+}）、镁（Mg^{2+}）、钾（K^+）、钠（Na^+）、铝（Al^{3+}）和钙（Ca^{2+}），这些带正电荷的离子与占据硅酸盐四面体角落的未共用氧离子联结。

一般来说，硅和氧之间的共价键要强于两个相连硅酸盐结构之间的离子键，因此某些性质[如解理和硬度（某种程度上）]由硅酸盐结构的基本性质控制。石英（SiO_2）仅拥有硅和氧之间的共价键，硬度极高且无解理，主要是因为所有方向上的键都具有同等的强度。相比之下，矿物滑石（爽身粉的制造原料）具有层状结构，相邻片层之间由镁离子进行弱连接，爽身粉的滑移感即缘于硅酸盐片层之间的彼此滑动，与石墨中的碳原子片滑动（赋予石墨润滑性质）非常相似。

如前所述，大小相似的不同原子能够在不改变矿物结构的情况下自由相互替代，例如在橄榄石中，铁和镁能够相互替代。地壳中的第三常见元素铝（Al^{3+}）也是如此，它经常取代硅氧四面体中心的硅（Si^{4+}）。

由于大多数硅酸盐结构很容易在特定联结位置容纳两个（或多个）不同的阳离子，特定矿物的单个标本可能含有不同数量的某些元素。因此，许多硅酸盐矿物形成了两端成员之间呈现一系列成分的矿物族，例如橄榄石族、辉石族、角闪石族、云母族和长石族。

概念回顾 3.7

1. 绘制硅氧四面体，并标注其各组成部分。
2. 在岛状结构中，氧和硅的比例是多少？架状结构中呢？哪种情况下的硅含量最高？

3.8　常见硅酸盐矿物

比较浅色（非铁镁质）硅酸盐和深色（铁镁质）硅酸盐，并分别列举 3 种常见矿物。

硅酸盐矿物的主要矿物族和常见示例如图 3.31 所示。大多数硅酸盐矿物形成于熔融岩石冷却并结晶时。冷却过程可能发生在地表或近地表（低温低压），也可能发生在地下深处（高温高压）。

在很大程度上，结晶过程中的环境和熔融岩石的化学成分决定了能够形成哪些矿物，例如在结晶过程中，橄榄石结晶较早，石英形成较晚。

常见硅酸盐矿物和矿物族			
矿物/化学式	解理	硅酸盐结构	示例
橄榄石族 $(Mg,Fe)_2SiO_4$	无	岛状（单四面体） 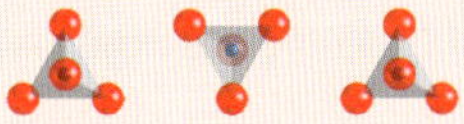	 (a) 橄榄石
辉石族 （普通辉石） $(Mg,Fe,Ca,Na)AlSiO_3$	2个解理面的夹角为90°	单链 	 (b) 普通辉石
角闪石族 （普通角闪石） $Ca_2(Fe,Mg)_5Si_8O_{22}(OH)_2$	2个解理面的夹角为60°和120°	双链 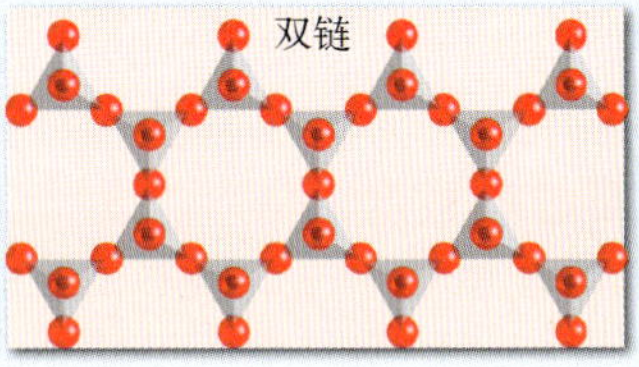	 (c) 普通角闪石
云母族　黑云母 $K(Mg,Fe)_3AlSi_3O_{10}(OH)_2$ 白云母 $KAl_2(AlSi_3O_{10})(OH)_2$	1个解理面	层状 	(d) 黑云母 (e) 白云母
长石族　钾长石 （正长石） $KAlSi_3O_8$ 斜长石 $(Ca,Na)AlSi_2O_2$	2个解理面的夹角为90°	三维架状 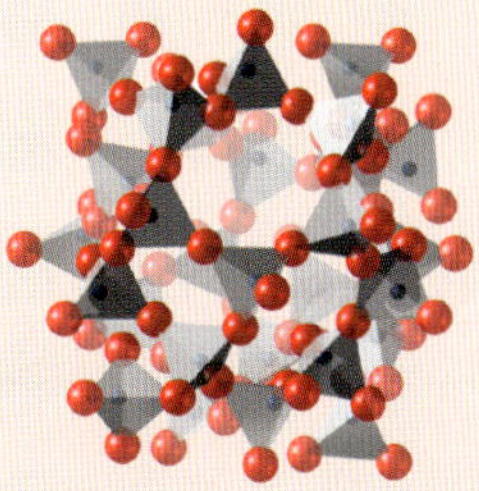 	 (f) 钾长石
石英 SiO_2	无		 (g) 石英

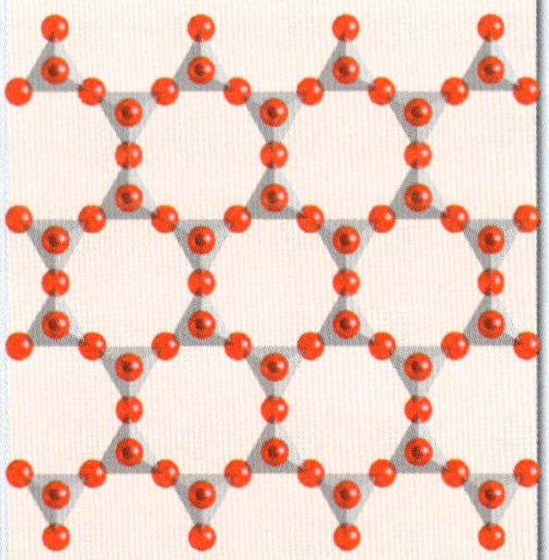

图 3.31　常见硅酸盐矿物。自上而下，硅酸盐结构的复杂性逐渐增大

除了从熔融岩石中结晶，另一些硅酸盐矿物形成于其他硅酸盐矿物的地表风化，还有些硅酸盐矿物形成于与造山活动相关的极端压力。因此，每种硅酸盐矿物的结构和化学成分均显示了其形成条件，通过仔细观察岩石的矿物成分，地质学家通常能够确定该岩石的形成环境。

下面介绍一些最常见的硅酸盐矿物，并根据化学组成将其划分为两种主要类型：浅色硅酸盐和深色硅酸盐。

3.8.1 浅色硅酸盐

浅色硅酸盐（light silicates）也称非铁镁质硅酸盐（nonferromagnesian silicates），通常颜色较浅，比重约为 2.7（低于深色硅酸盐/铁镁质硅酸盐）。这些差异主要归因于是否含重元素铁和镁，浅色硅酸盐含不同数量的铝、钾、钙和钠，但是不含铁和镁。

1. 长石族

长石矿物（feldspar minerals）是地壳中分布最广的硅酸盐类矿物，约占整个地壳的 51%（见图 3.32）。长石矿物之所以在地壳中含量丰富，部分原因是它们能够在较宽范围的温度和压力下形成。长石结构存在两种不同的类型：其一为含有钾离子的钾长石（potassium feldspar），常见成员如正长石和微斜长石，如图 3.33a 和图 3.33b 所示；其二为含有钠离子和钙离子的斜长石（plagioclase feldspar），根据结晶过程中的环境，这两种离子能够彼此自由替代，如图 3.33c 和图 3.33d 所示。虽然存在着这些差异，但是所有长石矿物均具有相似的物理性质，例如具有两组夹角为 90°（或近 90°）的解理面；相对较硬（摩氏硬度为 6）；光泽范围从玻璃光泽到珍珠光泽。作为火成岩的一种组分，长石晶体能够通过其矩形形状和相当光滑且光泽度较高的晶面进行鉴定。

钾长石通常呈浅奶油色或鲑鱼粉红色，偶尔呈蓝绿色；斜长石的颜色范围从灰色到蓝灰色，有时甚至呈黑色。但是，区分这些矿物时不应当使用颜色，因为通过肉眼观察来区分长石时，唯一方法是通过是否存在称为条纹（striation）的大量细平行线，斜长石的部分解理面上存在条纹（见图 3.33d），钾长石中不存在条纹（见图 3.33b）。

2. 石英

作为陆壳中丰度排名第二的矿物，石英（SiO_2）是完全由硅和氧组成的唯一常见硅酸盐矿物，因此术语二氧化硅通常指的是石英。由于石英中的硅离子（Si^{4+}）与氧离子（O^{2-}）的数量之比为 1:2，达到中性并不需要其他阳离子。

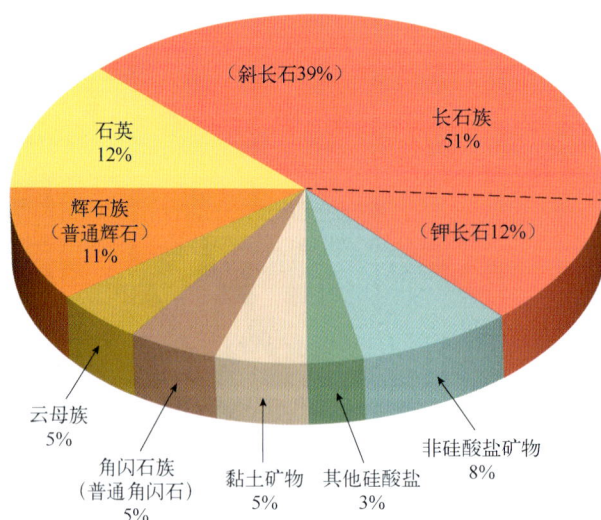

图 3.32　长石矿物约占地壳的 51%。此外可以看到，硅酸盐矿物约占地壳的 92%

在石英中，通过相邻硅原子完全共用氧而形成架状结构（见图 3.31），所有键都是强硅氧型。因此，石英坚硬、耐风化且无解理，破碎时通常呈现贝壳状断口。当比较纯净时，石英是透明的，若允许在没有干扰的情况下生长，则会发育成为具有单锥形末端的六边形晶体。但是，类似于大多数其他透明矿物，石英常被各种不同离子（杂质）的包裹体染色，而且形成时通常没有发育成良好晶面。最常见的石英变种包括乳石英（白色）、烟水晶（灰色）、蔷薇石英（粉红色）、紫水晶（紫色）、黄水晶（黄色至棕色）和水晶（透明），如图 3.34 所示。

3. 白云母

白云母（muscovite）是云母家族中的常见成员，颜色较浅，具有珍珠光泽（见图 3.18）。像其他云母一样，白云母具有单一方向上的完全解理。白云母薄片无色透明，因此在中世纪被用作窗户玻璃。通常可通过给岩石带来闪光进行鉴定。若仔细观察海滩砂，则或许能够看到散落在其他砂粒中的闪光云母片。

4. 黏土矿物

黏土（clay）是一类复合矿物，具有像云母一样的层状结构。与其他常见硅酸盐不同，大多数黏土矿物源于其他硅酸盐矿物的化学分解（化学风化）产物，因此在称为土壤（soil）的表层物质中，黏土矿物的占比很大（要了解与风化和土壤相关的更多信息，请参阅第 6 章）。由于土壤对农业的重要性以及作为建筑支撑材料所发挥的作用，黏土矿物对人类而言极为重要。此外，黏土几乎占全部沉积岩体积的 1/2。黏土矿物通常粒度很细，除非用显微镜进行研究，否则很难准确鉴定。层状结构和各层之间的弱联结使其遇水时呈特征型滑感。在页岩、泥岩及其他沉积岩中，黏土矿物比较常见。

高岭石（kaolinite）是最常见的黏土矿物之一（见图 3.35），可用于制造精致瓷器以及用作高光泽纸的涂层。此外，有些黏土矿物能够吸收大量水，从而使其膨胀到正常大小的几倍。这些黏土已经以各种巧妙方式获得了商业应用，例如快餐店将其用作增稠奶昔的添加剂。

3.8.2 深色硅酸盐

深色硅酸盐（dark silicates）也称铁镁质硅酸盐（ferromagnesian silicates），矿物结构中含有铁离子和/或镁离子，颜色较深，比重为 3.2～

钾长石

(a) 钾长石晶体（正长石）　(b) 显示解理的钾长石（正长石）

斜长石

(c) 富钠斜长石（钠长石）　(d) 显示条纹的斜长石（拉长石）

图 3.33　部分常见长石矿物。(a)钾长石的特征晶形；(b)大多数鲑鱼粉红色长石属于钾长石亚类；(c)富钠斜长石趋于颜色较浅，并且具有珍珠光泽；(d)富钙斜长石趋于呈灰色、蓝灰色或黑色。在这里显示的拉长石标本中，一个晶面上显示出条纹

(a) 烟水晶　(b) 蔷薇石英

(c) 乳石英　(d) 紫水晶

图 3.34　石英是地壳中第二常见的矿物，具有很多变种。(a)烟水晶常见于粗粒火成岩中；(b)蔷薇石英的颜色源于少量钛；(c)乳石英经常出现在矿脉中，偶尔含有自然金；(d)作为二月的生辰石，紫水晶是常用于珠宝的紫色石英

3.6（大于非铁镁质硅酸盐）。最常见的深色硅酸盐矿物包括橄榄石族、辉石族、角闪石族、深色云母（黑云母）和石榴子石。

1. 橄榄石族

橄榄石（Olivine）是一种高温硅酸盐矿物家族，颜色从黑色到橄榄绿色，具有玻璃光泽和贝壳状断口（见图 3.31a）。透明橄榄石偶尔被用作一种宝石，称为贵橄榄石（peridot）。橄榄石通常会形成小圆晶体，使得富含橄榄石的岩石呈现颗粒状外观（见图 3.36）。橄榄石及其相关形式通常存在于玄武岩（一种常见火成岩，位于洋壳以及大陆上的火山区域）中，被认为占地球上地幔的 50%。

2. 辉石族

辉石（pyroxenes）是作为许多深色火成岩重要组成部分的矿物。辉石族的最常见成员是普通辉石（augite），其呈黑色而不透明，是玄武岩中的主要矿物之一（见图 3.31b）。

图 3.35 高岭石。高岭石是一种常见黏土矿物，由长石矿物风化形成

3. 角闪石族

角闪石（amphiboles）是化学组成非常复杂的矿物。角闪石族的最常见成员是普通角闪石（Hornblende），通常呈深绿色到黑色，晶体细长（见图 3.31c）。当出现在火成岩中时，普通角闪石经常构成浅色岩石的深色部分（见图 3.3）。由于外观相似且均为深色，普通角闪石和普通辉石经常被误认。二者之间最明显的区别是解理，普通角闪石的两个解理面以约 60° 和 120° 相交的夹角相交，普通辉石显示的解理夹角则大致为 90°（见图 3.37）。

4. 黑云母

黑云母（Biotite）是云母家族中的一种深色富铁成员（见图 3.31d）。像其他云母一样，黑云母具有层状结构，使其在单一方向上具有完全解理。通过对比光泽度，有助于将其与其他深色铁镁质矿物进行区分。类似于普通角闪石，黑云母也是火成岩（包括花岗岩）的常见成分。

富含橄榄石的橄榄岩（纯橄榄岩变种）

图 3.36 橄榄石。橄榄石的颜色通常为黑色到橄榄绿色，具有玻璃光泽，外观一般呈颗粒状，常见于玄武岩（火成岩）中

5. 石榴子石

与橄榄石相似，石榴子石（garnet）的结构由通过金属离子联接的单四面体组成。同样与橄榄石相似，石榴子石具有玻璃光泽，无解理，有贝壳状断口。虽然石榴子石的颜色各不相同，但是这种矿物通常呈棕色到深红色。发育良好的石榴子石晶体拥有 12 个菱形晶面，最常见于变质岩中（见图 3.38）。透明的石榴子石被视为半珍贵宝石（半宝石）。

概念回顾 3.8

1. 除了颜色不同，浅色硅酸盐和深色硅酸盐的主要差异是什么？何种因素造成了这种差异？
2. 由图 3.31 可知，白云母和黑云母的异同点有哪些？

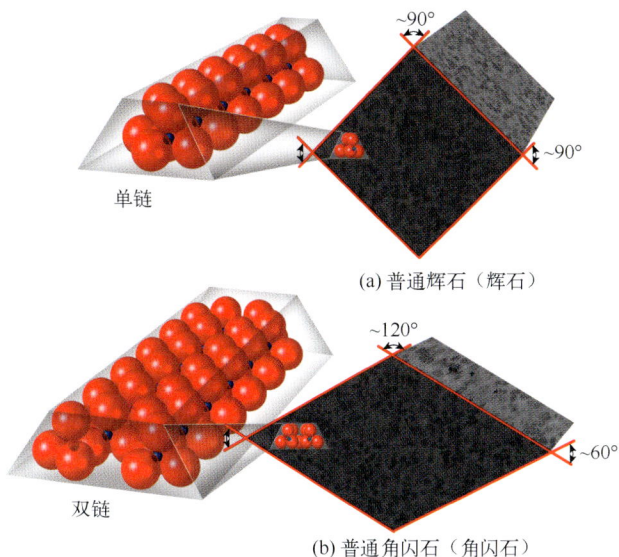

单链

~90°

~90°

(a) 普通辉石（辉石）

双链

~120°

~60°

(b) 普通角闪石（角闪石）

图 3.37　普通辉石和普通角闪石的解理对比。与普通辉石相比，普通角闪石中硅酸盐结构的联结更弱，所以表现出更好的解理

2厘米

图 3.38　发育良好的石榴子石晶体。石榴子石的颜色多样，常见于富含云母的变质岩中

3.9　重要非硅酸盐矿物

列举常见非硅酸盐矿物，并解释为何每种矿物都非常重要。

虽然非硅酸盐仅约占地壳的 8%，但是部分非硅酸盐矿物（如石膏、方解石和石盐）却以沉积岩成分形式大量存在，许多非硅酸盐的经济价值也非常重要。

基于所属成员共有的带负电荷的离子（或络离子），非硅酸盐矿物通常可划入多个矿物类，例如氧化物类包含能够与一种（或多种）阳离子联结的氧阴离子（O^{2-}）。因此，在每种矿物类中，基本结构和联结类型比较相似，即同类矿物具有相似的物理性质，这对矿物鉴定而言非常有用。图 3.39 列举了部分主要非硅酸盐矿物类，并为每个矿物类提供了几个示例。

部分最常见的非硅酸盐矿物属于以下 3 种矿物类之一：碳酸盐类（CO_3^{2-}）、硫酸盐类（SO_4^{2-}）和卤化物类（Cl^{1-}、F^{1-} 和 Br^{1-}）。碳酸盐的矿物结构比硅酸盐简单，由碳酸根离子（CO_3^{2-}）和一种（或多种）阳离子组成。两种最常见的碳酸盐矿物是方解石（calcite，$CaCO_3$/碳酸钙）和白云石［dolomite，$CaMg(CO_3)_2$/碳酸镁钙］，如图 3.39a 和图 3.39b 所示。方解石和白云石通常共同作为两种沉积岩（石灰岩和白云岩）的主要成分，当方解石是主要矿物时，称为石灰岩/灰岩（limestone）；当白云石是主要矿物时，称为白云岩（dolostone）。石灰岩是硅酸盐水泥的主要成分，可用作道路骨料和建筑石材。

虽然非硅酸盐仅约占地壳的 8%，但其中许多矿物具有重要经济意义。

沉积岩中经常出现的另外两种非硅酸盐矿物是石盐（halite）和石膏（gypsum）（见图 3.39c 和图 3.39i），这两种矿物通常存在于早已蒸发古海洋的最后厚层遗迹中，如图 3.40 所示。像石灰岩一样，石盐和石膏都是重要的非金属资源，石盐是普通食盐（NaCl）的矿物名称；石膏（$CaSO_4 \cdot 2H_2O$）是结构中含水的硫酸钙，也是石膏及其他类似建筑材料的组成矿物。

常见非硅酸盐矿物类				
矿物类 （主要离子或元素）	矿物名称	化学式	经济用途	示例
碳酸盐类 （CO_3^{2-}）	方解石 白云石	$CaCO_3$ $CaMg(CO_3)_2$	硅酸盐水泥，石灰 硅酸盐水泥，石灰	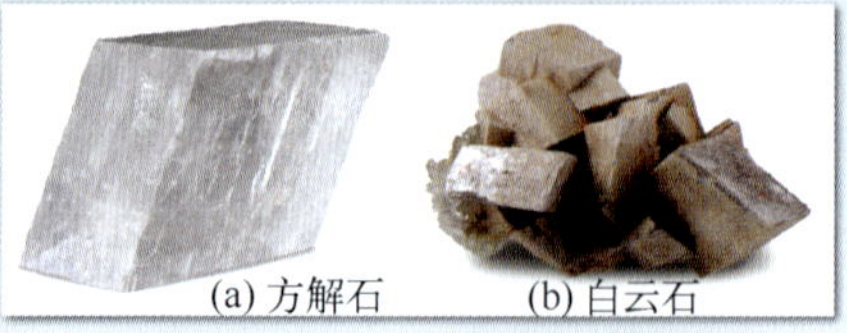 (a) 方解石　(b) 白云石
卤化物类 （Cl^{1-}，F^{1-}，Br^{1-}）	石盐 萤石 钾盐	$NaCl$ CaF_2 KCl	食盐 用于炼钢 用作肥料	 (c) 石盐　(d) 萤石
氧化物类 （O^{2-}）	赤铁矿 磁铁矿 刚玉 冰	Fe_2O_3 Fe_3O_4 Al_2O_3 H_2O	铁矿石，颜料 铁矿石 宝石，磨料 固态水	 (e) 赤铁矿　(f) 磁铁矿
硫化物类 （S^{2-}）	方铅矿 闪锌矿 黄铁矿 黄铜矿 辰砂	PbS ZnS FeS_2 $CuFeS_2$ HgS	铅矿石 锌矿石 硫酸产品 铜矿石 汞矿石	 (h) 黄铜矿 (g) 方铅矿
硫酸盐类 （SO_4^{2-}）	石膏 硬石膏 重晶石	$CaSO_4 \cdot 2H_2O$ $CaSO_4$ $BaSO_4$	石膏粉 石膏粉 钻探泥浆	 (i) 石膏　(j) 硬石膏
自然元素 （单元素）	金 铜 金刚石 石墨 硫磺 银	Au Cu C C S Ag	贸易，首饰 电导体 宝石，磨料 铅笔芯 磺胺类药物， 化学品 首饰，摄影	 (k) 铜　(l) 硫磺

图 3.39　重要非硅酸盐矿物类

非硅酸盐矿物类大多含有因具有一定经济价值而受到重视的矿物，主要包括：氧化物类，其成员赤铁矿和磁铁矿是重要铁矿石（见图 3.39e 和图 3.39f）；硫化物类，基本上是自然硫（S）与一种（或多种）金属形成的化合物，主要包括方铅矿（硫化铅）、闪锌矿（硫化锌）和黄铜矿（硫化铜）；自然元素，包括自然金、自然银和碳（金刚石）等，具有较高的经济价值；其他非硅酸盐矿物，例如萤石（炼钢助熔剂）、刚玉（宝石及磨料）和沥青铀矿（铀源）。

地质美图 3.1 中显示了宝石的相关信息。

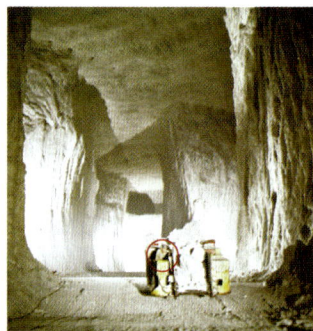

图 3.40　地下矿井中出露的厚层石盐。美国得州格兰德盐湖的石盐矿（以人为参照比例尺）

重要宝石		
宝石可划分为两种类型：珍贵宝石（宝石）和半珍贵宝石（半宝石）。珍贵宝石较为罕见，摩氏硬度通常超过9，比半珍贵宝石更有价值且更昂贵。		
宝石	矿物名称	珍贵色彩
珍贵宝石		
钻石	金刚石	无色/粉色/蓝色
祖母绿	绿柱石	绿色
红宝石	刚玉	红色
蓝宝石	刚玉	蓝色
欧泊	蛋白石	灿烂的色彩
半珍贵宝石		
变石	金绿宝石	可变
紫水晶	石英	紫色
猫眼	金绿宝石	黄色
玉髓	石英（玛瑙）	条纹
黄水晶	石英	黄色
石榴石	石榴子石	红色/绿色
翡翠	翡翠或软玉	绿色
月光石	长石	透明蓝
贵橄榄石	橄榄石	橄榄绿
烟晶石	石英	褐色
尖晶石	尖晶石	红色
黄玉/托帕石	黄晶	紫色/红色
碧玺	电气石	红色/蓝绿色
绿宝石	绿松石	蓝色
锆玉	锆石	红色

珍贵的石头自古以来就很珍贵。虽然大多数宝石都是特定矿物的变种，但是关于宝石及其矿物成分的错误信息比比皆是

著名的霍普钻石

霍普钻石（又称希望钻石）是一颗深蓝色宝石，质量为45.52克拉，据说是从质量高达115克拉的更大宝石（17世纪中期发现于印度）上切割下来的。最初质量高达115克拉的宝石被切割成一颗较小的宝石，然后成为法国王冠珠宝的一部分，拥有者是国王路十六和玛丽·安托瓦内特皇后（在他们试图逃离法国之前）。1792年，霍普钻石在法国大革命期间被盗，据说被重新切割成当前大小和形状。19世纪，它成为亨利·霍普收藏品的一部分（因此得名），并在华盛顿特区的史密森尼博物馆展出。

宝石的构成

当在自然状态下出现时，大部分宝石都比较暗淡，多数人会认为只是一块石头而将其忽略。必须由经验丰富的专业人员精心切割和抛光，宝石才能展现出它们的真正美丽。切割和抛光过程需要利用磨料才能完成，这些磨料通常为嵌入金属盘的微小金刚石碎片

宝石的命名

大多数珍贵宝石的名称与其母矿物不同，例如蓝宝石是相同矿物刚玉的变种所形成的两种宝石之一。刚玉中的痕量元素能够形成几乎所有颜色的耀眼刚玉宝石，其中微量钛和铁能够形成最珍贵的蓝宝石；当含有足够数量的铬时，矿物刚玉会呈现出明亮的红色，这种刚玉变种称为红宝石

像蓝宝石一样，红宝石是矿物刚玉的变种

刚玉宝石显示出各种颜色

地质美图 3.1　宝石

概念回顾 3.9

1. 列出 8 种常见非硅酸盐矿物及其经济用途。
2. 最常见的碳酸盐矿物是什么？

主要内容回顾

3.1　矿物：岩石的构成单元

关键词：矿物学，矿物，岩石

- 地质学家用术语矿物来指代具有有序晶体结构和特征化学成分的天然无机固体。
- 矿物是岩石的构成单元。岩石是自然形成的矿物（或类矿物，如天然玻璃或有机质）物质块。

3.2　原子：矿物的构成单元

关键词：原子，原子核，质子，中子，电子，价电子，原子序数，元素，周期表，化合物

- 矿物由一种（或多种）元素的原子组成。所有原子均由相同的三种基本成分（质子、中子和电子）组成。
- 原子序数表示在特定元素的原子核中发现的质子数。
- 质子和中子的大小和质量大致相同，但是质

子带正电荷，中子不带电荷。

- 电子的质量仅约为质子或中子的1/2000。电子占据原子核周围的空间，并在那里形成由几个不同能级组成的结构，称为主壳层。最外主壳层中的电子称为价电子，负责将各原子束缚在一起而形成化合物的各键。
- 元素周期表的组织方式为：将具有相同价电子数的元素组织到一列（或族）中，使它们趋于由行为相似的元素组成。

问题：利用元素周期表（见图 3.5），通过以下质子数识别这些地质意义上的重要元素：**a.** 14；**b.** 6；**c.** 13；**d.** 17；**e.** 26。

3.3 原子如何联结形成矿物

关键词：化学键，八隅体规则，离子键，离子，共价键，金属键

- 化学键形成于不同原子之间的吸引，导致价电子发生转移（或共用）。基于八隅体规则，大多数原子的最稳定排列是在最外主壳层中拥有 8 个电子。
- 为了形成离子键，一种元素的原子将一个或多个价电子转移给另一种元素，从而形成带正电荷和负电荷的原子，称为离子。离子键形成于带相反电荷离子之间的吸引力。
- 共价键形成于相邻各原子共用价电子的时候。
- 金属键涉及价电子的广泛共用，使得电子在物质中自由移动。
- 矿物以多种方式形成。它们可能从溶液中沉淀出来，当悬浮在其中的水蒸发时形成键；当熔融岩石冷却时，原子与其他原子形成键，从而产生结晶质物质；某些海洋生物从周围海水中提取离子，然后分泌通常由碳酸钙或二氧化硅构成的外壳物质。

问题：将附图中标有 A、B 和 C 的图形与以下类型的键匹配：离子键、共价键和金属键。每种类型联结的可区分特征是什么？

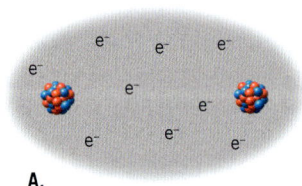

A.

（a）

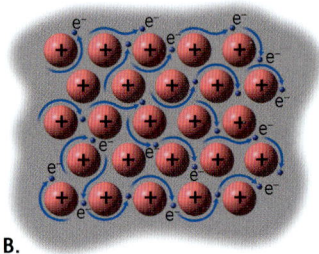

B.

（b）

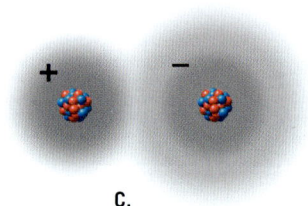

C.

（c）

3.4 矿物性质

关键词：鉴定特征，模糊特征，光泽，颜色，条痕，晶形，硬度，摩氏硬度计，解理，断口，韧性，密度，比重

- 光泽是矿物反射光的能力。透明、半透明和不透明描述了矿物的透光程度。
- 颜色用于矿物鉴定不太可靠，更可靠的鉴定特征是条痕，即用矿物刻划陶瓷条痕板而产生粉末的颜色。
- 晶形也称结晶习性，常用于矿物鉴定。
- 化学键的强度变化为矿物赋予了某些性质，如抗刻划性称为硬度，抗变形应力称为韧性。
- 解理是指矿物沿弱联结原子的平面优先断裂，在鉴定矿物方面非常有用。
- 填充到给定体积中的物质数量决定了矿物的密度。为了比较各矿物的密度，矿物学家采用了一种相关量，称为比重，即矿物密度与水密度之比。
- 鉴定特征是用于鉴定矿物的特征。由于很少见到，某些特征成为某些特定矿物的鉴定特征。

问题：研究附图中的矿物石英和方解石，列举可用于区分二者的 5 种物理特征。

石英　　　　　方解石

3.5 矿物结构和矿物成分

关键词：晶体，晶胞，斯坦诺定律，同质多象变种

- 晶体是天然存在的固体，具有有序且重复排列的内部结构。形成矿物的各原子以某种几何规则方式堆积在一起，这种排列的最小表示称为晶胞，在三维空间中重复排列的大量晶胞形成矿物晶体。
- 斯坦诺定律（面角守恒定律）认为，无论给定矿物的晶体有多大，晶面之间的夹角总是相同的。
- 矿物成分可能在某些参数范围内变化。一般而言，大小和电荷相似的各原子可以彼此替换。
- 相同化合物能够生长成为具有不同原子排列的不同矿物晶体，方解石和文石是这种多变关系的示例：虽然是不同矿物，但是二者具有相同的化学成分 —— $CaCO_3$。

问题：一块刚玉矿物晶体的长度为 1 毫米，两个晶面之间的夹角为 60°。假设该晶体继续生长，直至大小增加至 3 倍，则当前晶面之间的夹角是多少？

3.6 矿物分类

关键词：造岩矿物，经济矿物，硅酸盐，非硅酸盐

- 目前已经鉴定出 4000 多种不同的矿物，但是仅数十种矿物常见于地壳中，这些矿物称为造岩矿物。
- 基于相似的晶体结构、化学成分以及地质背景，人们将全部矿物划分到不同的类/族中。
- 硅和氧是地壳中最常见的元素，因此地壳中的最常见矿物是硅酸盐矿物。非硅酸盐矿物不太常见，但是包含了许多用于制造业的经济矿物。

3.7 硅酸盐

关键词：硅氧四面体，聚合

- 硅酸盐矿物均具有四面锥形结构，称为硅氧四面体，由 1 个硅原子及其周围环绕的 4 个氧原子构成。单四面体能够与其他元素联结。
- 相邻四面体能够共用部分氧原子，导致它们在称为聚合的过程中发育为长链。这个过程能够形成单链、双链、层状甚至复杂架状四面体。

3.8 常见硅酸盐矿物

关键词：浅色硅酸盐，钾长石，斜长石，石英，白云母，黏土，深色硅酸盐，橄榄石，普通辉石，普通角闪石，黑云母，石榴子石

- 硅酸盐矿物是地球上最常见的矿物类，可划分为铁镁质硅酸盐矿物和非铁镁质硅酸盐矿物。
- 非铁镁质硅酸盐通常颜色较浅，比重相对较低，例如长石、石英、白云母和黏土。
- 铁镁质硅酸盐通常颜色较深，比重相对较高，例如橄榄石、辉石、角闪石、黑云母和石榴子石。

问题：一般来说，非铁镁质矿物的颜色较浅，主要呈粉红色、棕褐色、透明或白色。如何解释某些非铁镁质矿物的颜色较深？例如附图中的烟水晶。

烟水晶

3.9 重要非硅酸盐矿物

关键词：方解石，白云石，石盐，石膏

- 非硅酸盐矿物由带负电荷的离子构成。
- 许多非硅酸盐矿物具有经济价值，例如赤铁矿是工业铁的重要来源，方解石是水泥的关键成分，石盐是食盐，白云石是农业领域的重要土壤改良剂，石膏可用于打造建筑物的干墙。

深入思考

1. 以矿物的地质定义为指导，确定以下清单中哪些是矿物，哪些不是矿物。若不是矿物，解释理由。**a.** 金块；**b.** 海水；**c.** 石英；**d.** 立方氧化锆；**e.** 黑曜石；**f.** 红宝石；**g.** 冰川冰；**h.** 琥珀。

2. 假设一个中性原子中的质子数为 92，原子量为 238.03（提示：回答该个问题时，可

参阅图 3.5 中的元素周期表）。**a**. 该元素的名称是什么？**b**. 它有多少个电子？

3. 自然金的比重接近 20。若一桶水（5 加仑）重达 40 磅，则一桶自然金（5 加仑）的重量是多少？

4. 观察附图。该矿物具有几个平坦光滑的表面，形成于标本破碎时。**a**. 这个标本上存在多少个平坦表面？**b**. 这个标本上存在多少个不同解理方向？**c**. 解理方向的夹角是否为 90°？

沿解理劈开的标本

5. 以下每条语句都描述了一种硅酸盐矿物（或矿物类），请为其提供适当的名称：**a**. 角闪石族中的最常见成员；**b**. 云母家族中的最常见浅色成员；**c**. 唯一完全由硅和氧构成的常见硅酸盐矿物；**d**. 一种基于颜色命名的硅酸盐矿物；**e**. 一种以条纹为特征的硅酸盐矿物；**f**. 源于化学风化产物的硅酸盐矿物。

6. 附图描绘了何种矿物性质？

7. 通过互联网搜索，确定哪些矿物可用于制造以下产品：**a**. 不锈钢餐具；**b**. 猫砂；**c**. 汤斯牌抗酸片（碳酸钙咀嚼片剂）；**d**. 锂电池；**e**. 铝制饮料罐。

8. 附图显示了联结硅氧四面体的几种可能排列之一。描述所显示的结构，并给出显示种类结构的一种矿物族名称。

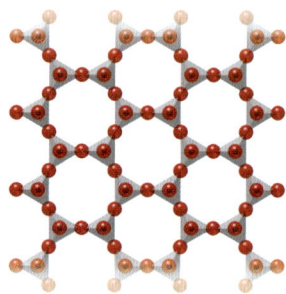

地球之眼

1. 附图是世界上最大的露天金矿之一，位于澳大利亚卡尔古利附近。该金矿被称为超级大采坑，最初由多座小型地下矿山组成，这些地下矿山合并为一个露天矿山，从每年爆破破碎并运至地表的 1500 万吨岩石中，大致能够提炼出 28 吨黄金。**a**. 与露天采矿相比，地下采矿的一种环境优势是什么？**b**. 对受雇于该矿的员工来说，当该矿从地下矿发展为露天矿时，工作条件会发生何种变化？

2. 类似于大多数其他制成品，附图中的玻璃瓶含有从地壳和海洋中提取的矿物。商业生产玻璃瓶的主要成分是矿物石英，玻璃中还含有少量矿物方解石。**a**. 石英属于哪个矿物类？**b**. 玻璃啤酒瓶通常是透明的，呈绿色或棕色。根据你对矿物石英颜色的了解，玻璃制造商如何将瓶子制成绿色和棕色？

第4章 火成岩和侵入活动

在冰岛雷克雅未克附近的蓝湖温泉浴场，沐浴者在曾经用于开发地热能的热采井中放松身心。在距离冰岛首都雷克雅未克不远的火山岩区域，冰岛深钻计划将动用一台大型钻机实施钻探深度约为5千米的几个钻孔

新闻中的地质： 地热能是能够为未来发电的清洁能源吗？

冰岛是横跨大西洋中脊的岛国，也是地热能的主要产出地。地热能以热水（或蒸汽）形式捕获地球热量并用于发电，能量来源是位于地表之下的炽热火成岩。与化石燃料发电不同，地热能可再生且污染较小。

冰岛拥有大量火山地热田，地热能的获取非常容易，发电成本相对低廉，发电量供过于求，吸引了众多新兴工业（如铝冶炼业和铝加工业）前来投资。随着地热开采新方法的付诸实践，地热能的发电量可能还会进一步扩大。

在冰岛，一口典型地热井的当前深度约为2.5千米，发电量足够供应约4000户家庭。现在，政府资助了一个新项目，正在研究钻探深度达到5千米时能否进入温度超过450℃的储水库，这种过热蒸汽的发电量可能达到当前典型钻井的10倍。若最终在冰岛取得成功，则这种地热发电形式也可能在世界上的其他地区（包括南太平洋、非洲东部和美国西部）进行推广。

学习目标

4.1 列举并描述岩浆的 3 类主要组分。

4.2 比较火成岩的 4 种基本成分：长英质成分、中性成分、镁铁质成分和超镁铁质成分。

4.3 鉴定和描述火成岩的 6 种主要结构。

4.4 基于结构和矿物成分，区分常见火成岩。

4.5 概述固体岩石形成岩浆的主要过程。

4.6 描述岩浆分异作用如何形成与母岩浆化学成分不同的岩浆体。

4.7 解释地幔橄榄岩的部分熔融如何形成镁铁质（玄武质）岩浆。

4.8 比较以下侵入活动构造：岩墙、岩床、岩基、岩株和岩盖。

要理解地球的结构、成分及内部运行机制，就要对火成岩（地壳和地幔的主要组成部分）具有基本的了解。火山（如雷尼尔山）由火成岩构成，美国内华达山脉的大部分、黑丘及阿迪朗达克山脉的各座高峰也是如此。火成岩还是建造房屋和石碑的绝佳材料。

4.1 岩浆：火成岩的母物质

列举并描述岩浆的 3 类主要组分。

岩浆（magma）是完全或部分熔融的岩石，冷却后固结（冷凝）就会形成主要由硅酸盐矿物构成的火成岩（igneous rock）（注：火成岩也称岩浆岩）。大量证据表明，作为火成岩母物质的岩浆由地球深部固体岩石的部分熔融形成，这些固体岩石位于地壳和上地幔（约 250 千米深处）中不同深度的位置。岩浆形成后，由于密度低于周围岩石，岩浆体会向地表浮升。岩石熔融后会占据更多空间（体积增大），因此密度低于周围的固体岩石。熔融岩石偶尔会抵达地球表面，此时称为熔岩（lava）。有时，岩浆房中逸出的气体会推动熔岩像喷泉一样喷溅（见图 4.1）；有时，熔岩会爆炸式喷射而出，形成剧烈的蒸汽及火山灰喷发。但是，并非所有喷发都很猛烈，许多火山还会溢流出更安静的熔岩流。

图 4.1 冰岛巴达本加火山喷溅出的流体熔岩。冰岛是世界上部分最活跃火山的所在地

4.1.1 岩浆的基本性质

大多数岩浆由三类物质组成，即液态组分、固态组分和气态组分。其中，液态组分称为熔体/熔融体（melt），主要由地壳中 8 种最常见元素（以硅和氧为主，加上少量铝、钾、钙、钠、铁和镁）的游离离子组成。

固态组分（若有的话）是硅酸盐矿物晶体。随着岩浆体的冷却，晶体的大小和数量都会增长。在冷却的最后阶段，岩浆体因所含晶体数量较多而形成晶粥，此时仅含有极少量熔体，整体类似于一碗极浓的燕麦片粥。

气态组分是在地表大气压下会蒸发（形成气体）的物质，称为挥发分（volatile）。岩浆中的最常见挥发分是水蒸气（H_2O）、二氧化碳（CO_2）和二氧化硫（SO_2），它们被上覆岩石施加的巨大压力封闭在岩浆中。当朝向地表运移时（从高压环境到低压环境），这些气体趋于与熔体分离。当这些气体不断积聚增多时，最终可能推动岩浆从火山通道中喷出。当深埋地下的岩浆体结晶时，残余挥发分运移经过周围岩石，最终可能积聚为高温富水流体。在变质作用中，这些高温流体发挥了重要作用，详见第 8 章。

4.1.2　从岩浆到结晶质岩石

为了更好地理解岩浆如何结晶，下面考虑简单结晶质固体如何熔融（熔化）。如前所述，在任何结晶质固体中，离子均以紧密堆积的规则形态排列。但是，这些离子并不是完全静止不动的，而是以某些固定点为中心摆动（但受限）的。随着温度逐渐升高，离子的摆动速度加快，与相邻离子碰撞的能量越来越大。因此，加热会导致离子占据更多的空间，继而引发固体膨胀。随着离子的摆动速度越来越快，若足以克服化学键的作用力限制，则熔融作用就会发生。在这个熔融阶段中，各离子能够彼此滑过，有序晶体结构逐步瓦解，最终将固体（由紧密且均匀堆积的离子组成）转化为液体（由随机运动的无序离子组成）。

在结晶作用（crystallization）过程中，冷却/冷凝（cooling）是与熔融/熔化（melting）完全相反的事件。若液体的温度下降，则离子的运动速度就会变慢，然后更加紧密地堆积在一起。经过充分冷却后，在化学键作用力的限制下，这些离子会被再次封闭到有序结晶质排列中。

随着岩浆体的冷却，硅原子和氧原子首先结合形成硅氧四面体，即硅酸盐矿物的基本构成单元（见图 3.29）。随着岩浆向周围环境中持续散热，各硅氧四面体之间彼此（并与其他离子）相连，形成胚胎晶核（crystal nuclei）。随着各离子失去移动能力并连入结晶质网络，每个晶核都会缓慢生长。

最早形成的矿物具有充分生长所需的空间，与形成时间较晚且占据剩余空间的其他矿物相比，趋于发育出更好的晶面。最终，全部熔体均转化为一个各硅酸盐矿物互锁（紧密嵌合）的固态块体，我们将其称为火成岩，如图 4.2 所示。

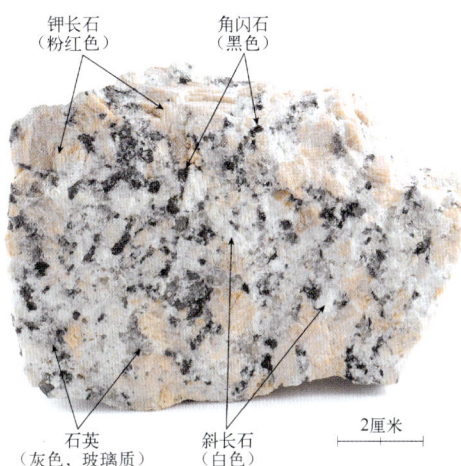

图 4.2　由互锁晶体构成的火成岩。最大晶体长约 1 厘米

4.1.3　火成岩过程

火成岩在两种基本环境下形成。熔融岩石可能在地壳内部（某一深度区间）结晶，也可能在地球表面固结（见图 4.3）。

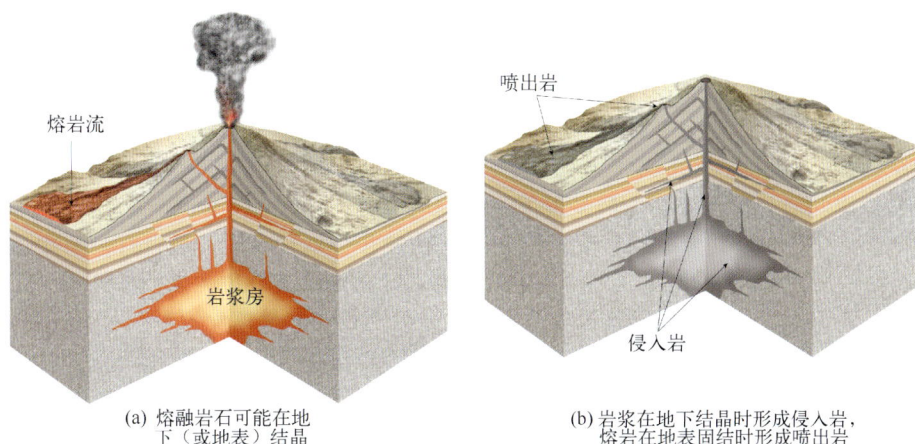

(a) 熔融岩石可能在地下（或地表）结晶

(b) 岩浆在地下结晶时形成侵入岩，熔岩在地表固结时形成喷出岩

图 4.3　侵入岩和喷出岩。二者均为火成岩

岩浆在地下（不同深度）结晶时形成的火成岩称为**侵入岩**（intrusive igneous rock），也称**深成岩**（plutonic rock）（注：原文如此，按照业界常见分类，侵入岩应当包括深成岩和浅成岩）。这些岩石被抬升并剥蚀上覆岩石后，即可在地表的相应地点观察到。美国许多地方均出露有侵入岩，如怀特山（新罕布什尔州）、石头山（佐治亚州）、拉什莫尔山（南达科他州黑丘）和约塞米蒂国家公园（加利福尼亚州，见图4.4）。

熔融岩石在地表固结时形成的火成岩称为**喷出岩**（extrusive igneous rock），也称**火山岩**（volcanic rock）（注：原文如此，按照业界常见分类，火山岩应当包括喷出岩和超浅成侵入岩次火山岩）。当熔岩固结或喷

图4.4　拉什莫尔山国家纪念公园。该纪念公园位于美国南达科他州黑丘，由侵入岩雕刻而成

发火山碎屑坠落到地表时，就会形成喷出岩。美洲西部出露大量喷出岩，它们构成了喀斯喀特山脉和安第斯山脉的火山峰。此外，许多海洋岛屿（如夏威夷群岛和阿拉斯加的阿留申群岛）几乎完全由喷出岩构成。火山活动的基本性质将在第5章中详细介绍。

概念回顾 4.1

1. 什么是岩浆？岩浆和熔岩有何不同？

2. 列举并描述岩浆的 3 类主要组分。

3. 比较喷出岩和侵入岩。

4.2　火成岩的成分

比较火成岩的 4 种基本成分：长英质、中性、镁铁质和超镁铁质。

火成岩主要由硅酸盐矿物构成，这意味着硅（Si）和氧（O）是火成岩中丰度最高的成分，这两种元素及其他 6 种元素[铝（Al）、钙（Ca）、钠（Na）、钾（K）、镁（Mg）及铁（Fe）]大致组成了大多数岩浆的 98%（按质量计）。此外，岩浆中还含有少量其他元素（如钛和锰）及微量稀有元素（如金、银和铀）。

随着岩浆的冷却和固结，这些元素结合形成两类主要硅酸盐矿物。一类是浅色（非铁镁质）硅酸盐，含有大量钾、钠和钙。浅色硅酸盐矿物富含二氧化硅（与深色硅酸盐相比），主要包括石英、白云母以及丰度最高的长石族矿物。另一类是深色（或铁镁质）硅酸盐，富含铁和/或镁，二氧化硅含量相对较低，地壳中的常见矿物包括橄榄石、辉石、角闪石和黑云母。

4.2.1　成分类别

虽然火成岩的成分种类繁多，但是根据浅色矿物与深色矿物（又称暗色矿物）之间的比例，地质学家将这些岩石（及其形成的岩浆）划分为 4 大类，分别称为长英质岩石、中性岩石、镁铁质岩石和超镁铁质岩石，如图 4.5 所示（注：这些类别常见于欧美地质学者，与国内常用类别酸性岩石、中性岩石、基性岩石和超基性岩石基本对应，但是存在少量例外情形）。

1. 长英质岩石和镁铁质岩石

在火成岩成分连续系列的一端附近，岩石几乎完全由浅色硅酸盐（如石英和钾长石）组成，由这些矿物主导的火成岩成分被归类为**长英质**（felsic）岩石，该术语源自长石和二氧化硅（石英）。由于长英质岩浆固结后形成的岩石主要是花岗岩，地质学家也将这种类型的岩浆称为具有**花岗质**

成分（granitic composition）。除了石英和长石，大多数花岗岩还含有约10%的深色硅酸盐矿物，通常为黑云母和角闪石（见图4.6a）。由于富含二氧化硅（约70%或更多）且为地球陆壳的主要成分，长英质岩石及其相关岩浆的数量相当可观。

成分	长英质（花岗质）岩石	中性（安山质）岩石	镁铁质（玄武质）岩石	超镁铁质岩石
显晶质（粗粒）	花岗岩	闪长岩	辉长岩	橄榄岩
隐晶质（细粒）	流纹岩	安山岩	玄武岩	科马提岩（稀有）

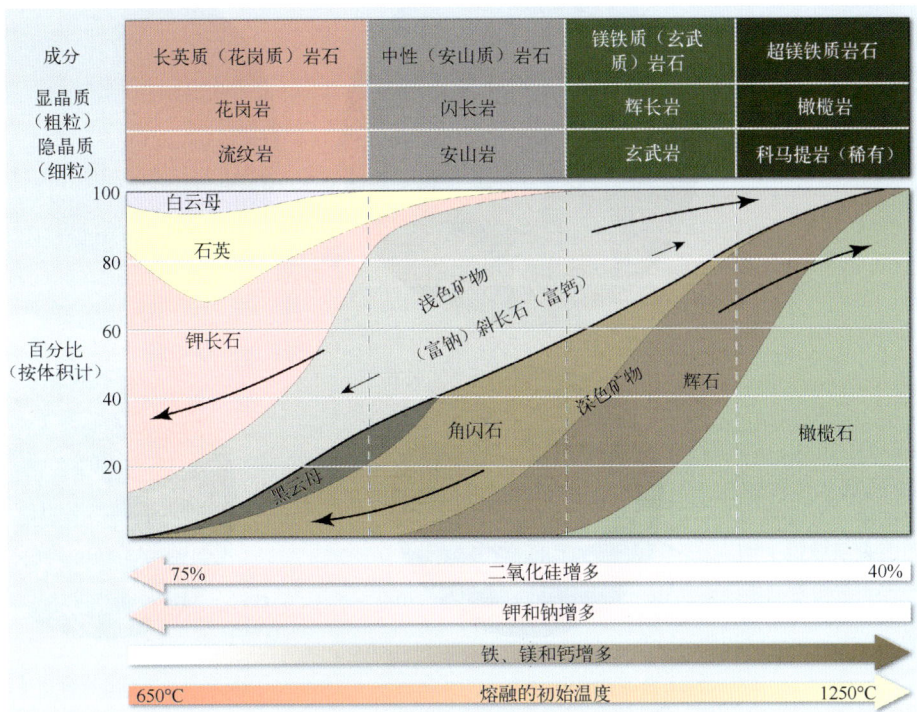

图 4.5　常见火成岩的矿物成分

深色硅酸盐（铁镁质矿物）含量为45%（及以上）的岩石被归类为镁铁质（mafic）岩石，该术语源自镁和铁。与长英质岩石相比，由于含铁量较高，镁铁质岩石一般颜色更深且密度更大。由于镁铁质岩浆通常固结形成火成岩——玄武岩，地质学家也将这种类型的岩浆称为具有玄武质成分（basaltic composition），如图4.6b所示。玄武岩组成了位于洋盆内的许多火山岛，也在大陆上形成了范围广阔的熔岩流。

2．其他成分类别

成分介于长英质岩石和镁铁质岩石之间的岩石被归类为中性（intermediate）岩石，地质学家也将这种类型的岩浆称为具有安山质成分（andesitic composition），该名称源自常见火山岩——安山岩。中性岩石含有25%（及以上）的深色硅酸盐矿物，主要是角闪石、辉石和黑云母，另一种主要矿物是斜长石。这种重要火成岩类别通常与大陆向海边缘和火山岛弧（如阿留申岛链）上的火山活动有关。

橄榄岩（peridotite）是另一类重要火成岩，大部分由橄榄石和辉石组成，因此位于与长英质岩石成分图谱相反的一侧（见图4.5）。由于橄榄岩几乎完全由铁镁质矿物组成，其化学成分称为超镁铁质（ultramafic）。虽然超镁铁质岩石在地表极为罕见，但橄榄岩却是上地幔的主要成分。

4.2.2　二氧化硅含量作为成分指示器

在火成岩的化学成分中，二氧化硅（SiO_2）含量是一种极为重要的特征。通常，对地壳岩石中的二氧化硅含量而言，超镁铁质岩石最低至约40%，长英质岩石最高达70%以上。在火成岩中，二氧化硅含量的百分比以与其他元素的丰度相对应的系统方式发生改变，例如二氧化硅含量相对较低的岩石含有大量铁、镁和钙，二氧化硅含量较高的岩石则含有相对较少的铁、镁和钙，但却富含钠和钾。因此，火成岩的化学组成能够从其二氧化硅含量中直接推断出来。

图 4.6　长英质（花岗质）成分和镁铁质（玄武质）成分。插图是显微镜下的照片，显示了组成如下岩石的互锁晶体。(a)花岗岩；(b)玄武岩

(a) 花岗岩是粗粒长英质火成岩，由浅色硅酸盐（石英和钾长石）组成

(b) 玄武岩是细粒镁铁质火成岩，含有大量深色硅酸盐和斜长石

此外，二氧化硅含量还强烈影响岩浆的行为，二氧化硅含量较高的长英质（花岗质）岩浆相当黏稠（厚），可能在 650℃ 的低温下喷发；二氧化硅含量较低的镁铁质（玄武质）岩浆通常更具流动性，喷发温度也高于长英质岩浆（通常为 1050℃～1250℃）。

概念回顾 4.2
1. 火成岩主要由哪类矿物构成？
2. 浅色火成岩与深色火成岩的成分有何差异？
3. 按二氧化硅含量从高到低的顺序，列举火成岩的 4 种基本成分。

4.3　火成岩的结构

鉴定和描述火成岩的 6 种主要结构。

基于矿物颗粒的大小、形态和排列（而非触感），矿物学家采用术语结构（texture）来描述岩石的整体外观。结构是一种非常重要的性质，可揭示出与岩石形成环境相关的大量信息（见图 4.7）。通过仔细观察岩石的颗粒大小及其他特征，地质学家能够推断出岩石起源的相关信息（注：本书并未明确区分火成岩的结构与构造，而是将它们统称为结构，具体内容描述也以结构为主体）。

以下 3 种因素会影响火成岩的结构：

● 熔融岩石的冷却速率
● 岩浆中的二氧化硅含量
● 岩浆中的溶解气体含量

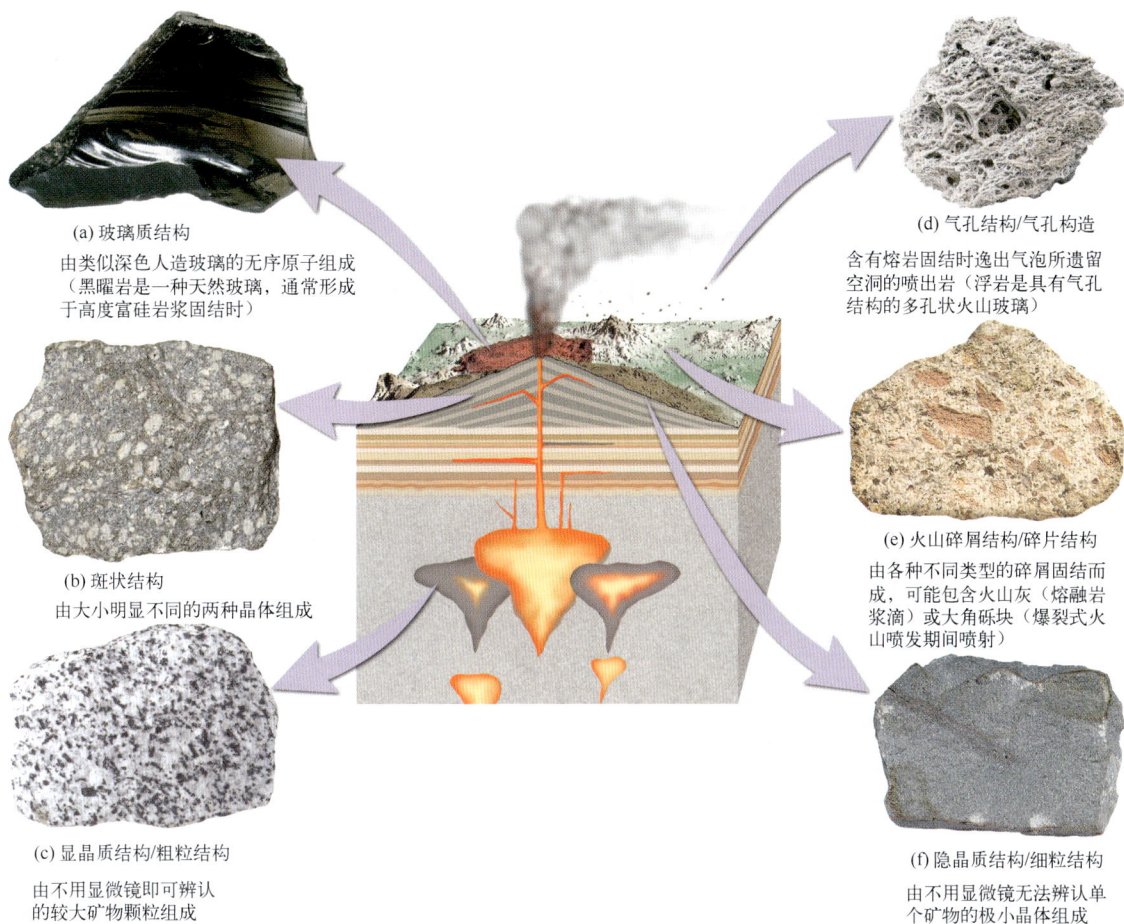

(a) 玻璃质结构
由类似深色人造玻璃的无序原子组成（黑曜岩是一种天然玻璃，通常形成于高度富硅岩浆固结时）

(b) 斑状结构
由大小明显不同的两种晶体组成

(c) 显晶质结构/粗粒结构
由不用显微镜即可辨认的较大矿物颗粒组成

(d) 气孔结构/气孔构造
含有熔岩固结时逸出气泡所遗留空洞的喷出岩（浮岩是具有气孔结构的多孔状火山玻璃）

(e) 火山碎屑结构/碎片结构
由各种不同类型的碎屑固结而成，可能包含火山灰（熔融岩浆滴）或大角砾块（爆裂式火山喷发期间喷射）

(f) 隐晶质结构/细粒结构
由不用显微镜无法辨认单个矿物的极小晶体组成

图 4.7　火成岩的结构

　　在这些因素中，冷却速率往往是主导因素。超大型岩浆体通常位于地表之下数千米处，周围岩石将其与较低地表温度完全隔离，因此会在数万至数百万年间极其缓慢地冷却。最初，晶核的形成数量相对较少，缓慢冷却有利于各种离子自由迁移，最终与已有晶体之一相连。因此，缓慢冷却促进了较少但较大晶体的生长。

　　另一方面，当冷却过程快速发生时（如在薄层熔岩流中），各种离子很快就会失去流动性，从而很容易结合形成晶体，导致发育大量胚胎晶核。所有这些晶核都在争夺可用离子，因此许多微小共生晶体最终很快会形成固体块。

4.3.1　火成岩结构的类型

　　在完全固结以前，岩浆体可能迁移到新位置（或喷出地表），因此存在几种不同类型的火成岩结构，包括隐晶质结构/细粒结构、显晶质结构/粗粒结构、斑状结构、气孔结构、玻璃质结构、火山碎屑结构/碎片结构和伟晶结构。

1. 隐晶质结构/细粒结构

　　若火成岩在地表形成，或者在冷却速率相对较快的上地壳内作为小型侵入体形成，则其具有细粒结构（fine-grained texture），专业术语称为隐晶质（aphanitic）。按照这个定义，组成隐晶质岩石的晶体非常微小，只有借助偏光显微镜（或其他复杂技术）才能区分单个矿物（见图 4.6b 和图 4.7f）。因此，人们通常将细粒岩石按颜色特征描述为浅色、中间色或深色/暗色。基于这种分类体系，浅色隐晶质岩石是指主要含有浅色非铁镁质硅酸盐矿物的那些岩石。

2. 显晶质结构/粗粒结构

当大量岩浆在地下极深处缓慢结晶时，会形成具有粗粒结构（coarse-grained texture）的火成岩，可描述为显晶质（phaneritic）。粗粒岩石由大小相差不多的大量共生晶体组成，这些晶体的体积较大，足以在不借助显微镜的情况下区分单个矿物（见图4.6a和图4.7c）。为辅助鉴定显晶质岩石中的矿物，地质学家经常用到小型放大镜。

3. 斑状结构

大型岩浆体可能需要数千年（甚至数百万年）才能固结，由于不同矿物在不同环境条件（温度和压力）下结晶，一种矿物晶体可能在其他类型矿物晶体开始形成之前变得相当大。若含有某些较大晶体的熔融岩石迁移到不同环境中（如在地表喷发），且残余液态部分更快速地冷却，则由此形成的岩石（大晶体嵌入小晶体矩阵）称为具有斑状结构（porphyritic texture），如图4.8所示。在斑状岩石中，大晶体称为斑晶（phenocryst），小晶体矩阵称为基质（groundmass/matrix）。具有斑状结构的岩石称为斑岩（porphyry）（注：玢岩是具有斑状结构的另一种重要火成岩，但是本书并未区分斑岩和玢岩）。

图 4.8　斑状结构。在斑状岩石中，大晶体称为斑晶，小晶体矩阵称为基质

4. 气孔结构

许多喷出岩具有一种共同特征：当熔岩固结时，由于气泡逃逸而留下接近球形的空腔，称为气孔（vesicle），含有气孔的岩石称为具有气孔结构（vesicular texture）（注：国内业界常将气孔结构称为气孔构造。本书并未明确区分火成岩的结构与构造，而将它们统称为结构）。具有气孔结构的岩石通常形成于熔岩流的上部区域，该位置的冷却速率特别快，完全能够保留膨胀气泡形成的空腔（见图4.9）。另一种常见岩石也具有气孔结构，称为浮岩（pumice），形成于爆炸式喷发期间富硅熔岩喷射的时候（见图4.7d）。

图 4.9　气孔结构。大图像显示了夏威夷基拉韦厄火山上的熔岩流，插图显示了硬化熔岩的气孔结构。气孔是逃逸气泡留下的小孔

5. 玻璃质结构

在有些火山喷发期间，熔融岩石被喷射到大气层中，然后在那里淬火（极快速冷却）并变成固体，这类快速冷却可能生成具有玻璃质结构（glassy texture）的岩石。在能够结合成有序晶体结

构之前，当无序离子被冻结在原位时，就会形成玻璃。

黑曜岩（obsidian）是天然玻璃的一种常见类型，外观类似于深色厚块人造玻璃。由于具有极佳的贝壳状断口以及保持锋利、坚硬边缘的能力，黑曜岩曾是美洲原住民制作箭头和切割工具的绝佳材料（见图4.10）。

黑曜岩流的厚度通常为数百米，这说明快速冷却并非形成玻璃质结构的唯一机制。若二氧化硅含量较高，则岩浆趋于在结晶完成前形成长链状结构（聚合物），这些结构随后会阻碍离子运动，增大岩浆的黏度/黏性（viscosity），即流体流动阻力的测度。因此，富硅花岗质的岩浆可能被挤压成黏度极高的物质，最终固结形成黑曜岩。

图4.10 黑曜岩箭头。美洲原住民利用黑曜岩（一种天然玻璃）制作箭头和切割工具

相比之下，玄武质岩浆的二氧化硅含量较低，能够形成流动性非常强的熔岩，冷却时通常会生成细粒结晶质岩石。但是当进入海洋时，玄武质熔岩流的表面会快速淬火，足以形成薄而透明的表皮。

6. 火山碎屑结构/碎片结构

还有一类火成岩由爆炸式火山喷发期间喷射出的岩屑固结而成，喷射出的颗粒可能为极细火山灰、熔融岩滴或者火山喷发时从火山通道岩壁上撕下的大角砾块（见图4.11），由这些岩屑组成的火成岩称为具有火山碎屑结构（pyroclastic texture）或碎片结构（fragmental texture），如图4.7e所示。

在火山碎屑岩中，熔结凝灰岩（welded tuff）是较为常见的一种类型，由保持足够炽热而融合在一起的极细玻璃碎屑构成。还有些火山碎屑岩则由撞击前已固结的碎屑构成，这些碎屑在撞击后的某个时间胶结在一起。由于火山碎屑岩由单个颗粒或碎屑（而非互锁晶体）构成，其结构通常类似于沉积岩的结构（而非与火成岩相关的结构）。

7. 伟晶结构

伟晶岩（pegmatite）是特殊条件下可能形成的巨粒火成岩，大多数晶体的粒径大于1厘米，可描述为具有伟晶结构（pegmatitic texture），如图4.12所示。在大型火成岩侵入体内部（或周边），大多数伟晶岩以小团块（或细脉）形式出现。

图4.11 爆炸式喷发会形成巨量火山碎屑物质。这些火山碎屑最终可能固结成具有火山碎屑结构的岩石

图4.12 伟晶结构。这里的花岗伟晶岩发现于美国科罗拉多大峡谷谷底，主要由石英和长石组成

伟晶岩形成于岩浆结晶晚期，当水及其他元素（如二氧化碳、氯和氟）在熔体中所占的比例异常高时，离子在这些富含高温流体环境中的运移非常容易，因此形成的晶体异常之大。由此可知，伟晶岩中的大晶体并非缘于超长冷却历史，而与能够增强结晶的流体富集环境相关。

大多数伟晶岩的成分与花岗岩的类似，因此含有石英、长石和白云母矿物的大晶体。但是，部分伟晶岩含有大量相对稀有因而价值较高的元素（如金、钨和铍），以及用于现代高科技设备（如手机和混动汽车）的其他稀土元素。

概念回顾 4.3

1. 冷却速率如何影响晶体大小？还有哪些因素会影响火成岩的结构？
2. 列举 6 种主要火成岩结构。
3. 斑状结构说明了火成岩冷却历史的何种信息？

4.4 火成岩的命名

基于结构和矿物成分，区分常见火成岩。

上一节介绍的各种火成岩结构主要形成于不同的冷却历史，火成岩的矿物成分则取决于其母岩浆的化学组成。地质学家基于结构和矿物成分对火成岩进行分类，因此矿物成分相似但结构不同的某些岩石被赋予不同的名称。图 4.13 显示了接下来要讨论的所有火成岩类型的示例。

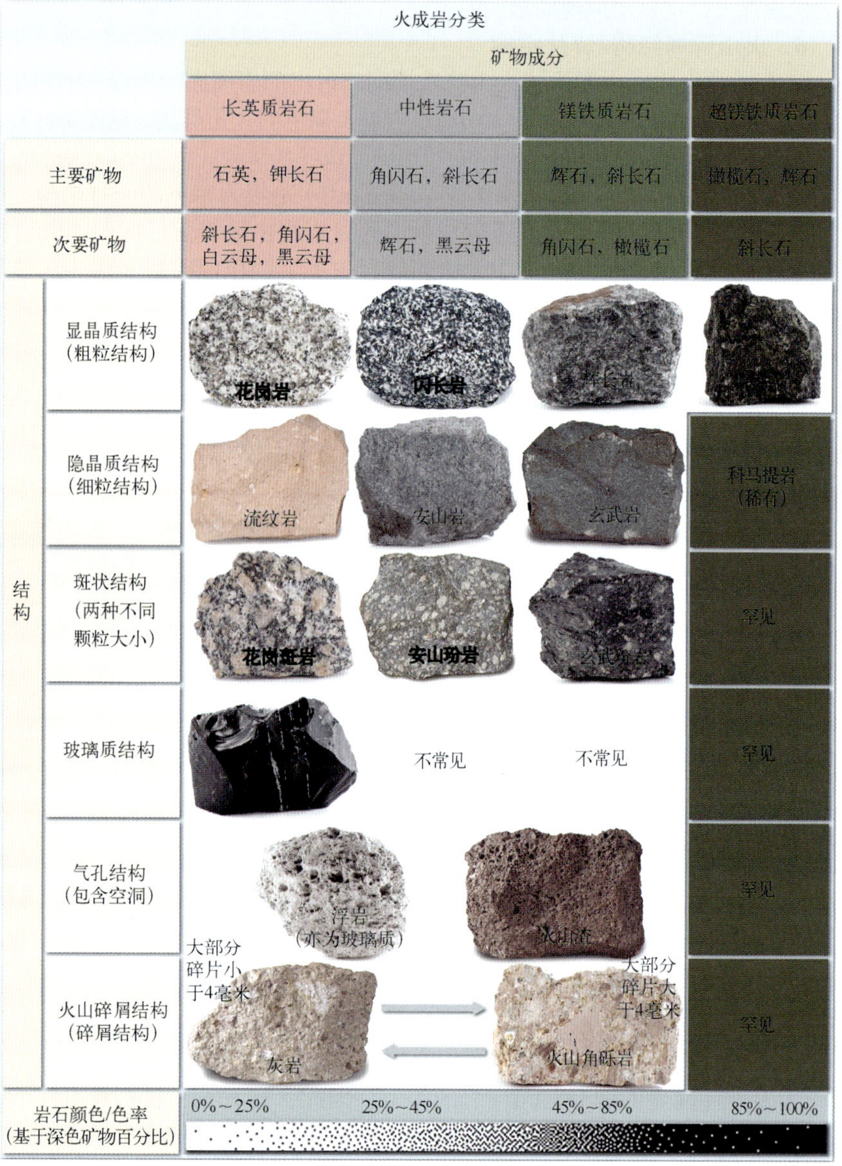

图 4.13 **火成岩的分类。** 火成岩基于矿物成分和结构进行分类（注：该分类常见于欧美地质学者，国内常用分类酸性、中性、基性和超基性与本书中的长英质、中性、镁铁质和超镁铁质基本对应，但是存在少量例外情形）

火成岩分类				
	矿物成分			
	长英质岩石	中性岩石	镁铁质岩石	超镁铁质岩石
主要矿物	石英，钾长石	角闪石，斜长石	辉石，斜长石	橄榄石，辉石
次要矿物	斜长石，角闪石，白云母，黑云母	辉石，黑云母	角闪石，橄榄石	斜长石
结构				
显晶质结构（粗粒结构）	花岗岩	闪长岩	辉长岩	
隐晶质结构（细粒结构）	流纹岩	安山岩	玄武岩	科马提岩（稀有）
斑状结构（两种不同颗粒大小）	花岗斑岩	安山玢岩	玄武斑岩	罕见
玻璃质结构	黑曜岩	不常见	不常见	罕见
气孔结构（包含空洞）	浮岩（亦为玻璃质）		浮岩	罕见
火山碎屑结构（碎屑结构）	大部分碎片小于4毫米 凝灰岩		大部分碎片大于4毫米 火山角砾岩	罕见
岩石颜色/色率（基于深色矿物百分比）	0%～25%	25%～45%	45%～85%	85%～100%

4.4.1　长英质火成岩

1．花岗岩

在所有火成岩中，花岗岩（granite）可能最为著名（见地质美图 4.1），因为花岗岩具有可通过抛光来增强的自然美，同时在陆壳中的蕴藏量极为丰富。抛光后的花岗岩板片常用于墓碑、纪念碑及建筑用石材，美国著名花岗岩开采地点包括巴雷（佛蒙特州）、艾里山（北卡罗来纳州）和圣克劳德（明尼苏达州）。

花岗岩是一种粗粒岩石，主要由石英（10%～20%）和长石（约 50%）组成。当近距离观察时，石英颗粒的外观略呈圆形，呈玻璃光泽，颜色从无色透明到灰色。相比之下，长石晶体的颜色通常为白色、灰色或肉红色，形状为块状或矩形。花岗岩的其他次要成分主要包括少量深色硅酸盐（特别是黑云母和角闪石），有时可见白云母。在大多数花岗岩中，虽然深色成分占比通常低于 10%，但是深色矿物似乎显得更突出（与其较低百分比相比）。

当从远处观察时，大多数花岗岩呈灰色（见图 4.14），但是当由深肉红色长石颗粒构成时，花岗岩会呈红色。此外，有些花岗岩具有斑状结构，细长长石晶体（长约几厘米）散布在较小的石英晶体和角闪石晶体中。

图 4.14　岩石包含了与其形成过程相关的信息。这个巨型花岗岩石柱称为酋长岩，位于美国加利福尼亚州约塞米蒂国家公园，曾为地球深部的熔融物质

花岗岩

2．流纹岩

流纹岩（rhyolite）相当于细粒花岗岩。像花岗岩一样，流纹岩主要由浅色硅酸盐组成，因此颜色通常呈浅黄褐色到肉红色，但也可能呈浅灰色。流纹岩经常含有玻璃碎屑和空洞，表明其在地表（或附近）快速冷却。与作为大型侵入体而广泛分布的花岗岩相比，流纹岩沉积不太常见且体量通常没有那么大。但是，这种情形存在一个众所周知的例外，即黄石国家公园及其周边存在着厚层流纹岩熔岩流和大面积火山灰沉积。

3．黑曜岩

如前所述，黑曜岩（obsidian）是一种深色玻璃质岩石，在地表快速冷却，富硅离子排列并不有序。与大多数其他岩石的矿物组成相比，玻璃质岩石（如黑曜岩）明显不同。

虽然黑曜岩通常呈黑色或红褐色，但其化学成分大致相当于浅色火成岩——花岗岩（而非玄武岩等深色岩石）。在相对透明的玻璃质物质中，由于存在少量金属离子，黑曜岩呈深色。若仔细观察其薄层边缘，则黑曜岩的外观几乎透明（见图 4.7a）。

4．浮岩

浮岩（pumice）是具有气孔结构的玻璃质火山岩，当大量气体从富硅熔岩中逸出时，即可形成这种灰色蜂窝状岩石。有些标本中的空洞相当明显，还有些标本则类似于连生的细小玻璃碎片。由于空洞占比较大，许多浮岩标本能够漂浮在水中（见图 4.15）。浮岩中通常可以见到流纹，表明其在固结完成前发生了一些移动。此外，浮岩和黑曜岩经常共存于相同的岩石块体中，并在那里以交替岩层出现。

在哪里能够找到花岗岩？

这幅地图显示了花岗岩在美国、加拿大和墨西哥的出露情况。西海岸沿线标有"岩基"的花岗岩主要形成于中生代；美国中北部和加拿大地盾的花岗岩与变质岩混合，形成于前寒武纪；阿巴拉契亚山脉的花岗岩大多形成于古生代。

花岗岩露头的位置分布：
1. 海岸山脉岩基，不列颠哥伦比亚省
2. 加拿大地盾，安大略省
3. 卡迪拉克山脉，缅因州阿卡迪亚国家公园
4. 大教堂莱德奇州立公园，新罕布什尔州怀特山
5. 石头山，佐治亚州
6. 莱蒙山（从卡塔利娜高速出发），亚利桑那州图森
7. 约书亚树国家公园，加利福尼亚州
8. 坎宁克里克湖，加利福尼亚州三一山

地质美图 4.1　花岗岩

4.4.2　中性火成岩

1. 安山岩

安山岩（andesite）是一种中灰色细粒岩石，属于典型的火山成因。安山岩的名称源于南美洲的安第斯山脉，在那里以无数火山的形式被发现。此外，喀斯喀特山脉的火山和太平洋周围大陆边缘的大量火山构造也主要由安山岩构成。安山岩通常呈斑状结构，斑晶一般是浅色矩形斜长石晶体（或黑色细长角闪石晶体）。安山岩也可能与流纹岩相似，因此通常需要利用显微镜来确认矿物组成。

←2厘米→

图 4.15　浮岩是一种气孔结构的（玻璃质）火成岩。由于含有许多气孔，大多数浮岩标本能够在水中漂浮

2. 闪长岩

闪长岩（diorite）是一种粗粒岩石，相当于侵入岩形式的安山岩，外观与灰色花岗岩有些相像。但是，闪长岩与花岗岩明显不同，几乎不含石英晶体（或不可见），且含有更高百分比的深色硅酸盐矿物。闪长岩的矿物组成主要是斜长石和角闪石，由于浅色长石颗粒与深色角闪石晶体的数量似乎大致相等，闪长岩具有一种黑白相间（盐和胡椒）形式的外观。

4.4.3 镁铁质火成岩

1. 玄武岩

玄武岩（basalt）是一种细粒岩石，颜色呈极深绿色到黑色，主要由辉石和富钙斜长石组成，含有少量橄榄石和角闪石（见图 4.13）。当玄武岩具有斑状结构时，深色基质中通常会嵌入浅色长石斑晶（或绿色玻璃状橄榄石颗粒）。

玄武岩是最常见的喷出岩，许多火山岛（如夏威夷群岛和冰岛）主要由玄武岩构成（见图 4.16），洋壳上部岩层也由玄武岩构成。在美国俄勒冈州中部和华盛顿州的大部分地区，玄武质岩浆曾经大范围喷涌（见第 5 章），有些地方的玄武质岩浆流的总厚度曾经超过 3 千米。

2. 辉长岩

辉长岩（gabbro）相当于侵入岩形式的玄武岩，与玄武岩比较相似，颜色趋于深绿色到黑色，主要由辉石和富钙斜长石构成。虽然在陆壳中并不常见，但在洋壳中所占的比例很大。

图 4.16　夏威夷基拉韦厄火山喷出的玄武质熔岩

4.4.4 火山碎屑岩

火山碎屑岩（pyroclastic rock）由火山喷发期间喷射的各种碎屑构成。凝灰岩（tuff）是最常见的火山碎屑岩之一，主要由火山灰大小的微小碎屑胶结形成。若火山灰颗粒足够炽热而融合，则该岩石称为熔结凝灰岩/焊接凝灰岩（welded tuff）。虽然熔结凝灰岩主要由微小玻璃碎片组成，但其可能含有核桃大小的浮岩碎片及其他岩屑。

在美国西部的以往火山活动区域中，熔结凝灰岩沉积覆盖了大部分地区（见图 4.17），其中部分凝灰岩沉积厚约数百米，从源头延伸超过 100 千米。这些沉积大多形成于数百万年前，当时火山灰从大型火山构造（破火山口）中喷出，有时以近 100 千米/小时的速率横向扩散。这些沉积的早期研究人员错误地将其归类为流纹岩熔岩流，但是今天我们知道，富硅熔岩（此处指流纹岩）过于黏稠（太厚），无法从火山通道位置流到数千米之外。

主要由大颗粒（比火山灰更大）组成的火山碎屑岩称为火山角砾岩（volcanic breccia）。火山角砾岩中的颗粒可能由以下物质构成：在空气中固结的流线型熔岩块，火山通道壁上的破碎岩块，火山灰，玻璃碎屑。

与大多数火成岩（如花岗岩和玄武岩）不同，凝灰岩和火山角砾岩的名称并不体现矿物成分，而经常利用修饰语进行标识，如流纹质凝灰岩（rhyolite tuff）表示该岩石由具有长英质成分的火山

近景特写

图 4.17　火山碎屑岩中的熔结凝灰岩。在美国新墨西哥州洛斯阿拉莫斯附近，卡尔德拉山谷出露的熔结凝灰岩露头。凝灰岩主要由火山灰大小的颗粒组成，可能含有更大的浮岩（或其他火山岩）碎屑

灰大小的颗粒组成。

4.5 岩浆的起源

概述固体岩石形成岩浆的主要过程。

在井下工作过的矿工都知道，随着不断下行到地表之下的深处，温度会逐渐升高。虽然不同深度之间的温度变化率差异很大，但是上地壳中的平均温度变化率约为25℃/千米，这种温度随深度增大而升高称为地温梯度/地热梯度（geothermal gradient）。但是，如图4.18所示，当将典型地温梯度与橄榄岩（地幔岩石）的熔点曲线进行对比时，就会发现橄榄岩的熔融温度要高于地温梯度，因此在正常条件下，地幔大部分为固体岩石，地震波研究也证实了地壳和地幔大部分为固体岩石。

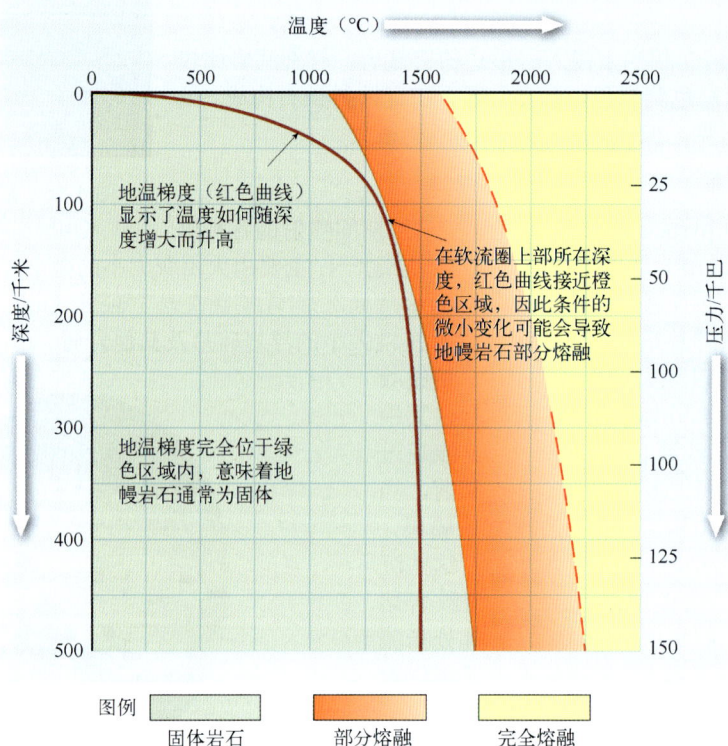

图4.18　地幔为何以固体为主。此图显示了地壳和上地幔的地温梯度（温度随深度增大而升高）以及超镁铁质地幔岩石橄榄岩的熔点曲线

4.5.1 固体岩石形成岩浆

若地壳和地幔大部分为固体，则岩浆是如何形成的？答案是构造过程通过各种方式触发熔融。

1. 压力下降：减压熔融

若仅靠温度来决定岩石是否熔融，则地球会成为一个覆盖着薄层固体外壳的熔融球体。但是，压力也会随着深度的增加而升高，因此也会影响岩石的熔融温度。

岩石熔融时体积会增大。由于围压（由上覆岩石的重量施加）随着深度的增加而稳步升高，岩石的熔融温度也会随着深度的增加而升高。反之亦然，围压下降会降低岩石的熔融温度，当围压充分下降时，就会触发减压熔融/降压熔融（decompression melting）。减压熔融发生在炽热固体地幔上升并进入压力较低区域的位置，导致岩石的熔融温度降低。

减压熔融大多发生在扩张中心（离散型板块边界）沿线，两个板块彼此远离并在洋壳中形成断裂。因此，炽热地幔岩石上升并熔融，最终形成在两个离散型板块之间固结形成新洋壳的玄武质岩浆（见图 4.19）。

上升地幔柱抵达上地幔最顶部时也会发生减压熔融。若这种上升岩浆抵达地表，则将引发热点火山活动事件。

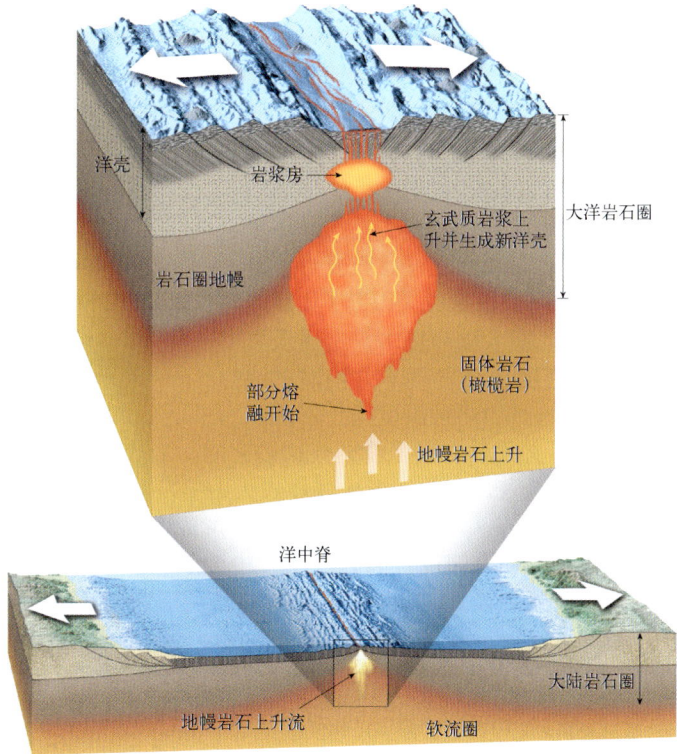

图 4.19　减压熔融。炽热地幔岩石上升，逐渐进入压力越来越低的区域，围压下降引发上地幔中的减压熔融

2．加水触发熔融

影响岩石熔融温度的另一个因素是含水量。水及其他挥发分对岩石的作用类似于盐对冰的作用，在结冰的人行道上撒盐会加速融冰，岩石加水则会导致其在更低的温度下熔融。

加水形成岩浆主要发生在汇聚型板块边界，大洋岩石圈的低温板片在此处下潜到地幔中（见图 4.20）。如前所述，洋壳在洋中脊沿线形成后，海底扩张不断地将其从洋中脊移向两侧。低温海水穿越断裂并渗透到数千米深处，洋壳在与这些海水相互作用时会逐渐冷却。当在炽热的年轻洋壳中循环穿越时，海水会变得非常炽热，足以与玄武岩层发生化学反应，形成水合（含水）矿物。矿物水合作用（mineral hydration）是将水添加到矿物晶体结构中的一种化学反应，通常会生成新矿物。例如，当矿物橄榄石与高温海水发生化学反应时，可能生成水合矿物蛇纹石（serpentine），其化学式为 $Mg_3Si_2O_5(OH)_4$。

富含水合矿物的洋壳板片抵达俯冲带，随后开始下潜到下方的炽热地幔中。大洋板块下潜时会变暖，导致水合矿物释放水分，这一过程称为脱水作用（dehydration）。由于新释放的流体具有浮力（密度较低），会浮升到俯冲板片正上方的炽热地幔楔中。在约 100 千米深处，地幔楔的温度足够高，因此这种加水会引发部分熔融。

地幔岩石橄榄岩的部分熔融能够形成温度可能超过 1250℃的玄武质岩浆。与通过减压熔融过程在洋中脊沿线形成的玄武质岩浆相比，这一过程形成的岩浆富含挥发分（主要是水和二氧化碳），这种差异对爆炸式火山喷发（与俯冲带火山作用相关）具有一定的影响（见第 5 章）。

岩浆可通过 3 种方式形成：①压力下降（温度不升高）能够导致减压熔融；②水的引入能够充分降低炽热地幔岩石形成岩浆的熔融温度；③地壳岩石的加热超过其熔融温度而形成岩浆。

3. 温度上升：熔融地壳岩石

幔源玄武质岩浆的密度往往低于周围岩石，导致岩浆朝向地表浮升。在大洋环境中，这些玄武质岩浆经常在洋底喷发形成海山，这些海山可能生长形成火山岛（如夏威夷群岛）。但是，在大陆环境中，玄武质岩浆经常会在低密度地壳岩石下方构建"池塘"。这些上覆岩石的熔融温度低于玄武质岩浆，因此高温玄武质岩浆可能充分加热它们，形成富硅长英质岩浆的次级熔体。若这些低密度长英质岩浆抵达地表，则趋于形成爆炸式火山喷发。

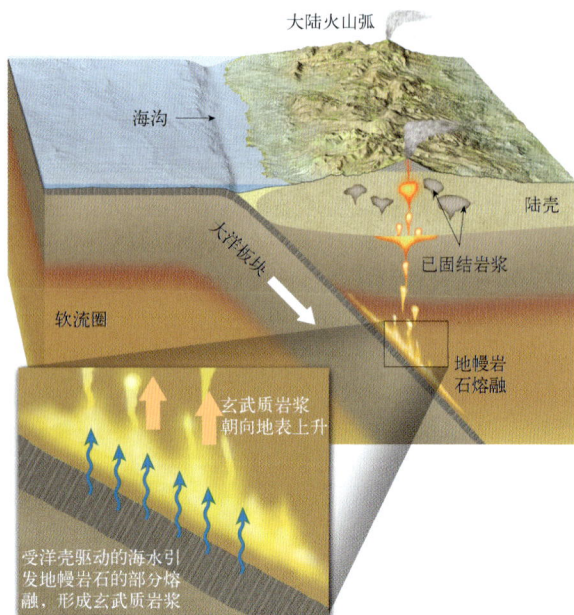

图 4.20　海水降低了炽热地幔岩石触发部分熔融的熔融温度。当大洋板块下潜到地幔中时，海水及其他挥发分从俯冲地壳岩石中被驱入上方地幔

地壳岩石也能在大陆碰撞过程中熔融，形成大型造山带。在这些事件期间，地壳大大增厚，有些地壳岩石被埋藏到温度升高到足以引发部分熔融的深度。以这种方式形成的长英质（花岗质）岩浆通常会在抵达地表之前固结，因此火山作用通常与这些碰撞型造山带无关。

概念回顾 4.5

1. 解释减压熔融过程。
2. 水在岩浆形成过程中发挥了何种作用？
3. 简要解释玄武质岩浆能够形成长英质岩浆的一种方式。

4.6　岩浆的演化

描述岩浆分异作用如何形成与母岩浆化学成分不同的岩浆体。

地质学家发现，随着时间的推移，一座火山可能喷发出含有不同成分的熔岩。基于这些观测结果，科学家推断岩浆可能发生了改变，因此一个岩浆体可能成为各种不同火成岩的母体。20 世纪初，为了探索这一观点，诺曼·李维·鲍温对岩浆结晶作用进行了开创性研究。

4.6.1　鲍温反应系列和火成岩成分

冰在特定温度下冻结，镁铁质岩浆则在跨度至少为 200℃的冷却区间（1200℃～1000℃）内结晶。在实验室环境中，鲍温及其同事已经证实，当镁铁质岩浆的冷却经过不同温度时，各种矿物趋于基于各自熔融温度以系统且有序的方式结晶，这一矿物形成顺序称为**鲍温反应系列**（Bowen's reaction series），如图 4.21 所示。首先结晶的矿物是铁镁质矿物橄榄石，进一步冷却会结晶出富钙斜长石和辉石，接下来是角闪石等。

在结晶过程中，岩浆中残余液态组分（称为熔体）的成分不断发生改变。例如，在约 1/3 岩浆已经固结的阶段，残余熔融物质中仅剩余少量铁、镁和钙，因为这些元素是结晶过程中最早形成矿物的主要成分。由于缺乏这些元素，导致熔体中的钠和钾富集。此外，由于原始镁铁质岩浆中含有约 50% 的二氧化硅（SiO_2），但是最早形成的矿物橄榄石中仅含有约 40% 的二氧化硅，橄榄石结晶会导致更多的 SiO_2 留在残余熔体中，继而导致残余熔体中的二氧化硅组分随着岩浆的演化而逐渐富集。

图 4.21　鲍温反应系列。这张图显示了镁铁质岩浆中的矿物结晶顺序，将其与图 4.13 中各岩石大类的矿物成分进行对比，可见每个岩石大类都由在相同温度区间内结晶的矿物组成

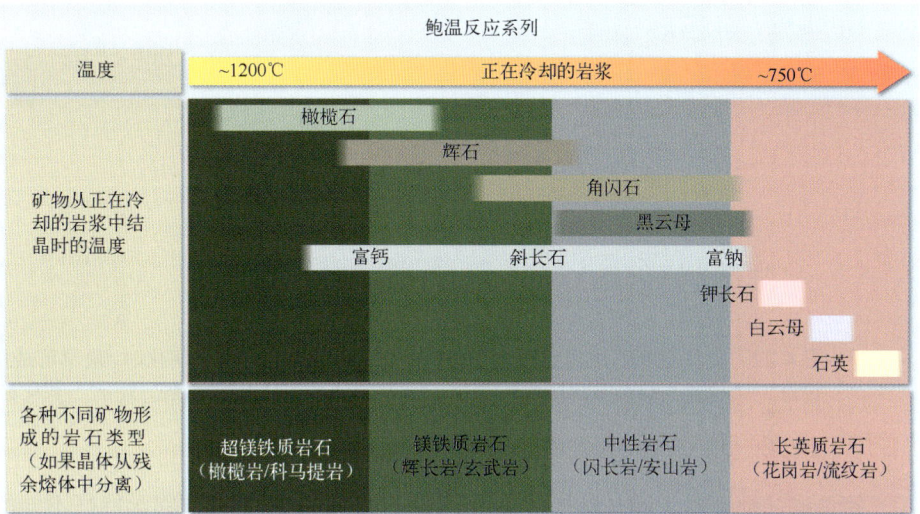

鲍温反应系列

温度	~1200℃　　　正在冷却的岩浆　　　~750℃			
矿物从正在冷却的岩浆中结晶时的温度	橄榄石 　辉石 　　角闪石 　　黑云母 富钙　斜长石　富钠 　　钾长石 　　白云母 　　石英			
各种不同矿物形成的岩石类型（如果晶体从残余熔体中分离出来）	超镁铁质岩石（橄榄岩/科马提岩）	镁铁质岩石（辉长岩/玄武岩）	中性岩石（闪长岩/安山岩）	长英质岩石（花岗岩/流纹岩）

鲍温还进一步证实，当岩浆中所形成晶体的外层区域与残余熔体保持接触时，它们会继续与熔体交换离子（化学反应），因此在这些矿物颗粒中，外缘具有与内部不同且演化程度更高的成分。换句话说，与熔体保持接触的矿物会逐渐改变成分，成为鲍温所鉴定结晶系列中的下一种矿物。

高度理想化的鲍温反应系列显示了完美实验室条件下的岩石结晶顺序和成分。但是在自然界中，该过程几乎从未如此纯净和有序，例如最早形成的矿物可能从熔体中分离出来，阻止化学反应的进一步进行。但是，鲍温的结晶模型与自然界中可能发生的情形非常接近，证据来自对火成岩的分析。地质学家注意到，鲍温反应系列中描述的于大致相同温度区间内形成的矿物会在相同火成岩中同时出现。例如，如图 4.21 所示，矿物石英、钾长石和白云母位于鲍温图的相同温度区域，通常作为侵入岩——花岗岩的主要成分同时出现。

4.6.2　岩浆分异作用和晶体沉降作用

鲍温证明了矿物以系统化方式从岩浆中结晶出来，但是鲍温的发现如何解释火成岩的巨大差异呢？研究结果表明，在岩浆结晶期间的一个（或多个）阶段，可能发生各种不同组分的分离。引发这种情形的一种机制称为晶体沉降作用（crystal settling），当更早期形成矿物的密度比液态组分更大（更重）并向岩浆房底部下沉时，这种过程就会发生（见图 4.22）。当残余熔体在原位或另一位置（迁移到周围岩石的断裂中）固结时，则会形成矿物成分与母岩浆不同的岩石，这种岩浆体具有与母岩浆不同矿物学特征（化学成分）的形成称为岩浆分异作用（magmatic differentiation）。

帕利塞德岩床（Palisades Sill）是岩浆分异作用的经典示例，这是厚约 300 米的深色火成岩板片，出露于纽约市对面哈德逊河下游西岸沿线（见图 4.23）。由于厚度巨大，后续固结速率较慢，橄榄石晶体（首先形成的矿物）下沉，构成了帕利塞德岩床下部约 25%。相比之下，在这个火成岩体顶部附近（熔体最后结晶位置），橄榄石仅约占岩体质量的 1%（注：最新研究成果表明，帕利塞德岩床由多次岩浆注入形成，并不代表晶体沉降作用的简单情形，但仍是该过程的指导性示例）。

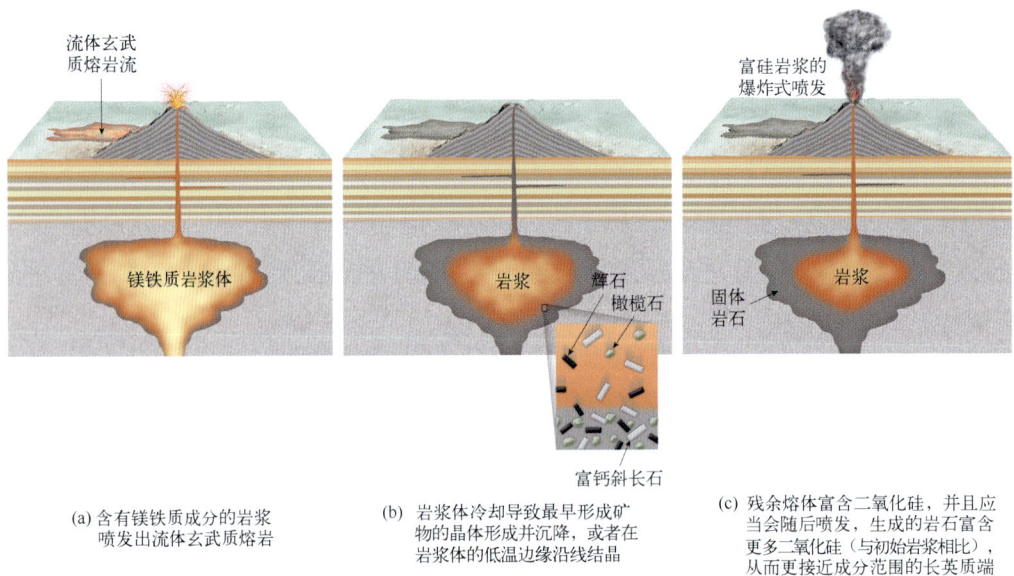

(a) 含有镁铁质成分的岩浆喷发出流体玄武质熔岩

(b) 岩浆体冷却导致最早形成矿物的晶体形成并沉降，或者在岩浆体的低温边缘沿线结晶

(c) 残余熔体富含二氧化硅，并且应当会随后喷发，生成的岩石富含更多二氧化硅（与初始岩浆相比），从而更接近成分范围的长英质端

图 4.22　晶体沉降作用导致残余熔体的成分发生改变。当岩浆演化时，最早形成的矿物（富含铁、镁和钙）结晶并沉降到岩浆房底部，导致残余熔体富含钠、钾和二氧化硅（SiO_2）

4.6.3　同化作用和岩浆混合作用

　　鲍温成功地证明了通过岩浆分异作用单一母岩浆能够形成矿物学特征不同的几种火成岩，但是最新研究成果表明，岩浆分异作用（包括晶体沉降作用）自身无法解释火成岩的完整成分谱系。一旦岩浆体形成，外来物质的混入也会改变其成分。

　　例如，在岩石脆性较强的近地表环境中，岩浆向上推进会导致上覆岩石出现大量断裂，贯入岩浆的应力通常足以移除和合并部分周围主岩（见图 4.24）。这些块体的熔融过程称为同化作用（assimilation），该过程能够改变岩浆体的整体化学成分。

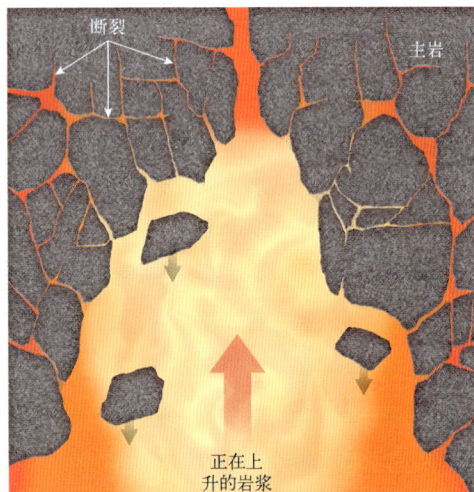

当上升穿越地球的脆性上地壳时，岩浆可能会移除和合并周围主岩。这些块体的熔融过程称为同化作用，该过程能够改变上升岩浆体的整体化学成分

图 4.23　从纽约市看到的帕利塞德岩床。在哈德逊河下游西岸沿线，帕利塞德岩床形成了超过 80 千米的耸峭悬崖。这种构造可从曼哈顿看到，由岩浆注入砂岩层与页岩层之间形成

图 4.24　岩浆体对主岩的同化作用。当熔融物质合并周围主岩的碎片时，岩浆成分发生改变，这一过程称为同化作用

改变岩浆成分的另一种方式称为岩浆混合作用（magma mixing）。在化学性质不同的两个岩浆体的上升期间，当浮力较大的岩浆体赶上并超越浮升速度较慢的岩浆体时，就可能发生岩浆混合（见图4.25）。两个岩浆体连接在一起后，对流就会搅动这两种岩浆，形成具有中间成分的单一物质。

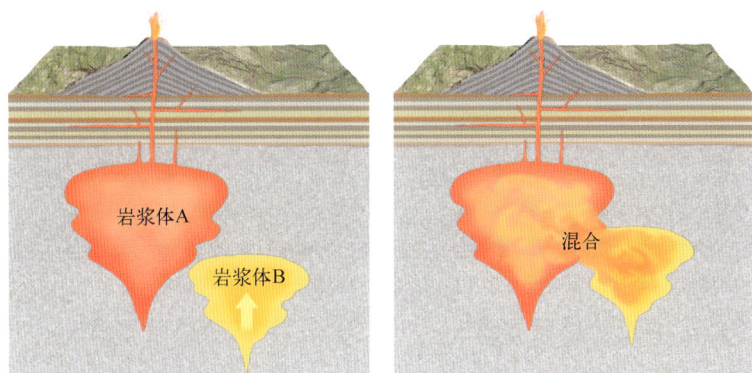

(a) 在化学性质不同的两个岩浆体的上升期间，浮较大的岩浆体可能会赶上并超越浮升速度较慢的岩浆体

(b) 一旦连接在一起，对流就会将两种岩浆混合，从而形成两种岩浆体的混合物

图4.25　岩浆混合作用

概念回顾 4.6

1. 定义岩浆分异作用。
2. 最早形成矿物的结晶和沉降如何影响残余岩浆的成分？
3. 描述同化作用过程。

4.7　部分熔融和岩浆成分

解释地幔橄榄岩的部分熔融如何形成镁铁质（玄武质）岩浆。

如前所述，火成岩由各种不同矿物的混合物构成，因此趋于在一个温度区间（至少200℃）内熔融。当岩石开始熔融时，熔点最低的矿物最先熔融。若熔融过程继续，则熔点较高的矿物开始熔融，熔体的成分稳定地接近其源岩的整体成分。但是，在大多数构造背景中，通常仅有一小部分地幔岩石熔融，这一过程称为部分熔融（partial melting）。

由鲍温反应系列（见图4.21）可知，含有长英质（花岗质）成分的岩石由熔融（结晶）温度最低的矿物（石英和钾长石）组成，且随着鲍温反应系列的上移，这些矿物的熔融温度逐渐升高，位于顶部的橄榄石的熔点最高。当经历部分熔融时，岩石形成的熔体富含来自熔融温度最低的矿物的离子，未熔融部分则由熔融温度较高的矿物组成（见图4.26）。这两部分分离形成一种熔体，其化学成分比其源岩（形成熔体的岩石）更加富含二氧化硅，

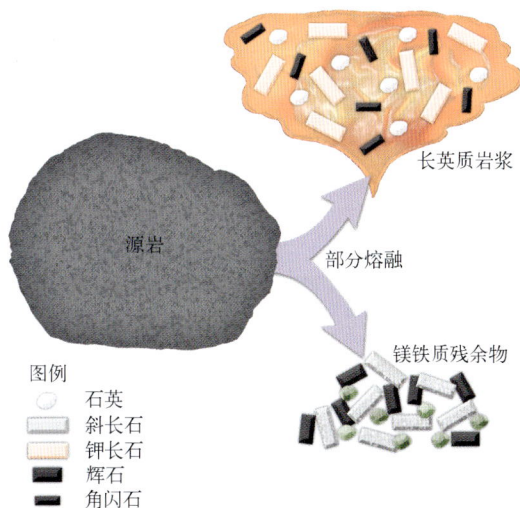

图例
- 石英
- 斜长石
- 钾长石
- 辉石
- 角闪石

图4.26　部分熔融。部分熔融形成的岩浆比其源岩更接近成分谱系的长英质（花岗质）端

且更接近长英质矿物谱系的末端。一般而言，超镁铁质岩石的部分熔融趋于形成镁铁质（玄武质）岩浆，镁铁质岩石的部分熔融通常形成中性（安山质）岩浆，中性岩石的部分熔融能够形成长英质（花岗质）岩浆。

4.7.1 镁铁质岩浆的形成

从地表喷发的大多数岩浆具有镁铁质成分，温度区间为 1000℃～1250℃。实验结果表明，在上地幔的高压条件下，橄榄岩（超镁铁质岩石）的部分熔融形成了镁铁质岩浆。

由于尚未开始演化，源于地幔岩石部分熔融的镁铁质（玄武质）岩浆称为**原生岩浆**（primary magma）或**原始岩浆**（primitive magma）。如前所述，形成幔源岩浆的部分熔融可能是由减压熔融过程中的围压下降触发的，例如在炽热地幔岩石作为洋中脊缓慢对流一部分而上升之处就可能发生这种情形（见图 4.19）。玄武质岩浆也能在俯冲带位置形成，受洋壳下潜板片驱动的水分推动了该板片之上地幔岩石的部分熔融（见图 4.20）。

4.7.2 中性岩浆和长英质岩浆的形成

如前所述，富硅岩浆主要在大陆边缘沿线喷发，这强有力地证明了在生成演化程度更高的中性岩浆和长英质岩浆过程中，陆壳（比洋壳的厚度更大且密度更低）必定发挥了重要作用。

安山质岩浆的一种形成方式如下：幔源玄武质岩浆上升，缓慢穿越陆壳时发生岩浆分异。由鲍温反应系列可知，当玄武质岩浆固结时，贫硅铁镁质矿物首先结晶。若这些富铁组分通过晶体沉降作用而从液体中分离出来，则残余熔体将具有中性（或安山质）成分（见图 4.22）。

当上升的镁铁质岩浆同化趋于富硅的地壳岩石时，也可能形成中性（安山质）岩浆。玄武质岩石的部分熔融被视为至少形成部分安山质岩浆的另一种方式。

虽然长英质（花岗质）岩浆能够通过安山质岩浆的岩浆分异作用形成，但是大多数花岗质岩浆被视为形成于高温玄武质岩浆受困囤积的时候，玄武质岩浆由于密度更大而位于陆壳之下（见图 4.27），这个受困囤积过程称为**囤积**（ponding）。当源于这种高温玄武质岩浆的热量部分熔融了富硅上覆地壳岩石（熔融温度要低得多）时，就可能形成大量花岗质岩浆，这一过程被视为很久以前美国黄石国家公园及其周围火山活动的成因。

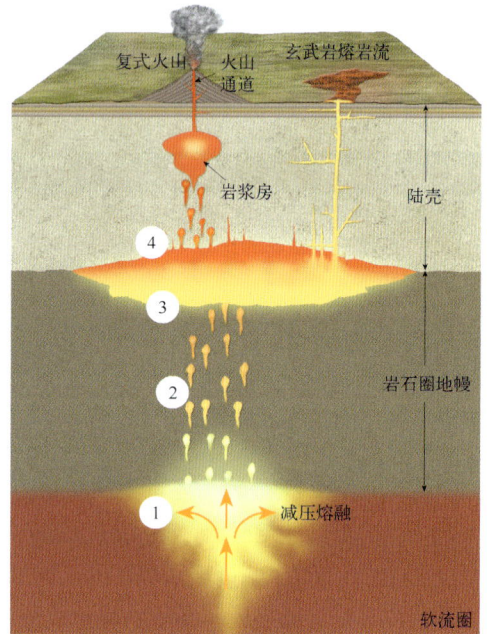

1. 橄榄岩的部分熔融形成玄武质岩浆
2. 玄武质岩浆穿过岩石圈地幔上升
3. 玄武质岩浆蓄积在密度较低的地壳岩石之下
4. 陆壳的部分熔融形成含有长英质成分的岩浆

图 4.27 长英质岩浆的形成。 长英质（花岗质）岩浆形成于陆壳的部分熔融

概念回顾 4.7

1. 简述部分熔融为何会导致岩浆的成分与其源岩的不一致。
2. 形成大多数玄武质岩浆的过程是什么？大多数花岗质岩浆呢？

4.8 侵入活动

比较以下侵入活动构造：岩墙、岩床、岩基、岩株和岩盖。

虽然火山喷发事件可能猛烈而壮观，但大多数岩浆只是在地下深处悄无声息地结晶，因此，对地质学家而言，理解火成岩的成岩过程（发生在地下深处）与研究火山事件同等重要。

4.8.1 侵入体的基本性质

当穿越地壳向上运移时，岩浆会激烈地置换先前存在的地壳岩石[称为主岩（host rock）或围岩（country rock）]，岩浆侵位到先存岩石中形成的构造称为侵入体（intrusion）或岩体/深成岩体（pluton）。由于所有侵入体都在地表之下形成，基本上需要在其隆升并剥蚀（如后续章节所述）出露后才能对其进行研究，当前存在的挑战在于重建这些构造的形成事件（数百万年前在地下深处的迥异条件下发生）。

目前已知侵入体的大小和形状各不相同，部分最常见类型如图4.28所示。可以看到，有些岩体呈板状（tabular），还有些岩体则最好描述为块状（massive），即斑块状岩体。此外，人们已经观察到部分岩体穿切已有构造（如沉积层），还有些岩体则形成于岩浆注入不同沉积层之间时。由于存在着这些差异，在对侵入体进行分类时，一般需要同时考虑其相对于主岩的形状和位置。若火成岩体穿切已有构造，则称为不整合/不协调（discordant）；若火成岩体的注入方向与地貌特征（如沉积地层）平行，则称为整合/协调（concordant）。

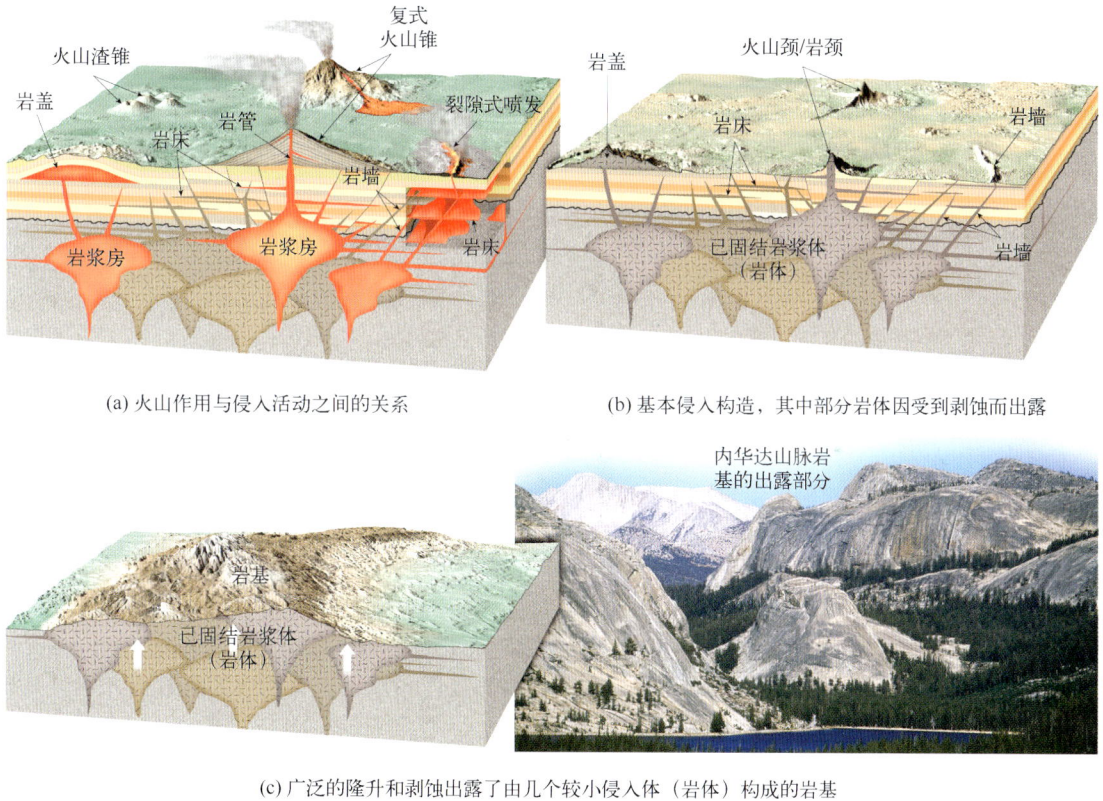

(a) 火山作用与侵入活动之间的关系

(b) 基本侵入构造，其中部分岩体因受到剥蚀而出露

(c) 广泛的隆升和剥蚀出露了由几个较小侵入体（岩体）构成的岩基

图4.28　火成岩的侵入构造

4.8.2 板状侵入体：岩墙和岩床

1. 岩墙和岩床

当岩浆被强行注入岩石断裂或薄弱区域（如层理面）时，就会形成板状侵入体（见图4.28）。岩墙/岩脉（dike）是不整合岩体，形成于岩浆被强行注入断裂并穿切基岩中的层理面及其他构造时；岩床（sill）趋于呈水平状整合岩体，形成于岩浆注入各沉积层（或其他岩石构造）之间的薄弱区时（见图4.29）。一般而言，岩墙是向上输送岩浆的板状岩管，岩床则不断堆积岩浆并增大厚度。

岩墙和岩床通常为浅层地貌特征，出现在围岩脆性足够强并断裂的地方，厚度从约 1 厘米到超过 1 千米不等。

虽然岩墙和岩床能够作为孤立岩体而单独存在，但是各岩墙趋于形成大致平行的群，称为岩墙群（dike swarm），这些多重构造反映了当张力拉张脆性围岩时断裂成群形成的趋势。岩墙也可能从被剥蚀的火山颈中辐射出来，就像车轮上的辐条一样。在发现此类岩层的地方，岩浆活动上升形成了火山锥中的裂隙，熔岩从火山锥中流出并随后固结。岩墙通常比周围岩石的抗蚀性更强，因此风化速度更慢。因此，当受到侵蚀时，岩墙趋于具有墙壁状外观，如图 4.30 所示。

图 4.29　美国犹他州辛巴德县出露的岩床。水平状暗色带基本上都是侵入水平沉积岩岩层的玄武质成分岩床

图 4.30　美国科罗拉多州西班牙峰出露的岩墙。这个墙壁状岩墙由火成岩构成，比周围物质更耐风化

由于岩墙和岩床的厚度相对均匀，且延伸距离可达数千米之远，被视为极强流体（流动岩浆）的产物。帕利塞德岩床是美国规模最大且研究程度最高的岩床之一（见图 4.23），位于哈德逊河下游西岸（纽约州东南部和新泽西州东北部）沿线，出露长度约为 80 千米，厚度约为 300 米。由于抗侵蚀能力较强，帕利塞德岩床形成了耸峭悬崖，从哈德逊河对岸轻松可见。

2．柱状节理

岩床的许多特征与埋藏的熔岩流非常相似，例如呈板状、可大范围展布以及能够呈现柱状节理等。当火成岩冷却并发育成收缩型裂隙时，通常会形成横截面呈六边形的长柱状体，称为柱状节理（columnar jointing），如图 4.31 所示。此外，由于岩床和岩墙通常在近地表环境下形成，厚度可能仅有几米，侵位岩浆的冷却速率一般非常快，足以形成细粒结构（大多数侵入岩体具有粗粒结构）。

4.8.3　块状岩体：岩基、岩株和岩盖

1．岩基和岩株

岩基（batholith）是规模最大的侵入岩体，以巨型线性构造形式出现，长约数百千米，最大宽度约为 100 千米（见图 4.32）。例如，内华达山脉岩基是一个连续的花岗岩结构，形成了内华达山脉在美国加利福尼亚州境内的大部分主干。在加拿大西部的海岸山脉沿线，一个更大的岩基延伸了 1800 多千米，并进入美国阿拉斯加州南部。虽然岩基的覆盖面积可能特别广阔，但是最新地球物理研究结果表明，大多数岩基的厚度不到 10 千米。有些岩基的厚度甚至更薄，如秘鲁海岸岩基基本上就是一个平板，平均厚度仅为 2～3 千米。岩基一般由长英质（花岗质）岩石和中性岩石组成，通常称为花岗岩岩基。

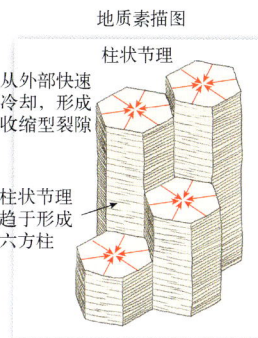

图 4.31　柱状节理。美国阿拉斯加州阿留申群岛阿昆岛上的柱状节理

早期的调查者认为，内华达山脉岩基是巨型单一侵入岩体。我们现在知道，大型岩基形成于数百次不连续的岩浆注入，不同期次形成的较小岩体紧密地相互挤压（或渗透），这些圆胖且难看块体的侵位时间长达数百万年。例如，在超过 1.3 亿年间（结束于约 8000 万年前），形成内华达山脉岩基的侵入活动几乎连续发生（见图 4.32）。

岩基通常指地表出露面积大于 100 平方千米的岩体，小型岩体则称为岩株（stock），但是许多岩株似乎是更大侵入体（完全出露于地表时，应当会被归类为岩基）的一部分。

2. 岩盖

19 世纪，美国地质调查局的吉尔伯特在犹他州亨利山脉进行了一项研究，首次明确证实火成岩侵入体（岩浆侵入）能够抬升其所渗透的沉积地层。吉尔伯特将其观察到的火成岩侵入体命名为岩盖（laccolith），认为这是在沉积地层之间强力注入的火成岩，岩浆注入使得上方地层拱起，下方地层则同时保持相对平坦。我们现在知道，亨利山脉的 5 座主峰并不是岩盖而是岩株，但是这些中央岩浆体（岩株）是分支岩浆体（吉尔伯特定义的岩盖）的物质来源（见图 4.33）。

图 4.32　北美洲西部边缘沿线的花岗岩岩基。这些巨型细长岩体由约 1.5 亿年前开始侵位的大量岩体组成

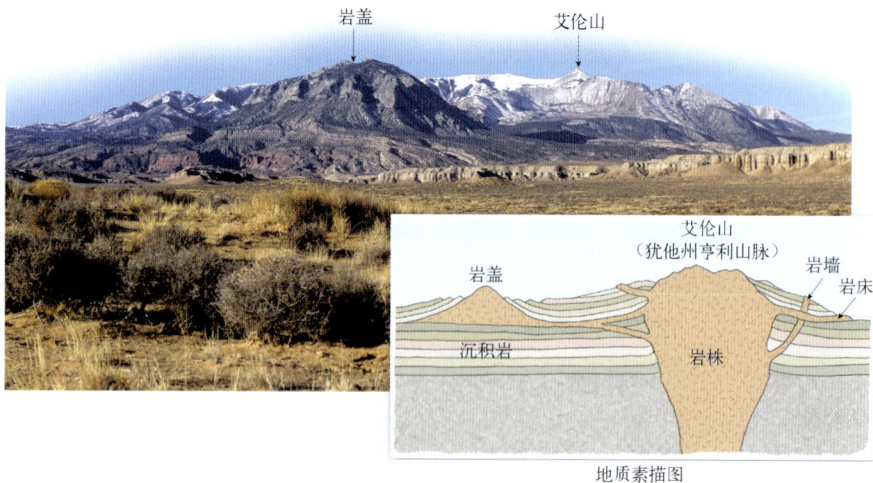

岩盖　　　　　　　　　　　艾伦山

艾伦山
（犹他州亨利山脉）

岩盖　　　　　　　　　　　　　　　　　岩墙
　　　　　　　　　　　　　　　　　　　岩床

沉积岩　　　　　　　　　　　　岩株

地质素描图

图 4.33　**岩盖**。美国犹他州亨利山脉的艾伦山是构成这座小型山脉的 5 座山峰之一，虽然亨利山脉中的主要侵入体是岩株，但是许多岩盖成为这些结构的分支

此后，人们在犹他州发现了大量其他花岗岩岩盖，其中最大的岩盖是松谷山脉（位于犹他州圣乔治以北）的一部分，其他岩盖则发现于拉萨尔山脉（位于拱门国家公园附近）及其南部的阿巴霍山脉。

3. 大型岩体的侵位

岩浆体究竟如何穿越数千米厚的固体岩石？被这些巨型火成岩块体置换取代的岩石去了哪里？地质学家将此称为空间问题（room problem）。

我们知道岩浆能够上升是由于其密度低于周围岩石，这与按在水容器底部的软木塞释放时会上升的情形极为相似。在温度和压力均较高的上地幔和下地壳中，岩石具有延展性（能够流动）。在这种背景下，浮升岩浆体被视为以底辟（diapir）形式上升，底辟是具有圆形头部和逐渐收窄尾部的一种倒泪珠状块体。但是，在脆性更强的上地壳中，大型断裂为岩浆上升提供了通道。

基于构造环境，地质学家提出了解决空间问题的若干机制。在岩石具有延展性的地下最深处，通过推开上覆岩石，浮升岩浆块体能够强行为自身腾出空间，该过程称为肩推作用/侧挤作用（shouldering）。随着岩浆持续向上运

图 4.34　**捕虏体**。捕虏体是包含在火成岩岩体内的主岩碎块。在加利福尼亚州内华达山脉东部的岩石溪峡谷中，这块未熔融深色（镁铁质）岩石被裹入长英质岩浆

移，部分被移位的主岩将充填岩浆体经过后留下的空间[注：可与罐装油性涂料长期存放的情形类比，涂料中油性组分的密度低于颜料成分（用于着色），因此油性成分会聚集成滴并缓慢向上运移，较重的颜料成分则会向底部沉降]。

当岩浆体接近地表并遇到不容易推开的温度相对较低的脆性围岩时，进一步上升则需要通过顶蚀作用（stoping）过程不断挖蚀热上升物质顶部的岩块，使其碎裂并沉入岩浆（见图 4.24）。这些悬浮围岩碎块称为捕虏体（xenolith），在包含捕掳体的岩体中可找到支持顶蚀作用的证据（见

图 4.34）。

岩浆也可能熔融并吸收（同化）部分上覆主岩，但这一过程很大程度上受到岩浆体中所含可用热能的限制。当深成岩体侵位（就位）在地表附近时，空间问题可通过抬高侵入体上方顶板的方式解决。

概念回顾 4.8

1. 术语围岩是什么意思？
2. 利用适当的专业术语（块状、不整合、板状和整合）描述岩墙和岩床。
3. 基于大小和形状，区分岩基、岩株和岩盖。

主要内容回顾

4.1 岩浆：火成岩的母物质

关键词：岩浆，火成岩，熔岩，熔体，挥发分，结晶作用，侵入岩，喷出岩

- 对完全（或部分）熔融的岩石而言，若位于地表之下，则称为岩浆；若已经喷发，则称为熔岩。岩浆和熔岩由液体、固体及气体组成。
- 随着岩浆和熔岩的冷却，硅酸盐矿物开始通过在其外表面附加离子而形成。结晶作用逐渐将岩浆转化为互锁晶体块——火成岩。
- 地表之下冷却的岩浆形成侵入岩，喷发至地表的熔岩则形成喷出岩。

4.2 火成岩的成分

关键词：长英质成分，镁铁质成分，中性成分，美铁质和超镁铁质成分

- 火成岩主要由硅酸盐矿物组成。长英质火成岩大多含有非铁镁质矿物，镁铁质火成岩含有更大比例的铁镁质矿物。与长英质岩石相比，镁铁质岩石通常颜色更深且密度更大。大体而言，陆壳的成分为长英质岩石，洋壳的成分为镁铁质岩石。
- 中性岩以斜长石为主，成分介于长英质成分与镁铁质成分之间，属于典型的大陆火山弧。超镁铁质岩石富含橄榄石和辉石，在上地幔中占主导地位。
- 火成岩中的二氧化硅（SiO_2）含量是其整体组成的指示器，其中长英质岩石富硅，超镁铁质岩石贫硅。

问题：利用专业术语，考虑附图描述的具有标本(a)和标本(d)成分的火成岩。在相同的火成岩中，你是否能够同时找到石英和橄榄石？陈述理由。

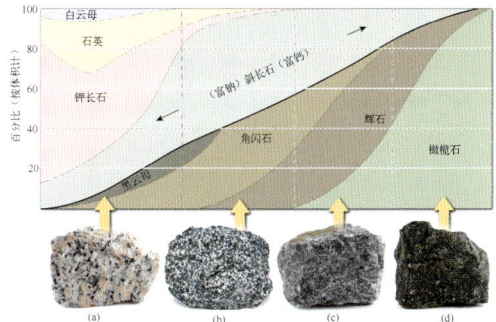

4.3 火成岩的结构

关键词：结构，隐晶质，显晶质，斑状结构，斑晶，基质，斑岩，气孔结构，玻璃质结构，火山碎屑结构，伟晶岩，伟晶结构

- 结构描述了岩石中矿物颗粒的大小、形状和排列。岩浆（或熔岩）的冷却速率很大程度上决定了岩石的结构，并暗示了关于形成时条件的信息。
- 在地表（或近地表）位置，熔岩（岩浆）的冷却速率较快，这会产生大量极小的晶体，最终形成隐晶质（或细粒）结构。在地下深处，岩浆的冷却散热速率较慢，岩浆的离子拥有足够时间而被组织到更大的晶体中，最终形成具有显晶质（或粗粒）结构的岩石。若晶体最初在地下深处形成，然后岩浆上升至较浅深度（或在地表喷发），则其冷却历史包含两个阶段，最终形成具有斑状结构的岩石。
- 火山岩可能呈现出更多的结构：若熔岩的气体含量较高，则为气孔结构；若熔岩的二氧化硅含量较高，则为玻璃质结构；若爆炸式喷发，则为火山碎屑结构。以伟晶结构为特征的大晶体是含水量较高岩浆的结晶结果。

4.4 火成岩的命名

关键词：花岗岩，流纹岩，黑曜岩，浮石，安山岩，闪长岩，玄武岩，辉长岩，火山碎屑岩，

凝灰岩，熔结凝灰岩

- 火成岩基于结构和成分进行分类，图 4.13 总结了基于这两个标准的命名系统。当具有相同成分的两种岩浆以不同速率冷却时，可能形成不同的结构。

4.5 岩浆的起源

关键词：地温梯度，减压熔融

- 固体岩石能够通过以下 3 个过程熔融：①加热以提升温度；②降低已经很热岩石上的压力，引发减压熔融（如洋中脊位置的熔融）；③加水至热岩，降低其熔点（如俯冲带位置的熔融）。

问题：在不同构造背景下，岩浆形成过程不同。考虑附图中的情形 A、B 和 C，描述每种情形下最可能触发熔融的过程。

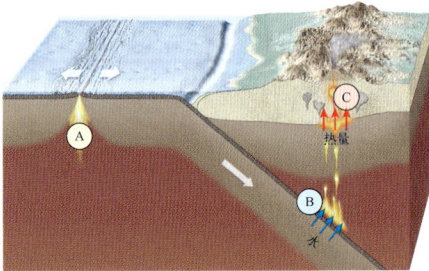

4.6 岩浆的演化

关键词：鲍温反应系列，晶体沉降作用，岩浆分异作用，同化作用，岩浆混合作用

- 鲍温实验结果表明，当岩浆冷却时，各种矿物会按照特定顺序结晶。铁镁质硅酸盐（如橄榄石）在最高温度（1250℃）下首先结晶，非铁镁质硅酸盐（如石英）在最低温度（650℃）下最后结晶。鲍温发现，在这些温度之间，已结晶矿物与残余熔体之间会发生化学反应，从而形成各种新矿物。

- 各种物理过程可能导致岩浆成分发生改变，例如当结晶矿物比残余岩浆的密度更大时，它们就下沉至岩浆房底部。由于早期形成的矿物富含铁和镁（镁铁质），残余岩浆成分变得含有更多长英质。

- 主岩同化作用和岩浆混合作用能够改变岩浆成分。

问题：附图显示了假想岩浆房的横截面视图。利用你对鲍温反应系列和岩浆演化的理解，通过描述结晶如何发生来解释层状构造。

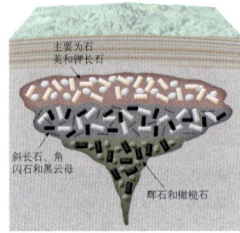

4.7 部分熔融和岩浆成分

关键词：部分熔融

- 岩石并不总是完全熔融的。不同矿物在不同温度下熔融，熔融温度最低的矿物首先熔融。

- 地幔（成分为超镁铁质）的部分熔融会形成镁铁质岩浆，下部陆壳在俯冲带位置的部分熔融会形成具有中性（或长英质）成分的岩浆。

4.8 侵入活动

关键词：主岩，侵入体，板状，块状，不整合，整合，岩墙，岩床，柱状节理，岩基，岩株，岩盖，捕房体

- 当侵入其他岩石时，岩浆可能在抵达地表之前冷却并结晶，形成称为岩体的侵入体。岩体可能在不考虑先存构造的情况下穿切主岩，或者岩浆可能沿主岩中的薄弱带流动。

- 板状侵入体可能整合或不整合。块状岩体可能较小或较大。水泡状侵入体称为岩盖。固体火成岩冷却时体积会变小，收缩时能够形成一种独特断裂形态，称为柱状节理。

- 几个过程会导致岩浆侵入主岩，底辟上升是一种过程，肩推主岩是另一种过程。从主岩中顶蚀捕房体能够打开更多空间，或者岩浆能够熔融并吸收部分主岩。

深入思考

1. 利用你对火成岩结构的理解，描述以下每块火成岩的冷却历史。

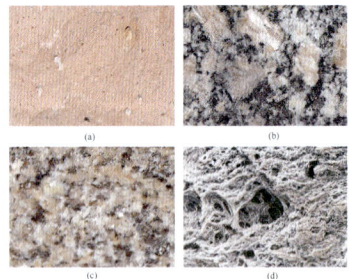

2. 利用图 4.5，对以下火成岩进行分类。**a**. 一种隐晶质岩石，含有富钙斜长石（30%）、辉石（55%）和橄榄石（15%）。**b**. 一种显晶质岩石，含有石英（20%）、钾长石（40%）、富钠斜长石（20%）和少量白云母，其他为深色硅酸盐。**c**. 一种隐晶质岩石，含有斜长石（50%）、角闪石（35%）、辉石（10%）以及微量其他浅色硅酸盐。**d**. 一种显晶质岩石，主要由橄榄石和辉石组成，含有少量富钙斜长石。

3. 判断以下每条语句描述的火成岩结构。**a**. 逸出气体形成的开口。**b**. 斑晶周围的细粒晶体矩阵。**c**. 由极微小晶体组成，没有显微镜则不可见。**d**. 以岩屑熔结在一起为特征的结构。**e**. 粗粒，晶体大小大致相等。**f**. 晶体特别大，粒径多数超过 1 厘米。

4. 在徒步旅行期间，你随手捡起附图中的火成岩。**a**. 这种小、圆、玻璃质和绿色晶体的矿物名称是什么？**b**. 形成这种岩石的岩浆是源于地幔还是源于地壳？解释理由。**c**. 该岩浆是高温岩浆还是低温岩浆？解释理由。**d**. 利用本章中介绍的术语描述这块岩石的结构。

5. 关于上地幔的一种常见错误认识是由熔融岩石组成的厚壳，解释地幔实际上为何在大多数情况下均为固体。

6. 描述地幔岩石在温度不升高的情况下能够熔融的两种机制，并命名发现这些岩浆生成机制的板块构造环境。

7. 利用你对鲍温反应系列的理解（见图 4.21），解释部分熔融如何能够形成具有不同成分的岩浆。

8. 在地质学课的一次野外考察中，你们参观了与附图所示岩层相似的岩层。有位同学认为玄武岩层是岩床，但是你不同意这种观点。你为何认为这位同学的观点不正确？玄武岩层的更合理解释是什么？

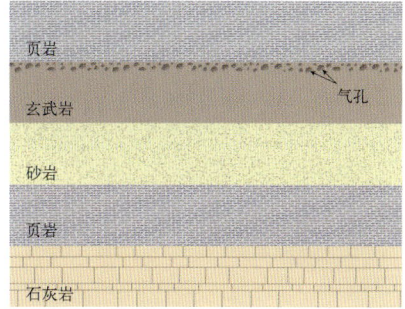

9. 附图中的惠特尼峰是邻近美国的最高山峰（高度为 4421 米），位于内华达山脉岩基上。基于位置判断惠特尼峰可能主要由以下哪种岩石组成：长英质（花岗质）岩石、中性（安山质）岩石或镁铁质（玄武质）岩石？

地球之眼

1. 附图中美国新墨西哥州的希普罗克（Shiprock）是一种火成岩构造，抬升并高出新墨西哥州西北部周围沙漠约 510 米，由堆积在火山通道（后来因受到剥蚀而消失）中的岩石组成。**a**. 希普罗克是何种类型的地貌？**b**. 从希普罗克延伸出的狭长山脊是何种类型构造？

第5章 火山和火山灾害

2010年，冰岛埃亚菲亚德拉火山喷发，导致欧洲各地的航空公司取消了数千个航班，航班几周后才恢复正常

新闻中的地质：火山灰增大航空旅行风险

火山喷发带来的风险不仅于陆地，若火山灰冲到飞机巡航高度，则会带来非常严重的安全风险。根据美国地质调查局（USGS）的数据，1953—2009年，至少26架飞机因穿越火山灰云而遭到重大损毁，其中包括9起发动机故障事件。

与木材着火产生的灰不一样，火山灰具有磨蚀作用。当意外穿越并摆脱火山灰云后，有些飞机的窗户遍布坑洼，损坏的挡风玻璃可能阻碍飞行员的视线。更糟糕的是，若挡风玻璃破裂，则可能导致机舱突然减压。火山灰中含有大量微小岩石及矿物颗粒，当这些颗粒穿透极其重要的发动机过滤器时，可能损坏喷气涡轮、堵塞燃料喷嘴并干扰温度传感器。此外，硅酸盐岩石颗粒的熔点低于航空燃油的燃点，意味着火山灰在通过发动机时可能发生液化，然后冷却并固结为覆盖在飞机其他部分的玻璃质残余物，进而导致无线电传输、导航和空速监测等出现问题。

1989年，穿越里道特火山的火山灰云后，飞机的喷气发动机内形成了这些黑色沉积物

由于存在这些风险，为了避开地球对流层中的火山灰云，各航空公司通常会取消（或改变）航线。2010年，冰岛火山喷发导致整个欧洲的航班普遍延误或取消。2017年，印尼阿贡火山喷发导致巴厘岛机场关闭了2天多，机场官方宣称影响了57000人的出行。

学习目标

5.1 比较 1980 年喷发的圣海伦斯火山和 1983 年喷发的基拉韦厄火山。

5.2 解释不同火山喷发为何存在爆炸式（或宁静式）特征。

5.3 列举并描述火山喷发期间的 3 类喷出物质。

5.4 绘制并标注图表，描绘典型火山锥的基本特征。

5.5 概述盾状火山的特征，并举例说明。

5.6 描述火山渣锥的形成、大小和成分。

5.7 列举复式火山的特征，并描述其如何形成。

5.8 描述与火山相关的主要地质灾害。

5.9 列举火山地貌（盾状火山、火山渣及复式火山除外），并描述其成因。

5.10 解释火山活动的全球分布与板块构造的相关性。

5.11 列举并描述潜在危险火山的监测技术。

岩浆活动的意义乍看上去可能并不明显，但是由于火山喷出了在地下深处形成的熔融岩石，为人们提供了直接观察地表之下数千米处所发生过程的唯一途径。此外，地球大气和海洋均由火山喷发时释放的气体演化形成。在这两个事实中，任何一个都足以证明岩浆活动值得特别关注。

5.1 圣海伦斯火山和基拉韦厄火山

比较 1980 年喷发的圣海伦斯火山和 1983 年喷发的基拉韦厄火山。

1980 年 5 月 18 日，北美洲历史上规模最大的火山猛烈喷发，削掉了一座风景如画的火山山顶（见图 5.1）。当时，圣海伦斯火山（位于华盛顿州西南部）喷发，威力十分巨大，摧毁了整个山体北翼并留下一个大坑。这座高耸火山的最高海拔原本为 2900 米，转瞬之间就降低了 411 米。

411米

圣灵湖

火山喷发摧毁了圣海伦斯火山的整个北翼，并留下了一个大坑。转瞬之间，一座高耸火山下降了411米

圣灵湖大部分被倒伏树木所覆盖

图 5.1 圣海伦斯火山喷发前后的变化。1980 年 5 月 18 日，圣海伦斯火山（位于华盛顿州西南部）喷发

这次喷发事件摧毁了火山北侧覆盖着茂密森林的大片土地（见图 5.2），树木被压扁、削去枝杈并像巨型牙签一样散落地面。相伴出现的火山泥流能量巨大，携带着火山灰、树木及水饱和岩

石碎屑，一路奔流至图特尔河下游 29 千米处。本次火山喷发夺走了 59 人的生命，部分人死于急剧升温以及令人窒息的火山灰和气体云，部分人死于爆炸的冲击，其他人则死于火山泥流。

图 5.2　圣海伦斯火山喷发产生侧向冲击波，导致道格拉斯冷杉折断（或连根拔起）

在最初的喷发期间，该火山水平喷射出近 1 立方千米火山灰和岩石碎屑，覆盖面积约为 400 平方千米。在最初的喷发之后，火山灰和炽热气体向天空垂直推进超过 18 千米，并进入平流层。在接下来的几天里，这种极细粒物质被高空强风携至美国的其他地方，例如：蒙大拿州中部的农作物受损；在两个距离非常遥远的州（俄克拉何马州和明尼苏达州）均发现了可测量沉积物；紧邻区域的火山灰沉降物厚度超过 2 米；华盛顿州亚基马（火山以东 130 千米）上空的空气中充满了火山灰，居民们在中午经历了午夜般的黑暗。

并非所有火山喷发都如此猛烈，有些火山（如夏威夷州的基拉韦厄火山）会生成相对宁静的流动熔岩，这些熔岩首先从喷口中喷涌而出，然后向下坡方向流动。这些宁静式（非爆炸式）喷发并非完全没有爆炸式表现，偶尔会将高温熔岩流喷射至数百米高空（见图 5.4）。自 1823 年开始记录以来，基拉韦厄火山已喷发 50 多次，但是自 1912 年以来，夏威夷火山监测站始终在该火山顶部正常运行，证明了基拉韦厄火山喷发的宁静式性质。但是，如后所述，在这段时间内，基拉韦厄火山喷出了大量炽热熔岩，对人们的财产造成了相当大的破坏。

概念回顾 5.1

　　1. 简单比较圣海伦斯火山的 1980 年喷发与基拉韦厄火山的典型喷发。

5.2　火山喷发的基本性质

解释不同火山喷发为何存在爆炸式（或宁静式）特征。

人们通常认为火山活动是以剧烈方式周期性喷发并形成优美锥形构造的过程，但是许多火山喷发却并非爆炸式喷发，那么究竟是何种因素决定了火山喷发的方式呢？

5.2.1 岩浆：火山喷发的物质来源

如前所述，岩浆是作为火成岩母物质的熔融岩石，可能含有部分固态结晶质物质，同时也含有不同数量的溶解气体（主要是水蒸气和二氧化碳）。喷发出地表的岩浆称为熔岩（lava）。

1. 岩浆的成分

如第 4 章所述，镁铁质（玄武质）火成岩含有较高百分比的富铁和富镁硅酸盐矿物以及富钙斜长石，因此颜色往往较深。相比之下，长英质岩石（花岗岩及其喷出岩对应体流纹岩）则主要含有浅色硅酸盐矿物，如石英和钾长石。中性（安山质）火成岩的成分介于玄武质岩石与花岗质岩石之间。相应地，与长英质岩浆相比，镁铁质岩浆的二氧化硅（SiO_2）含量要低得多。

岩浆之间的成分差异也会影响几种其他性质，如图 5.3 所示。例如：镁铁质（玄武质）岩浆的二氧化硅及气体含量最低，在最高温度下喷发；长英质（花岗质和流纹质）岩浆的二氧化硅及气体含量最高，可在相对较低的温度下喷发；中性（安山质）岩浆的特征介于镁铁质岩浆与长英质岩浆之间。

具有不同成分岩浆体的性质						
成分	二氧化硅含量（SiO_2）	气体含量（%，按质量计）	喷发温度	黏度	形成火山碎屑岩的趋势	火山地貌
镁铁质（玄武质）铁、镁和钙含量最高；钾和钠含量低	最少（约50%）	最少（0.5%~2%）	最高 1000℃~1250℃	最小	最小	盾状火山，玄武岩台地，火山渣锥
中性（安山质）铁、镁、钙、钾和钠含量存在变化	中等（约60%）	中等（3%~4%）	中等 800℃~1050℃	中等	中等	复式火山锥
长英质（流纹质/花岗质）钾和钠含量高；铁、镁和钙含量低	最多（约70%）	最多（5%~8%）	最低 650℃~900℃	最大	最大	火山碎屑岩，流动沉积物，熔岩穹丘

图 5.3　岩浆体的成分差异导致其性质发生改变

5.2.2 喷溢式喷发与爆炸式喷发之比较

地质学家将产生流体熔岩喷涌的宁静式（非爆炸式）喷发称为喷溢式喷发/溢流式喷发（effusive eruption），将产生气体及固态物质并喷入高空的喷发称为爆炸式喷发/爆裂式喷发（explosive eruption）。

岩浆喷发方式主要决定于两种因素，分别是黏度和气体含量。黏度/黏性（viscosity）是流体流动性的测度，物质的黏度越大，流动阻力就越大。例如，糖浆的黏度大于水，因此流动阻力更大。

1. 黏度的影响因素

岩浆的黏度主要取决于温度和二氧化硅含量，二氧化硅含量越高，黏度就越大。在结晶过程的早期，硅氧四面体开始连接形成长链，使得岩浆的刚性更强而阻碍流动。因此，富硅流纹质熔岩的黏度最高，趋于以难以察觉的缓慢速度行进，形成相对较短且较厚的熔岩流。相比之下，玄武质熔岩的二氧化硅含量要低得多，流动性相对较强，固结前可行进的距离约为 150 千米（或更远）。安山质岩浆的成分是中性成分，流动速率介于前述的二者之间。

温度影响岩浆黏度的方式与其影响煎饼糖浆黏度的方式大致相同：温度越高，流动性越强（黏度越小）。随着熔岩冷却并开始变稠，黏度增大，流动最终停止。

岩浆中含硅越多，黏度就越大。

2．气体的作用

火山喷发的基本性质还取决于岩浆体内所含溶解气体的数量，这些溶解气体被上覆岩石施加的压力（围压）束缚在岩浆体内，水蒸气和二氧化碳的丰度通常最高。这些溶解气体在围压下降时趋于从溶液中析出，就好比软饮料罐（或瓶）中的二氧化碳：打开盖子时压力下降，溶解二氧化碳从溶液中快速分离，形成气泡上升并逃逸。

像黏度一样，岩浆的气体含量与其成分直接相关，如图5.3所示。成分谱系的一端是镁铁质（玄武质）岩浆，流动性非常强，气体含量较低（有时低至0.5%，按质量计）；另一端是长英质（流纹质）岩浆，黏度（黏性）特别大，含有大量气体（高达8%，按质量计）。

5.2.3 喷溢式喷发

所有岩浆都含有部分水蒸气及其他气体，这些气体在上覆岩石的巨大压力下保持在溶液中。当岩浆上升到地表（或限制岩浆的岩石发生破裂）时，压力下降导致溶解气体从熔体中分离，形成大量微小气泡。当流体镁铁质岩浆喷发时，这些加压气体很容易逸出。在超过1100℃的温度下，这些气体能够快速膨胀至原体积的数百倍，这种膨胀可将闪耀发光的熔岩喷向数百米的高空，形成熔岩喷泉（见图5.4）。这些喷泉壮观但通常无害，一般与造成重大生命损失的重大爆炸性事件无关。

图5.4　在流体镁铁质熔岩中，逸出气体形成熔岩喷泉

镁铁质熔岩的喷溢式喷发（如夏威夷大岛上基拉韦厄火山的最近喷发）流动性非常强，一般由堆积在近地表岩浆房中的新一批熔融岩石的到来触发。地质学家通常能够探测到这种即将发生的事件，因为在火山喷发前几个月（甚至几年），火山顶部就开始膨胀和上升。随着高温熔融岩石的注入，会加热并再活化岩浆房内的半液态岩浆。岩浆房的膨胀导致上方岩石断裂，使得流体岩浆沿着新近形成的裂隙向上运移，通常会形成流动时间长达数周、数月甚至数年的流体熔岩喷溢。基拉韦厄火山的近代喷发期始于1983年，并一直持续到现在。

5.2.4 爆炸式喷发

如前所述，与玄武质岩浆相比，富硅流纹质岩浆的气体含量相对较高且黏度相当大。当流纹质岩浆上升时，气体保持溶解状态，直至围压充分下降时，微小气泡开始形成并逐渐变大。高黏度流纹质岩浆趋于捕获这些气泡，形成黏性泡沫。

当膨胀岩浆施加的压力超过上覆岩石的强度时，岩石就会断裂。随着泡沫状岩浆穿越岩石裂隙向上运移，围压不断下降并形成更多气泡。这种连锁反应产生了一种爆炸性事件，即岩浆被吹成碎屑（火山灰和浮岩），然后被逸出的高温气体携至高空。火山侧翼的坍塌也会大大降低下方岩浆的压力，引发爆炸式喷发，如圣海伦斯火山1980年的那次喷发。

当岩浆房顶部的熔融岩石被逸出气体强力喷出时，正下方岩浆的围压会突然下降，因此爆炸式喷发不是一次爆炸，而是可能持续若干天的一系列爆炸。

富含大量气泡的岩浆以超高的速度（接近超音速）喷射出碎裂熔岩，这与炽热、具有浮力且主要由火山灰和气体组成的喷发柱/喷发烟柱（eruption column）有关（见图5.5）。喷发柱可在大气层中上升40千米。喷发柱的部分崩溃并不罕见，此时炽热火山灰能够以极高的速度（超过100千米/小时）冲下火山斜坡，因此气体含量及黏度均较高的岩浆的火山喷发对财产和人类生命的破坏性最大。爆炸式喷发后，部分脱气熔岩趋于从喷口处缓慢渗出，形成厚层熔岩流或穹状熔岩体（在喷口上方生长）。

图 5.5 富硅黏稠岩浆形成的喷发柱。2014 年，在巴布亚新几内亚东部，塔乌鲁火山喷出水蒸气和火山灰喷发柱

当高黏度熔岩喷发时，可能会产生爆炸性炽热火山灰和气体云，称为喷发柱

概念回顾 5.2

1. 按二氧化硅含量从高到低的顺序排列以下岩浆：镁铁质（玄武质）岩浆，长英质（花岗质/流纹质）岩浆，中性（安山质）岩浆。
2. 列举决定岩浆喷发方式的两种主要因素。
3. 定义黏度。
4. 具有极高黏度岩浆的火山对生命和财产的威胁是否大于具有极强流动性岩浆的火山？

5.3 火山喷发物

列举并描述火山喷发期间的 3 类喷出物质。

火山喷发物包括熔岩、大量气体和火山碎屑物（岩石碎块、熔岩弹和火山灰），本节将逐一介绍这些物质。

5.3.1 熔岩流

据估计，在地球上的熔岩中，镁铁质（玄武质）成分占比超过 90%，这种类型的熔岩大多数在洋脊/海岭（离散型板块边界）沿线喷发，并且能够形成新洋壳。其余 10% 的熔岩以中性（安山质）成分为主，是火山岛弧和火山链（在陆块边缘沿线形成）的常见组成部分。流纹质（长英质）熔岩流仅约占总量的 1%，主要见于大陆环境下。流纹质岩浆趋于喷出大量高温气体和火山灰（而非熔岩）。

当炽热镁铁质熔岩在陆地上喷发时，常出现薄且宽的席状（或流式飘带状）流动。当这些流体熔岩遇陡坡向下时，前行速度会超过 30 千米/小时，但是缓慢流动速度更常见。相比之下，富硅流纹质熔岩则趋于极缓慢地移动，因此肉眼无法直接观测。此外，当从喷口处开始测量时，流纹质熔岩的行进距离很少超过几千米。安山质熔岩具有中性成分，流动特征介于镁铁质熔岩与流纹质熔岩之间。

1. 渣块熔岩流和结壳熔岩流

流体玄武质岩浆趋于形成两种类型的熔岩流，名称（英文）源于各自的夏威夷俗称。第一种类型称为 **渣块熔岩流/阿阿熔岩流（aa flow）**，表面为粗糙锯齿状块体，具有危险的尖锐边缘和多刺突起（见图 5.6a），穿越硬化渣块熔岩流对任何人而言可能都会感到艰难而痛苦；第二种类型称为结壳熔岩流/绳状熔岩流（pahoehoe flow），表面光滑，有时呈绞在一起的扭曲绳状（见图 5.6b）。

(a) 活动渣块熔岩流覆盖了先前的结壳熔岩流

(b) 显示出特征性绳状外观的结壳熔岩流

图 5.6　熔岩流。(a)一种缓慢移动的玄武质渣块（阿阿）熔岩流，在已硬化的结壳熔岩之上前行；(b)一种典型的结壳（绳状）熔岩流。这些熔岩流均从夏威夷州基拉韦厄火山侧面的一条裂缝中喷出

　　虽然两种类型的熔岩都能从相同的火山中喷发，但与渣块熔岩流相比，结壳熔岩流的温度更高且流动性更强。此外，结壳熔岩流能够转变为渣块熔岩流，但是不会发生相反的情形（渣块熔岩流向结壳熔岩流转变）。熔岩流离开火山喷口时会冷却，这是促使结壳熔岩流转变为渣块熔岩流的因素之一。温度下降会增大黏度并促进气泡的形成，逸出气泡在变稠熔岩表面产生大量空洞（气孔）和锐刺。熔岩流内部仍然保持熔融状态，外壳在前行时会发生破裂，将结壳熔岩流的相对光滑表面转换为由整块粗糙、尖锐且破碎的前行熔岩块构成的渣块熔岩流。

　　结壳熔岩流通常包含洞穴状隧道，称为熔岩管（lava tube），形成于熔岩流的内部熔岩保持流动，外部暴露表面冷却并硬化，如图 5.7 所示。这些隔热通道可用作将熔岩从活动喷口输送至熔岩流前缘的管道，因此能够促进流体熔岩流向远离喷发的地点。

(a) 熔岩管是洞穴状隧道，曾经将熔岩从活动喷口输送至熔岩流前缘

(b) 熔岩管的顶部坍塌部位形成天窗，揭示出流经熔岩管的炽热熔岩

图 5.7　熔岩管。(a)有些熔岩管的规模极为壮观。位于美国加利福尼亚州的瓦伦丁洞穴；(b)熔岩管的顶部坍塌部位形成了一个天窗

2. 块状熔岩

　　与能够前行数千米的流体玄武质岩浆相比，黏稠的安山质及流纹质岩浆则趋于形成行进距离

相对较短（几百米到几千米）但却明显突出的熔岩流，它们的上表面主要由相互分离的巨型块体组成，因此得名块状熔岩（block lava）。虽然与渣块熔岩流相似，但块状熔岩由具有轻度弯曲和光滑表面的块体组成，而非典型渣块熔岩流那样的粗糙、多刺表面。

3．枕状熔岩

当熔岩喷溢发生在洋底时，熔岩流的表皮会快速冻结（固化）而形成火山玻璃，但内部熔岩能够冲破硬化表面而向前移动。当熔融玄武岩（像挤牙膏一样）不断挤出时，这个过程会反复持续地发生，形成由彼此堆叠在一起的大量管状构造［称为枕状熔岩（pillow lava）］构成的熔岩流（见图 5.8）。枕状熔岩在重建地质历史时非常有用，因为其存在说明熔岩流形成于水体表面下。

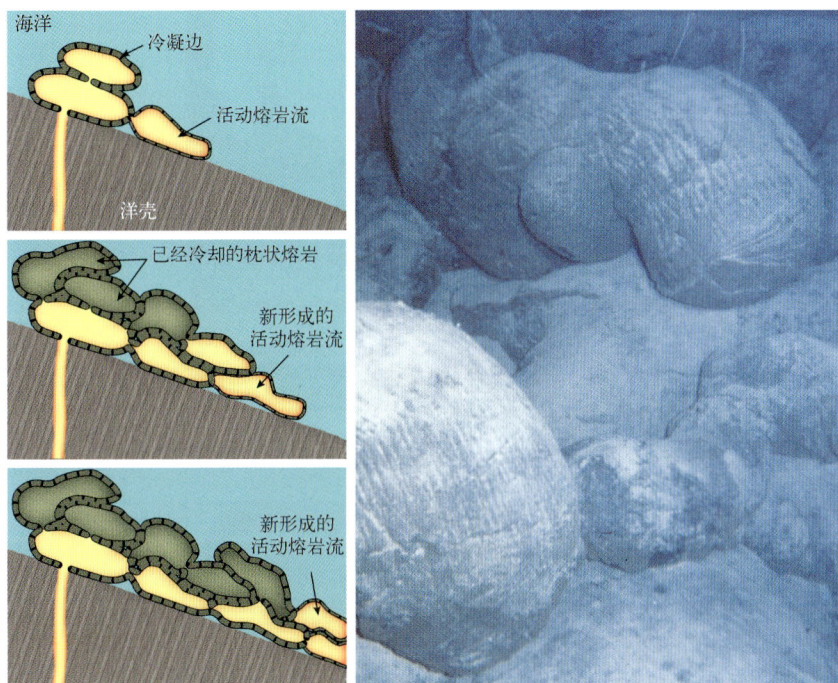

图 5.8　枕状熔岩的形成。枕状熔岩形状各异，但趋于呈细长管状构造。这张照片显示了夏威夷海岸外的海底枕状熔岩流

5.3.2　气体

岩浆中的溶解气体称为挥发分（volatile）。如前所述，挥发分由于围压限制而存留在熔融岩石中，类似于二氧化碳被封存在罐装饮料中。就像罐装饮料一样，只要压力下降，气体就开始逃逸。从正在喷发的火山中获取气体样本既困难又危险，因此地质学家通常要估计岩浆中的最初气体含量。

在大多数岩浆体中，气态组分约占总质量的 1%～8%，大部分以水蒸气（H_2O）的形式存在，其次是二氧化碳（CO_2）和二氧化硫（SO_2），此外还有少量硫化氢（H_2S）、一氧化碳（CO）和氮气（N_2），每种气体的相对比例因地区而异。虽然百分比或许很小，但每天实际排放的气体数量可能超过数千吨，这些气体为地球大气提供了很大增量。火山也是空气污染的天然污染源，有些火山排放大量二氧化硫，很容易与大气层中的气体结合而形成有毒的硫酸及其他硫酸盐化合物。

5.3.3　火山碎屑物

当火山爆炸式喷发时，喷口中会喷射出岩石碎块、熔岩碎屑及玻璃碎屑，这些喷出颗粒物统称火山碎屑物（pyroclastic material/tephra）。火山碎屑物大小不等，小到尘埃和砂粒大小的极细颗粒（小于 2 毫米），大到重达数吨的巨大碎块（见图 5.9）。

当富含气体的黏稠岩浆出现爆炸式喷发时，会形成称为火山灰（volcanic ash）和火山尘

（volcanic dust）的精细颗粒。随着岩浆在喷口中向上运移，会因气体快速膨胀而形成一种类似于香槟酒瓶中流淌出的泡沫的熔体。当高温气体爆炸性膨胀时，这些泡沫会被吹成细小玻璃质碎片。当炽热火山灰落下时，这些玻璃质碎片通常会融合成一种岩石，称为熔结凝灰岩/焊接凝灰岩（welded tuff），这种片状物质及后来固结的火山灰沉积覆盖了美国西部的大部分地区。

火山碎屑物		
颗粒名称	颗粒大小	图像
火山灰*	小于2毫米	
火山砾（火山渣）	2~64毫米	
火山弹	大于64毫米	
火山块		

*术语"火山尘"是指粒径小于0.063毫米的极细火山灰

图5.9 **火山碎屑物的类型**。火山岩碎屑物通常也称火山灰

有些火山碎屑物的粒径较大，从小弹珠大小到核桃大小（粒径为2~64毫米），称为火山砾（lapilli）或火山渣（cinder）。若粒径大于64毫米，则由硬化熔岩构成时称为火山块（block），作为炽热熔岩喷出时称为火山弹（bomb），如图5.9所示。火山弹喷出时呈半熔融状态，因此在空中飞行时通常呈流线型。由于质量和大小，火山弹和火山块通常落在喷口附近，但偶尔也被推出很远的距离。例如，在日本浅间火山喷发期间，长约6米、质量约200吨火山弹被吹至喷口外600米处。

火山碎屑物可按结构、成分和大小进行分类，例如玄武质火山渣（scoria）是指玄武质岩浆喷

发期间最常形成的气孔状喷出物（见图 5.10a），颜色为黑色至红褐色，大小通常相当于火山砾，类似于炼钢炉产生的炉渣和熟料。

(a) 玄武质火山渣是一种气孔状岩石，通常具有玄武质成分。玄武质火山渣碎屑呈豌豆到篮球大小，构成了大多数火山渣锥（也称玄武质火山渣锥）的很大一部分

图 5.10　常见气孔状岩石。玄武质火山渣和浮岩是具有气孔结构的火山岩。气孔是逃逸气泡留下的小孔

(b) 浮岩是低密度气孔状岩石，在具有安山质到流纹质成分的粘稠岩浆爆炸式喷发期间形成

相比之下，当具有安山质（中性）或流纹质（长英质）成分的岩浆爆炸式喷发时，会释放出火山灰和气孔状浮岩（pumice），如图 5.10b 所示。与玄武质火山渣相比，浮岩的颜色通常较浅且密度较小，许多浮岩碎屑含有大量气孔，质量轻到足以能够漂浮（见图 4.15）。

概念回顾 5.3

1. 比较结壳熔岩流和渣块熔岩流。
2. 熔岩管是如何形成的？
3. 列举火山喷发期间释放的主要气体。
4. 火山弹与火山块有何差异？
5. 玄武质火山渣是什么？它与浮岩有何不同？

5.4　火山机构

绘制并标注图表，描绘典型火山锥的基本特征。

人们心中的火山形象应当是锥形体，孤独、优雅且顶部被白雪覆盖，如胡德山（位于美国俄勒冈州）和富士山（位于日本）。这些圆锥状火山风景如画，由长期（数千年甚至数十万年）间歇性发生的火山活动形成。但是，许多火山却并不符合这一形象，火山渣锥的规模相当小，在单一喷发周期（持续时间为数天到数年）中形成。例如，万烟谷（位于美国阿拉斯加州）是平顶火山灰沉积，覆盖在河谷上方的厚度约为 200 米，导致其形成的火山喷发持续不到 60 小时，但排放的火山物质却是圣海伦斯火山 1980 年喷发的 20 多倍。

火山地貌的形状及大小各不相同，每座火山都有自己独特的喷发历史。无论如何，火山学家已经能够对各种火山地貌进行分类，并确定它们的喷发模式。本节介绍理想化火山锥的一般解剖

结构，即火山机构。

在火山活动初期，地壳中通常会发育裂隙/裂缝（fissure/crack），岩浆将通过裂隙向地表快速移动。当富含气体的岩浆通过裂隙向上运移时，路径通常限定在一条略呈管状的火山通道（conduit）中。火山通道的末端位于地表开口，称为喷口（vent），如图5.11所示。火山锥（volcanic cone）是一种锥形构造，通常由熔岩（或火山碎屑物）的连续喷发形成，常见情形为熔岩和火山碎屑物互层，二者因火山长期多次休眠而分隔。

大多数火山锥顶部都存在漏斗状洼坑（坳陷），称为火山口（crater）。对主要由火山碎屑物构成的火山而言，火山口一般形成于火山碎屑在周围边缘的逐渐堆积。还有些火山口形成于爆炸式喷发期间，快速喷射颗粒此时会侵蚀火山口壁。有些火山具有非常大（直径大于1千米，极少数情况下超过50千米）的环形洼坑，称为破火山口/破火口（caldera），通常形成于火山喷发后的顶部区域坍塌。

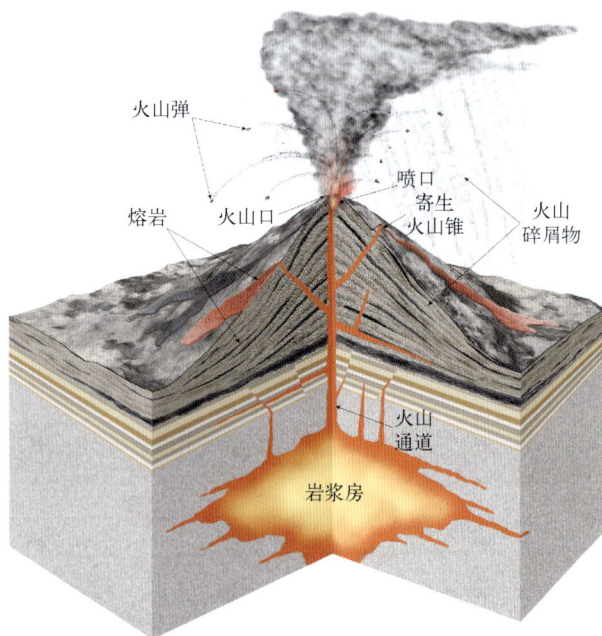

图5.11 火山机构。此处显示了典型复式火山锥，请将其构造与盾状火山（见图5.12）和火山渣锥（见图5.14）进行比较

在理想化火山锥中，大多数火山喷发物来自喷口（位于顶部中心火山口内）。但是，火山喷发物也可能从沿火山侧翼（或底部）发育的裂隙中释放出来，其中侧翼喷发的持续活动可能形成一个（或多个）小型寄生火山锥（parasitic cone）。例如，埃特纳火山（位于意大利）有200多个次级喷口，其中部分喷口已经形成寄生火山锥。但是，在这些喷口中，许多喷口仅排放热气，因此更恰当的称谓应当是喷气口/喷气孔（fumarole）。

下面几节介绍火山锥的3种主要类型——盾状火山、火山渣锥和复式火山。

概念回顾5.4

1. 区分火山通道、喷口和火山口。
2. 火山口和破火山口有何差异？
3. 什么是寄生火山锥？它在哪里形成？

5.5 盾状火山

概述盾状火山的特征，并举例说明。

盾状火山/盾形火山/盾火山（shield volcano）由流体玄武质熔岩堆积而成，是具有缓坡的宽阔穹丘构造，类似于士兵所持的盾牌（见图5.12）。大多数盾状火山以海山（seamount）形式诞生于洋底，其中部分盾状火山的生长规模较大，足以形成火山岛。实际上，许多海洋岛屿或者为单一盾状火山，或者由大量枕状熔岩构成的两个（或多个）盾状火山合并而成（更常见），如夏威夷群岛、加那利群岛、冰岛、加拉帕戈斯群岛和复活节岛。虽然不太常见，但是某些盾状火山仍可在陆壳上形成，如尼亚穆拉吉拉火山（非洲最活跃的活火山）和纽贝里火山（位于美国俄勒冈州）。

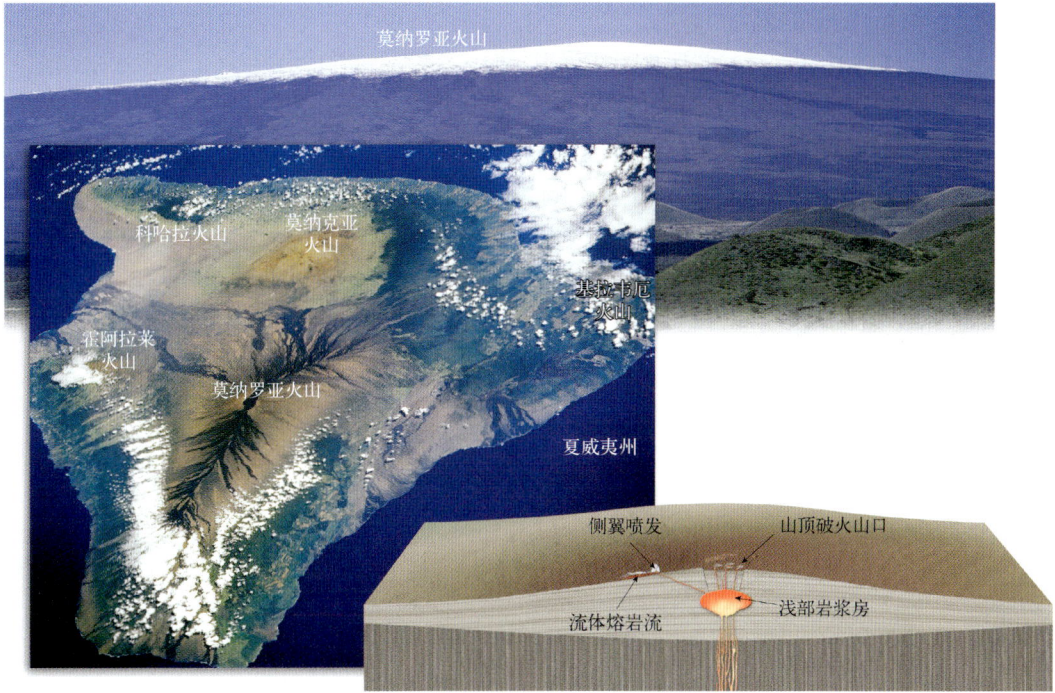

图 5.12　夏威夷火山群。作为共同组成夏威夷大岛的 5 座盾状火山之一，莫纳罗亚火山是地球上最大的火山。盾状火山主要由流体玄武质熔岩流构建，仅含有一小部分火山碎屑物

5.5.1　莫纳罗亚火山：全球最大的盾状火山

通过对夏威夷群岛进行深入研究，人们发现该群岛由大量薄层玄武质熔岩流构成，各熔岩流的平均厚度约为几米，其间夹杂着数量相对较少的火山碎屑物。夏威夷大岛的 5 座盾状火山部分交叠，莫纳罗亚火山（Mauna Loa）是其中最大的一座（见图 5.12），从基部（位于太平洋洋底）到顶部的距离超过 9 千米，甚至高于珠穆朗玛峰。构成莫纳罗亚火山的物质体积极其巨大，约为大型复式火山锥雷尼尔火山（位于华盛顿州）的 200 倍（见图 5.13）。

像夏威夷州的其他盾状火山一样，莫纳罗亚火山的侧翼是坡度仅为几度的缓坡，这种低缓坡度缘于极高温流体熔岩快速行进并远离喷口，以及大部分熔岩（约 80%）流经发育良好的熔岩管系统。盾状活火山还具有另一个共同的特征，即山顶存在含有大型陡壁的一个（或多个）破火山口（见图 5.12）。盾状火山上的破火山口通常形成于岩浆房上方的顶部坍塌，这种情形发生在岩浆房被排空后（经历了大规模喷发，或者岩浆迁移至火山侧翼以支撑裂隙式喷发）。

图 5.13　不同火山规模之比较。(a)日落火山口剖面图，亚利桑那州，典型陡边火山渣锥；(b)雷尼尔火山剖面图，华盛顿州，规模明显大于典型火山渣锥；(c)莫纳罗亚火山剖面图，夏威夷链中的最大盾状火山

在生长的最后阶段，盾状火山趋于更零星地喷发，火山碎屑喷出则更常见，熔岩也更加黏稠，导致流动距离缩短且厚度增大。这些喷发使得峰顶区域的斜坡变陡，该区域经常被成群火

山渣锥覆盖，因此能够解释以下情形：莫纳克亚火山是历史上从未喷发过的成熟火山，峰顶比自 1984 年以来连续喷发的莫纳罗亚火山更陡峭。科学家非常确信莫纳克亚火山已处于垂暮之年，以至于天文学家在其峰顶建造了一个精密天文台，以安放一些世界上最先进的望远镜。

5.5.2　基拉韦厄火山：夏威夷最活跃的火山

在夏威夷大岛上，火山活动从当前岛屿的西北翼开始，然后向东南方向逐渐迁移，目前以基拉韦厄火山为中心。基拉韦厄火山（Kilauea Volcano）是世界上最活跃、研究程度最高的盾状火山之一，位于莫纳罗亚火山的阴影之下，自 1823 年开始记录以来已喷发 60 多次。

在每个喷发阶段的前几个月，岩浆逐渐向上运移并堆积在峰顶之下数千米处的中央蓄积池（岩浆房）中，基拉韦厄火山随之不断膨胀。在火山喷发之前 24 小时内，密集的小型地震提醒人们即将发生的活动。基拉韦厄火山的近期活动大多发生在火山侧翼沿线，称为东部裂谷带（East Rift Zone）。1983 年 1 月，基拉韦厄火山见证了有史以来时间最长、规模最大的裂谷喷发，持续至今且没有减弱的迹象（见地质美图 5.1）。自从这一喷发阶段开始以来，熔岩流已增加超过 2.31 平方千米的新土地，覆盖了超过 103.6 平方千米的现有土地（包括许多历史遗迹和若干社区）。

基拉韦厄火山是世界上最活跃的火山之一，位于夏威夷岛上莫纳罗亚火山的阴影之下。基拉韦厄火山近期的大部分活动发生在火山侧翼沿线的某一区域，称为东部裂谷带。基拉韦厄火山有史以来时间最长且规模最大的一次喷发始于1983年，并且至今没有减弱的迹象。

1 基拉韦厄火山的1983年喷发始于一条6千米长的裂隙沿线，当热得发红的玄武质熔岩喷向天空时，这里形成了一道100米高的火幕

2 自1983年以来，沿着基拉韦厄火山侧翼向下流动的许多流体结壳熔岩流之一

3 该次活动仅发生在其中一个喷口，出现了一系列（44次）短周期熔岩喷泉，结果形成了1个寄生火山渣锥，夏威夷人将其命名为普沃噢噢火山（Puu Oo）。

4 这次喷发最具破坏性的阶段之一始于2018年5月3日，多处裂隙式喷发导致熔岩流入附近社区的街道中。在接下来的1个月期间，这次喷发形成了4条流向大海的大型渠化熔岩流，吞没了3个分区

地质美图 5.1　基拉韦厄火山的东部裂谷带喷发

在这次喷发中，最具破坏性的阶段之一始于 2018 年 5 月 3 日，多处裂隙式喷发导致熔岩流入附近社区的街道上。在接下来的一个月间，这次喷发形成了 4 条流向大海的大型渠化熔岩流，其中首次大型熔岩流严重破坏了莱拉尼庄园所在的社区。6 月，一条熔岩河吞没了两个滨海分区——度假区和卡波霍海滩住宅区，总共约 600 栋房屋及其他建筑物被毁。熔岩流最终充满卡波霍湾，这是颇受人们喜爱的旅游景点，拥有着潮汐池和黑色沙滩。

概念回顾 5.5

1. 描述与盾状火山相关熔岩的成分和黏度。
2. 火山碎屑物是否为盾状火山的重要组成部分？
3. 大多数盾状火山在哪里形成，是洋底还是大陆？

5.6 火山渣锥

描述火山渣锥的形成、大小和成分。

火山渣锥（cinder cone）也称玄武质火山渣锥（scoria cone），由喷出的玄武质熔岩碎屑构成。这些碎屑在飞行过程中开始硬化，产生气孔状岩石——玄武质火山渣（见图 5.14）。这些火山碎屑的大小不等，小到极细火山灰，大到粒径可能超过 1 米的火山弹。但是，火山渣锥的体积大部分由豌豆到胡桃大小的碎屑构成，这些碎屑具有明显的气孔，颜色为黑色到红褐色（见图 5.10a）。

虽然火山渣锥主要由松散的玄武质火山渣碎屑构成，但是有些火山渣锥形成了广阔的熔岩荒原。这些熔岩流通常形成于火山寿命的最后阶段，岩浆体此时已失去所含的大部分气体。由于火山渣锥由松散碎屑（而非固体岩石）构成，熔岩通常从非固结的锥底（而非火山口）流出。由于具有非固结（松散）性质，与其他类型的火山相比，火山渣锥更容易遭受风化和侵蚀。

火山渣锥的形状非常简单清晰，如图 5.14 所示。由于火山渣锥具有较高的安息角/休止角（松散物质堆积保持稳定的最陡角度），这些火山陡峭侧的坡度为 30°～40°。此外，相对火山构造的整体大小而言，火山渣锥的火山口大而深。虽然整体形态趋于保持对称（相对而言），但是在最后的喷发阶段，有些火山渣锥的顺风侧被拉长并增高。

SP火山口是一个典型火山渣锥，位于美国亚利桑那州弗拉格斯塔夫北部

熔岩流

火山口

火山碎屑物

充满岩石碎屑的中央喷口

图 5.14 **火山渣锥**。火山渣锥由喷出的熔岩碎屑（主要是火山渣和火山弹）构成，体积相对较小，高度一般不到 300 米

大多数火山渣锥形成于短暂的单次喷发事件。例如，某项研究结果发现，半数火山渣锥的形成时间不到 1 个月，95%火山渣锥的形成时间不到 1 年。一旦喷发事件停止，火山通道（或连接喷口与岩浆源的管道）中的岩浆就会固结，该火山一般将不会再次喷发。但也存在例外的情形，例如塞罗内格罗火山（尼加拉瓜的一个火山渣锥）自 1850 年形成以来，迄今已喷发 20 多次。由于寿命通常较短，火山渣锥的规模往往都较小，高度一般为 30～300 米。少数火山渣锥较高，例如塞罗内格罗火山的高度超过 700 米。

地球上的火山渣锥数以千计，有些成群出现（如美国亚利桑那州弗拉格斯塔夫附近的火山区，由约 600 个火山渣锥组成），还有些是寄生火山锥（位于更大火山构造的侧翼或破火山口内）。

5.6.1 帕里库廷火山：各种火山渣锥的花园生活

从喷发之初就由地质学家开始研究的火山极少，帕里库廷火山（火山渣锥）有幸成为其中之一。该火山位于墨西哥城以西约 320 千米处，1943 年首次喷发于一块玉米地中，农场主迪奥尼希奥•普利多目睹了这一事件。

在该火山首次喷发的前几周内，帕里库廷村附近发生了多次轻微地震，引发了人们的广泛担忧。2 月 20 日，从一块玉米地里的一个小洼地（当地农民记忆中存在已久）中，含硫气体大量涌出。当天夜间，炽热发光的岩石碎屑从喷口中喷射而出，恍若一场壮观的烟花表演。爆炸物持续排放，不时将炽热碎屑和火山灰抛至 6000 米高空。随后，较大碎屑落在火山口附近，部分碎屑在滚下斜坡时仍然闪亮发光，形成了一个美观的圆锥体。更细的火山灰则落在更大的范围，燃烧并最终覆盖了整个帕里库廷村。第 1 天火山渣锥生长至 40 米高，第 5 天高度超过了 100 米。

第一波熔岩流来自锥体正北方向的一条裂隙，但几个月后的熔岩流则从锥体基底部位流出。1944 年 6 月，10 米厚的熔结渣块熔岩流席卷了圣胡安村的大部分地区，仅露出了教堂残存遗迹（见图 5.15）。历经 9 年之久，火山碎屑物间歇性地爆炸式喷发，熔岩几乎连续不断地从基底部位的喷口排出，最后喷发活动几乎就像开始时一样戛然而止。如今，在墨西哥这一地区的景观中，帕里库廷火山只是数十个火山渣锥之一，而且像其他火山一样不会再次喷发。

渣块熔岩流从锥体底部流出，掩埋了圣胡安村的大部分地区，仅留下村里部分教堂残迹

帕里库廷火山（位于墨西哥的火山渣锥）喷发了9年之久

图 5.15 著名的火山渣锥——帕里库廷火山。帕里库廷火山的渣块熔岩流吞没了圣胡安村，仅剩下部分教堂残迹

5.7 复式火山

列举复式火山的特征，并描述其如何形成。

复式火山/复合火山（composite volcano）是地球上风光秀美但却具有潜在危险的火山，也称成层火山/层火山（stratovolcano），大多位于太平洋边缘的相对狭窄区域，称为火环（Ring of Fire），如图 5.28 所示。这一活动区域覆盖了美洲西海岸沿线的大陆火山链，包括安第斯山脉（位于南美洲）和喀斯喀特山脉（位于美国和加拿大西部）中的大型火山锥。

典型复式火山锥是基本对称的大型构造，由爆炸式喷发的火山渣及火山灰与熔岩流互层组成。如盾状火山的形状归因于流体镁铁质（玄武质）熔岩那样，复式火山锥也反映了其形成物质的基本性质——黏度。一般而言，复式火山锥是含有安山质（中性）成分的富硅岩浆的产物，但是许多复式火山锥也会喷出不同数量的流体玄武质熔岩，偶尔还会释放出含有长英质（流纹质）成分的火山碎屑物。对形成典型复式火山锥的安山质岩浆而言，最终生成的厚度大且黏度高的熔岩的行进距离最多仅为几千米。复式火山锥也因能够形成爆炸式喷发而闻名，这些喷发会喷出巨量火山碎屑物。

锥形是大多数大型复式火山锥的典型形状，具有陡峭的顶部区域和逐渐倾斜的侧翼，经常出现在日历和明信片上作为装饰。在一定程度上，这种经典轮廓形成于黏稠熔岩和火山碎屑喷出物质促进锥体生长。从顶部火山口中喷出的粗粒碎屑趋于在源头附近堆积，并形成山顶周围的陡峭坡度。较细喷出物质则以薄层形式大范围沉积，因此趋于使火山锥侧翼变平。此外，在生长的早期阶段，熔岩往往更多且流动离开喷口的距离更远，这有助于形成火山锥的宽阔基底。复式火山成熟后，源于中心喷口熔岩流的流动距离较短，这有助于加固和强化顶部区域，因此可能出现坡角超过 40°的陡坡。马荣火山（位于菲律宾）和富士山（位于日本）是最完美的两个火山锥，具备复式火山锥的经典形式，即顶部陡峭、侧翼平缓倾斜（见图 5.16）。

图 5.16 经典复式火山富士山。日本富士山展现了复式火山锥的经典形式，顶部陡峭，侧翼平缓倾斜

虽然许多复式火山锥是对称的，但其历史演化大多比较复杂。许多复式火山的侧翼存在次级喷口，已形成多个火山渣锥甚至更大型的火山构造。这些构造周围的巨型火山碎屑堆积提供了证据，证明这些火山的大部分过去曾以大规模滑坡形式向下滑动。有些火山顶部发育了由爆炸式侧翼喷发形成的圆形洼地，如圣海伦斯火山 1980 年的喷发。通常，这些火山喷发后会发生多次重建，最终很难留下这些圆形疤痕的痕迹。有些成层火山因山顶塌陷而被截短，如美国俄勒冈州的克拉特尔湖（见图 5.22）。

1. 人们将复式火山最集中的区域称为什么？
2. 描述构成复式火山的物质。
3. 在复式火山与盾状火山之间，熔岩流的成分和黏度有何差异？

5.8 火山灾害

描述与火山相关的主要地质灾害。

在最近 1 万年间，地球上已知约有 1500 座火山曾经喷发，其中有些火山甚至还多次喷发。基于历史记录和活火山研究，人们预计每年会发生 70 次火山喷发，而且每 10 年会发生 1 次大规模火山喷发。与火山相关的人类死亡主要与这些大规模火山喷发相关。

如今，在日本、印度尼西亚、意大利和美国俄勒冈州等地估计约有 5 亿人居住在活火山附近，他们需要面对大量火山灾害，如破坏性火山碎屑流、熔融熔岩流、火山泥流以及从空中落下的火山灰和火山弹。

5.8.1 火山碎屑流：致命的力量

火山碎屑流（pyroclastic flow）是最具破坏性的火山灾害之一，由炽热气体、超高温火山灰和大型熔岩碎屑组成。这些烈火般的

图 5.17 **火山碎屑流是最具破坏性的火山力量。**(a)这些火山碎屑流发生在菲律宾的马荣火山。火山碎屑流由炽热火山灰、浮岩及块状熔岩碎屑组成，沿着火山斜坡奔腾而下；(b)2014 年，印度尼西亚锡纳朋火山喷发，居民正在逃离已经抵达火山基底部位的火山碎屑流

熔岩流以极高的速度（超过 100 千米/小时）沿陡峭火山斜坡奔腾而下，也称**火云**（nuée ardente）或**灼热崩落**（glowing avalanch），如图 5.17 所示。火山碎屑流由以下两部分组成：低密度炽热膨胀气体云，含有精细火山灰颗粒；地面部分，由浮岩及其他气孔状火山碎屑物构成。

1. 重力驱动

由于受到重力的驱动，火山碎屑流趋于以类似雪崩的方式移动。熔岩碎屑释放出的火山气体发生膨胀，引发火山碎屑流。这些气体减小了火山灰与浮岩碎屑之间的摩擦力，使得碎屑在几乎没有摩擦力的环境中向下移动，这就是在距离源头数千米处发现部分火山碎屑流沉积的原因。

偶尔，强劲热风会从火山碎屑流主体中吹走少量火山灰，这些低密度云［称为**激浪/崩流**（surge）］可能非常致命，但很少拥有能够摧毁沿途建筑物的力量。虽然如此，2014 年，源于日本御岳山的高温火山灰云仍酿成大祸，总计造成 47 名徒步旅行者死亡和 69 人受伤。

火山碎屑流可能发源于各种火山背景下，有些发生在强烈喷发将火山碎屑物从火山侧翼炸出时，但更常形成于爆炸性事件中高耸喷发柱的坍塌。当重力最终克服逸出气体提供的初始向上推力时，喷出物质开始下落，大量极为炽热的火山块、火山灰及浮岩级联式沿火山斜坡倾泻而下。

2. 圣皮埃尔的毁灭

1902 年，加勒比海马提尼克岛上的培雷火山（一座小型火山）喷发，引发了臭名昭著的火山碎屑流及其相关激浪，最终摧毁了港口城市圣皮埃尔。虽然火山碎屑流主体局限于布兰奇河谷，但是一股低密度炽热激浪在布兰奇河以南蔓延，随后快速吞噬整座城市。毁灭瞬间发生，破坏性极强，圣皮埃尔的 28000 名居民几乎全部遇难，幸存者仅有郊区 1 人（受地牢保护的囚犯）以及港口船只上的少数人（见图 5.18）。

(a) 培雷火山喷发后的圣皮埃尔　　　　　　　(b) 1902年火山喷发前的圣皮埃尔

图 5.18　圣皮埃尔的毁灭。(a)1902 年培雷火山喷发后不久的圣皮埃尔景象；(b)火山喷发前的圣皮埃尔。拍摄这张照片时，许多船只停泊在近海，火山喷发当天也是如此

灾难发生后几天内抵达现场的科学家称，虽然圣皮埃尔仅覆盖着薄薄一层火山碎屑，但是近 1 米厚的砖石墙仍然像多米诺骨牌一样被推倒，大树被连根拔起，大炮被从底座上扯掉。

3.庞贝的毁灭

公元 79 年，意大利维苏威火山（当前名称）喷发，这是有据可查的另一个历史性事件。在这次火山喷发之前的几个世纪，维苏威火山始终处于休眠状态，阳光明媚的火山斜坡上点缀着葡萄园。但是仅仅不到 24 小时，整个庞贝城（位于那不勒斯附近）连同数千名居民被埋在了一层火山灰和浮岩之下。整座城市及火山喷发受害者长期处于埋藏状态，直至近 17 个世纪后才得以重见天日。通过发掘庞贝遗址，考古学家对古罗马人的生活有了充分了解（见图 5.19a）。

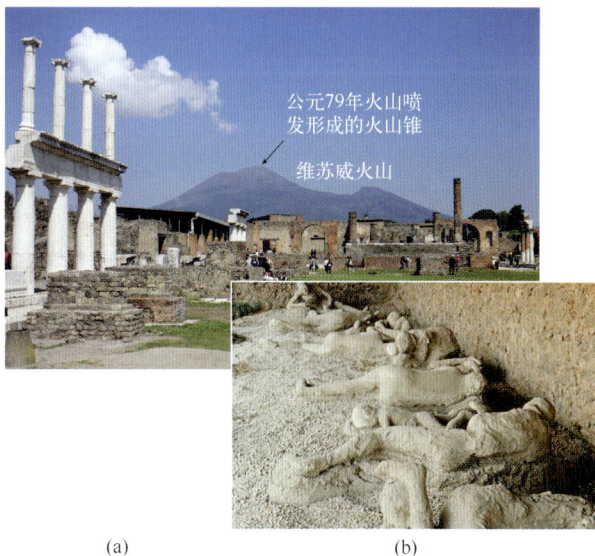

(a)　　　　　　　　　　　　(b)

图 5.19　毁于公元 79 年维苏威火山喷发的庞贝。(a)古罗马城市庞贝的现代遗迹。仅仅不到 24 小时，庞贝及其所有居民都被埋在一层如雨般落下的火山灰和浮岩下；(b)庞贝火山喷发遇难者的石膏模型在考古遗址展出

结合该地区的历史记录与详细科学研究，火山学家重建了该事件的演进过程。在火山喷发的第一天，火山灰及浮岩以 12～15 厘米（厚度）/小时的速度快速堆积，导致庞贝城中的大部分屋顶最终坍塌。随后，灼热的火山灰和气体激浪突然向下快速移动，席卷了维苏威火山的各个侧翼。这种火山碎屑流非常致命，杀死了最初火山灰及浮岩飘落中的幸存者。他们的遗体很快就被火山灰掩埋，随后的降雨导致火山灰硬化。几个世纪以来，这些遗骸腐烂并形成空腔，19 世纪发掘者发现遗骸后，通过将熟石膏灌入空腔而将其制成了模型（见图 5.19b）。自公元 79 年喷发以来，维苏威火山先后喷发了 20 多次，最近一次喷发出现在 1944 年。如今，维苏威火山高耸在那不勒斯的天际线上，该地区约有 300 万人口，喷发历史应当会提醒人们考虑如何管理未来的火山危机。

5.8.2 火山泥流：火山锥上的泥流

大型复式火山锥不仅能够猛烈喷发，还可能形成一种流体泥流，称为火山泥流（lahar）。若火山碎屑发生水饱和后沿陡峭火山斜坡（一般顺着河谷方向）向下快速移动，则可能形成破坏性火山泥流。当向上运移的岩浆接近冰川覆盖的火山表面并引发大量冰雪消融时，或者当暴雨导致已风化的火山沉积物出现水饱和时，同样可能形成火山泥流。由此可知，即便不存在火山喷发，火山泥流也可能出现。

1980 年，圣海伦斯火山喷发产生了几次火山泥流，汹涌泥流伴随着洪水呼啸着冲下附近河谷，速度超过 30 千米/小时，摧毁（或严重破坏）了沿途几乎所有房屋和桥梁（见图 5.20）。所幸的是，该地区的人口并不稠密。

1985 年，在哥伦比亚境内的安第斯山脉中，内华达德鲁兹火山（海拔 5300 米）发生了一次小规模喷发，其间引发了另一次致命的火山泥流。高温火山碎屑物融化了覆盖山脉的冰雪，携带着火山灰及碎屑沿火山侧翼的 3 条主要河谷倾泻而下。这些火山泥流的速度高达 100 千米/小时，夺走了 25000 人的生命。

许多人认为雷尼尔火山（位于华盛顿州）是美国最危险的火山，因为它终年覆盖着皑皑白雪和冰川冰（像内华达州德鲁兹火山一样）。此外，超过 10 万人居住在雷尼尔火山周围的山谷中，人们在数百（或数千）年前从火山上流下的火山泥流残存沉积物上建造了大量房屋，所以形势显得更加险峻。若该火山在未来的某天喷发，或者可能只是某段时间内的降雨量比平均降雨量更大，则可能形成具有类似破坏性的火山泥流。

图 5.20　火山泥流是来自火山斜坡的泥流。(a)1982 年 3 月 19 日，圣海伦斯火山喷发后，这股火山泥流沿着白雪覆盖的火山斜坡奔腾而下；(b)1982 年，印度尼西亚加龙贡火山喷发后，火山泥流造成了巨大破坏

5.8.3 其他火山灾害

火山可能以多种其他方式危害人类的身体健康和财产安全，如火山灰及其他火山碎屑物可能压塌屋顶，也可能被人类及其他动物的肺部或飞机引擎吸入（见图 5.21）；火山气体（特别是二氧化硫）会污染空气，与雨水混合后会破坏植被并降低地下水水质。虽然知道存在多种风险，但是仍有数百万人生活在活火山附近。

1．与火山相关的海啸

海啸通常与海底断层沿线的位移相关（见第 11 章），但是有些海啸也可由火山锥坍塌导致，例如，当印尼喀拉喀托岛上的火山于 1883 年喷发时，火山北半部崩塌并坠入巽他海峡，形成了高度超过 30 米的海啸。虽然喀拉喀托岛无人居住，但是在爪哇岛和苏门答腊岛海岸沿线估计约有 36000 人因此丧生。

2．火山灰与航空飞行

如本章章首"新闻中的地质"所述，曾有商用喷气式飞机因无意中飞入火山灰云而受损。2010 年，冰岛埃亚菲亚德拉火山喷发，火山灰进入高层大气，厚层烟羽在欧洲上空漂荡，导致欧洲各地的航空公司被迫取消数千个航班，数十万旅客耽搁行程。几周后，航班才得以恢复正常。

火山灰及其他火山碎屑物会压
垮屋顶，或者完全掩埋建筑物

熔岩流可能会摧毁房屋、道路及沿途其他建筑物

图 5.21　火山灾害。除了形成破坏性火山碎屑流和火山泥流，
火山还可能以许多其他方式危害人类的身体健康和财产安全

3．火山气体与呼吸系统健康

1783 年，拉基火山沿着冰岛南部的一条大裂缝开始喷发，这是最具破坏性的火山喷发事件之一。据估计，这次喷发总计释放了 14 立方千米流体玄武质熔岩，以及 1.3 亿吨二氧化硫及其他有毒气体。被人体吸入后，二氧化硫会与肺部水分发生反应而生成硫酸，这是一种非常致命的毒素。冰岛牲畜的死亡数量超过半数，随之而来的饥荒又导致该岛 25%的人口丧生。

这次大规模火山喷发还危及全欧洲人的生命及财产安全，例如西欧部分地区农作物歉收，数千名居民死于肺相关疾病。据一份研究报告估计，若现在发生类似的火山喷发，则仅在欧洲就可能造成超过 14 万人因患心肺疾病而死亡。

4．火山灰及气体对天气和气候的影响

火山喷发能够将灰尘大小的火山灰颗粒及二氧化硫气体喷射到高层大气中，这些火山灰颗粒可将阳光反射回太空，形成暂时性的大气冷却。1783 年，冰岛的拉基火山喷发似乎影响了全球大气环流，尼罗河流域出现了普遍干旱现象，美国新英格兰地区 1784 年冬天出现了历史上最长的零下气温。

对全球气候产生重大影响的其他火山喷发包括：1815 年，印度尼西亚的坦博拉火山喷发，使得 1816 年成为"无夏之年"；1982 年，墨西哥的厄奇冲火山喷发，喷发规模虽然很小，但却释放出了数量特别巨大的二氧化硫。二氧化硫与大气层中的水蒸气发生反应，形成了由微小硫酸液滴组成的致密云团，这种颗粒[称为气溶胶（aerosol）]需要若干时间才能从大气中沉淀出来。像精细火山灰一样，通过将太阳辐射反射回太空，这些气溶胶能够降低大气的平均温度。

概念回顾 5.8

1．描述火山碎屑流，并解释它们为何能够行进很远的距离。
2．什么是火山泥流？
3．除了火山碎屑流和火山泥流，列出至少另外 3 种火山灾害。

5.9　其他火山地貌

列举火山地貌（盾状火山、火山渣及复式火山除外），并描述其成因。

最容易辨别的火山构造是锥形复式火山，它们散布在地球表面的不同地点。但是，火山活动也能形成其他独特的地貌。

5.9.1　破火山口

如前所述，破火山口/破火口是侧翼陡峭的大型凹坑，坑口呈似圆形且直径超过 1 千米。若坑口直径小于 1 千米，则称为塌陷坑（collapse pit）或火山口（crater）。大多数破火山口形成于以下过程之一：①富硅浮岩及火山灰碎屑爆炸式喷发，导致大型复式火山的顶部坍塌（火山口湖型破火山口）；②中心岩浆房的伏流引发盾状火山的顶部坍塌（夏威夷型破火山口）；③大量富硅浮岩及火山灰沿环形断裂巨量排放，引发大面积坍塌（黄石型破火山口）。

1. 火山口湖型破火山口

克拉特尔湖/火山口湖（Crater Lake）位于美国俄勒冈州的一个破火山口中，宽度约为 10 千米，深度约为 600 米。这个破火山口形成于约 7000 年前，马札马火山（复式火山锥）当时猛烈喷出了 50～70 立方千米火山碎屑物（见图 5.22）。这次喷发破坏了该火山的构造，导致海拔 1500 米的突出火山锥顶部发生坍塌，形成了一个最终充满水的破火山口。后来，火山活动在破火山口中形成了一个小型火山渣锥，称为巫师岛（Wizard Island），如今正在悄无声息地向人们提醒着过去的活动。

2. 夏威夷型破火山口

大量破火山口因火山顶部下方浅部岩浆房中的熔岩流失而逐渐形成，例如夏威夷的两座盾状活火山（莫纳罗亚火山和基拉韦厄火山）顶部均存在大型破火山口。基拉韦厄火山的破火山口长 4.4 千米，宽 3.3 千米，深 150 米，火山口壁几乎垂直，因此外观好像近平底巨型坑。当岩浆从顶部下方岩浆房中缓慢侧向排出时，火山顶部因缺乏支撑而逐渐下沉，最终形成基拉韦厄火山的破火山口。

图 5.22　**火山口湖型破火山口的形成**。约在 7000 年前，一次猛烈喷发部分清空了马札马火山的岩浆房，导致其顶部坍塌，降雨和地下水随后形成了深度为 594 米的克拉特尔湖，这是美国最深和全球第 9 深的湖泊

3. 黄石型破火山口

与 63 万年前美国黄石国家公园所在地区的火山喷发相比，历史上的其他所有火山喷发都显得相形见绌。当时，一场灾难性喷发搬运了 1000 立方千米物质，甚至在遥远的墨西哥湾下起了火山

灰雨，形成了直径高达 70 千米的破火山口（见图 5.23a）。作为此次事件的遗迹，黄石地区出现了许多温泉和间歇泉。

黄石型火山喷发喷射出巨量火山碎屑物，主要形式为火山灰和浮岩碎屑。停止流动后，高温火山灰和浮岩碎屑融合在一起，形成了与固结熔岩流特别相像的熔结凝灰岩。虽然这些破火山口的规模巨大，但形成它们的喷发时间很短，仅能持续几小时至几天。

这些大型破火山口趋于表现出极其复杂的喷发历史，例如在黄石地区的最近 210 万年间，已知发生了 3 次破火山口形成事件（见图 5.23b）。在最近一次喷发（63 万年前）后，脱气的流纹质和玄武质熔岩呈现间歇性喷发。在此期间，破火山口底部缓慢隆升，形成了两个隆起区域，称为复苏穹丘（resurgent dome），如图 5.23a 所示。最新研究成果表明，黄石公园下方仍然存在一个巨型岩浆储库，因此很可能再次出现形成破火山口的火山喷发。

黄石型破火山口非常巨大且边界不清，以至于在获得高质量的航空影像和卫星影像之前，许多破火山口甚至都未被发现。黄石型破火山口的其他示例包括：长谷破火山口（加利福尼亚州）、拉加里塔破火山口（科罗拉多州南部圣胡安山脉）和瓦列斯破火山口（新墨西哥州洛斯阿拉莫斯以西）。这些破火山口（以及全球各地发现的类似破火山口）是地球上最大的火山构造之一，称为超级火山（supervolcano），火山学家将其破坏力类比为小行星撞击。所幸的是，人类历史上尚未遇到过黄石型火山喷发。

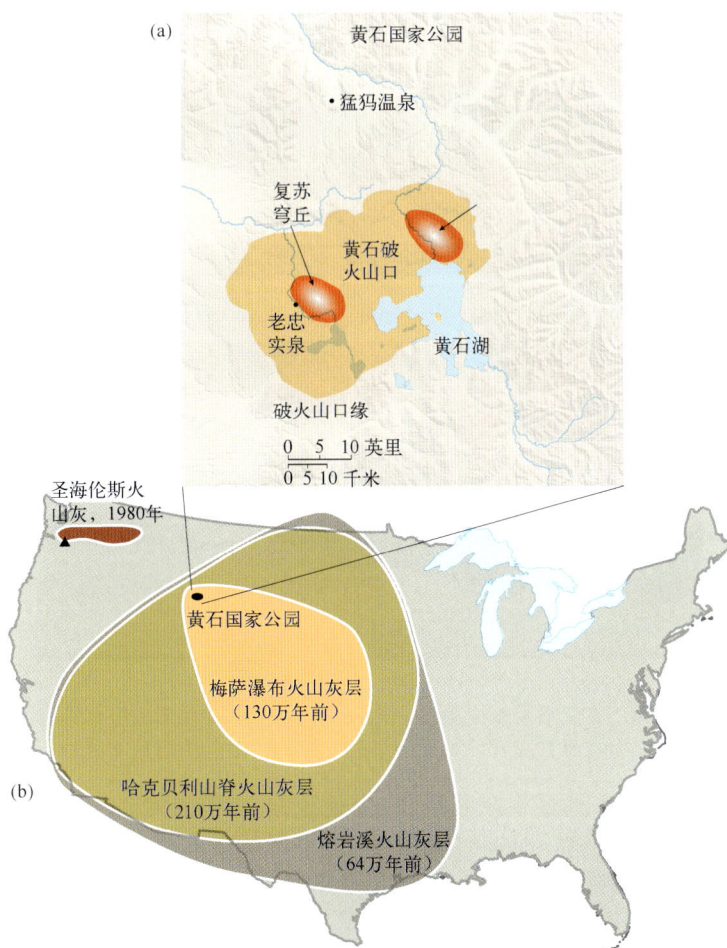

图 5.23　黄石破火山口。(a)这张地图显示了美国黄石国家公园及黄石破火山口的位置和大小；(b)3 次巨型火山喷发形成了图中所示的火山灰层，其中最大一次喷发的规模是圣海伦斯火山 1980 年喷发的 10000 倍

5.9.2 裂隙式喷发和玄武岩台地

最大数量的火山物质是从地壳的断裂[称为裂隙(fissure)]中挤出的,称为裂隙式喷发(fissure eruption),这种喷发通常并不构建火山锥,而释放出覆盖广阔区域的流体玄武质熔岩(见图5.24)。在有些地点,超大量熔岩沿着裂隙在相对较短的时间(从地质学角度来说)内挤出,由于主要为玄武质成分且趋于相当平坦宽阔,这些巨量堆积物通常称为玄武岩台地/玄武岩高原(basalt plateau)。美国西北部的哥伦比亚高原(由哥伦比亚河玄武岩构成)就是这种活动的产物(见图5.25),巨量裂隙式喷发物掩埋了原有景观,形成了近1500米厚的熔岩台地/熔岩高原(lava plateau),部分熔岩保持熔融状态的时间足够长,最远流到距离源头150千米处。术语溢流玄武岩/泛流玄武岩(flood basalt)恰当地描述了这些裂隙式喷发。

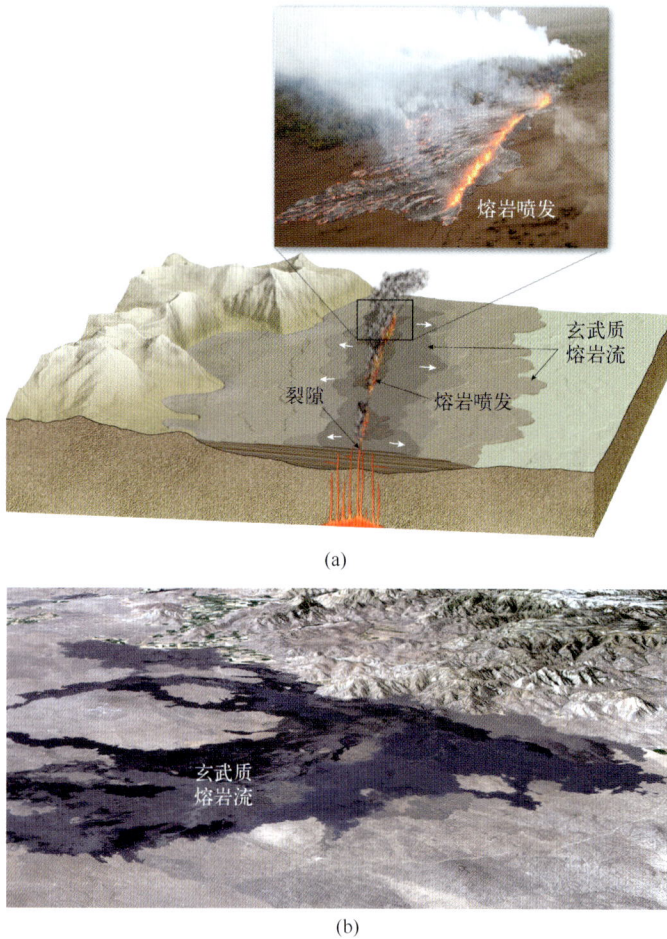

(a)

(b)

图5.24　玄武质裂隙式喷发。(a)熔岩喷发自裂隙并形成流体熔岩流,称为溢流玄武岩。(b)显示了爱达荷瀑布附近的溢流玄武岩流

玄武质熔岩的大规模堆积也发生在世界上的其他地方,规模最大者之一称为德干高原(Deccan Plateau)或德干暗色岩(Deccan Traps),这是一套巨厚平伏玄武岩流序列,覆盖了印度中西部近50万平方千米的地区。德干暗色岩形成于约6600万年前,约100万年间挤出了近200万立方千米熔岩。在深海盆地中,人们还发现了其他几个溢流玄武岩大规模堆积,包括翁通爪哇海台(Ontong Java Plateau),如图5.31所示。

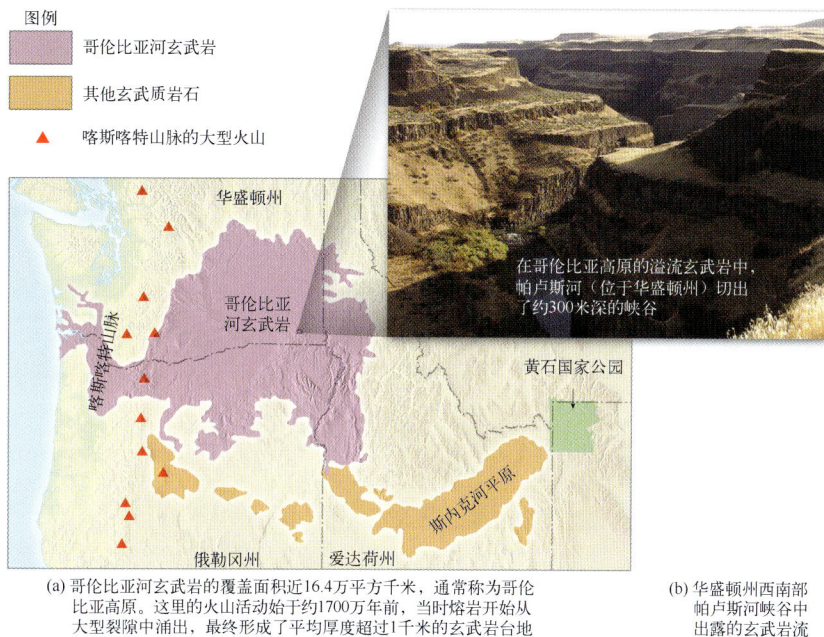

图例
- 哥伦比亚河玄武岩
- 其他玄武质岩石
- ▲ 喀斯喀特山脉的大型火山

在哥伦比亚高原的溢流玄武岩中，帕卢斯河（位于华盛顿州）切出了约300米深的峡谷

(a) 哥伦比亚河玄武岩的覆盖面积近16.4万平方千米，通常称为哥伦比亚高原。这里的火山活动始于约1700万年前，当时熔岩开始从大型裂隙中涌出，最终形成了平均厚度超过1千米的玄武岩台地

(b) 华盛顿州西南部帕卢斯河峡谷中出露的玄武岩流

图 5.25　哥伦比亚河玄武岩。(a)哥伦比亚河玄武岩的覆盖面积近 16.4 万平方千米，通常称为哥伦比亚高原。这里的火山活动始于约 1700 万年前，当时熔岩开始从大型裂隙中涌出，最终形成了平均厚度超过 1 千米的玄武岩台地；(b)华盛顿州西南部帕卢斯河峡谷中出露的玄武岩流

5.9.3　熔岩穹丘

与炽热玄武质熔岩相反，相对较冷的富硅熔岩非常黏稠，几乎无法流动。当较厚熔岩被挤出喷口时，通常会形成一种穹丘状物质块，称为熔岩穹丘/熔岩穹/熔岩丘（lava dome）。熔岩穹丘通常仅有数十米高，且形状各异（从煎饼状的流动，到活塞状上推的陡峭火山塞）。在富硅（安山质或流纹质）岩浆爆炸式喷发后，大多数熔岩穹丘会生长数年之久。例如，在 1980 年圣海伦斯火山喷发后，穹丘开始在火山口中生长（见图 5.26a），若这种活动能够持续数百年，则该穹丘可能填满火山北坡的圆形构造。

熔岩穹丘（特别是在复式火山锥顶部或陡峭侧翼形成的穹丘）坍塌后，通常形成较强的火山碎屑流（见图 5.26b）。这些火山碎屑流的形成缘于高黏度岩浆缓慢进入穹丘，导致其发生膨胀并且侧翼变陡，随着时间的不断推移，穹丘的较冷外层可能开始破碎，最终形成由致密熔岩块构成的相对较小火山碎屑流。偶尔，若外层的破碎消除速度较快，则会导致穹丘内部的压力显著降低，引发内部岩浆出现爆炸式脱气，触发形成炽热的火山碎屑流。

1995 年，苏弗里耶尔火山上的几个熔岩穹丘坍塌，形成的火山碎屑流威力巨大，致使加勒比蒙特塞拉特岛（注：英国海外领土）半数以上地区至今无法居住，首府普利茅斯遭到摧毁，三分之二的人口已经疏散。20 世纪 90 年代初，日本云仙岳火山顶部发生坍塌，熔岩穹丘形成的火山碎屑流夺走了 42 人的生命。许多遇难者是记者和电影制作人，为了获取照片和记录这一事件，他们冒着生命危险靠近火山。

5.9.4　火山颈

大部分熔岩和火山喷发物通过连接浅部岩浆房与地表喷口的火山通道进行运移。当火山变得不再活跃时，变稠并凝固的岩浆常以粗糙圆柱状块体形式留存在火山通道中。当火山受到风化和剥蚀时，占据火山通道的岩石具有很强的抗风化性，在火山锥磨损后很长一段时间内可能仍然保持在周围地形之上。美国新墨西哥州的船岩（Shiprock）是这种构造的典型壮观示例，地质学家将其称为火山颈（volcanic neck）或火山塞/火山栓（volcanic plug），如图 5.27 所示。船岩的高度为 518 米，高于大多数摩天大楼，是美国西南部红色沙漠景观中的许多突出地貌之一。

当高黏度岩浆在数月（或数年）内缓慢上升时，就会形成熔岩穹丘

当不断生长的熔岩穹丘变得过于陡峭时，可能会发生坍塌而形成块状火山碎屑流

块状火山碎屑流

内部岩浆的减压可能会形成爆炸式喷发和火山碎屑流

炽热的火山碎屑流

(a)   (b)

图 5.26　熔岩穹丘可能形成火山碎屑流。(a)圣海伦斯火山于 1980 年 5 月喷发，这个熔岩穹丘随后开始在喷口中发育；(b)熔岩穹丘的坍塌经常形成较强火山碎屑流

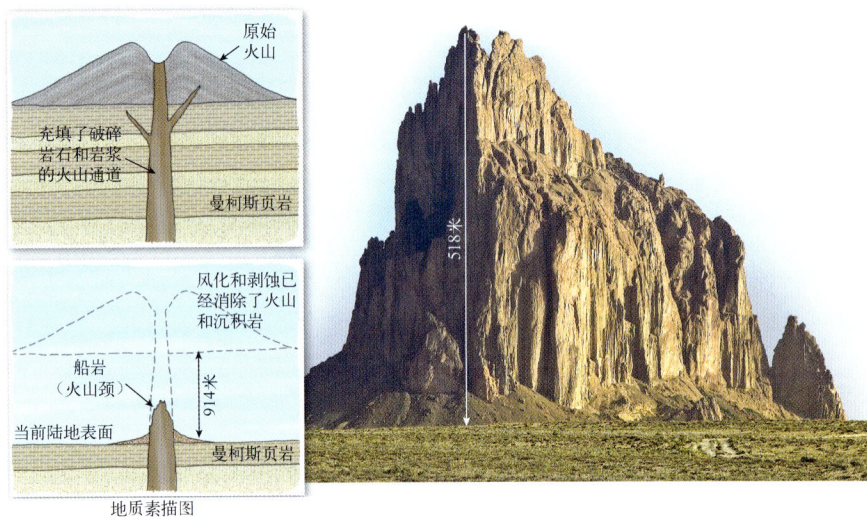

原始火山

充填了破碎岩石和岩浆的火山通道

曼柯斯页岩

风化和剥蚀已经消除了火山和沉积岩

船岩（火山颈）

当前陆地表面

曼柯斯页岩

914米

地质素描图

518米

图 5.27　火山颈。船岩是高约 518 米的火山颈，位于美国新墨西哥州，由在经历长期剥蚀的火山喷口中结晶的火成岩组成

概念回顾 5.9

1. 描述火山口湖的形成过程。
2. 形成哥伦比亚高原的火山喷发与形成大型复式火山的火山喷发有何差异？
3. 美国新墨西哥州的船岩是何种类型的火山构造，它是如何形成的？

5.10　板块构造与火山作用

解释火山活动的全球分布与板块构造的相关性。

地质学家数十年前就已知道，地球上的大多数火山并不是随机分布的。在陆地上，大多数活火山位于洋盆边缘沿线，特别是在称为火环（Ring of Fire）的环太平洋火山带内，大洋岩石圈（密度更大）向大陆岩石圈之下俯冲（见图5.28）；在海洋中，另一类火山是形成于洋中脊顶部沿线的大量海山。但是，有些火山似乎随机分布在全球各地，这些火山构造主要由深海盆地岛屿组成，如夏威夷群岛、加拉帕戈斯群岛和复活节岛。

这里暂不考虑形成于深海盆地中的火山。板块构造理论的发展为地质学家提供了地球上火山分布的合理解释，并且建立了板块构造与火山作用之间的基本关联。

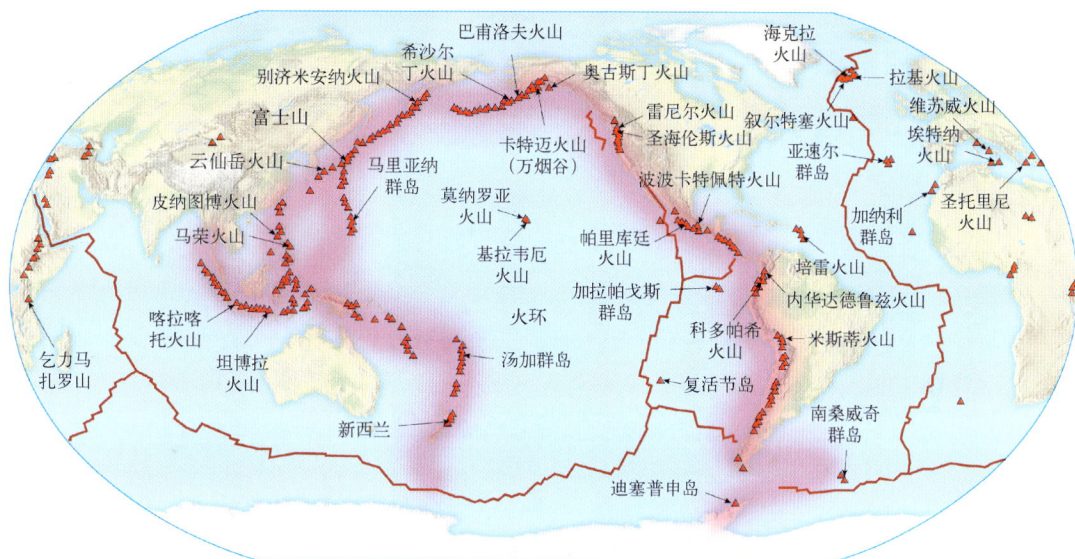

图 5.28　火环。地球上的大多数主要火山都位于太平洋周围的一个区域，称为火环。另一大类活火山隐藏在洋中脊系统沿线

5.10.1　离散型板块边界的火山作用

在与海底扩张相关的离散型板块边界沿线，岩浆的喷出数量最多，但却位于人类视线之外（见图5.29b）。在洋脊/海岭轴部（岩石圈板块持续拉张）之下，固态但可移动的地幔向上运移并填补裂谷。如第4章所述，热岩上升时会经历围压下降，且可能引发减压熔融。这种活动不断地将新增玄武质岩石添加到板块边缘，并暂时将它们熔结/焊接在一起，但是随着板块扩张的继续，将再次开裂。在有些洋脊段的沿线，枕状熔岩的挤出形成了大量火山构造，其中最大的火山构造是冰岛。

虽然大多数扩张中心都位于洋脊轴部沿线，但仍然存在部分例外情形。东非大裂谷是大陆岩石圈被撕裂的著名示例（见图5.29f），这一区域存在大量流体玄武质熔岩喷涌和几座活火山。

板块运动提供了地幔岩石部分熔融而产生岩浆的机制。

5.10.2　汇聚型板块边界的火山作用

如前所述，在汇聚型板块边界沿线，两个板块彼此相向运动，高密度大洋岩石圈板片下潜到地幔中。在这些背景下，俯冲洋壳中发现的水合（富水）矿物释放水分，然后水分被迫向上运移并触发上方热地幔出现部分熔融（见图5.29a）。

在汇聚型板块边缘，火山作用发育形成一条形状微弯的火山链，这条链大致平行于相关海沟发育，二者之间的距离为200～300千米。在大多数地图集中，对海洋中发育的火山弧而言，若生长规模非常大，顶端足以上升并露出海面，则标注为群岛（archipelagos）。地质学家更喜欢采用更具描述性的术语火山岛弧（volcanic island arc），简称岛弧（island arc），如图5.29a所示。几个年轻火山岛弧构成了西太平洋海盆的边界，包括阿留申群岛、汤加群岛和马里亚纳群岛。

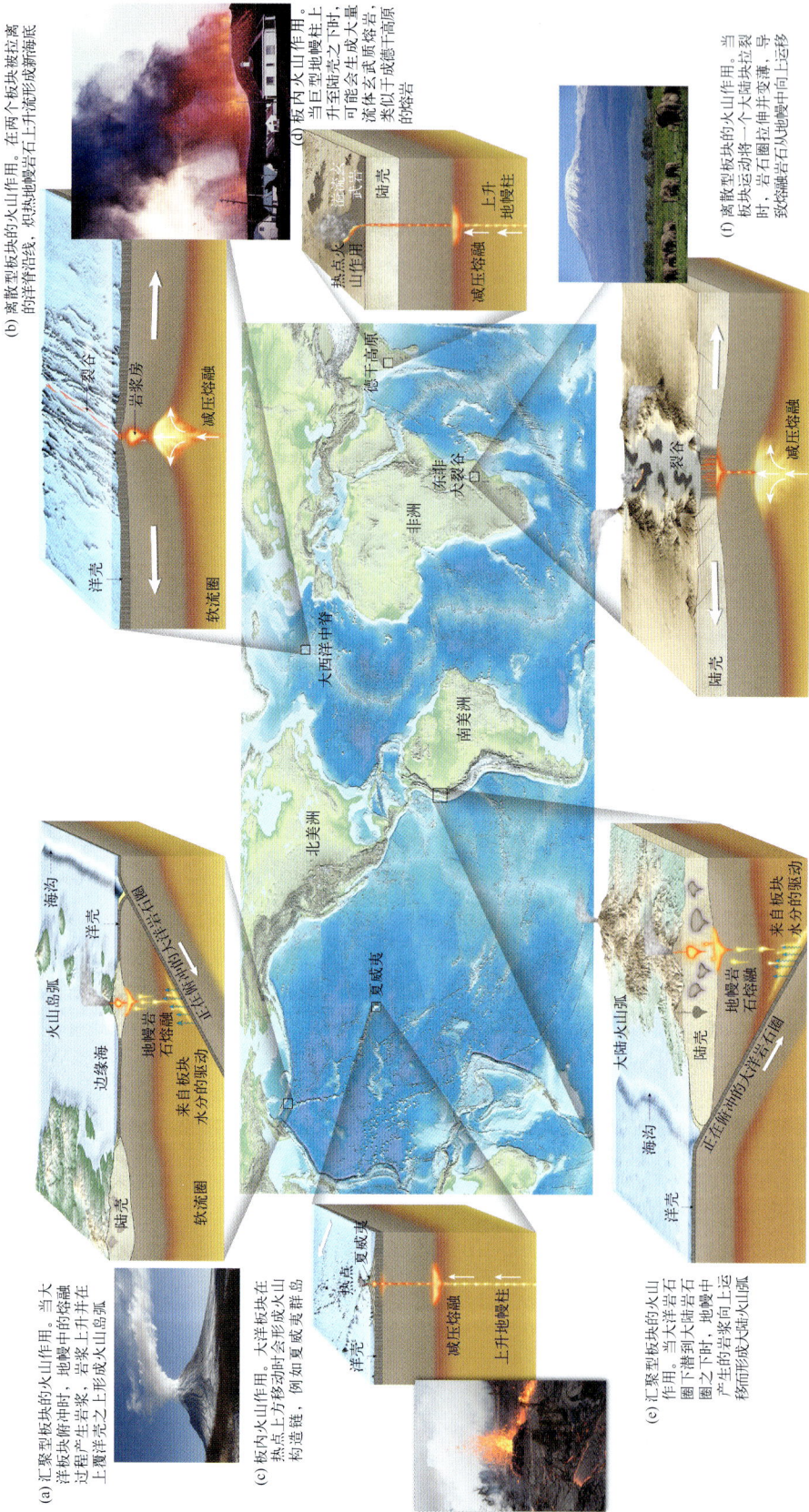

(b) 离散型板块的火山作用。在两个板块拉离的洋脊沿线，炽热地幔岩石上升流形成新海底

(d) 板内火山作用。当巨型地幔柱上升至陆壳之下时，可能会生成大量流体玄武质熔岩，类似于成德干高原的熔岩

(f) 离散型板块的火山作用。当板块运动将一大陆块拉裂时，岩石圈拉伸并变薄，导致熔融岩石从地幔中向上运移

图 5.29 地球的火山作用带

软流圈
岩浆房
减压熔融
洋壳
非洲
德干高原
东非大裂谷
大西洋中脊
南美洲
北美洲
夏威夷
陆壳
上升地幔柱
热点火山作用
减压熔融
武岩
裂谷
减压熔融
陆壳

(a) 汇聚型板块的火山作用。当大洋板块俯冲时，地幔中的熔融过程产生岩浆，岩浆上升在上覆洋壳之上形成火山岛弧

(c) 板内火山作用。大洋板块在热点上方移动时会形成火山构造链，例如夏威夷火山群岛

(e) 汇聚型板块的火山。作用。当大陆岩石圈下潜到大陆岩石圈之下时，地幔中运产生的岩浆向上运移形成大陆火山弧

海沟
火山岛弧
洋壳
边缘海
地幔岩石熔融
来自板块水分的驱动
正在俯冲的大洋岩石圈
陆壳
软流圈

洋壳
夏威夷
减压熔融
上升地幔柱

海沟
大陆火山弧
陆壳
地幔岩石熔融
来自板块水分的驱动
正在俯冲的大洋岩石圈
洋壳

与汇聚型板块边界相关的火山作用还可能发生在另一位置，即大洋岩石圈板片俯冲至大陆岩石圈之下而形成**大陆火山弧**（continental volcanic arc）的位置（见图 5.29e）。这些幔源岩浆的形成机制与火山岛弧的形成机制基本相同，最明显的区别是陆壳的厚度远大于洋壳，且由二氧化硅含量更高的岩石构成。因此，当向上运移并穿越地壳时，幔源岩浆通过熔融周围富硅地壳岩石而改变成分。在美国西北部的喀斯喀特山脉中，各火山（胡德山、雷尼尔山、沙斯塔山和圣海伦斯山）都是在汇聚型板块边界处沿大陆边缘形成的火山（见图 5.30）。

5.10.3 板内火山作用

我们已经知道火成岩（岩浆）活动为何最早出现在板块边界沿线，但是各板块内部为什么也会发生火山喷发呢？例如，夏威夷的基拉韦厄火山（世界上最活跃的活火山之一）位于极为巨大的太平洋板块中部，与最近板块边界之间的距离高达数

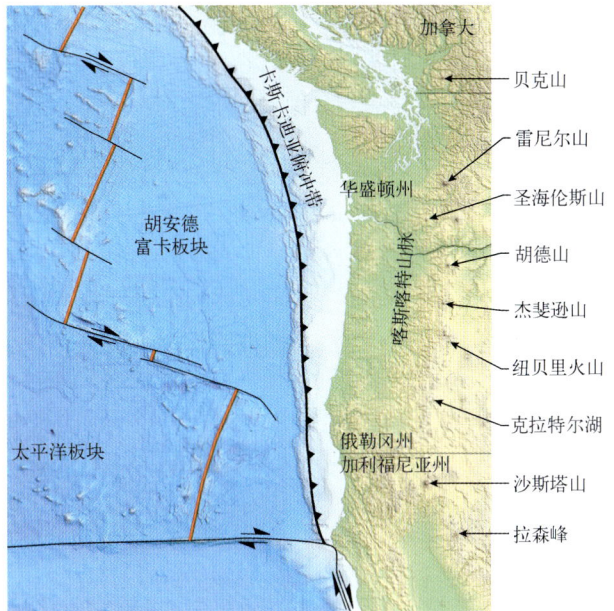

图 5.30　喀斯喀特山脉中的火山。胡安德富卡板块沿卡斯卡迪亚俯冲带向下俯冲，最终形成了喀斯喀特山脉中的各火山

千千米（见图 5.29c）。**板内**（intraplate）火山作用出现在以下地点：流体玄武质熔岩的大规模喷涌处（如哥伦比亚高原和俄罗斯西伯利亚暗色岩）；淹没在水下的几个海底高原/海台（如西太平洋中的翁通爪哇海台），如图 5.31 所示。

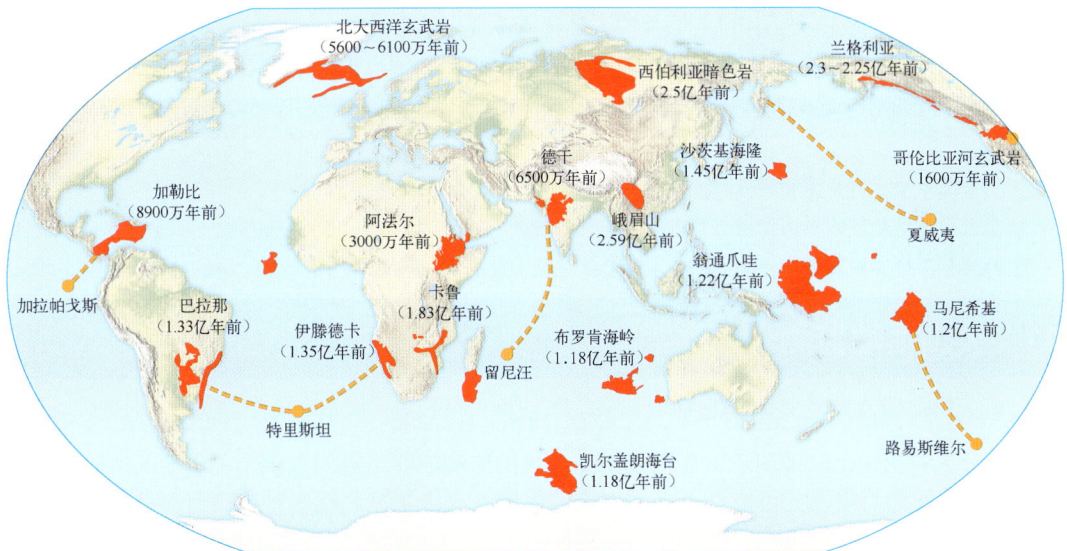

图 5.31　**大型玄武岩台地的全球分布**。玄武岩台地以红色显示，形成于炽热地幔柱球形头部的部分熔融导致的火山喷发；橙色虚线表示火山链构造，由地幔柱尾部的部分熔融形成；橙色点表示炽热地幔柱的当前表面位置，可能形成了相关的玄武岩台地

人们普遍接受的一种假说认为，大多数板内火山作用发生在相对狭窄的炽热物质团[称为**地幔**

柱（mantle plume）]朝向地表浮升时，如图 5.32a 所示（注：回忆 1.2 节可知，假说是对给定观测结果集合的初步科学解释。地幔柱假说虽然被广泛接受，但是与板块构造理论不同，它的有效性仍未得到解决）。虽然地幔柱的发源深度尚存争议，但有些地幔柱被视为形成在地球深部的核-幔边界位置。这些固态但可移动岩石柱朝向地表浮升，方式类似于在熔岩灯内形成液滴（熔岩灯玻璃容器中包含两种不混溶的液体，当底座被加热时，底部液体因浮力变大而向顶部浮升）。就像熔岩灯中的液滴一样，地幔柱的头部呈球形，上升时会在下方抽出一根细长且狭窄的茎秆（或尾巴）。这种活动的地表体现称为热点（hot spot），即存在高热流和地壳抬升（几百千米宽）的火山作用区域。

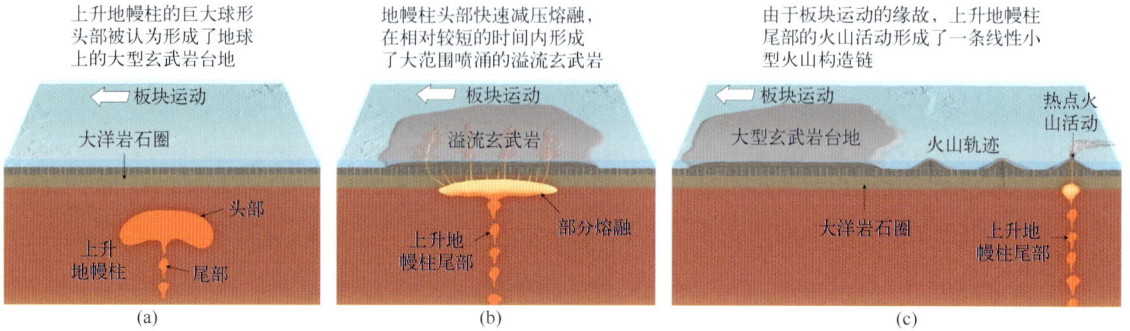

图 5.32　地幔柱和大型玄武岩台地。热点火山作用可以解释大型玄武岩台地及其相关火山岛链的形成

　　地质学家认为，玄武质熔岩之所以能够大量喷涌并形成大型玄武岩台地，可归因于称为超级地幔柱（superplume）的大型地幔柱。当地幔柱头部抵达岩石圈底部时，减压熔融进程加速，导致火山活动频繁出现，约 100 万年间喷出了超巨量熔岩流（见图 5.32b）。这种类型的极端喷发应当影响了地球气候，导致（或至少促成）了化石中记录的灭绝事件。

　　在时间相对较短的初始喷发阶段后，由于地幔柱尾部上升到地表需要很长时间，接下来数百万年间的火山活动量较小。随着火山活动从大型溢流玄武岩台地逐渐向外延伸，最终能够形成一条与夏威夷火山链类似的火山构造链（见图 5.32c）。

　　与地幔柱相关的板内火山作用还被视为大陆环境下发生的富硅火山碎屑物大规模喷发的原因。在这些热点火山喷发中，美国黄石地区在最近 210 万年间形成破火山口的 3 次喷发可能最著名（见图 5.23）。

概念回顾 5.10

1. 火环中的火山通常是被描述为喷溢式还是被描述为爆炸式？举例说明。
2. 岩浆在汇聚型板块边界如何形成？
3. 离散型板块边界的火山作用与哪种岩浆类型最相关？
4. 大多数板内火山作用的岩浆来源是什么？

5.11　火山活动监测

列举并描述潜在危险火山的监测技术。

　　数百万人在火山上（或附近）生活及工作，火山监测能够为他们提供至关重要的风险评估，解决诸如火山很快即将喷发的可能性有多大之类的问题。火山学家利用多种火山监测技术，主要探测岩浆从地下储库（一般为几千米深）朝向地表的运移。岩浆迁移会引发火山出现 3 种最明显的变化，即地震形态改变、火山锥膨胀（或收缩）以及火山释放的气体数量和/或成分改变。

5.11.1　监测地震形态

　　在历史上曾经喷发的所有火山中，近 1/3 现在都利用地震仪（见图 11.9）进行监测。总体而言，在许多火山喷发前，地震动荡幅度首先急剧增大，随后一段时间则保持相对平静。有时，通过分析地震数据，人们还能追踪岩浆的向上运移过程。

但是，有些火山经历了较长时间的地震动荡，如位于新几内亚的拉包尔火山（Rabaul Caldera），地震活动记录从 1981 年开始大幅增多，随后持续了 13 年，最终在 1994 年喷发。

大地震偶尔会引发火山喷发，或者至少扰乱火山的管道系统。例如，2018 年，在夏威夷莱拉尼庄园附近，基拉韦厄火山喷发伴随了一次强烈地震（震级为 6.9），这是有记录以来最具破坏性的火山喷发之一。

5.11.2 火山遥感

由于许多活火山位于偏远地区，遥感技术成为极有价值的监测手段，其中全球定位系统（GPS）和合成孔径雷达干涉测量（InSAR，一种用于测量地表形变的雷达系统）是探测火山膨胀（或收缩）的重要工具。随着新岩浆在内部不断堆积，火山顶部逐渐上升并引发膨胀，这是许多火山喷发之前出现的一种现象。例如，当利用 InSAR 技术监测埃特纳火山时，科学家发现了一次大规模侧翼喷发导致火山收缩。当侧翼喷发停止时，2 年膨胀周期紧随其后，这种膨胀（见图 5.33）由浅部岩浆房（位于火山锥下方约 5 千米处）的体积增大所致。果不其然，在这段膨胀时期后，就出现了一次能量巨大的山顶喷发。

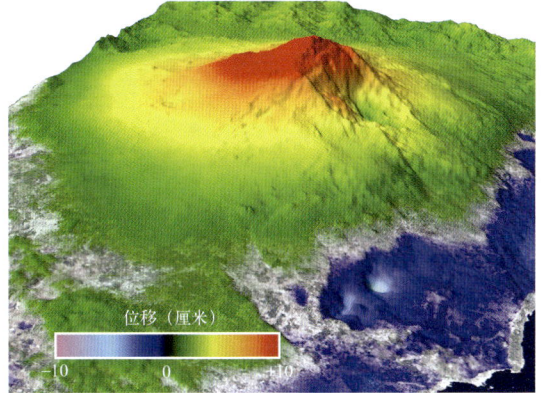

图 5.33 意大利埃特纳火山的地面形变 InSAR 图像。红色和黄色区域表示火山发生了膨胀。拍摄这张照片时，该火山经历了 2 年膨胀周期，随后发生了顶部喷发

现代监测技术还使得远程探测火山释放气体的数量和/或成分变化成为可能，这是一种非常重要的进步，因为对气体（如二氧化硫）直接采样可能耗时且对人体有害。监测结果显示，在即将喷发前，有些火山的二氧化硫排放量增多。

岩浆体在向地表运移时会释放气体，远程监测也能确定其可能的成分，这种信息可以帮助火山学家确定未来火山喷发的基本性质及其对生命和财产的相关危害。

有些遥感技术有助于监测正在喷发的火山，如卫星影像能够探测从地球上任何地点喷发的火山熔岩流和火山灰柱，这些信息对全球应急管理人员和空中交通管制员至关重要（见图 5.34）。

虽然在监测方面取得了许多技术进步，但科学家仍然无法准确预测火山喷发的具体时间和可能性。例如在 2015 年 2 月，锡纳朋火山（位于印度尼西亚苏门答腊岛）喷发，造成至少 16 人死亡，这次喷发刚好发生在政府当局解除警报并允许居民返回他们位于锡纳朋火山斜坡上的家园几天之后。

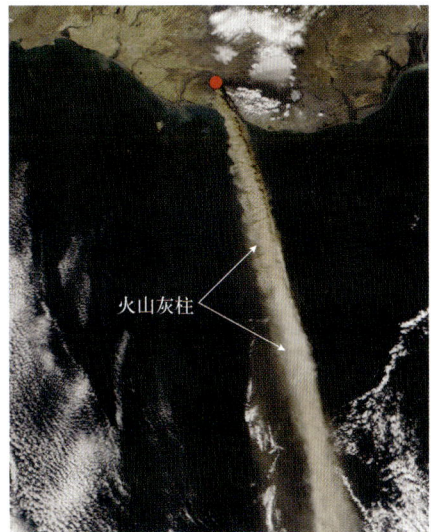

图 5.34 冰岛埃亚菲亚德拉火山喷发的火山灰和蒸汽柱。这幅影像由美国航空航天局的水卫星（Aqua）拍摄于 2010 年 5 月 10 日。在这一天，爱尔兰和葡萄牙的各机场因前几天喷发的火山灰云而关闭

5.11.3 火山灾害地图

监测技术可用于绘制火山灾害地图，如雷尼尔山周边区域火山灾害图（见图 5.35）。在这张简化的火山灾害地图中，显示了可能受到火山活动（如熔岩流、火山弹及下落火山灰）潜在影响的区域，以及可能受到火山泥流影响的更远区域。

每隔 500～1000 年，雷尼尔山就会出现一次大型火山泥流，小型火山泥流则更频繁。埃雷克

特龙火山泥流（Electron Lahar）是最近（约 600 年前）发生的大型火山泥流，厚度超过 30 米，位于现在的华盛顿州埃雷克特龙社区。奥西奥拉火山泥流（Osceola Lahar）的规模更大，发生在约 5600 年前，沉积物覆盖面积约为 550 平方千米（包括现在的塔科马港区域）。为了应对火山泥流灾害，美国国家应急管理机构与美国地质调查局（USGS）协调，在卡本河谷和普亚勒普河谷中开发了雷尼尔山火山泥流警报系统，旨在让当地居民在 40 分钟至 3 小时内转移到地势较高的地方，进而避免受到这些破坏性现象的伤害。

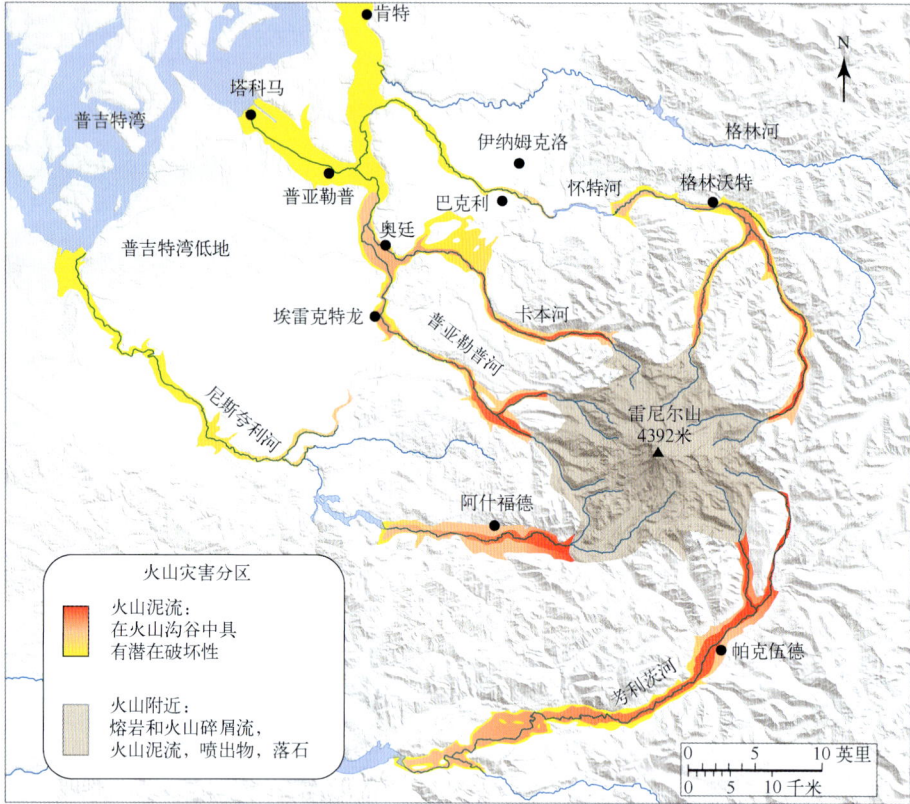

图 5.35　雷尼尔山周边区域火山灾害图。这张地图显示了可能受到火山泥流、熔岩流及火山碎屑流影响的雷尼尔山区域。雷尼尔山是喀斯喀特山脉中最具威胁的火山，最大风险来自其具有形成巨大火山泥流的潜在可能性

概念回顾 5.11

1. 为了确定岩浆是否正在朝向地表迁移，火山学家需要监测哪 3 种要素？
2. 雷尼尔山周边安装的警报系统旨在识别哪些火山灾害？

主要内容回顾

5.1　圣海伦斯火山和基拉韦厄火山

- 火山喷发的覆盖范围很广，从 1980 年圣海伦斯火山的爆炸式喷发，到基拉韦厄火山的相对平静喷发。

5.2　火山喷发的基本性质

关键词：岩浆，熔岩，喷溢式喷发，黏度，喷发柱

- 决定火山喷发基本性质的两个主要因素是岩浆的黏度（流体对流动的抵抗）和气体含量。一般来说，含有更多二氧化硅的岩浆具有更高的黏度。温度也会影响黏度，高温熔岩比相对低温熔岩的流动性更强。
- 镁铁质（玄武质）岩浆是流体，气体含量低，趋于形成喷溢式（非爆炸式）喷发。相比之下，富硅中性（安山质）和长英质（流纹质）岩浆的黏度最高，气体含量最多，

爆炸性最强。

问题：虽然基拉韦厄火山主要以温和方式喷发（见附图），但是若选择住在附近，你可能遇到何种风险？

5.3 火山喷发物

关键词： 渣块熔岩流，结壳熔岩流，熔岩管，块状熔岩，枕状熔岩，挥发分，火山碎屑物，火山灰，火山渣，浮岩

- 火山喷发出熔岩、气体和固体火山碎屑物。
- 低黏度玄武质熔岩的流动距离很远，在地表以结壳熔岩流或渣块熔岩流形式前行。流体熔岩在地表固结并硬化，地表之下的熔岩继续在熔岩管中流动。当熔岩在水下喷发时，外表面快速冷却，内部则继续流动，形成枕状熔岩。
- 火山喷发的最常见气体是水蒸气和二氧化碳。气体在抵达地表后快速膨胀，导致爆炸式喷发而产生熔岩碎屑团块，称为火山碎屑物。
- 火山碎屑物的大小各异，按照从最小到最大的顺序排列，依次为火山灰、火山砾、火山块和火山弹。火山块以固体碎屑形式离开火山，火山弹则以液滴形式喷出。
- 熔岩中的气泡能够作为空洞保留在岩石中，称为气孔。特别是泡沫状富硅熔岩能够冷却形成轻质浮岩，含有大量气泡的玄武质熔岩则能够冷却形成玄武质火山渣。

问题：附图显示了火山猛烈喷发所喷射出的火山物质层，这些物质层大致呈水平沉积。描述这种火山物质需要采用何种专业术语？

5.4 火山机构

关键词： 裂隙，火山通道，喷口，火山锥，火

山口，破火山口，寄生火山锥，喷气口

- 火山的大小和形式各不相同，但是具有几个共同的特征。最常见的特征是被挤出物质大致呈圆锥状堆积，且环绕在中心喷口周围。喷口通常位于山顶的火山口或破火山口内。火山侧翼可能存在较小的喷口，以小型寄生火山锥为标志，或者可能存在喷气口（仅排出气体）。

问题：利用下列术语完善附图：火山通道、喷口、熔岩、寄生火山锥、火山弹和火山碎屑物。

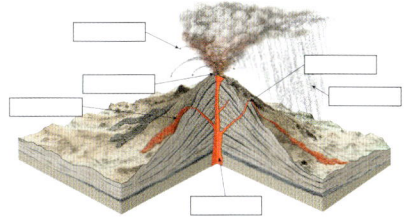

5.5 盾状火山

关键词： 盾状火山，海山

- 盾状火山由大量连续流动的低黏度玄武质熔岩构成，但是缺乏大量火山碎屑。熔岩管帮助将熔岩输送至远离主喷口的位置，形成非常平缓的盾状轮廓。
- 大多数盾状火山最初是从地球海底生长出来的海山。夏威夷的莫纳罗亚火山、莫纳克亚火山和基拉韦厄火山是盾状火山低而宽的特征形式的典型示例。

5.6 火山渣锥

关键词： 火山渣锥

- 火山渣锥是主要由火山碎屑构成的侧翼陡峭构造，通常具有玄武质成分。熔岩流有时会从火山渣锥底部冒出。
- 相对其他类型火山而言，火山渣锥很小，说明其主要在单一喷发事件中快速形成。由于火山渣锥较为松散，很容易受到风化和剥蚀。

5.7 复式火山

关键词： 复式火山

- 复式火山具有对称的圆锥形状，由火山碎屑物与熔岩流互层组成，通常喷发富硅安山质（或流纹质）成分的岩浆，规模远大于火山渣锥，形成于数百万年来的多次火山喷发。
- 由于安山质和流纹质熔岩比玄武质熔岩的黏度更高，它们的堆积角度比形成盾状火山的熔岩更陡。
- 在美国西北部的喀斯喀特山脉中，雷尼尔火山及其他火山都是复式火山的较好示例。

5.8 火山灾害

关键词： 火山碎屑流，火山泥流，海啸

- 对人类生命威胁最大的火山灾害是火山碎屑流，这是由炽热气体和火山碎屑物构成的稠密混合物，能以极快的速度向山下蔓延并焚毁沿途的一切。火山碎屑流能够从源头开始行进数千米。由于火山碎屑流极为炽热，其沉积物经常熔结/焊接在一起，形成一种固体岩石，称为熔结凝灰岩。

- 火山泥流是火山上形成的泥流，火山灰及碎屑混合物悬浮在水中，趋于沿山谷快速移动，可能导致生命损失和/或建筑物重大毁损。

- 当大气中的火山灰被吸入飞机发动机时，可能对航空旅行带来巨大风险。当喷发或侧翼坍塌到海洋中时，位于海平面处的火山能够产生海啸。喷出大量气体的那些火山会引发呼吸系统问题。若火山气体抵达平流层，则会遮蔽部分入射太阳辐射，并且可能引发地表短期冷却。

5.9 其他火山地貌

关键词： 裂隙式喷发，玄武岩台地，溢流玄武岩，熔岩穹丘，火山颈

- 破火山口可能是最大的火山构造之一，形成于岩浆房上方的低温硬岩无法支撑并坍塌，形成一个大致呈圆形的宽阔洼地。在盾状火山上，当熔岩从火山之下的岩浆房中排出时，破火山口缓慢地形成。在复式火山上，破火山口的坍塌通常发生在爆炸式喷发后。

- 从地壳的大裂缝中，裂隙式喷发偶尔会形成大规模流体玄武质熔岩洪流，称为溢流玄武岩。这些溢流玄武岩能够层层堆叠至极大厚度，并覆盖面积广阔的大片区域，如美国西北部的哥伦比亚高原。

- 在复式火山顶部的火山口中，堆积形成的较厚、黏稠且富硅的熔岩称为熔岩穹丘，坍塌时可能产生大量火山碎屑流。

- 美国新墨西哥州的船岩是一个火山颈示例，即古火山"喉咙"中的熔岩固结形成一块固体岩石，风化速度慢于周围火山岩。周围火山碎屑遭到剥蚀后，抗风化剥蚀的火山颈则保持为一种独特的地貌。

5.10 板块构造与火山作用

关键词： 火环，火山岛弧，大陆火山弧，板内火山作用，地幔柱，热点，超级地幔柱

- 火山可形成于汇聚型板块边界、离散型板块边界和板内环境。

- 在岩石圈拉张的离散型板块边界处，减压熔融是岩浆的主要来源，热岩上升时能够在没有额外热量的情况下开始熔融。

- 与洋壳俯冲相关的汇聚型板块边界是爆炸式火山的最常见地点，如太平洋火环。俯冲板块释放的水分触发上覆地幔的部分熔融，上升岩浆与上覆板块的下地壳相互作用，可在地表位置形成火山弧。

- 在板内环境下，岩浆的来源是地幔柱，即比周围地幔温度更高且浮力更大的地幔岩石柱。

问题： 附图显示了火山作用占主导过程的构造背景之一，指出背景名称并简要解释岩浆如何生成。

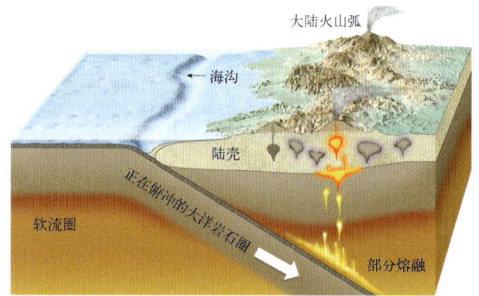

5.11 火山活动监测

- 火山提供了各种不同的信号，火山学家可据此直接监测这些信号，以确定某座火山是否具有潜在喷发可能性。

- 火山监测内容包括观测：火山之下地震形态的改变；火山形状的改变；喷出气体成分及数量的改变。

深入思考

1. 查看附图，回答以下问题：**a.** 这里显示的火山是何种类型？哪些特征帮助你将其归为此类？**b.** 这类火山的喷发方式是什么？描述其岩浆的可能成分和黏度。**c.** 哪种类型的板块边界可能是这座火山的构造背景？**d.** 说出一个容易受到这类火山影响的城市名称。

2. 回答关于离散型板块边界（如大西洋中脊及其相关熔岩）的以下问题：a. 离散型边界以哪种类型熔岩的喷发为特征：是安山质、玄武质还是流纹质？b. 在离散型板块边界处喷发的熔岩的主要来源是什么？c. 何种过程导致了源岩熔融？

3. 对于下面的 4 张附图，确定每张附图的地质背景（火山作用带）。哪种背景下最可能形成爆炸式喷发？哪种背景下会形成流体玄武质熔岩喷涌？

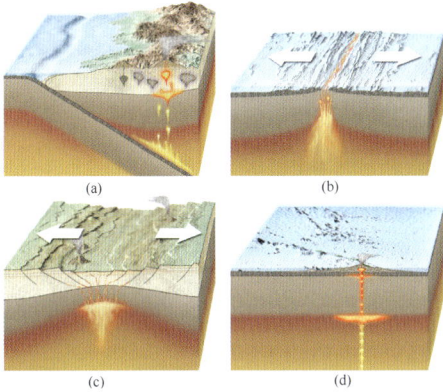
(a) (b) (c) (d)

4. 雷尼尔火山喷发与 1980 年的圣海伦斯火山喷发相似，但是破坏性要大得多，为什么？

5. 对下面的火山或火山区，判断其与汇聚型板块边界、离散型板块边界有关还是与板内火山作用有关： a. 克拉特尔湖；b. 夏威夷基拉韦厄火山；c. 圣海伦斯火山；d. 东非大裂谷；e. 黄石火山；f. 培雷火山；g. 德干暗色岩；h. 富士山

6. 如附图所示，轻质熔岩块从圣海伦斯火山侧翼快速下滑，一位地质学家正在未固结的松散熔岩流（由这些轻质熔岩块构成）的尽头实地考察。a. 何种术语能够最佳描述这种类型的熔岩流：渣块熔岩流，结壳熔岩流，火山碎屑流？b. 这种熔岩流的主要组分可能是哪种类型的轻质（气孔状）火成岩？

7. 假设你正在监测一座火山，这座火山最近喷发过若干次，但是当前看上去非常安静。如何确定岩浆是否实际移动并穿越该火山下的地壳？建议至少观测（或测量）两种现象。

8. 圆锥的体积公式为 $V = 1/3\pi r^2 h$，其中 V 为体积，$\pi = 3.14$，r 为半径，h 为高度。若莫纳罗亚火山的高度为 9 千米，半径约为 85 千米，则其总体积大致是多少？

地球之眼

1. 如附图所示，2015 年 2 月 3 日，印度尼西亚北苏门答腊的锡纳朋火山喷发。自 1600 年以来，锡纳朋火山一直处于休眠状态，但在 2010 年苏醒，近年来已多次喷发，导致至少 23 人死亡和 3 万多人疏散。

a. 沿这座火山奔腾而下的火山灰和浮岩云的名称是什么？b. 何种类型的火山与这种破坏性喷发相关？

2. 附图显示了缅甸佛教寺院汤恩格拉德，这座寺院建造在侧翼陡峭的岩石上，岩石主要由古火山通道中的固结岩浆构成。迄今为止，这座火山已被剥蚀殆尽。a. 基于上述信息，附图中显示了何种火山构造？b. 这种火山构造最可能与复式火山有关还是与火山渣锥有关？解释理由。

第6章 风化作用和土壤

1935 年，一场大型沙尘暴逼近美国得克萨斯州斯特拉特福德

新闻中的地质：土壤流失是对人类文明的最大威胁吗？

当设想可能毁灭人类文明的世界末日场景时，人们通常会想到新型疾病、核战争、失控的人工智能或者流星袭击。土壤流失像这些威胁一样真实存在，但往往更加不易察觉，而是正在悄无声息地发生，大部分潜在风险并未引发应有的关注。

大量事件（如 20 世纪 30 年代发生的大沙尘暴，见地质美图 6.1）产生了令人震惊的视觉效果，充分说明了土壤流失的极大破坏性。虽然大多数土壤流失看上去并不特别明显，但却几乎发生在所有农作物种植地点，这是由现代农业实践及其他人类活动导致的。2018 年，生物多样性和生态系统服务政府间科学政策平台（IPBES）的一份报告指出："人类活动导致地表陆地退化，严重影响了至少 32 亿人的健康，正在将地球推向第 6 次物种大灭绝。"

并非所有土壤流失都像 20 世纪 30 年代沙尘暴那样令人印象深刻，在该场景中，美国艾奥瓦州的表土在大雨形成冲沟后大量流失

平均而言，人类每年损失的生产性农业土壤超过 1%。在预计人口增速最快的那些地区（如撒哈拉以南非洲），土壤流失速率更为惊人。

本章介绍风化作用及其他引发土壤形成的缓慢且稳定的各种过程，并讨论人类活动对土壤的影响。迄今为止，人类移动的地球物质（主要通过农业）已超过所有自然过程（包括河流、滑坡及冰川）的总和，对于大自然数千年发育而成的土壤，自工业革命开始至今的短短几个世纪期间，人类就已使其发生了根本性改变。

学习目标

6.1 定义风化作用，并区分其两种主要类型。

6.2 列举并描述 4 种机械风化示例。

6.3 讨论水分在 3 种化学风化过程中的作用。

6.4 概述影响岩石风化类型和速率的各种因素。

6.5 定义土壤，并解释为何将其称为界面。

6.6 列举并简要讨论土壤形成的 5 种控制因素。

6.7 绘制、标注及描述理想土壤剖面，解释土壤分类的必要性。

6.8 解释人类活动对土壤的负面影响，并列举减少土壤侵蚀的几种方法。

　　地球表面每时每刻都在发生改变，岩石不断破碎和分解，然后在重力作用下（或被水、风或冰携带）移至较低的海拔位置，并以这种方式雕琢出地球自然景观。本章重点介绍风化作用，即这个永不停息过程的第一步，旨在探索固体岩石因何而破碎，以及不同地点的风化类型及速率为何存在差异。本章还介绍土壤，这既是一种重要资源，又是风化作用的产物。

6.1　风化作用

定义风化作用并区分其两种主要类型。

　　风化作用（weathering）指地表（或地表附近）岩石的物理破碎（解体）和化学蚀变（分解）。风化作用虽然无时无刻不在发生，但却因过程缓慢而不易察觉，因此重要性很容易受到低估。风化作用是岩石循环的基本组成部分之一，因此也成为地球系统中的一个关键过程。碳从固体地球启程，循环至大气和海洋，再到海洋生物外壳，最终返回到海底沉积物，在这个循环过程中，地壳岩石的风化作用发挥了重要作用。在土壤及最终的人类食物中，可维持生命的许多矿物和元素均由风化作用过程从固体岩石中释放。如图 6.1 及本书中许多其他图像所示，风化作用也有助于地球上某些最壮美景观的形成，包括美国大多数国家公园和纪念碑。但是，这些相同过程也会导致大量建筑物退化。

图 6.1　拱门国家公园。在美国犹他州的拱门国家公园中，对于北窗拱门以及所有其他拱门和岩层的形成，机械风化和化学风化发挥了重要作用

　　风化作用可划分为两种基本类别，即机械风化和化学风化。机械风化（mechanical weathering）也称解体/崩解/瓦解（disintegration），通过物理营力实现，在不改变岩石矿物成分的情况下，可将岩石破碎成越来越小的块（注：国内业界常将机械风化等同于物理风化，但本书中的机械风化还包括生物风化）。化学风化（chemical weathering）也称分解（decomposition），指将岩石以化学方式转化为一种（或多种）新型化合物。利用一块木柴，我们可对这两个概念描绘如下：当被劈裂成越来越小的碎木片时，原始木柴发生解体；当被点燃时，原始木柴发生分解。

岩石为何会发生风化？答案非常简单，风化作用是地球物质对环境变化的反应。例如，由于受到水、风或冰的重力驱动而发生移动，已风化岩石物质不断地被清除和搬运，经过数百万年的抬升和侵蚀/剥蚀（erosion）后，大型侵入岩体（火成岩）可能因上覆岩石被清除而出露地表。这种结晶岩石形成于温度和压力都很高的地下深处，在当前所处地表环境存在极大差异的情况下，该岩体逐渐发生改变。本章后续各节将详细介绍机械风化和化学风化的不同类型，虽然我们分开介绍这两种风化作用，但请读者牢记它们在自然界中通常同时发挥作用且彼此强化。

概念回顾 6.1

1. 风化作用的两种基本类型是什么？
2. 每种类型风化作用的产物有何差异？

6.2 机械风化

列举并描述 4 种机械风化示例。

当岩石经受机械风化时，会逐渐形成越来越小的碎块，每个碎块都会保留原始物质的特性，最终结果是一大块岩石破碎成许多小块。如图 6.2 所示，若将一大块岩石破碎成更多较小的块，则可增大化学反应的可用表面积，就好比将方糖添加到液体中时，方糖的溶解速率要比等体积砂糖慢得多，因为方糖可用于溶解作用的表面积远小于砂糖。由此可知，通过将岩石破碎成更小的块，机械风化能够增大化学风化的可用表面积。

当机械风化将岩石破碎成更小碎块时，更大表面积可用于化学风化

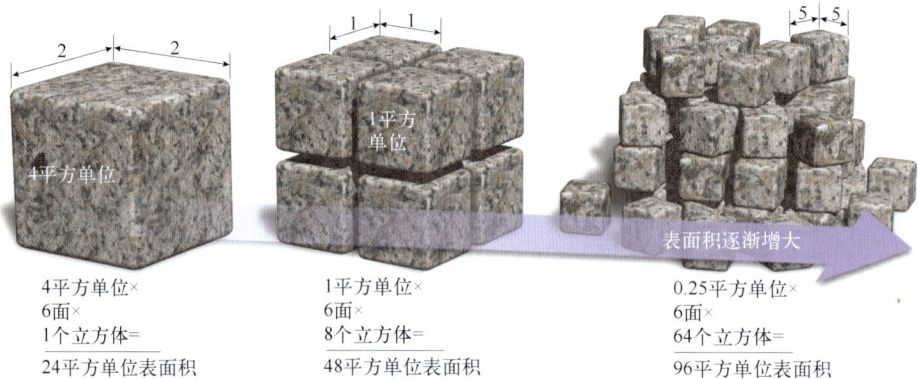

4平方单位×	1平方单位×	0.25平方单位×
6面×	6面×	6面×
1个立方体=	8个立方体=	64个立方体=
24平方单位表面积	48平方单位表面积	96平方单位表面积

图 6.2 **机械风化（解体）可增大表面积**。由于化学风化仅能发生在裸露表面，机械风化能够增大化学风化的有效性

在自然界中，4 种重要物理过程可能导致岩石破碎，即冰劈作用、盐晶体生长、片状剥落和生物活动。此外，虽然侵蚀营力（如风、波浪、冰川冰和流水）的作用一般要与机械风化分开考虑，但其产生的影响仍然具有一定的相关性。当这些移动营力（见后续章节）搬运岩石碎屑时，岩石颗粒会持续破碎和磨损。除了这些自然过程，人们还倾向于将大块岩石破碎成小块，例如在大多数采矿作业中，这样做能够获得筑路用砾石、混凝土结构用水泥和炼钢用钼（见图 6.3）。

6.2.1 冰劈作用

若将装满水的玻璃瓶在冰箱中长时间冷冻存放，则该玻璃瓶应会碎裂（见图 6.4），因为液态水具有结冰时体积膨胀约 9%的独特性质。同理，隔热不良（或暴露在外）的水管在寒冷天气下也容易破裂。

图 6.3　人类会破碎大量岩石。美国人均年消耗约 11340 千克矿产品（不含石油和天然气），生产这些矿产品的大多数采矿作业都需要破碎岩石

图 6.4　冰撑裂玻璃瓶。玻璃瓶之所以破裂，是因为水结冰时体积膨胀约 9%

同理，冰劈作用/冰楔作用（frost wedging）的传统解释如下：水进入岩石裂缝后，结冰、膨胀并撑大裂缝，造成含棱角碎块最终断开（见图 6.5）。传统观点认为冰劈作用大多以这种方式发生，但是最新研究成果表明，冰劈作用也可能发现于冰透镜体/底冰（ice lens）的相关过程。

图 6.5　冰撑裂岩石。在山区，冰劈作用产生棱角状岩屑，然后堆积形成岩屑坡

人们早就知道，由于冰透镜体的生长，潮湿土壤结冰时会膨胀或冻胀（frost heave）。从未冻结区域迁移而来的水分以薄液膜形式供应，因此这些冰块能够逐渐生长变大。随着更多水分积聚并结冰，土壤被向上方推动。类似过程也发生在岩石的裂缝和孔隙中，当从周围孔隙中吸引液态水时，冰透镜体会生长变大。这些冰块的生长逐渐使岩石变弱，最终导致岩石发生碎裂。

6.2.2　盐晶体生长

盐晶体生长能够产生另一种可以劈裂岩石的膨胀营力，岩质海滨线和干旱地区是这一过程的常见环境。当海水喷溅的浪花（或地下咸水）穿越岩石中的裂缝和孔隙时，盐晶体生长过程就会开始。随着水分的不断蒸发，盐晶体逐渐形成并生长变大，然后通过推开周围颗粒或撑大微小裂缝来削弱岩石。

同样的过程也可能导致冬季撒盐融雪的道路发生坍塌，盐溶解在水中并渗入裂缝，随后很可能引发冰劈作用。水分蒸发后，盐晶体生长会进一步破坏路面。

6.2.3 片状剥落

岩体膨胀会产生许多断裂（fracture），岩浆结晶过程中的收缩（类似于与造山运动相关的构造应力）会产生另外一些断裂，这些活动产生的断裂通常会形成一种特定的形态，称为节理（joint），如图 6.6 所示。

节理是允许水分渗透到一定深度的重要岩石构造，它使得岩石在出露地表之前很久就能开始风化过程。在日常温度变化、野火燎原甚至雷击期间，岩石破裂热膨胀都可能发生。当大规模火成岩体（特别是花岗岩）因遭剥蚀而出露地表时，同心板片开始破裂松动，这些洋葱状片层的形成过程称为片状剥落/页状剥落/层裂（sheeting）。板片剥落过程之所以发生，至少部分归因于上覆岩石遭剥蚀时压力大大降低，这一过程称为卸荷作用/卸载作用（unloading）。

如图 6.7 所示，剥离上覆表土层后，花岗岩体的外层部分膨胀得更多（与下层部分相比），并与岩石主体分离。在持续风化作用下，板片最终分离并脱落，形成剥离丘（exfoliation dome），如石头山公园（位于美国佐治亚州）以及酋长石和自由帽（位于约塞米蒂国家公园）。

图 6.6　节理有助于风化作用。几乎平行节理的鸟瞰图，位于美国犹他州莫阿布附近

图 6.7　卸荷作用引发片状剥落。片状剥落进一步引发剥离丘的形成

当围压因人类活动而下降（类似于卸荷作用期间发生的情形）时，也可能发生与片状剥落相似的过程，例如：在深矿井中新开凿的隧道壁上，大块岩石板片可能出现爆裂；在采石场中剥离大块岩石后，可能出现与地面平行的断裂。

6.2.4 生物活动

各种生物活动（包括植物、穴居动物以及人类的各种行为）也会导致风化作用。随着植物根部的生长，在搜寻养分和水分的过程中，根系楔入断裂生长并撑开岩石（见图6.8）；通过将新鲜物质搬运至表面（物理及化学过程在此能更有效地发挥作用），穴居动物可以进一步分解岩石；腐烂生物还会形成有助于化学风化的酸；在为找矿（或修路）而爆破岩石的位置，人类的影响尤其明显（见图6.3）。

图6.8　植物能够破坏岩石。根系楔入

概念回顾 6.2

1. 当遭受机械风化时，岩石的表面积如何改变？对化学风化有何影响？
2. 节理如何促进风化作用？
3. 解释水分如何导致机械风化。
4. 生物活动如何促进风化作用？

6.3　化学风化

讨论水分在3种化学风化过程中的作用。

如前所述，机械风化可将岩石破碎成更小的块，而这会增大可用于化学侵蚀的岩屑总表面积。此外，还应指出的是，化学风化也能通过削弱部分岩石的外层部位而促进机械风化，使其更容易通过机械风化过程而破碎，而这种破碎又会暴露出更多的表面积，使其更容易受到化学风化的影响。因此，这两类风化作用密切相关且相互促进。

化学风化（chemical weathering）涉及破坏岩石组分和矿物内部结构的复杂过程，该过程将化学成分转化为新矿物，或者将它们释放到周围环境中。在这种转化过程中，原岩分解成地表环境中的稳定物质，因此只要周围环境与其形成时的环境相似，化学风化产物就基本上保持不变。

迄今为止，水是化学风化最重要的营力。纯水本身是一种良溶剂，少量溶解质会增大风化溶液的化学活性。化学风化的主要过程包括溶解作用、氧化作用和水解作用，水在每个过程中都发挥着主导作用。

6.3.1 溶解作用

溶解作用（dissolution）可能是最容易想象的化学风化过程，即某些特定矿物溶解在水中。石盐（普通食盐）是水溶性最强的矿物之一，由钠离子和氯离子组成。石盐之所以很容易溶解于水，是因为这种化合物虽然整体保持电中性，但是单个离子却保留了各自的电荷。此外，周围水分子存在极性，即水分子的氧端有1个小的残余负电荷，氢端有1个小的正电荷。当水分子与石盐接触时，负电荷端接近钠离子，正电荷端聚集在氯离子周围，扰乱了石盐晶体中的吸引力，使其将离子释放到水溶液中（见图6.9）。

若地球上的大部分水是纯水，则与大多数矿物接触时不会发生化学反应，但是地球上的水通常会与能够引发化学反应的其他分子和离子混合。水中即使存在少量酸，腐蚀力也会显著增强，导致岩石溶解（酸性溶液中含有易发生化学反应的 H^+）。在自然界中，酸可通过多种过程形成。例如，大气中的二氧化碳溶解在雨滴中时会形成碳酸；当酸性雨水渗入地面时，土壤中的二氧化碳可能增大风化溶液的酸度；随着生物体的腐烂，各种有机酸也被释放到土壤中；黄铁矿及其他硫化物矿物风化时会形成硫酸。大多数岩石在酸性水中很容易分解，逐步形成某些可溶于水的产物。

例如，方解石（$CaCO_3$）是大理岩和石灰岩的组成矿物，即使是弱酸性溶液也很容易对其进行侵蚀。方解石溶解于含二氧化碳水的总反应式如下：

$$CaCO_3 + (H^+ + HCO_3^-) \rightarrow Ca^{2+} + 2HCO_3^-$$

方解石　　　　碳酸　　　　钙离子　　碳酸氢根离子

在此过程中，不溶于水的碳酸钙转化为可溶于水的产物。在自然界中，大量石灰岩溶解并被地下水带走，这种活动（时间超过数千年）是石灰岩溶洞形成的主要原因（见图 6.10）。由石灰岩（或大理岩）制成的纪念碑和建筑物也会受到酸的侵蚀，特别是在空气中烟雾弥漫的重污染城市及工业区。

水分子存在极性，因为2个氢原子均与"1个氧原子的同一侧"相联结，所以水分子的氢侧略带正电荷，氧侧则略带负电荷

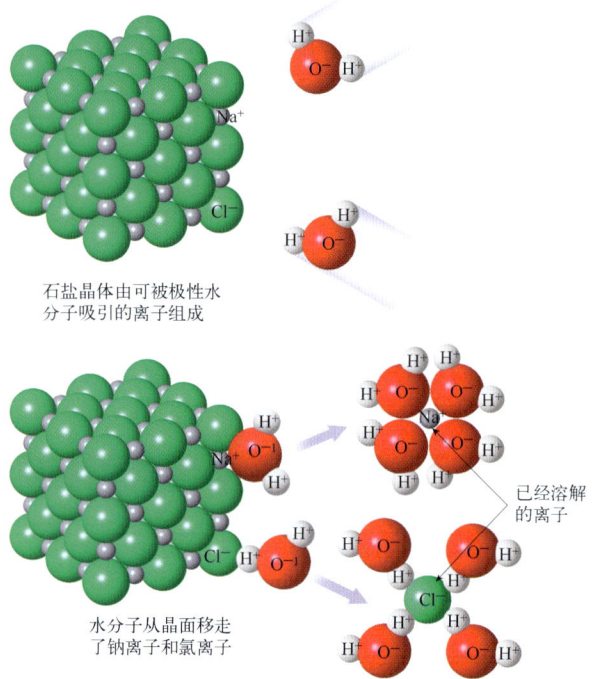

石盐晶体由可被极性水分子吸引的离子组成

水分子从晶面移走了钠离子和氯离子

已经溶解的离子

图 6.9　**水能溶解某些岩石。**溶解作用是矿物溶解于水的化学风化。石盐很容易溶解于纯水中，还有些矿物（如方解石）仅容易溶解于酸性水中

图 6.10　**酸性水形成溶洞。**在石灰岩溶洞（如克罗地亚的巴雷丁洞）的形成过程中，碳酸的溶解能力发挥着重要作用

这些反应形成的可溶性离子保留在地下水中，导致许多城市（或城镇）出现硬水。硬水不受欢迎，因为其中的活性离子与肥皂反应时会生成一种不可溶物质，洗衣服时会留下这种物质的残留物（而非去除污垢）。为了解决这个问题，人们利用硬水软化器来去除这些离子（Ca^{2+}），一般将其替换为不与肥皂发生化学反应的其他离子，如钠离子（Na^+）。

6.3.2 氧化作用

每个人都见过生锈的钢铁制品（如遗落在雨中的园艺工具），这种生锈过程也可能发生在富铁矿物中，例如当氧与铁结合生成氧化铁时，化学式如下所示：

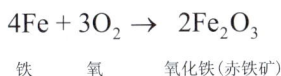

$$4Fe + 3O_2 \rightarrow 2Fe_2O_3$$

铁　　氧　　氧化铁(赤铁矿)

当一种元素在化学反应过程中失去电子时，就会发生这类氧化作用（oxidation）（注：氧化作用是一种泛称，这种反应的发生与氧相关或不相关均可）。既然如此，铁由于失去电子给氧而称为被氧化。这种反应的发生需要水的参与，因为失去的电子会产生 $(OH)^-$，然后与释放的铁离子发生反应。虽然铁氧化作用在有水参与时速度很快，但在干燥环境中仍会发生反应，只不过速度非常缓慢而已。

分解铁镁质矿物（如橄榄石、辉石、普通角闪石和黑云母）时，氧化作用非常重要。氧很容易与这些矿物中的铁结合，形成红褐色氧化铁，称为赤铁矿（hematite），其化学式为 Fe_2O_3；或者在其他情况下形成黄色铁锈，称为褐铁矿（limonite），其化学式为 $FeO(OH)$。深色火成岩（如玄武岩）刚开始风化时表面呈铁锈色，这些产物是主要原因。在许多沉积岩中，赤铁矿和褐铁矿也是非常重要的胶结剂和着色剂（见图 6.11）。但是，氧化作用的发生还有一个前提条件，即通过另一个过程（称为水解作用）将铁从硅酸盐结构中释放出来。

(a)　　　　　　　　　　　　　　　　(b)

图 6.11　氧化铁增色。许多沉积岩色彩非常丰富，最重要的颜料是少量氧化铁。(a)氧化铁给生锈的铁桶上色；(b)这种化学风化产物（氧化铁）也是大峡谷苏派组岩层中出现红色和橙色的原因

当硫化物矿物[如黄铁矿（pyrite）]分解时，将发生另一种重要的氧化反应。硫化物矿物是许多金属矿石的主要成分，黄铁矿也常与煤矿床相关。在潮湿环境中，黄铁矿（FeS_2）的化学风化会产生硫酸（H_2SO_4）和氧化铁[$FeO(OH)$]。在许多采矿现场，这种风化过程会造成严重的环境危害，特别是在潮湿地区，大量降水会渗入尾矿库或废石堆（煤炭或其他矿产选冶后残留的废渣料堆）。这种所谓的酸性矿山废水最终将流入河流，杀死水生生物并破坏其生境（见图 6.12）。

6.3.3 水解作用

硅酸盐是最常见的矿物类，主要通过水解作用（hydrolysis）过程进行分解。基本而言，水解作用是指任何物质与水的反应。理想状态下，由于部分水分子解离形成化学反应能力极强的氢离子（H^+）和氢氧根离子（OH^-），矿物的水解作用能在纯水中进行。氢离子会侵袭并取代晶格中的其他阳离子，随着氢离子进入晶体结构，原子的最初有序排列遭到破坏，矿物发生分解。

图 6.12　酸性矿山废水。2015 年，在美国科罗拉多州的金王矿山（Gold King Mine），数百万加仑的矿山废水意外排入阿尼玛斯河，致使河水瞬间变成黄色，污染物对环境造成了长期而广泛的破坏

1. 酸参与的水解作用

在自然界中，水通常含有"可贡献更多氢离子，因此能够极大地加速水解作用"的其他物质。如讨论溶解作用时所述，对大气中的二氧化碳（CO_2）和土壤中的腐烂有机质而言，溶解在水中时能够形成碳酸（H_2CO_3）。在水中，碳酸解离形成氢离子（H^+）和碳酸氢根离子（HCO_3^-）。为了说明碳酸存在时岩石的水解作用如何发生，下面介绍花岗岩（常见大陆岩石）的化学风化。如前所述，花岗岩主要由石英和长石组成。在花岗岩中，钾长石组分的风化作用如下：

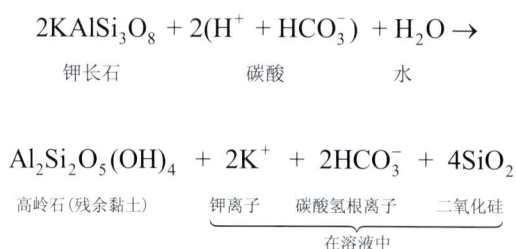

$$2KAlSi_3O_8 + 2(H^+ + HCO_3^-) + H_2O \rightarrow$$

$$\underset{\text{钾长石}}{} \qquad \underset{\text{碳酸}}{} \qquad \underset{\text{水}}{}$$

$$\underset{\text{高岭石(残余黏土)}}{Al_2Si_2O_5(OH)_4} + \underset{\text{钾离子}}{2K^+} + \underset{\text{碳酸氢根离子}}{2HCO_3^-} + \underset{\text{二氧化硅}}{4SiO_2}$$

在溶液中

在这个反应中，氢离子（H^+）侵袭并取代长石结构中的钾离子（K^+），从而破坏晶体网络。一旦离开花岗岩，钾就可用作植物的养分，或者成为可溶性盐碳酸氢钾（$KHCO_3$），然后并入其他矿物或被携带至海洋。

6.3.4 硅酸盐矿物的风化产物

即使是在像地球一样（天生混沌和不稳定）的复杂动力学系统中，仍然存在着相对稳定的状态，混沌理论将其称为吸引子（attractor）。在沉积岩环境下，这些稳态是其他岩石自然倾向发育成的岩石类型（注：詹姆斯麦迪逊大学的林恩·费希特博士提出了将沉积岩类型作为吸引子的观点）。在地球系统的这部分中，吸引子是页岩、砂岩和石灰岩（见图 1.23 中的岩石循环模型）。粒度大小和矿物含量的可能组合存在着很大的连续体，但是由于风化作用和搬运作用过程，这三种类型的岩石最常形成。这类似于掷 2 个骰子时的常见结果 7，因为 7 恰好是骰子点数之和组合数量最大的数字（注：点数之和 7 有 6 种组合方式，其他点数之和的组合数量均小于 6）。

为了说明"吸引子与沉积岩"观点，下面介绍最常见的火成岩——花岗岩（火成岩的吸引子）。在花岗岩的化学风化过程中，长石的最高丰度分解产物是黏土矿物高岭石（kaolinite）。黏土矿物是风化作用的最终产物，在地表条件下非常稳定，因此在土壤的无机物质中占比很大。但是，大多数黏土最后会作为悬浮沉积物而被冲刷到海洋中，最终沉降至海底，成为第一种沉积岩吸引子——页岩的上部。

在长石矿物的风化过程中，除了形成黏土矿物，部分二氧化硅在化学风化期间被从长石结构中去除，然后被地下水带走。这种溶解二氧化硅最终将沉淀，形成火石（或燧石）结核。还有些时候，溶解二氧化硅会充填在沉积物颗粒之间的孔隙中，或者被携带至海洋，海洋中的微小动物将其从水中去除，然后吸收并构建坚硬的二氧化硅甲壳。总之，钾长石风化产生了残留黏土矿物、可溶性盐（碳酸氢钾）和部分二氧化硅，并进入溶液。

石英是花岗岩的另一种主要成分，抗化学风化能力非常强，受到弱酸溶液（雨水中的碳酸最常见）侵蚀时可以基本保持不变。因此，当花岗岩中的长石受到侵蚀而变成黏土时，会释放出曾经互锁的石英颗粒，这些颗粒仍然保持着新鲜的玻璃质外观。虽然部分石英残留在土壤中，但是大部分石英最终以床沙载荷/推移质（bed load）即沿河床移动的风化颗粒的形式搬运入海，成为沙滩和沙丘等地貌特征的主要组分。随着时间的推移，这些石英颗粒可能被岩化，形成第二种沉积岩吸引子——砂岩。

表 6.1 列出了部分最常见的硅酸盐矿物的化学风化产物。记住，硅酸盐矿物构成了地壳的大部分，且这些矿物基本上仅由 8 种元素组成。当发生化学风化时，硅酸盐矿物会形成钠离子、钙离子、钾离子和镁离子，这些离子形成的可溶性产物可从地下水中去除。铁元素与氧元素结合会形成相对不易溶于水的氧化铁（特别是赤铁矿和褐铁矿），使得土壤呈红褐色或黄色。河流和地下水将已溶解的离子携带入海后，热带生物即可用其建造外壳。这些外壳（特别是源自钙离子的那些外壳）不断积聚，助推了第三种沉积岩吸引子——石灰岩的形成。

表 6.1　化学风化产物

矿　　物	残余产物	溶液中的物质
石英	石英颗粒	二氧化硅（SiO_2）
长石	黏土矿物	SiO_2，K^+，Na^+，Ca^{2+}
角闪石（普通角闪石）	黏土矿物，褐铁矿，赤铁矿	SiO_2，Ca^{2+}，Mg^{2+}
橄榄石	褐铁矿，赤铁矿	SiO_2，Mg^{2+}

6.3.5　球状风化

由于化学风化从暴露表面向内渐进式侵蚀，许多岩石露头具有浑圆状外观。图 6.13 描绘了含节理岩体的角部是如何随时间而变化的，该过程被形象地称为球状风化（spheroidal weathering）。风化作用从 2 个侧面侵蚀边缘，从 3 个侧面侵蚀角部，因此这些区域的磨损速率比单一平面更快，尖锐棱角逐渐变得平滑而圆整，棱角分明的块状岩石最终可能演变成近乎球形的巨砾。球状风化一旦发生，巨砾的形状就不会改变，但是球体会持续变小。

概念回顾 6.3

1. 碳酸如何在自然界中形成？
2. 碳酸与富含方解石的岩石（如石灰岩）反应时会发生什么？
3. 碳酸与钾长石反应时会形成何种产物？
4. 列出特别容易受到氧化作用影响的几种矿物，以及氧化作用的两种常见产物。

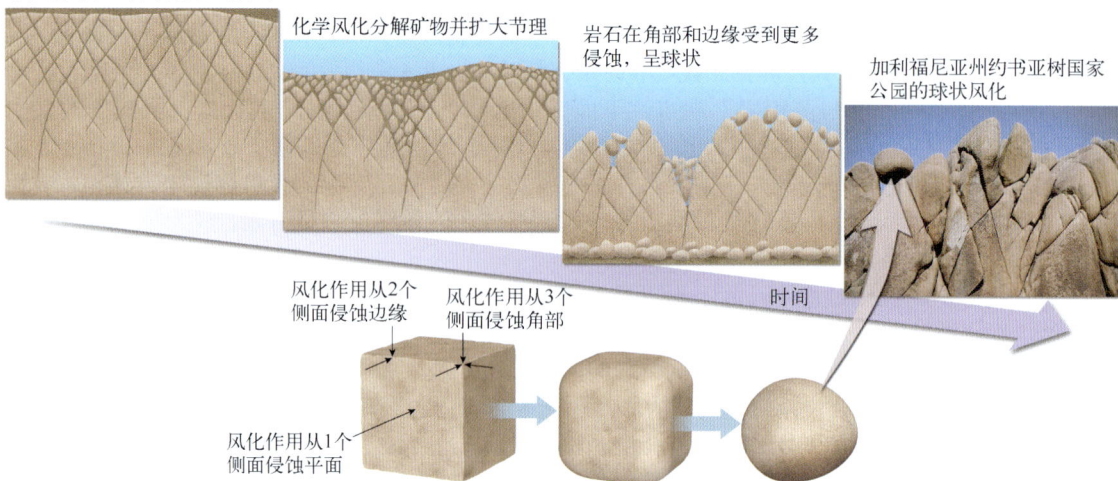

图 6.13　浑圆状巨砾的形成。节理较发育岩石的球状风化

6.4　风化速率

概述影响岩石风化类型和速率的各种因素。

如前所述，当岩石受到机械风化时，暴露表面积增大，为化学风化提供了便利条件。在影响岩石风化的类型和速率方面，其他重要因素还包括岩石特征和气候。

6.4.1　岩石特征

岩石特征涵盖了岩石的所有化学性质，如矿物成分和溶解度。此外，物理性质（如节理间距和矿物颗粒大小）可能也很重要，因为它们会影响水对岩石的渗透能力。

通过对比同一墓地中的两块旧墓碑，可验证矿物成分导致的风化速率变化。花岗岩（由硅酸盐矿物组成）墓碑相对抗化学风化，大理岩墓碑则在相对较短的时间内显示出广泛的化学蚀变迹象。仔细观察图 6.14 所示墓碑上的铭文，即可得出以上结论。大理岩由方解石（碳酸钙）组成，即使在弱酸性溶液中也会缓慢溶解。

硅酸盐（丰度最高的矿物类）的化学风化顺序基本上与结晶顺序相同。由鲍温反应系列（见图 4.21）可知，橄榄石首先结晶，对化学风化的抵抗力最弱；石英最后结晶，对化学风化的抵抗力最强。

6.4.2　气候

气候因素（特别是温度和降水）是岩石风化速率的关键决定因素，例如具有更多冻融循环（freeze-thaw cycle）的区域将存在更多的冰劈作用（机械风化的一种重要类型）。温度和湿度也会对化学风化速率施加很大的影响，并且决定植被存在的种类和数量，植被茂盛地区通常存在富含腐烂有机质的较厚土壤盖层，化学活性流体（如碳酸和腐殖酸）即由这些腐烂有机质衍生而来。化学风化的最佳环境是较高温度与充足水分相结合（温暖潮湿）的环境，较高温度会增加溶液中的高速碰撞次数，进而加快化学反应速率。在极地区域，较低温度将可用水分像冰一样锁住，以阻止大多数化学风化。同理，干旱地区缺乏足够的水分，难以促进快速化学风化。

人类活动经常制造可改变大气成分的污染物，这种变化随后又会影响化学风化速率，人们较为熟悉的典型示例是酸雨（见图 6.15）。

这块花岗岩墓碑立于1868年，铭文看起来仍然清晰

这块大理岩（富含方解石）墓碑立于1874年，虽然比花岗岩墓碑晚6年，但是铭文几乎无法辨认

图 6.14 岩石类型影响风化作用。观察同一墓地的不同墓碑，发现化学风化速率取决于岩石类型

6.4.3 差异风化

岩体的风化并不均匀，这种现象称为差异风化（differential weathering）。差异风化的规模各不相同，从图6.14中大理岩墓碑的粗糙不平表面，到新墨西哥州比斯蒂荒地（Bisti Badlands）的粗犷基岩裸露（见图6.16）。

对于许多与众不同（通常较为壮观）的岩层及地貌的形成，差异风化及随后的侵蚀过程发挥着重要作用。很多因素会不同程度地影响岩石风化速率，其中最重要的因素是岩石成分变化。在不规则山坡上，抵抗力更强的岩石明显突出，因此成为山脊、顶峰或更陡的悬崖（见图7.5）。节理的数量和间距也是一种重要因素，如图6.13所示。

图 6.15 酸雨可加速石碑和建筑物的化学风化。由于燃烧了大量煤炭和石油，全球每年约数千万吨硫和氮氧化物被释放到大气中。经过一系列的复杂化学反应，其中部分污染物转化为酸，然后以雨（或雪）的形式降落到地表

图 6.16 风化作用遗迹。这个差异风化示例位于美国新墨西哥州比斯蒂荒地，当风化作用为岩石差异推波助澜时，有时会形成特别壮观的地貌

6.5 土壤

定义土壤，并解释为何将其称为界面。

对土壤形成（成土）而言，风化作用非常重要。像空气和水一样，土壤也是人类最不可或缺的资源之一，但往往被视为理所当然。

土壤可实至名归地称为生命世界与无生命世界之间的桥梁，所有生命（整个生物圈）的存在都归功于最终必定来自地壳的十几种元素。风化作用及其他过程形成土壤后，植物发挥居间作用，从土壤中吸收必要元素，然后将其提供给动物（包括人类）。

6.5.1 地球系统中的界面

土壤形成于地圈、大气圈、水圈和生物圈的交汇处，因此被视为一个界面/接口（interface），即一个系统中不同部分之间相互作用的共同边界（见第 1 章）。土壤是一种对地球系统不同部分之间复杂的环境相互作用做出反应而发育形成的物质，随着时间的推移而逐步演变成与环境保持均衡（或平衡）的状态。土壤是动态发展变化的，对周围环境的几乎所有特征都很敏感，因此当环境[如气候、植被覆盖及动物（包括人类）活动]发生改变时，土壤会做出对应的反应。任何此类变化都会逐渐改变土壤特性，直至达到一种新平衡。虽然土壤在陆地表面的分布极为稀薄，但却发挥着一个基础性界面的作用，为地球系统中许多部分之间的整合提供了一个极好的范例。

6.5.2 土壤的定义

除了少数例外情形，地球陆地表面被风化层（regolith）覆盖，风化层是指由风化作用形成的一层岩石及矿物碎屑。土壤（soil）是风化层中支撑植物生长的部分，由矿物质、有机质、水和空气混合而成。虽然这些主要组分所占的比例各不相同，但是在土壤中全都不可或缺（见图 6.17）。在优质表层土壤的总体积中，约 1/2 是由破碎解体的岩石（矿物质）和腐烂分解的腐殖质[动植物的腐烂残骸（有机质）]构成的混合物，其余 1/2 由固体颗粒之间的孔隙（空气和水在其中循环）组成。

在土壤中，虽然矿物质通常远多于有机质，但腐殖质（有机质）是为植物供应养分和增强土壤保水能力的一种重要组分。土壤水分是一种复合溶液，除了维持生命化学反应所需的水分，还含有许多植物能够利用的溶解营养素。最后，未充满水的孔隙内包含了空气，可为生活在土壤中的植物提供必要的氧气（对某些特定微生物而言）和二氧化碳。

6.5.3 土壤质地和土壤结构

大多数土壤含有大小不同的各种颗粒。类似于岩石结构（rock texture），土

图 6.17 什么是土壤？这个饼图描绘了适合植物生长条件的优质土壤的成分（按体积计），虽然百分比各不相同，但是每种土壤均由矿物质、有机质、水和空气组成

25%空气

45% 矿物质

25%水

5%有机质

壤质地（soil texture）指不同大小颗粒的占比。土壤质地强烈影响着土壤保持以及搬运水分和空气的能力，因此也决定了植物的生长状况。砂质土壤可以快速排水并变干，难以促进植物大量生长。富含黏土的土壤特别致密，孔隙可能非常小，从而抑制排水并长期存水。此外，当黏土和粉砂含量非常高时，植物根系可能难以穿透土壤。

由于土壤很少由单一大小的颗粒组成，基于黏粒/黏土（小于0.002毫米）、粉粒/粉砂（0.002～0.06毫米）和砂粒/砂（0.06～2.0毫米）的不同比例，人们建立了土壤质地分类体系。美国农业部采用的标准分类体系如图6.18所示。例如，在该三角图中，点A（左中）代表的土壤由10%的粉粒、40%的黏粒和50%的砂粒组成，这种土壤称为砂黏土（sandy clay）。占据三角图中心部分

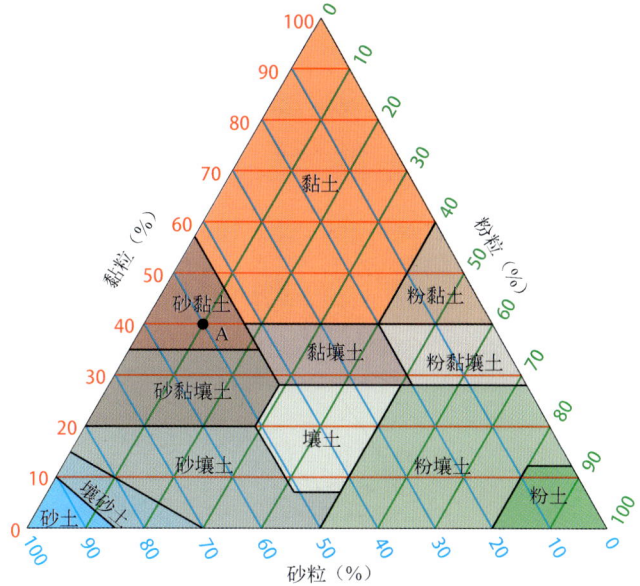

图6.18 土壤质地分类图。任何土壤质地均可利用该图上的一个点表示。土壤质地是用于评估农业潜力和工程特性的因素之一

的土壤称为壤土（loam），指没有任何单一大小颗粒占主导地位（黏粒、粉粒及砂粒的含量适中）的土壤。壤土最适合支撑植物生长，因为与主要由黏土或粗砂组成的土壤相比，它们通常更能保持水分和养分。

土壤颗粒彼此之间很少完全孤立，而通常形成称为土团/自然结构体/团聚体（peds）的团块，这是土壤具有的一种特殊结构。在发育良好的土壤中，可辨别出4种基本结构，分别呈片状（platy）、棱柱状（prismatic）、块状（blocky）和球状（spheroidal）。土壤结构（soil structure）相当重要，因为它会影响土壤耕作的难易程度及土壤易受侵蚀的程度。土壤结构还会影响土壤的孔隙率和渗透性（水分渗透的难易程度），进而影响养分向植物根系的运动。棱柱状土团和块状土团通常允许适度水分渗透，片状结构和球状结构则以渗透速率较慢为特征。

概念回顾 6.5

1. 解释土壤为何被视为地球系统中的界面。
2. 风化层与土壤有何不同？
3. 土壤质地为何是农业中的重要土壤特性？
4. 利用图6.18中的土壤质地分类图，说出由60%的砂粒、30%的粉粒及10%的黏粒组成的土壤名称。

6.6 成土因素

列举并简要讨论土壤形成的5种控制因素。

土壤是若干因素（包括母质、气候、生物、时间及地形）复杂相互作用的产物。所有这些因素相互依存，本节分别介绍它们发挥的作用。

6.6.1 母质

土壤发育的风化矿物质来源称为母质（parent material），这是影响新形成土壤的主要因素。随

着土壤形成过程的推进，这种风化物质逐渐经历物理变化和化学变化。母质既可以是下伏基岩，又可以是松散沉积物层。母质为基岩时的土壤称为残积土（residual soil），松散沉积物上形成的土壤称为运积土（transported soil），如图 6.19 所示。要指出的是，运积土在通过重力、水、风或冰从其他地方搬运并沉积的母质上形成。

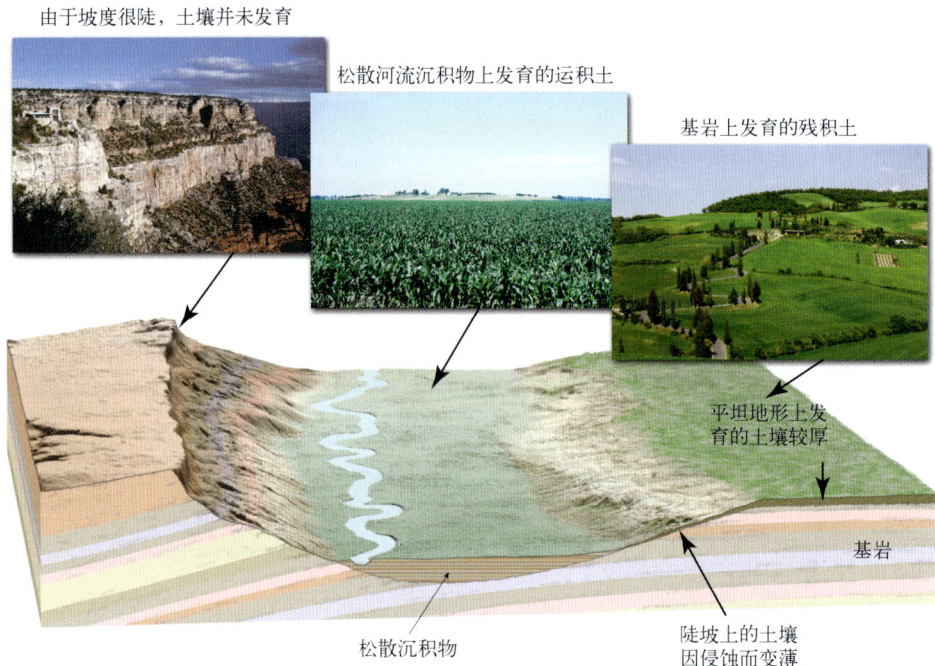

图 6.19 坡度和土壤发育。残积土的母质为下伏基岩，运积土在松散沉积物上形成。还可以看到，随着坡度变陡，土壤变薄

母质从两个方面影响土壤。首先，母质类型影响风化速率，进而影响成土（土壤形成）速率。由于松散沉积物已部分风化，这种母质上的土壤发育速率可能比基岩作为母质时更快。其次，母质的化学组成会影响土壤的肥力，进而影响土壤所能支撑的自然植被特性。

母质曾被视为造成土壤之间差异的主要因素，但是土壤学家现在逐渐认识到，其他因素（特别是气候）更重要。实际上，相似土壤常由不同母质发育而成，不同土壤也可能由相同母质发育而成，这些发现强调了其他成土因素的重要性。

6.6.2 气候

气候被视为对土壤形成影响最大的控制因素。如前所述，温度和降水量的变化决定了是化学风化还是机械风化占主导地位，同时极大地影响了风化作用的速率和深度。例如，炎热潮湿的气候可能形成厚层化学风化土壤，但是在相同的时长内，寒冷干燥的气候仅能形成薄层机械风化碎屑。此外，降水量也会影响各种物质通过表面侵蚀或渗入水分[称为淋洗作用（leaching）的一种过程]而从土壤中去除的程度，进而进一步影响土壤肥力。最后，对于动植物的当前类型和数量，气候条件是一种重要的控制因素。

6.6.3 植物、动物和微生物

在土壤形成过程中，植物、动物及微生物发挥的作用至关重要。对于土壤的物理性质和化学性质，生物的类型及丰度产生的影响非常大（见图 6.20）。实际上，对许多地区发育良好的土壤而言，自然植被对土壤类型的意义较为明确，一般隐含在土壤学家常用的名称中，如湿草原土、森林土和苔原土。

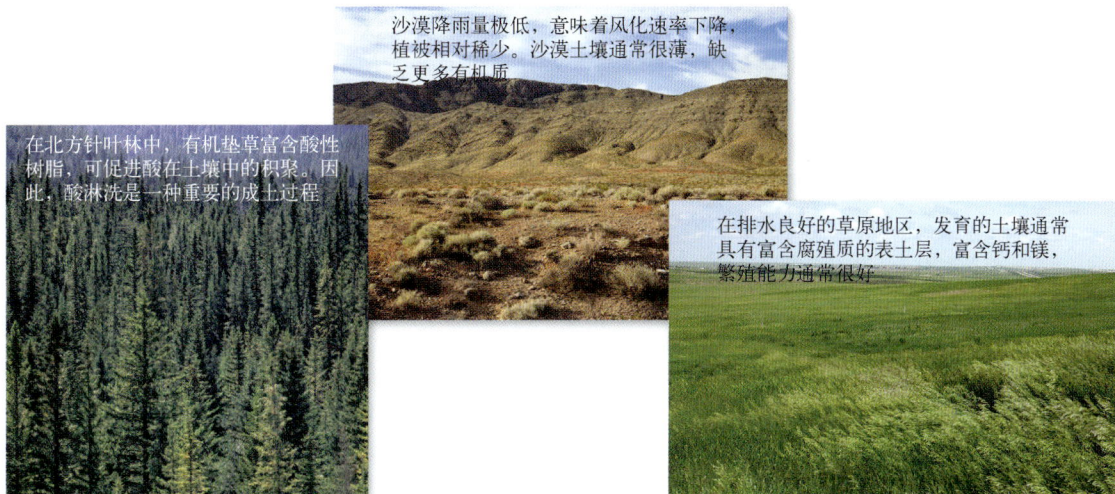

图 6.20　植物影响土壤。一个地区的植被性质对土壤形成产生重大影响

（图中文字）

沙漠降雨量极低，意味着风化速率下降，植被相对稀少。沙漠土壤通常很薄，缺乏更多有机质

在北方针叶林中，有机垫草富含酸性树脂，可促进酸在土壤中的积聚。因此，酸淋洗是一种重要的成土过程

在排水良好的草原地区，发育的土壤通常具有富含腐殖质的表土层，富含钙和镁，繁殖能力通常很好

植物和动物为土壤提供有机质。某些沼泽土几乎完全由有机质构成，沙漠土的有机质含量则可能远低于 1%。虽然不同土壤的有机质含量差异很大，但几乎没有完全缺乏有机质的土壤。

土壤中有机质的主要来源是植物，但是动物和数量无限多的微生物也有贡献。腐烂有机质为植物以及生活在土壤中的动物和微生物提供了重要营养，因此土壤肥力在一定程度上与有机质含量有关。此外，植物和动物遗骸的腐烂会形成各种有机酸，这些复合酸能够加速风化作用过程。有机质还具有较高的持水能力，因此有助于保持土壤中的水分。

在动植物遗骸的腐烂过程中，微生物（包括真菌、细菌及单细胞原生动物）发挥着积极作用，形成的最终产物是腐殖质（humus），这种物质与形成它的植物和动物不再相像。此外，将大气中的氮（N_2）转化为植物能够利用的氮类型[如铵（NH_4）]，某些微生物能够帮助提升土壤肥力。

蚯蚓及其他穴居动物可将土壤中的矿物质和有机质混合，如蚯蚓以有机质为食，并将其与所生活土壤完全混合，通常每年能够移动并富集大量土壤（高达几吨/英亩），这种混合称为生物扰动（bioturbation）。洞穴和孔洞也有助于水和空气穿越土壤。

6.6.4　时间

时间是各种地质过程（包括土壤形成）的重要组成部分，土壤的基本性质受到成土过程时间长度的强烈影响。若风化作用的持续时间相对较短，则母质特性将强烈影响土壤特性。随着风化作用过程的持续进行，母质对土壤的影响会被其他成土因素（特别是气候）掩盖。由于成土过程的运行速率因不同环境而存在差异，无法列出各种土壤演化所需的时间。然而，一般来说，成土时间越长，土壤的厚度就越大，与母质的相似性就越小。

6.6.5　气候带内的地形

陆地地形变化在短距离内可能非常大，这可能会导致各种局部土壤类型的发育，许多差异的存在缘于斜坡的长度及坡度会显著影响土壤的侵蚀量与含水量。

在陡坡上，土壤往往发育不良。由于径流过快，浸泡的水量很少，土壤含水量可能不足以令植物旺盛生长。此外，由于陡坡具有加速侵蚀的特性，土壤非常稀薄或者根本不存在（在某些情况下），如图 6.19 所示。

相比之下，在排水不畅和浸满水的洼地中，土壤特性截然不同。这种土壤通常较厚且颜色较暗。由于大量有机质（在饱和条件下积聚）延缓了植被腐烂，土壤颜色较暗。土壤发育的最佳地形是从平坦到起伏的高地表面，这种地形排水良好、侵蚀最小且水分能够充分渗入土壤。

坡向（slope orientation）即斜坡的朝向，是另一种考虑因素。在北半球的中纬度地区，与朝北斜坡相比，朝南斜坡能够接收更多的阳光。实际上，陡峭的朝北斜坡可能根本不被阳光直射。接收到的太阳辐射差异会导致土壤温度和土壤湿度差异，进而影响植被的基本性质和土壤特性。

本节虽然分别讨论了每种成土因素，但要牢记的是，所有这些因素共同作用才能形成土壤，土壤特性不由任何一种因素单独决定，而由母质、气候、生物、时间及地形的综合影响决定。

概念回顾 6.6

1. 列出土壤形成的 5 种基本控制因素。哪种因素对土壤形成影响最大？
2. 坡向如何影响土壤形成？

6.7　土壤描述和土壤分类

绘制、标注及描述理想土壤剖面，解释土壤分类的必要性。

土壤形成的控制因素因地点和时间不同而差异极大，导致土壤类型的多样性极为惊人。

6.7.1　土壤剖面

由于成土过程从地表开始自上而下进行，在各个不同的深度，土壤的成分、质地、结构和颜色逐渐以不同的方式发育。随着时间的推移，这些垂直差异通常会变得更明显，进而将土壤划分为多个带，称为层（horizon）。若在土壤中挖一个坑，则应当会看到坑壁是分层的，穿过所有土壤层的垂直剖面构成了土壤剖面/土层剖面（soil profile）。

图 6.21 展示了一个发育良好的土壤剖面的理想视图，其中可辨认出 5 个层，从地表向下被依次命名为 O、A、E、B 和 C。在温带地区的土壤中，这 5 个层较为常见。但是，并非所有土壤都包含这 5 个层，层在不同环境下发育的特性和程度不同，因此不同地区的土壤剖面可能差异较大。

- O 层：主要由有机质组成，与其下方各层（主要由矿物质组成）形成对比。上部以植物枯落物为主，如松散落叶及其他可辨别的有机碎屑；下部由部分分解的有机质（腐殖质）组成，其中的植物结构已无法辨别。O 层也充满了微小生命形式，如细菌、真菌、藻类及昆虫，所有这些生物都为发育中的土壤提供氧气、二氧化碳和有机酸。
- A 层：大部分为矿物质，但生物活性较高，通常存在腐殖质（某些情况下高达 30%）。O 层和 A 层共同构成通常所称的表土（topsoil）。
- E 层：有机质含量极少的浅色层。当水分下渗通过该区域时，更细的颗粒会被带走，这种对细粒土壤成分的冲刷称为淋溶作用/淋滤作用（eluviation）。下渗的水分也会溶解可溶性无机土壤成分，并将它们携带至更深的区域，上层土壤中可溶性物质的这种消耗称为淋洗作用（leaching）。E 层也称淋洗带/淋溶层（zone of leaching）。
- B 层：又称心土（subsoil），通过淋溶作用从 E 层中移除的大部分物质沉积的地方，通常称为堆积带/淀积层（zone of accumulation）。细黏土颗粒的堆积增强了本层的蓄水能力。在极端情况下，黏土堆积能够形成极其致密的不透水层，称为硬磐/硬土层（hardpan）。
- C 层：以母质发生部分改变为特性。母质在 O、A、E 及 B 层中很难见到，但在 C 层中很容易发现。虽然这种物质正在经历最终转化为土壤的变化过程，但其尚未超过将风化层与土壤分开的阈值。

在不同环境中，土壤的特性和发育程度可能差异极大（见图 6.22），各土壤层之间的边界可能很清晰，也可能逐渐混合。因此，发育良好的土壤剖面表明，环境条件在较长时间内相对稳定，土壤已经成熟。相比之下，由于成土时间较短，有些未成熟土壤完全不分层，如近期的冰川消融景观。未成熟土壤也是陡坡的特性，那里的侵蚀不断剥离土壤，阻止其充分发育。

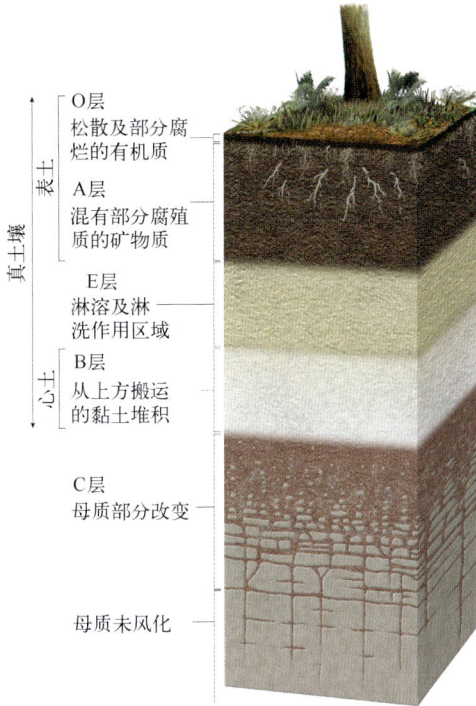

图 6.21　土壤层。中纬度潮湿气候下的理想化土壤剖面

在波多黎各的这片土地上，各土壤层之间的界限不明显，外观相对统一

图 6.22　土壤剖面对比。不同环境土壤的特性和发育差异极大

这个剖面图显示了美国南达科他州东南部的土壤，各土壤层发育良好

6.7.2　土壤分类

地球上的土壤种类太多，因此有必要设计一些方法来对庞大的土壤数据进行分类。美国土壤学家设计了一种土壤分类系统，称为土壤系统分类（soil taxonomy），强调了土壤剖面的物理性质和化学性质，并且基于可观测土壤特性进行组织。该分类系统包含 6 个分类级别，从最宏观的土纲（order）到最具体的土系（series），共划分了 12 种土纲和超过 19000 种土系。

土壤分类单位名称大多组合使用拉丁语（或希腊语）和描述性术语，如干旱土纲（aridisol）土壤指干旱地区的典型干燥土壤，始成土纲（inceptisol）土壤指仅处于剖面发育初期的土壤。

为了描述土壤的生产力或种植特定农作物的能力，土壤学家引入了生产力指数（productivity index），其取值范围是从 0（生产力最低）到 19（生产力最高）。表 6.2 提供了 12 种基本土纲的简要说明，图 6.23 显示了土壤系统分类中 12 种土纲的复杂全球分布格局。类似于许多其他分类系统，土壤系统分类并不适用于所有目标，虽然对农业及相关土地利用目标特别有用，但是对建筑物选址评估意义不大。

表 6.2　基本土纲

土　纲	描　　　述	生产力指数评级	全球陆地表面百分比*
淋溶土（Alfisol）	北方针叶林（或阔叶落叶林）下形成的中度风化土壤，富含铁和铝。由于在潮湿环境中淋洗，黏土颗粒聚积在次表层中。因干湿适中而肥沃，生产力较高	10	9.65
火山灰土/暗铬土（Andisol）	母质为火山灰和火山渣的幼年土壤，由近代火山活动沉积而成	11	0.7
干旱土（Aridosol）	在干燥地点发育的土壤，水分不足，无法去除可溶性矿物；心土中可能含有碳酸钙、石膏或盐堆积；有机质含量低	5	12.02
新成土（Entisol）	发育有限且呈现出母质特性的幼年土壤。生产力范围跨度较大，近代河流沉积物上形成的新成土生产力极高，流沙（或岩质斜坡）上形成的新成土生产力极低	6	16.16

土　纲	描　　述	生产力指数评级	全球陆地表面百分比*
冰冻土（Gelisol）	剖面发育很少的幼年土壤，可见于存在永冻层的地区。一年中的大部分时间呈低温及冰冻状态，成土过程缓慢	8	8.61
有机土（Histosol）	有机土壤，可见于有机碎屑堆积形成沼泽土的任何气候中。部分分解的暗色有机质通常称为泥炭	14	1.17
始成土（Inceptisol）	发育较弱的幼年土壤，显示出剖面发育初期。最常见于潮湿性气候，但从北极到热带地区均可见。原生植被通常是森林	9	9.81
软土/暗沃土（Mollisol）	草原植被下发育的深色软土，常见于草原地区。表土层富含腐殖质，富含钙和镁，再生能力强。也发现于硬木林中，蚯蚓活动明显。气候为北方（或高山）到热带，旱季是常态	13	6.89
氧化土（Oxisol）	熟地表面形成的土壤，除非母质沉积前经过强烈风化。一般发现于热带和亚热带地区。富含铁铝氧化物，氧化土被严重淋洗，因此是贫瘠的种植土壤	3	7.5
灰土（Spodosol）	仅见于潮湿地区沙质物质上的土壤。常见于北方针叶林和凉爽潮湿的森林中。位于已风化有机质的深色上层之下的浅色淋洗层，这是这种土壤的独特特性	7	2.56
老成土（Ultisol）	代表长期风化作用产物的土壤。渗透水使下层黏土颗粒浓缩。仅限于温带和热带的潮湿性气候，生长期很长。水分充足，无霜期漫长，导致淋洗作用广泛和肥力贫瘠	4	8.45
变性土（Vertisol）	含有大量黏土的土壤，干燥时收缩，加水后膨胀。若在干旱期后有足够水分使土壤饱和，则可见于半湿润到干旱气候地区。土壤的膨胀及收缩会对人类建筑物施加应力	12	2.24

*该百分比指全球无冰陆地表面。

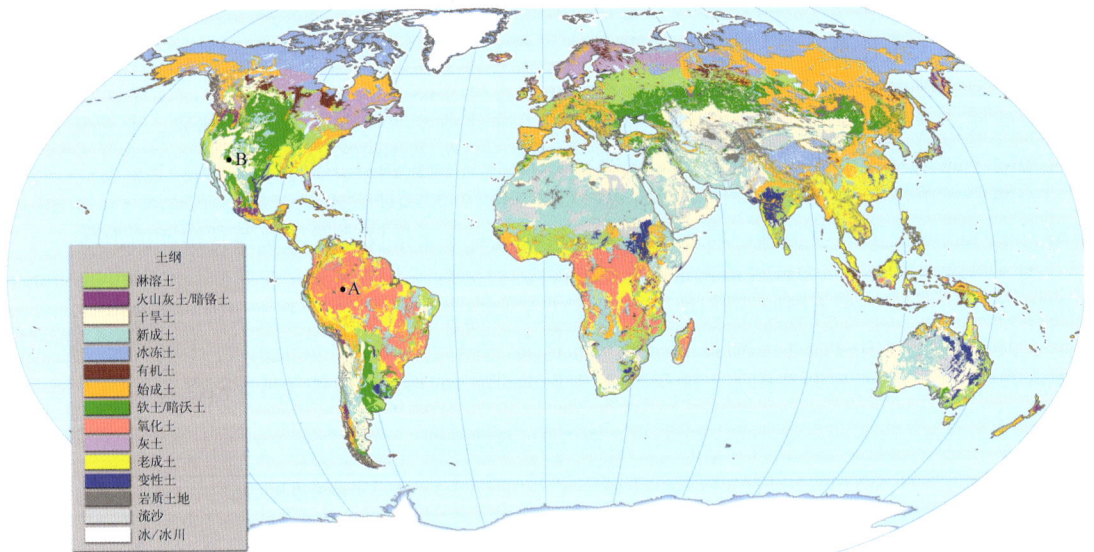

土纲
淋溶土
火山灰土/暗铬土
干旱土
新成土
冰冻土
有机土
始成土
软土/暗沃土
氧化土
灰土
老成土
变性土
岩质土地
流沙
冰/冰川

图 6.23　全球土壤分区。土壤系统分类中 12 种土纲的全球分布。A 点和 B 点是本章章尾"深入思考"专栏的参考点

概念回顾 6.7

1. 绘制并标注发育良好土壤剖面中的主要土壤层。
2. 描述以下特性或过程：淋溶作用、淋洗作用、堆积带和硬磐。
3. 为何要对土壤进行分类？
4. 查看图 6.23，确定美国 48 个毗邻州特别常见的 3 种土纲，描述阿拉斯加州的 2 种土纲。

6.8 人类活动对土壤的影响

解释人类活动对土壤的负面影响，并列举减少土壤侵蚀的几种方法。

土壤只是地球上所有物质的一小部分，但对有根植物的生长至关重要，因此是人类生命支撑系统的基石。土壤形成速率非常缓慢，因此要将其视为不可再生资源。人类具有相当高的聪明才智，可通过施肥和灌溉来提高土壤的农业生产力，但也可能通过粗心大意的活动对土壤造成破坏。虽然土壤在提供食物、织物及其他基本物质方面发挥着作用，但却是被人类最滥用的资源之一。

6.8.1 热带雨林砍伐：人类影响土壤的案例研究

在最近数十年期间，热带森林的破坏已成为一个严重的环境问题，每年有数百万亩热带雨林被砍伐（见图 6.24），这种砍伐导致了土壤退化、生物多样性丧失以及气候变化。

在潮湿的热带及亚热带地区，厚层红橙色土壤（氧化土）很常见（见图 6.23），它们是极端化学风化的最终产物。由于郁郁葱葱的热带雨林与这些土壤有关，许多人认为它们比较肥沃，具有巨大的农业潜力，但事实恰恰相反：氧化土是最贫瘠的农业土壤之一。为什么会这样？

热带雨林土壤在高温和强降雨条件下发育，因此遭

图 6.24　**热带森林砍伐**。砍伐亚马孙雨林（位于苏里南），厚层土壤（氧化土）被高度淋洗。热带雨林砍伐是一个严重的环境问题

到严重淋洗。不仅淋洗作用会去除可溶性物质（如碳酸钙），大量渗滤雨水还会去除大部分二氧化硅，导致不易溶解的铁铝氧化物在土壤中富集，氧化铁为土壤赋予了具有鉴别性的独特颜色。由于细菌活动在潮湿热带地区较为活跃，有机质很快分解，雨林土壤中的腐殖质很少。此外，淋洗作用会破坏土壤肥力，因为大多数植物养分都被向下渗透的大量水分去除。虽然热带雨林植被繁茂，但是土壤本身所含的可用养分却很少。

支撑雨林的大部分养分都被锁定在树木本身上。当植被死亡并分解时，在养分从土壤中被淋洗掉之前，雨林树木的根部会快速将其吸收。随着树木的死亡并分解，养分反复持续循环利用。因此，当为农业（或采伐业）提供土地而砍伐森林时，大部分养分会被清除掉，剩余土壤所含能够滋养农作物的养分极少。

雨林砍伐不仅会去除植物养分，还会加速土壤侵蚀。雨林植被根部锚固土壤，树叶和树枝提供遮篷，通过偏转"频繁大雨的最强力量"来保护地面。保护性植被消失后，土壤侵蚀将加剧。

植被的移除还会导致地面暴露在强烈的阳光直射下，当被太阳炙烤时，这些热带土壤可能硬化成致密的砖块状，水和农作物根部几乎无法穿透。在新砍伐地区，数年内可能不再适合耕种。

智人（现代人）是真正的聪明人，只要停止将土壤当作泥土对待，就仍然有时间不辜负自己的名字。

——大卫·蒙哥马利博士，《泥土：文明的侵蚀》的作者

6.8.2 土壤侵蚀：失去一种重要资源

许多人并未意识到土壤侵蚀（表土的清除）是严重环境问题，可能是因为即使土壤侵蚀严重之处似乎仍然存在着大量土壤残留。虽然肥沃的表土流失状况对未经训练的人来说可能并不明显，但是随着人类活动的扩大以及对地球表面干扰越来越多，这种状况已成为日益严重的重大问题。

土壤侵蚀是一种自然过程，也是地球物质持续循环[称为*岩石循环（rock cycle）*]的一部分。土壤一旦形成，侵蚀营力（特别是水和风）就可能将土壤组分搬运到不同的地点。下雨时，雨滴都会以惊人的力量袭击大地（见图 6.25），每个雨滴都像小炸弹一样将可移动土壤颗粒从土体中的

原有位置炸出。然后，流经地表的水带走脱落的土壤颗粒，由于土壤由薄层水片移动带走，这个过程称为**片状侵蚀（sheet erosion）**。

水以不受约束的薄片形式流出相对较短的距离后，通常发育形成水流线，并开始形成微小水道，称为**细沟（rill）**。随着细沟逐渐扩大，土壤中形成更深的切口，称为**冲沟（gullies）**，如图 6.26 所示。当正常农场耕作无法消除这些水道时，即可知道这些细沟已长大到足以称为冲沟。虽然大多数脱落土壤颗粒在每次降雨期间仅移动很短的距离，但是大量土壤颗粒最终将离开田地，沿着斜坡流入溪流。一旦进入河道，这些土壤颗粒[现在称为**沉积物（sediment）**]将被搬运至下游，并最终沉积下来。

1. 侵蚀速率

土壤侵蚀是几乎所有土壤的最终命运。由于更多地表受到树木、灌木、草及其他植物的覆盖与保护，以往土壤侵蚀的发生速率要比现在慢。

图 6.25 雨滴撞击。因雨滴撞击而脱落的土壤更容易被片状侵蚀移动

但是，人类活动（如农业、采伐业及建筑业）会消除或破坏自然植被，极大地加快土壤侵蚀速率。若没有植物的稳定作用，则土壤更容易被风卷走，或者被片流洗刷作用而沿坡冲走。

(a)

(b)

图 6.26 无防护土壤的侵蚀。(a)片流和细沟；(b)细沟能够生长为较深的冲沟

土壤侵蚀的自然速率因地而异，具体取决于土壤特性及其他因素（如气候、坡度和植被类型）。在广阔的区域内，通过确定从该区域中流出的河流携带的沉积物数量，可估计地表径流导致的侵蚀。全球尺度的这种研究结果表明，在人类出现前，河流每年搬运入海的沉积物刚好超过 90 亿吨，而目前通过河流搬运入海的物质约为 240 亿吨/年，约为人类出现之前的 2.5 倍多。

据估计，美国约 2/3 的土壤侵蚀由流水导致，剩余部分则主要由风导致。当干旱条件普遍存在时，强风会从未受保护的田地中吹走大量土壤（见图 6.27）。据估计，目前在全球超过 1/3 的耕地上，表土的侵蚀速率快于其形成速率，导致生产力下降、农作物质量下降和农业收入减少。

这名男子指向草开始生长时的地面位置，风蚀作用使地表降到了其脚部所在位置

已固定土壤团块

未固定土壤

砂丘

1.2米

图 6.27 风蚀作用。当土地干燥且基本上没有植被固定保护措施时，风对土壤的侵蚀作用可能非常严重

20世纪30年代的某几年特别干旱，北美洲大平原地区遭遇了大规模沙尘暴，数百万英亩表土遭到剥离。由于这些风暴的规模和严重性，该地区被称为尘暴区（Dust Bowl），这一时期则被称为"肮脏的30年代"。

在有些地方，沙尘像雪花一样飘洒，覆盖了农场的建筑物、栅栏和田地，作物歉收和经济困难导致许多农场遭到遗弃

受沙尘暴影响严重的其他区域

尘暴核心区域

南部大平原受到的影响最为严重

WA
OR
CA
NV
UT
ID
MT
WY
SD
ND
MN
CO
NE
IA
KS
AZ
NM
TX
OK

1937年5月21日，在堪萨斯州埃尔克哈特附近，沙尘乌云般笼罩着天空。在一段异常潮湿的时期，半干旱草原转变为农场，为这一灾难性水土流失时期埋下了伏笔。当干旱来临之时，未受保护土壤很容易受到风的影响

地质美图 6.1　20 世纪 30 年代的尘暴区

2．控制土壤侵蚀

由于未采取众所周知的保护性措施，每个大陆上都在发生危险的土壤流失。虽然人们认识到土壤侵蚀可能永远无法完全消除，但是土壤保护计划能够大大减少这一基本资源的损失。

坡面陡度（坡度）是土壤侵蚀的一个重要因素，坡度越陡，水流就越快，侵蚀作用就越强。保持这些陡坡不受干扰是最佳选择，但是若确实要在这些陡坡上进行耕种，则最好能够建造梯田，这些几乎平坦的阶梯状表面可以减缓径流，进而减少土壤流失，同时允许更多的水分渗入地下。

水分对土壤的侵蚀作用也能发生在缓坡上。图 6.28 描绘了一种保护方法，即将农作物平行于坡面等高线进行种植，这种模式通过减缓径流来减少土壤流失。草或覆盖作物（如饲草）能减缓径流，起到促进水分渗透和截留沉积物的作用。

最有效的土壤保持措施可能是免耕耕种，即将农作物秸秆留在田地中，使土壤不再受到耕作干扰。修建草皮水道是另一种常见的做法（见图 6.29），即将天然排水道修建成光滑且较浅的通道，然后种草，这种草可防止冲沟的形成，锁住从耕地中冲走的土壤。为了保护田地免受过度的风蚀作用，人们种植了成排的树木和灌木作为防风林，以减缓风蚀并使其向上偏转（见图 6.30）。

图 6.28　**土壤保持**。在美国艾奥瓦州东北部，某农场种植庄稼以减少水分侵蚀

图 6.29　**减缓水蚀作用**。宾夕法尼亚州某农场的草皮水道　图 6.30　**减缓风蚀作用**。北达科他州保护麦田的防风林

1. 热带雨林中的土壤为何不适合集约（精耕）农业？
2. 按正确顺序排列与土壤侵蚀相关的以下现象：片状侵蚀，冲沟，雨滴撞击，细沟，河流。
3. 解释人类活动如何影响土壤侵蚀速率。
4. 简述控制土壤侵蚀的 3 种方法。

主要内容回顾

6.1 风化作用

关键词：风化作用，机械风化，化学风化，侵蚀作用

- 风化作用是地表岩石的解体和分解。通过物理过程，岩石被破碎成大量更小的块。岩石也能通过化学风化进行分解，各种矿物与环境营力发生反应，形成在地表上稳定的新物质。

问题：附图中的自行车体现的是机械风化还是化学风化？

6.2 机械风化

关键词：冰劈作用，节理，片状剥落，剥离丘

- 机械风化营力包括冰的膨胀、盐的结晶和植物根系的生长，发挥的作用都是尽力撬开岩石中的颗粒并撑大裂缝。
- 在地球深部巨大压力下形成的岩石出露地表时会发生膨胀，膨胀力有时会大到足以使岩石破裂成洋葱状薄层。这种片状剥落能够形成广泛的圆顶状岩石出露，称为剥离丘。

6.3 化学风化

关键词：溶解作用，氧化作用，水解作用，球状风化

- 水在地表发生的化学反应中发挥着重要作用，通过溶解作用从某些矿物中释放并搬运离子。水还能促进化学反应，如生锈。酸性矿山废水是老煤矿中黄铁矿发生氧化作用的环境后果。
- 水还能与暴露矿物直接反应，形成在地表上稳定的新矿物，如长石水解形成高岭石黏土。黏土在地表条件下是稳定矿物，由硅酸盐矿物水解形成，是土壤和沉积岩的常见成分。
- 当岩石的尖锐边角比平坦表面更快发生化学风化时，产生球状风化。对给定体积的岩石而言，边角表面积占比越高，暴露于化学侵蚀的矿物质就越多。由于角部的风化作用更快，形成的风化岩石会随着时间的推移而变得越来越呈球状。

6.4 风化速率

关键词：差异风化

- 地表某些岩石含有矿物，因此比其他岩石更稳定。在相同条件下，不同矿物以不同的速率分解。石英是最稳定的硅酸盐矿物，鲍温反应系列中结晶较早的矿物趋于更快速地分解。
- 在有大量热量驱动反应和水分促进反应的环境中，岩石的风化速率最快。因此，岩石在炎热潮湿的气候中分解相对较快，在寒冷干燥的条件下分解相对较慢。
- 暴露在地表的岩石往往不以相同的速率风化，岩石的这种差异风化受各种因素的影响。此外，若某个岩体的风化受到另一个更抗风化岩体的保护，则其风化速率将慢于完全暴露的等效岩石。差异风化形成了许多壮观的地貌。

问题：假设将一块未风化花岗岩标本敲碎成两块，然后将其中一块放在南极洲干谷，将另一块放在亚马孙雨林，哪块岩石的风化速率更快？如附图所示，这两个地点的风化产物有何差异？

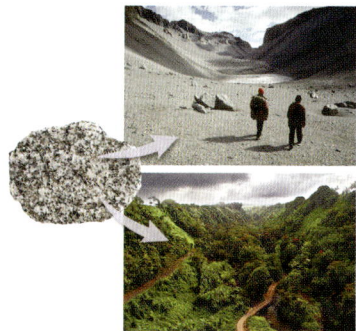

6.5 土壤

关键词：风化层，土壤，腐殖质，土壤质地

- 土壤是位于界面（地圈、大气圈、水圈及生

物圈交汇处）的有机成分和无机成分的重要组合。这个动态区域是地球系统不同部分之间的重叠，包含风化层的岩石碎屑，与腐殖质、水和空气相混合。

- 土壤质地指土壤中不同颗粒大小（黏粒、粉粒和砂粒）的比例。土壤颗粒通常形成称为土团的团块，为土壤赋予了一种特殊的结构。

问题： 在附图上标出土壤的 4 种组分。

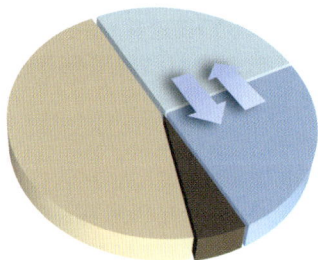

6.6 成土因素

关键词： 母质

- 由于基岩的风化作用，残积土在原地形成，运积土则在松散的沉积物上发育。

- 不同气候下形成的土壤之所以不同，部分缘于温度和湿度的差异，以及生活在不同环境中的生物。这些生物能向正在发育的土壤中添加有机质（或化合物），或者通过生长和运动帮助混合土壤。

- 土壤的形成需要时间。与幼年土壤相比，发育时间较长的土壤具有不同的特性。此外，某些矿物比其他矿物更容易分解，由不同母岩风化形成的土壤则以不同的速率形成。

- 土壤形成的坡面陡度是一个关键变量，缓坡可以保持土壤，陡坡则失去土壤并在其他地点堆积。

6.7 土壤描述和土壤分类

关键词： 层，土壤剖面，淋溶作用，淋洗作用，土壤系统分类

- 虽然世界各地的土壤种类繁多，但土层的垂直剖面仍然有着某些明确的形态。有机质（称为腐殖质）被添加在顶部（O 层），主要来自植物。在顶部，有机质与矿物质（A 层）混合。在底部，基岩碎裂形成矿物质（C 层）。在二者之间，部分物质从较高土层（E 层）中淋洗或淋溶，然后被输送到较低土层（B 层），在那里可能形成一个不透水层，称为硬磐。

- 为了有序整理海量数据，美国土壤学家建立

了土壤系统分类体系，定义了 12 种土纲。

6.8 人类活动对土壤的影响

- 热带雨林砍伐是值得关注的问题。在热带雨林生态系统中，大多数养分并不在土壤中，而存在于树木本身中。树木被清除后，大部分养分随之被清除。失去植被也会让土壤极易受到侵蚀，一旦清除植被，土壤就可能被太阳烤成致密的砖块状。

- 土壤侵蚀是一种自然过程，也是地球物质持续循环的一部分。但是，在最近几百年期间，人类活动增大了土壤侵蚀速率。由于自然土壤生产速率恒定不变，当地球人口数量破纪录时，会出现土壤净流失。

- 利用免耕耕种，平行于坡面等高线进行耕作，建立防风林、梯田和草皮水道，这些做法都已被证明能够减少土壤侵蚀。

问题： 如附图所示，美国印第安纳州的农场为何要种植这排常青树？

深入思考

1. 在附图人造物体的图像中，风化作用的两种主要类别是如何表现的？

2. 描述植物如何促进机械风化和化学风化，但能抑制侵蚀作用。

3. 花岗岩和玄武岩同时暴露在炎热潮湿的地表，哪种岩石的风化速率更快？解释理由。

4. 附图显示了船岩，这是位于美国新墨西哥州西北角的著名地标。船岩是火成岩体，代表着已消失火山地貌特征的管道。相关墙状火成岩构造向左上方延伸，称为岩墙。该火成岩地貌特征被沉积岩环绕。解释这些曾经

深埋地下的火成岩地貌特征为何现在高高矗立在周围地形之上，6.4 节中的哪个术语适用于这种情形？

5. 由于化石燃料的燃烧，150 多年来，大气中的二氧化碳水平持续上升。这种增长是趋于加速还是趋于减缓地表岩石的化学风化速率？解释理由。

6. 如第 4 章所述，长石是火成岩中极为常见的矿物。如第 7 章所述，在沉积岩的常见组成矿物中，长石相对罕见。运用化学风化相关知识，解释为何存在这种情况。基于这种解释，你认为沉积岩中常见但火成岩中没有的矿物是什么？

7. 何种因素导致不同土壤从同一母质发育而来？或者类似土壤形成于不同母质？

8. 利用全球土壤分区图（见图 6.23），确定南美洲亚马孙河附近地区的主要土纲（A 点）和美国西南部的主要土纲（B 点）。简单对比这些土壤，它们有何共同点？

9. 附图中的土壤样本来自美国中西部的一个农场。该样本可能采集自哪个土层——是 A、E、B 还是 C？

地球之眼

1. 附图是一块巨型花岗岩地貌特征近景，位于美国加利福尼亚州内华达山脉。**a**. 相对较薄的花岗岩板片与这个岩体正在分离，描述导致这种情形发生的过程。**b**. 这个过程可用什么术语描述？由此形成的圆顶状地貌特征可用什么术语描述？

2. 附图中的花岗岩标本富含钾长石和石英，以及少量黑云母和普通角闪石。**a**. 若这块岩石经历化学风化，则其矿物会如何改变？描述标本中每种矿物形成的风化产物。**b**. 所有矿物都会分解吗？若不是这样，则哪种矿物可能最具抵抗力并保持相对完整？

3. 在附图中，浑圆巨砾从有大量断裂的岩体中逐渐原地形成。这些岩石最初具有尖锐的棱角。**a**. 解释将基岩角块转化为浑圆巨砾的过程。**b**. 这个过程的专业名称是什么？

4. 附图中厚层红土出露于美国某地，分别为冰冻土、软土或氧化土。**a**. 参考表 6.2 中的描述，确定这幅图像所示的可能土纲，并给出相关解释。**b**. 该土壤最可能位于以下哪个州：阿拉斯加州，伊利诺伊州，夏威夷州？

第7章 沉积岩

植物进化到陆地上生活后，各大陆上的风化作用产物（大部分为沉积岩）增多。这是地球历史上生物圈、地圈、水圈和大气圈重要交互的示例（德国萨克森州白垩系易北河砂岩）

新闻中的地质：植物何时开始在干燥陆地上生活？对地球地质有何影响？

多年来，教师们始终在向学生传授以下知识：沉积岩中的化石记录表明，地球各大陆原本并不存在植物生命，直到约4.2亿年前，各植物物种才开始以多种方式进化登陆，使其能够离开水环境并冒险进入干燥的陆地。但是，最新研究成果正在颠覆这一事实。

通过将最新的分子生物学技术应用于不完整的化石记录，科学家估算出陆地植物祖先的出现时间可能要早1亿年。这项研究应用分子钟方法，对比了4种主要陆地植物之间的遗传差异，以估计它们的进化史。研究结论如下：大约在5.2亿年前，植物开始在陆地上定居，时间大致与动物相同。

这一点为何很重要？如前几章所述，硅酸盐矿物风化和沉积岩沉积将碳从大气中抽离，这一过程最终导致全球气候变冷。陆地植物生命形式能够与沉积岩相互作用，并且可以增强沉积岩的风化作用。因此，对了解地球气候历史而言，理解陆地植物登陆的时间进程至关重要。

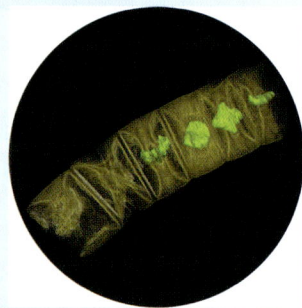

印度岩石中的红藻化石，年龄约为16亿年

7.1 解释沉积岩作为地质历史环境和现代社会重要资源来源指示器的重要性，概述与沉积物和沉积岩相关的岩石循环部分，列举 3 类沉积岩。

7.2 描述区分各种碎屑岩的主要依据，以及确定这些岩石起源和历史的方法。

7.3 解释化学沉积岩形成的相关过程，并描述若干示例。

7.4 概述煤炭形成的连续阶段。

7.5 描述沉积物转化为沉积岩的各个过程，以及与埋藏相关的其他变化。

7.6 概述沉积岩分类采用的标准。

7.7 区分 3 大类沉积环境，并分别举例说明；列举几种沉积构造，并解释这些特征对地质学家为何有用。

7.8 将风化作用过程和沉积岩与碳循环进行关联。

第 6 章为读者提供了理解沉积岩成因所需的背景知识。如前所述，这个过程从已有岩石的风化开始，随后由重力和侵蚀营力（如流水、风和冰川冰）清除风化作用产物，将这些产物搬运到新地点并沉积下来。在搬运阶段，岩石颗粒通常会进一步分解。沉积后的物质称为沉积物（sediment），这种物质能够被岩化为岩石。地质学家从沉积岩中重建了大量地球历史细节。沉积物沉积在各种不同的地表背景下，最终形成的岩层包含了关于地球历史上地表环境的大量线索，单一岩层可能代表着荒漠沙丘、沼泽泥底或热带珊瑚礁。许多沉积岩与重要能源及矿产资源相关，因此经济意义同样非常重要。

7.1　沉积岩概述

解释沉积岩作为地质历史环境和现代社会重要资源来源指示器的重要性，概述与沉积物和沉积岩相关的岩石循环部分，列举 3 类沉积岩。

在地表固态物质中，沉积物和沉积岩的体积约占 3/4；在洋底（约占地表的 70%），沉积物覆盖了绝大多数区域，仅洋中脊顶部和部分火山区域出露有火成岩。有趣的是，若观察地壳总体积的完整横截面（从地表到地下 16 千米深处），则会发现绝大多数岩石是火成岩或变质岩，沉积岩体积仅约占岩石总体积的 5%。

7.1.1　重要性

沉积岩是地圈、水圈、大气圈和生物圈之间的界面，集中分布在地球表面（或附近），因此在沉积物及其最终形成的岩层（沉积岩）中包含了地表各种历史条件及事件的相关证据。根据沉积岩的成分、结构、构造以及所含的化石，经验丰富的地质学家能够破译出其提供的各种线索，深入了解地质历史时期的气候、生态系统和海洋环境。此外，通过研究大量不同类型的沉积岩，地质学家能够重建古陆块的分布格局，以及消失已久山系的位置和组成。简而言之，沉积岩为地质学家提供了重建地球历史细节所需的大部分基本信息（见图 7.1）。

图 7.1　沉积岩记录变化。由于包含化石及其他地质历史的相关线索，沉积岩在地球历史研究中相当重要。岩石类型的垂向变化代表随时间推移的环境改变。这些地层出露于西澳大利亚卡瑞吉尼国家公园

沉积岩研究还具有重要经济意义。煤炭被归类为一种沉积岩类型，至今仍在为人类提供很大一部分电能。沉积岩的孔隙中赋存着部分主要能源，如石油和天然气。对制造商品及肥料的物质（如铁、铝、锰和磷酸盐）以及大量建筑用重要物质（如水泥、骨料和石膏）而言，沉积岩也是主要的源岩。沉积物和沉积岩还是地下水的主要储层。因此，对寻找及维持许多重要资源供应而言，了解这些岩石及其形成和变迁过程是基本前提。

7.1.2　成因

类似于其他岩石，沉积岩（sedimentary rock）的源头同样位于岩石循环中。图7.2描绘了地表附近发生的与沉积物和沉积岩相关的岩石循环部分，对这些过程的简要概述可提供一种有用的思考方法。

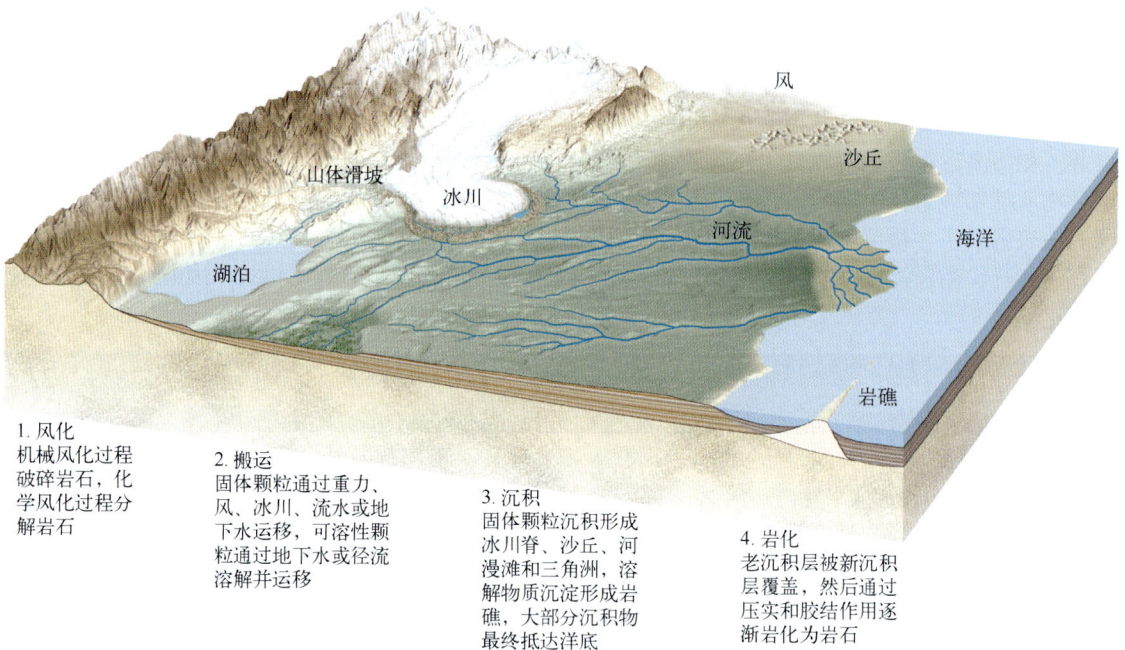

1. 风化
机械风化过程破碎岩石，化学风化过程分解岩石

2. 搬运
固体颗粒通过重力、风、冰川、流水或地下水运移，可溶性颗粒通过地下水或径流溶解并运移

3. 沉积
固体颗粒沉积形成冰川脊、沙丘、河漫滩和三角洲，溶解物质沉淀形成岩礁，大部分沉积物最终抵达洋底

4. 岩化
老沉积层被新沉积层覆盖，然后通过压实和胶结作用逐渐岩化为岩石

图7.2　从沉积物到沉积岩。图中显示了与沉积岩形成相关的岩石循环部分

- 风化（weathering）：当先存火成岩、变质岩和沉积岩风化时，就会形成各种各样的易受侵蚀产物，包括各种固体颗粒以及溶液中的各种离子，这些都是沉积岩的原料。

- 搬运（transport）：沉积物通常从发源地运移到堆积地。可溶性成分首先溶解，然后被径流和地下水携带离开。固体颗粒则在重力作用下向下坡移动［这个过程称为崩坏作用/块体崩坏/物质坡移（mass wasting）］，然后被流水、地下水、波浪活动、风或冰川冰移除。沉积物搬运通常具有间歇性特征，例如，快速流动的河流在洪水期间运移大量砂砾，这些颗粒物会在洪水退去后暂时沉积下来，并且只有在再次发生洪水时才能重新运移。

- 沉积（deposition）：随着风和水流的速度变缓以及冰川冰的融化，搬运过程中的固体颗粒最终沉积下来。实际上，这个过程就是沉积岩中的沉积（sedimentary），指固态物质从流体（水或空气）中沉淀出来。这种永不停歇的过程形成了大量沉积物，如湖底的淤泥、河口的三角洲、河床上的砾石坝、荒漠沙丘中的颗粒甚至家中的灰尘等。对溶解在水中的物质而言，沉积作用则与水流强度无关，而是当化学（或温度）变化导致物质结晶并沉淀（从液体溶液中固结）时，或者当生物体吸收溶解物质以构建硬质部分（如甲壳）时，溶液中的离子才被去除。

- 岩化（lithification）：随着沉积作用的持续进行，年老沉积物被埋藏在年轻沉积物层之下，并通过压实作用和胶结作用逐渐转化为沉积岩（岩化）。这种变化及其他变化统称成岩作用（diagenesis），指沉积物沉积后在结构、成分及其他物理性质方面发生的所有变化（不包括变质作用）。

地质学家将沉积岩划分为 3 种类型。第一种类型是碎屑沉积岩（clastic sedimentary rock），指通过机械和化学过程风化的岩石搬运堆积物，也称碎屑岩（detrital），与岩屑（detritus）有些相似。第二种类型是化学沉积岩（chemical sedimentary rock），沉积物主要是由化学风化形成的可溶性物质，溶液中的离子既能通过无机过程沉淀，又能通过生物过程沉淀。

第三种类型是有机沉积岩/生物沉积岩（organic sedimentary rock），由富碳生物体残骸形成。煤炭（一种黑色可燃岩石）是最主要的有机沉积岩，由死亡并积聚在沼泽底部的植物残骸中的有机碳构成。与构成碎屑沉积岩和化学沉积岩的风化产物相比，构成煤炭中"沉积物"的未腐烂植物物质碎片截然不同。

值得一提的是，根据简单岩石循环模型（simpla rock cycle model）（见图 1.23），沉积岩形成过程中涉及的各种过程趋于不断进行物质转化，直至成为 3 种最常见的最终产物之一。这三种最终产物称为吸引子（见第 6 章），分别为页岩、石英砂岩和石灰岩。本章后续各节将继续介绍这些沉积岩类型。

概念回顾 7.1

1. 与火成岩和变质岩相比，地壳中沉积岩的体积如何？
2. 列举沉积岩重要的两种原因。
3. 概述山脉中的花岗岩露头转化为沉积岩时应当经历的步骤。
4. 列举并简述 3 种类型沉积岩之间的差异。

7.2　碎屑沉积岩

描述区分各种碎屑岩的主要依据，以及确定这些岩石起源和历史的方法。

在碎屑岩（碎屑沉积岩）中，虽然可以发现很多种类的矿物和岩屑（碎屑），但黏土矿物和石英是大多数碎屑沉积岩的主要成分。如第 6 章所述，在硅酸盐矿物（特别是长石）的化学风化产物中，细粒黏土矿物的丰度最高，具有与云母相似的层状晶体结构。石英是另一种常见矿物，因抗化学风化能力和持久性特别强而大量存在，因此当火成岩（如花岗岩）受到风化作用过程的侵蚀时，单个石英颗粒常会无损脱落。

碎屑岩中的常见矿物还包括长石和云母。由于化学风化可将它们快速转化为新物质，若沉积岩中存在这些矿物，则表明侵蚀作用和沉积作用的发生速率极快，足以在源岩中的部分原生矿物分解前将其保留下来。

粒度/颗粒大小/粒径（particle size）是区分各种碎屑沉积岩的主要依据，图 7.3 给出了构成碎屑岩的粒度分级。粒度有助于区分碎屑岩的类型，组分颗粒大小还提供了与沉积环境相关的有用信息。水流（或气流）按大小对颗粒进行分选，水流（或气流）越强，可携带的颗粒就越大。例如，砾石可被湍急的河流、山体滑坡及冰川运移；砂粒搬运仅需消耗较少的能量，因此可见于风吹沙丘、部分河流沉积和海滩等地貌特征中；黏土搬运所需的能量极少，因此沉积速率非常缓慢，这些微小颗粒的积聚一般与静水（如湖泊、潟湖、沼泽或特定海洋环境）相关。

按照粒度递增次序，常见碎屑沉积岩包括页岩、砂岩、砾岩和角砾岩。下面介绍这几种碎屑岩的类型及其成因。

碎屑沉积岩			
粒度范围（毫米）	颗粒名称	通用名称	碎屑岩
>256	巨砾	砾石	 砾岩 / 角砾岩
64~256	粗砾		
4~64	中砾		
2~4	细砾		
1/16~2	砂	砂	 砂岩 / 长石砂岩
1/256~1/166	粉砂	泥	 粉砂岩 / 页岩或泥岩
<1/256	黏土		

0　10　20　30　40　50　60　70厘米

图 7.3　碎屑岩（按粒度划分）。粒度是区分各种碎屑沉积岩的主要依据

7.2.1　页岩

页岩（shale）是由粉砂及黏土大小颗粒构成的沉积岩（见图 7.4），这类细粒碎屑岩占所有沉积岩的半数以上，是沉积岩类型中的第一吸引子。页岩中的颗粒都很小，不放大很多倍根本无法轻易识别，因此页岩比大多数其他沉积岩更难研究和分析。

1. 页岩的形成

关于页岩的形成过程，大量已知信息都与粒度相关。页岩中的微小颗粒表明，沉积作用的发生源于相对平静的非湍流逐渐沉降，这样的环境包括湖泊、河漫滩、潟湖以及部分深海盆地。即使在这些"安静的"环境中，通常也有足够的湍流使黏土大小的颗粒几乎无限期悬浮。因此，仅在单个颗粒聚结形成更大聚集体后，大部分黏土才能沉积下来，这个过程称为絮凝作用（flocculation）。

有时，岩石的化学成分能够提供更多的信息，如黑色页岩因富含有机质（碳）而呈暗色，若发现这样的岩石，则强烈暗

图 7.4　页岩是最丰富的沉积岩。含有植物化石的深色页岩相对常见

示着沉积作用发生在有机质不易氧化和腐烂的缺氧环境（如沼泽）中。

2．薄层

粉砂和黏土堆积时趋于形成较薄的层，通常称为*薄层/薄板/薄片（laminae）*。薄层中的颗粒最初随机定向，这种无序排列留下了充满水分的较高比例的开放空间，称为*孔隙（pore space）*。但是，随着更多沉积物层堆积并压实下方的沉积物，黏土及粉砂颗粒更加接近平行排列，堆积程度也会变得特别紧密。颗粒的这种重新排列减小了孔隙，并迫使大部分水分向外排出。这些颗粒紧密地压实后，颗粒之间的空间变得极小，导致含有胶结物的溶液不易循环。因此，页岩由于胶结不良而并未较好地岩化，地质学家常将其描述为"软弱"。

水分无法穿透页岩的极小孔隙，这解释了这种岩石为何经常会对水和石油的地下运移形成障碍。实际上，含有地下水的岩层大多以页岩层为底板，以阻止水分进一步向下运移。地下石油储层的情形刚好相反，大多数以页岩层为顶板，以有效阻止石油和天然气向地表渗漏（注：不透水层与地下水赋存及运移之间的关系见第 17 章；页岩层可作为含油圈闭中的盖层，见第 23 章）。

3．页岩、泥岩和粉砂岩

一般而言，页岩一词适用于所有细粒沉积岩，在非技术背景下尤其如此。但要注意的是，在地质学家的工作实践中，这个专业术语的适用范围是有限的，即要求页岩必须具有沿发育良好且相隔紧密的平面裂成薄层的能力，这种性质称为*易裂性（fissility）*。若岩石破碎成块状，则地质学家将其称为*泥岩（mudstone）*。像泥岩一样，*粉砂岩（siltstone）*是另一种细粒沉积岩，通常与页岩组合在一起，但是缺乏易裂性（见图 7.3）。顾名思义，粉砂岩主要由粉砂大小的颗粒组成，黏土大小物质的含量低于页岩和泥岩。

4．缓坡

虽然页岩远比其他沉积岩常见，但与数量较少的其他沉积岩相比，通常并不会吸引人们的更多注意力，这是因为页岩并不形成较为突出的露头（类似于砂岩和石灰岩）。相反，页岩很容易发生破碎，通常会形成隐藏下方未风化岩石的土壤覆盖。科罗拉多大峡谷就是一个很好的示例，风化页岩的缓坡相当不显眼且存在稀疏植被，这与持久性更强岩石形成的陡峭悬崖形成了鲜明对比（见图 7.5）。

抗风化的砂岩层和石灰岩层

软弱的页岩层

图 7.5　页岩很容易破碎。抗风化的砂岩层和石灰岩层可形成陡峭悬崖，软弱且胶结不良的页岩会形成风化碎屑物缓坡

虽然页岩层可能不会形成引人注目的悬崖和突出露头，但是某些沉积具有经济价值。例如，为了获得陶器、砖、瓦和瓷器的原料，人们开采了某些页岩；通过与石灰岩相混合，页岩可用于制造硅酸盐水泥；未来，油页岩（一种页岩）可能成为一种宝贵的能源。

5．油页岩与页岩油

油页岩与页岩油这两个专业术语可能引发混淆。油页岩（oil shale）是一种含有干酪根的沉积岩，干酪根是一种固态有机化合物，源自与黏土矿物同时沉积的藻类残骸。干酪根并不是一种成熟的烃（碳氢化合物），因此从油页岩中获得有用能源需要经过大量的加工。

与油页岩形成对比，在页岩油（shale oil）中，干酪根已通过深埋而转化为发育成熟的石油和天然气，并被圈闭在细粒碎屑岩的微小孔隙中。为了从细粒主页岩中提取油气，技术进步（如水平钻井和水力压裂）提供了相关方法。第23章将讨论油页岩和页岩油的潜力。

7.2.2 砂岩

砂岩（sandstone）是以砂粒大小颗粒为主的岩石（见图7.6），也是数量第二丰富的沉积岩（仅次于页岩），约占沉积岩总量的20%，是沉积岩类型中的另一个吸引子。砂岩在各种不同环境中形成，通过仔细观察颗粒的成分、形状和分选性，可获悉沉积物的沉积环境相关信息。

图7.6　石英砂岩。砂岩是数量第二丰富的沉积岩，仅次于页岩

1．分选性

在砂岩中，所有颗粒不一定大小相同。分选性/分选（sorting）是指沉积岩中颗粒大小的相似程度。例如，在砂岩标本中，若所有颗粒的大小大致相同，则称分选好（well sorted）；若颗粒大小不一，则称分选差（poor sorted）（见图7.7）。

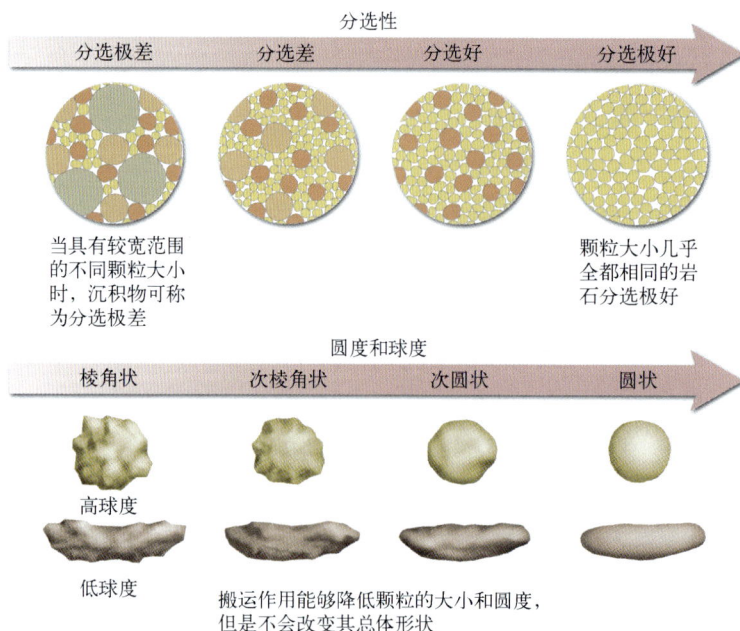

图7.7　分选性和颗粒形状。分选性是指岩石中呈现的粒度范围。地质学家基于圆度（边角的磨圆程度）和球度（形状与球体的接近程度）来描述颗粒形状

通过研究分选性，人们能够了解关于沉积流动的更多信息。一般而言，风成砂沉积比波浪活动沉积的分选性好（见图7.8），波浪冲刷颗粒比河流沉积物质的分选性好。若颗粒的搬运时间相

对较短，然后快速沉积下来，则通常会形成分选差的沉积物堆积。例如，当湍流抵达陡峭山脚下的较平缓斜坡时，水流速度快速下降，分选差的砂粒和砾石会沉积下来。

(a) 在犹他州锡安国家公园的橙色和黄色悬崖中，出露有数千英尺厚的侏罗系纳瓦霍砂岩

(b) 构成纳瓦霍砂岩的石英颗粒因被风吹而沉积成沙丘，类似于科罗拉多州大沙丘国家公园中的沙丘。由于所有颗粒实际大小相同，所以砂粒分选好

图 7.8 沙丘由分选好的沉积物构成。(a)纳瓦霍砂岩（位于犹他州南部和亚利桑那州）代表了大面积古沙丘，曾经覆盖加利福尼亚州大小的一片区域；(b)这些现代沙丘是北美洲最高的沙丘之一

2．颗粒形状

砂粒的形状也有助于解读砂岩的历史（见图 7.7）。当河流、风或波浪运移砂粒及其他更大沉积颗粒时，这些颗粒会在搬运过程中与其他颗粒发生碰撞，失去尖锐棱角而变得更圆。因此，圆状颗粒很可能是通过空气或水搬运的。此外，变圆程度暗示了气流（或水流）搬运沉积物的距离（或时间），高圆度颗粒说明发生了大量磨损，因此也经历了长距离搬运。

若颗粒呈极强棱角状，则有两种可能性：岩石物质沉积前的搬运距离很短，或者受到某些其他介质的搬运。例如，当冰川搬运沉积物时，由于受到冰的挤压和研磨，颗粒形状通常会变得更加不规则。

3．搬运影响矿物成分

除了影响颗粒的变圆程度和分选程度，湍流（空气和水）的搬运距离还影响沉积物沉积的矿物成分。经过长期的风化作用和搬运作用，较弱及不太稳定的矿物将被逐渐破坏，包括长石和铁镁质矿物。由于石英的抗风化能力非常强，在湍流环境下经过长距离搬运后，石英通常会成为幸存矿物。

总之，通过观察组成颗粒的分选性、圆度及矿物成分，人们通常能够对砂岩的起源和历史进行推测。基于这些信息即可推断：若砂岩由高圆度颗粒构成、分选好且富含石英，则该砂岩必定经历过大量搬运。石英颗粒的持久性极强，以至于在形成分选极好且圆度极高的所有石英砂颗粒时，所需的大量搬运可能发生在几代岩石循环过程中：早期形成的砂岩被抬升、风化和侵蚀，颗粒被搬运并沉积到另一个沉积盆地中。反过来，也可得出结论：若砂岩中含有大量长石和铁镁质矿物的棱角状颗粒，则这些颗粒应当几乎没有经过化学风化和搬运，很可能就沉积在岩石颗粒源区附近。

4．砂岩的种类

在大多数砂岩中，石英因持久性较强而成为优势矿物，这样的岩石通常称为*石英砂岩*（quartz sandstone），如图 7.6 所示。当砂岩中含有数量可观的长石（25%或更多）时，该砂岩称为*长石砂岩*（arkose）。除了长石，长石砂岩一般还含有石英和发光云母碎片。由矿物成分可知，长石砂岩的颗粒源于花岗质源岩，通常分选差且呈棱角状，表明在相对干燥的气候中，搬运距离较短，化学风化最小，沉积及埋藏速度较快。

第三种砂岩称为*杂砂岩/硬砂岩*（graywacke），除了石英和长石，这种深色岩石还富含岩屑和*杂基/基质*（matrix），即嵌入了碎屑的细粒物质。杂砂岩体积的 15%以上是杂基。杂砂岩颗粒具有分选差和棱角状特征，说明颗粒搬运仅发生在距离源区相对较短的距离内，然后快速沉积下来。

在可能重新加工并进一步分选前，沉积物被其他物质层掩埋。杂砂岩常与通过致密沉积物阻塞的急流 [称为浊流（turbidity current）] 形成的海底沉积物有关。

7.2.3 砾岩和角砾岩

砾岩（conglomerate）主要由砾石组成（见图 7.9）。如图 7.3 所示，这些圆状颗粒大到巨砾，小到豌豆大小的颗粒。这些颗粒通常较大，足以被识别为独特的岩石类型，因此对识别沉积物源区具有重要价值。通常情况下，由于较大砾石颗粒之间的开口含有砂（或泥），砾岩分选差（见图 7.10）。

图 7.9 砾岩。这种岩石中的砾石颗粒呈圆状

图 7.10 分选差的沉积物。在大峡谷国家公园中的碳溪沿岸，砾石沉积物的分选差

砾石堆积在各种不同的环境中，通常说明存在陡坡或湍流。砾岩中的粗颗粒可能反映了高能山间溪流的作用，也可能形成于快速侵蚀海岸沿线的强烈波浪活动。有些冰川和滑坡沉积中也含有丰富的砾石。

若大颗粒呈棱角状（而非圆状），则这种岩石称为角砾岩（breccia），如图 7.11 所示。由于大颗粒在搬运过程中的磨损及变圆速度非常快，若角砾岩中存在中砾和粗砾，则说明它们沉积前并未远离源区。

图 7.11 角砾岩。在这种岩石中，砾石颗粒尖锐而呈棱角状

概念回顾 7.2

1. 碎屑沉积岩中的最丰富矿物是什么？这些矿物在哪些岩石中占主导地位？
2. 区分各种碎屑岩的主要依据是什么？
3. 描述沉积物如何分选，以及导致沉积物分选差的原因。
4. 区分角砾岩、砾岩、砂岩和页岩。

7.3 化学沉积岩

解释化学沉积岩形成的相关过程，并描述若干示例。

与固体风化作用产物形成的碎屑岩不同，化学沉积物源于溶液携带至湖泊和海洋的离子。但是，这种物质并不会无限期地溶解在水中，而是随后部分发生沉淀而形成化学沉积物，并最终固结为化学沉积岩（如石灰岩、燧石岩和岩盐）。

这种物质沉淀以两种方式发生：无机过程（如蒸发作用和化学反应）形成化学沉积物，水生生物的有机过程形成化学沉积物［有人认为是生物化学（biochemical）成因］。

对于无机过程形成化学沉积物，一个示例是许多洞穴中常见的滴水石/石笋（见图 7.12），另一个示例是海水蒸发时晶出的盐。相比之下，许多水生动植物能够吸收溶解矿物质，然后形成甲壳及其他硬质部分，这些生物死亡后，骨架（数以百万计）就会以生物化学沉积物形式堆积在湖泊（或海洋）底部（见图 7.13）。

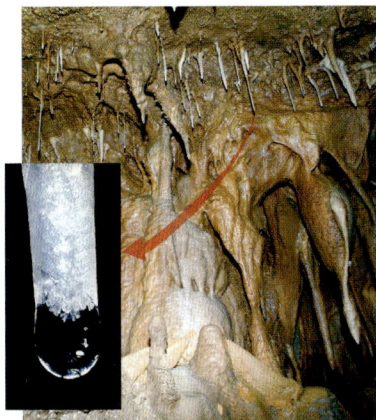

在鹅管状钟乳石的尖端末梢，一滴水中形成了精致的方解石晶体。当部分二氧化碳从水滴中逸出时，就会触发晶体的形成

图 7.12 洞穴沉积。 这些沉淀晶体是无机成因化学沉积岩的示例

近景特写

图 7.13 壳灰岩。 这种石灰岩由贝壳碎片构成，因此具有生物化学成因

7.3.1 石灰岩

石灰岩/灰岩（limestone）是数量最丰富的化学沉积岩，也是沉积岩类型中的三大吸引子之一，其体积约占所有沉积岩总体积的 10%，并且具有经济意义（见地质美图 7.1）。石灰岩主要由矿物方解石（$CaCO_3$）构成，既能通过无机过程形成，又能通过生物化学过程形成。虽然所有石灰岩的矿物成分相似，但存在许多不同的类型，反映了石灰岩形成时的不同条件。迄今为止，具有海洋生物化学成因的形式最常见。

1. 碳酸盐岩礁

珊瑚（corals）是能够形成大量海洋石灰岩的重要生物体，这些无脊椎动物的结构相对简单，可以分泌并形成钙质（碳酸钙）外骨架。珊瑚虽然体型很小，但能形成极为巨大的构造，称为岩礁/礁石/礁（reefs），如图 7.14 所示。岩礁由珊瑚群落构成，珊瑚群落则由并肩生活在动物所分泌方解石构造上的大量单体构成。此外，分泌碳酸钙的藻类与珊瑚共生，这有助于将整个构造胶结成固体。岩礁的内部（及附近）还生活着多种其他生物体。

澳大利亚的大堡礁（长约 2600 千米）是最著名的现代岩礁，此外还有许多小型岩礁位于热带及亚热带赤道附近（南北纬 30° 范围内）的浅海温暖水域，如巴哈马群岛、夏威夷和佛罗里达群岛。

基于矿产行业的定义，石灰岩是指主要由碳酸盐矿物方解石和白云石构成的任何岩石。美国地质调查局将石灰岩描述为具有国家重要性的重要矿产品

石灰岩为什么这么重要？

经历过变质作用的石灰岩称为大理岩，可用作地砖、桌子、台面以及建筑石材

净化后的石灰岩可添加到面包和谷物中（作为钙的来源），也是抗酸药物和钙补充剂的一种成分，甚至可用于中和葡萄酒和啤酒中的酸

在许多产品（如纸张、塑料、涂料甚至牙膏）中，石灰岩可用作填料和白色颜料

石灰岩是制造硅酸盐水泥（建筑业重要产品）的关键原料

白色屋顶颗粒状材料

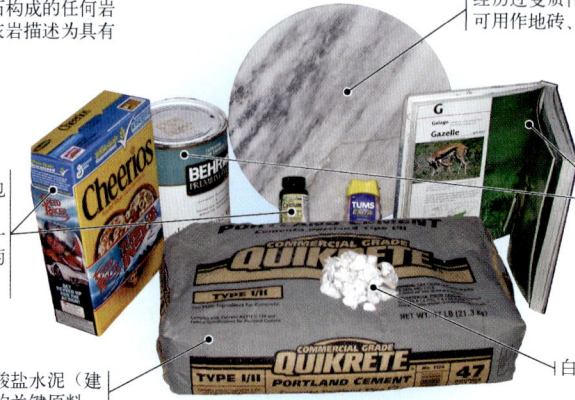

大量石灰岩被压碎并用作骨料（许多道路的固态路基以及一种混凝土成分）。石灰岩还是制造石灰（CaO）的原材料，石灰可用于多种用途，如土壤治理、水净化和铜冶炼等

数个世纪以来，石灰岩一直被用作建筑用石，从埃及的古代金字塔和欧洲的中世纪城堡，到图中这样的现代建筑物

地质美图 7.1　石灰岩：一种重要的多用途商品

现代珊瑚并不是最早的岩礁建造者，地球上的最早造礁生物是光合细菌，生活在 20 多亿年前的前寒武纪。由化石遗迹可知，形形色色的多种生物体建造了珊瑚礁，包括双壳类（蛤蜊和牡蛎）、苔藓虫（类珊瑚动物）和海绵。最古老的珊瑚发现于 5 亿年前的化石岩礁中，但与现代群落品种相似的珊瑚仅于过去 6000 万年间建礁。

在美国，志留纪（4.44 亿年前～4.16 亿年前）岩礁是威斯康星州、伊利诺伊州和印第安纳州的突出地貌特征。在瓜达卢佩山脉国家公园（位于得克萨斯州西部及邻近新墨西哥州的东南部），出露有一个壮观的巨型岩礁复合体，形成于二叠纪（2.99 亿年前～2.51 亿年前），如图 7.14 所示。

2. 壳灰岩和白垩岩

虽然大量石灰岩由生物化学过程形成，但这种成因并不总是特别明显，因为甲壳和骨架在岩化为岩石前可能发生极大的变化。但是，有一种生物化学石灰岩特别容易识别，称为壳灰岩（coquina），这是由胶结差的甲壳及其碎片构成的一种粗粒岩石（见图 7.13）。另一种不太明显但较为常见的示例是白垩岩（chalk），这是一种柔软且多孔的岩石，几乎完全由微型海洋生物的硬质部分构成，最著名的白垩岩沉积出露于英格兰东南海岸沿线（见图 7.15）。

188　地质学与生活——故事背后的地球科学（第 13 版）

这张照片显示了某古岩礁复合体的一小部分，位于得克萨斯州瓜达卢佩山脉国家公园，该复合体曾经在二叠纪沉积盆地边缘周围形成了一个600千米的环形

这张鸟瞰图显示了澳大利亚大堡礁的一小部分，位于昆士兰海岸之外，绵延长度约为2600千米，由2900多个岩礁单体组成

图 7.14 碳酸盐岩礁。大量生物化学石灰岩由造礁生物形成

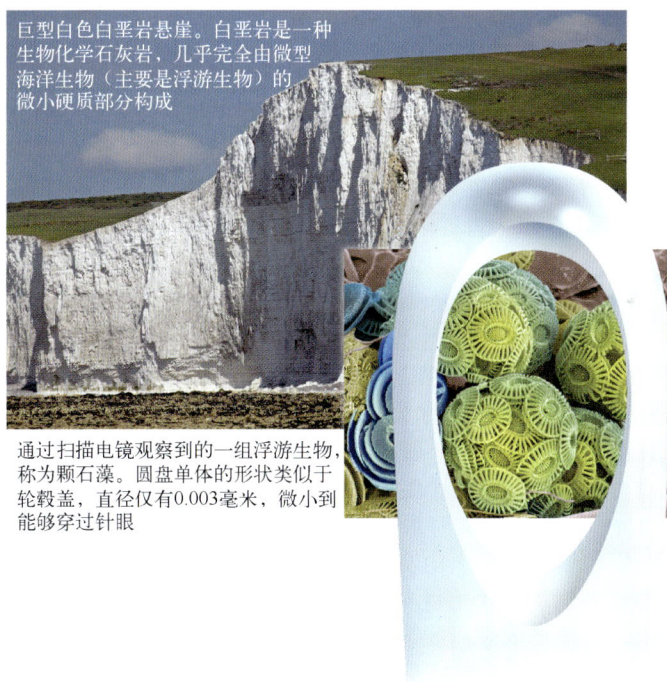

巨型白色白垩岩悬崖。白垩岩是一种生物化学石灰岩，几乎完全由微型海洋生物（主要是浮游生物）的微小硬质部分构成

通过扫描电镜观察到的一组浮游生物，称为颗石藻。圆盘单体的形状类似于轮毂盖，直径仅有0.003毫米，微小到能够穿过针眼

图 7.15 多佛白色悬崖。这种沉积的特征非常明显，构成了英格兰南部大部分地区和法国北部部分地区的基底

3. 无机石灰岩

当化学变化（或高水温）将水中的碳酸钙浓度增大到沉淀临界点时，就出现无机石灰岩。常见示例是石灰华（travertine），这是洞穴中较常见的一种石灰岩类型（见图7.12）。当石灰华在洞穴中沉积时，碳酸钙来自地下水。当水滴暴露于溶洞中的空气时，溶解在水中的部分二氧化碳逃逸，导致碳酸钙发生沉淀。

另一种无机石灰岩是鲕状灰岩/鲕粒灰岩（oolitic limestone），由称为鲕粒（ooid）的球状小颗粒构成。当微小"种子"颗粒（通常为小甲壳碎片）随波逐流、往复运动时，鲕粒可在浅水海洋中形成。当在碳酸钙过饱和的温水中滚来滚去时，这些"种子"颗粒就被裹上多层化学沉淀物（见图7.16）。

7.3.2 白云岩

白云岩（dolostone）与石灰岩密切相关，由钙镁碳酸盐矿物白云石 [$CaMg(CO_3)_2$] 构成。虽然白云岩和石灰岩有时非常相似，但是通过观察它们与稀盐酸发生的反应可很容易地对其进行区分。当在石灰岩上滴一滴稀盐酸时，反应（起泡）非常明显。但是，除非呈粉末状，否则白云岩不与稀盐酸明显反应。

白云岩的成因一直是地质学家探讨的重要话题。没有海洋生物能够形成白云石的硬质部分，只有在某些近岸地点的异常水化学条件下，海水中的白云石才发生化学沉淀。但是，在许多古老沉积岩序列中，白云岩特别丰富。当富镁水在石灰岩中循环流动时，似乎可能形成大量白云岩，此时部分钙离子被镁离子取代，进而将方解石转化为白云石，这一过程称为白云石化（dolomitization）。但是，并非所有白云岩都由这样的过程形成，它们的成因仍不确定。

7.3.3 燧石岩

燧石岩/硅质岩（chert）是由微晶石英（SiO_2）构成的许多非常致密和坚硬岩石的统称。由于岩石中存在痕量元素，燧石岩的颜色范围很广，白色、黑色、灰色、褐色、红色或绿色几乎都可能存在。图7.17显示了燧石岩的部分种类。火石（flint）是一种众所周知的形式，暗颜色源于其包含的有机质。碧玉（jasper）呈红色，这种亮色调来自氧化铁。石化木/硅化木（petrified wood）是由富硅物质（如火山灰）埋藏树木时形成的燧石岩，富含从火山灰中溶解的二氧化硅的地下水渗透到木材中，溶解二氧化硅沉淀时会逐渐取代木材，形状和构造（如生长轮）常被保留下来。类似于玻璃，大多数燧石岩具有贝壳状断口。由于具有高硬度、易切削性及保持锋利边缘的能力，燧石岩成为美洲原住民最喜欢的长矛和箭的尖端。由于燧石岩的持久性强和广泛使用，北美洲许多地方都发现了箭头。

燧石岩的最常见形式是层状沉积，称为层状燧石岩（bedded chert）。少量燧石岩是称为结核（nodule）的球状物质，在其他岩石类型（通常为石灰岩）中形成，直径从豌豆大小到几厘米不等。大多数层状燧石岩被视为起源于微型海洋生物（硅藻和放射虫），这些海洋生物利用二氧化硅（而非碳酸钙）生成硬质部分。这些生物从海水中吸取二氧化硅（数量极少），死亡时硬质部分会堆积在海底。有些层状燧石岩与熔岩流和火山灰层相关，二氧化硅很可能来自火山灰的分解（而非生物化学来源）。燧石岩结核有时称为次生燧石岩（secondary chert）或置换燧石岩（replacement chert），最常出现在石灰岩层内，具体形成过程如下：二氧化硅最初在某个地方沉积、溶解及迁移，然后在其他地方发生化学沉淀，并对原有物质进行置换。

小球状颗粒称为鲕粒，由碳酸钙环绕微小中心核发生化学沉淀而形成。鲕粒是鲕状灰岩的原材料

图7.16　鲕状灰岩。 鲕状灰岩是由鲕粒构成的无机石灰岩。图中以1角硬币作为参照物

| 火石 | 碧玉 | 燧石岩箭头 | 石化木 |

图7.17　色彩多样的燧石岩。 燧石岩是由微晶石英构成的许多致密且坚硬的化学沉积岩

7.3.4 蒸发岩

在地质历史时期，当前许多陆地区域都是浅水海湾，与开阔大洋之间仅存在着狭窄连接。海水持续不断地流入海湾，补充因蒸发作用而失去的水分。最终，海湾中的海水变得饱和，盐开始沉积，这种沉积岩称为蒸发岩（evaporite）。

两种矿物常以这种方式沉淀：一种是石盐（氯化钠，NaCl），即岩盐（rock salt）的主要组分；另一种是石膏（含水硫酸钙，$CaSO_4 \cdot 2H_2O$），即石膏岩（rock gypsum）的主要组分（见图 7.18）。这两种矿物均具有重要的经济价值。除可用作常见的普通食盐外，石盐还有许多其他用途，如道路融冰和盐酸制造。在人类历史的大部分时间里，人们都在尽力寻找、交易和争夺石盐。石膏是熟石膏的基本成分，可用于制作墙板（干墙）和内部灰泥。

图 7.18 **日晒盐**。海水是普通食盐的重要来源之一。在这个过程中，人们将海水封存在浅池中，太阳能令水分蒸发，最终形成的几乎纯盐沉积基本上就是人工制备的蒸发岩沉积

当海水水体蒸发时，各种矿物会按照溶解度确定的顺序发生沉淀。随着盐度逐渐增大，低可溶矿物首先沉淀，高可溶矿物随后沉淀。例如，当约 80% 的海水蒸发时，石膏开始沉淀；当约 90% 的海水蒸发时，石盐晶体开始沉淀。在这个过程的最后阶段，钾盐和镁盐开始沉淀。在最终形成的这些盐类矿物中，钾盐（sylvite）可作为肥料用钾（钾肥）的重要来源而被开采。

在死亡谷（位于加利福尼亚州）和邦纳维尔盐滩（位于犹他州）等地，可以看到较小规模的蒸发岩沉积。山区降雨（或融雪）后，各溪流从周围山区汇流入一个封闭盆地。随着水分不断蒸发，当溶解物质以白色外壳形式沉淀在地面上时，就形成盐滩/盐场（salt flat），如图 7.19 所示。

概念回顾 7.3

1. 解释生物化学沉积物与无机过程形成的沉积物之间的成因差异，并举例说明。
2. 区分石灰岩、白云岩和燧石岩，并分别描述每种岩石的几个种类。
3. 蒸发岩是如何形成的？举例说明。

7.4 有机沉积岩：煤炭

概述煤炭形成的连续阶段。

图 7.19 邦纳维尔盐滩。位于犹他州的这个著名景点曾经是一个大盐湖

这片广阔蒸发岩沉积是硬质白色盐，面积约为121.4平方千米，有些地方的厚度近2米

与石灰岩（富含方解石）和燧石岩（富含二氧化硅）不同，煤炭/煤（coal）由有机物质构成。当在放大镜下仔细观察煤炭时，通常会发现各种植物结构（如叶、皮和木材）已发生化学蚀变，但是仍然可以识别，由此支持了以下结论：煤炭是大量植物物质被埋藏数百万年的最终产物（见图 7.20）。煤炭的形成包括以下这些阶段。

1. 大量植物残骸的堆积。枯死植物暴露于大气（或其他富氧环境）时很容易发生分解，因此植物必须在缺氧环境（如沼泽）下死亡并堆积时才能转化为煤炭。停滞不动的沼泽水缺乏氧气，因此植物物质不可能完全腐烂（氧化）。相反，这些植物会受到某些细菌的攻击，这些细菌会部分分解有机质并释放氧和氢。随着氧元素和氢元素的逃逸，碳元素在植物物质中所占的百分比逐渐增大。细菌没有能力完成分解工作，因为其生长受到从植物中释放的酸的阻碍。

2. 泥炭和褐煤的形成。在缺氧沼泽中，植物残骸的部分分解会形成泥炭（peat）层，这是植物结构仍然很容易辨别的一种软质褐色物质。随着浅埋过程的进行，泥炭缓慢变成褐煤（lignite），这是一种软质褐色煤炭。埋藏会增大沉积物的温度及上覆压力。

3. 烟煤的形成。更高温度会引发植物物质内部发生化学反应，并产生水分和有机气体（挥发分）。在正在发育的煤炭顶部，随着更多沉

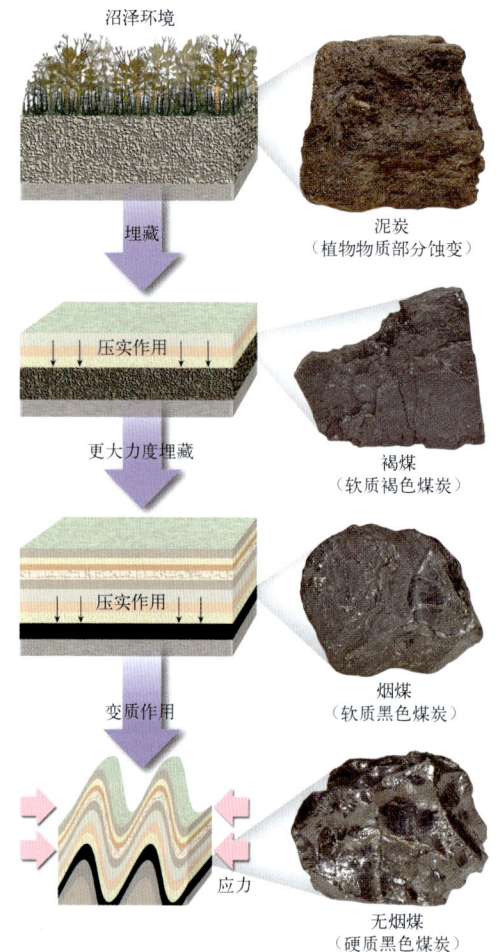

沼泽环境

埋藏

压实作用

更大力度埋藏

压实作用

变质作用

应力

泥炭（植物物质部分蚀变）

褐煤（软质褐色煤炭）

烟煤（软质黑色煤炭）

无烟煤（硬质黑色煤炭）

图 7.20 从植物到煤炭。煤炭形成的连续阶段

积物带来的负载增大，水分和挥发分被挤出，固定碳（fixed carbon）（剩余固体可燃物质）占比增大。碳含量越高，煤炭作为燃料的能量等级就越高。在埋藏过程中，煤炭也会变得越来越致密，例如，更深的埋藏可将褐煤转化为更坚硬和更致密的黑色岩石，称为烟煤（bituminous coal），烟煤层的厚度可能仅为最初泥炭层的 1/10。

4. 无烟煤的形成。褐煤和烟煤都是沉积岩，但是当沉积层遭遇与造山运动相关的褶皱和变形时，热量及压力会导致挥发分和水分进一步损失，因此会增大固定碳的致密程度，将烟煤转化为无烟煤（anthracite coal），这是一种非常坚硬且具有光泽的黑色变质岩（metamorphic）（见第 8 章）。与同类烟煤相比，虽然单位质量无烟煤产生的能量更大且燃烧更清洁，但可采数量相对较少。无烟煤的分布并不广泛，且与相对平伏的烟煤层相比开采难度更大且开采费用更高。

煤炭是一种主要能源资源，第 23 章将讨论其作为燃料的作用，以及与燃煤相关的部分问题。

概念回顾 7.4

1. 煤炭的原料是什么？在何种环境下堆积？
2. 概述煤炭形成的连续阶段。

7.5 沉积物转化为沉积岩

描述沉积物转化为沉积岩的各个过程，以及与埋藏相关的其他变化。

如前所述，沉积物转化为沉积岩时会发生变化。成岩作用（diagenesis）是一个统称，指沉积物沉积后发生的所有化学、物理及生物变化，既包含岩化作用（lithification），即沉积物转化为岩石，又包含岩化作用后发生的特定变化。但是，成岩作用不同于后来可能将沉积岩转化为变质岩的变质过程，理解这一点非常重要。

7.5.1 成岩作用

当沉积物被掩埋后，温度和压力会逐渐上升。成岩作用发生在地壳上部几千米内，温度通常低于 150℃～200℃。若超过这个温度阈值，则可能发生变质作用。

重结晶作用（recrystallization）是一种成岩变化，即从不太稳定的矿物发展出更稳定的矿物。例如，矿物文石/霰石（aragonite）是碳酸钙（$CaCO_3$）的不太稳定的形式，由许多海洋生物分泌并形成甲壳及其他硬质部分（如珊瑚产生的骨骼结构）。在某些环境中，这些固体物质会以沉积物形式大量堆积，然后随着埋藏的发生，文石重结晶为方解石，即碳酸钙的一种更稳定的形式。如前所述，方解石是沉积岩——石灰岩的主要成分。

成岩作用的另一个场景如下：在缺氧环境下，有机质发生化学蚀变，逐渐形成泥炭，然后逐步演化为煤炭。有机质不会完全腐烂（像有氧状态那样），而是缓慢地转化为固体碳。

7.5.2 岩化作用

岩化作用（lithification）包含在成岩作用中，指松散沉积物转化为固体沉积岩的过程，基本过程包括压实作用和胶结作用（见图 7.21）。

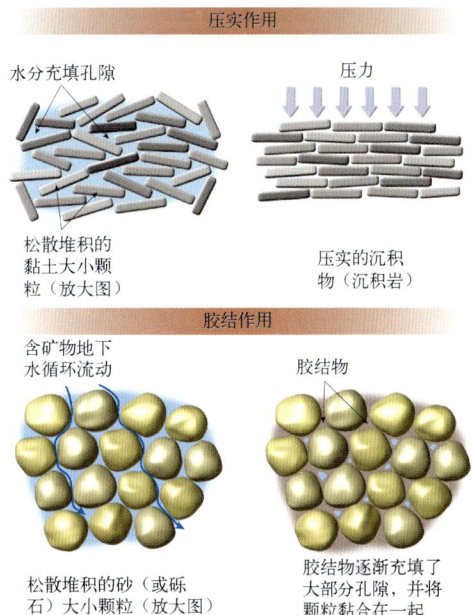

图 7.21 岩化作用过程。当沉积物变成沉积岩时，压实作用和胶结作用都会降低孔隙度

1．压实作用

如前所述，随着沉积物逐渐堆积增多，上覆物质的会压缩并压实更深处的沉积物。沉积物的埋藏深度越深，**压实作用**（compaction）就越大，因此就变得越牢固。随着颗粒被压得越来越接近，孔隙（颗粒之间的开放空间）显著减少。例如，当黏土埋藏在数千米厚的物质之下时，黏土层的体积可能缩减 40%。随着孔隙数量的减少，沉积物中封存的大部分水分被挤出。砂粒及其他粗粒沉积物的可压缩性较低，因此压实作用在细粒沉积岩（如页岩）的岩化过程中最重要。

2．胶结作用

溶液中的离子被地下水搬运后，在沉积物颗粒之间的孔隙中结晶，形成将各颗粒黏合在一起的矿物。这个过程是沉积物转变为沉积岩的最重要过程，称为**胶结作用**（cementation）。像压实作用一样，胶结作用也降低岩石的孔隙度。

最常见的**胶结物**（cement）包括方解石、二氧化硅和氧化铁。胶结物的鉴别通常相对简单，例如，方解石胶结物与稀盐酸接触时会起泡；二氧化硅是最坚硬的胶结物，因此能够形成最坚硬的沉积岩；若沉积岩呈橙色或深红色，则意味着存在氧化铁。

对大多数沉积物类型而言，虽然压实作用和胶结作用是主要的岩化过程，但是在某些情况下，原始沉积颗粒本身也发生溶解作用和重结晶作用。例如，对由富含碳酸钙的精细骨骼碎屑构成的松散沉积物而言，随着时间的逐渐推移和沉积物的埋藏，其可能重结晶为相对致密的结晶灰岩。因为晶体持续生长到填满所有可用空间，所以结晶质沉积岩通常缺乏孔隙。除非岩石后来发育了节理和裂隙，否则它们对流体（如水和石油）将相对不可渗透。蒸发岩最初成为共生晶体固体块，因此可能同样不可渗透。

概念回顾 7.5

1. 什么是岩化作用？
2. 对于何种大小的碎屑沉积物而言，压实作用是最重要的岩化过程？
3. 列举沉积碎屑的 3 种常见胶结物，并分别描述如何识别。

7.6 沉积岩分类

概述沉积岩分类采用的标准。

如图 7.22 中的分类方案所示，沉积岩可划分为三大类，左侧为碎屑沉积岩，右侧为化学沉积岩和有机沉积岩。此外，可以看到，进一步细分碎屑沉积岩的主要标准是粒度，区分化学沉积岩中不同岩石的主要依据是矿物成分。

如许多自然现象的分类一样，与自然界中的实际状态相比，图 7.22 中所示的类别更为刻板。许多沉积岩虽然被归为化学沉积岩类别，但是仍然含有少量碎屑沉积物，例如，许多石灰岩含有不同数量的泥（或砂），从而具有砂岩质或页岩质特征。另外，几乎所有碎屑沉积岩均由最初溶解在水中的物质胶结而成，所以它们也远非纯净。

结构（texture）是沉积岩分类依据的一部分，描述了岩石中各矿物颗粒之间的关系。沉积岩分类中用到了两种主要结构，即碎屑结构和非碎屑结构。**碎屑结构**（clastic texture）由胶结并压实在一起的离散碎片和颗粒构成，虽然颗粒之间的孔隙中存在胶结物，但是这些开放空间很少被完全充填。此外，有些化学沉积岩也呈现出这种结构，如壳灰岩是由甲壳和甲壳碎片构成的石灰岩，但是明显具有砾岩（或砂岩）那样的碎屑结构。鲕状灰岩的部分类型也是如此。

碎屑沉积岩			化学沉积岩和有机沉积岩		
碎屑结构（粒度）	沉积物名称	岩石名称	成分	结构	岩石名称
粗粒（大于2毫米）	砾石（圆状颗粒）	砾岩	方解石，$CaCO_3$	非碎屑结构：细晶到粗晶	结晶灰岩
	砾石（棱角状颗粒）	角砾岩			石灰华
中粒（1/16~2毫米）	砂	砂岩（长石砂岩）*		碎屑结构：甲壳可见，甲壳碎片松散胶结	壳灰岩
				碎屑结构：甲壳大小不一，甲壳碎片以方解石为胶结物进行胶结	含化石石灰岩
细粒（1/16~1/256毫米）	粉砂（泥）	粉砂岩		碎屑结构：同心方解石层，砂粒大小球状颗粒	鲕状灰岩
极细粒（小于1/256毫米）	黏土（泥）	页岩或泥岩		碎屑结构：微小甲壳和黏土	白垩岩
			石英，SiO_2	非碎屑结构：极细晶	燧石岩（浅色），火石（深色），碧玉（红色），玛瑙（条带状）
			石膏，$CaSO_4 \cdot 2H_2O$	非碎屑结构：细晶到粗晶	石膏岩
			石盐，$NaCl$	非碎屑结构：细晶到粗晶	岩盐
			蚀变植物碎屑	非碎屑结构：细粒有机质	烟煤

含化石石灰岩、鲕状灰岩、白垩岩右侧标注为"生物化学石灰岩"。

*长石含量丰富的岩石称为长石砂岩

图 7.22　沉积岩的鉴定。碎屑沉积岩的主要命名标准是粒度，化学沉积岩和有机沉积岩的主要命名依据是矿物成分

有些化学沉积岩具有非碎屑结构（nonclastic texture）或结晶质结构（crystalline texture），所含矿物形成了一种互锁晶体形态，这些晶体可能很小（需要在显微镜下观察），也可能很大（不需要放大镜即可看到），如蒸发岩（见图 7.23）。如前所述，有些石灰岩源于甲壳碎片的碎屑沉积，但随后发生了重结晶。燧石岩也具有类似的演化历史。

非碎屑沉积岩由共生晶体构成，因此可能与火成岩比较类似。这两类岩石通常很容易区分，因为与大多数火成岩中可见的矿物相比，非碎屑沉积岩中所含的矿物（如石盐、石膏及方解石）截然不同。

图 7.23　岩盐。像其他蒸发岩一样，岩盐由共生晶体构成，具有非碎屑结构

概念回顾 7.6
1. 区分（命名）不同化学沉积岩的主要依据是什么？碎屑沉积岩的命名有何不同？
2. 区分碎屑沉积岩和非碎屑沉积岩的结构。

7.7　沉积岩反映古环境

区分三大类沉积环境，并分别举例说明；列举几种沉积构造，并解释这些特征对地质学家为何有用。

对解译地球历史而言，沉积岩非常重要（见图 7.24）。通过了解沉积岩形成时的环境状况，地质学家通常能够推断出某种岩石的历史相关信息，包括组成颗粒起源、沉积物搬运方式以及颗粒最终静止地点的基本性质（沉积环境）。

沉积环境（sedimentary environment）是沉积物堆积的地理背景，每个沉积地点都存在地质过程和环境状况的特定组合。有些沉积物（如在水中沉淀的化学沉积物）是沉积环境的唯一产物，即构成矿物的来源地点和沉积地点相同。还有一些沉积物的来源地点则远离沉积地点，通过重力、水、风及冰的某种组合进行搬运。

图 7.24 犹他州圆顶礁国家公园。这些倾斜沉积地层是霍尔斯溪水波褶皱的一部分，记录了中生代期间的环境变化

在任何给定的时间点，沉积环境的地理背景和环境状况都决定了堆积沉积物的基本性质。地质学家之所以要仔细研究当今沉积环境中的沉积物，是因为他们当前发现的各种特征也可在古代沉积岩中观测到。

为了重建特定沉积层组合发生沉积时某一区域的古环境和古地理关系，地质学家需要全面了解该区域的现代状况，这个过程是现代地质学基本原则"将今论古/现今是过去的钥匙/历史比较法"的一个极好应用示例（见 1.2 节）。在这样的分析过程中，地质学家一般需要进一步绘制地图，描绘出陆地和海洋、山脉和河谷、荒漠和冰川，以及其他沉积环境的古地理分布状况。

现今是过去的钥匙。

——19 世纪地质学家查尔斯·莱尔

7.7.1 沉积环境类型

沉积环境可划分为三大类，即大陆沉积环境、海洋沉积环境和过渡沉积环境（海滨线），每个大类还包含很多特定的子环境/小环境。图 7.25 和图 7.26 是理想化图解，描绘了与每种类型相关的许多重要沉积环境。注意，这只是沉积环境巨大多样性的一个样本。第 16 章～第 20 章将详细研究其中的许多环境。在这三大类沉积环境中，每类都是沉积物堆积以及生物体生存和死亡的一类区域，均形成了一种反映当时主要条件的特征沉积岩（或沉积岩组合）。

1. 大陆沉积环境

在大陆沉积环境中，主要影响因素是与河流相关的侵蚀作用和沉积作用。在某些寒冷地区，冰川冰的运动取代了流水而成为主导过程；在干旱地区及部分沿海区域，风发挥的作用更重要。显然，对在大陆沉积环境中沉积的沉积物而言，基本性质会受到气候的强烈影响。

河流侵蚀了更多土地，然后搬运并沉积了大量沉积物（多于任何其他过程），因此成了地貌景观的最大改造因素。除了河道沉积，当洪水周期性淹没宽阔且平坦的谷底 [称为河漫滩/洪泛平原（floodplain）] 时，大量沉积物还会掉落。当河流从山区快速流到更平坦的地面时，就会形成一种独特的锥形沉积物堆积，称为冲积扇（alluvial fan）。

在寒冷的高纬度（或高海拔）地区，冰川会"拾取"并搬运大量沉积物。直接沉积在冰中的物质通常是未经分选的颗粒混合物，粒度从细粒黏土到大型巨砾不等。当冰川融水搬运并再次沉积其中的某些冰川沉积物时，就会形成成层且分选的堆积物。

风的吹动及其形成的沉积称为风成/风积（eolian）。与冰川沉积不同，风成沉积物分选好。风能将细小尘埃吹到高空，然后将其搬运很远的距离。在风力较强且地表缺少植被覆盖的地方，砂粒被搬运到距离地面较近的位置，然后堆积在沙丘（dune）中。荒漠和海岸是这种沉积作用的常见地点。

洞穴：发育在石灰岩中，碳酸钙在此沉积为滴水石

沙丘：由风吹沉积分选好的砂粒构成

冲积扇：由山间溪流抵达平坦低地时所沉积的粗糙沉积物构成

内陆海和内陆湖：在蒸发量超过降水量的干旱环境中，形成蒸发岩沉积（如岩盐和石膏）

图 7.25　大陆沉积环境。实际上可以看到，大陆沉积环境、过渡沉积环境和海洋沉积环境之间存在一些交叠，每种沉积环境均以特定的物理、化学及生物条件为特征。这幅理想化视图突出显示了各种陆地沉积环境

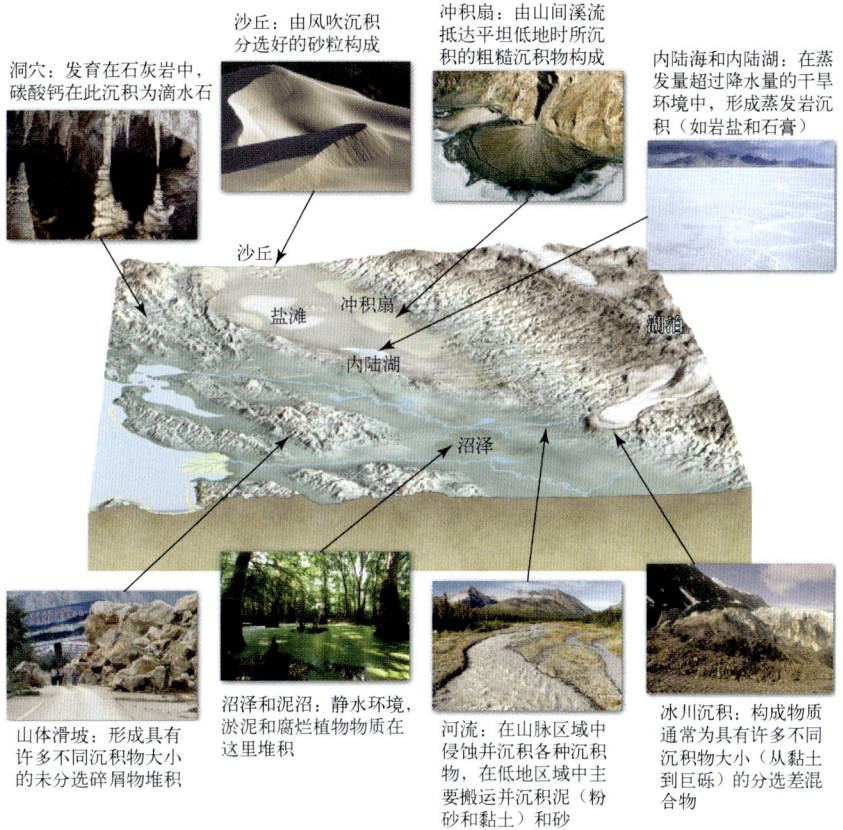

沙丘
盐滩
冲积扇
内陆湖
湖泊
沼泽

山体滑坡：形成具有许多不同沉积物大小的未分选碎屑物堆积

沼泽和泥沼：静水环境，淤泥和腐烂植物物质在这里堆积

河流：在山脉区域中侵蚀并沉积各种沉积物，在低地区域中主要搬运并沉积泥（粉砂和黏土）和砂

冰川沉积：构成物质通常为具有许多不同沉积物大小（从黏土到巨砾）的分选差混合物

海滩：在海浪活动较强的地点形成，主要由中砾和粗砾构成

海滩、沙坝和沙嘴：在低洼海岸沿线和隐蔽海湾中，一般由分选良好的砂粒和/或甲壳碎片构成

潮滩和潟湖：细黏土颗粒或富碳酸盐淤泥的堆积区域

浊流
河口
深海扇
三角洲

图 7.26　海洋沉积环境和过渡沉积环境。实际上可以看到，大陆沉积环境、过渡沉积环境及海洋沉积环境之间存在一些交叠。这幅理想化视图突出显示了各种海洋沉积环境和近滨沉积环境

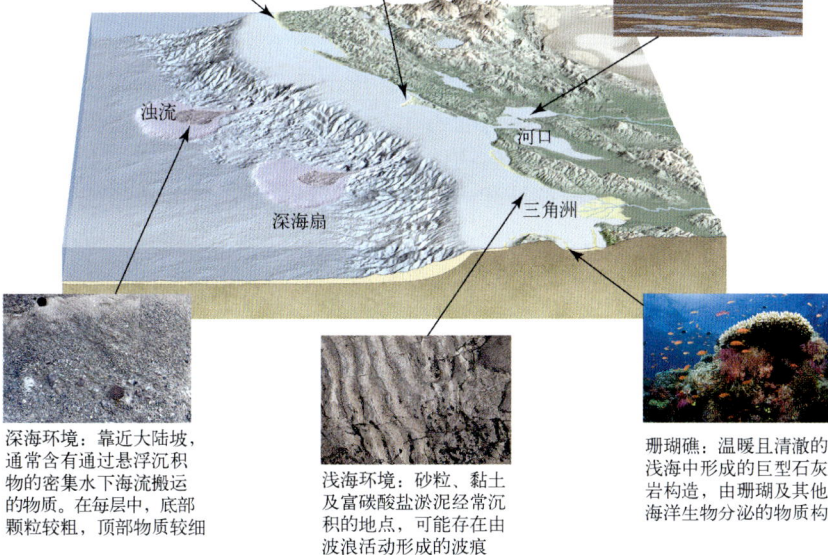

深海环境：靠近大陆坡，通常含有通过悬浮沉积物的密集水下海流搬运的物质。在每层中，底部颗粒较粗，顶部物质较细

浅海环境：砂粒、黏土及富碳酸盐淤泥经常沉积的地点，可能存在由波浪活动形成的波痕

珊瑚礁：温暖且清澈的浅海中形成的巨型石灰岩构造，由珊瑚及其他海洋生物分泌的物质构成

除了有时发育成沙丘区域，荒漠盆地也是暴雨或邻近山区融雪期后偶尔形成浅干盐湖（playa lake）的地方，快速干涸后有时会留下蒸发岩及其他特征沉积，如图19.9和图19.10所示。在潮湿地区，湖泊是更持久的地貌特征，安静水域是极好的沉积物捕集器。小型三角洲、沙滩和沙坝在湖岸沿线形成，更细粒沉积物则沉积在湖床底部。

2．海洋沉积环境

海洋沉积环境按照深度进行划分。浅海沉积环境（shallow marine environment）的深度约为200米，从海滨一直延伸到大陆架外边缘；深海沉积环境（deep marine-environment）的深度超过200米，位于大陆架之外（向海侧）。

浅海沉积环境与世界各大陆交界，宽度变化很大，有些地方几乎不存在，还有些地方绵延约1500千米，平均宽度约为80千米。在这里沉积的沉积物类型取决于多种因素，包括与海岸之间的距离、相邻陆地区域的海拔、水深、水温和气候等。

由于相邻大陆的持续侵蚀作用影响，浅海环境接收了来自陆地的巨量沉积物。在沉积物流入数量较少且海洋相对温暖的地方，富含碳酸盐的淤泥可能是主要沉积物，这种物质大多由分泌碳酸盐的生物体的骨骼碎片与无机沉淀物混合而成。珊瑚礁也与温暖的浅海环境相关。在海洋占据环流受限盆地的热带地区，蒸发作用会触发可溶性物质的沉淀和海洋蒸发岩沉积的形成。

深海环境包括深部海洋的所有底部。在远离陆地的这种环境中，来自许多不同来源的微小颗粒长期漂浮，这些微小颗粒逐渐像雨点般地降落在洋底，并在那里极为缓慢地堆积。明显例外是出现在大陆坡底部的相对粗糙的沉积物厚层沉积，这些物质以浊流（重力驱动的致密物质，由沉积物和水构成）形式从大陆架向下移动（见图7.26）。

3．过渡沉积环境

海滨线是海洋沉积环境与大陆沉积环境之间的过渡带，这里可见人们熟悉的砂（或砾石）沉积，称为海滩（beach）。淤泥覆盖的潮滩（tidal flat）交替性出现以下情形：首先被大片浅水覆盖，然后随着潮汐涨落而暴露在空气中。在海滨沿线及附近区域，在海浪和海流作用下，砂粒会形成沙嘴（spit）、沙坝（bar）和障壁岛（barrier island），外滨沙坝和岩礁会形成潟湖（lagoon）。在受到遮蔽的这些区域中，更安静水域是过渡带中的另一类沉积地点。

三角洲（delta）是与过渡环境相关的最重要沉积之一，当河流突然失速并沉积大量碎屑物质时，复杂沉积物堆积会向外分散流入海洋。

7.7.2 沉积相

当研究一系列沉积层时，可以看到随着时间的推移而在特定地点发生的环境状况的连续变化。当横向追踪单一沉积层时，或许还能看到古环境的变化。确实如此，因为在任何时候，许多不同沉积环境都可能在广阔的区域内同时存在。例如，当砂在海滩环境中堆积时，更细的泥经常会在更安静的外滨水域沉积。甚至在向海之外的更远处，可能还存在一个生物活性较高且陆源沉积物稀少的地带，那里的沉积物主要由富含方解石的小型生物体遗骸构成。在这个示例中，不同沉积物彼此相邻且同时堆积，每层沉积物的不同部分都具有一套反映特定环境状况的独特特征，人们用专业术语相（facies）来描述这套沉积物。在横截面中，当从一端到另一端观察沉积层时，每个相会横向渐变过渡为同时形成但呈现不同特征的另一个相（见图7.27）。相邻两个相的合并趋于渐进式过渡（而非清晰边界），不过有时确实会发生突变。

7.7.3 沉积构造

除了粒度、矿物成分以及结构的变化，沉积物还呈现出各种不同的构造，这些构造常在沉积物转化为沉积岩后保留下来。有些沉积构造［如递变层理（graded bed）］反映了搬运介质随着沉积物的堆积而形成。有些沉积构造［如泥裂（mud crack）］形成于物质沉积后，由沉积环境中发生的过程导致。沉积构造（如果存在的话）能够提供额外信息，对于解译地球历史非常有用。

图 7.27 横向变化。当横向追踪沉积层时，可能发现它由几种不同的岩石类型组成。之所以出现这种情况，是因为许多沉积环境能够同时存在于广阔的区域内。术语相可用于描述这套沉积岩，每个相会横向渐变过渡为在不同环境下同时形成的另一个相

在各种沉积环境下，沉积岩形成了各种不同的沉积物堆积层，称为地层（strata, stratum）或层（bed），这可能是沉积岩最常见且最典型的特征。每个地层都具有独特性和唯一性，可能是粗砂岩、富含化石的石灰岩或者黑色页岩等。在本章的章首照片、图 7.1、图 7.5和图 7.28 中，均可见到许多这样的地层。这些地层各不相同，结构、成分和厚度的变化反映了沉积时的不同环境状况。

层的厚度从极薄到数十米不等，层理面/层面（bedding plane）可将这些地层分隔开，这是岩石趋于劈开（或破碎）的相对平坦表面。在沉积过程中，沉积物的粒度（或成分）变化可能形成层理面，沉积作用暂停也可能导致出现分层，因为新沉积物与老沉积物完全相同的可能性很小。一般来说，每个层理面既标志着一次沉积作用事件的结束，又标志着另一次沉积作用事件的开始。

由于沉积物通常以从流体中沉淀下来的颗粒形式堆积，大多数地层最初均以水平层形式沉积。但在某些情况下沉积物不会堆积在水平层中，而可见内部各层与水平方向斜交，称为交错层理（cross-bedding），这是沙丘、河流三角洲及某些河道沉积的典型特征（见图 7.8 和图 7.29）。

递变层理（graded bed）是另一种特殊类型的层理

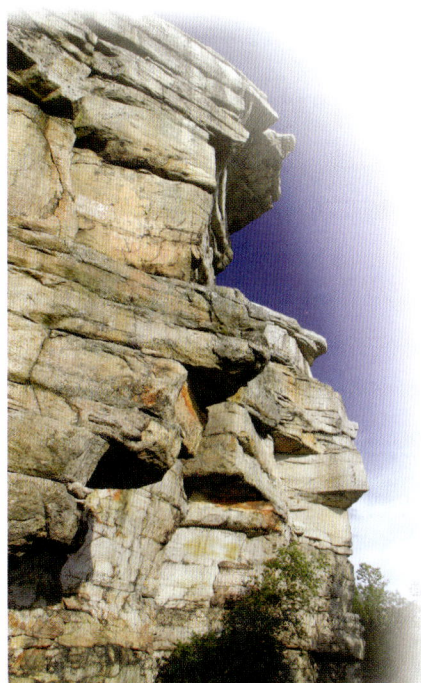

图 7.28 称为地层的成层岩石。这个沉积地层露头说明了这组岩石的特征性分层，出露于纽约州沙旺贡克山脉

（见图 7.30），单个沉积层内部的颗粒从粗粒（底部）渐变为细粒（顶部），这是从含有不同大小沉积物的水中快速沉积的典型特征。当水流的能量经历快速损失时，最大颗粒率先沉淀，较小颗粒随后依次沉淀。递变层理的沉积作用通常与浊流有关，这是一种比清水密度更大的沉积物阻塞水体，沿着湖底（或海底）向下坡移动。

通过详细研究沉积岩，地质学家能够推断出关于古沉积环境的很多信息。例如，砾岩可能表示高能环境，譬如碎波带或者急流，只有粗粒物质才能保留下来，更细的颗粒则保持为悬浮状态；若岩石是长石砂岩，则可能意味着气候干燥，因为长石较少发生化学蚀变；碳质页岩是低能量和富含有机质环境的标志，如沼泽或潟湖。

在某些沉积岩中，人们还发现了可为古环境提供线索的其他特征。例如，波痕（ripple mark）是一种小型砂浪（见图 7.31a），通过水流（或气流）作用而在沉积物层表面发育，砂脊与运动

方向成直角。若由空气（或水）基本上沿单一方向移动而形成，则波痕将呈非对称状，称为流动波痕/流水波痕（current ripple mark），顺流方向上具有更陡的侧翼，逆流侧的坡度更平缓。流动波痕的两个常见示例包括：河流流经砂质河道而形成的波痕；风吹过沙丘而形成的波痕。当存在于固体岩石中时，流动波痕可用于确定古气流（或古水流）的运动方向。其他波痕具有对称形式，称为振荡波痕/摆动波痕/对称波痕（oscillation ripple mark），形成于浅层近滨环境中表面波浪的往复运动。

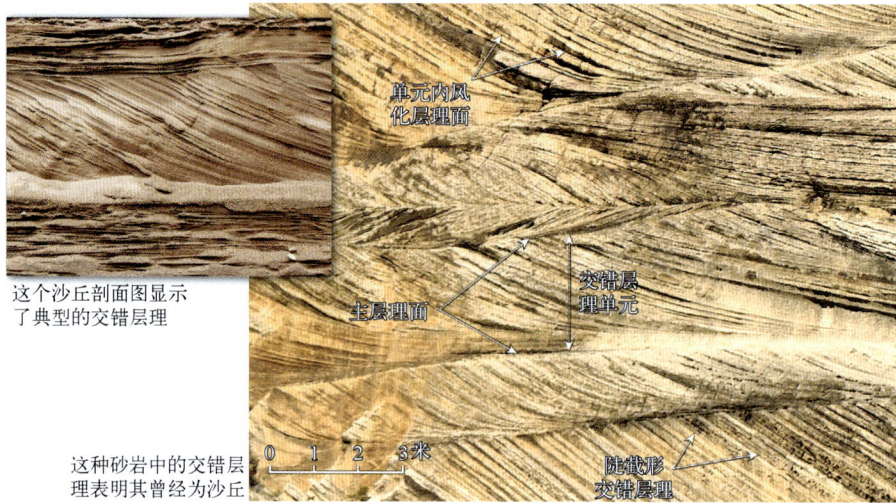

这个沙丘剖面图显示了典型的交错层理

这种砂岩中的交错层理表明其曾经为沙丘

单元内风化层理面

主层理面

交错层理单元

0 1 2 3米

陡截形交错层理

图 7.29 交错层理。沙丘通常表现出与主层理面成一定角度的倾斜薄层

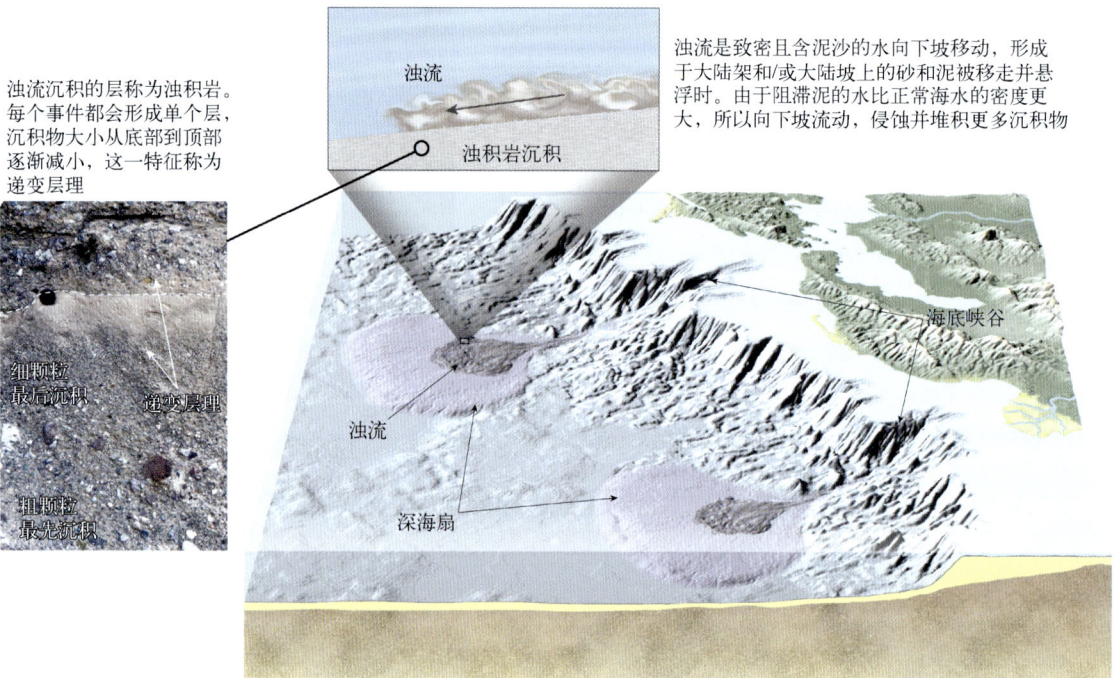

浊流沉积的层称为浊积岩。每个事件都会形成单个层，沉积物大小从底部到顶部逐渐减小，这一特征称为递变层理

细颗粒最后沉积

递变层理

粗颗粒最先沉积

浊流

浊积岩沉积

浊流是致密且含泥沙的水向下坡移动，形成于大陆架和/或大陆坡上的砂和泥被移走并悬浮时。由于阻滞泥的水比正常海水的密度更大，所以向下坡流动，侵蚀并堆积更多沉积物

海底峡谷

浊流

深海扇

图 7.30 递变层理。递变层理与称为浊流的海底洋流相关，典型特征是沉积物大小从底部到顶部逐渐减小

如图 7.31b 所示，泥裂（mud crack）表明形成的沉积物湿润与干燥交替出现。当暴露在空气中时，湿泥变干并收缩，形成裂缝。泥裂与潮滩、浅水湖和荒漠盆地等环境有关。

作为史前生命的残骸或遗迹，化石（fossil）是沉积物和沉积岩内所含的重要物质。化石是解译地质历史的重要工具，通过了解特定时期存在的生命形式的基本性质，研究人员更容易了解古环境状况。此外，化石是重要的时间指示器，在关联来自不同地点的相似年龄岩石方面发挥着关键作用。第9章将进一步讨论化石。

(a)

(b)

图 7.31　冻结在石头中。(a)这些流动波痕形成于砂质沉积物中，现在保留在岩石中；(b)泥质沉积物变干时收缩并形成裂缝。当沉积物变成岩石时，泥裂就会保留下来

概念回顾 7.7

1. 沉积环境的三大类型是什么？列出与每种类型相关的具体示例（见图 7.25 和图 7.26）。
2. 单一沉积层为何可能由不同类型的沉积岩构成？哪个术语适用于该单一层的这些不同部分？
3. 沉积岩最具特征的单一特征是什么？
4. 泥裂和波痕为何可能成为与地质历史相关的有用线索？

7.8　碳循环与沉积岩

将风化作用过程和沉积岩与碳循环进行关联。

为了说明地球系统各圈层之间的物质和能量运动，下面介绍碳循环（carbon cycle），如图 7.32 所示。碳循环是指整个大气圈、水圈、地圈和生物圈中的碳迁移（以各种形式）。大多数碳与其他元素化学联结而形成化合物，如二氧化碳（大气圈和水圈）、碳酸钙（地圈）以及碳氢化合物（煤炭和石油）。碳也是生命的基本组成部分，因为它很容易与氢和氧结合，形成构成现生生物（生物圈）的基本有机化合物。

7.8.1　大气圈和生物圈之间的碳迁移

在碳循环中，最活跃的部分之一当然是从大气圈到生物圈，再返回大气圈，然后重新开始的碳迁移。在大气圈中，碳主要以二氧化碳的形式存在。大气二氧化碳非常重要，因为这是一种温室气体，即它是地球辐射能量的有效吸收器，能够影响大气圈的加热（见第 21 章）。地球上运行的许多过程都涉及二氧化碳，因此该气体始终在大气圈中进进出出。植物通过光合作用从大气圈中吸收二氧化碳，进而形成自身生长所需的基本有机化合物。以这些植物为食的动物将这些有机化合物作为能量源，通过呼吸作用将二氧化碳返回大气圈（植物也会通过呼吸作用将部分二氧化

碳返回大气圈）。此外，当植物死亡并腐烂（或燃烧）时，这些生物质被氧化，进而将二氧化碳返回大气圈。

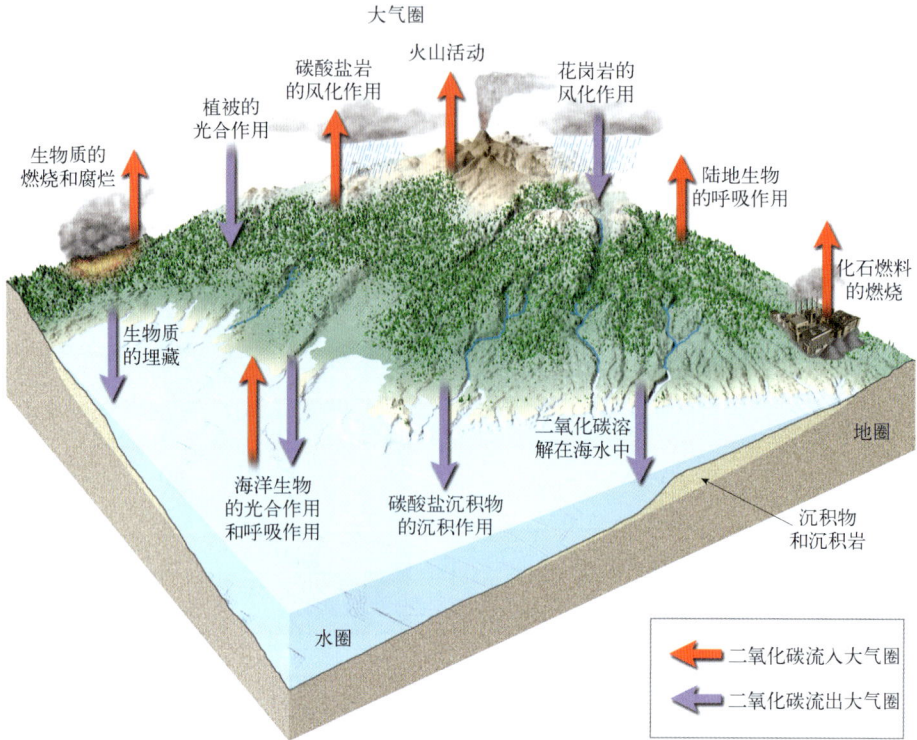

图 7.32　碳循环。这张简图强调了大气圈与水圈、地圈和生物圈之间的碳流动，箭头显示了碳流动是流入大气圈还是流出大气圈

7.8.2　地圈、水圈、大气圈和生物圈之间的碳迁移

碳也会从地圈和水圈迁移到大气圈中，然后返回并重新开始循环。例如，地球历史早期的火山活动被视为当前大气圈中大部分二氧化碳的来源，其中部分二氧化碳溶解在空气里的水蒸气中，形成碳酸（H_2CO_3），然后在降雨时冲击构成地壳的岩石。在这种固体岩石的化学风化过程中，产物之一是可溶性碳酸氢根离子（HCO_3^-），由地下水和河流携带入海。水生生物提取这种溶解物质，用于生成碳酸钙（$CaCO_3$）的硬质部分。水生生物死亡后，这些残骸作为生物化学沉积物下沉到洋底，最终成为沉积岩。实际上，地壳是地球上迄今为止最大的碳储库，碳在地壳中成了各种不同岩石的组成部分，其中最丰富的含碳沉积岩是石灰岩。石灰岩最终可能出露于地表，若在地表遭遇化学风化，则岩石中存储的碳就以二氧化碳的形式释放到大气圈中。

7.8.3　从生物圈到地圈的碳迁移（化石燃料）

并非所有死亡植物物质都会立即腐烂并变回二氧化碳。在任意时刻，一小部分生物残骸以沉积物的形式沉积下来，经过极其漫长的地质历史时期，沉积物埋藏的生物量相当巨大。在适当的条件下，部分富碳沉积物转化为化石燃料（煤炭、石油或天然气），其中部分燃料已被回收（开采），然后燃烧用于发电及为车辆提供燃料。当化石燃料燃烧时，结果之一是将大量二氧化碳释放回大气圈。

总之，碳在地球的所有 4 个主要圈层之间迁移。在生物圈中，碳对每种生物都至关重要；在大气圈中，二氧化碳是一种重要的温室气体；在水圈中，二氧化碳溶解在湖泊、河流和海洋中；在地圈中，碳包含在碳酸盐沉积物和沉积岩中，并以沉积岩中的有机质以及煤炭和石油矿藏的形式分散存储。

1. 描述化学风化和生物化学沉积物的形成如何从大气圈中去除碳并将其存储在地圈中。
2. 提供一个碳从地圈迁移到大气圈的示例。

主要内容回顾

7.1 沉积岩概述

关键词： 沉积岩，碎屑沉积岩，化学沉积岩，有机沉积岩

- 虽然火成岩和变质岩构成了大部分地壳（按体积计），但是沉积物和沉积岩集中在地表附近。在地球4大圈层之间的界面上，沉积物及其最终形成的岩层记录了地表在地质历史时期的条件和事件。沉积岩包含了显示生命随时间演化的化石。
- 许多地质资源仅赋存在沉积岩中，如煤炭、石油、铀以及几种主要金属矿石。
- 沉积物是形成沉积岩的原料，由先前存在的岩石风化而成。许多大小的固体颗粒和化学残留物均符合沉积物条件。
- 沉积物一旦产生，就会通过水流、风、冰川冰或在重力作用下的下坡运动从源区搬运出去，最终沉积在一个新地点，并在那里被压实和/或胶结，使单种沉积物联结在一起而形成沉积岩。
- 沉积岩主要有3种类型：碎屑沉积岩、化学沉积岩和有机沉积岩。

7.2 碎屑沉积岩

关键词： 页岩，易裂性，砂岩，分选性，砾岩，角砾岩

- 碎屑沉积岩由固体颗粒组成，主要是石英颗粒和微小黏土矿物。石英和黏土之所以占主导地位，是因为与大多数其他矿物不同，它们在地表处于稳定状态。长石和云母是某些碎屑沉积物中的明显添加物，说明其在化学风化环境中的时间相对较短；这些岩石经过机械风化，搬运距离相对较短，沉积时分解程度最低。
- 碎屑沉积岩主要根据其组成沉积颗粒大小进行分类。粒度是关于沉积作用环境能量大小的线索，较大的颗粒说明搬运流体的能量较高，较小的晶粒仅能沉积在流体能量相对较低的地方。
- 页岩主要由小颗粒黏土矿物构成，这些颗粒堆积在低能量沉积环境中，如深海、湖底以及河流附近的河漫滩。页岩能够劈开，因为微小黏土薄片与层理平行排列。含有大量有机质的页岩在低氧环境中形成，黑色是其典型特征。
- 砂岩以砂粒大小颗粒为主，可能呈现出不同程度的分选性。分选性反映了砂粒沉积的突然性或渐进性。单个砂粒的圆度是砂岩结构的另一个重要特征：圆状颗粒意味着搬运距离较长，棱角状颗粒意味着搬运距离较短。砂岩的成分各不相同：若出现了在地表相对不稳定的矿物（如长石），则意味着砂粒在沉积前未经过太多化学风化；石英所占的比例越大，沉积前原始沉积物的化学风化程度就越高。值得了解的砂岩主要有3种：石英砂岩、长石砂岩和杂砂岩。
- 砾岩和角砾岩的典型特征是砾石大小颗粒所占的比例很高。若由水沉积，则砾岩意味着水流非常强劲。角砾岩中的颗粒呈棱角状，说明该物质的沉积地点距离源区较近。砾岩由圆状颗粒构成，意味着沉积前经过了大量搬运。

7.3 化学沉积岩

关键词： 生物化学，石灰岩，白云岩，燧石岩，蒸发岩，盐滩

- 当溶解在溶液中的离子结合在一起而形成矿物晶体时，就会形成化学沉积岩。这种情况有时以无机形式发生。生物体有时以生物化学方式提取离子，以将矿物质沉淀形成骨骼。
- 石灰岩是最常见的化学沉积岩，主要在温暖的浅海环境中形成。石灰岩以碳酸钙为主，这是珊瑚造礁的物质。壳灰岩和白垩岩也是生物化学石灰岩的示例。石灰华和鲕状灰岩是无机石灰岩的示例。
- 白云岩是一种化学沉积岩，以矿物白云石为主。像方解石一样，白云石也是一种碳酸盐矿物，但约半数钙离子已被镁离子取代。
- 燧石岩是由微晶二氧化硅构成的岩石的统称。红色燧石岩称为碧玉，黑色燧石岩称为火石，彩色燧石岩称为玛瑙。当二氧化硅置换植物物质而形成石化木时，常呈现出不同

的颜色。

- 当矿物从浓度越来越高的溶解离子溶液中沉淀出来时，就会形成蒸发岩沉积，美国西部的大盐滩就是这样形成的。通过对这些沉积进行挖掘，即可揭示出岩盐、石膏岩和钾盐。

7.4 有机沉积岩：煤炭

关键词：煤炭

- 煤炭由埋藏在低氧沉积环境中的大量植物物质形成。形成的泥炭被压缩成一种低等级形式煤炭，称为褐煤。褐煤进一步压缩，挤压出挥发分并浓缩碳，即可形成更高等级的烟煤。变质作用伴随着造山运动而来，可让这种浓缩过程进一步发展，最终形成最高等级的煤炭，即无烟煤。

7.5 沉积物转化为沉积岩

关键词：成岩作用，岩化作用，压实作用，胶结作用

- 当沉积物的埋藏深度相对较浅时，温度及压力的变化会引发各种过程，统称成岩作用，指沉积物沉积后以及岩化作用期间及之后发生的所有化学、物理和生物变化。
- 沉积物转化为沉积岩称为岩化作用。两种主要过程有助于岩化作用，分别是压实作用和胶结作用。

7.6 沉积岩分类

关键词：碎屑结构，非碎屑结构

- 沉积岩分类主要基于碎屑、化学和有机特征。碎屑沉积岩按粒度进行细分，化学沉积岩中的矿物成分是关键区分特征。另一种特征是岩石是否呈现出碎屑或非碎屑结构。
- 在非碎屑沉积岩和火成岩中，结晶质结构很常见，放大后特别明显。但是，二者涉及的矿物完全不同，可以据此区分这两种类型的岩石。

7.7 沉积岩反映古环境

关键词：沉积环境，地层，层理面，交错层理，波痕，泥裂，递变层理，相，化石

- 构造、气候及生物条件的不同组合导致不同类型的沉积物堆积。一致性原则（均变说）表明，沉积记录能够根据现代沉积环境进行解译。大陆沉积环境、海洋沉积环境和过渡沉积（海滨线）环境都具有独特的典型特征，使得地质学家能够识别在这些环境中形成的沉积岩。

- 沉积相是代表各相邻区域中同时运行的不同沉积条件的横向等价物，如今天的海滩可能正在沉积砂，仅1千米或2千米之外的外滨正在沉积泥，更远处可能正在沉淀碳酸盐矿物。所有沉积物的年龄均相同，但代表了受不同条件控制的相邻区域。
- 沉积构造是沉积岩中的各种形态，在沉积时和沉积物岩化前形成，可为沉积物堆积时的条件提供强有力的线索。
- 层（或地层）是沉积在连续岩层中的沉积物薄片。有时，交错层理被保留在层理范围内，使得地质学家能够推断出沉积流方向。波痕是风在沉积物层表面形成的小波纹，也提供了有用的线索。递变层理说明沉积流快速失去能量，较大颗粒率先沉淀，最小颗粒最后沉淀。泥干燥后收缩会形成泥裂，表明沉积物暴露在空气中。化石是地质学家确定和解译古环境状况的有用工具。

问题：如附图所示，当向更深的水域移动时，横向等效岩层的颗粒是变得更细，还是变得更粗？

7.8 碳循环与沉积岩

关键词：碳循环

- 碳是大气圈、生物圈、地圈和水圈的重要组成部分。例如，你的鼻孔中的当前碳原子可能就是之前在一块面包中进入身体的碳原子，碳原子在进入面包之前可能曾是某株植物的一部分，再之前可能是大气中的一个二氧化碳分子。它是如何进入大气圈的？它可能最初溶解在海洋中，然后逃逸到空气中；也可能在石灰岩中被风化，然后被冲下河流并最终进入海洋。虽然细节各不相同，但关键点是碳是一种活性元素，在岩石、水、空气及活体组织中同等存在。

深入思考

1. 开发一套沉积岩的地质生命史。从山区中的一块火成岩基岩开始，到你的沉积岩被一

位未来地质学学生采集结束，一定要尽可能完整。

2. 比较第 3 章中的术语黏土与图 7.3 中的术语黏土，该术语在不同场景下的用法有何差异？有何关联？

3. 若你徒步爬上一座山峰，然后在山顶发现了石灰岩，则说明山顶岩石在地质历史上可能如何？

4. 为何没有必要在沉积岩鉴定图上注明碎屑岩的结构（见图 7.22）？

5. 当你在犹他州锡安国家公园徒步旅行时，你捡起了一块沉积岩标本。当用放大镜观察该标本时，你发现该岩石主要由圆状玻璃质颗粒构成，看上去像是石英。为了进行确认，你做了两项基本检测。当检测硬度时，该岩石很容易刻划玻璃，此为石英的特征。但是，当在标本上滴酸时，它会起泡。解释富含石英的岩石如何在酸的作用下起泡。

6. 附图显示了洋底之上的 3 个沉积物层。哪个术语适用于这些层？哪个过程形成了这些层？这些层更可能是外滨（近海）潟湖还是深海扇的一部分？

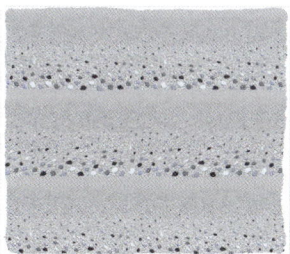

7. 在图 7.25 所示的环境中，你应能发现以下哪种物质：a. 蒸发岩沉积；b. 分选好的砂沉积；c. 包含较高百分比的部分分解植物物质的沉积；d. 多种沉积物大小的杂乱混合物。

8. 附图展示了沙丘表面。何种术语适用于表面上的波状脊？主导风向最可能是来自左侧还是来自右侧？解释理由。

9. 进行野外考察时，你在某个砂岩露头处停下，然后用放大镜进行观察，发现砂岩分选差且富含长石和石英。实习指导教师告诉你，该沉积物源于该地区的以下两个地点之一：地点 1，附近出露的风化玄武质熔岩流；地点 2，上次野外考察时，路边停下处的花岗岩露头。选择最有可能的地点，并解释你的选择理由。这种类型的砂岩名称是什么？

10. 附图中岩石标本由共生晶体组成。应如何确定该岩石是沉积岩还是火成岩？若是沉积岩，采用何种术语来描述其结构？

地球之眼

1. 附图中的碎屑岩由棱角状颗粒组成，富含钾长石和石英。a. 棱角状颗粒表明了沉积物搬运距离的何种信息？b. 在这块岩石中，沉积物的来源是火成岩，说出可能的岩石类型名称。c. 在这块标本中，沉积物是否经过了大量化学风化？解释理由。

2. 附图是美国黄石国家公园中的一块化学沉积岩，通过以下过程形成：雨水吸收空气中的二氧化碳，然后呈酸性。雨水渗入地表后，溶解石灰岩基岩中的方解石。最终，美国黄石国家公园的地下管道将已经碳酸钙饱和的水作为温泉返回地表。当这些水出现时，部分二氧化碳逃逸到空气中，引发了此处可见的岩石沉积作用。a. 这块岩石是生物化学成因还是无机成因？b. 这块岩石最可能是燧石岩还是石灰岩？解释理由。c. 说出这块岩石的具体类型名称。本章中的哪张插图提供了另一个示例？

3. 附图是美国北卡罗来纳州哈特拉斯岛的鸟瞰图（望向南侧），岛屿左侧（东）是大西洋，帕姆利科湾的遮蔽水域在右侧（该岛屿的向陆侧）。假设该区域内堆积的沉积物主要是碎屑。**a**. 若在 A 点和 B 点对沉积物进行取样，则哪个点可能存在更粗的颗粒？**b**. 解释这两个地点的沉积物为何可能不同。**c**. 这幅图像展示了三大类沉积环境中的哪类？

第 8 章　变质作用和变质岩

阿富汗兴都库什山脉具有 6000 多年历史的青金石矿

新闻中的地质：滴血青金石为阿富汗冲突提供资金

青金石（lapis lazuli/lapis）在世界各地的小型矿床中均有发现，但阿富汗的古老矿山是这种鲜艳蓝色宝石的优质来源。虽然青金石常称为矿物，但实际上是由很多种矿物组成的变质岩，所含的常见矿物是天青石、方解石和黄铁矿。遗憾的是，近数十年来，青金石的开采和贸易为这个饱受战乱地区的冲突提供了资金。

据全球目击者组织（Global Witness）估计，通过在阿富汗买卖青金石，一些武装组织每年最高能够赚取 2000 万美元。许多倡导团体呼吁将该地区的青金石宣布为冲突矿产，以便更好地监管青金石贸易。

虽然人们可能无法通过名字认识青金石，但可能知道用其制作的知名作品。例如，在图特王（古埃及国王）的著名金制陪葬面具中，突出的眉毛就是用青金石制作的。青金石以粉末形式混合在涂料中，称为深蓝色，这是一种备受追捧的颜料。在文艺复兴时期的欧洲，青金石比黄金更昂贵，许多艺术家在玛丽（耶稣之母）的绘画和雕像中使用深蓝色。如今，合成颜料已基本取代涂料中的青金石，但其仍然是珠宝中的流行宝石。

青金石原矿

学习目标

8.1 比较变质岩、沉积岩和火成岩的形成环境。

8.2 列举并区分变质作用的 4 种控制因素。

8.3 解释叶理化结构和非叶理化结构如何发育。

8.4 列举并描述最常见的变质岩类型。

8.5 描述以下环境：接触变质作用、热液变质作用、俯冲带变质作用和区域变质作用。

8.6 解释如何利用指示矿物来确定岩石的变质级。

若任何已有岩石承受了热量和压力形式的巨大应力，则随着时间的推移，这种岩石将转化（或变质）为一种新类型的岩石。本章重点介绍控制变质岩形成的构造应力，以及这些岩石在外观、矿物学特征和整体化学成分（有时）方面的变化。

8.1 变质作用概述

比较变质岩、沉积岩和火成岩的形成环境。

如第 1 章所述，变质作用指一种岩石类型转化为另一种岩石类型。变质岩（metamorphic rock）源于先前存在的沉积岩、火成岩及其他变质岩，这些被转化岩石称为母岩（parent rock）。变质作用（metamorphism）意味着状态发生改变，这是母岩的矿物学特征（矿物成分）、结构甚至化学成分（偶尔）发生转化的一种过程。这些状态改变通常涉及温度和压力的上升，与母岩的形成环境存在明显差异。

图 8.1 描绘了变质环境、沉积环境和火成环境之间的关系。变质作用发生在一个温度区间内，从沉积岩形成期间的温度（最高约为 200℃），一直到接近岩石开始熔融的温度（约为 700℃）。但是，在变质作用过程中，岩石基本上保持为固态（rock remains essentially solid）。如第 4 章所述，若岩石发生明显熔融，则表明已进入火成岩活动范围。

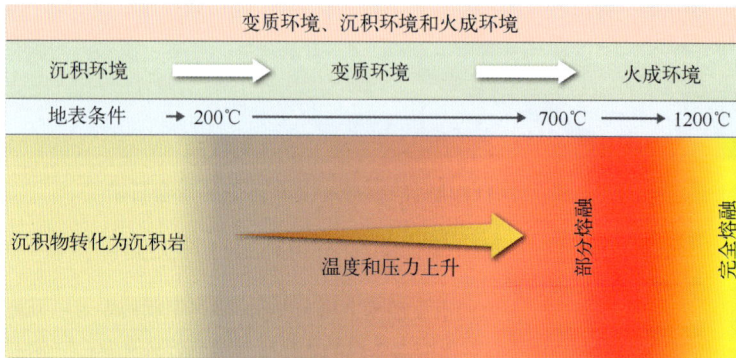

图 8.1 变质环境、沉积环境和火成环境。变质作用发生在一个温度区间内，从沉积环境中经历的温度，到接近岩石熔融的温度。在变质作用中，压力（包括围压和差异应力）也发挥着重要作用

黏土矿物（沉积岩中最常见的矿物）是变质岩如何形成的示例。当达到温度超过 200℃ 的埋藏深度时，沉积岩中的黏土矿物就转化为绿泥石和/或白云母（高岭石也是一种黏土矿物，见图 3.35）。绿泥石是一种云母状矿物，由富铁镁的深色硅酸盐矿物发生变质而成。在更极端的条件下，绿泥石还会变成黑云母。

8.1.1 变质级

在变质作用过程中，母岩的变化程度称为变质级/变质等级/变质程度（metamorphic grade）。

低级变质环境（low grade metamorphic environment）具有较低的温度和压力。板岩是低级变质岩的一个示例，由普通沉积岩页岩转化而来，在这种转化过程中，页岩中的黏土矿物变成了微小的绿泥石和白云母薄片。板岩和页岩的手标本有时很难区分，说明从沉积岩到变质岩的转变通常是渐进式的且差异并不明显（见图 8.2a）。

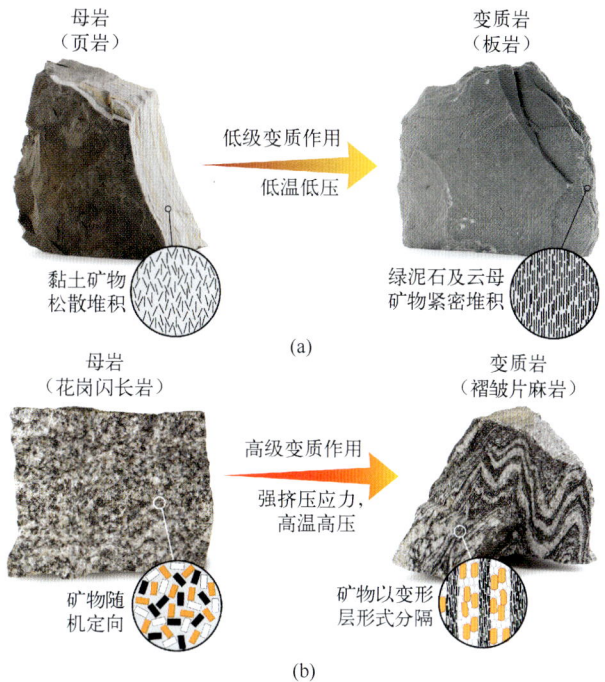

图 8.2　变质级。(a)低级变质作用，如沉积岩页岩转化为密度更大的变质岩板岩; (b)高级变质作用在接近岩石熔点的温度下发生，会破坏已有岩石的结构

相比之下，高级变质环境（high grade metamorphic environment）具有更极端的温度和压力，由此导致的转化非常彻底，以至于无法轻易确定母岩的身份。在高级变质作用中，母岩中的已有特征（如层理面、化石和气孔）已消失殆尽。此外，当地壳深部岩石受到挤压应力作用时，整个岩石块体都可能发生变形（通常通过褶皱作用），如图 8.2b 所示。

在变质作用中，压力也发挥着重要作用。围压能够压实沉积物并形成沉积岩，变质作用中涉及的压力甚至更大，足以将矿物质转化为具有更致密晶体结构的形式，因此涉及从先存矿物中形成新矿物。

与发生在地表（或近地表）环境中的某些火成及沉积过程不同，变质作用最常发生在地球深部，人们无法对其进行直接观测。虽然存在这一重大阻碍，但变质岩仍然包含其形成环境的部分线索，如结构和矿物成分。

概念回顾 8.1

1. 变质作用意味着状态发生改变，描述岩石在变质作用期间如何改变。
2. 每块变质岩都有一块母岩是什么意思?
3. 定义变质级。

8.2　变质作用的控制因素

列举并区分变质作用的 4 种控制因素。

变质作用的控制因素/营力（agent）包括：热量（heat）、围压（pressure）、差异应力（differential stree）和化学活性流体（chemically active fluid）。在变质作用过程中，岩石可能同时受到所有 4 种控制因素的作用，但是变质作用程度和各控制因素的作用因环境不同而差异极大。

8.2.1　热量

热量是变质作用最重要的控制因素，它提供发生化学反应（促使已有矿物重结晶）所需的能量。如第 4 章所述，温度上升会导致矿物中的原子加速摆动，即使是在原子紧密联结的结晶质固体中，在这种活动性上升的强有力支撑下，单个原子也能在晶体结构中的不同位置之间自由地迁移。

1．热量导致的变化

以原始矿物颗粒为代价形成新颗粒（或增大已有颗粒）的过程称为重结晶作用（recrystallization），在这个过程中，无论岩石的矿物学特征是否改变，矿物颗粒都趋于变得更大。例如，当石英砂岩变质形成石英岩时，母岩和新岩石的矿物组成均保留了石英颗粒，但是新岩石（石英岩）的石英颗粒比母岩（石英砂岩）更少且更大。

相比之下，当页岩变质形成板岩时，黏土矿物会重结晶而变成新矿物，通常是绿泥石和白云母。在从页岩向板岩转化的过程中，虽然矿物学特征发生了变化，但是总体化学成分基本保持不变，已有原子重新排列成在新环境中更稳定的新晶体结构。但是，在某些环境中，离子实际上可能迁入（或离开）岩石，改变其整体化学成分。

2．热量的来源

岩石可能变热存在两种主要途径。首先，当热量从地幔被向上输送到最浅的地壳岩层时，岩石会变得更热，典型示例包括上升地幔柱、洋中脊处的上升流以及俯冲带地幔岩石部分熔融形成的岩浆，如图 8.3 所示。当侵入浅层岩石时，岩浆冷却并释放热量，进而烘烤并转化周围主岩。

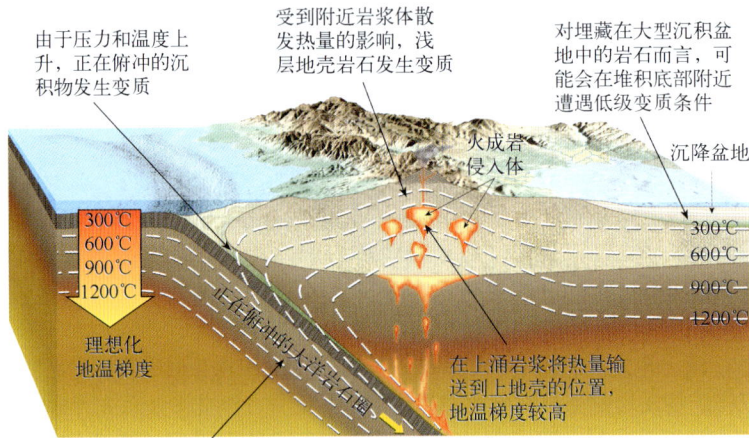

图 8.3　**热变质作用的热量来源。**变质作用的主要来源是深入地球内部时温度升高，以及岩浆体冷却时将热量释放给周围的岩石

岩石变热的第二种途径如下：岩石可能被深埋在地壳中，地壳温度随深度增大而上升。地壳温度随深度增大而上升的速率称为地温梯度/地热梯度（geothermal gradient）。

在上地壳中，温度上升的平均值约为 25℃/千米（见图 8.3），因此，若将地表形成的岩石输送到地下深处，则温度会逐渐上升。如前所述，当埋藏深度约为 8 千米（平均温度约为 200℃）时，黏土矿物趋于变得不稳定，开始重结晶形成新矿物，如绿泥石和白云母（在这种新环境中保持稳定）。但是，许多硅酸盐矿物在这些温度下仍然保持稳定，特别是结晶质火成岩中的硅酸盐矿物（如石英和长石），因此仅在更高的温度下，石英和长石才发生变质。

在汇聚型板块边界，满载沉积物的洋壳板片向下俯冲，岩石可能被携至极深处后加热。岩石也可能深埋在大型盆地中，然后逐渐沉降并形成巨厚沉积物堆积。在这些盆地（墨西哥湾最典型）的堆积物底部附近，目前已知发育有低级变质条件。此外，形成造山运动的大陆碰撞过程导致一部分岩石抬升，另一部分岩石则同时下潜，该位置的高温和高压会引发变质作用。

8.2.2 围压

像温度一样，压力也随着深度的增加而上升，因为上覆岩石的厚度变大了。埋藏的岩石会受到**围压**（confining pressure）的作用，这种情形可与水压进行类比，水中所有方向上施加的应力都相等。想象以下场景：随着下潜深度的增加，水肺潜水员如何体验到更高的围压。

围压会使得矿物颗粒之间的空间趋近，进而使得岩石的密度更大、更致密。若压力变得足够大，则可能使得矿物中的原子更紧密地堆积，进而形成密度更大的新矿物（见图8.4a）。如第3章所述，一种矿物（多晶型）向另一种矿物的转化称为**相变**（phase change）。

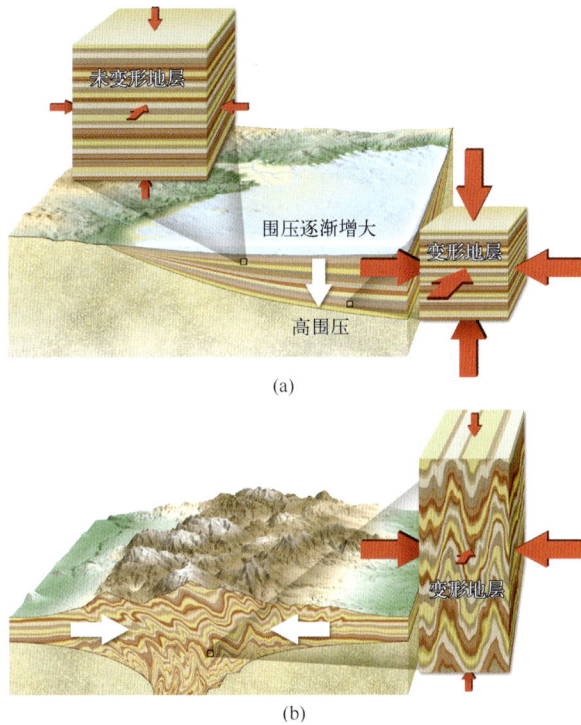

图 8.4　**围压和差异应力**。(a)在沉积环境中，随着围压的增大，岩石通过减小体积而变形；(b)在造山运动期间，若岩石受到差异应力的作用，则在最大应力方向上缩短，在最小应力方向上伸长

8.2.3 差异应力

除了围压，岩石还可能受到定向压力的作用，例如，在岩石圈板片碰撞的汇聚型板块边界，导致岩石发生变形的应力在不同方向上具有不同的大小，即所谓的**差异应力**（differential stress）。第10章将介绍差异应力的不同类型。与围压（在所有方向上均匀挤压岩石）不同，在差异应力中，某个方向上的应力比其他方向的更大。

挤压岩石块体的差异应力称为**挤压应力/压应力**（compressional stress），受到挤压应力作用的岩石在最大应力方向上缩短，在垂直于该应力的方向上伸长，如图8.4b所示。在汇聚型板块边界沿线，最大差异应力被水平定向为板块运动方向，因此在这些环境中地壳大大缩短（水平方向）和增厚（垂直方向），最终形成了山地地形。

在高温高压环境中，岩石具有韧性（可延展）特征，矿物颗粒受到差异应力作用时变平（类似于脚踩黏土时发生的情形）。如图8.5所示，**变质砾岩**（metaconglomerate）描绘了这种趋势，母岩（砾岩）由几乎呈球状的中砾组成，已被不同差异应力压扁成拉长构造。在更大的尺度上，岩石通过流动（而非破碎或断裂）发生韧性变形。因此，对承受极高温度和压力的深埋岩石而言，遭受差异应力而变形时可能发育出复杂的褶皱（见图8.6）。

图 8.5 变质砾岩。这块变质砾岩由曾经呈球状的中砾形成，已被加热并通过差异应力压扁成拉长构造

图 8.6 变形褶皱片麻岩，加利福尼亚州安扎博雷戈沙漠州立公园

相比之下，在温度和压力相对较低的近地表环境中，岩石具有脆性特征，受到差异应力作用时趋于发生断裂。若变形持续进行，则可将矿物颗粒研磨并粉碎成越来越小的碎屑。

8.2.4 化学活动性流体

地壳中的水含量较高。在上地壳中，水以地下水的形式出现；在地下深处，当岩浆体冷却并固结时，温度极高的水分会被释放到周围岩石（围岩）中。此外，许多矿物（如黏土、云母和角闪石）都是水合矿物，即其晶体结构中含有水分，温度和压力升高会导致这些矿物脱水，进而排出富含矿物质的热水。

通过溶解离子并将其在晶体结构中的不同位置之间进行搬运，高温化学活动性流体能够增强变质作用，进而促进重结晶作用过程。在越来越炽热的环境中，这些流体会变得更具反应性。

在某些变质环境中，高温流体搬运矿物质的距离相当远，例如，当岩浆体冷却并固结时，可排出称为热液/热水溶液（hydrothermal solution）的富含离子的高温流体，此时就会发生这种情形。若深成岩体围岩的化学成分与侵入流体明显不同，则这些流体与主岩之间就可能发生离子交换。换句话说，这些流体并不是简单地重组已有原子，而是引入新原子或去除旧原子。当这种情形发生时，围岩的整体化学成分就发生改变，这个过程称为交代作用（metasomatism）。交代作用的一个示例是石灰岩中的主要成分方解石（$CaCO_3$）形成矿物硅灰石（$CaSiO_3$），当富硅热液侵入石灰岩时，方解石与二氧化硅（SiO_2）反应生成硅灰石，同时排出气体二氧化碳（CO_2）。

8.2.5 母岩

除了挥发分［如水（H_2O）和二氧化碳（CO_2）］可能损失或吸收，大多数变质岩的整体化学成分与其形成母岩保持一致。因此，当地质学家尝试确定某种变质岩的母岩物质时，最重要的线索就是该岩石的整体化学成分。

考虑南欧阿尔卑斯山高处大量出露的变质岩大理岩。由于大理岩与石灰岩（常见沉积岩）具有相同的矿物学特征（方解石），得出石灰岩是大理岩的母岩这一结论似乎较为合理。此外，由于石灰岩通常形成于温暖的浅海环境中，可以推断必定发生了相当大的变形，将浅海中的石灰岩沉积物转化为高耸阿尔卑斯山上的大理岩峭壁。

母岩的矿物组成很大程度上也决定了每种控制因素引起变化的程度。例如，当岩浆强行贯入已有岩石块体时，高温及炽热流体可能蚀变主岩。若主岩由相对不活泼的矿物（如石英）组成，则可能发生的任何蚀变都将局限于火成岩侵入体旁边的狭窄区域，但是当主岩为具有高活性的石灰岩时，变质作用带就可能延伸到距离侵入地点较远的位置。

概念回顾 8.2

1. 列举变质作用的 4 种控制因素。
2. 变质作用的哪种控制因素最重要？陈述理由。
3. 变质岩的何种特征主要由母岩决定？

8.3 变质结构

解释叶理化结构和非叶理化结构如何发育。

结构（texture）一词用于描述岩石中矿物颗粒的大小、形状和排列。

8.3.1 叶理

在大多数火成岩和许多沉积岩中，矿物颗粒（或晶体）是随机定向的，因此从任何方向观察都有均匀的外观。相比之下，在含有板状矿物（如云母）和/或细长矿物（如角闪石）的变质岩中，矿物颗粒通常表现出某种优选定向，呈现出平行到近平行排列。就好比是一把铅笔，对含有彼此平行定向的细长矿物颗粒的岩石而言，侧面看与迎面看时呈现的外观不同。若矿物颗粒（或晶体）呈现出平面（或近平面）优选定向，则称该岩石具有叶理/面理（foliation）。

在变质环境中，叶理通常由挤压应力控制。挤压应力缩短岩石单元，导致先前存在岩石中的矿物颗粒形成平行（或近平行）排列。叶理的示例包括板状矿物通过矿物颗粒（或中砾）的旋转、重结晶及压扁而平行排列。

1. 板状矿物颗粒的旋转

已有矿物颗粒的旋转是最容易想象的叶理机制，图 8.7 描绘了板状（或细长）矿物颗粒的旋转机制，新颗粒排列大致垂直于最大应力方向。虽然低级变质作用中板状矿物颗粒的物理旋转有助于叶理的发育，但是其他机制在更极端的环境中占主导地位。

2. 生成新矿物的重结晶

如前所述，重结晶作用从先存矿物颗粒中生成新矿物颗粒。当岩石遭遇差异应力作用并发生重结晶时，所形成的任何细长矿物（如角闪石）和板状矿物（如云母）均趋于垂直于最大应力方向重结晶，因此新形成的矿物颗粒呈现出明显的分层。

3. 球状颗粒的压扁

若岩石包含大致呈球状晶体发育的矿物（如石英、方解石和橄榄石），则其在变质过程中可能通过两个过程被压扁。首先，当矿物晶体结构的不同单元沿离散平面彼此相对滑动时，颗粒形状可能发生改变，如图 8.8 所示。这种类型的渐进式固态流动（solid-state flow）涉及滑移，当原子通过打破现有化学键并形成新化学键来移动位置时，滑移会打乱晶体结构。

其次，矿物形状可通过以下过程改变：单个原子从矿物颗粒边缘沿线的高应力位置移至相同颗粒上的低应力位置，这种机制称为压溶/压溶作用（pressure solution），它很大程度上得益于富含离子的热水。矿物质（离子）在颗粒彼此接触处（高应力区域）溶解，然后沉积在孔隙中（低应力区域）。于是，矿物颗粒趋于在最大应力方向上变短，在最小应力方向上拉长。虽然这两种机制都会使矿物颗粒变得扁平，但是岩石的矿物学特征不会改变。

8.3.2 叶理化结构

叶理类型很大程度上取决于变质级以及母岩的矿物学特征，下面研究其中的 3 种结构：岩石劈理/板劈理、片理和片麻状结构（条带）。

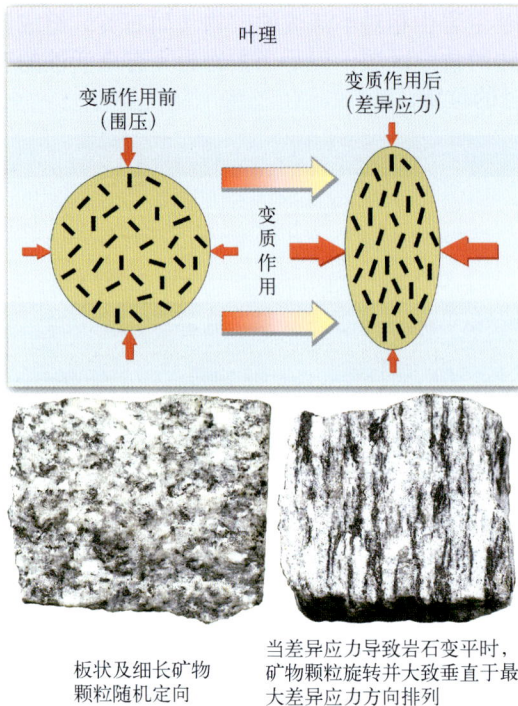

叶理

变质作用前
（围压）

变质作用后
（差异应力）

变质作用

图 8.7　板状矿物颗粒的机械旋转形成叶理

板状及细长矿物颗粒随机定向

当差异应力导致岩石变平时，矿物颗粒旋转并大致垂直于最大差异应力方向排列

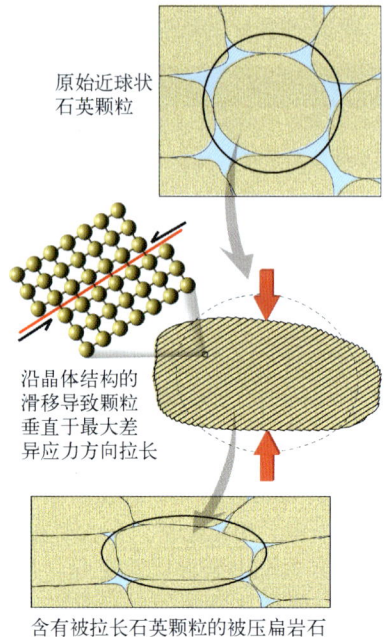

原始近球状石英颗粒

沿晶体结构的滑移导致颗粒垂直于最大差异应力方向拉长

含有被拉长石英颗粒的被压扁岩石

图 8.8　矿物颗粒的固态流动。当矿物晶体结构单元彼此相对滑动时，矿物颗粒可通过固态流动而压扁。这种机制包括打破现有化学键及形成新化学键

1．岩石劈理/板劈理

当受到锤子敲击时，岩石会裂开成呈现出岩石劈理（rock cleavage）的薄板片。板岩中经常出现极好的岩石劈理，因此岩石劈理也称板劈理（slaty cleavage），如图 8.9 所示。由于非常容易裂开，板岩常被用作建筑材料，用于建造屋顶、地砖及台球桌面等。

板劈理通常发育在页岩层（及相关沉积岩层）变质形成板岩的地方（见图 8.10），该过程始于挤压应力开始导致岩石单元变形并产生宽褶皱时，进一步变形则导致页岩中的黏土矿物（最初大致平行于层理面排列）开始重结晶为绿泥石和云母的微小薄片。但是，这些新板状矿物颗粒的生长使其排列大致垂直于最大差异应力，如图 8.10b 所示。

板岩通常在页岩的低级变质作用期间形成，因此通常会保留原始沉积层理面的证据。但是，如图 8.10c 所示，板劈理定向通常与沉积层成一定的角度发育，因此与沿层理面裂开的页岩不同，板岩通常跨层理面裂开。

至于其他变质岩（如片岩和片麻岩），则有时沿平面裂开，因此也呈现出岩石劈理。

2．片理

在更高的温度及压力下，板岩中云母和绿泥石的微小薄片开始重结晶，变成更大的白云母及黑云母晶体。当体积大到足可通过肉眼进行辨认时，板状晶体将呈现出平面（或层状）构造，称为片理（schistosity）。具有这种类型叶理的岩石称为片岩（schist）。除了含有板状矿物，片岩还可能含有变形（压扁状）的石英及长石晶体，这些晶体的形状类似于嵌入云母颗粒的透镜体。

图 8.9　形状极佳的板劈理。这个板岩采石场的岩石呈现出板劈理。由于能够劈成板片，板岩的用途很多。图中照片显示了瑞士某房屋屋顶所用的板岩

3．片麻状结构（条带）

在高级变质作用期间，离子迁移会导致矿物分离，如图8.11所示。观察发现，深色晶体（黑云母和角闪石）与浅色硅酸盐矿物（石英和长石）已经分离，使得该岩石呈现条带外观，称为片麻状结构（gneissic texture）或片麻状条带（gneissic banding），具有这种结构的变质岩称为片麻岩（gneiss）。片麻岩虽然具有叶理化结构，但是与板岩及某些片岩不同，它们通常并不容易裂开（注：对于岩石和矿物的结构与构造，本书中的定义、分类及描述与国内用法存在差异，如国内业界一般将片麻状结构称为片麻状构造）。

8.3.3 其他变质结构

经过变质作用而未发育层状（或带状）外观的变质岩称为非叶理化（nonfoliated）变质岩。非叶理化变质岩通常形成于挤压应力最小的变质岩环境中，以及母岩由发育等维晶体（而非扁平或板状晶体）的矿物组成时。例如，当细粒石灰岩（由方解石组成）在缺少差异应力的环境中变质时，石灰岩中的较小方解石颗粒发生重结晶，形成更大且形状均匀的晶体。由此形成的变质岩大理岩由共生方解石晶体组成，这些晶体缺乏条带且外观类似于粗粒火成岩中的晶体。

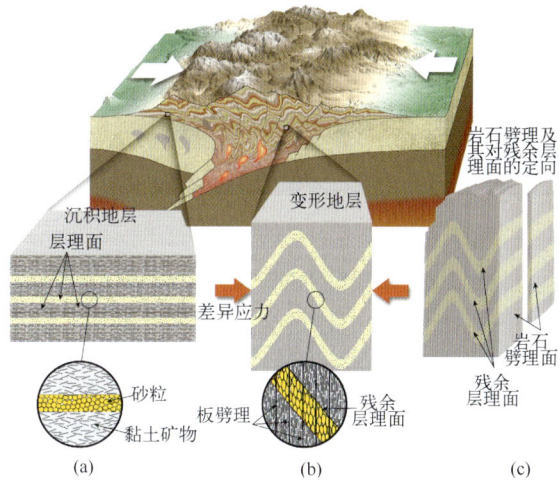

图 8.10　板劈理的发育。当与砂岩互层的页岩发生强烈褶皱和变质时，黏土矿物开始重结晶为绿泥石和云母的微小薄片。这些新板状矿物的生长使其排列大致垂直于定向应力，从而使板岩具有叶理

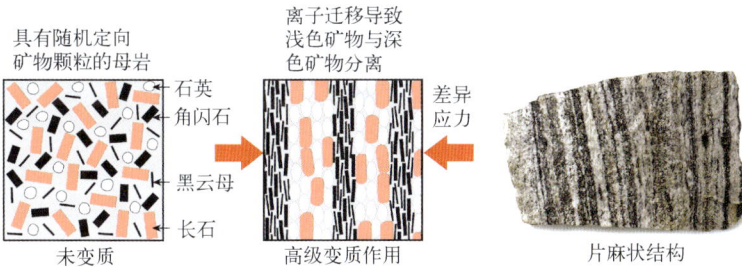

图 8.11　片麻状条带的发育。离子迁移导致长英质矿物和镁铁质矿物在不同层中生长，形成片麻状条带

角岩（hornfels）是较为常见的另一种非叶理化变质岩，形成于富含黏土的岩石（如页岩和泥岩）遭到高温岩浆侵入时。在这种环境中，黏土矿物被烘焙（类似于窑中烧制黏土陶器），形成缺乏板状矿物排列的一种坚硬岩石。

有些变质岩含有异常大的颗粒，称为斑状变晶/变斑晶（porphyroblast），周围环绕着其他矿物的细粒基质。当母岩中的矿物重结晶形成新矿物时，很多岩石类型中均发育有斑状变晶结构（porphyroblastic texture）。在重结晶作用期间，有些特征变质矿物（如石榴子石）趋于发育少量极大晶体。相比之下，某些矿物（如白云母和黑云母）则通常形成大量的较小颗粒。因此，在重结晶作用形成的相对常见变质岩中，经常可以看到石榴子石大晶体（斑状变晶）嵌入细粒基质（黑云母和白云母），如图8.12所示。

图 8.12　石榴子石云母片岩。深红色石榴子石晶体（斑状变晶）嵌入细粒云母基质

1. 定义叶理。
2. 区分板劈理、片理和片麻状结构。
3. 什么是非叶理化结构？说出具有这种结构的一种岩石名称。

8.4 常见变质岩

列举并描述最常见的变质岩类型。

在地表能够观察到的岩石中，大多数变质岩源于如下 3 种最常见沉积岩：页岩（或泥岩）、石灰岩和石英砂岩。页岩极可能是大多数板岩、千枚岩、片岩和片麻岩的母岩，这一变质岩序列呈现出粒度逐渐增大以及岩石结构和矿物学特征的变化。

石灰岩［由矿物方解石（$CaCO_3$）组成］是大理岩的母岩，石英（SiO_2）砂岩是石英岩的母岩。与黏土矿物相比，方解石和石英是简单化合物，矿物学特征在变质作用期间通常不变，而趋于重结晶形成更大的方解石和石英熔融颗粒，这两种颗粒分别是大理岩和石英岩的主要组分。

最常见变质岩的主要特征如图 8.13 所示，按所呈现的叶理类型划分了大类，按母岩的化学成分划分了小类。注意，某些岩石名称（rock name）（如板岩、片岩和片麻岩）也可用于描述结构。

8.4.1 叶理化变质岩

1．板岩

板岩（slate）是一种极细粒（直径小于 0.5 毫米）叶理化岩石，主要由绿泥石和云母的微小薄片（极其微小，肉眼不可见）组成。板岩可能也含有微型石英及长石晶体，由于具有细粒性质，趋于暗淡无光泽，与页岩特别相像。板岩的一种引人注目的特征是具有极好的岩石劈理，或者趋于裂开为平板片（见图 8.9）。

板岩最常形成于页岩、泥岩或粉砂岩的低级变质作用，但有时也形成于火山灰的变质。板岩的颜色取决于其矿物组分，黑色（碳质）板岩富含有机质，红色板岩的颜色来自氧化铁，绿色板岩主要由绿泥石组成。

2．千枚岩

千枚岩（phyllite）由板状矿物组成，这些矿物颗粒比板岩中的矿物颗粒更大，但是仍然无法通过肉眼轻易识别。虽然千枚岩的外观与板岩相似，但其光泽和波状表面很容易与板岩区分开来（见图 8.13）。千枚岩呈现出岩石劈理，主要由极细粒晶体（白云母、绿泥石或二者）组成。

3．片岩

以板状矿物为主的中−粗粒变质岩称为片岩（schist）。这些平坦成分通常包含平行排列的白云母和黑云母，因此该岩石具有叶理化结构（见图 8.14）。此外，片岩含有少量其他矿物，称为副矿物（accessory mineral）。像板岩一样，大多数片岩的母岩是经过中−高级变质作用的页岩（或泥岩）。

如前所述，片岩一词也用于描述岩石结构，因此称为片岩的岩石可能含有多种化学成分。为了表示成分，可以添加矿物名称，例如，主要由白云母和黑云母组成的片岩称为云母片岩（mica schist），如图 8.14 所示。有些云母片岩含有变质岩所特有的副矿物，作为斑状变晶出现的常见副矿物包括石榴子石、十字石和红柱石，此时的岩石分别称为石榴子石云母片岩（garnetmica schist）、十字石云母片岩（staurolic-mica schist）和红柱石云母片岩（andalusike-mica schist）。

此外，片岩还可能主要由绿泥石、滑石或普通角闪石组成，此时它们相应地称为绿泥石片岩（chlorite schist）、滑石片岩（talc schist）或角闪石片岩（hornblende schist）。当含有镁铁质（玄武质）成分的岩石经过变质作用时，绿泥石片岩和角闪石片岩都有可能形成。

变质岩	结构		描述	母岩
板岩	 叶理化		由绿泥石和云母的微小薄片组成，可通过板劈理在平板片中裂开，表面光滑且无光泽	页岩、泥岩或粉砂岩
千枚岩			细粒，有光泽，可沿波状表面裂开	页岩、泥岩或粉砂岩
片岩			中-粗粒，鳞状叶理，以云母为主	页岩、泥岩或粉砂岩
片麻岩		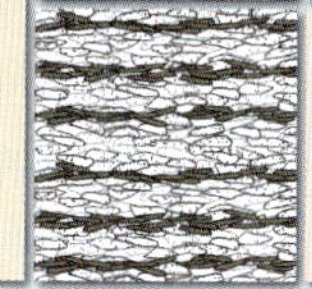	粗粒，由于浅色矿物与深色矿物分离而形成"成分带"	页岩、花岗岩或火山岩
大理岩	 非叶理化	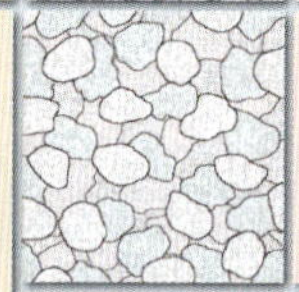	中-粗粒，相对较软（摩氏硬度3），方解石（或白云石）颗粒紧密嵌合	石灰岩、白云岩
石英岩		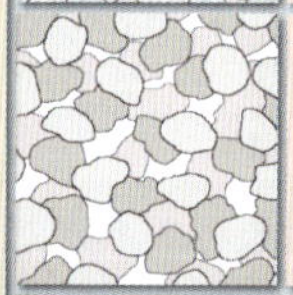	中-粗粒，非常坚硬，块状，熔融石英颗粒	石英砂岩
角岩			极细颗粒，通常极其坚韧且持久性强，一般为深色	一般为页岩，但是可能含有任何成分

图 8.13 常见变质岩的分类

4．片麻岩

片麻岩（gneiss）是粒状和细长（与板状相反）矿物占主导地位的中-粗粒带状变质岩，最常见的矿物是石英、钾长石和斜长石，大多含有少量黑云母、白云母和角闪石。有些片麻岩能够沿着板状矿物层裂开，但大多数片麻岩的裂开方式不规则。

如前所述，在高级变质作用期间，浅色组分与深色组分分离，使得片麻岩呈现出特有的带状（或层状）外观。因此，大多数片麻岩由交替出现的白色（或红色）长石富集带和深色铁镁质矿物层组成（见图 8.15），这些带状片麻岩经常呈现出变形迹象（如褶皱，偶尔有断层）。

含有长英质成分的片麻岩可能源于花岗岩

图 8.14 云母片岩。这块片岩标本主要由白云母和黑云母组成，呈现出叶理

（或其细粒等效物流纹岩），但是大多数片麻岩通过页岩的高级变质作用形成，因此片麻岩代表页岩、板岩、千枚岩、片岩和片麻岩序列中变质级最高的变质岩。类似于片岩，片麻岩也可能含有副矿物（如石榴子石）大晶体。主要由深色矿物组成的片麻岩也会出现，例如，一种富含角闪石的岩石呈现出片麻状结构，称为角闪岩（amphibolite）。

8.4.2 非叶理化变质岩

1. 大理岩

大理岩（marble）是由石灰岩（或白云岩）的变质作用形成的结晶变质岩，如图 8.13 所示。纯大理岩呈白色，基本上由矿物方解石组成。由于相对柔软（摩氏硬度为 3），大理岩易于切割和塑形。白色大理岩（称为汉白玉）特别珍稀，可作为纪念碑和雕像的雕刻石材，如美国华盛顿特区的林肯纪念堂和印度的泰姬陵（见图 8.16）。遗憾的是，当暴露在酸雨中时，大理岩的成分（碳酸钙）使其容易受到化学风化的影响（见第 6 章）。

大多数大理岩的母岩均含有让岩石变色的杂质，因此大理岩可能呈现粉红色、灰色、绿色甚至黑色，而且可能含有各种副矿物（如绿泥石、云母、石榴子石和硅灰石）。当由石灰岩与页岩互层形成时，大理岩呈现带状外观，且叶理可见。当这些带状大理岩发生变形时，可能发育高度扭曲的富含云母的褶皱，进而增强该岩石的艺术观感。从史前时代至今，这些装饰性大理岩始终被用作建筑石材。

图 8.15　纽约州阿迪朗达克山脉出露的带状片麻岩

图 8.16　大理岩广泛用作建筑石材。印度泰姬陵的外表面主要由变质岩大理岩建造

2. 石英岩

石英岩（quartzite）是由石英砂岩形成的一种非常坚硬的变质岩，如图 8.17 所示。在中-高级变质作用下，砂岩中的石英颗粒融合在一起（见图 8.17 中的插图）。重结晶作用通常非常完全，以至于石英岩破碎时会跨越原始石英颗粒（而非沿其边界）裂开。在某些情况下，沉积特征（如交错层理）得以保留，使得岩石呈现一种带状外观。纯石英岩呈白色，但氧化铁可能产生红色（或粉红色），深色矿物颗粒则可能产生绿色（或灰色）。

3. 角岩

角岩（hornfels）是一种细粒非叶理化变质岩，与大理岩和石英岩不同，它具有可变矿物成分。大多数角岩的母岩是页岩，或者是富

图 8.17　石英岩。石英岩是由石英砂岩形成的一种非叶理化变质岩。近景放大图像显示了石英砂岩中的松散结合颗粒，并与石英岩中的典型互锁石英颗粒进行了对比

含黏土的另一种岩石（被炽热侵入岩浆体烘烤过）。角岩呈灰色到黑色，且非常坚硬（见图 8.13）。

8.5 变质环境

描述以下环境：接触（热）变质作用、热液变质作用、埋藏及俯冲带变质作用和区域变质作用。

大多数变质作用发生在板块边缘沿线，本节重点介绍其中 4 种常见的变质环境［接触（热）变质作用；热液变质作用；埋藏及俯冲带变质作用；区域变质作用］，以及形成变质岩数量相对较少的几类变质作用。如图 8.18 所示，每类变质作用都发生在特定的温度和压力区间内。

8.5.1 接触（热）变质作用

在上地壳中，当熔融火成岩体周围的岩石遭受高温烘烤时，就会发生接触（热）变质作用［contact (thermal) metamorphism］。由于接触（热）变质作用发生在低压下，且并不涉及差异应力，最终形成的变质岩并未叶理化。

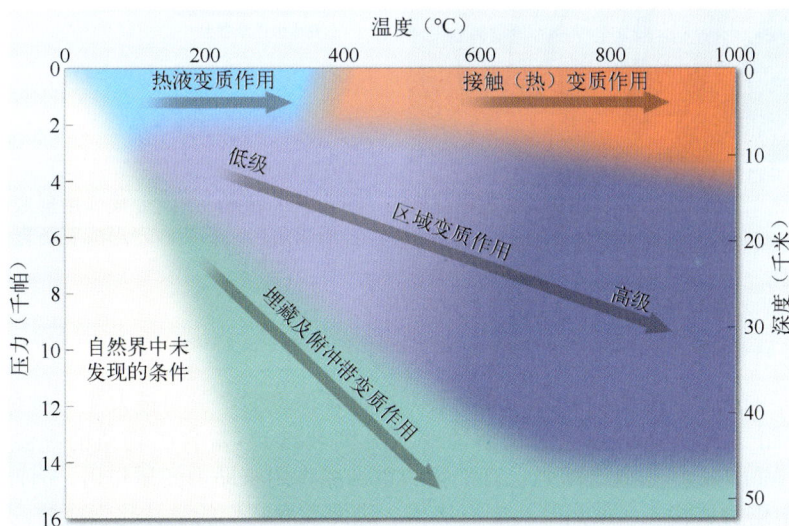

图 8.18 变质环境。本图描绘了通常与主要变质环境类型相关的温度和压力

接触（热）变质作用蚀变热量源附近离散区域中的岩石，这个区域称为变质晕（aureole），如图 8.19 所示。当小型侵入体（如岩墙和岩床）侵位时，通常会形成厚度仅为几厘米的变质晕。相比之下，对最终冷却并形成岩基的大型熔融体而言，可能形成向外延伸达数千米的变质晕。这些大型变质晕通常由不同变质作用带组成，岩浆体附近可能形成高温矿物（如石榴子石），更远处的低级变质作用则可能形成绿泥石等矿物。

基于母岩的不同成分，不同类型的变质岩可在相同背景下形成（见图 8.20）。例如，在泥岩和页岩的接触变质作用过程中，黏土矿物被烘烤成极其坚硬的细粒角岩。角岩也能由各种其他物质形成，如火山灰和玄武质岩石。接触（热）变质作用形成的其他变质岩还包括大理岩和石英岩。

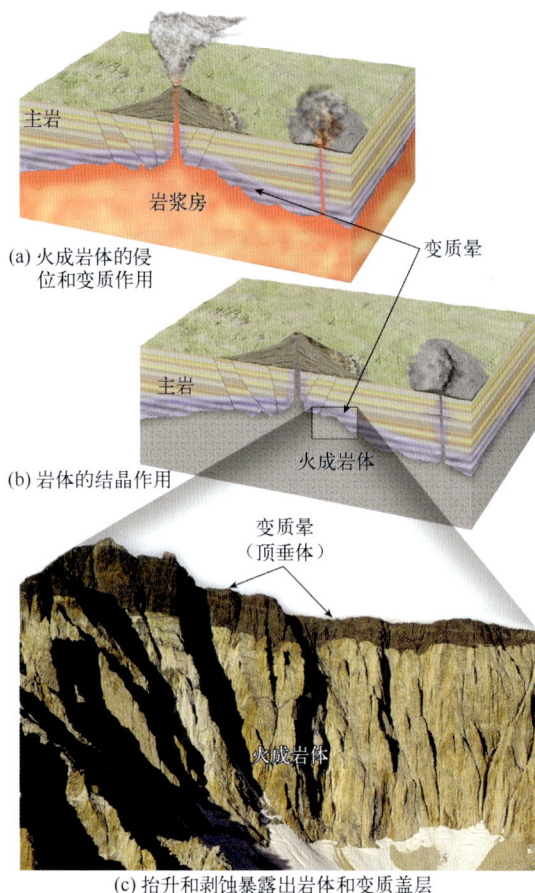

(a) 火成岩体的侵位和变质作用

(b) 岩体的结晶作用

(c) 抬升和剥蚀暴露出岩体和变质盖层

图 8.19　接触（热）变质作用。照片拍摄于加利福尼亚州的内华达山脉，暗色层是称为顶垂体（roof pendant）的一种变质晕类型，由与浅色火成岩体上部接触的变质主岩组成。顶垂体岩石曾经是岩浆房的顶部

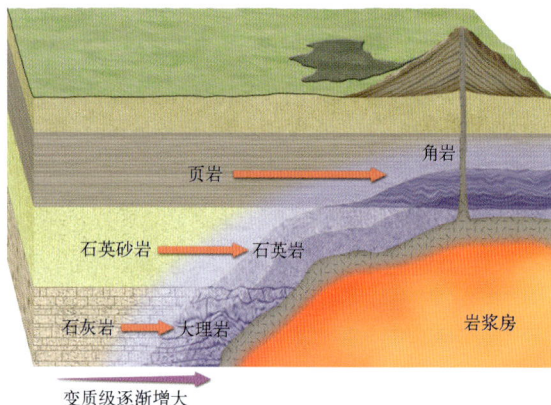

图 8.20　接触（热）变质作用形成的各种岩石。页岩形成角岩，石英砂岩形成石英岩，石灰岩形成大理岩

8.5.2　热液变质作用

当富含离子的热水在岩石的孔隙（或断裂）中循环流动时，就可能发生一种称为热液变质作用（hydrothermal metamorphism）的化学蚀变（见图 8.21）。富含矿物质的高温流体称为热液（hydrothermal solution），它通过增强已有矿物的重结晶作用来助力变质作用。有时，富含离子的高温流体有助于矿物质移入（或离开）岩石块体，进而改变它们的整体化学成分。

参与热液变质作用的水分可能是从地表渗透下来的地下水，被加热后向上循环流动。这种类型的变质作用发生在压力较低和温度相对较低至中等的地壳浅层。

驱动热液变质作用的水分也可能来自火成活动，随着大型岩浆体的冷却及固结，富含离子的水分被释放到周围的主岩中。当主岩多孔或高度破碎时，这些流体中所含的矿物质可能发生沉淀，形成铜、银和金沉积（矿床）。富含离子的这些流体也可能形成伟晶岩，这是一种粒度极粗的花岗质（长英质）火成岩（见第 4 章）。

最广泛出现的热液变质作用发生在洋中脊系统的轴部沿线，如图 8.22 所示。当板块向两侧移动分开时，源于地幔的上涌岩浆生成新海底，海水渗透穿过年轻且炽热的洋壳，其间被加热并与新形成的玄武质岩石发生化学反应，最终将洋壳和上地幔顶部的超镁铁质岩石转化为水合岩石蛇纹岩（serpentinite）和皂石/滑石（soapstone），如图 8.23 所示。

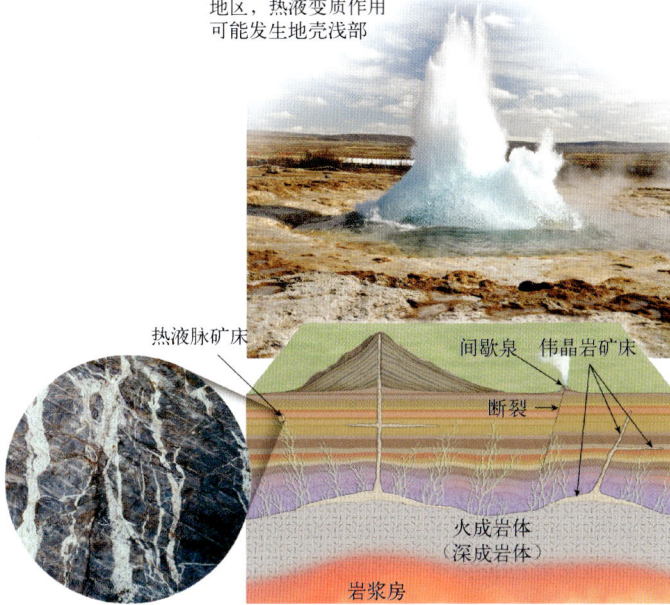

在间歇泉和温泉活动
地区，热液变质作用
可能发生地壳浅部

热液脉矿床

间歇泉　伟晶岩矿床

断裂 →

火成岩体
（深成岩体）

岩浆房

图 8.21　**热液变质作用与火成岩侵入体相关。**伟晶岩矿床和热液矿床在火成岩侵入体（深成岩体）附近形成

　　循环经过海底的热液也会从新形成的地壳中移走大量金属，如铁、钴、镍、银、金和铜等。这些富含金属的高温流体最终从海底沿着断裂上升并喷涌而出，形成充满颗粒的云状物，称为黑烟囱（black smoker）。与低温海水混合后，含有这些重金属的硫化物和碳酸盐矿物发生沉淀，最终形成金属矿床。地质学家认为，地中海塞浦路斯岛当前开采的铜矿石即形成于这个过程。

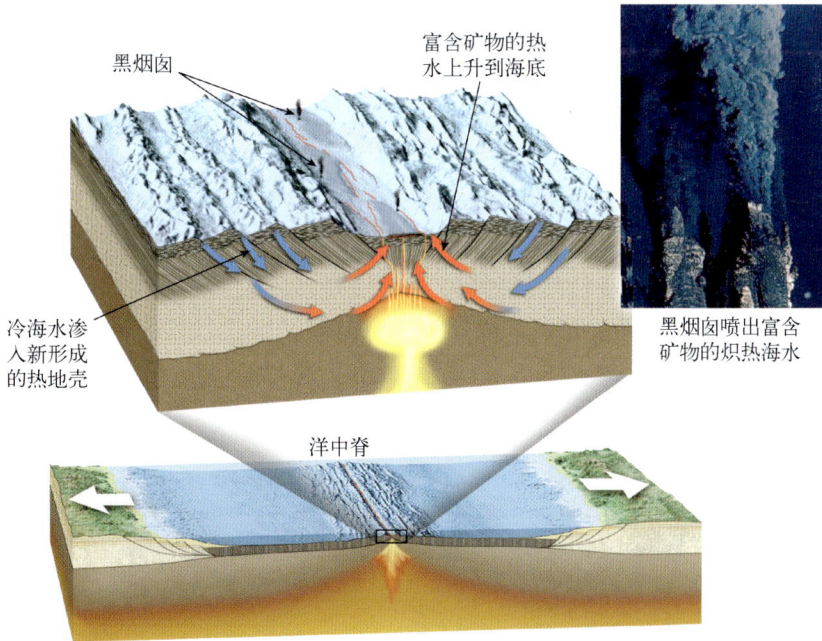

黑烟囱

富含矿物的热
水上升到海底

冷海水渗
入新形成
的热地壳

黑烟囱喷出富含
矿物的炽热海水

洋中脊

图 8.22　洋中脊沿线的热液变质作用

8.5.3 埋藏及俯冲带变质作用

埋藏变质作用（burial metamorphism）发生在沉降沉积盆地中大量沉积物质（或火山物质）堆积的位置（见图 8.3），这里的最深层内部可能形成低级变质条件，围压和热量能够驱动组成矿物的重结晶作用，在没有明显变形的情况下可改变岩石的结构和/或矿物学特征。变质砾岩（metaconglomerate）是由埋藏变质作用形成的一种变质岩，如图 8.5 所示。

图 8.23　蛇纹岩和皂石。这些变质岩形成于洋中脊系统沿线超镁铁质岩石的热液蚀变

在大洋岩石圈向下俯冲位置的汇聚型板块的边界沿线，岩石和沉积物也能被携带至地下极深的位置（见图 8.3）。在这种背景下，寒冷致密的洋壳和沉积物的俯冲速度足够快，以至于压力的增大速度要快于温度的上升速度。这种现象称为俯冲带变质作用（subduction zone metamorphism），其与埋藏变质作用不同，差异应力在岩石变形过程中发挥着主要作用。

8.5.4 区域变质作用

区域变质作用（regional metamorphism）是一种与造山运动相关且分布广泛的变质作用类型，大量地壳部分因两个大陆块相撞而剧烈变形（见图 8.24）。如前所述，密度更大的洋壳会俯冲到浮力更大的陆壳之下，但是两个大陆块相撞则会发生变形，形成碰撞大陆边缘的沉积物，且地壳岩石会出现褶皱和断裂。大陆碰撞也可能导致其他岩石抬升和变形，如沉积层之下的结晶基岩和曾经是中间洋盆基底的洋壳碎片。

造山运动期间的地壳普遍增厚导致浮力抬升，变形岩石被抬升到位于海平面之上的高处。当一个地壳块体被推到另一个地壳块体之下时，地壳增厚还导致大量岩石被深埋。在山根深处，深埋引发的温度上升是造山带内最强变质活动的原因。

在某些情况下，深埋岩石的温度被加热至超过其熔点，形成岩浆。当这些岩浆体壮大到足以因浮力而上升时，就会侵入上覆变质岩和沉积岩（见图 8.24）。因此，许多造山带的核心由存在褶皱和断裂的变质岩构成，且通常与火成岩体交织在一起。随着时间的推移，这些变形岩体遭到抬升，侵蚀作用剥离掉上覆物质，就会暴露出山脉的火成岩和变质岩核心。

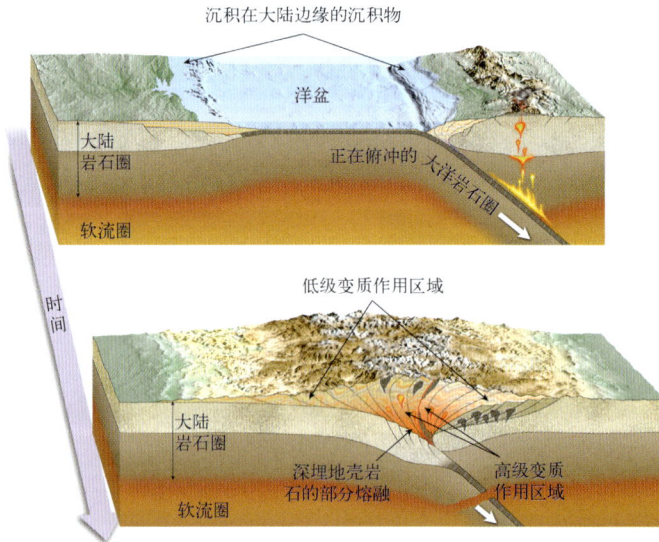

图 8.24　区域变质作用。区域变质作用发生在大陆碰撞期间，岩石被挤压在两个正在汇聚的地壳块体之间，导致造山运动

区域变质作用能够形成一些最常见的变质岩。在这些环境中，页岩变质形成板岩、千枚岩、片岩和片麻岩序列，石英砂岩变质形成石英岩，石灰岩变质形成大理岩。

8.5.5 其他变质环境

在其他变质环境中，某些不太常见的变质作用类型能够形成数量相对较少的变质岩，且趋于与地理位置因素相关。

1. 断裂带沿线的变质作用

地表附近的岩石相当于脆性固体，因此断裂带沿线的运动会导致岩石断裂（见图 8.25a），形成一种松散但连贯的岩石，称为**断层角砾岩**（fault breccia），由碎裂岩石的碎屑组成。加利福尼亚州圣安德烈亚斯断层沿线曾发生过位移，形成了一个断层角砾岩及其相关类型岩石的区域，长度超过 1000 千米，宽度高达 3 千米。

但是，与断裂带相关的大部分变形发生在地下极深的位置，因此环境温度非常高，先存矿物会因韧性流动而发生变形（见图 8.25b）。当大型岩石板片彼此反向移动时，其间断裂带中的矿物趋于形成细长颗粒，导致岩石呈现叶理化外观。这些强韧性变形带中形成的岩石称为**糜棱岩**（mylonite）。

2. 冲击变质作用

当陨石（彗星或小行星碎片）高速撞击地表时，会发生**冲击变质作用**（impact metamorphism/shock metamorphism），参见地质美图 8.1。撞击发生后，曾经快速移动的陨石的能量被转化为热能和冲击波，然后穿过周围环绕的岩石，最终击碎、摧毁甚至（有时）熔化岩石。

撞击形成的这些产物称为**撞击物**（impactites），包括熔融碎裂岩石和火山弹状富含玻璃喷出物的混合物。在有些情况下，还可发现非常致密的石英（柯石英）和微小金刚石，这些高压矿物的存在提供了令人信服的证据 —— 冲击变质作用中涉及的压力和温度可能与上地幔中的一样高。

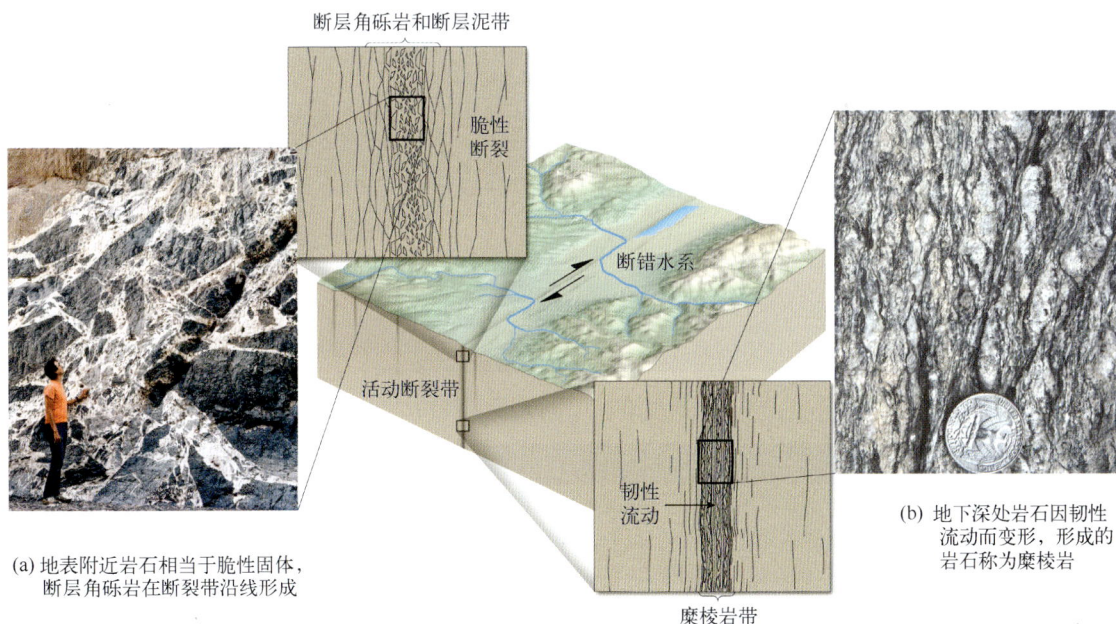

断层角砾岩和断层泥带

脆性断裂

断错水系

活动断裂带

韧性流动

糜棱岩带

(a) 地表附近岩石相当于脆性固体，断层角砾岩在断裂带沿线形成

(b) 地下深处岩石因韧性流动而变形，形成的岩石称为糜棱岩

图 8.25　断裂带沿线的变质作用

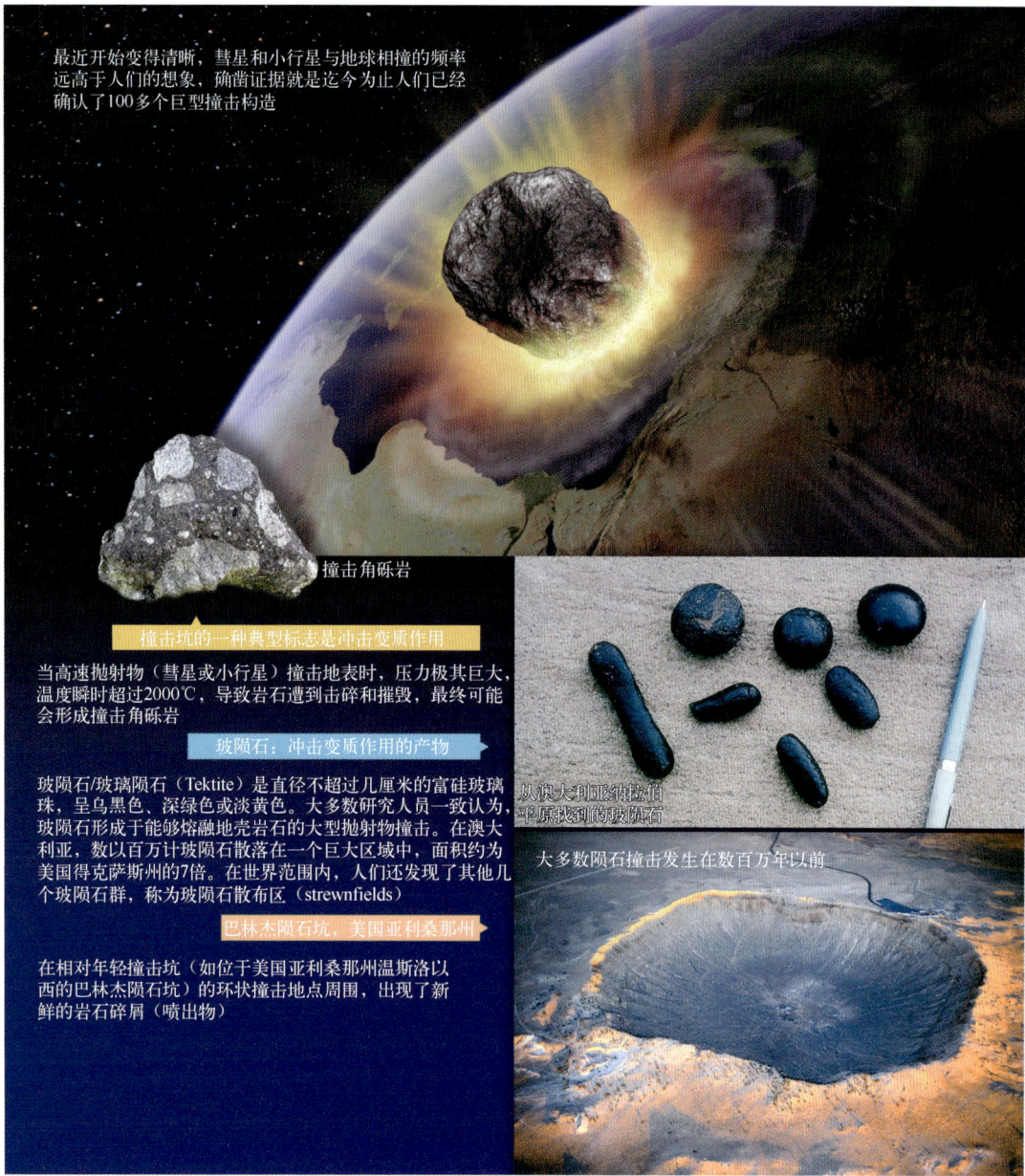

最近开始变得清晰，彗星和小行星与地球相撞的频率远高于人们的想象，确凿证据就是迄今为止人们已经确认了100多个巨型撞击构造

撞击角砾岩

撞击坑的一种典型标志是冲击变质作用

当高速抛射物（彗星或小行星）撞击地表时，压力极其巨大，温度瞬时超过2000℃，导致岩石遭到击碎和摧毁，最终可能会形成撞击角砾岩

玻陨石：冲击变质作用的产物

玻陨石/玻璃陨石（Tektite）是直径不超过几厘米的富硅玻璃珠，呈乌黑色、深绿色或淡黄色。大多数研究人员一致认为，玻陨石形成于能够熔融地壳岩石的大型抛射物撞击。在澳大利亚，数以百万计玻陨石散落在一个巨大区域中，面积约为美国得克萨斯州的7倍。在世界范围内，人们还发现了其他几个玻陨石群，称为玻陨石散布区（strewnfields）

从澳大利亚纳拉伯平原找到的玻陨石

大多数陨石撞击发生在数百万年以前

巴林杰陨石坑，美国亚利桑那州

在相对年轻撞击坑（如位于美国亚利桑那州温斯洛以西的巴林杰陨石坑）的环状撞击地点周围，出现了新鲜的岩石碎屑（喷出物）

地质美图 8.1　冲击变质作用

概念回顾 8.5

1. 列举通过接触（热）变质作用形成的 3 种岩石。
2. 热液变质作用的控制因素是什么？
3. 哪种类型的板块边界与区域变质作用相关？

8.6　变质环境的确定

解释如何利用指示矿物来确定岩石的变质级。

变质岩为地质学家确定岩石形成时的变质环境提供了线索，其中部分线索来自在具有相同

母岩的岩石中发现的结构差异，还有些岩石含有可作为形成时环境的良好指示器的指示矿物（index mineral），更进一步的线索则可从称为变质相（metamorphic facies）的矿物组合中进行收集（但有一定难度）。

8.6.1　结构变化

在发生区域变质作用的整个区域中，岩石结构因变质作用强度而存在差异。若从由富含黏土的矿物（如页岩或泥岩）组成的母岩开始，则随着变质级逐渐升高（从低级变质作用到高级变质作用），粒度会逐渐普遍粗化。图 8.26 描绘了以下规律：随着变质强度逐渐增大，页岩变为细粒板岩，然后形成千枚岩，再通过持续重结晶作用形成中粒片岩。在更强的条件下，还可能发育呈现深色矿物层和浅色矿物层的片麻状结构。

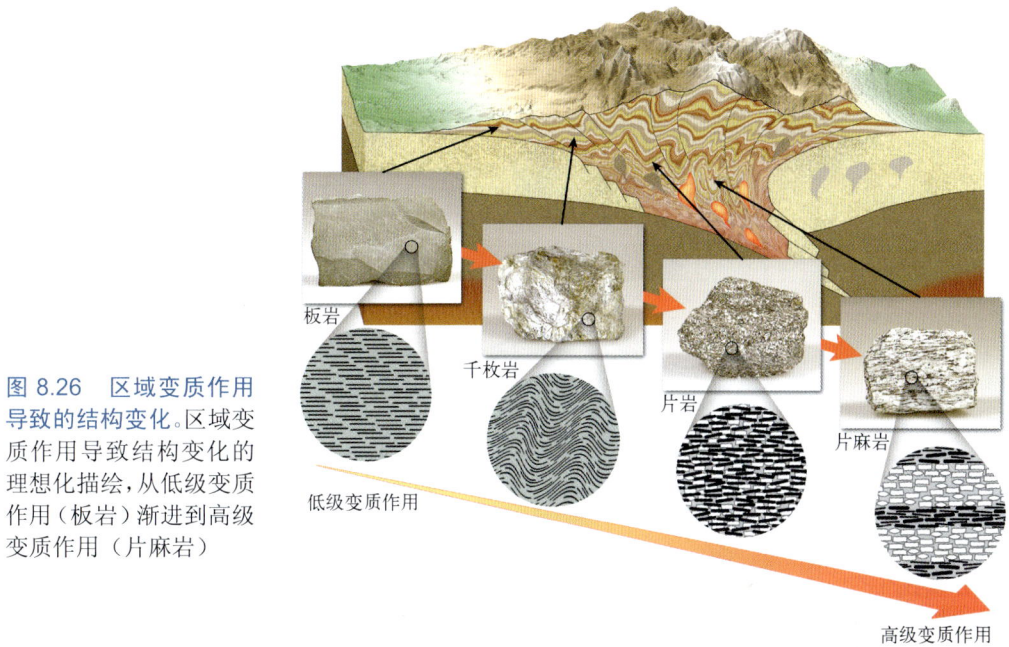

图 8.26　区域变质作用导致的结构变化。区域变质作用导致结构变化的理想化描绘，从低级变质作用（板岩）渐进到高级变质作用（片麻岩）

当从西侧接近阿巴拉契亚山脉时，可观察到变质结构中的这种系统性过渡。在俄亥俄州，页岩层（曾经在美国东部的大片区域中延伸）仍然为近平伏状地层。但是，在宾夕法尼亚州中部的阿巴拉契亚山脉，褶皱大范围发育，曾经形成平伏地层的岩石发生褶皱，显示出板状矿物颗粒的优选定向（如发育良好的板劈理所呈现的那样）。当向东侧（朝向强烈变形的结晶阿巴拉契亚山脉）移动更远时，可发现大量片岩出露。在佛蒙特州和新罕布什尔州，可看到一些最强的变质作用带，片麻岩出露于地表（见图 8.27）。

8.6.2　利用指示矿物确定变质级

除了结构变化，变质岩在矿物学特征方面也会发生相应的变化，当观察来自低级变质作用-高级变质作用区域的不同标本时，这种矿物学特征非常明显。在区域变质作用下，页岩的矿物学

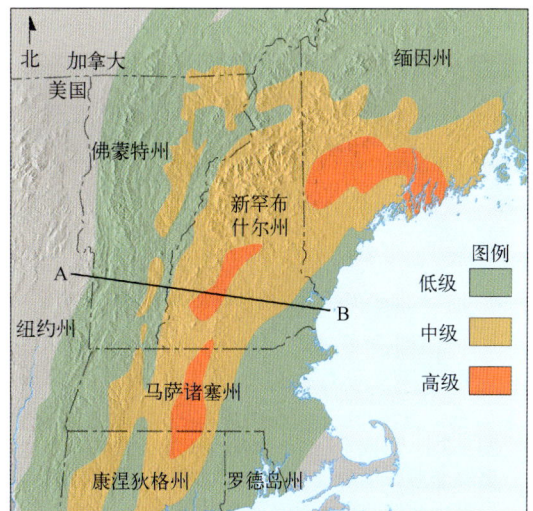

图 8.27　新英格兰地区的变质作用带。在这张高度综合的地图中，显示了新英格兰地区的各个区域，从低级变质作用到高级变质作用

特征的理想化转变如图 8.28 所示。当页岩转变为板岩时，形成的第一种新矿物是绿泥石。在更高温度下，白云母和黑云母薄片开始占主导地位。在更极端的条件下，变质岩可能包含石榴子石和/或十字石晶体（见图 8.29）。在接近岩石熔点的温度下，矽线石/硅线石（sillimanite）形成。矽线石是一种制瓷用高温特征变质矿物，这种物质能够承受极端环境，可用在发动机火花塞等产品中。

通过在自然环境中对变质岩开展研究（称为野外研究（field studies））和实验测试，地质学家认识到，某些特定指示矿物（index minerals）是其形成时变质环境的良好指示器（见图 8.28）。利用指示矿物，地质学家能够区分不同的区域变质作用带。例如，当温度相对较低（低于 200℃）时，矿物绿泥石开始形成，因此含有绿泥石的岩石（通常为板岩）被归类为低级（low grade）。相比之下，矿物矽线石仅在极端环境（温度超过 600℃）中形成，含有该矿物的岩石被归类为高级（high grade）。通过绘制指示矿物分布图，地质学家可识别出不同变质级分带（见图 8.27）。

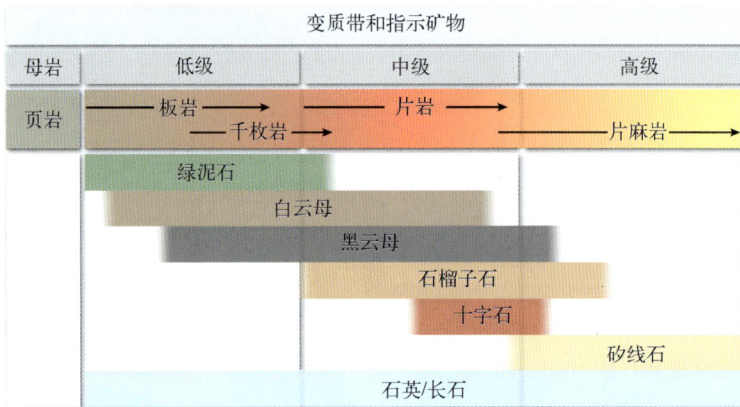

图 8.28　变质带和指示矿物。在页岩从低级变质作用渐进到高级变质作用的过程中，各种相关指示矿物的典型转变

1. 混合岩

在最极端的环境中，即使是最高级别的变质岩也会发生改变。例如，片麻岩仍然可能被充分加热，进而触发部分熔融。浅色长英质矿物（通常为石英和钾长石）因熔融温度最低而首先开始熔融，深色镁铁质矿物（如角闪石和黑云母）则保持为固态，导致形成的岩石混杂了变质成分和岩浆成分（源于岩浆），称为混合岩（migmatite）。混合岩通常具有错综复杂的褶皱（见图 8.30），代表着最高变质级。

图 8.29　石榴子石（一种指示矿物）提供了中–高级变质作用的证据。这些石榴子石斑状变晶可见于纽约州阿迪朗达克的片麻岩

图 8.30　混合岩。在高级变质作用下，片麻岩中的浅色长英质矿物可能开始熔融，深色镁铁质矿物则保持为固态。若这种熔体在适当位置固结，则该岩石（称为混合岩）既包含浅色火成岩，又包含由深色镁铁质矿物组成的变质岩

混合岩也有助于说明某些岩石具有过渡性，因为它们既不完全符合火成岩的描述，又不完全符合变质岩的描述。此外，有些混合岩起源于片麻岩被注入岩浆时。由于所有混合岩均在极高温度下形成，通常无法辨别外部岩浆源在其形成中发挥了何种作用（如果有的话）。

8.6.3 变质相作为变质环境指示器

地质学家发现，伴生矿物组合可用于确定岩石发生变质作用时的压力和温度状况。简单而言，含有相同矿物组合的变质岩属于相同变质相（metamorphic facies），说明它们形成于非常相似的变质环境中。利用变质相来确定变质环境可类比为利用植物群落来定义气候带（降水及温度条件特征相似的区域），如以仙人掌为主的植被稀疏地区确定了以低降水量和高气温为特征的荒漠气候带。

每种构造背景都具有形成独特矿物组合的温度及压力条件。

常见变质相如图 8.31 所示，包括角岩相、沸石岩相（浊沸石相）、绿片岩相、角闪岩相、麻粒岩相、蓝片岩相和榴辉岩相。变质相的名称基于定义它们的矿物，例如，角闪岩相的岩石以普通角闪石（一种常见的角闪石）为特征；绿片岩相由绿泥石、绿帘石及蛇纹石等绿色矿物较为突出的片岩组成。在世界各地的所有年龄段岩石中，人们都发现了类似的矿物组合，因此变质相的概念有助于解译地球历史，属于相同变质相的岩石均在相同的温度和压力条件下形成，因此处于相似的板块构造背景中（无论其位置或年龄如何）。

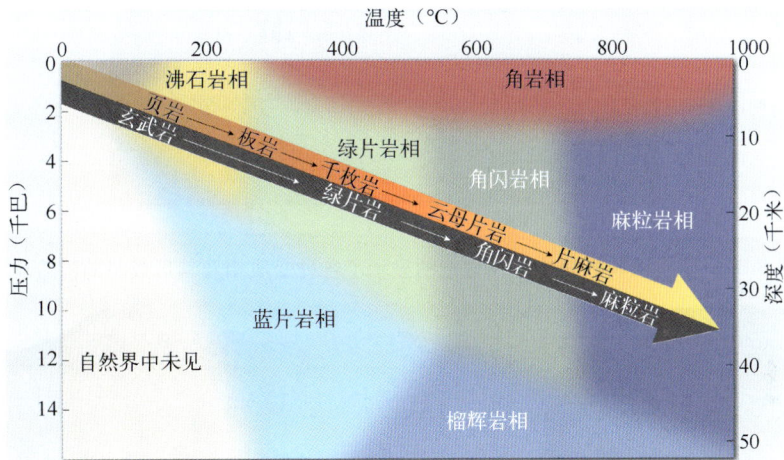

图 8.31　变质相及其对应的温度和压力条件。注意观察并比较在相似的温度和压力下由玄武岩和页岩的区域变质作用形成的变质岩

8.6.4　板块构造和变质相

图 8.32 显示了相的概念如何与板块构造背景相吻合。每种构造背景都具有特征性温度及压力条件，因此形成了一种独特的矿物组合。例如，在深海沟附近，相对较冷的大洋岩石圈板片和上覆地壳被俯冲，随着岩石圈的下潜，地壳岩石受到不断增大的温度和压力的影响（见图 8.32a）。

但是，压力的增大速度远快于温度的上升速度，因为冷却俯冲板片中的岩石是不良热导体。与这种高压但相对低温环境类型相关的变质相称为蓝片岩相（blueschist facies），因为存在蓝色种类的角闪石，称为蓝闪石（glaucophane），如图 8.33 所示。加利福尼亚州海岸山脉的岩石属于蓝片岩相，这些高度变形的岩石曾被深埋地下，但由于板块边界的改变而被抬升。在有些区域中，俯冲作用将岩石携至更深的位置，形成了标志着极端温度和压力的榴辉岩相（eclogite facies），如图 8.34 所示。

(a)

(b)

(c)

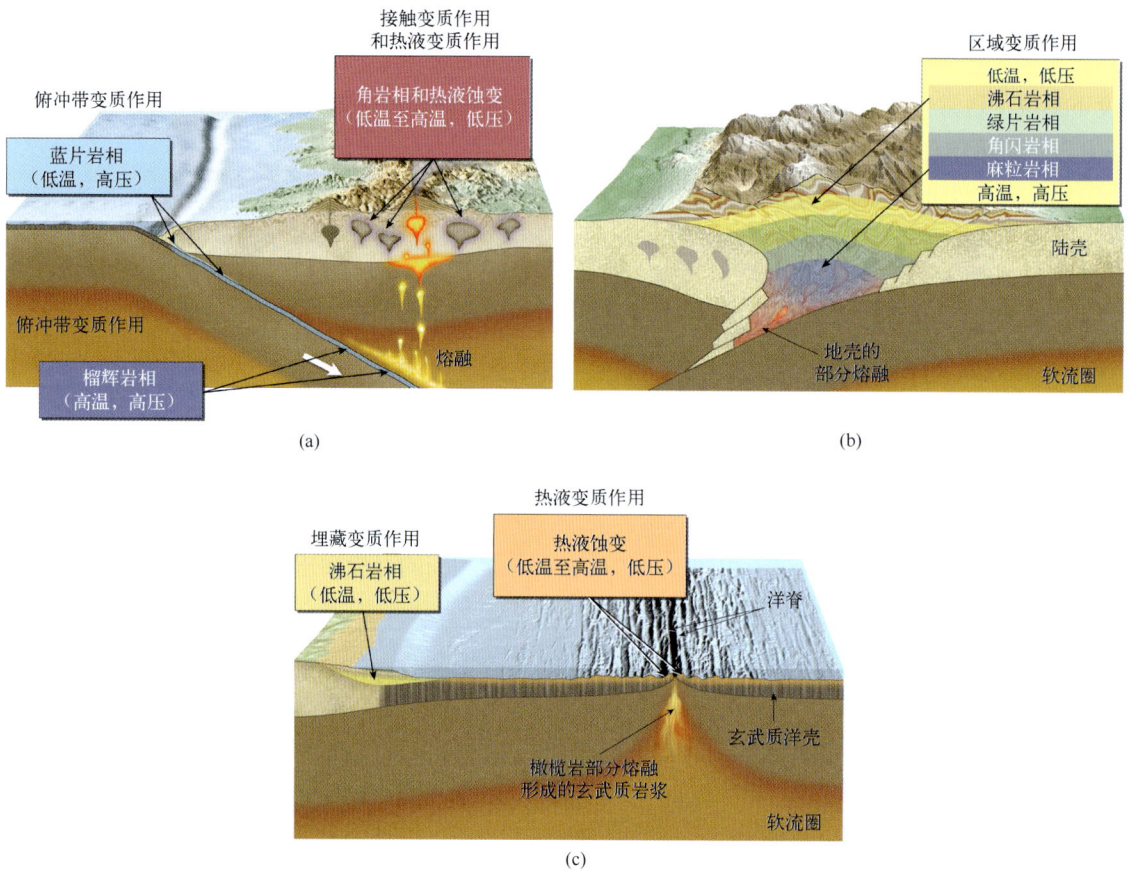

图 8.32　变质相和板块构造。这些图显示了各种变质相及其形成时的构造环境

蓝片岩在低温和高压环境中形成

图 8.33　蓝片岩相由俯冲带变质作用形成。蓝色角闪石称为蓝闪石，使得蓝片岩具有蓝色调

榴辉岩相在高温和极高压环境中形成

图 8.34　榴辉岩相在俯冲带的极深位置形成。这块榴辉岩标本含有红色石榴子石颗粒和绿色辉石颗粒

在某些汇聚带沿线，各大陆板块碰撞形成范围广阔的造山带（见图 8.32b 和图 8.32c），这种活动导致出现较大范围的区域变质作用，通常包含接触变质作用带和热液变质作用带。温度和压力渐进式升高与区域变质作用相关，证据记录在沸石岩相-绿片岩相-角闪岩相-麻粒岩相序列中，如图 8.31 所示。

概念回顾 8.6

1. 从俄亥俄州自西向东移至阿巴拉契亚山脉的结晶中心，简要描述可能遇到的不同变质级。

2. 如何利用指示物质确定变质级？

3. 什么是变质相？地球内部哪两种物理条件不同能够形成不同的特征变质矿物组合？

主要内容回顾

8.1 变质作用概述

关键词：母岩，变质作用，矿物学，变质级

- 当受到升高的温度和压力作用时，岩石可能发生变形而形成变质岩。所有变质岩都有母岩，即变形前的原始岩石（如附图所示）。
- 变质级描述变形的强度。低级变质岩与母岩相似。高级变质作用会破坏母岩的结构和特征（如化石）。
- 变质作用发生在固体状态，大多数情况下不涉及任何熔融。

问题：比较变质岩的形成过程与火成岩（或沉积岩）的形成过程。

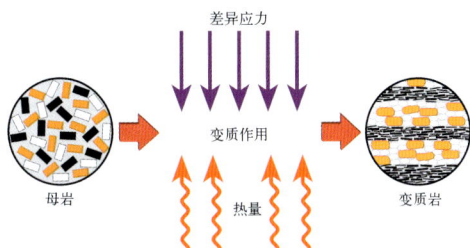

8.2 变质作用的控制因素

关键词：重结晶作用，地温梯度，围压，差异应力，挤压应力

- 热量、压力、差异应力和化学活性流体是变质反应的 4 种控制因素，所有这些控制因素都会引发变质作用。
- 深埋或附近岩浆体的侵入会提升岩石的温度。热量提供驱动化学反应的能量，导致已有矿物发生重结晶。不同矿物对重结晶作用的易感性不同，有些晶体只是生长变大，有些晶体则反应形成新矿物。
- 围压是在所有方向上均匀施加的应力。围压增大导致岩石和矿物被压实成更致密的结构。
- 在某个方向引起更大应力的构造力称为差异应力。在地壳深处，岩石趋于以韧性方式做出反应，在最大应力方向上缩短，在最小应力方向上拉长，形成压扁（或拉伸）的颗粒。在浅层部位，差异应力使岩石以脆性方式变形，导致岩石发生破碎。
- 地壳深处的水温极高，使得水成为一种化学活性流体，可使岩石中的矿物重结晶并形成新矿物。热水还能远距离搬运溶解矿物

质，可能通过引入（或去除）某些特定元素来改变岩石成分。

8.3 变质结构

关键词：结构，叶理，固态流动，压溶，岩石劈理，片理，片麻状结构，非叶理化，变晶结构

- 叶理是一种常见的变质岩结构，类型包括岩石劈理/板劈理、片理和片麻状条带。通过以下各个过程的组合，叶理在垂直于最大差异应力的方向上形成：矿物颗粒的旋转；新矿物颗粒的重结晶和生长；通过固态流动（或压溶）压扁颗粒。
- 未呈现叶理的变质岩称为非叶理化岩石。例如，大理岩是一种非叶理化变质岩，形成于石灰岩母岩中的小方解石颗粒生长成一团形状均匀的较大晶体时。
- 斑状变晶是某些矿物（如石榴子石）的异常大晶体，在其他细粒变质岩中形成，代表有些矿物在重结晶过程中形成少量较大晶体、其他矿物则形成大量较小晶体的趋势。

问题：查看附图。这块岩石是叶理化岩石还是非叶理化岩石？哪对箭头显示了最大应力方向？

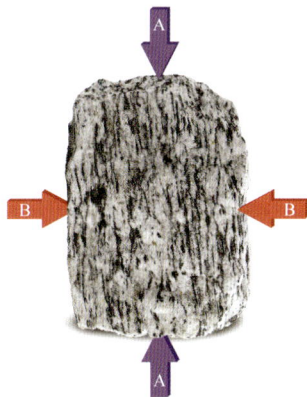

8.4 常见变质岩

关键词：板岩，千枚岩，片岩，片麻岩，大理岩，石英岩，角岩

- 常见叶理化变质岩包括板岩、千枚岩、片岩和片麻岩（按变质级递增顺序）。
- 常见非叶理化变质岩包括石英岩、大理岩和角岩，分别由石英砂岩、石灰岩和页岩形成。

问题：在野外考察中，若发现了一块非叶理化浅色岩石露头（见附图），你应如何确定其是石英岩还是大理岩？

8.5 变质环境

关键词：接触变质作用，变质晕，热液变质作用，埋藏变质作用，俯冲带变质作用，区域变质作用，冲击变质作用

- 当熔融火成岩体的热量烘烤称为变质晕区域中的围岩时，上地壳中将发生接触变质作用。差异应力通常不存在，因此岩石未叶理化。

- 当富含离子的热水在岩石的孔隙（或断裂）中循环流动时，即可发生热液变质作用。这些流体增强了重结晶作用，还能导入（或导出）元素，进而改变岩石的化学成分。热液变质作用可形成经济意义重大的金属矿石沉积（矿床）。

- 当岩石埋藏在数千米上覆岩石之下并受到围压和升温的作用时，即可发生埋藏变质作用。俯冲带变质作用与此相似，但是增加了差异应力的影响。

- 大陆碰撞会形成区域变质作用，由此形成的变质岩带（及相关火成岩侵入体）标志着大陆块碰撞成山的区域。山脉被侵蚀很久后，碰撞地点通过区域变质岩的变形带进行标识，可能包含板岩、片岩、大理岩和片麻岩。

- 其他独特类型的变质作用与断裂作用和陨石撞击相关。

8.6 变质环境的确定

关键词：指示矿物，混合岩，变质相

- 变质岩通过结构及所含矿物揭示变质作用程度。

- 粒度随着变质作用程度的升高而增大。在渐进升高的温度和压力下，页岩可能首先转化为板岩，然后依次转化为千枚岩、片岩和片麻岩。

- 某些特定矿物能够作为变质岩形成环境的指示器。矿物绿泥石与低级变质作用相关，石榴子石和十字石是中级变质作用的指示矿物，矽线石表明变质级为高级。

- 在极端变质环境中，熔点最低的矿物可能熔化，熔点较高的镁铁质矿物则保持为固态。由此形成的岩石称为混合岩，由错综复杂褶皱的浅色带和深色带组成。

- 蓝片岩相和榴辉岩相是典型的俯冲带变质作用，压力是变化的主要驱动因素。沸石岩-绿片岩-角闪岩-麻粒岩变质相序列是汇聚型板块边界处区域变质作用的典型序列，该位置的温度和压力都很重要。

问题：暴露在变质条件下足够长时间后，页岩变成片岩。附图所示的片岩标本中含有矽线石斑状变晶，这些斑状变晶表明存在低级、中级还是高级变质作用？

深入思考

1. 以下每句话都描述了特定变质岩中的一个（或多个）特征，请分别指出所描述的变质岩（或岩石）名称：**a.** 富含方解石且非叶理化。**b.** 由浅色硅酸盐矿物条带和深色硅酸盐矿物条带交替构成。**c.** 代表板岩与片岩之间的变质级。**d.** 由微小的绿泥石和云母颗粒组成，显示出良好的岩石劈理。**e.** 叶理化，多数情况下由板状物质组成。**f.** 坚硬且非叶理化，通常由接触变质作用形成。**g.** 松散但连贯，由断裂带沿线形成的破裂碎片组成。

2. 查看附图中砾岩和变质砾岩的放大图像。**a.** 描述砾岩与变质砾岩的区别。**b.** 这种变质砾岩承受了差异应力吗？解释理由。

(a)砾岩　　　　(b)变质砾岩

3. 查看下面的大峡谷地质照片。该峡谷大部分由沉积岩层构成，但是若徒步进入峡谷内部，则会遇到毗湿奴片岩（Vishnu Schist），这是一种变质岩。**a.** 何种过程可能是毗湿奴片岩形成的原因？**b.** 通过毗湿奴片岩，你能说出大峡谷自身形成之前的哪些历史相关信息？**c.** 毗湿奴片岩为何能在地表可见？**d.** 与毗湿奴片岩相似的岩石是否可能出现在其他地方，但尚未出露于地表？解释理由。

(a) 大峡谷的内部峡谷

(b) 毗湿奴片岩（深色）的近景特写

4. 在下面的岩石露头照片中，哪张是变质岩？解释判断依据。

(a)　　　　　(b)

(c)

5. 参考附图，将每个标注区域与下面列出的适当环境匹配起来：**a.** 接触变质作用；**b.** 俯冲带变质作用；**c.** 区域变质作用；**d.** 埋藏变质作用；**e.** 热液变质作用。

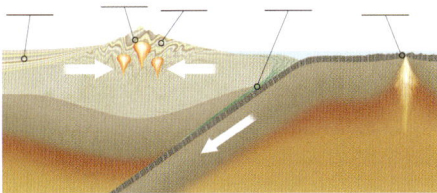

6. 根据图 8.27 中的信息，完成以下内容：**a.** 自西向东沿 A—B 路线穿越新英格兰地区，描述变质级如何变化。**b.** 这些变质岩是如何形成的？**c.** 这些变质作用分带是否与新英格兰地区的当前构造背景一致？解释理由。

7. 仔细观察附图中标为 A～F 的 6 块不同岩石，根据结构将其分类为火成岩、沉积岩或变质岩（提示：每种岩石类型各有两块岩石）。

(a)

(b)

(c)

(d)

(e)

(f)

8. 附图显示了一块变质岩，位于罗得岛州纽波特的炼狱峡谷（Purgatory Chasm），主要由拉长的粗砾（以石英为主）组成。**a.** 你认为这块变质岩的名称是什么？**b.** 哪组箭头（红色或蓝色）最能代表最大差异应力方向？**c.** 这种类型的变形最好是描述为韧性还是描述为脆性？

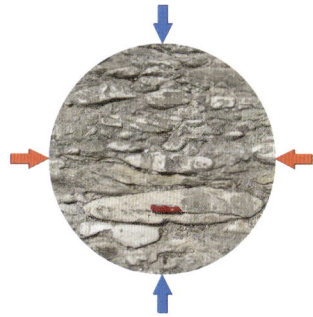

地球之眼

1. 附图所示的变质岩露头（裸露在地表的基岩）位于新西兰南岛的南阿尔卑斯山。南阿尔卑斯山的持续生长有些独特，因为这些山脉位于太平洋板块与澳大利亚板块的碰撞之处，这两大板块沿着一条大型转换断层（称为阿尔卑斯断层）彼此滑过。**a.** 这个露头中的岩石是否显示了叶理？解释理由。**b.** 这些岩石是经历了高级变质作用还是经历了低级变质作用？解释理由。

上的深色变质岩组成。**a.** 说出可能形成这些变质岩的变质作用类型（接触变质作用、热液变质作用、埋藏变质作用、俯冲带变质作用或区域变质作用）。**b.** 基于你观察到的情况，概要介绍这个区域的地质历史。

2. 附图所示的岩石露头位于加利福尼亚州约书亚树国家公园，由覆盖在浅色火成岩之

第9章 地质年代

毛里求斯的这个海滩含有锆石晶体，据信这些晶体来自一个失落的大陆

新闻中的地质：锆石：小矿物讲述地球大故事

对研究地球历史的地质学家而言，锆石虽然是简单的岩石晶体，但却是破译数百万年前所发生事件的"闪亮明星"。

锆石由硅酸锆（$ZrSiO_4$）组成，通常体积很小（直径为 0.1～0.3 毫米），在火成岩中较为常见，抗岩石风化能力极强。在河流、海滩、沉积岩及变质岩中，锆石以沉积物形式跨越岩石循环，甚至当变质岩中的所有其他矿物都熔融成岩浆时，有些锆石也能幸存。但是，这种非凡的持久性却并非锆石晶体对地质学家有用的全部原因，锆石的矿物结构中还可能含有放射性铀，铀原子能够稳定地衰变为稳定的铅原子，因此地质学家可以采用锆石作为地球历史时钟。最近，在印度洋毛里求斯小岛上的海滩砂中，地质学家发现了锆石。虽然构成毛里求斯岛屿的岩石年龄还不到 800 万年（按照地球年龄约为 46 亿的标准，这只是个婴儿），但是锆石却讲述了一个更古老的故事。分析锆石中的铀和铅后，人们发现这些晶体的年龄至少为 30 亿年，从而为非洲与印度之间曾经存在另一个古老大陆提供了证据。2 亿年前，当冈瓦纳古陆被板块构造裂解并分离时，只有持久性极强的锆石在岩石循环中幸存。静卧于美丽的海滩之上，这些锆石仿佛在讲述一个失落大陆的故事。

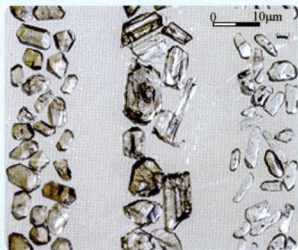

学习目标

9.1　区分绝对年龄测定与相对年龄确定，并利用相对年龄确定原理，确立地质事件的时间序列。

9.2　定义化石，讨论生物作为化石保存的有利条件，列举并描述化石的不同类型。

9.3　解释如何匹配位于不同地区但年龄相似的岩石。

9.4　讨论放射性衰变的3种类型，并解释如何利用放射性同位素测定绝对年龄。

9.5　解释如何确定沉积岩层的可靠绝对年龄。

9.6　区分构成地质年代表的4种基本年代单位，并解释其为何被视为一种动态工具。

18～19世纪，地质学家感觉到地球必定相当古老，山脉及其他部分地表特征的发育时间可能极其漫长。但是，对于所涉及的时间尺度究竟是数千年、数百万年还是数十亿年，这些开拓性地质学家尚无法准确判定。利用相对年龄确定技术，人们能够建立有用且准确的地质年代表。20世纪，绝对年龄测定技术快速发展，使得向地质故事中添加绝对年龄因素成为可能。本章探讨地质年代表以及用于确定绝对地质年龄和相对地质年龄的各种方法。

9.1　建立年代表：相对年龄确定原理

区分绝对年龄测定与相对年龄确定，并利用相对年龄确定原理，确立地质事件的时间序列。

18世纪末，詹姆斯·赫顿认识到了地球历史的悠久性，以及时间作为所有地质过程组成部分的重要性。19世纪，查尔斯·莱尔爵士及其他人有效地证实，地球曾经经历必定需要跨越极其漫长地质年代的大量造山和侵蚀事件。虽然这些开拓性科学家知道地球非常古老，但无法确定其确切年龄（以年为单位）。地球的年龄究竟是数千万年、数亿年还是数十亿年？在纳入以年为单位的绝对年龄之前很久，利用相对年龄确定原理，地质学家已逐步建立地质年代表。随着放射性的发现及放射性测年技术的发展，地质学家现在能为地球历史上的许多事件指定相当准确的时间。

如图 9.1 所示，一位徒步旅行者正在科罗拉多大峡谷北缘顶部（二叠系凯巴布组）休息，下方地层是寒武纪（5.4 亿年前）形成的数千米厚沉积岩，更下方的地层是形成于前寒武纪的更古老沉积岩、变质岩和火成岩（部分岩石的年龄高达20 亿年）。虽然大峡谷的岩石记录存在很多中断，但是徒步旅行者脚下的岩石却包含了地球历史巨大跨度的线索。

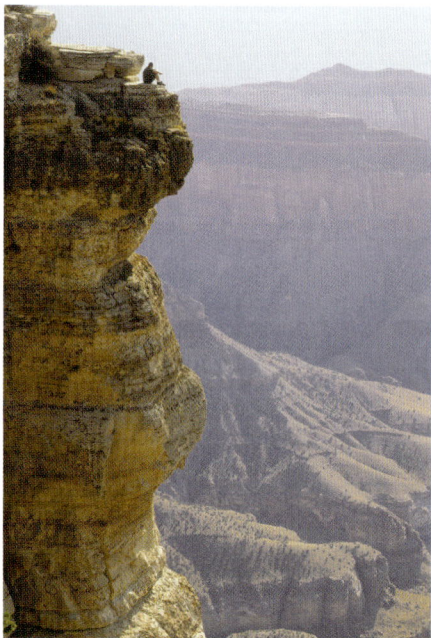

图 9.1　**认真思考地质年代。**这位徒步旅行者正在科罗拉多大峡谷的最顶部岩层（凯巴布组）上休息

9.1.1　年代表的重要性

地质历史就像是不同地理区域中许多不同书籍的记录，合并所有书籍，即可得到完整的地质记录。但是，这些书籍并不完整，许多页（特别是前几章）不见踪影，还有一些书页被撕裂、磨损或弄脏。虽然如此，剩余书籍的信息量仍然够用，足以破译地球故事的大部分情节。

解译地球历史是地质科学的重要目标之一，地质学家就像现代侦探一样，必须解译岩石中保存的可见线索。研究岩石（特别是沉积岩）及其特征，地质学家能够解开地球历史的复杂性。

但是，地质事件本身并无意义，除非将其放在时间的层面进行观察。当研究历史（无论是美国南北战争还是恐龙时代）时，日历必不可少。在地质学对人类知识的主要贡献中，地质年代表（geologic time scale）及地球历史极其悠久的发现均占有一席之地。

9.1.2 绝对年龄和相对年龄

通过开发地质年代表，地质学家彻底改变了人类对地球的认知，发现地球的年龄远老于以往任何人的想象，且地球表面及内部已被今天仍在运行的相同地质过程反复多次改变。

1. 绝对年龄

19世纪末到20世纪初，科学家始终在努力尝试确定地球的年龄，虽然有些方法当时看上去似乎很有前景，但是最终没有任何一种方法被证明可靠。这些科学家寻求的年龄是绝对年龄/数字年龄（numerical date），它规定了自某个事件发生以来实际经过的年数。现在，基于对放射性的了解，人们已经能够精确测定代表地球遥远过去各个重要事件的岩石的绝对年龄。在发现放射性以前，地质学家并没有测定绝对年龄的可靠方法。

2. 相对年龄

将岩石按照正确形成顺序（指出哪个首先形成、哪个第二序位形成、哪个第三序位形成，以此类推）放置就是建立相对年龄（relative date）。18～19世纪，由于难以准确地测定绝对年龄，地质学家开发了相对年龄确定原理，虽然无法说明某个事件在多久之前发生，但是能够表明其是否发生在一个事件之后及另一个事件之前。相对年龄确定技术很有价值，至今仍广泛使用，且常与绝对年龄测定技术相结合。

9.1.3 叠覆原理

尼古拉斯·斯坦诺（1638—1686年）是丹麦解剖学家、地质学家和牧师，他首次在沉积岩层露头中识别了一系列历史事件。在意大利西部山区工作期间，斯坦诺应用了一种非常简单的规则，这个规则后来发展成为相对年龄确定的基本原理——叠覆原理/叠置原理/地层叠覆律/地层层序律（principle of superposition）。这个原理规定，在未变形的沉积岩序列中，每个岩层都比上部岩层更古老，但比下部岩层更年轻（更新）。岩层之下没有任何支撑物时不可能发生沉积，这一点似乎显而易见，但直到1669年才由斯坦诺明确提出了这一原理。

这条规则也适用于其他表面沉积物质，如火山喷发形成的熔岩流和火山灰层。当将叠覆原理应用于科罗拉多大峡谷上部的裸露岩层时，我们能够非常轻松地按照正确顺序排列这些岩层。在图9.2所示的沉积岩中，苏派群最老，埃尔米特页岩次之，随后依次为可可尼诺砂岩、托罗威普组和凯巴布灰岩。

9.1.4 原始水平原理

斯坦诺还认识到了另一个重要的基本规则，称为原始水平原理（principle of original horizontality），即沉积物层一般应当在水平位置发生沉积。因此，若观察到平坦的岩层，则意味着其并未受到干扰，仍具有原始水平性，如图9.1和图9.2中所示的大峡谷岩层。但是，若岩层以陡峭角度出现褶皱或倾斜（见第10章），则其必定是在沉积之后的某个时候被地壳扰动移至该位置（见图9.3）。

9.1.5 侧向连续原理

侧向连续原理（principle of lateral continuity）指的是以下事实：沉积层从朝所有方向延伸的连续岩层开始，逐渐过渡为不同类型的沉积物，或者在沉积盆地边缘变薄尖灭（见图9.4a）。例如，当河流侵蚀形成峡谷时，可以假设峡谷两侧的相同（或相似）地层曾经跨过峡谷相连（见图9.4b）。虽然这些岩石露头之间的距离可能相当遥远，但是由侧向连续原理可知，它们曾经形成同一个连续层（见图9.4c）。运用这一原理，地质学家能够关联多个孤立露头中的岩石。组合使用侧向连续原理和叠覆原理，我们可将相对年龄关系扩展到非常广阔的领域，这个过程称为对比（correlation），详见9.3节。

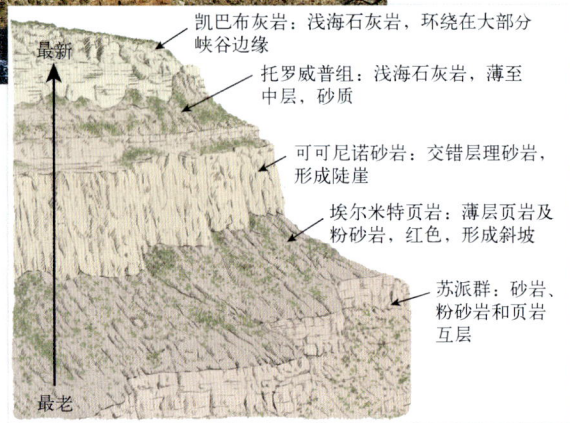

图9.2 叠覆原理。将叠覆原理应用于科罗拉多大峡谷上部岩层，苏派群最老，凯巴布灰岩最新

凯巴布灰岩：浅海石灰岩，环绕在大部分峡谷边缘

托罗威普组：浅海石灰岩，薄至中层，砂质

可可尼诺砂岩：交错层理砂岩，形成陡崖

埃尔米特页岩：薄层页岩及粉砂岩，红色，形成斜坡

苏派群：砂岩、粉砂岩和页岩互层

最新

最老

地质素描图

图9.3 原始水平原理。大多数沉积物层在近水平位置沉积，当见到褶皱（或倾斜）地层时，可假设它们是在沉积之后被地壳扰动移至该位置的

9.1.6 穿切关系原理

穿切关系原理/穿插关系原理/切割律（principle of cross-cutting relationships）指出，穿切岩石的地质特征必定在被穿切岩石形成之后形成。一个容易理解的示例与断层相关，在位移沿线的岩石断裂中，被断层错位的岩石显然要比断层的年龄更老（见图9.5）。火成岩侵入体（见第4章）提供了另一个示例，图 9.6 所示的岩墙（又称岩脉）是穿切周围岩石的板状火成岩块体，源于火成岩侵入

体的岩浆热量在相邻岩石上形成狭窄的烘烤接触变质带，它同样表明侵入过程发生在周围岩石就位之后。

9.1.7　包含物原理

包含物（Inclusions）是指包裹在一个岩石单元中的另一个岩石单元的碎片，包含物原理（principle of inclusions）是指为了提供岩石碎片，与包裹包含物的岩石块体相邻的岩石块体必须首先就位，因此二者之中包裹包含物的岩石块体较为年轻。例如，当岩浆侵入围岩时，围岩碎块可能发生位移并融入岩浆。若这些碎块不熔化，则保留为包含物，称为捕虏体（xenoliths）（见第4章）。在另一个示例中，当沉积物在已风化基岩之上沉积时，风化岩石碎片会融入更年轻的沉积层（见图9.7）。

9.1.8　不整合

当岩石记录中的沉积过程未中断时，称其为整合（conformable）。某些特定地点具有代表特定地质年代跨度的整合层，但是地球上没有任何地点存在一套完整的整合地层。

纵观整个地球历史，沉积物的沉积过程曾多次中断，岩石记录中的这类中断称为不整合（unconformity）。不整合表示在一段漫长的时期内，沉积作用停止，剥蚀作用剥离了先前形成的岩石，然后沉积作用恢复。在每种情况下，抬升和剥蚀后便是沉降和再次沉积。由于代表了地球历史上的重大地质事件，不整合是重要的地质特征。通过研究不整合的3种基本类型（如后所述），地质学家能够判断因缺乏代表性地层而从地质记录中缺失的地质年代间隔。

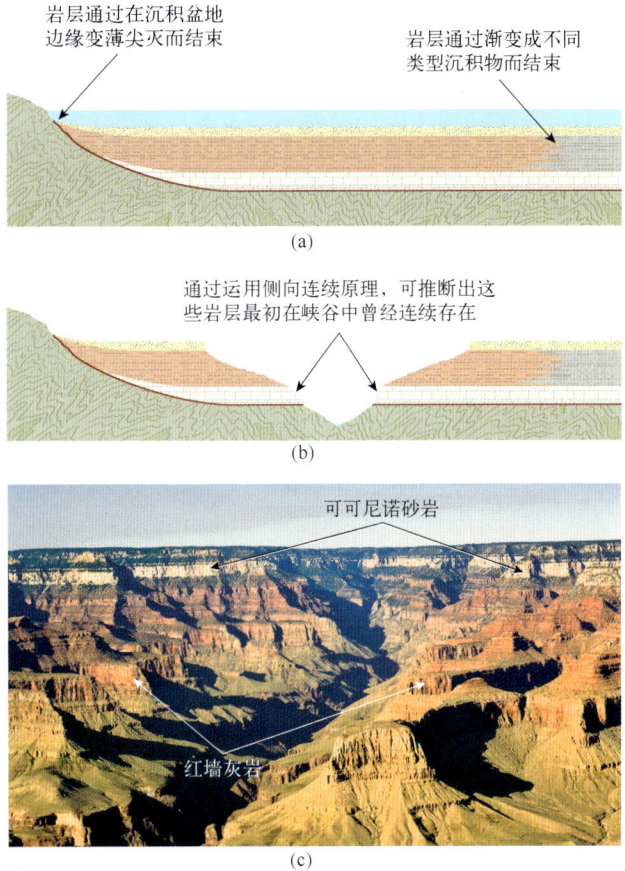

岩层通过在沉积盆地边缘变薄尖灭而结束

岩层通过渐变成不同类型沉积物而结束

(a)

通过运用侧向连续原理，可推断出这些岩层最初在峡谷中曾经连续存在

(b)

可可尼诺砂岩

红墙灰岩

(c)

图 9.4　侧向连续原理。(a)沉积物在较大区域的连续薄层中沉积。沉积地层在所有方向上连续延伸，直至在沉积盆地边缘变薄尖灭，或者渐变为不同类型的沉积物；(b)虽然岩石在数千米之外再次出露，但可推断它们曾经连续；(c)这幅大峡谷图像描绘了图(b)中的猜想

断层

图9.5　断层穿切。岩石的年龄比断层更老

岩墙

图9.6　岩墙穿切。深色火成岩侵入体的年龄比浅色岩石新

1．角度不整合

角度不整合（angular unconformity）可能是最容易识别的不整合，由发生倾斜（或褶皱）的沉积岩组成，上覆地层更新且更平伏，说明沉积间断期间发生了一段时间的变形（褶皱或倾斜）和剥蚀（见图9.8）。

200多年前，当地质学家詹姆斯·赫顿研究苏格兰的角度不整合时，认为这代表了一个重大地质活动事件（见图9.9）。他和同伴还意识到了这种关系所隐含的巨大时间跨度，一位同伴后来谈到他们对这个地点的考察时写道："目光投向如此遥远的时间深渊，人们的头脑似乎变得晕眩。"

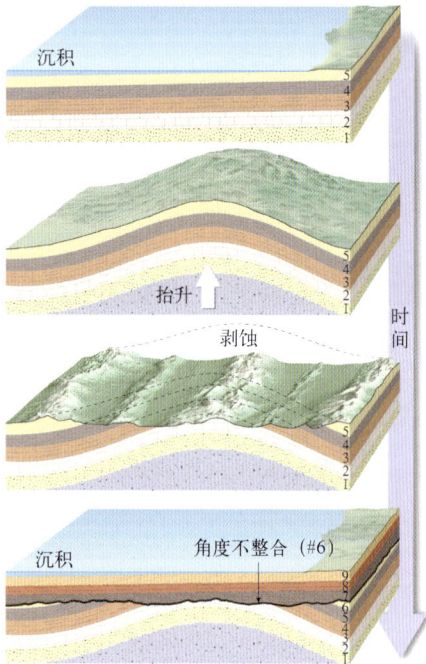

这些火成岩包含物包含在相邻沉积岩层中，说明沉积物在已风化火成岩块体之上沉积，因此更为年轻

沉积岩层

火成岩侵入体

捕虏体是火成岩侵入体中的包含物，当围岩碎块融入岩浆时形成

图9.7　包含物原理。包裹包含物的岩石比包含物本身年轻

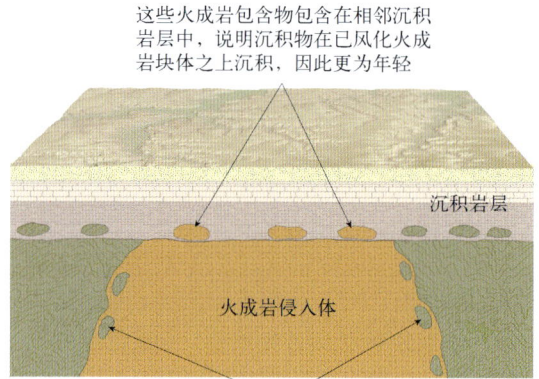

图9.8　角度不整合的形成。角度不整合表示发生变形和剥蚀期间的一段时期

不整合面之上是倾斜平缓的红色砂岩层和砾岩层

角度不整合

地质锤

不整合面之下是几乎垂直的砂岩层和页岩层

图9.9　苏格兰西卡角。18世纪末，詹姆斯·赫顿研究了这一著名的不整合现象

2．平行不整合

平行不整合/假整合（disconformity）是岩石记录中的缺口，代表发生剥蚀作用（而非沉积作用）的一段时期。可以想象一系列沉积岩层在浅海环境中沉积，然后海平面下降或者陆地抬升，暴露出部分沉积岩层。在这段高于海平面的时间里，未出现新的沉积物堆积，部分已有岩层遭到剥蚀。后来，随着海平面上升或者陆地沉降，地貌景观再次遭到淹没，最终导致新沉积层系列发生沉积。这两套沉积层的分隔边界就是一个不整合面，说明这段时间内无岩石记录（见图9.10）。由于不整合面之上和之下的岩层彼此平行，除非发现剥蚀证据（如埋藏的河道），否则这些特征有时很难辨认。

3．非整合

非整合/异岩不整合（nonconformity）是不整合的第三种基本类型，指较新的沉积地层上覆于较老的变质岩（或侵入岩）之上，如图9.11所示。正如角度不整合和某些平行不整合意味着地壳运动一样，非整合也是如此。火成岩侵入体和变质岩起源于地表之下，因此为了能够发育非整合，上覆岩石必须经历一段时间的抬升和剥蚀。火成岩（或变质岩）一旦出露地表，就会受到风化作用和剥蚀作用的影响，然后发生沉降和再次沉积。

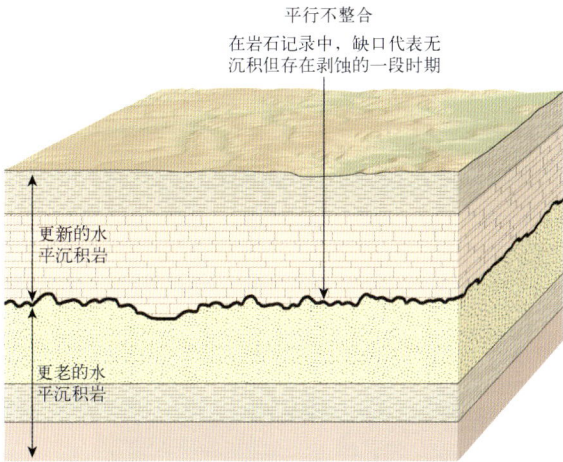

图 9.10　平行不整合。在岩石记录中，这个缺口两侧的地层基本平行

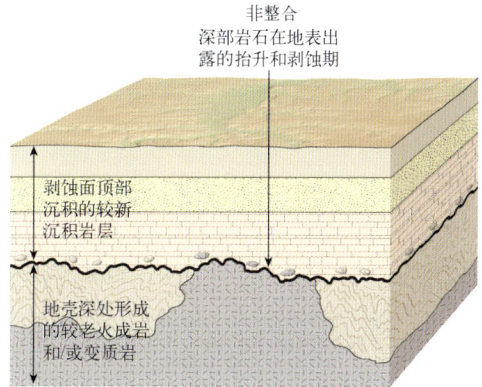

图 9.11　非整合。较新的沉积岩位于较老的变质岩（或火成岩）之上

4. 科罗拉多大峡谷中的不整合

在科罗拉多河的大峡谷中，出露的岩石代表了地质历史的巨大跨度，这是一个穿越时空旅行的好地方。峡谷中的多彩地层记录了各种环境（如不断发育的海洋、河流、三角洲、潮滩及沙丘）下的漫长沉积历史，但是这一记录却不是连续不断的。不整合代表了大峡谷岩层中未记录的时间数量，该记录中缺失的时间数量可能从数百万年到数十亿年不等。图9.12提供了大峡谷的地质剖面图，不整合的所有3种类型都可在峡谷壁上看到。

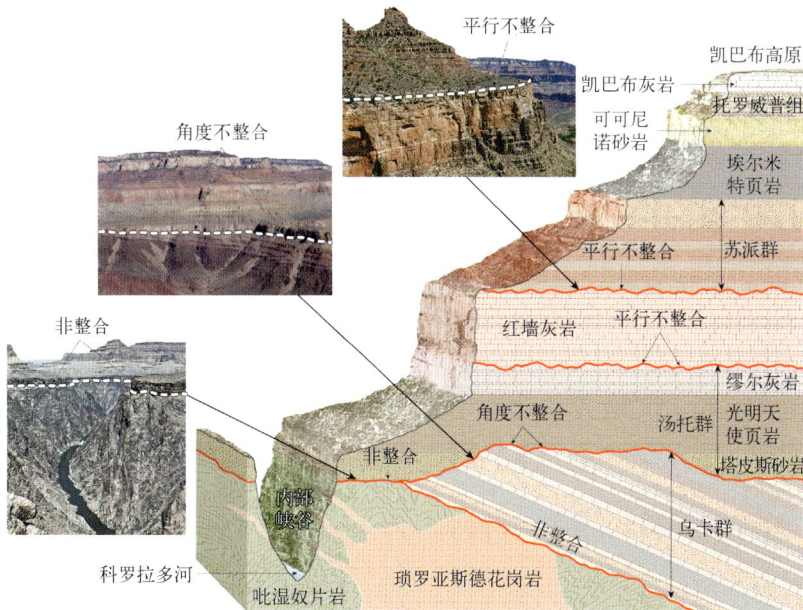

图 9.12　科罗拉多大峡谷的地质剖面图。不整合的所有 3 种类型均可见到

9.1.9　相对年龄确定原理的应用

应用相对年龄确定原理，科学家能够按照正确顺序放置岩石及其代表的事件。图9.13中的假想地质剖面图提供了一个示例，总结了解释该剖面图所用的逻辑。

记住，虽然这个示例为显示的岩石和事件建立了相对地质年代，但是这种方法并未告知地球历史有多少年（不知道绝对年龄），也不知道这个区域与其他区域相比如何。关于相对年龄确定原理的地球之外应用示例，见地质美图9.1。

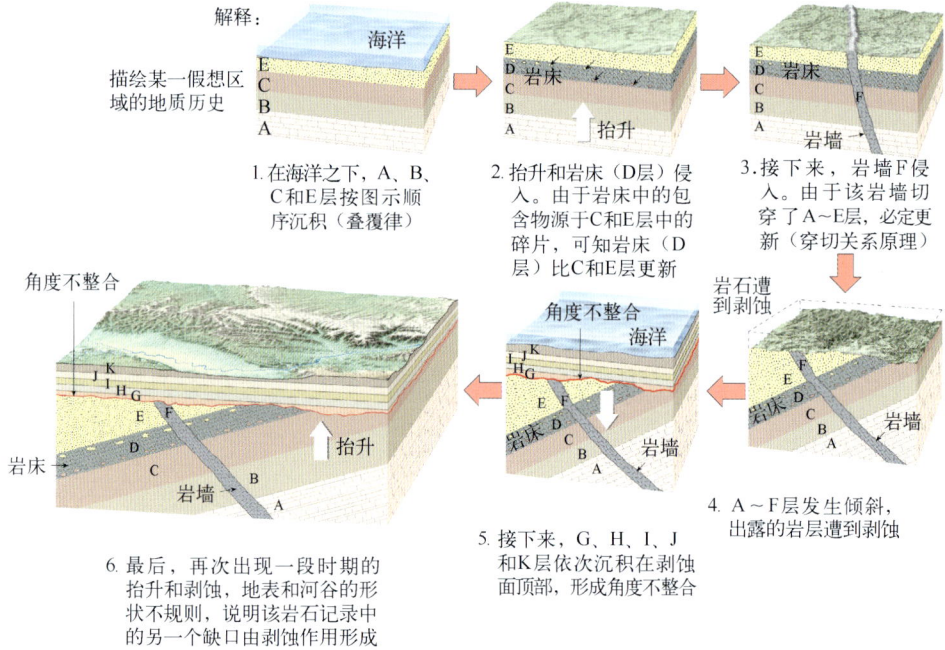

图9.13　相对年龄确定原理的应用

9.2　化石：古代生命的证据

定义化石，讨论生物作为化石保存的有利条件，列举并描述化石的不同类型。

化石（Fossil）是史前生命的遗体或遗迹，作为包含物出现在沉积物和沉积岩中，是解释地质历史的基本工具和重要工具。研究化石和史前生物的科学称为古生物学（paleontology），是融合了地质学和生物学的一门交叉学科，旨在全方位了解生命跨越广阔地质年代而延续的相关信息（见地质美图9.2）。通过了解特定地质年代所存在生命形式的基本性质，研究人员能够更好地判断古环境条件。此外，化石是非常重要的时间指示器，在关联来自不同地点但有相似年龄的岩石方面发挥着关键作用。

9.2.1　化石类型

当作为化石保存在地貌景观中时，生物体的某些部位可能并未发生较大的结构性改变，常见示例如牙齿、骨骼和甲壳（见图9.14）。由于出现了某些相当极端的情形，极少量冰川时期的动物遗体（包括肉体）得以完整保存，例如北极苔原（位于西伯利亚和阿拉斯加）中冷冻的史前猛犸象遗骸，以及美国内华达州某个干燥洞穴中保存的干瘪树懒遗骸。本节介绍能够保存远古时代生命证据的部分过程。

正如利用相对年龄确定原理来确定地球上的地质事件顺序一样，我们也可以将这些原理应用于月球表面

绝对年龄
据阿波罗任务带回地球的月球岩石的放射性测年结果显示，高地的年龄超过40亿年，月海的年龄为32～39亿年

陨击坑密度
较老区域受到陨石撞击的时间更长，因此存在更多陨击坑。通过利用这项技术，即可推断出高地（陨击程度高）比月海（暗色区域）更古老，高地中的单位面积陨击坑数量（称为陨击坑密度）明显要多得多

叠覆
这幅图像显示了"冻结"在原地的熔岩流前缘。通过应用叠覆律，可知这种熔岩流比其下方的不可见相邻岩层更新

穿切
月球表面的最明显特征是环形坑（陨击坑），大多形成于快速运动天体（称为陨石）的撞击。当观察两个彼此交叠的环形坑时，我们知道连续的未被破坏的环形坑在它所穿切的环形坑之后形成

更老
更新

月海
高地

地质美图9.1 月球表面定年

1. 完全石化

当富含矿物的地下水渗透到多孔组织（如骨骼或木材）中时，矿物会从溶液中沉淀出来，然后充填到组织孔隙中，这个过程称为完全石化/完全矿化（permineralization）。石化木（petrified wood）的形成与二氧化硅的石化作用相关，二氧化硅常为火山来源（如周围的火山灰层）。木材逐渐转化为燧石岩（硅质岩），有时伴有铁（或碳）等杂质形成的彩色条纹（见图9.15a）。石化一词的字面含义是变成石头，石化构造的微观细节有时会被原样保留。

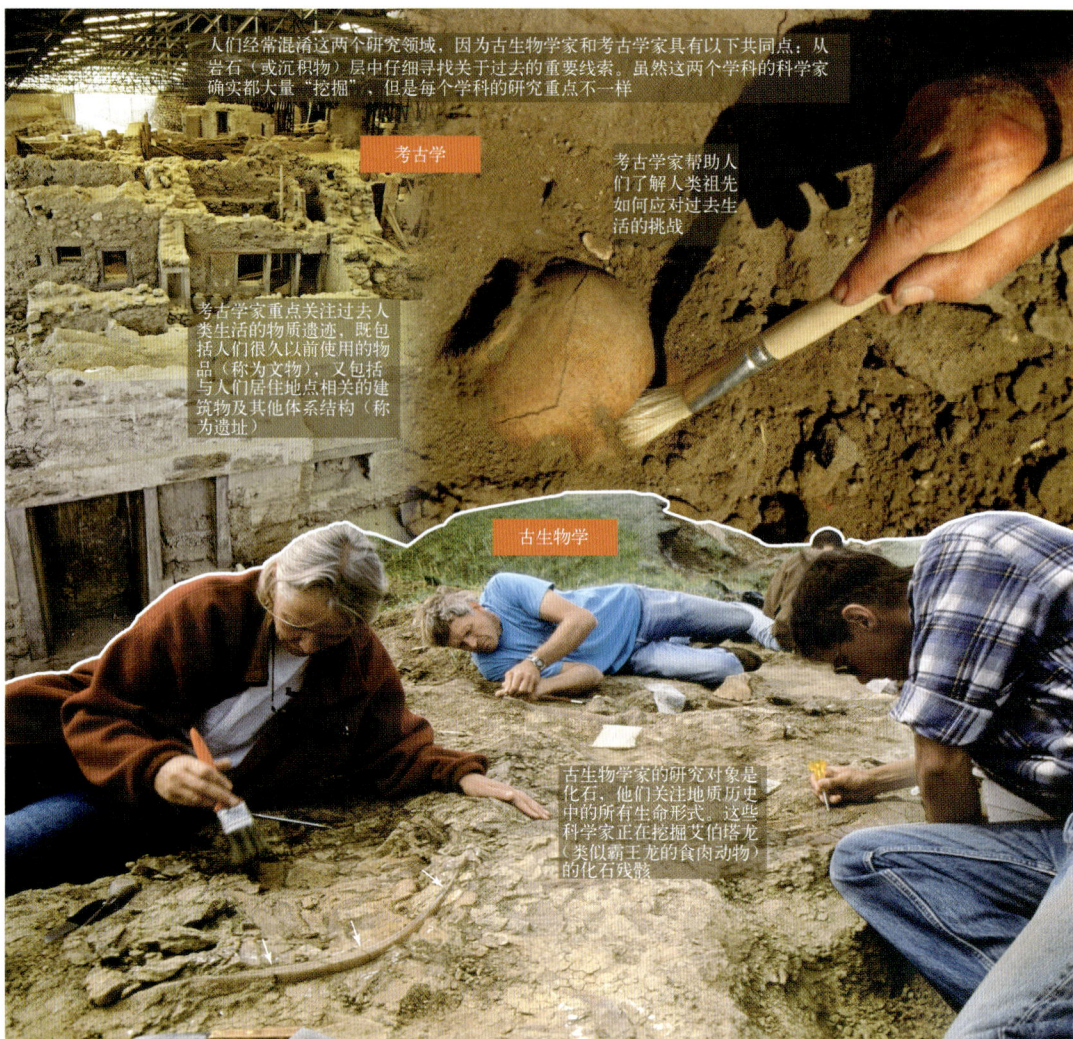

人们经常混淆这两个研究领域，因为古生物学家和考古学家具有以下共同点：从岩石（或沉积物）层中仔细寻找关于过去的重要线索。虽然这两个学科的科学家确实都大量"挖掘"，但是每个学科的研究重点不一样

考古学

考古学家帮助人们了解人类祖先如何应对过去生活的挑战

考古学家重点关注过去人类生活的物质遗迹，既包括人们很久以前使用的物品（称为文物），又包括与人们居住地点相关的建筑物及其他体系结构（称为遗址）

古生物学

古生物学家的研究对象是化石，他们关注地质历史中的所有生命形式。这些科学家正在挖掘艾伯塔龙（类似霸王龙的食肉动物）的化石残骸

地质美图9.2　古生物学和考古学的区别

拉布雷亚沥青坑中的猛犸象（现代象的史前同类）骨架

从91号坑中挖掘骨骼。这个地点富含未经改变的冰川时期生物体，科学家们1915年以来一直在这里挖掘

图9.14　拉布雷亚沥青坑。这里的化石是真实（未经改变）的遗骸

对生活在沉积区域且具有硬质部分的生物体而言，化石记录相当丰富。

2．印模和铸型

印模和铸型是另外两种常见化石类型，二者合称为模铸化石（molds and casts）。当甲壳（或其他结构）埋藏在沉积物中，然后被地下水溶解时，即可形成印模（mold）。印模仅能忠实反映生物体的形状和表面标记，无法揭示关于生物体内部结构的任何信息。若这些中空空间随后被矿物质充填，则可能形成该生物体的矿物（或岩石）复制品，称为铸型（cast），如图9.15b所示。

3．碳化和印痕

当细粒沉积物包裹着生物体遗骸时，碳化（carbonization）过程能够特别有效地保存树叶和精致动物造型。随着时间的推移，压力挤出液态及气态组分，仅留下薄层碳质残留物（见图9.15c）。在缺氧环境下，黑色页岩沉积为富含有机质的泥岩，其中通常含有大量碳化残留物。若保存在细粒沉积物中的化石失去碳膜，则表面复制品称为印痕（impression），此时仍能显示出相当多的细节（见图9.15d）。

4．琥珀

纤细生物体（如昆虫）不容易保存，因此在化石记录中相对罕见。要保存这种生物体，不仅要保护它们避免腐烂，还要确保其不能受到任何较大的压力（以免挤压变形）。在琥珀（amber）即古代的硬化树脂中，有些昆虫得以完整保存。如图9.15e所示，在受困于一滴黏性树脂中后，蜘蛛最终还是幸运地得以保存。在这个过程中，树脂将蜘蛛与大气隔绝，并且保护其遗体免遭水和空气的破坏，然后随着树脂逐渐硬化，保护性耐压外壳最终形成。

5．遗迹化石

除了前面提到的各种化石类型，人们还发现了大量其他类型的化石，其中许多化石提供了史前生命的间接证据。主要包括：

- 足迹（Track）：在软质沉积物（后来变成沉积岩）中留下的动物脚印（或踪迹）。
- 潜穴（Burrow）：动物在沉积物、木材或岩石中挖掘的管道。随后，这些孔洞可能被矿物质填满，并最终保存下来。部分已知最古老的化石被视为蠕虫潜穴（虫孔）。
- 粪化石（Coprolite）：粪便和胃含物化石，可以提供关于生物体大小和饮食习惯的有用信息（见图9.15f）。
- 胃石（Gastrolith）：高度抛光的胃内石头，有些已灭绝爬行动物用其研磨食物。

9.2.2 化石保存的有利条件

在地质历史上曾出现的所有生物体中，仅有一小部分作为化石保存下来。通常情况下，当生物体死亡时，软质部分很快会被食腐肉的兽（或鸟）吃掉，或者被细菌分解掉。两种特定条件会增大生物体成为化石的概率：一是死亡后快速掩埋在沉积物中，二是拥有硬质部分。快速掩埋可以保护遗骸不受地表环境（破坏性过程的运行场所）的影响。与大多数软质生物体相比，生物体的硬质部分（如骨骼、甲壳、牙齿、木质茎或坚韧种子）更有机会作为化石记录的一部分保存下来，理由非常简单：肉体及其他软质部分会在能保存下来之前快速腐烂。虽然软体动物（如水母、蠕虫和昆虫）的遗迹和压痕仍然存在，但并不常见。

由于保存过程受到几种特殊条件的影

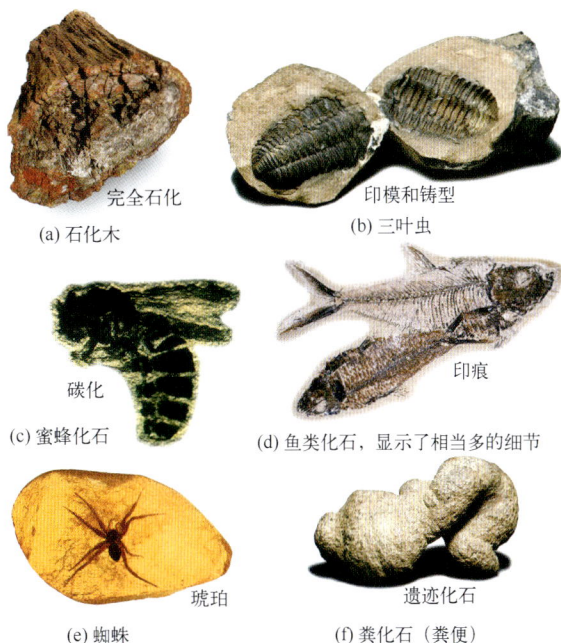

(a) 石化木 — 完全石化

(b) 三叶虫 — 印模和铸型

(c) 蜜蜂化石 — 碳化

(d) 鱼类化石，显示了相当多的细节 — 印痕

(e) 蜘蛛 — 琥珀

(f) 粪化石（粪便） — 遗迹化石

图9.15　化石类型

响，地质历史中的生命记录存在着一定的偏离。生物的硬质部分化石比软组织化石的数量更多，由于这种偏离以及生物质在有机会变成化石之前很容易遭到破坏，我们只能研究地球上曾经存在的少量生物类型（最多不到10%）。

9.3 岩层对比

解释如何匹配位于不同地区但年龄相似的岩石。

为了建立适用于整个地球的地质年代表，地质学家必须匹配位于不同地区但年龄相似的岩石，这个匹配过程称为对比/关联（correlation）。通过对比两个不同地区的岩石，他们能够更全面地了解某个地区的地质历史。例如，图9.16显示了3个不同地点（分别位于犹他州南部和亚利桑那州北

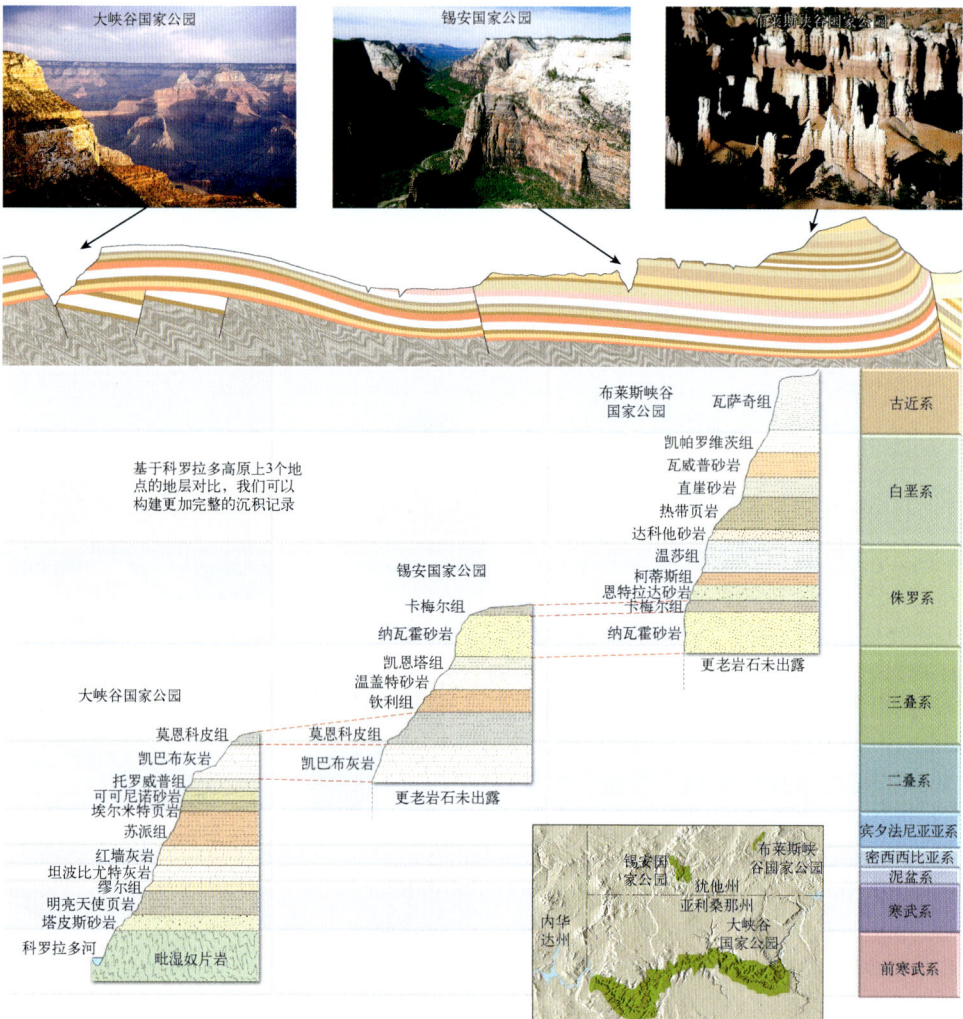

图9.16 岩层对比。科罗拉多高原上3个地点的地层匹配

部的科罗拉多高原）的地层对比，任何一个地点均未显示出完整层序，但是对比揭示了沉积岩记录的更完整画面［注：本节内容主要涉及年代地层单位（宇、界、系和统），它们与地质年代单位（宙、代、纪和世）逐一对应，国内业界对二者用法的专业区分较为严格。相关概念还包括岩石地层单位（群、组、段和层）。本书仅重点介绍地质年代单位，对其他两种单位未做明确定义，但是出现了少量应用］。

9.3.1　局部区域内对比

在局部区域内，地质学家只需沿着露头边缘行走，即可对比两个不同点位的岩石。但是，当岩石大部分被土壤和植被覆盖时，这种方法就力不从心。短距离上的岩层对比一般通过标出地层序列中某一层的位置来实现，或者若岩层由特征矿物（或不常见矿物）组成，则可基于这种矿物是否存在而在另一个位置识别该岩层。为了在相距遥远的不同区域之间（或不同大陆之间）进行对比，地质学家必须同时依靠岩石地层和化石。

9.3.2　化石和对比

化石的存在为人类所知的时间长达数个世纪，但是直到18世纪末至19世纪初，化石作为地质工具的重要性才变得较为明显。在这段时间内，英国工程师和运河建设者威廉·史密斯发现，在其所挖掘运河的每个岩层中，均含有不同于上层（或下层）的独特化石。此外，他还发现，通过研究各层所含的独特化石，即可识别和对比相隔距离较远的不同区域的沉积地层。

1. 化石层序律

基于史密斯的观察以及后来许多地质学家的发现，化石层序律/化石依序出现原理（principle of fossil succession）获得确立：各种化石生物以一种确定的顺序依序出现，因此任何时间段均可通过其所含化石进行识别。换句话说，当不同化石根据年龄进行排列时，它们不会呈现出随机（或无序）情形，而记录了随时间推移而发生的生命演化。

例如，古生物学家识别出了化石记录中相当早期的三叶虫时代，随后相继识别出了鱼类时代、煤沼泽时代、爬行动物时代和哺乳动物时代。这些时代属于在特定时段内大量存在的特征性类群，每个时代内部还包含许多细分小类（基于优势种）。在每个大陆上，人们都发现了相同的优势生物序列以相同的顺序出现。

2. 标准化石和化石组合

化石是对比位于不同地区但年龄相似的岩石的有用方法。地质学家特别关注标准化石（index fossil），如图9.17所示。标准化石的地理分布范围极广，但却限定于较短的地质年代内，因此其存在为匹配具有相同年龄的岩石提供了一种重要方法。岩层并不总是含有特定标准化石，在这种情况下，可以采用称为化石组合（fossil assemblage）的一组化石来确定岩层的年龄。图9.18描绘了如何通过化石组合更准确地确定岩石的年龄（与使用任何单一化石相比）。

图 9.17　标准化石。微体化石通常极为丰富且分布广泛，且快速出现和灭绝，因此构成了理想的标准化石。这张扫描电镜照片显示了中新世的海洋微体化石

3. 环境指示器

除了经常作为重要对比工具，化石也是非常重要的环境指示器。通过研究沉积岩的基本性质和特征，虽然能够推断出大量古环境相关信息，但是通过仔细研究当前出现的化石，地质学家通常能够获得更多的信息。例如，当在石灰岩中发现某些蛤壳残骸时，地质学家能够相当合理地假设该地区曾被浅海覆盖。

有时，化石也能用于确定古海滨线的大致位置。根据对现生生物（living organisms）的了解，我们可得出如下结论：具有较厚甲壳且能承受冲击和巨浪的化石动物生活在海滨线附近，甲壳薄而纤细的化石动物则生活在较深且平静的外滨（近海）水域。

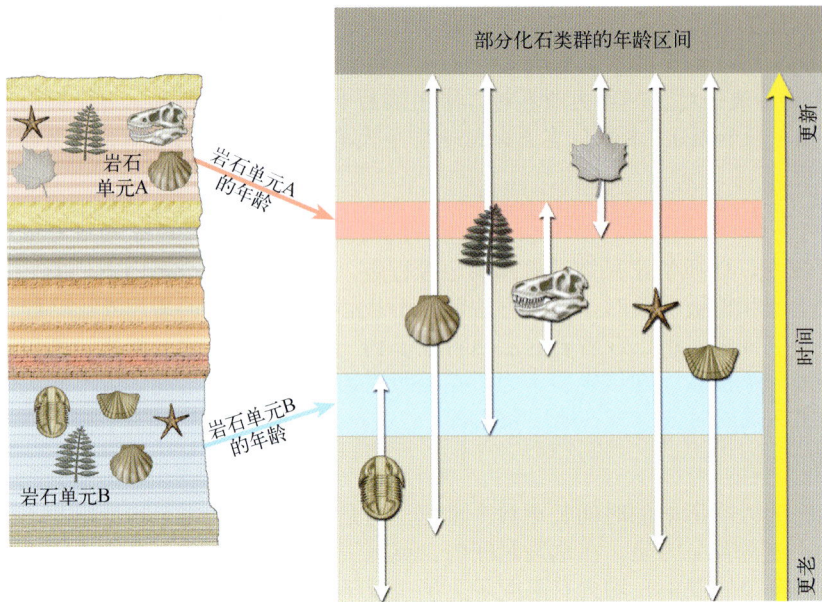

图9.18 化石组合。与采用单一化石相比，化石范围交叠有助于更准确地确定岩石年龄

化石还可用于指示古代水温。当今某些类型的珊瑚必须生活在温暖且较浅的热带海洋中，例如佛罗里达州和巴哈马群岛周围，因此当在古代石灰岩中发现相似类型的珊瑚时，说明它们活着时必然存在于海洋环境。这些示例说明了化石如何帮助人们解开地球历史的复杂故事之谜。

概念回顾9.3

1. 对比的目标是什么？
2. 用自己的语言陈述化石层序律。
3. 除了在对比方面很重要，化石对地质学家还有什么用途？

9.4 利用核衰变测定绝对年龄

讨论放射性衰变的3种类型，并解释如何利用放射性同位素测定绝对年龄。

本节介绍放射性及其在放射性测年中的应用，以使人们能为重要事件附加绝对年龄，如将地球的年龄设定为46亿年。通过了解原子核中的变化，人们已经确定地质年代极其漫长，这种巨大的时间跨度通常称为深时（deep time），而放射性测年允许我们对其进行定量测量。

9.4.1 回顾基本原子结构

如第3章所述，每个原子都有1个包含若干质子和中子的原子核，以及绕原子核运行的若干电子。电子带负电荷，质子带正电荷，中子不带电荷（中性），但可转化为带正电荷的质子和带负电荷的电子。

原子序数是指原子核中的质子数。每种元素含有的质子数不同，因此具有不同的原子序数（碳为6，氧为8，铀为92，以此类推）。相同元素的原子总是含有相同数量的质子，所以原子序数保持不变。

实际上，原子的几乎所有质量（99.9%）都集中在原子核中，电子的质量则可忽略不计。将原子核中的质子数和中子数相加，即可得出该原子的质量数。中子数可能存在变化，由此形成的原子变体称为同位素（isotope），这些同位素拥有各不相同的质量数。例如，铀的原子核固定含有92个质子，因此其原子序数总是92。但是，由于中子数存在变化，铀具有3种同位素，即铀-234（质子数 + 中子数 = 234）、铀-235和铀-238。在自然界中，这3种同位素混合在一起，因此其外观和化学反应中的表现均相同。

9.4.2 原子核的变化

将原子核束缚在一起的应力通常非常强大，但是在某些同位素中，质子和中子的结合力不够强大，使其无法永远保持在一起。这样的原子核是不稳定的，可在核衰变（nuclear decay）过程中自发分裂，这个过程也称放射性衰变（radioactive decay）。随着时间的推移，越来越多的不稳定原子发生衰变，形成数量逐渐增多的稳定同位素。并非所有同位素都不稳定（也有稳定同位素），但是这里仅关注不稳定同位素及其形成的稳定同位素。

不稳定原子核分裂时会发生什么？可能性有若干种。对年龄测定而言，3种常见放射性衰变类型非常重要，如图9.19所示。

● 在α衰变（alpha decay）过程中，α粒子从原子核中发射出来。1个α粒子由2个质子和2个中子组成，因此1个α粒子的发射意味着同位素的质量数减少4，原子序数减少2。

● 在β衰变（beta decay）过程中，1个电子（常被误称为β粒子）从原子核中发射出来。在这种情况下，因为电子的质量实际上可忽略不计，所以质量数保持不变。但是，该电子由1个中子（不带电荷）衰变而成，此时形成1个电子和1个质子。原子核现在比以前多了1个质子，因此原子序数增1——二者不再是同一种元素！

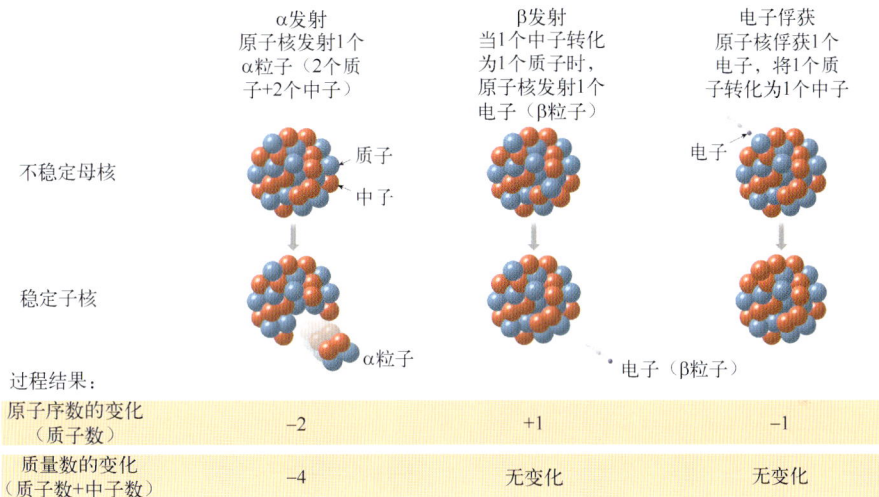

	α发射 原子核发射1个 α粒子（2个质子+2个中子）	β发射 当1个中子转化 为1个质子时， 原子核发射1个 电子（β粒子）	电子俘获 原子核俘获1个 电子，将1个质子转化为1个中子
过程结果：			
原子序数的变化 （质子数）	−2	+1	−1
质量数的变化 （质子数+中子数）	−4	无变化	无变化

图9.19 放射性衰变的常见类型。在每个示例中，原子核中的质子数（原子序数）都发生变化，会形成一种不同的元素

● 当原子核俘获1个电子时，就发生电子俘获（electron capture）。该电子与1个质子相结合，形成1个额外的中子。像β衰变一样，质量数保持不变。但是，原子核中现在少了1个质子，因此原子序数减1。

不稳定的放射性同位素称为母体（parent），母体衰变而成的同位素称为子体产物（daughter products）。但是，从母体到子体并不总是沿着直接路径进行，铀-238（地质测年中最重要的同位素之一）提供了一个复杂示例，如图9.20所示。当放射性母体铀-238（原子序数为92，质量数为238）衰变时，依次经历多个步骤，在最终变成稳定的子体产物铅206（原子序数为82，质量数为206）之前，共发射了8个α粒子和6个电子。在这一系列衰变过程中，形成的不稳定子体产物之一是放射性气体氡（radon）。

通过了解原子核中的各种变化，人们能够确定地质年代极为漫长，这种巨大的跨度常称深时。

9.4.3 放射性测年

核衰变在地球外层以稳定的速率发生，人们已精确测量了许多不稳定同位素的衰变速率。在放射性测年/放射性定年/放射性年代测定（radiometric dating）过程中，利用衰变知识即可计算出特定岩石（或矿物）样品的精确年龄。

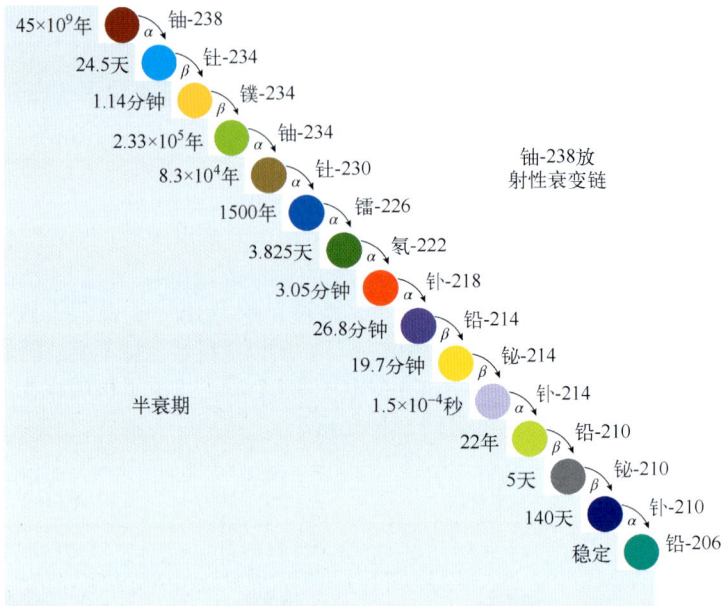

图9.20　铀-238的衰变。在达到稳定的最终产物（铅-206）之前，许多同位素在中间步骤形成

1．半衰期

在给定的不稳定同位素中，原子核衰变到1/2时所需的时间称为该同位素的半衰期（halflife）。半衰期是表示放射性衰变速率的常用方法。当母体数量和子体数量相等（比例为1∶1）时，即可知道1个半衰期已经发生；当原始母体原子仅剩下1/4，其余3/4衰变为子体产物时，母体与子体产物之比为1∶3，即可知道2个半衰期已经过去；经过3个半衰期后，母体原子与子体原子的数量之比为1∶7，即每7个子体原子对应于1个母体原子。

若已知放射性同位素的半衰期，且能确定母体与子体的数量之比，则可计算出该样品的年龄。例如，若某一假想不稳定同位素的半衰期为100万年，且样品中的母体/子体比例为1∶15，则表明4个半衰期已经过去，该样品的年龄肯定是400万年。

注意，在1个半衰期内，放射性原子的衰变百分比始终相同，均为50%（见图9.21）。但是，随着每个半衰期的过去，实际衰变的原子数量不断减少。因此，随着放射性母体原子占比下降，稳定子体原子占比相应上升，子体原子的增多刚好与母体原子的减少匹配，这一事实是放射性测年的关键。

2．计算岩石样品的绝对年龄

通过了解衰变速率以及各种母体和子体产物的进展，人们得到了测量岩石样品的绝对年龄的一种可靠方法，关键是观察样品中各特定同位素的比例。

例如，有些矿物的晶格中含有铀原子，当这种矿物在岩浆中结晶时，并不含以前衰变形成的铅（稳定子体产物）。新形成的样品仅含铀，放射性"时钟"从这一点开始。随着铀逐渐衰变，子体产物的原子在晶体中不断堆积，最终累积至可测量水平。类似地，当长石晶体形成时，并入晶格的部分钾原子形成不稳定同位素钾-40。通过电子俘获，这些原子将以稳定的速率发生衰变，形成子体氩-40。随着时间的推移，母体中的钾越来越少，子体中的氩则越来越多。

9.4.4　适用于放射性测年的不稳定同位素

在自然界存在的许多放射性同位素中，5种同位素在提供古老岩石的放射性年龄方面特别有用（见表9.1）。铷-87、钍-232和两种铀同位素仅适用于数百万年尺度上的岩石测年，钾-40的适用范围则更广。虽然钾-40的半衰期为13亿年，但是通过利用先进的分析技术，可使其在年龄小于10万年的某些岩石中检测到微量的稳定子体产物氩-40。钾-40得到频繁使用还有另一个重要原因，即钾是许多常见矿物（特别是云母和长石）的高丰度组分。

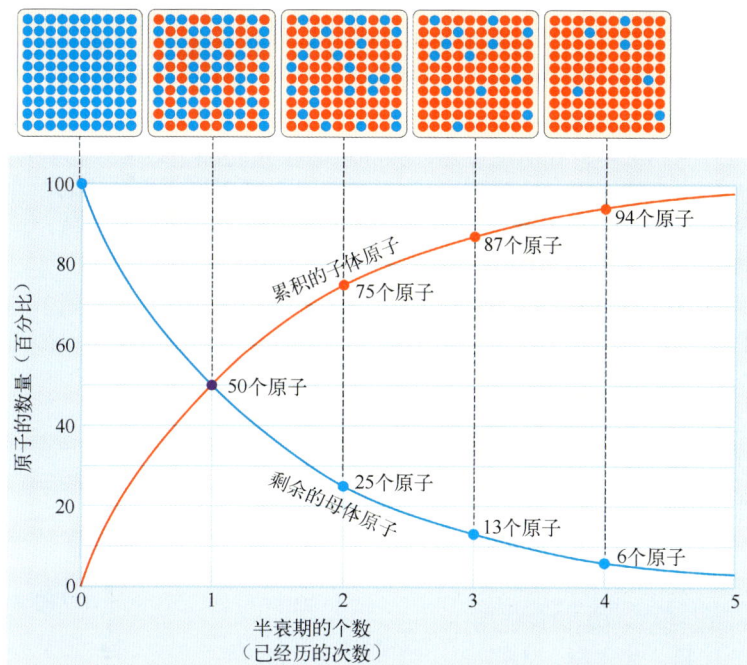

图9.21 放射性衰变曲线。变化呈指数型。1个半衰期后，放射性母体剩余1/2；2个半衰期后，放射性母体剩余1/4，以此类推

1. 复杂的过程

虽然放射性测年的基本原理非常简单，但是实际测定程序相当复杂。对于确定母体数量和子体数量的化学分析，人们必须想尽办法确保精度足够高。此外，有些放射性物质并不直接衰变为稳定子体产物，这一事实可能会使分析过程更加复杂。对铀-238而言，在稳定同位素铅-206（第14种也是最后一种子体产物）形成之前，中间共经历13种不稳定子体产物（见图9.20）。

表9.1 放射性测年中的常用同位素

放射性母体	稳定子体产物	当前接受的半衰期值
铀-238	铅-206	45亿年
铀-235	铅-207	7.04亿年
钍-232	铅-208	141亿年
铷-87	锶-87	470亿年
钾-40	氩-40	13亿年

2. 误差的来源

理解以下描述非常重要：在矿物形成后的漫长时间内，只有矿物晶体与其周围环境之间并未发生母体（或子体）同位素的渗漏，我们才能得到结果准确的放射性年龄。但是，情况并非总是如此。实际上，钾-氩法确实存在一定的局限性，因为氩是一种气体，可能会从矿物中逃逸，导致测得的放射性年龄值低于实际年龄。实际上，若岩石受到高温的影响，则氩的损耗可能特别大。若岩石被加热到矿物中的所有氩都发生逃逸的程度，则放射性测量时钟将被重置，放射性测年将给出热复位时间，而非该岩石的真实年龄。

对其他放射性时钟而言，若岩石曾经历风化作用（或淋洗作用），则可能发生子体原子的丢失。为避免出现这种问题，一种简单的应对措施是仅使用新鲜的未风化物质（而非显示出化学蚀变迹象的样品）。

为了尽可能降低放射性测年过程中的误差，科学家经常进行交叉核验，如对一个样品同时采用两种不同的方法进行测量。若结果一致，则该年龄可靠的可能性较高；若结果明显不同，则必须采用其他交叉核验方法，进而确定这些结果是否正确，以及其中的哪个结果正确。

3. 地球上最古老的岩石

利用放射性测年方法，人们已为地球历史上的数千个事件确定了年龄，且在所有大陆上都发现了年龄超过35亿年的岩石。截至目前，地球上最古老岩石的年龄可能高达42.8亿年，它发现于加拿大魁北克省北部的哈德逊湾海滨，可能是地球最早期地壳的残余岩石。在格陵兰岛西部，人们测得的岩石年龄为37～38亿年；在明尼苏达河谷和密歇根州北部（35～37亿年）、非洲南部（34～35亿年）以及澳大利亚西部（34～36亿年），人们发现了几乎同样古老的岩石。在澳大利亚西部的年轻沉积岩中，人们还发现了放射性年龄高达43亿年的矿物锆石的微小晶体，这些持久性极强的微小颗粒的源岩要么已不存在，要么尚未被发现。

放射性测年结果证实：赫顿、达尔文以及150多年前推测地质年代必定极其久远的其他人的观点非常正确。实际上，现代测年方法证实，人们观测的各个过程拥有足够时间来完成极其惊人的艰巨任务。

9.4.5 碳-14测年

对于相对较近事件的年代测定，科学家可以利用碳的放射性同位素碳-14（见图9.22），这个过程通常称为**放射性碳测年/放射性碳定年/放射性碳年代测定**（radiocarbon dating）。注意，碳-14仅能用于测定有机物质的年龄，如木材、木炭、骨骼、肉体和织物。碳-14的半衰期仅为5730年，因此放射性碳测年仅适用于人类历史和极近地质史的事件。在有些情况下，碳-14可用于测定远至70000年前的事件的年代。

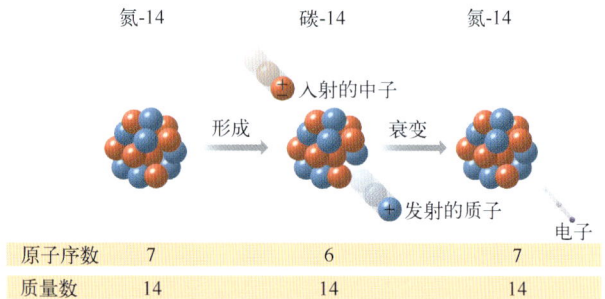

图9.22　**碳-14**。放射性碳的形成和衰变。这些草图代表了相应原子的原子核

	氮-14	碳-14	氮-14
原子序数	7	6	7
质量数	14	14	14

作为宇宙射线轰击的结果，碳-14（^{14}C）在高层大气中不断形成。宇宙射线（高能核粒子）打碎气体原子的原子核，释放中子。部分中子被氮原子（原子序数为7，质量数为14）吸收，导致每个原子核发射出1个质子，使得原子序数减1（变成6），形成一种不同的元素碳-14（见图9.22）。这种碳同位素很快并入二氧化碳，然后在大气中循环并被生物体吸收。因此，所有生物体都含有少量碳-14。

生物体只要还活着，正在衰变的放射性碳就会被不断替换，碳-14和碳-12的比例始终保持不变。碳-12是稳定且最常见的碳同位素。但是，当任何植物或动物死亡时，碳-14含量都会随着衰变为氮-14而逐渐下降（见图9.22）。通过比较样品中碳-14和碳-12的比例，即可确定放射性碳的年龄。

虽然碳-14仅适用于地质年代中最后一小部分的年龄测定，但是对人类学家、考古学家、历史学家以及研究极近期地球历史的地质学家而言，都是一种价值巨大的工具（见图9.23）。实际上，放射性碳测年的发展在科学界的地位非常重要，以至于发现这一应用的化学家威拉德·F. 利比荣获1960年的诺贝尔奖。

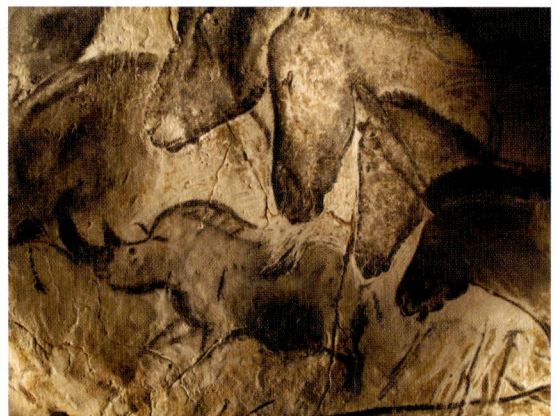

图9.23　**洞穴壁画**。法国南部的肖维岩洞，发现于1994年，内含一些已知最早的洞穴绘画。放射性碳测年结果表明，大多数壁画绘制于32000年前至30000年前

9.5 确定沉积地层的绝对年龄

解释如何确定沉积岩层的可靠绝对年龄。

虽然人们已为地质年代表中的各个时期计算出了相当准确的绝对年龄，但是完成这项任务并不容易，因为并非所有岩石都能通过放射性方法测定年龄。要使放射性测年方法可用，岩石中的所有矿物必须大致同时形成，不稳定同位素此时可用于确定火成岩中的矿物何时结晶，以及压力和热量何时在变质岩中形成新矿物。

但是，沉积岩样品很少能够通过放射性方法直接测年。虽然碎屑沉积岩可能包含含有放射性同位素的颗粒，但是由于组成岩石的颗粒与其出现时所在岩石的年龄不同，该岩石的年龄无法准确确定。此外，在不同年龄的岩石中，沉积物已被风化和剥蚀。

从变质岩中获得的放射性年龄可能很难解释，因为变质岩中特定矿物的年龄不一定代表岩石最初形成的时间，而可能标识了许多后续的变质相之一。

若沉积岩样品很少获得可靠的放射性年龄，则如何将绝对年龄分配给沉积岩层？通常，地质学家必须将该地层与可提供数据的火成岩块体进行关联，如图9.24所示。在这个示例中，利用放射性测年法，人们确定了莫里森组中的火山灰层和穿切曼科斯页岩和梅萨维德组的岩墙的年龄。火山灰下方的沉积层明显老于火山灰层，火山灰上方的所有岩层都新。因此，该岩墙要比曼科斯页岩和梅萨维德组新，但比瓦萨奇组老（因为该岩墙并未侵入这些古近系岩石）。

根据这类证据，地质学家估计莫里森组的最后一部分沉积于约1.6亿年前，就如同火山灰层所示的那样。此外，他们还得出了以下结论：岩墙于6600万年前侵入后，瓦萨奇组才开始沉积。这是数千个示例之一，描绘了如何利用可提供数据的物质对地球历史上特定时段内的各种事件进行关联，说明了将实验室测年方法和相对年龄确定原理共同应用于岩石野外观测的必要性。

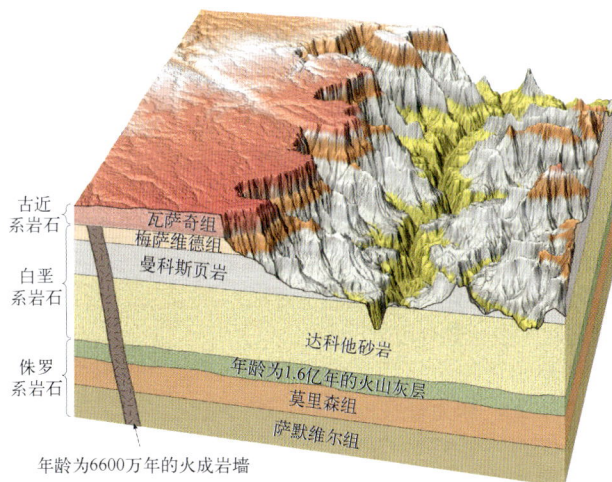

图9.24 **沉积地层定年。** 为了确定沉积岩层的绝对年龄，通常需要查看它们与火成岩之间的关系

9.6 地质年代表

区分构成地质年代表的4种基本年代单位，并解释其为何被视为一种动态工具。

地质学家将整个地质历史划分为不同长度的单位/单元，这些单位构成了地球历史的地质年代表（geologic time scale）。在地质年代表中，主要单位主要由西欧科学家在19世纪确定，由于当时无法进行放射性测年，整个年代表最初仅基于相对年龄确定技术建立。20世纪，放射性测量方法允许添加绝对年龄。

9.6.1　地质年代表的结构

地质年代表将地球的46亿年历史细分为许多不同的年代单位。如图9.25所示，宙（eon）代表最高一级的时间跨度。显生宙（Phanerozoic）是始于约5.41亿年前的宙，该术语名称源于希腊语，意为可见生命。这种描述比较恰当，因为显生宙的岩石和沉积中富含记录了主要演化趋势的化石。

宙可以细分为代（era）。显生宙由古生代（Paleozoic era）、中生代（Mesozoic era）和新生代（Cenozoic era）组成。这些代通过世界范围内生命形式的深刻变化进行关联（注：生命形式的主要变化将在第22章中介绍）。

在显生宙中，每个代均可细分为称为纪（period）的多个年代单位，其中古生代有7个纪，中生代和新生代各有3个纪。与代所代表的更广泛变化相比，纪以生命形式演化中的更具体变化为特征。

最后，每个纪仍可细分为更小的单位，称为世（epoch）。在新生代的各个纪中，7个世已获命名。在其他各个纪中，各个世常被简单地命名为早、中和晚（注：二叠纪、志留纪和寒武纪除外）。

9.6.2　前寒武纪

在地质年代表中，与之前的代相比，古生代的划分程度更细。

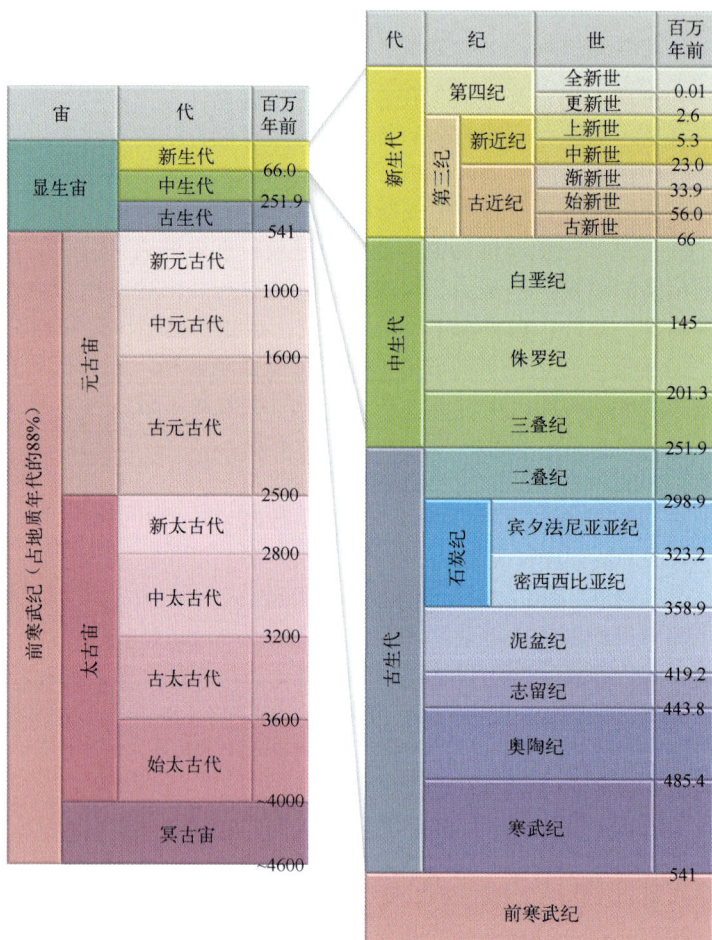

宙	代	百万年前
显生宙	新生代	66.0
	中生代	251.9
	古生代	541
元古宙	新元古代	1000
	中元古代	1600
	古元古代	2500
太古宙	新太古代	2800
	中太古代	3200
	古太古代	3600
	始太古代	~4000
冥古宙		~4600

前寒武纪（占地质年代的88%）

代	纪	世	百万年前
新生代	第四纪	全新世	0.01
		更新世	2.6
	第三纪　新近纪	上新世	5.3
		中新世	23.0
	古近纪	渐新世	33.9
		始新世	56.0
		古新世	66
中生代	白垩纪		145
	侏罗纪		201.3
	三叠纪		251.9
古生代	二叠纪		298.9
	石炭纪　宾夕法尼亚亚纪		323.2
	密西西比亚纪		358.9
	泥盆纪		419.2
	志留纪		443.8
	奥陶纪		485.4
	寒武纪		541
前寒武纪			

图9.25　地质年代表。地质年代表上的数字表示距今时间，单位为百万年。利用相对年龄确定技术建立地质年代表很久后，人们才将绝对年龄添加上去。这些是国际地层委员会（ICS）2017年接受的年龄，所选配色方案与ICS使用的配色相似

在寒武纪之前，近40亿年时间被划分为2个宙，即太古宙（Archean）和元古宙（Proterozoic），这个跨度极大的时段也称前寒武纪（Precambrian）。

前寒武纪代表了约88%的地球历史，但其为何未被划分为世？这是因为人们对前寒武纪历史的了解不够详细。在地质学中，就像在人类历史中一样，向前回溯得越远，知道的事情就越少，因为记录和线索会变得碎片化且不完整。寒武纪开始后，地质记录中才首次出现了丰富的化石证据。在寒武纪之前，简单生命形式（藻类、细菌、真菌和蠕虫）占主导地位，所有这些生物都缺乏硬质部分（利于保存的一种重要条件），因此前寒武纪的化石记录少之又少。人们已对大量前寒武纪岩石露头进行了详细研究，但是当化石缺乏时，岩层对比非常困难。

前寒武纪不容易细分的另一个原因如下：这个年代的岩石非常古老，因此大多经历了许多变化。大部分前寒武纪岩石记录由高度变形的变质岩组成，这使得解译过去的环境非常困难，因为原始沉积岩中存在的许多线索已遭到破坏。

针对前寒武纪岩石的定年和对比这个棘手任务，放射性测年技术提供了部分解决方案，但是彻底解开复杂的前寒武纪记录仍是一项艰巨的任务。

9.6.3　术语和地质年代表

与地质年代表相关的部分术语并未得到官方认可，最著名且最常见的示例为前寒武纪（Precambrian），这是当前显生宙之前各宙的非正式名称。虽然术语前寒武纪在地质年代表上没有正式地位，但是人们经常习惯性地用到这个术语。

冥古宙（Hadean）是另一个非正式术语，被许多地质学家和某些版本的地质年代表采用，指地球历史上最早的宙——在已知最古老的岩石之前。当这个术语1972年首次提出时，地球上最古老岩石的年龄被假想为约38亿年。如今，这一数字略高于40亿年，当然仍有待进一步修正。

地质科学中的有效沟通要求地质年代表由标准化的单位划分和年龄组成，国际地层委员会（ICS）是国际地质科学联合会（IUGS）的一个分支机构，主要负责维护和更新这份重要文档。地质科学进步需要定期更新该表的内容，以纳入单位名称和边界年龄估值的变化。

例如，图9.25所示的地质年代表更新于2017年，在主要研究最近地球历史的地质学家之间进行大量研讨后，ICS将第四纪和更新世的年龄底界从180万年前变更为260万年前。在前几年的地质年代表中，新生代很可能被划分为第三纪和第四纪。但是在最新版的地质年代表中，第三纪曾经占据的空间被划分为古近纪和新近纪。今天，第三纪也被视为一个历史名称，在ICS版本的地质年代表上未被赋予官方地位，但是许多地质年代表（见图9.25）仍然包含第三纪的相关参考文献，原因之一是大量历史地质文献以及部分当前地质文献都在使用这个名称。

有些科学家认为全新世已经结束，我们已进入新的人类世（Anthropocene），因为人口增长和经济发展对全球环境的巨大影响极大地改变了地球表面。关于将人类世的起始底界设置在何时，科学家仍然存在着大量争议，建议时间主要包括：人类开始通过农业改变地貌景观时；人类开始通过燃烧大量化石燃料改变大气圈时；人类首次通过核弹（及核试验）将地表暴露于某些同位素时。目前，虽然这个名称被用作人类导致的全球环境变化的一种非正式隐喻，但是许多科学家大力支持将人类世接纳为一种新的官方地质世。对研究历史地质学（地史学）的人们而言，重要的是要认识到地质年代表是一种动态工具，随着人们对地球历史演化的理解程度逐步加深而不断完善（注：2024年3月，国际地科联和国际地层委员会联合发布声明，正式投票否决了将人类世纳入地质年代表的提案，但是对其意义和作用予以了肯定）。

概念回顾9.6

1. 列举地质年代表的4种基本组成单位。
2. 何种术语适用于显生宙之前的所有地质年代？这个跨度为何没有像显生宙那样被划分为世？
3. 解释科学家为何偶尔会更改地质年代表。

主要内容回顾

9.1　建立年代表：相对年龄确定原理

关键词：绝对年龄，相对年龄，叠覆原理，原始水平原理，侧向连续原理，穿切关系原理，包含物原理，整合，不整合，角度不整合，平行不整合，非整合

- 相对年龄将各个事件按正确形成顺序排列，绝对年龄精确定位事件发生后的时间。

- 利用叠覆原理、原始水平原理、穿切关系原理和包含物原理，人们能够建立相对年龄。在相对年龄确定过程中，可能发现地质记录中的不整合（或缺口）。

问题：附图是一个假想区域的剖面图，请按照正确顺序（从最老到最新）将各字母放入相应的空白。你从该序列中的什么位置能够识别出不整合？你采用哪些原理来建立该序列？

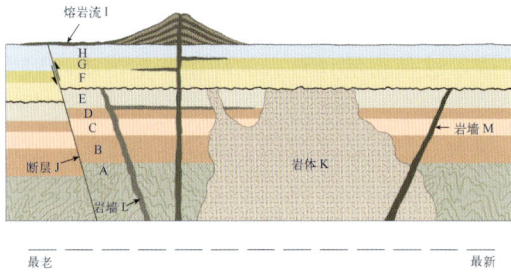

最老 ——— ——— ——— ——— ——— 最新

9.2 化石：古代生命的证据

关键词：化石，古生物学

- 化石是古代生命的物理残骸或间接遗迹。古生物学是研究化石的科学分支。
- 化石通过许多过程形成。当快速埋藏而没有分解时，化石更常保存下来。此外，生物体的硬质部分最有可能保存下来，因为软组织在大多数情况下会快速分解。
- 化石类型包括生物体经过完全石化的硬质部分、印模、铸型、印痕及其足迹和潜穴。

问题：何种术语可用于描述附图展示的化石类型？简单解释其形成过程。

9.3 岩层对比

关键词：对比，化石层序律，标准化石，化石组合

- 将年龄相同但位置不同的岩石露头进行匹配称为对比。通过对比世界各地的岩石，地质学家开发了地质年代表，并对地球历史有了更全面的了解。
- 化石层序律指出，各种化石生物以一种确定顺序依序出现，因此地质年代能够通过所含化石进行识别。岩石中所含的独特化石可用于对比相距较远的不同地点的沉积岩。
- 由于分布广泛且时间跨度相对较短，标准化石在岩层对比方面特别有用。通过研究一个组合中各化石的重叠范围，可以确定包含多化石岩层的年龄。
- 化石可用于建立沉积物沉积时存在的古环境条件。

9.4 利用核衰变测定绝对年龄

关键词：核衰变，放射性测年，半衰期，放射

性碳测年

- 核衰变是某些不稳定原子核的自发分裂（衰变）。核衰变的3种常见形式包括：①α粒子从原子核中发射；②β粒子（电子）从原子核中发射；③原子核俘获电子。
- 不稳定放射性同位素（称为母体）会衰变并形成子体产物。放射性同位素的原子核衰变1/2时的时长称为该同位素的半衰期。若已知某种同位素的半衰期，且能测量母体/子体比例，则可通过放射性测年方法计算该样品的年龄。

问题：通过测量花岗岩样品中含有痕量铀的锆石晶体，得到的母体-子体比例为：25%母体（铀-235）和75%子体（铅-206）。铀-235的半衰期是7.04亿年。该花岗岩的绝对年龄是多少？

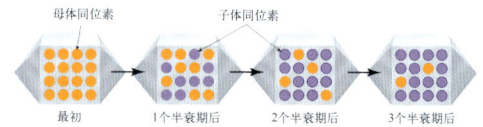

9.5 确定沉积地层的绝对年龄

- 沉积地层通常无法利用放射性测量技术直接获取数据，因为它们由其他岩石风化形成的物质组成。沉积岩中的颗粒来自某些年龄更老的源岩，若用同位素来测定该颗粒的年龄，则会得到其源岩（而非沉积物）的年龄。
- 当地质学家为沉积岩指定绝对年龄时，一种方法是利用相对年龄确定原理，将它们与可提供数据的火成岩块体（如岩墙和火山灰层）进行关联。一个沉积岩层可能比一个火成地貌特征老，也可能比另一个火成地貌特征新。

问题：尽可能准确地表达附图中砂岩层的绝对年龄。

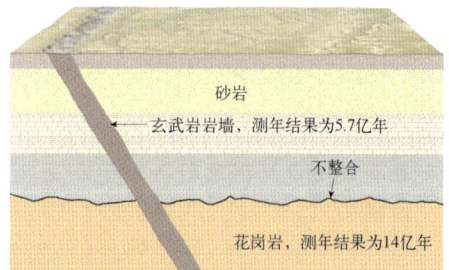

9.6 地质年代表

关键词：地质年代表，宙，显生宙，代，古生代，中生代，新生代，纪，太古宙，元古宙，前寒武

纪，世

- 在地质年代表中，地球历史被划分为若干时间单位。宙被划分为若干代，每个代包含多个纪，每个纪包含多个世。
- 前寒武纪包含太古宙和元古宙。显生宙紧随其后，并基于丰富的化石证据记录细分为大量子单位。
- 地质年代表是一种动态工具，随着新信息的出现而不断完善。

深入思考

1. 附图显示了片麻岩（变质岩）、玄武岩岩墙和断层，基于正确的年龄顺序（从老到新）对这3种特征进行排列，并解释理由。

2. 某个花岗岩体与一个砂岩层接触。利用本章介绍的原理，解释如何确定砂岩是否沉积在花岗岩顶部，或者形成花岗岩的岩浆是否在砂岩沉积后侵入。

3. 附图来自亚利桑那州东北角的纪念碑谷，该地区的基岩由沉积岩层组成。在这张照片中，虽然突出的各岩石露头（纪念碑）相距较远，但能推断它们代表一个曾经连续的岩层。讨论支持进行这种推断的原理。

4. 附图显示了2个沉积岩岩层，下层为中生代晚期的页岩（注意观察页岩沉积后蚀刻而成的古河道），上层是较年轻的角砾岩（富含巨砾）。这些岩层是否整合？解释理由。在相对年龄确定中，哪个术语适用于这2个岩层的分隔线？

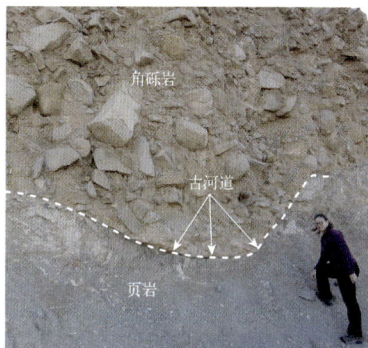

5. 附图中这些磨光的石头称为胃石，解释其为何能够称为化石，它们属于哪种化石类型？举出该类型化石的另一个示例。

6. 在放射性衰变期间，若钍的一种放射性同位素（原子序数为90，质量数为232）发射6个α粒子和4个β粒子，则稳定子体产物的原子序数和质量数是多少？

7. 假设一种放射性同位素的半衰期为1万年，若放射性母体与稳定子体产物的比例为1∶3，则含有该放射性物质的岩石年龄是多少？

8. 附图显示了位于蒙大拿州冰川国家公园的前寒武纪沉积岩层。沉积岩层中所含的深色岩层是火成岩，与火成岩相邻的狭窄浅色区域形成于形成火成岩的熔融物质烘烤相邻岩石时。a. 火成岩层是以下哪种情形的可能性更大：在其上覆岩层沉积之前铺满表面的熔岩流；在所有沉积岩层沉积后侵入的岩床。解释理由。b. 火成岩层是否可能呈现出气孔结构？解释理由。c. 浅色岩石属于哪种岩石类型（火成岩、沉积岩或变质岩）？将你的解释与岩石循环相关联。

9. 解决与地球历史年龄相关的以下问题。为便于计算，可将地球年龄四舍五入为50亿年。

   a. 有记录以来的历史（假设长度为5000年）代表的地质年代所占的百分比是多少？

   b. 类人祖先（原始人）已存在约500万年，这些祖先代表了多大百分比的地质年代？

   c. 直到寒武纪开始（约5.4亿年前），首个化石丰富证据才开始出现。化石丰富证据代表了多大百分比的地质年代？

10. 在一本大学地史学教材的部分内容中，以"地球的故事"为题的一个单元共包含10章（281页），其中2章（49页）专门讨论前寒武纪时期，最后2章（67页）则介绍最近2300万年（其中25页专门讨论始于10000年前的全新世）。

    a. 将前寒武纪的页数百分比与其所代表地质年代跨度的百分比进行比较。**b.** 将全新世的页数百分比与其所代表地质年代跨度的百分比进行比较。**c.** 提出一些理由，说明该教材对地球历史似乎存在不平等待遇。

地球之眼

1. 附图显示了犹他州南部的西雪松山。灰色岩石是页岩，起源于泥质河流三角洲沉积。组成橙色砂岩的沉积物来自河流沉积。**a.** 将与这个区域的地质历史相关的各个事件按正确顺序进行排列。解释你的逻辑，要求包括以下内容：抬升、砂岩、剥蚀和页岩。**b.** 何种术语适用于你为该地点建立的年代类型？

2. 附图显示了科罗拉多大峡谷的底部，该区域称为内部峡谷（Inner Gorge）。深色岩石是毗湿奴片岩，底部附近的浅色岩石（一系列岩墙）称为琐罗亚斯德花岗岩，这两种岩石的年代都是前寒武纪。假设你和同伴乘坐木筏穿越大峡谷，同伴聪明伶俐且好奇心强，但未受过地质学培训（像你那样）。在抵达照片中地点的前一晚，你们坐在篝火旁，讨论了地质年代表和地质年代跨度。**a.** 当你们抵达这个地点时，有人询问前寒武纪的历史为何看起来如此粗线条，以及这个时间跨度为何没有像显生宙一样细分为那么多单位。利用以上背景信息，回答这些问题。**b.** 哪种类型的岩石（毗湿奴片岩或琐罗亚斯德花岗岩）的年代更老？解释理由。

第10章 地壳变形

田纳西州的里尔富特湖是 1812 年大地震后形成的一个沼泽浅水湖

新闻中的地质: 地震导致密西西比河倒流: 新马德里地震带

新马德里地震带横跨大片区域, 位于密苏里州、肯塔基州、阿肯色州和田纳西州交界处。在 1811—1812 年的 3 个月间, 总发生了 3 次 7.0 级 (及以上) 大地震。

大地震发生后, 部分土地被抬升, 密西西比河沿岸大片区域则发生下陷, 其中一个区域普遍下陷 1.5 ~ 6.1 米, 最终变成了里尔富特湖 (位于田纳西州)。生活在该区域的人们称, 在这个湖泊形成期间, 密西西比河曾发生短时 (几小时) 倒流。

19 世纪初, 在新马德里地震带内, 人口数量仅有数千人, 建筑物也很少。如今, 在孟菲斯和圣路易斯之间的区域, 约有 1200 万人安家落户。大量本地建筑物采用砖块和抗震性能不佳的其他材料建造, 因此当地震带内再次发生大地震时, 很可能造成灾难性的生命和财产损失。据美国地质调查局估计, 在下半个世纪的某个时候, 该地区再次发生 7.0 级 (或以上) 大地震的概率为 7% ~ 10%。

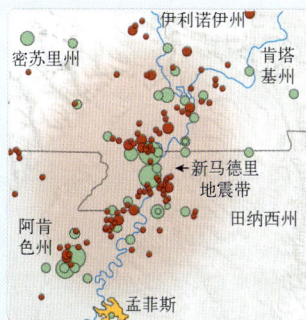

新马德里地震带分布图

学习目标

10.1 描述差异应力的3种类型，并指出与每种类型最相关的板块边界类型。

10.2 列举并描述5种常见褶皱构造。

10.3 绘制并描述位于正断层、逆断层、逆冲断层以及走滑断层（两类）相对两侧岩石块体的相对运动。

10.4 解释如何测量走向和倾角，以及这些测量结果如何揭示地下岩石构造方向。

　　地球是动态变化的球体。通过在全球范围内移动各个大陆，正在漂移的岩石圈板块会逐渐改变地球的外貌。这种构造活动的影响可能在地球的主要造山带中最明显，人们在海拔数千米处发现了含有海洋生物化石的岩石，许多岩石单元出现弯曲、变形甚至倒转，有时还伴随有大量断裂。本章探讨使岩石变形的力，以及由此形成的岩石构造。第8章介绍了叶理（面理）和岩石劈理，本章专门介绍地壳的其他主要构造特征，以及形成这些特征的构造力。

10.1　岩石如何变形

描述差异应力的3种类型，并指出与每种类型最相关的板块边界类型。

　　构造力可使岩石移动、倾斜和/或改变形状，例如板块碰撞可抬升海洋石灰岩的平伏岩层，使其出露于地表、旋转倾斜或者揉成褶皱，所有这些变化类型统称变形/变形作用（deformation）。岩石变形由构造力导致，主要发生在板块边界沿线，各岩石圈板块在这里相互推挤、拉分或刮擦。

　　岩石以特征方式发生变形可在露头（outcrop）即岩石出露地表处进行观察，如图10.1中的褶皱代表对地球深部挤压力的典型响应。地质学家利用术语地质构造（geologic structure）或岩石构造（rock structure）表示在露头中观察到的反映某一岩石大地构造历史的构造特征。本章介绍地质构造的3种类型，即褶皱（岩层弯曲而不破裂）、断层（两个岩块沿侧面相对滑移的断裂）和节理（岩石中的裂缝）。

图10.1　变形沉积地层。这个变形地层出露于加利福尼亚州帕姆代尔附近的路边切面，除了明显的褶皱作用，浅色层还沿照片右侧的一条断层发生了错断

　　为了理解岩石变形，首先要深入了解应力和应变这两个概念。

10.1.1　应力：使岩石变形的力

　　如前所述，构造力会导致岩石变形。更准确地说，岩石会对应力（stress）做出反应，应力则与力的作用面积有关（应力 = 力/面积）。如前所述，在所有方向上均匀施加的力称为围压（confining pressure），这种类型的力能够压实矿物颗粒并缩减岩石体积。但是，围压并不会引发岩石变形，岩石变形的控制因素是差异应力（两个不同方向上的力大小不同）。

下面介绍差异应力的3种类型，即压应力、张应力和剪应力，如图10.2所示。在较大的尺度范围内，每种类型的差异应力趋于与某种类型的板块边界相关。

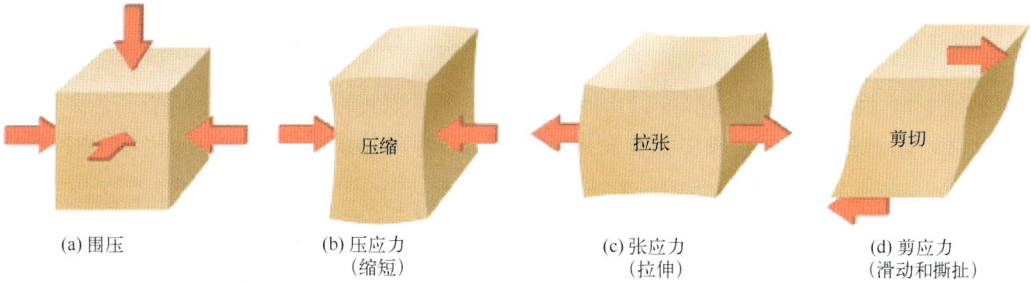

(a) 围压　　　　　　(b) 压应力　　　　　　(c) 张应力　　　　　　(d) 剪应力
　　　　　　　　　　　（缩短）　　　　　　　（拉伸）　　　　（滑动和撕扯）

图 10.2　围压和差异应力的 3 种类型（压应力、张应力及剪应力）

1. 压缩/挤压（compression）。挤压岩石块体（就像位于老虎钳中一样）的差异应力称为压应力（compressional stress），最常与汇聚型板块边界（板块碰撞）相关，地壳通常横向缩短，垂向增厚。经过数百万年后，这种变形最终会形成造山带。

2. 拉张/拉伸（tension）。将岩石块体拉分的差异应力称为张应力（tensional stress），最常发生在离散型板块边界（各板块反向运动）沿线，例如在东非大裂谷周围地区，张应力导致地壳发生断裂、拉伸及变薄，最终形成深大裂谷。

3. 剪切（saear）。导致岩石块体发生剪切（shear）的差异应力称为剪应力/切应力（Shear stress）。在剪切过程中，岩石块体的两个不同部分之间发生相对运动，可与日常生活中的扑克牌进行类比：当一副扑克牌的顶部相对于底部发生移动时，单张扑克牌之间发生滑移（见图10.3）。剪应力是转换型板块边界的主导力，例如在圣安德烈亚斯断层所在的位置，地壳发生了大规模水平错断。

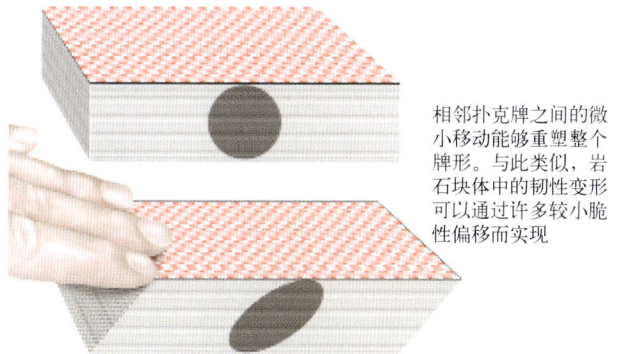

相邻扑克牌之间的微小移动能够重塑整个牌形。与此类似，岩石块体中的韧性变形可以通过许多较小脆性偏移而实现

图 10.3　剪切及其产生的变形（应变）。侧面具有圆形浮雕图案的扑克牌，描绘了剪切及其产生的应变

10.1.2　应变：应力导致的形状改变

如前所述，通过使岩石块体移动、倾斜和/或改变形状，差异应力能够使岩石块体发生变形。差异应力改变岩石形状时引发的变形（形变）称为应变（strain），通过观察和测量作用于岩石块体上的应变，就能够推断出使岩石变形的应力类型。

类似于岩石这样的刚性物体如何改变形状呢？方式之一是沿着平行软弱表面（如微裂隙或叶理面）滑移，可与图10.3中的扑克牌类比，许多微小滑移累加在一起即可导致形状的明显改变。

方式之二是矿物颗粒改变形状，以响应不沿软弱区域滑移的差异应力。当原子在相同颗粒上从高应力位置移至低应力位置时，会触发矿物颗粒的形状改变，这个过程称为重结晶作用（recrystallization）（见8.3节）。

10.1.3　岩石变形的类型

岩石需要经过3种类型（弹性、脆性和韧性）的变形才能改变形状（应变）。

1. 弹性变形

打开弹簧门，弹簧会出现拉伸；关闭弹簧门时，弹簧会恢复到初始形状。此时，可以认为弹簧发生了弹性变形（elastic deformation），因为它会在应力（开门力）作用下暂时改变形状，然后在应力消失后恢复到初始形状。岩石也能发生弹性变形，就像弹簧一样，矿物颗粒中的化学键会在受到应力作用时拉伸，然后快速恢复到初始长度。

2．脆性变形

当变形超过弹性响应能力时，岩石要么断裂，要么永久弯曲。若破碎成小块，则可认为岩石发生了脆性变形（brittle deformation）。由日常经验可知，对玻璃制品、木质铅笔、陶瓷板甚至人类骨骼而言，超过强度时都会发生脆性变形。当应力破坏将物质束缚在一起的化学键时，就会发生脆性变形。

3．韧性变形

当某一物体改变形状而不破裂时，就可认为其发生了韧性变形/塑性变形（ductile deformation）。揉捏黏土（或太妃糖）时，是以一种韧性方式使其变形。对岩石中的韧性变形而言，主要通过前面描述的机制发生，即沿岩石内部的软弱表面滑移，或者逐渐重塑矿物颗粒，这些过程使得岩石能够非常缓慢地流动（即使仍处于固态）。褶皱是韧性变形的示例之一，如图 10.1 所示。

10.1.4　岩石变形的影响因素

如图 10.4 所示，岩石变形趋于在较小的深度呈脆性，在较大的深度呈韧性。4 种因素会影响岩石如何变形，包括温度、围压、岩石类型和时间。前两种因素（温度和围压）主要受岩石埋藏深度的影响，随着深度的增加，温度和压力上升。深度越大，环境就越极端。

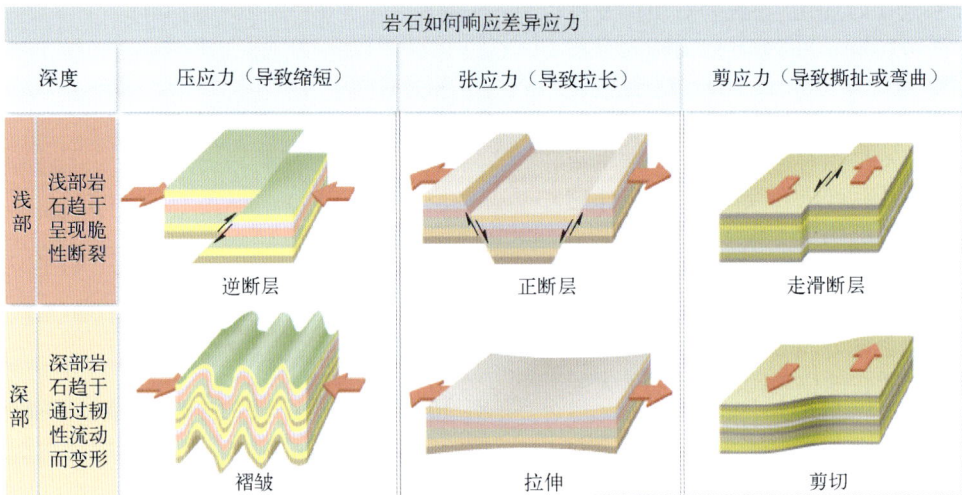

图 10.4　**3 种类型应力导致的变形**。在温度相对较低的上地壳中，脆性变形（断裂作用和断层作用）占主导地位；在深度超过 10 千米的地下深处，温度相应较高，岩石通过韧性流动和褶皱作用发生变形

1．温度

在温度较高的地方（地壳深处或靠近岩浆房等热量源的位置），岩石距离自身的熔点更近，因此更软弱且更易发生韧性变形。在地表附近或相对低温的环境（如俯冲带）中，岩石的脆性更强且易于断裂。你可能比较熟悉以下场景：对一根冷巧克力棒而言，用手掰成两半轻而易举，但若其为热巧克力棒，则在手中会发生弯曲。

当应力超过岩石强度时，地表附近的岩石通常发生脆性变形和破裂，而地壳深处的岩石则发生韧性变形和弯曲。

2．围压

如前所述，当上覆岩石的厚度增大时，作用于岩石上的围压随之增大。围压从所有方向上均匀挤压岩石，岩石趋于更难破碎，因此脆性降低。于是，地壳深处的温度上升和压力增大具有互补效应：更高的温度增强韧性，更大的压力则趋于保持岩石的完整性，因此更可能弯曲（而非断裂）。

3. 岩石类型

特定岩石类型对应力的响应方式不同，受矿物成分和结构的影响较大。花岗岩、玄武岩及胶结良好的石英砂岩坚固且易碎，遭受超过其岩石强度的应力时趋于断裂（脆性变形）。相比之下，富含黏土（或胶结较弱）的沉积岩及叶理化变质岩更容易呈现韧性变形，当遭受差异应力的作用时，软弱岩石（如岩盐、页岩、石灰岩和片岩）可能以韧性方式弯曲（或流动）。此外，为了适应内部流动，冰川冰（从技术角度讲是一种岩石）很容易发生变形。

图 10.5 显示了变质岩中这种情形的一个示例，中部非叶理化岩层以脆性方式破碎成块状物，侧翼叶理化岩层则以韧性方式对相同的差异应力做出响应，最终流入各块状物之间的空隙。咬一口全麦饼干，你能取得相同效果：饼干碎了，温热的棉花糖和巧克力层缓慢渗出。

4. 时间

造山带的褶皱化岩石表明，韧性变形能够承受数十千米的压缩应变（缩短）。这种情形的发生具有前提条件，即应力的施加过程必须极其缓慢，以便韧性变形的缓慢过程能够跟得上。若应力过快地施加到岩石单元上，则岩石将发生弹性变形，直到超过其强度后发生断裂。在一种更常见的时间尺度上，太妃糖表现出了同样的行为：在桌子边缘磕打一块太妃糖，其会破碎，但若在其上方放置重物并静置一夜，则其将逐渐散开并且变平。

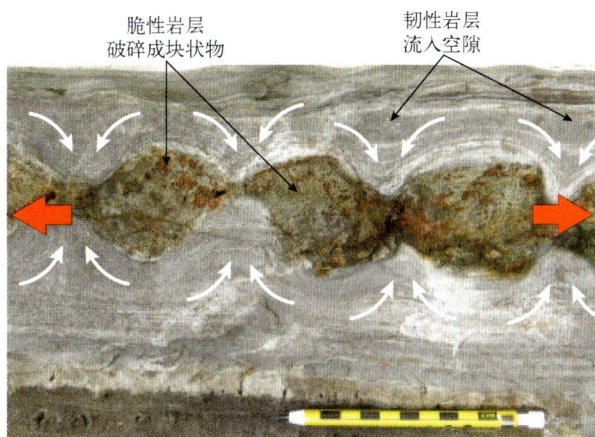

图 10.5 岩石类型如何影响变形类型。 这种构造是石香肠构造（又称布丁构造）的一个示例，形成于岩石块体的某些部分以韧性方式变形，其他部分则表现为脆性单元时。中部绿色脆性岩层破碎成一系列块状物，周围灰色黏土物质则流入块状物之间的空隙

概念回顾 10.1

1. 列举差异应力的 3 种类型，并简要描述其如何改变岩石块体。
2. 解释应变与应力的区别。
3. 脆性变形与韧性变形有何不同？
4. 列举并描述岩石是否以脆性（或韧性）方式变形的 4 种影响因素。

10.2 褶皱

列举并描述 5 种常见褶皱构造。

在汇聚型板块边界沿线，岩石地层经常弯曲成一系列波浪状起伏，称为褶皱（fold），如图 10.6 所示。褶皱具有许多种不同的大小和形态，有些褶皱是数百米厚地层轻微翘曲的宽阔构造，有些褶皱则小而密，甚至是变质岩中发现的微型构造。大多数褶皱由压应力（导致地壳横向缩短和垂向增厚）形成。

褶皱是由原本呈水平形态但已永久变形弯曲的表面（如沉积地层）堆叠而成的地质构造，每层均绕一个假想轴弯曲，这个假想轴称为枢纽线（hinge line），简称枢纽（hinge）。

褶皱也可通过轴面（axial plane）描述，即连接褶皱地层所有枢纽线的表面。在简单褶皱中，轴面呈铅直状态，且将褶皱分隔为大致对称的 2 个翼（limb）。但是，轴面经常发生倾斜，使得一个翼比另一个翼更陡。

10.2.1 背斜和向斜

背斜和向斜是两种最常见的褶皱类型，如图 10.7 所示。背斜（anticline）通常由沉积岩层向上凸曲（或拱起）而成（注：按照严格的定义，背斜是最老地层位于中心的构造，向斜是最新地层位于中心的构造）。向斜（syncline）是一种向下凹曲（或低谷），一般与背斜密切相关。如图 10.7 所示，背斜的翼也是相邻向斜的翼。

基于方向进行判断，当两翼互为镜像时，这些基本褶皱可描述为对称褶皱；当两翼不互为镜像时，则将其描述为不对称褶皱。在对称褶皱中，两翼的倾角相同，形成铅直轴面。在不对称褶皱中，两翼的倾角不同，形成倾斜轴面。若两翼朝同一方向倾斜，且其中一翼的倾角超过 90°，则该不对称褶皱可称为倒转褶皱（overturned fold），如图 10.7 所示。倒转褶皱也能侧卧/横卧，使得轴面呈水平状，称为平卧褶皱（recumbent fold），常见于高度变形的造山带（如阿尔卑斯山脉）。

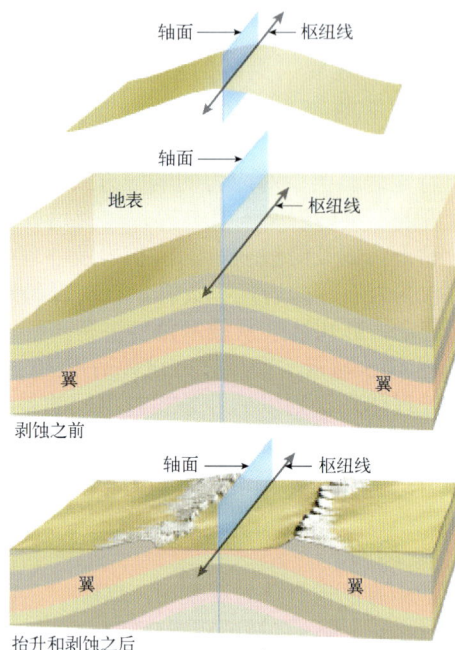

图 10.6 与对称褶皱相关的特征。轴面近似对称地划分褶皱，枢纽线追踪任何岩层的最大曲率点

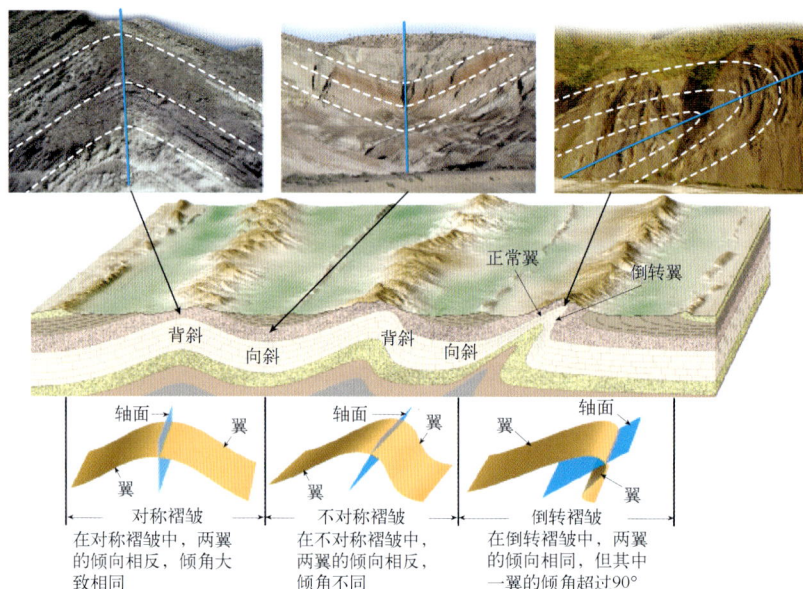

图 10.7 褶皱的常见类型。拱起的构造（中部向上凸曲的褶皱）是背斜，两翼的倾向彼此散开。中部向下凹曲的褶皱是向斜，两翼的倾向彼此聚拢

褶皱也可能因构造力而发生倾斜，进而使其枢纽线向下方倾斜（见图 10.8a），这种类型的褶皱称为倾伏褶皱（plunge fold），因为枢纽线穿透了地表。怀俄明州的绵羊山是倾伏背斜的示例。如图 10.8b 所示，当侵蚀作用剥离倾伏褶皱的上部岩层并导致其内部出露地表时，即可形成一种 V 形图案。若该倾伏褶皱是背斜（如绵羊山），则 V 形的尖端（弧尖）就指向倾伏方向（见图 10.8c）；向斜的情况正好相反。

(a) 抬升及剥蚀之前

(b) 抬升及剥蚀之后

枢纽线

地表
水平面

枢纽线

倾伏

大角河

最老岩石

最新岩石

倾伏方向

最新岩石

(c) 绵羊山背斜

枢纽线

图 10.8　倾伏背斜。剥蚀后的倾伏背斜（如怀俄明州的绵羊山）具有指向倾伏方向的露头形态

在阿巴拉契亚山脉的谷岭省/山谷和山脊单元（Valley and Ridge Province），人们发现了侵蚀力剥蚀褶皱化沉积地层时可能形成的地形的较好示例（见图 14.11）。重要的是，要认识到，背斜通常不以山脊形式出现，向斜通常不以山谷形式出现，山脊和山谷由差异性风化作用和剥蚀作用形成。例如，在谷岭省中，抗蚀砂岩层保持为由山谷分隔的雄伟山脊，山谷则被切割成更易遭到侵蚀的页岩（或石灰岩）层。

10.2.2　穹隆和盆地

当基底岩石大规模向上翘曲时，上覆沉积地层盖层随之发生变形，形成一种圆形（或略拉长状）隆起，这种构造称为穹隆/穹/穹丘（dome），如图 10.9a 所示。在南达科他州西部，黑山山脉（Black Hills）即为由向上翘曲过程形成的大型构造穹隆，这里的侵蚀作用已剥离上覆沉积层的顶部，暴露出中心部位年龄更老的火成岩和变质岩（见图 10.10）。

图 10.9　穹隆和盆地。
(a)穹隆；(b)盆地。二者形成于地壳岩石的向上（或向下）轻微翘曲。这些构造的剥蚀作用形成了一种露头形态，从大致呈圆形到略拉长状（椭圆形）

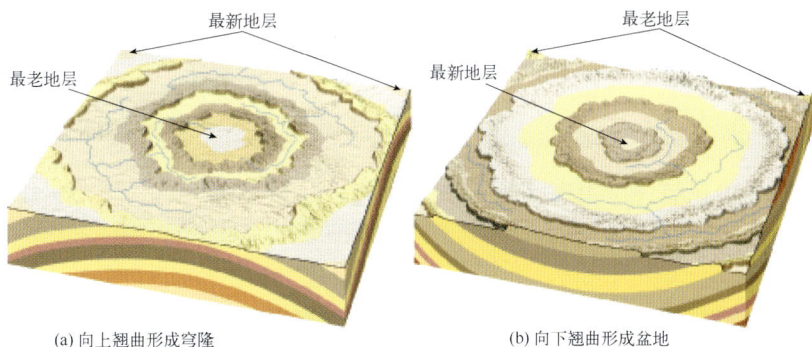

最新地层

最老地层

(a) 向上翘曲形成穹隆

最老地层

最新地层

(b) 向下翘曲形成盆地

构造穹隆也能通过岩浆侵入（岩盖）形成，如图 4.34 所示。此外，当埋藏的盐沉积向上迁移时，可能形成像墨西哥湾下方那样的盐穹/盐丘。盐穹是经济意义非常重要的岩石构造，因为当盐向上迁移时，周围含油沉积地层可能变形，形成储油层（见图 23.6）。

与穹隆刚好相反，盆地（basin）是一种向下翘曲的构造（见图 10.9b）。美国有几个大型构造盆地，如图 10.11 所示。在密歇根州和伊利诺伊州，这些构造盆地具有较平缓的斜坡层（与平底锅类似），被视为形成于巨量沉积物的堆积（重量导致地壳发生沉降），详见第 14 章。少量构造盆地形成于巨型陨石撞击。

由于盆地中的沉积层常以低角度发生倾斜，盆地的识别主要通过其所含地层的年龄序列。在构造盆地中，最新岩石位于中心，最老岩石位于侧翼。在穹隆（如黑山山脉）中，情况则刚好相反，最老岩石形成了核心。

10.2.3 单斜

虽然本章分开介绍褶皱和断层，但是二者可能作为相同构造应力的结果而同时发生。在科罗拉多高原地区，单斜（monocline）是一种特别突出的特征，即位于原本为水平沉积地层中的大型阶梯状褶皱（见图 10.12）。这些褶皱似乎形成于"在高原之下的基底岩石中，古老且陡倾的逆断层重新活动"。当大块基底岩石向上移位时，相对韧性的上方沉积地层会随之悬垂在该断层上方（类似于搭在长凳上的衣服），这些复活断层沿线的位移可能超过 1 千米。

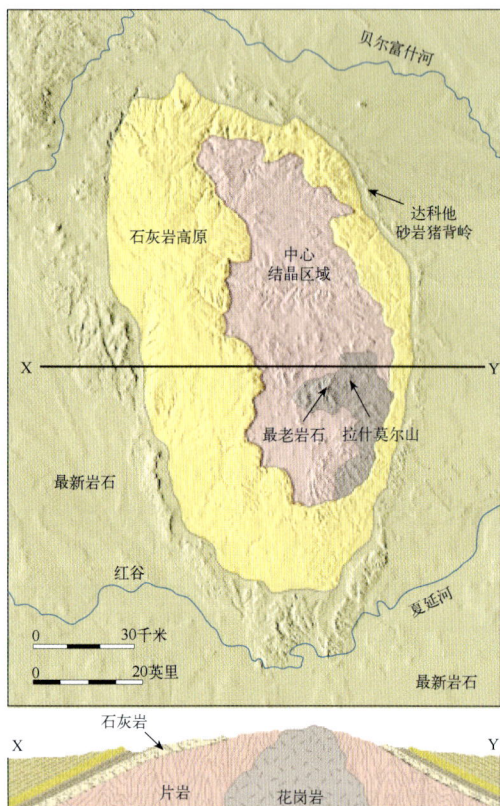

图 10.10　大型构造穹隆。在南达科他州的黑山山脉，中心核由抗风化能力较强的前寒武系火成岩和变质岩组成，周围岩石主要为较新的石灰岩和砂岩

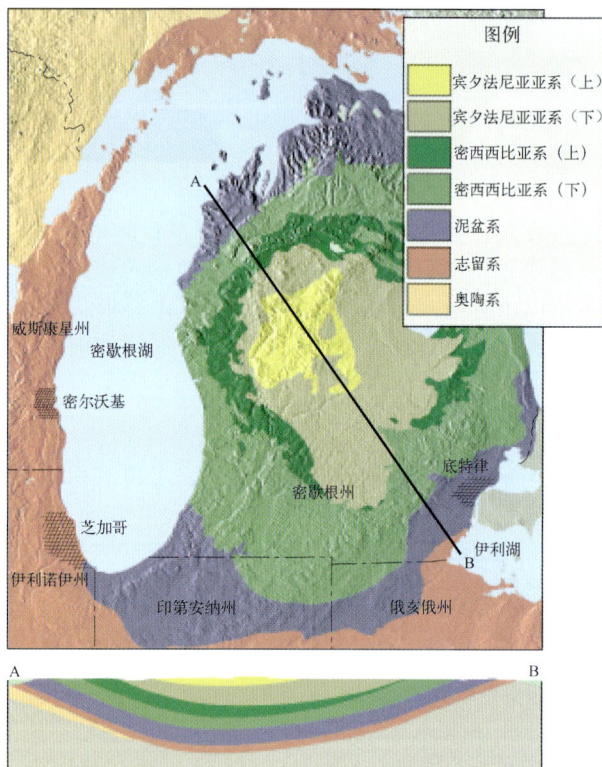

图 10.11　密歇根盆地中的基岩地质特征。最新岩石位于中心部位，最老岩石位于构造侧翼

概念回顾 10.2

1. 草绘并区分背斜与向斜，以及穹隆与盆地。
2. 南达科他州的黑山山脉是何种类型地质构造的较好示例？
3. 在构造盆地中，最新岩石位于哪个位置（是中心附近还是边缘附近）？
4. 描述单斜如何形成。

10.3　断层和节理

绘制并描述位于正断层、逆断层、逆冲断层以及走滑断层（两类）相对两侧岩石块体的相对运动。

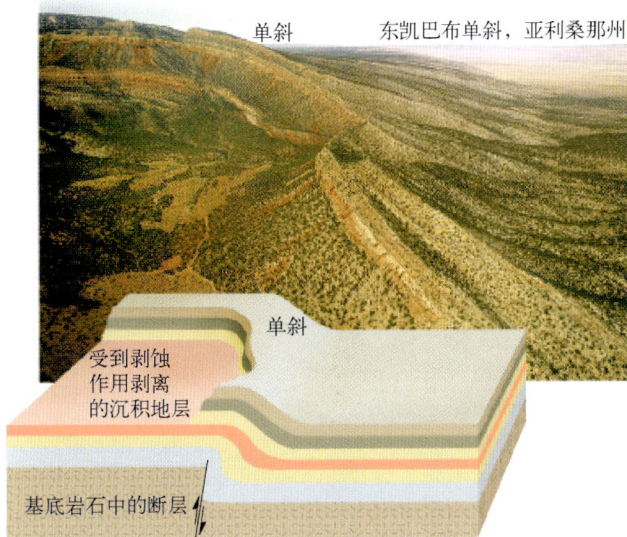

单斜　东凯巴布单斜，亚利桑那州

单斜

受到剥蚀
作用剥离
的沉积地层

基底岩石中的断层

图 10.12　东凯巴布单斜（位于亚利桑那州）。这个单斜由因下方基岩中的断层作用而变形的弯曲沉积层组成，逆冲断层并未抵达地表，倾斜地层曾经延伸到现在出露地表的沉积岩层之上，表明这个区域曾被剥蚀大量岩石

断层和节理都是因脆性变形导致地壳断裂而成的构造。节理（joint）是一种断裂，断层（fault）则是一种已发生滑动的断裂，两侧岩块彼此之间出现位移。如图 10.13 所示，路边切面中存在一个小型断层，沉积层出现了几米位移，这种尺度的断层常以单一离散破裂形式出现。

相比之下，大型断层（如位于加利福尼亚州的圣安德烈亚斯断层）则有数百千米的位移，且由许多相互连接的断层面组成。这些构造称为断层带/断裂带（fault zone），宽度可达几千米，在航空照片中通常更易识别（与地面观察相比）。断层沿线的突然运动导致了大多数地震，但绝大多数断层都是以往变形的残余，因此并不活跃。

断层

位移岩层

半箭头显示了滑移感

图 10.13　断层是已发生滑动的断裂

10.3.1　描述地质构造的方向：走向和倾角

由于断层面几乎呈平面状，地质学家基于走向和倾角来描述断层方向。走向（strike）是指断层（或倾斜沉积岩层）与水平面相交所产生直线的罗盘方向，例如圣安德烈亚斯断层的走向为北西向。倾角（dip）是指断层相对于水平面的倾斜角度，例如圣安德烈亚斯断层的方向几乎垂直，因此其倾角约为 90°。相比之下，有些断层的方向几乎水平，倾角约为 10°（或更小）。

走向和倾角可用于描述倾斜的沉积岩层、岩墙、节理、其他平面构造以及断层的方向，例如背斜的枢纽和翼即可用其走向和倾角来描述。走向和倾角还可用于绘制地质构造图，详见本章后面的内容。

10.3.2　倾向滑动断层

运动方向基本平行于断层面斜坡的断层称为倾向滑动断层（dip-slip fault），简称倾滑断层。地质学家将断层面之上的岩石块体称为上盘岩块（hanging wall block），将断层面之下的岩石块体称为下盘岩块（footwall block），如图 10.14 所示。这些名称最早由勘探者和矿工所用，他们负责开采金属矿床，例如从非活动断裂带的热液中沉淀出来的自然金。矿工会在矿化断裂带之下的岩石（下盘岩块）上行走，然后将手提矿灯悬挂在上方岩石（上盘岩块）上。倾滑断层主要包含两种类型，即正断层和逆断层。

1. 正断层

上盘岩块相对于下盘岩块向下运动的倾滑断层称为 正断层（normal fault），如图 10.15 所示。这些断层之所以称为正（正常）断层，是因为在正常情况下重力会沿倾斜平面（断层面）将岩块拉下。正断层与拉分岩石单元的张应力相关，因此能够导致地壳水平方向变长、垂直方向变薄。这种拉分既能通过抬升过程（导致地壳拉伸及破裂）实现，又能通过张应力（拉长地壳）实现。

正断层的规模大小不一，有些正断层是位移仅约 1 米的小型断层（如图 10.13 所示路边切面中的断层），有些正断层的延伸距离长达数十千米。对大多数大型正断层而言，断层面的倾角相对较陡，但趋于随深度增加而逐渐变平。大型正断层主要与离散型板块边界相关，例如与全球洋脊系统沿线大洋裂谷相关的正断层，以及与陆地上形成的裂谷相关的正断层。后者以东非大裂谷为代表，这是陆壳被拉伸并分开时变薄的位置。

图 10.14　上盘岩块和下盘岩块。断层面之上的岩石是上盘岩块，断层面之下的岩石是下盘岩块。这些术语由在断裂带沿线采矿的矿工创造。矿工将手提矿灯悬挂在断层迹线之上的岩石（上盘岩块）上，并在断层迹线之下的岩石（下盘岩块）上行走

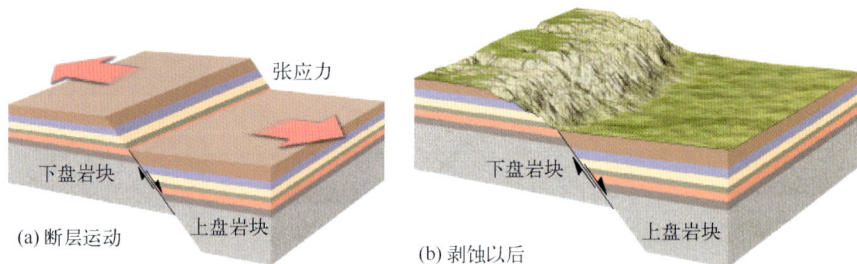

图 10.15　正断层（倾滑断层）。(a)描绘断层两侧岩块之间发生的相对位移；(b)显示剥蚀作用如何改变上升盘岩块

2. 断块山、地垒和地堑

在美国西部地区，大型正断层与称为 断块山（fault-block mountain）的构造相关。断块山的极佳示例可见于 盆岭省/盆地和山岭单元（Basin and Range Province），这个地区包括美国西部内陆的大部分区域及墨西哥的部分区域（见图 10.16）。这里的地壳已被抬升和拉长，形成了 200 多个相对较小的山岭，这些山岭平均长约 80 千米，比相邻断陷盆地高 900～1500 米。

盆岭省地形与大致呈南北走向的正断层系统相关，这些断层沿线的运动形成了交替出现的上行断块［称为地垒（horst）］和下行断块［称为地堑（graben）］。地垒形成山岭，地堑形成盆地，地垒是地堑中所堆积沉积物的来源地。如图 10.16 所示，称为 半地堑（half-graben）的构造是倾斜断块，它也有助于盆岭省中地形起伏的交替出现。

由图 10.16 还可知道，在盆岭省中，许多大型正断层的斜坡随深度增大而变缓，直至最终连接并形成一种低角度的近水平向断层，称为 拆离断层（detachment fault）。这些断层代表下方岩石（表现出韧性变形）与上方岩石（主要表现出脆性变形）之间的主要边界。

3. 逆断层和逆冲断层

上盘岩块相对于下盘岩块向上运动的倾滑断层称为 逆断层（reverse fault），如图 10.17 所示。逆冲断层（thrust fault）是断层倾角小于 45°的逆断层。逆断层和逆冲断层均由压应力（导致地壳水平方向缩短）形成。

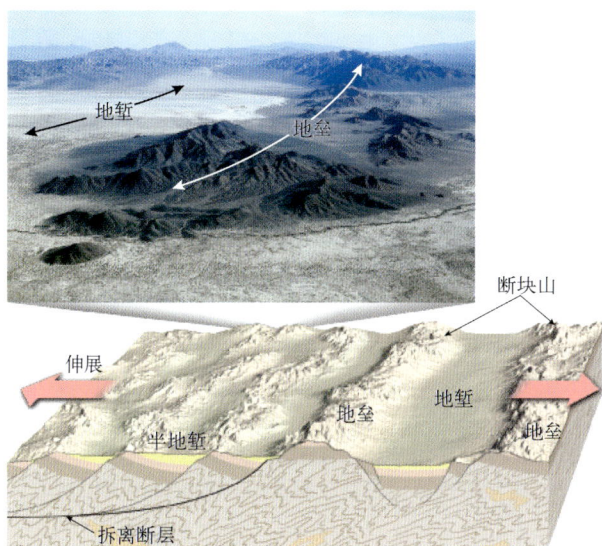

图 10.16 盆岭省中的正断层。在这里，张应力将地壳拉长，使其断裂成许多块体。这些断层沿线的运动导致块体发生倾斜，最终形成称为断块山的平行山岭。下行断块（地堑）形成盆地，上行断块（地垒）剥蚀形成崎岖的山地地形。此外，许多倾斜断块（半地堑）既形成盆地，又形成山岭

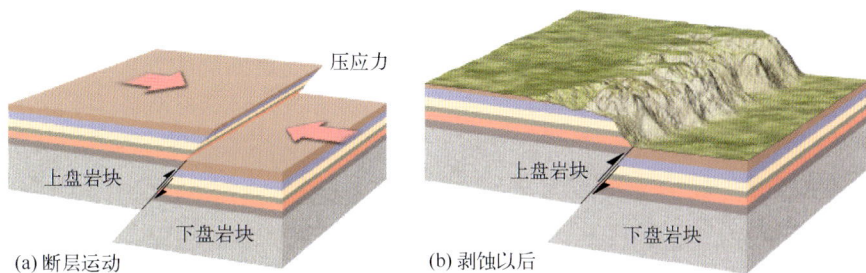

图 10.17 逆断层。逆断层由迫使一个岩块滑移至另一个岩块之上的压应力形成

虽然逆断层的规模较小，但是逆冲断层的规模却大小不一，有些大型逆冲断层的位移范围为数十千米到数百千米。逆冲断层沿线的运动可能导致上盘岩块几乎水平逆冲到下盘岩块之上，如图 10.18 所示。

逆冲断层作用常见于汇聚型板块边界（两个地块碰撞）沿线，在这些环境下，压应力形成褶皱和逆冲断层，导致地壳增厚和缩短，进而形成山地地形。北落基山脉（包括蒙大拿州的冰川国家公园）是逆冲断层作用的经典地点，如图 10.19 所示。山脉顶峰是该公园中景色最壮丽的部分，主要由发生位移的厚层古老石灰岩蚀刻而成，这些石灰岩本质上是一种岩石单元，最终逆冲到年轻得多的页岩沉积之上。发生位移的石灰岩岩块厚约 6 千米，沿刘易斯逆冲断层滑移了约 100 千米。

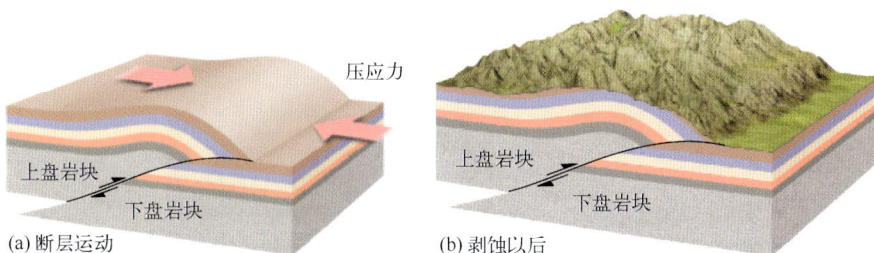

图 10.18 逆冲断层。逆冲断层是倾角小于 45°的逆断层

更大型逆冲断层形成了大洋岩石圈俯冲板片与上驮岩石圈板块之间的汇聚型板块边界，这种类型的逆冲断层的体量非常庞大，称为大逆冲断层（megathrust fault）。大逆冲断层导致了地球上发生的大多数强烈地震。由于大逆冲断层位于洋底之下，这些断层的破裂能够导致上覆海水发生

位移,进而形成破坏性海啸,例如与 2011 年日本地震和 2004 年苏门答腊附近印度洋地震相关的海啸(见 11.5 节)。

10.3.3 走向滑动断层

主位移呈水平方向且平行于断层面走向的断层称为*走向滑动断层(strike-slip fault)*,简称*走滑断层*,如图 10.20 所示。走滑断层的最早科学记录出现在形成大地震的地表破裂之后,其中 1906 年旧金山大地震最引人注目(见地质美图 10.1)。在这次强烈地震过程中,圣安德烈亚斯断层上建造的围栏和道路等建筑物的位移最多可达 4.7 米。

图 10.19　蒙大拿州冰川国家公园是逆冲断层作用的经典地点

1. 左旋和右旋

当面向圣安德烈亚斯断层时,断层沿线的运动导致断层相反侧的地壳块体向右侧移动,因此称为*右旋/右行(right-lateral)*走滑断层,如图 10.20 所示。苏格兰的*大格伦断层/大峡谷断层(Great Glen Fault)*呈现出相反的位移感,是*左旋/左行(left-lateral)*走滑断层的著名示例。大格伦断层沿线的总位移估计超过 100 千米,大量湖泊与这个断层迹线相关,包括尼斯湖(苏格兰民间传说中尼斯湖水怪的出没地点)。

2. 转换型板块边界

如第 2 章所述,转换断层是在两个构造板块之间运动的走滑断层,但是只有形成转换型板块边界的那些走滑断层才能称为*转换断层(transform fault)*。许多转换断层切割大洋岩石圈并连接正在扩张的洋脊(见图 2.19),有些转换断层在彼此水平滑动的大陆块体之间发生位移,最知名的转换断层有圣安德烈亚斯断层(美国加利福尼亚州)、阿尔卑斯断层(新西兰)、死海断层(中东地区)和北安那托利亚断层(土耳其),这些大型转换断层的相对位移可能高达数百千米。

大陆转换断层大多不是单一的断裂,而是由含有大致呈平行状多条断裂的区带构成。虽然这个区带的宽度可能高达几千米,但是最近期的运动通常位于仅有几米宽的一条线的沿线,这可能取代河流等地貌特征。断层作用期间形成的破碎岩石更易遭到风化和剥蚀,因此线状谷和浅水湖通常表明存在转换断层。

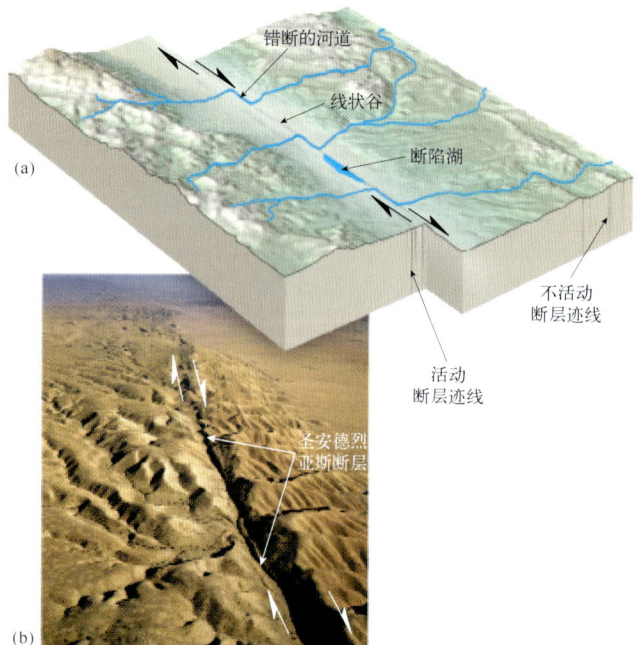

图 10.20　**走滑断层**。(a)块状图描绘了与大型走滑断层相关的特征,注意观察河流水道如何被断层运动错断;(b)圣安德烈亚斯断层的空中视图

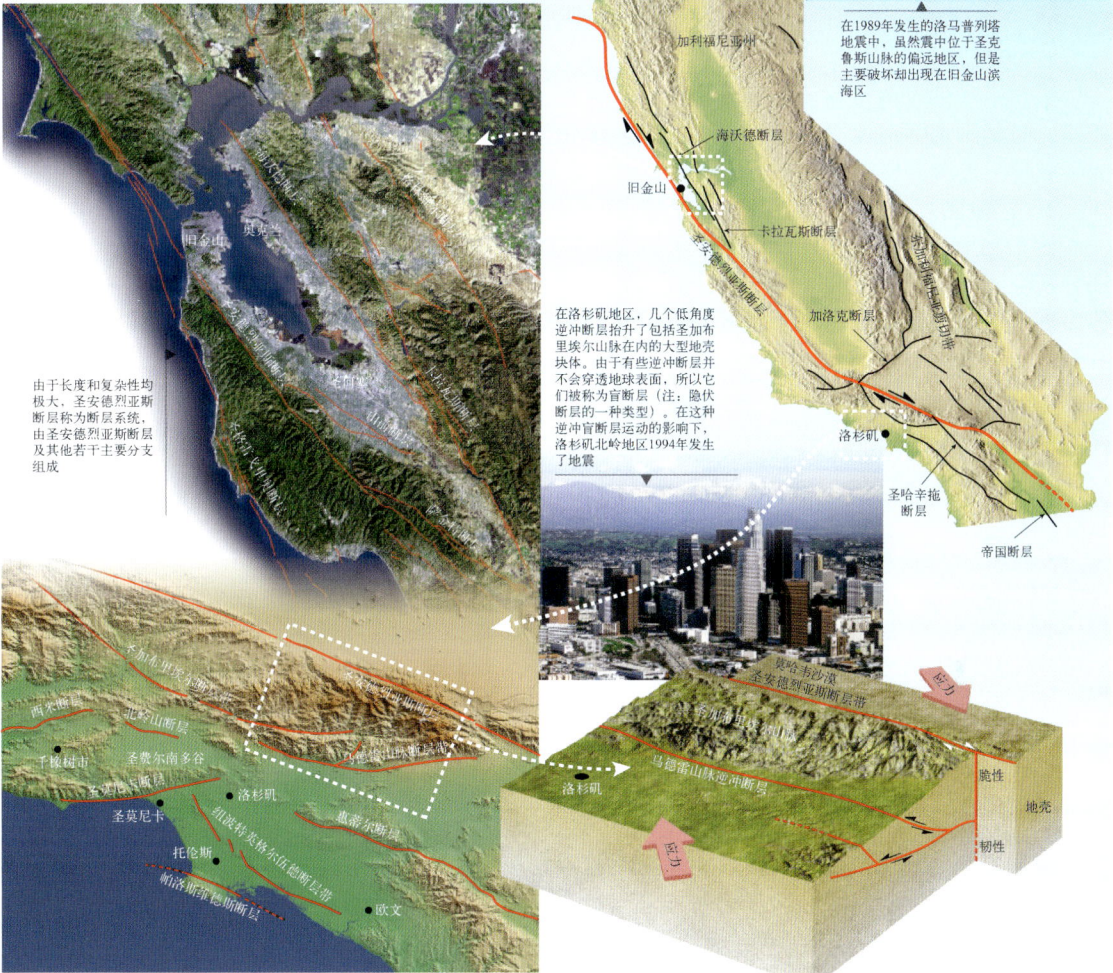

圣安德烈亚斯断层系统是一条长度约为1300千米的走滑断层，纵贯美国加利福尼亚州整个长度约2/3。地质学家已经确定，这个断层带在某些地点的宽度高达数十千米，并且至少向下延伸至18千米深处

在1989年发生的洛马普列塔地震中，虽然震中位于圣克鲁斯山脉的偏远地区，但是主要破坏却出现在旧金山滨海区

由于长度和复杂性均极大，圣安德烈亚斯断层称为断层系统，由圣安德烈亚斯断层及其他若干主要分支组成

在洛杉矶地区，几个低角度逆冲断层抬升了包括圣加布里埃尔山脉在内的大型地壳块体。由于有些逆冲断层并不会穿透地球表面，所以它们被称为盲断层（注：隐伏断层的一种类型）。在这种逆冲盲断层运动的影响下，洛杉矶北岭地区1994年发生了地震

地质美图 10.1　圣安德烈亚斯断层系统

10.3.4　斜向滑动断层

同时表现出倾向滑动和走向滑动运动的断层称为斜向滑动断层（oblique-slip fault），简称斜滑断层，它由剪应力与张应力（或压应力）的组合导致（见图 10.21）。几乎所有断层都存在倾向滑动和走向滑动（或多或少），因此要将某个断层定义为斜滑断层，就需要两种类型的滑动都足够明显（可观察和测量）。

10.3.5　与断层作用相关的构造

虽然所有大型断层都非常独特，但是它们经常表现出相似的特征。

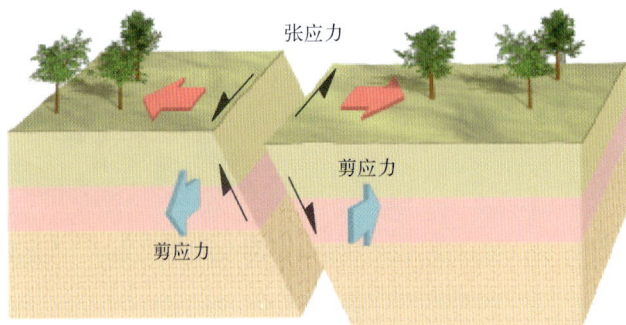

图 10.21　斜滑断层。斜滑断层表现出倾向滑动和走向滑动运动的组合

1．断层崖

断层沿线的垂向位移可能形成长且低的悬崖，称为**断层崖/断层陡坎（fault scarp）**。如图 10.22 所示，断层崖通常形成于与地震相关的快速垂向位移。偶尔，当地势较高的区域位移至地势较低的区域时，走滑断层沿线的水平运动也会形成断层崖。

2．擦痕面

因受到抬升和剥蚀作用而出露的大多数断层面均为以往变形的残留。当地壳块体彼此滑过时，部分断层面上的岩石变得平滑光亮，且出现沟纹（划痕）或凹槽，这些平滑光亮且有沟纹的表面称为**擦痕面（slickenside）**。擦痕面提供了断层沿线最近位移方向的判断证据（见图 10.23），在这些擦痕面上来回滑动手掌，地质学家可识别出相对运动方向。

图 10.22　2016 年新西兰地震形成的断层崖。该地点的垂向抬升高度超过 3 米

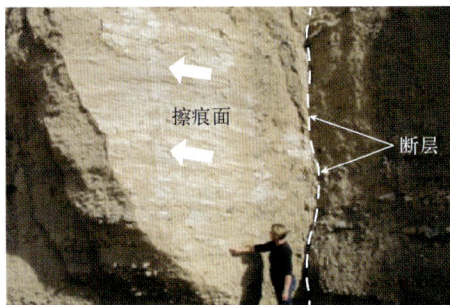

图 10.23　擦痕面。当两个岩石块体彼此滑过时，断层面通常会被抛光并出现凹槽，进而形成擦痕面

3．断层角砾岩

如前所述，地表附近岩石的行为类似于脆性固体，因此在大型断层带沿线，断层运动能够导致居间岩石发生断裂和破碎（见图 8.25a），形成一种由碎裂岩石碎屑组成的松散连贯岩石，称为**断层角砾岩（fault breccia）**。在加利福尼亚州圣安德烈亚斯断层沿线，位移形成了一个巨型断层角砾岩带，宽度高达 3 千米（部分地点）。

10.3.6　节理

节理（joint）是最常见的地质构造之一，在几乎所有岩石露头中都能找到。如前所述，节理与断层的不同之处在于，断裂沿线并未发生明显位移。虽然有些节理是随机定向的，但是大多数节理出现在大致平行的节理组中（见图 10.24）。

大多数节理的形成过程如下：地壳最外层岩石因张应力作用（拉伸岩层）而发生变形，然后因脆性断裂而终结变形。岩层拉伸的方式之一是对相对微小的区域性地壳向上（或向下）翘曲做出反应。如图 10.25 所示，在拱门国家公园的恩特拉达砂岩中，区域性向上翘曲形成了一组近平行节理。通过允许富含离子的水渗透到深处，并在岩石出露地表之前很久就开始风化作用过程，节理深刻影响了基岩的风化作用，最终强烈影响了地貌的发育。在图 10.25 中的标志性景观中，风化作用扩展了节理，形成了长且窄的墙壁［称为鳍翼（fin）］。随后，在形成拱门国家公园中著名拱门的差异风化作用中，这些狭窄的岩石墙壁成了背景环境（见图6.1）。

但是，并非所有节理都由区域性张应力形成。如前所述，当火成岩冷却并发育收缩性断裂时，即可形成细长圆柱状岩石柱，即柱状节理（见图4.31）。节理的另一个示例如图6.6所示，该图描绘了片状剥落（sheeting），即与大型火成岩体表面平行节理的形成过程。

由于节理作用能够削弱岩石，高度节理化的岩石会给建筑工程（如桥梁、道路和堤坝）带来风险。1976年6月5日，艾奥瓦州的提顿水坝坍塌，造成14人死亡和近10亿美元财产损失。这座土质堤坝由易受侵蚀的黏土及粉砂建造，坐落在破碎程度较高的火山岩上。虽然人们努力填补节理化岩石中的空洞，但是水分逐渐穿透地下断裂，破坏了大坝的根基。最终，在易受侵蚀的黏土和粉砂中，流水切了一条通道。提顿水坝在几分钟内彻底崩溃，20米高的水墙向下流入提顿河和斯内克河。

图10.24　恩特拉达砂岩中的近平行节理，位于犹他州拱门国家公园。这两组节理由地壳区域性向上翘曲导致坚硬的恩特拉达砂岩发生断裂而形成。主节理组的方向以箭头标识，另一个节理组的方向与主节理组垂直（90°）

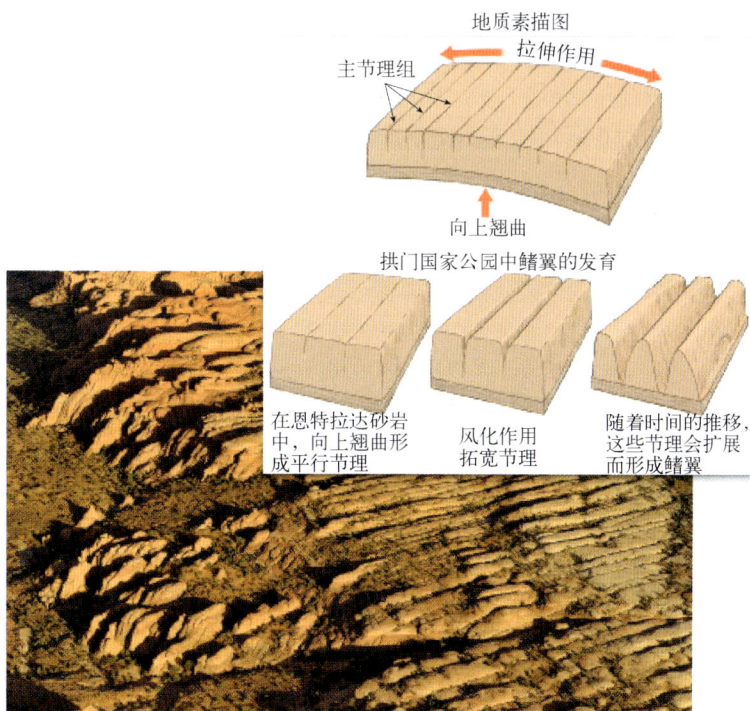

图10.25　节理如何影响地貌的发育。在当前的拱门国家公园中，沿着一组突出的节理，风化作用形成了称为鳍翼的地形

但是，在某些情况下，节理化岩石也会给人们带来经济效益。例如，高度节理化的岩石通常是地下水的重要来源。此外，某些世界上最大和最重要的矿床都位于节理系统沿线，热液（矿化流体）能够迁移到断裂的主岩中，然后沉淀出经济价值较高的大量铜、银、金、锌、铅和铀等。

10.4 地质构造图件绘制

解释如何测量走向和倾角，以及这些测量结果如何揭示地下岩石构造方向。

通过研究断层、褶皱和倾斜沉积地层的方向，地质学家能够重建隐藏在地表之下的地质构造，并确定形成这些构造的力的基本性质。采用这种方式，有望破译地球地质历史上的复杂事件。

地质构造的规模经常极为巨大，从任何特定有利位置都只能看到一小部分，基岩很多时候还会被植被覆盖，或者被最新沉积作用掩埋。因此，要完成地质构造的重建，必须有效利用从有限数量露头（基岩的地表出露地点）处采集的数据。

虽然存在这些挑战，但是在许多测量和绘图技术的帮助下，地质学家有能力推断地表之下岩石构造的形状和方向。近些年来，航空摄影和卫星影像技术突飞猛进，使得这项工作如虎添翼。此外，地震反射剖面图（见第 13 章）和钻孔也非常有用，提供了关于地下不同深处岩石构造的组成和方向的数据。

10.4.1 走向和倾角的测量

沉积岩单元通常沉积在水平岩层中，所以在研究岩石变形时最有用。若沉积地层呈水平状，则地质学家会推断该地区在构造上并未受到扰动；若岩层出现倾斜、弯曲或破碎，则表明沉积之后发生了一段时间的变形。

如上节所述，利用走向和倾角，地质学家能够描述平面岩石特征（如沉积地层和断层面）的方向，如图 10.26 所示。

图 10.26 岩层的走向和倾角

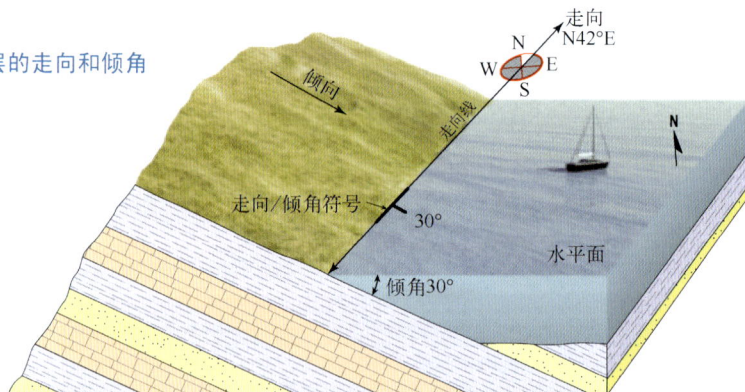

如前所述，走向是指倾斜岩层（或断层）与水平面相交所产生直线的罗盘方向，可表示为相对于北的角度，例如 N10°E（北东 10°）表示走向线位于北偏东 10°方向，图 10.26 中岩石单元的走向为北东 42°方向（N42°E）。

倾角是指基于水平面测量的岩石单元表面（或断层面）的倾斜角度，同时包括倾斜的角度和朝向。在图 10.26 中，岩层的倾角为 30°。倾角的方向（倾向）总与走向成 90°，为了说明这一点，假设将一本书（合上状态）以某个角度放在桌面上，书的上边缘代表走向，此时无论将书指向哪个方向，书的倾向始终与走向成 90°（或直角）。

10.4.2 地质图和块状图

当进行野外研究时，地质学家会在尽可能多的露头处测量沉积地层的走向和倾角，然后采用 T 形符号将这些数据绘制在地形图（或航空照片）上，如图 10.27a 所示。长线表示走向，短线表示倾向，并注明倾角（如 30°）。

利用这些信息以及每个岩石单元成分的相关注释，地质学家即可准备对研究区进行图形化描述，称为地质图（geologic map）。地质图是从上方观察地表的一种表达方式，显示了地表露头岩石单元的位置和方向。图 10.27b 显示了假想研究区的简化地质图。

为了描绘该区域的地图视图和横截面视图（通常为 2 个），地质学家还会构建块状图（block diagram）。因此，块状图是地壳一部分的三维视图，可使读图者以可视化方式观察位于地表和地下的岩层（见图 10.27c）。

地质图和块状图是用于推断已埋藏岩石构造的方向和形状的有用工具，地质学家能够利用这些信息来重建剥蚀之前的构造，并解释该地区的地质历史。地质图和块状图也可用于矿产资源勘查和灾害评估，例如拟建废物处理场的地下水污染潜在风险。

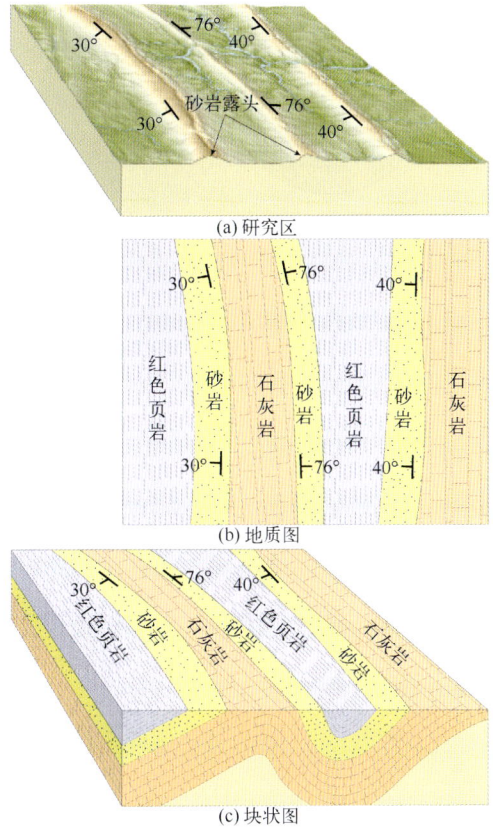

图 10.27　地质构造图件绘制。通过确定露头沉积层的走向和倾角，并在地图上放置符号，地质学家能够推断地表之下岩石构造的方向和形状

概念回顾 10.4

1. 描述倾斜岩石构造的倾向与其走向的关系。
2. 地质图为什么有用？

主要内容回顾

10.1 岩石如何变形

关键词：变形，露头，地质构造，应力，围压，差异应力，压应力，张应力，剪应力，应变，弹性变形，脆性变形，韧性变形

- 地质（岩石）构造包括褶皱、断层和节理，当岩石因弯曲（或断裂）而变形时发育。
- 应力是岩石变形的驱动力。当应力从各个方向上均匀作用时，称为围压。当应力在单个方向上最大时，称为差异应力。差异应力主要包括 3 种类型：压应力、张应力和剪应力。
- 岩石的强度是其抵抗永久变形的能力。当作用于其上的应力超过强度时，岩石就发生变形，通常通过褶皱（或断层）作用。

- 弹性变形由岩石中化学键的暂时拉伸导致。当应力释放时，岩石会恢复到原来的形状。当超过岩石强度时，化学键会被打断，岩石以脆性（断裂作用）或韧性（改变形状）方式发生变形。
- 岩石是以脆性还是以韧性方式发生变形，取决于温度和围压。岩石的温度越高，越有可能发生韧性变形；岩石的围压越大，岩石就越强硬，而破裂的可能性较低。因此，岩石变形趋于在地壳浅部呈脆性，在地壳深部呈韧性。
- 变形是呈脆性还是呈韧性还取决于岩石的类型，例如页岩比花岗岩软弱，因此倾向于发生韧性变形。若被迫发生快速变形并超过韧性变形的极限，则岩石发生破裂。

问题：附图中右侧的 25 美分硬币是经历了脆性变形还是经历了韧性变形？

10.2 褶皱

关键词：褶皱，背斜，向斜，穹隆，盆地，单斜

- 褶皱是层状岩石中的波状起伏，通过压应力导致的韧性变形而发育，通常出现在汇聚型板块边界沿线。
- 背斜通常由沉积岩层的向上凸曲（或拱起）形成，向斜是向下凹曲（或低谷）。背斜和向斜可能对称、不对称、倒转或平卧。
- 当褶皱的轴线以一定角度穿透地面时，称为倾伏褶皱，可形成 V 形露头形态。
- 穹隆和盆地是大型碗状（或碟状）褶皱，可形成大致呈圆形的露头形态。被剥蚀后，穹隆中最老的层位于中间，盆地中最老的层位于边缘。
- 单斜是位于原本为水平沉积地层中的大型阶梯状褶皱，当地层悬垂在由地下断层作用形成的垂直偏移之上时发育。

问题：附图中所示地质构造的名称是什么？

10.3 断层和节理

关键词：断层，走向，倾角，倾滑断层，上盘岩块，下盘岩块，正断层，断块山，地垒，地堑，拆离断层，逆断层，逆冲断层，大逆冲断层，走滑断层，转换断层，斜滑断层，断层崖，擦痕面，断层角砾岩，节理

- 断层是两个岩石块体彼此滑过沿线的断裂。
- 运动方向主要平行于断层面倾角的断层称为倾滑断层。上盘相对于下盘向下移动时，倾滑断层被归类为正断层；上盘相对于下盘向上移动时，倾滑断层被归类为逆断层。具有较低倾角的逆断层称为逆冲断层。

- 在离散型板块边界区域中，张应力和正断层作用占主导地位，导致地壳被拉伸和变薄。
- 在汇聚型板块边界区域中，压应力占主导地位，与逆断层和逆冲断层相关。这些断层在水平方向缩短地壳，在垂直方向增厚地壳。
- 在走滑断层沿线，运动沿着断层迹线的走向行进。转换断层是大型走滑断层，作为彼此滑过的各岩石圈板块之间的构造边界。
- 斜滑断层既显示倾滑断层特征，又显示走滑断层特征。
- 节理是岩石中未发生明显运动的断裂。

问题：附图所示的两种岩石构造类型分别是断层还是节理？解释理由。

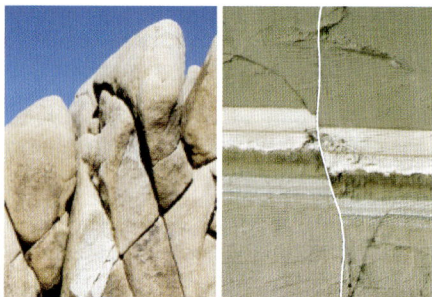

(a)　　　　　(b)

10.4 地质构造图件绘制

关键词：地质图，块状图

- 走向和倾角是对平面岩石特征方向的度量。走向是指水平面与地质表面相交处直线的罗盘方向，倾角是指水平面与垂直于走向的直线之间的倾斜角度。
- 地质图和块状图是确定地下岩石构造形状与方向的重要工具，可用于矿产资源开采和灾害评估，还可用于重建某个地区的地质历史。

深入思考

1. 当遭遇到差异应力时，哪种岩石（花岗岩或云母片岩）更易发生褶皱（或流动）而非断裂？解释理由。

2. 参考附图，回答以下问题：**a**. 图 1 中显示了哪种类型的倾滑断层？断层作用期间的主导力是张应力、压应力还是剪切力？**b**. 图 2 中显示了哪种类型的倾滑断层？断层作用期间的主导力是张应力、压应力还是剪切力？**c**. 将图 3 中的两对箭头分别与图 1 和图 2 中的断裂匹配。

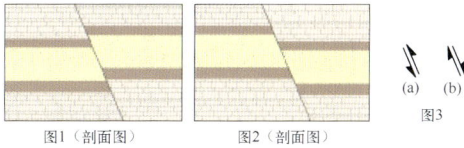

图1（剖面图）　　　　图2（剖面图）　　　　图3

3. 参考附图，回答以下问题：**a**. 白线显示了导致耕作犁沟发生移位断层的大致位置。何种类型的断层导致了图中所示的偏移？**b**. 这是右旋断层还是左旋断层？解释理由。

4. 正断层作用在哪类板块边界中占主导地位？逆冲断层作用呢？走滑断层作用呢？

5. 利用下列术语，简要描述每张附图：走滑断层、倾滑断层、正断层、逆断层、右旋和左旋。**a**. 表现出何种类型的变形（韧性或脆性）？**b**. 这种变形最可能发生在地表附近还是地下深部？

断层

(a)

断层

(b)

6. 附图显示了露头沉积层的走向和倾角。基于这些测量结果，利用下列术语描述最可能位于地表之下的岩石构造：背斜、向斜、穹隆、盆地、对称和不对称。

地图视图

7. 检查描绘附图中东非大裂谷和蒙大拿州冰川国家公园的理想地质构造图。**a**. 描述每个地点发现的断层作用类型，并确定形成这些地貌特征的差异应力类型。**b**. 这些构造分别形成于哪种类型的板块边界沿线？

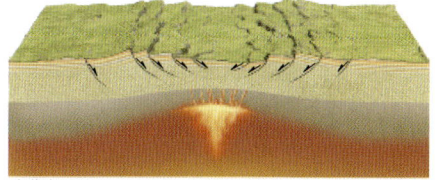

东非大裂谷

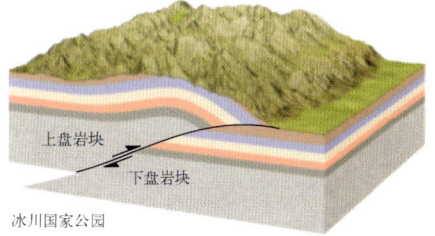

上盘岩块

下盘岩块

冰川国家公园

地球之眼

1. 拍摄于加利福尼亚州死亡谷国家公园的附图显示了一个大型地质构造。**a**. 你会给这个地质构造取什么名字？**b**. 基于图，你应将这个褶皱描述为对称还是不对称？**c**. 这些岩石单元主要表现为韧性变形还是脆性变形？

2. 附图显示了中国天山山脉以南的一个区域。红色、绿色及奶油色特征条带是沉积岩层，当各种陆地块体与南亚碰撞时，这些沉积岩层因挤压力作用而发生倾斜。在这幅影像中，还可看到皮羌断层，其大致垂直于彩色沉积岩层延伸约70千米。**a**. 皮羌断层是何种断层类型？**b**. 皮羌断层是右旋断层还是左旋断层？

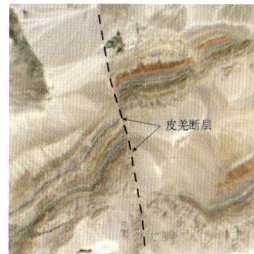

皮羌断层

第 11 章　地震和地震灾害

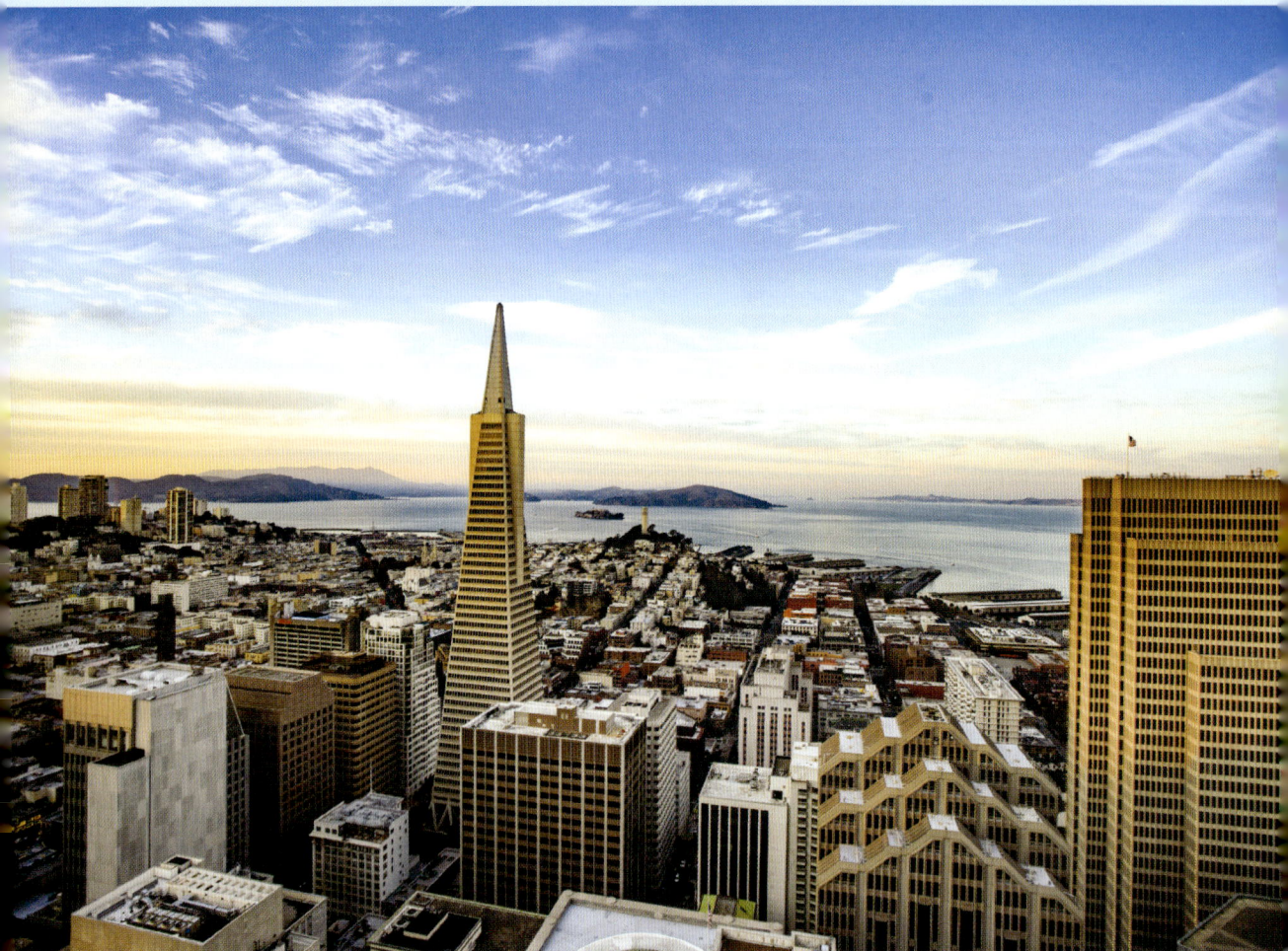

旧金山有许多被美国地质调查局认为在大地震中很脆弱的建筑，包括照片中心附近的金字塔形泛美大厦

新闻中的地质：在震动地面上建造——确保地震带内建筑景观的安全

2018 年，美国地质调查局在一份报告中指出，旧金山数十栋高层建筑物未来在大地震中遭到破坏的风险高于预期，《纽约时报》基于该报告刊登了一篇关于这些建筑物及其设计缺陷的报道。这些建筑物建造于 20 世纪 60 年代至 90 年代初，按照大多数标准而言均相当现代化，人们当时预期这些建筑物在大地震中应当非常安全。那么究竟是哪里出了问题？

实际上，这些建筑物存在缺陷并不是什么新鲜事，也不是什么秘密。1994 年加利福尼亚州北岭地震表明，采用类似技术建造的钢结构建筑物有一定的脆弱性。自北岭地震以来，为了纠正这个问题，大多数地震灾区（包括旧金山）的建筑规范已

加德满都的一栋建筑物在地震中受损

多次更新。但是，这些规范仅适用于新建工程，地震多发地区的旧建筑改造长期遭到忽视，主要归因于成本高昂：单户住宅改造（加固地基和墙壁）的成本约为 5000 美元，高层建筑物改造的成本可能高达数十万美元。

11.1 绘制并描述大多数地震的形成机制。

11.2 比较地震波的类型，描述地震仪的工作原理。

11.3 解释地震仪如何定位震中。

11.4 区分烈度表和震级表。

11.5 列举并描述地震震动可能引发的主要破坏力。

11.6 在世界地图上，定位地球上的主要地震带。

11.7 比较短期地震预测和长期地震预报的目标。

2015 年 4 月 25 日，尼泊尔遭遇了 80 多年来最严重的自然灾害——南亚的这个山脉区域发生了 7.8 级地震。数十年来，地质学家一直预计这里会发生大地震，因为尼泊尔位于喜马拉雅山脉高处、印度插入亚洲的碰撞型板块边界之上。这次地震共造成近 9000 人死亡，22000 多人受伤。这次浅源地震持续时长达 50 秒，造成了较大范围的破坏，且引发珠穆朗玛峰发生雪崩，夺走了 19 人的生命，其中包括国际徒步旅行者和夏尔巴人向导。整个地区发生了大规模山体滑坡，严重堵塞了道路，延误了救援工作。据报道，在这次地震期间，尼泊尔首都加德满都向南位移了 3 米。

11.1 什么是地震

绘制并描述大多数地震的形成机制。

地震（earthquake）是一种地面震动/地面摇晃（ground shaking），由地壳断裂[称为断层（fault）]沿线的两个岩块突然且快速地彼此滑过导致。由于上覆地壳施加的围压极其巨大，导致地壳中的这些断裂被挤压关闭，大多数时候均锁定不动。此时，若出现较强的差异应力，足以克服将两个岩块束缚在一起的摩擦力，则可能引发地震。岩块滑动的初始位置称为震源（hypocenter/focus），震源正上方的地表投影点称为震中（epicenter），如图 11.1 所示。

大地震以地震波（seismic wave）形式释放出所存储的巨大能量，这些地震波会穿越岩石圈和地球内部向前进。地震波从震源开始沿所有方向向外传播，方式类似于将一块石头扔进平静池塘时的涟漪外移。这些地震波携带的能量会导致传输它们的物质发生震动，进而引发该事件期间发生的摇晃。虽然地震能量在远离震源时会快速消散，但即使地震事件发生在地球另一侧，高灵敏度仪器也能检测到它们。

虽然世界各地每天都会发生成千上万次地震，但是人们每年仅能记录到约 15 次大地震（震级为 7 级或更高），且其中许多大地震还发生在偏远地区，其余地震均为小型事件而不造成破坏或引发太多关注。主要人口中心附近偶尔也发生大地震，这类

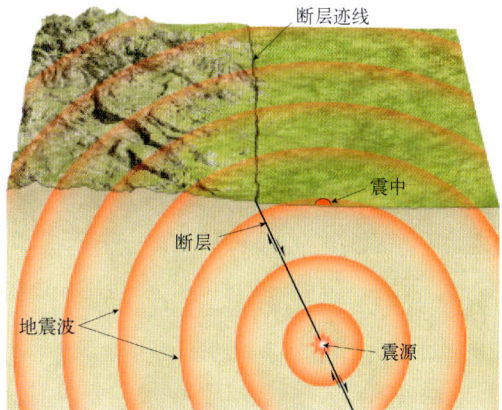

图 11.1 **地震的震源和震中**。震源是发生初始位移的深部区域，震中是震源正上方的地表位置

地震是地球上最具破坏性的自然事件之一，地面震动（摇晃）伴随着土壤液化，对房屋、道路及其他建筑物造成严重破坏。此外，当地震发生在人口稠密地区时，还可能导致电力及天然气管线发生断裂，进而引发大量次生火灾。在著名的 1906 年旧金山地震中，大部分损失即由火灾变得无法控制而导致，因为水管破裂时，消防员几乎无水可用（见图 11.2）。

当1906年大地震发生后，旧金山陷入火海之中，水管破裂导致消防员无水可用

在1994年北岭地震（位于加利福尼亚州南部）期间，天然气管道破裂引发了火灾

图 11.2　地震可能引发火灾

11.1.1　地震的成因

火山喷发、大规模山体滑坡和陨石撞击均能释放一定的能量，也能产生类似地震波的波，但这些事件通常较弱。那么究竟何种机制会形成破坏性地震？

直到 1906 年旧金山地震发生后，里德（H. F. Reid）开展了一项具有里程碑意义的研究，地质学家才知道地震的形成机制。在这次地震中，圣安德烈亚斯断层北部沿线发生了几米水平地表位移，如图 11.3 所示。人们在野外考察中发现，太平洋板块在这次地震中，从毗邻的北美洲板块旁向北短时行进了约 9.7 米。为了清晰地理解这一点，你可以想象自己站在该断层的一侧，然后观察到另一侧的人突然水平滑动至你右侧 9.7 米处。

图 11.4 描绘了里德的研究结论。在数十年到数百年间，差异应力导致断层两侧地壳岩石缓慢发生弯曲，很像是弯曲一根柔韧木棍，如图 11.4a 和图 11.4b 所示。摩擦阻力会阻止断层发生破裂和滑动（摩

在1906年旧金山地震期间，这道栅栏错开了2.5米

图 11.3　断层沿线人造构筑物的位移

擦力抑制滑动，并且因断层面沿线出现的不规则性而增强）。在某个时刻，断层沿线的应力克服这种摩擦阻力后，断层就开始滑移。滑移使得已变形（弯曲）岩石快速回弹至无应力作用的原始形态，一系列地震波随着岩石滑动而向外辐射（见图 11.4c 和图 11.4d）。里德将这种回弹称为弹性回跳（elastic rebound），因为岩石的行为是弹性的，与释放拉长橡皮筋时发生的情形非常相像。

地震是一种地面震动，由地壳断裂（称为断层）沿线的两个岩块突然且快速地彼此滑过导致。

11.1.2　前震和余震

在大地震发生前几天（甚至几年），通常（但并不总）会出现多次小地震，称为前震（foreshock）。通过对前震进行监测，人们可以预测即将发生的地震，但这种尝试只取得了有限成功。主震（强

震）发生后，通常会出现许多震级较小的地震，称为余震（aftershock）。当断层破裂并形成大地震时，断层面沿线的运动会使周围岩石面临应力并产生变形，进而引发多次余震。换句话说，余震主要由初始地震给断层面两侧岩石增加的应力导致。大多数余震发生在与主震相同的断层面沿线，因此有助于地质学家确定发生滑移的区域大小。

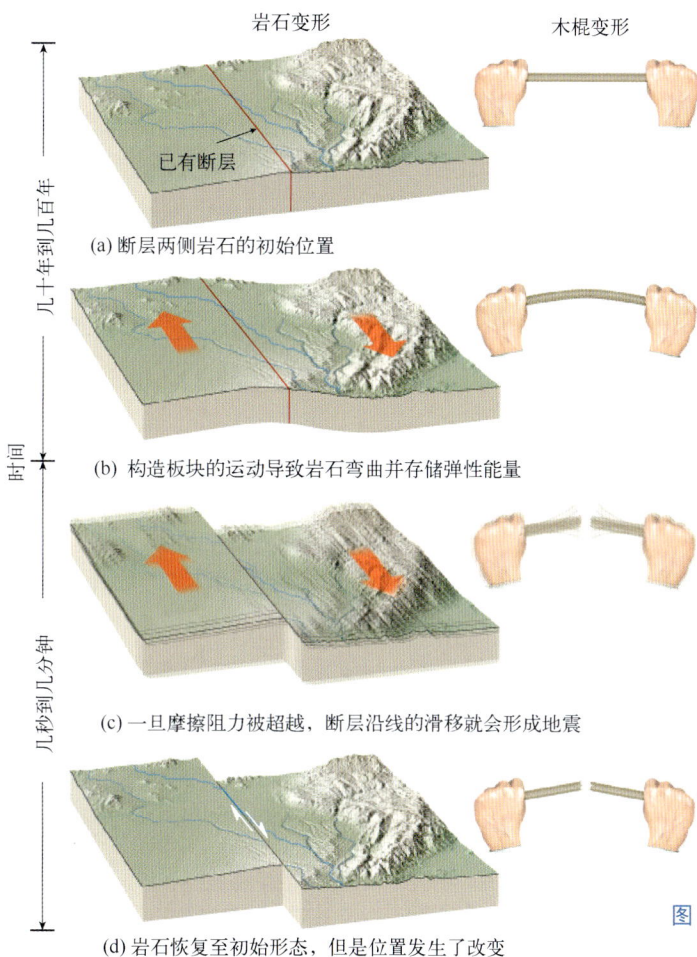

岩石变形　　　　　　　木棍变形

已有断层

(a) 断层两侧岩石的初始位置

(b) 构造板块的运动导致岩石弯曲并存储弹性能量

(c) 一旦摩擦阻力被超越，断层沿线的滑移就会形成地震

图 11.4　弹性回跳

(d) 岩石恢复至初始形态，但是位置发生了改变

几十年到几百年

时间

几秒到几分钟

在地震发生后的几个月间，余震的频率和强度逐渐减弱。例如，在 2010 年海地岛发生 7.0 级地震后约 1 个月间，美国地质调查局探测到近 60 次 4.5 级（或以上）余震，2 次最大余震的震级分别为 6.0 级和 5.9 级（足以造成进一步破坏），有感微震则数以百计。

虽然余震弱于主震，但经常对已变弱建筑物造成破坏。例如，1988 年，在亚美尼亚西北部，许多人居住在由砖和混凝土板建造的大型公寓楼中，6.9 级地震削弱了许多建筑物，5.8 级强余震则彻底摧毁了这些建筑物。

由于断层很少孤立发生，某个断层上的地震可能触发附近另一个断层（应力已积累数十年或数百年）上的又一次地震。这种次生地震与余震不一样，第一次地震增加的应力仅为相邻断层破裂时所释放应力的一小部分。

11.1.3　板块构造和大地震

如前所述，在地球的岩石圈板块中，各大型板片持续不断地相互摩擦。当这些活动板块与相邻板块相互作用时，二者边缘沿线的岩石就发生应变和变形。对大多数大地震而言，直接成因源于与汇聚型（或转换型）板块边界相关的断层。

1. 汇聚型板块边界

在两个大陆彼此相撞的汇聚型板块边界沿线,压应力沿许多大型逆冲断层切割地壳(见图 11.5)。2015 年尼泊尔地震是沿逆冲断层形成地震的示例之一,震中位于加德满都以北约 80 千米处,印度板块在此以 4.5 厘米/年的速率向欧亚板块推进,持续推动着喜马拉雅山脉的抬升。

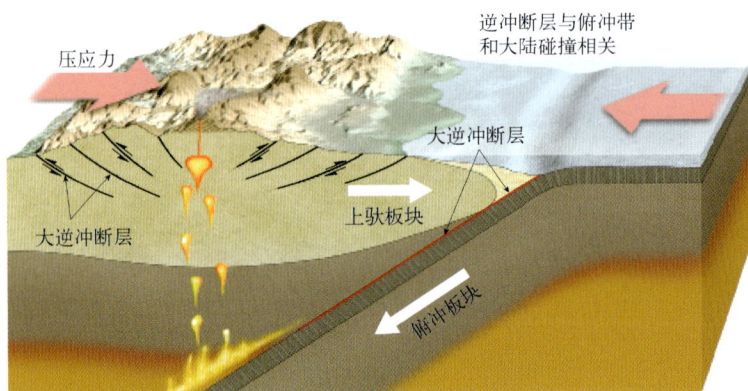

图 11.5 大型逆冲断层和大逆冲断层在汇聚型板块边界处形成。汇聚型板块边界是一个板块俯冲至另一个板块之下的位置,分隔这些板块的大逆冲断层形成了地球上的大多数特大地震

在板块汇聚过程中,当大洋岩石圈俯冲到另一板块之下时,两个板块之间的接触区域就会形成一个巨型断层带,最长可达数千千米,称为**大逆冲断层(megathrust fault)**,如图 11.5 所示。在俯冲带沿线,这些大逆冲断层可保持锁定数十年(甚至数百年)。俯冲板块缓慢下潜时会拖曳(并弯曲)上驮板块的前缘,有时会在洋底形成一个隆起(见图 11.26a)。一旦两个相持板块之间的摩擦力被超越,上驮板块就会弹回到初始形态,这种回弹会形成一次地震,震级很大程度上取决于滑移带的大小。

大逆冲断层形成了地球上大多数最具破坏性的特大地震,如 2011 年东日本大地震(9.0 级)、2004 年印度洋(苏门答腊)地震(9.1 级)、1964 年阿拉斯加地震(9.2 级),以及 1960 年智利地震(9.5 级,迄今为止记录到的最大地震)。

2. 转换型板块边界

主位移呈水平状且平行于断层迹线(断层与地表的相交线)方向的断层称为**走滑断层(strike-slip fault)**。如第 2 章所述,转换型板块边界(简称转换断层)与两个构造板块之间的这种运动相对应,例如圣安德烈亚斯断层就是位于北美洲板块与太平洋板块之间的大型转换断层(见图 11.6)。大多数大型转换断层并不是完全笔直(或连续)的,而由显示出扭结和错断的许多分支和更小断裂组成(见图 11.6),地震可能在任何分支沿线发生。

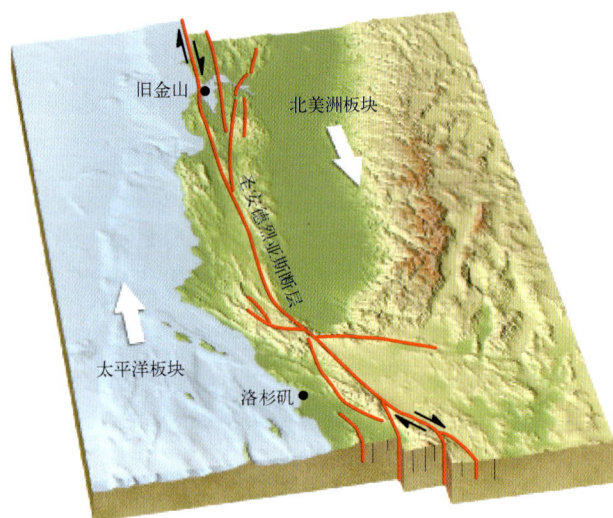

图 11.6 圣安德烈亚斯断层是转换型板块边界。圣安德烈亚斯断层是将太平洋板块与北美洲板块分隔开的大型断层系统,这种类型的大型走滑断层(称为转换断层)可能形成毁灭性地震

11.1.4 断层破裂和断层传播

通过研究全球各地的地震,地质学家了解到,大型断层的位移发生在表现方式各不相同的离散断层段沿线。例如,在圣安德烈亚斯断层中,某些**段(section)**呈现出缓慢且渐进式的位移,称为**断层蠕滑/断层蠕变/断层蠕动(fault creep)**,几乎不会产生地震震动;有些段以相对较近的时间

间隔滑动，形成大量小地震和中地震；还有些段在断裂前保持锁定并存储弹性能量长达数百年（或更长时间），这些断层段的破裂通常会形成大地震。

地质学家还发现，大型断层（如圣安德烈亚斯断层）沿线的滑移不是瞬间发生的，如图 11.7 所示。初始滑移发生在震源处，然后沿断层面传播（行进）。每段滑移时都将应变传递给下一段，使其也紧随其后进行滑移。滑移的速率为 2～4 千米/秒（比步枪子弹的射击速度还要快），100 千米断层段破裂约需 30 秒，300 千米断层段破裂约需 90 秒。在破裂过程中，速度既可减慢，又可加速，甚至能跳转到相邻断层段。当断层的这部分开始滑移时，断层沿线的每个点都产生地震波。

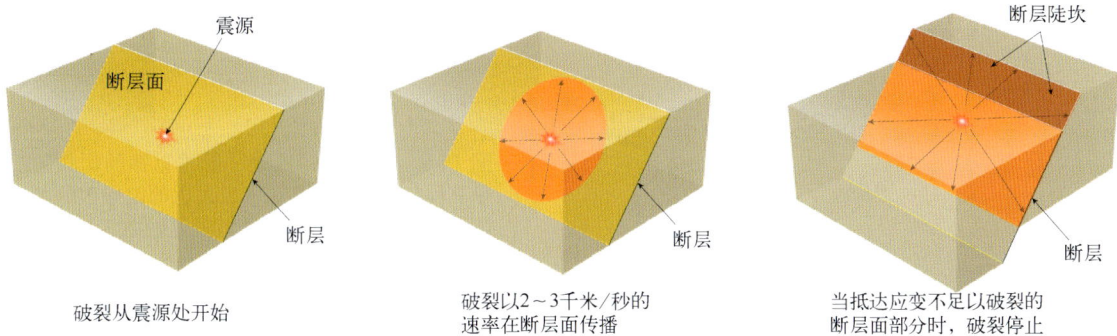

破裂从震源处开始

破裂以 2～3 千米/秒的速率在断层面传播

当抵达应变不足以破裂的断层面部分时，破裂停止

图 11.7　断层传播

概念回顾 11.1

1. 什么是地震？
2. 震源和震中如何相关？
3. 解释弹性回跳的含义。

11.2　地震学：地震波的研究

比较地震波的类型，描述地震仪的工作原理。

地震学（seismology）是研究地震波的科学，最早可追溯到近 2000 年前，古代中国人曾尝试确定地震波来自哪个方向。张衡发明了世界上最早的地震仪（注：称为候风地动仪），这是顶部悬垂重物的大型中空容器（见图 11.8），重物（类似于钟摆）连接容器周围几条龙的口部，每条龙的口中都衔着一颗金属球。当地震波抵达仪器时，悬垂物与容器之间发生相对运动，某颗金属球就落入正下方蟾蜍的嘴里。

11.2.1　地震仪

一般来说，现代地震仪（seismograph）或地震计（seismometer）与中国古代使用的地动仪相似。在固定于基岩之上的支架上，地震仪自由悬垂一个重锤（见图 11.9）。当地震产生的震动抵达时，重锤的惯性（inertia）会使其保持相对静止，但地球和支架发生移动。惯性可简单描述如下：静止的物体趋于保持静止，运动的物体趋于保持运动，除非受到外力的作用。当遭遇急刹车时，人的身体会继续前倾，此时即在经历惯性。

为了探测极微震或者在世界其他地区发生的特大地震，大多数地震仪的设计目标是放大地震动（ground motion）。在地震多发地区，人们设计的地震仪能够承受震中附近可能发生的剧烈震动。

金属球掉落

图 11.8　中国古代地震仪。在地球震动期间，位于主震动方向的龙的口中应当会掉下金属球，并落入下方蟾蜍的嘴里

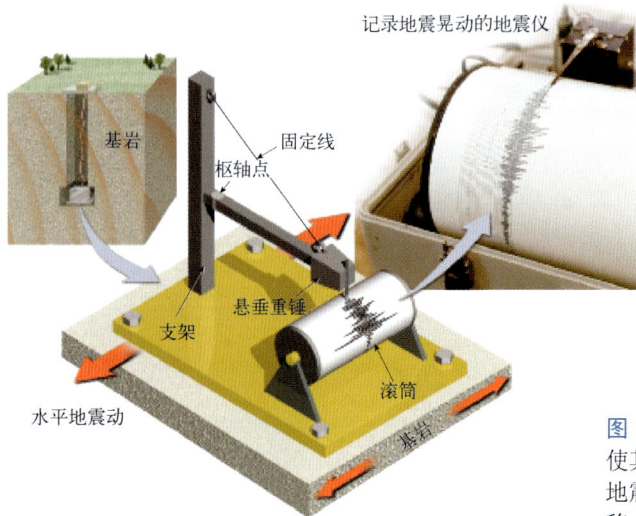

记录地震晃动的地震仪

基岩

固定线

枢轴点

悬垂重锤

支架

滚筒

水平地震动

基岩

图 11.9　地震仪的原理。悬垂重锤的惯性趋于使其保持静止，固定在基岩之上的记录鼓则会随地震波摆动。为测量地震波经过地面时发生的位移，静止重锤提供了一个参考点

11.2.2　地震波

通过地震仪获得的记录称为地震图/震波图/地震曲线图（seismogram），它提供了关于地震波基本性质的信息，揭示了岩块滑移形成的两种主要地震波：一种称为体波（body wave），它穿越地球内部；另一种称为面波（surface wave），它在紧挨地表的岩层中传播（见图 11.10）。

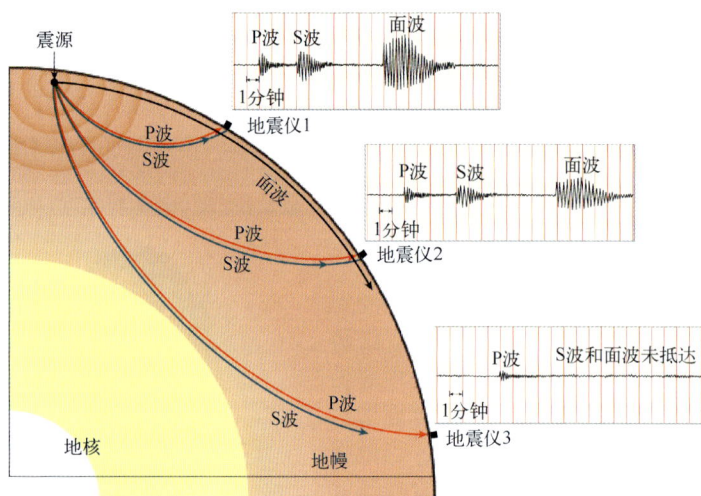

震源

P波　S波　面波
1分钟　地震仪1

P波
S波
面波

P波
S波

面波
P波　S波　面波
1分钟　地震仪2

地核

P波
S波
P波

P波　S波和面波未抵达
1分钟　地震仪3

地幔

图 11.10　体波（P 波和 S 波）与面波。P 波和 S 波穿越地球内部，面波在地表正下方的岩层中传播。P 波首先抵达地震台，然后是 S 波，最后是面波

1. 体波

体波可以进一步划分为两种类型：一种类型称为纵波/初波/初至波（primary wave）或 P波，另一种类型称为横波/次波（secondary wave）或 S 波，通过它们穿越居间物质的模式进行识别。P 波是推/拉波，朝地震波的传播方向快速推（压缩）和拉（拉伸）岩石，如图 11.11a所示。这种波的运动类似于击鼓，即通过来回移动空气产生声音。当受到压缩时，固体、液体和气体会抵抗改变其体积的应力，一旦应力消除，就发生弹性回跳，因此 P 波能够穿越所有这些物质。

相比之下，S 波摇动物质，摇动方向与传播方向成直角，可通过固定绳子一端后摇动另一端来描绘，如图 11.11b 所示。P 波通过交替挤压和拉伸，暂时改变居间物质的体积，S 波则改变传输物质的形状。流体（气体和液体）无法抵抗导致形状发生改变的应力，应力消除后流体不会恢复到原有的形状，因此液体和气体不传输 S 波。

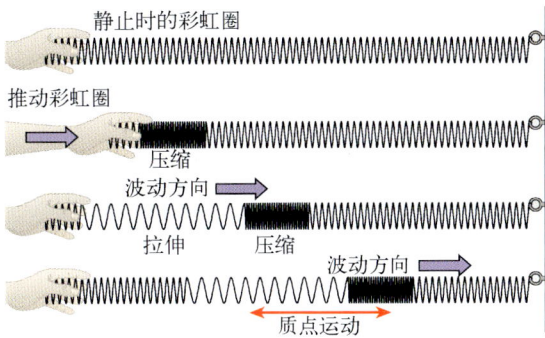

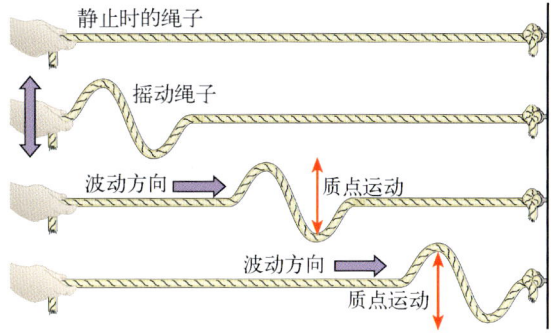

(a) 如玩具彩虹圈所示，P波交替　　　　　　(b) S波导致物质发生振荡，方向与波动方向成直角
　　压缩和拉伸其所穿越的物质

图 11.11　P波和S波的特征运动。在强震期间，地面震动由各种地震波的组合构成

2．面波

面波有两种类型：一种面波导致地表及其上方任何物体上下移动，类似于船只在巨浪中上下颠簸（见图 11.12a）；另一种面波导致地表横向移动，对建筑物地基的破坏性特别大（见图 11.12b）。

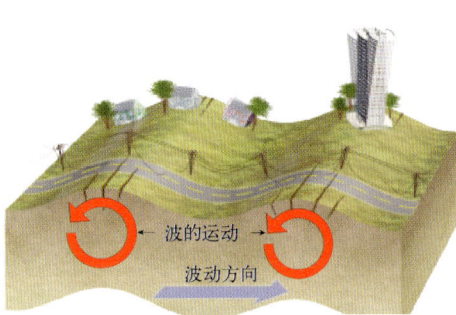

(a) 一种面波的传播方式类似于　　　　　　(b) 另一种面波会使地面横向移动，
　　翻滚的海浪，红色箭头表示　　　　　　　　对建筑物地基的破坏性特别大
　　面波经过时的岩石运动

图 11.12　面波的两种类型

3．地震波的速度和大小

查看图 11.13 显示的地震图，可看到不同类型地震波之间的另一种主要差异是传播速度，P波首先抵达记录站，然后是S波，最后是面波。一般来说，在任何固态地球物质中，P波的传播速度要比S波快约 70%，S波的传播速度要比面波快约 10%。

除了地震波的速度差异，在图 11.13 所示的地震仪记录中，还可看到高度（或振幅）有所不同，这反映了它们导致的震动数量。S波的振幅略大于P波，面波的振幅更大，面波保持最大振幅的时间也比P波和S波长。因此，与P波或S波相比，面波趋于导致更大的地面震动，会造成更大的财产损失。

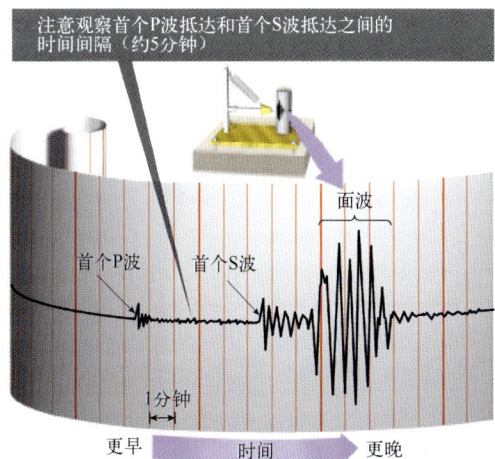

图 11.13　理想化地震图

11.3 地震位置的确定

解释地震仪如何定位震中。

分析地震时，地震学家首先会确定震中，即位于震源正上方的地表点（见图 11.1）。当确定震中位置时，采用的方法之一依赖于 P 波的传播速度快于 S 波这个事实。

我们可将行进中的地震波类比为速度不同的两辆赛车，首个 P 波（就像是速度较快的赛车）总赢得比赛，即在首个 S 波之前率先抵达。比赛距离越长，两辆车抵达终点线（地震台）的时间差就越大。因此，首个 P 波抵达与首个 S 波抵达之间的时间间隔越长，地震台与震中之间的距离（震中距）就越远。图 11.14 显示了相同地震的 3 幅简化地震图，基于 P 波-S 波的时间间隔，哪个城市（纽约、诺姆或墨西哥城）距离震中最远？

利用基于物理证据很容易确定震中的那些地震的地震图，人们开发了地震震中定位系统。基于这些地震图，人们还构建了走时曲线/时距曲线（travel-time graph），如图 11.15 所示。利用纽约的样本地震图（见图 11.14）和走时曲线（见图 11.15），可分 3 步确定地震台与震中之间的距离（震中距）：

1. 利用纽约地震图确定首个 P 波抵达和首个 S 波抵达之间的时间间隔（走时差）为 5 分钟。

2. 利用走时曲线找到 P 波曲线和 S 波曲线之间的垂直间隔等于走时差（例中为 5 分钟）的位置。

3. 从步骤 2 中的位置开始绘制一条垂直于横轴的直线，然后读取震中距。

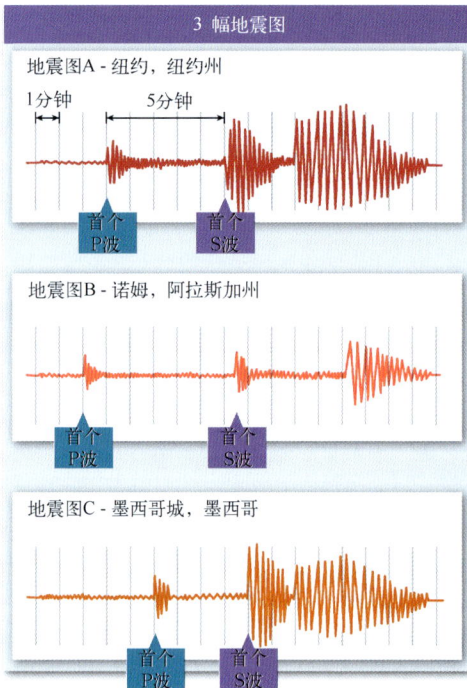

图 11.14　在 3 个不同地点记录的相同地震的地震图

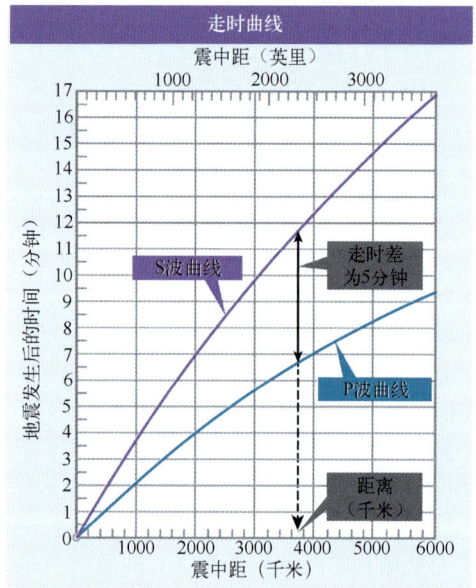

图 11.15　走时曲线。走时曲线可用于确定震中距。在本节的示例中，首个 P 波抵达和首个 S 波抵达的时间间隔（走时差）为 5 分钟

经历这些步骤后，即可确定该地震发生在距离纽约市（记录仪所在地）3700千米的远处。

现在距离已经知道，但地震发生在哪个方向呢？震中可能位于该地震台的任何方向。若知道震中与两个（或多个）其他地震台之间的距离，则利用三角测量法（triangulation）就可轻松确定震中的位置（见图11.16）。在地图或地球仪上，于每个地震台周围画一个圆，圆的半径等于该地震台的震中距，三个圆的交点就是这次地震的大致震中。

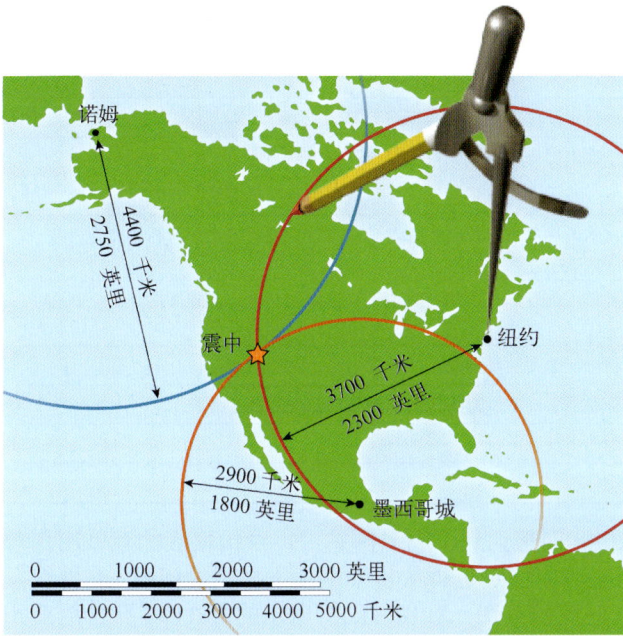

图11.16　利用三角测量法对地震进行定位。这种方法利用从三个（或更多）地震台获取的距离来确定地震位置

概念回顾 11.3

1. 走时曲线能够提供何种信息？
2. 简要描述用于定位震中的三角测量法。

11.4　地震规模的确定

区分烈度表和震级表。

采用多种不同的方法，地震学家能够确定地震的烈度（intensity）和震级（magnitude），这是描述地震规模的两种完全不同的测量方式。烈度表（intensity scale）利用观测到的财产损失来估计特定地点的地面震动程度；震级表（magnitude scale）的开发时间更晚，它利用从地震仪获取的数据来估计震源所释放的能量。

11.4.1　烈度表

对于19世纪中期以前地震的地面破坏程度，人们仅能通过历史记录的描述进行判断。大致在1857年意大利大地震后，人类才首次尝试采用科学方法来描述地震的影响，通过系统性绘制地震效应图，最终建立了测量地面震动强度（烈度）的方法。在这项研究制作的地图中，人们利用线条连接震害相同（因而地面震动相等）的各个位置，进而划分出多个烈度带。其中，最高烈度带代表地面震动最强的位置，这些位置通常（但并不总）位于震中周边。

1902年，朱塞佩·麦加利开发了一种更加可靠的烈度表，人们至今仍在沿用其修订形式。如表11.1所示，麦加利烈度表（Modified Mercalli Intensity scale）（修订版）是以美国加利福尼亚州建筑物为标准开发的，共分为12个等级（度）。若地震摧毁了一些坚固木结构建筑物及大多数砖石结构建筑物，则该区域的烈度被指定为罗马数字 X（10）（注：地震烈度表的种类很多，各国采用不同的烈度表，其中以十二度表较为普遍，也有部分八度表和十度表。中国地震烈度表最新国家标准于 2021 年 2 月 1 日实施，采用的是十二度表）。

表 11.1　麦加利烈度表（修订版）

I	基本无感，仅极少数人在特定环境下有感
II	仅少数静止中的人有感，特别是在建筑物的高层
III	室内感觉较明显，特别是在建筑物的高层，但许多人并未意识到这是地震
IV	室内多数人白天有感，室外少数人白天有感，感觉就像重型卡车撞击建筑物
V	几乎所有人有感，许多人从睡梦中惊醒。有时会出现树木、立杆及其他较高物体的摇晃
VI	所有人均有感，许多人因惊吓而冲向室外。部分较重家具发生移位，少量灰泥掉落或烟囱受损。破坏力轻微
VII	每个人都会冲向室外。设计及建造良好建筑物的毁坏程度可忽略不计，建造良好普通建筑物的毁坏程度为轻度～中度；建造（或设计）不良建筑物的毁坏程度特别明显
VIII	特殊设计建筑物轻微毁坏；普通建筑物毁坏严重，出现部分坍塌；建造不良建筑物（含下落式烟囱、工厂烟囱、立柱、纪念碑和墙壁）倒塌
IX	特殊设计建筑物严重毁坏。建筑物地基出现移位。地面明显开裂
X	大多数砖石和框架结构建筑物彻底毁坏。部分建造良好木结构建筑物彻底毁坏。地面严重开裂
XI	砖石结构建筑物全部倒塌。桥梁遭到摧毁。地面出现宽大裂缝
XII	所有一切均被摧毁。地表可见波浪状形态。物体被抛向空中

在美国地质调查局开发的 Did You Feel It（你感觉到了吗）网站上，经历地震的互联网用户可以输入自己所在地区的邮政编码，然后回答诸如物品是否从货架上掉下之类的问题。在地震发生后的几小时内，该网站会生成一幅社区互联网烈度图，如图 11.17 所示的 2011 年弗吉尼亚州中部地震（5.8 级）。如图 11.17 所示，从缅因州到佛罗里达州均报告有震感，这一区域的人口数量约占美国总人口的 1/3，若干国家地标性建筑遭到破坏，包括距离震中约 130 千米的华盛顿纪念碑和国家大教堂。

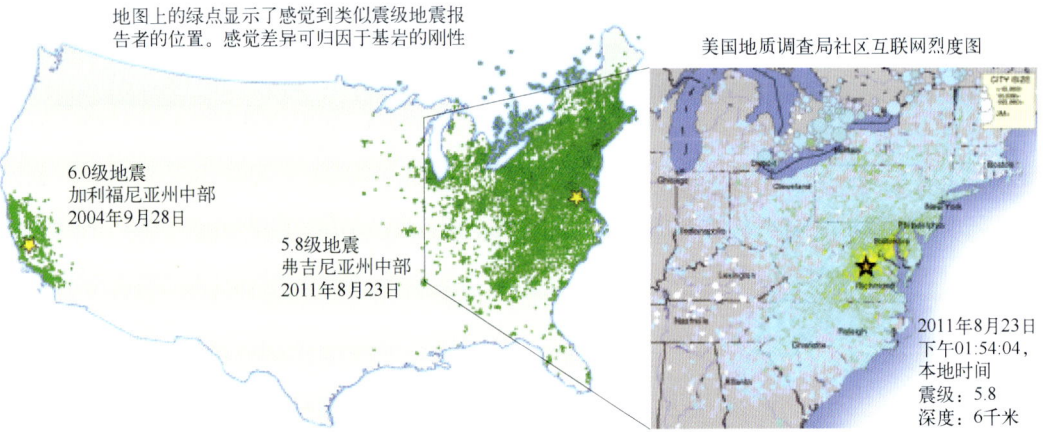

图例（美国地质调查局社区互联网烈度图）

烈度	I	II～III	IV	V	VI	VII	VIII	IX	X
震动	无感	弱	轻微	中等	强	很强	严重	剧烈	极端
破坏性	无	无	无	极轻度	轻度	中度	中度/重度	重度	极重度

图 11.17　美国地质调查局社区互联网烈度图。地震亲历者回答诸如物品是否从货架上掉下之类的问题后，美国地质调查局利用从互联网上采集的数据制作了这些烈度图

11.4.2　震级表

为了更准确地比较全球各地的地震，科学家尝试寻找一种方法来描述地震释放的能量，而非依赖于建筑物响应等外在因素，因为世界各地建筑物的差异相当大。

1. 里氏震级表

1935 年，为了进一步利用地震记录，加州理工学院的查尔斯·里克特开发了首个震级表。此后，地震学家进一步完善了里克特的工作方法，开发了其他类里氏震级表（Richter-like magnitude scale），详见后述。

如图 11.18（上）所示，通过测量地震图上记录的最大地震波（通常是 S 波）的振幅，即可计算得到这些地震等级。由于地震波随震源距（震源与地震仪之间的距离）的增大而减弱，人们开发了解决振幅随距离增大而减小的各种补偿方法。理论上讲，只要采用等效仪器，对于记录到的每次地震，位于不同地点的监测站将获得相同的震级。但是在实践过程中，由于地震波传播时穿越的岩石类型存在变化，不同监测站获取相同地震的震级经常略有差异。

地震在强度方面存在着极大的差异，大地震形成的地震波振幅是弱震的数千倍。为了适应这种较宽范围的变化，震级表采用对数标度来表示震级，即地震波振幅增大 10 倍对应于震级增大 1 倍，因此 5 级地震的地面震动烈度是 4 级地震的 10 倍（见图 11.19）。

此外，在这些震级表上，震级每增大 1 个单位，释放的能量将增大约 32 倍。因此，6.5 级地震释放的能量是 5.5 级地震的 32 倍，约是 4.5 级地震的 1000 倍（32×32）。与人类能够感觉到的最小地震相比，8.5 级大地震释放的能量高出数百万倍（见图 11.20）。

利用可从地震图中快速计算的单个数字来描述地震规模有一定的便利性，这使得震级表成了一种非常强大的工具。类里氏震级表虽然非常有用，但是不足以描述特大地震，例如在这些震级表上，1906 年

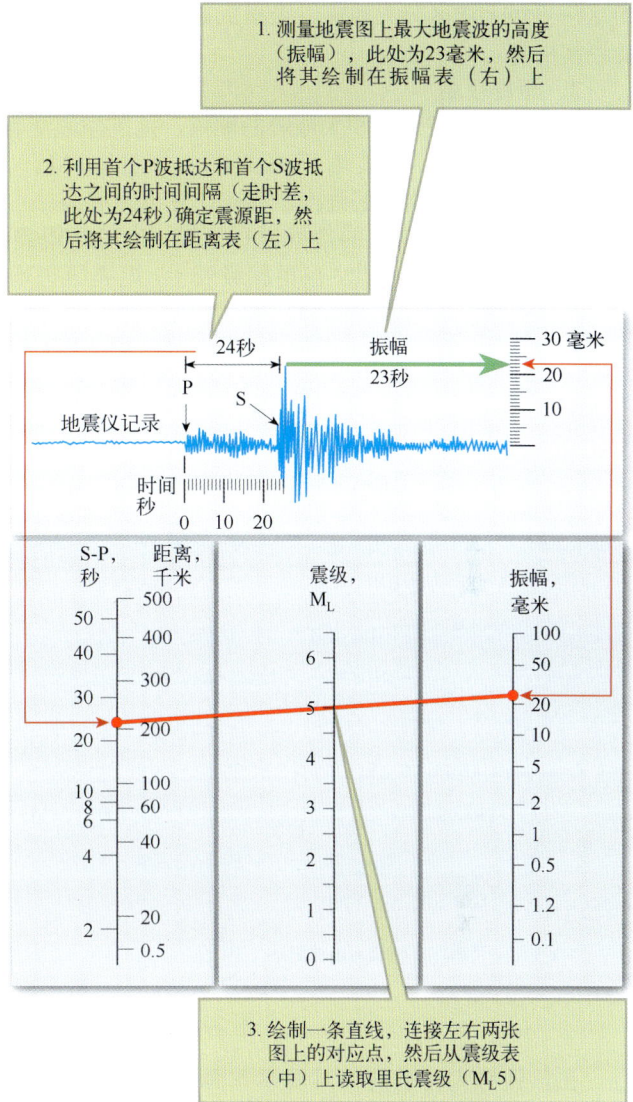

1. 测量地震图上最大地震波的高度（振幅），此处为23毫米，然后将其绘制在振幅表（右）上

2. 利用首个P波抵达和首个S波抵达之间的时间间隔（走时差，此处为24秒）确定震源距，然后将其绘制在距离表（左）上

3. 绘制一条直线，连接左右两张图上的对应点，然后从震级表（中）上读取里氏震级（M_L 5）

图 11.18　利用地震波确定地震震级

震级与地震动和能量释放的关系		
震级差异	地震动（振幅）差异	能量释放差异（近似）
4.0	10000倍	1000000倍
3.0	1000倍	32000倍
2.0	100倍	1000倍
1.0	10倍	32倍
0.5	3.2倍	5.5倍
0.1	1.3倍	1.4倍

图 11.19　震级与地震动（地面运动）和能量释放的关系。当两次地震相差 1 个震级单位（如 M6 和 M5）时，产生地震波的最大振幅相差 10 倍，释放的能量相差约 32 倍

旧金山地震和 1964 年阿拉斯加地震的震级大致相同，但是基于受影响区域的相对大小和相关构造变化，阿拉斯加地震释放的能量远多于旧金山地震。因此，这些震级表被认为对大地震饱和，因为这些等级无法区分大地震。类里氏震级表虽然存在这一缺点，但由于能够快速计算，人们仍然会经常用到它。

2．矩震级表

目前，对于中地震和大地震的测量，地震学家更喜欢采用一种能够估计地震过程中释放总能量的新型震级，称为矩震级（moment magnitude，M_W）。确定断层面上的平均滑距、已滑动断层面的面积以及已破碎岩石的强度，即可计算出矩震级。

对从地震图上获取的数据进行建模，也可对矩震级进行计算，并将结果转换为与其他震级表相似的震级数字。因此，在矩震级表上，矩震级每增大 1 个单位，释放的能量大致增加 32 倍。

不同震级地震的频率和能量释放				
震级（M_W）	年均次数	描述	示例	能量释放（当量炸药/千克）
9	<1	有记录以来的最大地震——广阔区域毁坏，可能造成大量生命损失	智利，1960 年（M9.5）；阿拉斯加，1964 年（M9.2）；苏门答腊，2004 年（M9.1）；日本，2011 年（M9.0）	56000000000000
8	1	特大地震——严重影响经济，大量生命损失	智利，2010 年（M8.8）；墨西哥恰帕斯州，2017 年（M8.2）；墨西哥城，1980 年（M8.1）	1800000000000
7	15	大地震——经济损失（数十亿美元）和生命损失	加州旧金山，1906 年（M7.9）；海地，2012 年（M7.0）；尼泊尔，2015 年（M7.8）；新西兰，2016 年（M7.8）	56000000000
6	134	强震——可能对人口稠密地区造成破坏，生命损失	日本神户，1995 年（M6.9）；加州洛马普列塔，1989 年（M6.9）；加州北岭，1994 年（M6.7）	1800000000
5	1319	中地震——对建造不良的建筑物造成财产毁坏	弗吉尼亚州米纳洛尔，2011 年（M5.8）；纽约州北部，1994 年（M5.8）；俄克拉何马市东部，2011 年（M5.6）	56000000
4	13000	小地震——室内物品明显摇晃，部分财产毁坏	明尼苏达州西部，1975 年（M4.6）；阿肯色州，2011 年（M4.7）	1800000
3	130000	微震——人类有感，轻微财产损失（若有的话）	新泽西州，2009 年（M3.0）；缅因州，2006 年（M3.8）；得克萨斯州，2015 年（M3.6）	56000
2	1300000	极微震——人类有感，无财产损失		1800
	未知	极微震——人类一般无感，但可能被记录		56

图 11.20　不同矩震级的地震频度

在估计特大地震的相对规模方面，由于矩震级表优于其他震级表，地震学家已用其重新计算以往特大地震的震级（见图 11.20）。例如，1964 年阿拉斯加地震的里氏震级为 8.3 级，采用矩震级重新计算后，震级被上调为 $9.2M_W$；1906 年旧金山地震的里氏震级为 8.3 级，采用矩震级重新计算后，震级被下调为 $7.9M_W$。有记录以来的最强地震是 1960 年智利大逆冲地震，其矩震级为 $9.5M_W$。

概念回顾 11.4

1．麦加利烈度表（修订版）描述了关于地震的何种信息？
2．7.0 级地震比 6.0 级地震多释放多少能量？
3．对大地震而言，矩震级表为什么比里氏震级表更受青睐？

11.5　地震的破坏性

列举并描述地震震动可能引发的主要破坏力。

2010 年 1 月 12 日，海地发生了 7.0 级地震，估计 10~31.6 万人丧生。除了令人震惊的死亡人数，超过 28 万栋房屋及商业建筑物被彻底摧毁（或严重受损），主要位于首都太子港及其周边地区。由于震源深度较浅，对这种震级的地震而言，地面震动非常极端。

太子港灾难的发生还存在其他各种影响因素，例如这座城市建在松散沉积物上，地震中极易受到地面震动的影响；建筑规范不足或者根本不存在，大量建筑物命中注定将倒塌或严重受损，这一点更重要。

11.5.1　地震震动

对震中周边 20~50 千米范围内的地区而言，地震期间的地面震动程度大致相同，超过这一界限时震动通常会快速减弱。但是，与地震多发地区（如加利福尼亚州）相比，稳定大陆内部发生的地震（如 1811—1812 年密苏里州新马德里地震）的覆盖面积通常要大得多。

地震释放的能量沿地表传播时，会导致地面以非常复杂的方式震动，包括上下运动和左右运动。震动对人造建筑物的损毁程度主要取决于以下几种因素：①震动的强度和持续时间；②该地区的建筑施工实践；③建筑物地基的物质性质。

1. 震动的强度和持续时间

对大地震（强度最大的那些地震）而言，持续时间要比中地震（震级中等）更长。如前所述，初始滑移从震源处开始，以 2~4 千米/秒的速度沿断层面传播，100 千米断层段破裂约需 30 秒，200 千米断层段破裂约需持续 1 分钟。因此，大地震产生震动的持续时间更长，对建筑物造成的潜在破坏高于较小地震。

例如，1964 年阿拉斯加地震（北美洲有记录以来的最强地震）的震级为 9.2 级，有感持续时间为 3~4 分钟。相比之下，1989 年洛马普列塔地震的震级为 6.9 级，强烈震动持续不到 15 秒。

2. 建筑施工实践

建筑工程师发现，若建筑物由砖块（或其他砌块）建造且未用钢筋加固，则在地震期间会成为对人类财产和生命的严重安全威胁。相比之下，在 1989 年洛马普列塔地震中，泛美大厦（旧金山的最高建筑物）得以幸存，未发生任何结构性毁损，虽然确实前后摇摆了一定距离（至少为 0.3 米）。美国地质调查局最近的报告称，泛美大厦应当能够承受更强的地震。

由于在地震中能够弯曲但不易倒塌，木质结构房屋（美国常见）相对较为抗震，不过仍然可能遭受结构性破坏（特别是具有砖砌的外立面或烟囱时）。遗憾的是，对发展中国家而言，大多数建筑物均由混凝土砌块、无钢筋混凝土板和干泥砖建造，因此当发生类似大小的地震事件时，贫穷发展中国家（如海地、尼泊尔和墨西哥）的死亡人数通常要高于美国，如图 11.21 所示。例如，斯坦福大学的一个建筑工程师团队表示，在 2017 年墨西哥城地震期间倒塌的建筑物中，近 2/3 采用了目前在美国、智利和新西兰被禁用的建

图 11.21　2017 年墨西哥恰帕斯州地震造成的破坏

造方法。与此类似，意大利中部山区同样遭受了中等规模地震造成的广泛破坏，最近一次地震事件发生在 2016 年，造成约 25000 人流离失所。在由无钢筋砌块和砖块建造的建筑物中，这种破坏作用最明显。

11.7 节将讨论如何设计抵御破坏性地震的建筑物。

3. 地震波放大和液化作用

在一个区域中，基于建筑物下伏地面（地基）的不同基本性质，地震震动的影响可能存在很

大的变化，例如与固态基岩相比，水饱和松散沉积物更能放大地震的上下震动。例如，在 1989 年洛马普列塔地震中，虽然震中位于加利福尼亚州圣克鲁斯山脉以南 100 千米处的偏远地段，但主要破坏却发生在旧金山的滨海区，这个区域建在由水饱和砂及碎石组成的垃圾填埋场上。1989 年地震导致这个高档社区的未固结积水地面转化为一种类似流体的物质，这种现象称为**液化作用**（liquefaction）。

当液化作用发生时，地面因变得可移动而无法支撑建筑物，地下储罐和地下管线可能浮向地表（见图 11.22）。在旧金山滨海区，建筑物地面大量塌陷，地面喷水冒砂随处可见，这是液化作用发生的证据（见图 11.23）。在整个滨海区，超过 70 栋建筑物发生坍塌（或严重受损）。

在 1989 年的地震中，旧金山湾区出现了一幕悲惨的情景：奥克兰的一条双层封闭式公路（乐斯高架桥）发生垮塌。垮塌路段坐落于松软泥泞的沼泽地之上，导致该次地震的上下冲击波对地面的起伏式冲击更加严重（与附近建在压实砂砾上的另一路段相比），如图 11.24 所示。强烈地震动揉碎了混凝土支撑柱，上层路基甲板撞向下层路面，瞬间导致 42 位驾车者丧生以及更多人受伤。

图 11.22　液化作用对建筑物的影响

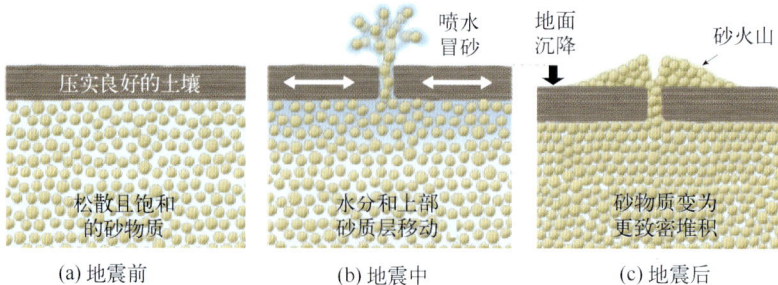

图 11.23　**液化作用**。在 2011 年新西兰克赖斯特彻奇地震期间，由砂水混合物构成的"间歇泉"从地面喷出（表明发生了液化作用），形成了这些"砂火山"

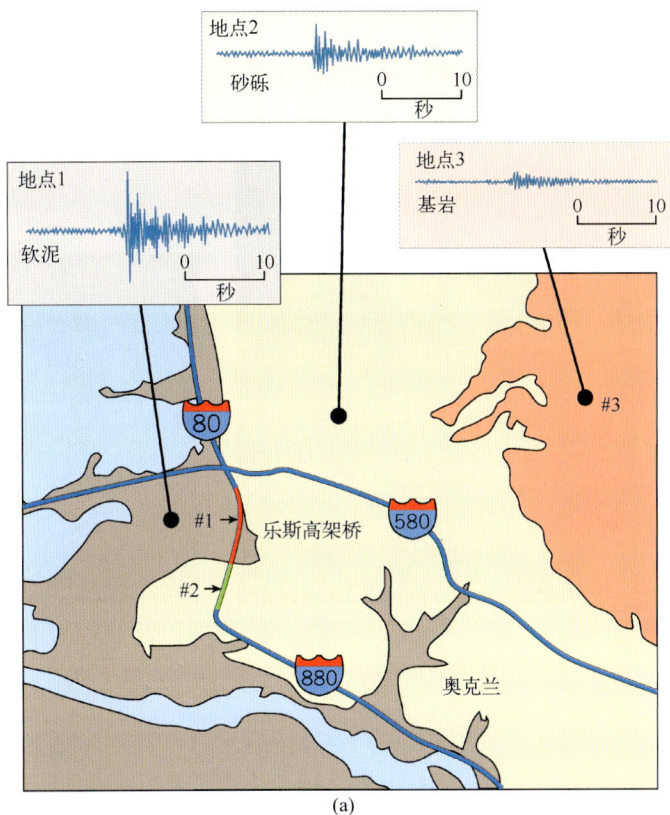

图 11.24 I-880 双层公路部分路段的垮塌。这条公路的垮塌路段建在软泥之上，地震的上下冲击波对地面的起伏式冲击更加严重（与附近建在压实砂砾上的另一路段相比）

11.5.2 山体滑坡和地面沉降

　　与地震相关的最大破坏经常由震动引发的山体滑坡和地面沉降造成，例如 7.8 级地震 2015 年冲击了尼泊尔中部的陡峭喜马拉雅山脉，共引发 10000 多处山体滑坡（有些人认为滑坡总量要高得多），不仅阻塞了河流，还损毁了全国各地的道路、房屋及其他重要基础设施。这次地震还触发了珠穆朗玛峰滑坡，造成 19 位登山者及夏尔巴人向导丧生。地震停止后，山体滑坡并未结束，伴随着暴雨和主震后的余震，受到地震严重毁损的山区继续滑坡。

　　面对规模最大且最具破坏性的山体滑坡，尼泊尔小村庄朗塘村淹没在巨型冰岩块体之下，如

图 11.25 所示。冰雪雪崩夹杂着岩石碎屑,从山坡的 500 米高处暴砸至谷底。这次滑坡搬运了 200 万立方米泥石,基本上埋藏(或摧毁)了朗塘村的几乎所有房屋,造成近半数村民和至少部分外国登山者丧生。

(a) 地面视图　　　　　　　　　　　　　　　　(b) 空中视图

图 11.25　地震引发的山体滑坡掩埋了尼泊尔朗塘村

11.5.3　火灾

100 多年前,由于金矿和银矿的大规模开发,旧金山成了美国西部的经济中心。1906 年 4 月 18 日凌晨,一场大地震突然发生,随后引发了一场巨大的风暴性火灾(见图 11.2),使得这座城市的大部分化为灰烬和废墟。在 40 万城市居民中,估计约有 3000 人死亡,超过半数人员无家可归。

旧金山地震的经验教训提醒人们,地震切断天然气和电力管线后,可怕的火灾威胁可能即将出现。最初地面震动导致旧金山的输水管线断裂成数百段,使得消防员几乎无法控制火灾。这场大火失控并肆虐了 3 天,然后人们炸开了范尼斯大道沿线的昂贵房屋,提供类似于森林灭火策略的防火隔离带,火灾才最终得以控制。

虽然旧金山火灾造成的死亡人数很少,但是有些其他地震引发火灾的破坏性更强,夺走了更多人的生命。例如,1923 年日本地震估计引发了 250 起火灾,彻底毁灭了整个横滨,摧毁了东京半数以上的房屋。这些火灾借助大风越烧越旺,最终导致 10 万多人死亡。

11.5.4　海啸

海底大地震可能引发一系列大型海浪运动,称为海啸(tsunami)。在大逆冲断层沿线,当大块海底板片突然抬升时,位移就形成了大多数海啸(见图 11.26)。海啸一旦生成,就会像鹅卵石落入池塘时形成的一系列涟漪那样向前传播,但与涟漪的缓慢速度完全不同,海啸会以惊人的高速度(时速约为 800 千米,相当于商用客机的巡航速度)穿越海洋。虽然具有这种引人注目的特征,但是海啸在开阔大洋中能够通过而不被发现,因为其高度(振幅)通常小于 1 米,波峰之间的距离为 100~700 千米。但是,海啸进入较浅的沿海水域后,这些破坏性海浪就会触底并摩擦而变慢,导致海水大量堆积(见图 11.26),少数异常海啸的海水堆积高度接近 20 米。当海啸的波峰接近海滨时,海平面快速上升,具有汹涌、动荡及混乱的表面,通常与碎浪完全不同(见图 11.27)。

当海啸逼近时,第一个预警通常是海水从海滩上快速回撤,这是首个大浪在波峰之前出现波谷的结果。太平洋海盆的部分居民已经知道留意这一预警,时刻准备快速转移至地势较高的地方。海水回撤 5~30 分钟后,具有向陆延伸几千米能力的涌浪就会出现。在每个涌浪之后,海水都以连续方式快速向海洋回撤。因此,当第一个海水涌浪回撤时,正在经历海啸的人们不应返回海滨。

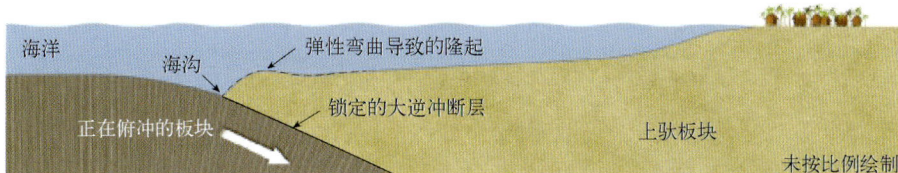

(a) 地震前：当大逆冲断层被锁定时，正在俯冲的板块逐渐拖曳并弯曲上驮板块的前缘，有时会在洋底形成隆起

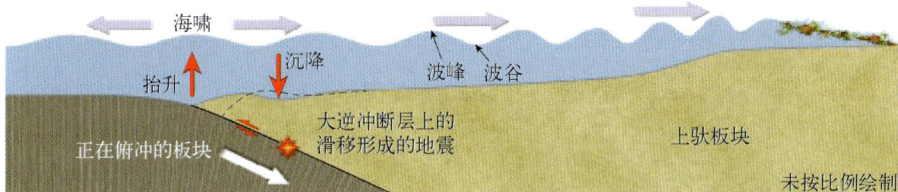

(b) 地震中：在大逆冲地震期间，上驮板块向海和向上踢动，该区域的海底同时向陆延伸和向下沉降。这些快速垂向运动即可引发由一个波列组成的海啸

图 11.26　地震期间的洋底位移如何生成海啸。海啸波的速度与海洋深度有关。在深水中，海啸波可以超过 800 千米/小时的速度前进。进入沿海水域并触底后，速度减慢且高度增大，但仍然会快速移动，20 米深度处的速度高达 50 千米/小时。图中涌浪的大小和间距未按比例绘制

1．2004 年印尼地震造成的海啸破坏

2004 年 12 月 26 日，苏门答腊岛附近发生了 9.1M$_W$ 级海底大地震，海浪高速穿越了印度洋和孟加拉湾。这次海啸是最致命的现代自然灾害之一，夺走了超过 23 万人的生命。当海水涌入内陆数千米远时，汽车和卡车像浴缸里的玩具一样被抛来抛去，渔船也被冲进房屋。在有些地方，海水回流将部分尸体和巨量碎屑拖入海洋。

图 11.27　2004 年苏门答腊海岸之外发生的海啸

这次海啸的破坏性一视同仁，在印度洋海岸沿线，既困扰着豪华度假村，又折磨着贫穷小渔村。即便是在遥远的非洲索马里海岸（位于震中以西 4100 千米），据报道称也有一定的破坏性。

2．日本海啸

日本地处环太平洋地带沿线，海岸线非常广阔，因此特别容易受到海啸的破坏。在现代地震学时代，日本发生的最强地震是 2011 年东日本大地震（9.0M$_W$）。在这次历史性大地震和破坏性海啸期间，至少导致 15890 人死亡、超过 3000 人失踪以及 6107 人受伤，近 400000 栋建筑物、56 座桥梁和 26 条铁路遭到摧毁（或严重受损）。

东日本大地震发生后，人员伤亡及破坏主要由太平洋海啸造成，海啸达到的最大高度约为 8.5 米，在日本仙台地区向内陆前行了 10 千米（见图 11.28）。根据实物证据，助跑高度（海啸中海水淹没陆地的最大高程）几乎是海啸最大高度的 2 倍——位于海平面之上 15 米。

图 11.28　2011 年 3 月发生的日本海啸。2011 年日本北部发生 9.0 级地震后不久，这场海啸冲破海堤并摧毁了日本宫古

此外，海啸使得电力供应和冷却机制失效，造成日本福岛第一核电站的 3 座核反应堆发生堆芯熔毁。海啸横跨太平洋，导致对岸出现部分人员伤亡，若干房屋、船舶及码头遭到破坏。

3．海啸预警系统

1946 年，一场大海啸毫无征兆地袭击了夏威夷群岛，超过 15 米高的巨浪将几个沿海村庄夷为平地。这次破坏促使美国海岸和大地测量局下定决心为太平洋沿海区域建立一套海啸预警系统，目前包括 26 个成员国，地震监测站遍布整个地区，负责向位于檀香山的海啸预警中心报告大地震。该中心的科学家利用装有压力传感器的深海浮标来探测地震释放的能量，利用潮汐计来测量伴随海啸而来的海平面升降，并在 1 小时内发出预警。虽然海啸的行进速度非常快，但是除了距离震中最近的区域，该系统有足够的时间对所有人发出预警。

例如，阿留申群岛附近形成的海啸需要 5 小时才能抵达夏威夷，智利海岸附近形成的海啸需要 15 小时才能抵达夏威夷海滨，如图 11.29 所示。

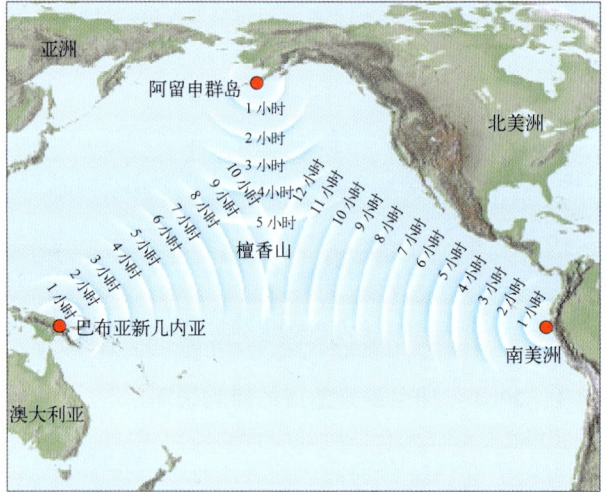

图 11.29　海啸行进时间。从整个太平洋的选定地点抵达夏威夷檀香山的行进时间

概念回顾 11.5

1. 列举地震震动对人造建筑物破坏程度的 3 种影响因素。
2. 除了地震震动直接造成的破坏，列出与地震相关的其他 3 种破坏类型。
3. 什么是海啸？海啸如何形成？

11.6　最具破坏性的地震发生在哪里

在世界地图上，定位地球上的主要地震带。

在地震释放的能量中，约95%来自几个相对狭窄的地带，如图11.30所示。这些地震带主要分布在 3 类板块边界的沿线，即汇聚型板块边界、离散型板块边界和转换型板块边界。

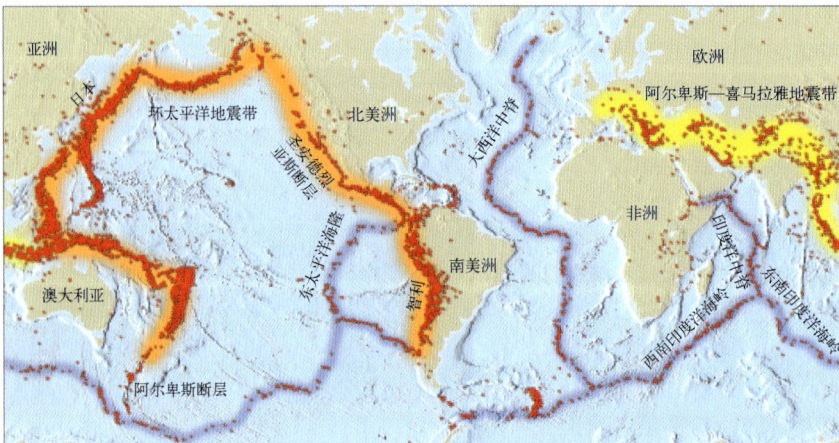

图 11.30　全球地震带。全球 10 年内发生 5 级（及以上）地震近 15000 次，用红点标识

11.6.1 与板块边界相关的地震

地球上最大的地震活动带称为**环太平洋地震带**（circum-Pacific belt），覆盖了智利、中美洲、印度尼西亚、日本和美国阿拉斯加州的沿海地区，还包括阿留申群岛（见图 11.30）。在环太平洋地震带中，大多数大地震发生在汇聚型板块边界（一个板块以相对较低的角度俯冲到另一个板块之下）沿线。如前所述，俯冲板块与上驮板块之间的接触带称为**大逆冲断层**（megathrust fault），如图 11.5 所示。在位移主要由逆冲断层作用控制的位置，俯冲作用边界的总长度超过 40000 千米，各个断层段（长度约为 1000 千米）沿线偶尔发生断裂，形成灾难性地震。

另一个大型强震活动集中区域称为**阿尔卑斯-喜马拉雅地震带**（Alpine-Himalayan belt），它从地中海侧翼山区穿过，延伸经过喜马拉雅山脉（见图 11.30）。在该区域中，构造活动主要归因于非洲板块和印度次大陆与欧亚板块的碰撞，这些板块之间相互作用形成了逆冲断层和走滑断层。

转换断层是另一种板块边界类型，也是大地震的重要成因，例如圣安德烈亚斯断层（位于美国加利福尼亚州）、阿尔卑斯断层（位于新西兰）和北安那托利亚断层（位于土耳其），所有这些断层都形成过致命性地震。

图 11.30 还显示了另一个连续地震带，它穿越全球海洋并延伸了数千千米。这个地震带与洋脊/海岭系统（离散型板块边界）基本一致，地震活动频繁但震级不大。

11.6.2 落基山脉以东的破坏性地震

提到地震时，你可能会首先想到美国西部或日本，但是自殖民时代以来，美国中东部也曾发生 6 次大地震及其他几次略小的地震，并且造成了很大的破坏（见图 11.31）。

在这些地震中，3 次地震以集群形式发生，估计震级约为 7.0 级，摧毁了密苏里州边界城镇新马德里（位于密西西比河河谷中）。据估计，在未来 10 年间，若在相同地点发生与 1811—1812 年新马德里地震事件同等震级的地震，则会造成数千人伤亡和数百亿美元损失（关于 1811—1812 年新马德里地震的相关信息，请参阅第 10 章）。

落基山脉以东的历史性地震（1755～2018年）				
位置	年度	烈度	震级*	描述
1. 俄克拉何马市东部	2011	VII	5.6	14栋房屋被摧毁
2. 米纳洛尔，弗吉尼亚州	2011	VII	5.8	很多人有感
3. 伊利诺伊州东南部	2008	VII	5.4	发生在沃巴什山谷地震带沿线
4. 肯塔基州东北部	1980	VII	5.2	肯塔基州有记录以来的最大地震
5. 梅里曼，内布拉斯加州	1964	VII	5.1	内布拉斯加州有记录以来的最大地震
6. 纽约州北部	1944	VIII	5.8	仅剩下几栋不安全建筑物
7. 奥西佩湖，新罕布什尔州	1947	VII	5.5	两次地震相隔4天发生
8. 俄亥俄州西部	1937	VIII	5.4	灰泥墙大面积损坏
9. 瓦伦丁，得克萨斯州	1931	VIII	5.8	砖结构建筑物严重受损
10. 贾尔斯县，弗吉尼亚州	1897	VIII	5.9	天然泉的流动发生改变
11. 查尔斯顿，密苏里州	1895	VIII	6.6	报告称有建筑物损坏和液化作用
12. 查尔斯顿，南卡罗来纳州	1886	X	7.3	造成60人死亡，大量建筑物被摧毁
13. 新马德里，密苏里州	1811~1812	X	7.0~7.7	发生了3次大地震
14. 安角，马萨诸塞州	1755	VIII	?	波士顿的建筑物受损

数据来源：美国地质调查局
*这些地震事件的烈度和震级很多是估计值

图 11.31 落基山脉以东的历史性地震。 在北美洲大陆中部，大地震并不常见，因为这里远离以下活动区域：板块碰撞、板块摩擦（转换断层）或板块俯冲。但是，自殖民时代以来，美国中东部曾发生几次破坏性地震

在东部各州的历史上，最大地震发生在 1886 年 8 月 31 日，震中位于南卡罗来纳州的查尔斯顿。这次地震共造成 60 人死亡和多人受伤，经济损失极其巨大。地震发生后不到 8 分钟，远在芝加哥和圣路易斯的人们就有震感，强烈摇摆震动了各建筑物的上部楼层，导致人们惊慌失措地涌向户外。仅在查尔斯顿，就有 100 多栋建筑物遭到摧毁，其余 90%建筑物不同程度受损（见图 11.32）。

图 11.32　1886 年 8 月 31 日，南卡罗来纳州查尔斯顿遭受的地震破坏

在美国中东部地区，地震发生频度远低于加利福尼亚州，但历史表明东部地区更易受到地震冲击。此外，与加利福尼亚州发生的震级相似的地震相比，落基山脉以东的这些地震通常会在更大范围内造成建筑物破坏，因为美国中东部地区的下伏基岩更老、更坚硬，与美国西部相比，地震波的衰减（强度损耗）更小，能够传播更远的距离。

在距离板块边界较远处发生的地震称为板内地震（intraplate earthquake）。板内地震可由不同因素引发，例如应力能够重新激活数十亿年前地壳碎片碰撞形成大陆时生成的古断层系统。此外，在水力压裂过程中，为了提高石油和天然气的产量，人们在高压下将溶液注入地下，导致落基山脉以东地区最近的地震活动增多。所幸的是，这些板内地震大多数比较小。

概念回顾 11.6

1. 地球上哪个地震带的地震活动最活跃？
2. 哪种板块边界类型与地球上最具破坏性的地震相关？

11.7　地震：预测、预报和减灾

比较短期地震预测和长期地震预报的目标。

强烈地震之所以造成生命损失，主要是因为它们在没有预警的情况下突然发生。例如，在 1989 年旧金山地区的意外地震中，共造成 63 人死亡，严重破坏了滨海区，致使加利福尼亚州奥克兰 I-880 双层公路部分路段垮塌（见图 11.24）。这种程度的破坏由中地震（$6.9M_W$）导致。地震学家警告说，在圣安德烈亚斯断层系统（切出一条近 1300 千米长的路径，穿越整个加利福尼亚州西部约 1/3，见地质美图 11.1）沿线还有可能再次发生类似（或更大）强度的地震。地震是否能够预测呢？

11.7.1　短期预测

如果能像预测火山喷发那样预测地震，那么结果应该会令人感到非常欣慰。遗憾的是，虽然地震多发国家（如日本、美国、中国和俄罗斯）曾经付出大量努力，但目前尚无可靠方法进行地震的短期预测（short-range predictions）。

要使短期预测发挥作用，预测方法必须既准确又可靠，即在位置和时间方面的不确定性必须较小，且必须较少发出误差较大（或错误）的警报。你能想象下令撤离大型美国城市（如洛杉矶或旧金山）前应进行的辩论以及这样做的费用吗？

短期预测研究集中监测可能的前兆（precursor）——地震前的各种事件（或变化），进而提供地震警报。例如，在加利福尼亚州，地震学家监测活动断层附近地面高程和应变水平的变化，有些研究人员测量地下水位的变化，还有些研究人员试图根据部分（但非全部）前震的频度增多来预测地震。截至目前，尚无任何途径能够获得可靠的短期地震预测方法。

11.7.2　长期预报

短期预测旨在预测未来短期（数小时或数天内）可能发生的地震，长期预报则旨在估计给定地点未来长期（30～100 年或更长时间尺度）可能发生一定震级地震的可能性。长期预报虽然无法提供太多有用信息，但这些数据为建筑规范提供了重要指南，使得人们在建造这些建筑物（如房屋、堤坝和道路）时可以考虑其能够承受预期级别的地震。

圣安德烈亚斯断层位于美国加利福尼亚州，呈南东-北西向倾斜延伸近1300千米，穿过该州西南部大部分地区。多年以来，对于这个断层系统沿线将要发生的下一次大地震（8级或以上）的位置，研究人员一直在努力尝试进行预测

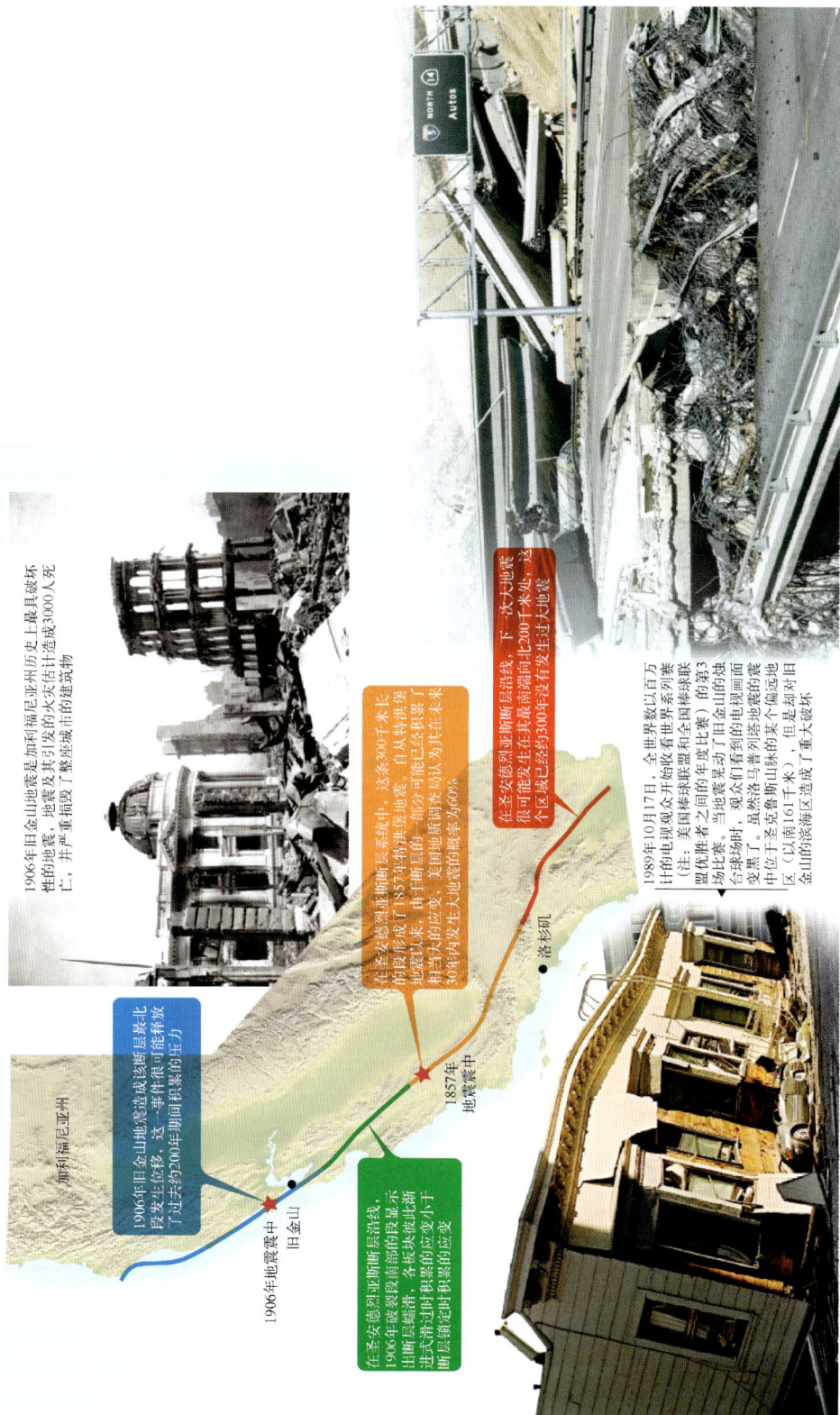

1906年旧金山地震是加利福尼亚州历史上最具破坏性的地震，地震及其引发的火灾估计造成3000人死亡，并严重损毁了整座城市的建筑物

1906年旧金山地震造成该断层最北段发生位移，这一事件很可能释放了过去约200年期间积累的应力

在圣安德烈亚斯断层沿线，1906年破裂段南部的段的这段显示出断层蠕滑，各板块彼此缓慢进式滑清过时积累的应变小于断层锁定时积累的应变

在圣安德烈亚斯断层系统中，这条300千米长的段形成了1857年特大洪灾。自从特大洪灾以来，由于断层的某一部分可能已看到了精妙大的应变，美国预测这段以为其在未来30年内发生大地震的概率为60%

在圣安德烈亚斯断层沿线，下一次大地震很可能发生在其最南端向北200千米处。这个区域已经约300年没有发生过大地震

1989年10月17日，全世界数以百万计的电视观众开始收看世界系列赛（注：美国棒球联盟和全国棒球联盟优胜者之间的年度比赛）的第3场比赛。当地震震动了旧金山的海湾地区时，观众们看到的电视画面变黑了。虽然洛杉矶地震的某个偏远地区（以南161千米），但是却对旧金山的滨海区造成了重大破坏

加利福尼亚州

旧金山
1906年地震中

洛杉矶
1857年地震震中

NORTH 14 Autos

地质美图 11.1 圣安德烈亚斯断层系统的地震风险

长期预报策略大多基于以下观测结果：大型断层往往周期性地发生断裂，并以大致相差不多的时间间隔形成类似的地震。换句话说，只要一条断层的某段发生破裂，地球板块的持续运动就会使其岩石发生变形（弯曲），直到它们再次发生破裂。为了确定给定断层的特征时间间隔，地震学家会研究该断层形成地震的历史及地质记录。

1. 古地震学

古地震学（Paleoseismology）是研究史前地震的时间、地点和大小的科学。当开展古地震学研究时，人们通常会横跨断层带挖掘一条探槽，然后寻找古断层作用证据，例如发生错断的沉积地层（或泥火山）。若堆积沉积物岩层的垂向错断巨大，则表明曾经发生大地震。有时，通过对埋藏的植物碎片进行碳年代测定，人们还可确定地震复发时间线。

针对圣安德烈亚斯断层的一段（洛杉矶北部及东部），人们重点开展了一项古地震学调查。在这个位置，托盘溪（Pallet Creek）的排水系统多次受到断层带沿线连续破裂的干扰，如图 11.33 所示。人们通过在河床上挖掘探槽发现，1500 年来几次大地震导致沉积物发生了位移。研究人员从这些数据中确定，强震平均每 135 年发生一次，最近一次强震是特洪堡地震，1857 年（约 160 年前）发生在圣安德烈亚斯断层的这一段。由于地震周期性发生，南加利福尼亚州的下次大地震可能随时发生。

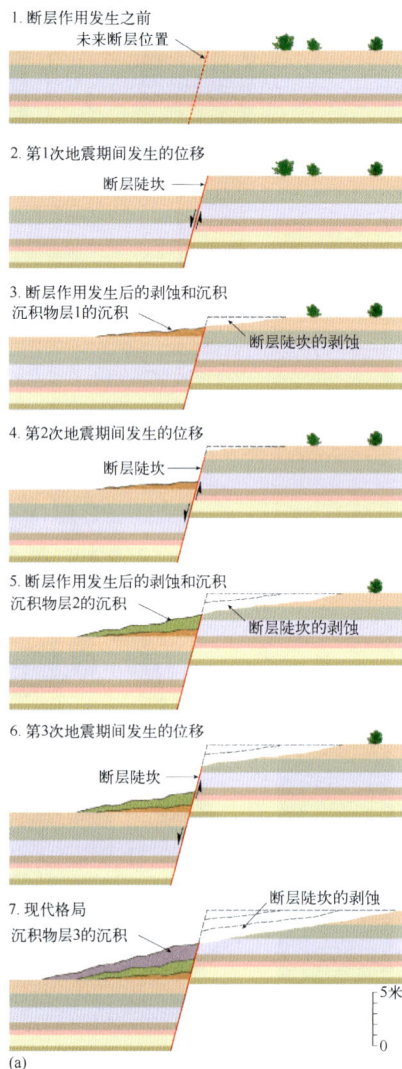

1. 断层作用发生之前
未来断层位置

2. 第1次地震期间发生的位移
断层陡坎

3. 断层作用发生后的剥蚀和沉积
沉积物层1的沉积
断层陡坎的剥蚀

4. 第2次地震期间发生的位移
断层陡坎

5. 断层作用发生后的剥蚀和沉积
沉积物层2的沉积
断层陡坎的剥蚀

6. 第3次地震期间发生的位移
断层陡坎

7. 现代格局
沉积物层3的沉积
断层陡坎的剥蚀

5米
0

(a)

(b) 通过横跨断层带挖掘探槽（如图所示）并研究发生了位移的沉积层，即可解读附图中描述的各个事件

图 11.33 古地震学：史前地震研究。(a)这张简图显示，该断层上曾发生 3 次不同的垂直位移，每次都会形成一次地震。基于垂直位移的大小进行判断，这些古地震的震级为 6.8～7.4 级；(b)这项研究在托盘溪区域进行，方法是在圣安德烈亚斯断层的一个分支上挖掘探槽，然后寻找古代位移证据（如错断的沉积地层）

古地震学还揭示出，在最近几千年间，大地震（8级或以上）及相关海啸曾多次袭击美国西北部太平洋沿岸。在这些事件中，每次大地震都归因于与卡斯卡迪亚俯冲带相关的大逆冲断层中某段的滑移，这个俯冲带位于西海岸（从不列颠哥伦比亚省南部至加利福尼亚州北部）之外。最近一次事件（发生在 1700 年 1 月）引发了一场破坏性海啸，在北美洲西部沿海低地引发了大规模洪水，甚至远至日本都有相关记录。

由于这些发现，政府官员更新了建筑规范，并对该地区的部分已有建筑物（如房屋、堤坝、桥梁及供水系统）进行了改造，使其抗震性能更强。值得注意的示例是华盛顿州西南部奥科斯塔学区最近采取的行动（注：基于玛西娅·麦克纳特担任《科学》杂志主编期间的一篇文章），在这个沿海社区（位于 1700 年海啸淹没区域）的一所新小学的顶部，人们建造了北美洲首个工程海啸避难所。该建筑物是距离地面约 10 米的平顶屋，可从 4 个高度加固的楼梯进入。这一举措借鉴了 2011 年日本海啸的经验，但更重要的是建立在对卡斯卡迪亚地震和海啸风险的科学发现之上。

2．地震空区

绘制出与全球大地震相关的断裂带后，地震学家发现这些断裂带趋于彼此相邻，但是没有明显的重叠。在最近数百年间，未发生过任何地震的断层段称为地震空区（seismic gap）。通常，这些空区正在积累地震应变，因此代表了未来可能发生大地震的地点。图 11.34 显示了位于巴东近海的大逆冲断层上的一个地震空区。巴东是一座苏门答腊低洼城市，人口数量为 80 万，自 1797 年至今一直没有破裂。科学家特别关注这一地震空区，因为一个相邻的断层段发生破裂后，导致了 2004 年印度洋（苏门答腊）地震及海啸，共造成 23 万人死亡。

图 11.34　地震空区：地震预报工具。地震空区是存储弹性应变的空白区，最终会形成大地震。这个地震空区位于巴东附近，巴东是一个低洼沿海城市，人口数量为 80 万

11.7.3　地震减灾

"地震不会杀死人，建筑物会杀死人。"这句话简洁地表达了这样一个事实，即倒塌建筑物是地震期间导致伤亡的最大原因。因此，在有已知地震灾害的地区建造房屋、道路、桥梁、堤坝及其他建筑物时，应考虑其至少能够承受中地震。此外，各个社区需要遵循建筑规范，要求对现有建筑物进行检查和改造，使其能够承受地震震动（见图 11.35）。但是，由于成本较为高昂，改造现有建筑物的重要步骤通常并不是高优先级事项。例如，最新研究表

图 11.35　建筑物改造。为帮助建筑物在发生大地震时承受震动，人们对韦布大厦（位于南加利福尼亚州大学校园内）进行了改造。注意观察该建筑物外部的横向支撑

明，洛杉矶县半数以上的医院可能会在大地震中倒塌。

1. 抗震建筑物

通过比较震级相似的两次地震[1988年亚美尼亚地震（6.8级）和1989年旧金山地震（6.9级）]，或许可以最好地说明设计新建筑物以抗震和改造旧建筑物结构的重要性。在亚美尼亚地震中，夷为平地的大多数建筑物均由未经加固的混凝土建造而成，这些混凝土坍塌后形成瓦砾，估计造成约25000人死亡（见图11.36）。虽然1989年旧金山地震的破坏力很大，但死亡人数（63人）仅为亚美尼亚地震的1/400。

存在这种差异的主要原因是建造方法不同。在加利福尼亚州，大多数建筑物要么采用木质结构，要么由抗倒塌的钢筋混凝土建造；在亚美尼亚，倒塌建筑物采用无钢筋混凝土建造。在地震不活跃但可能发生强震的区域，人们面临的挑战是制定适当的建筑规范，并教会居民采取积极措施，以便在发生强震时尽可能减少伤亡和财产损失。

在世界各地的大都市地区，随着人口数量越来越多，建筑师和工程师正在设计越来越高的摩天大楼。但是，全球某些人口最多的地区也容易发生地震，因此抗震建筑物变得越来越常见。中国上海中心大厦是一个著名示例，其建筑高度为632米，现为世界第二高楼（见图11.37）。由于必须在主要由软质富黏土物质构成的地基上建造，这座巨型建筑物建造时采用了更抗震的6米厚钢筋混凝土垫层，这些垫层由947根桩（有些深度近60米）支撑。

像其他现代摩天大楼一样，上海中心大厦也有一个由大型钟摆构成的质量阻尼器，这个钢制钟摆的质量高达1000吨，悬挂在建筑物顶部附近的钢索上。当建筑物摇晃（地震期间或狂风中）时，钟摆的惯性起到平衡作用（向相反方向拉动）。研究结果表明，由于上海中心大厦过高，传统阻尼器无法阻止其摆动过快（或过远）。综合考虑这些关键信息，工程师纳入了能够拉动巨型钟摆的一种磁性系统，以在摇晃期间进一步对抗这种异常高大建筑物的摆动。

2. 地震预防

虽然建筑物倒塌是地震破坏的最大原因，但其他灾害（如液化作用引发的地面沉降、山体滑坡和海啸）也可能具有破坏性。例如，2011年东日本大地震（9.0级）是破坏性的，提醒人们必须

图11.36　在1988年亚美尼亚地震期间，被摧毁建筑物的建造质量很差

图11.37　中国上海中心大厦。上海中心大厦的建筑高度为632米，采用了更抗震的6米厚钢筋混凝土垫层，由947根桩（有些深度近60米）支撑

清醒地认识到这一事实。由于日本的建筑规范非常严格，自 1995 年以来建造（或改造）的建筑物、桥梁及其他建筑物极好地承受了这次大地震的地面震动，仅有少数建筑物因震动而直接倒塌。地震引发了大规模海啸，夺走了约占总死亡人数（16000 人）近 93% 的生命（见表 11.2）；山体滑坡引发了地面沉降，对建筑物、道路和公用设施（如水管和煤气管线）造成了重大破坏。

表 11.2　部分知名地震

年　度	地　点	死亡人数（估计）	震　级[*]	描　述
856	伊朗	200000		
893	伊朗	150000		
1138	叙利亚	230000		
1268	小亚细亚	60000		
1290	中国	100000		
1556	中国陕西	830000		或许是迄今最大的自然灾害
1667	高加索	80000		
1727	伊朗	77000		
1755	葡萄牙里斯本	70000		海啸造成广泛破坏
1783	意大利	50000		
1908	意大利墨西拿	120000		
1920	中国	200000	7.5	山体滑坡掩埋了一个村庄
1923	日本东京	143000	7.9	火灾造成大面积破坏
1948	土库曼斯坦	110000	7.3	震中附近的几乎所有砖砌建筑物倒塌
1960	智利南部	5700	9.5	有记录以来的最大震级地震
1964	美国阿拉斯加州	131	9.2	北美洲震级最大的地震
1970	秘鲁	70000	7.9	巨大的岩石滑坡
1976	中国唐山	242000	7.5	死亡人数估计高达 65.5 万人
1985	墨西哥城	9500	8.1	距震中 400 千米处发生重大破坏
1988	亚美尼亚	25000	6.9	糟糕的建筑施工增加了死亡人数
1990	伊朗	50000	7.4	山体滑坡和糟糕的施工导致了巨大破坏
1993	印度拉杜尔	10000	6.4	位于稳定大陆内部
1995	日本神户	5472	6.9	损失估计超过 1000 亿美元
1999	土耳其伊兹米特	17127	7.4	近 44000 人受伤，250000 多人流离失所
2001	印度古吉拉特邦	20000	7.9	数百万人无家可归
2003	伊朗巴姆	31000	6.6	建筑物非常简陋的古城
2004	印度洋（苏门答腊）	230000	9.1	毁灭性海啸破坏
2005	巴基斯坦/克什米尔	86000	7.6	大量山体滑坡；400 万人无家可归
2008	中国四川	87000	7.9	数百万人失去家园，部分城镇无法重建
2010	海地太子港	100000～316000	7	30 多万人受伤，130 万人无家可归
2011	日本	16000	9	大部分伤亡由海啸造成
2015	尼泊尔	9000	7.8	约 2.1 万人受伤
2017	墨西哥恰帕斯	98	8.2	2017 年的最大地震；41000 栋建筑物受损

[*]对于其中的部分地震（特别是 18 世纪前发生的地震），震级和死亡人数的估计值差异很大，可用时使用矩震级。

日本的地震预防能力可以说是世界上最强大的，很大程度上是因为最近 20 年间遭遇了 19 次大地震（7～7.9 级）。若 2011 年东日本大地震发生在建筑工程不太完善的地区，则由震动引发坍塌造成的伤亡人数要高得多。

3. 地震预警系统

由于 P 波的破坏性较小，传播速度快于 S 波和面波，因此可用其提供一种类型的地震预警系统。

这类系统在日本已运行超过 25 年，用途之一是触发发电设施的自动关闭和高速子弹头列车的制动。

此外，在 2011 年东日本大地震期间，该系统向全国各电视台及 5000 多万部手机发送了自动警报。在距离震中最近的区域，这一警报为居民争取了约 10 秒的逃生机会。东京是人口数量约为 900 万的城市，位于震中以南约 370 千米处，在大地震开始前，市民提前 1 分多钟收到了警报信息。

在美国加利福尼亚州，几个政府机构一直在努力建立早期预警系统。遗憾的是，由于缺乏安装（或升级）283 个地震传感器所需的资金，这项工作被迫推迟，覆盖全州的预警系统可能需要几年时间才能投入运行。

概念回顾 11.7

1. 利用现代地震仪，现在是否能够开展准确的短期地震预测？
2. 长期地震预报的价值是什么？

主要内容回顾

11.1 什么是地震

关键词：地震，断层，震源，震中，地震波，弹性回跳，前震，余震，大逆冲断层，断层蠕滑

- 断层相反两侧大型岩块的突然运动引发了大多数地震。岩石开始滑动的位置称为震源。在地震期间，地震波从震源沿所有方向向外辐射。震源正上方的地表点称为震中。

- 在数十年到数百年间，差异应力使得地壳逐渐弯曲而形成地震。在抵达某个临界点之前，断层沿线的摩擦阻力阻止岩石发生破裂和滑移。一旦抵达临界点，断层就发生滑移，使弯曲岩石回弹至初始形态，进而引发地震。这种回弹称为弹性回跳。

- 汇聚型板块边界及其相关俯冲带以大逆冲断层为标志，这是有记录以来大多数特大地震的形成原因。

- 加利福尼亚州圣安德烈亚斯断层是大型走滑断层（可形成能够产生破坏性地震的转换型板块边界）的示例。

问题：在附图上空白处进行标注，利用以下术语显示地震与断层之间的关系：震中、地震波、断层、断层迹线和震源。

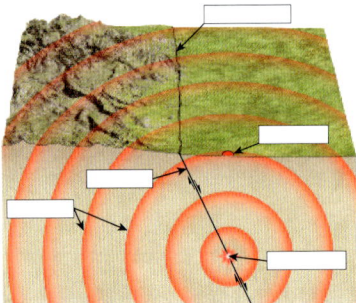

11.2 地震学：地震波的研究

关键词：地震学，地震仪，惯性，地震图，体波，面波，纵波，横波

- 地震学是研究地震波的科学。地震仪利用惯性原理测量这些波。当仪器主体随地震波运动时，悬垂重物的惯性使得传感器保持静止，进而记录二者之间的位移。

- 地震图（地震波记录）揭示了两类主要地震波：能够穿越地球内部的体波以及仅沿地壳上层传播的面波。P 波速度最快，S 波速度中等，面波速度最慢。但是，面波具有最大振幅并产生最强震动，造成的破坏通常最大。

- 当穿越岩石块体时，P 波瞬间推动和拉动岩石，改变岩石的体积。S 波穿越岩石时产生震动（摇晃），改变岩石的形状，但不改变其体积。由于流体无法抵抗改变其形状的力，S 波不能穿越流体，但 P 波可以。

11.3 地震位置的确定

- 震中距（记录站与震中之间的距离）可以利用 P 波与 S 波之间的到达时间差进行确定。当三个或以上地震台的距离已知时，可用三角测量法对震中进行定位。

11.4 地震规模的确定

关键词：烈度，震级，麦加利烈度表（修订版），矩震级

- 烈度是对地震引发的地面震动量的度量，震级是对地震期间释放能量的估计。

- 麦加利烈度表（修订版）是十二度表，它利用建筑物的破坏程度来量化地震强度。

- 类里氏震级表既考虑给定地震仪上测量地震波的最大振幅，又考虑该地震仪与震中之间的距离。这些震级表采用对数标度来表示震级，地震波振幅增大 10 倍对应于震级增大 1 倍。此外，在类里氏震级表上，震级每

增大 1 个单位，释放的能量增加约 32 倍。

- 由于里氏震级表无法有效区分不同的特大地震，人们设计了矩震级表，通过考虑断层岩石强度、滑移数量和滑动断层面的面积来测量地震释放的总能量。

11.5 地震的破坏性

关键词：液化作用，海啸

- 影响地震可能对人造建筑物造成破坏程度的因素包括：①震动的强度和持续时间；②建筑施工实践；③建筑物地基的基本性质。
- 一般而言，松散沉积物放大地震震动，基岩支撑的建筑物在地震中表现最佳。
- 在地震期间，当浸水沉积物（或土壤）严重震动时，可能发生液化作用。液化作用降低地面强度，直至无法支撑建筑物。
- 地震可能引发山体滑坡或地面沉降，还可能破坏天然气管道，引发破坏性火灾。
- 海啸是海水发生位移时形成的巨大海浪，通常由海底的大逆冲断层破裂引发。海啸以喷气式飞机的速度向前行进，在深水中几乎不可见。但是，当海啸抵达较浅的沿海水域时，速度会减慢并向上堆积，形成一堵有时超过 30 米高的水墙。在大多数大型海洋盆地中，海啸预警系统已经建立。

11.6 最具破坏性的地震发生在哪里

关键词：环太平洋地震带

- 大部分地震能量释放在环太平洋地震带，即环绕在太平洋周边的大逆冲断层环。另一条地震带是阿尔卑斯-喜马拉雅地震带，位于欧亚板块与印度次大陆和非洲板块碰撞地带沿线。
- 地球的洋脊系统形成了另一条频繁但震级较小的地震带。陆壳中的转换断层可能形成大地震。
- 有些地震发生在距离板块边界相当远的地方，例如 1811—1812 年密苏里州新马德里地震和 1886 年南卡罗来纳州查尔斯顿地震。

问题：在附图上，勾勒出环太平洋地震带和阿尔卑斯-喜马拉雅地震带的轮廓，地图上的板块边界已用红色画出。

11.7 地震：预测、预报和减灾

关键词：前兆，古地震学，地震空区

- 多年来，在地震学中，成功预测地震始终是难以企及的目标。短期预测（数小时或数天）的尝试侧重于前兆事件，例如地面高程或断层附近应变水平的变化，但并不可靠。
- 长期预报是对特定震级地震发生概率的统计性估计。由于能够指导建筑规范和基础设施的开发，长期预报是有用的。
- 古地震学是用于开展长期预报的工具。由于地震周期性发生，通过确定它们过去发生的频度，即可了解地震最有可能何时再次发生。
- 地震空区是断层中长期存储应变的部分，也是将来发生地震可能性高于平均水平的区域。

深入思考

1. 附图显示了自 1900 年以来全球许多最大地震的位置。参阅图 2.10 中的地球板块边界图，确定哪类板块边界与这些破坏性事件最相关。

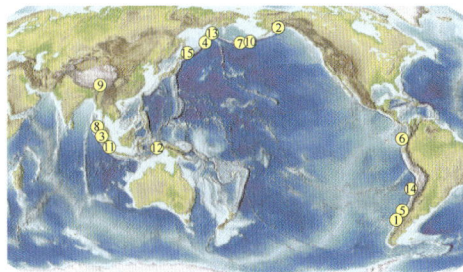

2. 利用附图，回答以下问题：a. 在 3 种类型的地震波中，哪种地震波率先抵达地震仪？b. 在首个抵达的 P 波与首个抵达的 S 波之间，时间间隔（走时差）是多少？c. 利用 b 问的答案和图 11.15 中的走时曲线，确定地震台与震中的距离（震中距）。d. 在 3 种类型的地震波中，哪种地震波抵达地震台时振幅最大？

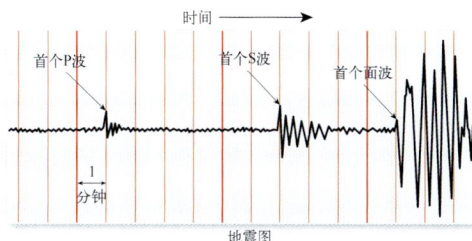

3. 假设你在海滩上选择在沙子饱和的水边跑步。每跑一步，足迹很快就会充满水，但水并不来自海洋。这种水来自哪里？这种现象是何种地震相关灾害的较好类比？

4. 在附图上，首先确定 400 千米外地震的震级，最大振幅为 0.5 毫米。然后，对这种相同的地震（相同震级），确定距离震源 40 千米处地震仪测得的最大地震波的振幅。

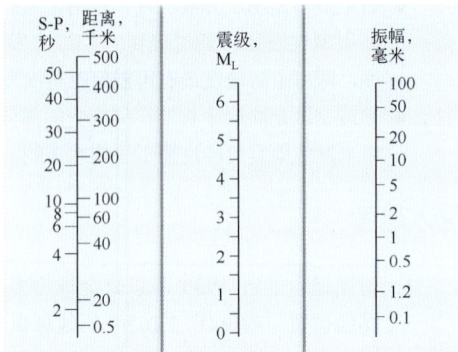

5. 利用附图，回答以下问题：**a**. 对于圣安德烈亚斯断层的 4 个断层段（1～4），哪个断层段正在经历断层蠕滑？**b**. 古地震学研究发现，圣安德烈亚斯断层在特洪堡地震期间破裂的部分（段 3）平均每 135 年发生一次大地震。基于这一信息，你如何评价未来 30 年间该断层段沿线发生大地震的可能性？解释理由。**c**. 在不久的将来，你认为是旧金山还是洛杉矶发生大地震的风险更大？解释理由。

地球之眼

1. 附图中的卡拉瓦拉斯断层是圣安德烈亚斯断层系统的一个分支，它直接穿过加利福尼亚州的霍利斯特镇。该断层段未被锁住，而在缓慢地滑移，对路缘石、人行道、道路和建筑物产生了明显的错断与损坏。这里展示的水泥墙和人行道最初建造时呈直线状。**a**. 利用何种术语来描述在霍利斯特镇卡拉瓦拉斯断层沿线观察到的滑移类型？**b**. 呈现出这种类型滑移的断层是否会引发大地震？解释理由。

第12章 地球内部

非洲林波波河上的一个考古遗址为该地区提供了铁器时代地磁数据的来源

新闻中的地质：船舶日志和陶瓷碎片——追踪地球不断偏移的地磁场

在地下深处，地球的熔融外核绕固态内核运动，生成电流以驱动地球磁场。由海底岩石记录的古地磁信息可知，磁北极和磁南极会周期性地迁移和倒转。自 2014 年以来，欧洲航天局的卫星一直在以较高的精度追踪地表磁场的变化。科学家发现，自 1840 年以来，地球磁场以约 5%/百年的速率持续减弱，预示着另一次磁极倒转即将到来。如何获得几百年（或几千年）前的磁场状态信息？这段时间以人类标准来看很长，但只是地质年代中的一瞬。对这个问题，我们可在一些令人惊讶的地方找到答案。

为了在航行期间进行导航，水手会长期跟踪磁偏角（罗盘上地理北极与磁北极之间的差值）。约从 1700 年开始，水手还记录了磁倾角，即罗盘指针一半的向下倾斜角度。通过查看詹姆斯·库克船长及其他人的航海日志，科学家可以比较过去和现在已知地理位置的罗盘读数，进而研究磁场如何随时间流逝而发生变化。

詹姆斯·库克船长指挥的奋进号帆船。库克航行的记录有助于重建其航行地区 18 世纪地磁场的历史图景

考古遗址也可提供地磁数据，例如黏土矿物的磁定向会在烧制时被高温锁定。2015 年，非洲林波波河谷中发现了 1000 年前的泥棚屋遗迹，这条新闻迅速成了人们关注的热点。研究人员兴奋地发现，在这些古老的建筑物中，富黏土泥浆在足够高的温度下燃烧，提供了该地区铁器时代的磁性记录。

学习目标

12.1　解释地球如何形成分层结构。

12.2　列举并描述地球内部的 3 个主要层。

12.3　解释如何利用地震波发现地球的分层结构。

12.4　描述地球内部运行的热传递过程，并指出这些过程在哪些层中发挥主导作用。

12.5　讨论地震层析成像揭示了地球各层中的哪些变化。

若能将地球切成两半，则首先应会注意到不同的层。最重的物质（金属）出现在地心，较轻的固体（岩石）构成中间层，低密度液体和气体构成外层。在地球范围内，我们知道这些层是铁质地核（中心层）、岩质地幔及地壳（中间层）、液态海洋和气态大气（外部层），地球上超过 95%的成分和温度变化均源于这种看似简单的分层结构。但是，这些层不仅会动态地变化，还是地球地质历史的一部分。

12.1　探索地球内部

解释地球如何形成分层结构。

地球内部由通过化学成分界定的 3 个主层（地核、地幔和地壳）组成，这三个成分不同的壳层还可基于物理性质（固态或液态、软弱或刚硬）进一步细分，如图 12.1 所示。对理解基本地质过程（如火山作用、地震和造山运动）而言，了解这两种类型的层至关重要。

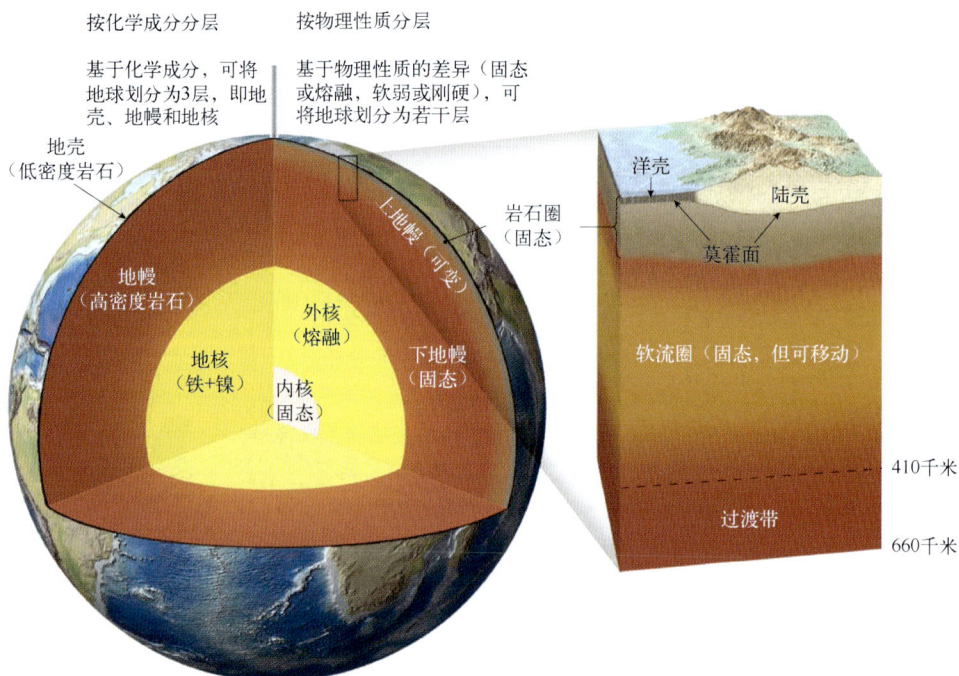

图 12.1　地球的分层。基于化学成分（左）和物理性质（右）划分的地球内部结构

12.1.1　地球成分层的形成

若摇晃盛满黏土、铁屑、水和空气的瓶子，则其最初应具有单一的泥质成分。但是，若让瓶子不受干扰地放置，则不同物质应会分离并沉淀成层。铁屑的密度最大，因此应首先沉到瓶底。铁屑之上应是黏土层，然后是水层，最后是空气层。对于泥水瓶中的分层以及地球内部探测到的成分分

层，重力发挥着主导作用。

地球由物质积聚而成，随着星云碎片的高速撞击和放射性元素的衰变，地球温度稳步上升。在这段剧烈的加热过程中，地球变得足够炽热，部分物质（包括铁和镍）开始熔融。这些重金属的液滴在熔融过程中形成，随后在重力作用下向地心部位下沉。这个过程称为化学分异作用（chemical differentiation），按地质年代尺度快速发生，最终形成了致密且富铁的地核。

在这段加热时期，熔融岩石的液滴（密度较小）大量形成，逐渐浮升至地表并固结，最终形成原始地壳。这种岩石物质主要由浅色硅酸盐矿物组成，富含氧、硅和铝元素，含有少量钙、钠、钾、铁和镁元素。此外，有些重金属元素（如金、铅和铀）的熔点较低，或者高度溶解在正在上升的熔融物质中，最终从地球内部迁移出来并富集在正在发育的地壳中。熔融温度较高的深色硅酸盐矿物（主要是橄榄石、辉石和石榴子石）则留下来成为地幔。

在这段化学分异作用的早期，地球内部形成了 3 个基本成分层：①富铁地核；②薄层原始地壳，主要由浅色到中间色硅酸盐矿物组成；③地幔，地球的最大分层，由深色（超镁铁质）硅酸盐矿物组成。

12.1.2　如何研究地球内部

在真正开始研究地球内部以前，研究人员需要了解地球的质量和平均密度。约在 200 年前，基于地球对周围天体的吸引力，人们求解出了地球的质量，然后在此基础上轻松计算出了地球的密度（物体的密度等于质量除以体积）。地球的平均密度约为 5.5 克/立方厘米，约为地表常见岩石的 2 倍。由地球的平均密度可知，地下深部物质的密度必定高于地表岩石。

通过综合分析这些信息，并对地球物质进行观测（直接和间接），人们发现了关于地球内部结构和成分的诸多线索。矿物物理学（mineral physics）是一种间接研究方法，它尝试模拟地下不同深度的高压和高温。挤压两颗金刚石之间的微小矿物样品，即可模拟地球内部不同深度的压力；利用激光加热矿物样品，还可实现高温模拟（见地质美图 12.1）。

12.1.3　地球矿物的直接观测

自人类开始采矿以来，上地壳采样就始终在进行，人们借此可直接了解上部陆壳的矿物组成。上部陆壳的平均成分是一种长英质岩石，称为花岗闪长岩（granodiorite）。采矿还帮助人们确定：随着深度的增加，陆壳变得更富镁铁质。

虽然大多数洋壳因远低于海平面而不可见，但是地质学家已经能够直接调查洋底构造。在有些地点（如纽芬兰、塞浦路斯、阿曼和美国加利福尼亚州），洋壳及其下伏地幔碎片已被逆冲推高到海平面之上。基于这些岩石露头和深海钻探船采集的岩心样，研究人员得出以下结论：上部洋壳主要由玄武质熔岩组成，下部洋壳是辉长岩，相当于粗粒玄武岩。

此外，当幔源岩浆上升至地表时，会携带来自上地幔和地壳的其他岩石样品，称为捕虏体（xenolith）。由这些数据可知，上地幔主要由橄榄岩（peridotite）组成，如图 12.2 所示。橄榄岩是一种超镁铁质岩石，主要由富镁铁矿物橄榄石(约 60%)和少量辉石(约 25%)组成。因此，与其上方的陆壳和洋壳相比，地幔组成矿物的密度更大。

人类拥有的最有趣地幔样品或许是称为金伯利岩（kimberlite）的火成岩，这是偶尔含金刚石的一种火山岩。金伯利岩管（kimberlite pipe）是将金伯利岩携带到地表的火山构造，具有一种狭窄的管状形态，接近顶部时变宽。由于金刚石仅能在高压环境（地下至少 150 千米）下形成，这些岩石提供了至少 150 千米深处的地幔样品。少量复原金刚石被视为形成于地幔中的过渡带（位于地下 410～660 千米处）。金刚石形成后很久，含有这些高压矿物的岩浆向上快速穿越岩石圈，然后在地表形成规模较小（但呈爆炸性）的喷发。

许多金刚石含有称为包裹体（inclusion）的瑕疵，即受困于金刚石中数百万年的微小外来物质碎片。对这些物质的分析结果表明，金刚石形成于成分类似于海水的富水环境，研究人员由此得出结论：上地幔中存在大量的水。

仅靠地震学无法确定地球深部物质的基本性质，人们还必须利用其他技术来获得更多信息。在矿物物理学实验中，研究人员可以测量岩石和矿物的物理性质（如刚度、可压缩性和密度），同时模拟地幔和地核的极端条件

大多数矿物物理学实验均采用金刚石砧压机（如右图所示），主要利用金刚石的两种重要性质（硬度和透明度）。两颗金刚石的尖端被切掉，一个较小矿物样品置于二者之间。通过将两颗金刚石挤压在一起，人们模拟出了像地心压力那样高的压力。通过发射激光束，使其穿越金刚石并进入矿物样品，即可获得高温

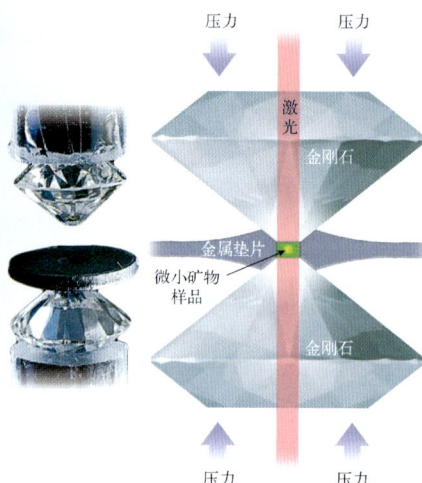

压力　压力

激光

金刚石

金属垫片

微小矿物样品

金刚石

压力　压力

在实验中，当一种矿物相变得不稳定并转化为新高压相时，研究人员记录下相关温度和压力。由于有助于确定地球内部发生相变时的环境，所以这些实验非常有用

这些实验也有助于确定地球内部的温度、压力和密度的变化，如下图所示

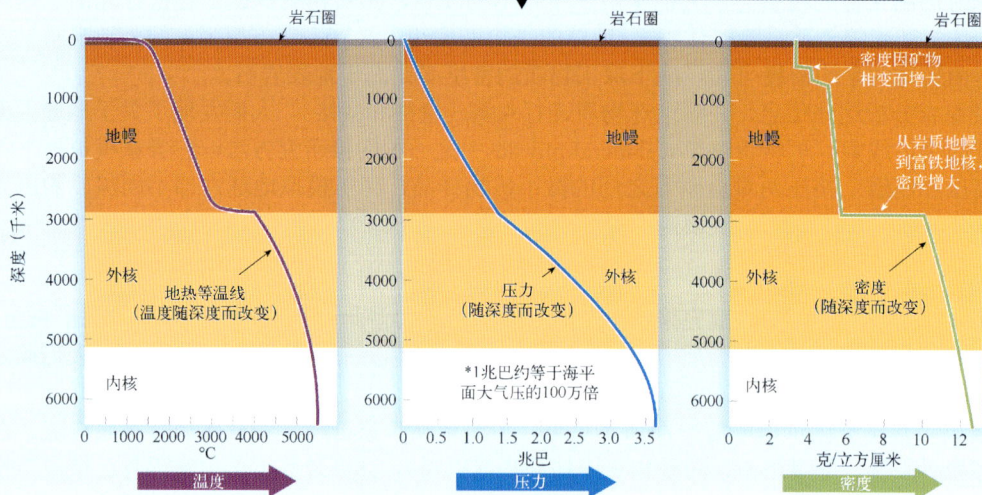

地质美图 12.1　重建深部地球

最近，在一颗天然金刚石中，人们发现了一小片高压形式的橄榄石，称为尖晶橄榄石/林伍德石（ringwoodite）。如第 3 章所述，在高压环境下，矿物中的原子能够重新排列，形成该矿物的一种更致密形式，这个过程称为相变（phase change）。这种罕见金刚石的发现进一步证明了橄榄石是地幔岩石的主要成分，而且支持实验室研究中橄榄石会变成与发现深度相对应的各种形式的预测。

此外，这颗金刚石中的尖晶橄榄石碎片含有约 1% 的水，明显高于其他形式的橄榄石。虽然数量很小，但是若上地幔中的所有尖晶橄榄石都含有这么多水，则地幔中的含水量应相当于全球海洋水量的总和。

关于地幔中水的来源，目前存在两种相互竞争的假说。一种假说认为，地幔水来自海水，由富含水分的海底俯冲带携带至地幔中；另一种假说认为，地幔水来自撞击地球的彗星，这些彗星在形成期间吸积（合并）了含水物质。

陨石是太阳系历史早期形成的小型天体残余物，成分与地球吸积的物质相似。

12.1.4 陨石证据

陨石（meteorite）是太阳系历史早期形成的小型天体残余物（见第 24 章），成分与地球吸积的物质相似。最常见的陨石称为石陨石（stony meteorite），富含橄榄石和辉石，这种成分类似于上地幔中的橄榄岩。

此外，铁陨石（iron meteorite）也相对常见，主要是铁与少量镍的合金（见图 12.3）。由于陨石中铁的丰度较高，可以得出结论：地球的成分应当比岩质地幔及地壳暗示的含量更富铁，所以更多铁元素必定存在于地核中。

另两种因素同样表明铁元素是地核的主要成分。首先，地幔岩石的高密度不足以解释地球的平均密度（即使置于地核中的极端压力下），但是铁的密度却可以解释。其次，地球磁场（地核中生成）需要一种导电物质（如铁）才能运行。12.5 节将介绍关于地球磁场的更多信息。

12.1.5 利用地震波探测地球内部

在最近数十年间，由于可探测遥远地震中地震波（seismic wave）的地震仪网络的数量越来越多，利用地震波研究地球内部的工作得到了极大加强。每年约有 3000 次地震的震级（约 5.5M_W 或以上）大到地震波能够穿越地球并被全球各地的地震仪记录下来（见图 12.4）。强烈地震产生的 P 波和 S 波就像医学中的 X 射线一样，为人们提供了透视地球的有效手段。

1. 地震波速度暗含的信息

P 波和 S 波在地球内部的传播速度存在变化，很大程度上取决于传输物质的性质。一般而言，当岩石刚性较强或可压缩性较低时，地震波的传播速度最快。被加热时，岩石的刚硬程度变低（想象加热冰冻巧克力块的情形），地震波的传播速度变慢。刚度和可压缩性的这些性质被用于解译温度——岩石在不同深度下温度与熔点的接近程度。具体而言，当 P 波穿越熔融（或部分熔融）岩石时，传播速度远慢于岩石呈固态时。此外，如第 11 章所述，S 波无法经由液体传播，由于 S 波无法穿越外核，能够得出结论：外核呈熔融状态。

地震波速度随深度变化的方式如图 12.5 所示。可以看到，在所有层中，P 波的传播速度均高于 S 波。此外，在地幔中，P 波和 S 波均呈现出速度逐渐增加的趋势，说明随着深度变大，地幔岩石趋于变得刚性更强和可压缩性更低。一种

图 12.2 **橄榄岩：来自地幔的岩石**。这块橄榄岩（富含橄榄石的岩石）样品来自地幔，提供了关于地球内部成分的线索。该地幔碎片（捕虏体）发现于夏威夷岛的玄武质熔岩流中

图 12.3 **铁陨石**。为揭示出晶体结构，这块样品被切割并用酸蚀刻。陨石吸积形成年轻地球

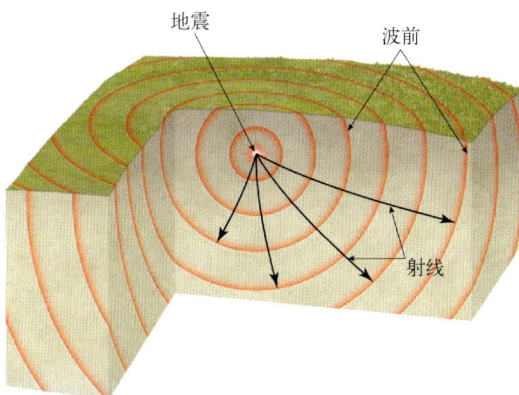

图 12.4 **地震波提供了透视地球的手段**。地震波穿越地球内部示意图，假设路径沿线的物质均匀分布

例外情形发生在软流圈（位于岩石圈正下方），P波和S波的传播速度在这里都很缓慢，说明软流圈是含有接近熔融温度岩石的软弱层。

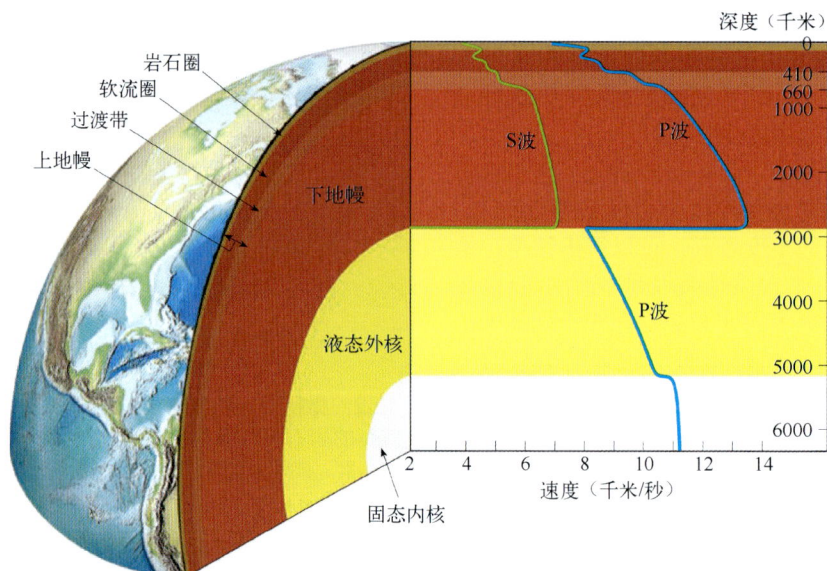

图 12.5　**P 波和 S 波在不同深度的平均速度**。S 波能够标识物质的刚性（刚度），速度越快表示刚性越强。内核的刚性低于下地幔，液态外核没有刚性

在地幔-地核的边界，P 波的速度下降最明显，且 S 波消失，说明地核是软弱的熔融层。相比之下，在外核-内核的边界，P 波的速度增大，说明内核比外核更刚硬（更强）。

地震波也以不同速度穿越具有不同成分的地球物质，例如地震波穿越洋壳（由玄武岩组成）的速度比穿越陆壳（整体成分类似于花岗岩）的速度快，因此地震波的传播速度有助于研究人员确定地球内部岩石的成分和温度。

概念回顾 12.1

1. 列举地球内部的 3 个不同成分层。
2. 提供证据证明地幔由橄榄岩组成。
3. 关于地核的成分，陨石能够告诉我们何种信息？
4. 解释地震波提供的地球内部信息。

12.2　地球的分层结构

列举并描述地球内部的 3 个主要层。

综合分析无数次研究取得的海量数据后，科学家终于能够逐层了解地球内部的结构和成分（见图 12.1）。

12.2.1　地壳

地壳（crust）是相对较薄的岩质外壳，可进一步划分为两种类型，即大陆地壳（简称陆壳）和大洋地壳（简称洋壳），如图 12.6 所示。在成分、历史和年龄方面，陆壳和洋壳的差异非常大。

1．洋壳

洋壳（海底）比陆壳更年轻（前者的年龄不到 1.8 亿年）、厚度更薄、密度更大。此外，洋壳在成分上与地幔（而非陆壳）更相似。洋壳的厚度约为 7 千米，在洋中脊系统沿线连续形成。洋壳的密度约为 3.0 克/立方厘米，上部由深色火成岩即玄武岩组成，下部可见辉长岩。与陆壳相比，

洋壳的化学成分和结构相当均匀。第 13 章将介绍关于洋壳形成和结构的更多信息。

2．陆壳

与洋壳不一样，陆壳由大量不同类型的岩石组成。虽然上地壳的平均成分是花岗闪长岩（一种长英质岩石），但其成分和结构在全球范围内的差异相当大。

陆壳的平均厚度约为 40 千米，但在山区（如喜马拉雅山脉和安第斯山脉）可能超过 70 千米。此外，陆壳的平均密度约为 2.7 克/立方厘米，远低于地幔。陆壳的密度较小（相对于地幔），因此能够解释其为何具有浮力（类似于覆盖在构造板块之上的巨型浮筏）以及为何无法轻易俯冲到地幔中。利用放射性测年法，人们发现了年龄超过 40 亿年的大陆岩石。

12.2.2 地幔

地幔（mantle）位于地壳之下，体积约占地球总体积的 82% 以上，从地壳底部 [称为莫霍面（Moho）] 延伸到液态外核，厚度接近 2900 千米（见图 12.5）。由于 S 波很容易穿越地幔，可知其为固态岩质层。不过，虽然具有固态基本特征，但地幔岩石极其炽热且能流动，只是速度极慢而已。

1．上地幔

上地幔（upper mantle）从莫霍面向下延伸至约 660 千米深的位置，可划分为 3 个壳层（见图 12.6）。

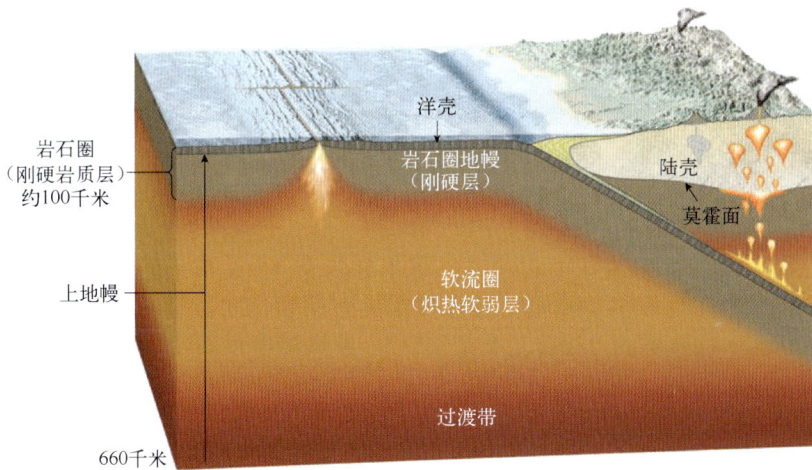

图 12.6　地壳和上地幔

1. 顶部地幔称为岩石圈地幔（lithospheric mantle），厚度从几千米（洋中脊下方）到 200 千米（稳定大陆内部下方）不等。顶部地幔和地壳共同构成地球的刚硬外壳，称为岩石圈（lithosphere）。

2. 软流圈（asthenosphere）是位于岩石圈地幔之下的软弱层。岩石圈地幔和软流圈的成分相似，但由地球的温度结构（如后所述）导致，岩石圈地幔较为刚硬，软流圈则较为软弱。

3. 过渡带（transition zone）位于上地幔下部，深度为 410～660 千米。过渡带顶部可通过地震波速度的突然变化进行识别，这种情形由橄榄石中的原子因压力增大（相变）而重新排列，进而形成一种更致密的结构导致。类似的相变还被视为发生在过渡带底部，如图 12.6 所示。

由火山活动携带至地表的岩石可知，上地幔主要由橄榄岩构成（见图 12.2）。

2．下地幔

下地幔（lower mantle）位于过渡带（660 千米）与熔融外核（2900 千米）之间。在下地幔中，橄榄石和辉石均具有称为钙钛矿（perovskite）[最近更名为桥镁石（bridgemanite）] 的一种致密矿物及其他相关矿物的化学结构。

3．D″层

D″层是一个极其独特的区域，位于下地幔底部数百千米处，成分和温度均有很大的变化（见图12.7）。D″层的冷区是俯冲大洋岩石圈的墓地，热区则是深部地幔柱的诞生地。

在D″层的底部，地幔与炽热液态铁质地核直接接触，因此可能炽热到足以发生部分熔融。部分熔融的证据来自S波的速度在D″层内下降30%，说明那里的岩石相当软弱。

12.2.3 地核

地核（core）的成分是铁镍合金，同时含有少量氧、硅和硫。由于地核中存在极端的压力，富铁物质的平均密度超过10克/立方厘米，地心位置的平均密度约为13克/立方厘米（水的密度的13倍）。

地核仅占地球体积的1/6，但占地球质量的1/3，因为地核主要由铁（在地球上含量较高元素中密度最大）构成。

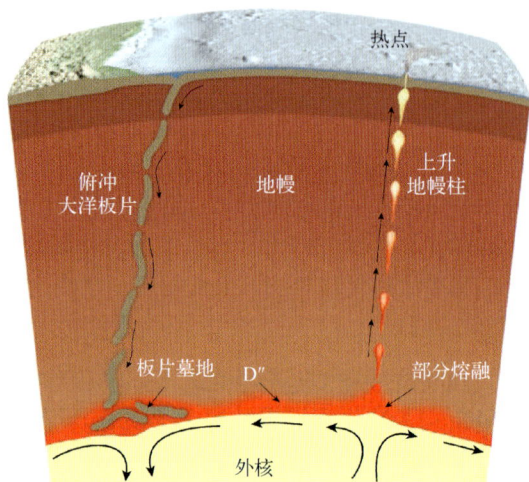

图12.7 位于地幔底部的可变且不寻常的D″层。在温度和成分方面，D″层都有较大的水平变化。许多地质学家认为D″层既是俯冲大洋岩石圈的墓地，又是一些地幔柱的诞生地

1．外核

外核（outer core）是厚度为2270千米的富铁熔融层。研究人员发规，P波在穿越地核-地幔边界时速度急剧下降，S波则并未传输，随即发现了外核的基本性质。在这个区域内，金属铁的对流形成了地球磁场，这是稍后要讨论的主题。

2．内核

内核（inner core）位于地球中心部位，是半径约为1216千米的固态致密球体。由于内核是球体，而地球的其他各层是外壳，其在插图中似乎要比实际情况大得多（见图12.1）。内核的体积仅为地球总体积的1/142（不到1%）。虽然温度很高，但是由于地心压力巨大，内核呈固态。

在更为炽热的地球历史早期，内核并不存在，但是随着地球不断冷却，熔融的铁开始结晶并逐渐下沉，最终形成固态内核。即使是在今天，内核仍在持续缓慢增大。

液态外核与地幔发生分离，固态内核能自由旋转。人们认为，内核的自转速度要快于地壳和地幔，每隔几百年就超过它们一圈。

最新研究发现，内核中有一个独特的球体，其直径约为内核的1/2。形成内核外部的铁晶体大致呈南北向排列，形成内核内部的铁晶体则呈东西向排列。这一发现意味着：地核最内部在其历史上的某个时刻改变了方位（自转）。

概念回顾 12.2

1. 陆壳和洋壳有何差异？
2. 列举并简要描述地幔各层的成分和物理性质。
3. 比较地球的内核和外核。

12.3 地球分层的发现

解释如何利用地震波发现地球的分层结构。

地震波不沿直线路径传播，穿越地球内部时会发生反射和/或折射（见图12.8）。当遇到不同

地球物质之间的边界（分界面）时，部分地震波发生反射，即从边界层反弹。人们熟悉的反射声波称为回声（echoe）。当在密度或成分不同的各层之间穿越时，地震波发生折射（改变方向），类似于光从空气进入水时的折射（弯曲）方式。利用地震波的这些性质，人们发现了地球内部的主要边界。

12.3.1 莫霍面的发现

如前所述，地壳与地幔之间的边界（分界面）称为莫霍面（Moho），这是利用地震波发现的首个地球内部结构，以克罗地亚地震学家安德里亚·莫霍洛维奇（1909 年识别出这条边界）的名字命名。在观测浅层地震产生两组 P 波形成的地震图时，莫霍洛维奇发现了莫霍面。他发现一组 P 波以约 6 千米/秒的速度穿越地面，另一组 P 波的速度约为 8 千米/秒。对于这种差异的形成原因，莫霍洛维奇正确预测了两组 P 波在不同层中的传播，特别是得出了结论：较慢地震波沿直接路径穿越地壳，较快折射波则穿越地壳之下的高速层（今天称为地幔）。对于地壳和下伏地幔由不同岩石类型构成的假说，这一发现提供了强有力的证据。

莫霍洛维奇的工作还提供了计算任何位置的地壳厚度的一种方法。直达波沿近直线路径穿越地壳，折射波路径则首先向下穿越地壳，然后沿地幔顶部传播（见图 12.9）。距离震中最近的地震仪首先记录到较慢的直达波，距离震中较远的地震仪首先记录到较快的折射波。两种波同时到达的点称为交叉点（cross-over），该点可用于确定莫霍面的深度。

直达波与折射波的传播时间差大致相当于在地方公路和州际高速上抵达目的地时的行驶时间差。对较短的距离而言，若在最直接的路线上行驶（一般需要在地方公路上慢速行驶），则通常会更快地抵达目的地。对较长的距离而言，若选择不那么直接的路线（包括主要在州际高速上行驶），则可能更快地抵达目的地。交叉点（两条路线花费时间相等的位置）与抵达州际高速前必须行驶的距离直接相关。

交叉点可用于确定莫霍面的深度，与地震波在抵达地幔（较快层）前穿越地壳（较慢层）的距离远近相关：交叉点距离越远，莫霍面就越深，地壳就越厚。莫霍面位于大陆之下 25～70 千米的位置，位于洋底之下约 7 千米的位置。

12.3.2 地核的发现

1906 年，英国地质学家理查德·奥尔德姆发现了地球存在中心核的证据。在距离某次地震震中约 100°（略大于两极到赤道的距离）以远的位置，奥尔德姆观测到 P 波和 S 波不存在（或者非常微弱）。换句话说，奥尔德姆发现了中心核存在的证据，这个中心核导致 P 波发生折射，形成一个地震阴影带/阴影区（shadow zone），类似于树木形成的光波阴影。此外，外核呈熔融状态，会阻挡住 S 波（无法穿越液体）的传播。

地核形成的 P 波和 S 波阴影带的位置如图 12.10 所示。虽然部分 P 波和 S 波仍能抵达阴影带，但是非常微弱，因为它们要么穿越了外核（熔融区），要么传播了较远的距离。

12.3.3 内核的发现

1936 年，丹麦地震学家英奇·莱曼发现，地球含有一个不同于熔融外核的内核。通过检查新西兰发生的一次强震的地震仪记录，莱曼观测到部分微弱 P 波抵达 P 波阴影带，如图 12.10a 所示。莱曼从这些发现中得出结论：这些波一定是从地核内的一个以前未知的边界反射（反弹）而来的。因此，莱曼成为识别出外核与内核之间边界的首位研究人员。

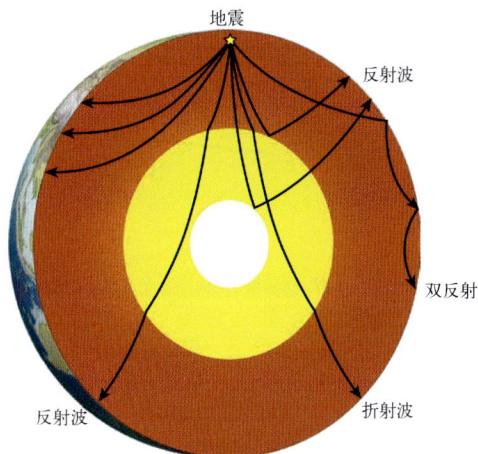

图 12.8　地震波穿越地球内部的可能路径

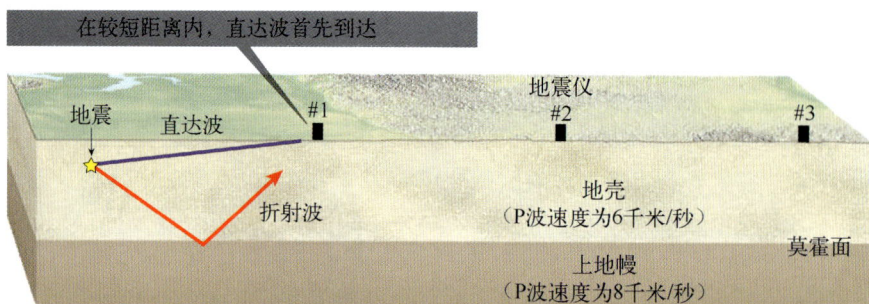

在较短距离内，直达波首先到达

(a)

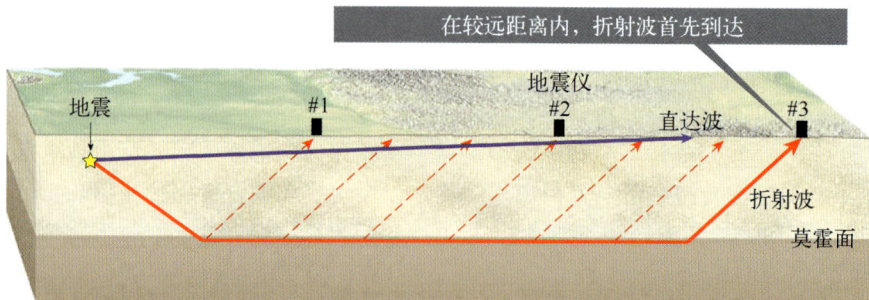

在较远距离内，折射波首先到达

(b)

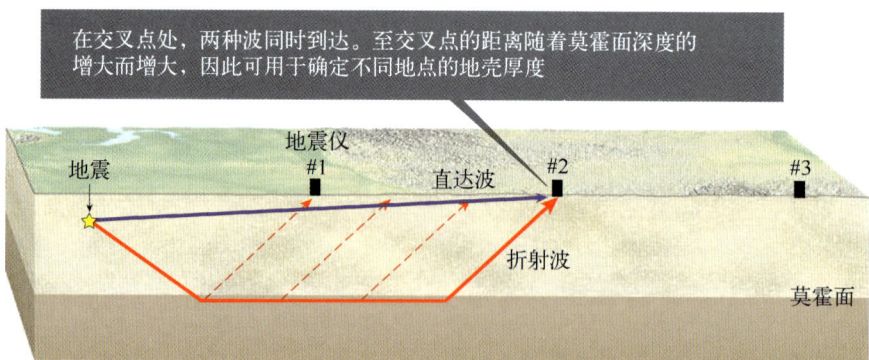

在交叉点处，两种波同时到达。至交叉点的距离随着莫霍面深度的增大而增大，因此可用于确定不同地点的地壳厚度

(c)

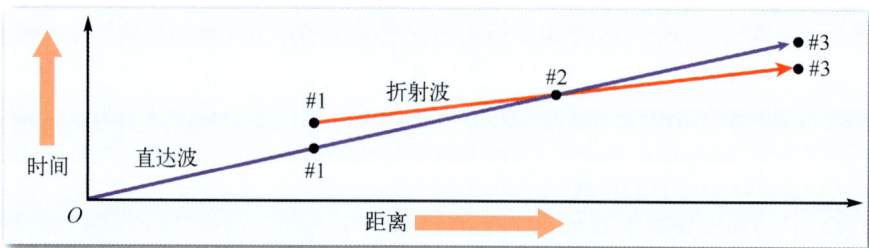

(d)

图 12.9 莫霍面的发现。插图显示了如何利用地震波发现莫霍面，以及地震学家如何确定其深度

　　内核被发现后不久，人们就假设其呈固态，但其刚性（固态）基本性质直到 1971 年才得到证实。莱曼的工作具有开创性，因为地震波穿越地球内部时会减弱，且传播距离太远会使得这些信号很难被探测到。利用今天的现代地震网络，人们发现了地球内部的细节。

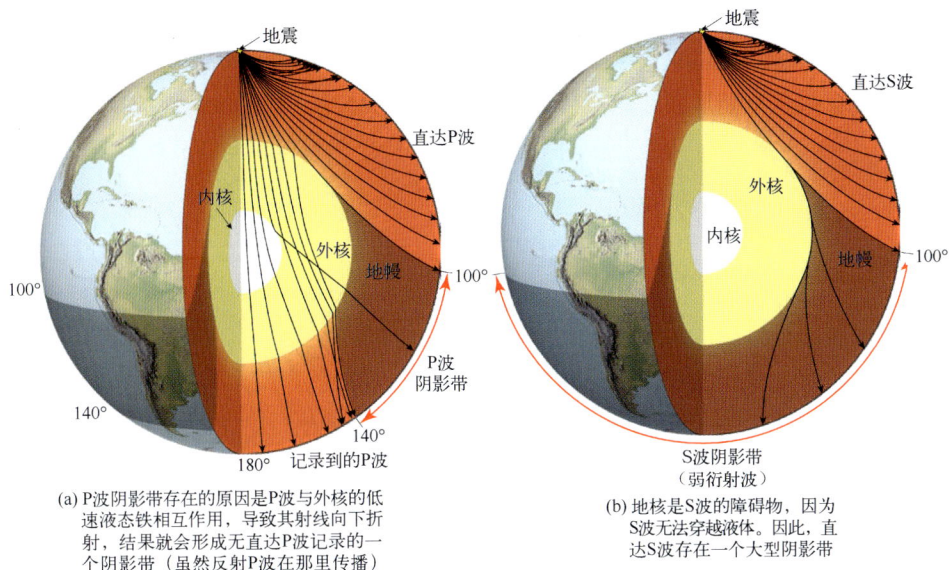

(a) P波阴影带存在的原因是P波与外核的低速液态铁相互作用，导致其射线向下折射，结果就会形成无直达P波记录的一个阴影带（虽然反射P波在那里传播）

(b) 地核是S波的障碍物，因为S波无法穿越液体。因此，直达S波存在一个大型阴影带

图 12.10　P 波阴影带和 S 波阴影带。(a)部分 P 波从内核反射，抵达 P 波阴影带内，此处显示为单条射线；(b)部分 S 波在外核周围弯曲，并且记录在 S 波阴影带内的地球另一侧

概念回顾 12.3

1. 地壳与地幔之间的边界称为什么？它是如何被发现的？
2. 何种地震证据说明地球的外核呈熔融状态？

12.4　地球的温度

描述地球内部运行的热传递过程，并指出这些过程在哪些层中发挥主导作用。

像太阳系中的其他行星一样，地球曾先后经历两个温度阶段（见图 12.11）。第一阶段发生在地球形成期间，内部温度快速上升；第二阶段发生在剩余的历史时期，地球极为缓慢地持续冷却。

12.4.1　地球如何变热

在太阳系诞生期间，地球形成于一种非常狂暴的过程，包括与无数星子/微行星（小行星大小的天体）发生碰撞，如第 22 章所述。每次碰撞后，动能都转化为热能。随着早期地球的生长和体积变大，温度快速上升。年轻地球还含有大量短寿命放射性同位素（如铝-26 和钙-41），这些同位素衰变成稳定形式时释放出巨量能量，称为*放射性热/放射成因热*（radiogenic heat）。

另一个重大事件同样加热了地球，即一颗火星大小的天体与地球发生了碰撞

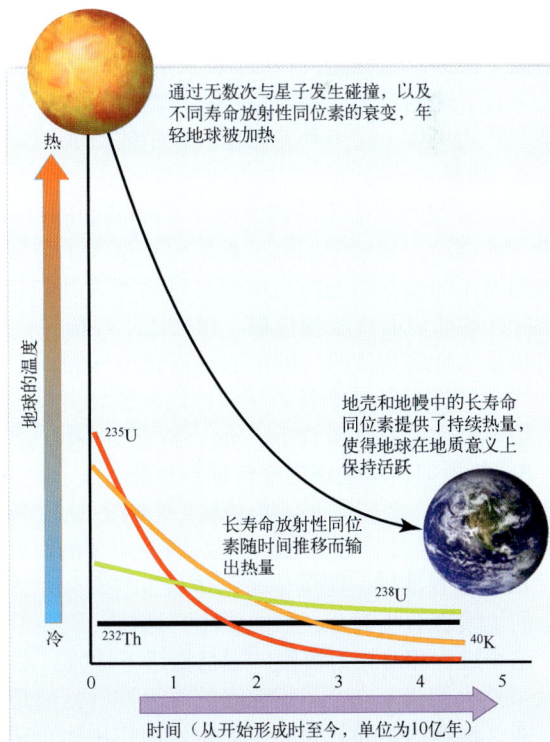

通过无数次与星子发生碰撞，以及不同寿命放射性同位素的衰变，年轻地球被加热。

地壳和地幔中的长寿命同位素提供了持续热量，使得地球在地质意义上保持活跃

长寿命放射性同位素随时间推移而输出热量

图 12.11　地球温度随着时间的推移而改变的历史

（同时形成了月球），整个地核及大部分地幔当时均被熔化。自那时（约 45 亿年前）至今，地球内部逐渐冷却。

若地球热量仅来自早期形成和短寿命放射性同位素的衰变，则地球内部应早已冷却，即动态过程（如板块构造、地震和火山活动）已经终结。但是，地幔和地壳也含有长寿命放射性同位素，使得地球的运行状态类似于"小火慢炖"。

12.4.2 热量如何传播

你可能已经知道，热量会从较热的区域流向较冷的区域。地心温度约为 5500℃（大致相当于太阳表面的温度），地表温度约为 15℃，因此地球内部的热量会向地表流动。

通过 3 种不同的机制（对流、传导和辐射），热量可从地球内部向太空传播。对流和传导过程仅在地球内部运行，辐射过程则将热量搬离地表并最终进入太空（见图 12.12）。

1. 对流

对流（convection）以热物质上升并取代冷物质的方式进行热传递，这是地球内部热传递的主要方式。若见过锅里的沸水，则你一定熟悉对流机制：锅里的沸水似乎在翻滚，锅底的水被加热而膨胀和上升，然后取代较冷且密度较大的顶部水。

当密度差异由化学（而非温度）方式导致时，同样会发生对流。化学对流（chemical convection）是外核中的重要运行机制。当铁元素结晶下沉而形成固态内核时，剩余熔融物质含有更高百分比的较轻元素，这种液体比周围富铁物质的浮力更大，会上升并促进外核中的对流。

2. 传导

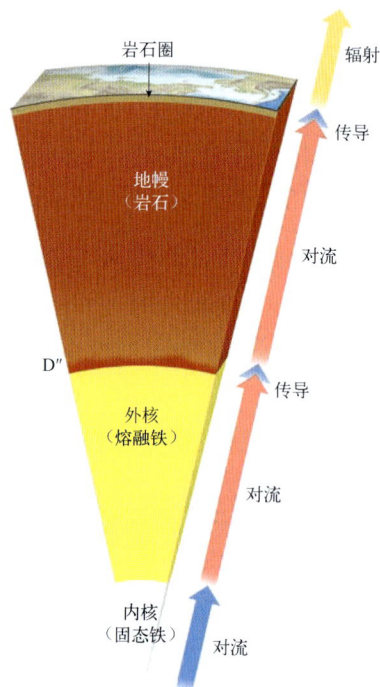

图 12.12　不同深度的热传递主导类型。通过对流和传导过程，热量可从地球内部传播到地表。通过辐射过程，地球最终将热量输送到太空中

热量穿越物质的流动称为传导（conduction）。热量通过两种方式进行传导：①原子的碰撞；②电子的流动。岩石中的原子被锁定在适当的位置，但会持续不断地振荡。若岩石一侧被加热，则该侧原子的振荡将变得更剧烈，进而增大其与相邻原子的碰撞强度，最终导致热能以多米诺骨牌效应在整块岩石中缓慢传播。相比之下，传导在金属中快速发生，因为部分电子能够自由移动，可将热量从金属物体的一侧快速传输到另一侧。

大多数岩石都是不良热导体，因此传导并非地球大范围区域内传递热量的有效方式。无论如何，传导都是岩石圈和 D″ 层中的一种重要热传递机制，并在固态金属内核中有效地发挥着作用。

3. 热量如何从地球内部传递到地表

穿越地球主要层的主导热传递类型如图 12.12 所示。传导是固态金属内核中最重要的过程。当热量从内核向外核传导时，对流开始发挥更重要的作用。

从外核到地幔，能量传递以传导方式发生，因为地核富铁物质的密度太大，无法与上面密度较小的地幔岩石相混合。热能要离开地核，就要以传导方式跨越地核-地幔边界，并向上穿越 D″ 层，这个过程相对较为缓慢。一旦抵达下地幔，热能就主要以对流方式向上运动。

虽然人们尚未完全了解地幔的对流过程，但是理想化模型如图 12.13 所示。在这个模型中，岩石圈（地球的刚硬外壳）与地幔协同作用而形成对流。大洋岩石圈形成后会快速冷却（主要通过海底断裂中的冷海水环流），导致其收缩且密度和重量均变得更大，最终随着时间的推移而在俯

冲带沉入地幔。较冷大洋岩石圈可视为地幔-板块对流系统的顶部，扩张中心下方的上升热地幔岩石和热浮力岩石［称为地幔柱（mantle plume）］则是这个对流单元的上行部分（见图 12.13）。

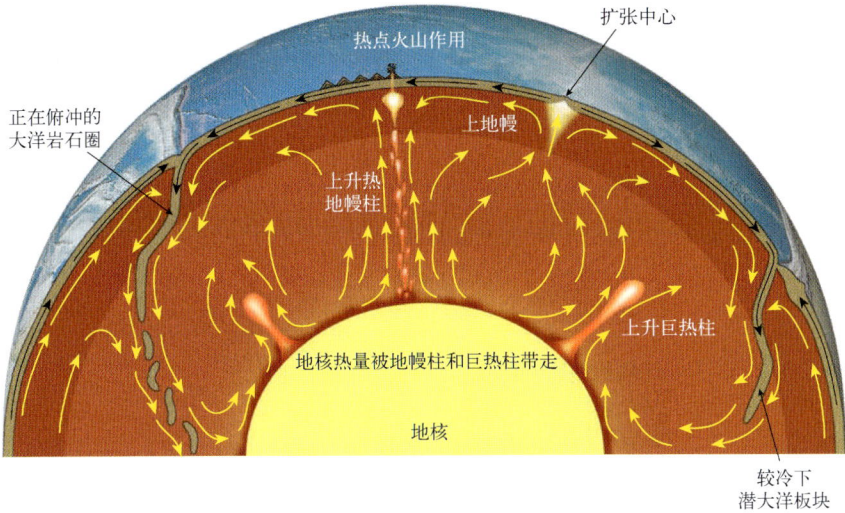

图 12.13　全地幔对流。根据这个模型，整个地幔都在运动，由较冷大洋岩石圈沉入地幔深处驱动。通过地幔柱和海洋扩张中心热地幔岩石上升流的组合，发生向上流动。并非所有科学家都认可这个模型的准确性

抵达上地幔的大部分热能缓慢穿越固态刚硬岩石圈，最终抵达地表。热量抵达地表后，并非在所有地点都以相同的速度逃逸。热流在洋中脊附近最高，那里的高温岩浆仅在地表之下数千米处。在大陆区域中，热流速度适中，岩石富含能够释放自身热源的放射性同位素。相比之下，深海平原（古老且寒冷的洋底区域）的热流最低。

对流是地幔和外核中的主导热传递模式，内核中或许也是如此。

12.4.3　地球温度剖面

在地壳范围内，温度随着深度的增加而快速升高，升速高达 30℃/千米，直至地幔顶部附近（距离地表约 100 千米）达到约 1400℃。但是，在大部分地幔范围内，升速非常缓慢（约 0.3℃/千米），直至下降到近地幔底部才能翻倍到约 2800℃。这种模式有一个例外，即在充当温度边界的较薄 D″ 层内部，温度上升超过 1000℃（从顶部到底部）。

地球不同深度的平均温度剖面称为地温梯度/地热梯度（geothermal gradient）或地热等温线（geotherm）。图 12.14a 描绘了地热等温线以及每个深度的物质熔点曲线。可以看到，上覆物质施加的压力持续增大，熔点曲线值随着深度的增加而逐渐升高。大多数物质在受到挤压时更难熔化，因为物质在固态形式（与液态形式相比）下占据的空间更小，因此压力越大，熔融温度就越高。

综合而言，地热等温线和熔点曲线是研究地球物质行为的重要工具。在地热等温线值大于熔化温度值的层中，地球物质呈熔融状态。如图 12.14a 所示，这种情形可在外核中发现。

地热等温线与熔化温度之间的关系不仅决定了地球物质是否呈熔融状态，还标识了其黏度/黏性（viscosity），即流动阻力。注意观察图 12.14b 中的黏度与图 12.14a 中的地热等温线曲线与熔点曲线的接近程度是如何直接相关的。当接近熔点时，岩石开始变软弱且易流动。低黏度区域（如软流圈和 D″ 层）较软弱，高黏度区域（如下地幔和岩石圈）较刚硬，如图 12.14b 所示。

研究结果表明，下地幔中的对流速度仅为上地幔中的几分之一，但是在地幔最底部，温度随深度的增加而快速升高。因此，D″ 层中的岩石相对较软弱，更易流动，且可能出现一些熔融情形。

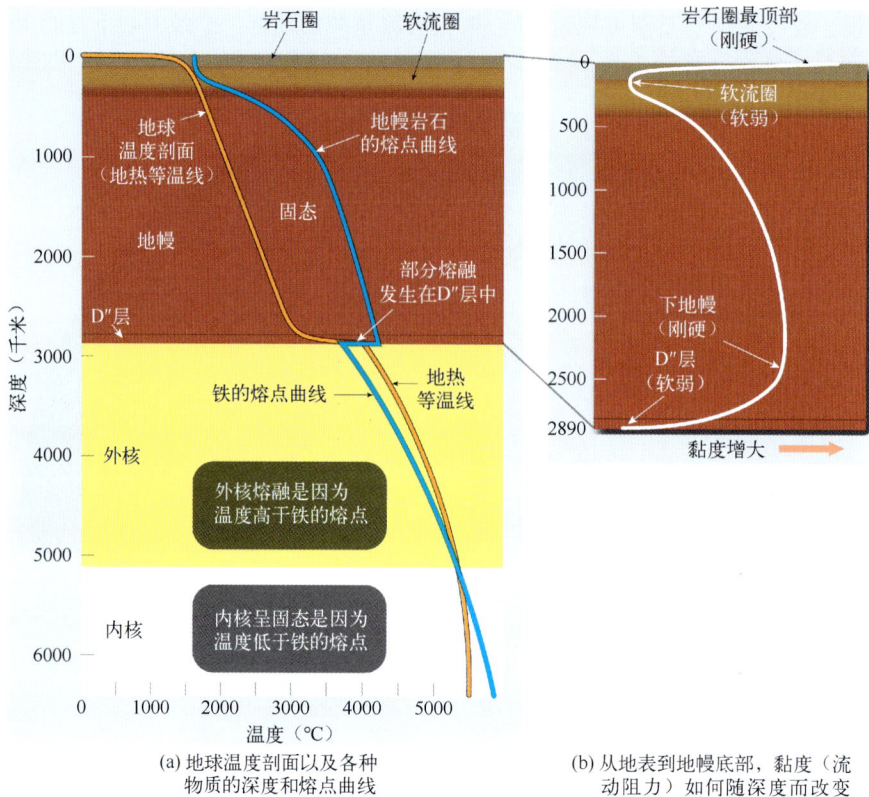

(a) 地球温度剖面以及各种
物质的深度和熔点曲线

(b) 从地表到地幔底部，黏度（流
动阻力）如何随深度而改变

图 12.14   地热等温线和熔点曲线是研究地球深部物质的重要工具。比较这两幅图，会发现在岩石温度接近熔融的地下深部（软流圈和 D″层），岩石最软弱且易流动。高黏度（类似于地壳和岩石圈）说明岩石更刚硬且更不易流动

在地核中，温度升速比压力升速慢。从地核–地幔边界到地心温度仅上升约 40%，即从约 4000℃上升至 5500℃。但是，压力几乎翻了 2 倍，从 1.36 兆巴增大至 3.64 兆巴（1 兆巴等于 1 标准大气压的 100 万倍）。虽然外核中的温度低于内核，但因压力较小而仍然保持为液态。相反，内核中的铁在这些高温下保持为固态，因为其熔化温度会因极端压力而急剧上升。

概念回顾 12.4

1. 地球最初内部热量的两种来源是什么？
2. 列举地球内部运行的两种热传递机制。
3. 地幔中哪种热传递机制占主导地位？

12.5   地球内部的水平变化

讨论地震层析成像揭示了地球各层中的哪些变化。

地球不仅表现出垂向变化（分层），还表现出水平变化（层内差异）。这些水平变化大多与地幔对流和板块构造过程直接相关，可通过研究地球引力场和磁场的变化以及成像 [称为*地震层析成像*（seismic tomography）] 进行识别。

12.5.1   地球重力

地球自转是造成在地表处可观测到重力差异的最重要原因。地球绕地轴自转，重力导致物体（如苹果）落向地面时加速，因此存在*重力加速度*（acceleration due to gravity）。赤道处的重力加速度

（9.78 米/平方秒）小于两极处的重力加速度（9.83 米/平方秒），这种现象的出现有两个原因。首先，地球自转产生一种离心力，其与到地轴之间的距离成正比。类似于急转弯车辆中将乘车人抛向侧面的力，最大离心力在赤道处（向外）与重力相抗衡。

其次，地球自转也会影响其形状，因此赤道到地心的距离（6378 千米）要略远于地心到两极的距离（6357 千米），如图 12.15 所示。因此，地球并不是一个完美的球体，而是赤道略鼓而两极稍扁的**椭球体/扁球体**（oblate spheroid）。这种差异导致赤道处的重力略弱于两极，因为物体相距较远时的引力减小。实际上，同一个人在赤道处的质量要比在两极处的体重约轻 0.5%（见图 12.15）。

1. 重力揭示的地球构造

重力测量结果表明，有些变化不能通过地球自转来解释。例如，若地表之下存在密度特别大的大块岩石，则质量的增大将导致其对正上方地表的引力高于平均水平，这种现象称为**重力异常**（gravity anomaly）。由于金属和金属矿石的密度往往远大于硅酸盐岩石，人们长期将重力正异常（大于平均力）用于找矿预测。

美国区域重力异常图如图 12.16 所示。注意观察图形中部将美国一分为二的狭窄重力正异常（红色），这是北美中大陆张裂（陆内裂谷）：约在 10 多亿年前，较厚且致密的火山岩填充了地壳中的一条断裂。重力负异常（蓝色）位于美国西部的盆岭（盆地和山岭）地区，当来自下方的高温浮升岩浆侵入时，温暖且密度较小的地壳在此被拉伸并变薄。

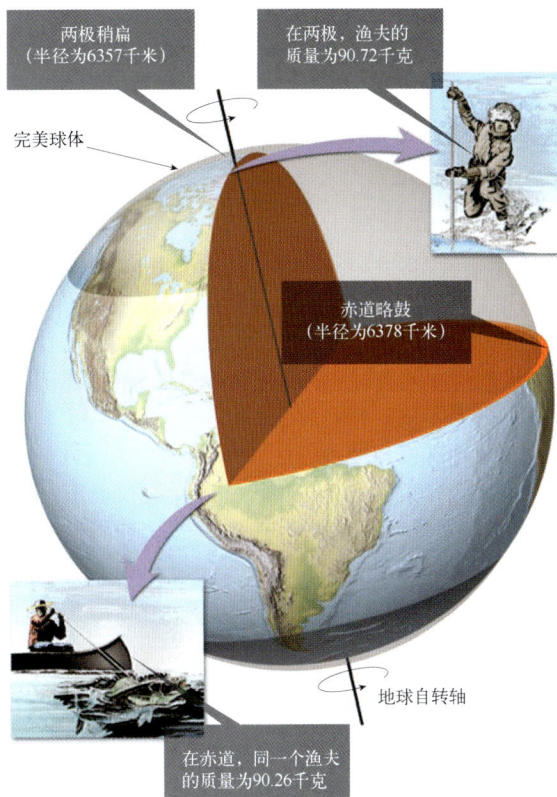

图 12.15 地球并非球体，而是椭球体。由于地球自转，赤道略鼓而两极稍扁

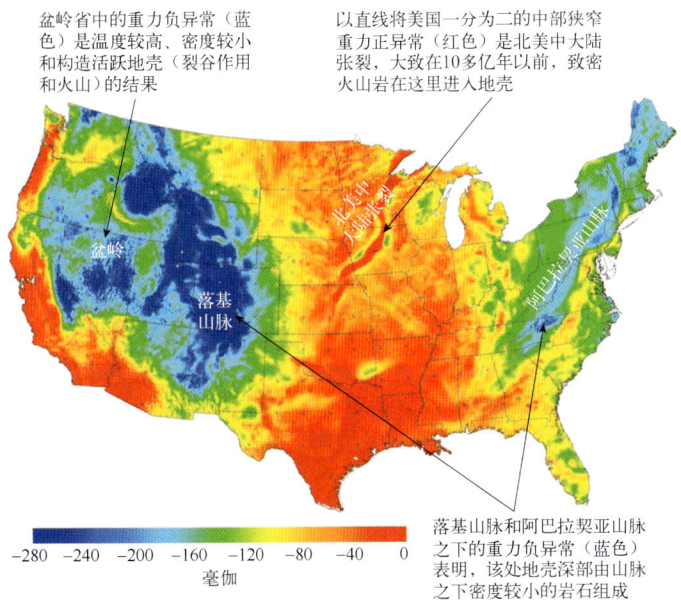

图 12.16 美国大陆下方的重力异常

利用卫星，人们已探测到地表之下的部分大规模密度差异。这些重力异常形成于地幔岩石的大型上升流和下沉流，上升流区域与高温地幔柱相关，下沉流则发生在低温大洋板片下潜到地幔中的地方。

12.5.2 地球磁场

熔融铁在外核中的对流非常强烈，因此通过地震波观测时外核显得较为均匀。然而，实际上，外核中的流动形态导致地球磁场发生了改变，人们可在地表对这些变化进行测量，然后讲述一个与众不同的精彩故事。

1. 地球发电机

地球的磁场（magnetic field）具有反映其形成过程的复杂构造。当外核中的富铁流体上升时，其路径因地球自转而变得扭曲，因此流体以与地轴平行排列的螺旋柱形式运动

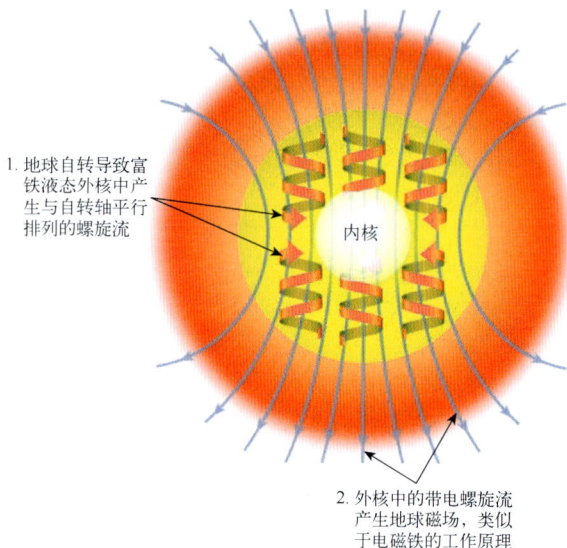

1. 地球自转导致富铁液态外核中产生与自转轴平行排列的螺旋流

内核

2. 外核中的带电螺旋流产生地球磁场，类似于电磁铁的工作原理

图 12.17　地球磁场在液态富铁外核中产生

（见图 12.17）。这种富铁流体带电流动，产生磁场，这种现象称为地球发电机（geodynamo）。这个过程类似于电磁铁如何产生磁场，当电流通过环绕在铁钉周围的铜线时，铁钉就变成能够产生磁场的简单条形磁铁（见图 12.18a）。由于具有两个磁极（磁北极和磁南极），这种类型的磁场称为偶极场（dipolar field）。如图 12.18b 所示，地球外核产生的磁场也是偶极场。

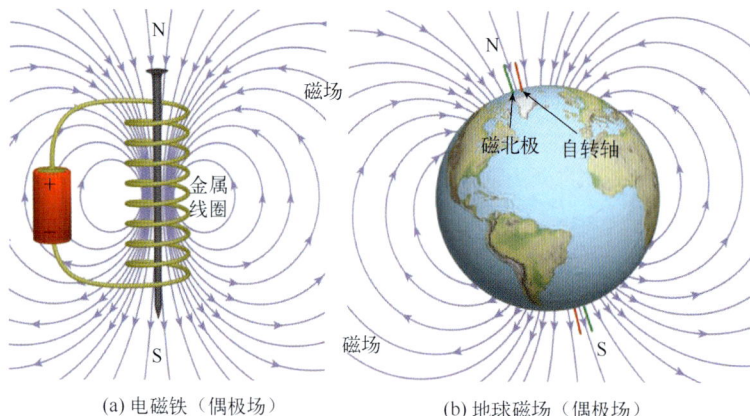

(a) 电磁铁（偶极场）　　(b) 地球磁场（偶极场）

图 12.18　地球磁场与电磁铁之间的相似性

但是，外核中产生的磁场要复杂得多。地球的磁场超过 90%是偶极场，但其余磁场则产生于熔融外核中发生的复杂对流模式。因此，地球磁场的特征会随着时间的推移而发生变化。

数百年来，水手们一直在使用罗盘进行导航，主要是跟踪罗盘指针的朝向。基于罗盘的观测结果，可确定地球的磁极位置不断发生动态变化。要理解这一现象，需要研究如何测量磁场定向。

2. 测量地球磁场

地表磁场方向用两个角度来度量，分别称为磁偏角（declination）和磁倾角（inclination）。磁偏角测量磁北极相对于地理北极（地轴）的方向；磁倾角测量磁力线在任何位置的向下倾斜，即罗盘侧向倾斜时显示的角度。在磁北极，磁场直接指向下方；在赤道，磁场呈水平方向（见图 12.19）。在美国中部，磁场以中等角度向下倾斜，具体取决于观测者所在的纬度。

由这些测量结果可知，随着时间的推移，两个磁极的位置都已经发生明显变化。地球磁北

极以前位于加拿大，但是近 10 年间向北移动到了北冰洋，目前正以超过 70 千米/年的速度朝地理北极（西北）方向移动。与此类似，磁南极一直在朝远离地理南极的方向移动，即从南极洲向太平洋移动。

磁极位置的这些变化由外核中运行的对流模式的逐渐变化引发，但是研究结果表明，数千年来的平均磁极位置与地轴（地理南北极）保持一致。

3．地磁倒转

前述平均磁极位置有一种例外的情形，这种情形发生在地磁倒转/地磁场转向/地磁反向/磁场倒转/磁极倒转（magnetic reversal）期间。在相对较短的时间跨度内（从地质学视角看），地球磁场的极性发生倒转，使得罗盘上的指北磁针指向南方（本书第 2 章曾介绍地磁倒转在古地磁研究中的重要性）。在倒转期间，磁场强度下降到正常值的 10%左右，两极的位置开始漂移，最远甚至能够穿越赤道（见图 12.20）。当磁场强度恢复到正常水平时，磁场会以相反的极性再生。整个过程仅需要耗时几千年。

外核中的对流模式会在相对较短的时间内发生变化，磁场倒转的速率为这种观点提供了证据，人们目前正在利用高速计算机对这个复杂的过程建模。此外，图 12.20 描绘了在返回到更均匀且更简单的偶极场模式之前，磁力线如何以复杂方式发生扭曲。

地磁倒转可能对地球上的陆地生物产生有害后果。地球周围环绕着一个大气磁层（magnetosphere），可保护地表免受太阳所发射电离粒子［称为太阳风（solar wind）］的轰击。在地磁倒转前，磁场强度应会明显降低，导致抵达地表的电离粒子数量增多，进而对人类及其他生命形式的健康构成威胁。

12.5.3 地震层析成像

通过重力测量探测到的成分及密度变化也可通过地震学进行观测，这项技术称为地震层析成像（seismic tomography）。类似于医学层析成像（医

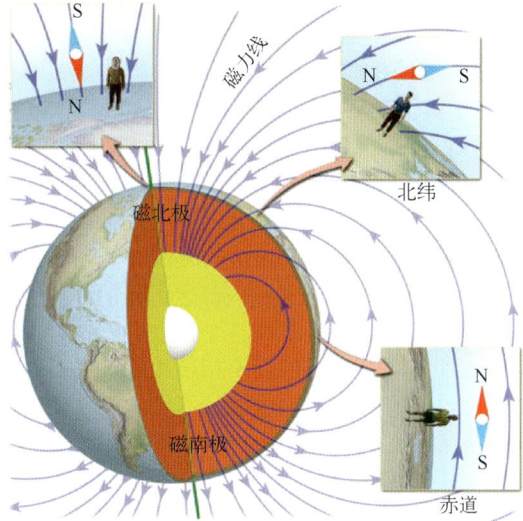

图 12.19 **磁场在不同位置的磁倾角**。虽然罗盘仅测量磁场的水平方向（磁偏角），但是在大多数位置，磁场也以不同的角度（磁倾角）倾入或倾出地表

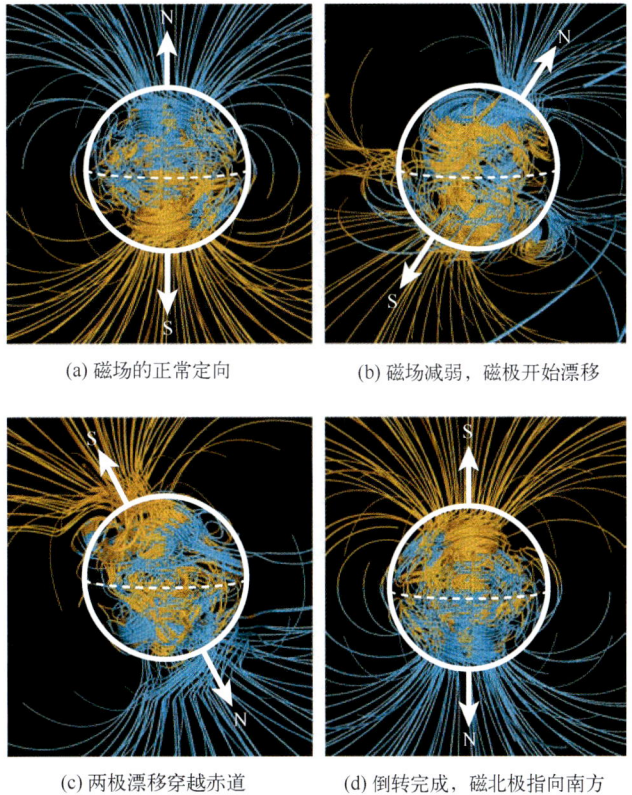

(a) 磁场的正常定向 　　(b) 磁场减弱，磁极开始漂移

(c) 两极漂移穿越赤道 　　(d) 倒转完成，磁北极指向南方

图 12.20 **计算机模拟显示地球磁场倒转的方式**。白色圆圈代表地核-地幔边界，白色虚线代表赤道投影位置，箭头分别指向磁北极（N）和磁南极（S）。在倒转过程中，磁场强度减弱，两极开始大幅漂移，最远甚至能够穿越赤道。当磁场强度恢复到正常水平时，就会以相反的极性再生

生利用 CT 扫描等技术对人体内脏进行三维成像），为了看到地球内部的所有部分，地震层析成像需要采集许多地震台站记录的大量地震信号。

利用地震层析成像，首先识别出 P 波（或 S 波）在特定深度的传播速度比平均速度更快（或更慢）的区域，然后将这些地震波速度异常解释为物质的性质（如温度、成分、矿物相或含水量）变化。例如，岩石温度升高约 100℃ 可能导致 S 波的速度下降约 1%，因此地震层析成像生成的图像经常会根据温度变化进行解释。

地幔的地震层析成像横截面如图 12.21 所示，地震波传播速度慢于平均值的区域（负异常）为红色，地震波传播速度快于平均值的区域（正异常）为蓝色。在该图中，可观测到各种重要形态。例如，大陆岩石圈（如北美洲和非洲内部之下）的地震波速度快于大洋岩石圈，因为大陆岩石圈更古老且更刚硬（如前所述，大陆岩石圈已冷却数十亿年）。地震层析成像还显示，大陆岩石圈（深蓝色区域）可能相当厚，向地幔中延伸的距离超过 300 千米。与此相反，洋脊/海岭（如大西洋中脊）处的地震波速度较慢，因为它们所在岩石区域的温度等于（或大于）其熔融温度（见图 12.21）。

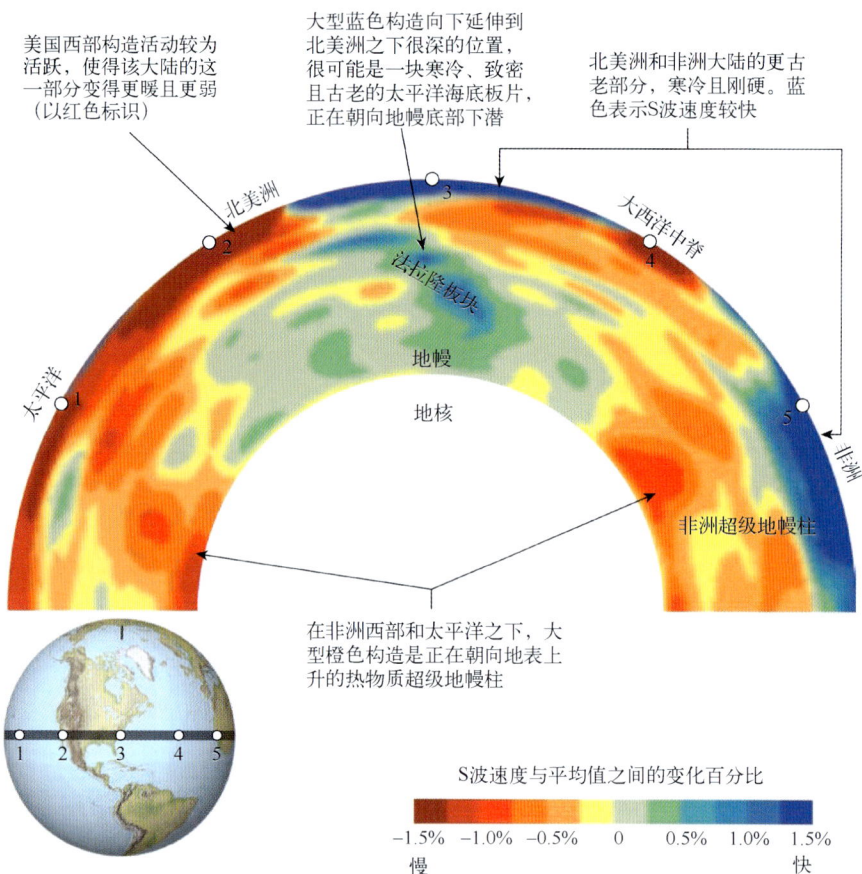

图 12.21　显示地幔构造的地震层析成像切片。颜色显示了 S 波速度与平均值之间的变化，较冷且刚硬的岩石显示为蓝色，较暖且软弱的岩石显示为红色

在北美洲之下的地幔中，注意观察地震波速度较快的倾斜带（蓝色/绿色），其代表一片正在下潜的大洋岩石圈，称为**法拉隆板块（Farallon plate）**，如图 12.21 所示。当朝向地核-地幔边界移动时，这个以前海底板片的冷段当前正在下潜并变暖。若时间足够，这个板片中的物质可能变得温度足够高且浮力足够大，最终回升至地表。

在非洲之下，地震波速度较慢的较大区域（图 12.21 中右下角的红橙色大区域）称为**非洲超级地幔柱（African superplume）**，这是地幔中向上流动的一个区域。这些缓慢速度可能缘于异常高的温度。正在上升的岩石无法轻易突破巨厚非洲地壳，因此被偏转到非洲大陆的两侧，或许为大西洋和印度洋的中部扩张中心（洋中脊）提供了岩浆。

概念回顾 12.5

1. 地球重力是否在整个地表上相等？解释理由。
2. 描述磁极的位置如何随着时间的推移而发生变化。
3. 举例说明地震层析成像揭示的大地构造。

主要内容回顾

12.1 探索地球内部

关键词：捕虏体，橄榄岩，陨石，地震波

- 地球的分层结构由地球历史早期地球物质的重力分选发育而成，密度最大的物质下沉到地心，密度最小的物质上升到地表。
- 通过直接观测地壳的矿物组成，可确定上部陆壳的平均成分是花岗闪长岩。
- 上升到地表的幔源岩浆经常包含其他岩石，称为捕虏体，它们是上地幔的样品。基于这些捕虏体及其他信息，可知上地幔主要由橄榄岩构成。
- 铁陨石是太阳系历史早期形成的小型天体残余物，为证明地球成分比岩质地幔和地壳暗示的成分更富铁提供了证据。因此，更多的铁必定存在于地核中。
- 利用大地震形成的地震波，地球科学家能够观察地球内部。类似于拍摄人体图像的 X 射线，地震波能够揭示地球分层结构的细节。
- 一般而言，当岩石刚性较强或可压缩性较低时，地震波的传播速度最快。被加热时，岩石变得不那么刚硬，地震波在岩石中的传播速度也更慢。
- 当 P 波穿越熔融或部分熔融的岩石时，传播速度远慢于岩石呈固态时。此外，S 波无法经由液体传播，因为 S 波无法穿越外核，所以能够得出外核呈熔融状态的结论。

12.2 地球的分层结构

关键词：地壳，地幔，上地幔，岩石圈地幔，岩石圈，软流圈，过渡带，下地幔，D″层，地核，外核，内核

- 地球有两种截然不同的地壳：洋壳和陆壳。洋壳比陆壳更薄、更致密、更年轻。洋壳很容易俯冲，密度较小的陆壳则不然。
- 顶部的地幔称为岩石圈地幔，它构成了刚性岩石圈板块的主体。其下方是一个相对较弱

的层，称为软流圈。

- 在上地幔中，410～660 千米深处是过渡带。过渡带顶部可通过地震波速度的突变来识别，这种情形由"橄榄石中的原子因压力增大（相变）而重新排列，形成一种更致密结构"导致。
- 下地幔位于过渡带之下。不同寻常的 D″ 层位于下地幔底部和地核正上方。在 D″ 层中，地震波的速度明显减慢，表明其可能部分熔融。
- 地核的成分是铁、镍及较轻元素的混合物。因为 S 波无法穿越，所以外核呈熔融状态。内核呈固态且极其致密。

问题：利用以下术语标附图中的空白：陆壳、莫霍面、软流圈、岩石圈地幔、洋壳、上地幔和岩石圈。

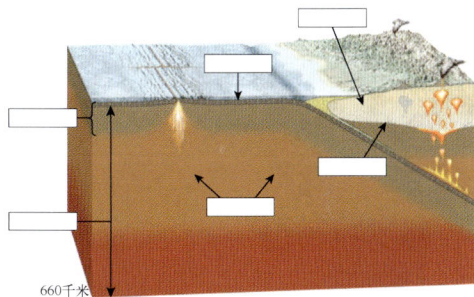

660千米

12.3 地球分层的发现

关键词：反射，折射，莫霍面，阴影带

- 当地震波遇到不同地球物质之间的边界时，可能发生反射或折射。反射类似于小球从墙壁上反弹：地震波从边界层反弹离开。折射是地震波继续进入新层但发生弯曲的过程。
- 地壳底部称为莫霍面，由于地震波在莫霍面之下的传播速度快于莫霍面之上，人们发现了它。在大陆之下，莫霍面位于地表以下 25～70 千米处；在大洋岩石圈中，莫霍面出现在约 7 千米的深处。
- 核幔边界导致 P 波发生折射（改变方向），进而形成地震阴影带，类似于树木形成的光波阴影。

12.4 地球的温度

关键词：对流，传导，地幔柱，地温梯度，黏度

- 地球内部热量有两个主要来源。在太阳系的形成过程中，无数小型天体相撞而留下部分热能。其余热量来自放射性。在地球历史早期，短寿命同位素通过放射性衰变产生热量。长寿命同位素的放射性持续为地球增加热量，但效率较低。

- 热量从地球内部向外流动。对流是地球内部最重要的热传递机制，发生在液态外核和地幔中。传导是地核加热地幔的机制。

- 地温梯度是地球温度随深度变化而变化的剖面图。在岩石圈和 D″ 层中，温度随着深度的增加而快速升高。其他层的地热等温线则相对温和，约为 0.3℃/千米。

- 熔点曲线相对于地热等温线的位置是地球内部物质行为的关键。在地热等温线值大于熔点曲线值的层中，物质出现部分或完全熔融。

- 黏度描述物质中的流动阻力。在地球内部，低黏度区域较软弱，高黏度区域较刚硬。

问题：参考附图，若更炽热的内核呈固态，则外核怎么可能发生熔融？

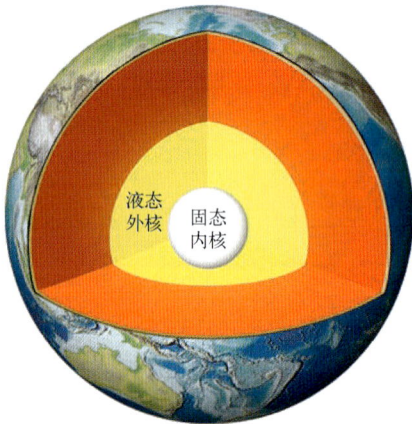

12.5 地球内部的水平变化

关键词：重力异常，磁场，地球发电机，地磁倒转，地震层析成像

- 地球不仅表现出垂向变化，还表现出水平变化。地幔和地核的成分与结构因位置不同而存在差异，就像地壳的变化一样。

- 重力异常发生在岩石密度较大或较小的地方。重力负异常由上升地幔岩石形成，重力正异常与俯冲冷岩石圈板块相关。

- 熔融富铁外核的对流产生磁场，磁场的极性和方向都发生变化。

- 地震层析成像是一种观察地球内部的技术，需要采集全球许多地震台站记录的不同地震信号。利用类似于医学 CT 扫描的技术，地震层析成像能制作地球内部的三维图像。

深入思考

1. 按照密度从大到小的顺序，排列以下各层：洋壳、大气层、地核、陆壳、地幔和海洋。

2. 地核的体积仅占地球体积的 1/6，但质量却占地球质量的 1/3，为什么？

3. 在黄石破火山口之下，地震的震源深度很浅，平均深度约为 4 千米。在这个深度之下，岩石温度约为 400℃，因为过于炽热和软弱，所以无法存储弹性能量。基于这些数据，回答以下问题：a. 黄石破火山口之下 4 千米以浅的平均地热梯度是多少？假设平均地表温度为 0℃，4 千米深处的温度为 400℃。b. 对黄石破火山口之下的地下水而言，深度达到多少才能沸腾，进而形成间歇泉？

4. 附图显示了地球、火星和月球的内部结构。基于你对各层的成分以及密度如何随深度变深而增大的了解，按照密度从最高到最低的顺序，依次列出这 3 个天体。

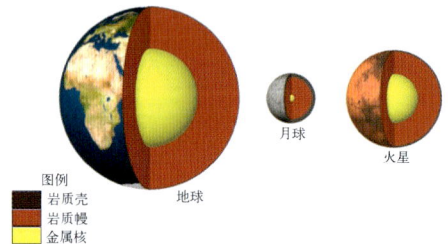

5. 描述地球内核的体积如何增长。

6. 解释为何对流在高黏度物质中是低效热传递方式。

7. 利用附图给出的深度数据绘制一个地球分层模型。在该模型中，利用公制卷尺和 1 厘米刻度，表示实际地球中的 1 千米深度。a. 标出各个主要边界。b. 利用附图，想象自己从地表开始步行到地核，描述路途沿线遇到的变化。

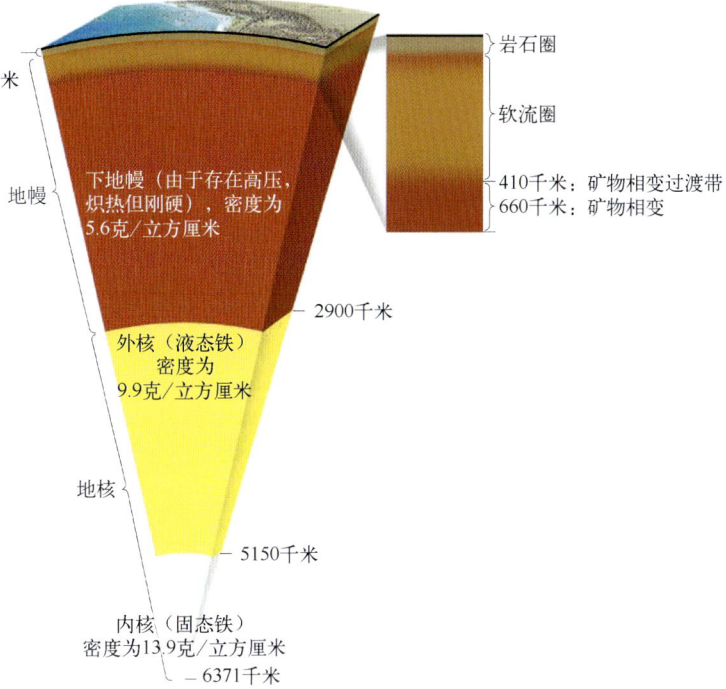

地壳（刚硬岩质层，
厚度为5～70千米），
密度为2.7～2.9克/立方厘米

岩石圈

软流圈

地幔

下地幔（由于存在高压，
炽热但刚硬），密度为
5.6克/立方厘米

410千米：矿物相变过渡带
660千米：矿物相变

2900千米

外核（液态铁）
密度为
9.9克/立方厘米

地核

5150千米

内核（固态铁）
密度为13.9克/立方厘米

6371千米

第 13 章　洋底的起源与演化

这艘红海沉船是热门潜水目的地，但许多未知沉船所在的区域更深、更偏远

新闻中的地质：飞机失联但发现沉船

2014 年，马来西亚航空公司一架客机失联，引发了人类航空史上规模最大且费用最昂贵的搜索之一。多年来，来自多个国家的主管部门和专业机构参与其中，对超过 31 万平方千米的偏远印度洋海底进行了搜索。遗憾的是，这架飞机至今仍未找到。但是，在 3 千米深的海水之下，搜救人员发现了若干 19 世纪的沉船，其中一艘沉船的声呐图像显示金属船体和甲板仍然保持部分完整。

目前，地球洋底地图的分辨率约为 5 千米。这些地图由卫星数据生成，分辨率是 2014 年前可用洋底地图的 2 倍，但是仍然远不如谷歌地球为陆地提供的图像的分辨率（15 米～15 厘米）。海底地形可视化需要声呐，但是人们仅采集了不到 20% 深海区域的声呐数据。

失联已久的马来西亚航空公司客机未来仍有希望找到，但是要绘制更多的世界洋底地图。"海底 2030"是一个国际性组织，目标是在 2030 年前建立基于声呐的高精度完整洋底地图。为了推动实施这项宏伟的计划，该组织目前正在大力推动数据共享，既争取相关船舶直接参与该计划，又鼓励其他团体共享其已为商业捕鱼（或货运）积累的声呐数据。实际上，失联飞机搜索的部分相关声呐数据已捐赠给"海底 2030"计划，因此加深了社会公众对这片遥远海域的了解。

这幅多波束声呐图像显示了 1918 年在北卡罗来纳州海岸之外沉没的炮舰残骸

学习目标

13.1 定义水深测量，描述用于绘制洋底地图的各种水深测量技术。

13.2 比较被动大陆边缘和活动大陆边缘，并分别列举其主要地貌特征。

13.3 列举并描述深海盆地的主要地貌特征。

13.4 总结洋脊的基本地貌特征。

13.5 列举洋壳的 4 个层，解释洋壳如何形成及其与陆壳的差异。

13.6 概述大陆裂谷作用导致新洋盆形成的步骤。

13.7 比较自发俯冲和被迫俯冲。

海洋是地球最突出的特征，地表覆盖面积超过 70%，但在 20 世纪 50 年代以前，人类所知的洋底相关信息极其有限。随着现代仪器设备的发展，人们对各种洋底地形的了解程度明显加深，特别是发现了全球洋脊（海岭）系统，这是一种特别宽阔的高地地貌，比相邻深海盆地高 2～3 千米，且是地球上最长的地形特征。

本章详细介绍洋底地形及各种地貌特征的形成过程（注：海和洋的含义稍有差异，但本书并未明确区分且经常混用。因此，洋底 = 海底，洋盆 = 海盆 = 海洋盆地，洋脊 = 海脊 = 海岭）。

13.1　洋底地图

定义水深测量，描述用于绘制洋底地图的各种水深测量技术。

若将所有海水从洋盆中清空，则应能看到各种不同地貌特征，包括开阔的火山峰、深海沟、广阔的平原、线状隆起地貌（洋脊/海岭）和大型高原（海台），地貌景观与地球大陆表面截然不同。

13.1.1　海底测绘

在英国皇家海军挑战者号的历史性航行之前，洋底的复杂性并不为人所知（见图 13.1）。1872 年 12 月至 1876 年 5 月，这艘英国调查船开展了史上首次全球海洋综合研究。在 127500 千米航程期间，这艘船舶和科学家走遍了除北冰洋外的所有海洋，采集了包括水深（将一根加重的长绳从船外下垂到水中，在绳索触底后取回）在内的多种海洋数据。1875 年，挑战者号首次记录了已知最深的洋底点位（位于西太平洋洋底），人们后来将其命名为挑战者深渊（Challenger Deep）。

太平洋　大西洋　印度洋

图 13.1　英国皇家海军挑战者号。在历史性的 3 年半航行中，挑战者号首次在船上对海洋进行了系统性水深测量

1. 现代水深测量技术

海洋深度的测量和洋底形状（地形）的量绘称为水深测量（bathymetry）。现在，人们主要利

用声能来测量水深，基本上都要用到声呐。20世纪初，人们开发了利用声音来测量水深的最早仪器，称为回声测深仪（echo sounder）。这种仪器的工作原理如下：将声音脉冲［一种声波，称为声脉冲信号（ping）］传输到水中，使其遇到物体（如大型海洋生物或洋底）发生反弹时产生回声，如图 13.2 所示。高精度接收器截获底部反射的回声后,时钟能够精确地测量传播时间（精确到几分之一秒）。了解声波在水中的传播速度（约 1500 米/秒）以及能量脉冲抵达洋底并返回所需的时间后,即可计算出洋底深度;标出连续监测这些回声确定的各个深度后，即可绘制该区域的洋底剖面图;仔细拼接若干相邻横截面的洋底剖面图后，即可完成部分海底的量绘。

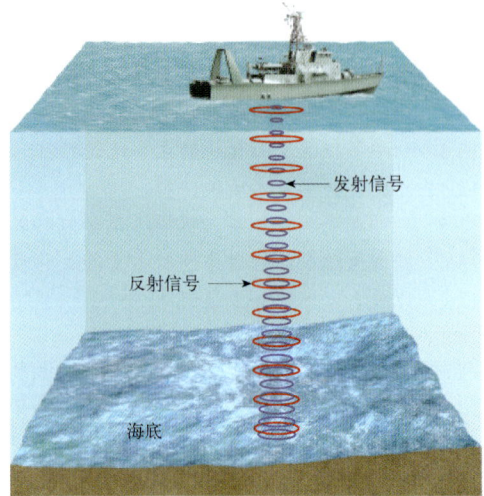

发射信号

反射信号

海底

图 13.2　回声测深仪。通过测量声波从船只传播到海底并返回所需的时间间隔，回声测深仪能够确定水深

第二次世界大战后，为了搜索部署在航道上的爆炸装置，美国海军开发了侧扫声呐（见图 13.3a）。这些鱼雷状设备称为拖鱼/拖曳式声呐（towfish），可拖行在船舶后方并发射向航道两侧延伸的扇形声波。对海量侧扫声呐数据进行综合分析处理后，研究人员制作了第一幅类照片海底图像。虽然早期侧扫声呐设备提供了具有一定价值的海底视图，但未提供精确的水深测量数据。

随着高分辨率多波束声呐仪器的发展，这一缺陷在 20 世纪 90 年代得到了解决（见图 13.3a）。这些系统利用船体上安装的声源发射出扇形声波，然后通过一组瞄准不同角度的窄波束接收器记录来自海底的反射。这项技术并不是每隔几秒就获得一个点的深度，而是使测量船能够沿数十千米宽的狭长地带绘制洋底地貌特征图。这些系统采集的水深测量数据具有极高的分辨率，可区分小于 1 米的深度差异（见图 13.3b）。当利用多波束声呐对海底的某个区域进行测绘时，测量船会以具有规则间距的往复模式在该区域来回穿行，称为修剪草坪。

对配备多波束声呐的测量船而言，虽然效率和细节均有提升，但其航速仅为 10～20 千米/小时。若利用配备现代声呐技术的单艘测量船来测绘深度超过 200 米的海底，则所需时间估计长达 350 年，于是就可解释以下情形：直接测量深度的海域不到 15%，已测绘的全球沿海水域（200 米以浅）仅为 50%。

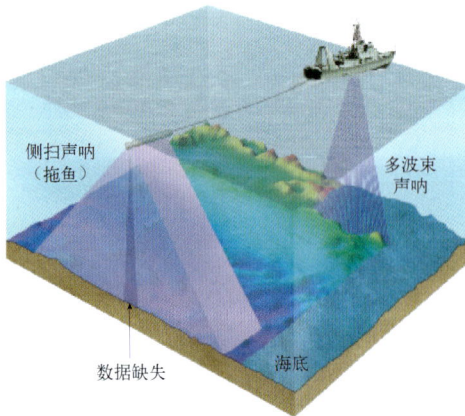

侧扫声呐
（拖鱼）

多波束声呐

数据缺失

海底

(a) 在相同测量船上操作的侧扫声呐和多波束声呐

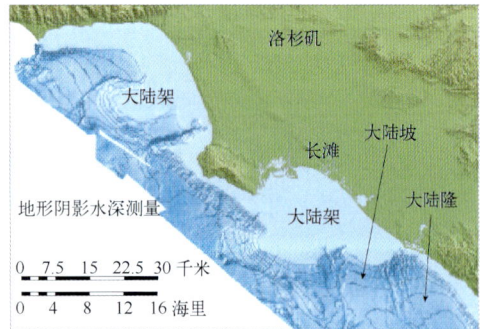

洛杉矶

大陆架

长滩

大陆坡

大陆架

大陆隆

地形阴影水深测量

0　7.5　15　22.5　30 千米

0　4　8　12　16 海里

(b) 美国加利福尼亚州洛杉矶地区海底和海岸地貌的彩色增强透视图

图 13.3　侧扫声呐和多波束声呐

虽然存在这些挑战，但"海底 2030"正在致力于将所有可用水深测量数据采集到一幅高分辨率数字洋底地图中，以推动国际社会努力采集更多的数据来填补数据缺失。"海底 2030"的目标是在 2030 年之前完成完整的洋底地图。

2．从太空中测绘洋底

通过从太空中测量海面形状，人类实现了认识海底的突破性进展。补偿海浪、潮汐、海流及大气等因素的影响后，人们发现海面并不完全平坦，大块海底地貌特征（如海山）由于比平均引力更强而在海面形成隆起区域，峡谷和海沟则形成轻微坳陷。

通过发射并接收海面反射的微波，配备雷达高度计的卫星能够测量这些细微差异（见图 13.4）。结合这些数据与传统声呐的测量结果，即可制作大范围洋底地图，如图 13.5 所示。虽然这些技术在识别海洋地形方面具有较大的价值，但其生成的地图仅能提供大型洋底构造特征（如洋脊和深海盆地）的低分辨率视图，海底的精细细节只能从使用声呐进行的直接测量中获取。

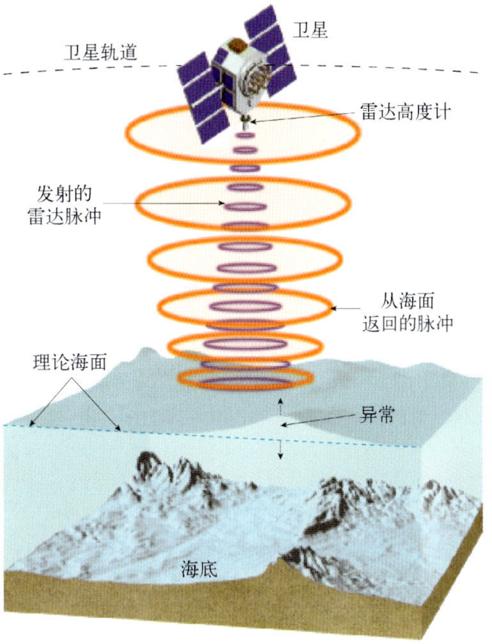

图 13.4　卫星高度计。卫星高度计测量由引力导致并与海底形状类似的海面高程变化。海面异常是实测海面高程与理论海面高程之差

13.1.2　洋底地貌单元

在利用不同技术绘制的地图中，海洋学家识别了 3 种主要单元：大陆边缘、深海盆地和洋脊（洋中脊）。在图 13.6 中，上图勾勒出了北大西洋中的这些单元，下图显示了相关地形的剖面图。为了使地形特征更明显，这种剖面图的垂向大小常被放大许多倍（这里是 40 倍），但垂向夸大会使海底剖面图中显示的坡度比实际情况陡。

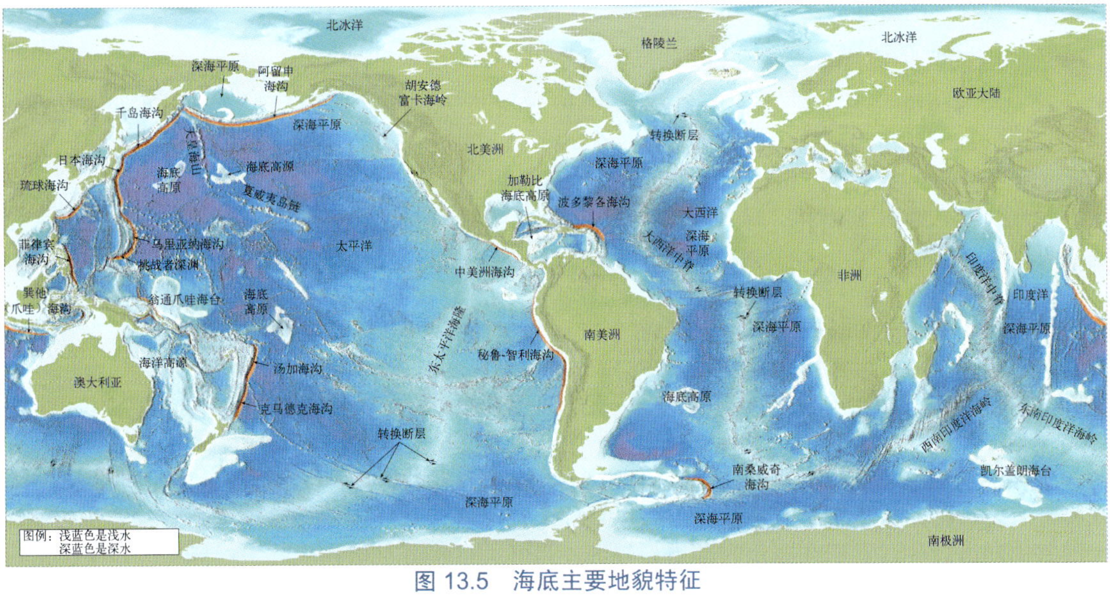

图 13.5　海底主要地貌特征

| 1. 大陆架 | 2. 大陆坡 | 3. 大陆隆 | 4. 海山 | 5. 深海平原 |
| 6. 裂谷 | 7. 深海平原 | 8. 海山 | 9. 大陆隆 | 10. 大陆坡 | 11. 大陆架 |

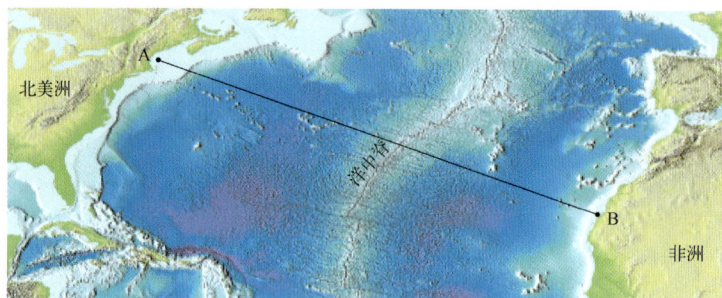

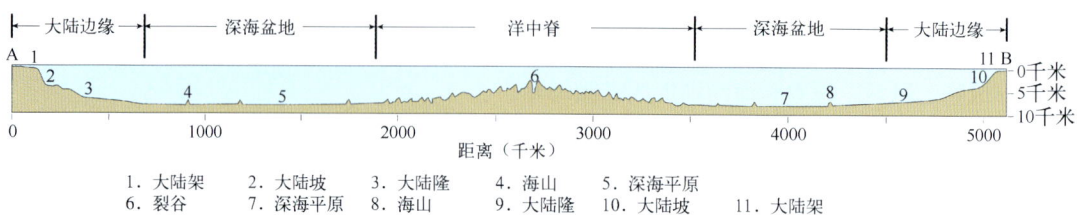

图 13.6　北大西洋的主要地形分区。图中剖面从新英格兰延伸至北非海岸，可以看到大西洋海盆中的各种构造

概念回顾 13.1

1. 定义水深测量。
2. 对绕地球运行的卫星而言，当无法直接观测数千米海水之下的海底地貌特征时，如何确定这些特征？
3. 列举 3 种主要的洋底地貌单元。

13.2　大陆边缘

比较被动大陆边缘和活动大陆边缘，并分别列举其主要地貌特征。

顾名思义，**大陆边缘**（continental margin）是指陆壳向洋壳过渡的大陆外边缘，目前已识别两种类型：被动大陆边缘和活动大陆边缘（主动大陆边缘）。

13.2.1　被动大陆边缘

被动大陆边缘（passive continental margin）是地质意义上的不活跃区域，距离最近的板块边界也非常遥远，因此与强烈地震或火山活动无关。被动大陆边缘发育于各大陆块体裂开并被持续性海底扩张分离时，如大西洋周边的大陆边缘（见图 13.5）。

被动大陆边缘大多相对广阔且沉积了大量沉积物，主要地貌特征包括大陆架、大陆坡和大陆隆（见图 13.7）。

1. 大陆架

大陆架（continental shelf）是从海滨线朝向洋盆延伸的平缓倾斜潜面，主要由陆壳（覆盖着沉积岩）和沉积物（从相邻陆地剥蚀而来）构成。

大陆架的宽度变化很大，在有些大陆部分沿线非常狭窄，在其他区域的向海延伸距离则可能超过 1500 千米。大陆架的平均坡度也很小（仅为 0.1°），无辅助测量工具观察时似乎为水平面。

大陆架的地貌特征相对缺乏，但是大范围冰川沉积覆盖了某些区域，导致地形相当崎岖不平。此外，有些大陆架被从海岸线延伸到更深水域的大型河谷切割成沟，许多这类陆架谷是相邻陆块上河谷的向海延伸，它们在冰川时期遭到侵蚀，当时大量水分存储在大陆上的巨型冰盖中，造成海平面至少下降 100 米。由于这种海平面下降，河流将其河谷向海延伸，陆生动植物迁移到大陆上的新出露部分。在位于北美洲海岸之外的疏浚工作中，人们发现了大量猛犸象、乳齿象和马匹的古代残骸，为部分大陆架曾高于海平面提供了更多的证据。

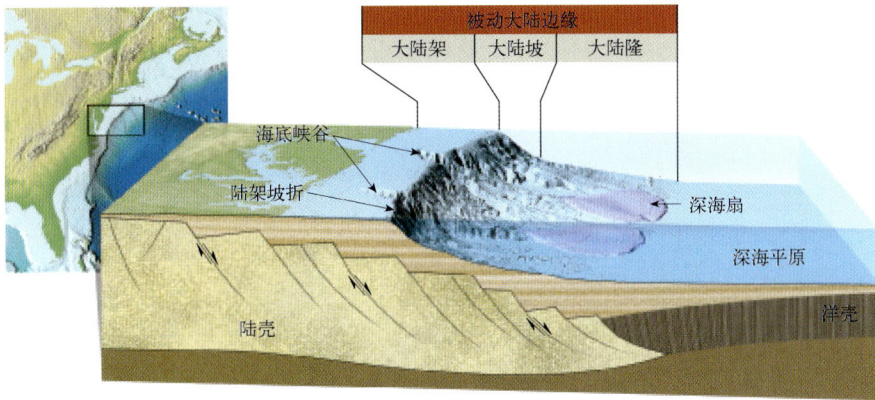

图13.7　被动大陆边缘。大陆架和大陆坡显示的坡度被夸大，
大陆架的平均坡度约为0.1°，大陆坡的平均坡度约为5°

虽然仅占海洋总面积的7.5%，但是由于富含石油和天然气且支撑着重要的渔场，大陆架具有极为重要的经济意义和政治意义。

2．大陆坡

大陆架向海边缘的标志是大陆坡（continental slope），即陆壳与洋壳之间边界的相对陡峭地带（见图13.7）。虽然大陆坡的倾斜角度各不相同，但是平均坡度约为5°，有些地方超过25°。

3．大陆隆

大陆坡逐渐合并进入更平缓且可能向海延伸数百千米的大陆隆（continental rise）。大陆隆由沿大陆坡向下移动到深海底的巨厚沉积物构成，大多数沉积物通过沿海底峡谷周期性流下的浊流输送到海底（下文将讨论）。当从峡谷口部流到相对平坦的洋底之上时，这些泥浆会沉积形成深海扇（deep-sea fan），如图13.7所示。随着深海扇（来自相邻海底峡谷）的进一步生长，它们会在大陆坡底部融合形成连续沉积物楔，进而形成大陆隆。

4．海底峡谷和浊流

海底峡谷（submarine canyon）深而陡（侧面），不仅切入大陆坡，还可能穿越整个大陆隆，最终抵达深海盆地（见图7.30）。虽然其中部分峡谷似乎是大陆河谷的向海延伸，但是许多其他峡谷并不以这种方式排列。此外，海底峡谷的延伸深度远低于冰川时期的海平面最大下降高度，因此其形成与河流侵蚀作用无关。

科学家认为，大多数海底峡谷由浊流（turbidity current）挖掘而成。浊流是含砂石致密水流的间歇性下坡运动，在大陆架和大陆坡上，当岩石碎屑和泥沙被强行排出并形成泥浆时，即可形成浊流。泥浆增稠体比海水的密度更大，因此朝下坡方向移动，行进过程中"一路搜刮裹挟"，积聚了更多的沉积物，类似于陆地上山洪对河道的侵蚀。最终，浊流失去冲力作用，静置在深海盆地底部。当浊流速度变缓时，悬浮沉积物开始沉降，形成前述的深海扇。

13.2.2　活动大陆边缘

活动大陆边缘/主动大陆边缘（active continental margin）位于大洋岩石圈俯冲到大陆前缘之下的汇聚型板块边界沿线。太平洋周边大多以俯冲带（图13.8中的红色）为边界，许多活动俯冲带的位置远超大陆边缘。

深海沟是汇聚型板块边界的主要地形（见图13.9a），这些狭长深邃的海沟大多环绕在太平洋海盆周边，但波多黎各海沟（加勒比海与大西洋之间的边界）是个例外。

图 13.8　地球上的俯冲带分布。地球上的大多数活动俯冲带环绕在太平洋海盆周边

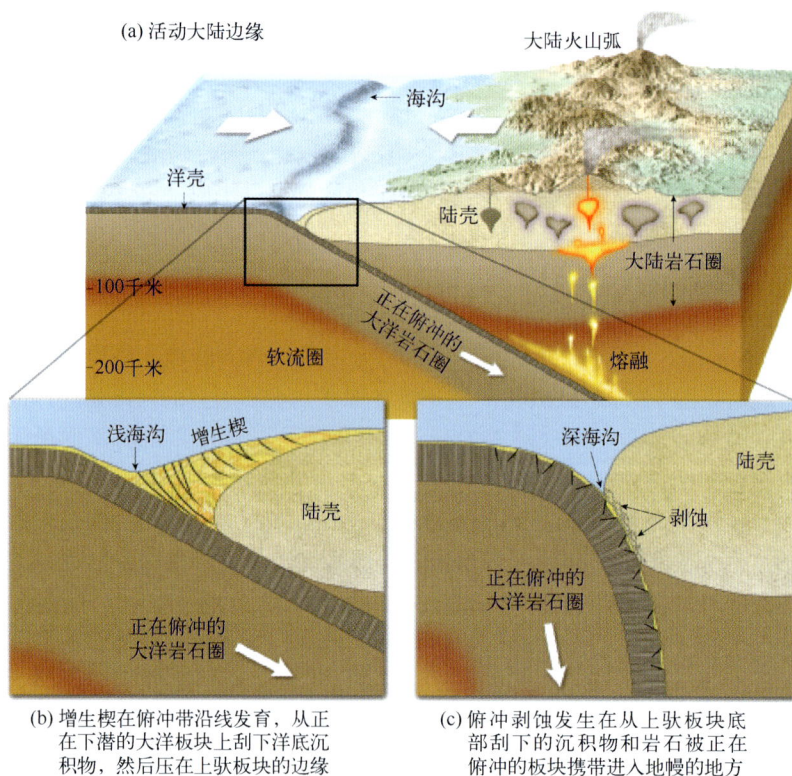

(a) 活动大陆边缘

(b) 增生楔在俯冲带沿线发育，从正在下潜的大洋板块上刮下洋底沉积物，然后压在上驭板块的边缘

(c) 俯冲剥蚀发生在从上驭板块底部刮下的沉积物和岩石被正在俯冲的板块携带进入地幔的地方

图 13.9　活动大陆边缘

　　在有些俯冲带沿线，洋底沉积物和洋壳碎片从下潜的大洋板块上刮下，然后拼贴在上驭板块的边缘（见图 13.9b），变形沉积物和洋壳碎片的这种无序堆积称为增生楔（accretionary wedge）。在活动大陆边缘沿线，长期的板块俯冲能够产生大量的沉积物堆积。

　　与此相反的过程称为俯冲剥蚀（subduction erosion），这是许多其他活动大陆边缘的特征。与沉积物在上驮板块前部沿线堆积不同，沉积物和岩石从上驮板块底部刮下，随后由正在俯冲的板块搬运到地幔中。当下潜角度较为陡峭时，俯冲剥蚀特别有效。当俯冲板块急剧弯曲时，洋壳可能出现断层并形成粗糙表面，如图 13.9c 所示。

概念回顾 13.2

1. 列举被动大陆边缘的 3 种主要地貌特征。
2. 描述活动大陆边缘与被动大陆边缘之间的差异及其所在位置。
3. 活动大陆边缘与板块构造有何关联？

13.3 深海盆地

列举并描述深海盆地的主要地貌特征。

深海盆地（deep-ocean basin）位于大陆边缘与洋脊之间（见图 13.6），构成了近 30% 的地球表面，主要包括深海沟（极深洋底线状坳陷）、深海平原（非常平坦的区域）、高大火山峰（海山和海底平顶山）和海底高原/海台（层叠熔岩流大范围堆积区域）。

13.3.1 深海沟

深海沟（deep-ocean trench）是相对狭长的海槽，也是海洋中最深的部分。大多数海沟分布在太平洋边缘沿线，多条海沟的深度超过 10 千米（见图 13.5）。其中，挑战者深渊（位于马里亚纳海沟）的深度为 10994 米（注：原文如此，这一数字还有 11022 米和 11034 米两种说法），这是世界海洋中已知最深的部分（见图 13.10）。大西洋中仅有两条海沟，即波多黎各海沟和南桑威奇海沟。

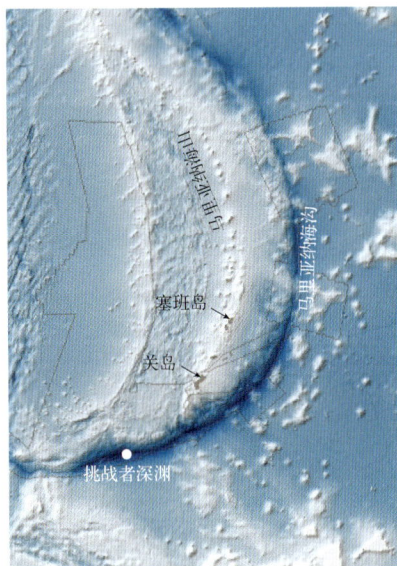

图 13.10 挑战者深渊。(a)挑战者深渊位于马里亚纳海沟南端附近，也是全球海洋中最深的地点，深度约为 10994 米；(b)2012 年，由于驾驶深潜器下潜至挑战者深渊底部，詹姆斯·卡梅隆（《泰坦尼克号》和《阿凡达》两部电影的导演）成了热门人物

(a)　　　　　　　　　　　(b)

深海沟虽然仅占洋底面积的一小部分，但却是非常重要的地质特征。海沟是板块汇聚之处，大洋岩石圈板片在这里俯冲并下潜到地幔中。当两个板块彼此刮擦时，除了形成地震，板块俯冲还可能引发火山活动，最终形成与某些海沟平行排列的一系列弧形活火山，称为火山岛弧（volcanic island arc），例如马里亚纳海山就是这样一种地貌特征（见图 13.10a）。此外，大陆火山弧（continental volcanic arc）与毗邻大陆边缘的海沟平行排列，例如构成安第斯山脉和喀斯喀特山脉各部分的大陆火山弧。火山活动与环绕在太平洋周边的海沟相关，因此该区域称为火环（Ring of Fire）。

13.3.2 深海平原

深海平原（abyssal plain）是极其平坦的深海地貌特征，实际上是地球上最平坦的地方，例如对阿根廷海岸外的深海平原而言，超过 1300 千米距离上的地形起伏不到 3 米。深海平原虽然地形单调，但是偶尔会突现部分遭到掩埋的火山峰（海山）的突出顶峰。

研究人员利用地震反射剖面仪（seismic reflection profiler）即生成信号以穿透洋底之下深处的仪器确定，由于巨厚沉积物堆积掩埋了原本崎岖不平的洋底，深海平原的地形具有相对较少的地貌特征（见图 13.11）。沉积物的基本性质表明，这些平原主要由 3 类沉积物构成：①来自陆地的细粒沉积物，由风、海流和浊流长途搬运入海；②从海水中沉淀出来的矿物质；③微小海洋生物的外壳和骨骼。

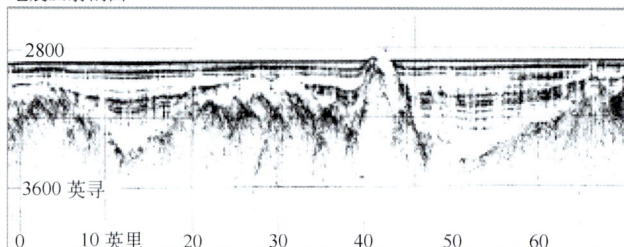

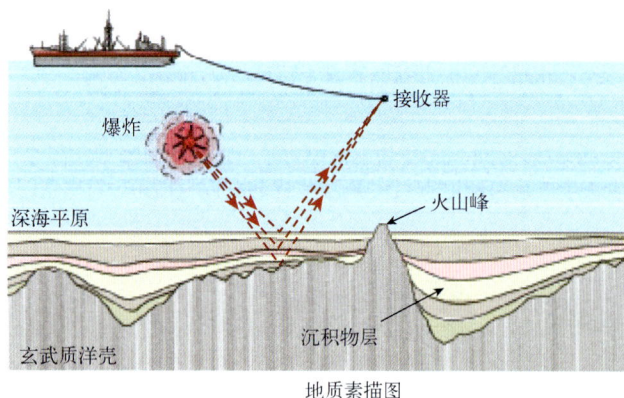

图 13.11　洋底地震剖面。这是马德拉深海平原（位于大西洋东部）一部分的地震剖面图和地质素描图，显示了沉积物掩埋的不规则洋壳

所有海洋中都存在深海平原，其中以大西洋底的深海平原最广阔，因为这里的海沟数量极少，从大陆坡上滑下的沉积物没有其他容纳之处。

13.3.3 洋底火山构造

海底散布着许多大小不等的火山构造，其中许多以类似于陆地火山的孤立地貌特征出现，有些火山构造是绵延数千千米的狭长火山链，而有些火山构造覆盖面积巨大。

1. 海山和火山岛

海底火山称为海山（seamount），可能高出周围海底数百米。据估计，全世界的海山数量超过 100 万。虽然有些海山规模庞大到足以生长成海洋岛屿，但是大多数海山的喷发历史不够长，无法形成足以高出海平面之上的火山。虽然所有海洋的洋底都存在海山，但是太平洋中最常见。

若一座火山被板块运动从岩浆源位置带走之前生长得足够巨大，则可能出露为火山岛（volcanic island），例如复活节岛、塔希提岛、博拉博拉岛、加拉帕戈斯群岛和加那利群岛。

有些海山和火山岛形成于火山热点（volcanic hot spot）之上，例如从夏威夷群岛延伸到阿留申海沟的夏威夷群岛-天皇海山岛链（见图 2.26）。还有些海山和火山岛则形成于洋脊之上。

2. 海底平顶山

不活跃火山岛在存续期间，由于风化和剥蚀作用力的影响，高度逐渐（但不可避免地）降低到接近海平面。当运动板块将不活跃火山岛缓慢带离形成其的抬升洋脊（或热点）上方时，它们会逐渐下沉并消失在水面之下。以这种方式形成的淹没平顶海山称为海底平顶山/盖奥特/平顶海山（guyots），以普林斯顿大学首位地质学教授阿诺德·盖奥特的名字命名。

3. 海底高原

洋底存在几个大型海底高原/海台（oceanic plateau），类似于大陆上由溢流玄武岩构成的熔岩高原/熔岩台地。海底高原的厚度可能超过 30 千米，由玄武质熔岩巨量喷涌形成。

从地质学角度看，部分海底高原的形成速度似乎很快，例如翁通爪哇海台（Ontong Java Plateau）的形成时间不到 300 万年，凯尔盖朗海台（Kerguelen Plateau）的形成时间不到 450 万年（见图 13.5）。像陆地上的玄武岩高原一样，海底高原的可能成因如下：上涌地幔柱的球状头部熔化，产生巨量玄武质岩浆的水下喷涌（见图 5.32）。

深海盆地约占地球总表面积的 30%。

13.3.4 解释珊瑚环礁——达尔文假说

珊瑚环礁（atoll）是从略高于海平面延伸到数千米深处的环形结构。珊瑚（coral）通常是大量聚集的微小动物，它们连接在一起时会形成群落。大多数珊瑚具有由碳酸钙构成的坚硬外骨架，有些珊瑚建造了称为礁（reefs）的大型碳酸钙结构，新群落在旧群落的坚硬骨架上生长。海绵和藻类可能附着在礁上，使其进一步扩大。

在年平均温度约为 24℃的海水中，造礁珊瑚的生长状态最佳；在低于 18℃（或高于 30℃）的温度下长期暴露时，造礁珊瑚无法存活。此外，造礁生物需要清澈且阳光充足的海水，因此最活跃的珊瑚礁生长深度被限制在不超过约 45 米。珊瑚生长需要非常严格的环境条件，这也引发了一个有趣的悖论：既然珊瑚需要不超过数十米深的温暖、较浅且阳光充足的海水，那么它怎么可能形成延伸到极大深度的巨厚结构（如珊瑚环礁）？

博物学家查尔斯·达尔文是最早提出环状环礁起源假说的科学家之一。1831—1836 年，他乘坐英国军舰小猎犬号/贝格尔号完成了历时 5 年的著名环球航行。在这次航行中，达尔文考察了珊瑚礁环绕的许多火山岛。作为一位非常敏锐的观察者，达尔文注意到了珊瑚礁发育的渐进式过程：①岸礁（fringing reef）：火山边缘沿线；②堡礁（barrier reef）：火山位于中心；③环礁（atoll）：由环绕在中心潟湖周围的连续（或破碎）珊瑚礁环组成（见图 13.12）。

图 13.12 达尔文假说。达尔文假说认为，除了受到剥蚀力作用而下降，许多火山岛还会渐进式下沉。达尔文还提出，通过向上建造礁复合体，珊瑚可应对由火山沉降导致的水深变化。当下沉速率超过珊瑚的向上造礁能力时，或者当造礁生物灭绝时，环礁可能变成海底平顶山（盖奥特）

达尔文假说的本质如下：除了受到剥蚀力作用而下降，许多火山岛还会渐进式下沉。达尔文还假设，通过向上建造礁复合体，珊瑚可应对由火山沉降导致的水深变化。最终，火山会沉入海面之下，残余部分会被环礁覆盖。但是，在达尔文时代，并无合理的机制来解释这么多火山岛如何及为何下沉。

对于火山岛如何在较长的时间内消亡并沉入海洋深处，板块构造理论提供了最新的科学解释。有些火山岛形成于相对静止的地幔柱（导致岩石圈变暖并浮升）之上，在数百万年间，随着移动板块将这些火山岛带离热点火山活动区域，由于岩石圈冷却、密度变大及下沉，这些火山岛也逐渐下沉（见图 13.13）。对在扩张中心形成的火山岛而言，远离这些上升流区域时也会出现下沉。

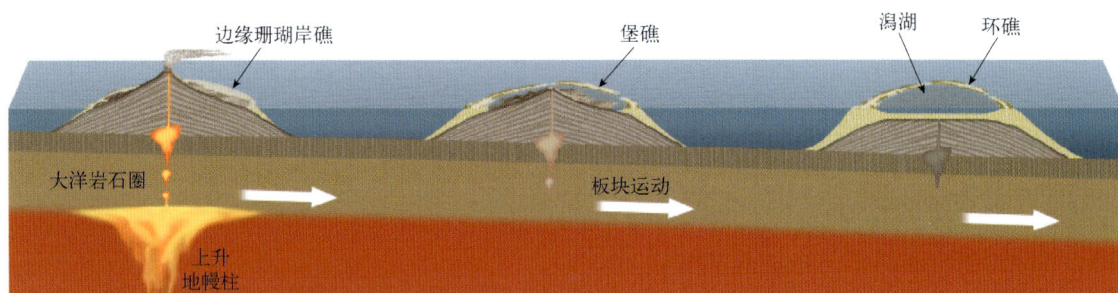

图 13.13　板块构造和珊瑚环礁。对于火山岛如何在较长的时间内消亡并沉入海洋深处，板块构造理论提供了最新的科学解释。有些火山岛形成于相对静止的地幔柱（导致岩石圈变暖并浮升）之上，在数百万年间，随着移动板块将其带离热点火山活动区域，这些火山岛逐渐下沉

概念回顾 13.3

1. 解释深海沟与汇聚型板块边界是如何相关的。
2. 与太平洋相比，大西洋底的深海平原为何更广阔？
3. 海底平顶山（盖奥特）是如何形成的？
4. 基于达尔文假说，依序排列以下珊瑚礁（从最新到最老）：堡礁、环礁和岸礁。

13.4　洋脊系统

总结洋脊的基本地貌特征。

在发育良好的离散型板块边界沿线，海底被抬升并形成几乎连续的水下火山山脉，称为洋脊/海岭/海脊（oceanic ridge）、海隆（rise）或洋中脊/大洋中脊（mid-ocean ridge）。洋脊的特征是存在广泛的正断层作用、走滑断层作用、地震、高热流和火山作用，人类对洋脊系统的了解主要来自以下途径：洋底测深；深海钻探的岩心取样；在深潜器中目视观察（见图 13.14）；在汇聚型板块边界沿线，直接观察已被推高到陆地之上的洋底残片。

13.4.1　洋脊系统剖析

洋脊系统是地球上最长的地形特征（总长度超过 70000 千米），它以类似于棒球接缝的方式蜿蜒穿越所有的主要海洋。洋脊顶部通常比相邻深海底高 2～3 千米，与新洋壳诞生处的离散型板块边界相关。

图 13.14　深潜器阿尔文号。该深潜器长 7.6 米，重 16 吨，巡航速度为 1 节，最大下潜深度可达 4000 米。在 6～10 小时的正常潜水过程中，可容纳 1 位驾驶员和 2 位科学观察员

如图 13.15 所示，洋脊系统大部分根据其在不同洋盆内的位置来命名。穿过洋盆中部的洋脊相应地称为洋中脊/大洋中脊（mid-ocean ridge），例如大西洋中脊（Mid-Atlantic Ridge）和印度洋中脊（Mid-Indian Ridge）。相比之下，东太平洋海隆（East Pacific Rise）并不具备大洋中部特征，而位于远离大洋中心的太平洋东部。

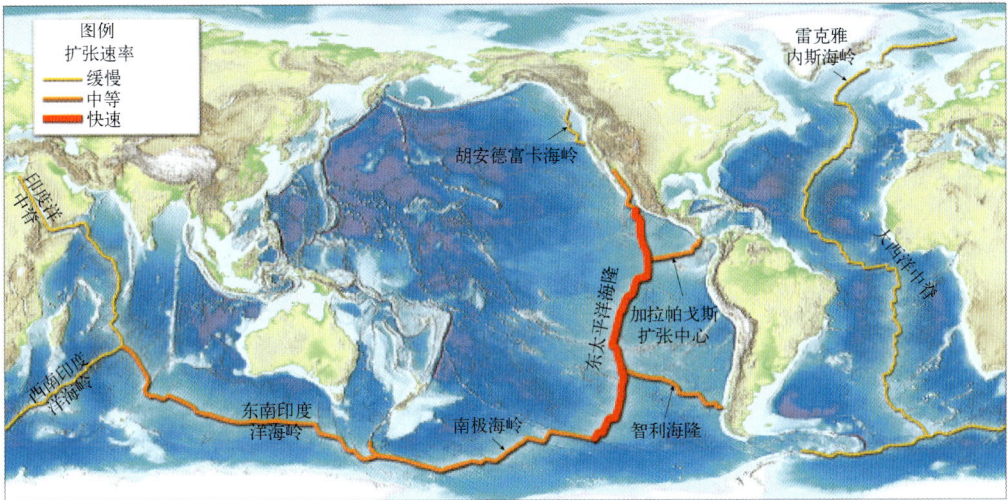

图 13.15　洋脊（海岭）系统的分布。图中所示各洋脊段分别呈现缓慢、中等或快速的扩张速率

术语脊/岭多少有些误导性，因为这些地貌特征并不像该术语所示的那样是狭窄和陡峭的，而是宽度区间高达 1000～4000 千米，且具有呈现不同崎岖程度的宽阔拉长隆起外观。此外，洋脊系统被分割成长度为数十千米到数百千米的多个段，每个段均以转换断层与相邻段相接并错移。

洋脊与大陆上的某些山脉一样高，但是相似之处仅限于此。陆地山脉大多形成于与大陆碰撞相关的压应力揉皱和变质巨厚沉积岩序列时，洋脊则在地幔上涌且生成新洋壳的位置形成，由新形成的玄武质岩石（通过炽热地幔岩石从其形成处浮升）的岩层和堆积构成。

在洋脊系统某些段的轴部沿线，存在称为裂谷（rift valleys）的深大断陷构造，与东部非洲的大陆裂谷极其相似（见图 13.16）。有些裂谷（如大西洋中脊沿线的崎岖裂谷）的宽度为 30～50 千米，谷壁高出谷底 500～2500 米，能与亚利桑那州大峡谷的最深和最宽部分相媲美。

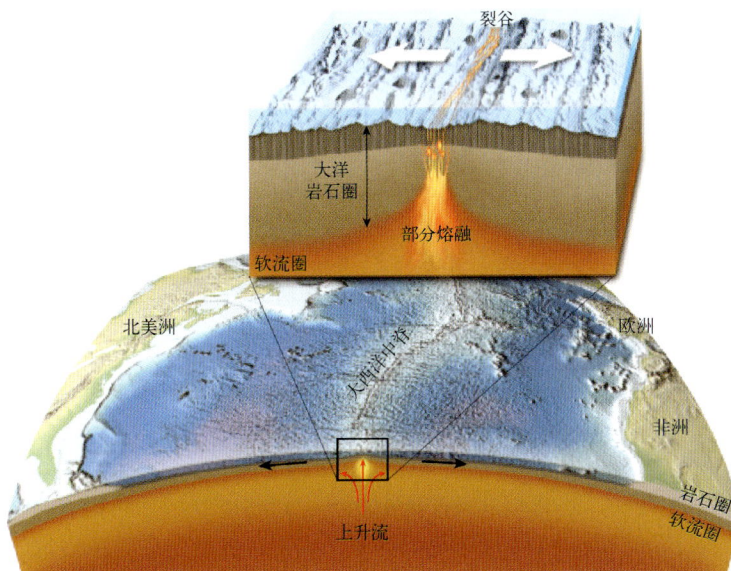

图 13.16　裂谷。在洋脊系统某些段的轴部，含有称为裂谷的深大断陷构造，其宽度可能超过 30～50 千米，深度可能超过 500～2500 米

洋脊系统是地球上最长的地形特征，长度超过70000千米。

13.4.2 洋脊为何抬升

最大体积的岩浆（超过地球年输出总量的60%）在与海底扩张相关的洋脊系统沿线形成。当两个板块离散时，洋壳产生的断裂中充满了从下方热地幔中逐渐上涌的熔融岩石，这种熔融物质缓慢冷却结晶而生成新海底碎片。这个过程以不定期爆发的方式重复，不断形成新岩石圈并以传送带方式远离洋脊。

洋脊系统的位置之所以抬升，主要原因是新形成的大洋岩石圈较为炽热，因此密度低于深海盆地中的较冷岩石。随着新形成的玄武质洋壳逐渐远离洋脊顶部，海水循环穿越岩石中的孔隙和断裂，洋壳从上方开始冷却。此外，由于距离热地幔上升流区域越来越远，同样导致其逐渐冷却。于是，岩石圈逐渐冷却和收缩，而这种热收缩解释了远离洋脊处的海洋深度变大。经过长达8000万年的冷却和收缩，洋脊抬升处形成的岩石才能远离洋脊顶部，最终成为深海盆地的一部分。

随着岩石圈逐渐远离洋脊顶部，冷却作用也导致岩石圈的厚度逐渐增大，因为岩石圈和软流圈之间的边界是热（温度）边界。如前所述，岩石圈是地球的冷硬外层，软流圈是相对炽热的软弱层。随着老化和冷却，顶部软流圈中的物质变得刚硬，因此软流圈上部仅通过冷却作用就逐渐转化为岩石圈。大洋岩石圈持续增厚，直至厚达80～100千米。此后，在发生俯冲之前，厚度保持相对不变。

13.4.3 扩张速率和洋脊地形

研究人员在研究洋脊系统的各个段时发现，扩张速率的变化（很大程度上决定裂谷带产生的熔体数量）明显导致了地形差异。与缓慢扩张中心相比，快速扩张中心的地幔上涌岩浆量更多，这种输出差异导致了不同洋脊段的构造及地形差异。

以缓慢速率（1～5厘米/年）扩张的洋脊具有突出的裂谷和崎岖地形（见图13.17a），例如大西洋中脊和印度洋中脊。大型洋壳板片沿正断层发生垂向位移，这是裂谷陡壁的成因。此外，火山作用在裂谷及其周围形成大型锥体，增大了洋脊顶部地形的崎岖程度。

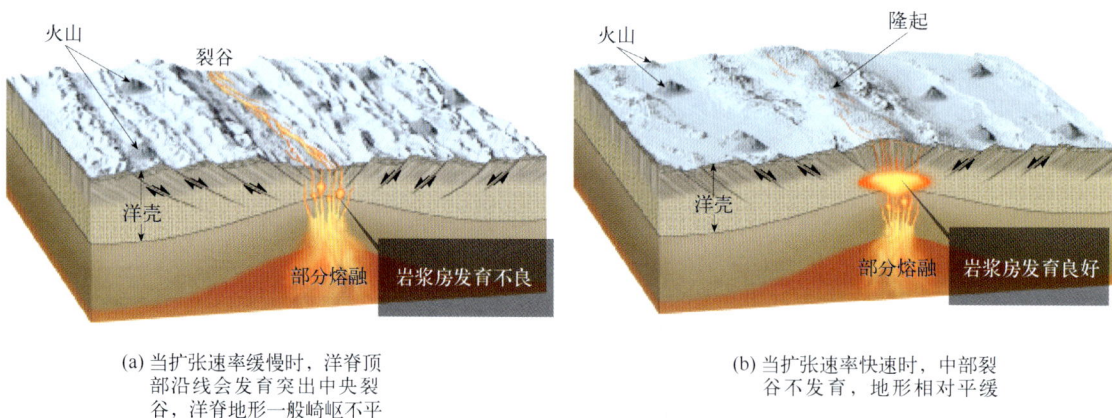

(a) 当扩张速率缓慢时，洋脊顶部沿线会发育突出中央裂谷，洋脊地形一般崎岖不平

(b) 当扩张速率快速时，中部裂谷不发育，地形相对平缓

图13.17　慢速扩张中心和快速扩张中心的地形对比

相比之下，在加拉帕戈斯海岭（Galapagos Ridge）沿线，中等扩张速率（5～9厘米/年）是常态，洋脊段沿线的裂谷相对较浅（深度通常不到200米）。此外，与扩张速率较慢的洋脊相比，地形更平缓。

在快速扩张中心（扩张速率超过9厘米/年），例如东太平洋海隆（East Pacific Rise）的大部分区域沿线，裂谷通常并不存在（见图13.17b），洋脊轴部反而受到抬升。这些受到抬升的构造称为隆起（swell），由最厚可达10米的熔岩流构成，洋脊顶部逐渐铺满火山岩。此外，由于海洋深度很大程度上取决于海底的年龄，与扩张速率较慢的洋脊相比，扩张速率较快的洋脊段具有更平缓的剖面（见图 13.18）。由于地形中存在这些差异，人们将快速扩张洋脊中坡度平缓且不那么崎岖的部分称为海隆（rise）。

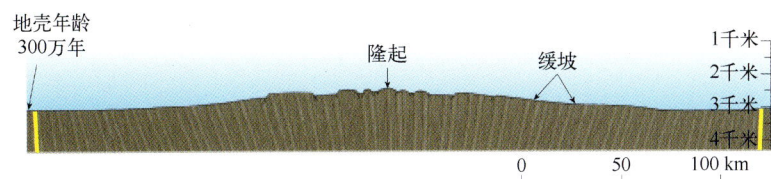

具有快速扩张速率的洋脊，以地形平滑、侧翼缓坡以及中部隆起为特征

具有中等扩张速率的洋脊，以小型裂谷（深度小于500米）和侧翼中度倾斜为特征

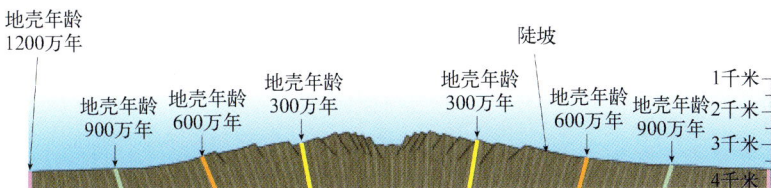

具有缓慢扩张速率的洋脊，以地形崎岖、裂谷发育良好（深度为500～2500米）和侧翼陡峭为特征

图 13.18 具有不同扩张速率（快速、中速和慢速）的洋脊段

概念回顾 13.4

1. 简要描述洋脊。
2. 洋脊系统位置抬升的主要原因是什么？
3. 对比缓慢扩张中心（如大西洋中脊）和快速扩张中心（如东太平洋海隆）。

13.5 洋壳的基本性质

列举洋壳的 4 个层，解释洋壳如何形成及其与陆壳的差异。

洋壳的一种有趣特征是其厚度和结构在整个洋盆的大部分区域内都相当一致。地震探测结果表明，洋壳的平均厚度仅为 7 千米。此外，洋壳几乎完全由镁铁质（玄武质）岩石构成，这些岩石下方是超镁铁质岩石即橄榄岩（形成岩石圈地幔）层。

虽然大多数洋壳形成于人类视野之外（远低于海平面），但是地质学家已能够直接观察洋底结构。在纽芬兰、塞浦路斯、阿曼和美国加利福尼亚州等地，洋壳及其下伏地幔的碎片已被推高到海平面之上。根据这些露头和深海钻探船采集的岩心样品，研究人员得出了洋壳由 4 个不同层构成的结论（见图 13.19）：

- 第 1 层。由深海沉积物（或沉积岩）序列组成。这些沉积物在洋脊轴部附近非常薄，但在大陆附近的厚度可能高达数千米。
- 第 2 层。主要由玄武质熔岩构成的岩石单元，富含大量称为枕状熔岩的枕状构造。
- 第 3 层。中间岩质层，由许多近垂直定向且相互连接的岩墙构成，称为席状岩墙杂岩/席状岩墙复合体（sheeted dike complex）。这些岩墙是以前为洋底供应枕状玄武岩的岩浆上升通道。

- 第4层。主要是辉长岩，相当于在深部结晶而不喷发的粗粒玄武岩。

当在陆地上发现洋壳及其下伏地幔的碎片时，可将其称为蛇绿岩复合体/蛇绿岩套/蛇绿岩杂岩（ophiolite complex）。研究全球各种蛇绿岩复合体及相关数据后，地质学家拼凑出了洋底形成的场景。

13.5.1 洋壳如何形成

形成新洋壳的熔融岩石来自超镁铁质地幔的部分熔融。这个过程会生成密度低于周围固态岩石的玄武质熔体，新形成的熔体沿着成千上万条微小管道向上穿越上地幔，进入并供应规模更大的通道。接下来，这些构造又为洋脊顶部正下方的透镜状岩浆房供应岩浆。由于海底扩张的缘故，这些储层之上的岩石被拉离并周期性断裂，导致熔体沿着洋壳中发育的许多垂向断裂上升。部分熔体冷却并固结形成新岩墙，这些新岩墙侵位仍然温暖且软弱的旧岩墙，形成席状岩墙复合体（sheet clike complex）。这部分洋壳的厚度通常为1～2千米。

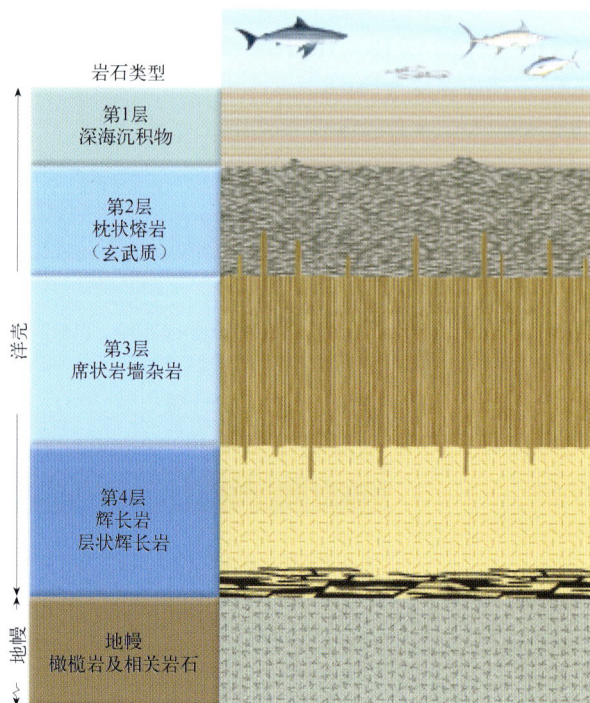

图 13.19　蛇绿岩复合体（蛇绿岩套）：洋壳的结构。洋壳分层结构示意图，根据从蛇绿岩复合体、地震剖面和深海钻探岩心样品中获取的数据绘制

部分熔体（10%～20%）抵达洋底并喷发。这些海底熔岩流的表面遇到海水时快速冷却，但是当熔岩堆积在这些固结熔岩流边缘背后时会破裂。当熔融玄武岩从压紧管道中挤出（像挤牙膏一样）时，这个过程会反复发生（见图 5.8），形成类似于大型枕头且彼此堆叠的突出物，称为枕状熔岩（pillow lavas）（见图 13.20）。枕状熔岩形成了新生成洋壳的上层。随着时间的推移，这个洋壳还会被沉积物覆盖。

在有些情况下，枕状熔岩可能形成类似于盾状火山的火山大小鼓丘；在另一些情况下，枕状熔岩会形成数十千米长的细长洋脊。由于被海底扩张作用携带而离开洋脊顶部，这些结构最终将与岩浆供应发生分离。

洋壳的下部单元（第4层）由中心岩浆房自身范围内的结晶作用发育而成，最高可占洋壳总厚度（7千米）中的5千米。首先结晶的矿物是橄榄石和辉石，通过岩浆沉淀在储层底部附近形成层状带。剩余熔体趋于沿岩浆房壁冷却，最终形成大量粗粒辉长岩。

洋壳的分层模型充分描述了快速扩张中心沿线形成的海底结构，但最新研

图 13.20　枕状熔岩的横截面图。这个枕状熔岩出露于新西兰万布罗角海蚀崖沿线，每个"枕头"都显示了由快速冷却形成的深色玻璃质外层，它们环绕在内部的深灰色玄武岩周围

究结果表明，其他机制可能在缓慢扩张中心（包括大西洋海盆）沿线发挥作用。此外，海底一旦形成，海水与海底之间的相互作用就会改变洋壳岩石。

13.5.2　海水与洋壳相互作用

海水与新形成的玄武质洋壳之间相互作用，不仅成为消散地球内部热量的机制，还能改变海水和洋壳。上部洋壳具有可渗透和高度断裂的熔岩，使得海水能够渗透到2～3千米的深度。在称为热液变质作用（hydrothermal metamorphism）的过程中，在洋壳中循环流动的海水加热玄武质岩石，并与其发生化学反应（见图8.21）。这种蚀变导致深色硅酸盐（橄榄石和辉石）形成新的变质矿物，例如绿泥石和蛇纹石。同时，高温海水还会溶解炽热玄武岩中的各种离子，例如二氧化硅、铁和铜，偶尔还包括银和金。当水温达到数百摄氏度时，这些富含矿物的流体就沿着断裂浮升，直至喷出洋底。通过乘坐深潜器沿几个洋脊段开展研究，科学家拍摄到这些富含金属的溶液从海底喷涌而出，形成了称为黑烟囱（black smoker）的颗粒填充云状物（见地质美图13.1）。当高达400℃的液体与富含矿物质的冷海水混合时，溶解矿物就会沉淀，进而形成块状金属硫化物矿床，其中部分矿床具有重要的经济价值。这些沉积偶尔也向上生长，最终形成高度相当于摩天大楼的水下烟囱状构造。

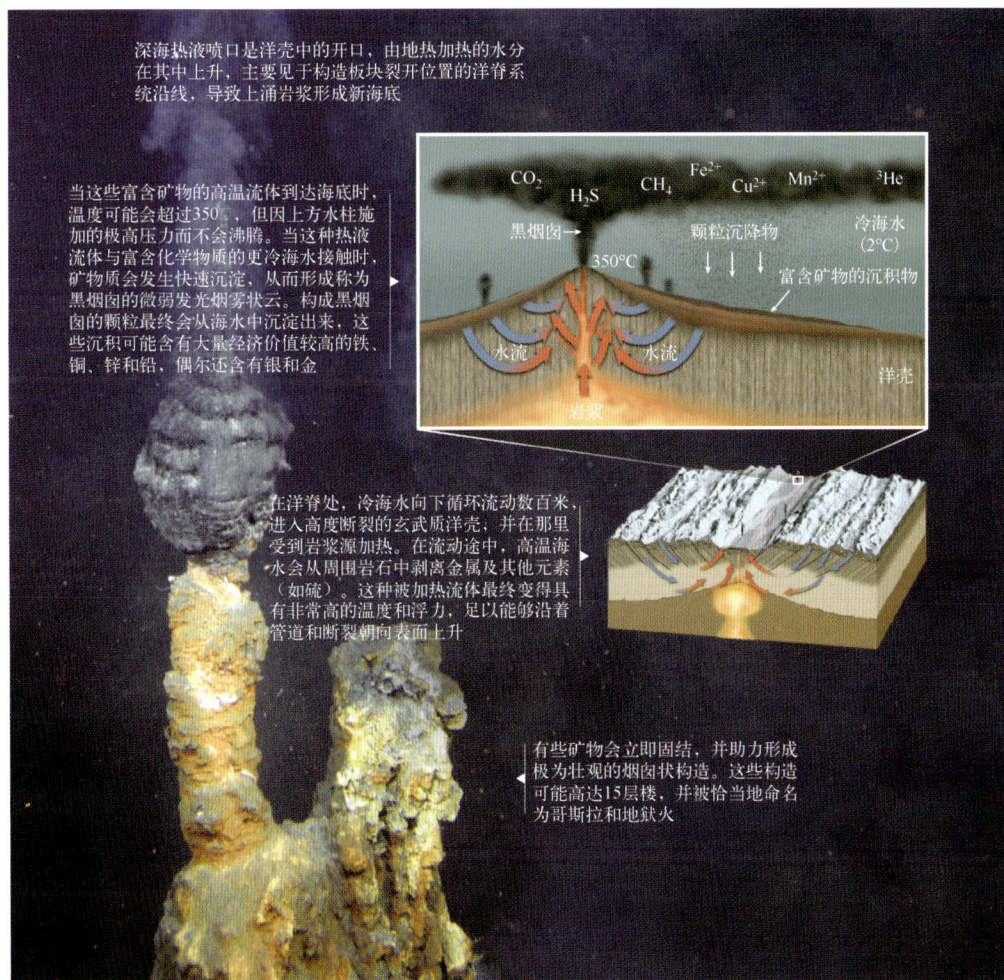

深海热液喷口是洋壳中的开口，由地热加热的水分在其中上升，主要见于构造板块裂开位置的洋脊系统沿线，导致上涌岩浆形成新海底

当这些富含矿物的高温流体到达海底时，温度可能会超过350℃，但因上方水柱施加的极高压力而不会沸腾。当这种热液流体与富含化学物质的更冷海水接触时，矿物质会发生快速沉淀，从而形成称为黑烟囱的微弱发光烟雾状云。构成黑烟囱的颗粒最终会从海水中沉淀出来，这些沉积可能含有大量经济价值较高的铁、铜、锌和铅，偶尔还含有银和金

CO_2　CH_4　Fe^{2+}　Cu^{2+}　Mn^{2+}　^3He
H_2S
黑烟囱　颗粒沉降物　冷海水（2℃）
350℃　富含矿物的沉积物
水流　水流　洋壳
岩浆

在洋脊处，冷海水向下循环流动数百米，进入高度断裂的玄武质洋壳，并在那里受到岩浆源加热。在流动途中，高温海水会从周围岩石中剥离金属及其他元素（如硫）。这种被加热流体最终变得具有非常高的温度和浮力，足以能够沿着管道和断裂朝向表面上升

有些矿物会立即固结，并助力形成极为壮观的烟囱状构造。这些构造可能高达15层楼，并被恰当地命名为哥斯拉和地狱火

地质美图 13.1　深海热液喷口

13.6 大陆裂谷作用:新洋盆的诞生

概述大陆裂谷作用导致新洋盆形成的步骤。

近 2 亿年前,潘吉亚超大陆的解体打开了一个新洋盆——大西洋。虽然地球科学家仍在争论这一事件由何引发,但是潘吉亚超大陆的解体表明洋盆形成于大型陆块裂解时。

13.6.1 洋盆的演化

新洋盆的开启始于大陆裂谷(continental rift)的形成,这是位于岩石圈被拉伸和变薄沿线的拉长坳陷。在岩石圈较厚、较冷和较刚硬的位置,裂谷较为狭窄(宽度一般不到几百千米),例如东非大裂谷、格兰德河裂谷(美国西南部)、贝加尔裂谷(西伯利亚中南部)和莱茵河谷(欧洲西北部)。相比之下,在地壳较薄、较热和较软弱的位置,裂谷宽度可能超过 1000 千米,例如美国西部的盆岭(盆地和山岭)地区。

在有些情况下,大陆裂谷演化成年轻且狭窄的洋盆,例如现在的红海。若海底持续扩张,则最终形成以裂谷大陆边缘为边界的成熟洋盆,例如大西洋。

下面概要介绍洋盆的演化过程,并利用现代示例来表示裂谷作用的各个阶段。

1. 东非大裂谷

东非大裂谷(East African Rift)是一条大陆裂谷,延伸穿越非洲东部约 3000 千米,由几个相互连接的裂谷(在维多利亚湖周围拆分为东西两支)组成,如图 13.21 所示。随着索马里亚板块与非洲大陆其他地区的分离,目前尚不确定这个裂谷最终是否会发育成为扩张中心。

最近裂谷期始于约 2000 万年前,地幔中的上升流当时侵入岩石圈底部(见图 13.22a),炽热岩石圈的浮升导致地壳上拱和拉伸。结果,上地壳沿着高角度正断层发生破碎,进而形成下行断块(地堑);下地壳则因韧性拉伸而变形(见图 13.22b)。

在裂谷作用的早期阶段,上升地幔岩石减压熔融而成的岩浆侵入地壳,部分岩浆沿着断裂向上迁移并在地表喷发,最终在裂谷范围内形成大量玄武质熔岩流及火山锥。其中,部分火山锥距离裂谷轴部超过 100 千米,如肯尼亚山和乞力马扎罗山(非洲最高峰,高出塞伦盖蒂平原近6000 米)。

2. 红海

裂谷逐渐变长和变深,最终延伸至大陆边缘(见图 13.22c)。此时,大陆裂谷变成具有通往海洋出口的狭窄线状海,例如红海。

红海形成于约 3000 万年前,即阿拉伯半岛从非洲大陆裂解时,如图 13.21a 所示。与这一水体边缘侧翼的海平面相比,断层陡坎要高出 3 千米,因此红海两侧的峭壁类似于作为东非大裂谷边界的陡崖。虽然红海中仅有少数几个地点的水深达到 5 千米,但是对称的磁性条带表明,典型海底扩张至少在最近 500 万年间始终发生。

3. 大西洋

若继续扩张,则红海会生长得更宽,并发育类似大西洋中脊的抬升洋脊(见图 13.22d),因此大西洋展示了红海数千万年后的最终外观。随着大西洋海盆规模的不断扩大,裂解大陆边缘逐渐远离上升流区域,最终冷却、收缩和下沉。

随着时间的推移，大陆边缘沉降到海平面之下，从相邻高地剥蚀而来的物质覆盖了这片曾经崎岖的地形。结果，大西洋两侧形成了被动大陆边缘，由相对未受干扰的沉积物和沉积岩的厚楔覆盖的裂解陆壳构成。

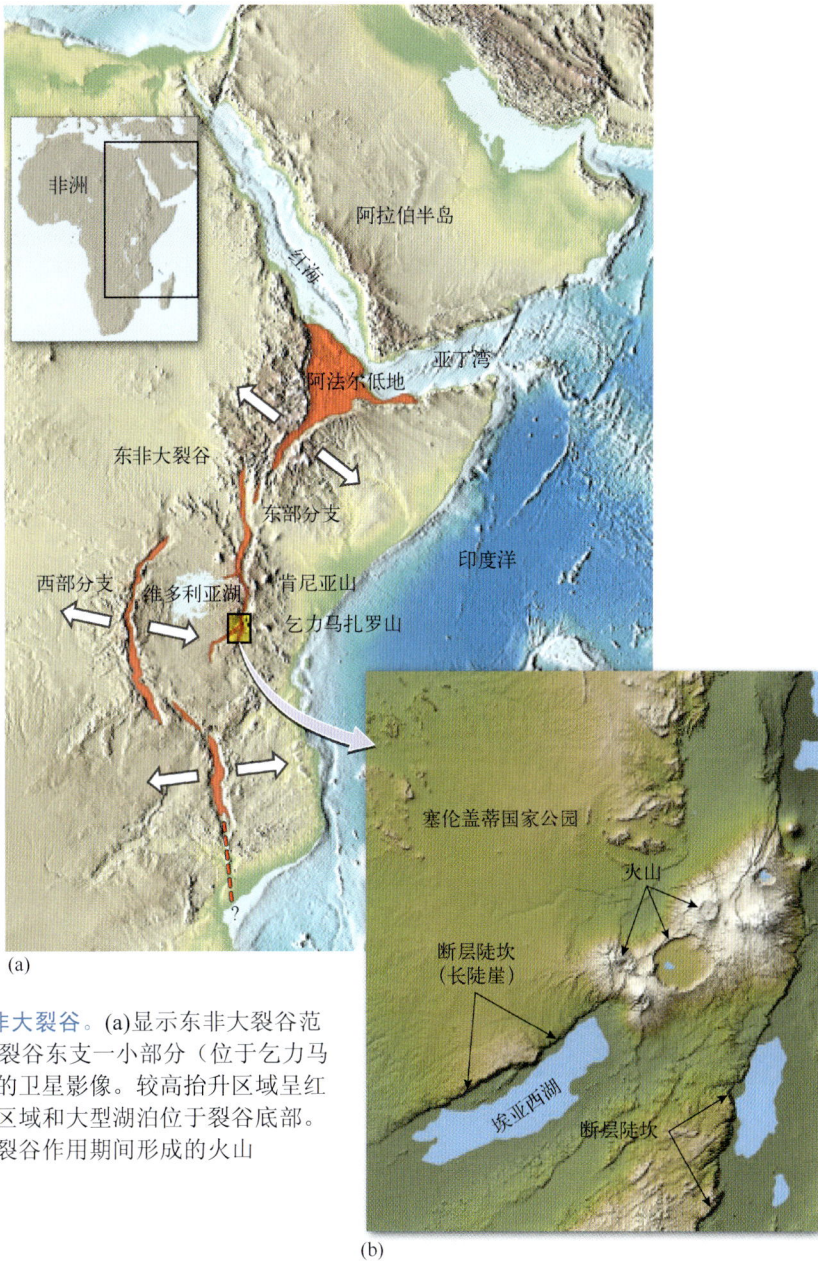

图 13.21　**东非大裂谷**。(a)显示东非大裂谷范围的地图；(b)裂谷东支一小部分（位于乞力马扎罗山以西）的卫星影像。较高抬升区域呈红褐色，深绿色区域和大型湖泊位于裂谷底部。此外还可看到裂谷作用期间形成的火山

4. 裂谷作用夭折

并非所有大陆裂谷都能发育成为成熟的扩张中心。在美国中部，一条夭折的裂谷从苏必利尔湖延伸到堪萨斯州（见图 13.23）。在这条曾经活跃的裂谷中，充满了 10 多亿年前侵出到地壳上的碎屑沉积岩和玄武质岩石。有些裂谷能够发育成为成熟的扩张中心，还有些裂谷则可能中途夭折，具体原因目前尚不完全清楚。

(a) 由于加热岩石圈的张应力和浮力抬升，导致上地壳
沿着正断层发生破碎，下地壳则因韧性拉伸而变形

(b) 随着地壳被拉开，大块岩石板片下沉而形成裂谷

(c) 进一步扩张形成狭窄海洋

(d) 最终形成广阔的洋盆和洋脊系统

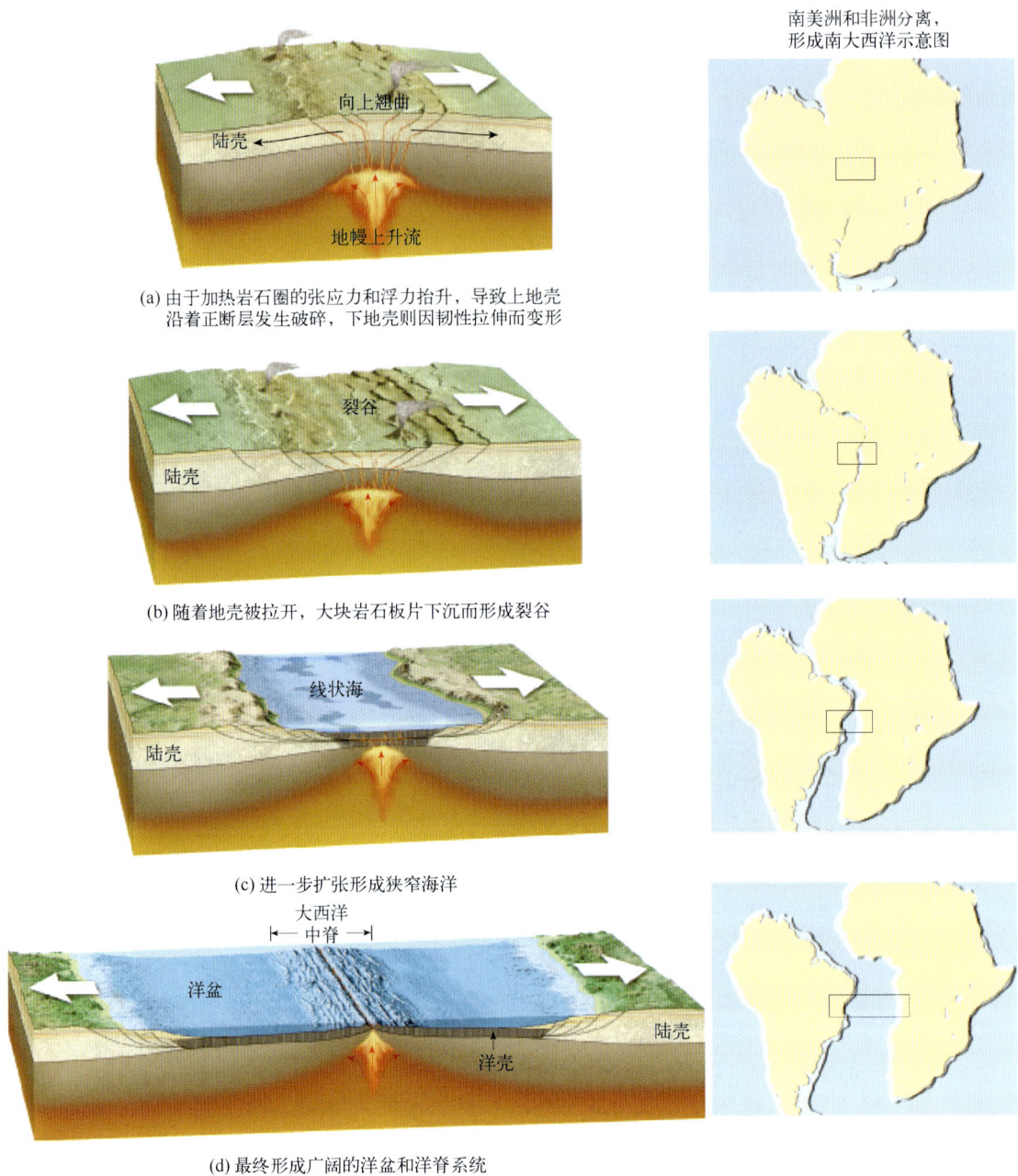

图 13.22 洋盆的形成

南美洲和非洲分离，
形成南大西洋示意图

13.6.2 大陆裂谷作用机制

在地质历史中，至少曾经存在两个超大陆，其中潘吉亚超大陆/泛大陆/泛古陆/联合古陆/盘古大陆（Pangaea）距今最近。潘吉亚超大陆于 4.5 亿年前～2.3 亿年前形成超大陆，但在形成后不久就发生了裂解。地质学家得出结论认为，超大陆的形成和裂解是板块构造的不可分割部分，这个过程涉及超大陆的形成和散布，称为超大陆旋回（supercontinent cycle），详见第 22 章。

超大陆旋回必定涉及板块运动驱动力的方向和性质的重大改变。换句话说，经过较长地质历史时期，板块运动的驱动力趋于将地壳碎片组织成单一超大陆，仅改变方向并再次裂解散布。在有助于大陆裂谷作用的机制中，主要包括炽热运动岩石柱（从地幔深处上升）、上升流（从软流圈

浅层上涌）以及板块运动产生的应力。

1. 地幔柱和热点火山作用

地幔柱（mantle plume）由比正常温度更高的地幔岩石组成，具有附着在细长拖尾上的蘑菇状大型头部，直径高达数百千米。当接近刚硬岩石圈底部时，地幔柱头部会横向扩散。地幔柱内的减压熔融会生成大量玄武质岩浆，这些岩浆将上升并引发地表处的热点火山作用（hot-spot volcanism）。

科学研究表明，地幔柱趋于集中在超大陆下方，因为大型陆块只要就位，就可形成巨型"隔热毯"，将热量封闭在地幔中，由此产生的温度升高将导致地幔柱（具有散热作用）的形成。

在现代被动大陆边缘，可以观测到地幔柱在至少部分地块的裂解中发挥作用的证据。在大西洋两岸的几个地

图 13.23 北美中大陆张裂（大陆中部裂谷）。这条夭折的裂谷从五大湖地区一直延伸到堪萨斯州

区，在大陆裂谷作用发生之前，首先是地壳抬升和大量玄武质熔岩的喷涌，例如埃滕德卡溢流玄武岩（位于西南非洲）和巴拉那玄武岩省（位于南美洲）。

约 1.3 亿年前，当南美洲和非洲还是单一陆块时，大量熔岩喷涌形成了一个巨型大陆玄武岩高原/玄武岩台地，如图 13.24a 所示。接着，南大西洋开始打开，将玄武岩省（单元）拆分为两部分，即埃滕德卡玄武岩高原和巴拉那玄武岩高原。随着洋盆的生长，在新形成的洋脊两侧，地幔柱尾部形成了一连串海山（见图 13.24b）。现代热点活动区域以特里斯坦-达库尼亚火山岛（大西洋中脊之上）为中心。

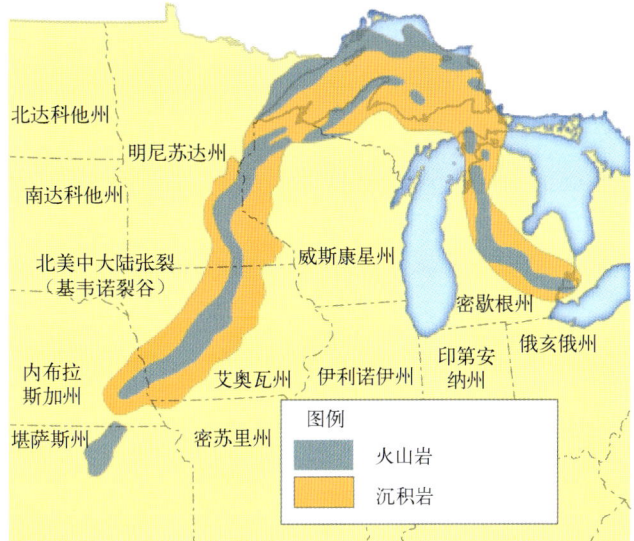

(a) 这些溢流玄武岩高原在1.3亿年前（南大西洋刚开始打开之前）的位置

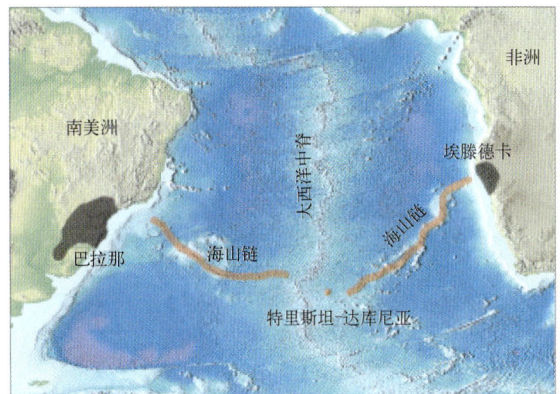

(b) 巴拉那玄武岩高原和埃滕德卡玄武岩高原与特里斯坦-达库尼亚热点的关系

图 13.24 地幔柱在大陆裂谷作用中可能发挥的作用

当抵达岩石圈底部时，炽热浮升地幔柱会导致上覆地壳隆起及变弱。隆起（可能高达 1000 米）趋于形成 3 条裂谷（或臂），在上升地幔柱上方的区域汇合，称为三联点/三叉点（triple junction）。通常，大陆的裂解和洋盆的形成发生在其中两条裂谷臂的沿线，第三条臂则可能不太发育而构成充满沉积物的夭折裂谷。例如，阿法尔地幔柱与阿拉伯半岛从非洲分离相关，位于埃塞俄比亚东北部某个地区之下（称为阿法尔低地），该地区存在广泛的火山活动（见图 13.21）。这个地幔柱形

成了一个典型裂谷系统，由在三联点处交汇的 3 条臂组成。其中，两个裂谷（红海和亚丁湾）是活动扩张中心，第三条臂（东非大裂谷）可能代表大陆裂解的初期阶段（如前所述），或者命中注定可能变成夭折裂谷。

图 13.25 描绘了一些地幔柱的位置，这些地幔柱已经形成大型溢流玄武岩高原，很可能与潘吉亚超大陆的裂解相关。一个地幔柱当前位于冰岛下方，靠近大西洋中脊的顶部（见图 13.26），从约 5500 万年前开始大量喷出玄武质熔岩，这些喷涌证据可见于格陵兰岛东部以及大西洋对岸的苏格兰北部赫布里底群岛。在格陵兰岛与欧洲之间，最古老的磁性条带具有相同的年龄，这支持了冰岛地幔柱的出现与北大西洋海底扩张之间的关联性。

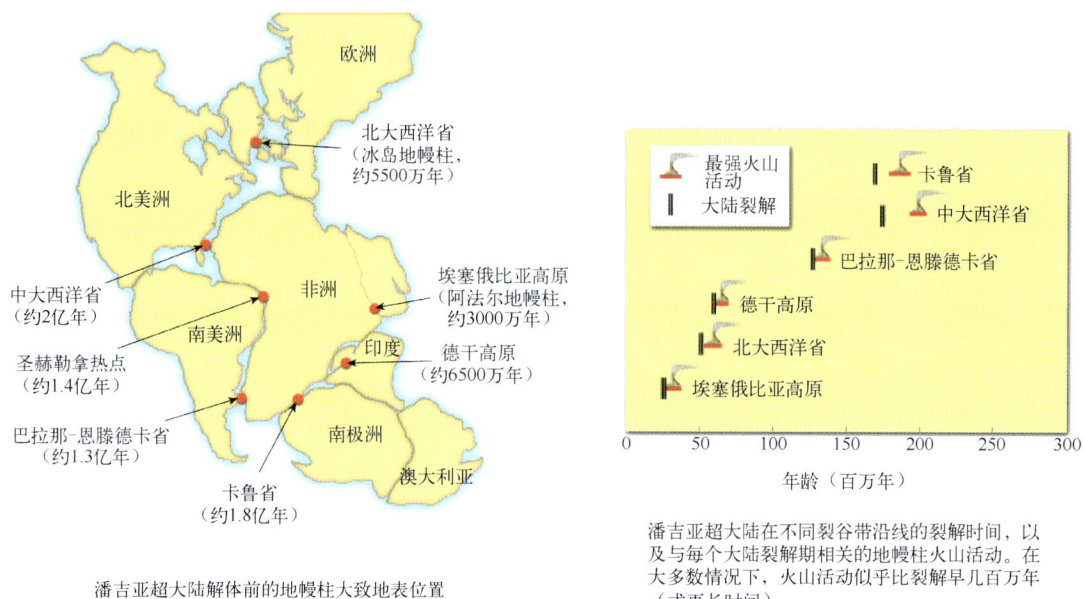

潘吉亚超大陆解体前的地幔柱大致地表位置

潘吉亚超大陆在不同裂谷带沿线的裂解时间，以及与每个大陆裂解期相关的地幔柱火山活动。在大多数情况下，火山活动似乎比裂解早几百万年（或更长时间）

图 13.25　地幔柱在潘吉亚超大陆裂解中可能发挥的作用

注意，热点火山活动不一定导致裂谷作用。例如，玄武质熔岩构成了美国西北太平洋地区的哥伦比亚河玄武岩以及俄罗斯的西伯利亚暗色岩，它们的大规模喷发与大陆裂解无关。此外，在有些裂谷大陆边缘沿线，岩石圈的拉伸和变薄并未伴随大规模火山活动。因此，必定存在有助于大陆裂解的其他应力。

2. 张应力的作用

为了能够撕裂岩石圈，大陆裂谷作用需要具有足够强的张应力。在美国西部盆岭地区，岩石圈较薄、较热和较软弱，较小的应力足以引发扩张。在最近 2000 万年间，软流圈内的一个广阔上升流区域导致了这个区域中地壳的大

图 13.26　冰岛 2010 年喷发的流体玄武质熔岩。冰岛位于 2000 多万年前开始建造这个大型火山岛的地幔柱之上

幅拉伸和变薄（见图 14.16）。在这种情况下，裂谷作用伴随着大规模熔融和火山活动。

在大陆裂谷作用中，板块运动形成的张应力特别重要。当大陆附着在正在俯冲的大洋岩石圈板片上时，陆壳在下潜板片沿线被拉动。但是，这个大陆岩石圈较厚，倾向于抵抗拖曳，因此会产生足以撕裂陆地的张应力。在超大陆的裂解过程中，裂谷作用带可能受到先存软弱性质的影响，例如缝合线（suture）——各大陆曾经相撞而形成超大陆的地方。

13.7 大洋岩石圈的破坏

比较自发俯冲和被迫俯冲。

虽然新岩石圈在离散型板块边界处持续形成，但是地球总表面积却并未变大，因此，为了平衡新生岩石圈的数量，必然存在一种大洋岩石圈被摧毁的过程。

13.7.1 大洋岩石圈为何俯冲

板块俯冲过程非常复杂，大洋岩石圈的最终命运尚存争议，但有一点可以肯定，即除非整体密度高于下伏软流圈，否则大洋岩石圈一定会抵抗俯冲。对年轻大洋岩石圈板片而言，冷却到密度足以支撑软流圈至少需要 1500 万年。

1. 自发俯冲

基于正在俯冲板块的基本性质，我们可将俯冲带划分为 2 种基本类型。第一种类型称为马里亚纳型俯冲带，特征是年老且致密的岩石圈因自身重量而沉入地幔。进入马里亚纳海沟的岩石圈年龄约为 1.85 亿年，这是当今海洋中年龄最老且密度最大的岩石圈之一。在这条海沟沿线，俯冲板片以非常陡峭的角度（近 90°）下潜到地幔中（见图 13.27a）。陡峭俯冲角度能够形成深海沟，这在一定程度上解释了挑战者深渊（位于马里亚纳海沟南翼）的深度。马里亚纳海沟和西太平洋中的大多数其他俯冲带都与寒冷且致密的岩石圈相关，因此表现为*自发俯冲*（spontaneous subduction）。

注意，岩石圈地幔构成了约 80% 的下潜大洋板片，是俯冲作用的主要驱动者。即使上覆洋壳的年龄相当古老，但其密度仍低于下伏软流圈，因此俯冲作用取决于比下伏软流圈的温度更低、密度更大的岩石圈地幔。

当大洋板片下潜至约 400 千米深的位置时，矿物相变（从低密度矿物转变为高密度矿物，见第 12 章）会增强俯冲作用。在这一深度，橄榄石向更致密结构的转变增大了板片密度，有助于将板块拉入俯冲带。

2. 被迫俯冲

第二种类型称为*秘鲁-智利型俯冲带*（Peru-chile-type Subduction zone），特征是年轻、炽热且密度较低的岩石圈以低角度倾斜（见图 13.27b）。在秘鲁-智利型俯冲带边界沿线，岩石圈因浮力过大而无法自发俯冲，由压应力强迫俯冲在上驮板块之下。

在发生*被迫俯冲*（forced subduction）的区域，上驮板块与俯冲板块之间会发育强耦合，导致频繁发生特别强烈的地震。板块运动在这里形成水平压应力，引发上下两个板块之间相互摩擦，进而导致上驮板块发生褶皱和增厚，有时还会形成山地地形。最近 10 年间，在苏门答腊海岸外的巽他俯冲带（经历过若干次大地震的另一个地区），人们也观测到了低角度俯冲和强耦合。

3. 抵抗俯冲

研究人员已经确定，异常厚（近 30 千米）的洋壳单元可能抵抗俯冲。例如，翁通爪哇海台是位于西太平洋中的巨厚海底高原（海台），面积大致相当于美国阿拉斯加州（见图 13.5）。约 2000 万年前，该海台抵达形成俯冲太平洋板块与上驮澳大利亚-印度板块之间边界的海沟位置，由于浮力太大而无法俯冲，它堵塞住了该海沟。第 14 章将介绍因浮力过大而无法俯冲的地壳碎片的命运。

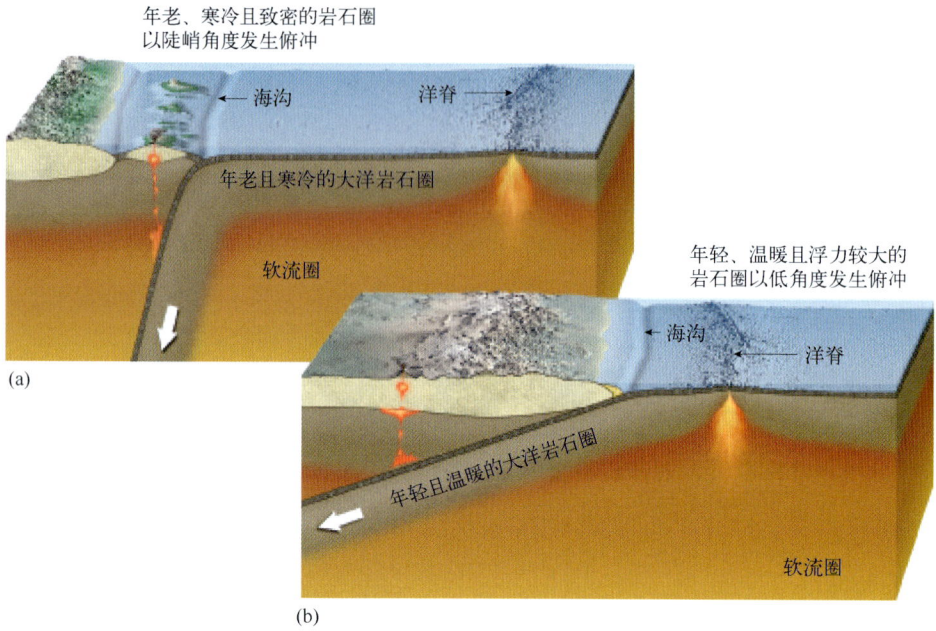

图 13.27 板块俯冲角度取决于板块密度。(a)在太平洋部分地区，有些大洋岩石圈的年龄超过
1.8 亿年，以接近90°沉入地幔；(b)年轻大洋岩石圈温暖且浮力较大，趋于发生低角度俯冲

13.7.2 俯冲板块：洋盆的消亡

20 世纪 70 年代，利用磁性条带和洋底断裂带，地质学家开始重建最近 2 亿年间的板块运动。研究结果表明，在俯冲带沿线，部分（甚至整个）洋盆已被瓦解。例如，在潘吉亚超大陆裂解期间（见图 2.22），非洲板块向北移动并最终与欧亚大陆相撞。在这个事件期间，居间的特提斯洋（Tethys Ocean）洋底几乎完全沉入地幔，仅存留少量小型残余物——东地中海和黑海。

潘吉亚超大陆裂解的重建有助于研究人员理解法拉隆板块的消亡。法拉隆板块（Farallon plate）是一个大型大洋板块，曾占据东太平洋海盆的大部分区域。在潘吉亚超大陆裂解期间，法拉隆板块坐落在一个扩张中心的东侧（见图 13.28a），这个扩张中心（既形成法拉隆板块又形成太平洋板块）就是东太平洋海隆（East Pacific Rise）。

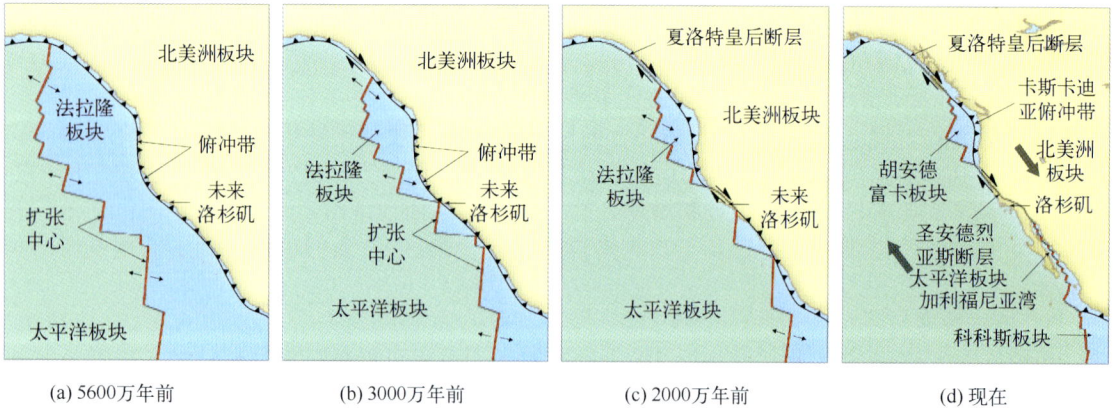

(a) 5600万年前   (b) 3000万年前   (c) 2000万年前   (d) 现在

图 13.28 法拉隆板块的消亡。由于俯冲速度快于生成速度，法拉隆板块变得越来越小。法拉
隆板块曾经非常庞大，但是现在仅剩下胡安德富卡板块、科科斯板块和纳斯卡板块等残余碎片

从约 1.8 亿年前开始，随着潘吉亚超大陆裂解和大西洋开始打开，美洲大陆被迫向西推进。

因此，法拉隆板块开始以比生成速度更快的速度俯冲到美洲之下，导致其规模不断缩小（见图 13.28b）。法拉隆板块曾经非常庞大，但现在仅剩下胡安德富卡板块、科科斯板块和纳斯卡板块等残余碎片。

受到北美洲向西迁移的影响，东太平洋海隆的一部分进入曾经位于加利福尼亚州海岸之外的俯冲带（见图 13.28b）。当这个扩张中心发生俯冲时，会被一个转换断层系统摧毁和替代，该系统目前容纳了北美洲板块与太平洋板块之间的差异运动。由于板块几何形态的这种改变，太平洋板块已捕获北美洲的一个小碎片（巴哈半岛和加利福尼亚州南部的一部分），并携其以约 6 厘米/年的速度朝西北方向（阿拉斯加州）移动。

随着越来越多的洋脊发生俯冲，该转换断层系统（现在称为圣安德烈亚斯断层）的长度增加

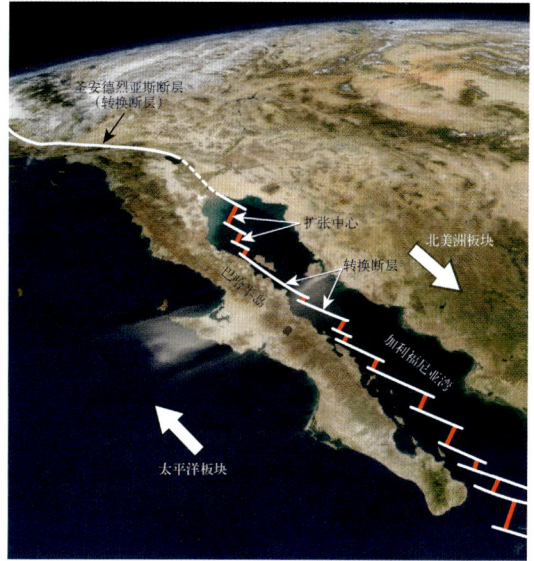

图 13.29　巴哈半岛与北美洲的分离

（见图 13.28c）。现在，圣安德烈亚斯断层南端与正在形成加利福尼亚湾的一个年轻扩张中心相连（见图 13.29）。类似事件形成了夏洛特皇后断层（位于加拿大和阿拉斯加东南部西海岸之外）。

概念回顾 13.7

1. 比较自发俯冲和被迫俯冲，并分别提供地点示例。
2. 矿物相变在板块俯冲作用中发挥着何种作用？
3. 当生成法拉隆板块的扩张中心与北美洲板块碰撞时，发生了何种事件？

主要内容回顾

13.1 洋底地图

关键词：水深测量，声呐，回声测深仪

- 海洋深度的测量和洋底形状（地形）的量绘称为水深测量。
- 海底测绘通过声呐完成，利用船载仪器发射声音脉冲，然后接收海底回声。通过测量海底地貌特征的引力拉动差异导致的海平面微小变化，配备重力传感仪器的卫星也可用于绘制海底地图。
- 海底地形图能够通过结合这些来源的数据进行绘制。

13.2 大陆边缘

关键词：大陆边缘，被动大陆边缘，大陆架，大陆坡，大陆隆，深海扇，海底峡谷，浊流，活动大陆边缘，增生楔，俯冲剥蚀

- 大陆边缘是陆壳与洋壳之间的过渡带。活动大陆边缘发生在汇聚型板块边界和大陆碰撞边缘。被动大陆边缘位于远离板块边界的大陆后缘。

- 从被动大陆边缘的外滨向外，潜艇旅行者首先遇到平缓倾斜的大陆架，然后遇到较陡的大陆坡。
- 大陆坡的另一侧是平缓倾斜的大陆隆，浊流穿过海底峡谷所搬运的沉积物在此堆积在洋壳顶部的深海扇中。
- 在活动大陆边缘，物质可能以增生楔的形式添加到大陆前缘，或者可能因俯冲剥蚀而从大陆边缘刮去。

问题：附图描绘了何种类型的大陆边缘？尽可能具体。指出问号标识的特征。

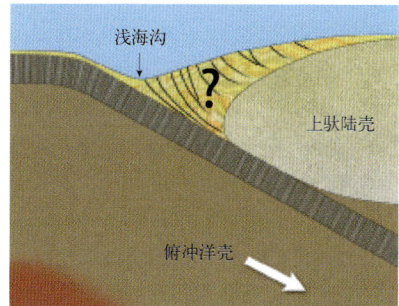

13.3 深海盆地

关键词：深海盆地，深海沟，火山岛弧，大陆火山弧，深海平原，地震反射剖面仪，海山，海底平顶山，海底高原（海台），环礁

- 深海盆地约占地球表面积的 30%，其中大部分为深海平原。
- 俯冲带和深海沟也出现在深海盆地中。火山岛弧或大陆火山弧与海沟平行排列。
- 深海底存在不同的火山构造。海山是海底火山，穿透海面时称为火山岛。海底平顶山是在沉入海平面以下之前顶部已被剥蚀掉的古老火山岛。海底高原（海台）是由大量水下熔岩喷发形成的异常厚洋壳。

问题：在附图上标出以下地貌特征：海山、海底平顶山、火山岛、海底高原和深海平原。

13.4 洋脊系统

关键词：洋脊，海隆，裂谷

- 洋脊系统是地球上最长的地形特征，蜿蜒穿过全球所有主要洋盆，高度约为几千米，宽度约为数千千米，长度约为几万千米。顶部（或轴部）是生成新洋壳的地方，可能以裂谷为标志。
- 洋脊是抬升地貌特征，由于较为温暖，密度低于较老且较冷的大洋岩石圈。随着洋壳远离洋脊顶部，热量损失导致洋壳变得更冷和更致密，直至趋于平静。8000万年后，曾经是洋脊一部分的洋壳将位于远离洋脊的深海盆地中。
- 海底扩张速率决定了洋脊的形状。若扩张速率较慢，则具有突出裂谷和崎岖地形；若扩张速率较快，则缺乏裂谷且地形平缓。

13.5 洋壳的基本性质

关键词：蛇绿岩复合体，席状岩墙杂岩，枕状熔岩，黑烟囱

- 蛇绿岩复合体包含已被推高到海平面之上的洋壳切片，由 4 个不同的层组成：①深海沉积物；②枕状玄武质熔岩流；③席状岩墙杂岩；④底部辉长岩层。
- 当两个离散型板块移动分开时，断裂垂直于拉伸方向打开，熔岩通过裂缝向上运移。一旦熔岩冷却并封闭这些断裂，就会变成席状岩墙杂岩。在深部冷却的岩浆结晶成辉长岩。到达海底的熔岩以枕状熔岩形式喷发，并逐渐被沉积作用掩埋。
- 在洋中脊沿线，海水流动穿越洋壳中的裂缝，并被附近的岩浆囊加热。热水引发热液变质作用，并溶解金属离子。这些高温暗色溶液可能是从地壳中喷出的，进而形成黑烟囱。

13.6 大陆裂谷作用：新洋盆的诞生

关键词：大陆裂谷，超大陆旋回，三联点

- 当大陆裂谷拉分时，可能形成新洋盆。东非大裂谷是大陆裂解初期的示例，裂谷是玄武质火山活动场所。红海是更先进裂谷作用的示例，发生了海底扩张，裂谷被淹没在海平面之下。随着时间的推移，裂谷可能通过海底扩张变宽，形成两侧为被动大陆边缘的洋盆。大西洋是这个阶段的现代示例。
- 大陆裂谷作用可能由地幔柱引发，或者当先存机械薄弱部位受到张应力作用时，大陆更可能发生断裂。超大陆的形成和裂解称为超大陆旋回。在地球历史上，至少曾形成两个超大陆。

13.7 大洋岩石圈的破坏

关键词：自发俯冲，被迫俯冲

- 通过海底扩张形成的大部分大洋岩石圈与通过俯冲作用摧毁的等量岩石圈大致匹配。俯冲作用将大洋岩石圈带入地幔，但其最终命运仍不确定。
- 当大洋岩石圈足够古老时，可能会因为密度增大而开始下潜。由此导致的自发俯冲带以近 90°角暴降，并以深海沟为标志，例如马里亚纳海沟。
- 被迫俯冲是岩石圈因浮力过大而无法自发俯冲，但被迫俯冲到上驭板块之下的过程。这类俯冲的俯冲角较低，可能导致大逆冲断层沿线发生大地震，例如秘鲁-智利海沟。
- 无论最初的成因如何，俯冲作用都关闭洋盆，并最终导致曾经分开较远的两块陆地彼此接触。

问题：附图中描绘了哪种俯冲？描述深海沟处大洋岩石圈与洋脊处大洋岩石圈的年龄对比。

深海沟   洋脊

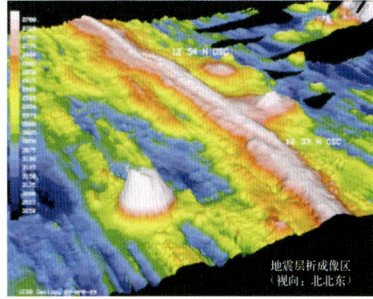

地震层析成像区
（视向：北北东）

深入思考

1. 在测量船与挑战者深渊（10994 米）之间，回声测深仪的声脉冲信号往返一次需要多少秒？如前所述，深度 = 1/2（1500 米/秒×回声走时）。

2. 参阅附图，回答问题：**a**. 指出分别与下列术语相关的字母：大陆架、大陆隆和陆架坡折。**b**. 与佛罗里达半岛相比，佛罗里达州周围大陆架的大小如何？**c**. 地图上为何没有深海沟？

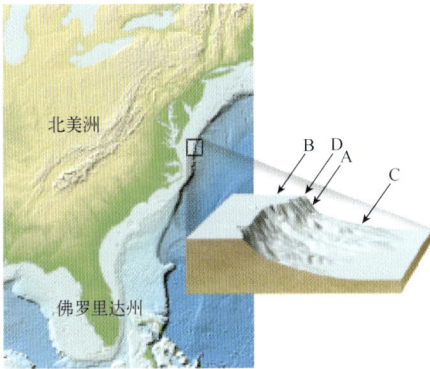

3. 参考图 13.17，比较呈现缓慢扩张速率与呈现快速扩张速率的洋脊顶部地形，分别举例说明。

4. 简要解释距离洋脊顶部越远、洋底通常越深的原因。

5. 附图是假彩色声呐图像，显示了扩张中心某段的洋脊顶部（白色-粉红色线状区域）。**a**. 洋脊顶部沿线的构造是快速还是慢速扩张中心的特征？解释理由。**b**. 在图像左下部，淹没圆锥状构造的名字是什么？

6. 对墨西哥巴哈半岛（见图 13.29）而言，加利福尼亚湾大陆裂谷作用的哪个阶段与其吻合度最高？

7. 参考图 13.28，预测胡安德富卡板块的最终命运。

8. 如附图所示，汤加海沟以西海底喷发的熔岩温度为 1200℃。此类水下喷发熔岩流的名称是什么？

地球之眼

1. 附图是大陆边缘透视图，朝西南方向眺望洛杉矶附近的帕洛斯维德斯半岛。**a**. 将标记为 1~4 的地貌特征与下列术语匹配：大陆架、大陆坡、大陆隆和海底峡谷。**b**. 基于图中的地貌特征，这里显示的大陆边缘是什么类型？

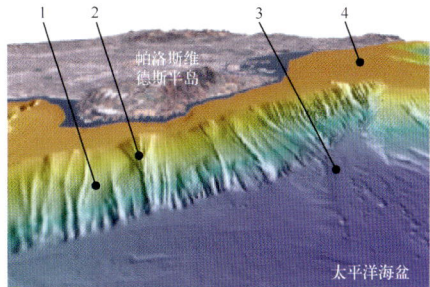

第14章 造山运动

由 GPS 数据可知，内华达山脉的生长是为了响应加利福尼亚州极度干旱期间缺水

新闻中的地质：内华达山脉在加利福尼亚州极度干旱期间生长

2012—2017 年，美国加利福尼亚州遭受了自 1840 年官方开始记录降雨量以来的最干旱时期，共造成数百万棵树木枯死，水库和蓄水池大面积萎缩，绿色农田变成荒芜废土，官方被迫宣布进入用水紧急状态。美国航空航天局（NASA）的最新研究发现，内华达山脉的高度同期上升了近 2.5 厘米，主要原因就是干旱。

NASA 研究团队详细分析了内华达山脉全域 1300 个全球定位系统（GPS）监测站的数据，这些监测站的安装最初是为了追踪该地区活动断层沿线的构造活动，高程变化的最高测量精度达 0.254 厘米。该研究团队发现，2011—2015 年，内华达山脉抬升了 24 毫米。干旱为何导致山脉抬升？

虽然部分抬升由断层沿线的位移引发，但是 NASA 的研究人员最终得出结论：绝大多数抬升缘于山脉自身的水分流失。随着水分的流失，岩石变轻，山脉浮升。

这个过程反向同样成立：研究人员发现，当加利福尼亚州恢复充沛降雨时，内华达山脉吸收水分，变得更重，进而失去极度干旱时期抬升数量的一半。

作为美国加利福尼亚州中央海岸地区的主要饮用水源，卡丘马湖 2015 年出现了极度干涸

14.1 在世界地图上，指出并定位地球上的主要造山带。

14.2 列举并描述与俯冲带相关的 4 种主要地貌特征。

14.3 绘制安第斯型造山带的横截面图，并描述其主要地貌特征如何形成。

14.4 比较阿尔卑斯型造山带和科迪勒拉型造山带的形成。

14.5 总结断块山脉的形成阶段。

14.6 解释地壳均衡原理及其如何影响造山带的隆升地形。

山脉提供了地球上最壮观的部分景色，诗人、画家和词曲作者已捕捉到它们的壮丽。地质学家认为，在某个地质历史时期，所有大陆区域都是山脉，各大陆通过在侧翼增生山脉而生长。随着山脉形成秘密的逐步揭开，地质学家对地球大陆演化的理解更加深入。若大陆确实通过在侧翼增生山脉而生长，则陆地内部为何也出现山脉呢？为了回答这个问题及其他相关问题，本章将生成这些高耸构造的事件序列拼接在一起。

14.1 什么中是造山运动

在世界地图上，指出并定位地球上的主要造山带。

在现代地质历史时期，造山运动（mountain building）在若干地点发生。美洲科迪勒拉山系（American Cordillera）就属于年轻造山带，它沿美洲西部边缘延伸，从南美洲最南端延伸至美国阿拉斯加州，包含落基山脉（Rockies）和安第斯山脉（Andes）。从地质意义上讲，阿尔卑斯–喜马拉雅山系（Alpine–Himalaya）也非常年轻，它沿地中海边缘延伸，穿过伊朗，进入巴基斯坦、印度和中国境内。西太平洋山地地形也很年轻，包括各火山岛弧（如日本、菲律宾和印尼大部分区域）。这些年轻造山带大多形成于最近 1 亿年间（见图 14.1），有些造山带（如喜马拉雅山脉）在 5000 万年前开始生长。

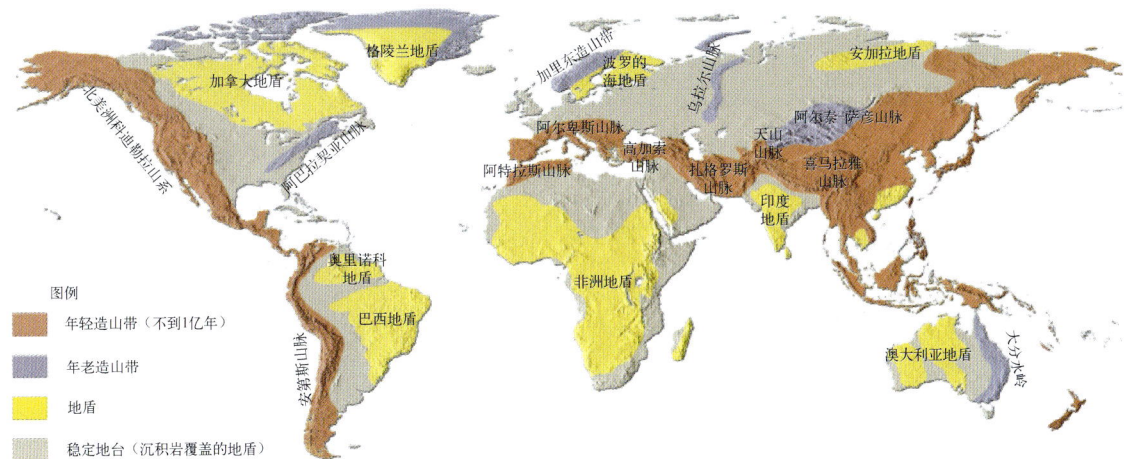

图 14.1 **地球主要造山带**。欧亚大陆的主要造山带呈东西走向，美洲科迪勒拉山系呈南北走向，二者对比非常明显。图中所示的地盾和稳定地台由在古造山事件中高度变形的古老地壳岩石构成

除了这些年轻造山带，地球上还有几个古生代山脉链，例如阿巴拉契亚山脉（位于美国东部）和乌拉尔山脉（位于俄罗斯）。虽然这些古老的造山带剥蚀严重，地形特征不那么突出，但具有与年轻山脉相同的可见构造特征。

造山带形成的整个过程统称造山作用（orogenesis），单一造山事件称为一次造山运动

（orogeny）。大多数主要造山带均显示出巨大压应力的突出视觉证据，例如地壳水平缩短和垂向增厚。这些碰撞型山脉（collisional mountains）通常形成于一个（或多个）小型地壳碎片与大陆边缘的碰撞，或者两个主要大陆块体碰撞导致的洋盆闭合。因此，碰撞型山脉含有大量先存沉积物和沉积岩，这些沉积物和沉积岩曾位于大陆边缘沿线，随后断裂、扭曲成一系列褶皱（见图 14.2）。虽然褶皱和逆冲断层通常是造山作用的明显标志，但不同程度的变质作用和岩浆活动始终存在。

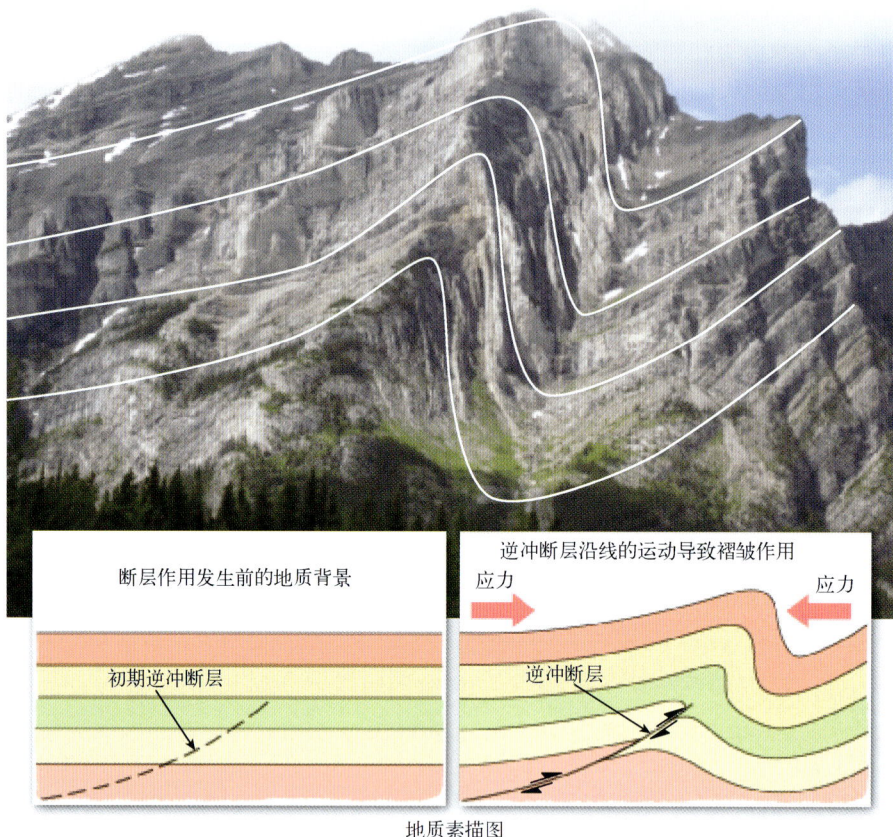

图 14.2　加拿大阿尔伯塔省基德山。基德山上出露的高度变形沉积地层。这些沉积岩是大陆架沉积，由于逆冲断层作用而向加拿大内陆发生褶皱和位移

板块构造理论为造山作用提供了一种模型，可以解释几乎所有现代造山带和大多数古代造山带的成因。根据这种模型，形成地球主要山地地形的构造过程发生在汇聚型板块边界沿线。下面首先再次探讨汇聚型板块边界的基本性质，然后研究俯冲作用过程是如何驱动全球造山运动的。

概念回顾 14.1

1. 定义造山作用。
2. 哪种板块边界类型与地球主要造山带最直接相关？

14.2　俯冲带

列举并描述与俯冲带相关的 4 种主要地貌特征。

在不断探索解释形成山脉的事件过程中，地质学家研究了古老造山带及造山作用活跃的当前地点，

他们对汇聚型板块边界（岩石圈板块发生俯冲）特别感兴趣。大洋岩石圈的俯冲作用形成了地球上最强烈的地震和最具爆发性的火山喷发，这些因素在地球大部分造山带的形成过程中发挥着关键作用。

14.2.1　俯冲带的地貌特征

俯冲带可大致划分为以下 4 个区域：①火山弧，构建在上驭板块之上；②深海沟，在大洋岩石圈俯冲板片弯曲并下潜到软流圈中的位置形成；③弧前区域，位于海沟与火山弧之间；④弧后区域，位于火山弧背向海沟一侧。

1．火山弧

火山弧（volcanic arc）或许是俯冲作用形成的最明显构造。在两个大洋板片汇聚的背景下，一个板块下潜到另一个板块之下，导致位于俯冲板块上方的地幔楔发生部分熔融（见图 14.3a）。这种熔融岩石上升，最终导致火山岛弧（volcanic island arc）在洋底生长，简称岛弧（island arc）。活动岛弧示例包括太平洋中的马里亚纳岛弧、汤加岛弧和阿留申岛弧（见图 2.17）。

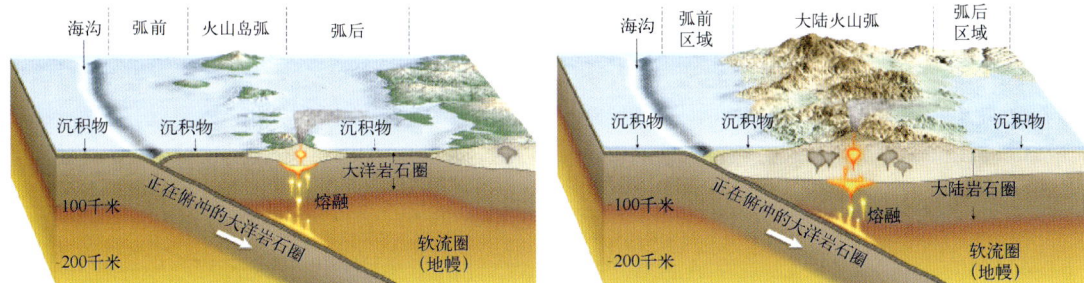

(a) 两个大洋岩石圈板片参与的汇聚型板块边界　　　　(b) 大洋岩石圈俯冲在大陆岩石圈之下的汇聚型板块边界

图 14.3　两种类型火山弧的发育

相比之下，当大洋岩石圈俯冲在大陆块体之下时，会形成大陆火山弧（continental volcanic arc），如图 14.3b 所示。大陆火山弧建立在更老且更厚的大陆块体地形上，所形成火山峰的海拔高度高达 6000 米，典型示例如喀斯喀特山脉（位于美国西北部）。

2．深海沟

当大洋岩石圈下潜到地幔中时，发生弯曲处形成深海沟（deep-ocean trench）。海沟深度与俯冲大洋板片的年龄密切相关，因此与其温度和密度也密切相关。在西太平洋地区，大洋岩石圈寒冷且致密，大洋板片以陡峭角度下潜到地幔中，所形成海沟的平均深度约为海平面之下 8 千米，例如著名的马里亚纳海沟（最深区域位于海平面之下 10994 米）。

相比之下，卡斯卡迪亚俯冲带（位于华盛顿州和俄勒冈州海岸外）缺少界限清晰的海沟，部分缘于温暖且浮力较大的胡安德富卡板块以极低的角度发生俯冲。海沟深度也与沉积物的可供性相关，例如在哥伦比亚河口外的俯冲带中，本来应能形成一条约 3 千米深的浅海沟，但是现在大部分填充了来自哥伦比亚河流域的大量沉积物。

3．弧前

俯冲带的弧前（forearc）区域位于深海沟与相关火山弧之间（见图 14.3），火山碎屑物（源于火山弧）和剥蚀沉积物（源于相邻陆块）在此堆积，洋底沉积物也被俯冲板块携带到这里。

携带到弧前区域的沉积物量存在较大的差异。例如，在与马里亚纳海沟相邻的弧前区域中，沉积物量最少，部分缘于其与重要沉积物源区相距甚远。相比之下，在与卡斯卡迪亚俯冲带相邻的弧前区域中，会源源不断地获得来自附近哥伦比亚河河口的沉积物充填。

此外，弧前宽度可能存在很大的变化。当大洋板片以陡峭角度俯冲时，弧前区域相当狭窄；当俯冲角度较缓时，弧前区域较宽阔。

4．弧后

沉积物和火山碎屑的另一个堆积地点是弧后（back-arc），它位于从海沟视角观察时的火山弧背面，如图 14.3 所示。在这些区域中，张应力占主导地位，导致地壳拉伸并变薄，最终形成断陷盆地（成因详见下一节）。

与火山岛弧相关的弧后区域形成较长的线状海，例如日本海和印尼爪哇海。在大陆环境中，弧后区域位于大陆火山弧的向陆侧，这里的地壳拉伸通常导致沉降而形成盆地，然后快速充填火山灰和沉积物（源于不断生长的火山构造）。

14.2.2 伸展和弧后扩张

俯冲带形成于两个板块汇聚之处，因此能够合理假设较大压应力会使板块边缘发生变形。但是，汇聚型边缘不一定是压应力主导区域。如前所述，在某些汇聚型板块边缘沿线，张应力作用于上驮板块，导致地壳伸展（extension），即拉伸和变薄。但是，在两个板块相向运动的位置，伸展过程究竟如何运行呢？

在确定作用于上驮板块的主导应力方面，俯冲大洋板片的年龄发挥着重要作用。当相对寒冷且致密的板片俯冲时，它不沿固定路径进入软流圈（见图 14.4a），而沿倾斜路径下潜时垂直下沉，导致海沟后退或回滚，如图 14.4b 所示。俯冲板块下潜时会在软流圈中产生一种流动，称为板吸作用（slab suction），它将上驮板块拉向正在后退的海沟（想象当泰坦尼克号沉没时，你在救生艇上无法离开会出现什么情形）。

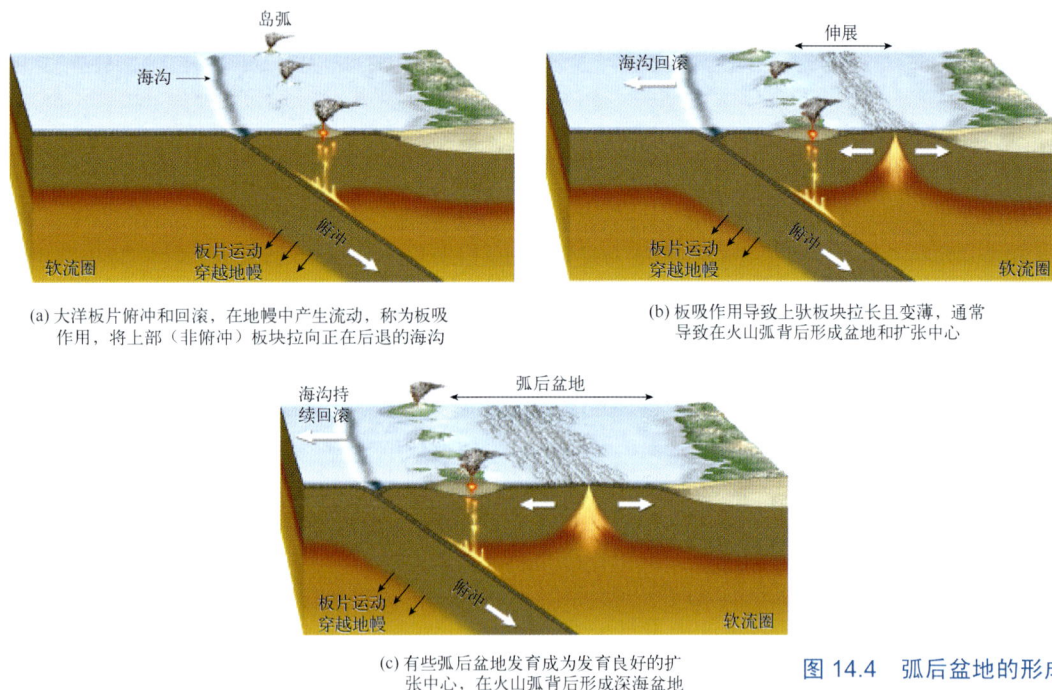

(a) 大洋板片俯冲和回滚，在地幔中产生流动，称为板吸作用，将上部（非俯冲）板块拉向正在后退的海沟

(b) 板吸作用导致上驮板块拉长且变薄，通常导致在火山弧背后形成盆地和扩张中心

(c) 有些弧后盆地发育成为发育良好的扩张中心，在火山弧背后形成深海盆地

图 14.4　弧后盆地的形成

随后，板吸作用产生使上驮板块拉长且变薄的张应力，最常在火山弧背后的区域中形成盆地（见图 14.4c）。地壳变薄能够形成热地幔上升流，以及与之相伴的减压熔融。持续伸展可能引发海底扩张，增大新形成盆地的规模。弧后区域内的这类盆地称为弧后盆地（back-arc basin），如图 14.4c 所示。当前，海底扩张正在拉长马里亚纳和汤加火山岛弧向陆侧的弧后盆地。

概念回顾 14.2

1. 列举俯冲带的 4 种主要地貌特征。
2. 简要描述弧后盆地如何形成。

14.3　俯冲作用与造山运动

绘制安第斯型造山带的横截面图，并描述其主要地貌特征如何形成。

在大洋岩石圈俯冲到大洋岩石圈之下的位置，可发育火山岛弧及相关的构造地貌特征；在大洋岩石圈俯冲在大陆岩石圈之下的位置，可在大陆边缘沿线形成大陆火山弧和山地地形。大洋岩石圈就像传送带一样，也将火山岛弧及其他地壳碎片携带至俯冲带位置。这些地壳单元通常浮力太大，无法俯冲到任何较大的深度，因此会被拼贴到上驮板块（可能是另一个较小地壳碎片或大陆）。若俯冲作用的持续时间足够长，则可能最终导致洋盆闭合以及接踵而至的两个大陆相撞。

14.3.1　岛弧型造山运动

岛弧由大洋岩石圈稳定俯冲在大洋岩石圈之下时形成，该过程的持续时间可能长达 2 亿年（或更久）。随着周期性火山活动、深部火成岩体的侵位以及从俯冲板块上刮下沉积物的堆积，上驮板块之上的地壳物质的体积逐渐增大（见图 14.3a）。对有些大型火山岛弧（如日本岛弧）而言，体积大小取决于从大型陆块上剥离的陆壳碎片，或者随着时间的推移而相连的多个岛弧。

火山岛弧的持续生长能够形成山地地形，由近平行分布的火成岩带和变质岩带构成。但是，这种活动仅被视为地球主要造山带发育过程中的一个阶段（期/幕）。如后所述，火山弧可能被俯冲板块携带至大型陆块的边缘，然后在那里参与大规模造山事件。

14.3.2　安第斯型造山运动

安第斯型造山运动以俯冲到大陆岩石圈（而非大洋岩石圈）之下为特征，例如南美洲的安第斯山脉。在这些活动大陆边缘沿线，俯冲作用与建造大陆火山弧的长期岩浆活动相关，最终导致地壳增厚（厚度可能超过 70 千米）。

在安第斯型造山带的发育过程中，第一个阶段发生在被动大陆边缘。美国东海岸提供了被动大陆边缘的一个现代示例，沉积作用在这里形成浅水砂岩、石灰岩和页岩厚台地（见图 14.5a）。在某一时刻，板块运动的驱动力发生变化，导致俯冲带在该大陆边缘沿线发育。这个俯冲带的形成可能是因为大洋岩石圈变得极为古老和致密而开始自行下沉，也可能是因为极强压应力有助于引发俯冲作用。

1．火山弧的建造

如前所述，当大洋岩石圈下潜到地幔中时，随着温度和压力的增大，地壳岩石中的挥发分（主要是水和二氧化碳）受到驱动而释放。这些可移动流体向上迁移到俯冲板片与上驮板块之间的地幔楔形区域中，并在约 100 千米深度的位置降低炽热地幔的熔点，引发部分熔融（见图 14.5b）。

超镁铁质地幔岩石即橄榄岩的部分熔融能够形成镁铁质（玄武质）成分岩浆，这些新形成的岩浆因密度低于其源岩而向上浮升。在大陆环境中，镁铁质岩浆通常囤积在密度较低的地壳岩石之下。高温岩浆可能充分加热这些上覆地壳岩石，形成含有中性和/或长英质（花岗质）成分的富硅岩浆，这些岩浆能够上升并形成安第斯型俯冲带的特征性大陆火山弧。

2．岩基的侵位

陆壳的密度小且厚度大，严重阻碍了熔融岩石的浮升，因此侵入地壳的大部分岩浆永远不会抵达地表，而在地下深部结晶形成大型火成岩体组合，称为岩基（batholith）（见 4.8 节）。这种活动的结果是增厚地壳。

在抬升及剥蚀作用的推动下，这些岩基中的一小部分最终得以出露地表。美洲科迪勒拉山系含有几个大型岩基，例如内华达山脉岩基（位于美国加利福尼亚州）、海岸山脉岩基（位于加拿大西部）以及几个大型火成岩体（位于安第斯山脉中），如图 14.6 所示。大多数岩基由侵入岩（火成岩）构成，成分范围从花岗岩到闪长岩。

3．增生楔的发育

在火山弧的发育过程中，俯冲板块上携带的松散沉积物和洋壳碎片可能被刮掉，然后拼贴在上驮板块的边缘，类似于推土机前行时铲起的土楔。由此形成的变形及冲断沉积物和洋壳碎片的杂乱堆积称为增生楔（accretionary wedge），如图 14.5b 所示。

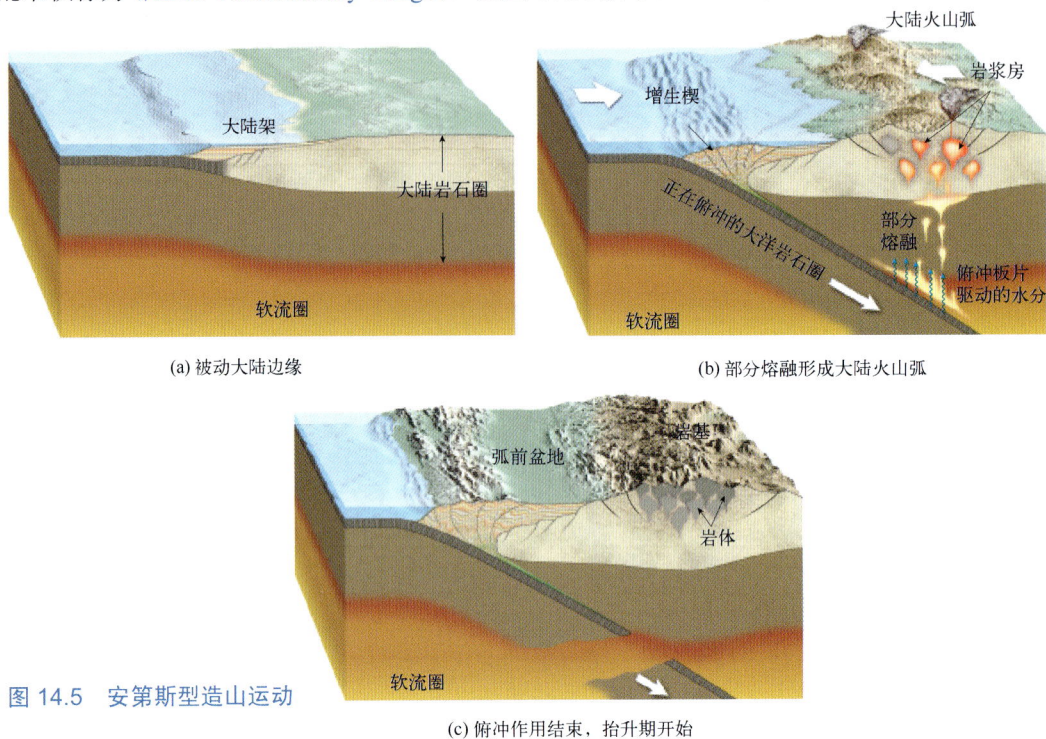

(a) 被动大陆边缘

(b) 部分熔融形成大陆火山弧

(c) 俯冲作用结束，抬升期开始

图 14.5 安第斯型造山运动

图 14.6 智利托雷德裴恩国家公园。这个区域位于安第斯山脉南部以东，主要由沉积岩层与变质岩层（深色）之间的大型花岗岩岩体（浅色）构成。岩浆侵入和变质相邻的沉积主岩，形成在剥蚀力作用下抬升并出露的这些岩体

浅色岩石是岩基，由花岗岩构成

深色岩石是顶垂体——变质主岩

托雷德裴恩，智利南部

地质素描图

增生楔中的部分沉积物是堆积在洋底的泥浆，由板块运动携带到俯冲带位置。其他物质来自相邻的大陆火山弧，由火山碎屑和风化剥蚀产物组成。

在沉积物较丰富的地点，正在发育的增生楔可能由于长期俯冲而变厚，直至出露于海平面之上。这种情形发生在波多黎各海沟南端沿线，主要沉积物来自委内瑞拉奥里诺科河流域，由此产生的增生楔形成了巴巴多斯岛。

4．弧前盆地

增生楔逐渐变厚后充当沉积物从火山弧向海沟移动的屏障，导致沉积物在增生楔与火山弧之间堆积，这个区域由相对未变形的沉积物及沉积岩层构成，称为弧前盆地（forearc basin），如图 14.5c 所示。随着地壳沉降和持续沉积作用，弧前盆地中可能形成一套数千米厚的近水平沉积地层序列。

14.3.3 内华达山脉、海岸山脉和大谷地

在美国加利福尼亚州的安第斯型俯冲带沿线，内华达山脉（Sierra Nevada）、海岸山脉（Coast Ranges）和大谷地（Great Valley）是典型大地构造格局的极佳示例，如图 14.7 所示。这些构造由加利福尼亚州西部边缘之下的部分太平洋海盆（法拉隆板块）俯冲形成，如图 14.5b 所示。内华达山脉岩基是在超过 1 亿年间由大量岩浆侵入体形成的大陆火山弧残余物，海岸山脉则由大陆边缘沿线堆积的巨量沉积物（增生楔）形成。

从约 3000 万年前开始，随着形成法拉隆板块的扩张中心进入加利福尼亚海沟，大部分北美洲边缘沿线的俯冲作用逐渐停止。抬升和剥蚀随之而来，消除了以往火山活动的大部分证据，出露了构成内华达山脉的内核（结晶质火成岩及相关变质岩），如图 14.5c 所示。海岸山脉近期才被抬升，这些高地部分当前覆盖的年轻松散沉积物就是证据。

大谷地是弧前盆地的残余物，该盆地在内华达山脉与增生楔及外滨海沟之间形成。在大部分历史演化过程中，大谷地的多个部分均位于海平面之下。在这个多沙沉积盆地中，含有较厚的海洋沉积以及从相邻大陆火山弧剥蚀而来的碎屑物。

图 14.7　安第斯型俯冲带形成的美国加利福尼亚州大地构造格局

概念回顾 14.3

1. 内华达山脉和安第斯山脉在哪些方面较为相似？
2. 什么是增生楔？简要描述其形成过程。
3. 什么是岩基？岩基在何种构造背景下形成？

14.4　碰撞型造山带

比较阿尔卑斯型造山带和科迪勒拉型造山带的形成。

当一个（或多个）浮力较大的地壳碎片因俯冲作用而与大陆边缘发生碰撞时，就会形成大多数主要造山带。大洋岩石圈的密度相对较大，能够轻而易举地发生俯冲；大陆岩石圈含有密度较小的大量地壳岩石，由于浮力太大而无法深度（或永久）俯冲。因此，若地壳碎片抵达海沟位置，则会导致两个密度相对较小大陆块体之间的碰撞。

14.4.1 阿尔卑斯型造山运动：大陆碰撞

阿尔卑斯型造山运动是两个大陆块体碰撞地点发生的造山事件，以人们曾经深入研究 200 多年的阿尔卑斯山脉命名。主要洋盆闭合形成的造山带包括喜马拉雅山脉、阿巴拉契亚山脉、乌拉尔山脉和阿尔卑斯山脉。大陆碰撞导致山脉发育的特征如下：通过变形作用（如褶皱作用和大规模逆冲断层作用），地壳横向缩短和垂向增厚。在两个大型陆地块体碰撞之前，这类造山运动也可能涉及较小大陆碎片或占据洋盆（曾经分隔两个大陆块体）的岛弧的增生（拼贴）。

两个大陆碰撞并被"焊接"在一起的区域称为缝合线（suture），相同术语也可描述两个相邻地壳块体之间的边界。在造山带的这部分中，通常保留着受困于碰撞板块之间的大洋岩石圈碎片，称为蛇绿岩（ophiolite）的这些独特构造能够帮助研究人员识别碰撞边界。

对大多数碰撞型山脉而言，值得关注的地貌特征是褶皱冲断带（fold-and-thrust belts），它形成于厚层浅海沉积岩（类似于当前在大西洋的被动大陆边缘沿线发现的那些沉积岩）序列的变形作用。沉积岩在大陆碰撞期间被推向内陆，远离正在发育的造山带核心并越过稳定大陆内部。本质上讲，地壳缩短通过逆冲断层沿线的位移实现，曾经相对平伏的地层被切割成最终层层堆叠的厚层。在这种位移过程中，夹在逆冲断层之间的物质常发生褶皱，形成褶皱冲断带的另一种主要构造。在阿巴拉契亚谷岭省、加拿大落基山脉、喜马拉雅山脉南部和阿尔卑斯山脉北部，人们均发现了褶皱冲断带的极佳示例。

下面详细介绍两个碰撞型山脉示例，即喜马拉雅山脉和阿巴拉契亚山脉。喜马拉雅山脉是地球上最年轻的碰撞型山脉，目前仍在隆升中。相比之下，阿巴拉契亚山脉则是古老得多的造山带，活跃造山运动终止于约 2.5 亿年前。

14.4.2 喜马拉雅山脉

喜马拉雅山脉（Himalayas）的造山事件始于 5000 万年前～3000 万年前，印度次大陆当时开始与亚洲大陆发生碰撞。在潘吉亚超大陆裂解之前，印度次大陆位于南半球的非洲与南极洲之间。随着潘吉亚超大陆的裂解，印度次大陆向北快速（从地质角度而言）移动了数千千米。

促使印度次大陆向北迁移的俯冲带位于亚洲大陆南部边缘附近（见图 14.8a）。亚洲大陆边缘沿线的持续俯冲形成了一种安第斯型板块边缘，含有发育良好的大陆火山弧和增生楔。另一方面，印度次大陆北部边缘是被动大陆边缘，由厚层浅水沉积物和沉积岩台地构成。

地质学家已经确定，在印度次大陆与亚洲大陆之间的俯冲板块上的某个位置，曾经存在两个（或更多）小型地壳碎片。在居间洋盆闭合期间，一个小型地壳碎片（现在形成了中国藏南地区）抵达海沟，随后增生至亚洲大陆。这次事件后，印度次大陆本身也拼贴到位。

随着居间洋盆的闭合，在这些大陆块体的大陆边缘上，更易变形的物质变得高度褶皱化和断层化（见图 14.8b）。两条主要逆冲断层和许多较小逆冲断层穿过印度地壳，这些逆冲断层沿线的后续运动导致印度地壳切片彼此堆叠，现在构成了喜马拉雅山脉中部较高山峰的一部分，其中许多山峰顶部覆盖有热带海洋石灰岩（形成于曾经的大陆架沿线）。

喜马拉雅山脉和阿巴拉契亚山脉的成因如下：当居间洋盆被完全俯冲时，由各大陆之间的碰撞形成。

喜马拉雅山脉形成后，青藏高原经历了一段隆升期。地震证据表明，印度次大陆的一部分被推挤到中国西藏下方，移动距离可能约为 400 千米。若确实发生了这种情形，则地壳厚度增大应当能够解释中国藏南地区的巍峨景观，该地区的平均海拔超过 4500 米，高于美国本土的最高山峰。

与亚洲大陆碰撞减缓（但未阻止）印度次大陆向北移动的速度，印度次大陆自那以后已经深入亚洲大陆至少 2000 千米，地壳的缩短和增厚则部分响应了这种运动。通过称为逃逸构造（escape tectonics）的机制，持续深入亚洲大陆主要导致了亚洲地壳的较大地块发生横向位移。如图 14.9 所示，当印度次大陆继续向北推进时，亚洲部分地区被朝东挤压并脱离碰撞带，这些发生位移的地壳块体包括东南亚大部分地区（印度与中国之间的地区）和中国部分地区。

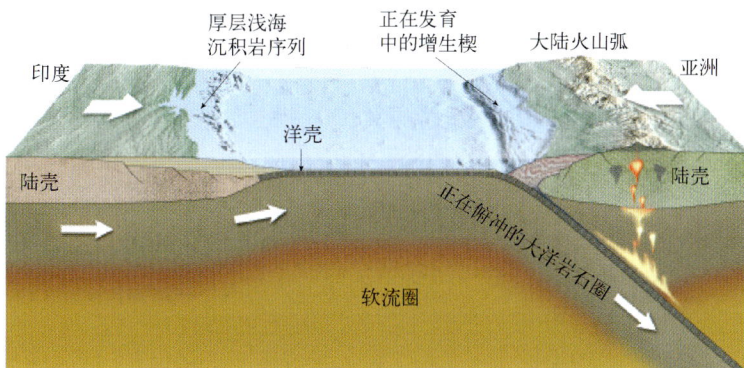

厚层浅海　　　正在发育　　　大陆火山弧
沉积岩序列　　中的增生楔　　　　　　　亚洲

印度

洋壳

陆壳　　　　　　　　　　　　　　　　　　陆壳

正在俯冲的大洋岩石圈

软流圈

(a) 在印度次大陆与亚洲大陆碰撞之前，印度次大陆北
部边缘由大陆架沉积物厚台地构成；亚洲大陆则是
活动大陆边缘，具有发育良好的增生楔和火山弧

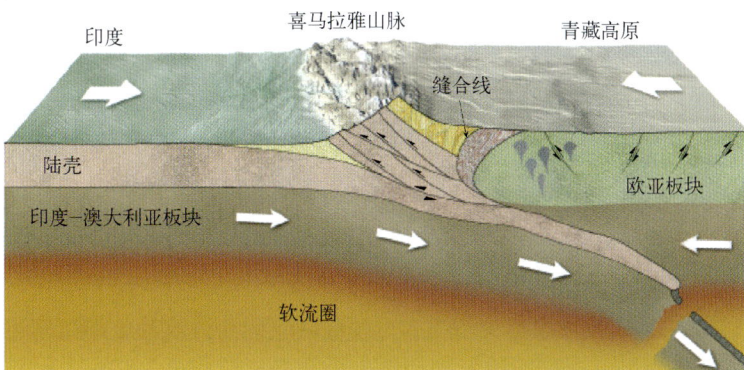

印度　　　　喜马拉雅山脉　　　　　青藏高原

缝合线

陆壳　　　　　　　　　　　　　　　　　　欧亚板块

印度-澳大利亚板块

软流圈

(b) 大陆碰撞导致这些大陆边缘沿线的地壳岩石发生褶皱和
断裂，从而形成了喜马拉雅山脉。在这个事件之后，随
着印度次大陆被推挤到亚洲大陆之下，青藏高原逐渐隆升

图 14.8　大陆碰撞形成喜马拉雅山脉。这些图形描绘了印度次
大陆与欧亚板块的碰撞，最终形成了雄伟的喜马拉雅山脉

当印度次大陆向亚洲大陆之下推进时，中国和东南亚大陆的南东向位移地图

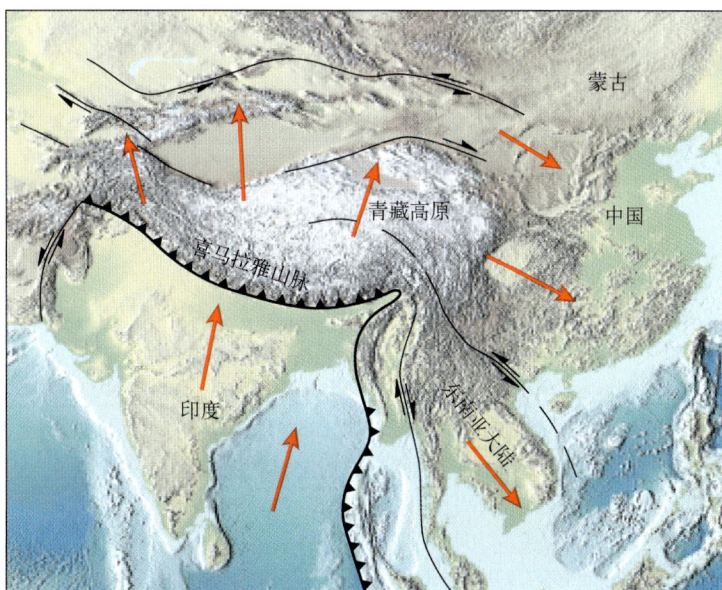

图 14.9　印度次大陆持续向北迁
移，导致东南亚大部分地区和中国
部分地区发生严重变形

为什么亚洲大陆的内部变形如此之大，而印度次大陆却基本上完好无损？答案在于这些不同地壳块体的基本性质。印度大部分地区是大陆地盾，主要由古老的前寒武纪岩石构成（见图 14.1），这种较厚且寒冷的地壳物质板片已完整存在 20 多亿年，具有极高的机械强度。相比之下，东南亚大陆最近发生重组，由几个较小的地壳碎片碰撞而成，仍然具有现代造山期的相对温暖且软弱（见图 14.1）。

14.4.3 阿巴拉契亚山脉

在北美洲东部边缘附近，从美国亚拉巴马州到加拿大纽芬兰省，阿巴拉契亚山脉呈现出了非常美丽的风景。在不列颠群岛、斯堪的纳维亚半岛、非洲西北部和格陵兰岛，人们发现了同一时期形成、曾经连续且起源相似的造山带（见图 2.6）。形成这一广阔山系的造山运动持续了数亿年，最终导致了潘吉亚超大陆的重新聚合。详细研究阿巴拉契亚山脉后，人们发现这个造山带形成于 3 次不同的造山事件。

简而言之，大约在 7.5 亿年前，罗迪尼亚超大陆（Rodinia）发生裂解，这是比潘吉亚超大陆更早的另一个超大陆。与潘吉亚超大陆的裂解极为相似，在各个裂解大陆块体之间，这个大陆裂谷和海底扩张事件生成了一个新海洋。在这个不断扩大的洋盆范围内，非洲祖先边缘附近曾经存在一个微大陆。

大约在 6 亿年前，由于地质学家不完全了解的原因，板块运动发生了巨大变化，这个古老洋盆开始闭合，导致多个俯冲带发育，为可能导致北美洲与非洲发生碰撞的 3 次造山事件奠定了基础（见图 14.10a）。

1．塔康造山运动

约 4.5 亿年前，火山岛弧与北美洲祖先之间的边缘海开始闭合，随后发生的碰撞称为塔康造山运动（Taconic Orogeny），最终导致火山弧和上覆板块上的海洋沉积物增生至更大型大陆块体的边缘。现在，火山弧和海洋沉积物的残余物仍然大量存在，人们认为它们是阿巴拉契亚山脉中随处可见的变质岩（见图 14.10b），例如纽约市和华盛顿特区之下的片岩就形成于这个时期。除了这种普遍性区域变质作用，大量岩浆体还侵入了整个大陆边缘沿线的地壳岩石。

2．阿卡迪亚造山运动

第二次造山事件发生在约 3.5 亿年前，称为阿卡迪亚造山运动（Acadian Orogeny）。这个古洋盆持续闭合，导致一个微大陆与北美洲发生碰撞（见图 14.10c）。这次造山运动与很多因素有关，例如逆冲断层作用、变质作用以及许多大型花岗岩体的侵入。这个事件极大扩展了北美洲的宽度，特别是在新英格兰地区东部。

3．阿勒格尼亚造山运动

最后一次造山运动称为阿勒格尼亚造山运动（Alleghanian Orogeny），发生在 3 亿年前～2.5 亿年前非洲大陆与北美洲大陆碰撞时。这次碰撞使得早期增生的物质向北美洲内陆的位移达到 250 千米之多。这次事件还使得曾经位于北美洲东部边缘侧翼的大陆架沉积物和沉积岩发生位移并进一步变形（见图 14.10d），这些褶皱及逆冲断层形成的砂岩、石灰岩和页岩现在构成了谷岭省（Valley and Ridge Province）中的大部分未变质岩石（见图 14.11）。在内陆地区较远处（如宾夕法尼亚州中部和西弗吉尼亚州），同样能够找到造山运动的这种构造特征。

随着非洲大陆与北美洲大陆发生碰撞，年轻的阿巴拉契亚山脉（或许像喜马拉雅山脉一样雄伟）沿着缝合线出现在潘吉亚超大陆内部。造山构造应力不再驱动其向上抬升后（约 1.8 亿年前），新的超大陆开始裂解成更小的碎片，该过程最终形成了现代大西洋。由于这个新裂谷带发生在非洲大陆与北美洲大陆碰撞时形成的缝合线以东，非洲大陆的残余物仍然黏贴在北美洲板块上（见图 14.10e），例如佛罗里达州的下伏地壳。

大陆碰撞形成的其他山脉还包括阿尔卑斯山脉和乌拉尔山脉。在特提斯海（Tethys Sea）闭合期间，非洲大陆及若干较小的地壳碎片与欧洲大陆碰撞，最终形成了阿尔卑斯山脉（Alps）。与此类似，在潘吉亚超大陆的聚散过程中，乌拉尔山脉（Urals）发生变形和隆升，欧洲大陆北部当时与亚洲大陆北部碰撞，最终形成了欧亚大陆的主要部分。但是，与阿巴拉契亚造山带不同，乌拉尔山脉在造山作用后并未再次解体。

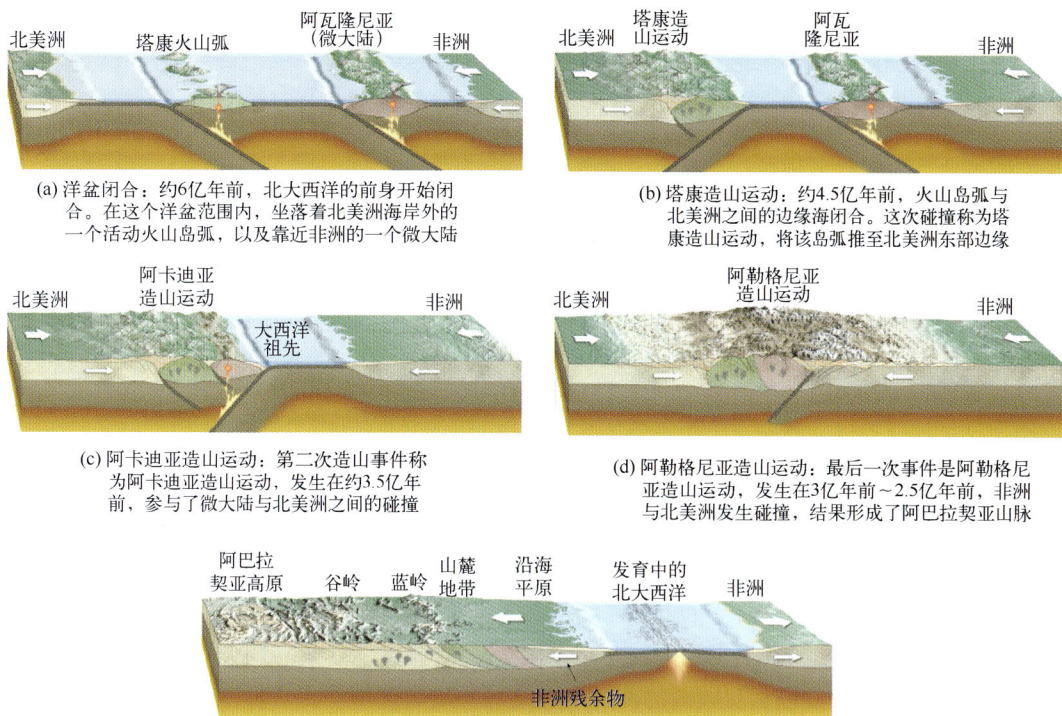

(a) 洋盆闭合：约6亿年前，北大西洋的前身开始闭合。在这个洋盆范围内，坐落着北美洲海岸外的一个活动火山岛弧，以及靠近非洲的一个微大陆

(b) 塔康造山运动：约4.5亿年前，火山岛弧与北美洲之间的边缘海闭合。这次碰撞称为塔康造山运动，将该岛弧推至北美洲东部边缘

(c) 阿卡迪亚造山运动：第二次造山事件称为阿卡迪亚造山运动，发生在约3.5亿年前，参与了微大陆与北美洲之间的碰撞

(d) 阿勒格尼亚造山运动：最后一次事件是阿勒格尼亚造山运动，发生在3亿年前～2.5亿年前，非洲与北美洲发生碰撞，结果形成了阿巴拉契亚山脉

(e) 潘吉亚超大陆裂解：约1.8亿年前，潘吉亚超大陆开始裂解成更小碎片，这一过程最终形成了现代大西洋。由于这个新裂谷作用带发生在非洲与北美洲碰撞时形成的缝合线以东，所以非洲地壳的残余物仍然"焊接"在北美洲板块上

图 14.10　阿巴拉契亚山脉的形成

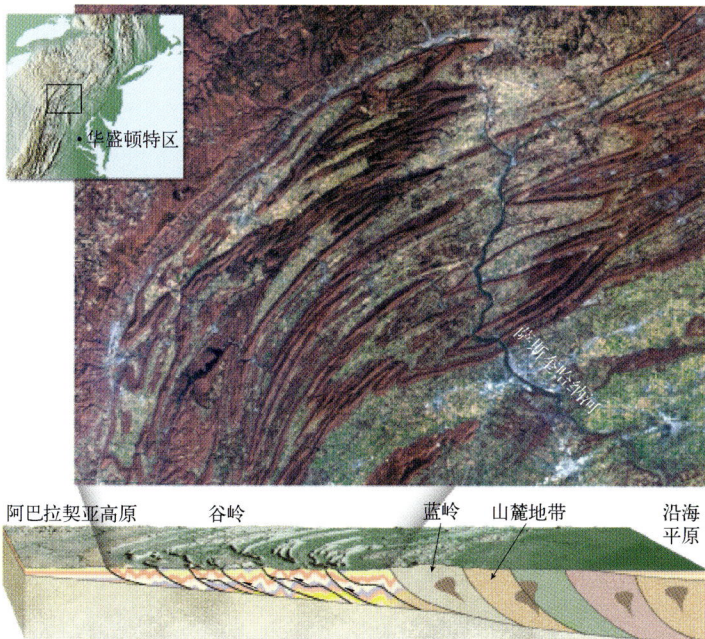

图 14.11　谷岭省。在阿巴拉契亚山脉中，这一地区由褶皱作用和断层作用发育的沉积地层构成，由于非洲大陆与北美洲大陆发生碰撞，这些地层沿着逆冲断层向陆地移动

14.4.4 科迪勒拉型造山运动

科迪勒拉型造山运动以北美科迪勒拉山系（North American Cordillera）的名字命名，或许与永不闭合的太平洋相关。在太平洋海盆中，海底扩张和俯冲作用的速率都较高，但是彼此能够取得平衡。在这种环境中，岛弧和小型地壳碎片常被携带着向前移动，直至与活动大陆边缘碰撞并在其上增生，这种碰撞并增生的过程形成了太平洋沿岸的许多山地区域。这些增生的地壳块体称为地体（terrane），地质学家用这个术语来描述"由独特且可识别的岩石建造系列组成，且通过板块构造过程进行搬运和增生"的任何地壳碎片。注意，地体和地形（terrain）是两个不同的词汇，后者指地表地形的形状或地貌起伏。

1. 地体的基本性质

在已成为地体的地壳碎片中，有些碎片曾是微大陆（microcontinent），类似于现代的马达加斯加岛（位于非洲东部的印度洋中）；许多其他碎片曾是岛弧，类似于日本群岛、菲律宾群岛和阿留申群岛；还有些碎片可能是淹没在水下的海底高原（海台），由玄武质熔岩大规模海底喷涌而成（见图 13.5）。在现代世界中，这些相对较小的地壳碎片约有 100 多个。

> 地体是一种相对较小的地壳碎片（微大陆、火山岛弧或海底高原），由大洋板块携带到大陆俯冲带，然后增生到大陆边缘。

2. 增生与造山作用

小型构造（如海山）常与下潜大洋板片一起俯冲，但是对较厚的洋壳部分（如像阿拉斯加州一样大的翁通爪哇海台）或以低密度安山质火成岩为主的岛弧而言，则会由于浮力太大而无法俯冲。在这种情况下，地壳碎片与大陆边缘之间会发生碰撞。

当小型地壳碎片抵达科迪勒拉型边缘时，所发生的事件序列如图 14.12 所示。地壳上层从正在下潜的板块上剥离，并以相对较薄的薄片逆冲到相邻的大陆块体上。汇聚过程一般不随地壳碎片的增生而结束，增生地体的向海侧常形成新俯冲带，它们可能携带其他岛弧（或微大陆）朝大陆边缘运动并发生碰撞。每次碰撞都使得早期的增生地体进一步向内陆方向移动，并增大变形区域以及大陆边缘的厚度和横向范围。

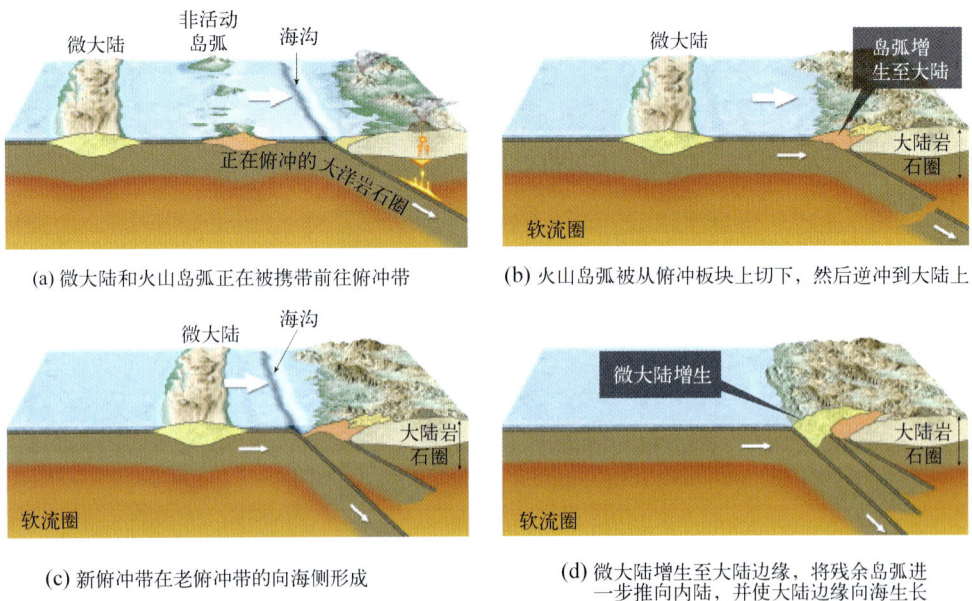

(a) 微大陆和火山岛弧正在被携带前往俯冲带

(b) 火山岛弧被从俯冲板块上切下，然后逆冲到大陆上

(c) 新俯冲带在老俯冲带的向海侧形成

(d) 微大陆增生至大陆边缘，将残余岛弧进一步推向内陆，并使大陆边缘向海生长

图 14.12　小型地壳碎片碰撞并增生到大陆边缘

3. 北美科迪勒拉山系

在针对北美科迪勒拉山系（North American Cordillera）的研究中，人们最早提出了造山运动与地壳碎片增生之间的相关性（见图 14.13）。研究人员确定，在美国阿拉斯加州和加拿大不列颠哥伦比亚省的造山带中，部分岩石含有相关化石和古地磁证据，说明这些地层以前距离赤道更近。

现在已经知道，构成北美科迪勒拉山系的许多地体曾散布在整个太平洋中，就像岛弧和海底高原（海台）当前分布在西太平洋中一样。在潘吉亚超大陆裂解期间，太平洋海盆东部（法拉隆板块）开始俯冲到北美洲大陆西部边缘之下。这种活动导致北美洲大陆边缘整个太平洋沿线的地壳碎片增生，从墨西哥巴哈半岛到美国阿拉斯加州北部（见图 14.13）。地质学家预计，许多现代微大陆同样将增生到太平洋周边的活动大陆边缘，最终形成新的造山带。

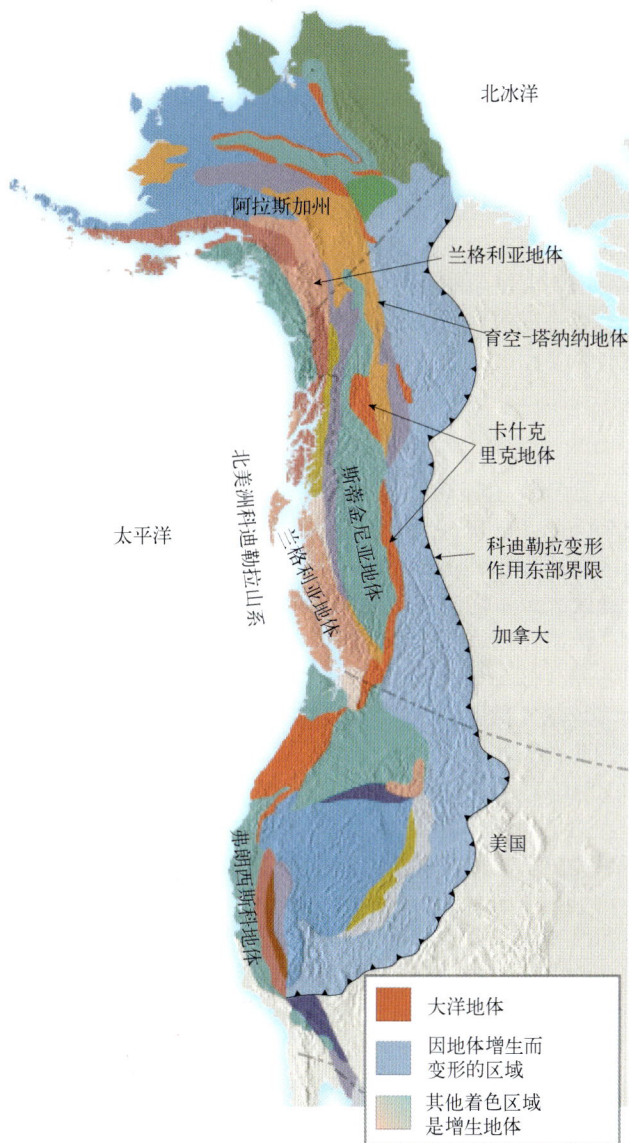

北冰洋

阿拉斯加州

兰格利亚地体

育空-塔纳纳地体

卡什克里克地体

科迪勒拉变形作用东部界限

加拿大

北美洲科迪勒拉山系

斯蒂金尼亚地体

兰格利亚地体

太平洋

弗朗西斯科地体

美国

大洋地体

因地体增生而变形的区域

其他着色区域是增生地体

图 14.13　最近 2 亿年间增生至北美洲西部的地体。古地磁研究和化石证据表明，其中部分地体起源于其当前位置以南数千千米处

概念回顾 14.4

1. 在喜马拉雅山脉形成期间，与印度次大陆相比，亚洲大陆的地壳变形为何更大？
2. 板块构造理论如何帮助解释碰撞型山脉的顶部岩石中存在海洋生物化石？
3. 区分地体和地形。

14.5　断块山

总结断块山脉的形成阶段。

大多数造山带在挤压环境中形成，大型逆冲断层和褶皱地层占主导地位。但是，其他构造过程（如大陆裂谷作用）也会形成山地地形。如前所述，当张应力拉伸并变薄岩石圈时，可能引发形成炽热地幔岩石上升流，此时会发生大陆裂谷作用。上升流会加热变薄的岩石圈，使其密度下降（浮力增强）而上升，这种密度下降部分解释了与大陆裂谷相关的抬升地形。同时，拉伸作用拉长刚硬上地壳，使其断裂成以高角度正断层为边界的大型地壳块体。持续裂谷作用导致这些块体发生倾斜，一个边缘上升，另一个边缘下降（见图10.16）。在这些构造环境中形成的山脉称为 断块山（fault-block mountain）。

位于怀俄明州西部的 提顿山脉（Teton Range）是断块山的极佳示例。当地壳块体向西侧下方倾斜时，这个高耸构造沿东侧翼发生断裂并抬升。当从怀俄明州杰克逊霍尔向西侧观察时，这座山的东部前缘要比山谷高2千米，使其成为美国最壮观的山体前缘之一（见图14.14）。

14.5.1 盆岭省

盆岭省/盆地和山岭地貌单元（Basin and Range Province）是地球上最大的断块山区之一，刚好位于内华达山脉东侧。这个地区大致呈南北走向延伸近3000千米，覆盖范围包括美国内华达（全部）和周边各州（部分地区），以及墨西哥西部的

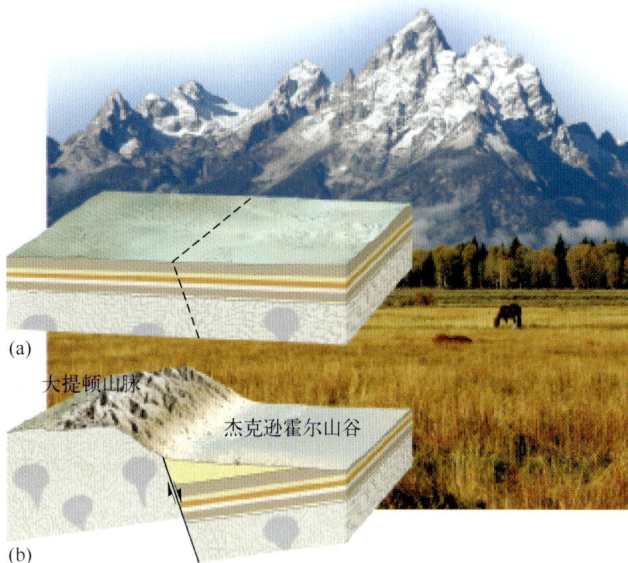

(a)

大提顿山脉

杰克逊霍尔山谷

(b)

图14.14 怀俄明州的提顿山脉是断块山

大片区域（见图14.15）。在盆岭省中，地球的脆性上地壳已破碎成数百个断块，这些断裂构造的抬升和倾斜形成了几乎平行的山岭，平均长度约为80千米，高于相邻的沉积物填充盆地（见图10.16）。

为了解释形成盆岭地区的事件，地质学家提出了几种假说，最广为接受的观点是加利福尼亚州西部边缘沿线的板块边界性质变化导致了这个地区的形成。大约在3000万年前，压应力是作用于北美洲西部边缘的主导应力，它由法拉隆板块某段的浮力俯冲引发（见图14.16a）。从约2500万年前开始，随着将法拉隆板块与太平洋板块分开的扩张中心开始俯冲在北美洲大陆之下，加利福尼亚州海岸沿线的俯冲作用逐渐停止。这个事件催生了圣安德烈亚斯断层的形成，该断层的走滑运动现在将太平洋板块与北美洲板块分隔开来（见图14.16b）。根据这一假说，太平洋板块的北西向运动产生了拉伸并断裂北美洲板块地壳的张应力，最终形成了盆岭省的断块山（见图14.16c）。岩石圈的拉伸和变薄还引发了地幔上升流，这是该地区的海拔高度高于平均水平的原因。

另一种模型坚持认为，约2000万年前，在盆岭地区下方，寒冷且致密的岩石圈地幔与上覆地壳岩层剥离（分开），然

图14.15 美国盆岭省地图

后缓慢沉入地幔。这个过程称为拆沉作用（delamination），最终形成了炽热地幔岩石的上升流和横向扩张，产生了拉伸并变薄上覆地壳的张应力。根据这种观点，这些隆升地壳块体开始从其高耸位置发生重力滑动，最终形成了盆岭省的断块地形。

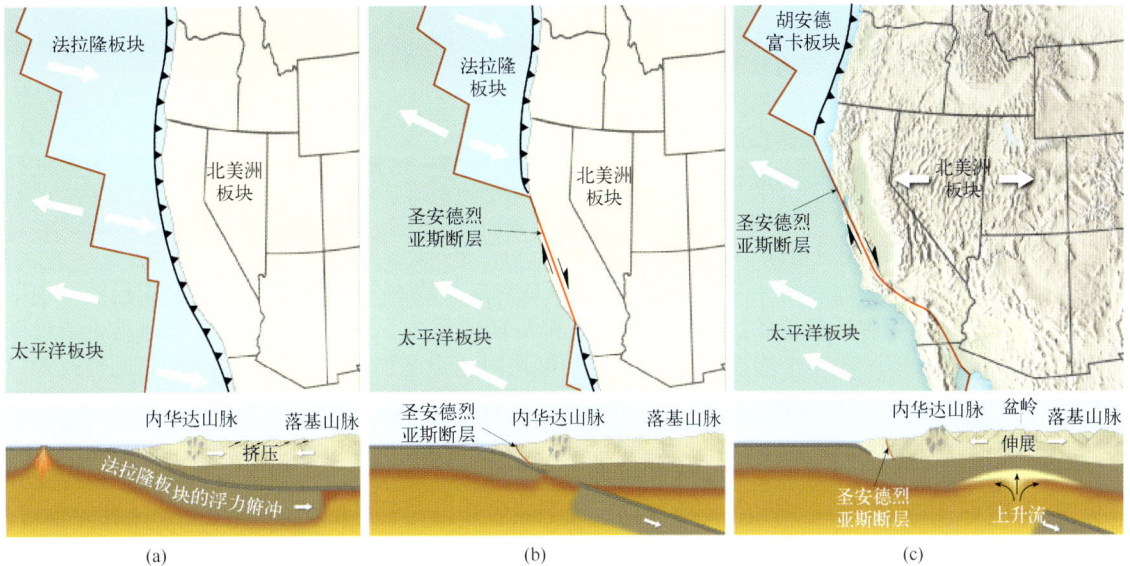

图 14.16　盆岭省形成的预测模型。盆岭地区由近2000万年间形成的100多个断块山组成。对于地壳的拉伸和变薄，炽热地幔上升流和重力坍缩（地壳滑动）可能发挥了重要作用

概念回顾 14.5
1. 与形成大多数其他主要造山带的过程相比，断块山的成因有何不同？
2. 简要描述盆岭省的基本构造，并确定其地理范围。

14.6　地壳的垂向运动

解释地壳均衡原理及其如何影响造山带的隆升地形。

地球上各种不同地形的形成过程非常复杂（见地质美图 14.1），除了构造应力（通过横向移动和垂向增厚岩石形成山脉），其他过程同样能够帮助塑造地球表面。在风化和剥蚀作用导致山脉高度下降的同时，有一种补偿过程能够使其高度上升，称为地壳均衡（isostasy）。因此，在最初形成它们的构造过程终止后很长一段时间内，它们仍能保持为山脉。此外，若构造过程将某个造山带抬升得太高，则其核心位置的岩石将变得太弱，导致无法支撑整个负荷，山脉将因此而散开。

14.6.1　地壳均衡原理

19 世纪 40 年代，研究人员发现，地球的低密度地壳漂浮在高密度地幔岩石顶部，与木块漂浮在水中非常相像。下面利用图 14.17 中的漂浮木块来探讨这一想法。我们可将这些木块想象成漂浮在地幔中的造山带模型。每个木块仅有约 1/4 露出水面，其余 3/4 则淹没于水下，这是因为木块的密度约为水的密度的 3/4。与此类似，造山带的大部分垂向厚度形成了淹没在地幔中的浮力根，其余部分则突出在周围地壳之上，这个概念（地壳以重力平衡方式漂浮在地幔中）称为地壳均衡（isostasy）。

如图 14.17 所示，最高浮动木块在水面之上最高，在水面之下最深。与此类似，造山带的地壳厚度越大，其海拔高度就越高，根部也越深。因此，作为地球上的最高山脉，喜马拉雅山脉的根也最深。

现在设想一下，若在其中一个木块顶部放置第二个小木块，则会出现何种情形（见图14.17）？

组合木块应当会下沉，直至达到新的木块（重力）平衡，此时其顶部应比以前更高，底部应比以前更低。建立新的重力平衡以响应加载（或卸载）的这种过程称为均衡调整（isostatic adjustment）。此外，还可看到，当一个木块上升或下沉时，周围的水会流动以适应它。与此类似，当上覆地壳块体的重量增大（或减小）时，高黏度地幔也会流动（虽然速率极其缓慢）。

图 14.17 地壳均衡原理。此图显示了具有不同厚度的木块如何在水中漂浮。类似地，与较薄的地壳板片相比，地壳物质的较厚部分漂浮得更高

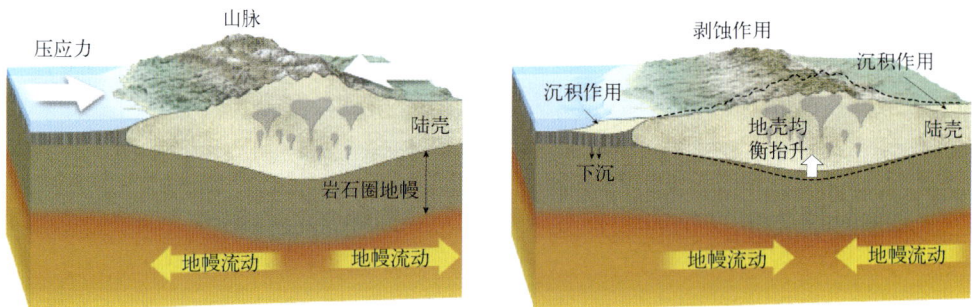

应用均衡调整概念应当可以预期，地壳重量增大时发生沉降，导致下伏地幔岩石从下沉地壳旁边流动离开；地壳重量减小时发生反弹，地幔岩石从上升地壳旁边回流（类似于船舶在装载或卸载货物时发生的情形）。科学家已经发现证据，证明在冰期冰川曾经覆盖的区域中，地壳沉降后随即发生了均衡反弹。当大陆冰盖更新世期间覆盖北美洲部分地区时，平均厚度约 3 千米的冰块对地壳施加重压，使其整体坳陷达数百米。在这个冰盖融化后的 8000 年间，加拿大哈德逊湾地区出现了高达 330 米的渐进式抬升，那里堆积的冰最厚。

作为均衡调整的结果之一，当剥蚀作用切入山脉并移除质量时，山脉会随着负载下降而隆升（见图 14.18）。实际上，由于剥蚀作用主要通过蚀刻峡谷和山谷（而非均匀磨损山峰）来移除物质，地壳均衡实际上可能将山峰推得比原始高度更高。

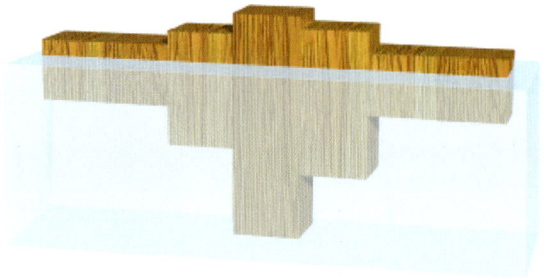

当挤压性山脉较为年轻时，由漂浮在下方密度更大地幔上的厚度较大且密度较小的地壳岩石构成

当剥蚀作用导致山脉高度下降时，为了保持均衡平衡，地壳会因负载下降而抬升

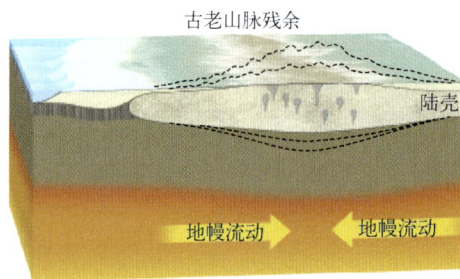

剥蚀和抬升持续进行，直至山脉达到正常地壳厚度

图 14.18 均衡调整和剥蚀作用对山脉地形的影响。这个序列描绘了剥蚀作用和均衡调整的共同影响如何导致山脉区域中的地壳变薄

抬升和剥蚀过程持续进行，直至山脉块体达到平均地壳厚度。当这种情况发生时，这些曾经抬升的构造接近海平面，曾经深埋地下的山脉内部出露于地表。此外，随着山脉的磨损，剥蚀沉积物沉积在相邻的地形地貌上，导致这些区域发生沉降（见图 14.18）。

14.6.2 多高算太高

既然压应力很大的地方（如印度次大陆下潜到亚洲大陆的位置）会形成高耸巍峨的山脉（如喜马拉雅山脉），那么山脉的隆升高度是否存在最高上限呢？随着山顶的抬升，受重力驱动的过程（如剥蚀作用和崩坏作用）加速，进而将已变形地层蚀刻成为较为崎岖的地形地貌。但同等重要的是，重力实际上也作用于造山带内的岩石，山脉的高度越高，基底附近岩石上的向下作用力就越大。最终，发育中的山脉深部岩石（相对温暖且软弱）开始横向流动，如图 14.19 所示。这种重力坍缩（gravitational collapse）过程类似于将一大勺极厚面糊倾倒在热烤盘上时发生的情形。除了导致地下深部出现韧性扩张，这个过程还能引发地壳上部脆性部分的正断层作用和沉降。

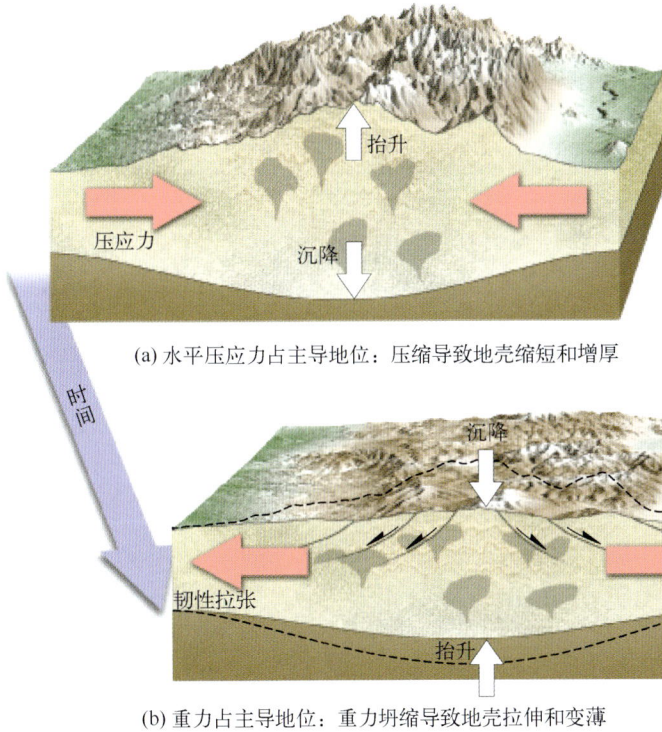

(a) 水平压应力占主导地位：压缩导致地壳缩短和增厚

(b) 重力占主导地位：重力坍缩导致地壳拉伸和变薄

图 14.19　重力坍缩。没有压应力支撑时，山脉会在自身重量的作用下逐渐坍缩。重力坍缩会导致地壳上部脆性部分的正断层作用，以及地下深部温暖且软弱岩石的韧性扩张

综合考虑这些因素，究竟是什么让喜马拉雅山脉高耸屹立？简单而言，是因为驱动印度次大陆下潜进入亚洲大陆的水平压应力大于重力（垂向应力）。但是，当印度次大陆的北向下潜过程终止时，重力、风化作用和剥蚀作用的向下拉动将成为作用于该山脉区域的主导力量。

14.6.3 地幔对流：垂向地壳运动的原因

基于地球重力场研究可知，地幔中的上下对流明显也会影响地球主要地貌的海拔高度。热上升物质的浮力会导致上覆岩石圈大范围向上翘曲，向下流动则会导致坳陷的出现。

1. 大陆整体抬升

南部非洲是大规模垂向运动非常明显的地区之一，地形由平均海拔近 1500 米的广阔高原构成，远高于稳定大陆地台的预期高度。

地震层析成像证据（见图 12.21）表明，一个大型炽热地幔岩石块体居于非洲南端之下。这个构造称为超级地幔柱（superplume），从核–幔边界向上延伸约 2900 千米，横向延伸数千千米。研究人员已经确定，与这个巨型地幔柱相关的向上流动足以抬升整个南部非洲。

2. 地壳沉降

地球表面也会发生大面积向下翘曲（坳陷），例如在美国密歇根州和伊利诺伊州发现了近圆形

大型盆地，在其他大陆也发现了类似的构造。

　　形成这些盆地的向下翘曲之所以发生，可能与大洋岩石圈板片的俯冲作用相关。一种观点认为，当俯冲作用停止时，下潜板片与其拖曳的岩石圈脱离，然后继续向下潜入地幔。这个脱离的岩石圈板片下沉时会在尾流中产生一种向下的流动，牵引上驮大陆的基底。在有些环境中，地壳下拉非常明显，足以形成最终充满沉积物的大型盆地。随着大洋板片更深地沉入地幔，尾流的拉力逐渐减弱，因此大陆漂浮回归到均衡状态。

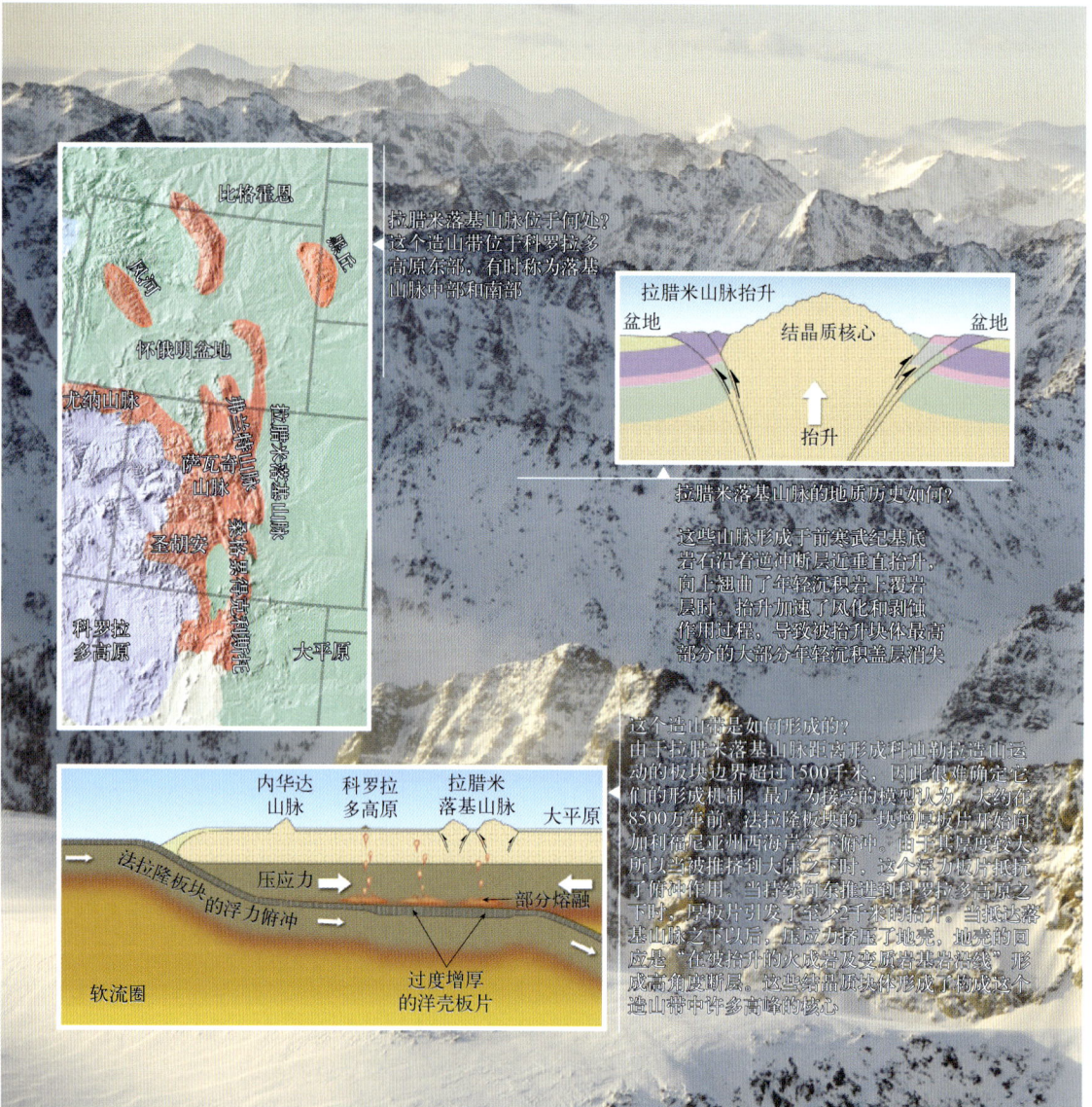

拉腊米落基山脉位于何处？这个造山带位于科罗拉多高原东部，有时称为落基山脉中部和南部

拉腊米落基山脉的地质历史如何？

这些山脉形成于前寒武纪基底岩石沿着逆冲断层近垂直抬升，向上翘曲了年轻沉积岩上覆岩层时，抬升加速了风化和剥蚀作用过程，导致波抬升块体最高部分的大部分年轻沉积盖层消失

这个造山带是如何形成的？

由于拉腊米落基山脉距离形成科迪勒拉造山运动的板块边界超过1500千米，因此很难确定它们的形成机制。最广为接受的模型认为，大约在8500万年前，法拉隆板块的一块增厚板片开始向加利福尼亚州西海岸之下俯冲。由于其厚度较大，所以当波推挤到大陆之下时，这个浮力板片抵抗了俯冲作用。当持续向东推进到科罗拉多高原之下时，厚板片引发了上千千米的抬升。当抵达落基山脉之下以后，压应力挤压了地壳，地壳的响应是，在波抬升的火成岩及变质岩基岩中，形成高角度断层。这些结晶质块体形成了构成这个造山带中许多高峰的核心

地质美图 14.1　拉腊米落基山脉

1. 定义地壳均衡。漂浮物体增重以后会如何？减重以后呢？
2. 举出支持地壳抬升概念的一个证据示例。
3. 解释山脉区域如何经历重力坍缩过程。

主要内容回顾

14.1 造山运动

关键词：造山作用，造山运动，碰撞型山脉

- 造山作用是山脉的形成过程。单一造山事件称为一次造山运动。大多数造山作用发生在汇聚型板块边界沿线，那里的压应力导致褶皱作用和断层作用，使得地壳垂向增厚和水平缩短。

问题：查看附图上的南美洲板块，解释安第斯山脉为何位于南美洲的西部边缘（而非东部边缘）？

14.2 俯冲带

关键词：火山岛弧，深海沟，大陆火山弧，弧前，弧后，弧后盆地

- 俯冲地点以火山岛弧、深海沟及其之间的弧前盆地为标志。俯冲带也可能包含弧后盆地，这是一个构造伸展地点，形成于海沟回滚以及古老、寒冷且致密的大洋岩石圈下沉。

问题：将附图中字母 A～D 所示的区域与以下标注匹配：火山岛弧、海沟、弧前和弧后。

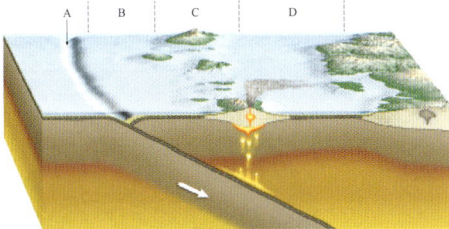

14.3 俯冲作用与造山运动

关键词：增生楔，弧前盆地

- 汇聚边缘的类型决定了所形成山脉的类型。当两个大洋板块发生俯冲时，就会形成火山岛弧；当大洋板块在大陆板块之下俯冲时，就会发生安第斯型造山运动。

- 在任何情况下，俯冲板片释放的水分都会触发上覆地幔楔中的熔融，生成镁铁质（玄武质）岩浆，这些岩浆上涌到陆壳底部且通常在那里囤积。高温镁铁质岩浆可能充分加热上驮地壳岩石，生成中性或长英质（花岗质）成分的富硅岩浆。

- 从俯冲板块上刮下的沉积物可构建增生楔。在增生楔与火山弧之间，相对平静的沉积地点称为弧前盆地。

- 加利福尼亚州中部保留了增生楔（海岸山脉）、弧前盆地（大谷地）和安第斯型造山带（内华达山脉）的根部。

14.4 碰撞型造山带

关键词：缝合线，褶皱冲断带，地体，微大陆

- 喜马拉雅山脉和阿巴拉契亚山脉由各大陆之间的碰撞形成，居间洋盆当时完全被俯冲。喜马拉雅山脉形成于约 5000 万年前印度次大陆与欧亚大陆的碰撞，目前仍在持续隆升。约 2.5 亿年前，北美大陆与非洲大陆的祖先发生碰撞，形成了阿巴拉契亚山脉。

- 地体是一种相对较小的地壳碎片（微大陆、火山岛弧或海底高原），由大洋板块携带到大陆俯冲带位置，然后增生到大陆边缘。北美科迪勒拉山系形成于大量连续地体的增生。

问题：在附图中，最佳描绘安第斯型造山运动、科迪勒拉型造山运动和阿尔卑斯型造山运动的草图分别是哪幅？

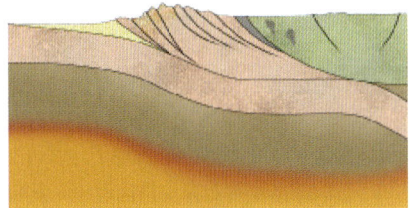

(a)

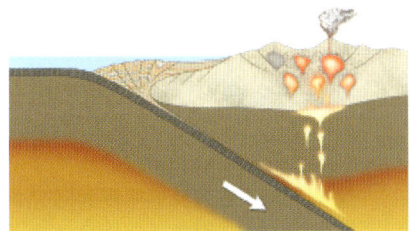

(b)

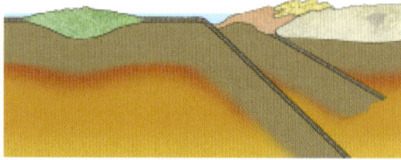
(c)

14.5 断块山

关键词：断块山

- 山脉可在伸展构造环境中形成。当地壳变薄及被拉伸时，正断层作用会将地貌景观分解成块，其中部分块相对于相邻块向下滑动。在美国西部的盆岭省中，断块山很常见。提顿山脉是另一个示例。

14.6 地壳的垂向运动

关键词：地壳均衡，均衡调整，重力坍缩

- 地壳漂浮在密度较大的地幔物质中，就像木头漂浮在水中一样，这个原理称为地壳均衡。若在地壳上施加额外的重量（如冰盖），则地壳会下沉；若从地壳上减轻重量（如冰川融化），则地壳会回弹。这种保持重力平衡的过程称为均衡调整。对造山带而言，均衡调整部分抵消了剥蚀作用的影响，当剥蚀作用向下磨损山脉时，均衡调整会向上推动山脉。
- 当压应力将造山带抬升得过高时，造山带核心处的岩石变得温暖且软弱，然后造山带扩张，进而变得更宽且更低。
- 地幔中的对流影响地壳的垂向位置。地幔上升流部位之上的地壳区域可能向上隆起，地幔下沉流部位之上的地壳可能下沉到宽阔的盆地状构造中。

深入思考

1. 假设在某个大陆内部发现了一块洋壳碎片，是否能够据此否定板块构造理论？解释理由。

2. 参阅附图（显示了加拉帕戈斯海隆和格兰德河海隆的位置），回答以下问题：**a**. 比较南美洲西海岸大陆边缘与东海岸沿线的大陆边缘。**b**. 基于你在 **a** 问中的比较，判断哪个海隆最终更有可能被增生到大陆上？解释理由。**c**. 在遥远的未来，地质学家如何区分这个增生陆块与其增生到的陆壳？

3. 乌拉尔山脉呈南北走向穿越欧亚大陆。板块构造理论如何解释该造山带在广阔陆地内部的存在？

4. 提顿山脉中的莫然峰（海拔 3842 米）高出怀俄明州杰克逊霍尔 1.8 千米，顶部覆盖着一层平头砂岩。在提顿断层的另一侧，相同的平头砂岩位于杰克逊霍尔之下 7 千米处。提顿断层向东倾斜 45°～75°，但为简单起见，采用 60°的倾角来估计位移。计算提顿断层上的总位移（参照附图）。

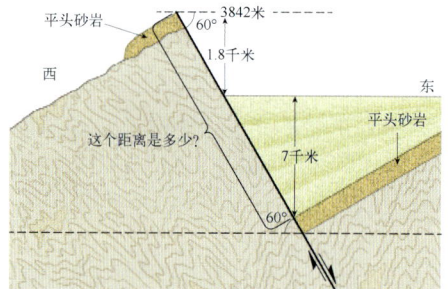

5. 除了大型冰盖的形成和融化，还有什么过程导致均衡调整？

地球之眼

1. 在增生楔的生长过程中，燧石岩和页岩的互层发生强烈褶皱，现代抬升期出露了加利福尼亚州旧金山北部马林岬附近的这些变形地层（见附图）。**a**. 最可能形成这些高度褶皱地层的应力性质是什么：是压应力还是张应力？**b**. 增生楔形成于何种类型的板块边界沿线？**c**. 在旧金山湾区，现在发现了何种类型的板块边界？

第15章 块体运动

在中国重庆鸡尾山滑坡中，救援人员正在翻越巨石。这次滑坡摧毁了一家铁矿石工厂和几栋房屋，造成 74 人死亡

新闻中的地质：空气污染是否可能引发致命滑坡？

从山脉到丘陵，重力与其所拉动物质强度之间的平衡极为重要，这种平衡与地表斜坡密切相关。中国和新西兰科学家的最新研究发现，严重的酸雨（燃煤发电产物）可能削弱支撑山脉斜坡的岩体，从而埋下块体运动隐患。

自 1978 年以来，中国经历了快速工业增长时期，主要得益于燃煤发电厂的大规模扩张。这些工厂将大量二氧化硫和二氧化氮颗粒物排放到大气中，这些颗粒物随后与水蒸气结合而形成酸雨。酸雨的 pH 值特别低（约为 2.8），大致相当于苹果醋。

渗入地表之下后，酸性雨水会溶解某些岩层中的碳酸盐矿物（如方解石），还可能饲喂吃掉部分岩层中有机质（如煤炭）的微生物。这些矿物的流失可能削弱岩层并在岩石内形成滑移面，类似于在成堆的斜放书籍中撒上一层滑石粉。

在这些低摩擦性岩层上，中国重庆地区曾经发育严重的滑坡。在 2009 年鸡尾山的岩石崩塌中，这种与污染相关的岩石变弱或许发挥了作用，共造成 74 人死亡，大量建筑物被毁。研究人员对这次崩塌开展研究后发现，该地区的采矿作业使得酸雨渗透到了页岩裂缝中，导致山体岩层变弱。

学习目标

15.1 描述块体运动过程如何引发自然灾害，讨论块体运动在地貌景观发育中的作用。
15.2 总结块体运动过程的控制因素和触发因素。
15.3 列举并解释块体运动过程的常用分类标准。
15.4 区分滑塌、岩质滑坡、岩屑滑坡、岩屑崩落、泥石流、泥流、火山泥流和土流。
15.5 回顾缓慢块体运动过程的一般特征，描述与永久冻土环境相关的独特话题。
15.6 总结活动滑坡的迹象标志，列举工程师防治各种块体运动灾害的方法。

前面很多章节聚焦于由地球内部能量驱动形成火山、地震、洋盆及山脉的内部过程，从本章开始直到第 20 章，我们将转向塑造和侵蚀地表的外部过程。在重力和太阳能的驱动下，外部过程负责塑造各种不同的地貌特征，创造出许多独特地貌景观。

15.1 块体运动的重要性

描述块体运动过程如何引发自然灾害，讨论块体运动在地貌景观发育中的作用。

在大多数地区，地球表面并不是完全平坦的，而是由许多不同种类的斜坡构成的。实际上，斜坡（slope）是自然景观中极为常见的要素，具体形态可能陡峭、适中或平缓。有些斜坡较长且呈渐进式倾斜，还有些斜坡较短且呈突发式倾斜。斜坡可能由贫瘠的岩石和碎石构成，也可能覆盖土壤并生长植被。虽然大多数斜坡似乎是稳定不变的，但是通过称为块体运动（mass movement）的过程，重力会导致岩石物质向下坡移动。块体运动是指岩石、风化层和土壤在重力的直接影响下向下坡方向运移。与后续各章中介绍的侵蚀过程不同，块体运动不一定需要搬运介质（如水、风或冰川冰）的参与。一方面，块体运动可能由咆哮的泥石流（或雷鸣般的岩石崩塌）构成；另一方面，块体运动可能渐进式发生而实际上难以察觉。

15.1.1 作为地质灾害的滑坡

本章开篇的照片是某种块体运动类型的示例，许多人称这种现象为滑坡（landslide）。对大多数普通人而言，滑坡意味着发生了大量岩土（岩石和土壤）突然冲下陡坡的事件。其实，当岩土发生块体运动时，往往具有多种不同的规模和速率。当途中遇到人类和建筑物的阻挡时，块体运动可能会形成自然灾害。虽然灾害（hazard）和危险性/风险（risk）这两个术语经常出现在同一个话题中，但是二者的含义不同。地质灾害（geologic hazard）是指充分暴露时可能对人员（或财产）造成伤害的过程，危险性是指暴露在灾害中时将造成伤害的概率，因此可以认为"危险性＝ 灾害×暴露度"。

滑坡并不总是发生在较为偏远的山脉和峡谷中，人们经常居住在快速（但不常见）的块体运动事件的发生地点，但通常会对与其特定居住区域相关的危险性熟视无睹。不过，媒体报道经常提醒人们，此类事件在世界各地呈某种规律性发生。滑坡被视为美国的主要地质灾害，每年造成数十亿美元损失和数十人死亡。如后所述，许多滑坡与其他重大自然灾害有关，例如地震、火山喷发、野火和强风暴。

15.1.2 块体运动在地貌景观发育中的作用

在大多数地貌景观的演化过程中，块体运动紧随在风化作用之后。随着岩土被从起源地移除，地貌景观会缓慢地发生变化。只要风化作用使得岩石变弱和破碎，块体运动就会将这些碎屑向下坡搬运，河流（或冰川）则通常发挥传送带作用而将其带走。虽然沿途可能存在众多的中转站，但是沉积物最终将被输送到终极目的地——海洋。

块体运动和流水共同作用形成了河谷，这是地球上最常见和最突出的地貌特征之一。若仅凭河流一己之力形成其流经的河谷，则这些河谷应是极其狭窄的峡谷。然而，实际上，大多数河谷的宽度远胜于深度，这也有力地说明了向河流供应物质的块体运动过程的重要性。以科罗拉多大峡谷为例，由于已风化碎屑物被块体运动过程向下搬运到河流及其支流中，谷壁从科罗拉多河向两岸延伸的距离较远（见图15.1）。河流和块体运动以这种方式共同作用，持续不断地改造并蚀刻着地球表面。当然，在塑造地貌特征和发育地貌景观的过程中，冰川、地下水、海浪和风也是重要的营力。

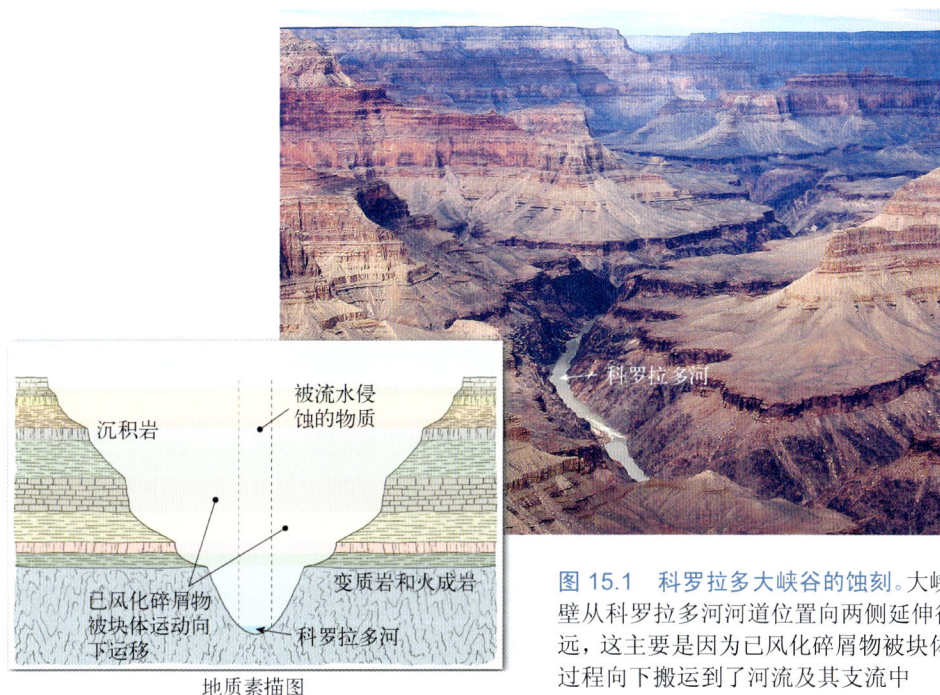

图 15.1　科罗拉多大峡谷的蚀刻。大峡谷谷壁从科罗拉多河河道位置向两侧延伸得很远，这主要是因为已风化碎屑物被块体运动过程向下搬运到了河流及其支流中

15.1.3　斜坡随时间而改变

显然，要发生块体运动，就要有供岩石、土壤及风化层向下运移的斜坡。在板块构造的驱动下，通过陆地及洋底的零星高程变化，地球上的造山运动和火山作用形成了这些斜坡。若动态内部过程无法持续形成海拔更高的区域，则将碎屑运移到海拔较低的系统会逐渐减缓并最终停止。

快速且壮观的块体运动事件大多发生在崎岖且年轻（地质视角）的山脉中。新形成的山脉受到河流和冰川的快速侵蚀，成为具有陡峭且不稳定的斜坡的特征性区域，例如覆盖着较厚松散沉积物的山谷。正是在这种背景下，大规模破坏性滑坡才会发生，如本章开篇所述。随着造山运动的减弱，块体运动和侵蚀过程使得陆地变低。随着时间的推移，陡峭且崎岖的山坡被更平缓和更低的地形取代。因此，随着地貌景观逐渐变老，大规模的快速块体运动过程将被小规模且不那么剧烈的下坡运动取代，这种下坡运动往往极为缓慢且不易察觉。

概念回顾 15.1

1. 定义块体运动，并说明其与侵蚀营力（如河流、冰川和风）有何差异。
2. 何种地貌景观中最可能发生快速块体运动过程？描述这些地质灾害如何成为地质风险。
3. 绘制（或描述）块体运动如何与河流侵蚀相结合而扩大山谷。

15.2 块体运动的控制因素和触发因素

总结块体运动过程的控制因素和触发因素。

重力是块体运动的驱动力，它将物质沿着斜坡向下拉动。斜坡是否失稳既取决于重力，又取决于岩石（或土壤）的抵抗强度。但是，在克服摩擦阻力和物质强度来形成下坡运动方面，其他几种因素也发挥着重要作用。

在滑坡发生之前很久，各种过程会逐渐削弱斜坡物质，使其变得越来越容易受到重力拉动的影响。在这个过程中，斜坡虽然保持稳定，但是越来越趋于失稳。最终，斜坡的强度减弱到**触发因素/诱因（trigger）**的某个临界点，导致斜坡跨过阈值（从稳定到失稳）。触发因素并不块体运动事件的唯一原因，而仅仅是压垮骆驼的最后一根稻草。在块体运动过程的触发因素中，常见因素包括物质的水饱和度、斜坡的削峭作用、锚固植被的移除以及地震引发的地面振动。

但是，即便在没有明显触发因素的情况下，许多快速块体运动事件依然会发生。在长期风化作用、水分渗透及其他自然过程的影响下，斜坡物质随着时间的推移而逐渐削弱。最终，若斜坡强度低于维持稳定的要求，则会发生滑坡。此类事件所需的时间具有随机性，因此无法准确预测。

15.2.1 水的作用

当暴雨（或融雪）导致地表物质出现水饱和时，可能会引发块体运动。2018年1月，美国加利福尼亚州蒙特西托发生了一次致命性泥石流，起因是一系列森林破坏（先野火后暴雨）。在某些情况下，水并不会搬运物质，而是允许重力更容易地引发物质运动，例如在2005年1月，大规模泥石流（通常称为泥流）席卷了美国加利福尼亚州拉肯奇塔（洛杉矶矶西北部的小型沿海社区），如图15.2所示。在降雨量异常高的冬季，当山坡上的较老滑坡沉积出现水饱和时，拉肯奇塔泥石流随即发生。

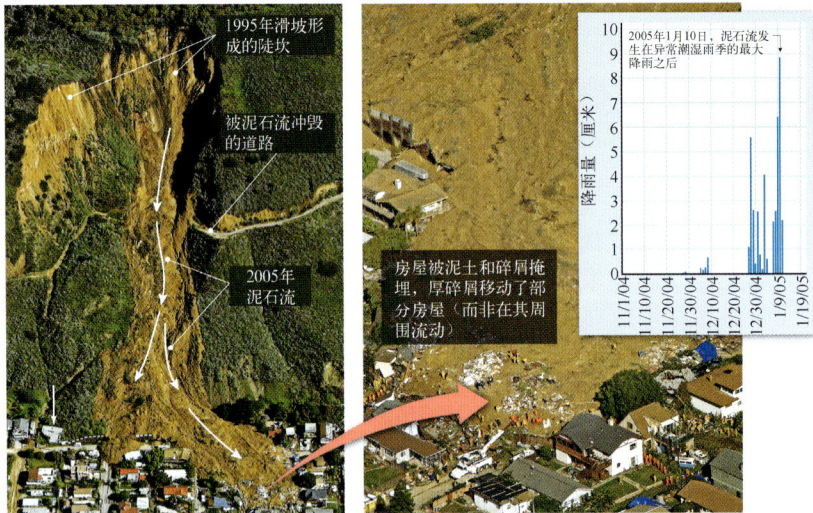

图 15.2　暴雨引发泥石流。 2005年1月10日，一次大规模泥石流（由1995年滑坡的水饱和沉积物引发）席卷了美国加利福尼亚州拉肯奇塔，这个沿海小镇坐落于海滨线与陡崖之间的狭窄海岸带上。这次事件发生在降雨量接近创纪录的一次暴雨后，共造成10人死亡和大量房屋被毁

当沉积物的孔隙中充满水分时，各颗粒之间的内聚力会遭到破坏，使彼此之间的移动相对容易。例如，砂子微湿时会相当好地黏结在一起，但是若添加足量的水来填满颗粒之间的空隙，则砂粒会向各个方向缓慢渗出（见图15.3）。因此，水饱和度降低了物质的内部阻力，使其很容易在重力作用下发生移动。黏土润湿之后会变得非常光滑，这是水润滑作用的另一个示例。水也会令物质块体极大地增重，增加的重量本身可能导致下坡力超过摩擦阻力，引发物质块体向下坡滑动（或流动）。

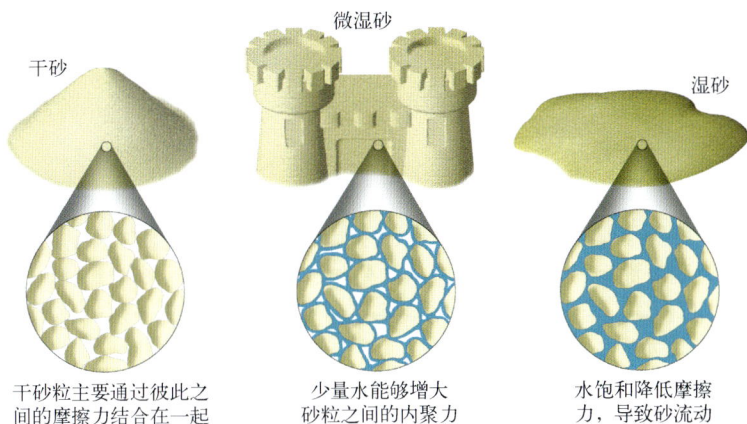

干砂

微湿砂

湿砂

干砂粒主要通过彼此之间的摩擦力结合在一起

少量水能够增大砂粒之间的内聚力

水饱和降低摩擦力，导致砂流动

图 15.3　水饱和降低摩擦力。当水分令沉积物发生水饱和时，颗粒之间的摩擦力下降，物质向下坡移动

15.2.2　削峭的斜坡

斜坡的削峭作用/过度陡峭/过陡（Oversteepening）是很多块体运动的另一个触发因素。在自然界中，许多情形都会引发削峭作用，例如河流切入谷壁时会从壁底移走物质，导致斜坡变得过陡而无法保持稳定，移走的物质然后可能掉落或滑入河流。此外，人类活动经常制造削峭和失稳的斜坡，这些斜坡可能成为块体运动的主要发生地（见图15.4）。

松散粒状颗粒（砂粒大小或更粗）呈现稳定状态的最大坡度称为休止角/静止角/自然堆积角（angle of repose），这是物质保持在适当位置的最陡角度（见图15.5）。根据颗粒的大小和形状，休止角的变化范围为 25°～40°，棱角分明的较大颗粒将保持最陡的斜坡。若角度增大，则岩屑将通过向下坡移动进行调整。

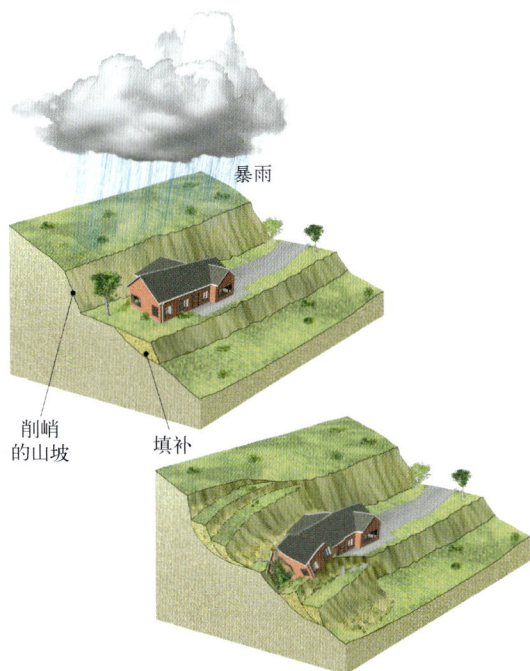

暴雨

削峭的山坡

填补

图 15.4　失稳的斜坡。自然过程（如河流和波浪侵蚀）可能导致斜坡变得过陡，改变斜坡以适应新房屋（或道路）也可能导致不稳定及破坏性块体运动事件

休止角

图 15.5　休止角。休止角是粒状颗粒堆积保持稳定的最陡角度，棱角分明的较大颗粒将保持最陡的斜坡

削峭作用之所以特别重要，不仅因为其可能引发松散颗粒物质的运动，还可能形成黏性土壤、风化层和基岩中的失稳斜坡和块体运动，因为更陡的角度会增大重力的影响。这种反应并不是立竿见影的（像松散颗粒物那样），但一个（或多个）块体运动过程迟早会消除过度陡峭，恢复斜坡的稳定性。

15.2.3 植被的移除

植物有助于防止侵蚀并增强斜坡的稳定性，因为其根系可将土壤与风化层绑定在一起。此外，在植物的保护下，土壤表面可以免遭雨滴冲击的侵蚀。在植物缺乏的地点（特别是斜坡陡峭和水分充足时），块体运动增强。若森林火灾或人类活动（伐木、农耕或开发）移除了锚固植被，则地表物质会经常向下坡移动。

几十年前，在法国芒通附近的陡坡上，曾经发生说明植物锚固效果的一个罕见示例。为了获取更高的经济利益，农民们用香石竹（高度更高但根部较浅）取代了橄榄树（根部较深），当不太稳定的斜坡发生坍塌时，滑坡夺走了 11 个人的生命。

1994 年 7 月，一场严重的野火席卷了风暴国王山（位于科罗拉多州格伦伍德斯普林斯以西），烧光了山坡上的大量植被。2 个月后，暴雨引发了多次泥石流（与水饱和岩土相关的快速块体运动事件），其中一次泥石流冲毁了 70 号州际公路，并对科罗拉多河造成了堵塞威胁，5 千米长的高速公路被成吨的岩石、泥土和被烧毁的树木淹没。对这条主要高速公路上的旅行者而言，70 号州际公路的关闭带来了代价高昂的延误。

野火在美国西部无法避免，强降雨可能引发移动快速且极具破坏性的泥石流，这是最危险的火灾后的灾害之一（见图 15.6）。由于往往在没有预警的情况下发生，这类事件特别危险，质量和速度使其破坏性非常大。火灾后的泥石流最常见于火灾发生后的 2 年内，野火之后的首次强降雨很可能引发一次泥石流事件。与未过火区域相比，过火区域引发泥石流所需的雨量要少得多。在南加利福尼亚州地区，只要降雨量达到 7 毫米/30 分钟，就足以引发泥石流。

除了能够清除固定土壤的植被，火灾还能通过其他方式促进块体运动。一场野火过后，土壤上部可能变得干燥和松散，因此即使是在干燥的天气里，土壤也趋于沿着陡峭斜坡向下移动。野火还会烘烤地面，在较浅的深度处形成防水层，这种几乎不可渗透的屏障会阻止（或减缓）水分渗透，导致地表径流在降雨期间增多，最终形成黏性泥浆和岩屑的危险洪流。

图 15.6 **野火在块体运动中的作用**。2018 年 11 月，伍尔西野火在洛杉矶附近的过火面积约为 400 平方千米。大火共摧毁 1643 栋房屋，造成 3 人死亡，还有 295000 人被迫疏散。在美国西部，每年约有数百万英亩土地被烧毁，且被烧毁总面积随着气候变暖而不断增大。锚定植被的丧失为块体运动（如泥石流）的加速奠定了基础

15.2.4 作为触发因素的地震

在块体运动的触发因素中，地震最重要且最引人注目。地震及其余震会移走体积巨大的岩石和松散物质，参见本章的开篇照片。

1. 板块边界示例：美国加利福尼亚州和尼泊尔

1994 年 1 月，美国南加利福尼亚州洛杉矶地区发生了地震，引发了块体运动的一个令人难忘的示例。这次 6.7 级地震以震中所在地北岭镇的名字命名，估计造成约 200 亿美元的损失，其中部分损失由地震引发的约 10000 平方千米区域中的 11000 多处滑坡造成。这些滑坡大多数是浅层落石和滑动，但也有一些滑坡的规模要大得多，使得峡谷底部充满了杂乱无章的土壤、岩石及植物碎屑。峡谷底部的碎屑造成了二次威胁，因为这些碎屑能在暴雨期间形成泥石流，影响下游远处的相关社区。在南加利福尼亚州，这种流动非常常见，且往往会产生灾难性后果。

2015 年 4 月 25 日，尼泊尔中部大部分地区发生了 7.8 级地震，地震及其余震在崎岖的喜马拉雅山脉中引发了数千次滑坡，共造成近 8900 人死亡（见图 15.7）。沿着陡峭的山脉斜坡，岩石崩落和岩屑滑动呼啸而下，掩埋了建筑物，阻塞了道路和铁路。滑坡还堵塞了河流，形成了许多湖泊。地震形成的湖泊具有双重危险性，除了上游洪水会在天然堤坝背后构建湖泊，形成堤坝的瓦砾堆还可能不稳定。若再发生另一次地震，或者仅仅是水压积累到一定程度，则很可能出现决堤，导致一堵水墙向下游猛扑。当湖水开始从堤坝顶部倾泻而下时，同样可能发生这种洪水。

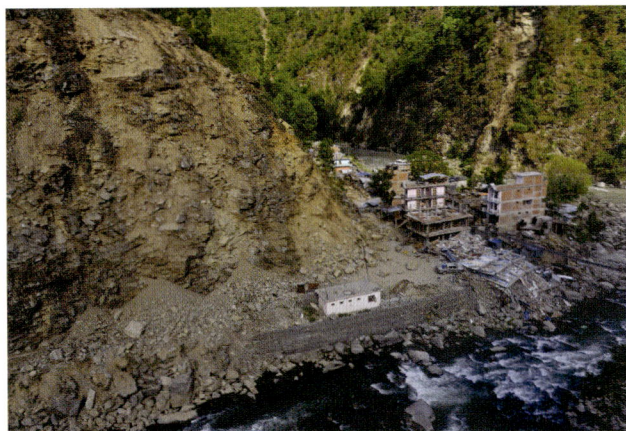

图 15.7 **作为触发因素的地震**。2015 年 4 月，尼泊尔发生了一次大地震，引发了数百次山体滑坡，导致道路被毁和河流堵塞。这里显示的破坏发生在尼泊尔东北部的新格地村

2. 液化作用

在地震期间，强烈地面震动可能导致水饱和表面物质失去强度，进而表现为流动的流体状物质（见图 11.22 和图 11.23），这种过程称为液化作用（liquefaction）。在 1964 年耶稣受难日大地震（20 世纪北美洲发生的最大震级的地震）期间，液化作用是阿拉斯加州安克雷奇财产损失的主要原因。

15.2.5 美国的滑坡危险性

地质美图 15.1 显示了美国毗邻州的潜在滑坡，所有州都经历过快速块体运动过程造成的某些破坏，但明显并非全国所有地区都存在相同的潜在滑坡灾害。如大多数人所料，山脉区域中的滑坡危险性更大。在东部地区，滑坡在阿巴拉契亚山脉中最为常见；在西北部太平洋地区，冬雨和融雪产生的水往往会使得块体运动快速形成，包括冰川沉积物（位于西雅图和波特兰丘陵区下方）中的滑塌；加利福尼亚海岸的陡峭斜坡具有较高的滑坡风险，这里的块体运动事件可能由冬季风暴或者与地震相关的地面震动引发，强海浪活动侵蚀及削峭海岸悬崖时也会引发滑坡。

由地图可知，在佛罗里达州及其邻近的大西洋和墨西哥湾沿海平原，因为陡坡基本上不存在，潜在滑坡风险最低；在美国中部，各平原州相对平坦，潜在滑坡风险大多为低至中等；高风险区域位于河谷两侧的陡岸沿线。

根据美国地质调查局的数据，美国每年有25～50人因滑坡而死亡，每年因修复滑坡造成的破坏需要花费近40亿美元。所有各州都经历过快速块体坡移过程，但并非所有地区都具有相同的潜在滑坡风险。你家所在位置的滑坡危险性如何？

❶ 在西雅图地区，潜在威胁包括火山泥流（雷尼尔山）和冰川沉积物中的滑坡（由地震引发）

❷ 在西北部太平洋地区的山区中，暴雨和融雪经常会引发块体运动的快速形成

❸ 在加利福尼亚海岸，陡坡具有较高潜在滑坡风险，通常由冬季风暴或与地震相关的地面震动引发

❹ 强海浪活动侵蚀并削蚀海岸悬崖

❺ 在美国中部，各平原州相对平坦，因此潜在滑坡风险大多为低至中等

❻ 在河谷两侧的陡崖沿线，存在较高潜在滑坡风险

❼ 在佛罗里达州及其邻近的大西洋和墨西哥湾沿海平原，潜在滑坡风险最低，因为大部分地区根本不存在陡坡

❽ 在东部地区，滑坡在阿巴拉契亚山脉中最常见

美国潜在滑坡风险

图例
极高
高
中等
低

全球滑坡危险性

基于地形数据、土地覆盖分类和土壤类型，美国航空航天局的科学家编制了这幅危险性地图

紫色和深红色表示危险性最高的区域

黑点表示4年周期（2003—2006年）内的主要滑坡位置

滑坡危险性
轻微 ← → 中等 ← → 严重

地质美图 15.1　滑坡危险性：美国和全球

概念回顾 15.2

1. 水如何影响块体运动过程？
2. 描述休止角的重要性。
3. 野火可能如何影响块体运动？
4. 描述地震与滑坡之间的关系。

15.3　块体运动过程的分类

列举并解释块体运动过程的常用分类标准。

对不同类型的块体运动分类时，一般基于涉及的物质类型、显示的运动类型和运动速率。

15.3.1　按物质类型分类

当按照运动中涉及的物质类型对块体运动过程分类时，主要考虑下落块体开始下落时是松散物质还是基岩。若土壤和风化层占主导地位，则在描述中采用*岩屑/泥石（debris）*、*泥/淤泥/泥浆*

（mud）或土/泥土/土石（earth）等术语。相比之下，当大量基岩松动并向下坡移动时，则描述中通常采用术语岩石（rock）。

15.3.2 按运动类型分类

在块体运动事件中，物质的运动方式也很重要，这种运动一般被描述为坠落、滑动或流动。

1. 坠落

在块体运动事件中，当运动涉及任何大小的独立碎片的自由下落时，即可称为坠落/崩落/崩塌（fall）。在因过于陡峭而使得松散物质无法在表面停留的斜坡上，这是一种较常见的运动形式。岩石可能直接坠落到斜坡底部，也可能在沿途以一系列跳跃方式越过其他岩石。岩石坠落通常会形成并保持为岩屑坡/倒石锥（talus slope），如图 15.8a 所示。在岩石裂缝内的冻融循环和/或植物根系的作用下，当岩石松动到重力超过摩擦阻力时，就会形成许多坠落。在基岩切穿高速公路位置沿线，虽然落石警示标志经常可见，但是很少有人目睹过此类事件。但是，如图 15.8b 所示，这种情况确实发生了。

(a)   (b)

图 15.8　岩屑坡和岩石坠落。(a)这些大型岩屑坡有时称为岩屑锥/倒石锥（talus cone），位于加拿大班夫国家公园；(b)坠落岩石可能堵塞高速公路，如图所示

大型块体从高处坠落时将以极大的力量撞击地面，并且经常引发更多的块体运动事件。1970年 5 月，秘鲁发生了一次特别致命的坠落，地震导致瓦斯卡兰山（秘鲁安第斯山脉中的最高峰）的陡峭北翼出现了大量岩石和冰块体。这种物质坠落了近 1 千米，然后在撞击中粉身碎骨。随后的岩石崩泻冲下山坡，由受困于其中的空气和冰形成了流体，途中又撕扯了数百万吨岩屑，最终无情地埋葬了云盖镇和兰拉赫卡镇的 2 万多人。

1996 年 7 月 10 日，在约塞米蒂国家公园中，岩石坠落引发了另一种不同的影响。两个大型岩石块体从陡峭悬崖上破裂松动，随后向下坠落了约 500 米，最后撞击到约塞米蒂山谷底部，影响之大足以在距离现场 200 千米之外的地震台站记录到。当崩落的岩石块体撞击地面时，它们产生的大气压力波在速度上与龙卷风（或飓风）相当。空气冲击的力量连根拔起并折断了 1000 多棵树，其中有些树高达 40 米。约塞米蒂国家公园持续多次发生了岩石坠落事件，包括造成 1 人死亡的 2017 年酋长岩（著名攀岩墙）事件。

2. 滑动

许多块体运动过程被描述为滑动（slide），是指滑动物质与更稳定下伏物质之间存在明显薄弱带的块体运动。在旋转滑动/转动滑动（rotational slide）中，破裂面是与勺子形状类似的上凹曲线，下沉物质表现出向下和向外的旋转。相比之下，在平移滑动/平面滑动（translational slide）中，物质沿相对平坦的表面（如节理、断层或层理面）移动，这种滑动的旋转或向后倾斜极少。

3. 流动

在块体运动过程中，第三种常见的运动类型称为流动（flow），用于描述作为黏性流体（通常是湍流）向下坡移动的物质。大多数流动是水饱和的，常以片状（或舌状）形式发生。当泥和岩屑饱和的流动发生时，媒体常错误地将其描述为泥流。

15.3.3 按运动速率分类

截至目前，本章描述的部分事件涉及非常快的运动速率。例如，对冲下秘鲁瓦斯卡兰山斜坡的岩屑而言，运动速率估计超过 200 千米/小时，这种快速的块体运动类型称为**岩石崩塌/岩崩/崩塌**（rock avalanche）。地质学家曾经认为，岩石崩塌（见图 15.9a）在向下坡移动时必定漂浮在空气中，也就是说，他们认为空气受困并压缩在坠落岩体之下时可能产生较高的运动速率，使其能够像漂浮的柔性薄片一样在表面上移动。但是，通过对其他行星体上滑坡沉积物的最新研究，人们现在对这一假说提出了质疑。对火星上由长距离滑坡形成的类似沉积而言，似乎是由岩石和水的相互作用进行润滑的（见图 15.9b）。

图 15.9　地球和火星上的滑坡。(a)史前的黑鹰岩石崩塌被视为北美洲规模最大的非火山滑坡之一；(b)与火星上水手号峡谷群中的滑坡相比，黑鹰事件的规模很少。在这两种情况下，水可能都发挥了重要作用，使得沉积能够延伸而远离来源地

但是，大多数块体运动并不以岩石崩塌速度发生，大量块体运动实际上因速度缓慢而不易察觉。稍后介绍一种称为**蠕移/蠕滑/蠕变**（creep）的过程，它可形成通常以毫米（或厘米）/年为单位进行测量的颗粒运动。因此，如你所见，其运动速率可能高得惊人，也可能异常缓慢。虽然各种类型的块体运动常被归类为快速（或缓慢），但这种区别具有高度主观性，因为两个极端之间存在着极宽的速率范围。

概念回顾 15.3

1. 列举并绘制块体运动事件期间的 3 种物质运动方式。

2. 关于岩石崩塌如何高速运动，科学思想发生了何种改变？

15.4　块体运动的常见形式

区分滑塌、岩质滑坡、岩屑滑坡、岩屑崩落、泥石流、泥流、火山泥流和土流。

由于存在若干可变因素（如运动速率、三维几何形态和物质类型），对各种块体运动类型进行分类非常棘手。针对常见的块体运动过程，本节重点介绍滑塌、岩质滑坡、泥石流和土流，它们最常见于斜坡和陡峭地点，运动速率差异很大（从几乎无法察觉到极快不等）。

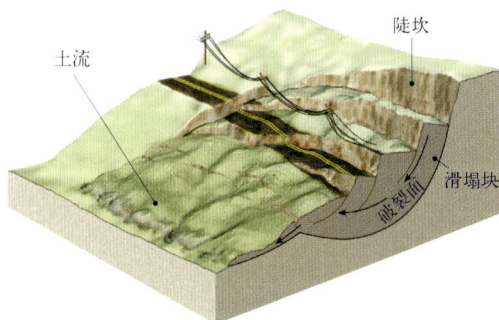

15.4.1　滑塌

滑塌/塌陷/坍落（Slump）是指岩石（或松散物质）块体作为同一单元沿着曲面向下滑动，如图 15.10 所示。一般而言，滑塌物质并不以惊

图 15.10　滑塌。当物质沿弯曲破裂面整体下滑时，就发生滑塌。这是一种旋转滑动，滑塌底部经常形成土流

人的速度快速行进，且行进距离不会太远。滑塌是一种较常见的块体运动形式［特别是在黏性物质（如黏土）厚层堆积中］，破裂面具有勺状特征，凹面向上或向外。随着块体运动的发生，滑塌头部形成一个新月形陡坎，块体上表面有时向后倾斜。虽然滑塌可能仅涉及单一块体，但其通常由多个块体构成。有时，水会汇集在陡坎底部与倾斜块顶部之间，当这些水分沿着破裂面向下渗透时，可能会进一步促进不稳定性和更多的运动。

滑塌的发生通常缘于斜坡已被削峭（过陡），当斜坡底部的锚固物质遭到移除时，上方物质会变得不稳定，从而对重力拉动产生反应。在相对常见的示例中，谷壁可能受到曲流河作用而变陡。如图 15.11 中的照片所示，海岸悬崖底部已被海浪作用底切。若斜坡负载过重，则可能导致内部应力作用于下伏物质，此时同样可能发生滑塌。这种类型的滑塌通常发生在软弱富黏土物质下伏于刚硬且抵抗力更强的岩层（如砂岩）中，水分通过渗透上层降低了下层黏土的强度，进而引发斜坡失稳。

图 15.11　英格兰北部霍尔德内斯半岛的滑塌。海浪底切陡坡的底部，使其变得不稳定

15.4.2　岩质滑坡和岩屑崩落

当基岩块破裂松动并滑下斜坡时，就会发生*岩质滑坡/岩滑*（rockslide），如图 15.12 所示。若所涉及物质大部分呈松散状态，则可用术语*岩屑滑坡*（debris slide）替代。在最初的滑动阶段之后，该物质可能破碎成杂乱无章的*岩屑崩落*（debris avalanche）。这类事件是最快速且最具破坏性的块体运动类型之一。岩质滑坡通常发生在岩石地层倾斜（或者节理和断裂与斜坡平行）的地质背景下，当这种岩石单元在斜坡底部遭到底切时，就会失去支撑并最终坍塌。有时，当雨水（或融雪）润滑下伏表面时，若摩擦力不再足以锚固岩石单元，则会引发岩质滑坡。因此，岩质滑坡趋于在暴雨和融雪最盛行的春季最常见。

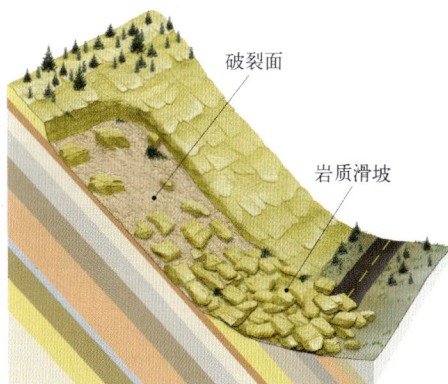

图 15.12　岩质滑坡。这些快速运动被归类为平移滑动，物质沿着相对平坦的表面移动，很少（或没有）旋转或向后倾斜

如前所述，地震可能引发岩质滑坡及其他块体运动，这种情形存在着大量的示例。1959 年 8 月 17 日，美国黄石国家公园以西发生强烈地震，导致蒙大拿州西南部麦迪逊河峡谷中发生了大规模滑坡。顷刻间，约 2700 万立方米岩石、土壤及树木滑入峡谷中，岩屑阻塞了河流并掩埋了一个露营地和高速公路，共造成 20 余名毫无防备的露营者丧生。

暴雨和融雪（而非地震）引发了另一次大型岩质滑坡——黄石地区的岩屑崩落。非常著名的*格罗文特雷*（Gros Ventre）岩质滑坡发生在距离麦迪逊峡谷滑坡地点不远处。从怀俄明州西北部风河山脉的最北端，格罗文特雷河向西流经大提顿国家公园，最终注入斯内克河。1925 年 6 月 23 日，凯利小镇以东的山谷发生了一次大规模岩质滑坡，在短短几分钟内，大量砂岩、页岩及土壤裹挟着茂密的松林，沿着山谷南侧轰然坠落。岩屑的体积估计为 3800 万立方米，在格罗文特雷河上"建造"了一座 70 米高的堤坝。这条河被完全阻塞后，形成了一个湖泊。这个湖泊很快就被河水灌满，以至于在滑坡发生 18 小时后，一栋曾高于河流 18 米的房屋漂离地基。1927 年，这个湖泊漫过堤坝并部分排水，导致下游发生了毁灭性洪水。

格罗文特雷岩质滑坡为何会发生？图 15.13 显示了该山谷的地质剖面示意图，由图可知：① 该区域中沉积地层的倾角为 15°～21°；② 砂岩层下伏相对较薄的黏土层；③ 在河谷底部，河流切穿了大部分砂岩层。1925 年春季，源于暴雨和融雪的水分渗入砂岩，使得下方黏土发生饱和。由于大部分砂岩层已被格罗文特雷河切穿，该岩层在斜坡底部几乎没有支撑。最终，砂岩无法在潮湿的黏土上稳固位置，重力将该块体拉向山谷一侧。这个地点的状况就是如此，因此该事件的发生不可避免。

15.4.3 泥石流

泥石流/岩屑流/碎屑流（debris flow）是一种相对快速的块体运动类型，与含有大量水分的土壤和风化层流动相关，例如拉肯奇塔（La Conchita）泥石流，如图 15.2 所示。当物质以细粒为主时，泥石流有时被称为泥流（mudflow）。虽然泥石流能够发生在许多不同的气候背景下，但是它们趋于更频繁地发生在半干旱山区。由于具有流体性质，泥石流经常沿着峡谷和河道流动。在人口稠密地区，泥石流可能会对生命和财产造成重大伤害。

1. 半干旱地区的泥石流

在半干旱地区，当大暴雨（或快速融化的山雪）引发突发洪水时，由于通常缺乏植被来锚固地表物质，大量土壤和风化层被冲入附近的河道。最终产物是泥浆、土壤、岩石和水混合良好的流动舌，稠度范围可能从湿混凝土到糊状混合物（略稠于泥水）。因此，流动速度不仅取决于斜坡的陡度，还取决于含水量。高密度泥石流能相对容易地搬运（或推动）大型巨石、树木甚至房屋。

泥石流对相对干旱山区（如加利福尼亚州南部）的发展构成了严重威胁。若在峡谷山坡上建造房屋，或者通过烧荒及其他方式清除原生植被，则可能增大这些破坏性事件的发生频率（见图 15.14）。此外，抵达陡峭狭窄的峡谷尽头时，泥石流会扩散开来，潮湿的泥石混合物覆盖在峡谷口部以外区域，这种物质有助于在峡谷口部区域构建扇形沉积，称为冲积扇（alluvial fan）。冲积扇的形成相对容易，通常具有良好的视野且靠近山脉，实际上已成为旅游景点开发的首选地点（类似于邻近峡谷）。由于泥石流只是偶尔发生，社会公众往往不会意识到这些地点的潜在危险性。

2. 火山泥流

有些泥石流主要由火山侧翼的火山物质构成，称为火山泥流（lahar）。从历史上看，火山泥流

图 15.13　格罗文特雷岩质滑坡。这次大规模滑坡发生在 1925 年 6 月 23 日，位置在怀俄明州凯利小镇以东

图 15.14　美国加利福尼亚州蒙特西托发生的泥石流。2018 年 1 月，在加利福尼亚州南部的被烧毁斜坡上，暴雨形成了泥石流，这是由泥浆、土壤、岩石和水混合良好的运动舌

是最致命的火山灾害之一，既可能在火山喷发期间发生，又可能在火山平静时发生。高度不稳定的火山灰和碎屑层出现水饱和，沿着陡峭的火山斜坡流下，然后顺着已有河道向下流动，进而发生火山泥流（见图 15.15）。暴雨经常引发这些流动。当大量冰雪被从火山内部流到地表的热量或猛烈喷发期间释放的高温气体和近熔融碎屑融化时，就会形成其他火山泥流。

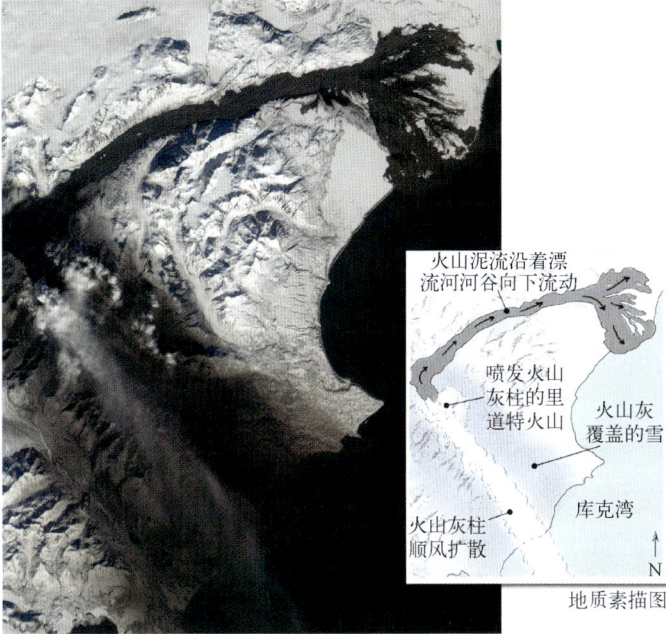

图 15.15　里道特火山（位于美国阿拉斯加州）发生的火山泥流。在 2009 年的火山喷发中，火山泥流沿着漂流河（Drift River）河谷向下流动，火山泥流的深颜色与周围雪地的白颜色形成了鲜明对比

当圣海伦斯火山 1980 年 5 月喷发时，曾形成几次大规模火山泥流。火山泥流和伴随而来的洪水沿着图尔特河（Toutle River）南北支流的河谷奔腾而下，速度经常超过 30 千米/小时。所幸的是，受影响区域人口稀疏。虽然如此，仍有超过 200 栋房屋被毁（或严重受损），如图 15.16 所示。附近大多数桥梁也遭遇了类似命运。

图 15.16　圣海伦斯火山的火山泥流。黏性泥石流沿着图尔特河流动，撕裂了一栋房屋的一部分，并将其卡在树丛中。圣海伦斯火山喷发形成的火山泥流沿着谷壁急剧上升，最高可达 110 米（越过高达 76 米的山丘时）。根据浴缸环（浴缸长期使用后出现的一圈污垢）泥线可知，有些火山泥流在高峰期的平均深度为 10～20 米

　　1985 年 11 月，在内华达德鲁兹火山（位于哥伦比亚安第斯山脉中，海拔为 5300 米）喷发期间，

同样形成了火山泥流。这次喷发融化了山峰顶部 600 米范围内覆盖的大部分冰雪，形成了由黏稠泥浆、火山灰和碎屑构成的高温洪流。沿着从山峰处辐射出的 3 条雨水暴涨的河流沟谷，火山泥流从该火山位置向外移动。沿着拉古尼利亚河河谷向下流动的火山泥流最具破坏性，摧毁了距离该火山 48 千米处的阿尔梅罗镇。在这次事件死亡的 25000 多人中，大多数人来自这个曾经繁荣的农业社区。

在面积高达 180 平方千米的灾区范围内，还有其他 13 个村庄出现了由火山泥流造成的生命死亡和财产损失。虽然大量火山碎屑物从内华达德鲁兹火山中爆炸性喷出，但却是这次喷发引发的火山泥流使得这场自然灾害具有极大毁灭性。实际上，自从 1902 年培雷火山（位于加勒比海马提尼克岛）喷发造成 28000 人死亡以来，这次火山泥流是最严重的火山灾难（注：要了解与培雷火山喷发和火山泥流相关的更多信息，请参阅第 5 章）。

15.4.4 土流

如前所述，泥石流经常受限于半干旱地区的河道内。相比之下，在强降水（或融雪）期间，潮湿地区的山坡上最常形成**土流/泥流/土石流**（earthflow）。当山坡上的土壤和风化层发生水饱和时，这些物质可能脱落，在斜坡上留下陡坎，并形成向下流动的舌状（或泪滴状）块体，如图 15.17 所示。

图 15.17　土流。在伊利诺伊州中部的一条新修公路沿线，这个小型舌状土流出现在新形成的斜坡上，形成于一段时间暴雨过后的富黏土物质中。注意观察该土流头部的小型滑塌

土流仅含有较低比例的砂粒及更粗的颗粒，最常由富含黏粒（黏土）和粉粒（粉砂）的物质构成，这些危险物的大小范围从小型土体（长宽均为几米且深度不到 1 米）到大型块体（长度超过 1 千米、宽度超过几百米且深度超过 10 米）。由于土流的黏度相当大，与前一节描述的泥石流（流动性更强）相比，它们的运动速率一般非常缓慢。土流的特征是渐进式移动，持续时间可能为数天到数年不等，具体取决于斜坡的陡度和物质的稠度，测得的速率范围从低于 1 毫米/天到几米/天。在土流活动过程中，湿润期的运动速率通常要快于干燥期。除了作为孤立山坡现象发生，土流还经常与大型滑塌相关，此时被视为滑塌块底部的舌状流动。

概念回顾 15.4

1. 不回看本节插图，绘制并标注滑塌的简单横截面（侧视图）。
2. 何种因素引发了怀俄明州格罗文特雷的大规模岩质滑坡？
3. 与南加利福尼亚州可能发生的泥石流相比，火山泥流有什么不一样？
4. 比较土流与泥石流。

15.5 极慢速块体运动

回顾缓慢块体运动过程的一般特征，描述与永久冻土环境相关的独特话题。

岩质滑坡、岩石崩塌和火山泥流肯定是块体运动的最壮观和灾难性形式，但是与缓慢且极不明显的蠕移动作相比，突然性运动导致的移动物质数量更少。块体运动的快速类型是山区和陡坡的特征，蠕移既发生在陡坡上，又发生在缓坡上，因此分布范围更加广泛。

15.5.1 蠕移

蠕移/蠕滑/蠕变（creep）是土壤和风化层呈渐进式向下运动的块体运动类型，形成因素之一是冻融作用（freezing and thawing）或干湿交替作用（wetting and drying）导致地表物质发生交替性膨胀和收缩。如图 15.18 所示，冻结（或润湿）以与斜坡成直角的方式抬升颗粒，解冻（或干燥）允许颗粒回落至略低水平，因此每次循环都将物质朝下坡方向移动一小段距离。扰动土壤的任何事物均有助于蠕移，例如雨滴的撞击或者植物根系及穴居动物的中断。当地面变得水饱和时，蠕移过程也会得到促进。暴雨或融雪后，积水土壤可能失去内聚力，允许重力将物质向下坡拉动。由于蠕移的缓慢速度难以察觉，这个过程无法实际观测，但蠕移的影响依然能够见到，例如蠕移可能导致围栏和电线杆发生倾斜、挡土墙发生移位（见图 15.19）。

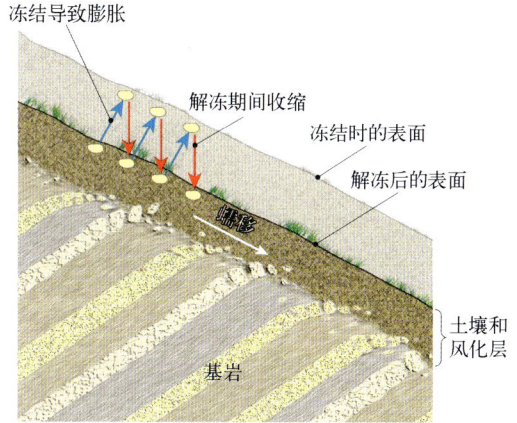

图 15.18　蠕移。表面物质反复膨胀和收缩，导致土壤和岩石颗粒向下坡净迁移

图 15.19　蠕移的影响。虽然蠕移只是难以察觉的缓慢运动，但其影响却经常可以见到

15.5.2 土流作用

当土壤发生水饱和时，湿软物质可能以几毫米或几厘米/天或年的速率向下坡流动，这个过程称为土流作用（solifluction），字面意思是土壤流动。在水分无法通过渗透到更深层而从饱和表层逃逸的任何地点，这是一种常见的块体运动类型。土壤中的致密黏土质硬磐（硬土层）或者不透水基岩层能够促进土流作用。

在下方是永久冻土的区域中，土流作用特别常见。永久冻土（permafrost）是指与地球上严酷的苔原气候和亚北极气候相关的永久冰冻土地（详见下节），土流作用发生在永久冻土之上的一个区域，称为活性层（active layer）。在高纬度地区的短暂夏季，活性层解冻至约1米深度，然后在冬季重新冻结。夏季，水无法渗透到下方不透水的永久冻土层（简称永冻层）中，导致活性层变得饱和且缓慢流动。这个过程可能发生在 2°～3°的平缓斜坡上。在铺地植被发育良好的地方，席状土流作用可能以一系列界限清晰的叶片或部分覆盖的褶层形式移动（见图15.20）。

图 15.20　**阿拉斯加州北极圈附近的土流作用**。当活性层在夏季解冻时，土流作用发生在永久冻土区中。由于夏季凉爽且时间极短，冻土通常解冻到1米以浅的深度

15.5.3　脆弱的永久冻土景观

在本章描述的块体运动灾害中，许多灾害对人类造成了突然且灾难性的影响。当人类活动导致永久冰冻土地中含有的冰融化时，这种影响渐进性更高且致命性更低。虽然如此，由于永久冻土区是敏感且脆弱的景观，计划不周的行为导致的景观创伤可能持续几代人时间。

永久冰冻土地称为永久冻土（permafrost），出现在夏季过于短暂且凉爽因而无法融化浅表层之下的地方，更深处的土地全年保持冰冻状态。在北冰洋周围的土地上，永久冻土广泛分布（见图15.21）。严格来说，永久冻土仅基于温度进行定义，指温度连续2年（或更长时间）保持在0℃以下的土地。冰在土地中存在的程度会强烈影响表面物质的行为。在下方存在永久冻土的区域中，当修筑道路、房屋及其他工程时，了解冰的当前数量和位置非常重要。

当人类活动扰动地表（如移除隔热植被垫或修建道路及建筑物）时，微妙的热平衡受到干扰，永

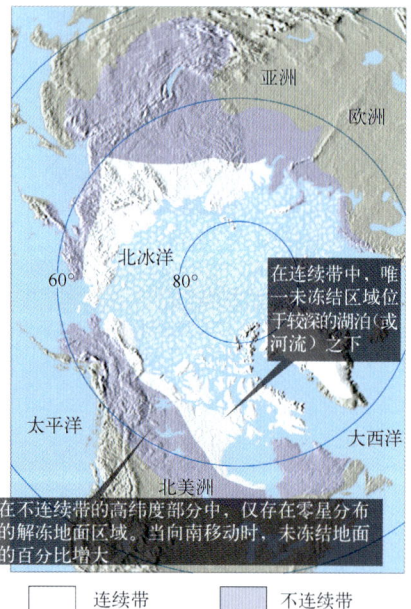

图 15.21　**北半球的永久冻土分布**。永久冻土主要位于美国阿拉斯加州（超过80%）和加拿大（约50%）

久冻土内的冰可能解冻。当在含有高比例冰的永久冻土正上方修建温暖建筑物时，解冻作用会形成建筑物可能沉入其中的湿软物质（见图 15.22）。一种解决方案是将房屋及其他建筑物置于桩（如支柱）上，桩允许低于冰点的空气在房屋地板与土壤之间循环流动，因此能够使地面保持冻结状态。与人类活动引发的北极快速变暖相关的解冻作用已产生不稳定地面，可能引发滑动、滑塌、沉降和严重冻胀。现在，对于永久冻土解冻造成的住房短缺问题，北极社区正在艰难地推进应对措施。

图 15.22　**当永久冻土解冻时。**由于永久冻土解冻，这栋房屋（位于阿拉斯加州费尔班克斯以南）发生沉降。可以看到，由于右侧受热更多，比左侧未受热的门厅沉降得更多

概念回顾 15.5

1. 描述蠕移的基本形成机理。如何判断蠕移正在发生？
2. 在北极地区，哪个季节会发生土流作用？解释其为何仅发生在该季节。
3. 什么是永久冻土？扰动永久冻土如何导致地面不稳定（滑动、流动或沉降）？

15.6　滑坡的探测、监测和防治

总结活动滑坡的迹象标志，列举工程师防治各种块体运动灾害的方法。

所有类型的活动滑坡都会对全世界的人类生命和财产构成严重威胁。通过探测正在发育的块体运动状况，人们能够在必要时为挽救生命而进行疏散，实时监测评估具体威胁程度，推动为减少威胁而采取防治措施。在识别活动滑坡时，一种方法是对地面变形进行野外测绘，包括定位地面的裂缝（或隆起）、开裂的混凝土地基、倾斜的树木及其他扰动。利用航空摄影、激光雷达和卫星成像对地面变形进行远程测绘，同样有助于识别活动滑坡地点。

15.6.1　活动滑坡的监测

探测到活动滑坡后，地质学家就可以利用各种系统来监测土壤（或岩石）块体的变形过程。图 15.23 以一个简单的旋转滑坡为例，描绘了地质学家和工程师们常用的几个系统：位移测量仪（像卷尺一样延伸的连续传感器）；监测地下水位、土壤湿度和倾斜的井；探测运动形成的声能的检波器；测量降水量和土

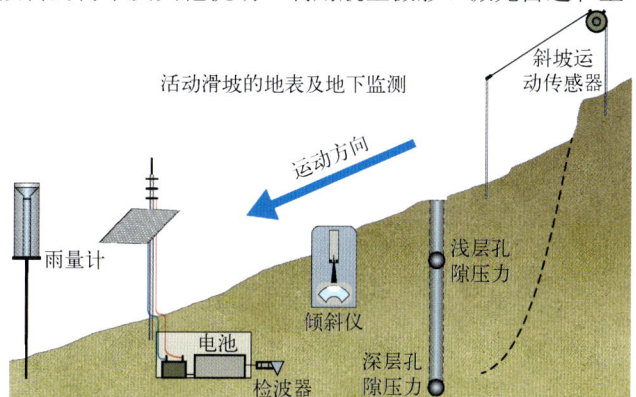

活动滑坡的地表及地下监测

斜坡运动传感器

运动方向

雨量计

倾斜仪

浅层孔隙压力

深层孔隙压力

电池

检波器

图 15.23　**活动滑坡的地表及地下监测**

壤湿度的仪器。此外，重复激光或雷达测量、地面或空中摄影测量以及卫星测量（InSAR）可提供较大区域的运动评估（见图15.24）。

(a)

图15.24　同一大型土流（位于科罗拉多州）的2个视图。(a)这张照片显示了科罗拉多州的斯拉姆伽林滑坡；(b)假彩色雷达图像中显示的相同土流。在2011年的一周内，滑坡区内的黄色区域显示了最快速的运动，该段流动部分当时移动了9厘米

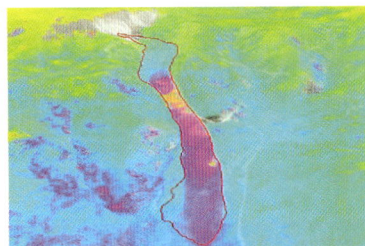

(b)

15.6.2　活动滑坡的防治

　　当活动滑坡威胁到基础设施（如道路或房屋）时，地质学家和工程师会采用各种加固方法。由于块体运动涉及阻力与推力之间的平衡，有效防治策略通常包括增大块体失稳的强度。相关技术包括：①对正在失稳的块体进行脱水（如改变河道路线或安装水平排水管）；②采用更坚固的物质（如碎石或钢筋混凝土）对斜坡进行扶壁式支撑；③利用岩石锚杆（用于裂缝）或者钢或木桩（用于松散物质）对滑动面进行加固。

概念回顾 15.6

1. 列举指示斜坡可能发生失稳的2种观测方法。
2. 描述探测活动滑坡时采用的一些监测手段。
3. 说出2种用于加固失稳斜坡的技术。

主要内容回顾

15.1 块体运动的重要性

关键词：块体运动

- 风化作用破碎岩石后，重力将碎屑向下坡移动的过程称为块体运动。有时，这个过程会以滑坡形式快速发生；有时，运动速率较慢。滑坡是一种重要的地质灾害，会夺走许多人的生命并破坏大量财产。

- 在地貌景观发育中，块体运动发挥着重要作用，不仅能够拓宽河谷，还有助于撕裂因板块构造而隆起的山脉。

问题：2014年，华盛顿州发生了致命的奥索滑坡，令许多人感到非常惊讶。在斯蒂尔伊瓜米什河河谷的这张详细地形图中，2014年奥索滑坡沉积显示为交叉线图案。着色区域显示了更老的滑坡沉积，通过年龄进行区分。研究附图，解释你是否认为2014年事件本应能够预料到。

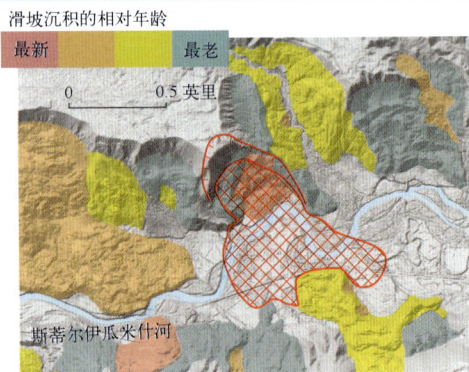

15.2 块体运动的控制因素和触发因素

关键词：触发因素，休止角，液化作用

- 大多数（但非所有）块体运动事件都与一种触发因素事件相关。4种重要触发因素包括：水的添加、斜坡的削峭作用、植被的移除以及地震引发的震动。

- 斜坡上加水使孔隙膨胀，导致各颗粒分隔开并失去内聚力。水还能润滑不同颗粒之间的接触，为润湿的斜坡大量增重。

- 颗粒物质能够堆积到某个特定的坡度角，但比临界角度更陡的颗粒堆积会向外自然坍塌，形成更平缓的斜坡。对大多数地质物质而言，这种休止角的变化范围为25°～40°。削峭（过陡）的斜坡很可能失稳，进而引发滑坡。

- 植物的根发挥着三维网的作用，将土壤和风化层颗粒固定在适当位置。植物死亡后，土壤会失去一种重要的支撑结构。植物可被自然清除，或者被人类采伐木材、种植作物或建造房屋而移除。

- 地震会给濒临失稳的斜坡带来剧烈震动，进而引发块体运动事件。

问题：所有块体运动事件是否都存在触发因素？解释理由。

15.3 块体运动过程的分类

关键词：坠落，岩屑坡，滑动，流动，岩石崩塌

- 地球物质多种多样，块体运动速率也多种多样。基于物质类型和运动性质的组合，可对块体运动的不同类型分类。

- 当基岩碎片分离并在空中自由下落，以巨大的力量撞击下方地面时，就发生坠落。反复多次坠落会形成岩屑坡，这是堆积在山崖之下棱角状岩屑的特征性围裙。当离散岩石块（或松散物质）在平面（或曲面）上向下坡滑动时，就发生滑动。与坠落不同，滑动中的物质不在空中掉落。在水饱和物质的黏性混合物泥浆中，当颗粒单独（或整体）随机移动时，就发生流动。

- 在地球和火星上，岩石崩塌和岩屑崩落以惊人速度移动较远的距离。其他形式的块体运动要慢得多，每年可能仅有几毫米。

15.4 块体运动的常见形式

关键词：滑塌，岩质滑坡，岩屑滑坡，岩屑崩落，泥石流，泥流，火山泥流，土流

- 滑塌是一种独特且常见的块体运动形式，连贯物质块在勺状滑动面上向下移动，标志性特征通常是开口向上的弯曲陡坎。滑塌经常由削峭作用引发，例如由谷壁的河流侵蚀导致。

- 岩质滑坡是连贯岩石块沿夷平面向下滑动的快速块体运动事件。夷平面通常是先存构造，例如节理或层理面。当这些表面以一定的角度在山谷中倾斜时，这种情形特别危险。

- 当松散的土壤（或风化层）发生水饱和时，若它们在泥浆中向下移动并沿途捡起其他

物体，则发生泥石流。泥石流的种类包括泥流和火山泥流。泥石流能够快速移动，最高时速可达30千米。

- 土流的特征是松散物质中各颗粒之间的内聚力丧失，这一点与泥石流相似，但是速度远慢于泥石流。通常，土流地点显示出上坡侧的陡坎，以及下坡侧的叶状黏性土壤。

问题：这次岩质滑坡发生在印度北部的崎岖喜马拉雅山脉。识别附图中可能是导致滑坡的因素的一种特征，并推测可能引发该事件的原因。

15.5 极慢速块体运动

关键词：蠕移，土流作用，永久冻土

- 蠕移是一种非常缓慢的块体运动形式，既重要又分布广泛。当冻结（或润湿）导致土壤颗粒被推离斜坡，仅在解冻（或干燥）后下降到较低位置时，就发生这种情形。相比之下，土流作用是饱和表层的渐进式流动，下方为不透水带。在北极地区，不透水带是永久冻土。

- 永久冻土覆盖了北美洲和西伯利亚的大部分地区。当在这些地区建造房屋及其他基础设施时，需要进行特别规划。泄漏的热量可能融化永久冻土，导致体积损失并引发之前冻土中的流动，由此产生的沉降可能具有毁灭性。

问题：附图中这条输油管道将加热后的石油从阿拉斯加北坡油田输送到南海岸港口。注意，该管道并未埋在地下，而是悬在地面之上，解释为何采用这样的方式？

输油管道

15.6 滑坡的探测、监测和防治

- 野外测绘和卫星测绘可用于识别活动滑坡区域。
- 通过监测不稳定（或主动变形）的斜坡，可以更准确地预测危险的斜坡失稳。
- 为了稳定住失稳的斜坡，人们已开发多种技术，主要是加固岩土体。

深入思考

1. 描述你家所在地区可能发生的一种块体运动类型。记住要考虑气候、表面物质及斜坡陡度等特征。你的示例是否存在触发因素？

2. 河流、地下水、冰川、风和海浪都能对沉积物进行运移和沉积，地质学家称这些现象为侵蚀营力。块体运动也涉及沉积物的运移和沉积，但其并未被归类为侵蚀营力。块体运动有何不同之处？

3. 描述至少一种内部过程可能导致（或促成）块体运动事件的情形。

4. 你认为月球上是否可能经常发生滑坡？解释理由。

5. 附图显示了巴克斯金冰川（位于崎岖阿拉斯加山脉中的德纳利国家公园）顶上的滑坡岩屑，该冰川为流入库克湾的一条河流提供水源。库克湾是北太平洋中的一个海湾，位于安克雷奇市以西。a. 基于在第 7 章中了解到的沉积物分选性（见图 7.7），你认为滑坡沉积的物质是否能够得到较好地分选？解释理由。b. 再次参考第 7 章和图 7.7，你认为滑坡岩屑中的颗粒是呈圆状还是呈棱角状？解释理由。c. 这些山脉显然由冰川蚀刻而成，但其他过程也发挥着重要作用。简要描述其中一些过程及其在这个山脉景观的演化中发挥的作用。

6. 描述至少一种内部过程可能导致（或促成）块体运动事件的情形。

7. 在地质美图 15.1 包含的世界地图中，显示了全球滑坡危险性。构建该地图采用了何种标准？为使该地图更加有用，可以考虑补充哪些额外数据？

8. 20 世纪 30 年代，当附图中的铁路在阿拉斯加农村修建时，地形相对平坦。铁路建成后不久，地面发生了严重沉降和移位，使得轨道变成了这里所示的过山车，最终被迫废弃。地面变得不稳定和移位的原因是什么？

9. 块体运动受到与地球系统所有 4 个圈层相关的许多过程的影响。从以下列表中选择 2 项，然后分别概述一系列事件，将其与各个圈层和一种块体运动过程相关联。例如，若冰劈作用是列表中的一项，则可概述以下内容：冰劈作用涉及当水（水圈）冻结时，岩石（地圈）被撑破。冻融循环（大气圈）可以促进冰劈作用。当冰劈作用使悬崖上的岩石松动时，碎片会滚落到悬崖底部，这个事件（坠石）是一个块体运动示例。a. 森林砍伐；b. 春季雪融；c. 高速公路路边切面；d. 汹涌的海浪；e. 洞穴的形成（见图 17.35）。

地球之眼

1. 2010 年 7 月下旬，暴雨引发了科罗拉多州杜兰戈附近山谷中的块体运动，重型设备正在清除堵塞铁轨并导致邻近河道明显变窄的物质。a. 这次事件是坠石、蠕移还是泥石流？b. 大多数人都熟悉"事出有因必有果"这句话，它当然也适用于地球系统。在这里显示的块体运动事件中，假设物质已完全充满河流，那么或许已发育何种其他自然灾害？

第16章　流　　水

新闻中的地质：利用社交媒体更准确地监测及预测洪水

传统洪水预测主要研究特定区域的天气预报和历史洪水数据，洪水多发区域有时还会放置传感器来测量水位或排泄量，但是大多数洪水易发地点并没有这样的传感设备或可用数据。数百年来，这种状况始终存在，向附近人们传递洪水灾情困难重重且非常混乱。但是现在，社交媒体正在改变这种现状。

如今，大多数人都随身携带智能手机，因此能够快速抓拍正在发生的洪水照片，然后将其发布到网络上供他人浏览。近年来，研究人员意识到，每当洪水发生时，特定地区的发帖形态会发生变化，基于关键词或话题标签，通常能够获得关于洪水进程的近实时图片。为了监测洪水，有些研究人员还研究了如何利用Flickr（雅虎网络相册）的照片标签和说明文字。

为了改进洪水预测和监测，研究人员正在尝试关注社交媒体发帖

FloodTags（洪水标记）是一项研究性社会企业计划，该计划开发了一种算法，可用于监测与洪水相关的推文，然后利用收集到的数据制作洪水地图。利用FloodTags信息，菲律宾红十字会更好地预测了洪水，并将相关资源部署到了更具体的区域。此外，英国华威大学开展了一项研究，利用从推特上获取的含有位置的社交媒体消息，结合从传统洪水预测渠道获取的数据（称为权威数据），建立了一个洪水预测模型。研究人员发现，结合两种数据源后，洪水预测的准确率（71%）比仅使用权威数据时的准确率（39%）有了明显提升。众包河流监测也在欧洲（CrowdWater）和美国（StreamTracker）试点，虽然还需要开展更多的研究，但迄今为止取得的成果令人充满希望。

16.1 列举水圈的主要储水库，描述水在水循环中的不同路径。

16.2 描述流域和河流系统的基本性质，绘制并简要解释4种基本排水形态。

16.3 讨论水流及其变化影响因素。

16.4 概述河流侵蚀、搬运和沉积泥沙的方式。

16.5 比较基岩河道和冲积河道，区分冲积河道的两种类型。

16.6 描述河流形成的河谷，包括V形谷、含河漫滩的宽阔河谷以及显示深切曲流（或河流阶地）的河谷。

16.7 列举与河流相关的主要沉积地貌，并描述这些地貌特征的形成过程。

16.8 总结各种洪水类型和常见防洪措施。

自古以来，人类始终对河流爱恨有加。河流既是重要的经济工具（货运通道以及饮用、卫生设施、水利灌溉及能源用水的来源），又是主要的消遣娱乐场所。河流和溪流是地球系统的重要组成部分，代表了地球水固定循环中的基本纽带。流水是地貌景观改变的主导营力，与任何其他自然过程相比，可侵蚀更多的地形和搬运更多的泥沙（但是人类现在移动的物质更多，甚至比河流和冰川的搬运总量还要多）。土壤及其他物质被流水不断冲走，然后在其他地点沉积下来。由于人口主要集中在河流沿岸，洪水对人类生命的潜在危害风险极大。

本章概述水循环、河流系统的基本性质、河道的类型及成因、流水对地球景观的影响，以及洪水的基本性质及其对人类的影响。

16.1 水循环

列举水圈的主要储水库，描述水在水循环中的不同路径。

水在地球的不同圈层（水圈、大气圈、地圈和生物圈）之间循环流动，这种永不停歇的水环流称为水循环/水文循环（hydrologic cycle）（注：严格而言，水文循环是水循环的两种类型之一，但二者在本书中的含义相同）。在太阳系中，地球是拥有全球性海洋和水循环的唯一行星。

16.1.1 地球上的水

水在地球上几乎随处可见，构成地球水圈的储水库包括海洋、冰川、河流、湖泊、空气、土壤和生物组织等。如图 16.1所示，地球上的绝大多数水（约96.5%）存储在全球海洋中，绝大多数淡水存储在冰盖、冰川和地下水中。湖泊、河流及大气中仅含有约1%的淡水，虽然在地球总水量中的占比极小，但是绝对数量仍然非常巨大。

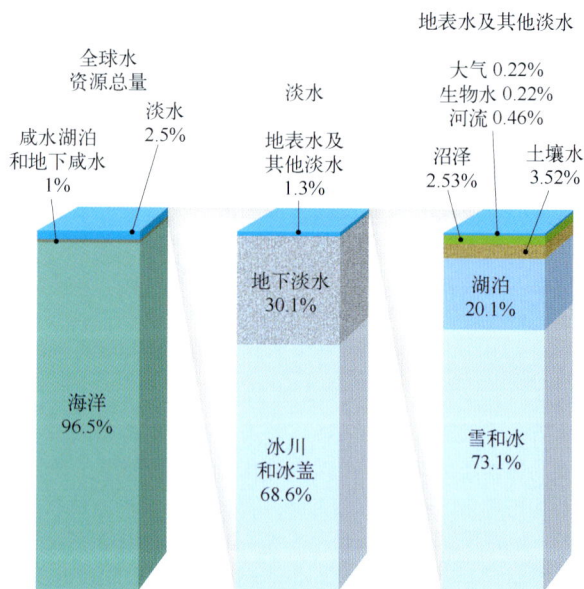

图 16.1 水在地球上的分布

16.1.2 水循环路径

水循环是由太阳能驱动的超大型全球系统，由大气负责建立海洋与陆地之间的重要关联（见图16.2）。蒸发（evaporation）是液态水转化为水蒸气（气态水）的过程，也是水从海洋（少量来自陆地）进入大气的主要方式。风经常将潮湿空气吹到遥远距离之外，复杂的云形成过程最终引发降水。若降水落入海洋，则水循环结束并准备重新开始；若降水落在陆地，则其必定踏上回归海洋之旅。

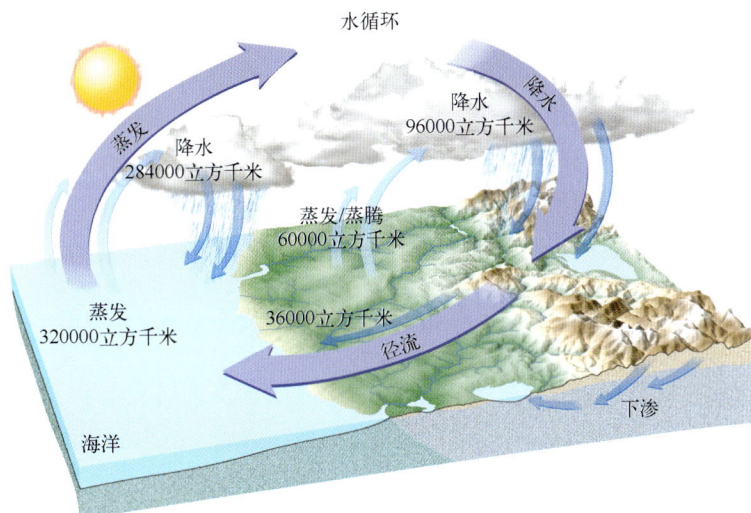

图16.2　水循环。水在循环中的主要运移（大循环）如大箭头所示，数字标出了水在特定路径上的年度总量

降水落在陆地上后，会面临何种命运呢？部分降水会渗入地面［称为下渗/入渗（infiltration）］，首先缓慢下移，然后横向运移，最终渗入湖泊（或河流）或者直接注入海洋。当降水量超过地面的吸收能力时，过剩水分从地表流入湖泊和河流，这个过程称为径流（runoff）（注：本书中的径流概念不包括地下径流）。由于土壤、湖泊及河流的蒸发作用，下渗（或径流）的大部分水最终返回大气。此外，植物会吸收渗入地面的部分水，然后将其释放到大气中，这个过程称为蒸腾/蒸发（transpiration）。由于蒸发和蒸腾均涉及水从地表直接转移到大气中，二者常被视为一个组合过程，称为蒸散发/蒸发蒸腾/总蒸发（evapotranspiration）。

16.1.3　冰川储水

当降水落在极寒区域（高海拔或高纬度）时，水可能不会被立即吸收、径流或蒸发，而可能成为雪原（或冰川）的一部分。冰川存储了极大数量的陆地水，若当前冰川融化并释放出所有水，则全球海平面会上升数十米，可能淹没人口稠密的许多沿海地区。如第18章所述，在最近200万年间，巨型冰盖曾多次形成和融化，每次都会影响水循环的平衡。

16.1.4　水量平衡

图16.2显示了地球上的总体水量平衡（water balance），以及水循环各部分的每年总水量。任何时候，空气中的水蒸气量都仅占地球总水量的一小部分，但是每年循环经过大气的绝对水量极其巨大（约38万立方千米），足以覆盖整个地球表面约1米深。

水循环是平衡的，了解这一点非常重要。由于大气中的水蒸气总量几乎保持不变，在全球范围内（整体而言），年均总降水量必定等于年均总蒸发量。但是，全球陆地的总降水量高于总蒸发量，全球海洋的总降水量则低于总蒸发量。由于全球海洋的水位并未出现下降，为了保持这个系统的总体平衡，每年一定会有大量的水（36000立方千米）从陆地流回海洋。

全球约1/4的降水落在陆地，随后在地表和地下流动，这些水是蚀刻地球陆地表面的最重要力量。本章其余部分将介绍地表流水发挥的作用（如洪水、侵蚀和河谷的形成），第17章将介绍地下水在向海迁移漫长旅途中的缓慢劳作（如形成泉水和溶洞，以及为人类提供水源）。

16.2 河流系统

描述流域和河流系统的基本性质，绘制并简要解释4种基本排水形态。

降落到陆地上的大部分水要么渗入地表之下（下渗），要么留在地表并作为径流向下坡运移。径流水量取决于以下几种因素：①降水的强度和持续时间；②土壤中的已有水量；③地表物质的性质；④地面的坡度；⑤植被的范围和类型。

当地表物质高度不透水或已饱和时，径流就成为主导过程。在城市中，由于许多地面特征（如房屋、道路和停车场）不透水，径流同样大量存在。

最初，径流以宽而薄的片状流过斜坡，这个过程称为**片流**（sheet flow）。这种薄层无压流最终发育成涓涓细流，形成称为**细沟/犁沟**（rill）的微型沟槽。然后，细沟汇合形成**冲沟**（gully），冲沟连接形成**溪流**（stream），最终形成**河流**（river）。虽然河流和溪流这两个术语经常互换使用，但是地质学家将溪流定义为在一个沟槽（无论大小）中流动的水，河流则通常用于描述承载大量水且存在许多支流的溪流（注：溪流与河流在本书中经常混用，国内业界亦未明确区分，因此译文多采用河流进行描述）。

在湿润地区，河水主要有两种来源：一是偶尔进入河流的**坡面流**（overland flow），二是进入河道的地下水。在基岩由可溶性岩石（如石灰岩）构成的区域中，可能存在促进地下水向河流输送的大型孔洞。2018年，在泰国的某个石灰岩溶洞系统中，一支青年足球队受困于不断上涨的水位（最终被潜水员成功营救），从而将降水、地表水与地下水之间的关联性展示得淋漓尽致。但是，在干旱地区，地下水面可能低于河道水位，河水会通过从河床向外渗流而向地下水系统中流失。

16.2.1 流域

每条河流都负责为某一特定的陆地区域排水，这个区域称为**流域/流域盆地**（drainage basin）或**集水区**（watershed），如图16.3所示。每个流域都以一条假想线为边界，称为**分水线/分水岭**（divide）。在有些山区，分水线可能是清晰可见的尖脊；在地形平缓区域，分水线则可能较难确定。

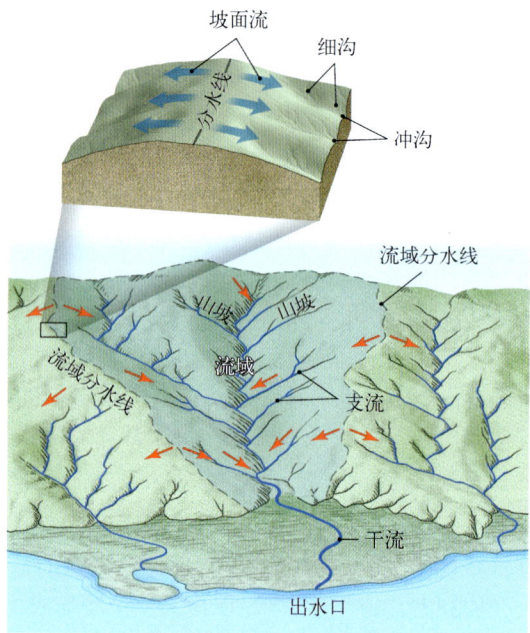

图16.3 **流域和分水线**。流域是通过河流及其支流排水的区域，流域之间的边界称为分水线

与流域中的其他部分相比，河流从流域中离开时的出水口的高程更低。

流域分水线的规模大小不一，小到分隔山坡上两条冲沟的小山脊，大到将整个大陆分隔成巨型流域的**大陆分水岭**（continental divide）。密西西比河拥有北美洲最大的流域，汇集并输送了美国河水总量的40%（见图16.4）。

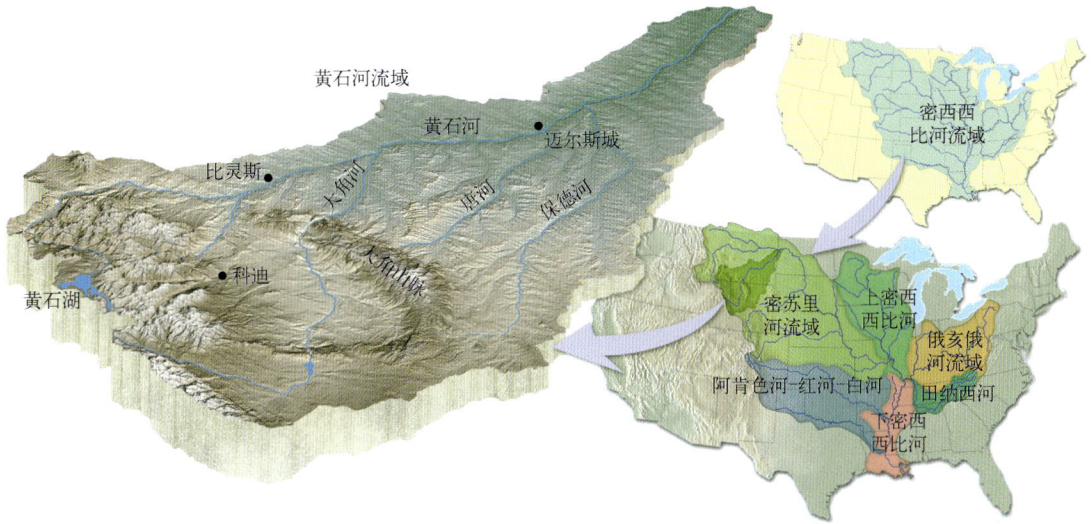

图16.4　密西西比河流域。密西西比河流域形成了一个漏斗，西起蒙大拿州和加拿大南部，东至纽约州，向下一直流到路易斯安那州的出水口。该流域由许多更小的流域组成，例如黄石河流域是向密苏里河供水的众多流域之一，密苏里河流域则是组成密西西比河流域的众多流域之一

如图16.3所示，斜坡明显覆盖了流域中的大部分区域。山坡上的水流侵蚀受到雨滴撞击和片流的助力，以片流形式（或在细沟中）沿斜坡向下朝河道流动。山坡侵蚀是河道中携带精细颗粒（黏土和细砂）的主要来源。

对于某个区域中的河流（类似于图16.3所示），若可坚持长期（若干年）观测，则应能看到其中许多河流因*溯源侵蚀/向源侵蚀/沟头侵蚀*（headward erosion）即向上坡延伸河道头部而拉长。当地表水流汇聚在河道头部时，若具有足够能量将河道切割得更深（下切），就会发生溯源侵蚀。这种河道下降会引发与河水流动方向相反的更陡斜坡上的侵蚀速率增大，因此通过溯源侵蚀作用，河谷能够延伸到以前未被切割的地形中。在图16.5中，犹他州圣拉斐尔河的支流描绘了这个过程。

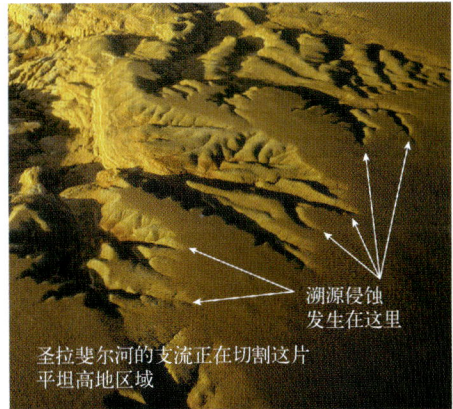

图 16.5　溯源侵蚀。将河谷头部向上延伸至以前未被切割的地形中，河流能够延长其水流通道

16.2.2　河流系统

除了极度干旱地区和永久冻结的极地区域，河流负责为其他大部分陆地区域排水。在很大程度上，河流的多样性反映了所在地点的不同环境特征。例如，虽然南美洲巴拉那-拉普拉塔水系的排水面积与埃及尼罗河的大致相同，但其向海洋输送的水量却是尼罗河的近10倍。由于流域完全处于多雨的热带气候中，巴拉那-拉普拉塔水系的流量非常大。相比之下，尼罗河虽然同样发源于湿润地区，但却流经面积广阔的干旱地貌景观，大量水分在途中蒸发掉，或者被抽走以维持农业灌溉。因此，气候差异和人为干预能够显著影响河流特征，稍后将介绍可能引发河流变化的其他因素。

河流系统/水系（river system）不仅包含河道网络，还包含整个流域（注：国内业界更常采用水系，包括河流、湖泊及沼泽等；本书仅指河流，因此译文主要采用河流系统）。河流系统可划分为3个区域，即泥沙生成区（以侵蚀作用为主）、泥沙搬运区和泥沙沉积区（见图16.6）。无论每个区域内的哪个过程占主导地位，在整个河流长度沿线，泥沙始终遭到侵蚀、搬运和沉积，认识到这一点非常重要（注：

在本章中，泥沙与沉积物的含义相同）。

1．泥沙生成

泥沙生成（sediment production）区是大部分泥沙的获取区域，位于河流系统中的河源地带。河流携带的大部分泥沙最初为基岩，随后被风化作用破碎，最后通过块体运动向下直接（或以片流及细沟方式）运移进入河道。河岸侵蚀也会产生大量泥沙。此外，河床冲刷也会加深河道，然后增多河流中的泥沙数量。

2．泥沙搬运

在称为干流（trunk stream）的河段沿线，河流获取的泥沙流经整个河道网络。当干流处于平

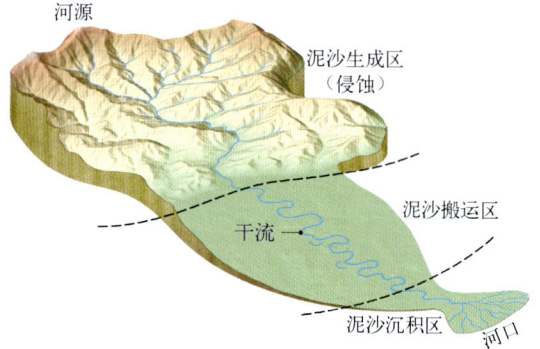

图16.6　河流分区。在3个区域中，每个区域均存在一种主导过程（在该部分河流系统中运行）

衡状态时，从河岸处侵蚀的泥沙数量等于在河道中其他地点沉积的泥沙数量。虽然干流会随着时间的推移而重新改造河道，但是它们并非泥沙的来源地，也不会堆积或存储泥沙。

3．泥沙沉积

当河流抵达海洋（或另一大型水体）时，随着流动速度的变缓，河流搬运泥沙的能量会大大降低。大多数泥沙堆积在河口处而形成三角洲，然后通过海浪作用重塑成各种海岸地貌特征，或者通过海流作用向近海之外远处移动。由于粗粒泥沙趋于在上游沉积，最终抵达海洋的主要物质是细粒泥沙（黏土、粉砂和细砂）和溶解离子。总体而言，在河流运移地表物质及塑造地貌景观方面，侵蚀作用、搬运作用和沉积作用是3种主要过程。

16.2.3　排水形态

排水系统/水系（drainage system）是相互连接的河流网络，可能呈现出不同的形态，这些形态的发育主要取决于岩石类型和/或节理、断层及褶皱的构造形态。图16.7描绘了4种排水形态/水系型式/水系类型（drainage pattern）。

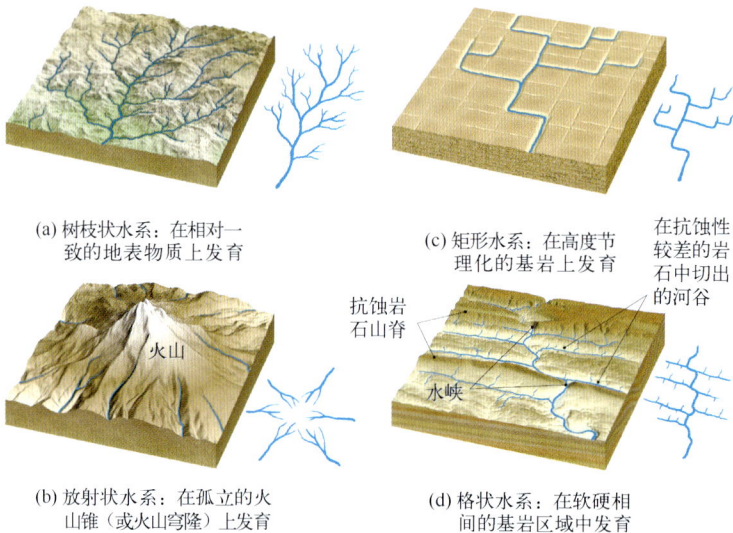

(a) 树枝状水系：在相对一致的地表物质上发育

(b) 放射状水系：在孤立的火山锥（或火山穹隆）上发育

(c) 矩形水系：在高度节理化的基岩上发育

(d) 格状水系：在软硬相间的基岩区域中发育

图16.7　排水形态。河流网络形成的不同形态

树枝状水系（dendritic pattern）是最常见的排水形态（见图16.7a），其不规则支流类似于落叶树的枝干图案。树枝状水系在下伏物质相对一致的地方形成，由于地表物质的抗蚀性基本一致，无法控制河水流动的形态，此时的径流形态主要取决于陆地斜坡的方向。

放射状水系（radial pattern）发生在众多河流从中心区域向外流动的地方，类似于车轮轮毂的辐条（见图16.7b），通常发育在孤立的火山锥和火山穹隆上。

　　矩形水系（rectangular pattern）呈现出许多直角弯曲（见图16.7c），发育在基岩上存在一系列相互垂直的节理和/或断层时。与未破碎的岩石相比，这些构造更易遭到侵蚀，因此其几何形态能够指引河谷方向。

　　格状水系（trellis pattern）的外观呈矩形，各支流彼此之间几乎平行，类似于花园中的格状棚架（见图16.7d）。这种形态形成于下伏抗蚀性强弱相间岩石的区域中，在褶皱发育的阿巴拉契亚山脉表现得尤为明显，该处的软弱地层和坚硬地层露头位于几乎平行的地带中。

　　为了充分了解一条河流显示的排水形态，通盘考虑该河流的整体历史通常非常有用。例如，河谷偶尔会切穿途中遇到的挡路山脊（或山脉地形），如图16.7d的格状水系所示。河流穿过抗蚀岩石山脊后形成的陡壁缺口称为水峡/水隙/水口（water gap）。

　　河流为什么会穿越这样的构造，而非在其周围流动？第一种可能性是河流在山脊（或山体）抬升之前即已存在，这时的河流称为先成河（antecedent stream）。先成河向下侵蚀河床的速率与山脊抬升的速率相等，即当褶皱（或断层）作用跨越河道逐渐抬升该构造时，这条河流保持住了其河道路线没有改变。

　　第二种可能性是河流向下侵蚀到已有构造中，这时的河流称为叠置河/后成河（superposed stream），如图16.8所示。当褶皱层（或抗蚀岩石）埋藏在相对平伏的沉积物（或沉积地层）之下时，就会发生这种情形。当发端于上覆地层的河流确定河道路线时，并不考虑任何下伏构造。随着河谷的不断加深，河流持续切割河谷，最终抵达下伏构造中。在褶皱发育的阿巴拉契亚山脉中，几条叠置河（包括波托马克河和萨斯奎汉纳河）在前往大西洋的途中，河道不断下切并深入下伏褶皱地层。

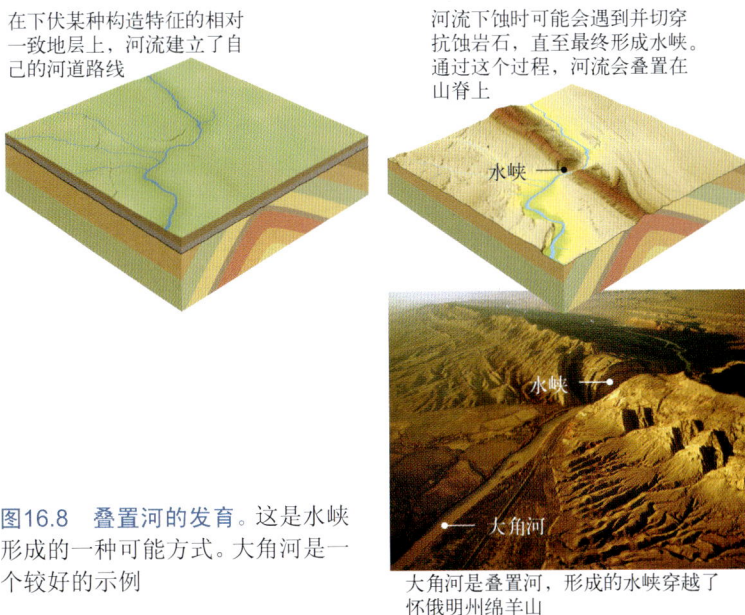

在下伏某种构造特征的相对一致地层上，河流建立了自己的河道路线

河流下蚀时可能会遇到并切穿抗蚀岩石，直至最终形成水峡。通过这个过程，河流会叠置在山脊上

水峡

水峡

大角河

图16.8　叠置河的发育。这是水峡形成的一种可能方式。大角河是一个较好的示例

大角河是叠置河，形成的水峡穿越了怀俄明州绵羊山

概念回顾16.2

1. 列举导致下渗和径流因地点和时间而异的几种因素。
2. 绘制流域和分水线简图，并分别标注相关信息。
3. 河流系统的3个主要部分（区域）是什么？
4. 简要描述4种主要排水形态及其成因。

16.3 水流特征

讨论水流及其变化影响因素。

在河道中，水在重力的影响下运移。在流动非常缓慢的河流中，水以平行于河道的近直线路径运移，称为**层流**（laminar flow），如图16.9a所示。但是，河流经常表现为**紊流/湍流**（turbulent flow），较强的紊流行为发生在漩涡、涡流以及快速翻腾的急流中，如图16.9b所示。即使是表面看似平静的河流，在流动阻力最大的河道底部及两侧附近也经常出现紊流。紊流有助于提高河流侵蚀河道的能力，因为其作用是将沉积物从河床中提升出来。

河水的**流速**（flow velocity）是影响紊流强度的一个重要因素，河水流速越快，紊流强度就越大。作为对降水量及强度变化的回应，在河道沿线的不同地点以及随着时间的推移，河水流速可能发生明显变化。趟水过河时可能发现，进入深水河道后，水流强度变大，因为河岸及河床附近的摩擦阻力最大。

在测流站中，通过对流经河道不同位置的测量数据取平均值，人们能够计算出河水流速。有些河流流动缓慢，流速低于1千米/小时；有些河流流动快速，流速可能超过30千米/小时。

在科罗拉多大峡谷的急流中漂流——紊流的一个极端示例
(b)

这里的水并非静止不动的，而是正在朝向图像底部缓慢移动。前景中的流动主要是层流
(a)

图16.9　层流和紊流。河水流动大多为紊流

16.3.1　流速的影响因素

河流侵蚀和搬运物质的能力与其流速直接相关，流动速率即便发生微小的变化，也可能导致河流搬运的泥沙数量发生显著变化。影响流速并因此控制河流潜在能力的因素包括：①河床比降；②河道的断面形状；③河道的大小和粗糙度；④流量（河道中流动的水量）。

1．河床比降

河道的坡度称为**河床比降/纵比降/坡降**（gradient），可表述为河流在特定距离上的垂直落差。在下密西西比河，部分河段的河床比降很低，甚至低至10厘米/千米（或更低）。相比之下，有些山脉河流的河道落差超过40米/千米，比下密西西比河的河床比降陡400倍。河床比降也沿特定河道的长度方向发生变化，当河床比降更陡时，更多重力能可用于驱动河水流动。

2．河道的断面形状

当向下坡方向移动时，河道中的水会遇到大量摩擦阻力。**断面形状**（cross-sectional shape）（河道的横剖面）很大程度上决定了与河岸和河床接触的水流量，这种测度称为**湿周/润湿周长**（wetted perimeter）。流动效率最高的河道是其断面区域具有最小湿周。图16.10比较了仅形状不同的两条河道，其中一条河道宽而浅，另一条河道窄而深。虽然这两条河道的断面面积相同，但是窄而深河道接触的河水较少（湿周较小），因此摩擦阻力较小。因此，若所有其他因素都相等，则与宽而浅河道相比，河水在窄而深河道中的流动更有效且速率更快。

3．河道的大小和粗糙度

如前所述，在所有其他因素均相同的情况下，大型河道中的河水流速快于小型河道。在给定的河道中，水深也会影响施加在水流上的摩擦阻力，最大流速发生在河流**满水/齐岸**（bankfull）时，即河水刚开始淹没河漫滩之前。在这个阶段中，河道的断面面积与润湿周长之比最高，河水的流动效率也最高。河道的粗糙程度是最后一个影响因素，有些要素（如巨砾、河床不规则和木质碎屑）会产生紊流，进而显著降低流速。

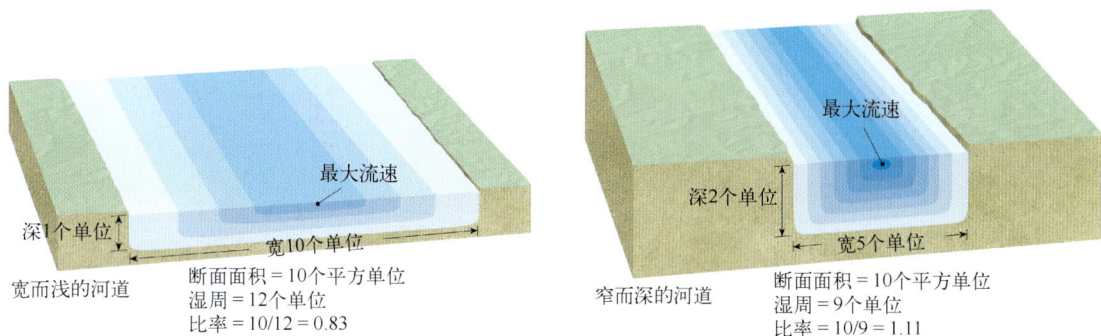

图16.10　河道形状对流速的影响。湿周越小，河水的摩擦阻力就越小，流速就越快（假设其他条件相同）

4．流量

　　河流的规模大小不一，从宽度不足1米的源头小溪，到宽度高达数千米的大河。河道的大小很大程度上取决于流域的供水量，最常用于比较河流规模的指标是流量（discharge），即单位时间内流经某个特定点位的河水体积。流量单位常采用立方米/秒，计算方法是用河流的断面面积乘以流速。

　　密西西比河是北美洲的最大河流，河口处的平均流量约为16800立方米/秒（见图16.11）。与南美洲的亚马孙河相比，这个数字相形见绌，亚马孙河的流量几乎是密西西比河的12倍（见图16.12）。

排序	河流	河口处的平均流量 （1000立方英尺/秒）
1	密西西比河	593
2	圣劳伦斯河	348
3	俄亥俄河	281
4	哥伦比亚河	265
5	育空河	225
6	密苏里河	76
7	田纳西河	68

图16.11　美国大型河流。照片显示了阿肯色州海伦娜附近的密西西比河

　　由于集水区接收的降水量变化，河流系统的流量会随着时间的推移而变化。科学研究表明，当流量增大时，河道的宽度、深度和流速都相应增大。如前所述，当河道增大时，与河床和河岸接触的水会按比例减少，从而降低减缓流动的摩擦阻力，最终导致河水流动速率变大。

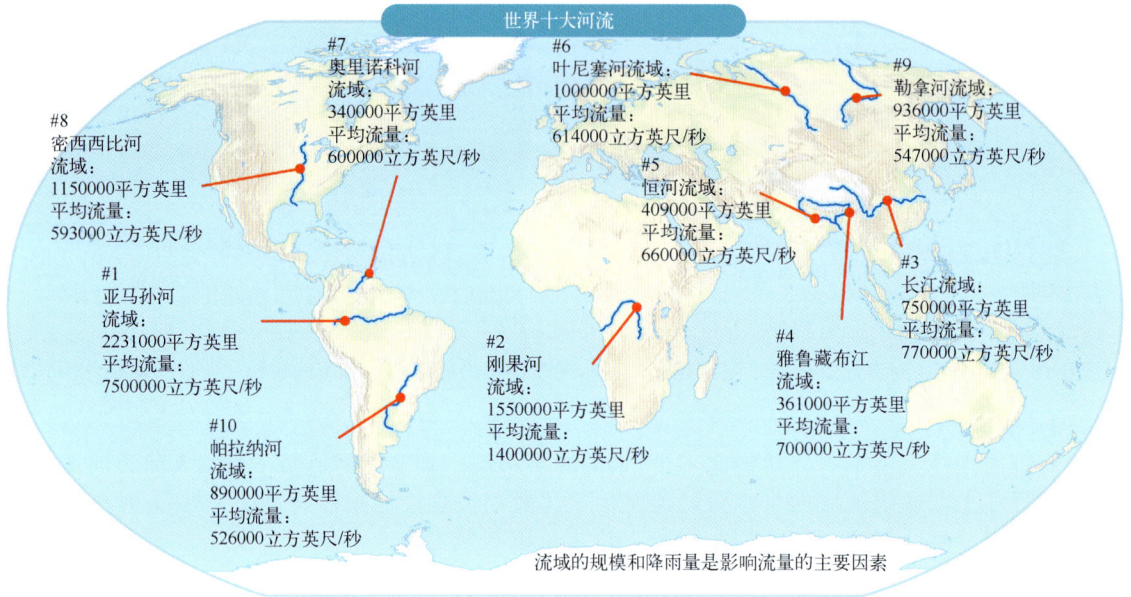

世界十大河流

#7 奥里诺科河流域：340000平方英里 平均流量：600000立方英尺/秒

#8 密西西比河流域：1150000平方英里 平均流量：593000立方英尺/秒

#1 亚马孙河流域：2231000平方英里 平均流量：7500000立方英尺/秒

#6 叶尼塞河流域：1000000平方英里 平均流量：614000立方英尺/秒

#9 勒拿河流域：936000平方英里 平均流量：547000立方英尺/秒

#5 恒河流域：409000平方英里 平均流量：660000立方英尺/秒

#3 长江流域：750000平方英里 平均流量：770000立方英尺/秒

#2 刚果河流域：1550000平方英里 平均流量：1400000立方英尺/秒

#4 雅鲁藏布江流域：361000平方英里 平均流量：700000立方英尺/秒

#10 帕拉纳河流域：890000平方英里 平均流量：526000立方英尺/秒

流域的规模和降雨量是影响流量的主要因素

图16.12 世界大型河流

5．水流监测

美国地质调查局负责维护由约7500个测流站组成的网络，这些测流站负责采集关于美国地表水资源的基本数据（见图16.13），主要包括流速、流量和水位。水位（stage）是相对于固定参考点的水面高度，这是媒体报道经常采用的测量方式，特别是当河流接近（或超过）洪水位（flood stage）时。在洪水预报和发布警报河流模型中，水流测量是重要组成部分。此外还存在其他相关应用，这些数据可用于做出与供水分配、废水处理厂运营、公路桥梁设计以及娱乐活动相关的各种决策。

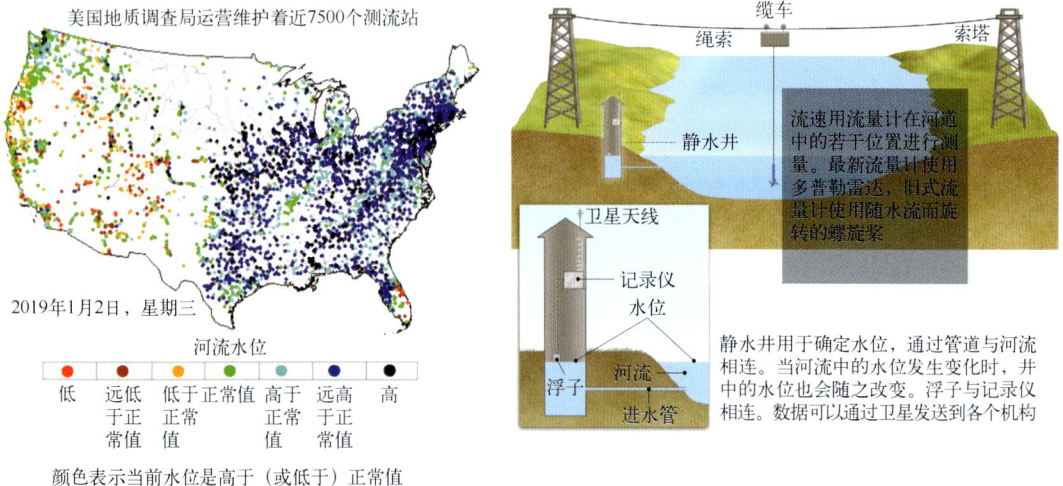

美国地质调查局运营维护着近7500个测流站

2019年1月2日，星期三

河流水位

低 ｜ 远低于正常值 ｜ 低于正常值 ｜ 高于正常值 ｜ 远高于正常值 ｜ 高

颜色表示当前水位是高于（或低于）正常值

缆车
绳索　索塔

流速用流量计在河道中的若干位置进行测量。最新流量计使用多普勒雷达，旧式流量计使用随水流而旋转的螺旋桨

静水井

卫星天线

记录仪 水位

浮子 河流 进水管

静水井用于确定水位，通过管道与河流相连。当河流中的水位发生变化时，井中的水位也会随之改变。浮子与记录仪相连。数据可以通过卫星发送到各个机构

图16.13 测流站。美国拥有密集分布的测流站网络。为了确定某河道的流量，必须测量该河道以确定形状并计算面积。静水井测量水位，流量计确定流速

16.3.2 从上游到下游的变化

当研究河流时，一种有用的方法是查看其纵剖面（longitudinal profile）。简单而言，纵剖面是从河源/源头（head/headwater）到河口（mouth）的横截面图，河源是河流的发源地，河口是其流

入另一水体（河流、湖泊或海洋）时的下游点。如图16.14所示，典型纵剖面有一个最明显的特征，即从河源到河口的河床比降不断减小。虽然存在许多局部不规则性，但总体剖面是一条相对平滑的凹曲线。

在大多数河流的纵剖面上，不仅能够观测到坡度变化，还通常伴随着流量和河道大小的增大，以及泥沙颗粒大小的减小（见图16.15）。在湿润地区的大多数河流沿线，流量朝河口方向增大，因为越往下游方向行进，越来越多的支流会向主河道供水。以亚马孙河为例，在横跨南美洲的6500千米长的河道沿线，共约有1000条支流汇入干流。为了适应不断增多的水量，河道通常会在下游增大。如前所述，大型河道中的流速高于小型河道。观

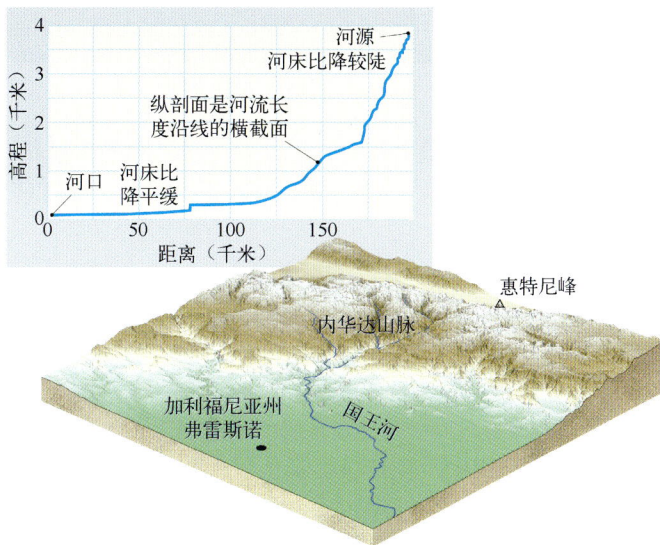

图16.14 纵剖面。加利福尼亚州国王河发源于内华达山脉高处，流入圣华金河谷中

测结果还显示，下游的泥沙大小普遍下降，使得河道变得更平滑且更高效（摩擦阻力更小）。

虽然河道坡度朝河口方向减小（河床比降变得不那么陡峭），但是流速通常会增大。这一事实与人们的直觉相矛盾，即人们一般认为山脉河流的流速较快，平缓地形上宽阔河流的流速较慢。实际上，下游的河道大小及流量的增大以及河道粗糙度的减小补偿了坡度的减小，从而提高了河水的流动效率（见图16.14），因此河源位置的平均流速通常低于看似平静的宽阔河流。

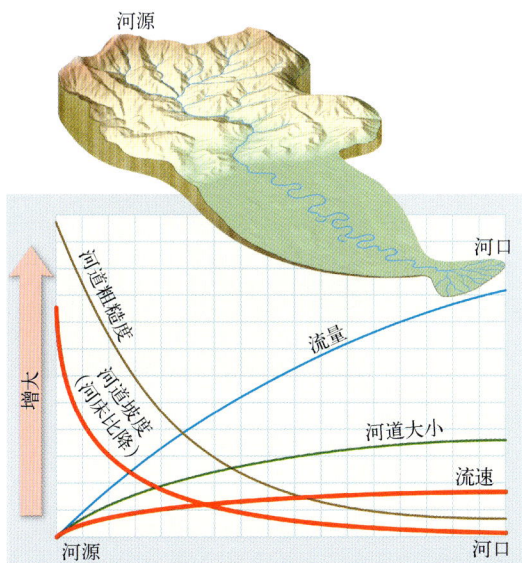

图 16.15 河道变化（从河源到河口）。虽然朝向河口的河床比降减小，但是流量和河道大小的增大以及粗糙度的减小抵消了坡度的减小，因此流速通常朝河口方向增大

概念回顾16.3

1. 比较层流和紊流。
2. 什么是纵剖面？
3. 在河源与河口之间，河道宽度、河道深度、流速和流量通常如何改变？为何会发生这些变化？

16.4 流水作用

概述河流侵蚀、搬运和沉积泥沙的方式。

河流是地球上最重要的侵蚀营力，除了能够挖深和拓宽河道，还能通过坡面流、块体崩坏及地下水的输送搬运大量泥沙，最终将大多数这些物质沉积形成各种地貌。

16.4.1 河流侵蚀

通过击松沉积物颗粒，雨滴能够帮助河流提升堆积和搬运土壤及风化岩石的能力（见图6.25）。当地面发生水饱和时，雨水因无法下渗而向下坡流动，并搬运其撕扯掉的部分物质。在贫瘠的斜坡上，片流经常侵蚀小沟槽（或细沟），然后随着时间的推移演化成更大的冲沟（见图6.26）。

水流受限于河道内后，河流的侵蚀力即与其坡度和流量相关。但是，侵蚀率也取决于河岸及河床物质的相对摩擦阻力，与切入基岩的河道相比，由松散物质构成的河道一般更易受到侵蚀。

在砂质河道中，颗粒很容易从河床和河岸上脱落，然后浮升到正在运移的河水中。此外，砂质河岸的底部常被底切/下切（undercut）或侵蚀，然后将更多松散碎屑倾卸到水中并向下游携带。由粗砾或黏性黏土及粉砂颗粒构成的河岸则趋于相对抗侵蚀，因此与具有砂质河岸的河道相比，具有黏性粉砂质河岸的河道通常更窄且更深。

通过3种主要过程（挖蚀作用、磨蚀作用和溶蚀作用），河流能够切割河道并切入基岩。

1．挖蚀作用

挖蚀作用/冲蚀作用/水力作用（quarrying）包括从河床上移除块体。在压裂作用和风化作用帮助下，这个过程使得块体充分松动，从而能在高速流动期间移动。挖蚀作用主要是流水施加冲击力的结果。

2．磨蚀作用

河水携带颗粒轰击基岩河道的河床及河岸的过程称为磨蚀作用（abrasion）。由于多次撞击河道以及彼此之间发生碰撞，单个颗粒自身也发生磨损。通过刮擦、摩擦及碰撞，磨蚀作用不仅能够侵蚀基岩河道，还会让磨蚀颗粒自身变滑及变圆，因此河流中会出现又圆又滑的粗砾。在磨蚀作用的影响下，河流搬运的沉积物大小也会变小。

有些基岩河道中存在一种圆形洼坑，称为壶穴/锅穴/瓯穴（pothole），由快速移动涡流中旋转颗粒的磨蚀作用形成（见图16.16）。砂和中砾的自转运动就像是正在打钻的钻头，当这些颗粒磨蚀殆尽时，替代新颗粒会在河床上接力打钻，最终形成直径和深度均达几米的平滑洼坑。

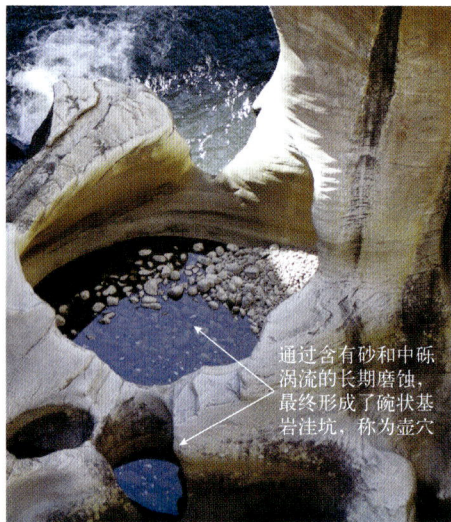

通过含有砂和中砾涡流的长期磨蚀，最终形成了碗状基岩洼坑，称为壶穴

图 16.16　壶穴。旋转中砾的自转运动像钻头一样形成壶穴

3．溶蚀作用

若基岩河道在可溶性岩石（如石灰岩）中形成，则很容易受到溶蚀作用（corrosion）的影响，这是岩石逐渐被流水溶解的过程。溶蚀作用是一种化学风化，发生在水中的溶液与构成基岩的矿物质之间。

16.4.2 泥沙搬运

所有河流（无论大小）都会搬运一些风化岩石物质（见图16.17），还会对其搬运的固态泥沙进行分选，因为更细且更轻的物质比更大且更重的颗粒更易携带。河流以3种方式搬运泥沙负荷：

溶解［溶移质（dissolved load）］；悬浮［悬移质（suspended load）］；沿底部滑动、跳跃或滚动［推移质（bed load）］。

1. 溶移质

大多数溶移质（dissolved load）被地下水带入河流，然后散布在整条河流中。当渗透穿过地面时，水会获得可溶性土壤化合物。然后，通过基岩中的裂隙和孔隙进行渗透，溶解更多矿物质后，这些富含矿物质的水最终大部分流入河流。

水流速率基本上不影响河流携带溶移质的能力，河流奔赴到哪里，溶液中的物质就跟随到哪里。当水中生物体形成硬质部分时，或者当进入干旱气候下的内陆海（蒸发率较高）时，水的化学成分发生变化，导致溶解矿物质发生沉淀。

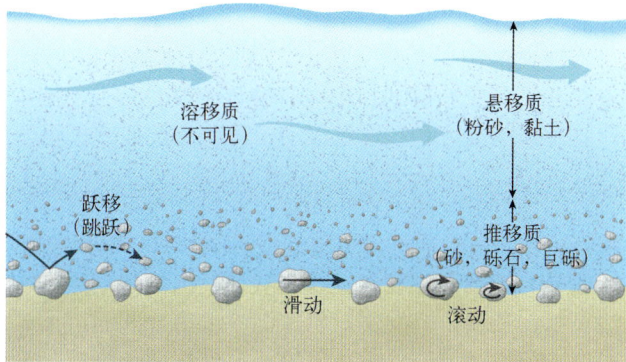

图16.17　泥沙搬运。河流以3种方式搬运泥沙负荷：溶解、悬浮以及沿底部滑动、跳跃或滚动。溶移质和悬移质在普通水流中携带，推移质包括通过滚动、滑动和跳跃而移动的粗砂、砾石和巨砾

2. 悬移质

大多数河流以悬运方式承载着最大部分的负荷，悬浮泥沙形成的浑浊外观实际上是河流负荷的最明显部分（见图16.18）。通常，仅有极细的砂、粉砂及黏土颗粒以这种方式运移，但是洪水泛滥期间还会搬运更大的颗粒。在洪水期间，悬运中携带的物质总量也急剧增多，有些人曾在这些物质的沉积地点建造房屋就是明证。

悬运中携带物质的类型及数量各异，受控于单个泥沙颗粒的流动速度和沉降速度。沉降速度（settling velocity）是指颗粒下落并穿越静止流体的速度，颗粒的体积越大，沉降速度就越快（见图16.19）。除了大小，颗粒的形状和比重也影响沉降速度。与球状颗粒相比，扁平颗粒在水中的沉降速度更慢；与低密度颗粒相比，高密度颗粒的沉降速度更快。只要流动速度超过沉降速度，泥沙就会保持为悬浮状态并向下游搬运。当流动速度低于沉降速度时，沉积作用就会发生。

图16.18　悬移质。科罗拉多河（位于科罗拉多大峡谷中）的航空照片。暴雨将泥沙冲刷到河流中

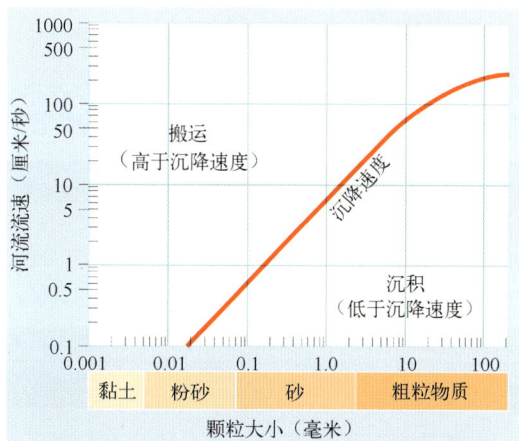

图16.19　沉降速度。颗粒在静水中的下落速度即是其沉降速度。当悬浮颗粒的沉降速度大于河流流速时，悬浮颗粒就发生沉积

3．推移质

在河流的固态物质负荷中，部分泥沙因体积太大而无法以悬浮形式携带，这些较粗颗粒沿河流底部（河床）移动，构成推移质（bed load）。推移质是下切河流完成侵蚀活动的关键因素。

推移质的组成颗粒通过滚动、滑动及跃移方式运动。跃移（saltation）是指沿着河床的不规则跳跃式运动，如图16.18所示。颗粒因碰撞向上弹起或被河水推升，然后向下游方向移动一小段距离，直至重力将其向下拉回河床，此时就发生跃移。若颗粒因太大（或太重）而无法通过跃移方式移动，则可能沿底部发生滚动或滑动（具体取决于颗粒形状）。

与悬移质的运动相比，推移质通过河网运动趋于不那么快速且更具局部性。与挪威冰川补给河流相关的某项研究发现，悬浮泥沙仅需一天即可离开流域，推移质则需要数十年才能行进相同的距离。根据河道的流量和坡度，粗砾仅能在高流量期间运移，巨砾仅能在特大洪水期间运移。一旦开始运动，大型颗粒就会被携带较短的距离。沿着河流的某些河段，在破碎成更小颗粒之前，推移质根本无法携带。

4．容量和能力

河流携带固体颗粒的能力可用两种标准描述，即容量和能力。容量（capacity）是指河流在单位时间内能够搬运的固体颗粒的最大负荷。河流的流量越大，搬运泥沙的容量就越大，因此高流速大型河流的容量较大。

能力（competence）是指基于颗粒大小来衡量河流的搬运能力，流速此时成为关键因素：无论河道大小，湍急河流都比慢速河流的能力强。河流的能力与其流速的平方成正比，因此若流速翻倍，则水的冲击力增至4倍；若河流速度增至3倍，则冲击力增至9倍，以此类推。在特大洪水期间，由于河流的能力增强，常能见到低水位下似乎无法移动的较大巨砾。

迄今为止，对于最强的侵蚀作用及泥沙搬运发生在洪水期间，原因已相当清晰。流量增大导致容量增大，流速增大导致能力增强。流速上升导致河水变得更湍急，使得更大的颗粒开始运动。与正常流动（几个月）相比，只需几天或几小时，洪水期的河流就能侵蚀及搬运更多的泥沙。

16.4.3 泥沙沉积

当河水变缓时，沉积作用就会发生，导致能力下降。换句话说，当流速小于沉降速度时，颗粒就发生沉积。随着流速的下降，泥沙开始沉降，最大颗粒首当其冲。以这种方式，河流搬运提供了一种分离不同大小固体颗粒的机制。这个过程称为分选（sorting），它解释了大小相似的颗粒为何会沉积在一起。例如，河床的延伸部分可能主要由砾石（或巨砾）组成，沙洲则可能主导着该河流的另一部分。

对由河流沉积的泥沙而言，人们常用的术语是冲积物（alluvium）。许多不同沉积地貌特征由冲积物构成，其中有些地貌特征发生在河道内，有些地貌特征发生在邻近河道的谷底，还有些地貌特征发生在河口。本章将讨论这些地貌特征的基本性质。

概念回顾16.4

1. 描述河流切割基岩河道的两种过程。
2. 河流以哪3种方式搬运负荷？负荷哪个部分的运移速度最慢？
3. 什么是沉降速度？何种因素会影响沉降速度？沉降速度是否会影响溶移质？

16.5 河道

比较基岩河道和冲积河道，区分冲积河道的两种类型。

河水的流动范围限定在某条河道内，这是河流与片流的根本性差异。河道/河槽（stream channel）是由可限制河水流动（洪水期间除外）的河床及河岸构成的开放式沟槽，但是这种定义过于简单化，因此还可将河道进一步划分为两类，即基岩河道（河流主动切入坚硬岩石）和冲积河道（河床及河岸主要由松散沉积物构成）。

16.5.1　基岩河道

顾名思义，基岩河道（bedrock channel）是下伏基岩遭到河流切割的河道，一般在具有较陡斜坡的河源位置形成。高能水流往往能够搬运主动磨蚀基岩河道的粗颗粒，壶穴通常就是这种粗颗粒发挥侵蚀作用的明显证据。

在陡峭的基岩河道中，经常发育一系列岩阶和岩槽。岩阶（step）是基岩裸露的陡峭河段，含有急流（湍流），偶尔也有瀑布；岩槽（pool）是冲积物易于堆积的相对平坦部分。

当河流切入基岩时，呈现的河道形态受控于下伏地质构造。即使流经岩性相当一致的基岩，河流也趋于呈蜿蜒曲折（或不规则）形态，而不在顺直的河道中流动。对曾有白水漂流（急流泛舟）经历的人而言，肯定领略了基岩河道中陡峭且曲折的水流特征。

16.5.2　冲积河道

许多河道由松散固结的泥沙（冲积物）构成，由于泥沙不断遭受侵蚀、搬运及再沉积，河道形状可能发生明显变化。影响这些河道形状的主要因素包括：所搬运泥沙的平均大小、河床比降以及流量。

冲积河道（alluvial channel）形态反映了河流在消耗最少能量的情况下以均匀速率搬运负荷的能力，因此了解所携带泥沙的大小和类型有助于确定河道的基本性质。冲积河道的两种常见类型是曲流河道和辫状河道。

1. 曲流河道

以悬运方式搬运大部分负荷的河流通常会在称为曲流/河曲（meander）的弧线型弯曲中移动。这些河流在相对较深且平滑的河道中流动，主要搬运泥（粉砂及黏土）和砂，偶尔还有细砾，例如下密西西比就是这种类型。

随着单个弯曲跨越河漫滩迁移，曲流河道（meandering channel）随着时间的推移而演变。大部分侵蚀作用集中在流速最快且紊流最强的曲流外侧，外侧河岸的根基逐渐遭到侵蚀破坏（特别是在高水位时期）。曲流外侧是主动侵蚀带，通常称为凹岸/陡岸（cut bank），如图16.20所示。河流在凹岸处获得的碎屑向下游运移，粗粒物质常以边滩/点沙坝（point bar）形式沉积在弯曲内侧（凸岸）。以这种方式侵蚀凹岸并在凸岸沉积碎屑物时，曲流会发生侧向迁移（旁蚀），在不明显改变形状的情况下向侧面移动。

除了侧向迁移，河道中的弯曲也沿河谷向下迁移，因为侵蚀作用在曲流的下游（下坡）侧更有效。有时，若遇到

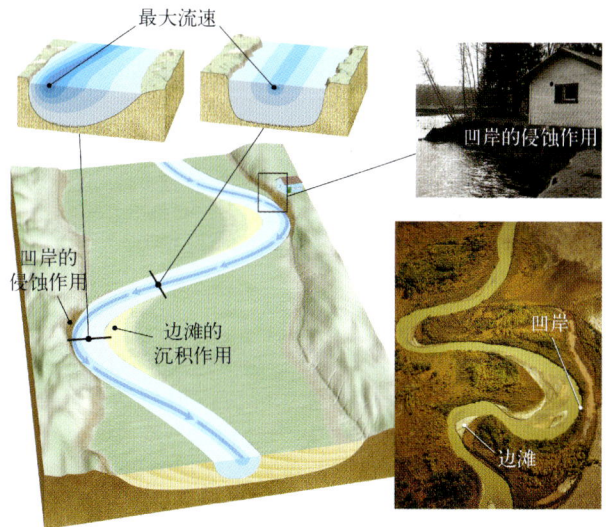

图16.20　凹岸和边滩的形成。通过侵蚀外侧河岸，然后将物质沉积在弯曲内侧（凸岸），河流能够偏转自身的河道

抗蚀性更强的河岸物质，则曲流的向下游迁移速度变缓，使得上游的下一个曲流逐渐侵蚀这两个曲流之间的物质，如图16.21所示。最终，河流可能侵蚀穿过狭窄的陆地颈，形成更短的新河道段，称为截弯取直/裁弯取直（cutoff）。这个废弃弯曲则基于形状而被称为牛轭湖（oxbow lake）。

2. 辫状河道

有些河流由分分合合的复杂河道网络构成，这些河道在众多岛屿（或砾石坝）之间穿行，如图16.22所示。这些相互交织的河道称为辫状河道/分叉型河道（braided channel），在大部分河流泥

沙负荷由较粗物质（砂和砾石）构成，且河流由具有较高流量变化的地点形成。由于河岸物质很容易遭到侵蚀，辫状河道又宽又浅。

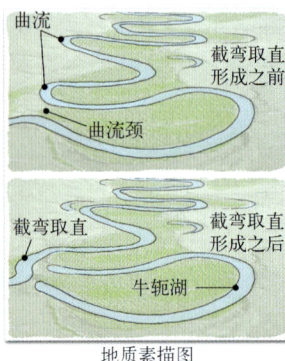

图16.21 牛轭湖的形成。牛轭湖占据废弃的曲流。在怀俄明州布朗克斯附近，格林河（曲流河）形成的牛轭湖

图16.22 辫状河。克尼克河是典型的辫状河，含有由迁移砾石坝分隔的多条河道。在阿拉斯加州安克雷奇北部的楚加奇山脉中，4个冰川的融化沉积物堵塞了克尼克河

在流量存在较大季节性变化的冰川末端，环境条件有利于形成辫状河。夏季，大量冰蚀沉积物落入从冰川位置流出的融水河流，但是当水流缓慢时，最粗糙的物质将沉积为称为沙坝/沙洲（bar）的拉长结构，这个过程会导致水流在沙坝周围分叉为多条路径。在下一个高流量时期，侧向移动的河道会侵蚀并再次大量沉积这种粗糙泥沙，进而改变整个河床形态。在有些辫状河中，这些沙坝会变成由植被锚定的半永久性岛屿。

概念回顾16.5
1. 基岩河道更可能出现在河源还是河口附近？
2. 描述（或绘制）曲流的演变过程，包括牛轭湖的形成。
3. 描述可能导致河道形成辫状的一种情形。

16.6 河谷形态

描述河流形成的河谷，包括V形谷、含河漫滩的宽阔河谷以及显示深切曲流（或河流阶地）的河谷。

河谷（stream valley）由河道及其周围的各种引水入河地形构成，包含部分（或全部）被河道占据的低平谷底（valley floor）和高于谷底的两侧谷壁（valley wall）。冲积河道通常位于具有宽阔谷底的河谷中，谷底由砂和砾石（沉积在河道中）以及黏土和粉砂（由洪水沉积）构成。另一方面，基岩河道趋于出现在狭窄的V形谷中。在风化作用缓慢且岩石抗蚀性特别强的某些干旱地区，狭窄河谷所发育的谷壁几乎呈垂直形态，这样的地貌特征称为狭槽峡谷/狭缝型峡谷（slot canyon），如图16.23所示。河谷以邻者相似但首尾迥异的连续体形式存在，从侧翼陡峭的狭窄河谷，逐渐过渡到谷壁无法辨别的平坦宽阔河谷。在风化作用和崩坏作用的协助下，河流能够塑造所流经区域的地貌景观，因此持续不断地改造着其所占据的河谷。

图16.23　霍尔斯克里克峡谷。这是犹他州圆顶礁国家公园中的代表性狭槽峡谷

16.6.1　基准面和均夷河流

1875年，作为科罗拉多大峡谷的最早探索者及后来成为美国地质调查局领导的早期地质学家，约翰·威斯利·鲍威尔引入了河流侵蚀作用最低限概念，称为基准面/侵蚀基准面（base level）。基准面是研究河流活动的基本概念，指河流能够侵蚀自身河道的最低高程。从根本上讲，基准面是河流进入海洋、湖泊或干流的河口水平面。鲍威尔认为基准面存在两种类型："我们可将海平面视为一个大基准面，低于这个基准面的干旱土地就不能被侵蚀；但是为了实现局部及临时目标，我们也可能拥有其他侵蚀基准面。"[注：《西部科罗拉多河的探索》（华盛顿特区：史密森学会，1875年），第203页。]

现在，人们称海平面（鲍威尔称之为大基准面）为终极基准面（ultimate base level），称湖泊、抗蚀岩层以及作为自身支流基准面的河流为局部基准面/地方基准面（local base level）或暂时基准面（temporary base level），所有这些基准面都会限制河流下蚀自身河道的能力。

若基准面发生变化，则会导致河流自发地做出相应的调整。当在河流沿线修建水坝时，水坝上方形成的水库会抬升该河流的基准面（见图16.24）。水坝上游的河道存在大量静水，降低了河流的流速及其泥沙搬运能力，导致河流物质发生沉积而抬高河道。

另一方面，若基准面因为海平面下降而随之下降，则为了保持与新基准面之间的平衡，河流将下切自身的河道。侵蚀作用首先发生在河口附近，然后逐渐向上游发展，进而形成新的河流纵剖面。

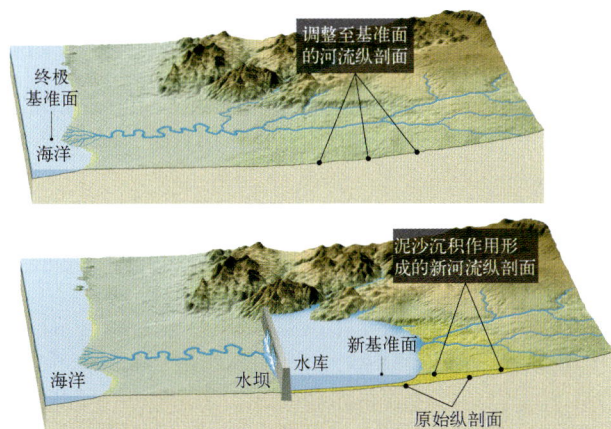

图16.24　建造水坝。水库上游的基准面升高，河流的流速降低，导致发生沉积作用以及河床比降减小

观测因基准面变化而调整纵剖面的河流后，科学家提出了均夷河流（graded stream）的概念。

为了维持搬运所需物质的最低流速，均夷河流具有必要的坡度及其他河道特征。平均而言，均夷河流系统既不侵蚀物质，又不沉积物质，只是简单地搬运物质。达到平衡状态后，河流就变成一个自我调节系统，若其中一种特征发生变化，则会导致其他特征为抵消这种影响而随之发生变化。

假设断层沿线的位移抬升了均夷河流沿线的抗蚀岩层，考虑会发生何种状况。如图 16.25 所示，抗蚀岩石此时不仅形成瀑布，还成为该河流的暂时基准面。由于河床比降增大，河流侵蚀能量将聚焦于某个区域的抗蚀岩石，这个区域称为裂点/尼克点（knickpoint）。最终，河流从其河道路径上抹去这个裂点，重新建立平滑的纵剖面。

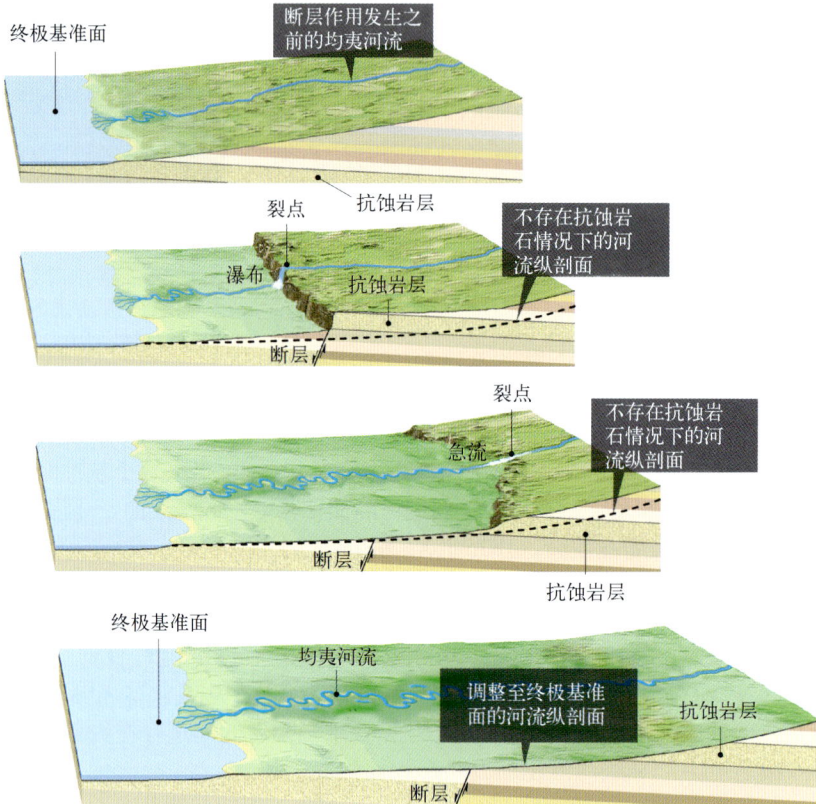

图16.25　基准面的变化。抗蚀岩层能够作为暂时基准面。河流将其侵蚀能量聚焦于裂点处的抗蚀岩石。最终，河流会抹去裂点，重新建立平滑的纵剖面

16.6.2　河谷加深

当河床比降很陡且河道远高于基准面时，下切作用（downcutting）就成为河流的主导性活动。由于推移质沿河床底部滑动及滚动，以及水能驱动下的水流非常湍急，磨蚀作用导致河床缓慢加深，最终形成侧翼陡峭的V形谷。黄石河河段是V形谷的典型示例，如图 16.26所示。

V形谷的突出地貌特征是急流和瀑布，二者均发生在河床比降明显增大的河段，这种情况通常由河道所切入基岩的易蚀性变化导致。作为上游的暂时基准面，同时允许下游继续下切，抗蚀河床能够形成急流（rapid）。如前所述，随着时间的推移，侵蚀作用通常会消除掉抗蚀岩石。

瀑布/跌水（waterfall）发生在河水垂直跌落的位置，例如尼亚加拉瀑布（见图 16.27）。这些著名瀑布由白云岩层（抗蚀性较强）支撑，下伏页岩层（抗蚀性较差）。当从瀑布边缘倾泻而下时，水流会侵蚀抗蚀性较差的页岩层，从根基处破坏上覆岩石，使其折断脱落。采用这种方式，瀑布能够保留其垂直悬崖，同时缓慢但持续地向上游方向后退。在最近1.2万年间，尼亚加拉瀑布向上游方向的后退距离已超过11千米。

图16.26 黄石河。V形谷、急流和瀑布表明这条河正在强力下切

黄石河的瀑布

谷壁　谷壁

强力下切作用形成的V形谷

急流

地质素描图

当在瀑布之上倾泻而下时，水流会侵蚀洛克波特白云岩（抗蚀性更强）之下的较弱岩石。随着白云岩的一部分遭到下切侵蚀，它终将失去支撑而折断脱落

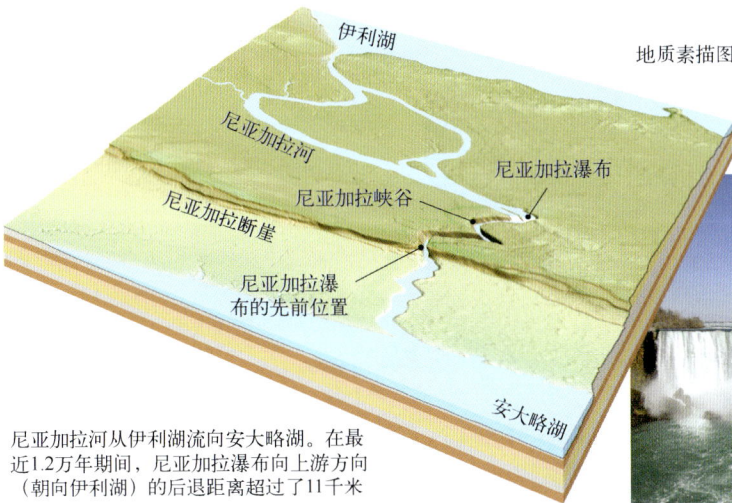

地质素描图

尼亚加拉瀑布的溯源侵蚀

洛克波特白云岩

较弱页岩层

伊利湖

尼亚加拉河

尼亚加拉断崖

尼亚加拉瀑布

尼亚加拉峡谷

尼亚加拉瀑布的先前位置

安大略湖

尼亚加拉河从伊利湖流向安大略湖。在最近1.2万年期间，尼亚加拉瀑布向上游方向（朝向伊利湖）的后退距离超过了11千米

图16.27　尼亚加拉瀑布的后退。尼亚加拉河的陡降力正在导致瀑布后退

16.6.3　河谷展宽

当河流接近均夷状态（以搬运泥沙为主）时，下切作用会变得不那么占主导地位，河道此时将呈现出曲流形态，并将更多的能量向左右两侧引导。因此，随着河流依次切割左右两侧的河岸，河谷将逐渐展宽。不断偏移的曲流将引发持续侧向侵蚀（旁蚀），逐渐形成覆盖冲积物的宽阔平坦谷底（见图16.28）。这种地貌特征称为河漫滩（floodplain），洪水期间水流漫过河岸时会被淹没。随着时间的推移，河漫滩不断展宽，直至河流仅在少数地点主动侵蚀谷壁。例如，在下密西西比河，左右两侧谷壁之间的距离有时超过160千米。

河流侧向侵蚀时能够形成河漫滩，这种河漫滩称为侵蚀型河漫滩（erosional floodplain）。河漫滩也可能为沉积型，沉积型河漫滩（depositional floodplain）形成于条件状况的重大波动，例如基准面（或气候）发生明显变化。美国加利福尼亚州约塞米蒂河谷中的河漫滩即为这种地貌特征，由冰川凿出比原来基准面深约300米的谷底形成。冰川融化后,流水将冲积物重新注入河谷。当前,默塞德河蜿蜒穿过相对平坦的河漫滩,该河漫滩形成了约塞米蒂河谷的大部分谷底。

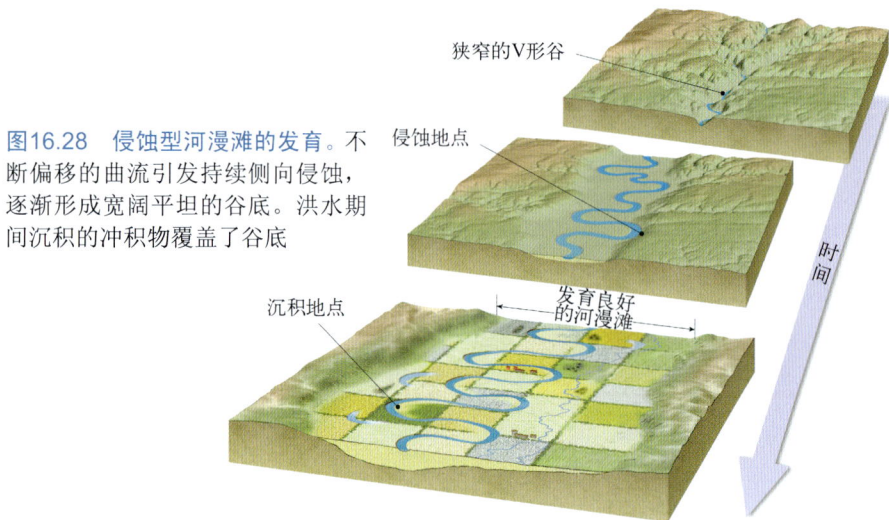

图16.28 侵蚀型河漫滩的发育。不断偏移的曲流引发持续侧向侵蚀,逐渐形成宽阔平坦的谷底。洪水期间沉积的冲积物覆盖了谷底

16.6.4 基准面改变:深切曲流和河流阶地

在宽阔河谷中的河漫滩上,经常见到高度曲流化的河流。但是,有些河流的曲流河道位于陡峭狭窄的基岩河谷中,这样的曲流称为深切曲流/深切河曲/回春河(incised meander),如图16.29所示。

图16.29 深切曲流。在科罗拉多高原上,科罗拉多河的深切曲流鸟瞰图

这些地貌特征是如何形成的?曲流最初可能发育在与基准面保持平衡的河流的河漫滩上,然后由于基准面发生变化,导致河流开始下切。这种改变可能由下游基准面的下降或河流流经陆地的抬升引发,例如当美国西南部的科罗拉多高原发生区域性抬升时,若干河流上形成了深切曲流。随着科罗拉多高原逐渐抬升,曲流河由于河床比降变陡而开始下切。

河流阶地(stream terrace)是与基准面相对下降相关的另一种地貌特征。对在河漫滩上流动的河流而言,适应基准面的相对下降而调整后,在先前基准面之下的另一个基准面上可能再次形成河漫滩。如图16.30所示,在新形成的河漫滩之上,先前河漫滩的残余物以相对平坦的表面(河流阶地)形式存在。

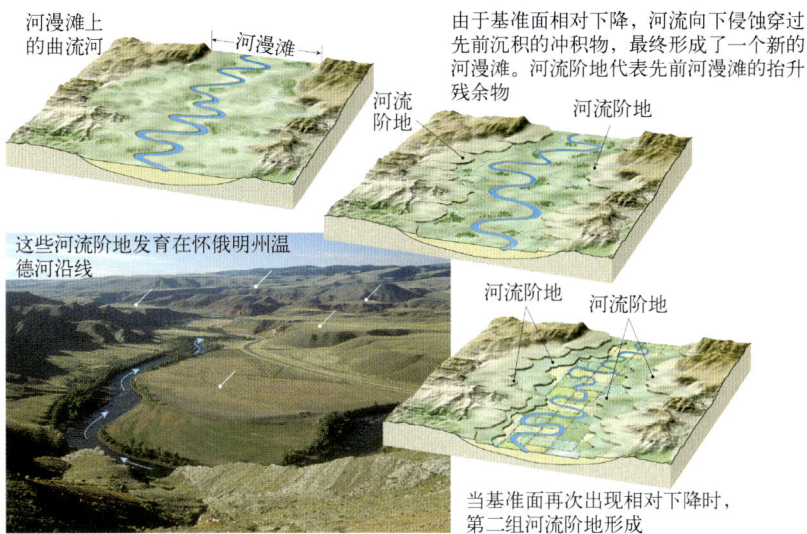

河漫滩上的曲流河

河漫滩

河流阶地

由于基准面相对下降，河流向下侵蚀穿过先前沉积的冲积物，最终形成了一个新的河漫滩。河流阶地代表先前河漫滩的抬升残余物

河流阶地

这些河流阶地发育在怀俄明州温德河沿线

河流阶地　河流阶地

当基准面再次出现相对下降时，第二组河流阶地形成

图16.30　河流阶地。当河流调整以适应基准面的相对下降时，就会形成河流阶地

概念回顾16.6

1. 定义基准面，区分终极基准面与局部基准面（或暂时基准面）。
2. 解释V形谷为何经常包含急流和/或瀑布。
3. 列举可能引发深切曲流形成的两种情形。

16.7　沉积地貌

列举与河流相关的主要沉积地貌，并描述这些地貌特征的形成过程。

如前所述，河流持续不断地在部分河道中拾取泥沙，然后搬运并沉积到下游。这些小规模河道沉积物最常由砂和砾石构成，称为*沙坝/沙洲*（bar）。但是，这些地貌特征只是暂时性存在，因为这些物质总有一天会被再次拾取并最终搬运入海。除了砂和砾石沙坝，河流还能形成存续时间更长的其他沉积地貌特征，例如三角洲、天然堤和冲积扇。

16.7.1　三角洲

当含泥沙河流进入相对静止的水域（湖泊、内海或海洋）时，河口处可能形成*三角洲*（delta），如图16.31所示。随着河流的向前流动速率逐渐变缓，泥沙会被即将消失的水流所沉积，进而形成3种类型的层。*前积层*（foreset bed）由推移质中的粗颗粒构成，这些颗粒入水后几乎立即沉积，形成从三角洲前缘向下顺坡倾斜的层。较薄且水平的*顶积层*（topset bed）沉积于洪水期间，覆盖在前积层上方。在距离河口较远的位置，河流悬移质中的更细粉砂及黏土沉积为近水平层，称为*底积层*（bottomset bed）。

当三角洲从海滨线处向外生长时，河流的河床比降持续减小，导致河道被泥沙堵塞，因此河流会寻找更短且河床比降更高的路线到达基准面。如图16.31所示，主河道分开形成若干较小的河道，称为*汊流/分流/分支流*（distributary），这些汊流以不同的路径将河水从主河道输送到基准面。主河道经过各汊流之间的多层级转换后，三角洲可能生长成为类似于希腊字母Δ的三角形（虽然还存在其他几种形状）。由于不同海滨线的构造格局存在差异，海浪活动的性质和强度也有变化，每个三角洲的形状和结构各不相同。世界上的许多大河形成了巨型三角洲，每个三角洲都有自己的独特特征，通常比图16.31中的示例更复杂。

但是并非所有河流都能形成三角洲，若海浪和强海流在物质沉积后不久即对其进行快速重新分布，则即使是搬运大量泥沙负荷的河流也可能缺失三角洲，典型示例如哥伦比亚河（位于美国西北部太平洋地区）。还有些情况下，河流携带的泥沙数量不足以构建三角洲，例如在河源（安大略湖）与河口（圣劳伦斯湾）之间，圣劳伦斯河几乎没有机会拾取大量泥沙。

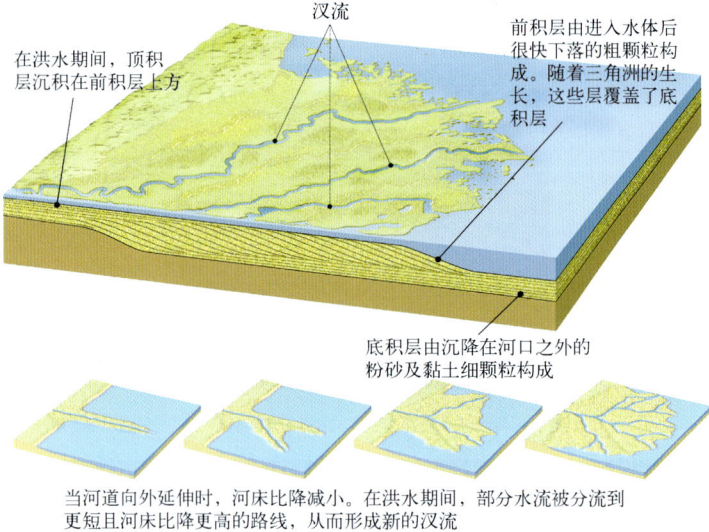

图16.31 简单三角洲的形成。简单三角洲（在相对平静水域中形成）的结构和生长

当河道向外延伸时，河床比降减小。在洪水期间，部分水流被分流到更短且河床比降更高的路线，从而形成新的汊流

16.7.2 密西西比河三角洲

在极为广阔的区域范围内，密西西比河及其支流获取了巨量泥沙，最终排泄并堆积形成了密西西比河三角洲。新奥尔良当前所在的区域曾是海洋。

1. 历史变迁和工程干预

在最近6000年间，密西西比河三角洲（部分）的形成过程如图16.32所示。实际上，这个三角洲是一系列（共7个）聚结在一起的亚三角洲（subdelta），每当主水流从一条河道转向更短且更直接通往墨西哥湾的另一条路径时，就会形成一个亚三角洲。这些特征各异的亚三角洲相互交织，彼此之间部分覆盖，形成了一种非常复杂的结构。图16.32中明显可见，每条河道遭到废弃后，海岸侵蚀改变了新形成的亚三角洲。当前的亚三角洲（图16.32中的数字7）由密西西比河在最近500年间形成，由于其汊流的形状而被称为鸟足状三角洲（bird-foot delta）。

图16.32 密西西比河三角洲的生长。在最近6000年间，密西西比河形成了一系列（7个）相互交织的亚三角洲，数字表示各个亚三角洲的沉积顺序。当前的鸟足状三角洲（数字7）代表了最近500年间的活动。左侧插图显示了密西西比河可能冲破的位置点（箭头）以及流向墨西哥湾的更短路径

现在，在自然力允许的范围内，这个活跃的鸟足状三角洲已向海延伸了足够远的距离。实际上，多年来，这条河流始终在尝试切穿一个陆地狭窄地带，将其改道至阿恰法拉亚河（见图16.32）。若曾经发生这种情况，则密西西比河应会放弃其最下部500千米河道，转而选择阿恰法拉亚河的更短路线（225千米）前往墨西哥湾。

为了将密西西比河保持在当前河道上，同时避开附近的农场和城镇，在该河道正在尝试切穿的位置，人们建造了一座类似水坝的工程结构。1973年，一场洪水削弱了该控制结构，密西西比河再次面临着改道的威胁。美国陆军工程兵团介入了这一事件，于20世纪80年代中期建成了一座大型副坝。至少目前，燃眉之急已暂时规避，密西西比河继续经巴吞鲁日和新奥尔良流向墨西哥湾。

2. 正在消失的湿地

在路易斯安那州，密西西比河三角洲是具有重要生物学意义的地区，共包含约12000平方千米的滨海湿地，大致占美国本土所有滨海湿地面积的40%（见图16.33）。

图16.33　滨海湿地。这些低洼且泥沙匮乏的沼泽、湿地及河口正以惊人的速度消失

这些平坦区域仅略高于海平面，在高度较低的外滨障壁岛的庇护下，可免受飓风及冬季风暴的海浪作用。这些湿地和外滨岛屿均由密西西比河搬运至墨西哥湾的泥沙形成并维持。

路易斯安那州的滨海湿地正在以惊人的速度消失，约占美国48个毗邻州中湿地总损失的80%。根据美国地质调查局提供的数据，自20世纪30年代初以来，路易斯安那州已失去5000多平方千米的沿海土地。若湿地继续以这种速度流失，则到2050年还将有3000平方千米的湿地消失。

在欧洲人于三角洲上开始定居之前，密西西比河河水常在季节性洪水期间溢出河岸，巨量泥沙沉积在三角洲顶部，使得陆地始终保持抬升在海平面之上。但是，随着定居点的建立，人们对防洪以及维护和改善河流航运的愿望随之而来。为了控制洪水期间上涨的河流，人们建造了人工堤（与河流平行的土堆）。为了保持航道通航不受影响，人工堤的修建持续了较长时间，并一直延伸到密西西比河河口处。因为人工堤阻挡了湿地的泥沙来源，泥沙的新增数量不足以抵消其压实、沉降及海浪侵蚀损失，所以三角洲大小和湿地范围正在不断收缩。密西西比河搬运的泥沙数量下降（最近100年间减少了约50%）主要是因为许多支流上的水坝将泥沙截留在河流上游，因此这个问题变得愈发严重。

16.7.3　天然堤

在有些河流中，宽阔的河漫滩占据河谷，并在河道两岸形成了与河道平行的*天然堤/自然堤/*

冲积堤（natural levee），如图16.34所示。天然堤由经年累月的连续性洪水形成。当河水溢流到河漫滩之上时，水流会像宽阔水席一样在表面漫延。由于流速显著下降，悬移质中的较粗部分在河道附近快速沉积。随着水流在河漫滩上逐渐漫延扩散，薄层细粒泥沙在谷底沉积。物质的这种不均匀分布形成了坡度极其平缓的天然堤，如图16.34所示。

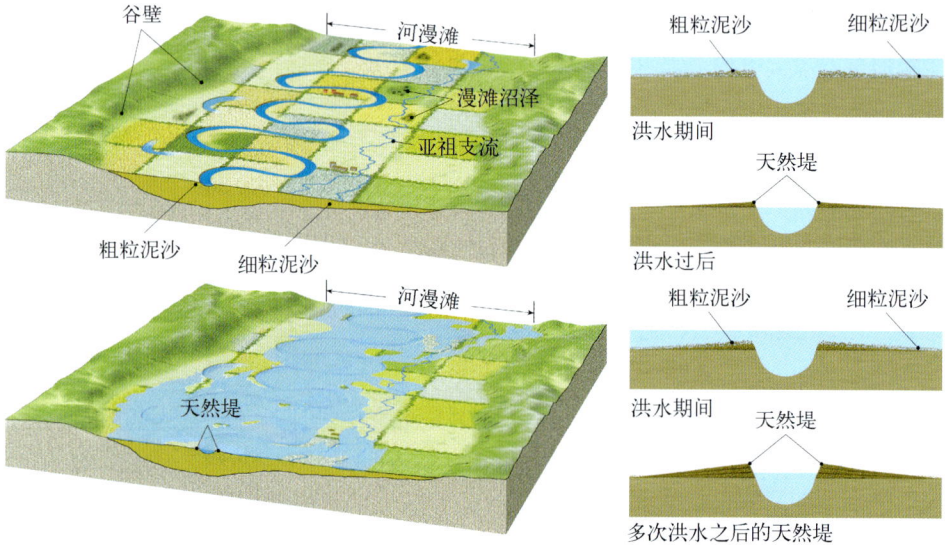

图16.34　天然堤的形成。这些缓坡结构与河道平行，由反复多次发生的洪水形成。河道旁边的地面高于相邻的河漫滩，因此可能发育漫滩沼泽和亚祖支流

在下密西西比河中，天然堤要比相邻谷底高出6米。堤后区域以排水不畅为特征，因为水流无法向上越过天然堤而进入河流，由此形成的沼泽称为漫滩沼泽/堤后沼泽（back swamp）。当支流进入具有坚固天然堤的河谷时，经常流经漫滩沼泽达几千米远，然后找到一个开口位置重新进入主河道。这种河流称为雅祖支流（yazoo tributary），以雅祖河的名字命名，这条河与下密西西比河平行流动超过300千米。

16.7.4　冲积扇

河床比降较高的河流离开山脉地形中的狭窄河谷后，若突然释放到宽阔且平坦的平原（或谷底），则通常会发育形成冲积扇（alluvial fan），如图16.35所示。冲积扇的形成是为了响应河床比降的突然下降，以及狭窄河道（山脉中）转变为约束较少的河道（山脉底部）。由于流速突然下降，河流以独特的锥形（或扇形）堆积物形式快速倾泻泥沙负荷。从陡峭河谷口部的扇顶位置开始，冲积扇表面以宽弧状向外倾斜。通常，粗粒物质沉积在扇顶附近，细粒物质沉积在扇缘（底部）附近。

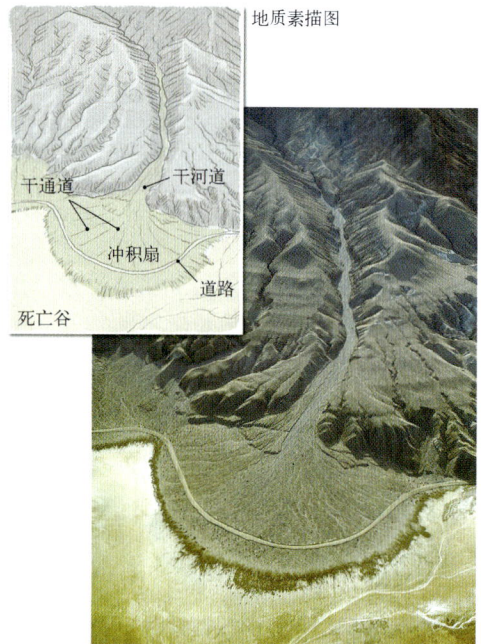

图16.35　死亡谷中的冲积扇。冲积扇在从山脉（或高地）区域突然出现在相对平坦低地的河谷口部区域沉积。通常，粗粒物质沉积在扇顶附近，细粒物质沉积在扇缘附近。死亡谷中存在许多大型冲积扇，随着多个相邻冲积扇的生长变大，它们可能会合并形成一个陡峭的沉积物裙，称为山麓冲积扇（bajada）

在沙漠中的雨季之间，很少或者根本没有河水流过冲积扇，这在冲积扇表面的许多干河道中非常明显。因此，在干旱地区，冲积扇间歇性生长，仅在湿润期才能接收到大量水分和沉积物。由于干旱地区的陡峭峡谷是泥石流的主要发源地，许多冲积扇中存在泥石流沉积物与粗粒冲积物互层。

概念回顾16.7

1. 绘制简单三角洲的横截面图，并区分构成它的3种类型层。
2. 简要描述天然堤的形成过程。这种地貌特征与漫滩沼泽和亚祖支流如何相关？
3. 描述冲积扇的形成过程。

16.8 洪水和防洪

总结各种洪水类型和常见防洪措施。

当河流的水量大到超过河道容量并溢出河岸时，就会发生洪水（flood）。虽然洪水是自然现象，但是洪水的规模和频率经常受到人类活动的显著影响，例如森林砍伐、城市建设及防洪设施（如人工堤和挡洪坝）。洪水的发生往往与其他自然灾害相关，包括严重风暴和块体运动过程（如泥石流）。对人类而言，洪水是最具破坏性、最常见且经济代价最大的自然灾害之一。

16.8.1 洪水类型

大多数洪水由在时间和空间上都可能变化极大的大气过程引发。在小型河谷内，短时（1小时或更短）强雷暴降雨就可能引发山洪暴发；在大型河谷内，大型洪水经常由广阔区域内持续数天（或数周）的一系列异常降水（或融雪）事件造成。

1. 区域性洪水

区域性洪水（regional flood）多数为季节性洪水，美国春季的快速融雪和/或暴雨可能压垮河流。例如在1997年，北雷德河沿线暴发大范围洪水，形成了明尼苏达州与北达科他州之间的边界，洪水暴发前的那个冬季雪特别多，早春同样暴雪成灾。4月初，气温快速上升，积雪几天内全部融化，引发了破纪录的500年一遇洪水，淹没了约18000平方千米的土地，北达科他州大福克斯地区的损失超过35亿美元（注：凌汛也是北雷德河洪水的诱发因素之一）。

2011年4月，持续风暴给密西西比河流域带来了创纪录的降雨。俄亥俄河河谷构成了密西西比河流域的东部，承载了几乎为正常春季降水3倍的降雨量。当降雨与上个冬季大面积积雪快速融化形成的雪水叠加作用时，密西西比河及其许多支流的水位开始暴涨，并于5月初达到创纪录水平，由此引发的洪水是近百年来规模最大且破坏性最强的洪水之一（见图16.36）。像大多数其他区域性洪水一样，这些洪水与天气现象相关，因此可以较为准确地进行预测。虽然经济损失接近40亿美元，但是生命损失却很小，因为有足够时间警告并疏散处于危险中的数千人。

2. 山洪暴发

山洪暴发（flash flood）常在几乎没有预警的情况下发生，且具有致命的潜在危险性，因为它们会导致水位快速上涨，且流速可能达到毁灭性程度（见地质美图16.1）。降雨强度和持续时间、地表条件以及地形地貌都是山洪暴发的影响因素。山区非常容易受到影响，因为陡峭斜坡可将径流快速输送到狭窄峡谷中。

最近一次山洪暴发发生在2018年5月，在马里兰州埃利科特城附近，2小时内的降水量近254毫米（见图16.37），由此引发的山洪将帕塔普斯科河的水位抬升了5米，不仅冲毁了道路和桥梁，还严重毁坏了市中心建筑物。这是埃利科特城两年内发生的第二次重大洪灾，这些强降水事件以前较为罕见，但现在发生得更频繁。据气候模型预测，随着气候变暖，地球上将出现更强的水循环。

城市地区也特别容易受到山洪暴发的影响，因为大部分地表区域由不透水的屋顶、街道及停车场构成，这些地点的渗透性最小，径流速率非常快。

图16.36　2011年密西西比河洪水。从伊利诺伊州到路易斯安那州，特大暴雨引发了创纪录洪水。这个场景来自密西西比州的维克斯堡

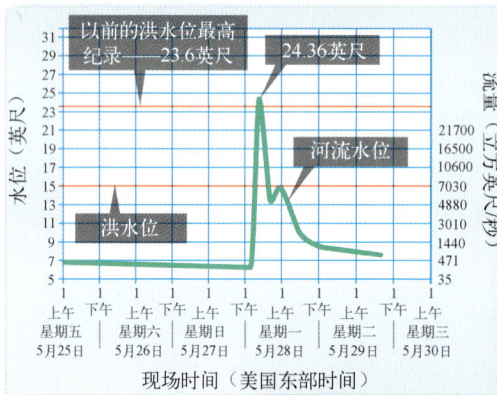

图表显示了帕塔普斯科河（位于马里兰州埃利科特城附近）的水位

图16.37　马里兰州埃利科特城的山洪暴发。2018年5月，一场初夏风暴给这个区域带来了暴雨。埃利科特城在两年内经历了两次历史性洪水

在不到1天的时间里，这条河的水位上涨了约5.18米，然后快速消退

3．凌汛

结冰河流特别容易受到凌汛/冰塞洪水（ice-jam flood）的影响。当河流水位上涨时，水流会冲破冰层，形成可堆积在河道障碍物上的浮冰。这种性质的堵塞会形成跨越河道的暂时性冰坝，截留的上游河水可能快速上涨并溢出河岸。当冰坝发生垮塌时，坝后河水通常会以足够强的冲击力释放出来，对下游地区造成相当大的破坏。

这些洪水通常与北半球的北向流动河流相关，例如本章前面曾提到的北雷德河。俄罗斯西伯利亚地区有几条北向流动河流（如鄂毕河、勒拿河

图16.38　向北流动的西伯利亚河流。在西伯利亚的春末夏初，凌汛相对常见，因为其大型河流向北流入北冰洋

和叶尼塞河），因此经常发生这类洪水（见图16.38）。当春季到来时，在河流及其流域的温暖南部地区，冰融化；在更遥远的北部地区，河流仍然保持冰冻状态，因此河水会以冰上洪水形式从南部地区流到北部地区背后。

4. 溃坝洪水

人类对河流系统的干扰也可能引发洪水，例如当设计用于防范中小型洪水的拦洪坝（或人工堤）溃坝时。当发生更大的洪水时，这些拦洪坝（或人工堤）可能溃坝，导致坝后水以山洪暴发形式向下释放。1889年，小科尼马河上的一座拦洪坝溃坝，毁灭性洪水摧毁了宾夕法尼亚州的约翰斯敦，夺走了2200多人的生命。

山洪暴发是水量大且持续时间短的局部洪水，快速上涨的洪水通常在几乎没有预警的情况下发生，可能会摧毁道路、桥梁、房屋及其他重要建筑物

1976年7月31日，科罗拉多州发生了大汤普森河洪水，充分说明了山洪暴发的威力。4小时内，在河流小流域的部分区域中，降雨量超过了30厘米，几乎相当于年均总降雨量的3/4。在狭窄的峡谷中，山洪暴发仅持续了几小时，但却夺走了139人的生命

径流随着城市发展而增多，导致洪峰流量和洪水频率增长。最新研究表明，在美国48个毗邻州中，不透水地表的面积大致等于俄亥俄州的面积（11.4万平方千米）

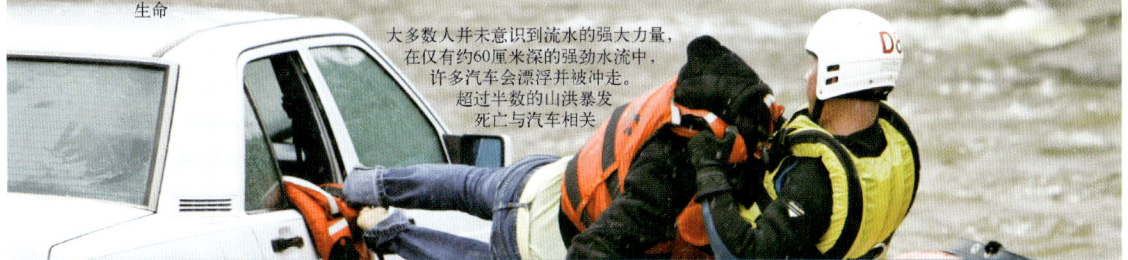

大多数人并未意识到流水的强大力量，在仅约60厘米深的强劲水流中，许多汽车会漂浮并被冲走。超过半数的山洪暴发死亡与汽车相关

与风暴相关的美国年平均死亡人数（1995—2017年）

在大多数年份中，洪水造成的与风暴相关的死亡人数较多。与飓风相关的平均死亡人数明显受到2005年卡特里娜飓风（超过1000人）的影响，在这张图表上的所有其他年份中，飓风死亡人数都不到20人

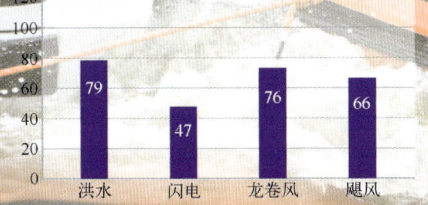

洪水	闪电	龙卷风	飓风
79	47	76	66

城市发展对洪灾的影响

2000年2月1日，在为期1天的风暴期间，默瑟溪（华盛顿西部城市河流）比纽奥库姆溪（附近农村河流）的水流增长速度更快，达到了更高的峰值流量和总流量。但是，在接下来的1周期间，纽奥库姆溪的水流更大

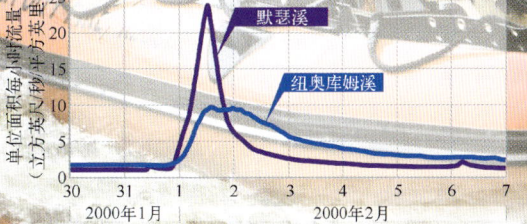

单位面积每小时流量（立方英尺/秒/平方英里）

默瑟溪
纽奥库姆溪

30　31　1　2　3　4　5　6　7
2000年1月　　　2000年2月

地质美图16.1　山洪暴发

16.8.2 洪水重现期

当对江河流域进行土地利用规划时，规划者需要了解洪水发生的频率及规模。对每条河流而言，洪水的规模与其发生频率之间存在着一种关系，即洪水的规模越大，其预期发生的频率越低。你或许听说过术语百年一遇洪水，它描述的是重现期（recurrence interval），即给定规模洪水预期发生频率的估计。25年一遇洪水事件的规模应远小于百年一遇洪水，但发生概率应会高出4倍。

百年一遇洪水不是精确表述，并不意味着规模相等（或更大）的两次洪水之间必须间隔100年，而意味着在某个给定的年份，这种规模洪水的发生概率为1%。百年一遇洪水可能连续发生2年（或3年）。根据历史洪水记录，在图16.37中描述的埃利科特城洪水中，2016年和2018年事件均为千年一遇洪水。在超过100年的时段内，百年一遇洪水也有可能不发生。

为了进行合理的计算，流量计数据的采集时间必须至少达到10～30年，记录时间越长，预测效果就越好。其他因素也影响洪水重现期的估计精度，例如涉及大范围旱季（或雨季）的气候周期。当土地利用发生变化（如城郊农村升格为城镇）时，一般需要重新评估洪水重现期。

16.8.3 防洪

为了消除（或降低）洪水对人类生活和环境造成的灾难性影响，科学家制定了几种应对策略，工程方面的尝试包括人工堤、拦洪坝和河流渠化。

1. 人工堤

人工堤（artificial levee）是人们在河岸上建造的土堆，目的是增大河道的蓄水量。这些河流围护结构最常见，自古以来始终在使用。人工堤通常具有陡峭的斜坡，因此很容易与坡度更平缓的天然堤区分开来。在人口稠密地区，当特大洪水漫过人工堤时，人们有时会故意在人工堤上炸开缺口来分流河水，目的是允许洪水淹没人口稀少的农村地区而避开脆弱的城市地区。故意被淹没的区域称为分洪道/泄洪道（floodway）。例如，在2011年密西西比河沿线的洪水期间，为了防止伊利诺伊州开罗镇被淹没，人们在人工堤上炸开了一个3千米宽的缺口，使得洪水下泄到总面积为526平方千米的鸟角-新马德里分洪道中。为了保护巴吞鲁日和新奥尔良这两座城市，人们在路易斯安那州下游也采取了类似的措施。

2. 拦洪坝

拦洪坝（flood-control dam）的建造目标是存储洪水，然后缓慢有序地进行排泄。通过在更长的时间跨度内统筹调配水流，这种方法能够有效地降低洪峰。自20世纪20年代以来，美国在几乎每条主要的河流上都修建了拦洪坝，总量高达数千座。许多拦洪坝具有与洪水无关的重要功能，例如为灌溉农业和水力发电提供水源，许多水库还是重要旅游景点。

虽然拦洪坝能够减少洪灾并提供其他有益之处，但是建造这些设施成本巨大且可能产生严重后果。例如，拦洪坝形成的水库可能覆盖肥沃的农田、森林、历史遗迹以及风景优美的河谷。拦洪坝背后的沉积作用会逐渐消减水库的容量，降低这种防洪措施的长期有效性（见图16.39）。此外，下游的三角洲和河漫滩会受到侵蚀，因为缺失了洪水期间补给的泥沙。对经历数千年发展起来的河流生态系统，大型拦洪坝也会造成重大破坏（例如阻挡住迁徙的鲑鱼）。

3. 渠化

渠化（channelization）包括改造河

图16.39 加利福尼亚州奥罗维尔的拦洪坝毁坏。 奥罗维尔拦洪坝是土制结构，拦截了加利福尼亚州北部的费瑟河。2017年，强降雨淹没了水库，破坏了主溢洪道和应急溢洪道，数千名下游人员被迫疏散

道以使流动更有效。渠化方式可能只是简单地清除河道中的障碍物（或疏浚河道），使河道变得更宽且更深；也可能通过建立人工截弯取直来拉直河道，旨在通过缩短河流长度来增大河床比降和流速。通过增大流速，与洪灾相关的较大流量能够更快地排泄。

自20世纪30年代初以来，为了提升河道效率并减少洪水威胁，美国陆军工程兵团在密西西比河上建立了许多人工截弯取直。总体而言，这条河流已缩短240多千米。在一定程度上，这些努力成功地降低了洪水期间的河流水位。但是，河道缩短却导致了更陡的河床比降，加速了河岸物质的侵蚀，这两种情况都需要进一步干预。人工截弯取直后，在下密西西比河的几个河段沿线，人们安装了大规模河岸保护措施来减少侵蚀。

在密苏里州的黑水河（曲流河道1910年缩短）上，发生了类似的情况，即人工截弯取直加速了河岸侵蚀。这项工程影响深远，例如河道宽度因流速增大而显著加宽。1930年，由于河岸侵蚀作用的影响，河上一座桥梁垮塌。在随后的17年间，这座桥梁先后更换了3次，每次都需要增大跨度。

4．非工程防洪方法

迄今为止，在本书描述的所有防洪措施中，均涉及旨在控制河流的工程化解决方案，这些解决方案通常成本极高，而且往往会给居住在河漫滩上的人们带来虚假的安全感。

现在，许多科学家和工程师都提倡采用非工程方法进行防洪，建议利用河漫滩管理方式来替代人工堤、拦洪坝和渠化。通过识别高风险区域并开展分区管理，有望提升土地利用的合理性、减少开发，保持河流与其河漫滩之间的动态平衡。

概念回顾16.8

1. 列举并区分4种洪水类型。
2. 描述3种基本防洪策略。每种策略存在哪些不足？
3. 非工程防洪方法的含义是什么？

主要内容回顾

16.1 水循环

关键词：水循环，蒸发，下渗，径流，蒸腾，蒸散发

- 通过蒸发、凝结成云以及作为降水落下，水在水圈的许多储水库中运移。一旦抵达地表，雨水要么渗入土壤，然后蒸发，或者通过植物蒸腾作用返回大气，要么以径流形式沿地表流向海洋。
- 流水可能只是地球上总水量的一小部分，但却是塑造地球各种景观最重要的营力。

16.2 河流系统

关键词：溪流，河流，流域，分水线，溯源侵蚀，树枝状水系，放射状水系，矩形水系，格状水系，水峡，先成河，叠置河

- 向河流供水的陆地区域是其流域。流域被称为分水线的若干假想线分隔。
- 一般而言，流域的上游部分是泥沙生成区，河流泥沙大多数源于此；泥沙搬运是河流中游的特征；泥沙沉积与河流下游端有关。
- 在河源方向上，河流的侵蚀作用最有效，能

够延长河道。

- 水峡是山脊上的陡峭缺口，河流从中流过。这样的河流可能是先成河，也可能是叠置河。

问题： 识别附图中描绘的每种排水形态。

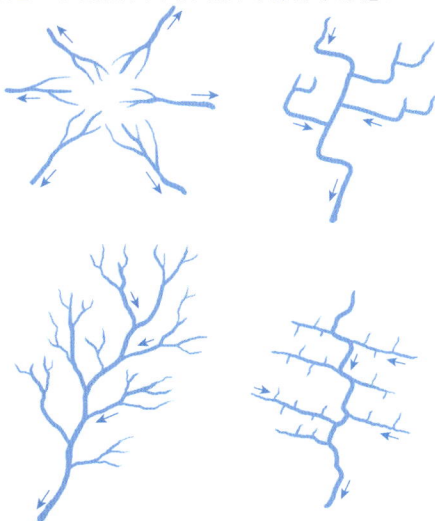

16.3 水流特征

关键词：层流，紊流，河床比降，湿周，流量，纵剖面，河源，河口

- 河流中的水流可能是层流，也可能是紊流。河水流速的影响因素包括河床比降、河道大

小、河道形状、河道粗糙度以及流量。

- 从河源到河口的河流横截面视图是纵剖面。通常，从上游到下游，河床比降和粗糙度减小，河道大小、流量和流速则增大。

16.4 流水作用

关键词： 挖蚀作用，磨蚀作用，壶穴，溶蚀作用，溶移质，悬移质，推移质，沉降速度，跃移，容量，能力，分选，冲积物

- 河流是强大的侵蚀营力，通过挖蚀作用、磨蚀作用以及形成壶穴的集中式钻进，能够对坚硬的岩石进行蚀刻。湍流的水也会将松散颗粒从河床中抬升并带走。在可溶性基岩区域中，水流也会通过溶解岩石来溶蚀景观。

- 泥沙在河流中的搬运形式包括：溶解在溶液中；悬浮在水中；沿河流底部滚动。与缓慢运移的河流相比，快速运移的河流能够携带更多的泥沙总量（容量）和更大的单个颗粒物（能力）。洪水能够增大容量和能力，因此河流可在短时洪峰期间完成大部分工作。

- 河流沉积的泥沙称为冲积物。河流是分选作用的有效营力，即其在同一区域沉积大小相似的颗粒。

16.5 河道

关键词： 基岩河道，冲积河道，曲流，凹岸，边滩，截弯取直，牛轭湖，辫状河道

- 基岩河道被切入坚硬岩石，通常呈现岩阶和岩槽。

- 冲积河道以移动经过河流先前沉积泥沙的水流为主。河漫滩通常覆盖大部分谷底，谷底河流自身可能穿过曲流河道。

- 通过凹岸的侵蚀和边滩（曲流内缘）的泥沙沉积，曲流能够得到增强。曲流的形状可能变得越来越夸张，直至其循环返回自身而截弯取直。一旦截弯取直，主水流就放弃旧曲流环路，成为牛轭湖。

- 辫状河道出现在流量变化很大的河流中。在低流量期间，河流在粗粒冲积物沙坝之间的交织河道网络中移动。

问题： 卡特湖镇是艾奥瓦州位于密苏里河西侧的唯一地区，北部以卡特湖为界，南部以密苏里河为界，东西两侧与内布拉斯加州相邻。仔细查看附图，准备一种假说，解释这种不寻常的情形是如何发展的。

16.6 河谷形态

关键词： 河谷，基准面，终极基准面，局部基准面，均夷河流，下切作用，河漫滩，深切曲流，河流阶地

- 河谷包括河道本身、相邻河漫滩和相对陡峭的谷壁。河谷的宽度和形状变化很大，从基岩河道到冲积河道。

- 河流向下侵蚀，直至接近基准面。基准面通常是河流进入另一条河流、湖泊或海洋的水平面。流向海洋（终极基准面）的河流在路线上可能遇到几个局部基准面，或许是阻碍河流向下切割的湖泊（或抗蚀岩石单元）。均夷河流已与其基准面达到平衡，主要用于搬运泥沙。

- 河谷变宽缘于河流的曲流作用。若基准面下降，则河流向下切割。若下伏基岩，则河流可能发育深切曲流；若下伏厚层冲积物，则河流可能发育阶地。

问题： 曲流与河流向两侧的侵蚀相关，狭窄的峡谷则与河流向下的强力切割相关。在附图中，河流被限制在一个狭窄的峡谷中，但同样属于曲流河，解释为何如此。

16.7 沉积地貌

关键词： 沙坝，三角洲，汊流，天然堤，漫滩沼泽，亚祖支流，冲积扇

- 当河流在另一水体中沉积泥沙时，河口部位可能形成三角洲。当水流分散成为多条汊流时，泥沙会向不同方向扩散。在美国，密西西比河是具有动态三角洲系统的主要河流。
- 天然堤由多年连续性洪水沉积在河道边缘沿线的泥沙形成。由于斜坡平缓地远离河道，周围土地排水不良，导致形成了漫滩沼泽。
- 冲积扇是陡峭山脉前缘下降到相邻河谷处所形成冲积物的扇形沉积。

16.8 洪水和防洪

关键词：洪水

- 当河流的流量超过其河道的承受能力时，就会引发洪水。可能引发洪水的4个主要因素包括：整个地区的大量降水（或融雪）；高径流区域中的突然降水；浮冰建造的临时性水坝（浮冰随后破裂，释放出蓄水）；人工建造的拦洪坝发生溃坝，导致水从水库中突然逸出。
- 应对洪水有3种主要工程策略：建造人工堤，将水流约束在河道内；改造河道，提高河道的流动效率；在河流的各支流上建造拦洪坝，以便暂时存储突然涌入的水，然后缓慢释放到河流系统中。非工程防洪方法是完善河漫滩管理。对洪水动力学的扎实科学理解非常重要，可为受洪水影响地区的政策法规制定提供依据。

深入思考

1. 在附图上，将每个过程与以下3个区域之一匹配：泥沙生成（侵蚀）、泥沙沉积和泥沙搬运。

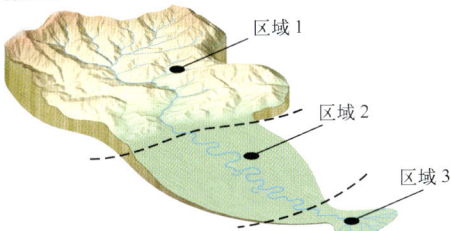

2. 若利用一个广口瓶来灌装河水，则其负荷中哪部分将沉降到瓶底？哪部分将无限期地滞留在水中？河流负荷中的哪部分可能不会在样品中表现出来？

3. 河水流动受到几个变量的影响，包括河道的粗糙度、大小和形状，以及流量和河床比降。设计一个场景，描述块体崩坏事件影响河水流动。解释何种因素导致（或触发）了该事件，并描述块体崩坏过程是如何影响河水流动的。

4. 仔细查看附图中的宾夕法尼亚州中部的卫星影像，识别萨斯奎汉纳河每次穿越5个山脊之一时发生的地貌特征，并解释这些地貌特征是如何形成的。

5. 在最近250万年间，巨型冰盖（大陆大小的冰川）多次形成，并蔓延到北半球陆块的大部分区域，然后逐渐融化。a. 冰盖的形成对海平面有何影响？b. 随着冰盖的扩张，流入海洋的河流会受到何种影响？c. 当冰川冰融化时，这些河流会做出何种类型的调整？

6. 描述可能让河道变长的3种方式。河流怎样才能变短？

7. 一天，你和朋友正在讨论几个月前发生在本地某条河流上的百年一遇洪水的惨痛景象，朋友最后说道："至少我们有生之年不必再担心发生这样的事情了。"此时你应如何回应？

8. 附图卫星影像显示了2011年5月俄亥俄河和沃巴什河的部分地区。沃巴什河的基准面是什么？俄亥俄河的基准面是什么？刚才提及的任何一个基准面是否可视为终极基准面？解释理由。

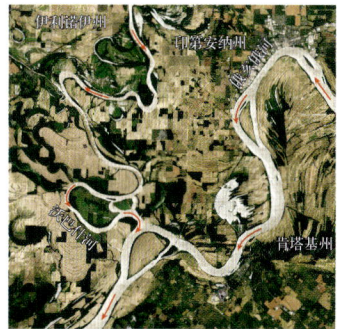

9. 附图显示了城市地区和农村地区的降雨量与峰值流量（洪水）之间的滞后时间。哪幅图（A或B）最可能代表农村地区？解释理由。

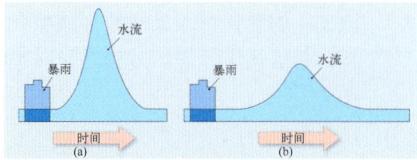

10. 建造拦洪坝是调节水流以控制洪水的一种方法。拦洪坝及其水库还可提供娱乐机会以及灌溉和水力发电用水。附图拍摄于亚利桑那州的佩奇附近，显示了格伦峡谷拦洪坝（位于科罗拉多大峡谷中的科罗拉多河上游）及其形成的水库即鲍威尔湖的一部分。**a**. 河流行为如何改变鲍威尔湖上游？**b**. 在拦洪坝下方，科罗拉多河下游的行为会受到怎样的影响？**c**. 若时间足够，该水库可能发生何种变化？**d**. 推测修建这样一座拦洪坝对环境造成的影响。

地球之眼

1. 在阿肯色州，怀特河（曲流河）是密西西比河的支流。**a**. 在附图中，怀特河的颜色为褐色，这种颜色源于河流负荷中的哪部分？**b**. 如箭头所示，若狭窄的陆地颈处形成了河道，则河流的河床比降会如何变化？**c**. 这种河道的形成如何影响流速？

2. 萨蒙河的中福克流经艾奥瓦州中部的一片荒野，全长约为175千米。**a**. 该河流是在冲积河道中还是基岩河道中流动？解释理由。**b**. 这里的主导过程是河谷加深还是河谷展宽？**c**. 附图中所示区域更可能靠近河口还是靠近河源？

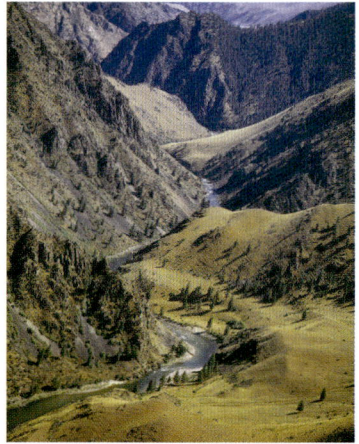

3. 附图卫星影像显示了育空河三角洲。这条河发源于加拿大不列颠哥伦比亚省北部，流经育空地区，穿过阿拉斯加州冻土带，长途跋涉近3200千米，最后进入白令海。**a**. 解释该河流跨越三角洲时为何会分流成多条河道。**b**. 何种术语适用于跨越整个三角洲的放射状河道？**c**. 注意观察三角洲周围水域中的泥沙云，这些泥沙更可能是砂和砾石还是粉粒和黏土？解释理由。**d**. 物质云沉降到海底且三角洲进一步向白令海中延伸后，这些泥沙会变成三角洲的哪些层？

第17章 地下水

新西兰蒂马鲁附近的落水洞。这些漏斗洼地形成于酸性地下水侵蚀石灰岩

新闻中的地质：落水洞吞噬掉佛罗里达州的多栋房屋

2017 年 7 月 14 日，在美国佛罗里达州蓝多湖中，当一个大型落水洞突然形成时，两栋房屋被吞噬。几天后，随着漏斗洼地变得越来越大，又有 5 栋房屋濒临绝境。这是美国近 30 年来形成的最大落水洞。

落水洞的形成通常较为缓慢，因此地表洼地会随着时间的推移而逐渐发育，佛罗里达州许多湖泊实际上占据了这样的洼地。但是，蓝多湖中出现的落水洞类型则不仅突然，还特别壮观且危险，具体成因如下：酸性地下水在下伏石灰岩中形成溶洞，随着溶洞变得越来越大，顶板最终无法支撑上方岩石、土壤及房屋的重量，突然发生坍陷。

溶洞顶部坍塌时突然形成落水洞

在坦帕以北约 32 千米处，有个区域常被称为落水洞巷，蓝多湖即位于此。佛罗里达州特别容易出现落水洞，因为该州大部分地区下伏有石灰岩。在亚拉巴马州、密苏里州、得克萨斯州和田纳西州，情况也是如此。根据美国地质调查局的数据，在最近 15 年间，落水洞破坏造成的全美国经济损失至少达到 3 亿美元/年。

虽然落水洞是自然现象，但是人类活动也能促进其发育，例如抽取过量地下水会降低地下水的支撑力度，导致部分溶解的石灰岩及其上覆土壤发生坍陷。

学习目标

17.1　描述地下水作为淡水水源的重要性，以及作为地质营力的作用。

17.2　准备一幅地下水分布状况汇总图（带标注信息），讨论导致地下水面发生变化的各种因素，描述地下水与河流之间的相互作用。

17.3　总结地下水赋存和运动的影响因素，讨论如何测量地下水运动及其不同运动规模。

17.4　讨论水井及其与地下水面的关系，绘制并标注简单自流系统。

17.5　区分泉、温泉和间歇泉。

17.6　列举并讨论与地下水相关的重要环境问题。

17.7　解释溶洞的形成和喀斯特地貌的发育。

地下水是全球主要水源，大量隐藏在岩石及土壤的裂隙和孔隙中，几乎遍布于地表之下的各处。地下水是一种宝贵的自然资源，为人类提供了约半数饮用水，对农业和工业活动至关重要。除了直接用途，在维持各降水事件之间的水流方面（特别是在长期干旱期间），地下水发挥着无可替代的作用。许多生态系统依赖于排入河流、湖泊和湿地的地下水。有些地区大规模开发地下水，使得地下水位下降，导致缺水、河流干枯、地面沉降及抽水成本增大。在有些地方，地下水污染问题也比较严重。

17.1　地下水的重要性

描述地下水作为淡水水源的重要性，以及作为地质营力的作用。

地下水是最重要和最广泛可用的资源之一，但是对于地下水赋存的地下环境，人类的理解往往并不清晰，也不正确。这是因为除了溶洞和矿山，地下水环境大部分隐藏在人类的视野之外，人们从这些地下开口处获得的感知具有误导性。地表观测给人的印象是地球呈固态，因此当人们进入溶洞时，即使看到水流似乎在切入坚固岩石的河道中流动，这种观点仍然会存在。

由于这种观测结果，许多人认为地下水仅在地下河流中存在。实际上，大部分地下环境根本不呈固态，土壤及沉积物颗粒之间存在着无数微小孔隙（pore space），基岩中存在着大量狭窄的节理和裂隙，这些空间合并后的体量极大，地下孔隙被水饱和之处赋存的水称为地下水（groundwater）。正是在这些微小空隙中，地下水不断地汇集和运动。

17.1.1　地下水和水圈

当考虑整个水圈或所有地球水时，地下水仅约占 0.6%，但是赋存在地下岩石及沉积物中的这一小部分地下水的绝对数量却极其庞大。若将海洋排除在外且仅考虑淡水来源，则地下水的重要性会变得更明显。

图 17.1 给出了水圈中的淡水分布数据，冰川冰的体积最大，地下水次之（淡水总量占比略高于 30%）。但是，若不考虑固态冰而只考虑液态淡水，则地下水约占 96%。毫无疑问，地下水是可供人类便捷利用的最大淡水库，在经济和人类福祉方面的价值不可估量。

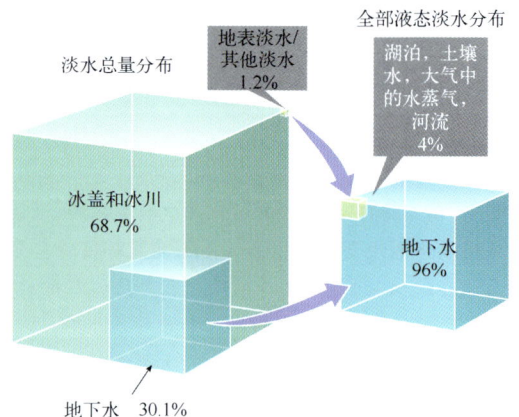

图 17.1　地球上的淡水。地下水是液态淡水的主要储库

17.1.2　地下水的地质意义

从地质意义上讲，地下水是一种重要的侵蚀营力。地下水的溶解作用会缓慢地清除可溶性岩

石（如石灰岩），形成称为落水洞（sinkhole）的地表洼地（见本章章首的照片）以及地下溶洞（见图17.33）。本章最后一节介绍与地下水相关的各种地貌。地下水也是一种重要的河水流量均衡器，河水大多不来自雨水和融雪的直接径流，而来自渗入地面后的降水。因此，地下水是一种储水形式，在不下雨时支撑着河流。当在干旱时期看到河水流动时，一定要知道这是曾经赋存在地下的早期降水。

17.1.3　地下水：一种基本资源

水是生命的基础，被称为生物圈和人类社会的血液。美国人平均每天消耗约3060亿加仑淡水，根据美国地质调查局的数据，这些淡水中约75%来自地表水，其余25%来自地下水（见图17.2）。地下水的优势之一是其几乎遍布各地，因此在缺乏可靠地表水源（如湖泊和河流）的地方经常可以利用。在地下水系统中，水赋存在地下孔隙和裂隙中。部分水从井中被抽出后，相连的孔隙和裂隙会发挥管道作用，支持更多的水从水文系统中的其他部分逐渐运移到抽水地点。

1．地下水的主要用途

美国地质调查局确定了几种类别的地下水（见图 17.2），其中灌溉用地下水比所有其他用途的总和还要多，如图 17.3 所示。美国的灌溉土地面积近 243000 平方千米，几乎相当于整个怀俄明州。绝大多数（75%）灌溉土地位于美国西部 17 个相邻州，这些地区的年降水量通常低于50 厘米，约 43% 的灌溉用水来自地下水。

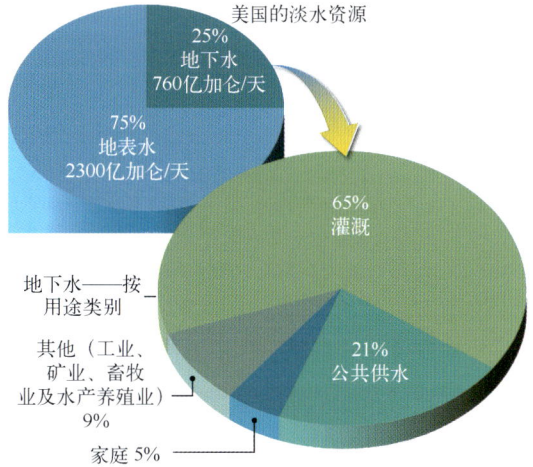

图 17.2　淡水的来源和用途。美国人每天消耗约3060亿加仑淡水，地下水几乎占总量的1/4，灌溉用地下水比所有其他用途的总和还多

图 17.3　灌溉是美国地下水的首要用途。若没有地下水灌溉，在加利福尼亚州圣华金谷种植棉花应当不可能。将灌溉过的田地与背景中的山丘进行对比

在公共和家庭用途中，主要包括室内生活用水、室外生活用水和商业用水。常见室内用途包括饮用、烹饪、洗浴、洗衣服、洗碗及冲厕所，普通美国家庭每天消耗的室内用水量如图17.4所示。主要室外用途是给草坪和花园浇水。家庭用水可以来自公共供水，也可以自行供水（注：根据美国地质调查局的数据，公共供水是指供应商为至少25人供水或至少安装15个供水口而抽取

的水）。实际上，几乎所有（98%）自行供水者均依赖于接入当地的地下水供应水井。

水产养殖是另一种主要用途，包括鱼类孵化场、养鱼场和贝类养殖场的用水。许多采矿作业需要大量用水，工业生产过程（炼油以及化学品、塑料、纸张、钢铁和混凝土的制造）也需要大量用水。

2．用水趋势

美国的用水状况正在如何变化？答案是用水需求正在增长！由于人口增多，需要制造更多的工业产品以及种植更多的粮食作物（因此灌溉需求增加），但是美国的用水总量却并未上升。1980 年，当美国人口总量为 2.296 亿时，日均用水量为 830 亿加仑。2010 年，人口总量增长了 36%（达到 3.13 亿人），但是日均用水量却降至 760 亿加仑，努力节水和提高用水效率显然产生了积极影响。虽然如此，但并非所有地方的用水趋势均积极乐观，正如本章后面所述，因为地下水的开采量多于补给量，所以有些地方的地下水资源量正在减少。

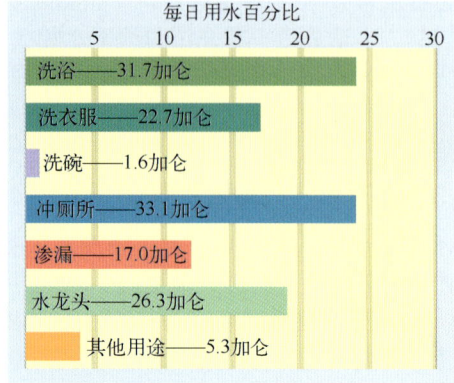

图 17.4 美国家庭如何用水。图中显示了普通美国家庭的每天室内用水情况。通过安装更高效的供水设备，以及定期检查漏水情况，家庭用水量可能会明显减少

概念回顾 17.1

1. 地下水占地球上淡水供应总量的百分比是多少？
2. 在地球上的液态淡水中，地下水所占的比例是多少？
3. 列举地下水发挥的两种地质作用。
4. 在美国的淡水中，地下水所占的比例是多少？地下水的最大用途是什么？

17.2 地下水和地下水面

准备一幅地下水分布状况汇总图（带标注信息），讨论导致地下水面发生变化的各种因素，描述地下水与河流之间的相互作用。

当降雨落在地球陆地表面时，部分雨水形成径流，还有部分雨水通过蒸发和蒸腾作用返回大气，剩下的雨水则渗入地表之下，最后这条路径几乎是所有地下水的主要来源。基于时间和空间的差异，每条路径的水量存在很大的变化，具体影响因素包括：斜坡的陡度；地表物质的性质；降雨的强度；植被的类型和数量。例如，当暴雨落在下伏不透水物质的陡峭斜坡上时，较高比例的雨水明显会形成径流。与此相反，当雨水平稳且温和地落在由容易被水渗透的物质构成的平缓斜坡上时，更高比例的雨水会渗入地下。

17.2.1 地下水的分布

有些渗入地下的雨水并不会移动太远，因为会被分子吸引力吸附为土壤颗粒上的表面膜，这个近地表区域称为土壤水带（zone of soil moisture）。土壤水带中纵横交错着植物根系、根系腐烂后的残留孔洞以及动物和蠕虫的洞穴，导致雨水向土壤中的下渗作用增强。土壤水被植物用于生命功能和蒸腾作用，有些水也直接蒸发回大气中。

未被吸附为土壤水的水分继续向下渗透，直至抵达沉积物和岩石所有空隙中完全充满水的区域（见图 17.5），称为饱水带/饱和带（zone of saturation）或潜水带（phreatic zone）。饱水带中的水称为地下水（groundwater），饱水带的上限称为地下水面/潜水面（water table）。在从地下水面向上延伸的毛细水带（capillary fringe）中，地下水受控于土壤（或沉积物）颗粒之间微小通道中的表面张力。地下水面之上的区域（包括毛细水带和土壤水带）称为非饱和带（unsaturated zone）或包

气带（vadose zone），这个带的孔隙中既有空气又有水。虽然包气带中可能含有相当多的水，但是这些水与岩石及土壤颗粒之间的吸附特别紧密，因此无法通过井进行抽取。相比之下，在地下水面之下，水压大到足以让水流入井，因此能够开采和利用地下水。本章后面将详细介绍井。

17.2.2 地下水面的变化

地下水面（饱水带的上限）是地下水系统的极重要特征，对于预测井的出水量、解释泉和河流的流量变化以及湖泊水位的涨落非常重要。地下水面的深度变化范围很大，从0（饱水带位于地表时）到地下数百米（某些地点）不等。地下水面的重要特征之一是其形态随着季节和年份的变化而变化，因为地下水系统中的新增水量与降水量、降水分布和降水时间密切相关。

图17.5 地表之下的水。地下水面的形状通常对应于地表地形。在干旱期，地下水面下降，水流数量减少，部分井干涸

1．监测和制图

除非地下水面位于地表，否则无法对其进行直接观测。但是，通过检查井中的水位，可对地下水面的标高进行制图和详细研究（见图17.6）。为了提供关于地下水位的统计数据，美国地质调查局和各州机构维护与监测了分布广泛的观测井网络，这些数据是揭示地下水面的制图基础。地下水面很少为水平面（见图17.7），其形状通常对应于地表地形，最高水面位于山丘下方，进入河谷后水面降低（见图17.5），遇到湿地（沼泽）时则刚好位于地表，湖泊和河流通常占据地下水面位于陆地表面之上足够低的区域。

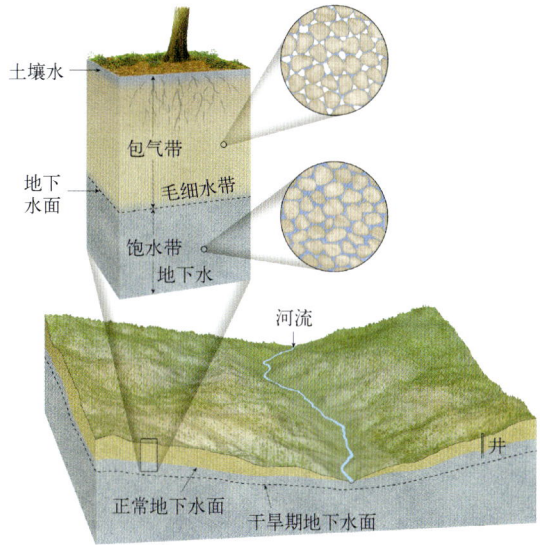

图17.6 地下水面监测。观测井的水位测量是基本且重要的数据源。曲线图显示了地图上高亮显示井的数据

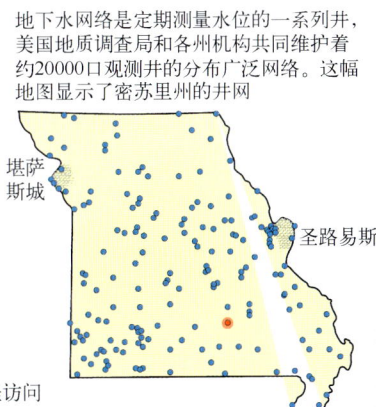

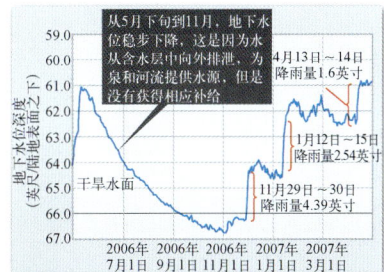

地下水网络是定期测量水位的一系列井，美国地质调查局和各州机构共同维护着约20000口观测井的分布广泛网络。这幅地图显示了密苏里州的井网

地下水位数据能够远程访问

从5月下旬到11月，地下水位稳步下降，这是因为水从含水层中向外排泄，为泉和河流提供水源，但是没有获得相应补给

4月13日～14日 降雨量1.6英寸

1月12日～15日 降雨量2.54英寸

11月29日～30日 降雨量4.39英寸

干旱水面

阿克斯观测井（位于密苏里州香农县）的地下水补给和排泄。在春季和秋季之间，在这口井以及这个地区的许多其他井中，地下水面的高度稳步下降，这是因为这几个月期间的补给量很低。但是，水继续通过含水层供应该区域中的泉和河流，即使在干旱年份也能保持流动

地下水面的表面形态不规则，主要由几种因素导致，最重要的因素是地下水的运动速率非常缓慢，且在不同条件下的运动速率存在差异。因此，水趋于堆积在河谷之间较高区域的下方。若降雨完全停止，则这些地下水面山丘会缓慢消退，进而逐渐接近河谷的水位。但是，新的雨水供应通常会频繁地增加补给，进而阻止这种状况的发生。然而，在长期干旱时，地下水面可能下降到足以令浅井干涸（见图17.5）。地下水面不均匀还有其他原因，主要是不同地区的降水量和地表渗透性存在差异。

2．地下水与河流之间的相互作用

地下水系统与河流之间的相互作用是水循环中的基本环节，这种相互作用可通过3种方式进行。河流能从经过河床流入的地下水中获得水，这样的河流称为盈水河/潜水补给河（gaining stream），如图17.8a所示。要形成盈水河，地下水面的高程必须高于河流表面的水位。相反，通过经由河床向地下水系统中流出，亏水河/渗失河（losing stream）会失去水（见图17.8b和图17.8c）。要形成亏水河，地下水面要低于河流表面。

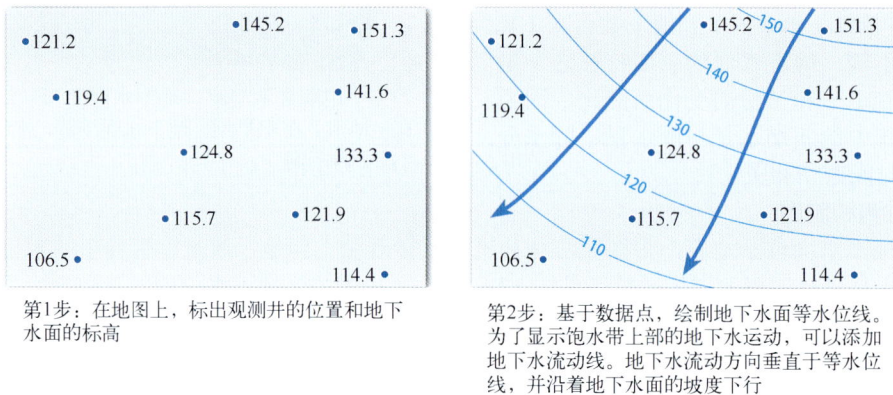

第1步：在地图上，标出观测井的位置和地下水面的标高

第2步：基于数据点，绘制地下水面等水位线。为了显示饱水带上部的地下水运动，可以添加地下水流动线。地下水流动方向垂直于等水位线，并沿着地下水面的坡度下行

图17.7　地下水面制图。地下水面与观测井中的水位保持一致

第三种可能性是前两者的组合，即河流在某些河段盈水，在另外一些河段亏水。此外，当暴风雨增加河岸附近的水量时，或者当临时洪峰沿河道向下运动时，流动方向可能会在短时间内发生变化。

亏水河可能通过连续饱水带连接到地下水系统，也可能通过包气带与地下水系统断开连接（见图17.8b和图17.8c）。当河流与地下水系统断开连接时，若水流穿过河床和包气带的速率快于地下水从隆起位置离开的速率，则地下水面可能在河流下方形成明显的隆起。

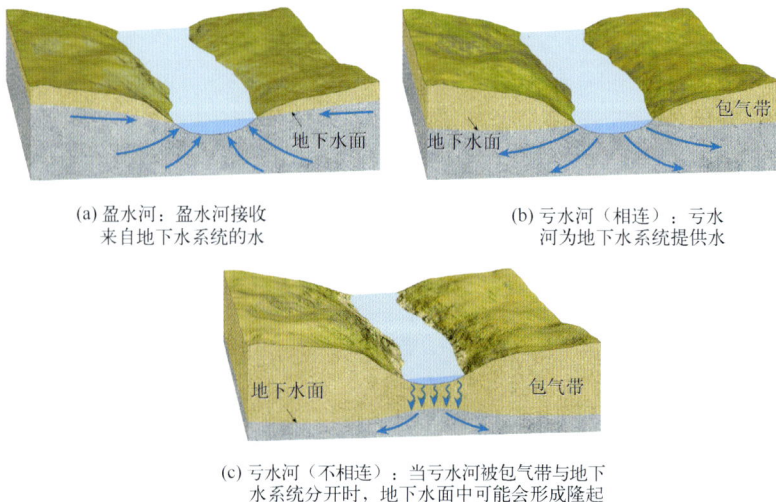

(a) 盈水河：盈水河接收来自地下水系统的水

(b) 亏水河（相连）：亏水河为地下水系统提供水

(c) 亏水河（不相连）：当亏水河被包气带与地下水系统分开时，地下水面中可能会形成隆起

图17.8　地下水系统与河流之间的相互作用

在大多数地质背景和气候条件下，地下水对河流都有一定的水流贡献。即使河流主要流向地下水系统的亏水位置，某些河段在某些季节也能接收地下水流入。针对美国各地 54 条河流的一项研究表明，52% 的河水来自地下水，地下水的贡献率最低为 14%，最高达 90%。地下水也是湖泊和湿地的主要水源。

> **概念回顾 17.2**
> 1. 当降雨落在陆地上时，哪些因素会影响渗流水量？
> 2. 定义地下水，并将其与地下水面进行关联。
> 3. 一般而言，地下水面是否为平面？解释理由。
> 4. 比较盈水河与亏水河。

17.3 地下水的赋存和运动

总结地下水赋存和运动的影响因素，讨论如何测量地下水运动及其不同运动规模。

地下水的可用性不仅取决于饱水带中赋存的水量，还取决于地下水穿越地下环境的运动能力。哪些因素会影响地下水的赋存和运动？地下水运动的基本性质是什么？本节讨论这些基本问题。

17.3.1 影响因素

地下物质的基本性质强烈影响着地下水的运动速率及可赋存的地下水数量，孔隙度和渗透性是特别重要的两种因素。

1. 孔隙度

由于基岩、沉积物及土壤含有大量空隙（或孔洞），水分才能渗入地表之下。这些空隙与海绵中的蜂窝状小孔相似，常称孔隙（pore space）。地下水的可赋存数量取决于物质的孔隙度（porosity），即孔隙体积在岩石（或沉积物）总体积中所占的比例（见图 17.9）。孔隙最常见于沉积颗粒之间，也常见于节理、断层、可溶性岩石（如石灰岩）溶解形成的空腔以及气孔（熔岩中气体逃逸后的残留孔洞）中。

孔隙度的变化范围可能非常大。沉积物中的孔隙通常相当多，开放空间可能占沉积物总体积的 10%～50%。孔隙度取决于颗粒的大小、形状、堆积方式和分选程度，以及沉积岩中的胶结物数量。例如，黏土的孔隙度可能高达 50%，有些砾石的孔隙度则可能仅为 20%。

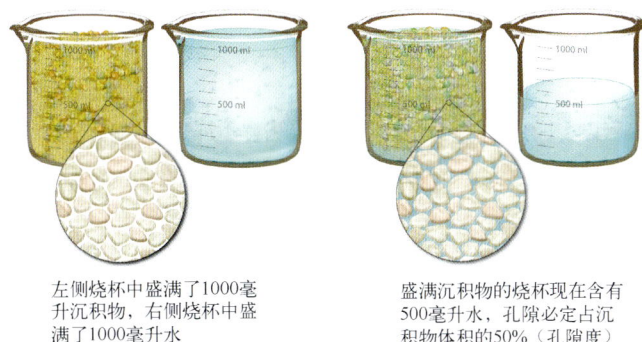

左侧烧杯中盛满了 1000 毫升沉积物，右侧烧杯中盛满了 1000 毫升水

盛满沉积物的烧杯现在含有 500 毫升水，孔隙必定占沉积物体积的 50%（孔隙度）

图 17.9 孔隙度演示。孔隙度是孔隙体积在岩石（或沉积物）总体积中所占的比例

当沉积物分选差时，由于较细颗粒趋于填充较粗颗粒之间的缺口，孔隙度下降。大多数火成岩和变质岩以及部分沉积岩均由紧密互锁的晶体构成，因此颗粒之间的空隙可忽略不计。在这些岩石中，裂隙（裂缝）必定会提高孔隙度。

2. 渗透性

仅凭孔隙度无法衡量一种物质的地下水产出能力，因为虽然岩石（或沉积物）可能非常多孔，但不一定允许水分顺利穿越。要让水分流过，各孔隙必须相连，且孔隙大小必须够大。因此，物质的渗透性（permeability）即传输流体的能力也非常重要。

地下水通过蜿蜒穿越相互连接的小型孔隙网运动，孔隙越小，地下水的运动速率就越慢。例如，虽然黏土沉积因孔隙度较高而导致的蓄水能力很大，但是由于孔隙很小，导致水分无法移动穿越，因此可以说黏土是不透水的。

3. 隔水层和含水层

阻碍（或阻止）水分运动的不透水层称为隔水层/弱透水层（aquitard），常见示例如黏土［注：隔水层（aquifuge）和弱透水层（aquitard）是含义相近的两个不同概念，本书中虽然采用 aquitard，但实际上是指隔水层］。另一方面，较大颗粒（如砂或砾石）含有较大的孔隙，因此水分能相对容易地穿越。自由输送地下水的透水岩层（或沉积物）称为含水层（aquifer），常见示例如砂和砾石。

总之，孔隙度不总是可赋存为地下水的地表水数量的可靠指南，渗透性在决定地下水的运动速率以及井中可能抽取的水量方面具有重要意义。

17.3.2 地下水如何运动

大气水和地表水的运动相对容易看到，但是地下水的运动则不然。本章开始部分曾提到一种常见的误区，认为地下水赋存在类似地表河流的地下河流中。虽然地下河流（暗河）确实存在，但却不常见，而如前几节所述，地下水赋存在岩石及沉积物的孔隙和裂隙中。因此，与地下河流可能引发的任何快速流动印象相反，大多数地下水在孔隙之间的流速极其缓慢。

1. 简单地下水流系统

利用被运动中的地下水饱和的三维地球物质体，图 17.10 描绘了地下水流系统的一个简单示例，地下水沿着流动路径，从补充地下水的补给区（recharge area）移动到地下水流回地表处河流沿线的排泄区（discharge area）。地下水排泄也发生在泉、湖泊或湿地以及沿海区域（当地下水渗入海湾或海洋时）。蒸腾作用是地下水排泄的另一种形式，可见于根系延伸到地下水面附近的植物。将地下水抽取到地表的井是人工排泄区。

地下水运动的驱动能量由重力提供，在重力作用下，水从地下水面较高的区域运动到地下水面较低的区域。虽然有些水沿着地下水面斜坡的最直接路径向下运动，但是大部分水都流经漫长而弯曲的路径。

如图 17.10 所示，地下水从所有可能的方向渗入河流，有些路径明显逆着重力向上翻转，然后从河道底部进入。这很容易解释：越进入饱水带深处，水压就越大。因此，饱水带中的水遵循着一种环状曲线，这可能是重力的向下拉动与地下水向压力减小区域运动的趋势之间的折中。因此，对任何给定高度的水而言，山丘下的压力均大于河道下的压力，且趋于朝压力较低的地点迁移。

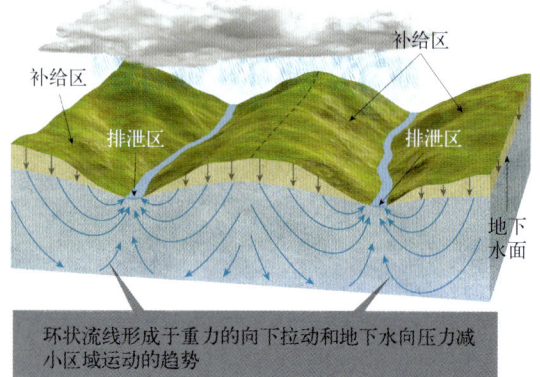

图 17.10 地下水的运动。箭头显示了穿过均匀可渗透物质的地下水运动路径

2. 地下水运动的测量

19 世纪中期，根据法国科学家和工程师亨利·达西的工作，人们开启了对地下水运动的现代理解。达西进行的一项实验表明，地下水的流速与地下水面的坡度成正比：坡度越陡，流速就越快（因为坡度越陡峭，两点之间的压差就越大）。地下水面的坡度称为水力梯度/水力坡降（hydraulic gradient），它表示为

$$水力梯度 = \frac{h_1 - h_2}{d}$$

式中，h_1 是地下水面上第一个点的高程，h_2 是第二个点的高程，d 是两点间的水平距离（见图 17.11）。

达西还利用不同物质（如粗砂和细砂）进行实验，测量水流穿过以不同角度倾斜且充满泥沙的圆筒的流速。他发现流速随着泥沙的渗透性变化：与渗透性较低的物质相比，地下水流穿越渗透性较高泥沙时的流速更快。他定义了一个系数，称为渗透系数/水力传导系数（hydraulic conductivity），这个系数综合考虑了

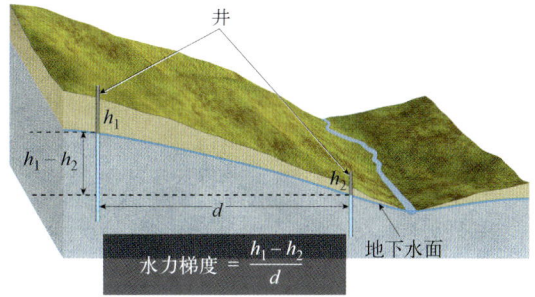

图 17.11　水力梯度。测量出地下水面上两点之间的高程差（h_1-h_2），然后除以二者之间的距离 d，即可确定水力梯度。地下水面的高度可以利用井来确定

含水层的渗透性和流体的黏度。为了确定渗透流量（Q），即指定时间内流动穿越含水层的实际水量，他使用了以下公式：

$$Q = \frac{KA(h_1 - h_2)}{d}$$

式中，$\frac{h_1 - h_2}{d}$ 是水力梯度，K 是渗透系数，A 是含水层的横截面积（即过水断面）。后来，这个表达式被称为达西定律（Darcy's law）。利用这个方程，若已知含水层的水力梯度、渗透系数和横截面积，则可计算出其渗透流量。

3. 地下水运动的规模

地下水流系统的地理范围大小不等，从几平方千米（或更小）到数万平方千米。流动路径长度也大小不等，从几米到几十千米，有时甚至长达数百千米。图 17.12 是一个假想区域的横截面，在深层地下水流系统中，上覆并连通了几个较浅的局部水流系统。地下地质特征呈现出一种复杂排列，含水层单元具有较高的渗透系数，隔水层单元具有较低的渗透系数。从图 17.12 中的顶部附近开始，蓝色箭头表示地下水面上部含水层内几个局部地下水系统中的水运动，这些地下水系统由山丘中心的地下水分水线分隔，并排入最近的地表水体。在这些最浅层系统之下，红色箭头显示了更深系统中的水运动，其中的地下水排入更远的地表水体。最后，黑色箭头显示地下水运动进入深层区域性系统，这个图形的水平规模可能大小不等，从几十千米到几百千米。

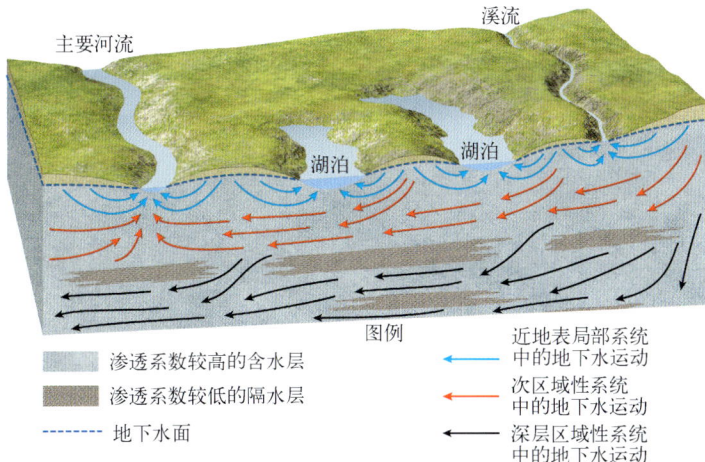

图 17.12　假想地下水流系统。图中包含了 3 个不同规模的子系统。地表地形和地下地质特征的各种变化会使情况变得更复杂。该图形的水平规模可能大小不等，从几十千米到几百千米

1. 区分孔隙度和渗透性。
2. 含水层与隔水层有何差异？
3. 何种因素导致水沿着图 17.10 中所示的路径流动？
4. 将地下水运动与水力梯度和渗透系数进行关联。

17.4 井和自流系统

讨论水井及其与地下水面的关系，绘制并标注简单自流系统。

美国有 2000 多万口各种用途水井，私人家庭水井所占份额最大（超过 80%），住宅井的数量每年新增约 50 万口。

17.4.1 井

抽取地下水最常见的方式是井（well），即钻入饱水带的孔洞（见图 17.13）。井是地下水迁移到其中的小型储水库，使其随后能够在此被抽到地表。井可追溯到多个世纪以前，至今仍然相当重要。地下水是约半数美国人的主要饮用水源，且提供了约 96% 的农村地区用水。

一年之中，地下水面可能大幅涨落，干旱期（枯季）下降，湿润期（湿季）上升。因此，为了确保持续供水，井必须穿透到地下水面之下。当从井中抽取大量地下水时，井周围的地下水面下降，这种效应称为降深/水位降低（drawdown）。随着与井之间距离的增大，降深

图 17.13 井。井是人们获取地下水最常见的方式

变小，导致地下水面中形成大致呈圆锥状的凹陷，称为降落漏斗/沉陷锥（cone of depression），如图 17.14 所示。由于降落漏斗增大了井附近的水力梯度，地下水将更快速地朝开口方向流动。对大多数小型家用井而言，降落漏斗可忽略不计。但是，当大量抽取井水用于灌溉（或工业）用途时，降深量可能相当巨大，足以形成宽且陡峭的降落漏斗。这种情况可能大大降低某个区域中的地下水面，导致附近的浅水井变得干涸，如图 17.14 所示。

在地下水为主要供应水源的区域中，打出成功水井通常具有较强的挑战性。一口井可能打到 10 米深就能成功，但是相邻井可能要打到 20 米深才能找到足够水源供应，还有一些井可能需要被迫尝试完全不同的井位。当地下物质形式多样时，即便在较短的距离内，一口井能提供的水量也可能存在较大变化。例如，当两口相邻井打到同一水位时，若仅有一口井成功出水，则可能是因为其中一口井下方存在上层滞水面（perched water table）。如图 17.15 所示，上层滞水面在隔水层坐落于主地下水面之上的位置形成。块状火成岩和变质岩提供了第二个示例，这些结晶质岩石通常不太透水（除非被许多相交的节理和裂隙切割），因此当钻入此类岩石的井不与足够裂隙的网络相交时，该井很可能效果不佳。

17.4.2 自流系统

对大多数井而言，若不使用水泵，水就无法上升。若地下水首次出现在 30 米深处，则其会保持在这个水位，随着季节性的湿季和枯季来临，水位可能涨落 1～2 米。不过，有些井中的水会上升，有时还会溢出地表，这种井在法国北部的阿图瓦地区特别多，因此人们称这些自升井为自流井（artesian）。

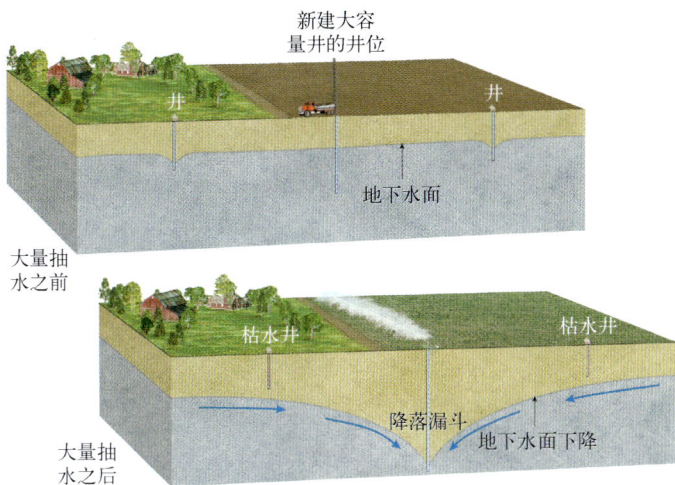

图 17.14　降落漏斗。对大多数小型家用井而言，降落漏斗可忽略不计。当大量抽取井水时，降落漏斗可能非常大，且可能降低地下水面，使得附近较浅水井变得干涸

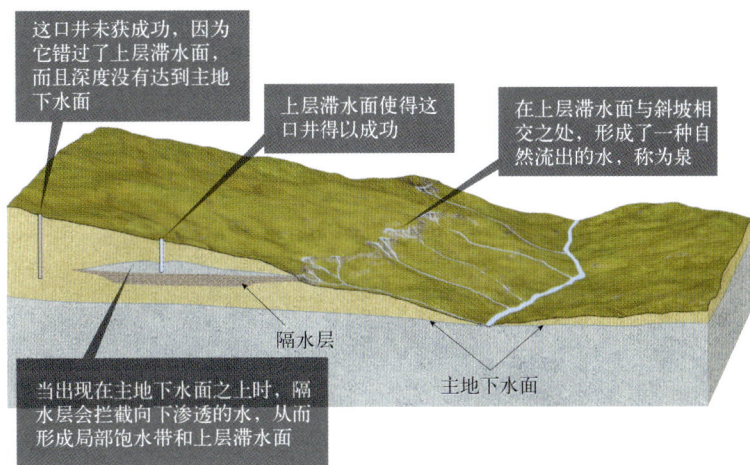

图 17.15　上层滞水面

　　术语自流适用于地下水承压时上升到含水层水位以上的任何情形。自流系统要存在，通常需要满足以下两个条件（见图 17.16）：①水被限制在倾斜的含水层中，以便一端能够接收水；②为了防止水发生逃逸，含水层上下都要有隔水层，这样的含水层称为承压含水层（confined aquifer）。当井钻入这种含水层时，含水层上部水的重量产生的压力迫使井水上升。若没有摩擦力，则井中水会上升到该含水层顶部的水位。但是，摩擦力会降低压力面（不加限制时含水层中的水应会上升到的水位）的高度，距离补给区（水进入倾斜含水层的地点）越远，摩擦力就越大，水上升的幅度就越小。

　　在图 17.16 中，1 号井是非溢出自流井（nonflowing artesian well），因为该位置的压力面低于地面。当压力面高于地面且井钻入含水层时，会形成溢出自流井/自喷井（flowing artesian well），例如图 17.16 中的 2 号井。并非所有自流系统都是井，自流泉（artesian spring）同样存在，地下水此时可能沿天然裂缝（如断层）上升并抵达地表，而非通过人工钻取的孔洞。在沙漠中，自流泉有时会形成绿洲。

　　自流系统发挥着管道的作用，常将水从遥远的补给区远距离输送到排泄区，南达科他州就存在这样一个著名的自流系统（见图 17.17）。在该州西部的黑丘侧翼沿线，一系列沉积层的边缘向上弯曲到地表，其中一个沉积层是可渗透的达科他砂岩，夹在不可渗透的其他地层之间，向东逐

渐浸入地面。当首次打穿含水层时，水从地表向上喷涌而出，形成了高达数米的喷泉，有些地点的水力足以驱动水车。但是现在，这样的场景不复再现，因为更多井（数千口）同时钻入了同一含水层，大量消耗了该储水库，降低了补给区中的地下水面。因此，压力已下降到许多井完全停止流动的程度，现在不得不利用水泵进行抽取。

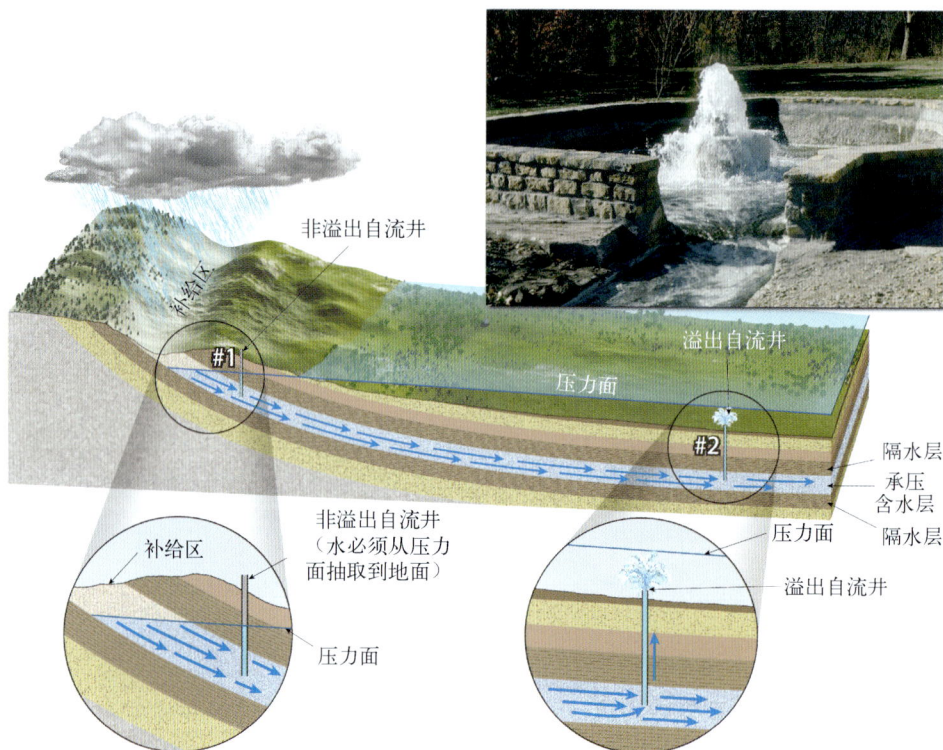

图 17.16　自流系统。这些地下水系统发生在倾斜含水层被不透水层（隔水层）包围的地方，这种含水层称为承压含水层。照片显示了一口正在流水的自流井

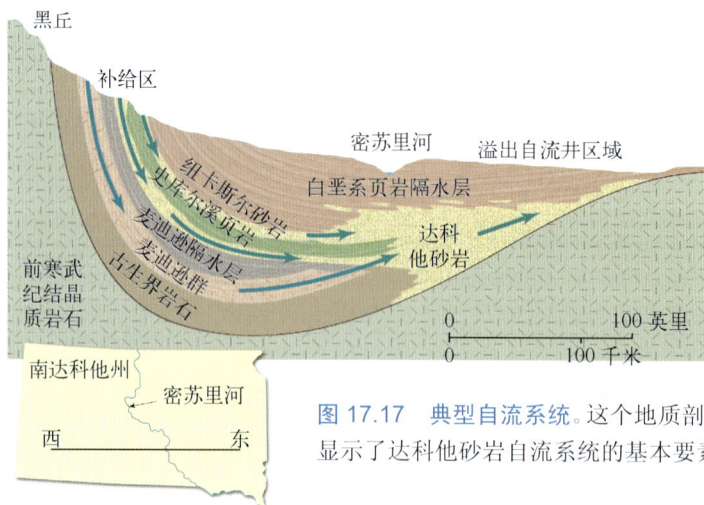

图 17.17　典型自流系统。这个地质剖面横跨南达科他州，显示了达科他砂岩自流系统的基本要素

在不同尺度上，城市供水系统可类比为人工自流系统（见图 17.18），其中泵入水的水塔代表补给区，管道代表承压含水层，家中的水龙头代表溢出自流井。

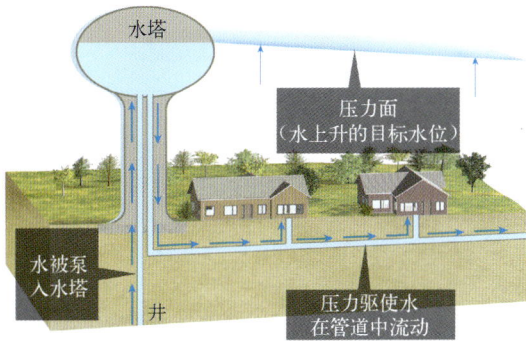

图 17.18　城市供水系统。城市供水系统可类比为人工自流系统

17.5　泉、温泉和间歇泉

区分泉、温泉和间歇泉。

本节中描述的现象经常会激发出人们的好奇心和求知欲。实际上，泉、温泉和间歇泉似乎相当神秘并不难理解，因为这种水（有时温度极高）在各种天气下都能从地面中溢出（或喷出），看似取之不尽用之不竭，但却没有明显的来源。

17.5.1　泉

直到 17 世纪中叶，皮埃尔·佩罗（法国物理学家）才推翻认为降水无法充分满足泉水和河水的数量的古老假说。佩罗用几年时间计算了法国塞纳河流域的降水量，然后通过测量河流的流量计算出了年均径流量。考虑蒸发作用造成的水分损失后，他认为还有足够的水量来供应泉。由于佩罗的开拓性努力以及许多后来人的测量结果，我们现在知道泉的直接来源是饱水带水，最初来源是大气降水。

当地下水面与地表相交时，会产生地下水的自然流出，称为泉（spring）。当隔水层阻挡地下水的向下运动并导致水横向运动时，在可渗透层出露地表的位置就可能形成泉。另一个示例如图 17.15 所示，显示了与斜坡相交的上层滞水面。

但是，泉并不局限于上层滞水面在地表产生生水流的位置，由于不同地点的地下条件差异巨大，许多地质条件能够引发泉的形成。即使是在下伏不透水结晶质岩石的区域中，透水带也可能以裂隙（或溶液通道）的形式存在。若这些开口充满水且沿斜坡与地面相交，则会形成泉（见图 17.19）。

17.5.2　温泉

温泉（hot spring）并无广为人们接受的普适性定义，常指其中的水比所在地的年均气温高 6℃～9℃。仅在美国，这样的泉就有 1000 多个。

在矿山深部和油井中，温度通常随着深度的加深而

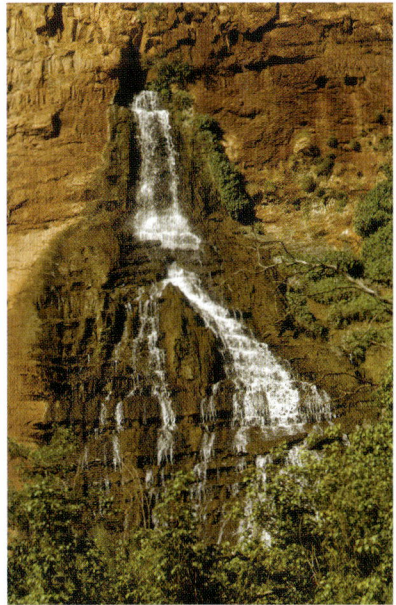

图 17.19　瓦西的天堂。泉是地下水面与地表相交时的地下水自然流出。从科罗拉多大峡谷的陡峭岩壁上冒出后，这个泉形成了一个瀑布

升高，平均可达约25℃/千米。如第4章所述，这种情况称为地温梯度（geothermal gradient）。当在地下深部循环流动时，地下水会被加热。若热水快速上升到地表，则其可能成为温泉。在美国东部，部分温泉水即以这种方式被加热，例如佐治亚州温泉康复院的温泉（富兰克林·罗斯福总统瘫痪期间的疗养地），温度始终接近32℃。阿肯色州的温泉国家公园是另一个示例，其平均水温约为60℃。

美国绝大多数（超过95%）温泉和间歇泉位于西部地区（见图17.20），因为大多数温泉的热量源是岩浆体和炽热火成岩，而西部地区发生的岩浆活动比其他地区更接近当前时期，例如黄石地区的温泉和间歇泉。

17.5.3 间歇泉

间歇泉（geyser）是间歇式温泉（或喷泉）。对喷泉（fountain）而言，水柱以不同时间间隔强力喷出，空中喷射高度经常高达30~60米。水流喷射停止后，蒸汽柱会喷涌而出，通常伴随着雷鸣般的咆哮。全球最著名的间歇泉或许是美国黄石国家公园中的老忠实泉，如图17.21所示。在黄石国家公园中，间歇泉及其他高温地貌特征具有数量众多、种类丰富且景色壮观的基本特点，这些特点无疑是使其成为美国首个国家公园的主要原因。世界其他地区也有间歇泉，特别是在新西兰和冰岛。

1. 间歇泉的成因

间歇泉出现在炽热火成岩中存在大量地下空腔之处，运行方式如图17.22所示。当进入这些空腔时，相对较冷的地下水会被围岩加热。在空腔的底部，水由于上覆水的重量而承受着巨大的压力，这种重压可防止水在正常地表温度（100℃）下沸腾。例如，在充水空腔的300米底部，水要达到近230℃才能沸腾。加热会导致水发生膨胀，因此有些水被迫从地表排出。这种水损失会降低空腔中剩余水的压力，进而导致沸点降低。在空腔内部深处，部分水快速转变为蒸汽，间歇泉随之喷发。喷发后，较冷地下水再次渗入空腔，循环过程再次开始。

2. 间歇泉的沉积

当源于温泉和间歇泉的地下水从地表流出时，溶液中的物质经常会发生沉淀，形成一种化学沉积岩堆积。在任何给定地点处沉

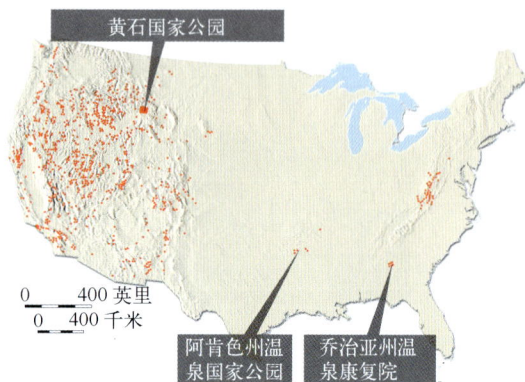

图17.20 **美国温泉和间歇泉的分布。** 可以看到西部地区较为集中，那里发生的岩浆活动最接近当前时期

图17.21 **老忠实泉。** 老忠实泉是世界上最著名的间歇泉之一，位于怀俄明州黄石国家公园内。与民间传说刚好相反，它不是每隔一时都准时喷发，而是每次喷发之间的时间跨度为65~90分钟。由于间歇泉管道中发生的变化，喷发时间间隔这些年来总体上有所增加

积的物质通常会反映水循环穿过的岩石的化学组成。当水中含有溶解二氧化硅时，泉周围会沉积称为硅质泉华（siliceous sinter）或硅华（geyserite）的物质。当水中含有溶解碳酸钙时，会沉积称为钙华/石灰华（travertine/calcareous tufa）的石灰岩形式。若该物质呈海绵状和多孔，则适用于术语钙华。

在美国黄石国家公园中的猛犸温泉处，沉积物比大多数其他地方更壮观（见图 17.23）。当热水穿过一系列通道向上流动然后从地表流出时，压力下降引发二氧化碳从水中分离并逃逸，导致水中碳酸钙出现过饱和而发生沉淀。除了含有溶解二氧化硅和碳酸钙，有些温泉还含有硫，从而使水的味道变差且气味难闻。毫无疑问，内华达州的烂蛋泉就是如此。

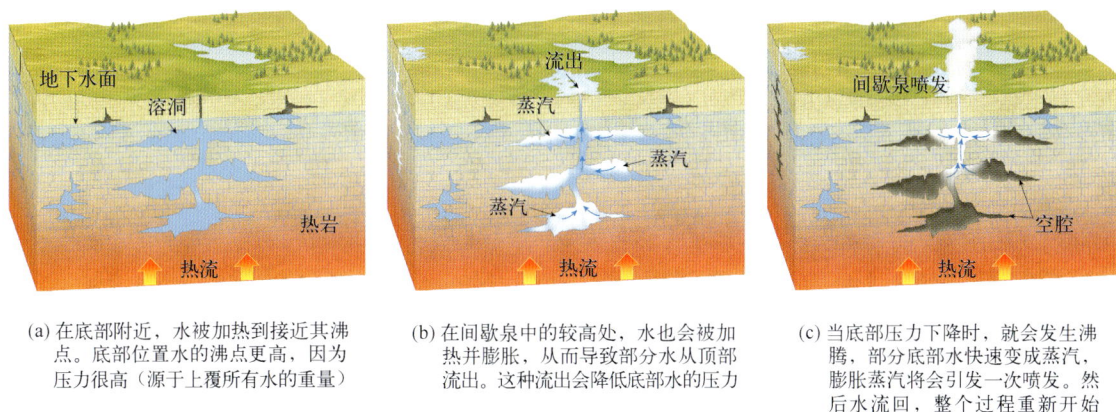

(a) 在底部附近，水被加热到接近其沸点。底部位置水的沸点更高，因为压力很高（源于上覆所有水的重量）

(b) 在间歇泉中的较高处，水也会被加热并膨胀，从而导致部分水从顶部流出。这种流出会降低底部水的压力

(c) 当底部压力下降时，就会发生沸腾，部分底部水快速变成蒸汽，膨胀蒸汽将会引发一次喷发。然后水流回，整个过程重新开始

图 17.22　间歇泉的成因。若地下管道不允许热量通过对流轻易散发，则形成间歇泉

图 17.23　黄石国家公园中的猛犸温泉。在黄石国家公园中，虽然与间歇泉和温泉相关的大多数沉积均为富硅间歇泉，但是这里的沉积由称为钙华的石灰岩形式组成

概念回顾 17.5

1. 描述引发泉形成的部分环境。
2. 在阿肯色州温泉国家公园和佐治亚州温泉康复院，何种因素导致流水升温？
3. 大多数温泉和间歇泉的热量源是什么？如何反映在这些地貌特征的分布中？
4. 描述何种因素导致了间歇泉的喷发。

列举并讨论与地下水相关的重要环境问题。

像许多其他宝贵的自然资源一样，地下水的开采速度日益加快，各种环境问题随即显现。例如，有些地区因过度利用而威胁到了地下水供应，有些地区因地下水开采而导致地面（及其上方一切）发生沉降，有些地区则担心地下水供应可能受到污染。

17.6.1 将地下水视为不可再生资源

地下水面的高度反映了补给速率与排泄和开采速率之间的平衡，任何不平衡都会导致地下水面上升（或下降）。若地下水开采量增多，或者因长期干旱而导致补给量减少，则长期失衡可能导致地下水面大幅下降（见地质美图 17.1）。

干旱是一段异常干燥的天气时期，持续时间足以造成严重水文失衡，例如农作物受损或供水短缺。至于干旱的程度，则取决于缺水程度、持续时间和受影响区域的大小。

美国西部干旱状况图（2015年4月7日）

此时，美国西部大部分地区正在经历干旱，加利福尼亚州受损最为严重。进入了干旱时期的第4年，加利福尼亚州93%以上的区域至少出现了重度干旱状况，极度干旱影响了该州近40%的地区，山区积雪（加利福尼亚州河流、湖泊及水库的水源）仅为冬季末期平均水平的19%

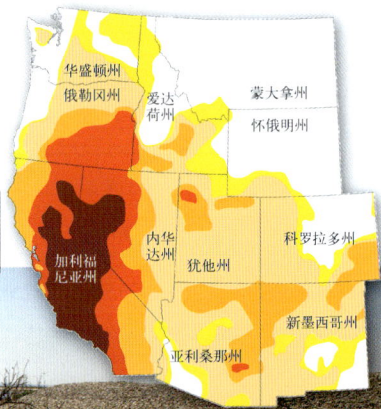

干旱程度
D0 异常干燥
D1 中度干旱
D2 重度干旱
D3 特大干旱
D4 极度干旱

对地下水的影响

由于干旱耗尽了地表水源，所以为了弥补水资源短缺，地下水的使用量飙升，许多地区的打井数量随之急剧增多。这些井不但数量更多，而且深度更深。该州近60%的用水需求由地下水满足，远高于雨雪正常的年份（40%）

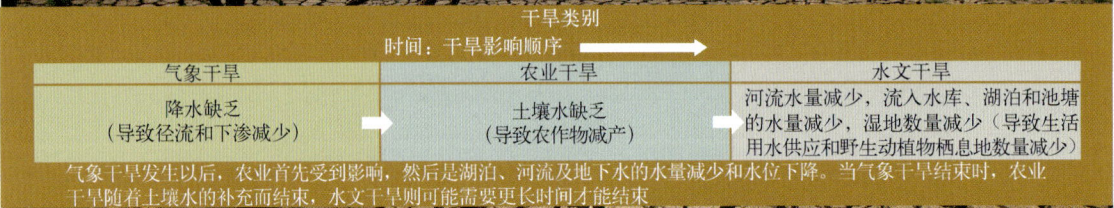

气象干旱	农业干旱	水文干旱
降水缺乏（导致径流和下渗减少）	土壤水缺乏（导致农作物减产）	河流水量减少，流入水库、湖泊和池塘的水量减少，湿地数量减少（导致生活用水供应和野生动植物栖息地数量减少）

干旱类别

时间：干旱影响顺序 →

气象干旱发生以后，农业首先受到影响，然后是湖泊、河流及地下水的水量减少和水位下降。当气象干旱结束时，农业干旱随着土壤水的补充而结束，水文干旱则可能需要更长时间才能结束

干旱、洪水和野火的经济损失比较（1980—2017年）

野火 37亿美元/次事件

洪水 43亿美元/次事件

干旱 97亿美元/次事件

虽然自然灾害（如野火和洪水）通常会引发更多关注，但是干旱同样具有破坏性，而且经常会带来更大损失。与其他短期灾害不同，干旱以逐渐蔓延的方式发生，因此很难确定其发生和结束时间

地质美图 17.1　干旱对水文系统的影响

在有些地区，由于可供补给含水层的水量远少于正在开采的水量，地下水始终（并将继续）

被视为不可再生资源。

高平原含水层提供了一个示例，如图 17.24 所示。这个含水层是美国规模最大且农业意义最重要的含水层之一，位于美国西部 8 个州的部分地区（约 45 万平方千米）之下，约占全国因灌溉用途开采的地下水总量的 30%。由于蒸发率较高且降水量适中，该含水层的雨水补给数量极少。因此，在该地区长期实施密集灌溉的某些部分中，地下水已经严重枯竭，如图 17.24 所示。

高平原含水层提供了美国 30% 的灌溉用地下水。

17.6.2　地下水开采引发地面沉降

如后所述，地表沉降可能由与地下水相关的自然过程引发，但是从井中抽水的速度快于自然过程的补给速度时，同样可能引发地面沉降。在下伏厚层松散沉积物的区域中，这种效应特别明显。随着地下水的采出，水压下降，表土层的重量转移到沉积物上，因此沉积物颗粒会更紧密地堆积在一起，最终引发地面沉降。

1．部分典型示例

在许多地区，地下水过度开采都曾引发地面沉降，例如在美国加利福尼亚州圣华金谷，部分区域地面沉降接近 9 米（见图 17.25）。其他著名示例还包括：亚利桑那州南部的部分区域（见图 17.26）；内华达州的拉斯维加斯；路易斯安那州的新奥尔良-巴吞鲁日地区；得克萨斯州的休斯敦-加尔维斯顿地区。在休斯敦与加尔维斯顿之间的低洼沿海地区，地面沉降幅度高达 1.5～3 米，导致约 78 平方千米区域被永久淹没。

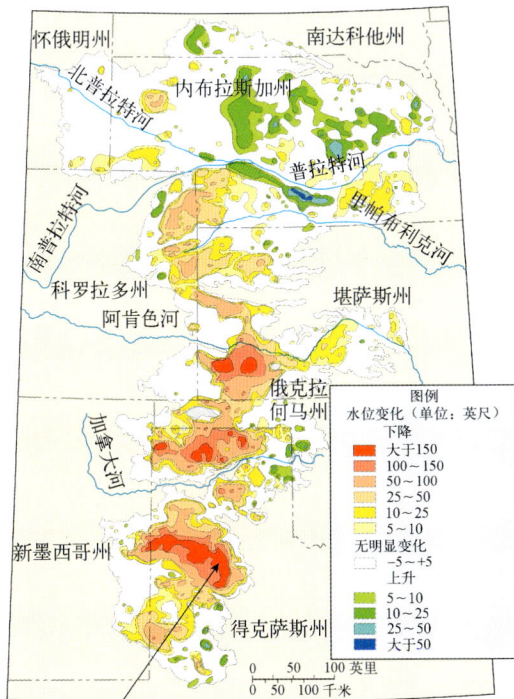

图 17.24　**高平原含水层**。图中显示了从开发前（约 1950 年）到 2013 年的地下水位变化。大量抽水灌溉导致 4 个州的部分地区的水位下降超过 45 米。在利用地表水进行灌溉的地点（如内布拉斯加州的普拉特河沿岸），水位则有所上升

在美国以外的地区，最壮观的地面沉降示例之一发生在墨西哥城（部分建在古湖床上）。20 世纪上半叶，数千口井钻入墨西哥城地下的水饱和沉积物，随着地下水的不断开采，部分城市区域沉降了 6～7 米。在有些地方，建筑物的沉降距离非常大，甚至从街道上就可直接通往过去的 2 楼。

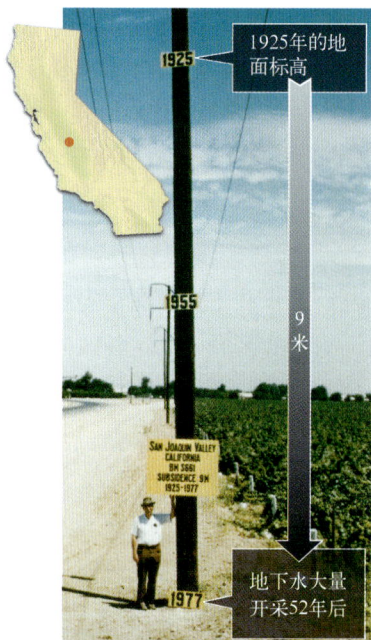

从1925年开始到1977年（照片拍摄时间）
的50年期间，圣华金谷的地面沉降了10米

图 17.25 地面沉降。 圣华金谷是重要农业区，严重依赖水利灌溉。1925—1977 年，地下水开采导致沉积物压实，引发地面沉降

图 17.26 亚利桑那州中南部的地面沉降。 在亚利桑那州南部，地下水大量开采导致地下水面最多下降 180 米，引发沉积物广泛且不均匀的永久性压实，沉降盆地边缘周围地面形成了大型地裂缝，部分乡村道路上可看到危险警告标识

2．持续干旱的影响

在图 17.27a 中，地图显示了 2016 年 1 月下旬加利福尼亚州干旱状况的范围和严重程度，该州当时已进入干旱的第五年，近 64%的地区正在经历特大干旱或极度干旱。由于异常干燥天气的持续时间较长，湖泊和水库的蓄水量严重枯竭，为了弥补用水短缺，地下水开采数量猛增。许多地区的打井数量急剧增多，而且为了抵达不断下降的地下水面，打井深度越来越深。该州近 60%的用水需求由地下水满足，远高于雨雪正常年份（最高 40%）。如图 17.27b 所示，仅在略多于 1 年的时间里，地下水面下降引发的地面沉降就高达 0.6 米。

17.6.3 咸水入侵

在许多沿海地区，地下水资源正面临着咸水侵蚀的威胁。为了理解这个问题，下面首先介绍淡水与含盐地下水之间的关系。如图 17.28 所示的沿海地区截面描绘了下伏可渗透均匀物质的这种关系，淡水因密度低于咸水而漂浮在咸水之上，形成了可延伸至海平面下相当深处的巨型透镜体。在这种情况下，若地下水面高于海平面 1 米，则淡水水体底部将延伸至海平面下约 40 米深处。换句话说，海平面以下的淡水深度约为海平面以上的地下水面高程的 40 倍。因此，当过度开采使得地下水面下降一定的数量时，淡水区的底部将上升至该数量的 40 倍。因此，若地下水的开采量持续超过补给量，则咸水的高程将在某个时刻变得足够高，导致咸水被抽入井并污染淡水供应。这种情况称为**咸水入侵/盐水入侵**（saltwater intrusion）或**咸水污染/盐水污染**（saltwater contamination），深井和近海井通常最先受到影响。

在城市化沿海地区，当自然补给率下降时，过度抽水造成的问题加剧。随着越来越多的地表被街道、停车场和建筑物覆盖，地表径流数量增多，下渗进入土壤的水量减少。

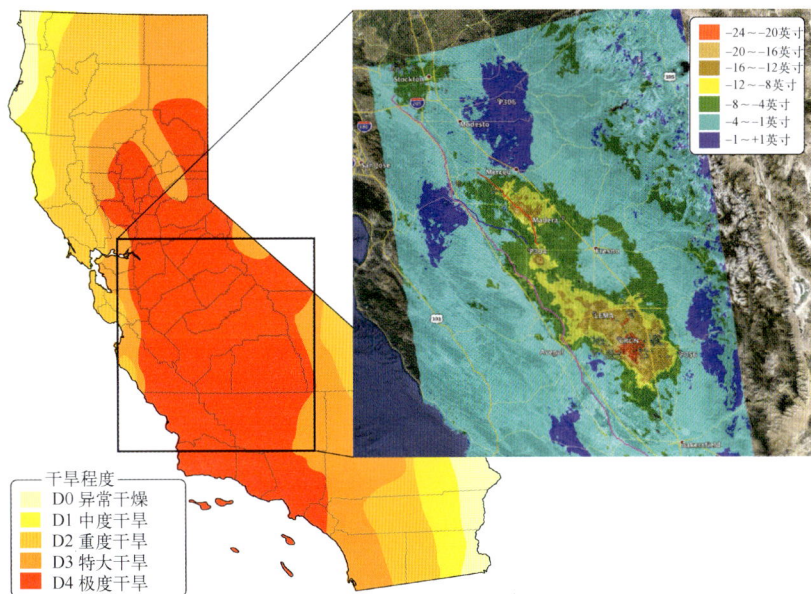

图 17.27　干旱引发地面沉降。 加利福尼亚州发生重度干旱，导致地下水用量剧增，这种过度利用降低了地下水面，引发了地面沉降。据卫星影像显示，部分地点的地面沉降高达 0.6 米

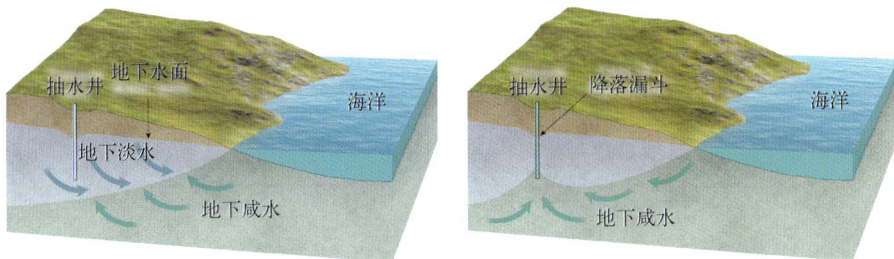

由于淡水的密度低于咸水，所以漂浮在咸水之上，从而形成可延伸至海平面下相当深处的透镜体

若过度抽水降低了地下水面，则淡水区的底部将按该数量的40倍上升，可能导致井受到咸水污染

图 17.28　咸水入侵。 在沿海地区，大量抽水可能导致咸水侵蚀，并威胁到淡水供应

为了解决地下水资源的咸水入侵问题，第一种方法是利用补注井/回灌井（recharge well）网络将废水泵送回地下水系统。第二种方法是建造大型补注池/补给池（recharge basin），收集地表排水后使其渗入地下（见图 17.29）。补注池不仅能够帮助对抗咸水入侵，还可用于需要增强下渗以防止地下水面下降的任何情形。

咸水对淡水含水层的污染是沿海地区的主要问题，但也可能威胁到非沿海地区。当古海洋覆盖现在位于遥远内陆的地方时，许多海相成因的古代沉积岩发生沉积，大量海水有时会被截留并保持在岩石中。这些地层有时含有可以抽取的大量淡水，但是若淡水的流失速率快于补给速率，则咸水就可能入侵水井而使其不再可用。这种情形威胁到了芝加哥地区的深部（寒武系）砂岩含水层的使用者，为了解决这个问题，密歇根湖的水被分配给受影响社区，以抵消含水层的抽水速率。

17.6.4　地下水污染

地下水的污染是一个严重问题，在含水层提供大部分供水的地区尤为如此。地下水污染的常见污染源是污水，具体源头包括数量日益增多的化粪池、数量不足（或破损）的下水道系统以及

农场废弃物。

若被细菌污染过的污水进入地下水系统，则其可能通过自然过程获得净化，有害细菌可能被水渗透穿过的沉积物机械过滤，或者被化学氧化破坏和/或其他生物体吸收。但是，为了净化过程发挥作用，含水层要含有正确构成。例如，渗透性极强的含水层（如高度破碎的结晶质岩石、粗砾石或孔状石灰岩）具有非常大的空隙，使得受污染地下水可能未经过滤和净化就移动较远的距离。在这种情况下，地下水的流动速度过快，且与周围物质的接触时间不够长，无法进行净化。这是图 17.30a 中 1 号井的问题。

另一方面，当含水层由砂（或透水砂岩）构成时，地下水流有时仅需穿过

雨水排放系统与补注池相连。降雨过后，雨水聚积在补注池中，然后缓慢下渗至地下水面

图 17.29　补注池。补注池拦截地表径流，并允许水渗入地下，有助于维持地下水面并防止咸水入侵。补注池用于许多地方，而不仅仅是沿海地区

几十米即可获得净化。砂粒之间的空隙大到足以让水流动，但是水流速度极其缓慢，有足够的时间进行净化（见图 17.30b 中的 2 号井）。

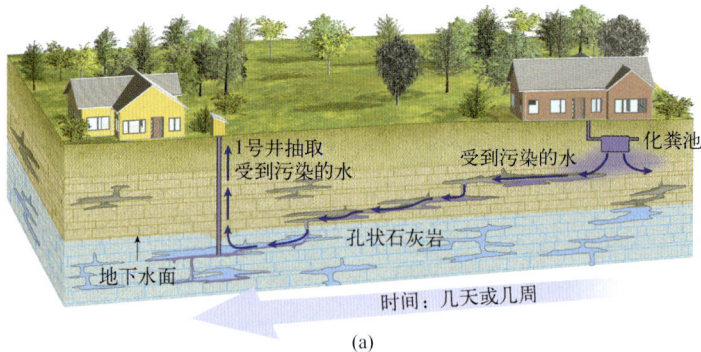

(a)

虽然受到污染的水在抵达 1 号井之前已经移动 100 多米，但是水在孔状石灰岩中的移动速度太快，因而无法获得净化

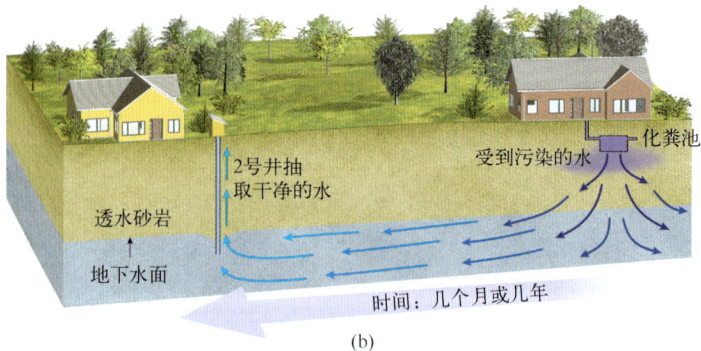

(b)

当渗透穿过渗透性较强的砂岩时，化粪池排放物的移动速度更慢，并在相对较短的距离内获得净化

图 17.30　比较两个含水层。在这个示例中，石灰岩含水层允许污染物抵达一口井，但是砂岩含水层不允许

有时，打井也可能引发地下水污染问题。若一口井抽出足够数量的水，则降落漏斗将局部增

大地下水面的坡度，原始坡度有时甚至出现反转。在这种情况下，开始大量抽水前能够获得未污染水的井就可能受到污染，如图 17.31 所示。如前所述，随着地下水面的坡度逐渐变陡，地下水的运动速率会加快。这种情形可能产生问题，因为更快的运动速率会使得水在被抽取到地表之前，在含水层中获得净化的时间更短。

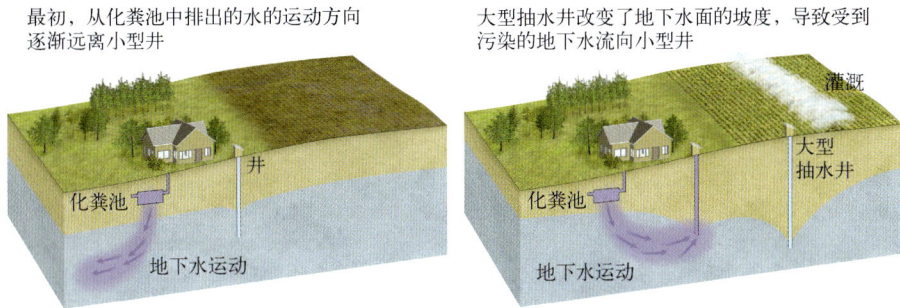

图 17.31　方向改变。大型抽水井处的降深改变了地下水面的坡度，导致小型井受到污染

其他污染源和污染类型也威胁到地下水供给，包括人们广泛使用的各种物质，例如公路用盐、遍布地表的肥料以及杀虫剂等。此外，从管道、储罐、垃圾填埋场和蓄水池中，大量化学品和工业材料可能发生泄漏，其中有些污染物被归类为危险污染物，即它们具有易燃性、腐蚀性、易爆性或毒性。在垃圾填埋场中，潜在污染物堆积在垃圾堆上，或者直接散布在地面，雨水穿过垃圾时可能溶解各种有机物和无机物。若溶滤后的物质抵达地下水面，则会与地下水发生混合，进而污染水源供给。类似问题之所以发生，可能是因为各种液态废物被处理进入浅开挖［称为蓄水池（holding pond）］发生渗漏。

由于地下水运动通常非常缓慢，受到污染的水可能在很长一段时间内未被发现。实际上，有时仅在饮用水受到影响并导致生病后，人们才会发现地下水遭到污染。这时，受到污染的水量可能非常巨大，即使立刻消除污染源，问题可能仍然无法获得解决。

虽然地下水污染的原因很多，但解决方案相对较少，一旦发现问题根源并决定解决，最常见的做法就是放弃水源供给，让污染物逐渐被水冲走。这是成本最低廉且最简单的解决方案，但含水层要保持多年不用。为了加速这一过程，人们有时会将受到污染的水抽出并处理。消除被污染的水后，允许含水层进行自然补给，或者将处理过的水或其他淡水回灌（在某些情况下）。由于无法确定所有污染物是否已去除，这个过程成本高昂、耗时且可能存在风险。显而易见，地下水污染的最有效解决方案是预防。

虽然地下水污染的原因很多，但解决方案相对较少，最有效的解决方案是预防。

概念回顾 17.6

1. 描述与在高平原南部开采地下水进行灌溉相关的问题。
2. 解释地下水被抽取到地表后，地面可能发生沉降的原因。
3. 在净化受到污染的地下水方面，以下哪种含水层最有效：粗砾石、砂或孔状石灰岩？
4. 描述在沿海地区大量开采地下水时可能出现的重大问题。

17.7　地下水的地质作用

解释溶洞的形成和喀斯特地貌的发育。

地下水溶解岩石是理解溶洞和落水洞如何形成的关键，如图 17.32 所示。可溶性岩石（特别是石灰岩）位于数百万平方千米地表之下，地下水正是在这些岩石中发挥着侵蚀营力的重要作用。石灰岩几乎不溶于纯水，但易溶于含有少量碳酸的水，大多数地下水都含有这种酸，其形成缘于雨水很容易溶解空气和腐烂植物中的二氧化碳。当地下水与石灰岩接触时，碳酸会与岩石中的方解石（碳酸钙）发生反应，形成碳酸氢钙（一种可溶性物质），然后在溶液中带走。

17.7.1 溶洞

地下水侵蚀作用的最壮观杰作是石灰岩溶洞/洞穴（cavern），仅美国就发现了约17000个这样的溶洞，且每年还有新发现。虽然大多数溶洞都相对较小，但也有一些溶洞的规模非常庞大，例如猛犸洞（位于肯塔基州）和卡尔斯巴德溶洞（位于新墨西哥州东南部）。猛犸洞系统是世界上最长的溶洞，长达540多千米的洞道相互连接。卡尔斯巴德溶洞的规模以不同方式令人印象深刻，这里发现了世界上最大（也最壮观）的单一洞室，其中大厅/洞厅的面积相当于14个足球场，且其高度足以容纳美国国会大厦。

图17.32　肯塔基州的猛犸洞地区。肯塔基州部分地区下伏石灰岩，地下水溶解形成了以溶洞和落水洞为特征的地貌景观

1. 溶洞的发育

大多数溶洞在地下水面位置（或其正下方）形成，整体位于饱水带中。在这里，酸性地下水沿着岩石中的薄弱线（如节理和层理面）运移，溶解过程会随着时间的推移而缓慢形成洞腔，然后逐渐将其扩大成为溶洞。溶解在地下水中的物质会被排泄到河流中，最终进入海洋。

在许多情况下，溶洞的发育发生在几个不同深度的面上，当前的溶洞形成活动则发生在最低高程位置。这种情况反映了主要地下洞道的形成与其流入河谷之间的密切关系。随着河流不断深切河谷以及高程下降，地下水面随之下降。因此，在地表河流快速下切时期，周围地下水位随之快速下降，溶洞洞道会被水抛弃，洞道的横截面积仍然相对较小。相反，当河流侵蚀作用缓慢（或者可忽略不计）时，就有时间形成大型溶洞洞道。

2. 滴水石的形成

当然，对大多数溶洞游客来说，最令人好奇的地貌特征是使得某些溶洞具有仙境般外观的岩层。这些岩层并非侵蚀地貌特征（如溶洞本身），而是在长期（似乎永无止境）滴水过程中形成的沉积地貌特征。由前述温泉内容可知，留下来的碳酸钙形成石灰岩，称为钙华/石灰华（travertine）。但是，这些溶洞沉积通常还被称为滴水石/滴石（dripstone），这显然是指它们的成因模式。虽然溶洞的形成发生在饱水带中，但是直到溶洞位于地下水面之上（即包气带中）时，滴水石的沉积作用才有可能发生。只要洞厅内充满了空气，溶洞建筑的装饰阶段就会开始。

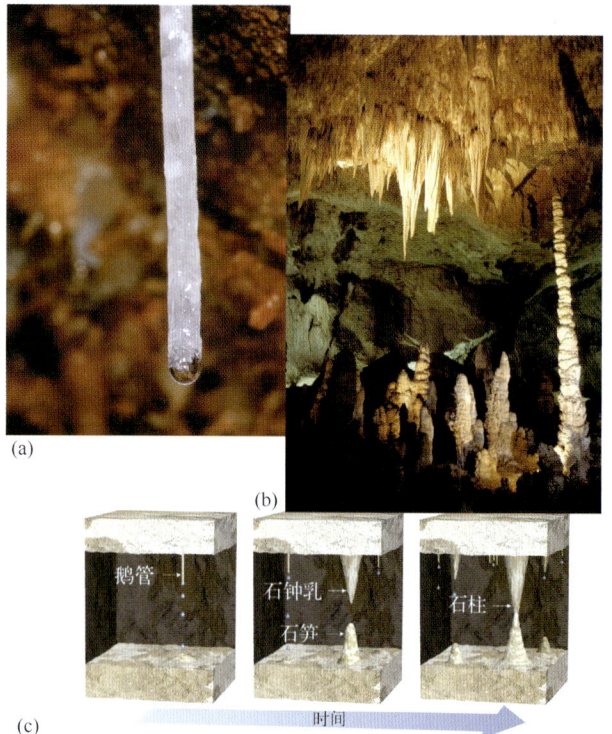

图17.33　溶洞装饰。溶洞堆积物有许多类型，包括石钟乳、石笋和石柱。(a)精致灵动的鹅管石钟乳特写，位于阿肯色州独立县清泉洞；(b)石笋和石钟乳，位于新墨西哥州卡尔斯巴德溶洞国家公园；(c)当石钟乳与石笋相连时会形成石柱

3. 滴水石地貌特征——溶洞堆积物

溶洞中可见的各种滴水石地貌特征统称溶洞堆积物/次生化学沉积物（speleothem），这些地貌特征几乎没有任何两个完全相同。石钟乳（stalactite）或许是人们最熟悉的溶洞堆积物，这些冰柱状垂饰悬挂在溶洞顶部，在水从上方裂缝中渗出的位置形成。当水接触到溶洞中的空气时，部分溶解二氧化碳会从水滴中逸出，方解石于是发生沉淀。在水滴边缘沿线，沉积作用会形成一个环形。随着水滴先后逐滴下落，每滴都会留下极其微量的方解石，逐渐形成一个中空石灰岩管。然后，水穿过该石灰岩管，在末端短暂悬浮并形成一个微型方解石环，最后掉落到溶洞底部。刚才描述的石钟乳称为鹅管（soda straw），如图17.33a所示。鹅管的中空管中经常发生堵塞或者供水量增多，水在这两种情况下都被迫流动（外溢），因此会沿着鹅管外部发生沉积。随着沉积作用的持续进行，石钟乳将呈现出更常见的锥状。

在溶洞底板上形成并向上生长延伸至顶板的溶洞堆积物称为石笋（stalagmite）。为石笋生长提供方解石的水从顶板滴下并溅落地表各处，因此石笋并不具有中心管，通常比石钟乳的底径更大且前端更圆（见图17.33b）。若时间足够长，则石钟乳（向下生长）和石笋（向上生长）可能彼此相连，形成石柱（column），如图17.33c所示。

薄层地下水膜能够顺着溶洞壁向下移动，或者沿着溶洞底板向周边移动，此时可能沉积形成多层钙华，称为流石/流水沉积（flowstone），如图17.34所示。流石最初呈现出其背后的洞壁（或底板）的形状，随着各层之间不断相互堆积，沉积物逐渐变厚且变圆，有时会呈现出称为石幔（drapery）或石帘（curtain）的薄片状，它们似乎是从溶洞壁的悬垂部分延伸出来的。

图17.34　流石。薄层水膜沿着溶洞壁和/或底板移动，沉积了逐渐堆积形成流石的薄层钙华

17.7.2　喀斯特地貌

世界上许多地区的地貌景观很大程度上由地下水的溶解力量塑造而成，这些地貌景观称为喀斯特地貌/喀斯特地形/岩溶地貌（karst topography），以斯洛文尼亚的克拉斯高原命名。该高原位于亚得里亚海东北部海岸沿线，喀斯特地貌极其发育。在美国，喀斯特地貌景观出现在下伏石灰岩的许多区域中，例如肯塔基州、田纳西州和亚拉巴马州的部分地区，以及印第安纳州南部和佛罗里达州中部及北部（见图17.35）。一般来说，干旱及半干旱地区因过于干旱而无法发育喀斯特地貌，因此若这些地区中存在这种地貌特征，则说明其很可能是多雨气候时期的残余物。

1. 落水洞

喀斯特地区通常存在不规则地形，中间散布着许多洼地，称为落水洞（sinkhole/sink），如本章章首照片所示。在佛罗里达州、肯塔基州及印第安纳州南部的石灰岩地区，这些洼地的数量高达数万个，深度为1～50米。

落水洞通常以两种方式形成。有些落水洞经过多年逐渐发育而成，对岩石没有任何物理扰动。

在这种情况下，土壤正下方的石灰岩会被刚补入二氧化碳的下渗雨水溶解。随着时间的推移，基岩地表下降，水渗入的裂缝扩大。随着裂缝规模生长变大，土壤沉降到不断变宽的空洞中，随后被下方洞道中流动的地下水清除。这些洼地通常较浅，且具有较缓的斜坡。

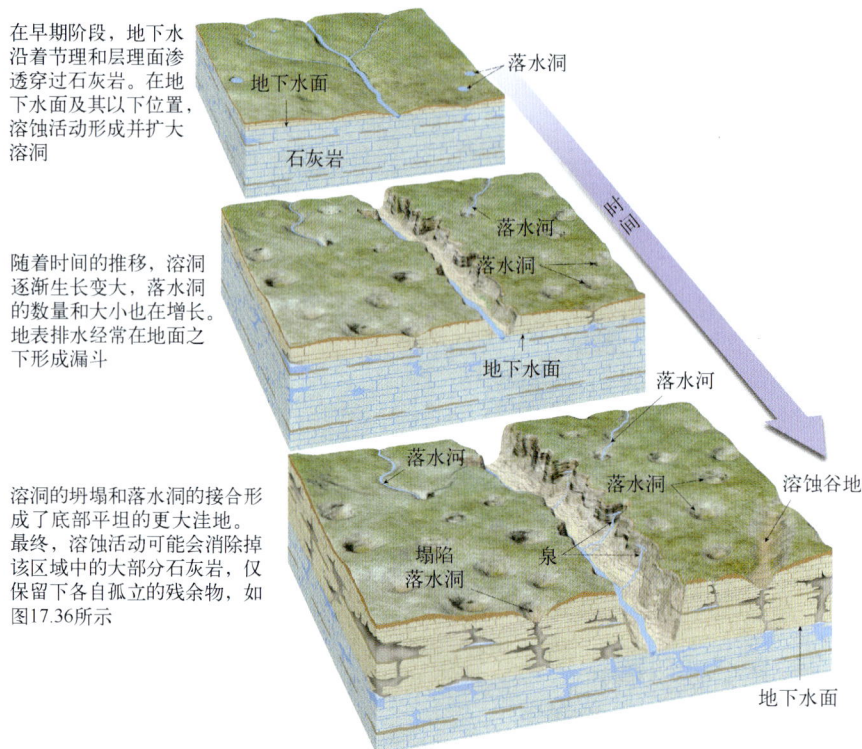

在早期阶段，地下水沿着节理和层理面渗透穿过石灰岩。在地下水面及其以下位置，溶蚀活动形成并扩大溶洞

随着时间的推移，溶洞逐渐生长变大，落水洞的数量和大小也在增长。地表排水经常在地面之下形成漏斗。

溶洞的坍塌和落水洞的接合形成了底部平坦的更大洼地。最终，溶蚀活动可能会消除掉该区域中的大部分石灰岩，仅保留下各自孤立的残余物，如图17.36所示

图 17.35　喀斯特地貌景观的发育

相比之下，当溶洞顶板在自身重力作用下发生坍塌时，落水洞可能没有任何征兆地突然形成。一般而言，以这种方式形成的洼地陡峭且较深，若在人口稠密的地区形成，则可能成为一种严重地质灾害。在本章章首的"新闻中的地质"专题中，即描述了这样一种情形。

除了地表遍布落水洞，喀斯特地区还表现出明显缺乏地表排水系统（河流）的特点。降雨后，径流通过落水洞快速渗漏并进入地下，然后流经溶洞，最终抵达地下水面。在地表确实存在河流的地方，它们的路径通常较短，河流名称经常暗示着其最终归宿的线索。例如，在肯塔基州的猛犸洞地区，就有河流称为落水河（Sinking Creek）、小落水河（Little Sinking Creek）和落水河支流（Sinking Branch）。有些落水洞被黏土和碎屑物堵塞，因此形成了小型湖泊（或池塘）。

2. 塔状喀斯特

在有些岩溶发育地区，地貌景观与本章章首照片中描绘的布满落水洞地形截然不同，例如中国南方广大地区大量存在的塔状喀斯特（tower karst）。如图17.36所示，术语塔的表述恰如其分，因为地貌景观由一系列迷宫般的突然拔地而起的孤立陡峭山丘构成，每个山丘都布满了相互连接的溶洞和洞道。这种类型的喀斯特地

图 17.36　塔状喀斯特（中国）。在中国西南部桂林地区的漓江沿岸，塔状喀斯特的发育最著名且最独特

貌形成于节理高度发育的厚层石灰岩的潮湿热带和亚热带地区，这里的地下水已溶解大量石灰岩，仅残留下这些塔状山丘。由于降雨丰沛，茂盛热带植被腐烂时还能形成更多可用的二氧化碳，喀斯特在热带气候下的发育速度更快。土壤中的过剩二氧化碳越多，可用于溶解石灰岩的碳酸就越多。喀斯特较为发育的其他热带地区包括：波多黎各部分地区、古巴西部以及越南北部。

概念回顾 17.7

1. 地下水如何形成溶洞？
2. 何种因素导致溶洞形成在某一水平面（深度）停止，但却在另一较低水平面继续（或重新开始）？
3. 石钟乳和石笋是如何形成的？
4. 描述落水洞形成的两种方式。

主要内容回顾

17.1 地下水的重要性

关键词：地下水

- 地下水是存储在地表之下的水，主要赋存于岩石之间的微小孔隙中。地下水是可供人类随时获取的最大淡水储库，也是人类文明的重要资源。
- 地下水具有重要地质学意义，因为其溶解岩石而形成落水洞和溶洞，并为地表河流提供更多水。
- 美国人日均使用约 3060 亿加仑淡水，其中地下水提供约 760 亿加仑，占总用水量的 25%。灌溉用地下水比所有其他用途的总和还要多。

问题：参考图 17.1，回答以下问题：在地球的淡水供应总量中，多少来自地下水？地球上的多少液态淡水是地下水？

17.2 地下水和地下水面

关键词：土壤水带，饱水带，地下水面，毛细水带，包气带，盈水河，亏水河

- 落在地面上的部分雨水渗入地下。通常，钻出孔洞进入地面，穿透土壤水带，然后穿过孔隙中水气并存的包气带。在地下水面正上方的毛细水带中，土壤再次变得潮湿。穿过地下水面，孔隙开始利用从饱水带中流入的水进行填充。
- 河流和地下水以 3 种方式之一相互作用：河流从地下水流入中获得水（盈水河）；河水穿过河床并流入地下水系统（亏水河）；二者兼而有之，有些河段盈水，另一些河段亏水。

问题：附图所示横截面显示了水在松散沉积物中的分布。为每个字母特征提供正确的术语。

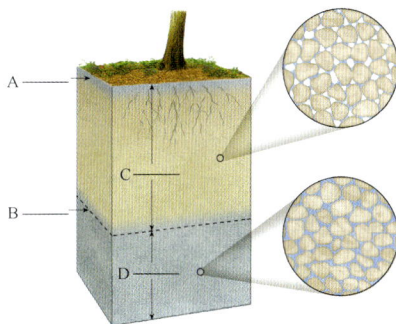

17.3 地下水的赋存和运动

关键词：孔隙度，渗透性，隔水层，含水层，补给区，排泄区，水力梯度，渗透系数，达西定律

- 物质中的可赋存水量取决于该物质的孔隙度。物质的渗透性是控制地下水运动的一种非常重要因素。
- 孔隙非常小的物质阻碍地下水运动，称为隔水层。含水层由具有较大孔隙的物质组成，可渗透且能自由传输地下水。
- 地下水在地下孔隙中缓慢流动，平均每天仅移动几厘米。在重力和压力的驱动下，它以三维体从补给区移动到排泄区，例如泉、盈水河或人工钻井。
- 通过测量地下水面的坡度（水力梯度）和沉积物或岩石的渗透性（渗透系数），法国科学家和工程师达西率先量化了地下水流动。达西定律将这些测量结果合并到一个方程中，以估计含水层中的流量。
- 在浅层和深层水位，地下水都存在短距离和长距离流动。在更靠近地表的位置，流动规模更局部；在更大深度处，流动发生在区域规模上。

17.4 井和自流系统

关键词：井，降深，降落漏斗，上层滞水面，

自流，承压含水层，非溢出自流井，溢出自流井

- 几个世纪以来，人类一直通过打井来获取地下水。当水被抽出时，紧邻井的地下水面下降。这种降深导致地下水面的表面出现一个凹坑，称为降落漏斗。若降深足够，则降落漏斗可能覆盖足够大的面积，导致相邻井干涸。

- 当地下水堆积在地下水主体之上的隔水层上时，可形成上层滞水面。地下水面的形状较为复杂，这给试图钻取生产井的人们带来了挑战。

- 自流井钻入顶面和底面均由隔水层界定的倾斜含水层。系统要符合自流条件，井中的水就要处于足够强的压力下，这样才能上升到承压含水层的顶部之上。自流井可能溢出，也可能不溢出，具体取决于压力面是位于地面之上还是位于地面之下。

问题：1900年，在南达科他州东部文索基特附近，当人们钻出这口井时，水向上喷涌了近30米高（见附图）。描述形成这个水喷泉的地下地质情况。何种术语适用于这样的井？

17.5 泉、温泉和间歇泉

关键词：泉，温泉，间歇泉

- 泉是地下水离开地面并流向地表外的自然发生现象，可能缘于上层滞水面与地表相交。

- 温泉类似于普通泉，但温度较高，将热量从地壳深部传输到地表。大多数情况下，这种热量来自相对较浅的岩浆体。

- 间歇泉是周期性喷发热水的间歇性温泉，由充满水的地下空腔提供水源。由于这种水处于一定压力下，能被加热到远高于正常地表沸点的温度。加热导致水膨胀，迫使一小部分水从泉中流出，同时降低地下压力。压力

足够低时，下部空腔中的水变成蒸汽，推进喷发作用。在喷口周边，间歇泉可能沉淀二氧化硅（或碳酸钙），形成硅质泉华（硅华）或钙华（石灰华）。

问题：附图拍摄于20世纪30年代，在佐治亚州温泉康复院的总统休养地，富兰克林·罗斯福正在泡温泉，泉水温度始终保持为近32℃。这个地区不存在最新岩浆活动历史，那么这些泉水如此温暖的原因是什么？

17.6 环境问题

- 通过以大于补给速率的速率进行抽取，地下水能够进行采矿。当地下水被视为不可再生资源时，地下水面会下降，某些情况下可能下降45米以上。

- 地下水开采会导致孔隙的体积减小，松散地球物质颗粒会更紧密地堆积在一起，沉积物体积的这种整体压实会导致地面沉降。

- 咸水污染是沿海地区附近的常见环境问题。地下淡水由于密度较低而漂浮在地下咸水之上。若开采足够淡水并降低了一定数量的地下水面，则淡水透镜体的底部将上升该数量的约40倍。深井可能开始进入更深的咸水。

- 污水、公路用盐、化肥及工业化学品会对地下水造成污染，这是令人严重关切的另一个问题。地下水一旦受到污染，问题就很难得到解决，修复费用非常昂贵，或者只好废弃含水层。

17.7 地下水的地质作用

关键词：溶洞，溶洞堆积物，石钟乳，石笋，流石，喀斯特地貌，落水洞，塔状喀斯特

- 地下水溶解岩石，保留岩石中的空洞。溶洞在饱水带中形成，但是随着地下水面的下降，它们可能出露和变干，从而可供人们进行探索。

- 滴水石是由溶洞内含有溶解碳酸钙的水滴落而沉积的岩石。溶洞堆积物（由滴水石构成的地貌特征）包括石钟乳、石笋、石柱和流石。

- 喀斯特地貌是一种独特的地貌景观类型，主

要由地表附近的石灰岩溶解而成。塌陷的溶洞显示为落水洞。在地表上流动的河流可能隐没到地下溶洞系统中，同样的水可能在其他地方像泉一样再次出现。溶解数量足够多的石灰岩后，仅会留下孤立的石灰岩顶峰，作为塔状喀斯特拔地而起。

问题：识别附图中显示的 3 种溶洞堆积物。这些溶洞堆积物是形成于饱水带中还是形成于包气带中？解释理由。

深入思考

1. 附图中的墓地位于路易斯安那州新奥尔良市，像该地区中的其他墓地一样，这里的所有墓地均位于地面之上。根据你在本章中学到的知识，指出这种不寻常做法的原因。

2. 假设在美国东部的一个平缓起伏丘陵地区，一个水分子是地下水系统的一部分。基于以下条件，分别描述该分子可能穿过水循环的一些路径：a. 它从地下抽出并灌溉农田。b. 强降雨存在较长一段时间。c. 由于附近的井大量抽水，该分子附近的地下水面发育了陡峭的降落漏斗。将你对水循环的理解与自己的想象相结合，包括可能的短期和长期目的地，以及该分子如何通过蒸发、蒸腾、冷凝、降水、下渗和径流而抵达这些地点的相关信息。记住考虑可能与河流、湖泊、地下水、海洋和大气之间的相互作用。

3. 里帕布利克河流域占据了科罗拉多州、内布

拉斯加州和堪萨斯州的部分地区，如附图所示，很大一部分被认为处于半干旱状态。1943 年，这三个州就共享河水签署了协议。1998 年，堪萨斯州诉诸法庭，要求内布拉斯加州南部的农民大幅减少灌溉用地下水量。内布拉斯加州官员声称，这些农民并未从里帕布利克河中取水，因此没有违反 1943 年的协议。法院最终做出了有利于堪萨斯州的裁决。a. 解释法院为何裁定内布拉斯加州南部的地下水应被视为里帕布利克河水系的一部分。b. 流域中的大量灌溉如何影响河流的流量？

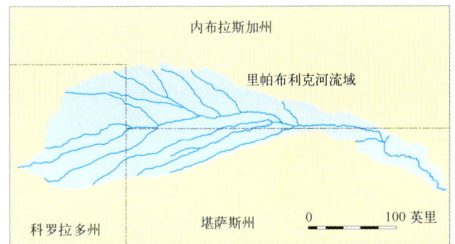

4. 在旅途中，你的朋友去杂货店购买瓶装水。有些品牌宣传其产品是自流水，还有些品牌吹嘘其产品来自泉水。你的朋友问："自流水（或泉水）一定比其他来源的水好吗？"你会怎样回答？

5. 假设你是一位环境科学家，受雇解决地下水污染问题。几位房主发现其井水有种奇怪的气味和味道，有些人认为污染来自垃圾填埋场，但另一些人认为可能由附近的养牛场（或化工厂）造成。你的第一步是从该地区的水井中采集数据，并准备附图所示的地下水面图。a. 基于你的地图，3 种潜在污染源中的任何一种是否都能排除？若是，解释理由。b. 你还将采取哪些步骤来确定污染源？

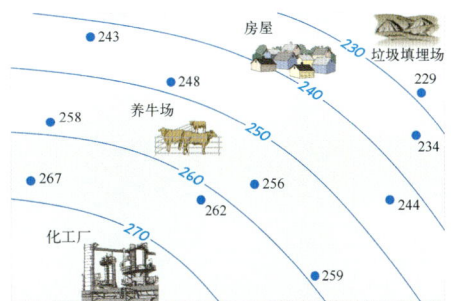

6. 你的一位熟人正在考虑购买得克萨斯州西部的大片高产灌溉农田，想在未来几年内继续在这片土地上种植农作物。若他问你对他所选区域的看法，则在回答之前，你应参考本章中的哪幅插图？这幅插图会如何帮助你的朋友评估潜在的购买目标？

地球之眼

1. 附图中的卫星影像显示了沙特阿拉伯北部的部分沙漠，该地区以阳光充足、高温和降雨量少而闻名。绿色圆圈是直径约为 1 千米的农田。灌溉用水从深部含水层抽取，并散布在每块田地的中心点周围（该技术称为中心支轴式喷灌）。在深部含水层中，水可追溯到约 20000 年前的冰期，当时该地区的气候更潮湿且更温和。**a.** 在这个地区中，农业活动是否可能无限期地持续？解释理由。**b.** 在这些田地里，大部分灌溉水都流失了（农作物无法获得）。指出水流失的原因。**c.** 将此处所示区域中地下水面可能发生的状况与美国的一个类似状况示例进行关联。

每个圆圈的直径是1千米

2. 落水洞常以两种方式之一形成。查看附图中的落水洞（位于佛罗里达州温特帕克），回答以下问题：**a.** 这个落水洞是如何形成的？**b.** 照片中的哪些特征支持你的答案？

第 18 章　冰川和冰川作用

日出照耀下的花园墙，这是蒙大拿州冰川国家公园中由冰川塑造而成的岩脊

新闻中的地质：冰川国家公园是否应当改名？

在蒙大拿州冰川国家公园中，气候变化的影响特别明显，所有冰川都在融化，许多小型山岳冰川快速消失，反映了引发气温和降水量改变的最新气候变化。据估计，该公园 1850 年时约有 150 个冰川，1910 年正式建园时大多数仍然存在。最新测量结果表明，目前仅有 26 个冰川足够大（大于0.1 平方千米，这是美国地质调查局研究人员用于定义冰川规模的标准）而值得命名。

在冰川国家公园中，徒步旅行者正站在格林内尔冰川（正在消退的山岳冰川之一）上

2017 年，美国地质调查局的研究报告认为在 1966—2015 年间剩余冰川的面积平均损失了 39%，单个冰川的最大损失量高达 85%。预计在未来几十年内，这些剩余冰川大部分将消失，21 世纪末将全部消失。

这些变化不仅仅影响公园名称的恰当性。山岳冰川是天然储水库，存储以雪的形式降落并在一年内逐渐释放的水。若没有这些冰川，则河流的水量、季节分布及水温都会发生变化，鱼类及其他水生生物将立即受到影响，周围地貌景观也会受到影响。其他山区也发生了类似的变化，即全球山岳冰川正在逐渐消退（少数例外情形除外）。

18.1 解释冰川在水循环和岩石循环中的作用，描述冰川的不同类型、特征及现代分布。

18.2 描述冰川的运动方式和运动速率，以及冰川收支的重要性。

18.3 讨论冰川侵蚀过程，识别及描述冰川侵蚀形成的主要地貌特征。

18.4 区分冰川沉积物的两种基本类型，列举并描述与冰川景观相关的主要沉积地貌特征。

18.5 描述并解释第四纪冰期冰川的几种重要影响（侵蚀地貌和沉积地貌除外）。

18.6 简要讨论冰川理论的发展，总结当前关于冰期成因的各种观点。

气候强烈影响着地球外部过程的性质和强度，本章明确清晰地描绘这一事实，因为冰川的存在和范围很大程度上受控于地球气候变化。与前两章中重点介绍的流水和地下水相似，冰川同样代表一种重要的侵蚀过程，这些运动的冰块形成了许多独特的地貌，且是岩石循环中重要环节的组成部分，使得风化作用产物能以沉积物形式获得搬运和沉积。

现代冰川覆盖了地球近10%的陆地表面，但是最近地质历史时期的冰盖范围曾是现在的3倍，数千米厚的冰块覆盖了大片区域。目前，许多地区仍然存在这些冰川的痕迹，例如在阿尔卑斯山脉、科德角和约塞米蒂谷等不同地点，地貌景观均由现已消失的冰川冰块体塑造而成。此外，长岛、五大湖和峡湾（位于挪威和阿拉斯加州）的存在也都归功于冰川。当然，冰川不仅是地质历史时期的现象，它们今天仍然在许多地区蚀刻景观并沉积碎屑。

18.1 冰川概述

解释冰川在水循环和岩石循环中的作用，描述冰川的不同类型、特征及现代分布。

在地球系统中，冰川是两个基本循环——水循环和岩石循环的组成部分。水圈中的水在大气圈、生物圈和地圈中持续循环，周而复始地从海洋蒸发到大气，然后降落到陆地上，最后经过河流和地下流回海洋。但是，当降水落在高海拔（或高纬度）地区时，有些水不一定立刻流向海洋，而可能成为冰川的一部分。虽然冰川冰最终会融化，使得水能够继续流向海洋，但这些水可能作为冰川冰存储数十年、数百年甚至数千年之久。

冰川（glacier）是经过数百年（或数千年）形成的巨厚冰块，源自陆地上积雪的堆积、压实及重结晶。冰川表面上似乎静止不动，但事实并非如此，只是运动速率非常缓慢而已。类似于流水、地下水、风和海浪，冰川是侵蚀、搬运和沉积沉积物的动态侵蚀营力，因此在岩石循环中，冰川是运行基本功能的营力之一。当今世界许多地方都有冰川，但大多数位于偏远地区，要么靠近地球两极，要么位于高山之上。

18.1.1 山谷冰川

实际上，全球高山地区存在数千个相对较小的冰川，一般分布在最初被溪流占据的山谷中。与这些山谷中之前流动的河流不同，冰川的前进速度极其缓慢，每天可能仅移动几厘米。基于这些冰块所处的环境，人们将其称为山谷冰川（valley glacier）或山岳冰川/高山冰川/阿尔卑斯型冰川（alpine glacier），如图 18.1 所示。实际上，每个冰川都是一条以陡峭岩壁为界的冰河，从源头附近的堆积中心向山谷下方流动。与河流类似，山谷冰川可长可短，可宽可窄，可单一可分叉。一般而言，山岳冰川的长度大于其宽度，有些仅延伸

图 18.1 山谷冰川。这个冰舌（也称山岳冰川）仍在侵蚀瑞士阿尔卑斯山脉。这些冰川内的深色沉积物条纹称为中碛

千米，还有些则延伸数十千米，例如哈伯德冰川西部分支穿过了阿拉斯加州和育空领地的 112 千米山区。

18.1.2 冰盖

与山谷冰川相比，冰盖（ice sheet）的规模要大得多。每年抵达地球两极的太阳辐射总量较低，使得这些地区适合堆积大量的冰。目前，地球两极均存在冰盖，分别是北半球的格陵兰岛和南半球的南极洲（见图 18.2）。

1. 第四纪冰期冰盖

大约在 18 000 年前，除了格陵兰岛和南极洲，冰川冰还覆盖了北美洲、欧洲及西伯利亚的大部分地区，地球历史上的这段时期称为末次盛冰期（Last Glacial Maximum）。由这个术语可知，地球历史上还存在其他盛冰期，事实确实如此。在整个第四纪（从约 260 万年前开始到现在），冰盖不断形成，然后向广阔区域推进，最后消融。这些冰期和间冰期交替多次出现。

2. 格陵兰冰盖和南极冰盖

有人认为北极也覆盖着冰川冰，但事实并非如此，覆盖着北冰洋的冰是海冰（sea ice）——冻结的海水。由于密度低于液态水，海冰能够漂浮在海面上。虽然海冰从未从北极完全消失，但其覆盖区域却随着季节的变化而扩张和收缩（见图 21.28），冰层厚度从几厘米（新冰）到 4 米（老冰）不等。相比之下，冰川的厚度可能高达数百米（或数千米）。

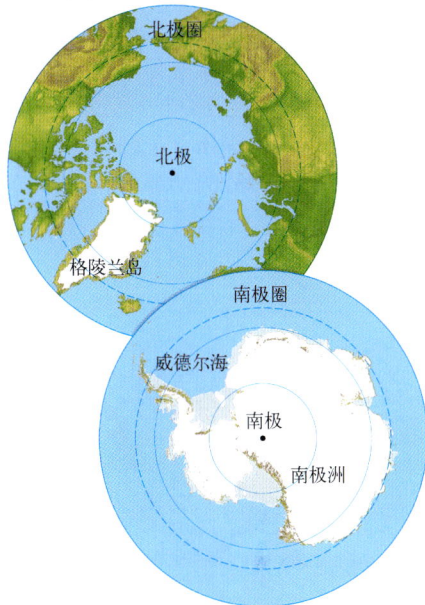

格陵兰冰盖的面积约为170万平方千米，约占该岛总面积的80%

南极冰盖的面积约为1400万平方千米，冰架占据另外140万平方千米

图 18.2　冰盖。现代冰盖仅见于格陵兰岛和南极洲，约占地球陆地总面积的 10%

冰川在陆地上形成，北半球的格陵兰岛即支撑着一个冰盖。格陵兰岛是地球上的最大岛屿，位于北纬 60°～80°，覆盖着面积约为 170 万平方千米的壮观冰盖，约占该岛总面积的 80%。冰盖的平均厚度接近 1500 米，有些地方向下延伸 3000 米而抵达岛屿基岩底板。

在南半球，几乎整个南极洲都被两个巨型冰盖覆盖，总面积超过 1390 万平方千米。由于这些巨型地貌特征占比极大，常称大陆冰盖（continental ice sheet）。现代大陆冰盖的总面积几乎占地球陆地总面积的 10%。

这些巨型冰块从一个（或多个）积雪中心向各个方向流动，完全掩盖了下伏地形区域（最高区域除外）。即使冰川之下的地形发生急剧变化，冰面也通常表现为相对平缓的起伏。但是，通过引导冰块向某些特定的方向流动，并形成更快（或更慢）的运动区域，这种地形差异就会影响冰盖的行为（特别是在边缘附近）。

3. 冰架

当冰川（或冰盖）流入海洋时，称为入海冰川/潮水冰川（tidewater glacier）。浅水中的冰川仍处于触底状态，当冰川前进到更深的水域时，冰漂浮，称为冰架/冰棚（ice shelf），如图 18.3 所示。这些巨大且相对平坦的漂浮冰川冰块体从海岸向海延伸，但其一侧（或多侧）仍附着在陆地上，约 80%

冰山

在浅水中，冰川触底

在深水中，冰川漂浮，形成冰架

当冰融化时，冰川搬运的物质被释放并向海底坠落，这些岩石称为坠石

图 18.3　冰架。冰川（或冰盖）流入相邻海洋时形成冰架

的冰位于海面下。在南极洲，半数以上的海岸沿线存在冰架；在格陵兰岛，冰架数量相对较少。

这些冰架的向陆侧最厚，向海侧变薄，由来自相邻冰盖的冰维持，也可能由降雪（表面）和海水结冰（底部）补给。南极洲冰架的总面积约为 140 万平方千米，其中罗斯冰架和龙尼-菲尔希纳冰架的面积最大，仅罗斯冰架的覆盖面积就大致相当于得克萨斯州（见图 18.4a）。近年来，卫星监测显示，有些冰架并不稳定，正在发生崩解。例如，2017 年 7 月，卫星传感器确定一座巨型冰山正在与拉森 C 冰架分离。到了 8 月，阳光下熠熠生辉的新冰山开始出现（见图 18.4b），面积大致相当于特拉华州，美国国家冰雪中心将其命名为 A-68A。这并不是孤立的事件，而是与全球变暖加速相关趋势的一部分。

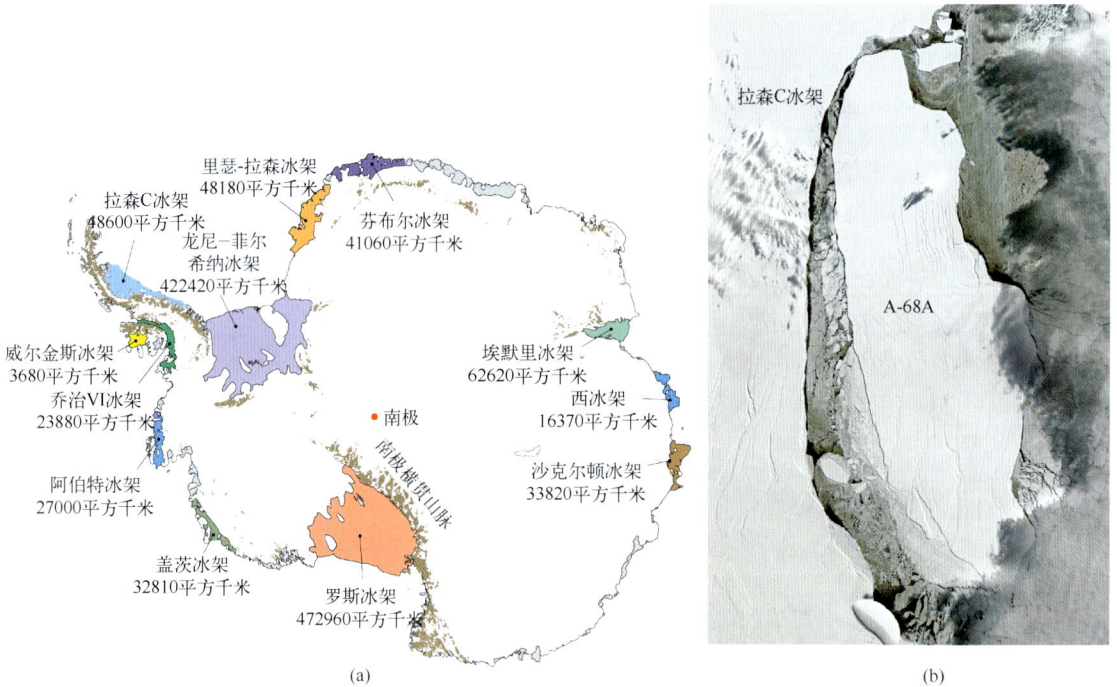

图 18.4　南极洲的冰架。(a)这张地图标出了南极洲大陆周边的主要冰架；(b)在 2017 年 9 月拍摄的卫星影像中，显示了最近脱离拉森 C 冰架的一座冰山，其规模大致相当于特拉华州。更高的温度可能增大此类冰崩事件的频率

18.1.3　其他冰川

除了山谷冰川和冰盖，科学家还发现了其他类型的冰川。有些冰川冰块体覆盖着某些高地和高原，这种冰川称为冰帽（ice cap）。与冰盖类似，冰帽完全掩盖了下伏地貌景观，但规模远小于大陆尺度地貌特征（冰盖）。冰帽出现在许多地点，例如冰岛和北冰洋中的几个大型岛屿（见图 18.5）。

冰帽和冰盖常为注出冰川（outlet glacier）提供补给，这些冰舌沿山谷向下流动，从这些更大冰块的边缘向外延伸。冰舌本质上是山谷冰川，这是冰从冰帽（或冰盖）穿越山区地形向海洋运动的途径。在与海洋相遇之处，有些注出冰川会以漂浮的冰架形式散开，通常能形成大量冰山。

山麓冰川（piedmont glacier）占据陡峭山脉底部的广阔低地，形成于一个（或多个）山岳冰川脱离山谷围壁而出现时。在这个位置，向前行进的冰散开，形成一个宽阔的扇面（见图 18.6）。山麓冰川的大小差异极大，全球规模最大的山麓冰川是马拉斯皮纳冰川，位于阿拉斯加州南部海岸沿线，覆盖了高耸的圣伊利亚斯山脉脚下的平坦海岸平原，面积高达数千平方千米。

冰帽完全掩盖了下伏地形，但其规模远小于冰盖

图 18.5 冰岛的瓦那冰岭冰帽。1996 年，格里姆火山在冰帽之下喷发，引发了冰融和洪水

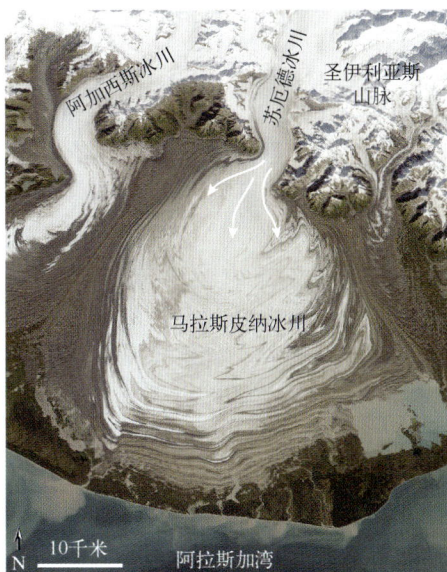

图 18.6 山麓冰川。在山麓冰川中，冰从陡峭的山谷溢出到相对平坦的平原上，并在那里分散开来。在阿拉斯加州东南部，马拉斯皮纳冰川占据了这幅图像的大部分，覆盖面积约为 3880 平方千米，从山前向海延伸近 45 千米，几乎一直延伸到海洋

概念回顾 18.1

1. 现在哪里能够发现冰川？它们覆盖地球陆地表面的百分比是多少？
2. 描述冰川如何融入水循环，它们在岩石循环中发挥何种作用？
3. 列举并简要区分冰川的 4 种类型。
4. 区分术语冰盖、海冰和冰架。

18.2 冰川冰的形成和运动

描述冰川的运动方式和运动速率，以及冰川收支的重要性。

雪是冰川冰（glacial ice）形成的原料，因此冰川在冬季降雪量大于夏季融雪量的区域形成。冰川之所以能在高纬度极地区域发育，是因为这里的年降雪总量虽然并不算大，但是气温和融雪量都特别低。冰川之所以能在山脉中形成，是因为气温随着海拔的上升而下降，因此即使是在赤道附近，海拔约 5000 米以上也可能形成冰川。例如，科迪勒拉布兰卡山脉是高耸的安第斯山脉位于秘鲁境内的一部分，虽然距离赤道不到 10°，但却拥有 700 多个山岳冰川。常年积雪的海拔高度下限（雪线）因纬度而异，在赤道附近出现在高山上，在北纬（或南纬）60°附近则处于（或接近）海平面。但是，在冰川形成之前，雪必须转化为冰川冰。

18.2.1 冰川冰的形成

当降雪后气温保持在零度以下时，精致六边形晶体（雪）的蓬松堆积很快发生变化。随着空气渗入晶体之间的空隙，晶体尖端末梢蒸发，水蒸气在晶体中心附近凝结。这种重结晶

作用过程使得雪花变得更小、更厚且更接近球形，使其具有粗砂的黏稠度。雪也被压实，导致颗粒之间的孔隙减小，由此形成的颗粒状重结晶雪称为粒雪（firn），这是在接近冬末时通常构成老雪堆的物质。随着更多的雪增加到粒雪顶部，下层压力逐渐增大，进而压实深部冰粒。冰雪的厚度一旦超过约 50 米，重量就足以将粒雪融合成互锁冰晶的固态物质。现在，冰川冰（glacial ice）已经形成。

这种转换的发生速率存在较大的差异。在年增雪量较多的地区，埋藏速率相对较快，雪可能在 10 年（或更短时间）内变成冰川冰；在年增雪量较少的地区，埋藏速率较慢，雪可能需要数百年时间才能转换成冰川冰。

18.2.2 冰川如何运动

冰川冰的运动方式较为复杂，主要有两种基本类型。第一种类型是塑性流动（plastic flow），与冰内运动相关。在上方压力等于约 50 米厚冰块的重量之前，冰始终是脆性固体，超过这一负荷后，冰变成塑性物质并开始流动。这种流动之所以发生，主要是因为冰川冰的特殊分子结构。冰川冰由相互堆叠的多个分子层构成，各层之间的结合力弱于层内分子之间的结合力，因此当外部应力超过层间结合力的强度时，各层就会保持完整，但会彼此滑动。

第二种类型是冰块整体沿地面滑移，这种冰川运动机制同样非常重要。除了位于极地区域的部分冰川（冰可能冻结在固态基岩底部），大多数冰川均通过这种滑移过程运动，称为基面滑移/底部滑动（basal slip）。在这种滑移过程中，融水发挥液压千斤顶的作用，或者发挥润滑剂的作用，帮助冰川冰在岩石上运动。液态水的来源与冰的融点随着压力增大而下降这一事实部分相关，因此在冰川内部深处，即使温度低于 0℃，冰也可能处于融点。

有些因素也可导致冰川内部深处存在融水，例如通过塑性流动（效果类似于摩擦生热）、源于地下增加的热量及从上方渗下的融水的重新冻结，温度都可能上升。最后，这个过程依赖于以下事实：当水从液态变为固态时，会释放热量，称为融化潜热（latent heat of fusion）。

图 18.7 描绘了冰川运动的两种基本类型。这个冰川垂直剖面还表明，并非所有冰川冰均以相同的速率向前流动，与基岩底板的摩擦阻力导致冰川下部的运动速率更慢。

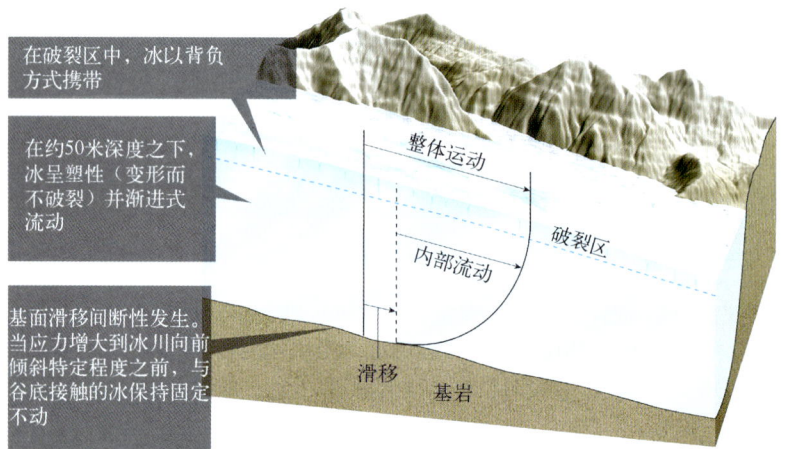

图 18.7 冰川的运动。这个冰川垂直剖面表明，冰川的运动可划分为两部分。冰川底部的运动速率最慢，因为那里的摩擦阻力最大

在破裂区中，冰以背负方式携带

在约50米深度之下，冰呈塑性（变形而不破裂）并渐进式流动

基面滑移间断性发生。当应力增大到冰川向前倾斜特定程度之前，与谷底接触的冰保持固定不动

整体运动

内部流动

破裂区

滑移

基岩

与冰川下部相比，冰川上部 50 米左右没有足够的压力进行塑性流动，因此这个顶部区域的冰呈脆性状态，该区域相应地称为破裂区（zone of fracture）。破裂区中的冰由下方冰以背负方式携带。当冰川在不规则地形（或陡峭斜坡）上运动时，破裂区会受到张力作用而形成称为冰裂隙（crevasse）的裂缝，如图 18.8 所示。有时，这些冰裂隙可能是冰川正在运动的唯一可察觉迹象，如图 18.8b 中的南极洲鸟瞰图所示。

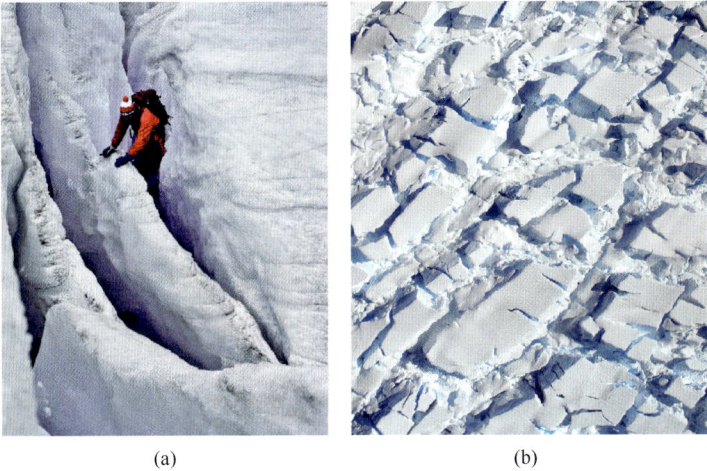

图 18.8 冰裂隙。(a)当冰川穿过狭窄峡谷并沿陡峭斜坡向下运动时，内部应力导致冰川的脆性上部（称为破裂区）发育大型裂缝。冰裂隙可能延伸到 50 米深处，使得穿越冰川变得非常危险；(b)在这幅南极洲的航空影像中，冰裂隙是表明冰正在运动的唯一明显迹象

18.2.3 冰川冰运动的观测和测量

与河水不同，冰川冰的运动并不明显。若能观测到山谷冰川的运动，则能够知道冰以不同速率向下游方向运动，就像河水一样。由于谷壁和谷底产生的阻力减缓了底部和侧翼的速率，冰川中心位置的流速最快。

在阿尔卑斯山脉中，人们设计并实施了首次冰川运动实验（见图 18.9）。在横穿该山岳冰川的一条直线上，人们放置了若干标志物，并将直线位置标记在谷壁上，以便冰移动时可探测到位置变化。通过定期记录标志物的位置，人们发现冰川确实在运动。虽然大多数冰川运动慢到无法直接视觉探测，但是实验成功地证明了运动仍会发生。虽然有些冰川的运动速率极其缓慢，以至于树木及其他植被可能在地表碎屑中苗壮成长，但是还有一些冰川每天都能前进几米。应用最新的卫星成像技术，人们有机会深入了解南极冰盖的内部运动。如图 18.10 所示，在有些注出冰川中，某些部分的运动速率超过800 米/年；在有些内陆冰川中，冰以不到 2 米/年的速率缓慢蠕动。有些冰川的运动很有特点：偶尔会出现一段时间的极快速推进，称为冰川跃动（surge），随后又是一段时间的极缓慢运动。

图 18.9 冰川运动的测量。瑞士罗纳冰川末端冰的运动和变化。在这个经典的山谷冰川研究中，标桩的移动清晰地表明冰川冰确实在运动，且冰川两侧的运动速率慢于中心部位。此外，还发现，即使冰川前缘后退，冰川内部的冰依然在前进

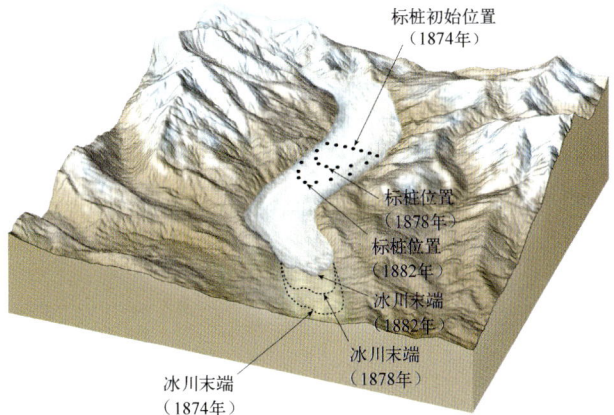

18.2.4 冰川收支：累积与消耗

雪是形成冰川冰的原料，因此冰川在冬季降雪量大于夏季融雪量的区域中形成。冰川持续不断地获得冰和失去冰。

1. 冰川分区

雪堆积和冰形成发生在累积区（zone of accumulation）中，如图 18.11 所示。累积区的外部界限由雪线（snowline）或零平衡线（equilibrium line）定义，即冰川冰累积与消耗相等的高程。如前所述，这条边界线的高程变化很大，从海平面（极地区域）到接近 5000 米（赤道附近）不等。雪线之

上是累积区，增雪会促使冰川变厚和运动；雪线之下是消耗区/消融区（zone of wastage），随着上个冬季的所有雪及部分冰川冰的融化，冰川出现净消耗。

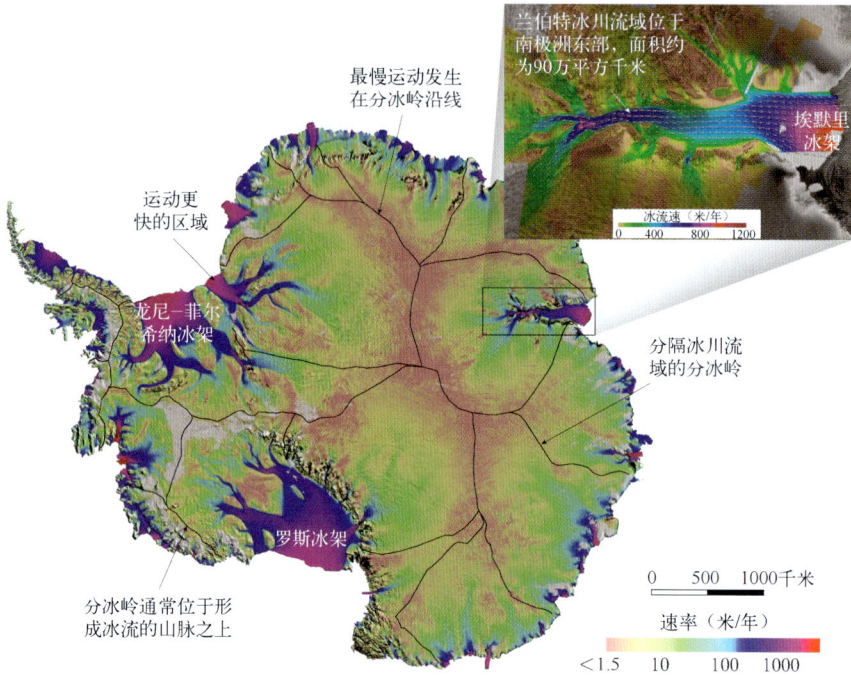

图 18.10 南极冰的运动。这些地图是根据几年来的数千次卫星测量结果绘制的。在南极洲大陆内部，外流冰可划分为由分冰岭（ice divide）分隔的一系列流域，冰流集中在由山脉限定的狭窄冰川中，或者由缓慢运动的冰环绕的相对快速运动的冰河中

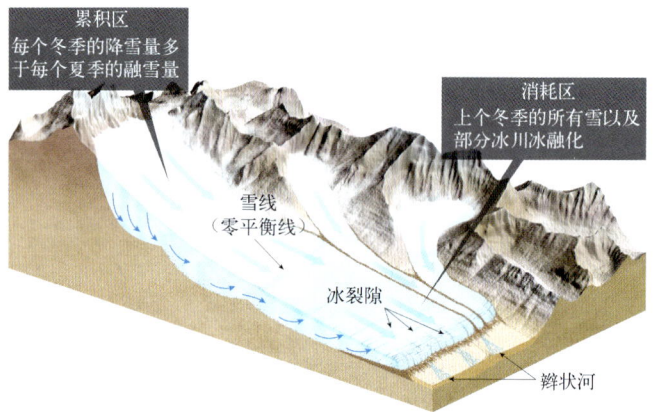

图 18.11 冰川分区。雪线分隔累积区与消耗区，累积与消耗之间的平衡状况决定冰川前缘是前进、后退还是保持稳定

冰川发生的冰消耗称为冰川消融（ablation）。除了融化，在称为冰崩/崩解作用（calving）的过程中，随着大块冰从冰川前缘断开，冰川也发生消耗（见图 18.12）。在冰川抵达海洋（或湖泊）的位置，冰崩能够形成冰山（iceberg），如图 18.13 所示。由于密度略低于海水，冰山在海水中漂浮得很低，80%以上的体积在水面之下。在南极洲各冰架的边缘沿线，冰崩是这些冰川失去冰的主要方式，这里形成的冰山相对平坦，跨度高达数千米，厚度高达 600 米（见图 18.3 和图 18.4b 中的冰山）。相比之下，从格陵兰冰盖边缘流出的注出冰川则形成了形状不规则的数千座冰山，其中许多冰山向南漂移并进入北大西洋，可能对那里的船舶航行造成危险。

2．冰川收支

冰川前缘是前进、后退还是保持稳定具体取决于冰川收支/冰川物质平衡（glacial budget），即冰

川上端的累积与冰川下端的消融之间是否达到平衡。若冰川冰的累积量超过消融量，则冰川前缘就会前进，二者达到平衡时，冰川末端保持稳定。

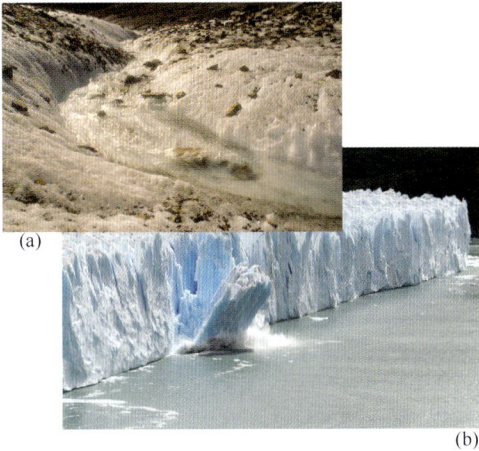

图 18.12　冰川消融。(a)阿拉斯加州鲁特冰川融化，冰川顶部形成了冰河。随着冰的消耗，大块岩石出露；(b)安第斯山脉阿根廷部分中的佩里托-莫雷诺冰川，通过冰崩发生冰消耗。当山谷冰川（或注出冰川）终止于海洋时，也称入海冰川，大块冰常从这样的冰川前缘断开，形成冰山

冰山仅有约20%（或更少）突出到吃水线之上

图 18.13　冰山。冰川入海后，在称为冰崩的过程中，大型冰块从冰川前缘断开，形成冰山

若变暖趋势增加了消融量和/或降雪量减少降低了累积量，则冰川前缘后退。随着冰川末端的后退，消耗区的范围同样缩小，因此随着时间的推移，累积与消耗之间达成新平衡，冰川前缘再次保持稳定。

无论冰川前缘是前进、后退还是保持稳定，冰川内部的冰都会继续向前流动。即使是在冰川消退的情况下，冰仍会向前流动，只不过速度不够快而无法补偿消融量（见图 18.9）。当罗纳冰川内的标桩线向山谷下方持续移动时，冰川末端则向山谷上方缓慢后退。

3．冰川后退：冰川收支不平衡

由于对气温和降水的变化较为敏感，冰川能为气候变化提供重要线索。在最近一个世纪，世界各地的冰川（少数例外）均在以前所未有的速率后退，冰川国家公园中的山岳冰川提供了一个证据充分的示例，阿拉斯加州哥伦比亚冰川的卫星影像（见图 18.14）提供了另一个示例。格陵兰冰盖和南极洲部分冰层也在收缩，2002—2016 年，格陵兰冰盖持续消融，如图 18.15 所示。由于全球冰川收缩，海洋获得了更多的水分，这是几十年来全球海平面加速上升的主要原因，详见第 21 章。

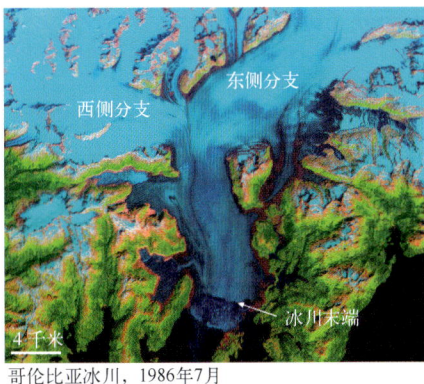

哥伦比亚冰川，1986年7月

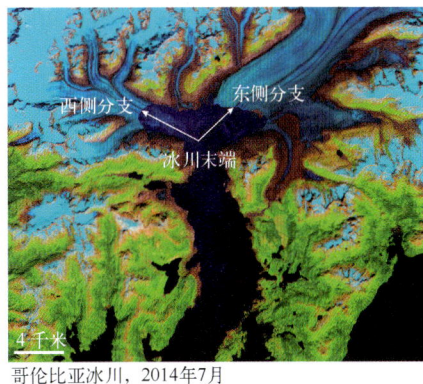

哥伦比亚冰川，2014年7月

图 18.14　正在后退的冰川。阿拉斯加州哥伦比亚冰川的两幅假彩色卫星影像，相隔约 28 年拍摄。在此期间，冰川末端后退了约 16 千米。此外，通过比较裸露基岩的面积（棕色），可看出冰川明显变薄。实际上，自 20 世纪 80 年代以来，哥伦比亚冰川失去了约半数的总厚度和总体积

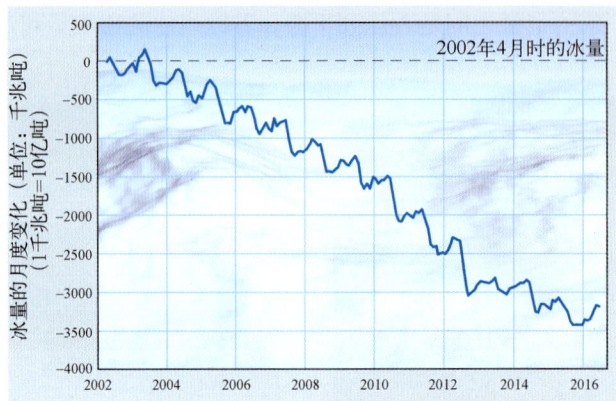

图 18.15　格陵兰岛的冰量下降。2002 年 4 月至 2016 年 4 月，格陵兰岛总冰量的月度变化。冰量测量值基于 2002 年 4 月的相对值，上下起伏曲线追踪了冬季积雪和夏季融雪状况

概念回顾 18.2

1. 描述冰川运动的两种方式。
2. 什么是冰裂隙？它们在哪里形成？
3. 冰川前缘在何种情况下前进、后退或保持稳定？

18.3　冰川侵蚀

讨论冰川侵蚀过程，识别及描述冰川侵蚀形成的主要地貌特征。

冰川的侵蚀能力极强，对观察过山岳冰川末端的人来说，冰川强大侵蚀力的证据显而易见且令人惊叹。冰川冰融化时会释放出不同大小的岩石物质，因此能够得出以下结论：冰（ice）从谷底和谷壁上刮削、冲刷及撕裂大量岩石，然后将它们沿山谷裹挟而下。但应指出的是，在山脉区域中，块体运动过程也为冰川的沉积物负荷做出了重大贡献（见图 1.1a）。

冰川裹挟岩石碎屑后，由于冰川冰具有风卷残云般的超强能力，这些岩石碎屑无法像河流（或风）携带的负荷那样沉淀。例如，如图 18.12a 所示，当冰川冰融化时，岩石块体将暴露在冰川内部。实际上，作为沉积物搬运介质，冰发挥的作用无可匹敌，因此冰川能够携带其他侵蚀营力无法撼动的大型块体。虽然现代冰川作为侵蚀营力的重要性有限，但是现在的大量地貌景观受到了第四纪冰期中广泛分布冰川的改造，这在很大程度上反映了冰川冰的作用。

18.3.1　冰川如何侵蚀

冰川主要按两种方式侵蚀陆地。第一种方式是冰蚀作用（glacial erosion），主要包括两类：掘蚀作用和磨蚀作用。首先，当流经存在裂缝的基岩表面时，冰川松动并提升岩石块体，然后将它们融入冰中，这个过程称为掘蚀作用/拔蚀作用/挖蚀作用（plucking），发生在融水渗入冰川下伏基岩的裂缝和节理并冻结时。水结冰膨胀时可施加让岩石松动的巨大杠杆作用，在这种方式的作用下，所有大小的沉积物都可能变成冰川负荷的一部分。

第二种方式是磨蚀作用/锉磨作用（abrasion），如图 18.16 所示。当冰川冰及其载运的岩石碎块在基岩上前进时，它们能像砂纸一样研磨并抛光下方表面。由冰川"灰磨机"产生的粉碎岩石称为岩粉/冰川粉（rock flour），这些岩粉的数量巨大，以至于从冰川流出的融水河流经常具有脱脂牛奶般的浑浊外观，且为冰的研磨力量提供了可见证据。由这些河流提供水源的湖泊通常具有独特的蓝绿色，如图 18.17 所示。

冰川的磨蚀作用在基岩中形成了划痕和刻槽
(a)

加利福尼亚州约塞米蒂国家公园中的磨光花岗岩
(b)

图 18.16　冰川的磨蚀作用。运动中的冰川冰及其沉积物就像砂纸一样，持续不断地刮擦并磨光岩石

图 18.17　岩粉形成的独特颜色。由冰川提供水源的许多湖泊具有独特的蓝绿色，因为与其他湖泊相比，这种湖泊中悬浮的岩粉能够更强烈地反射可见光谱的不同部分

当冰川冰底部含有较大的岩石碎块时，较长的划痕和刻槽甚至可能凿入基岩，这些线状划痕和刻槽称为冰川擦痕（glacial striation），为冰川冰的流动方向提供了线索（见图 18.16a）。测绘较大区域范围内的冰川擦痕，通常能够重建冰川流动的模式。另一方面，并非所有磨蚀作用都会形成冰川擦痕，冰川运动经过的岩石表面也可能被冰及其携带的更细颗粒高度磨光，例如在加利福尼亚州约塞米蒂国家公园中，大面积平滑抛光的花岗岩就是极佳的示例（见图 18.16b）。

像其他侵蚀营力一样，冰川侵蚀的速率高度可变。冰川冰的差异化侵蚀主要由以下 4 种因素控制：①冰川的运动速率；②冰川冰的厚度；③冰川冰底部所含岩石碎块的形状、数量和硬度；④冰川之下表面的易蚀性。在这些因素中，只要任何一种（或全部）因素随时间和/或地点的变化而变化，就意味着该冰川地区中景观改造的地貌特征、影响及程度可能差异巨大。

18.3.2　冰川侵蚀形成的地貌

与冰盖相比，不同山谷冰川的侵蚀效果差异极大。当游客到冰川覆盖的山区游玩时，可能会看到棱角分明的地形，这是因为随着受限的山岳冰川向山谷下方运动，它们趋于形成更陡峭的峡谷壁，使得陡峭的山峰变得更加呈锯齿状，增强山脉景观的不规则性。相比之下，大陆冰盖通常覆盖在地形之上，因此会减弱（而非增强）所遇到的不规则性。虽然冰盖的侵蚀潜力相当巨大，但是通常而言，这些巨型冰块蚀刻出的地貌并不会像山谷冰川形成的侵蚀地貌特征那样令人惊叹和敬畏。许多崎岖的山脉景观以雄伟闻名，大多数形成于山岳冰川的侵蚀作用。图 18.18 显示了冰川作用发生之前、期间和之后的假想山区，下面的讨论中要经常用到这幅图。

1．冰蚀谷

若沿冰蚀谷（glaciated valley）徒步旅行，则可看到许多醒目的冰川地貌，山谷本身往往也是引人注目的美丽景色。与形成自身河谷的河流不同，冰川选择阻力最小的路径，并沿着已有河谷向前行进。在冰川作用发生前，山谷以狭窄和 V 形为特征，因为河流远高于基准面，会向下切割（见第 16 章）。但是，在冰川作用发生期间，随着冰川的展宽和加深，狭窄山谷会变成 U 形冰川槽/冰川槽谷（glacial trough），如图 18.18 和图 18.19 所示。除了形成更宽且更深的山谷，冰川还会使山谷变直。当冰川冰急转弯流动时，强大的侵蚀力会清除山谷中向外延伸的陆地突出物，这种活动最终会形成多个三角形悬崖，称为冰蚀三角面/削断山嘴（truncated spur）。

在山区的不同山谷中，冰川侵蚀程度各不相同。在冰川作用发生之前，在山谷中河流所在的高程，支流河口与主山谷（或干流山谷）相连。在冰川作用发生期间，流经主山谷的冰量可能远大于每条支流沿线向下推进的冰量，因此与为其提供冰源的较小山谷相比，主冰川（或干流冰川）所在的山谷被侵蚀得更深。冰川冰消退之后，支流冰川所在的山谷将位于主冰川槽之上，称为悬谷（hanging valley），如图 18.18c 所示。流经悬谷的河流能够形成非常壮观的瀑布，例如加利福尼亚州约塞米蒂国家公园中的那些瀑布。

当徒步旅行者沿着冰川槽行走时，他们可能经过谷底的一系列基岩洼地。这些洼地可能由掘蚀作用形成，然后被冰川冰的磨蚀力冲刷。若这些洼地中充满水，则称为串珠湖（pater noster lake），如图 18.18c 所示。

图 18.18　山岳冰川形成的侵蚀地貌。(a)未冰川化的地貌景观；(b)山谷冰川改造期间的地貌景观；(c)冰川冰消退后的地貌景观，与冰川作用发生前差异较大

图 18.19　U 形冰川槽。在冰川作用发生之前，山谷常以狭窄和 V 形为特征。在冰川作用发生期间，山岳冰川使山谷展宽、加深和取直，最终形成这里所示的经典 U 形。这个冰川槽位于加利福尼亚州毕晓普西部的内华达山脉中

2. 冰斗

在冰蚀谷的源头位置，通常存在一个与山岳冰川相关的突出地貌特征，称为冰斗（cirque）。如图 18.18 所示，这些围椅状洼地的三个侧面均为陡峭岩壁，但是下谷侧呈敞开状态，即三面壁陡，一面开口。冰斗是冰川生长的活动中心，因为这里是雪累积和冰形成的区域。冰斗最初是山坡上的不规则部分，通过冰川两侧及底部沿线的冰劈作用和掘蚀作用而扩大，冰川随后又作为传送带搬运产生的碎屑。冰川融化后，冰斗盆有时会被冰斗湖（tarn）占据，如图 18.18c 所示。

有时，分冰岭的相反两侧存在两个冰川，每个冰川都从相反侧流走，由于掘蚀作用和冰劈作用的助力，二者所属的两个冰斗之间的分冰岭大部分被消除。发生这种情况时，两个冰川槽开始相交，两个山谷之间形成一个缺口（或山口），这样的地貌特征称为冰斗型山口（col）。有些重要且著名的山口是冰斗型山口，例如瑞士阿尔卑斯山脉中的圣戈特哈德山口、加利福尼亚州内华达山脉中的蒂奥加山口和科罗拉多落基山脉中的伯绍德山口。

3．刃脊和角峰

在阿尔卑斯山脉、北落基山脉及其他许多山脉中，地貌景观虽然由山谷冰川塑造而成，但揭示的景观类型却不仅是冰川槽和冰斗，还包括突出在周围环境之上的另外两种重要地貌特征，即称为刃脊（arête）的蜿蜒且顶薄的山脊，以及称为角峰（horn）的金字塔状尖角山峰，如图 18.18c 所示。这两种地貌特征可能源于相同的基本过程，即冰斗通过掘蚀作用和冰劈作用进一步增大。当几个冰斗环绕在单一高山周围时，形成的岩石尖顶称为角峰。随着冰斗逐渐扩大并汇聚，会形成一个孤立的角峰，例如瑞士阿尔卑斯山脉中的马特洪峰。

刃脊可以类似的方式形成，但是冰斗并不散布在一个点的周围，而分布在一条分冰岭的相反两侧。随着冰斗的不断生长，二者之间的分冰岭收缩成极其狭窄的刀状隔断。刃脊也可以另一种方式形成，即若两个冰川占据平行山谷，则随着冰川冲刷并展宽所在的山谷，分隔运动冰舌的陆地逐渐变窄，直至形成刃脊。

4．羊背石

在许多冰川景观中（最常见于大陆冰盖改造地形处），冰从鼓出的基岩凸起中雕刻出流线型岩丘，这种不对称的基岩凸起称为羊背石（roche moutonnée）。这些地貌特征的形成过程如下：冰川通过磨蚀作用磨平面向迎面而来冰盖（迎冰坡）的缓坡，通过掘蚀作用使得冰脊越过凸起（背冰坡）时的相反侧变陡（见图 18.20）。羊背石标识出了冰川流动的方向，因为较平缓斜坡通常位于冰川前进出发侧。

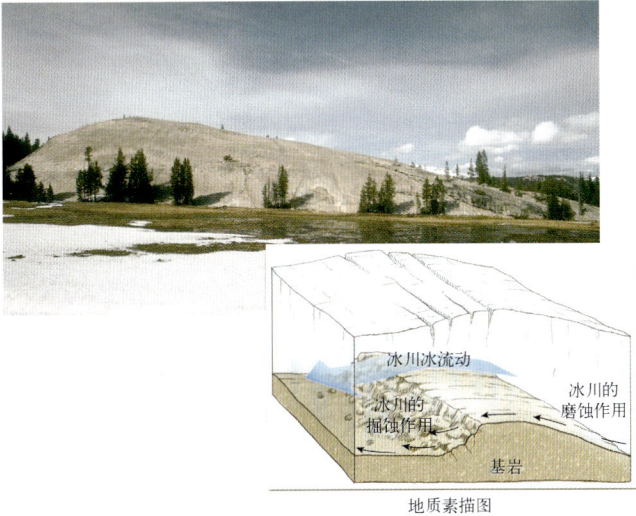

冰川冰流动
冰川的掘蚀作用
冰川的磨蚀作用
基岩

地质素描图

图 18.20　羊背石。这个经典示例位于加利福尼亚州约塞米蒂国家公园中，缓坡受到磨蚀，陡坡受到掘蚀。在这张照片中，冰川从右侧向左侧运动

5．峡湾

在山脉与海洋相邻的高纬度地区，有时会出现壮观且侧翼陡峭的海水入口，称为峡湾（fiord），如图 18.21 所示。峡湾是被淹没的冰川槽，第四纪冰期结束后，随着冰川冰离开槽谷及海平面上升，这些冰川槽被淹没在海水之下。峡湾的深度可能超过 1000 米，但是由于这些被淹没冰川槽的深度极大，只能部分通过冰后期（注：冰后期指第四纪大冰期最后一次冰川退缩后至现在的一段时期，即全新世）的海平面上升进行解释。与控制河流的向下侵蚀作用情况不同，海平面并非冰川的基准面，因此冰川有能力将基底侵蚀到远低于海平面的位置。例如，对 300 米厚的冰川而言，在停

止向下侵蚀且冰开始漂浮之前，可在海平面之下 250 多米的位置刻蚀谷底。在挪威、加拿大不列颠哥伦比亚省、格陵兰岛、新西兰、智利和美国阿拉斯加州，均存在以峡湾为特征的海岸线。

图 18.21　峡湾。挪威海岸以峡湾众多闻名，这些由冰川冰蚀刻而成的入海口经常深达数百米

概念回顾 18.3

1. 冰川如何获取沉积物负荷？
2. 冰川侵蚀存在哪些可见效果？
3. 冰川化山谷与未冰川化山谷的外观有何差异？描述山谷冰川形成的侵蚀地貌特征。
4. 将峡湾与冰川槽进行关联。

18.4　冰川沉积

区分冰川沉积物的两种基本类型，列举并描述与冰川景观相关的主要沉积地貌特征。

当在陆地上缓慢前进时，冰川会拾取并搬运大量岩石碎屑。当冰川冰最终融化时，这些物质就会沉积下来，并在沉积区域的自然景观形成方面发挥重要作用。例如，在第四纪冰期大陆冰盖曾经覆盖的许多区域中，由于巨厚冰川沉积物（数十米至数百米厚）完全覆盖了地形，基岩很少出露地表。这些沉积的整体效果是降低局部地形起伏，因此能够平整地形。实际上，许多人非常熟悉的乡村景象即由冰川沉积作用直接形成，例如新英格兰地区的岩质牧场、达科他地区的麦田以及中西部地区的起伏农田。

18.4.1　冰川沉积物

在大范围第四纪冰期理论提出之前很久，对于欧洲部分地区覆盖的土壤和岩石碎屑，人们认为它们大部分来自其他地区。当时，人们认为在一次古代洪水期间，这些外来物质被浮冰漂移到当前位置，因此将漂移（drift）一词用于命名这种沉积物。虽然植根于不正确的概念，但是当冰川碎屑的真正起源获得广泛认可时，该术语已根深蒂固，因此依然保留为基本冰川词汇的一部分。现在，冰川沉积物/冰川漂移（glacial drift）是所有冰川起源沉积物的统称，无论它们如何沉积、在何处沉积或以何种形状沉积。

地质学家将冰川沉积物划分为两类：①由冰川直接沉积的物质，称为冰碛物/碛（till）；②由冰川融水卸载的沉积物，称为层状冰碛/成层冰碛（stratified drift）。

1. 冰碛物

随着冰川冰的融化和岩石碎片载运物的坠落，冰碛物/碛沉积下来。与运动状态的水和风不同，冰川冰无法分选其携带的沉积物，因此冰碛物沉积以多种颗粒大小的未分选混合物为特征，如图 18.22 所示。仔细检查这些沉积物，可知许多碎片由于冰川沿途拖动而被刮擦和磨光，这些碎片有助于区分冰碛物与特征为不同大小沉积物的混合物（如来自泥石流或岩质滑坡的物质）的其他沉积。

对冰碛物中可见或自由散落在地表上的巨砾而言，若其与下伏基岩不同，则称其为冰川漂砾（glacial erratic），如图 18.23 所示，这意味着它们一定来自发现地以外的区域。虽然大多数漂砾的来源地未知，但有些漂砾的起源却可确定。在很多情况下，巨砾的搬运距离高达 500 千米，少数情况下超过 1000 千米。因此，研究冰川漂砾及其残余冰碛物的矿物成分，地质学家有时能追踪冰川运动的路径。

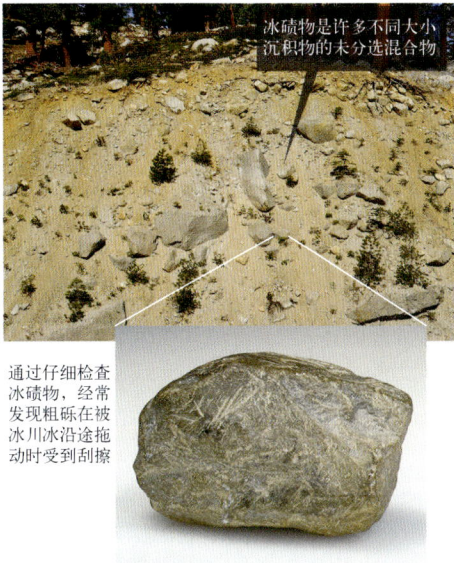

图 18.22　冰碛物。与流水和风沉积的沉积物不同，冰川直接沉积的物质并未进行分选

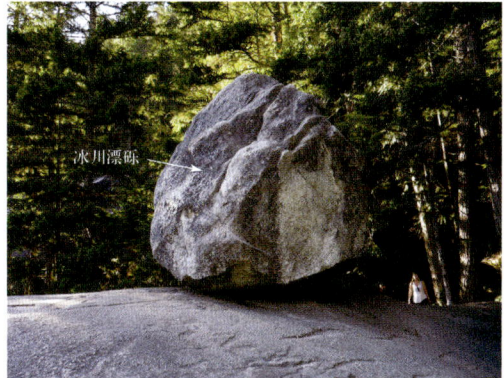

图 18.23　冰川漂砾。在加拿大不列颠哥伦比亚省斯阔米什的一条小径上，冰川搬运而来的巨砾是一个突出的地貌特征，这种巨砾称为冰川漂砾。注意观察右下角的人（参考比例尺）

在新英格兰及其他地区的部分区域中，冰川漂砾零散地分布在牧场和农田中。实际上，在有些地方，人们会在田地中清理这些大块岩石，将它们堆在一起，当成篱笆和围墙。但是，保持田地整洁是一项持续性农活，因为当春季来临时，新漂砾会随着冬季冻胀而抬升，进而出露于地表。

2. 层状冰碛

顾名思义，层状冰碛/成层冰碛（stratified drift）根据颗粒的大小和重量进行分选。冰川冰不能像流水那样对沉积物进行分选，因此层状冰碛并不由冰川以冰碛物方式直接沉积，而体现了冰川融水的分选作用。

有些层状冰碛沉积由冰川直接流出的河流形成，还有些层状冰碛沉积最初是以冰碛物形式下沉的沉积物，后来又被融水拾起、搬运并重新沉积到冰川前缘之外。通常，层状冰碛堆积大部分由砂和砾石构成，因为融水没有能力移动更大的物质，且更细的岩粉仍然保持悬浮状态，通常被携带到远离冰川的位置。许多地区可以看到层状冰碛主要由砂和砾石构成的证据，人们开采这些沉积物并用作筑路及其他建筑工程的骨料。

18.4.2　冰碛物形成的地貌

在冰川沉积作用形成的地貌特征中，冰碛（moraine）的分布或许最广泛。冰碛只是简单的多个冰碛物层（或垅岗），有些类型常见于山谷中，还有些类型则与受冰盖（或山谷冰川）影响的区域相关。侧碛和中碛属于第一类，终碛和基碛则属于第二类。

1. 侧碛和中碛

两种类型的冰碛仅出现在山谷中，由山岳冰川形成。第一种类型称为侧碛（lateral moraine）。如前所述，当山岳冰川沿山谷向下运动时，冰川冰会有效地侵蚀山谷两侧。此外，随着碎石从谷壁高处坠

落（或滑落），然后汇集在正运动的冰的边缘，大量碎屑会被添加到冰川表面。当冰川冰最终融化时，碎屑堆积就会掉落到谷壁旁边，平行于山谷两侧的这些冰碛物垄岗（冰碛物堤）就构成了侧碛。

山岳冰川特有的第二种冰碛是中碛（medial moraine），如图 18.24 所示。当两个山岳冰川汇合形成单一冰河时，就会形成中碛。每个冰川两侧沿线曾携带的冰碛物汇合在一起，在增大的新冰川内部形成单一的暗色碎屑条带，如图 18.24 中的地质素描图所示。暗色条带在冰河内部形成，这是冰川运动的明显证据之一，因为若冰川冰不向山谷下方流动，则冰碛不可能形成。在单一大型山岳冰川内部，经常可以看到几个中碛，因为每个支流冰川与主山谷冰川汇合时都形成一个条纹（中碛）。

图 18.24　中碛的形成。肯尼科特冰川是长度为 43 千米的山谷冰川，它正在蚀刻阿拉斯加州兰格尔-圣埃利亚斯国家公园中的山脉。暗色沉积物条带是中碛

2．终碛和基碛

有时，我们可将冰川类比为传送带，无论冰川（或冰盖）前缘是前进、后退还是保持稳定，它都会持续不断地向前移动沉积物，并将它们卸载在冰川末端。当考虑终碛和基碛时，这种类比较为有用。

终碛（end moraine）是在冰川末端形成的冰碛物垄岗（堤），冰盖和山谷冰川均有这种相似的特征。这些地貌特征相对较常见，在冰消融与冰累积之间达到平衡状态时沉积，即终碛形成于冰川末端附近的冰融化和冰崩解速率等于冰川从补给区向前推进的速率的时候。虽然冰川末端固定不变，但是冰继续向前流动，采用与传送带将货物输送到生产线末端的相同方式持续输送沉积物。随着冰川冰的融化，冰碛物掉落，终碛生长。冰川前缘保持稳定的时间越长（消融与累积保持平衡），冰碛物垄岗的规模就变得越大。

最终，当消融速率超过补给速率时，冰川前缘开始朝其最初的前进方向后退。但是，当冰川前缘后退时，冰川的传送带作用依然继续向冰川末端提供新的沉积物。采用这种方式，大量冰碛物随着冰川冰融化而发生沉积，形成布满岩石且呈波状起伏的平原，这种随着冰川前缘后退而沉积的平缓起伏冰碛物层称为基碛/冰碛丘陵/基碛丘陵（ground moraine）。基碛具有填平作用效果，可填充低洼处并堵塞旧河道，常使得已有的排水系统出现紊乱。在这种冰碛物层仍然相对新鲜的地区（如北美洲五大湖北部地区），排水不良的沼泽地相当常见。

当冰川后退到某个位置时，消融速率与供给速率偶尔再次达成平衡，冰川前缘将稳定下来，形成一个新终碛。在冰川完全消失之前，终碛形成和基碛沉积模式可能多次出现，如图 18.25 所示。

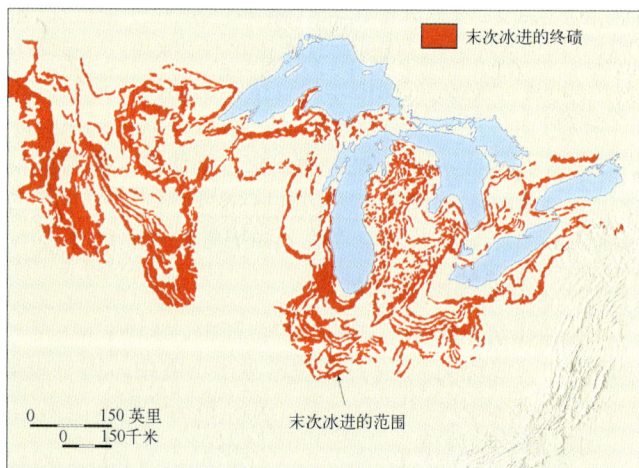

图 18.25　北美洲五大湖地区的终碛。这张地图显示了最近冰川作用（威斯康星冰期）期间沉积的终

最早形成的首个终碛标识了冰川前进的最远距离，称为**末端终碛**（terminal end moraine）。在消退过程中，冰川前缘偶尔稳定时形成的终碛称为**冰退终碛**（recessional end moraine）。末端终碛和冰退终碛本质上相似，唯一的区别在于它们的相对位置。

在美国中西部和东北部的许多地区，末次冰期冰川作用沉积的终碛是突出的地貌特征。在威斯康星州密尔沃基附近，凯特尔冰碛就是树木繁茂且风景优美的丘陵地形示例。长岛是美国东北部的著名示例，作为终碛复合体（从宾夕法尼亚州东部延伸到马萨诸塞州科德角）的一部分，这条线状冰川沉积物带从纽约市向北东方向延伸（见图18.26）。

图18.26 **美国东北部的两个重要终碛**。朗康科马冰碛沉积于约20000年前，延伸穿过长岛中部、马撒葡萄园岛和楠塔基特岛。港丘冰碛形成于约14000年前，沿着长岛北岸延伸，穿过罗德岛南部和科德角

图18.27展示了冰川作用期间和冰盖消退之后的一个假想区域，描绘的景观特征（如刚才描述的终碛及沉积地貌）类似于在美国中西部地区北部（或新英格兰地区）旅行时可能遇到的景观。阅读关于冰川沉积的后续段落时，还要多次参考这张图片。

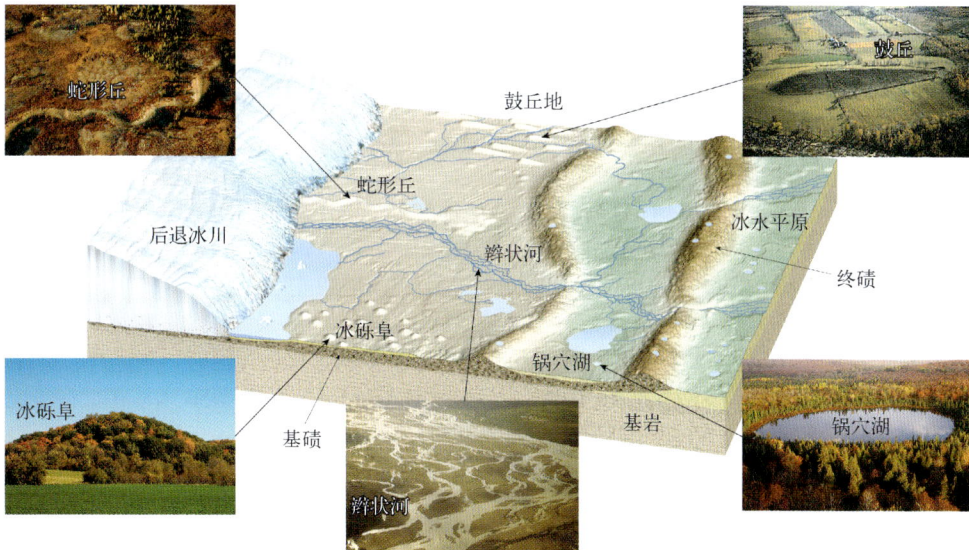

图18.27 **常见沉积地貌**。这张图描绘了正消退冰盖暴露的一个假想区域

3. 鼓丘

冰碛并非冰川物形成的唯一地貌类型，在大陆冰盖曾覆盖的部分区域中，还存在冰川景观的一种特殊变化，即以光滑、长条状和平行小丘为特征的**鼓丘**（drumlin），如图18.27所示。当然，最著名的鼓丘之一是波士顿的邦克山，即1775年美国独立战争的发生地。

观察邦克山或其他不太著名的鼓丘，会发现鼓丘是主体由冰碛物构成的流线型非对称小丘，高度为15～50米，最长达1千米。小丘的陡侧面对冰前进方向，较长的缓坡则指向冰移动方向。鼓丘并不是孤立的地貌，而经常成群出现，称为**鼓丘地**（drumlin field），如图18.28所示。纽约州罗切斯特市东部就存在这样一个鼓丘地，估计包含约10000个鼓丘。虽然鼓丘的成因尚不完全清楚，但其流线形状表明它们是在活动冰川内部的塑性流动区域中塑造而成的，许多鼓丘应起源于

冰川在先前沉积的冰碛物之上前进并重塑物质的时候。

18.4.3 层状冰碛形成的地貌

对冰川获取及搬运的大部分物质而言，最终将由在冰川之上、内部、之下和外部流动的冰川融水进行沉积，这种沉积物称为层状冰碛/成层冰碛（stratified drift）。与冰碛物不同，层状冰碛显示了一定程度的分选性。层状冰碛能够形成两类基本地貌特征：①冰川接触沉积（Ice-contact deposit），堆积在冰川之上或内部，或者紧邻冰川快速堆积；②冰水沉积物（outwash sediment）或冰水（outwash），这是融水河流在冰川末端之外沉积的物质。

1．冰水平原和谷边碛

在终碛形成的同时，正在融化的冰川水会倾泻到冰碛物上，并将部分水冲刷到不断生长的未分选碎屑终碛堤外侧。融水常以快速运动的河流形式从冰川冰中流出，这些河流经常充满悬移质（载运物），且携带大量推移质（推运物）。融水离开冰川后，移动到相对平坦的表面上，然后运动速率快速下降。此时，大部分推移质开始坠落，融水开始编织复杂的辫状河道（见图 18.27）。采用这种方式，在大多数终碛的下游边缘附近，会

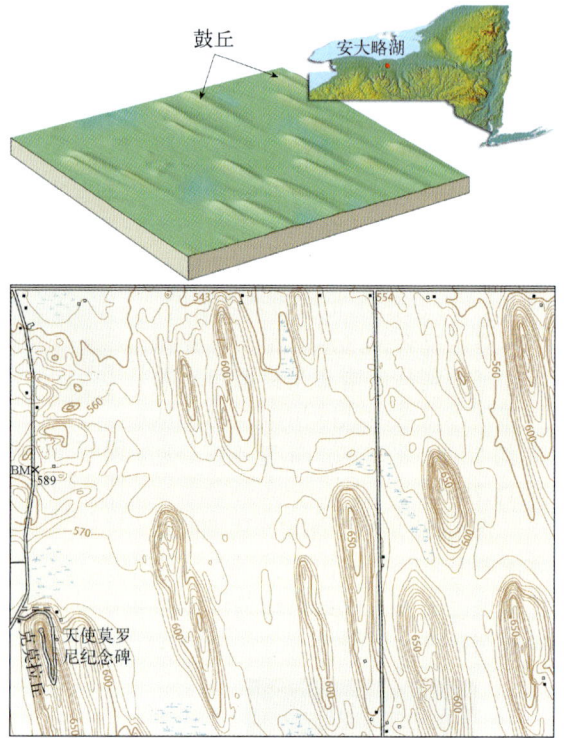

图 18.28　**鼓丘地**。纽约州帕尔米拉地形图上显示的鼓丘地的一部分。上北下南，鼓丘北侧最陡，说明冰从这个方向前进

形成一个由层状冰碛构成的宽阔斜坡状表面。当该地貌特征的形成与冰盖相关时，称为冰水平原/外冲平原（outwash plain）；当该地貌特征的形成主要局限于山谷时，则通常称为谷边碛（valley train）。

在冰水平原和谷边碛中，经常散布着称为锅穴（kettle）的盆地或洼地，如图 18.27 所示。锅穴也出现在冰碛物沉积中。当停滞的冰块完全（或部分）埋藏在冰川沉积物中并最终融化时，冰川沉积物中就会留下凹坑而形成锅穴。虽然大多数锅穴的直径不超过 2 千米，但明尼苏达州也有一些锅穴的直径超过 10 千米。同样，大多数锅穴的典型深度不到 10 米，但有些锅穴的垂直深度接近 50 米。在很多情况下，水最终注满洼地，形成池塘（或湖泊），马萨诸塞州康科德附近的瓦尔登湖就是一个著名的示例。19 世纪 40 年代，亨利·大卫·梭罗在这里独自生活了 2 年，写下了著名作品《瓦尔登湖》。

2．冰川接触沉积

当正在融化的冰川末端收缩到某个临界点时，流动实际上几乎停止，冰川冰则停滞不前。融水在静止冰的上方、内部和底部流动，层状冰碛随即发生沉积。然后，随着支撑冰的融化，层状沉积物以丘陵、阶地和垄岗形式留在背后，这种沉积物统称冰川接触沉积/冰界沉积（ice-contact deposit），且可根据它们的形状进行分类。

当呈土丘（或侧陡丘陵）形式时，这种冰川接触层状冰碛称为冰砾阜（kame），如图 18.27 所示。有些冰砾阜代表融水在冰内开口（或冰顶洼地）处沉积的沉积物集合体，有些冰砾阜起源于融水河流从冰川冰向外构建的三角洲（或冲积扇）。后来，随着静止冰的融化，不同的沉积物堆积发生坍塌，形成孤立且不规则的土丘。

当冰川冰占据山谷时，谷侧沿线可能形成冰砾阜阶地（kame terrace）。这些地貌特征通常是狭窄的层状冰碛堆积体，由碎屑沿收缩冰块边缘坠落的融水河流在冰川与谷侧之间沉积。

第三种类型的冰川接触沉积是狭长且蜿蜒的垄岗，主要由砂和砾石构成。有些垄岗的高度超过 100 米，长度超过 100 千米，但其他垄岗的规模远没有这么壮观。这些垄岗称为蛇形丘（esker），

由融水河流在静止不动冰川冰块体的内部、顶部及下方流动沉积，如图 18.27 所示。在冰岸河道中，融水洪流携带各种大小的沉积物，但仅有较粗物质才能从湍流中沉淀出来。

18.5 第四纪冰期冰川的其他影响

描述并解释第四纪冰期冰川的几种重要影响（侵蚀地貌和沉积地貌除外）。

对第四纪冰期冰川而言，除了大规模侵蚀作用和沉积作用，冰盖对地貌景观还有其他影响（有时非常重大）。例如，随着冰川的前进和后退，动植物被迫迁徙，为某些生物体带来无法承受的压力，导致许多动植物灭绝。此外，第四纪冰期冰川的其他影响还包括：海平面的变化，与冰盖的形成和消融相关；地壳均衡调整，由冰量的增多和减少引发；河流路线的重大变化，由冰盖的前进和后退导致；在有些地区，冰川充当大型湖泊的岸堤，当这些冰坝消融时，对地貌景观的影响相当大；在今天是荒漠的区域中，形成了另一种类型的湖泊，称为雨成湖（pluvial lake）。

18.5.1 海平面的变化

伴随着冰川的前进和后退，全球海平面出现下降和上升，这是第四纪冰期最有趣（也最引人注目）的影响之一。现在的冰川冰总体积虽然巨大（超过 2500 万立方千米），但是末次盛冰期的冰川冰总体积更庞大，约为 7000 万立方千米。我们知道形成冰川的雪归根结底来自海水的蒸发，因此冰盖生长必定会导致全球海平面明显下降（见图 18.29）。实际上，当时的海平面估计比现在低 100 米，因此目前被海洋淹没的部分陆地曾经较为干燥，美国大西洋海岸位于纽约市以东 100 多千米处，法国和英国通过现在著名的英吉利海峡相连，阿拉斯加和西伯利亚通过白令海峡相连，东南亚通过干燥陆地与印度尼西亚群岛相连。与此相反，若目前受困于南极冰盖中的水完全融化，则海平面估计会上升 60～70 米，进而淹没许多人口稠密的沿海地区。

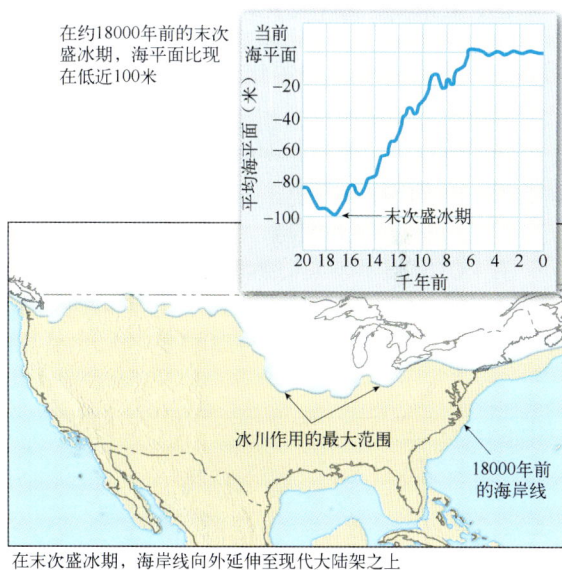

图 18.29 海平面的变化。随着冰盖的形成和消融，海平面将下降和上升，导致海岸线移位

18.5.2 地壳的沉降和回弹

在曾是冰川冰主要累积中心（如斯堪的纳维亚半岛和加拿大地盾）的区域中，陆地已持续缓慢隆升了数千年，例如哈德逊湾地区隆升了近 300 米。这些情况同样缘于大陆冰盖的影响，但是冰川冰如何能够引发地壳的垂向运动呢？我们现在知道这些陆地之所以隆升，主要是因为 3 千米厚冰块的重量增大导致地壳弯曲下陷。例如，科学家已经确定，南极冰盖在某些地方将地壳压低了约 900 米（或更多）。随着巨大负荷的消除，地壳将逐渐向上回弹，如图 18.30 所示。

在冰川冰堆积量最大的加拿大北部和斯堪的
纳维亚半岛，重量增大导致地壳弯曲下陷

自从冰融化以后，地壳逐渐隆升（或回弹）

图 18.30　地壳的沉降和回弹。在这些简化的示意图
中，描绘了因大陆冰盖的增加和消融引发的沉降和回弹

我们现在知道，由于全球气候变暖，全球海平面正在上升（见第 21 章）。但是，通过测量邻近波的尼亚湾（Gulf of Bothnia）的芬兰和瑞典沿海地区，人们发现那里的海平面似乎正在下降。这到底是为什么呢？答案是冰后期的地壳回弹。在最近 10 年间，全球海平面始终在持续上升，幅度约为 3 毫米/年。在同一时期，这个地区的地壳持续回弹速率高达 9 毫米/年。由于陆地隆升速率快于海平面上升速率，相对海平面正在下降。影响之一是斯堪的纳维亚半岛的陆地面积正在增长，曾被淹没的陆地现在变得干燥。但是，并非所有影响都积极乐观，例如自 1980 年以来，瑞典港口城市卢雷亚的相对海平面下降了约 50 厘米。由于陆地正在隆升，港口对有些船只来说太浅，被迫计划实施一项耗资巨大的疏浚作业。

在末次冰期，海平面比现在低 100 米。

18.5.3　河流和山谷的变化

在与北美洲冰盖进退相关的影响中，主要包括许多河流路线发生了变化，以及许多山谷的大小和形状得到了改造。要理解美国中部和东北部（以及许多其他地方）河流及湖泊的当前格局，需要进一步了解冰川历史。下面通过两个示例来描绘这些影响。

1．上密西西比河流域

图 18.31a 显示了人们熟悉的美国中部现代河流形态，密苏里河、俄亥俄河和伊利诺伊河是密西西比河的主要支流。图 18.31b 描绘了第四纪冰期之前这个地区的排水系统，该形态与当前的形态差异较大。河流系统的这种明显变化源于冰盖的前进和后退。

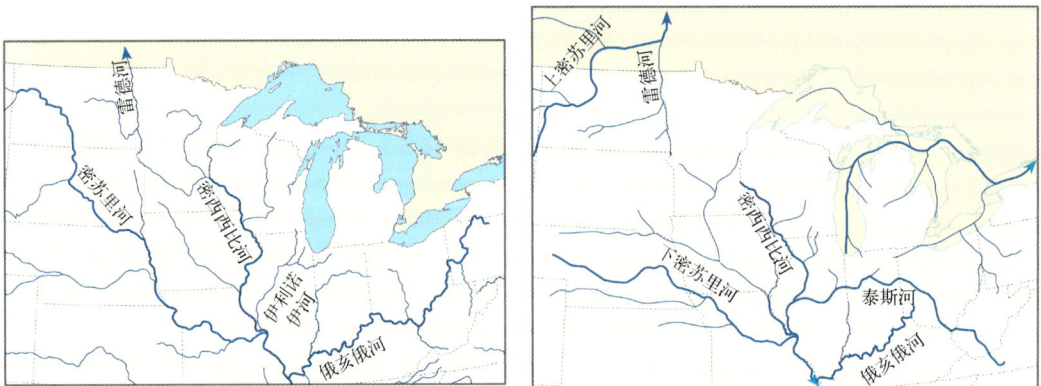

(a) 这张地图显示了北美洲五大湖和人们熟悉的现代河流形态，第四纪冰盖在这种形态的形成中发挥了重要作用

(b) 第四纪冰期之前排水系统的重建。该形态与现在差异极大，五大湖也不存在

图 18.31　河流的变化。由于冰盖的前进和后退，美国中部河流的路线发生了重大变化

由图可知，在第四纪冰期以前，密苏里河的很大一部分（上密苏里河）向北流向哈德逊湾。此外，

密西西比河并未沿着现在的艾奥瓦州-伊利诺伊州边界流动，而是流经伊利诺伊州中西部，这里是现在伊利诺伊河下游流过的位置。冰期前的俄亥俄河几乎没有抵达现在的俄亥俄州，现在流入俄亥俄河的宾夕法尼亚州西部河流向北流动，最终汇入北大西洋。北美洲五大湖由第四纪冰期冰川侵蚀形成，在更新世以前，这些大型湖泊占据的盆地是低地，多条河流途经其中并向东流向圣劳伦斯湾。

规模较大的泰斯河是第四纪冰期以前的重要地貌特征，如图18.31b所示。泰斯河发源于西弗吉尼亚州，流经俄亥俄州、印第安纳州和伊利诺伊州，在现在的皮奥里亚附近汇入密西西比河。这个河谷的大小应与密西西比河不相上下，但却在更新世彻底消失，被数百英尺厚的冰川沉积完全覆盖。如今，泰斯河谷中埋藏的砂和砾石使其成为重要的含水层。

2．纽约州手指湖

在安大略湖以南的纽约州中西部，现代地质历史由冰盖主导，例如前面介绍的罗切斯特附近的鼓丘（见图18.28）。该地区还存在大量其他沉积地貌特征和侵蚀作用影响，手指湖/手指湖区/芬格湖群（Finger Lakes）或许是其中最著名的，它是11个形状细长、大致平行且呈南北走向的水体，就像是一双手上伸出的手指（见图18.32）。在第四纪冰期之前，手指湖区域由与冰川冰运动方向平行的一系列河谷组成，多次冰川侵蚀事件将这些山谷变成了壁陡的较深湖泊。其中，两个湖泊特别深且湖床均低于海平面：塞尼卡湖的最低点深度超过180米，卡尤加湖的深度接近135米。冰川蚀刻这些盆地的深度要大得多，湖床之下深岩槽中的冰川沉积物厚度高达数百英尺。

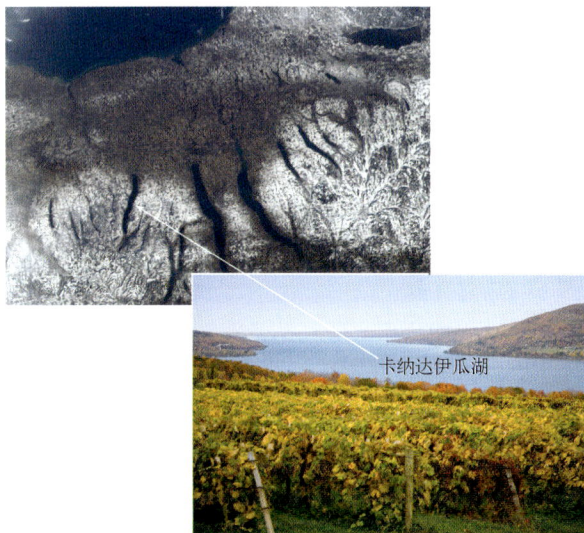

卡纳达伊瓜湖

图 18.32　纽约州手指湖。当冰盖将这些河谷冲刷成深槽时，狭长盆地形成了这些湖泊

18.5.4　冰前湖形成的冰坝

冰盖和山岳冰川可充当水坝，通过截留冰川融水和阻断河流流动形成湖泊。其中，有些湖泊是相对较小且寿命较短的蓄水库，有些湖泊则规模较大且寿命较长（存活数百年或数千年）。

如图18.33所示，阿加西斯湖是第四纪冰期形成的北美洲最大的湖泊，约12000年前出现，持续存在了约4500年。融水随着冰盖消融大量出现。北美大平原通常自西向东缓慢倾斜。随着冰盖末端向北东向后退，融水受困于冰（一侧）与坡地（另一侧）之间，导致阿加西斯湖变深，并蔓延到整个地貌景观中。这种水体称为冰前湖（proglacial lake），意指其位置刚好超出冰川（或冰盖）的外部界限。阿加西斯湖的演化历史非常复杂，因为冰盖发生了动态变化，在不同时期多次发生冰进事件，影响了湖泊水位和排水系统，具体排水位置取决于湖泊水位和冰盖位置。

阿加西斯湖在一片广阔区域中残留了痕迹，标志着以往湖滨线的先前沙滩现在距离任何水体都比较遥远（很多千米）。几个现代河谷（如雷德河和明尼苏达河）最初被进入（或离开）湖泊的水切断，阿加西斯湖的现代残留水体包括温尼伯湖、曼尼托巴湖、温尼伯戈西斯湖和伍兹湖。先前湖盆的沉积物现在是肥沃的农田。

科学研究表明，冰川位移和冰坝垮塌可能会使巨量水快速释放，阿加西斯湖历史上就曾发生这样的事件。15000年前～13000年前，在美国西北部太平洋沿岸地区，发生了一次引人注目的这种冰川爆发示例，如图18.34所示。

图 18.33　阿加西斯冰川湖。这个湖泊是一个巨型地貌特征，规模比现代北美洲五大湖之和还大。这个冰前湖水体的现代遗迹仍是主要景观特征。这个湖泊以 19 世纪科学家路易斯·阿加西斯的名字命名，他对发展大冰期冰川理论做出了贡献

在蒙大拿州西部，这个史前冰前湖周期性冲破形成它的冰坝，引发塑造了华盛顿州东部景观的巨量洪水（特大洪水）

科迪勒拉冰盖　珀塞尔冰扇阻挡住河流，形成了600米高的冰坝

密苏拉湖最长达300千米，蓄水量高于现在的安大略湖

克拉克福克河

密苏拉湖

密苏拉

密苏拉洪泛区

斯波坎

亚基马

哥伦比亚河

华盛顿州

路易斯顿

俄勒冈州

爱达荷州

蒙大拿州

每次特大洪水都会形成滔天巨浪，剥离掉多层沉积物和土壤，并在下伏玄武岩层中切割出深峡谷，从而形成河道疤地（channeled scablands）

图 18.34　密苏拉湖和河道疤地。在 1500 年间，来自密苏拉湖的 40 多次特大洪水蚀刻出了河道疤地

18.5.5 雨成湖

冰盖的形成和生长是对气候重大变化的明显反应，冰川本身的存在同时引发了其边缘之外区域中的重要气候变化。在所有大陆的干旱和半干旱区域中，气温较低，因此蒸发率也较低，但降水总量适中，这种更凉爽且更潮湿的气候形成了许多雨成湖（pluvial lake）。在内华达州和犹他州的广阔盆岭区域中，集中分布着北美洲数量最多的雨成湖（见图 18.35）。迄今为止，该地区最大的湖泊是邦纳维尔湖，其最大深度超过 300 米，面积超过 50000 平方千米（几乎相当于现在的密歇根湖）。随着冰盖的消融，气候再次变得干旱，湖面水位相应下降。虽然大部分湖泊已完全消失，但是依然可见几个小型邦纳维尔湖残留水体，其中以大盐湖最大且最有名。

图 18.35 雨成湖。在第四纪冰期，盆岭地区的气候比现在更潮湿，许多盆地变成了大型湖泊

概念回顾 18.5

1. 列举并简要描述第四纪冰期冰川的 5 种影响（主要侵蚀和沉积地貌特征的形成除外）。
2. 查看图 18.29，确定自末次盛冰期至今的海平面变化数量。
3. 比较图 18.31 中的两个部分，识别第四纪冰期美国中部河流的 3 种主要变化。
4. 比较冰前湖和雨成湖，并分别举例说明。

18.6 第四纪冰期

简要讨论冰川理论的发展，总结当前关于冰期成因的各种观点。

在前文提到的第四纪冰期/第四纪大冰期（Ice Age）中［注：ice age 和 glacial period 是冰川地质学中的两个重要术语，含义基本相同但略有差异，前者（统称）包含后者（单次），但均可称为冰期。本书原文并未明确区分，译文将 ice age 称为冰期/冰川时期/大冰期，将 glacial period/stage 称为冰期，将 Ice Age 称为第四纪冰期/第四纪大冰期］，冰盖和山岳冰川的覆盖范围远大于现在。如前所述，对于目前所知的冰川沉积，有段时间最流行以下解释：这些物质通过冰山漂移而来，或者可能只是一场灾难性洪水席卷了整个地貌景观。对于这些冰川沉积及其他许多冰川地貌特征，地质学家确信大范围冰川时期是其主要成因，他们为何会下如此定论呢？

18.6.1 冰川理论的历史发展

1821 年，瑞士工程师伊格纳兹·维尼茨发表了一篇论文，提出冰川景观特征在距离阿尔卑斯山脉现有冰川相当遥远的地方形成，即冰川曾规模更大且占据山谷下游的更远位置。对于维尼茨提出的大范围冰川活动观点，另一位瑞士科学家路易斯·阿加西斯表示怀疑，于是着手证明这种观点不正确。但是，1836 年对阿尔卑斯山脉进行野外实地考察后，他最终相信了维尼茨假说的优点。实际上，仅在 1 年后，阿加西斯就提出了影响广泛且意义深远的大冰期（great ice age）假说，这种观点让阿加西斯获得了人们的广泛赞誉。

通过验证阿加西斯等人提出的冰川理论，后继者构建了应用均变论原则（见第 1 章）的经典示例。由于意识到某些特定地貌特征由冰川作用以外的其他已知过程形成，根据在现代冰川和冰盖边缘之外发现的已有地貌特征和沉积，科学家开始重建现已消失冰盖的范围。采用这种方式，冰川理论在 19 世纪继续发展和验证，通过许多科学家的不懈努力，先前冰盖的基本性质和范围逐渐变得清晰。

1．多期次冰川作用

20 世纪初，地质学家已经大体确定第四纪冰期的冰川作用范围。在野外考察过程中，他们还发现在许多冰川地区，冰川沉积物层并不是一层而是多层。此外，通过仔细检查这些更古老的沉积，他们发现了发育良好的化学风化带和土壤形成带，以及需要温暖气候条件的植物遗迹。这些证据清晰地表明：冰进事件曾发生多次而非一次，且每次冰进事件均相隔较长时间，其气候像现在一样温暖（甚至比现在更温暖）。第四纪冰期并不是冰川冰在陆地上前进，停留一段时间，然后消退的一段简单时期，而是以冰川冰多次前进和后退为特征的复杂事件。

20 世纪初，北美洲和欧洲都建立了第四纪冰期的四分法，这些冰期划分主要基于冰川沉积研究。在北美洲，这 4 个主要冰期分别以美国中西部州的名称命名，前提是这个冰期的沉积在该州出露良好和/或被首次研究。按照发生顺序，这些冰期依次称为内布拉斯加冰期、堪萨斯冰期、伊利诺伊冰期和威斯康星冰期。这些传统划分方案持续运用了多年，直到人们发现海底沉积物岩芯中包含第四纪冰期气候变化的更完整记录（见图 18.36）。与被许多不整合面打断的陆地冰川记录不同，海底沉积物提供了这段时期中气候周期的不间断记录。这些海底沉积物的研究结果表明，冰期-间冰期周期约 10 万年发生一次。在第四纪冰期，人们已确定约 20 个这样的变冷和变暖周期。

2．冰川作用范围

在第四纪冰期，冰川冰在地球近 30% 的陆地上留下了印记，包括北美洲（约 1000 万平方千米）、欧洲（约 500 万平方千米）和西伯利亚（约 400 万平方千米），如图 18.37 所示。北半球的冰川冰数量约为南半球的 2 倍，主要原因是南极冰无法向外扩散到南极洲边缘之外。相比之下，北美洲和欧亚大陆为冰盖的扩展提供了广阔陆地。

目前已知第四纪冰期始于 300～200 万年前，即大多数主要冰川阶段/冰期（glacial stage）出现在地质年代表上的第四纪。但是，这段时期并不能涵盖全部末次冰期（last glacial period），例如南极冰盖可能至少在 3000 万年前即已形成。

图 18.36　来自海底的证据。海底沉积物岩芯提供的相关数据，使得人们更加了解了第四纪冰期的气候复杂性

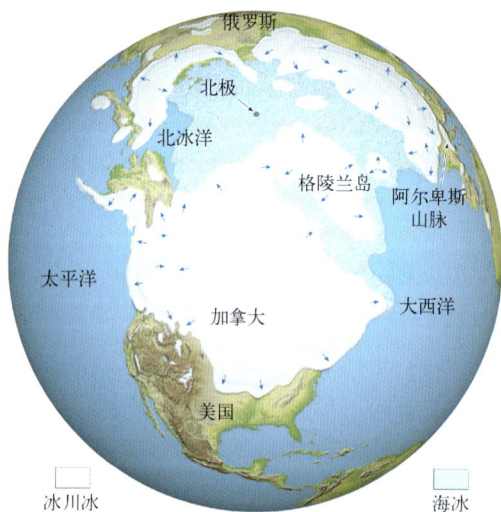

图 18.37　冰期冰的位置。北半球冰盖在第四纪冰期的最大范围

18.6.2　第四纪冰期的成因

人们对冰川和冰川作用的了解很多，例如冰川的形成和运动、冰川的范围（过去和现在）以及冰川形成的地貌特征（侵蚀地貌特征和沉积地貌特征），但尚未完全理解冰期的成因。

虽然大范围冰川作用在地球历史上较为罕见，但贯穿第四纪大部分时间的第四纪冰期并不是唯一有记录的冰期。早期冰川作用的标志物是冰碛岩（tillite），这种岩石是冰碛物成岩时形成的沉积岩，可见于几个不同年代的地层中，通常含有条纹状岩石碎片，有些覆盖在有刻槽及磨光的基岩表面上，或者与显示冰水沉积地貌特征的砂岩和砾岩相关。例如，在第 2 章中讨论支持大陆漂移假说的证据时，曾提到发生在晚古生代的冰期（见图 2.7）。在地质记录中，人们已识别两个前寒武纪冰川事件，第一个事件大致发生在 20 亿年前，第二个事件大致发生在 6 亿年前。

任何试图解释冰期成因的理论都要回答以下两个基本问题：

- 何种原因导致了冰川条件的出现？为了形成现在的大陆冰盖，平均气温一定要比现在略低，且可能总体低于整个地质历史时期的大部分时间。因此，成功的理论要能解释最终引发冰川条件的冷却作用的成因。

- 何种原因导致了第四纪冰期中记录的冰期与间冰期的交替？前一个问题与百万年尺度下气温的长期趋势相关，这个问题则与气温的短期变化相关。

虽然科学文献中包含了与冰期成因相关的许多假说，但下面仅讨论其中的几个主要观点。

1. 板块构造

在地质历史中，大范围冰川作用仅发生过有限几次，解释这一事实的有力建议可能来自板块构造理论。由于冰川仅能在陆地上形成，在一次冰期能够开始发生之前，陆地块体要存在于高纬度地区的某个地方。许多科学家认为，当地壳板块不断漂移时，可能将各大陆从低纬度热带区域携带至更偏向极地的区域，冰期仅在此时才能发生。

非洲、澳大利亚、南美洲和印度当前存在冰川地貌特征，说明这些地区（现在是热带或亚热带）在晚古生代（约 2.5 亿年前）曾经历一次冰川时期。但是，并无证据表明在这段相同的时期内，现在的北美洲和欧亚大陆的高纬度地区存在冰盖，科学家多年来对此感到非常困惑。在这些相对热带的纬度中，气候是否曾像今天的格陵兰岛和南极洲一样？北美洲和欧亚大陆为何没有形成冰川？在板块构造理论出现之前，一直没有出现合理的解释。

科学家现在认为，包含这些古冰川地貌特征的各个区域曾经相连，位于称为潘吉亚超大陆的单一超大陆中，距离当前位置非常遥远（现位置以南）。这个超大陆后来发生裂解，陆块碎片分别在不同板块上运动，并朝向当前位置漂移（见图 18.38）。现在我们知道，地质历史上的板块运动引发了许多剧烈的气候变化，因为各陆地块体之间的相互关系发生变化并漂移到不同的纬度位置。海洋环流也一定发生了各种变化，改变了热量和水分的传输，进而改变了气候。由于板块运动速率极其缓慢（几厘米/年），各大陆位置的明显变化仅发生在较长的地质时期内，板块漂移引发的气候变化极其渐进，仅在百万年尺度上发生。

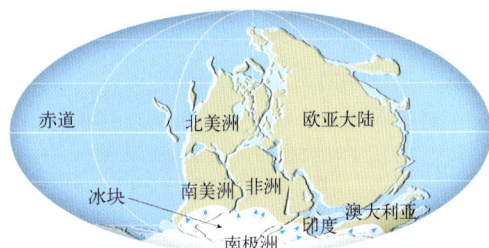

潘吉亚超大陆，显示了晚古生代的冰川冰覆盖区域

各大陆的当前分布，白色区域表示晚古生代冰盖证据存在的位置

图 18.38　**晚古生代大冰期**。当构造板块漂移时，有时会将陆地块体移至高纬度地区，并在那里形成冰盖

2. 地球轨道变化

由于板块运动引发的气候变化极其渐进，板块构造理论无法用来解释更新世发生的冰期气候与间冰期气候的交替，因此对于可能引发千年尺度（而非百万年尺度）气候变化的原因，人们必须寻找其他触发机制。现在，许多科学家强烈怀疑第四纪的特征性气候波动与地球轨道变化有关，这个假说基于入射太阳辐射的变化是地球气候的主要控制因素，由塞尔维亚天体物理学家米卢廷·米兰科维奇最早提出并大力倡导。

基于以下要素，米兰科维奇建立了一个综合数学模型，如图18.39所示：

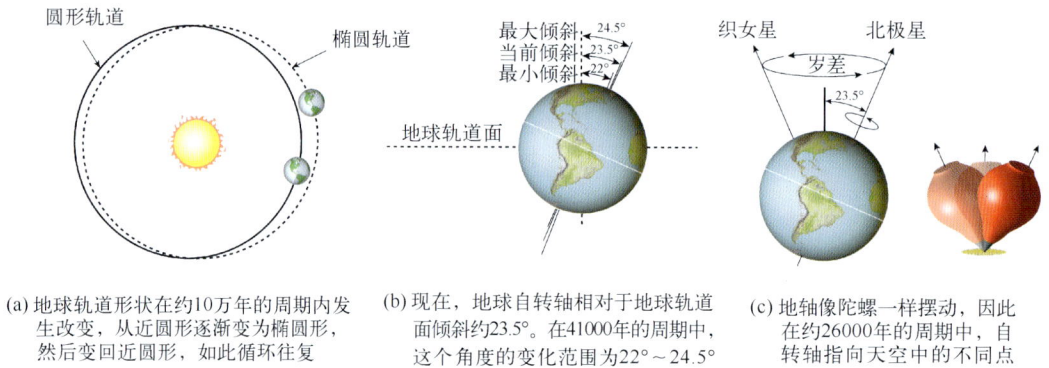

(a) 地球轨道形状在约10万年的周期内发生改变，从近圆形逐渐变为椭圆形，然后变回近圆形，如此循环往复

(b) 现在，地球自转轴相对于地球轨道面倾斜约23.5°。在41000年的周期中，这个角度的变化范围为22°~24.5°

(c) 地轴像陀螺一样摆动，因此在约26000年的周期中，自转轴指向天空中的不同点

图 18.39　地球轨道变化。地球轨道的周期性变化与第四纪冰期中冰期条件与间冰期条件的交替有关

- 地球绕太阳公转轨道形状（离心率）的变化。
- 斜度的变化，即地轴与地球轨道面夹角的变化。
- 地轴的摆动，称为岁差/进动（precession）。

利用这些要素，米兰科维奇计算了太阳能接收量的变化及相应的地表温度（回到过去），然后尝试将这些变化与第四纪的气候波动关联起来。在解释这三个变量引发的气候变化时，他发现由此导致的每年抵达地面的太阳能总量很少（或几乎没有）变化，人们之所以能够感知到其影响，是因为它们改变了各季节间的对比度。在中高纬度地区，冬季较温暖意味着降雪总量增多，夏季较凉爽则意味着融雪总量减少。

为了增强米兰科维奇天文假说的可信度，一项研究分析了含有某些气候敏感微生物的深海沉积物，建立了近50万年来的温度变化年表，然后将这个年表与离心率、斜度和岁差的天文计算结果进行比较，进而确定它们之间是否存在相关性。虽然这项研究涉及面很广且数学上非常复杂，但结论却特别简单：最近数十万年的主要气候变化与地球轨道的几何形状变化密切相关，即气候变化周期与斜度、岁差和轨道离心率的周期密切相关。具体而言，作者如此描述："可以得出结论，地球轨道的几何形状变化是第四纪冰期连续交替的根本原因。"

总而言之，板块构造理论解释了地质历史上不同时期冰川条件的远距离分隔和非周期性爆发，米兰科维奇提出的理论解释了第四纪冰期与间冰期的交替。

3．其他因素

地球轨道变化与冰期-间冰期的时间周期密切相关，但这些轨道变化导致的抵达地表的太阳能变化并不能充分解释末次冰期发生的气温变化幅度，其他因素肯定也发挥了作用。其中，一种因素涉及大气成分的变化，这些因素的影响则与地表反射率和海洋环流的变化相关。下面简单介绍这些因素。

化学分析冰川冰形成时困在冰中的气泡后，人们发现与冰后期的大气相比，第四纪冰期大气中含有的二氧化碳和甲烷数量更少（见图18.40）。二氧化碳和甲烷是重要的温室气体，即它们会捕获地

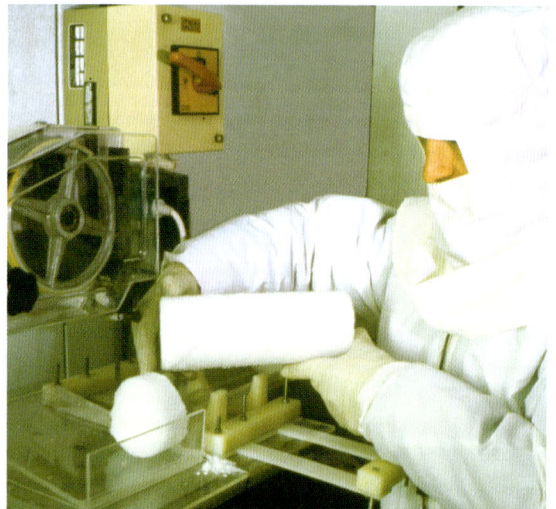

图 18.40　冰芯包含气候变化线索。科学家正在对来自南极洲的冰芯进行切片以用于分析，为了尽可能地减少对样品的污染，他身穿防护服且佩戴口罩。冰芯的化学分析结果可提供关于古气候的重要数据

发射的辐射并对大气变暖有所贡献。当大气中的二氧化碳和甲烷数量增多时，全球气温就上升；当这些气体数量减少时（如第四纪冰期），全球气温就下降。因此，温室气体浓度下降有助于解释冰期气温下降的幅度。虽然科学家知道二氧化碳和甲烷的浓度下降，但并不完全了解何种因素导致了这种下降。如科学中经常发生的那样，在一次调查期间得到的观测结果会产生新信息，并且提出需要进一步分析和解释的问题。

显然，每当地球进入冰川时期，曾经无冰的大面积陆地就被冰雪覆盖，更冷的气候还会导致海冰（冰冻表层海水）的覆盖区域扩大。冰雪将大部分入射太阳能反射回太空，因此原本应会使地表及其上方空气变暖的能量消失，全球变冷得到强化。

影响冰期气候的另一个因素与洋流相关。科学研究表明，海洋环流在冰期发生变化，例如在第四纪冰期，从热带地区向更高纬度北大西洋地区输送大量热量的暖流明显较弱，这应当已经引发欧洲气候变冷，并且强化了可归因于地球轨道变化的冷却作用。

要强调的是，前述观点并不是冰期的唯一可能解释。虽然这些建议既有趣又有吸引力，但不是没有批评者，也不是目前正在研究的唯一因素，还可能存在其他因素。

概念回顾 18.6

1. 显示第四纪冰期气候周期的最佳数据源是什么？
2. 在第四纪，地球陆地表面受到冰川影响的比例约是多少？在第四纪冰期，是北半球还是南半球的冰盖范围更广？解释理由。
3. 板块构造理论如何帮助人们理解冰期的成因？该理论能否解释第四纪冰期的冰期-间冰期的气候交替？
4. 简要总结涉及地球轨道变化的气候变化假说。

主要内容回顾

18.1 冰川概述

关键词：冰川，山谷冰川，冰盖，海冰，入海冰川，冰架，冰帽，注出冰川，山麓冰川

- 冰川是由积雪堆积、压实和重结晶形成的陆地厚冰块，显示了古代（或现代）流动的证据。冰川既是水循环的一部分，又是岩石循环的一部分，因为它们既存储和释放淡水，又侵蚀和搬运岩石物质。

- 山谷冰川沿山谷流下，冰盖则是非常巨大的冰块（如格陵兰冰盖和南极冰盖）。在末次盛冰期，地球处于冰川冰覆盖大面积陆地表面的第四纪冰期。

- 当离开受限山脉时，山谷冰川可能扩散到宽阔的扇面中，形成山麓冰川。类似地，当冰川流入海洋，扩散形成宽阔的浮冰层时，会形成冰架。

- 冰帽类似于小型冰盖。冰盖和冰帽都能被注出冰川排空。

问题：如附图所示，何种术语适用于北极的冰？何种术语最能描述格陵兰岛的冰？二者是否都是冰川？

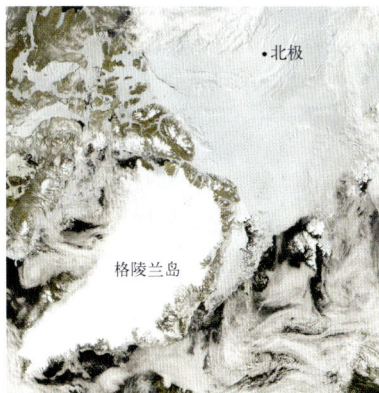

北极

格陵兰岛

18.2 冰川冰的形成和运动

关键词：粒雪，破裂区，冰裂隙，累积区，雪线，消耗区，冰川消融，冰崩，冰山，冰川收支

- 积雪数量足够多时会重结晶成致密的粒雪颗粒，然后即可紧密地堆积在一起而形成冰川冰。

- 冰受压时流动速率很慢。在冰川上部的 50 米处，压力不够而无法流动，破裂区中出现称为冰裂隙的危险裂缝。此外，通过称为基面滑移的滑动过程，大多数冰川也能运动。

- 冰川以缓慢但可测量的速率运动，快速冰川的运动速率可能高达 800 米/年，慢速冰川的运动速率可能仅为 2 米/年。有些冰川会经历周期性的突然跃动。

- 冰川的流速不一定与其末端的位置相关。相反，若冰川存在正收支（累积超过消耗），则末端前进；若冰山发生崩解、融化或其他消融形式超过了新冰的输入，则冰川的末端后退。冰川即使正在后退，仍会经历向下流动。

问题：如附图所示，融化是冰川冰消融的方式之一。冰从冰川中流失的另一种方式是什么？冰川中冰消耗的一般术语是什么？

冰川融水

18.3 冰川侵蚀

关键词：掘蚀作用，磨蚀作用，岩粉，冰川擦痕，冰川槽，冰蚀三角面，悬谷，串珠湖，冰斗，冰斗湖，冰斗型山口，刃脊，角峰，羊背石，峡湾

- 冰川是强大的侵蚀营力，它通过以下途径获取沉积物：从冰川之下的基岩中掘蚀；利用冰中已有沉积物磨蚀基岩；块体坡移过程将碎屑掉落到冰川顶部。基岩挫磨形成称为冰川擦痕的刻槽和划痕。

- 冰川槽具有独特的 U 形剖面，与具有典型 V 形剖面的河流蚀刻山谷极为不同。山谷边缘可能存在线状排列的三角形悬崖，称为冰蚀三角面。在更高的地方，悬谷标志着支流冰川曾流入主冰川的位置。

- 山谷冰川顶端存在围椅状冰斗，可能容纳（也可能不容纳）称为冰斗湖的小型湖泊。在山谷底部，其他几个冰川湖泊像绳子上的串珠一样，称为串珠湖。当两个冰川向相反方向流动时，两个冰斗的交点形成冰斗型山口。

- 若两个冰川彼此平行流动，则其槽谷可能在一个刀刃状山脊（称为刃脊）相交。在一个高点，若多个冰川呈放射状地从一个点向外流动，则可能留下金字塔状角峰。对基岩的突起部而言，可能在上游侧被冰川磨蚀，在下游侧被冰川掘蚀，由此形成的不对称基岩块体称为羊背石。

- 在沿海山区环境中，冰川槽可能侵蚀在海平面之下，随后被海洋淹没，成为峡湾。

问题：查看冰川作用后的山区景观附图，识别冰川侵蚀形成的地貌。

18.4 冰川沉积

关键词：冰川沉积物，冰碛物，冰川漂砾，层状冰碛，侧碛，中碛，终碛，基碛，鼓丘，冰水平原，谷边碛，锅穴，冰川接触沉积，冰砾阜，冰砾阜阶地，蛇形丘

- 任何冰川起源沉积物都称为冰川沉积物。冰川沉积物有两类：一是冰碛物，二是层状冰碛。

- 冰川沉积形成的最广泛地貌特征是冰碛物层（或垅岗），称为冰碛。与山谷冰川相关的是侧碛和中碛。终碛标志着冰川前缘的先前位置，基碛是冰川前缘后退时沉积的冰碛物层，二者对山谷冰川和冰盖而言都很常见。

- 层状冰碛能够即刻沉积在冰川附近，或者被携带到一定距离之外作为冰水沉积。从冰盖中流出的河流会在终碛之外形成宽阔的冰水平原。山谷谷壁环绕着一种类似的地貌特征，称为谷边碛。沉积物掩埋的冰块可能融化，形成称为锅穴的洼地。

- 冰砾阜是层状冰碛的岩丘（或陡峭丘陵），代表冰川顶部（或内部）沉积物填充的湖泊的先前位置。冰砾阜阶地是沉积在停滞冰川附近的狭窄层状冰碛块体。流经冰中隧道的融水河流可能留下蜿蜒的层状冰碛垅岗，称为蛇形丘。

问题：检查附图所示的冰盖消退后形成的沉积特征示意图，指出各地貌特征的名称，以及哪些地貌由冰碛物（或层状冰碛）构成。

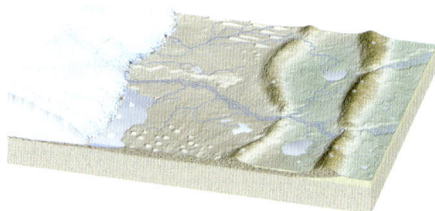

18.5 第四纪冰期冰川的其他影响

关键词：冰前湖，雨成湖

- 冰川的重量极大，可能导致地壳在向下弯曲。冰川融化后，重量被释放，地壳垂直向上缓慢回弹。

- 冰盖由最终来自海洋的水供给，因此冰盖生长时海平面下降，冰盖融化时海平面上升。在末次盛冰期，全球海平面比现在低约 100 米，当时的现代大陆海岸线大不相同。

- 由于冰盖的前进和后退，河流的流动路径发生重大变化。此外，冰川加深并展宽河谷和低地，最终形成五大湖等地貌特征。

- 通过截留融水或阻断河流流动，冰盖可充当堤坝，形成冰前湖。阿加西斯冰川湖和密苏拉冰川湖的蓄水量都非常巨大。以密苏拉湖为例，当冰坝周期性垮塌时，水会以巨型洪流形式向外排出。

- 雨成湖存在于第四纪冰期的鼎盛期间，但发生地远离实际冰川，当时的气候比现在更寒冷、更湿润。邦纳维尔湖是一个经典示例，存在于现在的犹他州和内华达州所在区域。

18.6 第四纪冰期

关键词：第四纪，冰碛岩

- 19 世纪初，瑞士诞生了地质学上的末次冰期观点。路易斯·阿加西斯及其他人认为，只有以前曾经存在大量冰川冰，才可能解释欧洲（以及后来的北美洲和西伯利亚）的地貌景观。随着更多研究成果的积累，特别是源于海底沉积物研究的数据，人们发现第四纪以冰川冰的大量前进和后退为标志。

- 虽然较为罕见，但在第四纪冰期的最近冰川作用之前，地球历史上已发生若干次冰川事件。岩化的冰碛物（称为冰碛岩）是这些古冰期的主要证据。几个因素可解释冰川冰为何能在全球范围内堆积，包括受板块构造驱动的各大陆位置。

- 第四纪以冰川前进与冰川后退交替为特征。为解释这些振荡，一种方法是引发太阳辐射分布季节性变化的地球轨道变化。轨道形状变化（离心率）、地球自转轴的倾斜变化（斜度）以及自转轴随着时间的推移而缓慢摆动（岁差），这三种影响都发生在不同的年代尺度上，共同解释了第四纪交替出现的寒冷期和温暖期。

- 其他部分因素对启动（或结束）冰川作用可能也很重要，例如温室气体水平的升降、地表反射率的变化以及将热能从温暖地区重新分布到寒冷地区的洋流变化。

问题：约 2.5 亿年前，印度、非洲和澳大利亚的部分地区被冰盖覆盖，格陵兰岛、西伯利亚和加拿大则没有冰。解释为什么会发生这种状况。

深入思考

1. 附图显示了一个经典的实验结果，旨在确定冰川冰在山谷中的运动方式，实验周期长达 8 年。参阅图表，回答以下问题：**a**. 冰川中心的冰的年平均前进速率是多少？**b**. 冰川中心每天前进的速度有多快？**c**. 计算冰川两侧沿线的冰向前运动的平均速率。**d**. 为何中心位置的速率与两侧沿线的速率不同？

2. 科学研究表明，在第四纪冰期，有些冰盖的边缘从哈德逊湾地区向南推进，速率为 50～320 米/年。**a**. 确定冰盖从哈德逊湾南端移动到现代伊利湖南岸（距离为 1600 千米）时的最长时间。**b**. 计算冰盖移动这一距离的最少年数。

3. 若地球在未来数十万年间经历另一个第四纪冰期，且一个半球上覆盖的冰盖范围远大于另一个半球，则是北半球还是南半球的冰盖范围更广？差距如此大的原因是什么？

4. 假设你和一位地质爱好者在北落基山脉徒步旅行，休息时注意到脚下的巨砾是由未分选沉积物杂乱混合而成的沉积的一部分。由于所在区域曾经存在大范围的山谷冰川，同事认为该沉积一定是冰碛物。虽然知道这肯定是一种较好的可能性，但你提醒自己的同伴：山区中的其他过程也可能形成未分选沉积。这样的过程可能是什么？你和朋友如何确定这种沉积是否真的是冰碛物？

5. 若山谷冰川的收支在较长一段时间内保持平

衡，则在该冰川的末端会发现何种地貌特征？该地貌特征是由冰碛物还是由层状冰碛构成？现在假设冰川收支发生变化，消融量超过累积量，则该冰川的末端如何改变？描述这些条件下你预期形成的沉积。

6. 附图所示冰川沉积是冰碛物还是层状冰碛？它更可能是终碛还是蛇形丘的一部分？

7. 附图中这堵墙位于新英格兰地区，由附近田地里清除的各种石头和巨砾堆砌而成。**a.** 何种风化过程可能导致墙壁鼓胀并洒落巨砾？**b.** 墙内所有岩石是否可能来自附近的基岩？解释理由。**c.** 何种术语适用于构成墙壁的岩石？

8. 假设你和一位不懂地质的朋友正在游览图18.1所示的山谷冰川，研究该冰川很长一段时间后，朋友提出了问题：这些东西真的会移动吗？利用这幅图像中清晰可见的证据，应如何让朋友相信这个冰川确实会移动？

地球之眼

1. 在附图卫星影像中，中心是南极洲的伯德冰川。在这个区域中，该冰川正以 0.8 千米/年的速率前进。注意观察其相对于其他已标注地貌特征的位置。**a.** 伯德冰川的流动方向是朝向卫星影像的顶部还是底部？解释理由。**b.** 这类冰川可用何种术语描述？

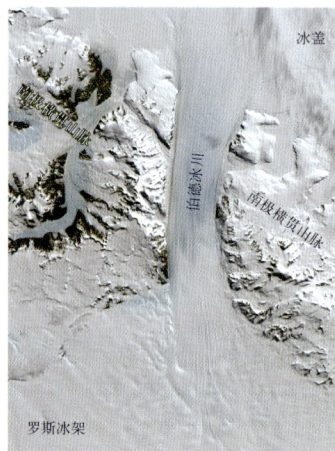

2. 照片所示的一座冰山漂浮在格陵兰岛海岸附近的海洋中。**a.** 冰山是如何形成的？何种术语适用于该过程？**b.** 利用学到的关于这些地貌特征的知识，解释常见短语"只是冰山一角"。**c.** 冰山和海冰一样吗？解释理由。**d.** 若这座冰山融化，海平面会受到什么影响？

第19章 荒漠和风

2018年7月9日，哈布沙暴席卷了亚利桑那州凤凰城

新闻中的地质：沙尘暴威胁荒漠景观

2018 年 5 月初，印度北部干旱地区经历了几场超强沙尘暴，称为哈布沙暴。在每场风暴期间，强风刮倒了树木和电线杆，严重损毁了建造不善的住宅，能见度在几秒内几乎降为零。有些风暴非常致命。哈布沙暴的成因如下：强雷暴形成相对较冷的强下沉气流，以阵风锋的形式抵达地表，在相对贫瘠的荒漠景观中快速蔓延，并将大量尘埃托举到数百米的高空中。

哈布沙暴通常与北非的部分地区相关，偶尔也会威胁到美国西南部。2018年7月9日下午，随着一堵尘埃墙席卷亚利桑那州凤凰城，一次非同寻常的事件发生了。考虑到沙尘暴、强风（瞬时风力超过80千米/小时）和午后阳光（被充满颗粒的空气散射）的共同作用，美国国家气象局发出了可能危及生命的旅行警告。夏末午后，哈布沙暴在亚利桑那州南部并不罕见，但是这次的规模、强度及持续时间都异乎寻常。在这个区域中，哈布沙暴通常会在行进40～80千米后消退，但是这团巨量沙尘（近1.6千米高）在索诺兰沙漠景观中行进了约320千米，当地气象学家将其描述为"史诗般"和"历史性"。作为一种地质营力，这些湍流沙尘暴有能力搬运并沉积巨量沉积物。

穿越凤凰城的哈布沙暴前缘

学习目标

19.1　描述地球上干燥陆地的总体分布，解释荒漠为何在亚热带和中纬度地区形成。

19.2　总结干旱及半干旱气候下风化作用、流水和风的地质作用。

19.3　比较美国西部景观盆岭和科罗拉多高原。

19.4　描述风搬运沉积物的方式以及与风蚀作用相关的过程和地貌特征。

19.5　讨论沙丘的形成和运动，区分不同沙丘类型。解释黄土沉积和砂沉积的差异。

气候强烈影响着地球外部过程的性质和强度，这在第18章中得到了证实。荒漠景观及其发育为气候与地质学之间的紧密联系提供了另一个极佳示例。荒漠（desert）的字面含义是荒芜地或无人居住地，这种描述对许多干旱地区而言恰如其分，但在荒漠中有水的地方，动植物依然能够茁壮成长。虽然如此，除了极地，世界干旱地区可能仍是地球上人类最不熟悉的陆地区域。

如后所述，干旱地区并不由单一地质过程主导，构造应力、流水和风的影响均显而易见。由于这些过程在不同地点以不同的方式组合在一起，荒漠景观的外观变化非常大。

19.1　干燥陆地的分布和成因

描述地球上干燥陆地的总体分布，解释荒漠为何在亚热带和中纬度地区形成。

荒漠景观经常给人们带来荒凉的感觉，整体外观轮廓并不会因为存在连续的土壤覆盖层和丰富的植物生命而有所改观，贫瘠且带有清晰陡峭斜坡的岩石露头较为常见。有些地点的岩石略呈橙色和红色，还有些地点的岩石则呈灰色和褐色，且带有黑色条纹。对许多游客来说，荒漠风光展现出了惊人之美；对其他人来说，这种地形似乎索然无味。无论引发哪种感觉，荒漠无疑与大多数人居住的更湿润环境截然不同。

19.1.1　干燥的含义

我们都知道荒漠是干燥的地方，那么术语干燥/干（dry）的含义是什么呢？即多少降雨量定义了湿润区与干燥区的边界？有时，干燥度（dryness）由单一降水量（如25厘米/年）定义，但其概念则是指代任何持续缺水状况的相对定义。

1.干燥气候

气候学家将干燥气候（dry climate）定义为年降水量低于年蒸发量的气候，因此干燥度不仅与年降雨量相关，还是与气温密切相关的年蒸发量的函数，潜在蒸发量会随着气温的升高而增大。对斯堪的纳维亚半岛北部（或西伯利亚）的针叶林而言，由于蒸发进入凉爽且潮湿空气中的水分极少，土壤中仍然持有多余水分，低至15～25厘米的年降水量足以支撑。但是，若这种相同数量的年降水量落在美国内华达州（或伊朗），则其仅能支撑较为稀疏的植被覆盖，因为蒸发到炎热且干燥空气中的水分极多。由此可知，并无特定的降水量可作为干燥气候的通用边界。

全球干燥地区的总面积约为4200万平方千米，在地球陆地表面上的占比高达惊人的30%，没有任何其他气候类型能够覆盖如此巨大的陆地面积。人们通常认为缺水地区存在两种气候类型：一种类型称为沙漠气候（desert）或干旱气候（arid），另一种类型称为草原气候（steppe）或半干旱气候（semiarid）。这两种气候类型有很多共同的特征，主要差异是程度问题，草原气候是沙漠气候的边缘和湿润变体，且是分隔沙漠气候与其相邻湿润气候的沙漠气候周边的过渡带。如图19.1所示，在全球沙漠气候和草原气候的地区分布中，干燥陆地主要集中在亚热带和中纬度地区。

2.荒漠是否在扩张

荒漠般的条件正在全球范围内扩大，这个重要的环境问题称为荒漠化（desertification），指主要由人类活动导致的干燥陆地生态系统的持续退化。荒漠化最常（但不总是）发生在荒漠边缘和草原地区，主要体现在植物及土壤资源破坏的连续变化（从轻微到严重）上。当森林砍伐和过度放牧减少（或完全剥离）固定土壤的树木及植物覆盖时，会发生荒漠化现象。在有些地区，密集和不可持续的耕作方式不仅摧毁了自然植被，还耗尽了土壤养分。通过剥离表层土，风和水的侵蚀作用加剧了这种破坏。在没有足够植被保护土壤（免遭侵蚀）的土地上，旱灾一旦发生，破坏性就无法逆转。荒漠化现象正在许多地方发生，撒哈拉沙漠以南的萨赫勒地区尤为严重。

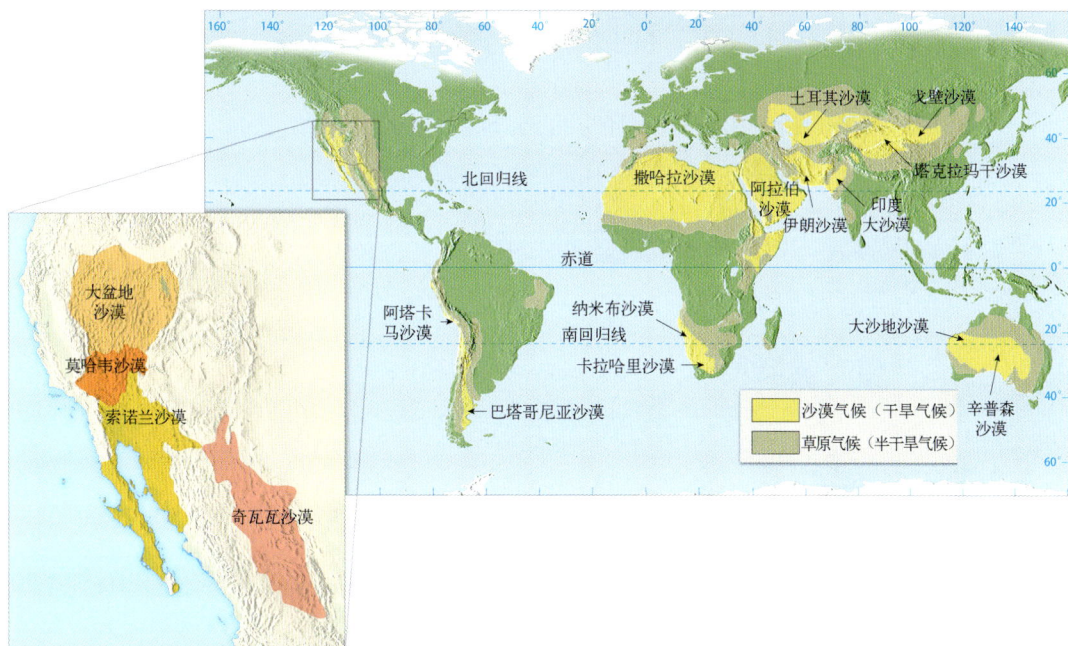

图 19.1　干燥气候。干旱气候和半干旱气候约占地球陆地表面的 30%。
美国西部干燥地区通常划分为 4 个沙漠气候区，其中 2 个延伸到了墨西哥

19.1.2　亚热带荒漠和草原

亚热带干燥气候中心位于南北回归线附近。图 19.1 显示了几乎完整的荒漠环境，从北非大西洋沿岸到印度西北部干燥陆地，绵延长度超过 9300 千米。除了这片广阔的土地，在墨西哥北部和美国西南部，北半球还存在面积小得多的另一片亚热带荒漠和草原。

在南半球，干燥气候在澳大利亚占主导地位，该大陆近 40% 是荒漠，其余大部分是草原。此外，干旱及半干旱区域还出现在非洲南部以及智利和秘鲁沿海地区（面积有限）。

1.　下沉气团

这些低纬度荒漠带究竟是如何形成的？主要控制因素是大气压和风的全球分布。图 19.2a 是地球大气环流的理想化示意图，有助于对这种关系进行可视化描述。在称为赤道低压（equatorial low）的压力带中，受热空气上升到极高的高度（通常为 15～20 千米），然后向两侧扩散。当抵达南纬（或北纬）20°～30° 时，上层气流向地表下沉。空气穿越大气层上升时发生膨胀和冷却，这个过程会引发云和降水的发育。因此，受赤道低压影响的区域在地球上的降水量最多。在以高压为主的南北纬 30° 附近，情况则刚好相反。在称为副热带高压（subtropical high）的压力带中，空气向地表下沉。空气下沉时被压缩和加热，这样的条件与形成云和降水的条件正好相反，因此这些地区以天空晴朗、阳光充足和持续干燥而闻名（见图 19.2b）。

2.　西海岸亚热带荒漠

在各大陆西海岸沿线发现亚热带荒漠的地方，寒冷海流对气候具有重大影响，例如南美洲的阿塔卡马沙漠毗邻寒冷的秘鲁海流，非洲西南部的纳米布沙漠平行于寒冷的本格拉海流（见图 19.1）。这些干燥陆地与人们对亚热带荒漠的总体印象大相径庭。

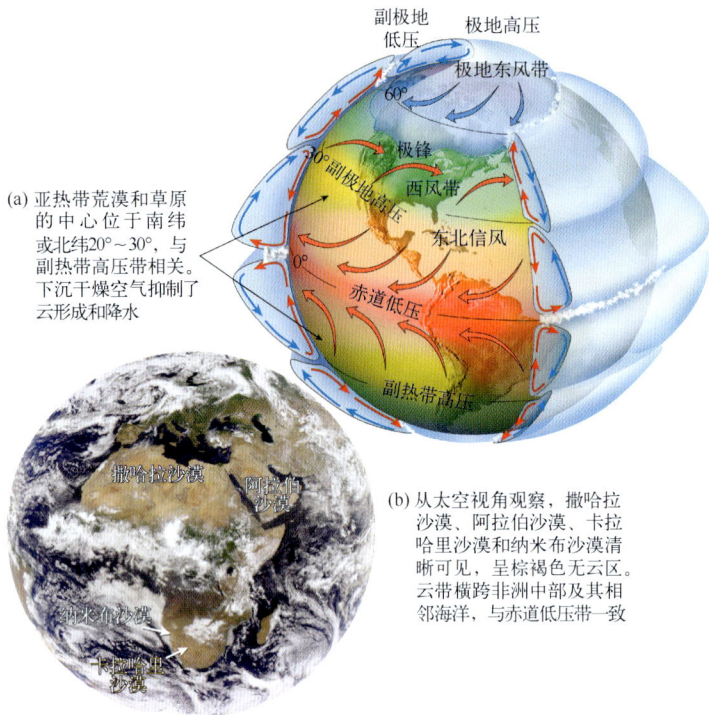

(a) 亚热带荒漠和草原的中心位于南纬或北纬20°～30°，与副热带高压带相关。下沉干燥空气抑制了云形成和降水

(b) 从太空视角观察，撒哈拉沙漠、阿拉伯沙漠、卡拉哈里沙漠和纳米布沙漠清晰可见，呈棕褐色无云区。云带横跨非洲中部及其相邻海洋，与赤道低压带一致

图 19.2　亚热带荒漠。亚热带荒漠和草原的分布与全球大气压分布密切相关

　　寒流的明显影响是气温下降。此外，虽然这些荒漠毗邻海洋，但是年降水量却位列全球最低。下部空气被低温近海海水冷却，加剧了这些沿海区域的干旱程度。当从下方冷却时，空气会抵抗云形成和降水所需的向上运动。此外，寒流经常使空气变冷，导致雾的形成。因此，并非所有亚热带荒漠均阳光明媚和高温炎热，近海寒流可能导致西海岸亚热带荒漠变得相对凉爽，偶尔还会出现雾。

　　在南美洲西海岸沿线，阿塔卡马沙漠是世界上最干旱的荒漠。在阿塔卡马沙漠的最湿润地点，平均降水量不超过 3 毫米/年。在智利与秘鲁边境附近，沿海城镇阿里卡的年均降水量仅有 0.5 毫米。再向内陆方向延伸，有些气象站甚至从未记录到降水。

19.1.3　中纬度荒漠和草原

　　与低纬度地区不同，中纬度荒漠和草原并不受控于与高压带相关的下沉气团，这些干燥陆地之所以存在，主要是因为被遮蔽在大型陆地块体的内部深处，远离作为云形成和降水最终水分来源的海洋，例如亚洲中部的戈壁沙漠，如图 19.1 所示。

　　有些高大山脉跨越盛行风的路径，这是将中纬度干旱及半干旱区域与含水海洋气团分隔开的另一因素。这些山脉会迫使气团失去大部分水分，机制非常简单：当盛行风遇到山脉屏障时，空气被迫上升。空气上升时发生膨胀和冷却，这个过程可能形成云和降水。因此，山脉的迎风侧经常具有较高的降水量，相比之下，背风侧通常要干燥得多（见图 19.3）。这种情况之所以存在，主要是因为抵达背风侧的空气已失去大部分水分，空气此时下降会受到压缩和变暖，使得云形成的可能性更小。这种背风侧形成的干燥区域常被称为雨影/降雨阴影（rainshadow），例如图 19.4 所示的华

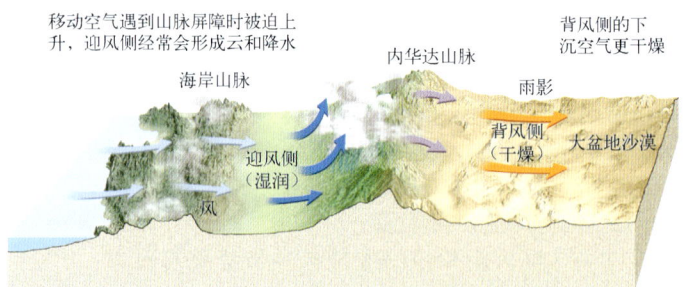

图 19.3　雨影荒漠。通过形成雨影，山脉经常加剧中纬度荒漠和草原的干旱程度

盛顿州西部降水量分布图即提供了一个很好的雨影示例。当来自西（左）侧太平洋的盛行风与山脉相遇时，降水总量非常高。相比之下，山脉背风（东）侧的降水量则相对贫乏。在北美洲，阻挡太平洋湿气的最重要的山脉屏障是海岸山脉、内华达山脉和喀斯喀特山脉。在亚洲，喜马拉雅山脉阻止了印度洋夏季季风的潮湿气流抵达欧亚大陆内部。

在南半球，由于中纬度地区缺乏广阔的陆地区域，这一纬度范围内仅存在少量荒漠和草原，主要位于南美洲南端附近（高耸安第斯山脉的雨影中）。

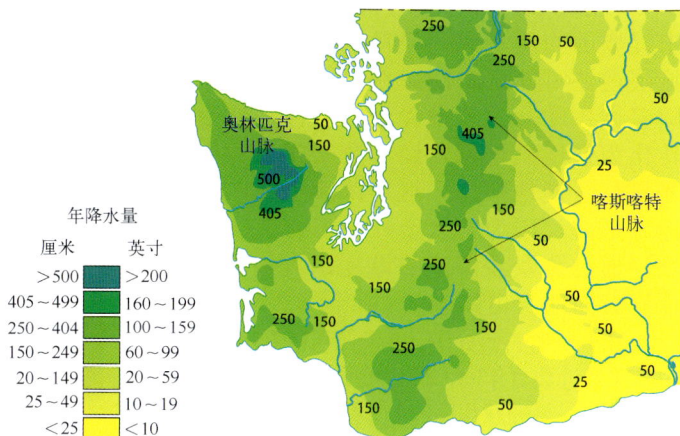

图 19.4 **华盛顿州西部的降水量分布**。奥林匹克山脉和喀斯喀特山脉降水丰沛，东部半干旱区域则位于雨影之中

中纬度荒漠提供了构造过程如何影响气候的示例。雨影荒漠的存在部分缘于板块碰撞形成的山脉，若没有这样的造山事件，现在的许多干旱地区应当盛行更湿润的气候。

19.2 干旱气候下的地质过程

总结干旱及半干旱气候下风化作用、流水和风的地质作用。

在荒漠区域中，山丘棱角分明，峡谷壁垂直陡峭，地表遍布中砾（或砂），这些地貌特征与更湿润地区的圆状山丘和弯曲斜坡对比强烈。对来自湿润地区的游客来说，荒漠的塑造力似乎与水源充足地区的不同。不过，虽然外观对比相当明显，但是干旱和湿润景观并不反映不同的地质过程，只是揭示相同地质过程在不同气候条件下的不同运行效果。

19.2.1 干燥地区的风化作用

如第 6 章所述，水在化学风化中发挥着重要作用，因此与气候湿润地区相比，化学风化过程在气候干燥地区的地位并不那么突出。在气候湿润地区，质地相对较细的土壤支撑着覆盖在地表的连续植被，斜坡和岩石边缘呈圆状，反映了湿润气候下化学风化作用的强烈影响。相比之下，在荒漠中，大部分风化碎屑由未经改变的岩石及矿物碎片构成，这些碎片形成于机械风化过程。在干燥的陆地上，由于缺乏水分和腐烂植物产生的有机酸，任何类型的岩石风化都大大减少。但是，荒漠中并不完全缺乏化学风化作用，较长一段时间后，黏土和薄层土壤仍会形成，许多含铁硅酸盐矿物会发生氧化，直至形成"为某些荒漠景观略施粉黛"的铁锈色景观。

19.2.2 沙漠漆

有些荒漠中的岩石呈现出一层暗褐色（或黑色）薄膜，称为沙漠漆（desert varnish）。这层薄膜在显微镜下可见，主要由黏土矿物和铁锰氧化物组成。沙漠漆的颜色取决于锰和铁的相对含量，富锰漆呈黑色，富铁漆呈红色到橙色，铁锰含量均衡者呈褐色。

科学家最初认为沙漠漆由从其覆盖岩石中提取的物质形成，但最新研究结果表明，这层薄漆可能来自沉降在岩石表面的尘埃。随着微生物从尘埃中提取铁和锰，然后将其转化为铁锰氧化物，经过数千年后，沙漠漆才最终缓慢地形成。这层薄漆不会在潮湿的地方形成，因为雨水会冲刷掉岩石表面的尘埃。通过测量沙漠漆的厚度，科学家能够估计岩石的地表出露时间。

在有些考古研究中，沙漠漆可能发挥着重要作用。在最近数百年间，通过擦除沙漠漆来展示下伏浅色岩石，美洲原住民绘制了大量图像和符号，这些绘图作品称为岩画（petroglyph），为现代人提供了古代文化表述的宝贵记录（见图 19.5）。

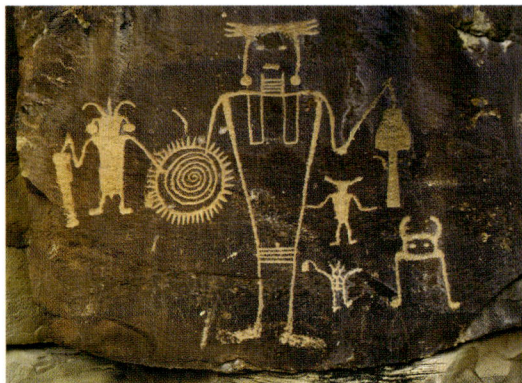

图 19.5 岩画。通过擦除沙漠漆，美洲原住民创作了称为岩画的图像。这些岩画位于科罗拉多州-犹他州边界沿线的恐龙国家纪念公园中

19.2.3 水的作用

荒漠中降水量不足，主要河流稀少。然而，在干燥地区的景观塑造中，水仍然发挥着重要作用。在湿润地区，永久性河流是正常现象；在荒漠地区，几乎所有河床大部分时间均干燥无水。荒漠中存在间歇河/季节河/临时河（ephemeral stream），仅在特定降水条件下才有水流过（见图 19.6）。

对典型间歇河而言，每年在零星降雨后，流水可能只存在短短几天（甚至几小时），有些年份的河道中可能根本就没有水。即使是说走就走的旅行者，也能轻松发现以下事实：许多桥下没有河水流过，或者干涸河道穿过的道路上存在许多凹陷。但是，当罕见的大雨来临时，短时降水量非常巨大，以至于雨水无法完全下渗。由于荒漠植被覆盖稀少，径流基本上畅流无阻，水流速度极快，经常在谷底沿线引发山洪暴发。这些洪水与湿润地区的洪水截然不同，河流（如密西西比河）中的洪水可能需要几天才能达到最大洪峰，然后缓慢消退；荒漠中的洪水则会突然到来，随后快速消退。由于荒漠中的许多地表物质未被植被锚定，单次短时降水事件中的侵蚀程度令人印象深刻（注：要了解与山洪暴发相关的更多信息，请参阅第 16 章）。

在美国西部的干燥地区，人们为间歇河命名了不同的名称，包括冲蚀谷（wash）和旱谷（arroyo）。在世界上的其他地区，荒漠中的干河流在阿拉伯半岛和北非称为干谷（wadi）、在南美洲称为陡岸干沟（donga），在印度称为水道（nullah）。在如图 19.7 所示的卫星影像中，显示了撒哈拉沙漠中的一个干谷。

大雨过后不久的间歇河。虽然这种洪水存在时间短暂，但是侵蚀作用极强

大多数时候，荒漠河道均干涸无水

POTENTIAL FLASH FLOOD AREAS

NEXT 21 MILES

荒漠地区的常见标识。大雨过后，道路浸没在可能快速充满水的河道中

图 19.6 间歇河。这个示例位于犹他州南部的拱门国家公园附近

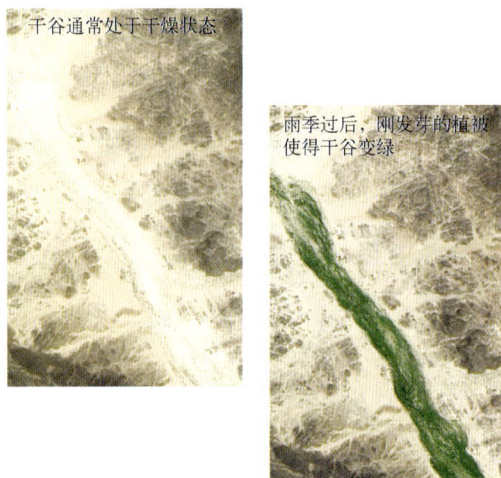

干谷通常处于干燥状态

雨季过后，刚发芽的植被使得干谷变绿

图 19.7 北非的干谷。在这两幅卫星影像中，显示了雨水如何改变尼日尔的干谷

湿润地区的排水系统通常较为完善，但是干旱地区中的河流则缺乏广泛的支流系统。实际上，荒漠中河流的基本特征之一是规模较小，且会在抵达海洋之前消亡。由于荒漠中的地下水面通常远低于地表，河流很少能像湿润地区中那样利用地下水面（见图17.8）。若没有稳定的水分供应，则蒸发与下渗的叠加很快会耗竭河流。

仅有少数永久性河流（如科罗拉多河和尼罗河）能够穿越干旱地区，这些河流发源于荒漠之外，通常位于水源充足的山脉中。这里的水源供应必须非常巨大，否则河流穿越荒漠时会失去所有水分。例如，尼罗河离开源头（位于非洲中部的湖泊和山脉）后，在没有一条支流的情况下，独自穿越撒哈拉沙漠近3000千米。相比之下，在湿润地区中，河流流量会随着向下游的流动增大，因为支流和地下水在沿途提供了更多的水分。

要强调的是，虽然流水并不常见，但却在荒漠中完成了大部分侵蚀作用，这与认为风是塑造荒漠景观的最重要侵蚀营力的常见观点正好相反。虽然风蚀作用在干燥区域确实比其他地方更重要，但是大多数荒漠地貌均由流水蚀刻而成。如本章后面所述，风的主要作用是沉积物的搬运和沉积，形成并塑造称为沙丘的垄岗和土丘。关于荒漠的其他错误观念，见地质美图19.1。

在荒漠中，流水承担了大部分侵蚀工作。

荒漠是主要由风力形成的炎热、无生命且被沙子覆盖的景观，这是许多人（特别是生活在更湿润地区的那些人）心目中的干旱地区印象。这种观点是否正确呢？答案是不正确。虽然这样的印象中存在明显的现实因素，但是这种总体描述中包含了几种错误观念

另一种错误假设认为风是荒漠中的最重要侵蚀营力，这一观点貌似合乎逻辑，但其实荒漠中的最大侵蚀作用由流水完成。罕见降雨往往以雷暴形式出现，由于大雨无法全部下渗，所以就会形成快速径流。如果没有厚层植被来保护地面，那么侵蚀程度就会很大

正如拍摄自美国西南部的这张照片所示，荒漠并不一定代表炎热和无生命。虽然数量较少且性状不同，但是动植物生命通常都会存在。除了创纪录的高温，荒漠中还会经历低温，例如亚利桑那州凤凰城1月份的日均最低气温仅为1.7℃（略高于冰点）

一种错误假设是沙漠由1英里接着1英里的流沙（如非洲西南海岸纳米布沙漠中的这些巨型沙丘）组成，这些巨型沙丘高达300～350米。虽然积沙可能是某些地区的引人注目特征，但是仅占荒漠总面积的一小部分，例如撒哈拉沙漠中的积沙面积占比仅为1/10，阿拉伯沙漠（所有沙漠中积沙占比最高）中的积沙面积占比仅为1/3

地质美图19.1　关于荒漠的常见错误观念

1. 干燥气候下的岩石风化速率与湿润地区的相比如何？
2. 什么是间歇河？
3. 荒漠中的最重要侵蚀营力是什么？

19.3 美国西部干旱景观

比较美国西部景观盆岭和科罗拉多高原。

本节重点介绍美国西部两个干旱内陆地区的两种特征性地貌，即盆岭和科罗拉多高原。

19.3.1 盆岭

如前所述，干旱地区一般缺少永久性河流，经常存在内陆水系/内部排水系统（interior drainage），即具有间歇河的不连续模式，且不会从荒漠向外流入海洋。在美国，干燥的盆岭/盆地和山岭（basin and range）地区提供了一个极佳的示例，该地区包括俄勒冈州南部、内华达州全境、犹他州西部、加利福尼亚州东南部、亚利桑那州南部以及新墨西哥州南部。对这个面积近 80 万平方千米的地区来说，盆地和山岭这个名称恰如其分，因为其主要特征是拥有 200 多个相对较小的山岭，抬升并位于居间盆地之上 900～1500 米。要了解关于这些断块山成因的更多信息，请参阅第 14 章，那里讨论了表面过程是如何改变地貌景观的。

类似于世界各地的其他地区，盆岭地区发生的侵蚀作用大多并不参照海洋（终极基准面），因为内陆水系始终无法抵达海洋。图 19.8 所示的块状模型显示了盆岭地区地貌景观的演化过程，描绘了下文中将要描述的各种地貌。在山脉抬升期间和之后，流水开始蚀刻隆起的岩石块体，并在盆地中沉积大量的碎屑。早期阶段的地形起伏最大，因为随着侵蚀作用降低山岭，以及沉积物对盆地进行填充，高程差将逐渐缩小。

当零星降水形成的偶发洪流沿山脉峡谷向下流动时，会携带大量沉积物。摆脱峡谷的限制后，径流扩散

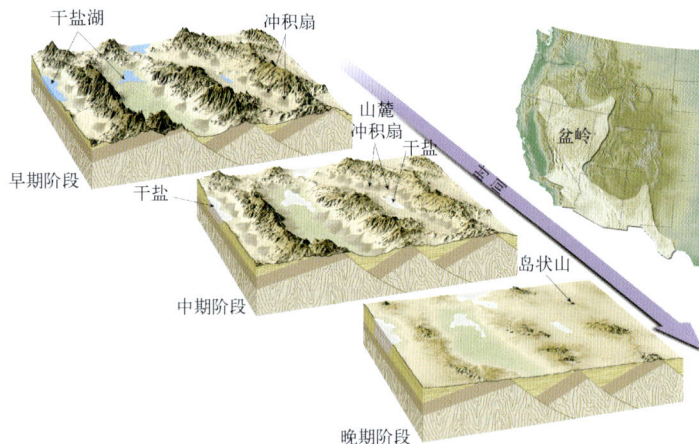

图 19.8 **盆岭地区的地貌景观演化。** 随着持续性的山脉侵蚀和盆地沉积，地形起伏变小

到山脚下的平缓斜坡上，流动速率快速下降。因此，大部分负荷在短距离内倾泻，在峡谷口部形成一个碎屑锥，称为冲积扇（alluvial fan）。由于最粗糙（最重）的物质首先下落，冲积扇的头部最陡，坡度可能为 10°～15°。沿着扇体向下移动，沉积物大小和斜坡陡度均下降，扇体在不知不觉中与盆地底部融合。查看冲积扇表面，可能发现辫状河道，因为水流会随着连续河道被沉积物堵塞而改变方向。多年后，扇体不断扩大，最终与相邻峡谷的扇体合并，在山前沿线形成一个沉积物"围裙"，称为山麓冲积扇（bajada）。

在降水丰沛的极少数情况下，河流可能穿越山麓冲积扇而抵达盆地中心，将盆地底部转变为较浅的干盐湖（playa lake）。干盐湖是一种临时性地貌，仅能持续存在几天（或最多几周），然后会因蒸发和下渗而耗干水分。干涸且平坦的残留湖床称为干盐（playa），通常由细粉砂和黏土构成，偶尔会被蒸发过程中沉淀的盐包裹。这些沉淀的盐可能不同寻常，例如在加利福尼亚州的死亡谷中，人们从古干盐湖沉积中开采出了硼酸钠（俗称硼砂）。

随着山体的持续侵蚀及其伴随的沉积，局部地形起伏逐渐变小，直至整个山体几乎消失。因此，到了侵蚀作用的晚期，山脉区域缩减为少量大型基岩凸起，突出在周围沉积物填充盆地之上。在晚期的荒漠景观上，这些孤立的侵蚀遗迹称为**岛状山/岛山/残山（inselberg）**。

在盆岭地区，可以看到图 19.8 描绘的干旱气候下景观演化的各个阶段，例如在俄勒冈州南部和内华达州北部，人们最近发现了处于侵蚀作用早期的抬升山脉；加利福尼亚州死亡谷和内华达州南部属于更高级的中期；在亚利桑那州南部则可看到晚期及其岛状山。

图 19.9 所示的死亡谷卫星影像显示了大雨过后的地貌特征。在主图像中，宽而浅的干盐湖占据了山谷中最低的区域。3 个月后，这个干盐湖消失，干盐再次变成了大片结壳盐。

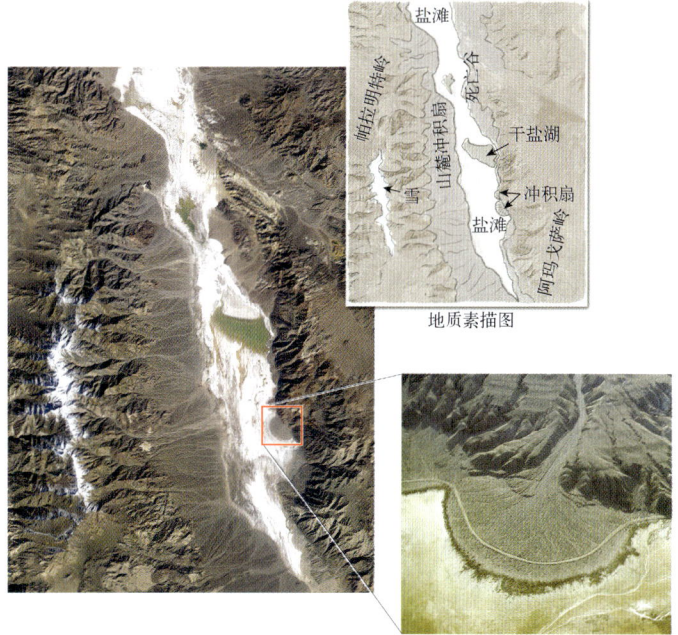

图 19.9　死亡谷：典型盆岭景观。在 2005 年 2 月拍摄这幅卫星影像之前不久，大雨导致了一个小型干盐湖，即盆地底部的绿色水塘。到 2005 年 5 月，该湖已恢复为一片盐碱地（结壳干盐）。小照片是死亡谷中众多冲积扇之一的近景视图

19.3.2　科罗拉多高原

大部分区域由科罗拉多河及其支流排水，科罗拉多高原因此而得名。该高原的总面积约为 337000 平方千米，以犹他州、亚利桑那州、新墨西哥州和科罗拉多州交界处的四角地区域为中心，如图 19.10 所示。科罗拉多高原包含几个著名的国家公园，例如大峡谷、锡安、布莱斯、圆顶礁、峡谷地和拱门。

图 19.10　科罗拉多高原。这个区域（连同盆岭）以四角地区域为中心，占据了美国西部大部分内陆地区

该地区的可辨别特征之一是其海拔高度，除了峡谷底部，面积较大的其他区域的高程均高于 1500 米。该高原上有数百个引人注目的峡谷，大多数峡谷的陆地高程远高于基准面。与盆岭地区中的断块山和沉积物填充盆地相比，高原地区的大部分沉积岩都较为平坦（见图 9.16）。这些岩层

对风化作用和侵蚀作用的抗蚀程度不同，因此地形突变较为常见。砂岩（或石灰岩）悬崖的抗蚀性较强，在高程不同的两个高原平面上几乎垂直升降。相比之下，页岩更易受到侵蚀，通常会形成从悬崖底部延伸出来的渐进式斜坡（见图7.5）。

形成悬崖的地层通常存在节理化，通过沿连续节理发生破裂，悬崖向后回退到陆地中，同时保持着垂直断面。悬崖沿高原边缘后退，可以形成侧翼陡峭且顶部平坦的丘陵，称为平顶丘/桌山（mesas）。类型相同但规模更小的地貌特征称为地垛（butte），如图19.11所示。随着侵蚀作用的进行，可能只剩下更小的残余地貌特征，称为尖峰（pinnacle），这是保护下伏较软弱岩层的抗侵蚀盖层的最后尖顶。平顶丘、地垛和尖峰都是先前更广阔地表的残余，只是其中大部分已被侵蚀殆尽（见图19.12）。

图 19.11　地垛和平顶丘。纪念碑谷因这些岩石遗迹而得名

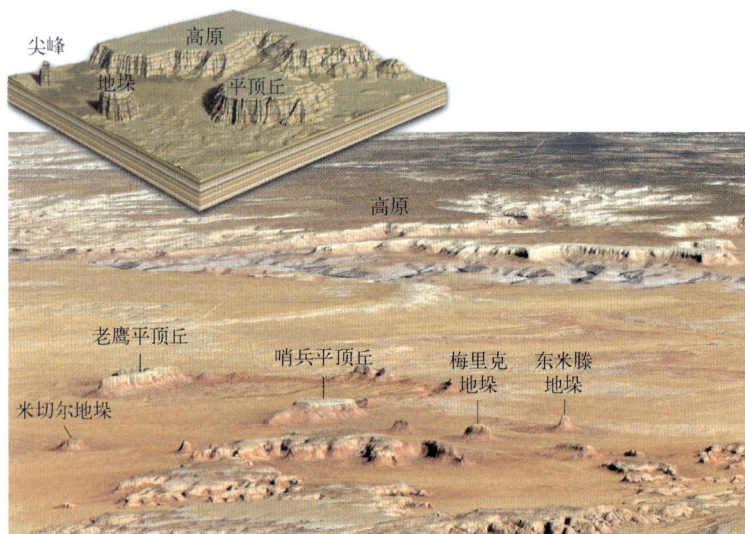

图 19.12　纪念碑谷。在亚利桑那州北部的科罗拉多高原上，这个标志性景观含有许多平顶丘、地垛和尖峰

概念回顾 19.3
1. 描述与山地荒漠演化中每个阶段相关的地貌和特征，美国哪里能够观测到荒漠景观演化的每个阶段？
2. 科罗拉多高原景观和盆岭景观有何不同？

19.4　风蚀作用

描述风搬运沉积物的方式以及与风蚀作用相关的过程和地貌特征。

风蚀作用在干旱陆地上比在湿润区域中更有效，因为在湿润区域中，水分固结颗粒且植被锚定土壤，但当地面干燥且植被稀少时，风能够轻松拾取、搬运及沉积大量细粒沉积物。在20世纪30年代的黑色风暴中，长期干旱使得因耕作而天然植被变少的土地干涸，大型沙尘暴摧毁了大平原的部分地区。

19.4.1　风搬运沉积物

像流动的水一样，流动的空气也是湍流，同样能够拾取及搬运松散碎屑。如在河流中那样，风速随着距离地面高度的上升而增大。同样，像河流一样，风以悬浮（悬移质）方式载运较细的颗粒，并将较重的颗粒作为推移质移动。但是，风搬运沉积物与流水搬运沉积物有两种重要差异。首先，风的密度低于水，因此其拾取及搬运粗粒物质的能力较弱；其次，风不受通道的限制，因此能将沉积物扩散到更大的区域中，甚至能吹入大气层中的较高位置。

1. 推移质

风携带的推移质（bed load）由砂粒组成。现场观测及风洞实验结果表明，风吹砂的运动主要沿地表跳跃和反弹进行，这个过程称为跃移（saltation）。

当风速足以克服静止颗粒的惯性时，砂粒开始移动。砂粒最初沿地面滚动，当两颗运动的砂粒相互碰撞时，其中一颗砂粒（或两颗砂粒）可能跳向空中。一旦进入空中，这些砂粒就会被风向前推进，直至重力将其拉回地面。当撞击地面时，砂粒要么弹回空中，要么撞击其他颗粒并使其向上跳跃。链式反应以这种方式建立，利用跃移砂粒在较短时间内填充地面附近的空气（见图 19.13）。

图 19.13　砂的搬运。风携带的推移质由沿地面反弹而移动的砂粒组成，即使风力非常大，砂粒也不会离开地表很远

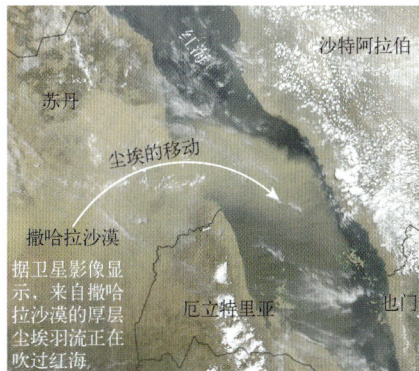

跳动的砂粒永远不会离开地表很远，即使是在风力很大的情况下，跃移砂粒的高度也很少超过 1 米，通常不超过 0.5 米。有些砂粒因太大而无法被其他颗粒的撞击抛向空中，在这种情况下，较小跃移颗粒的冲击所提供的能量会推动较大的颗粒前进。

2. 悬移质

与砂粒不同，更细小的尘埃颗粒可能会被风吹向高空。由于尘埃往往由相当平坦且表面积很大（相对于其重量）的颗粒组成，湍流空气相对容易抗衡重力的拉动，使得这些细颗粒能在空中停留数小时（甚至数天）。虽然粉砂和黏土都可能以悬浮形式载运，但粉砂通常在悬移质（suspended load）中占主体，因为荒漠中的化学风化水平较低，仅能提供少量黏土。

细颗粒很容易被风载运，但其刚开始时并不那么容易被拾取，因为在靠近地面的极薄层内风速几乎为零。因此，风凭一己之力无法掀起沉积物，尘埃必须通过反弹的砂粒（或其他扰动）弹射（或溅射）到正在移动的空气中。这种观点可用以下场景较好地描绘：在一条未铺砌的乡村道路上，风一直在刮，当道路不受干扰时，风仅会扬起极少量的尘埃。但是，当汽车（或卡车）在道路上行驶时，粉砂层会被卷起，形成厚层的尘埃云。

虽然悬浮物通常沉积在相对靠近来源的位置，但是狂风有能力将大量尘埃载运到遥远的位置（见图 19.14）。20 世纪 30 年代，堪萨斯州的粉砂被狂风卷起，搬运到了新英格兰地区，甚至进入了更远处的北大西洋。在加勒比海地区，人们同样追踪到了从撒哈拉地区吹来的尘埃。

图 19.14　风的悬移质。这是悬移质的两个引人注目的示例，沙尘暴能够覆盖巨大区域，尘埃能够远距离搬运

19.4.2 侵蚀地貌特征

与流水和冰川相比，在蚀刻地貌方面，风是一种相对温和的应力。如前所述，即使是在荒漠中，大多数侵蚀作用也由间歇性流水（而非风）执行。虽然如此，风蚀作用形成的地貌特征仍是某些景观的重要元素。

1. 吹蚀作用和风蚀洼地

风蚀作用的方式之一是 吹蚀作用/吹扬（deflation），即松散物质的吹起和移除。由于整个地表被同时降低，有时很难注意到吹蚀作用，但其确实非常重要。20 世纪 30 年代，在黑色风暴中的部分地区，大片陆地短短几年内就下降了 1 米之多。

在有些地方，吹蚀作用的结果是一种较浅的洼地，称为风蚀洼地（blowout），如图 19.15 所示。在大平原地区，从得克萨斯州北部到蒙大拿州，数千个风蚀洼地可见于景观之上，规模从深度浅于 1 米且宽度小于 3 米的较小沙坑，到深度接近 50 米且宽度接近数千米的较大洼地（见图 6.27）。控制这些盆地深度（作为基准面）的因素是局部地下水面，当风蚀洼地下降到地下水面时，潮湿地面及植被可防止进一步的吹蚀。

2. 风棱石和雅丹

与冰川和河流类似，风也通过磨蚀（abrasion）作用进行侵蚀。在干燥地区及部分沙滩沿线，风吹砂会切割并抛光裸露的岩石表面。磨蚀作用有时会形成形状有趣的石头，称为风棱石/风磨石（ventifact），如图 19.16a 所示。这种石头暴露在盛行风的一侧受到刮擦磨损，可保留抛光、凹坑及清晰边缘的形态特征。若风并非始终从单一方向吹来，或者这块中砾重新定向，则可能偶尔存在几个小平面。

图 19.15 **风蚀洼地。**当陆地干燥且基本上没有固定植被的保护时，吹蚀作用在形成这些洼地方面特别有效

遗憾的是，磨蚀作用经常被夸大而超越其能力，有些地貌特征并非由磨蚀作用形成，例如高耸在狭窄基座上的平衡岩石，以及高耸尖峰上的复杂细节。砂粒在地表之上的扬起高度很少超过 1 米，因此风的喷砂打磨效果在垂直方向上明显受限。

除了形成风凌石，风蚀作用还能形成更大规模的地貌特征，称为雅丹（yardang）。雅丹是一种流线型风蚀地貌，方向与盛行风平行（见图 19.16b）。单个雅丹通常是小型地貌特征，高度不到 5 米，长度不超过 10 米。由于风的喷砂打磨效果在地面附近最大，所有这些被磨损的基岩残留物通常底部较窄。雅丹地貌的规模有时较大，例如秘鲁伊卡山谷存在高度为 100 米、长度为数千米的雅丹地貌，伊朗沙漠中的某些雅丹地貌高达 150 米。

图 19.16 **风塑造的地貌特征。**风的喷砂打磨效果形成：(a)风凌石；(b)雅丹

19.4.3 荒漠地表护甲

如地质美图 19.1 所示，荒漠地表并不总由砂粒覆盖，在许多荒漠的部分区域中，地表由紧密堆积的粗颗粒层构成。这种中砾和粗砾护面的厚度仅相当于一两块石头，如图 19.17a 所示。这个护层的存在会对风蚀作用起重要控制作用，因为紧密堆积的石头太大，吹蚀作用无法将其移除。若这种石质护甲受到干扰，则风很容易侵蚀下伏的更细沉积物（见图 19.17b）。两种过程会促使这种石头层的形成，即风蚀作用和风积作用。

图 19.17　石质护甲。(a)有些荒漠地表由紧密堆积的中砾护面构成，可保护下伏地表免受风蚀作用；(b)若保护性石头层受到干扰，则下伏地表很容易受到风蚀作用的影响

1. 滞留沉积

在某些情况下，当风从分选不良（poorly sorted）的地表沉积中移除掉砂和粉砂时，会残留下石质护面，因此随着较细的颗粒被吹走，地面位置的较大颗粒逐渐集中。最终，地表被中砾和粗砾完全覆盖，这些石头由于太大而无法被风吹动。当这个过程占主导地位时，形成的粗颗粒层称为滞留沉积（lag deposit）。这个术语虽然广为应用，但却有些误导，因为该地貌特征的形成过程源于侵蚀作用（而非沉积作用）。

2. 荒漠砾幂

人们多年以来一直认为，所有荒漠地表护甲均为滞留沉积，但是研究结果表明情况并非如此。例如，在许多地方，护面下伏相对较厚的粉砂层，其中所含的中砾和粗砾极少。在这种情况下，细粒沉积物的吹蚀作用不可能残留下粗颗粒层。地质学家还确定，在这些区域中，基于沙漠漆的厚度进行判断，构成石头层的中砾和粗砾在地表暴露的时间大致相同。这应当不是滞留沉积（见图 19.18a），因为在滞留沉积中，随着吹蚀作用逐渐移除细粒物质，构成路面的粗颗粒在较长跨度的不同时间抵达地表。

这种沉积称为荒漠砾幂（desert pavement），其形成机制如图 19.18b 所示。根据这个模型，荒漠砾幂在最初由粗颗粒构成的地表上发育。随着时间的推移，向外突出的中砾截留较细的风吹颗粒，而这些细颗粒会发生沉降，向下渗滤并穿过较大地表石头之间的空隙。这个过程受到下渗雨水的帮助。在这个模型中，构成路面的中砾从未被掩埋，这种机制成功地解释了荒漠砾幂之下缺乏粗颗粒的原因。

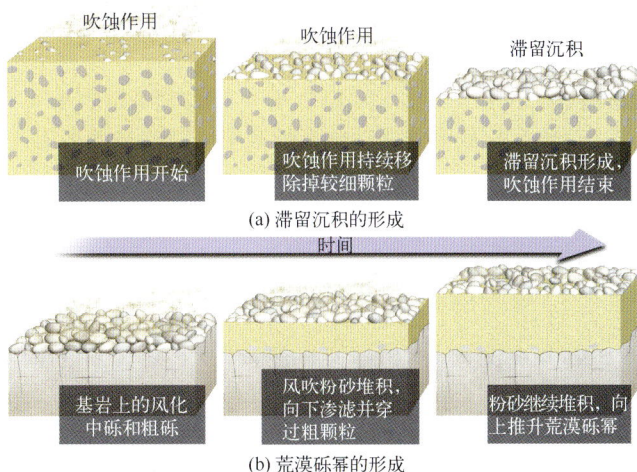

图 19.18　滞留沉积和荒漠砾幂。(a)当地表沉积分选不良的区域经历吹蚀作用时，细颗粒被吹走，粗颗粒富集，形成滞留沉积；(b)地表最初由中砾和粗砾覆盖，风吹尘在地表位置堆积，然后逐渐向下渗滤，形成荒漠砾幂

19.5 风积作用

讨论沙丘的形成和运动，区分不同沙丘类型。解释黄土沉积和砂沉积的差异。

在形成侵蚀地貌方面，虽然风的重要性相对不高，但是有些地区的重要沉积地貌确实由风形成。在世界上的干燥陆地及许多砂质海岸沿线，风吹沉积物的堆积尤为明显。风积物有两种独特的类型：①由风的推移质形成的沙堆和沙脊，称为沙丘（dune）；②曾以悬移质形式载运的大范围粉砂覆盖层，称为黄土（loess）。

19.5.1 砂沉积

类似于流水，当风速下降及可用于搬运过程的能量减少时，风将释放沉积物负荷。因此，只要风的路径上存在可减缓其运动的障碍物，砂粒就会在相关的位置堆积。与许多粉砂沉积（形成大面积覆盖层）不同，风常将砂粒沉积在称为沙丘（dune）的沙堆（或沙脊）中，如图 19.19 所示。

当运动中的空气遇到障碍物（如植被或岩石）时，气流会在障碍物周围及上方掠过，并在障碍物背后留下一个空气运动较慢的阴影（背风区），在障碍物正前方留下一个较小的空气安静区。有些跃移砂粒随风移动，驻留在这些风影（背风区）中。随着砂粒不断堆积，它会变成更具气势的挡风屏障，能够更有效地捕获砂粒。若有足够的砂粒供应，风也能持续吹足够长的时间，则沙堆会生长成沙丘。

许多沙丘具有一种不对称剖面：背风坡（被遮蔽侧）陡峭，迎风坡平缓倾斜，如图 19.19 所示。在迎风侧的较平缓斜坡上，砂粒向上跃移，并在刚好超出沙丘顶部（风速下降）的位置堆积。当砂粒越聚越多时，斜坡变陡，最终部分砂粒在重力拉动下滑动。采用这种方式，沙丘背风坡［称为滑落面/滑动面（slip face）］约保持为 34°角，即松散干砂的休止角（如第 15 章所述，休止角是松散物质保持稳定的最陡角度）。砂粒持续堆积，伴随着滑落面的周期性滑动，沙丘向空气运动方向缓慢迁移。

当砂沉积到滑落面上时，形成朝风向倾斜的多层，这些倾斜层称为交错层理（cross-beds），如图 19.20 所示。当最终掩埋在其他沉积物层之下并成为沉积岩记录的一部分时，沙丘的不对称形状遭到破坏，但交错层理仍然是其起源的见证。在犹他州南部锡安峡谷的砂岩墙中，交错层理比任何其他地点都突出（见图 19.20）。

19.5.2 沙丘的类型

沙丘不仅是风吹沉积物的随意堆积，还会呈现出惊人一致的各种形态。作为沙丘的主要早期研究者，英国工程师巴格诺尔德观测到以下情形：观测者非但没有发现混乱和无序，反而对形式的简洁、重复的精确性及几何顺序感到惊讶。

沙丘形状及大小的主要影响因素包括：①风向和风速；②砂的可供性；③植被的数量。沙丘形成的宽泛范围通常可以简化为 6 种基本类型，如图 19.21 所示。要记住的是，这些沙丘均是渐进形成的，部分不规则沙丘不易归入任何类别。

风

强风沿着相对平缓的迎风坡向上吹动砂粒

随着砂粒堆积在沙丘顶部，斜坡变陡，部分砂粒沿着陡峭滑落面下滑

19.19 白沙国家纪念地。在新墨西哥州东南部，这一地标景观处的沙丘由石膏构成，并且随风缓慢迁移

沙丘通常具有不对称形状，并且随风迁移

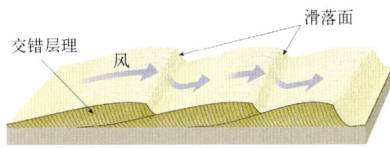

交错层理

滑落面

风

砂粒以休止角沉积在滑落面上，形成沙丘的交错层理

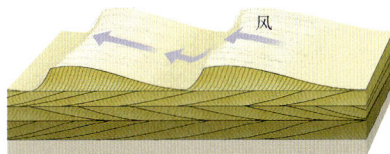

风

当沙丘被掩埋并成为沉积岩记录的一部分时，交错层理得以保留

在犹他州锡安国家公园中，交错层理是纳瓦霍砂岩的一种明显特征

图 19.20 交错层理。当砂沉积在滑落面上时，会形成朝风向倾斜的多层。随着时间的推移，为了响应风向的变化，会发育较为复杂的形态

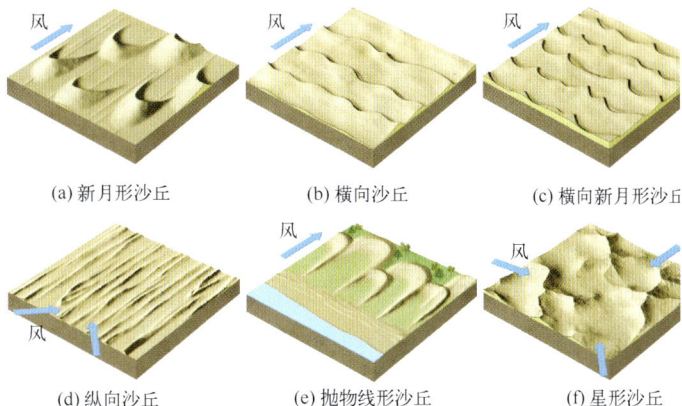

1. 新月形沙丘

新月形沙丘（barchan dune）是形状像新月形且尖端指向下风侧的孤立沙丘，如图 19.21a 所示。在这些沙丘形成之处，砂粒供应有限，地表相对平坦、坚硬且缺乏植被。它们随风缓慢迁移，速率最高可达 15 米/年。它们的规模通常不太大，最大高度约为 30 米，两个尖端之间的最大间距接近 300 米。当风向几乎不变时，这些沙丘的新月形几乎对称。但是，当风向并不完全固定时，其中一个尖端会变得更大。

2. 横向沙丘

在盛行风稳定、砂粒充足且植被稀疏（或缺失）的地区，沙丘形

(a) 新月形沙丘　　(b) 横向沙丘　　(c) 横向新月形沙丘

(d) 纵向沙丘　　(e) 抛物线形沙丘　　(f) 星形沙丘

图 19.21 沙丘的类型。沙丘形状及大小的影响因素包括风向和风速、砂的可供性以及植被的数量

成通过槽谷分隔且与盛行风成直角的一系列长沙脊。由于这种定向，它们被称为*横向沙丘*（transverse dune），如图 19.21b 所示。许多海岸沙丘属于这种类型。当横向沙丘形成于干旱地区时，波状砂

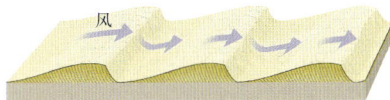

粒的广阔表面有时称为沙海（sand sea）。在撒哈拉沙漠和阿拉伯沙漠的部分区域中，横向沙丘的高度可达 200 米，宽度可达 1～3 千米，延伸距离可达 100 千米（或更远）。

横向新月形沙丘/新月形沙丘链（barchanoid dune）介于孤立的新月形沙丘与平直的横向沙丘之间，形成了与风向成直角且边缘呈圆齿状的多行沙脊（见图 19.21c）。这是一种常见沙丘形式。

3. 纵向沙丘

在砂粒供应量适中的地点，与盛行风方向大致平行而形成的长沙脊称为纵向沙丘（longitudinal dune），如图 19.21d 所示。显然，要形成这些沙丘，盛行风方向就必须有所变化，但仍需要保持在罗盘上的同一个象限内。虽然较小荒漠仅有 3（或 4）米高和数十米长，但在某些大型荒漠中，纵向沙丘的规模可能非常大。例如，在北非、阿拉伯半岛和澳大利亚中部的部分地区，这些沙丘的高度可能接近 100 米，延伸距离超过 100 千米。

4. 抛物线形沙丘

与迄今为止描述的其他沙丘类型不同，抛物线形沙丘（parabolic dune）在植被部分覆盖砂粒的地点形成。这些沙丘的形状类似于新月形沙丘，只是它们的尖端指向上风侧（而非下风侧），如图 19.21e 所示。抛物线形沙丘通常形成于有强海风（向岸风）和充足砂的海岸沿线。若砂粒的稀疏植被覆盖在某个地点受到干扰，则吹蚀作用会形成风蚀洼地。然后，砂粒被搬运到洼地之外，沉积为弯曲的边缘，随着吹蚀作用增大风蚀洼地，这些边缘生长变高。

5. 星形沙丘

星形沙丘（star dune）是呈现复杂形状的孤立沙丘，主要存在于撒哈拉沙漠和阿拉伯沙漠的部分地区（见图 19.21f）。星形沙丘的名字源于以下事实：这些沙丘的底部类似于多点恒星，从一个中心高点（高度有时接近 90 米）向周围散射出 3 或 4 条尖脊。如其形态暗示的那样，星形沙丘在风向变化之处发育。

19.5.3 黄土（粉砂）沉积

在世界上的某些地方，地表地形覆盖着风吹粉砂沉积，称为黄土（loess）。或许经过数千年时间，沙尘暴沉积了这种物质。当河流被冲垮或道路被切割时，黄土趋于保持垂向悬崖，且缺少任何可见层，如图 19.22 所示。

黄土在全球范围内分布，说明这种沉积物存在两种主要来源：沙漠和冰川冰水沉积。地球上厚度最大、分布最广的黄土沉积位于中国西部和北部，这些黄土从中亚的广袤沙漠盆地吹到那里，30 米厚的堆积物很常见，最大已测量厚度超过 100 米。

在美国的许多地区，黄土沉积非常重要，

图 19.22　黄土。在有些地区，地表覆盖着风吹粉砂沉积

例如南达科他州、内布拉斯加州、艾奥瓦州、密苏里州和伊利诺伊州，以及西北部太平洋沿岸哥伦比亚高原的部分地区。黄土分布与华盛顿州中西部及东部重要农业区之间的相关性不仅是巧合，由这种风积物形成的土壤是世界上最肥沃的土壤之一。

与起源于沙漠的中国黄土不同，美国和欧洲的黄土是冰川作用的间接产物，起源于层状冰碛沉积。在冰盖消退期间，许多河谷被融水沉积的沉积物堵塞，强劲的西风横扫贫瘠的河漫滩，拾取更细的沉积物，然后作为薄沙层抛洒到河谷东侧。以下事实证实了这种起源：在主要冰川排水出口（如密西西比河和伊利诺伊河）的背风侧，黄土沉积最厚且最粗，且随着到河谷距离的增大而快速变薄。此外，构成黄土的机械风化角状颗粒与冰川磨削作用形成的岩粉的成分相同。

1. 沙丘如何迁移？
2. 列举并简要区分基本沙丘类型。
3. 黄土沉积与砂沉积有何不同？
4. 有些黄土沉积与冰川如何相关？

主要内容回顾

19.1 干燥陆地的分布和成因

关键词： 干燥气候，荒漠，草原，荒漠化，雨影

- 干燥气候覆盖了地球陆地面积约30%。在这些地区，年降水总量小于蒸发作用造成的潜在水分损失。蒸发作用取决于气温，荒漠可能出现在炎热（或寒冷）气候中。荒漠比草原更干燥，但这两种气候类型都被认为是缺水的。

- 在亚热带，干燥气候与大气压和风的全球分布有关。在赤道附近，温暖潮湿的空气上升（引发大量降水），然后移动到南北纬20°（或30°），最终下沉到地表。下沉空气给这些副热带高压带带来了晴朗的天空、充足的阳光和干燥的条件。

- 荒漠也出现在中纬度大陆内部，大部分缘于雨影效应，即从海洋向内陆移动的潮湿空气受到山区障碍物的阻挡。空气被迫上升时会冷却，在迎风坡上产生云和降水。相比之下，背风侧（称为雨影）相当干燥。

问题： 附图显示了整个非洲大陆的年降水量。大气在哪个纬度上升？在哪个纬度下沉？这种大气环流如何影响该大陆的气候？

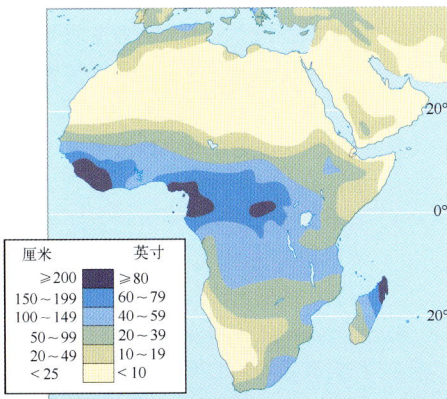

19.2 干旱气候下的地质过程

关键词： 沙漠漆，间歇河

- 在干燥陆地中，由于缺水及腐烂植物产生的有

机酸稀缺，任何类型的岩石风化都大大减少。

- 在大部分时间里，几乎所有的荒漠河流都是干燥的，称为间歇河，其河道主要由零星风暴事件的山洪暴发形成。

- 永久性荒漠河流起源于更湿润的气候。为了防止在穿越沙漠时失去所有水，必须携带足够数量的水。

- 荒漠中的大部分侵蚀作用由流水造成。虽然风蚀作用在干燥区域中比在其他环境中更明显，但其作为荒漠中的侵蚀营力仍无法与流水相比。

问题： 附图是大雨过后不久的典型荒漠河流。何种术语适用于这样的河流？在不久的将来，这种情况可能如何改变？

19.3 美国西部干旱景观

关键词： 内陆水系，冲积扇，山麓冲积扇，干盐湖，干盐，岛状山，平顶丘，地垛，尖峰

- 盆岭地区以内陆水系为特征，河流侵蚀抬升山地块体，然后在内部盆地中沉积沉积物。随着时间的推移，以及山脉的降低和盆地的填充，地形起伏减少。冲积扇、山麓冲积扇、干盐、干盐湖、盐滩和岛状山是与这些景观相关的地貌特征。

- 科罗拉多高原是相对平坦地层的隆起地区，共有数百个深峡谷。当由抗蚀性较强的砂岩和石灰岩构成的高原悬崖后退时，渐进式形成平顶丘、地垛和尖峰。

问题： 识别附图中的字母代表的地貌特征。它们是如何形成的？

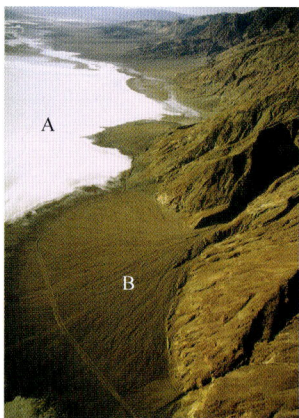

19.4 风蚀作用

关键词： 推移质，跃移，悬移质，吹蚀作用，风蚀洼地，磨蚀作用，风凌石，雅丹，滞留沉积，荒漠砾幂

- 气流能拾取和搬运沉积物，但能力逊于水流或冰川冰。风无法拾取水所搬运的更粗颗粒，但能将沉积物搬运至更广阔的区域（甚至大气层高处）。

- 通过风，砂粒可作为沿地表反弹的推移质搬运。一般来说，这些跃移颗粒弹离地面的高度不超过 0.5 米。

- 黏土和粉砂的细粒度足以被风作为悬移质载运，升空后即可被搬运较远的距离，甚至穿越整个大陆和海盆。

- 风具有侵蚀能力，但应当强调的是，水是荒漠地区最重要的侵蚀营力。20 世纪 30 年代，黑色风暴是风大规模侵蚀土壤事件的典型示例。局部吹蚀作用可能形成称为风蚀洼地的较浅洼地。

- 当单块岩石被风吹沉积物刮擦时，若岩石表面被磨光且存在凹坑，则称为风凌石。类似的陆地表面喷砂打磨可将岩石露头蚀刻成长轴平行于盛行风方向的流线型雅丹。

- 有些荒漠地表覆盖着较粗的薄层中砾。当吹蚀作用从分选不良的沉积物沉积中剥离更细的颗粒时，会形成滞留沉积。荒漠砾幂由中砾及粗砾覆盖的地表捕获风吹尘埃。

19.5 风积作用

关键词： 沙丘，滑落面，交错层理，新月形沙丘，横向沙丘，横向新月形沙丘，纵向沙丘，抛物线形沙丘，星形沙丘，黄土

- 风积物有两种独特的类型：①称为沙丘的沙堆和沙脊，由作为风的推移质部分的沉积物形成；②风在悬移质中载运的大范围粉砂覆盖层，称为黄土。

- 沙丘堆积缘于某些障碍物的上风侧和下风侧的风能量差异。风将砂粒吹向更平缓倾斜的上风侧，然后跨过沙丘顶部。砂粒在下风侧的更平静空气中沉降，形成陡峭倾斜的滑落面。当滑落面超过休止角时，会以小型砂崩形式坍塌，导致沙丘向盛行风方向缓慢移动。在沙丘内部，埋藏的滑落面可能被保留为交错层理。

- 沙丘划分为 6 大类，具体形状取决于盛行风的形态、砂的可供量及植被的存在。

- 黄土是风吹粉砂，沉积在较大的区域上，有时为较厚的覆盖层。大多数黄土来自沙漠，或者最近被冰川覆盖区域的层状冰碛。

问题： 亚利桑那州北部沙丘的航空视图（见附图）显示了哪种基本沙丘类型？绘制这个沙丘的简单剖面图（侧视图），以箭头标识盛行风方向，并标注该沙丘的滑落面。

深入思考

1. 在新墨西哥州的阿尔伯克基，年均降水量为 20.7 厘米，且被认为是荒漠。在俄罗斯城市韦尔霍扬斯克（西伯利亚北极圈附近），年降水量比阿尔伯克基少约 5 厘米，但被归类为湿润性气候。解释为何出现这种情形。

2. 中纬度荒漠是在北半球最常见还是在南半球最常见？解释理由。

3. 当永久性河流（如尼罗河）穿越荒漠时，下游的河流流量是进一步增大还是减小？与湿润区域的河流相比如何？

4. 比较河流、风和冰川沉积的沉积物。哪种沉积具有最均匀的颗粒大小（粒度）？哪种沉积呈现出最差的分选性？解释理由。

5. 查看附图中内华达州的降水量。可以看到，降水量最大的地区类似于分散在全州的细长岛屿。对此形态进行解释。

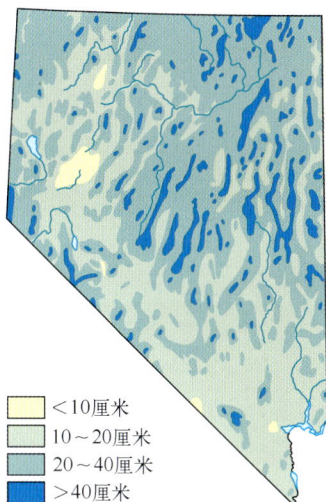

图例
<10厘米
10~20厘米
20~40厘米
>40厘米

6. 以下说法是否正确？**a**. 与湿润地区相比，风在干旱地区能更有效地发挥侵蚀营力作用。**b**. 风是荒漠中最重要的侵蚀营力。

7. 附图所示为位于干燥犹他州南部的布莱斯峡谷国家公园，被蚀刻为庞沙冈特高原的东部边缘。侵蚀作用将色彩斑斓的石灰岩蚀刻成奇异形状，包括称为石林的尖顶。当你和同伴（没有研究过地质学）在布莱斯峡谷旅游观光时，同伴提问："风如何创造出这种令人难以置信的美妙景色，真是太神奇了。"既然已经研究干旱景观，应如何回应同伴的问题？

地球之眼

1. 附图中的卫星影像显示了伊朗南部干燥地区扎格罗斯山脉的一小部分。该地区的河流只是偶尔流动，图中的绿色调表示农业生产区。**a**. 识别标有问号的较大地貌特征。**b**. 解释该地貌特征的成因。**c**. 可用何种术语来描述类似该影像中的河流？**d**. 推测该影像中农业生产区的可能水源。

2. 如附图中的卫星影像所示，2012 年 3 月，大片风吹沉积物羽流覆盖了伊朗、阿富汗和巴基斯坦的大部分地区，空气中的物质厚度足以完全隐藏其下方区域。在该羽流的两侧，天空基本上晴朗。**a**. 何种术语适用于形成这种羽流的侵蚀过程？**b**. 影像中的风搬运物质更可能是推移质还是悬移质？**c**. 人们有时将这类事件称为沙尘暴，这种描述是否恰当？解释理由。

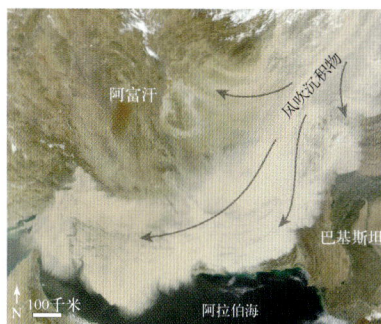

第20章 海 滨 线

海冰簇拥在阿拉斯加北侧海岸的巴罗港附近

新闻中的地质：侵蚀作用威胁阿拉斯加海岸船

在阿拉斯加州北部及西部海岸沿线，各个社区目前正面临着侵蚀作用的巨大威胁，即使温和风暴形成的海浪也在侵蚀着海岸，因此房屋坍塌入海的景象已变得司空见惯。阿拉斯加人为何正在失去脚下的这片土地呢？重要因素之一是全球变暖引发冬季形成的海冰数量明显减少。以前，海冰可靠地守护着这片低洼海岸，抵御着秋季和冬季的风暴。海冰不仅吸收狂风巨浪的能量，还减少可能形成狂风巨浪的开阔水域数量。

但是现在，沿海海冰的形成时间比1979年（卫星开始监测该地区时）晚了约1个月，形成的海冰厚度更薄且范围更小。因此，在风暴频发的秋季，大量海岸未受到海冰的保护，以前应将能量耗费在撞击海冰上的狂风巨浪现在直接汹涌上岸。在地面下伏永冻层的地点，由此产生的侵蚀作用可能特别严重。在这些地点，一旦狂风巨浪暴露出永冻层，则其可能融化地面，导致海岸悬崖坍塌。随着沿海海冰的屏障作用不断下降，阿拉斯加海滨线沿线的侵蚀作用预计将加剧，受到威胁的部分沿海社区正在想方设法地重新选址。

风暴海浪的侵蚀作用摧毁了阿拉斯加海岸上的这栋房屋

学习目标

20.1 解释海滨线为何被视为动态界面，列举影响波高、波长和波周期的各种因素，描述海浪中水的运动。

20.2 解释海浪如何侵蚀和运移海滨沿线的沉积物。

20.3 描述通常由海浪侵蚀作用形成的地貌特征，以及由沿岸输运过程沉积的沉积物形成的地貌特征。

20.4 区分上升海岸和下沉海岸，将大西洋及墨西哥湾海岸面临的侵蚀问题与太平洋海岸沿线进行比较。

20.5 描述飓风的基本结构和特征，以及三大类飓风破坏。

20.6 总结海滨线侵蚀问题的几种解决方案。

20.7 解释潮汐的成因、月潮周期和潮汐形态，描述伴随潮汐涨落的水平水流。

躁动不安的海水永不停歇地流动：风形成表层流，月球和太阳的引力形成潮汐，密度差异形成深海环流。此外，海浪将风暴的能量携至遥远的海滨，并在那里侵蚀陆地。

海滨线是动态环境，其地形、地质组成和气候因地而异。大陆过程和海洋过程在海滨沿线交汇，形成了常发生快速变化的各种景观。当考虑沉积物的沉积作用时，海滨区域是海洋环境与大陆环境之间的过渡带（注：在海洋学术语中，海岸和海滨以及海滨线和海岸线的含义不同但相近，可大致按由海至陆的顺序排列为海滨、海滨线、海岸线和海岸，其中海滨线动态变化，海岸线和海岸相对静止）。

20.1 海滨线和海浪

解释海滨线为何被视为动态界面，列举影响波高、波长和波周期的各种因素，描述海浪中水的运动。

海滨线（shoreline）是陆地与海洋之间接触的标识线。随着潮汐的涨落，海滨线的位置每天都在往复迁移。经过较长的时间后，随着海平面的升降，海滨线的平均位置会渐进式变化。

20.1.1 动态界面

海滨（shore）沿线是空气、陆地和海洋交汇处的动态界面，此处海水的躁动不安性质比其他任何地点都突出。界面（interface）是系统不同部分之间相互作用的公共边界，当然适用于对海岸带的描述。在这里，人们既能看到周期性出现的潮汐涨落，又能观测到海浪的持续翻滚和破碎。

虽然不明显，但海滨线确实受到了海浪的不断改造。除了拍岸的汹涌海浪侵蚀陆地，海浪活动也搬运沉积物（泥沙），使其朝向、远离或沿着海滨移动。这种海浪活动有时会形成狭窄的沙洲和脆弱的近海岛屿，它们的大小和形状会随着狂风巨浪的来去而频繁改变。

1. 现代海滨线

现代海滨线的性质不仅源于海洋对陆地的攻击，还有由多个地质过程形成的复杂特征，例如几乎所有沿海地区都曾受到全球海平面上升（伴随着末次冰盛期后的冰川融化）的影响，如图 18.29 所示。随着海洋向陆地方向侵蚀，海滨线后退，逐渐叠加在由多个过程（如河流侵蚀、冰川作用、火山活动和造山运动）形成的已有景观上。

2. 人类活动

目前，海岸带正在经历密集的人类活动（见图 20.1），全球约半数人口生活在海岸（coast）附近或其周围约 100 千米的范围内。这么多的人口如此靠近海滨，意味着飓风和海啸将危及数百万人。遗憾的是，人们常将海滨线视为可以安全建造房屋的稳定平台，这种态度不可避免地会引发人与自然之间的冲突。如后所述，许多海岸地貌（特别是海滩和障壁岛）都是相对脆弱且寿命短暂的地貌特征，并不适合作为开发地点，例如新泽西州海滨（见图 20.2）。在未来若干年内，随着海平面因人类引发的全球变暖而上升，沿海地区将变得更加脆弱（见第 21 章）。

图 20.1　悬崖之上的危房。2016 年 3 月，风暴海浪导致海蚀崖坍塌，严重危及加利福尼亚州帕奇菲卡的这些公寓。这些房屋建造于 20 世纪 70 年代，当时它们远离悬崖。多年来，人们曾尝试采取多种措施来减少砂岩海蚀崖的侵蚀，但事实证明还是无法有效地解决问题

图 20.2　飓风桑迪。2012 年 10 月下旬，在被这场超强风暴（称为飓风桑迪）袭击不久，纽约市以南新泽西州海滨线的一部分。这场特大风暴潮导致了图中所示的破坏。由于袭击了美国人口最多的大都市地区，这次风暴潮显然是造成巨大金融影响的原因之一

20.1.2　海浪

　　海浪沿着海洋与大气之间的界面向前行进（传播），能够携带来自数千千米之外海洋风暴的能量，因此即使是在天气晴朗宁静的日子里，海洋表面仍存在向前行进的海浪。当观测海浪时，人们看到的只是能量在介质（海水）中的传播。若通过各种方式生成波浪（如向池塘中投掷石块、在泳池中划水或者向咖啡表面吹气），则是在为相关液体赋予能量，所看到的波浪是能量通过的可见证据。

　　风生浪提供了塑造及改造海滨线的大部分能量。在陆地与海洋交汇处，已畅行数百（或数千）千米的海浪可能突然遇到一道屏障，这道屏障不允许它们更远地前行，但是必须吸收大部分能量。换句话说，海滨是几乎不可抗拒的力量与几乎不可移动物体相对抗的地点，由此形成的冲突永无止境，有时相当剧烈。

20.1.3　海浪的特征

　　大多数海浪从风中获取能量并运动。若风速小于 3 千米/小时，则会出现小波（涟漪）。随着风速变大，更稳定的波浪会逐渐形成并随风前行。

　　如图 20.3 所示的海浪特征显示了一种简单的非破碎波。海浪顶部是由波谷分隔的波峰，波峰和波谷的正中间是静水位（海浪不存在时海水应占据的水位）。波谷与波峰之间的垂直距离称为波高（wave height），两个连续波峰（或波谷）之间的水平距离称为波长（wavelength），一个完整海浪（1 个波长）经过某个固定位置时耗费的时间称为波周期（wave period）。

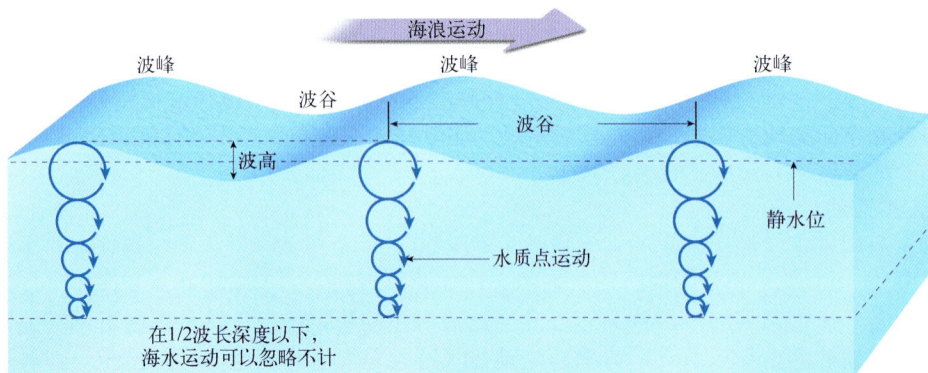

图 20.3　海浪基础。理想化非破碎波的基本组成，以及深度增大时的海水运动

　　海浪最终达到的波高、波长和波周期取决于以下 3 个因素：①风速；②风时，即风吹过的

时间长度；③风程（fetch），即风穿越开阔水域的距离。随着风向海水传递能量的增多，海浪的高度和陡度增大，直至达到一个临界点，海浪生长得足够高而倾覆形成海洋破碎波，称为白浪（whitecap）。

对特定的风速而言，风时和风程均存在一个最大值，超过最大值后的海浪规模不再增大。当达到给定风速下的最大风时和风程时，这样的海浪称为完全发育（fully developed），此时通过白浪破碎而损失的能量等于从风中获取的能量。

当风停止（或改变方向）或者海浪离开自身形成的风暴区时，海浪继续前行而与本地风无关。海浪也会逐渐转变为更低且更长的涌浪（swell），可能将一次风暴的能量携至遥远的海滨。由于许多独立海浪系统同时存在，海面呈现出复杂且不规则的形态。因此，当人们从岸边观察时，所见的海浪常是遥远风暴形成的涌浪和本地风形成的海浪的混合体。

20.1.4　圆形轨道运动

海浪能够跨越海洋盆地远距离传播。某项研究曾追踪在南极洲附近生成并在太平洋海盆中传播的海浪，发现一周后的海浪传播距离超过 10000 千米，最终在阿拉斯加州阿留申群岛海滨线沿线耗尽能量。海水本身并不会传播这么远的距离，但波形完全可以做到。当海浪传播时，海水通过圆周运动来传递能量，这种运动称为圆形轨道运动（circular orbital motion）。

通过观测波浪中的一个漂浮物，可发现该漂浮物不仅随着每个连续波浪上下运动，还略微前后运动。如图 20.4 所示，漂浮物在波峰接近时向上和向后运动，在波峰通过时向上和向前运动，在波峰通过后向下和向前运动，在波谷接近时向下和向后运动。当下一个波峰来临时，该漂浮物再次向上和向后运动。假设追踪图 20.4 所示的玩具船运动，当波浪经过时，可看到该玩具船做圆周运动，然后返回到基本相同的位置。圆形轨道运动允许波形（波浪的形状）穿过水体向前运动，传输波浪的单个水质点则呈圆周运动。风吹过麦田也会引发类似的现象：小麦本身不穿过麦田，但麦浪却能做到。

海水被赋予的风能不仅沿海面传递，还向下传递。但是在水面之下，圆周运动会快速减弱，当深度等于 1/2 波长（从静水位开始测量）时，水质点的运动就变得可忽略不计，这个深度称为波基面/浪基面（wave base）。随着深度的加深，海浪的能量急剧下降，表现为水质点的轨道直径快速减小（见图 20.3）。

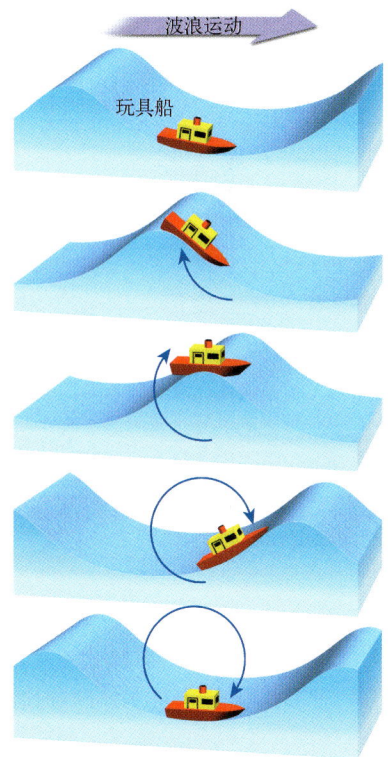

波浪运动

玩具船

图 20.4　波浪的传播。玩具船的运动表明，波形向前行进，但水却并未从原始位置明显前进。在这个序列中，当玩具船（及漂浮的水）在一个假想的圆圈中自转时，波浪从左向右运动

20.1.5　碎浪带中的海浪

只要位于深水中，海浪就不受水深的影响（见图 20.5 左）。但是，当海浪接近海滨时，海水会变浅并影响海浪的行为。在水深等于波基面的位置时，海浪开始触底，这样的深度会干扰海水在海浪底部的运动，并减缓其前行速度（见图 20.5 中）。

当海浪朝向海滨推进时，更远处海面上的稍快海浪就会赶上，导致波长变小。随着波速和波长减小，波高稳定增大。最终，当海浪因过陡而无法支撑自身时，就达到一个临界点，波前坍塌或破碎（break）（见图 20.5 右），海水涌上海滨。

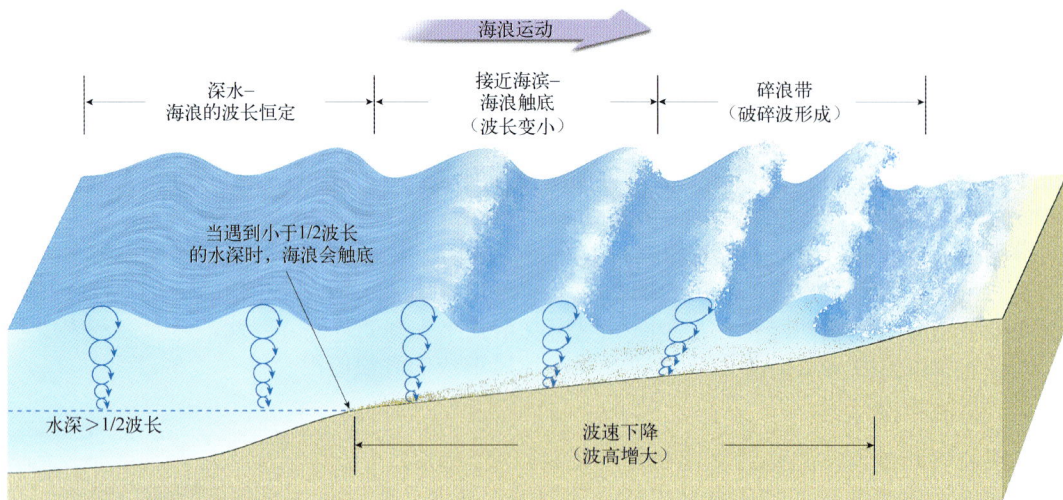

图 20.5 **接近海滨的海浪。**当水深浅于 1/2 波长时，海浪速度下降，距离海滨较远的最快运动海浪开始赶上，使得海浪之间的距离（波长）减小。这会导致海浪高度增大，直至达到海浪最终前倾并在碎浪带中破碎的临界点

由破碎波形成的湍流海水称为碎浪/碎波（surf）。在碎浪带/碎波带（surf zone）的向陆边缘，冲激浪（swash）即坍塌破碎波形成的湍流薄层水沿海滩斜坡向上运动。当冲激浪的能量消耗殆尽时，海水以回退浪（backwash）的形式沿海滩向下流回碎浪带。

概念回顾 20.1

1. 海滨线为何被描述为界面？
2. 列举波高、波长和波周期的 3 个决定因素。
3. 描述波浪经过时的漂浮物运动。
4. 当海浪进入浅水并破碎时，波速、波长和波高如何变化？

20.2 海滩和海滨线过程

解释海浪如何侵蚀和运移海滨沿线的沉积物。

对许多人而言，海滩是一种砂质区域，可躺在上面晒日光浴和沿着海边散步。从技术上讲，沙滩/海滩（beach）是水体向陆边缘沿线的沉积物堆积，可能沿着平直海岸绵延数十（或数百）千米。在海岸不规则的地方，海滩可能仅在相对安静的海湾水域中形成（注：在海滩相关内容中，虽然砂和沙以及沉积物和泥沙的专业含义不同，但在日常却经常混用）。

海滩由本地富集的任何物质组成，有些海滩沉积物来源于附近悬崖（或海岸山脉）的侵蚀作用，还有些海滩沉积物来源于河流朝向海岸的搬运作用。虽然许多海滩的矿物组成以耐蚀性石英颗粒为主，但其他矿物也可能占主导地位。例如，在附近没有山脉或其他造岩矿物来源的区域（如佛罗里达州南部），大多数海滩由贝壳碎片和生活在沿海水域的生物体残骸组成（见图 20.6a）；在开阔大洋中的火山岛上，有些海滩由玄武质熔岩的风化颗粒或低纬度岛屿周围发育的珊瑚礁因侵蚀形成的粗碎屑组成，如图 20.6b 所示。

无论成分如何，海滩的构成物质都不会停留在某个地方，而会受到冲刷海浪的持续运移。因此，海滩可视为在海滨沿线输运的物质。

20.2.1 海浪侵蚀

在无风的天气里，海浪作用最弱。但是，如河流在洪水期间完成大部分工作一样，海浪同样

在风暴期间完成大部分工作。风暴引发的海浪对海滨冲击的剧烈程度可能非常恐怖（见图20.7），每个破碎波都可能向陆地抛洒数千吨海水，有时甚至会导致地面颤动。在海蚀崖、海堤、防波堤及其他受到这些巨大冲击的任何地方，裂缝和裂隙很快打开，海水被迫进入每个开口，导致裂缝中的空气在冲击海浪的推力下被高度压缩。当海浪消退时，空气快速膨胀，清除岩石碎片，扩大并延伸裂缝。

图20.6 沙滩。沙滩是海洋（或湖泊）向陆边缘的沉积物堆积，可视为沿海滨输运的物质，由本地的任何物质组成

在佛罗里达州的萨尼贝尔岛上，这片海滩由贝壳及其碎片组成

(a)

在夏威夷州的这个海滩上，黑色砂由附近之武质熔岩流的风化作用形成

(b)

除了海浪冲击和压力导致的侵蚀作用，磨蚀作用（abrasion），即海水利用岩石碎片实施的切割和研磨，也非常重要。实际上，与任何其他环境相比，碎浪带中的磨蚀作用可能更强，海滨沿线经常出现光滑的圆形石头和中砾，明显提醒碎浪带中各岩石之间的持续研磨作用（见图20.8）。此外，在海蚀崖出现的地点，海浪会利用岩石碎片作为水平切入陆地的工具，在海蚀崖底部形成切口（海蚀龛），如图20.9a所示。当切口上方的岩石坍塌时，海蚀崖后退（见图20.9b）。

图20.7 葡萄牙海岸沿线的风暴海浪。当巨浪冲击海滨并破碎时，海水的力量可能极强，完成的侵蚀量很大

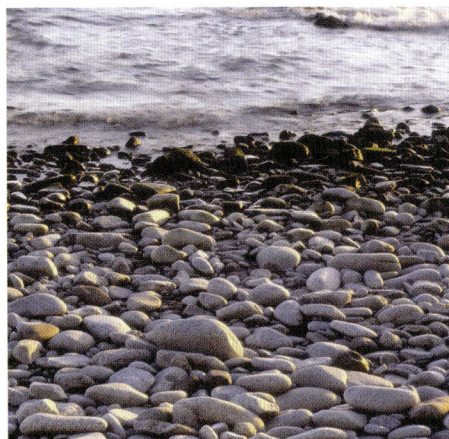

图20.8 岩质海滩。海滨沿线光滑的圆状岩石明显提醒碎浪带中的磨蚀作用可能极强

20.2.2 海滩砂运移

在滩面沿线和碎浪带中，破碎波产生的能量能够运移大量砂，方向大致平行于海滨线。海浪能量运移砂的方向还可能垂直于（朝向和远离）海滨线。

1. 垂直于海滨线运移

若站在齐踝深的海滩水中，则会看到冲激浪和回退浪朝向和远离海滨线运移砂。砂是净损失还是净增加取决于海浪活动水平，当海浪活动相对轻微（海浪能量较低）时，大部分冲激浪向下渗入海滩，导致回退浪的数量减少，因此冲激浪占主导地位，导致砂沿滩面向上净移动。

另一方面，当高能海浪盛行时，海滩因先前的海浪而发生饱和，导致向下渗入的冲激浪数量更少，因此回退浪占主导地位，导致砂沿滩面向下净移动，最终发生侵蚀作用。

在许多海滩沿线，夏季通常存在规律性轻微海浪活动，因此会逐渐发育出宽阔的砂质海滩。冬季，当风暴频繁且强度更大时，较强海浪活动会侵蚀并缩窄海滩。宽阔海滩可能需要数月时间才能形成，但若遇到较强冬季风暴生成的高能海浪，则在短短几个小时内就会大幅缩窄。

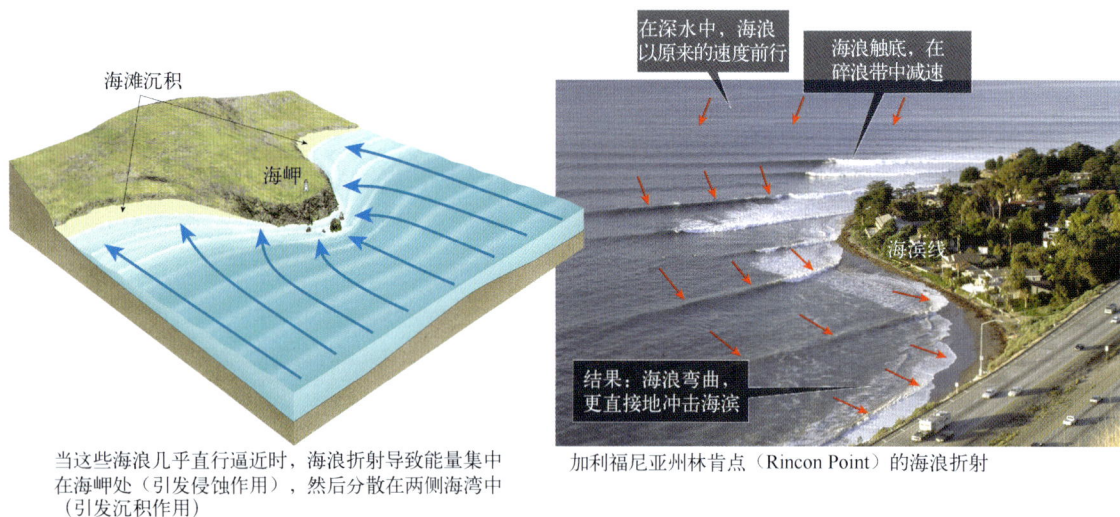

在不列颠哥伦比亚州加比奥拉岛，这个砂岩海蚀崖遭到海浪底切

(a)

海浪底切海蚀崖

海蚀崖的初始位置

(b)

图 20.9　海蚀崖后退。在岩石碎片的助力下，破碎波可能完成大量的侵蚀工作

2．海浪折射

海浪发生弯曲称为海浪折射（wave refraction）。在海滨线过程中，海浪折射发挥着重要作用（见图 20.10），影响着海滨沿线的能量分布，因此强烈影响侵蚀作用、泥沙输运和沉积作用的发生地点和程度。

海滩沉积

海岬

当这些海浪几乎直行逼近时，海浪折射导致能量集中在海岬处（引发侵蚀作用），然后分散在两侧海湾中（引发沉积作用）

在深水中，海浪以原来的速度前行

海浪触底，在碎浪带中减速

海滨线

结果：海浪弯曲，更直接地冲击海滨

加利福尼亚州林肯点（Rincon Point）的海浪折射

图 20.10　海浪折射。在不规则海岸沿线的浅水中，海浪首次触底时会减速并弯曲（折射），使其与海滨线几乎平行排列

海滨很少与正在接近的海浪完全平行，海浪大多数以一定的角度朝向海滨移动。但是，当抵达底部平滑倾斜的浅水区域时，海浪会弯曲并变得与海滨平行。这种弯曲之所以发生，是因为距离海滨最近的那部分海浪首先抵达浅水区并减速，但仍位于深水区的那一端则继续全速前进，净结果是无论海浪的初始方向如何，波前（波阵面）都可能几乎平行于海滨。

由于折射作用，海浪冲击集中在海岬伸入海水的侧面及末端，海湾中的海浪冲击则减弱。在不规则的海滨线沿线，这种差异性海浪冲击如图 20.10 所示。由于海浪抵达海岬前方浅水区的速度快于相邻海湾，它们弯曲得与突出陆地几乎平行，并从所有 3 个侧面对其进行冲击。相比之下，在海湾中，折射作用导致海浪发散，使得消耗的能量更少。在海浪活动减弱的这些区域中，沉积物可能堆积并形成砂质海滩（沙滩）。经过较长一段时间后，海岬处的侵蚀作用和海湾中的沉积作用将使不规则海滨线变直。

3. 沿岸输运

虽然海浪会发生折射,但是大多数仍以一定的角度(可能较小)抵达海滨,因此每个破碎波(冲激浪)的上冲水流均与海滨线成斜角,但回退浪则直接沿海滩斜坡向下流动。这种海水运动模式的结果是沿滩面以 Z 形图案搬运沉积物,如图 20.11 所示。这种运动称为**海滩漂移**(beach drift),每天能将砂和中砾搬运数百米(甚至数千米),但更典型的速率是 5~10 米/天。

在碎浪带内,以一定角度接近海滨的海浪也会形成平行于海滨流动的水流,且能够运移更多的沉积物(与海滩漂移相比)。由于这里的海水是湍流,这些**沿岸流**(longshore current)很容易运移悬浮细砂,且沿

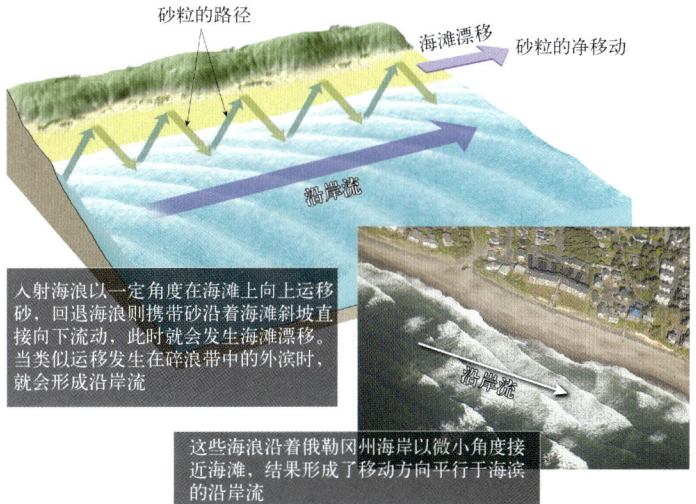

砂粒的路径　海滩漂移　砂粒的净移动

沿岸流

入射海浪以一定角度在海滩上向上运移砂,回退海浪则携带砂沿着海滩斜坡直接向下流动,此时就会发生海滩漂移。当类似运移发生在碎浪带中的外滨时,就会形成沿岸流

涡岸流

这些海浪沿着俄勒冈州海岸以微小角度接近海滩,结果形成了移动方向平行于海滨的沿岸流

图 20.11 **沿岸输运系统**。海滩漂移和沿岸流是搬运系统的两个组成部分,由以一定角度接近海滩的破碎波形成。这些过程搬运了海滩沿线和碎浪带中的大量物质

底部滚动更大的砂和砾石。当沿岸流及海滩漂移搬运的沉积物相加时,总量可能非常巨大。例如,在新泽西州的桑迪胡克,48 年来沿海滨搬运的砂量平均达 75 万吨/年;在加利福尼亚州奥克斯纳德,10 年来沿海滨运移的沉积物数量超过 150 万吨/年。

河流和海岸带都将水和沉积物从一个区域(上游)运移至另一个区域(下游),因此海滩常被描述为砂河。但是,海滩漂移和沿岸流以 Z 形图案(之字形)移动,河流则大多数以湍流和漩涡方式流动。此外,沿岸流沿海滨线的流动方向可能发生改变,河流则始终朝相同的方向(下坡)流动。沿岸流之所以改变方向,是因为海浪接近海滩的方向会发生季节性变化。不过,总体而言,在美国的大西洋及太平洋海滨沿线,沿岸流向南流动。

4. 离岸流

离岸流(rip current)是海水以与破碎波相反的方向流动的集中式运动,有时被误称为**退潮流**(rip tide),但它们与潮汐现象无关。对由已破碎海浪形成的回退浪而言,大多不受限制地按自由路径从海底回流至开阔的大洋中,称为**片流**(sheet flow)。但是,部分回流海水有时会以表层离岸流的形式向海移动。离岸流并不会行进到碎浪带中破碎前之外很远的地方,但它们可通过干扰入射海浪的方式或者所含的常见悬浮沉积物进行识别(见图 20.12)。离岸流对游泳者来说非常危险,若不幸陷入,则可能被带离海滨,最佳逃生策略是平行于海滨方向(横向)游出几十米。

离岸流从海滨向外延伸,并干扰入射海浪

WARNING
DANGEROUS
RIP CURRENTS
NO BOARD SURFING ZONE
SURF BOARDS, SURF MATS, SURF SKIS,
BODY BOARDS, HAND BOARDS, KAYAKS
ARE PROHIBITED

图 20.12 **离岸流**。水流的这些集中移动与破碎波的方向相反

概念回顾 20.2

1. 接近海滨线的海浪为何经常弯曲?
2. 在不规则海滨线沿线,海浪折射的影响是什么?
3. 描述有助于沿岸输运的两种过程。

20.3　海滨线地貌特征

描述通常由海浪侵蚀作用形成的地貌特征，以及由沿岸输运过程沉积的沉积物形成的地貌特征。

在沿海地区，人们能够观测到各种美丽的海滨线地貌特征。虽然相同的过程会导致每个海岸沿线发生变化，但并非所有海岸都以相同的方式做出反应。不同过程之间的相互作用及每个过程的相对重要程度取决于各个本地因素，具体包括：①海岸与含泥沙河流的距离远近；②构造活动的程度；③陆地的地形和成分；④盛行风和天气模式；⑤海岸线及近滨区域的环境。主要由侵蚀作用形成的地貌特征称为侵蚀地貌特征（erosional feature），主要由沉积物堆积形成的地貌特征称为沉积地貌特征/堆积地貌特征（depositional feature）。

20.3.1　侵蚀地貌特征

许多海岸地貌起源于侵蚀作用。在崎岖及不规则的新英格兰海岸沿线，以及美国西海岸的陡峭海滨线沿线，这种侵蚀地貌特征特别常见。

1. 海蚀崖、海蚀平台和海蚀阶地

顾名思义，海蚀崖（wave-cut cliff）源于碎浪对沿海陆地底部的切割，如图 20.9b 所示。随着侵蚀作用的进行，海蚀崖底部位置切口（海蚀龛）上方的悬垂岩石在碎浪中坍塌，海蚀崖随之后退，背后留下一个相对平坦的台地状表面，称为海蚀平台/海蚀台地（wave-cut platform），如图 20.13 所示。随着海浪的持续冲击，海蚀平台逐渐变宽。破碎波形成的部分碎屑作为海滩沉积物保留在水边沿线，其余碎屑则被向海搬运更远的距离。若海蚀平台被构造应力抬升至海平面之上，

图 20.13　海蚀平台和海蚀阶地。在新西兰凯库拉附近的海岸沿线，这个海蚀平台在低潮时出露。一个海蚀平台被抬高，最终形成了海蚀阶地

则其会成为海蚀阶地（marine terrace），如图 20.13 所示。海蚀阶地因其平缓向海倾斜的形状而易于识别，经常成为沿海道路、房屋建筑或农业耕作的理想地点。

2. 海蚀拱和海蚀柱

由于折射作用，海浪会猛烈地冲击延伸到海洋中的海岬，而碎浪选择性地侵蚀岩石，其中较软弱（或高度破碎）岩石的磨损速率最快。最初可能形成海蚀穴（sea cave），海岬两侧的两个海蚀穴相互连通后，会形成海蚀拱（sea arch），如图 20.14 所示。拱顶坍塌后，会在海蚀平台上留下孤立的残余物，称为海蚀柱（sea stack）。随着时间的推移，海蚀柱也会被海浪作用侵蚀殆尽。

20.3.2　沉积地貌特征

侵蚀自海滩的沉积物在海滨沿线被搬运，然后沉积在海浪能量较低的区域中，这个过程形成了多种沉积地貌特征。

1. 沙嘴、沙坝和连岛沙洲

在海滩漂移和沿岸流的活跃区域，可能发育与海滨沿线的沉积物运移相关的若干地貌特征。

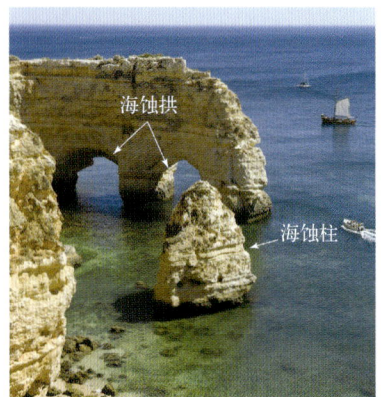

图 20.14　海蚀柱和海蚀拱。这些地貌特征位于葡萄牙海岸沿线，由较强海浪冲击海岬形成

沙嘴（spit）是一种细长的沙脊，从陆地延伸到相邻海湾的湾口部位，为了回应沿岸流的主导方向，末端常在水中钩向内陆（见图20.15）。湾口坝/湾口沙洲（baymouth bar）适用于完全跨越某个海湾的沙坝/沙洲（sandbar），可将该海湾与开阔大洋分隔开，趋于跨越海流较弱处的海湾形成，且允许沙嘴向另一侧延伸。连岛沙洲（tombolo）是将一个岛屿与大陆主体（或另一个岛屿）相连的沙脊，其形成方式与沙嘴的几乎相同。

2. 障壁岛

大西洋及墨西哥湾的沿海平原相对平坦，且向海平缓倾斜，海滨区域以障壁岛/堰洲岛（barrier islands）为特征。这些较低的沙脊与海岸平行，距离海岸3~30千米。从科德角（马萨诸塞州）到帕德雷岛（得克萨斯州），海岸周围分布着近300个障壁岛（见图20.16）。

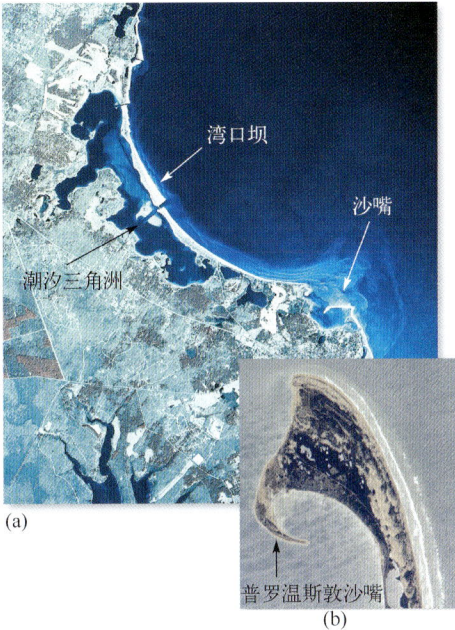

图20.15　马萨诸塞州海岸。(a)在玛莎葡萄园海岸沿线，发育良好的沙嘴和湾口坝的高空图像；(b)从国际空间站拍摄的这张照片显示了科德角尖端处的普罗温斯敦沙嘴

图20.16　障壁岛。墨西哥湾及大西洋沿岸存在近300个障壁岛，例如北卡罗来纳州海岸沿线的各个岛屿。照片顶部指向南方

障壁岛大多宽1~5千米，长15~30千米。最高地貌特征是沙丘，通常高5~10米，少数区域中的无植被覆盖沙丘高达30米以上。潟湖（lagoon）是将这些狭窄岛屿与海滨分隔开的相对平静水域，允许小船在纽约州与佛罗里达州北部之间航行，以避开北大西洋中的惊涛骇浪。

随着时间的推移，许多潟湖逐渐充满主陆河流带来的沉积物、来自相邻障壁岛的风积沙以及潮汐沉积（潟湖存在通往海洋的开口时）。除非潮汐入水口允许较强潮汐流将潟湖沉积物向海移动，否则许多潟湖将缓慢地转变为海岸沼泽。

障壁岛以若干方式形成。首先，有些障壁岛起源于沙嘴，因海浪侵蚀作用或末次冰期后的海平面普遍上升而与主陆隔绝。其次，有些障壁岛形成于破碎波中的汹涌水流大量堆积从海底冲刷而来的砂，由于这些砂屏障上升到正常海平面上，砂堆积很可能是高潮时风暴海浪作用的结果。最后，有些障壁岛可能是末次冰期海滨沿线形成的先前沙丘脊，当时的海平面较低，当冰盖后来融化时，海平面上升并淹没海滩-沙丘复合体背后的区域。

20.3.3 海滨的演化

海滨线持续不断地经历着改造，无论其初始状态如何。大多数海岸线最初并不规则，但不规则的程度及原因可能因地点不同而存在较大的差异。沿着地质上多变的海岸线，正在冲击的碎浪最初可能会增加其不规则性，因为海浪更易侵蚀较弱的岩石（与较强的岩石相比）。但是，若海滨线在构造上保持稳定，则海洋的侵蚀作用和沉积作用最终将形成更直且更规则的海岸。图 20.17 描绘了最初不规则海岸的演化过程。随着海浪侵蚀海岬，将形成海蚀崖和海蚀平台，沉积物将沿着海滨运移。有些物质沉积在海湾中，还有些碎屑则形成沙嘴和湾口坝。与此同时，河流利用沉积物来填充海湾。最终，会形成大致平直的海岸。

图 20.17 **海滨的演化**。插图描绘了最初保持相对稳定的不规则海岸线沿线可能随着时间的推移发生的一些变化。这些插图还描绘了本节描述的许多地貌特征

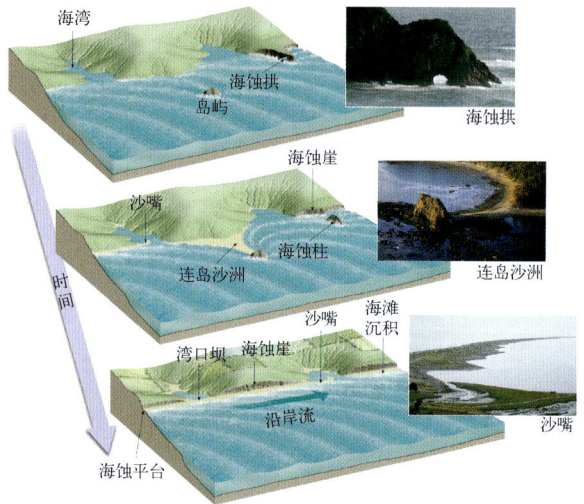

概念回顾 20.3

1. 海蚀阶地与海蚀平台如何相关？
2. 描述图 20.17 中标注的每种地貌特征的形成。
3. 列举障壁岛形成的 3 种可能方式。

20.4 美国海岸

区分上升海岸和下沉海岸，将大西洋及墨西哥湾海岸面临的侵蚀问题与太平洋海岸沿线进行比较。

在美国，太平洋海岸沿线与大西洋及墨西哥湾沿海地区的海滨线截然不同，其中部分差异与板块构造相关。作为北美洲板块的前缘，西海岸经历了活跃的抬升和变形。相比之下，东海岸则远离任何活动板块边界，构造活动相对平静。由于存在这种基本的地质差异，美国相反两侧海岸沿线的海滨线侵蚀问题的性质不同。

20.4.1 海岸分类

海滨线的多样性表明了海滨线的复杂性。实际上，要了解任何特定的沿海地区，则必须仔细考虑该区域的不同因素，例如岩石类型、海浪的大小和方向、风暴的频率、潮差以及近海地形。此外，如第 18 章所述，更新世结束后，末次冰期的冰川融化导致全球海平面上升，几乎影响了所有沿海地区。最后，必须考虑抬升（或下沉）陆地或改变洋盆体积的构造事件。由于沿海地区存在这些影响因素，海滨线分类变得非常困难。

许多地质学家根据相对于海平面的变化来对海岸分类，这种常用的分类方法将海岸划分为两大类：上升和下沉。上升海岸/新生海岸（emergent coast）的发育缘于某个区域经历了陆地上升（或海平面下降）。相反，下沉海岸/淹没海岸（submergent coast）的形成则归因于海平面上升，或者与海洋相邻的陆地下沉。

1．上升海岸

有些地区的海岸明显是上升类型，因为陆地上升（或海平面下降）将海蚀崖和海蚀平台暴露在海平面之上（见图 20.13）。美国的极佳示例包括加利福尼亚州的部分海岸，这些地区在最近的地质时期曾发生抬升。例如，在洛杉矶南部的帕洛斯弗迪斯丘陵中，存在高度不同的 7 个海蚀阶

地，说明曾出现 7 次抬升事件。目前，在海蚀崖底部，海洋正在不懈地切割新平台，若随后仍能获得抬升，则其也将成为一个抬升的海蚀阶地。

上升海岸还有其他示例，包括曾埋藏在巨型冰盖之下的地区。当冰川存在时，它们的重量会压低地壳；当冰川融化时，地壳会逐渐回弹。因此，在海平面之上的高处，人们现在依然能够发现史前海滨线的地貌特征。加拿大哈德逊湾地区就是如此，其中部分区域目前仍以超过 1 厘米/年的速率上升。

2．下沉海岸

与前面的示例相比，有些沿海地区显示出明确的下沉（淹没）迹象。淹没时间相对较短的海滨线通常极不规则，因为海洋通常会淹没流入海洋的河谷下游，但分隔河谷的山脊仍会出露于海平面之上，成为延伸入海的海岬。这些被淹没的河流口部是当今许多海岸的特征，称为河口（estuary）。在大西洋海岸线沿线，切萨皮克湾和特拉华湾均为由海岸下沉形成的大型河口示例（见图 20.18）。风景如画的缅因州海岸（特别是阿卡迪亚国家公园附近）是另一个极佳示例，这个区域因冰期后的海平面上升而被淹没，逐渐演化成为高度不规则的海岸线。

记住，大多数海岸的地质历史都非常复杂。随着不同时期的海平面变化，许多海岸上升（新生），然后下沉（淹没），每次都可能保留此前形成的部分地貌特征。

图 20.18　东部海岸河口。许多河谷下部被第四纪冰期结束后的海平面上升淹没，形成了切萨皮克湾和特拉华湾等大型河口

20.4.2　大西洋及墨西哥湾海岸

大西洋及墨西哥湾海岸沿线发育的大部分海岸出现在障壁岛上。障壁岛也称障壁滩（barrier beach）或海岸沙堤（coastal barrier），通常由背靠沙丘的宽阔海滩组成，通过沼泽潟湖与主陆隔开。由于沙滩广阔和面朝大海，障壁岛成为极具吸引力的开发地点。遗憾的是，开发速度快于人们了解的障壁岛动态增长。

由于面向开阔大洋，障壁岛承受着大型风暴冲击海岸的全部力量。当风暴发生时，这些狭窄的岛屿主要通过移沙来吸收海浪的能量。如图 20.19 所示，哈特拉斯角国家海滨的变化说明了这一点。多年前，人们就认识到了该过程及其产生的问题，并且准确描述如下。

保护灯塔的各种尝试均告失败，包括建造丁坝和填砂护滩。当1999年拍摄这张照片时，该灯塔距离海水仅36米

图 20.19　哈特拉斯角灯塔的重新选址。为了保护 21 层楼高的灯塔（美国最高）免受后退海滨线的破坏，人们想了各种办法，但均以失败告终，最终不得不移动位置

海浪可能将砂从海滩运移到外滨区域，或者反向运移到沙丘中；海浪可能侵蚀沙丘，将砂沉积在海滩上，或者携带入海；或者，海浪可能将海滩和沙丘上的砂携至障壁岛背后的沼泽中，这个过程称为海浪漫顶（overwash）。共同因素是移动。正如柔软的芦苇能在可摧毁橡树的风中幸存一样，这些障壁岛也可在飓风和东北风暴中幸存，这并不是依靠坚强的力量，而是依靠风暴来临前的付出。

当为家庭（或度假村）需求而开发障壁岛时，这种情况会发生改变，风暴海浪以前会畅通无害地穿越各个沙丘之间的缝隙，现在则会遇到房屋和道路。此外，由于仅在风暴期间才易察觉到障壁岛的动态性质，房主往往将破坏归因于某个特定的风暴，而非海岸障壁岛的基本移动性质。由于房屋（或投资）处于危险境地，当地居民更可能寻求固沙及应对海湾中的海浪，而非承认该开发从一开始就不正确。

20.4.3 太平洋海岸

与大西洋及墨西哥湾海岸宽阔且平缓倾斜的海岸平原相比，在太平洋海岸的大部分地区，海滩相对狭窄且背靠陡峭的悬崖及山脉。如前所述，与东部边缘相比，美国西部边缘更崎岖且构造更活跃。由于抬升过程仍在继续，西部海平面的上升并不明显。虽然如此，就像大西洋海岸的障壁岛面临的海滨线侵蚀问题一样，西海岸的困境也主要源于人们对自然的改变。

在太平洋海滨线（特别是南加利福尼亚州部分地区），主要问题之一是许多海滩明显变窄。在许多海滩上，大部分砂由河流供应，这些河流将砂从山区搬运到海岸。多年以来，这种流向海岸的自然物质已被水坝（为灌溉和防洪而建造）中断，水库有效截留了原本应当支撑海滩环境的砂（见图 20.20）。当海滩更宽阔时，它们能够保护背后的海蚀崖免受风暴海浪的冲击。但是现在，在不损失太多能量的情况下，海浪可轻松穿越狭窄的海滩，然后更快地侵蚀海蚀崖。

虽然海蚀崖的后退为受陷于水坝背后的部分砂提供了替代物质，但也会危及在陡岸上建造的房屋和道路。此外，海蚀崖顶部的开发加剧了这个问题。城市化增多了径流，若不小心控制，则可能导致严重的陡岸侵蚀。若给海蚀崖高处的草坪和花园浇水，则会给斜坡增加大量水分。这些水向下渗透到悬崖底部，可能导致小型渗漏。这种作用降低了边坡的稳定性，促进了块体崩坏作用。

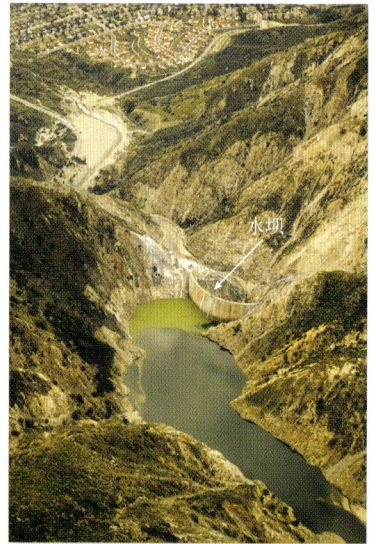

图 20.20 帕科依玛水坝和水库。水坝（如洛杉矶附近圣加布里埃尔山脉中的这座水坝）会截留原本应当支撑附近海岸沿线海滩的沉积物

在太平洋海岸沿线，海滨线侵蚀每年都变化很大，主要是因为偶尔会发生风暴。因此，当发生罕见（但严重）的侵蚀事件时，人们往往将破坏归咎于不寻常的风暴，而非海岸开发或可能相距很远的拦沙坝。在未来的若干年间，随着海平面以越来越高的速率上升，预计太平洋海岸许多沿线的海滨线侵蚀和海蚀崖后退会加剧。在第 21 章关于全球变暖后果的讨论中，本书将详细介绍沿海地区对海平面上升的脆弱性。

破坏性海岸侵蚀通常被归咎于不寻常的风暴，而非海岸开发或拦沙坝。

概念回顾 20.4

1. 河口与下沉海岸相关还是与上升海岸相关？解释理由。
2. 哪些可观测地貌特征会使你将沿海地区归类为上升海岸？
3. 在入海河流上修建水坝可能如何影响沿岸海滩？

20.5 飓风

描述飓风的基本结构和特征，以及 3 大类飓风破坏。

毫无疑问，许多人非常喜欢热带地区的天气，有些热带区域（如南太平洋及加勒比海地区的岛屿）以天气缺乏明显逐日变化而闻名，很多人喜欢这里的温暖微风、恒定温度以及短时热带暴雨。不过说起来非常好笑，在这些相对宁静的地区，偶尔会形成世界上最猛烈的风暴，并且随后将这些恶劣条件携至远离热带地区的位置。

旋涡状热带气旋是地球上最大的风暴，风速有时超过 300 千米/小时。这些风暴在美国称为飓风（hurricane），在西太平洋称为台风（typhoon），在印度洋称为气旋（cyclone）。无论采用哪个名称，这些风暴都是最具毁灭性的自然灾害之一。

在与飓风相关的死亡和破坏中，绝大多数由相对罕见（但却强大）的风暴导致。但是，2017 年 8 月至 9 月，加勒比海地区和墨西哥湾经历了 3 次强烈且致命的飓风，分别是哈维、厄玛和玛利亚（见图 20.21），严重打击了得克萨斯州墨西哥湾沿岸以及加勒比海地区的波多黎各和维尔京群岛，经济损失估计达 3000 亿美元。

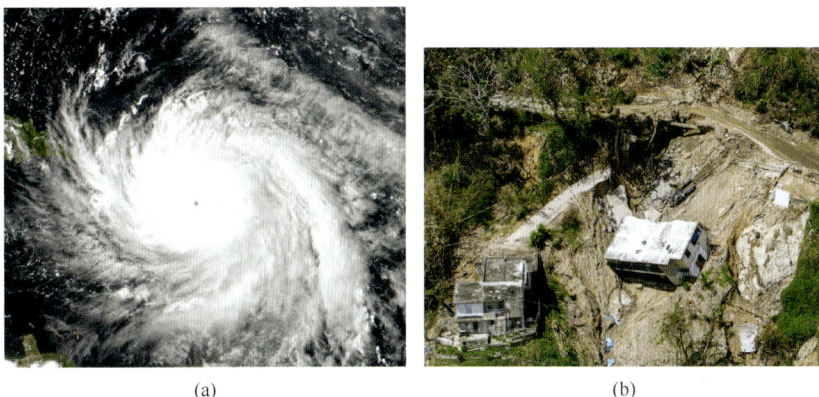

(a)   (b)

图 20.21　飓风玛利亚。玛利亚是 2017 年大西洋飓风季中的最强风暴。(a)在这幅卫星影像中，可以看到发育良好的风暴眼。9 月 20 日，在波多黎各东南部，最高风速达到 280 千米/小时；(b)当飓风玛利亚袭来时，波多黎各仍处于 2 周前发生的飓风厄玛的恢复期。致命风暴造成的破坏是毁灭性的，除了强风和沿海风暴潮造成的破坏，暴雨还引发了大量滑坡

美国海岸较为脆弱。人们蜂拥至海边生活，半数以上的美国人居住在距离海岸 75 千米的范围内，导致数百万人处于危险中，且财产损失的潜在成本极高。在未来数十年内，随着海平面的持续上升，对于较大风暴的毁灭性影响，低洼且人口稠密的沿海地区将变得更加脆弱。

20.5.1　飓风概貌

飓风是一种热力发动机，由巨量水蒸气凝结时释放的能量提供燃料。短短 1 天内，典型飓风形成的能量十分巨大。这台发动机的启动需要大量暖湿空气，且需要持续供应以保持其运行。

1. 飓风形成

除了南大西洋和南太平洋东部，飓风大多形成于纬度 5°～20°的热带海洋上方（见图 20.22a）。如图 20.22b 中的曲线所示，飓风最常形成于夏末秋初，因为在热带地区的这段时间里，海表温度可达 27℃（或更高），因此能为空气提供必要的热量和水分（见图 20.23）。由于海水温度存在这种要求，在南大西洋及南太平洋东部相对较冷的水域上方，飓风形成极为罕见。同样，在纬度 20°以外

（朝向极地）的区域，飓风形成也相对较少。在赤道两侧 5°范围内，虽然水温足够高，但飓风不发育，因为这里的科里奥利效应（与地球自转相关的可使风暴旋转的一种力）太弱，如图 20.22a 所示。

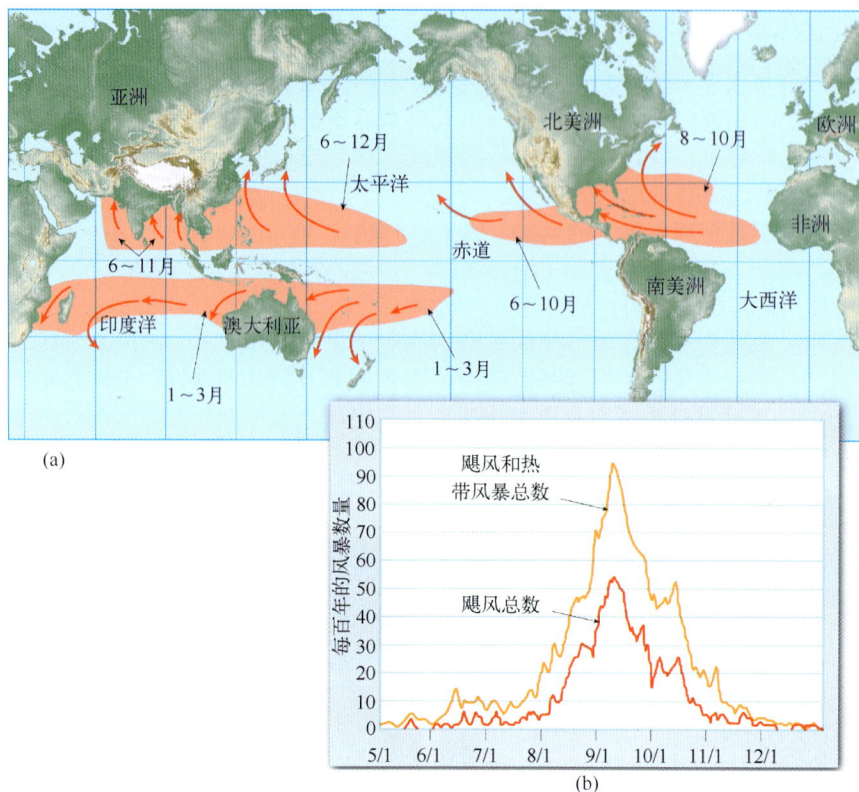

(a)

(b)

图 20.22　飓风出现的地点和时间。(a)世界地图显示了大多数飓风形成的地区、主要发生月份和最常见的路径。飓风不会在赤道两侧 5°内发育，因为这里的科里奥利效应太弱。由于温暖的海表温度是飓风形成的必要条件，在纬度 20°以外（朝向极地）的区域，或者南大西洋及南太平洋东部相对较冷的水域上方，飓风很少形成；(b)该曲线显示了 5 月 1 日~12 月 31 日大西洋海盆中热带风暴和飓风的发生频率，以及每 100 年内的特定时间预计发生的风暴数量。8 月下旬至 10 月，风暴明显最活跃

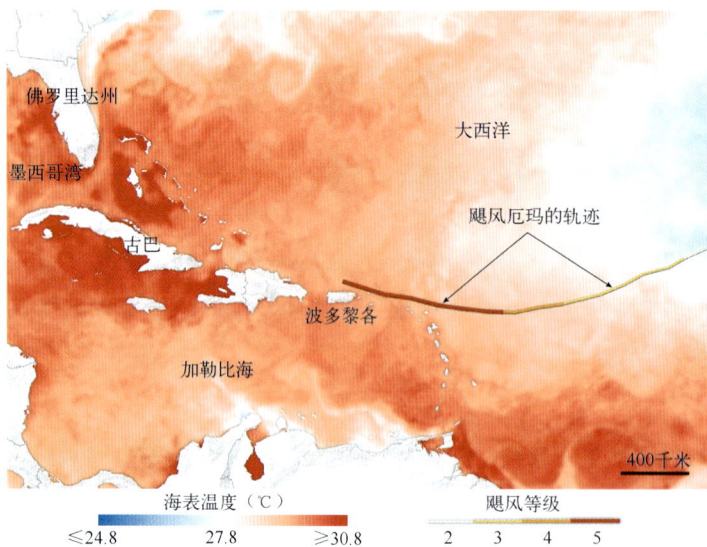

图 20.23　海表温度。海表温度超过 27℃是飓风形成的必要条件之一。该地图显示了 2017 年 9 月 5 日大西洋、加勒比海和墨西哥湾的海表温度，黄色-红色线条标出了飓风厄玛 9 月 3 日至 6 日的轨迹

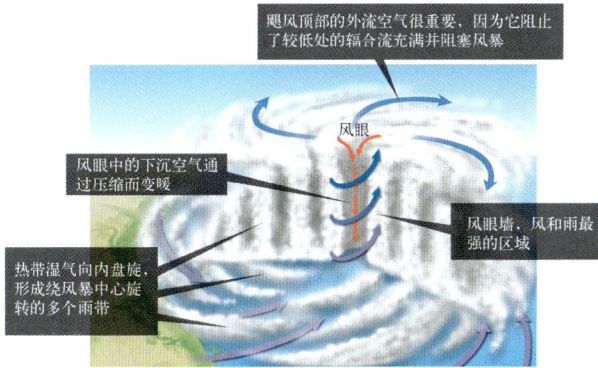

(a) 飓风横截面。注意，垂向尺寸被极度夸大
（资料来源：美国国家海洋和大气管理局）

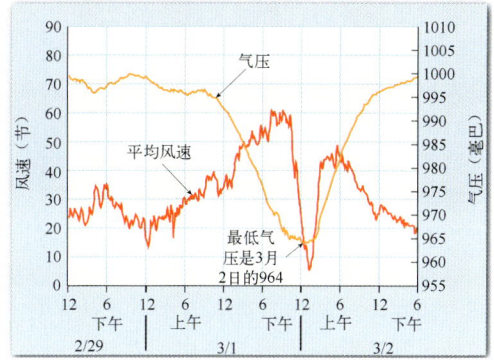

(b) 2004年2月29日～3月2日，在西澳大利亚州马迪车站，对气旋蒙蒂途经期间的表面气压和风速进行测量的结果（在世界这一地区，飓风称为气旋）

图 20.24　飓风内部结构

2．压力梯度

飓风是强低压中心，即越靠近风暴中心，气压变得越低。这样的风暴称为具有非常陡峭的压力梯度（pressure gradient），即单位距离的压力变化速率较大。陡峭的压力梯度会生成飓风的快速内旋风，空气冲向风暴中心时速率增大，这类似于伸展手臂的滑冰运动员，他们将手臂缩向身体时的旋转速度更快。

3．风暴结构

当向内涌入的暖湿地表空气接近风暴中心时，空气会向上翻转并在积雨云环中上升（见图 20.24a）。这种环形墙壁环绕飓风中心，由强烈的雷暴活动形成，称为风眼墙/眼墙（eye wall），最大风速和最大降雨量即出现在此处（见图 20.24b）。在风眼墙周围，弯曲的云带螺旋式地离开。在飓风顶部附近，气流向外流动，将上升空气带离风暴中心，为地表处流入更多的气流提供了空间。

风暴正中心是飓风的风眼（eye），如图 20.24a 所示。这个著名的特征是一个直径约为 20 千米的区域，降水停止，风趋于平静。在周围环绕风眼墙云（极度弯曲）的极端天气中，风眼提供了一种短暂（但具有欺骗性）的间歇。风眼内的空气逐渐下沉并通过压缩加热，成为风暴中最温暖的部分。虽然许多人相信风眼以晴朗的蓝天为特征，但情况通常并非如此，因为风眼中的下沉很少强到产生无云条件。在这个区域中，虽然天空看起来更明亮，但经常会见到不同高度面的散射云。

20.5.2　飓风破坏

虽然飓风起源于热带（或亚热带），但其破坏性的影响范围却可能波及远离发源地的位置。例如在 2012 年，飓风桑迪（也称超级风暴桑迪）起源于加勒比海，但却影响了整个东海岸（从佛罗里达州到缅因州）。在新泽西州和纽约州，虽然桑迪当时已从飓风状态降级，但其破坏性却特别严重。

飓风造成破坏的程度取决于若干因素，包括受影响区域的大小和人口密度，以及海滨附近的洋底形状，最重要的因素当然是风暴的强度。研究以往的风暴后，人们建立了飓风相对强度的分级排序等级，称为萨菲尔-辛普森飓风风力等级（Saffir-Simpson hurricane wind scale）。如图 20.25 所示，5 级风暴最严重，1 级飓风最轻微。

在飓风季，科学家和记者经常用到萨菲尔-辛普森等级数字。2017 年 9 月，当飓风玛利亚

萨菲尔-辛普森飓风风力等级*

等级（类别）	中心气压（毫巴）	风速（千米/小时）	风暴潮（米）	登陆时的破坏程度
1	980	119～153	1.2～1.5	最小
2	965～979	154～177	1.6～2.4	中等
3	945～964	178～209	2.5～3.6	较大
4	920～944	210～250	3.7～5.4	极大
5	<920	>250	>5.4	灾难性

*2010年5月，萨菲尔-辛普森飓风等级变成了萨菲尔-辛普森飓风风力等级

图 20.25　飓风等级

逼近波多黎各时，持续风速达到 250 千米/小时，使其成为罕见的 5 级风暴。虽然 5 级风暴比较罕见，但飓风厄玛不到 2 周前也曾达到这一等级。2017 年 8 月下旬，飓风哈维逼近得克萨斯州海岸，最大风速达到 215 千米/小时，使其成为 4 级风暴。

飓风一旦登陆，就被切断能量来源（温暖的海水），因此会失去能量而降为较低的等级。但是，这些风暴规模大且非常猛烈，甚至在内陆都能感受到其影响。飓风造成的破坏分为 3 种类型，即风暴潮、风害和内陆洪水。

1. 风暴潮

在沿海地区，最具毁灭性的破坏无疑由风暴潮造成。风暴潮不仅在财产损失中占据较大的份额，还在全部飓风致死人数中占很大的比例。风暴潮（storm surge）是宽为 65～80 千米的水穹，横扫风眼登陆点附近的海岸。若抹平所有海浪活动，则风暴潮的海水高度应高于正常潮位。此外，极强的海浪活动还会叠加到风暴潮上，这种涌浪会对低洼沿海地区造成巨大破坏（见图 20.26）。最严重的风暴潮发生在墨西哥湾那样，那里的大陆架非常浅且平缓倾斜。此外，某些局部地貌特征（如海湾和河流）可能导致风暴潮的高度翻倍和速度加快。

在北半球，当飓风朝海岸推进时，风暴潮总在风吹向海滨处的风眼右侧最强。在该风暴的这一侧，飓风的向前运动也有助于风暴潮的形成。在图 20.27 中，假设最高风速为 175 千米/小时的飓风正以 25 千米/小时的速度向海滨移动。在这种情况下，前行风暴右侧的净风速为 200 千米/小时。飓风左侧的风向与风暴移动方向相反，因此以 150 千米/小时的净风速远离海岸。在面对即将到来飓风的左侧的海滨沿线，随着风暴的登陆，水位实际上可能下降。

2. 风害

在飓风破坏中，风造成的破坏（风害）可能是最明显，各种碎屑（标志牌、屋顶材料及室外滞留小物品）在飓风中会变成危险的飞弹。对某些建筑物而言，风力足以造成完全毁坏，活动房屋尤其脆弱，高层建筑物也容易受到飓风强度的风的伤害。由于风速通常随着高度的上升而增大，建筑物上层最容易受到影响。最新研究表明，人们应当停留在房屋 10 层以下，但要位于存在洪水风险的任何楼层以上。在建筑规范良好的地区，

图 20.26　风暴潮的破坏。2008 年 9 月 16 日，得克萨斯州水晶海滩，飓风艾克登陆 3 天后。该风暴登陆时的持续风速为 165 千米/小时，特大风暴潮造成了此处显示的大部分破坏

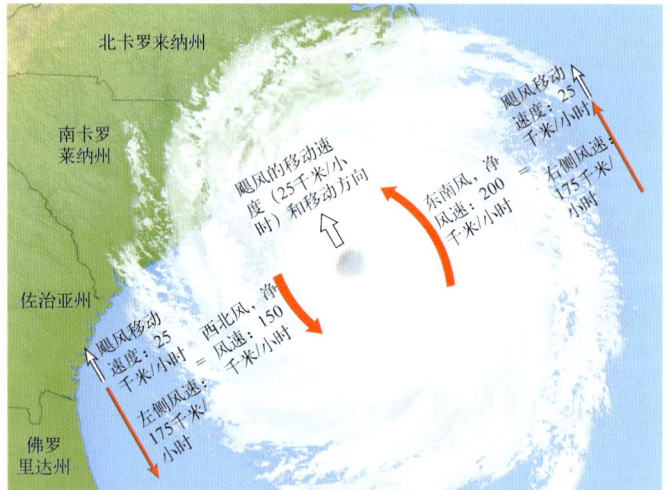

图 20.27　逼近飓风的风速。与假想北半球飓风相关的风向海岸推进。从风暴移动方向观察时，在受到前行飓风右侧冲击的海岸部分沿线，风暴潮最大

风害通常不像风暴潮灾害那样具有灾难性。但是，飓风强度的风的影响范围远大于风暴潮，且可能造成巨大的经济损失。例如，1992 年，在佛罗里达州南部和路易斯安那州，主要与飓风安德鲁相关的风

造成的经济损失超过 250 亿美元。

飓风可能形成增强风暴破坏力的龙卷风，科学研究表明，超过半数的登陆飓风至少会形成一场龙卷风。2017 年，飓风哈维冲击得克萨斯州海岸时形成了多场龙卷风，在休斯敦大都会区及其附近引发了 52 场龙卷风。随着飓风残留部分向东北方向移动，据报道又出现了多场龙卷风。所幸的是，在这种情况下，几乎所有龙卷风均相对较弱。

飓风哈维是美国历史上记录的最重要热带降雨事件。

3. 暴雨和内陆洪水

大多数飓风与暴雨相伴，由此带来了第三种重大威胁：洪水。虽然风暴潮及强风的影响主要集中在沿海地区，但是当风暴失去飓风强度的风后，暴雨可能影响距离海岸数百千米之外的地方，且时间可能长达数天。随着风暴残留向内陆方向移动，地势升高通常会增大降雨量。

降雨量不仅与飓风的强度相关，还与风暴的规模和移动速率相关。例如，2017 年 8 月下旬，飓风哈维在得克萨斯州海岸沿线登陆，随后滞留了 4 天，降雨量创历史新高，其中得克萨斯州东南部大部分地区的降雨量超过 100 厘米，有些区域记录到的降雨量超过 150 厘米，最终引发了灾难性洪水（见图 20.28）。美国国家飓风中心认为自 19 世纪 80 年代有可靠降雨记录以来，哈维是美国历史上最重要的热带降雨事件。随着哈维残留最后向北移动，暴雨仍在继续，导致肯塔基州西部部分地区的降雨量超过 20 厘米。

图 20.28　飓风哈维。2017 年 8 月，当这场风暴袭击得克萨斯州海岸时，破纪录降雨引发了灾难性洪水

20.5.3　飓风监测

现在，当监测飓风及其他热带风暴时，人们能够借助大量观测工具。通过输入各种数据（源于卫星、航空器、海岸雷达和远程数据浮标），结合复杂的计算机模型，气象学家能够监测及预测风暴的移动和强度，及时发布监测和预警。

1. 卫星的作用

在飓风监测工具中，最大的进步是气象卫星的发展。为了对飓风进行探测，人们必须监测面积广阔的开阔大洋，这在卫星出现之前是不可能完成的任务（见图 20.29）。如今，甚至在一场潜在风暴发育特征性环形云之前，星载仪器就可能探测到它。

近年来，为了利用卫星数据监测飓风的强度，人们开发两种方法：第一种方法是利用星载仪器来估计风暴中的风速；第二种方法是利用卫星来识别逼近飓风风眼墙的异常云发育区域，称为*热塔/积云对流热塔*（hot tower），如图 20.30 所示。

图 20.29　历史性飓风加尔维斯顿洗劫后的情形。1900 年 9 月 8 日，这场风暴袭击了一座毫无防备的城市。由于风暴强度较大，加上缺乏足够的预警，导致人们措手不及，最终夺走了 8000 人的生命。这是美国历史上最严重的自然灾害，整个街区都被扫荡干净，少量残余建筑物周围的碎屑堆积如山

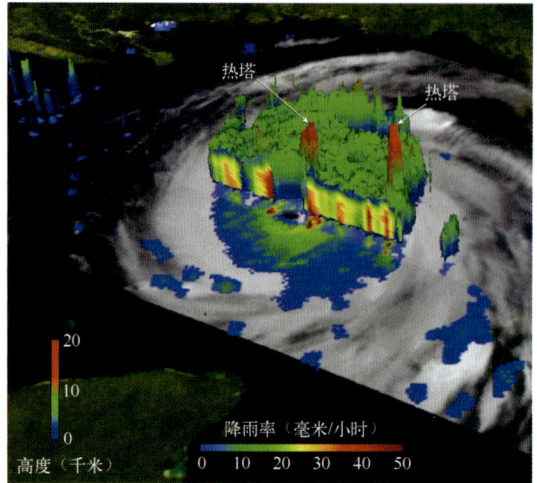

图 20.30 热塔。飓风卡特里娜的热带降雨测量任务卫星影像，获自 2005 年 8 月 28 日。在风暴内部的剖视图中，一侧显示了云高度，另一侧显示了降雨率。图中可见两个热塔（红色），其中一个位于外围雨带中，另一个位于风眼墙中。风眼墙热塔高出海面 16 千米，与某个强降雨区域相关。在核心附近，这么高的热塔通常表明风暴正在加剧。接收到这幅影像后不久，飓风卡特里娜就从 3 级风暴升级为 4 级风暴

2. 路径预报

飓风路径的预测称为路径预报/轨迹预测（track forecast）。路径预报可能是最基本的信息，因为若风暴的走向存在重大不确定性，则对其他风暴特征（风和降雨量）的准确预测就没有什么价值。路径预报的准确性非常重要，因为这样能够指导人们及时从涌浪带（通常死亡人数最多）撤离。路径预报的准确度一直在稳步提升，与 20 年前的 3 天路径预报相比，当前 5 天路径预报的准确度相同（见图 20.31）。虽然准确度有所提升，但预报仍存在不确定性，因此有必要对相对较大的沿海地区发布飓风预警。仅约 1/4 的平均预警区域会出现飓风条件。

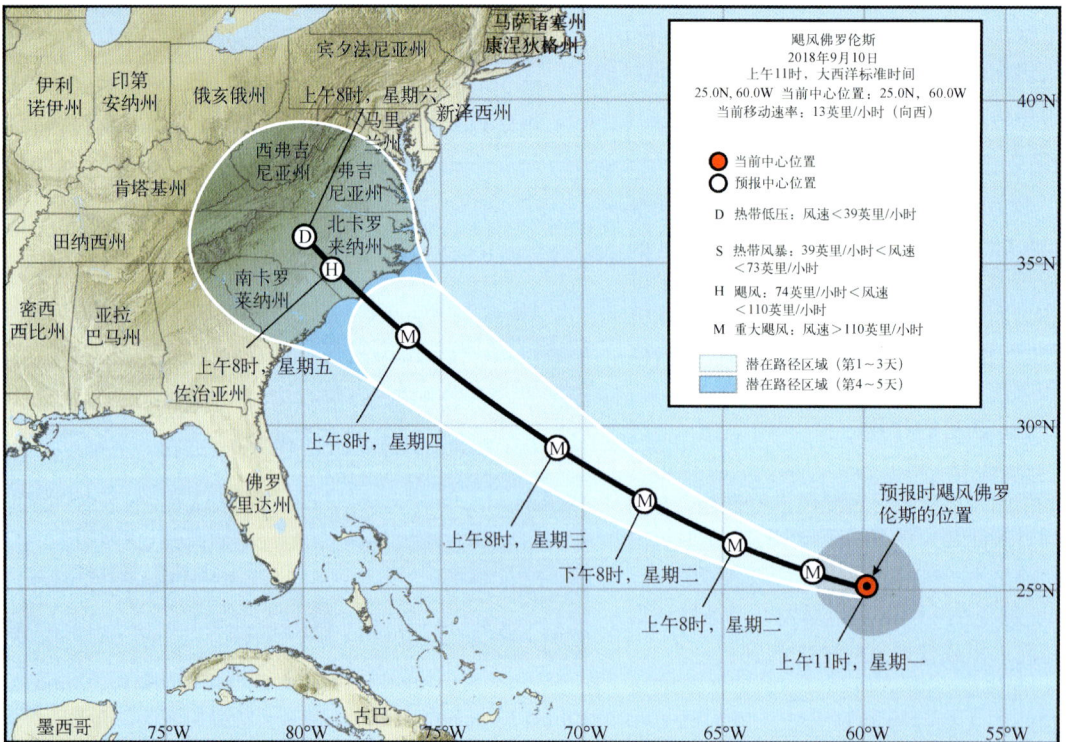

图 20.31 飓风佛罗伦斯的 5 天路径预报，发布于 2018 年 9 月 10 日上午 11 时（大西洋标准时间）。当飓风路径预报由美国国家飓风中心发布时，称为预报锥（forecast cone）。预报锥代表风暴中心的可能路径，通过围住预报路径沿线的一系列圆圈（12 小时、24 小时及 36 小时等）扫过的区域形成，这些圆圈向未来延伸而变大。预计在 60%～70% 的时间内，整条大西洋热带气旋路径会完全保持在预报锥范围内

20.6　海滨加固

总结海滨线侵蚀问题的几种解决方案。

与其他自然灾害（如地震、火山喷发和滑坡）相比，海滨线侵蚀常被视为一种更连续且更可预测的过程，可能对有限区域造成相对较小的破坏。实际上，海滨线是一种动态区域，可随着自然力快速改变。异常风暴能以远超长期平均水平的速率对海滩和海蚀崖进行侵蚀，这种加速侵蚀的爆发不仅显著影响海岸的自然演化，还会对在海岸带生活的人们产生深远的影响。在美国海岸沿线，侵蚀作用造成了严重财产损失，为了挽回损失和预防（或控制）侵蚀，每年都需投入巨额资金进行治理。这个问题已在许多地方存在，随着大规模海岸开发的继续进行，海滨线侵蚀问题肯定会愈发严重。

在最近的 100 年间，人们的生活日益富足，度假娱乐需求随之快速增长，因此给许多沿海区域带来了前所未有的发展机遇。随着建筑物数量及价值的增长，通过稳定海滨来保护财产免受风暴海浪影响的努力也在增多。此外，在许多沿海区域中，控制砂的自然迁移也是一场持续的斗争。

20.6.1　硬加固

为了保护海岸免受侵蚀，或者防止海滩沿线的砂移动，人们修建了相关构筑物，统称**硬加固/硬稳定**（hard stabilization）。硬加固可能采取多种形式，常会导致可预测（但不想要）的结果。硬加固主要包括突堤、丁坝、防波堤和海堤。

1. 突堤

从美国历史的相对早期开始，沿海地区的主要目标一直是港口的开发和维护，很多情况下涉及突堤系统的建造。**突堤/码头**（Jetty）通常成对建造，并在河流和港口的出口处延伸入海。随着被限定在较狭窄区域内的海水流动，潮汐涨落能够保持砂运动并防止其在通道中沉积。但是，如图 20.32 所示，突堤可能发挥堤坝的作用，阻碍沿岸流和海滩漂移对砂进行沉积。由于另一侧没有接收到任何新砂，海滩很快将不复存在。

2. 丁坝

为了维护（或拓宽）正在流失砂的海滩，人们有时会建造丁坝。**丁坝**（groin）是一种与海滩成直角的屏障，用于拦截平行于海滨运移的砂。丁坝通常由大块岩石建造，但也可能由木材构成。这些构筑物一般能够非常有效地发挥作用，以至于丁坝之外的沿岸流变得缺砂，相当于水流侵蚀了丁坝下游侧的海滩砂。

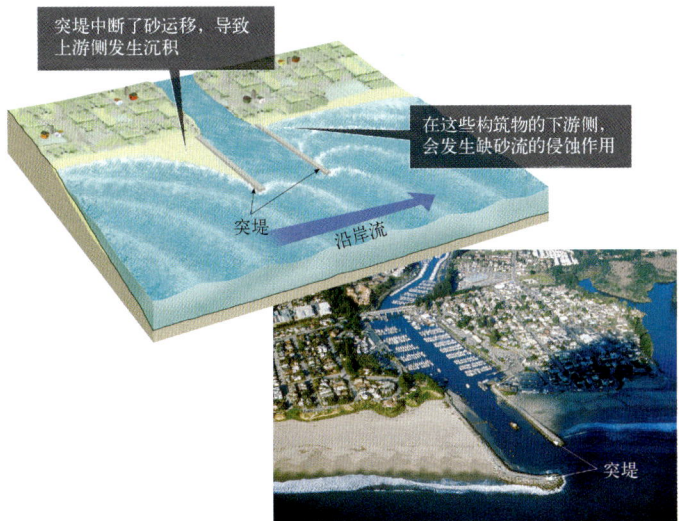

突堤中断了砂运移，导致上游侧发生沉积

在这些构筑物的下游侧，会发生缺砂流的侵蚀作用

突堤　　沿岸流

突堤

图 20.32　**突堤**。这些构筑物建在河流和港口的出口处，以防止航道中的沉积作用。照片是加利福尼亚州圣克鲁斯港的航空视图

为了抵消掉这种影响，构筑物下游的业主们可能建造自己的丁坝。由于采用了这种方式，丁坝的数量成倍增长，形成了丁坝群（groin field），如图 20.33 所示。新泽西州海滨线是丁坝数量激增的较好示例，因为那里建成了数百个这样的构筑物。实践证明，丁坝往往不能提供令人满意的解决方案，因此它们不再是控制海滩侵蚀的首选方法。

3. 防波堤和海堤

硬加固可平行于海滨线建造，防波堤（breakwater）就是其中的一种构筑物，它通过在海滨线附近形成一个安静的水域，保护船只免受较大破碎波的冲击。但是，当建造防波堤时，在该构筑物背后的海滨沿线，海浪活动减少，因此可能堆积砂。发生这种情

图 20.33　丁坝。这些墙壁状构筑物截留平行于海滨运移的砂。这个丁坝系列位于英国苏塞克斯郡奇切斯特附近的海滨线沿线

况时，船坞最终将被砂填满，同时下游海滩发生侵蚀并后退。在加利福尼亚州圣莫尼卡，防波堤建造引发了这样的问题，该城市利用挖泥船来清除受保护安静水域中的砂，然后将其沉积在下游区域，沿岸流和海滩漂移则在那里继续沿海岸向下运移砂（见图 20.34）。

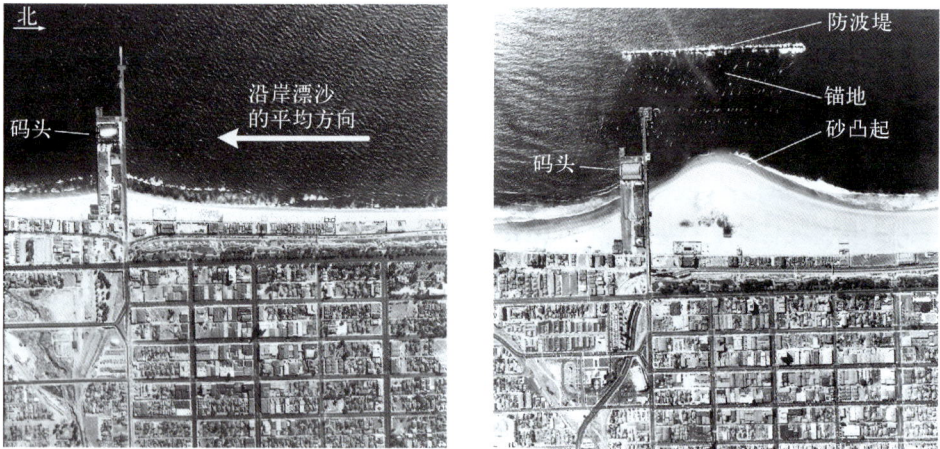

(a) 1931年9月的圣莫尼卡海滨线和码头，1933年防波堤建造之前。注意，码头为高架式，因此不会影响沿岸输运

(b) 1949年的同一区域。由于建造防波堤以建立船舶锚地，扰乱了砂的沿岸输运，并在防波堤背后的海浪阴影中，导致形成了海滩上的砂凸起

图 20.34　防波堤。这两张航片分别显示了防波堤建造前后的圣莫尼卡海滩和码头。(a)防波堤建造前；(b)防波堤建造后。防波堤扰乱了沿岸输运，导致海滩向海生长。防波堤于 1983 年被风暴海浪摧毁后，凸起消失，海滨线的外观恢复到防波堤建造前

海堤/海墙（seawall）是与海滨线平行建造的另一类硬加固，设计目标是加装海岸护甲并保护财产免受破碎波冲击。当在开阔海滩上移动时，海浪会消耗大量的能量。通过向海反射未耗尽能量的海浪，海堤切断了这个过程。因此在海堤的向海侧，海滩受到严重侵蚀，某些情况下可能完全消失（见图 20.35）。一旦海滩的宽度缩短，海堤就会受到海浪的更大冲击。最终，这种连续猛击将导致海堤垮塌，此时必须建造更大、更昂贵的海堤。

在海滨线沿线建造临时保护构筑物的明智性越来越受到质疑，许多海岸科学家和工程师认为，

利用保护性构筑物阻止侵蚀海滨线仅能使少数人受益，但会严重退化（或摧毁）自然海滩及其对大多数人的价值。保护性构筑物暂时将海洋的能量从私人财产中转移出去，但是通常会将该能量重新集中到邻近的海滩上。许多构筑物扰乱了海岸水流中的自然砂流动，掠夺了受影响海滩的至关重要的砂更替。

图 20.35　海堤。在新泽西州北部的希布莱特曾存在一个宽阔的沙滩。为了保护该城镇及将游客运送至海滩的铁路，人们修建了高 5~6 米、长 8 千米的海堤。筑堤后，海滩急剧变窄

20.6.2　硬加固的替代方案

通过硬加固来锚固海岸存在几个缺点，例如构筑物的建造成本较高、海滩砂的损失较大。硬加固也有若干替代方案，主要包括填砂护滩和土地利用变更。

1．填砂护滩

当不实施硬加固时，稳定海滨线砂的方法之一是填砂护滩/填沙护滩/海滩养护（beach nourishment）。顾名思义，这种方法需要向海滩大量填砂（见图 20.36）。使得海滩向海延伸，即可保护海滨线沿线的建筑物不太容易受到风暴海浪的破坏，并且能增强娱乐用途。若没有沙滩，则旅游业会受到较大的影响。

填砂护滩过程简单直接，挖泥船从近海区域泵送砂，或者卡车从内陆地区运送砂。但是，新海滩应与先前的海滩不同，由于补给砂来自其他地点（通常并非另一海滩），对海滩环境来说是新面孔。新砂的大小、形状、分选性和成分往往不同，在易蚀性及其支撑的生命种类方面，这种差异会出现问题。

填砂护滩并不是解决海滩萎缩问题的一劳永逸的方案，清除最初砂的相同过程最终会清除替换的补给砂。虽然如此，填砂护滩工程的数量近年来仍然有

图 20.36　填砂护滩。若参观大西洋海岸沿线的海滩，则越来越有可能走进由来自其他地方的砂构成的海滩的碎浪带中。在这张照片中，近海挖泥船正在将砂泵送到海滩

所增长，人们已在许多海滩（特别是大西洋海岸沿线）多次填砂护滩，例如弗吉尼亚州弗吉尼亚海滩的补砂次数已超过 50 次。

填砂护滩的费用极高。例如，在常见的小型工程中，可能涉及的填砂量高达 38000 立方米，并且分布在约 1 千米长的海滨线上。一辆尺寸合适的自卸卡车每次可装砂约 7.6 立方米，因此这个小型工程需要运送约 5000 车次。许多工程绵延数千米，填砂护滩的成本通常高达数百万美元/千米。

2．土地利用变更

除了建造构筑物（如丁坝和海堤）来保持海滩位置，或者添加砂来补给受到侵蚀的海滩，人

们还有另一种可用选项。许多海岸科学家和规划人员呼吁调整政策，从保护和重建高风险区域中的海滩及海岸财产转变为重新选址（或放弃）受到风暴破坏的建筑物，让大自然对海滩进行回收利用。在 1993 年毁灭性的密西西比河洪水后，美国联邦政府对河漫滩采取了类似的方法，脆弱的构筑物要么被遗弃，要么在更高且更安全的地点重新选址。

土地利用变更的最新示例发生在 2012 年飓风桑迪后，在纽约州的斯塔滕岛上，部分脆弱海滨线区域变成了海滨公园。这个公园发挥了缓冲作用，可以保护内陆家庭和商业免受较强风暴的冲击，同时提供社区所需的开放空间和娱乐机会。

土地利用变更可能引发争议。对拥有大量近海投资的人来说，他们希望能够重建和保护沿海开发项目，以免受海洋侵蚀。但另一些人则认为，随着海平面的上升，沿海风暴的影响在未来数十年间将变得更糟，脆弱（或受损）的建筑物应被遗弃（或重新选址），以提升人身安全并降低成本。随着各州及各社区评估和修订沿海土地利用政策，这些观点无疑将成为许多研究和辩论的焦点。

概念回顾 20.6

1. 列举至少 3 种硬加固形式，描述每种形式的意图，及其如何影响海滩砂的分布。
2. 硬加固的 2 种替代方案是什么？与每种方案相关的潜在问题是什么？

20.7 潮汐

解释潮汐的成因、月潮周期和潮汐形态，描述伴随潮汐涨落的水平水流。

潮汐（Tide）是海表高程的日变化，由地球与月球和太阳的引力相互作用导致。人们自古以来就知道，潮汐在海岸线沿线有节奏地起伏。紧随海浪之后，潮汐是最容易观测的海洋运动（见图 20.37）。

虽然已闻名数百年之久，但是直到艾萨克·牛顿将万有引力定律应用于它们，潮汐才获得令人满意的解释。牛顿证明了两个天体之间存在相互吸引力，海洋因自由运动而被这种力变形，因此海洋潮汐形成于月球和太阳（较小程度上）对地球施加的引力。

图 20.37 芬迪湾的潮汐。芬迪湾霍尔港的高潮和低潮

20.7.1 潮汐成因

由于月球的引力作用，在最靠近月球的地球一侧，海水隆起显而易见。但是，除此之外，在最远离月球的地球另一侧，同样会形成同等规模的潮汐隆起（潮隆），如图 20.38 所示。

如牛顿发现的那样，两个潮汐隆起均由引力拉动导致。引力与两个物体之间距离的平方成反比，即引力随着距离的增大而快速减小。此时此刻，这两个物体是月球和地球。由于引力随着距离的增大而减小，在地球的近月侧，月球对地球的引力拉动略大于远月侧，这种差异性拉动的结果是极轻微地拉伸（拉长）固体地球。相比之下，由于受到这种影响而发生巨大的变形，动态流动的世界海洋会形成两个反向潮汐隆起。

由于月球的位置每天仅发生微小的变化，潮汐隆起在地球旋转穿过它们时仍然保持原位。因此，若你在海边站立 24 小时，则地球自转将带你交替穿越深水区域和浅水区域。当你被带入每个潮汐隆起时，潮水上涨；当你被带入潮汐隆起之间的居间波谷时，潮水下落。因此，在地球上的大多数地点，你每天都会经历 2 次高潮和 2 次低潮。

此外，每当月球绕地球公转约 29 天，潮汐隆起都会迁移。因此，就像月球升起的时间一样，潮汐每天都迟到约 50 分钟。29 天后，一个周期结束，另一个新周期开始。

在许多地方，在给定的某天，两次高潮可能不等。取决于月球的位置，潮汐隆起可能向赤道倾斜，如图 20.38 所示。由图可知，北半球观测者经历的一次高潮要远高于半天后的另一次高潮。相比之下，南半球观测者会体验到相反的效果。

20.7.2　月潮周期

月球是影响潮汐的主要天体，它每 29.5 天绕地球运行一周。太阳也影响潮汐，虽然太阳远大于月球，但由于距离远得多，影响同样小得多。实际上，太阳对潮汐生成的影响仅约为月球的 46%。

当接近新月和满月时，太阳和月球对齐排列，二者对地球潮汐的作用力叠加（见图 20.39a）。此时，对这两个可形成潮汐的天体而言，引力拉动的合力最大，形成的潮汐隆起更高（较高的高潮）且潮汐槽谷更深（较低的低潮），即潮差更大。这些潮汐称为大潮（spring tide），它与春季无关，每月发生 2 次，即地球-月球-太阳位于一条直线上时。相反，大致在上弦月和下弦月，月球和太阳的引力成直角作用于地球，彼此之间的影响部分抵消（见图 20.39b），因此每日潮差较小。这些潮汐称为小潮（neap tide），每个月也发生 2 次。于是，地球上每个月都出现 2 次大潮和 2 次小潮，每次相隔约 1 周。

20.7.3　潮汐形态

虽然前面解释了潮汐的基本成因和类型，但这些理论思考并不适合预测特定地点的潮汐高度（或时间），因为许多因素（如海岸线形状、洋盆构造形态和海水深度）都会极大地影响潮汐，因此不同地点的潮汐对引潮力的反应不同。既然如此，对任何沿海位置的潮汐性质而言，通过实际观测结果进行确定最准确，潮汐表上的预测和海

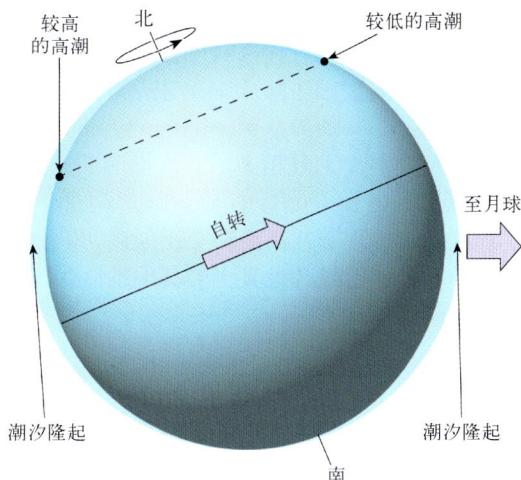

图 20.38　月球导致的理想潮汐隆起。若地球上覆盖的海水深度均匀，则会出现两个潮汐隆起，其一位于地球朝向月球的一侧（右），其二位于地球背向月球的一侧（左）。取决于月球的位置，潮汐隆起可能相对于地球赤道倾斜。在这种情况下，地球自转将导致观测者在一天内经历 2 次不等的高潮

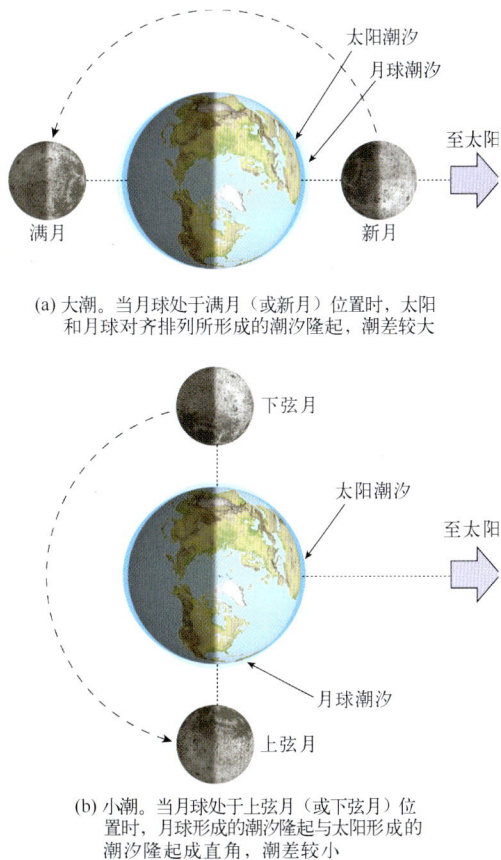

(a) 大潮。当月球处于满月（或新月）位置时，太阳和月球对齐排列所形成的潮汐隆起，潮差较大

(b) 小潮。当月球处于上弦月（或下弦月）位置时，月球形成的潮汐隆起与太阳形成的潮汐隆起成直角，潮差较小

图 20.39　大潮和小潮。地球-月球-太阳的位置影响潮汐

图上的潮汐数据均基于这样的观测结果。

全球范围内存在 3 种主要潮汐形态，如图 20.40 所示。全日潮形态（diurnal tidal pattern）的特征是每个潮汐日（24 小时）出现 1 次高潮和 1 次低潮，主要发生在墨西哥湾北部海滨沿线以及其他地区；半日潮形态（semidiurnal tidal pattern）的特征是每个潮汐日出现 2 次高潮和 2 次低潮，2 次高潮的高度大致相同，2 次低潮的高度也大致相同，常见于美国大西洋海岸沿线；混合潮形态（mixed tidal pattern）与半日潮形态类似，但高潮高度或低潮高度（或二者）存在明显的不等现象，通常每天出现 2 次高潮和 2 次低潮，但 2 次高潮的高度不同，2 次低潮的高度也不同，常见于美国太平洋海岸沿线及世界上的其他地区。

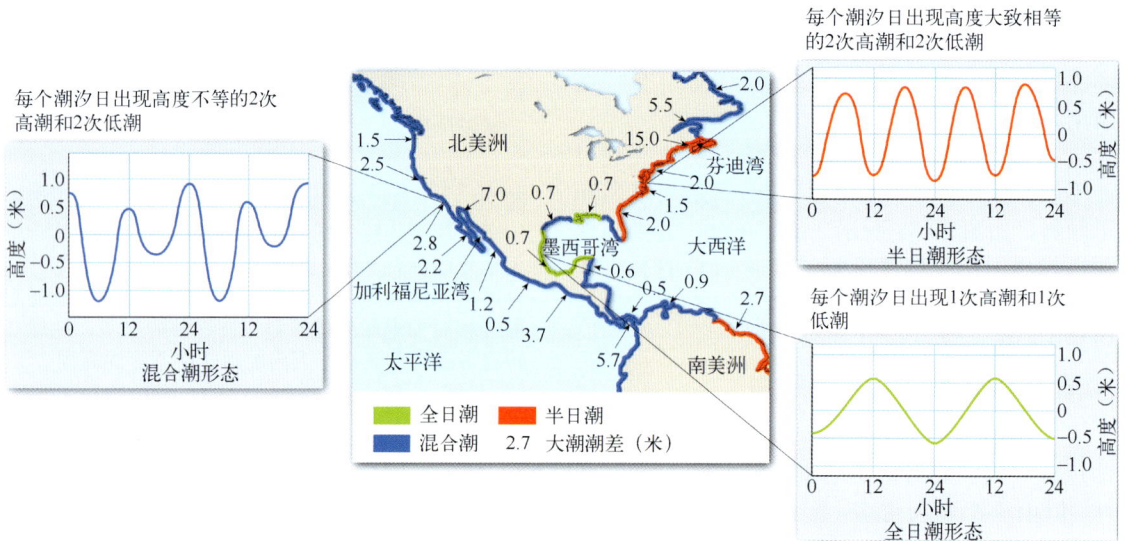

图 20.40　潮汐形态。全日潮形态（右下）显示了每个潮汐日的 1 次高潮和 1 次低潮，半日潮形态（右上）显示了每个潮汐日高度大致相等的 2 次高潮和 2 次低潮，混合潮形态（左）显示了每个潮汐日高度不等的 2 次高潮和 2 次低潮

20.7.4　潮汐流

潮汐流/潮流（tidal current）是用于描述伴随潮汐涨落的水平水流的术语。在有些沿海地区，引潮力引发的海水运动可能非常重要。在一个潮汐周期中，潮汐流部分时间朝某个方向流动，剩余时间则朝相反方向流动。潮汐上升时向海岸带推进的潮汐流称为涨潮流（flood current），潮汐回落时向海移动的海水形成落潮流（ebb current），分隔涨潮与落潮的水流较少（或没有）时期称为平潮/滞水（slack water），这些交替潮汐流的影响区域称为潮滩/潮坪（tidal flat）。取决于海岸带的性质，潮滩存在各种不同的变化，从海滩向海方向的狭长地带到可能延伸数千米的广阔地带。

虽然潮汐流在开阔大洋中通常并不重要，但是在海湾、河口、海峡及其他狭窄地点，潮汐流的速度可能非常快。例如，在法国布列塔尼海岸之外，伴随着高度为 12 米的高潮，潮汐流的速度可达 20 千米/小时。虽然潮汐流通常并不是侵蚀作用和泥沙搬运的主要营力，但值得关注的例外发生在潮汐移动穿越狭窄入口的地点，它们在这里不断冲刷许多良港的小型入水口，否则这些港口会被阻塞。

有时，潮汐流能形成称为潮汐三角洲（tidal delta）的沉积，如图 20.41 所示。潮汐三角洲既可能发育为水口向陆侧的涨潮三角洲（flood delta），又可能发育为水口向海侧的落潮三角洲（ebb delta）。由于海浪活动及沿岸流在有遮蔽的向陆侧减弱，涨潮三角洲更常见且更突出（见图 20.15a），它们在潮汐流快速穿过入水口后形成。当从狭窄通道进入更开阔的水域时，水流会减慢速度并沉积泥沙负荷。

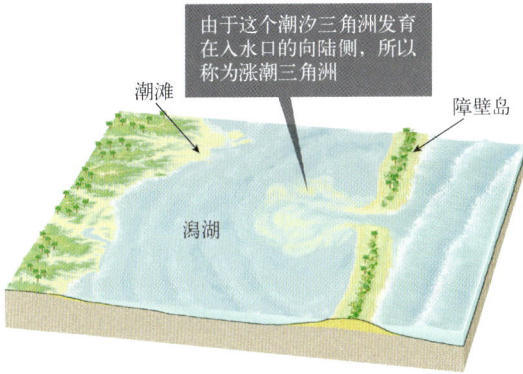

由于这个潮汐三角洲发育在入水口的向陆侧，所以称为涨潮三角洲

潮滩

障壁岛

潟湖

图 20.41 **潮汐三角洲**。当快速移动的潮汐流（涨潮流）穿越障壁岛的入水口并进入潟湖的宁静水域时，水流减慢并沉积泥沙，形成潮汐三角洲。这个潮汐三角洲发育在入水口的向陆侧，因此称为涨潮三角洲。图 20.15a 中也可见到这样一个潮汐三角洲

概念回顾 20.7

1. 解释观测者 1 天内为何会经历 2 次不等的高潮。
2. 区分小潮和落潮。
3. 比较涨潮流和落潮流。

主要内容回顾

20.1 海滨线和海浪

关键词：海滨线，界面，波高，波长，波周期，风程，碎浪

- 海滨线是海洋环境与大陆环境之间的过渡带。作为一种动态界面，海滨线是陆地、海洋和空气交汇并相互作用的边界。
- 在塑造海滨线的形状方面，海浪的能量发挥着重要作用，但许多因素影响着特定海滨线的特征。
- 海浪是正在移动的能量，大多数海浪最早由风生成。波高、波长和波周期的 3 个影响因素包括：①风速；②风时；③风程。海浪一旦离开风暴区，即称为涌浪，这是一种长波长对称海浪。
- 随着海浪的行进，水质点通过圆形轨道运动传递能量，延伸深度等于 1/2 波长（波基面）。当海浪进入浅于波基面的水域时，波速变缓，允许远离海滨的海浪跟上。因此，波长减小，波高增大。最终，海浪破碎，形成水流冲向岸边的湍流碎浪。

20.2 海滩和海滨线过程

关键词：海滩，磨蚀作用，海浪折射，海滩漂移，沿岸流，离岸流

- 海滩由沿着海滨输运的任何本地来源物质构成。
- 海浪提供改造海滨线的大部分能量。海浪侵蚀由海浪冲击压力和磨损作用导致。
- 当接近海滨时，海浪发生折射，与海滨近平行排列。折射之所以发生，是因为海浪在浅

水中的传播速度更慢，使得仍在深水中的部分能够跟上。海浪折射导致海浪侵蚀集中在海岬的侧面及末端，然后向海湾中分散。

- 以一定角度接近海滨的海浪平行于海滨线搬运沉积物。在滩面上，这种沿岸输运称为海滩漂移，因为进入的冲激浪倾斜向上地推动沉积物，回退浪则将这些沉积物直接向下拉。沿岸流是碎浪带中的一种类似现象，能够平行于海滨线搬运巨量沉积物。

问题：何种过程导致海浪的能量集中在海岬上？预测附图中这个区域的未来外观。

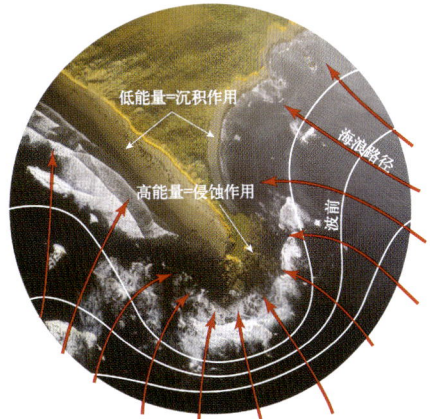

低能量=沉积作用
高能量=侵蚀作用
海浪路径
波前

20.3 海滨线地貌特征

关键词：海蚀崖，海蚀平台，海蚀阶地，海蚀拱，海蚀柱，沙嘴，湾口坝，连岛沙洲，障壁岛

- 侵蚀地貌特征包括海蚀崖、海蚀平台和海蚀阶地。侵蚀地貌特征还包括海蚀拱和海蚀柱。
- 沉积地貌特征形成于海滩漂移及沿岸流运移沉积物时，主要包括：沙嘴、湾口坝和连岛

沙洲。大西洋及墨西哥湾沿岸区域以存在外滨障壁岛为特征,这些障壁岛是平行于海岸的较低沙脊。

- 随着时间的推移,不规则岩质海滨线会被侵蚀作用和沉积作用改造,从而变得更平滑且更直。

问题: 识别附图中各字母代表的地貌特征。

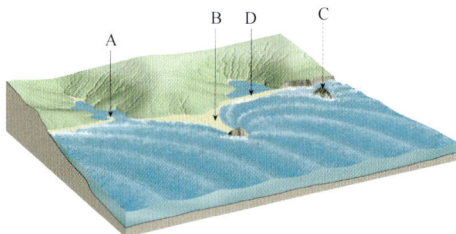

20.4 美国海岸

关键词: 上升海岸,下沉海岸,河口

- 海岸可根据其相对于海平面的变化分类。上升海岸是陆地抬升或海平面下降的地点,海蚀阶地是上升海岸地貌特征。下沉海岸是陆地沉降或海平面上升的地点,地貌特征之一是称为河口的淹没河谷。

- 在大西洋及墨西哥湾海岸,许多地方被障壁岛包围。在这些低矮狭窄的岛屿中,许多岛屿也已成为房地产开发的黄金地段。

- 太平洋海岸的较大问题是沉积物缺乏导致的海滩变窄。流向海岸的河流被筑坝,导致水库在砂抵达海岸前就将其截留。较窄海滩对海浪的抵抗力较弱,常导致海滩背后的海蚀崖遭到侵蚀。

问题: 附图是上升海岸还是下沉海岸?提供一条容易看到的证据线来支持你的答案。这个地点是位于北卡罗来纳州海岸沿线还是位于加利福尼亚州海岸沿线?解释理由。

20.5 飓风

关键词: 飓风,风眼墙,风眼,风暴潮

- 飓风由暖湿空气提供动力,通常形成于海表温度最高的夏末秋初。上升暖空气中的水蒸气凝结,释放热量并引发致密云和暴雨的形成。由于气压梯度较陡,空气冲入风暴中心。科里奥利效应和海水温度强烈影响着飓风的形成地点。

- 风眼位于飓风中心,压力最低、相对平静且缺乏降雨。风眼墙环绕在周围,风力最强且降水量最大。根据它们的气压和风速,萨菲尔-辛普森飓风风力等级对风暴进行分类。

- 大多数飓风破坏由以下原因造成:风暴潮、风害或暴雨导致的内陆洪水。当海水被强风推到正常水位之上时,就出现风暴潮。在北半球,飓风逆时针方向旋转,前行飓风右侧的风暴潮最大。

问题: 附图显示了飓风造成的破坏。在3种基本的破坏类型中,哪种类型造成了这种破坏?解释理由。

20.6 海滨加固

关键词: 硬加固,突堤,丁坝,防波堤,海堤,填砂护滩

- 硬加固指为防止砂移动而在海岸线沿线建造的任何构筑物。突堤从海岸向外延伸,目的是保持进水口畅通。丁坝同样垂直于海岸,但其目标是减缓沿岸流对海滩的侵蚀。近海防波堤与海岸平行建造,以减弱来袭海浪的力量,通常是为了保护船只。类似于防波堤,海堤的方向与海岸平行,但是建在海滨线上。硬加固措施经常导致其他地方的侵蚀作用加剧。

- 填砂护滩是硬加固的昂贵替代方案。砂被从其他区域泵送到海滩上以暂时补给沉积物供应。另一种选择是将建筑物从高风险区域迁离并重新选址,由自然过程对海滩进行自由塑造。

问题: 基于位置和方向,识别附图中所示的4种硬加固类型。

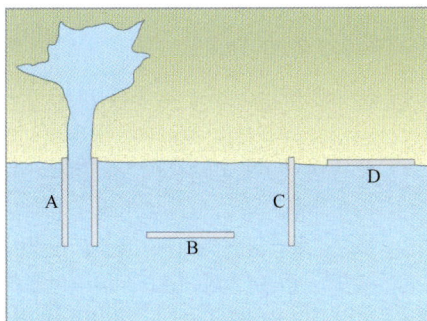

20.7 潮汐

关键词：潮汐，大潮，小潮，潮汐流，涨潮流，落潮流，潮滩，潮汐三角洲

- 潮汐是海洋表面高程的每日变化，由月球和太阳（较小程度）对海水的引力牵引导致。太阳、地球和月球大约每2周（满月或新月）排成一条直线，此时的潮汐规模最大。当弦月出现在天空中时，月球以相对于太阳成直角的方式拉动地球水，由于这两种力相互之间部分抵消，每日潮差最小。

- 涨潮流是低潮向高潮变换期间的海水向陆运动。当高潮再次转变为低潮时，离开陆地的海水运动是落潮流。落潮流可能使潮滩暴露在空气中。若潮汐经过一个入水口，则潮汐流可能携带沉积物并将其沉积为潮汐三角洲。

深入思考

1. 在毛伊岛海岸沿线，一名冲浪者正在大浪上冲浪。**a.** 形成这种海浪的能量源是什么？**b.** 在拍摄附图这张照片前，波长是如何变化的？**c.** 波长为何发生改变？**d.** 许多海浪做圆形轨道运动，附图中的海浪是否也是如此？解释理由。

2. 在海滩上，你和一位朋友撑起了遮阳伞和躺椅，然后朋友去碎浪带与另一人玩飞盘。几分钟后，你的朋友回头望向海滩，惊讶地发现自己已不再位于遮阳伞和躺椅附近。虽然她仍然位于碎浪带中，但是距离最初的位置已有27米。你应当如何向朋友解释她为何沿着海滨移动？

3. 在附图中，何种术语适用于突出水面之上的岩石块体？它们是如何形成的？地点是更可能位于美国墨西哥湾海岸沿线还是更可能位于太平洋海岸沿线？解释理由。

4. 一位朋友想在障壁岛上购买一套度假屋，若咨询你的意见，你应为其提出何种建议？

5. 飓风丽塔是2005年9月下旬袭击墨西哥湾海岸的大型风暴，距离飓风卡特里娜还不到1个月。9月18日，在多米尼加共和国北部，该风暴开始形成一次未命名热带扰动；9月26日，在伊利诺伊州，该风暴的最后残余彻底消退。附图显示了风暴期间的气压及风速变化，回答以下问题：**a.** 哪条曲线代表气压？哪条曲线代表风速？解释理由。**b.** 该风暴的最大风速是多少（以节为单位）？将答案乘以1.85，换算成千米/小时。**c.** 飓风丽塔达到的最低气压是多少？**d.** 以风速为指导，基于萨菲尔-辛普森飓风风力等级，判断该风暴达到的最高等级是什么。这一状态是在哪天达到的？**e.** 飓风丽塔登陆时属于哪个等级？

6. 附图是新泽西州开普梅附近部分海岸。何种术语适用于延伸到海水中的墙状构筑物？它们的用途是什么？海滩漂移和沿岸流向哪个方向运移砂：是朝向图片右侧还是朝向图片左侧？

7. 在海洋潮汐的形成过程中，引力发挥着至关重要的作用。物体的质量越大，引力就越强。解释为何太阳的质量远大于月球，但其影响力却仅约为月球的一半。

8. 附图显示了缅因州海岸的一部分，前景中的褐色泥质区域受到了潮汐流的影响。何种术语适用于这个泥泞区域？说出该区域未来几小时经历的潮汐流类型。

地球之眼

1. 如附图所示，2007年2月22日，气旋法维奥在非洲莫桑比克海岸沿线登陆，这个强大风暴从东（右）向西（左）移动。这是一个南半球风暴，云形态显示风呈顺时针方向旋转。当该气旋登陆时，部分气旋的持续风速为203千米/小时。**a.** 识别该风暴的风眼和风眼墙。**b.** 基于风速，利用萨菲尔-辛普森等级对风暴进行分类。**c.** 哪个标字母的地点会经历最强的风暴潮？解释理由。

第 21 章　全球气候变化

北极苔原的无树广阔地带。在美国阿拉斯加州和加拿大，大部分地区下伏永久冻土

新闻中的地质：北极永久冻土正在融化

北极永久冻土的数量减少是全球变暖的后果，而且会促使未来气候进一步变暖。永久冻土覆盖着北半球约 24%的裸露陆地，面积接近 1440 万平方千米，数万年来一直是北极的标志性特征。但是，有迹象表明，北极永久冻土并不像其名字所示的那样永久，目前已开始融化，预计 2050 年主体可能消失。人类对此是否应当警醒呢？

阿拉斯加州的这条道路建在融化之前的永久冻土上

永久冻土封存了动植物的富碳残骸，这些残骸在分解之前遭到冻结。科学家估计，全球永久冻土中含有约 1.5 万亿吨碳，几乎是目前大气层中碳含量的 2 倍。永久冻土的变暖速率甚至快于北极气温，仅近 30 年气温就上升了 1.5℃～2.5℃。来自变暖地表的热量能够穿透并融化永久冻土，一旦这种古老有机物质融化，微生物就会将其中的一部分转化为二氧化碳和甲烷。当这些重要的温室气体逃逸到大气中时，会加剧全球变暖。因此，永久冻土的融化可能是触发以下不可逆循环的引爆点：当永久冻土释放二氧化碳和甲烷时，全球变暖加速，随后引发更多永久冻土融化，如此循环往复。

除了温室气体排放，永久冻土融化还会导致曾经坚如磐石的地面变得不稳定，不断变化的地面会损坏房屋、道路、电线及其他基础设施。

学习目标

21.1 列举气候系统的主要组成部分，以及气候与地质学之间的部分关联。
21.2 讨论历史气候变化的几种探测方法。
21.3 描述大气成分以及大气压和气温的垂向变化。
21.4 概述大气加热涉及的基本过程。
21.5 讨论与气候变化自然原因相关的各种假说。
21.6 总结自 1750 年以来大气成分变化的性质和原因，并描述气候的响应。
21.7 比较正反馈机制和负反馈机制，并分别提供相关示例。
21.8 讨论全球变暖的几种可能后果。

气候对人类具有重大影响，人类也强烈影响着气候。当前，人类导致的全球气候变化是一个重大环境问题。与地质历史上的自然变化不同，现代气候变化由人类影响主导，这些影响大到足以超越自然变化的极限，且可能持续成百上千年。这种冒险进入未知气候的影响不仅对人类极具破坏性，还会殃及许多其他的生命形式。本章后半部分探讨人类可能改变全球气候的方式。

21.1 气候与地质学

列举气候系统的主要组成部分，以及气候与地质学之间的部分关联。

天气（weather）是指给定时间及地点处的大气状态。天气经常发生变化，有时似乎还不稳定。相比之下，气候（climate）是指基于多年观测而描述的总体天气状况，常被简单地定义为平均天气，但这种定义并不全面，因为变化和极端情形也是气候描述的重要组成部分。

21.1.1 气候系统

本书中经常提及地球是由许多相互作用部分构成的复杂系统，任何一个部分的变化都可能导致任何（或所有）其他部分发生变化，变化方式往往既不明显又不立即显现。为了理解气候变化及其原因，关键是要知道气候确实与地球系统的所有部分相关联。

地球气候系统（climate system）的能量源是太阳，主要组成部分包括大气圈、水圈、地圈、生物圈和冰冻圈。第 1 章讨论了前四个圈层，冰冻圈（cryosphere）则是指水呈固态形式的地表部分，包括雪、冰川、海冰、淡水冰和冻土[称为永久冻土（permagfrost）]。如图 21.1 所示，气候系统涉及 5 个圈层之间发生的能量和水交换，这些交换将大气圈与其他圈层关联起来，使得气候系统的整体功能成为极其复杂的相互作用单元。

21.1.2 气候与地质学的关联

气候对许多地质过程具有深远影响，这些过程会随着气候变化做出反应，第 1 章中的岩石循环部分描述了许多这样的关联。岩石风化当然与气候明显相关，与干旱、热带及冰川景观相关的各个过程同样如此，泥石流和河流泛滥等现象往往由大气事件（如异常降雨期）引发。显然，大气是水循环中的基本环节。在气候与地质学的关联中，还有一些涉及地球内部过程对大气的影响，例如火山排放的颗粒物和气体可能改变大气成分，造山运动可能严重影响区域性的气温、降水量和风形态。

通过研究沉积物、沉积岩和化石，人们明确证实了在漫长而复杂的地球历史中，地球上几乎每个地方都经历过气候的大幅波动，从冰期到与亚热带煤沼泽或荒漠沙丘相关的各种条件，气候变化的时间尺度从数十年到数百万年不等。第 22 章将详细介绍其中的许多气候变化。

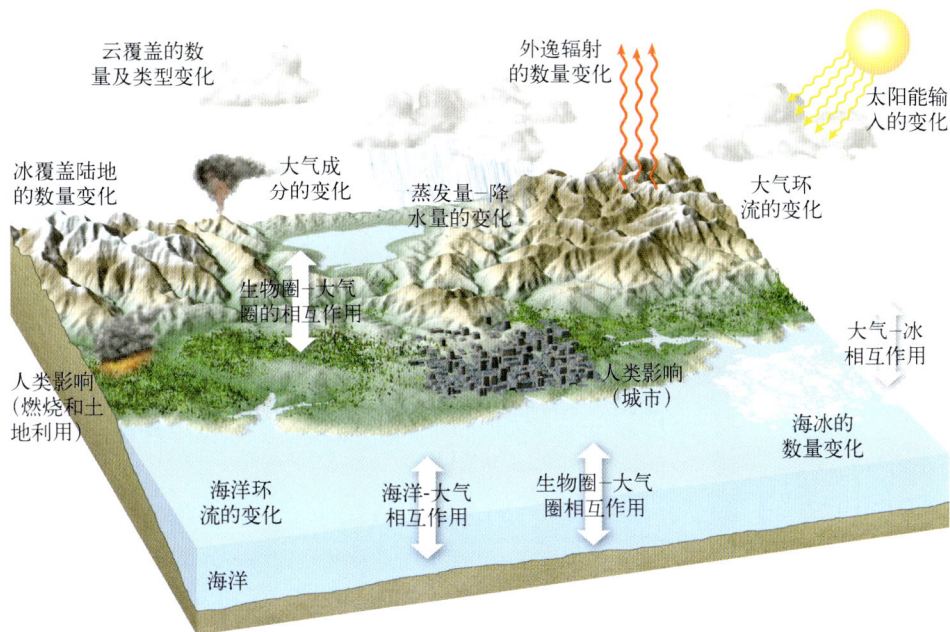

图 21.1　**地球气候系统**。地球气候系统的一些重要组成部分。在较宽的空间范围和时间尺度上，不同部分之间发生了许多相互作用，使得该系统变得极其复杂

21.1.3　气候变化

利用化石及其他地质线索，科学家重建了数亿年前至今的地球气候。在长时间尺度（数千万年至数亿年）上，地球气候特征大体上可描述为温暖的温室（greenhouse）或寒冷的冰室（icehouse）。

在温室时期，两极几乎没有永久性冰（即便有也极少），即使高纬度地区也能发现相对温暖的温带气候。在冰室时期，全球气候特别寒冷，足以支撑极地（单极或两极）的冰盖。从 5.41 亿年前至今（称为显生宙），在这两种类型之间，地球气候的逐渐转变次数仅有几次。显生宙的岩石和沉积中富含化石，这些化石记录了主要环境和演化趋势。最新转变出现在新生代。

早新生代是温室气候时期，类似于恐龙在中生代的经历。峰值气温出现在约 5000 万年前，随后是一段逐渐冷却的时期。到了约 3400 万年前，南极地区出现永久性冰盖，迎来了冰室条件（见图 21.2）。在北美洲，郁郁葱葱的温室森林（以怀俄明州的棕榈树和俄勒冈州的香蕉树为标志）被开阔的草原取代，草原生态系统更适合凉爽且干燥的冰室气候。到了约 260 万年前（第四纪开始），地球气候已经寒冷到足以支撑两极位置的巨型冰盖。在北半球，冰进几乎向南抵达现在的俄亥俄河，随后回退到格陵兰岛。从 80 万年前至今，这种冰进和冰退周期大致每 10 万年发生一次。约 1.8 万年前，最后的大型冰盖推进达到最大规模。

下一节首先探讨科学家如何解读地球气候历史，然后探索气候变化的部分自然原因，最后返回人类如何改变气候这个问题。

概念回顾 21.1

1. 区分天气和气候。
2. 气候系统的 5 个主要组成部分是什么？
3. 列举气候与地质学之间的至少 5 种关联。

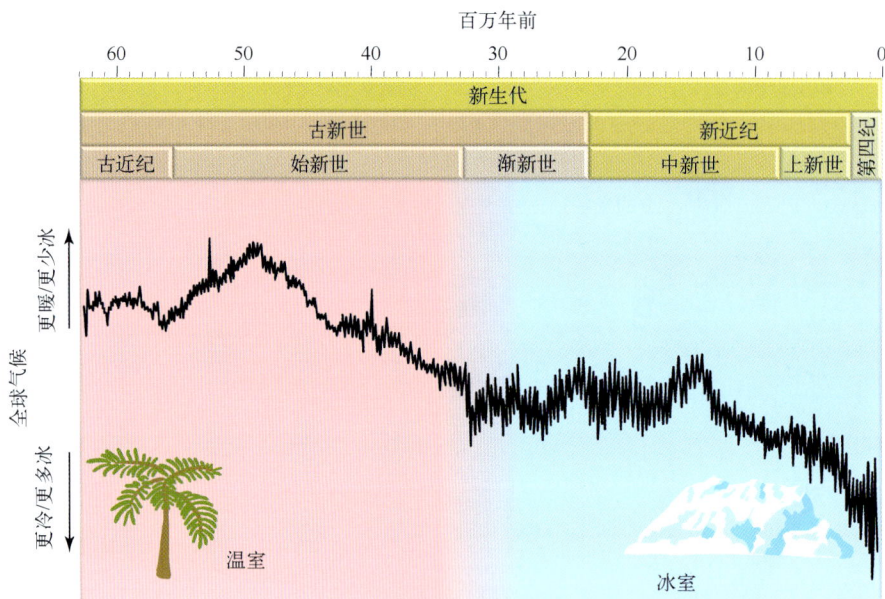

百万年前

| 60 | 50 | 40 | 30 | 20 | 10 | 0 |

图 21.2　新生代的相对气候变化。从 6500 万年前至今，地球气候从温暖的温室转变为寒冷的冰室。长期来看，气候并不稳定，地球曾多次在温暖和寒冷之间来回转换

21.2　气候变化探测

讨论历史气候变化的几种探测方法。

气候不仅因地而异，还随着时间的推移而自然改变。在漫长的地球历史中，人类诞生之前很久曾发生许多变化——从温暖到寒冷，从湿润到干燥，然后循环往复。在地球上，几乎每个地方都经历过气候的大幅波动。

21.2.1　代用资料

现在，为了研究大气成分和动力学，人们采用了高科技数字设备和精密仪器，但是这些设备和仪器的发明时间均较晚，因此仅能提供较短时间内的数据。为了充分了解大气行为并预测未来的气候变化，我们必须以某种方法发现气候在广阔时间内如何变化。

设备和仪器记录的气候最多仅能追溯到数百年前，且年代越久远，数据就越不完整，因此也就越不可靠。为了克服这种缺乏直接测量数据的问题，科学家必须充分利用称为代用资料（proxy data）的间接证据，破译并重建过去的气候。这项研究工作的主要目标是了解过去的气候，并基于自然气候变化的前后关系来评估未来的潜在气候变化，称为古气候学（paleoclimatology）。

代用资料来自气候变化的自然记录器，例如冰川冰、海底沉积物、氧同位素、珊瑚、树木年轮和花粉化石（见图 21.3）。

图 21.3　古老的狐尾松。在加利福尼亚州怀特山脉中，部分树木的年龄超过 4000 年。树木年轮研究是科学家重建过去气候的方法之一

21.2.2 冰川冰

冰川冰芯是重建过去气候不可或缺的资料来源。利用钻机（油井钻机的缩微版），科学家主要从格陵兰冰盖和南极冰盖采集冰芯。空心钻管紧随钻头进入冰层，并取出圆柱状冰芯（见图 21.4a）。在冰芯封闭的气泡中，含有雪转化为冰时的大气样本。从这些受困的空气样本中，研究人员测量温室气体（如二氧化碳和甲烷）的浓度 [注：温室气体吸收地球发射的红外辐射，导致大气变暖]。在夏威夷州的莫纳罗亚天文台，人们对大气的现代连续测量仅能追溯到 1958 年，但是冰芯数据却使我们能够看到数十万年以前。

(a) 国家冰芯实验室

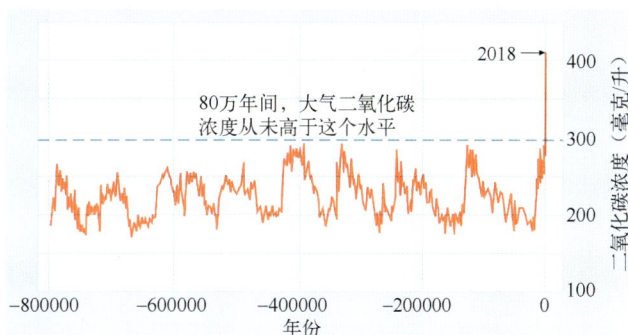

(b) 冰芯数据

图 21.4 **冰芯是气候数据的重要来源。**(a)美国国家冰芯实验室是一个实物库房，用于存储和研究从世界各地冰川中钻取的冰芯，这些冰芯代表了遥远过去大气成分的长期记录；(b)这幅曲线图显示了80 万年前至今的二氧化碳变化，获取自从南极冰盖和格陵兰冰盖中钻取的冰芯的氧同位素分析

迄今为止，最长的冰芯来自南纬 75°的南极洲东部（冰盖最厚处），某个多国团队钻取了一段直径为 10 厘米、钻深超过 3 千米的冰芯。该冰芯的分析提供了 80 万年前至今的气候及大气数据，共包括 8 个冰期–间冰期循环，如图 21.4b 所示。

南极冰芯显示，在过去 80 万年间，二氧化碳浓度从未超过 300 毫克/升，但却在 19 世纪初开始上升（见图 21.4b）。2018 年，二氧化碳浓度超过 410 毫克/升，比工业革命前高出约 40%。

21.2.3 海底沉积物

大多数海底沉积物中均含有微生物的微小甲壳，包括曾在海洋中生活的有孔虫。这些生物死亡后，甲壳会缓慢地沉降到海底，随后成为沉积记录的一部分。在沉积物岩芯中回收的它们（见图 21.5）携带了关于过去海洋状况的信息，因此也携带了关于气候的信息。

不同类型的海洋微生物在不同条件下繁盛，例如有些海洋微生物具有热带海洋特征，有些海洋微生物则具备温带（或极地）条件。因此，为了从沉积物岩芯中获取信息，方法之一是计数一块岩芯长度沿线和多块岩芯（来自海洋不同部分）中微生物化石的数量及类型。

图 21.5 **海底沉积物岩芯。**海底沉积物研究是代用资料的重要来源

1. 氧同位素分析

有些海洋微生物（特别是有孔虫）的碳酸钙甲壳变成化石后，会记录它们形成时的海水成分，进而为我们提供气候信息，尤其会记录海水中以下两种氧同位素的比率：^{16}O（最常见）和 ^{18}O（更重）。水分子中可能含有 ^{16}O 或 ^{18}O，含有 ^{16}O（轻同位素）的水分子比含有 ^{18}O（重同位素）的水分子更易蒸发（见图 21.6a），因此与海水相比，从海洋蒸发并以雨雪形式降落的水富含 ^{16}O。

在气候温暖的间冰期，落在陆地上的水通过河流快速流回海洋，同时会带回 ^{16}O（见图 21.6b）。

下面考虑间冰期中冰盖形成时会发生什么。随着冰盖的生长，它们锁住了富含 ^{16}O 的巨量水，使得海洋中的 ^{18}O 浓度逐渐增大（见图 21.6a）。换句话说，海水中的比率 $^{18}O/^{16}O$ 是全球气温的代用，比率 $^{18}O/^{16}O$ 越高，气候越寒冷；比率 $^{18}O/^{16}O$ 越低，气候越温暖。

为了获得这个信息，对海底沉积物岩芯中的有孔虫甲壳化石，气候研究人员进行了氧同位素分析（oxygen-isotope analysis）。通过测量岩芯长度沿线的比率 $^{18}O/^{16}O$ 变化，即可得到该沉积物岩芯所代表的时间间隔内的一条气候记录。对海底沉积物中发现的有孔虫甲壳进行氧同位素分析，人们还证实了从前述讨论的冰芯中所提取的气候数据的准确性和可靠性。

21.2.4 珊瑚

珊瑚礁由珊瑚群落建造。珊瑚是生活在温暖浅水中的无脊椎动物，每代都生长在前几代之上。类似于有孔虫，珊瑚具有由碳酸钙（从周围海水中提取）构建的坚硬骨骼。珊瑚中的比率 $^{18}O/^{16}O$ 可用于确定珊瑚礁形成时的水温，因此被视为另一种古温度计（paleothermometer），可揭示世界海洋中气候变化的相关重要数据。

珊瑚的氧同位素分析也可作为降水量的代用测量，特别是在年降雨量变化较大的区域。若 ^{16}O（轻氧）的浓度较高，则表明当珊瑚正在形成时排水入海区域经历了暴雨（如前所述，雨水中的轻氧浓度高于平均水平）。

21.2.5 树木年轮

通过在树皮下长出新木质部，树干的厚度逐渐增加。在温带地区，树木夏季比冬季的生长速度更快，新木质部每年都形成一个较为明显的不同层，称为树木年轮/树木生长轮/树轮（tree ring），如图 21.7a 所示。在具有湿润和干燥季节的地区，树木年轮也是常见现象。树木每年都长出一个年轮，因此通过计数年轮的数量，人们通常能够判断出一棵树的年龄。科学家为了做到这一点，通常会从树干中提取一个小型非破坏性木芯样本，如图 21.7b 所示。

树木年轮的宽度、密度及其他特征都可反映其形成时的常见环境条件（特别是气温和降水量），条件有利时形成的年轮较宽，条件不利时形成的年轮较窄。对在相同地区同时生长的树木而言，应会显示出相似的年轮形态，因此树木年轮是局部气候条件的敏感代用。树木年轮的定年和研究称为树木年代学（dendrochronology）。

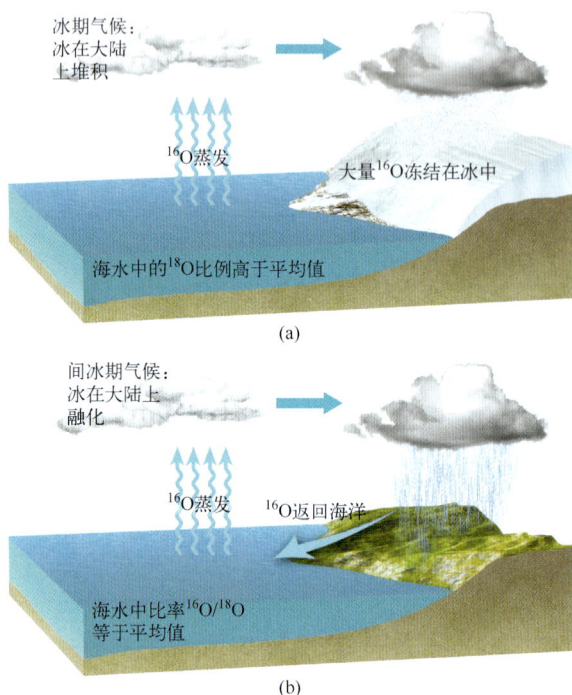

图 21.6　海水中的氧同位素浓度随气候变化。(a)含有 ^{16}O 的水分子比含有 ^{18}O 的水分子轻，因此更容易蒸发。在冰期，这些原子以降雪形式落下并被锁定在冰中；(b)在较温暖的时期，这种水返回海洋，进而改变氧同位素的比率

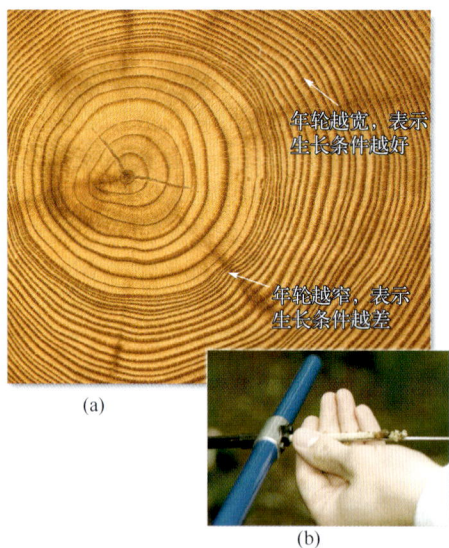

图 21.7　树木年轮。(a)生长数量（年轮厚度）取决于降水量和气温，因此年轮是过去气候的有用记录；(b)科学家不仅利用被砍伐的树木，还从现生树木上采集小型非破坏性木芯样本

为了有效地利用树木年轮，通过比较一个区域中不同年龄树木的年轮形态，树木年代学家能够建立扩展的年轮年表（ring chronology）。例如，在 19 世纪 50 年代建造的小木屋中，通过可能从更古老的原木中识别出的一种特定宽窄的年轮形态，人们能够追溯到 19 世纪 30 年代某特定山脉的现生树木，进而对这些原木中的年轮进行精确定年。有些地区已建立数千年前至今的树木年轮年表，因此树木年轮可用于重建某个地区人类历史记录之前数千年至今的气候变化。

21.2.6 花粉化石

气候是影响植被分布的主要因素，因此过去某段时间内占据某个区域的植物群落的性质可作为其气候代用。花粉和植物孢子具有抗蚀性很强的细胞壁，因此通常是沉积物中数量最丰富、最容易识别且保存最完好的植物化石。通过分析已精确定年的沉积物中的花粉，人们可得到一个区域中植被变化的高分辨率记录。若回收的花粉是干旱生态系统的标志特征，则可相当肯定地认为当这些植被还活着时，该区域是干燥的。根据这样的信息，人们能够重建过去的气候。

概念回顾 21.2

1. 什么是代用资料？在气候变化研究中，代用资料为何是必需品？
2. 解释如何利用氧同位素分析来确定过去的气温及降水特征。
3. 描述以下各项在历史气候研究中发挥的作用：海底沉积物、冰川冰、珊瑚、树木年轮、花粉化石和氧同位素分析。

21.3 大气基础知识

描述大气成分以及大气压和气温的垂向变化。

为了更好地理解气候变化，需要掌握关于大气成分和结构的相关基础知识。

21.3.1 大气成分

空气并不是一种特殊元素或化合物，而是由许多离散气体组成的混合物（每种气体都有自己的物理性质），其中悬浮着不同数量的微小固态和液态颗粒。

1. 干洁空气

如图 21.8 所示，干洁空气几乎完全由两种气体组成：氮气（约占 78%）和氧气（约占 21%）。虽然这两种气体是空气中最丰富的组分，且对地球生命具有重要意义，但在影响天气现象方面的重要性却极小（或根本没有）。在剩余 1%的干燥空气中，大部分是惰性气体氩气（0.93%）和少量其他气体。二氧化碳虽然仅微量存在（0.0405%），但是具有吸收地球辐射的热能进而影响大气加热的能力，因此仍是空气的重要组成部分。

空气中含有许多随时间和地点变化而明显改变的气体和颗粒，这些可变气体的重要示例包括水蒸气、臭氧，以及微小的固态和液态颗粒。

2. 水蒸气

在空气中，水蒸气（water vapor）的变化范围很大，从几乎没有到大约 4%（按体积计）。大气占比这么小的水蒸气为何如此重要？当然是因为水蒸气是所有云和降水的来源这一事实，但却

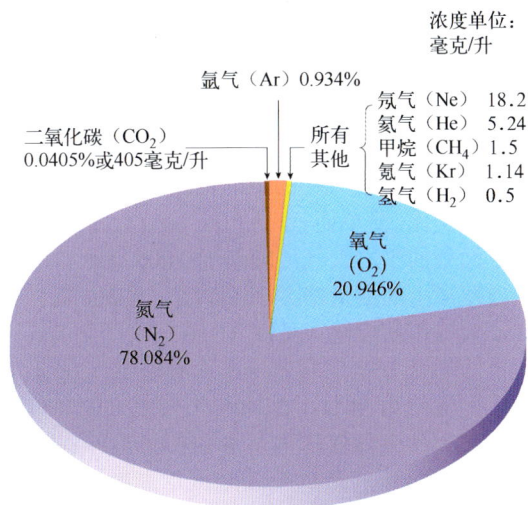

浓度单位：毫克/升

氩气（Ar）0.934%

二氧化碳（CO_2）0.0405%或405毫克/升

所有其他

氖气（Ne） 18.2
氦气（He） 5.24
甲烷（CH_4） 1.5
氪气（Kr） 1.14
氢气（H_2） 0.5

氧气（O_2）20.946%

氮气（N_2）78.084%

图 21.8 大气成分。干燥空气组成气体的体积比例，氮气和氧气明显占主导地位

不止如此，水蒸气还发挥着其他作用。类似于二氧化碳，水蒸气能够吸收地球释放的热能及部分入射太阳能，因此在研究大气加热时非常重要。

3．臭氧

臭氧（ozone）是大气的另一种重要组分。臭氧是将 3 个氧原子结合到每个分子（O_3）中的氧气形式，我们呼吸的氧气的每个分子（O_2）中含有 2 个氧原子。大气中的臭氧含量极少，而且分布极不均匀，主要集中在地表正上方的平流层（高度为 10～50 千米）中。对地球生物而言，臭氧层在大气中的存在至关重要，因为其能吸收来自太阳的有害紫外辐射。若没有臭氧过滤大量紫外辐射，则来自太阳的紫外线将不受影响地抵达地表，导致地球不适合目前所知大多数生命的生存。

4．气溶胶

大气运动足以令大量固态及液态颗粒保持悬浮。虽然可见尘埃有时会笼罩天空，但这些相对较大的颗粒太重，无法在空气中停留较长的时间。然而，仍然有许多颗粒非常微小，在相当长的一段时间内保持悬浮状态，这些颗粒可能有多个来源（天然或人为），包括破碎波中的海盐、吹入空气的细粒土壤、火灾形成的烟尘、风吹的花粉和微生物、火山喷发形成的火山灰和尘埃等。这些微小的固态和液态颗粒统称气溶胶（aerosol）。

从气象学角度看，这些不可见的微小颗粒可能意义重大。首先，许多颗粒可作为水蒸气凝结的表面，这是形成云和雾的重要过程。其次，气溶胶能够吸收（或反射）入射太阳辐射，因此当空气污染事件发生或者火山喷发后天空中充斥着大量火山灰时，抵达地表的阳光可能明显下降（见图 21.9）。

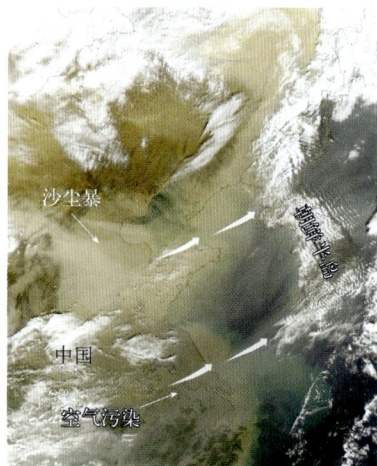

图 21.9　气溶胶。卫星影像显示了两种气溶胶示例，即沙尘暴和空气污染

21.3.2　大气层的范围和结构

大气层明显从地表开始向上延伸，但其终点是哪里？外太空的起点又是哪里？二者之间并不存在清晰的界限，大气远离地球时会快速变得稀薄，直至因气体分子太少而无法探测。

1．压力变化

为了理解大气层的垂向范围，下面研究大气压随高度的变化。简单而言，大气压就是上方空气的重量。海平面处的平均大气压略高于 1000 毫巴，相当于每平方厘米上的质量略大于 1 千克。显然，海拔高度越高，大气压就较低（见图 21.10）。

半数大气位于高度 5.6 千米以下；16 千米高度以下的大气占 90%；在 100 千米以上的高度，构成剩余大气的气体仅约占总量的 0.00003%。即便如此，少许大气仍然远超这个高度，逐渐融合并进入空旷的太空。

2．温度变化

除了大气压垂向变化，随着大气高度的上升，大气温度（气温）也发生变化。基于温度，地球大气层可垂直划分为 4 层，如图 21.11 所示。

● 对流层（troposphere）。人类生活在大气层

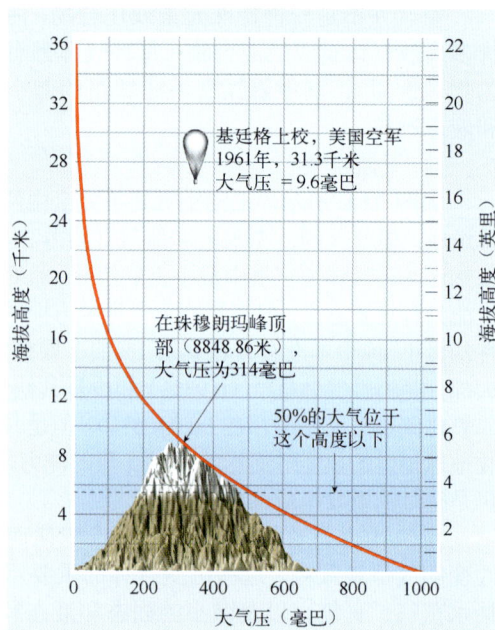

图 21.10　大气压的垂向变化。压力在地表附近快速下降，在更高海拔处缓慢下降。如图中的曲线所示，构成大气层的大部分气体均位于地表附近，然后这些气体逐渐融合并进入空旷的太空

的底层中，主要特征是温度随着海拔的上升而下降，称为对流层。这个术语的字面含义是空气翻转区域，指这个底部区域中存在明显的空气垂向混合。对流层是气象学家的主要关注目标，因为基本上所有的重要天气现象都发生在这一层。对流层中的温度下降称为环境递减率/环境直减率/温度直减率（environmental lapse rate），平均值为 6.5℃/千米，这个数字称为标准温度递减率/标准直减率/正常递减率（normal lapse rate）。要强调的是，环境递减率并非常数，而随着时间和地点的变化而变化，因此必须定期测量。为了确定某一特定时间和地点的环境递减率，以及采集气压、风和湿度的垂向变化相关信息，人们通常会利用无线电探空仪。无线电探空仪（radiosonde）是附着在气象气球上的成组仪表（仪器包），穿越大气上升时通过无线电来传输数据（见图 21.12）。对流层的厚度在各处并不相同，而会随着纬度和季节的变化而变化。平均而言，气温下降会持续到约 12 千米高度。对流层的外边界是对流层顶（tropopause）。

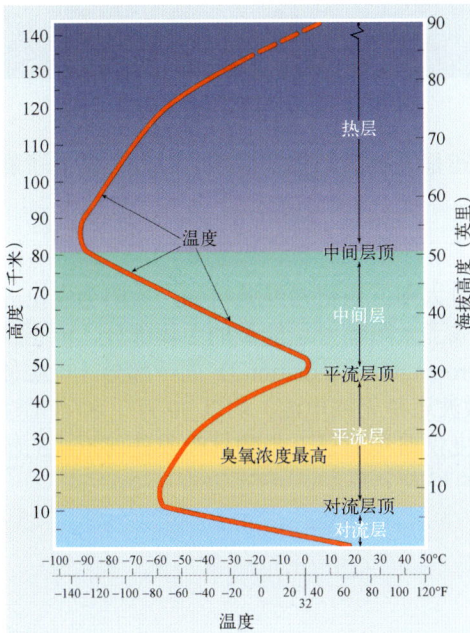

图 21.11　大气层的热结构。基于温度，地球大气层传统上可划分为 4 层

图 21.12　无线电探空仪。无线电探空仪是由小型气象气球携带至高空的轻便成组仪表，它传输对流层中温度、压力和湿度的垂向变化数据。对流层实际上是所有天气现象发生的地点，因此频繁地进行这些测量非常重要

- 平流层（stratosphere）。平流层位于对流层顶之外，温度在约 20 千米高度之下保持恒定，然后开始逐渐升温，直至抵达距离地表近 50 千米处的平流层顶（stratopause）。在对流层顶之下，大气性质（如温度和湿度）很容易通过大尺度湍流和混合而转移；在对流层顶之上的平流层中，情况却并非如此，大气臭氧集中在这一层，因此平流层中的温度会上升。如前所述，臭氧吸收来自太阳的紫外辐射，导致平流层被加热。

- 中间层（mesosphere）。在第三层（中间层）中，温度再次随着海拔高度的上升而下降，直至抵达距离地表约 80 千米处的中间层顶（mesopause），温度接近-90℃。大气层中的最冷温度出现在中间层顶。

● 热层/热成层/电离层（thermosphere）。第四层是热层，它从中间层顶向外延伸，但是没有明确上部界限，仅包含大气层质量的极小部分（tiny fraction）。在空气极其稀薄的这个最外层中，氧原子和氮原子吸收波长极短的高能太阳辐射，因此温度再次上升。在热层中，温度可攀升至超过 1000℃ 的极高值，但是这种温度与地表附近的温度不具可比性。温度根据分子运动的平均速率进行定义，热层中的气体以极高的速率运动，因此温度特别高，但是这些气体非常稀薄，以至于其所含的总热量微不足道。

概念回顾 21.3

1. 干洁空气的主要组分是什么？列举大气层中因时间和地点而异的两个重要组成部分。
2. 描述大气压如何随着海拔的上升而变化，其变化速率是否恒定？
3. 基于温度，大气层可垂向划分为 4 层，指出每层的名称及其温度变化情况（按自下而上的顺序）。

21.4 大气加热

概述大气加热涉及的基本过程。

在研究气候变化的各种原因（无论是自然原因还是人类活动相关原因）以前，基本了解地球大气加热的各个过程是很有帮助的。

21.4.1 来自太阳的能量

地球多变天气和气候的几乎所有驱动能量都来自太阳。由日常经验可知，太阳会发出光、热以及导致皮肤变黑的紫外线。虽然这些能量形式构成了太阳辐射总能量的主体部分，但也仅为大型能量谱（称为辐射（radiation）或电磁辐射（electromagnetic radiation））的一部分。电磁能量的波谱如图 21.13 所示。所有辐射（无论是 X 射线、微波还是无线电波）均以 30 万千米/秒的速度在太空（真空）中传输能量，穿越地球大气层时的速度仅略慢而已。当物体吸收任何形式的辐射能量时，就会导致分子运动速率增大，进而引发温度的相应上升。

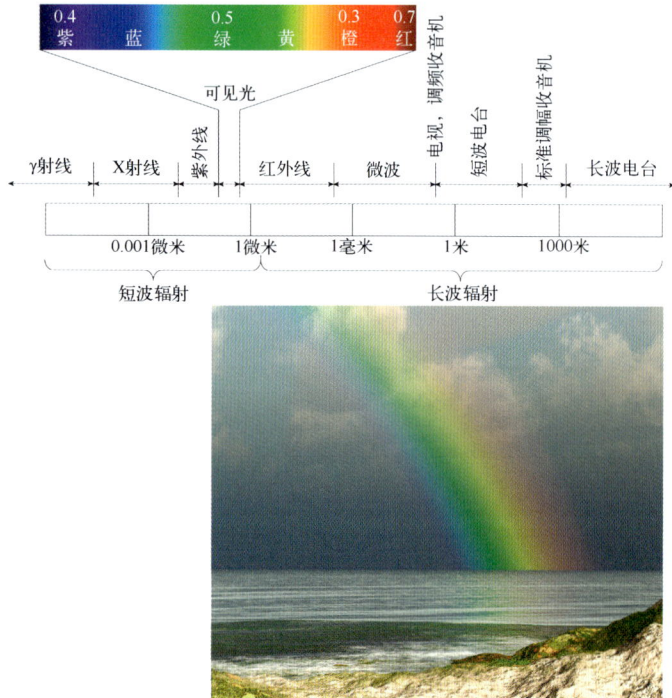

图 21.13　电磁波谱。这张图描绘了各类辐射的波长和名称。可见光由通常称为彩虹色的阵列组成

要更好地理解大气如何被加热，总体了解辐射所遵循的以下基本定律很有帮助：

● 所有物体在任何温度下都发射辐射能。所有物体都持续发射能量，不仅包括炽热的物体（如太阳），还包括地球（含极地冰盖）。

● 与较冷的物体相比，较热物体单位面积辐射的总能量更多。

● 辐射物体越热，最大的辐射波长就越短。太阳表面温度约为 5700℃，在 0.5 微米（落入可见光范围内）处辐射最大的能量。地球辐射峰值位于 10 微米波长处，完全落入红外线（热量）范围内。地球辐射的峰值波长大致为太阳辐射的 20 倍，因此地球辐射常被称为长波辐射（long-wave radiation），太阳辐射则被称为短波辐射（short-wave radiation）。

● 若物体是辐射的良好吸收器，则其也是辐射的良好发射器。地表和太阳几乎是完美的散热器，因为对各自的温度而言，它们的吸收和辐射效率接近 100%。另一方面，各种气体则是辐射的选择性吸收器和发射器。对某些波长而言，大气层几乎透明（吸收极少辐射）；对另一些波长而言，大气层则几乎不透明（其为良好吸收器）。由经验可知，大气层对可见光是透明的，因此这些波长很容易抵达地表。对地球发射的长波辐射而言，情况则并非如此。

21.4.2　入射太阳能的路径

图 21.14 显示了入射太阳辐射在全球范围内的平均路径。可以看到，大气层对入射太阳辐射相当透明。平均而言，在抵达大气层顶部的太阳能中，约 50% 穿过大气层并在地表处被吸收，20% 在抵达地表前被云和某些气体（包括氧气和臭氧）直接吸收，其余 30% 则被大气、云和反射表面（如雪和冰）反射回太空。如图 21.15 所示，物体反射的辐射在总辐射中的占比称为反照率（albedo），地球的整体反照率为 30%。大气层还会散射一些入射辐射，即以随机方向进行反射。

何种因素决定太阳辐射被传输到地表、散射或向外反射？在很大程度上，这取决于所传输能量的波长和居间物质的性质。

图 21.14 中显示的数字代表了全球平均水平，实际百分比可能变化较大，主要归因于反射及散射回太空的光的百分比变化，例如当天空多云时，反射回太空的光的百分比要高于天空晴朗时。

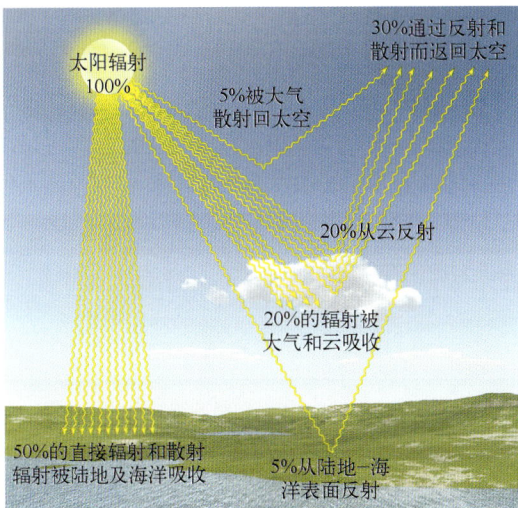

图 21.14　太阳辐射的路径。这张图显示了抵达地球的太阳辐射的平均归宿，地表吸收的太阳辐射多于大气层吸收的太阳辐射

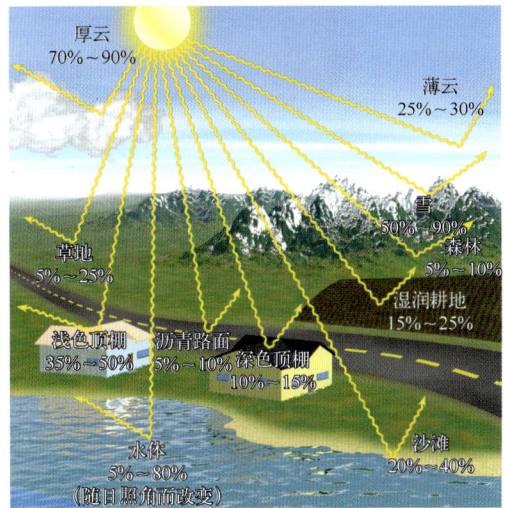

图 21.15　各种表面的反照率（反射率）。一般而言，浅色表面比深色表面更具反射性，因此反照率更高

21.4.3　温室效应

若地球没有大气层，则平均地表温度远低于冰点，大气层的存在才使得地球变暖和宜居。在

加热地表方面，大气层发挥的重要作用称为温室效应/花房效应（greenhouse effect）。

如前所述，无云空气对入射短波太阳辐射基本透明，因此将其传输至地表。相比之下，在地球的陆地-海洋表面发射的长波辐射中，很大一部分被大气层中的水蒸气、二氧化碳及其他痕量气体吸收。这种能量不仅能够加热空气，还能增大能量辐射速率（向外进入太空和向内返回地表）。若没有这种复杂的传递，则地球的平均气温将为-18℃，而非目前的15℃（见图21.16）。正是因为大气层中存在这些可吸收气体，地球才适合人类及其他生命居住。如后续各节所述，空气成分的变化（无论是自然的还是人为的）都会以可能导致大气变暖（或变冷）的方式影响温室效应。

人们曾认为温室以类似的方式加热，因此将这种自然现象命名为温室效应。温室的玻璃允许短波太阳辐射进入，然后被温室中的物体吸收。这些物体接下来又会辐射波长更长的能量，而玻璃对其几乎不透明，因此热量被困在温室里。但是，最新科学研究表明，温室内空气之所以比温室外空气更热，主要是因为温室限制了内外空气交换。虽然如此，术语温室效应（greenhouse effect）仍然得以保留。

无空气天体（如月球）：所有入射太阳辐射抵达表面，一部分反射回太空，剩余部分被表面吸收后直接辐射回太空。因此，月球表面的平均温度远低于地球

温室气体含量适中的天体（如地球）：大气层吸收地表发射的部分长波辐射，其中部分能量被辐射回地表，从而保持地表比不辐射情况下高33℃

富含温室气体的天体（如金星）：金星经历了极端温室变暖，估计其表面温度升高了523℃

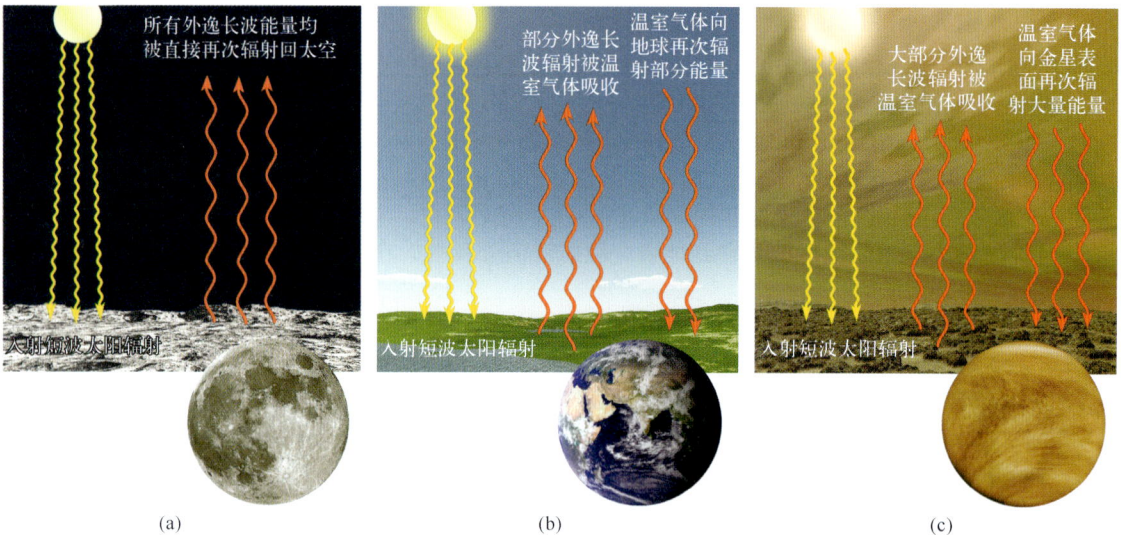

图 21.16　温室效应。地球与太阳系中两个最近天体之间的温室效应对比

概念回顾 21.4

1. 入射太阳辐射的3条路径是什么？何种因素导致每条路径的百分比不同？
2. 解释大气层为何主要由地表辐射进行加热。
3. 准备一张带有解释温室效应标注的草图。

21.5　气候变化的自然原因

讨论与气候变化自然原因相关的各种假说。

本节介绍可能导致气候变化但却与人类活动无关的各种现象，例如板块构造、地球轨道变化、火山活动和太阳变化。当这些机制改变地球气候时，它们之间可能存在相互作用。此外，任何单一机制均无法解释所有时间尺度上的气候变化，例如数百万年内的气候变化机制通常无法解释数百年内发生的气候波动，反之亦然。

21.5.1 板块运动和地球轨道变化

第18章描述了气候变化的两种自然机制。回忆可知，在岩石圈板块运动的作用下，地球各大陆逐渐接近（或远离）赤道。虽然这些板块运动的速度非常缓慢，但却对数百万年间的气候产生了巨大影响。除了第18章中讨论的几种影响，板块构造还可能使得海洋环流发生显著变化，进而影响全球范围内的热量传输（注：要了解更多的相关信息，可参阅第22章）。

气候变化的第二种自然机制与涉及地球轨道变化的冰期成因相关。随着轨道形状变化（偏心率）、地球自转轴与轨道面之间的角度变化（斜率）以及地轴的摆动（岁差），可能导致太阳辐射分布出现季节性和纬度波动（见图18.39），这些变化促成了第四纪冰期中冰期-间冰期的交替发生。

21.5.2 火山活动

火山喷发也能解释气候变化的某些原因。爆炸式喷发向大气层释放巨量气体及细粒碎屑（见图21.17），最大规模喷发的力量非常强大，足以将物质喷射到大气层中，然后在全球范围内扩散，保持悬浮状态的时间可长达数月（甚至数年）。

这种悬浮火山物质能够反射（或散射）部分入射太阳辐射，进而降低对流层中的大气温度。在与火山事件相关的冷却期中，1815年印尼坦博拉火山喷发（规模最大的现代火山喷发）后的无夏之年或许最为著名。1815年4月7日至12日，这座火山喷出了超过100立方千米的火山碎屑，这些微小颗粒被认为是随后几个月北半球大范围降温的原因。例如，1816年5月至9月，前所未有的一系列寒流影响了美国东北部及相邻的加拿大部分地区，导致这些地区6月份下起大雪，7月和8月出现霜冻。在这段时间内，西欧大部分地区也异常寒冷。

1. 厄奇冲火山和皮纳图博火山

在火山对全球气温的影响方面，两次现代火山事件为人们提供了大量数据。墨西哥厄奇冲火山1982年喷发，菲律宾皮纳图博火山1991年喷发，使得科学家有机会借助精密技术来研究火山喷发对大气的影响。利用卫星影像和遥感仪器，科学家能够密切监测这些火山喷发的气体和火山灰云的影响。

1982年厄奇冲火山喷发后，通过持续2年对其进行监测和研究，人们发现其对全球平均气温存在冷却效应，降温幅度约为0.5℃。这次历史性喷发虽然并不特别具有爆炸性，但却向大气层排放了巨量二氧化硫，这种气体与大气层中的水蒸气结合，形成了一种微小硫酸颗粒致密云（见图21.18中的基拉韦厄火山），这些颗粒需要几年

图21.17 2011年，在印度尼西亚爪哇岛上，婆罗摩火山喷发了巨量火山灰和气体

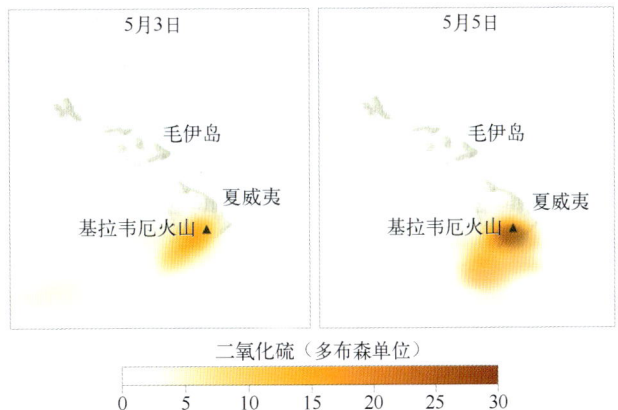

图21.18 夏威夷基拉韦厄火山喷发的二氧化硫。2018年春，该火山的持续喷发加剧。当出现在约16千米高空之上时，二氧化硫转化为微小硫酸盐颗粒，形成将阳光反射回太空的明亮雾霾

时间才能完全沉降。类似于火山灰，微小硫酸液滴会降低平均地表气温，因为它们能够将太阳辐射反射回太空（见图21.19）。

对于悬浮在大气中一年（或更长时间）的火山碎屑，人们认为其主要由硫酸液滴（而非火山灰）组成，因此预测火山喷发的全球大气影响时，喷发事件排放的火山灰数量并不是精确的标准。

2. 火山喷发的影响

如刚才对厄奇冲火山的描述那样，单次火山喷发对气候的影响相对较小且短暂，如图21.19中的曲线所示。若火山作用在较长一段时间内产生显著影响，则必定发生过一次更大规模的火山喷发（或多次火山喷发），喷发物中富含二氧化硫且时间间隔非常接近。类似这样的事件可能给大气带来足够的气体和火山灰，进而显著减少抵达地表的太阳辐射。

虽然人类历史上没有发生过这样的爆炸性火山作用事件，但已知在地质历史时期的不同时代，确实发生过这种规模的火山喷发。

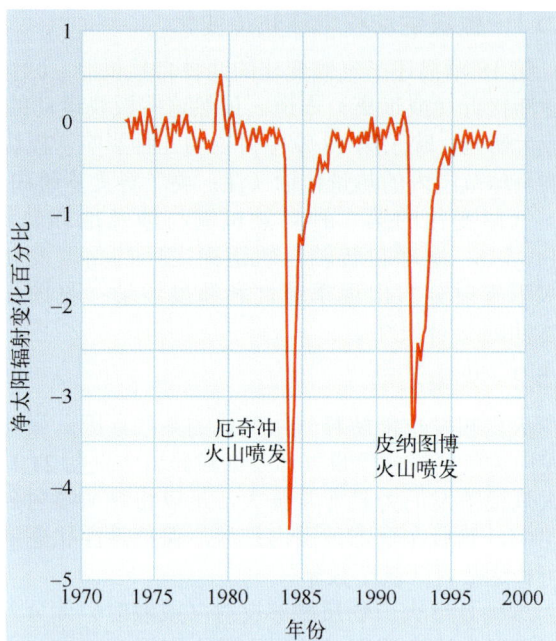

夏威夷莫纳罗亚天文台的净太阳辐射，相对于1970年（图上零值）

图21.19 火山碎屑减少地表阳光。 厄奇冲火山和皮纳图博火山的喷发，明显导致抵达地表的太阳辐射暂时下降

当63万年前形成美国黄石国家公园景观时，火山喷发排放了超巨量火山灰和气体：总量为1991年皮纳图博火山喷发的100多倍。这次灾难性火山喷发将大量碎屑席卷到了墨西哥湾。黄石火山作用及其他大规模事件的火山喷发规模极大，显然对当时的气候产生了显著影响。

3. 火山作用与全球变暖

白垩纪是中生代的最后一个纪，即人们常说的恐龙时代，其始于约1.45亿年前，终于约6500万年前。当白垩纪结束时，恐龙及其他许多生命形式灭绝（注：要了解与白垩纪末期相关的更多信息，请参阅第22章）。

在漫长的地球历史中，白垩纪气候是最温暖的气候之一。在北极圈以北，人们发现了该时期的恐龙化石；在格陵兰岛和南极洲，由于存在白垩纪热带森林，泥炭沉积最终形成了在高纬度地区广泛分布的煤层；白垩纪海平面比现在高200米，这与极地冰盖的缺乏相一致。

白垩纪气候异常温暖的原因是什么？原因之一是大气二氧化碳含量上升增强了温室效应。地质学家认为，二氧化碳可能源于火山活动。二氧化碳是火山作用排放的气体之一，现在相当多的地质证据表明，白垩纪中期是火山活动异常频繁的时期，西太平洋海底在此期间形成了几个巨型海洋熔岩台地，这些巨型地貌特征与可能由大型地幔柱形成的热点相关。伴随着长达数百万年的大规模熔岩喷涌，被释放的巨量二氧化碳增强了大气温室效应。因此，白垩纪的特征性温暖可能源于地幔深处。

这个示例描绘了地球系统各组成部分之间的相互关系，那些看似不相关的物质和过程却相互关联，揭示了源于地球内部深处的过程与大气圈、海洋和生物圈如何直接（或间接）相关。

21.5.3 太阳变化

对地球温度的任何变化是否可归因于太阳能量输出的变化，研究人员提出过疑问。太阳能量输出增多预计会使地球变暖，输出减少会使地球变冷。自卫星技术问世以来，大气层之外的太阳辐射实际测量最终得以实现。在这个时代内，太阳输出中的唯一可检测变化与太阳黑子周期相关。

太阳黑子（sunspot）是从太阳表面向太阳内部深处延伸的巨型磁暴，如图 21.20 所示。太阳黑子周期性爆发，大致每 11 年达到一次数量最大值。在太阳黑子活动最活跃期间，太阳释放的能量略多于太阳黑子极小期（这似乎违反直觉，因为太阳黑子呈暗色，但每个太阳黑子周围都环绕着更明亮的区域，这足以对其进行弥补）。太阳黑子也可能与巨型带电粒子云的喷射相关，当这些带电粒子云与地球相遇时，就与高层大气相互作用，形成强烈的极光。

基于 1978 年开始的太空测量结果，在 11 年太阳黑子周期内，太阳输出变化约为 0.1%。科学家得出以下结论：这种变化太小且周期太短，对全球气温没有任何明显影响。

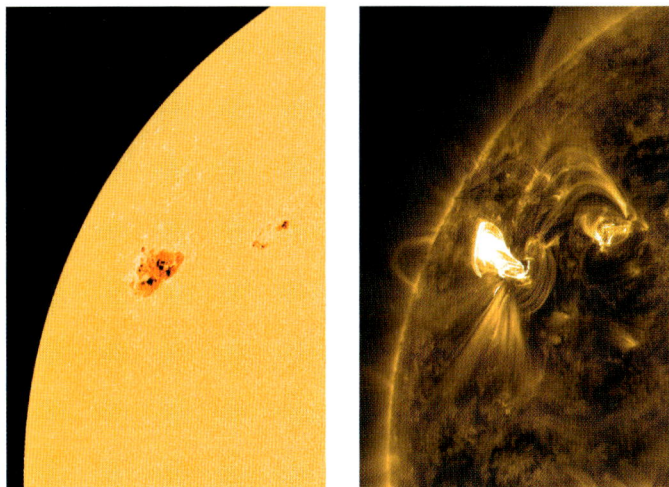

(a) 被深橙色包围的几个黑点是磁活动极强的太阳黑子区

(b) 连接各太阳黑子的环形线是增强太阳输出的一种太阳风暴

图 21.20 太阳黑子。利用美国航空航天局太阳动力学天文台的两台不同仪器于 2012 年 3 月 5 日的相同时刻拍摄的这两幅图像，显示了太阳圆盘上相同位置的太阳黑子活动

但是，太阳输出的长期变化仍然有可能发生，且可能影响到地球气候。例如，1645—1715 年，太阳黑子基本上缺失，这段时期称为蒙德极小期（Maunder minimum），它与欧洲一个特别寒冷的时期［称为小冰期（Little Ice Age）］紧密对应。有些科学家认为，这种相关性表明，太阳输出的减少至少是这次寒冷事件的部分原因。还有一些科学家则严重质疑这一观点，部分缘于在利用世界各地不同气候记录进行的后续调查中，人们未能发现太阳黑子活动与气候之间的关联性。

概念回顾 21.5

1. 描述并简要解释厄奇冲火山和皮纳图博火山喷发对全球气温的影响。
2. 火山作用如何引发全球变暖？
3. 什么是太阳黑子？太阳输出如何随太阳黑子的数量变化而变化？太阳黑子数量与地球气候变化是否密切相关？

21.6 人类对全球气候的影响

总结自 1750 年以来大气成分变化的性质和原因，并描述气候的响应。

研究气候变化的自然原因后，下面介绍人类如何影响全球气候变化。人类对区域及全球气候的影响并非始于现代工业时代，有证据表明人类改造广阔区域环境的历史长达数千年，火的使用和通过驯养动物而在贫瘠土地上过度放牧都会降低植被的丰度和分布。通过改变地表覆盖，人类已改变了部分重要气候因素（如地表反照率和蒸发率）。

但是，在人类对全球气候施加的各种影响中，最重要的影响是近代以来向大气中添加了二氧化碳及其他温室气体，第二种影响是向大气中人为添加了气溶胶。

21.6.1 二氧化碳浓度上升

如前所述，二氧化碳约占干洁空气的 0.0410%。虽然数量极少，但二氧化碳对气候变化仍具有较大的影响力，因为它对短波长入射太阳辐射透明，但对某些长波外逸地球辐射不透明。部分能量离开地表后被大气二氧化碳吸收,随后被释放,其中一部分再次返回地表,使得地面附近的空气变暖(与没有二氧化碳时相比)。因此,在大气温室效应中,二氧化碳和水蒸气共同发挥了主导作用。

最近 200 年来,全球工业化进程主要由燃烧化石燃料(煤炭、天然气和石油)推动(见图 21.21),这些燃料的燃烧向大气中释放了大量二氧化碳。图 21.22 显示了夏威夷莫纳罗亚天文台观测到的二氧化碳浓度变化,该天文台自 1958 年以来一直在进行这种测量。该曲线显示了年季节周期以及多年来的稳步上升趋势。

化石燃料的利用是人类向大气中翻译二氧化碳的最明显手段,但却不是唯一途径,森林砍伐也发挥着很大作用,因为二氧化碳会随着植被的燃烧(或腐烂)而释放,如图 21.23 所示。森林砍伐在热带地区尤为明显,那里的大片土地被开垦用作农牧业,或者受到低效商业伐木作业的影响。所有的主要热带森林(包括南美洲、非洲、东南亚和印度尼西亚等地)都在消失,根据联合国的估计,从 20 世纪 90 年代至 21 世纪初,每年都有超过 1000 万公顷的热带森林被永久摧毁。

在人类释放的二氧化碳中,部分被植物吸收或溶解在海洋中,但是估计仍有约 45%滞留在大气中。图 21.4b 提供了 80 万年前至今大气二氧化碳变化的记录,在这段时间内,大气二氧化碳的自然波动范围为 180~300 毫克/升。然而,到了 2017年,这一浓度比工业革命前高出了约 40%。更令人担忧的是,在最近几十年间,大气二氧化碳浓度的年增长率始终在上升。

21.6.2 痕量气体的作用

二氧化碳显然是人类加剧温室效应的最重要因素,但大气科学家已认识到,在人类的工业及农业活动中,浓度增大的几种痕量气体同样发挥了重要作用。这些物质称为痕量气体(trace gases),它们的浓度远低于二氧化碳,甲烷(CH_4)和氧化亚氮(N_2O)在其中最重要。类似于二氧化碳和水蒸气,这些痕量气体都是温室气体,会吸收来自地球的外逸辐射波长,阻止这些辐射向太空逃逸。这些痕量气体单打独斗时虽然影响不大,但合在一起时会在大气变暖过程中发挥重要作用。

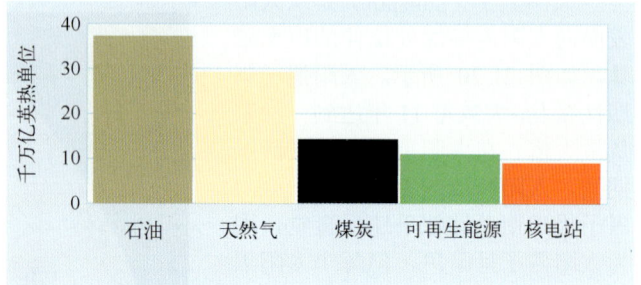

图 21.21 美国能源消耗总量。2017 年,美国的能源消耗总量为 97.7 千万亿英热单位。化石燃料的燃烧约占总燃烧量的 80%

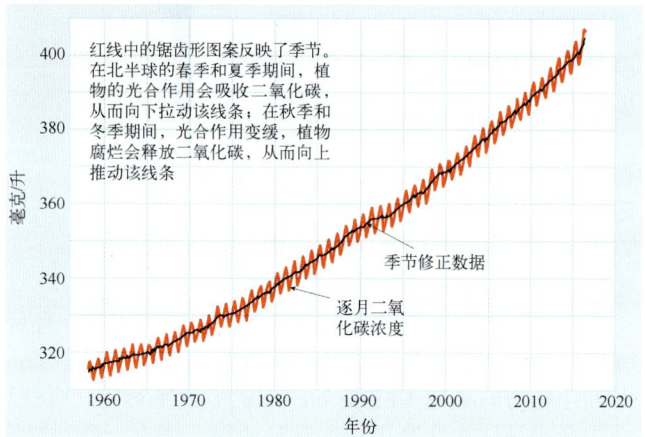

红线中的锯齿形图案反映了季节。在北半球的春季和夏季期间,植物的光合作用会吸收二氧化碳,从而向下拉动该线条;在秋季和冬季期间,光合作用变缓,植物腐烂会释放二氧化碳,从而向上推动该线条

季节修正数据

逐月二氧化碳浓度

图 21.22 二氧化碳浓度。自 1958 年以来,夏威夷莫纳罗亚天文台一直在测量大气二氧化碳浓度。自监测工作开始以来,二氧化碳浓度一直在持续增长。为纪念发起测量的科学家,这个

图 21.23 热带森林砍伐。砍伐热带雨林是严重的环境问题。除了造成生物多样性的丧失,森林砍伐也是二氧化碳的主要来源。人们经常放火烧荒来清理土地,这里的场景发生在巴西亚马孙河流域

1. 甲烷

虽然含量远低于二氧化碳，但甲烷的地位非常重要，因为其吸收地球所发射红外辐射的效率是二氧化碳的 20 倍。

甲烷由缺氧潮湿地区的厌氧细菌产生（厌氧意为没有空气，这里特指氧气），这样的地点包括沼泽、泥塘、湿地以及草食动物（如牛和羊）的内脏，被淹没的稻田也产生甲烷（见图 21.24）。

大气甲烷的浓度随着人口的增多而增大，这种关系反映了甲烷产生与农业生产之间的密切联系。随着人口的增多，牛和稻田的数量也在增多。煤炭开采和油气钻井活动也释放甲烷。

2. 氧化亚氮

氧化亚氮（也称笑气）也在大气层中积聚，但速度明显不如甲烷，主要来自农业活动。当农民施用氮肥来提高作物产量时，部分氮以氧化亚氮形式进入空气。化石燃料的高温燃烧也能形成这种气体。虽然每年释放到大气中的数量很少，但氧化亚氮分子在大气中的寿命约为 150 年！若氮肥及化石燃料的使用按预期的速率增长，则氧化亚氮对温室变暖的贡献可能接近甲烷的一半。

图 21.24　甲烷。被淹没的稻田也是甲烷的来源——数千年来，随着人口的增长，被淹没稻田的规模也在不断增长

21.6.3　大气的响应

既然大气中温室气体的含量增多，那么全球气温是否真的升高了？答案是"是的"。联合国政府间气候变化专门委员会（IPCC）在 2014 年的报告中指出："气候变暖系统非常明确，观测到的许多变化前所未有……大气和海洋变暖，雪和冰的数量减少，海平面上升。"（注：IPCC，"观测到的变化及其原因"，2014 年度气候变化综合报告。IPCC 是权威的科学家工作组，通过发布定期报告，评估气候变化原因及影响的知识状况，向国际社会提出建议）。自 20 世纪中期以来，在观测到的全球平均气温上升中，大部分极有可能缘于观测到的人类产生温室气体的浓度升高，IPCC 认为这种概率可能为 95%～100%。

在全球范围内，与 20 世纪中期相比，2017 年的平均气温高出近 1.0℃，地表气温的上升趋势如图 21.25 所示。由该曲线可知，在最炎热的 18 年间，17 年均发生在 2001 年以后；自 1880 年现代记录开始至今，2016 年最热，2017 年次之。

天气模式及其他自然循环导致平均气温逐年波动，特别是在区域性和局部层面。例如，虽然 2016 年全球经历了创纪录的高温，但是

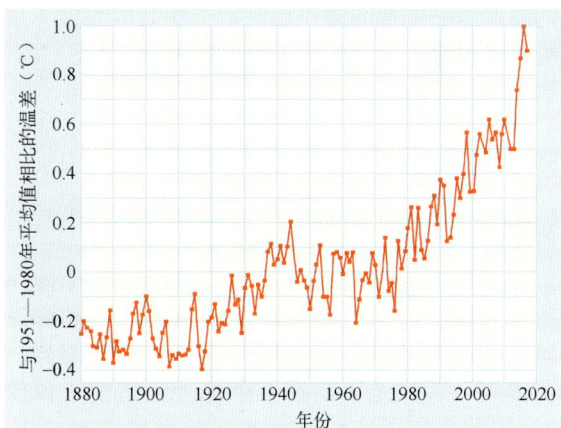

图 21.25　全球气温（1880—2017 年）。137 年间，在 18 个最热的年份中，17 个发生在 2001 年以后

美国本土、冰岛和中国部分地区 1 月份却经历了异常寒冷的天气。迄今为止，这是北美洲创纪录的温暖年份，以及亚洲有记录以来第三温暖的年份。无论任何年份的地区性及季节性差异如何，温室气体浓度上升都会导致全球气温长期上升（见图 21.26a）。虽然每个日历年不一定比前一年更暖，但是科学家预计每 10 年都比前 10 年更暖。图 21.26b 是逐 10 年计的气温趋势，它也证明了这一点。

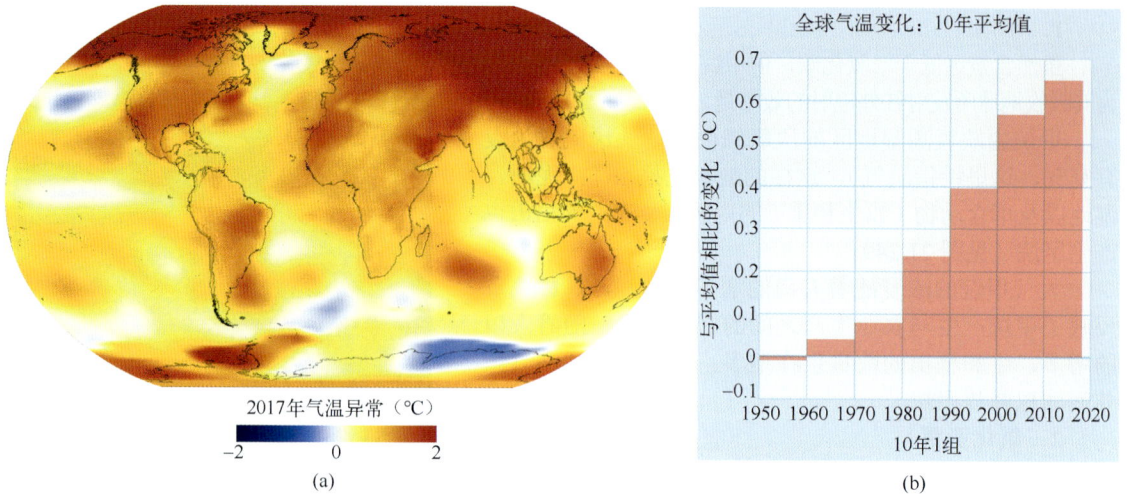

图 21.26　全球气温趋势。(a)世界地图显示了 2017 年平均气温如何偏离基准期（1951—1980 年）平均值；(b)逐 10 年计的气温呈上升趋势：自 1950 年以来，每 10 年都比前 10 年更暖。大气中的温室气体含量持续上升，正在推动全球气温长期上升

21.6.4　气溶胶如何影响气候

全球气候还受增加大气中气溶胶含量的人类活动的影响。如前所述，气溶胶是悬浮在空气中的微小液态及固态颗粒，通常要在显微镜下观察时才能看到。与云滴不同，气溶胶甚至存在于相对干燥的空气中。气溶胶的自然来源非常庞杂，包括各种自然现象（如野火、沙尘暴、破碎波和火山）。人为产生的气溶胶大多来自烧荒、化石燃料燃烧过程排放的二氧化硫。大气中的化学反应将二氧化硫转化为硫酸盐气溶胶，这是形成酸雨的相同物质。图 21.27 中的卫星图像提供了一个例子。

气溶胶如何影响气候？大多数气溶胶将阳光反射回太空来发挥直接作用，或者使云变成更明亮的反射器来发挥间接作用。后一种效应与以下事实相关：许多气溶胶（如由盐或硫酸构成的气溶胶）吸引水，因此作为云凝结核特别有效。人类活动（特别是工业排放）产生大量的气溶胶，导致云中形成的云滴数量增多，增强云的亮度，进而使得更多的阳光被反射回太空。

有一类特殊气溶胶是燃烧过程和火灾形成的煤烟，称为炭黑（black carbon）。与大多数其他气溶胶不同，炭黑会使大气变暖，因为它是入射太阳辐射的有效吸收器。此外，当在冰雪之上沉积时，炭黑会降低地表反照率，增加吸收的辐射。即便如此，虽然有炭黑的变暖效应加持，大气中气溶胶的总体效应仍是冷却地球。

科学研究表明，人为产生的气溶胶的冷却作用部分抵消了大气中温室气体数量不断增多导致的全球变暖。气溶胶冷却作用的大小和程度尚不确定，需要指出的是，温室气体导致的全球变暖与气溶胶冷却之间存在一些显著差异。二氧化碳和痕量气体被排放后，会在大气中停留多年。相比之下，在被降水冲走之前，释放到对流层中的气溶胶仅能停留几天（最多几周），因此限制了它们的影响。气溶胶在对流层中的寿命较短，因此气溶胶在全球的分布极不均匀。不出所料，人类产生的气溶胶集中在产生气溶胶的区域附近，即燃烧化石燃料的工业化地区和燃烧植被的地方。

概念回顾 21.6

1. 在最近 200 年间，大气二氧化碳浓度为何一直上升？还有哪些痕量气体会导致全球气温变化？

2. 随着温室气体浓度的上升，低层大气中的温度如何变化？

3. 列举人类产生气溶胶的主要来源，并描述其对大气温度的净影响。

21.7 未来气候变化预测

比较正反馈机制和负反馈机制，并分别提供相关示例。

地球气候之所以复杂且难以预测，部分原因是包含许多反馈机制。在反馈机制（feedback mechanism）中，系统一个部分的变化会引发另一个部分变化，然后以放大（或减弱）方式反馈到初始效应。反馈机制增大了气候系统的复杂性及其行为预测的难度。

21.7.1 反馈机制的类型

与全球变暖相关的一种重要反馈机制如下：海表温度上升增大蒸发率，大气中的水蒸气含量随之增多。与二氧化碳相比，水蒸气更能吸收地球辐射，因此空气中的水蒸气越多，温室气体导致的升温就越快。这种效应增强了初始变化，因此称为正反馈机制（positive-feedback mechanism）。

另一种广为人知的正反馈机制与海冰和大陆冰盖的范围有关。冰反射的入射太阳辐射远多于开阔水域或陆地（相对较暗），因此冰融化会极大地增加地表吸收的太阳能，进而引发地表温度上升，导致更多的冰融化（见图 21.27）。

气候系统也包含负反馈机制（negative-feedback mechanism），该名称缘于其产生的结果与最初变化相反且趋于抵消。例如，当温度上升时，蒸发量增大，大气中含有更多的水蒸气，因此可能导致云量增多。大多数云都是入射太阳辐射的良好反射器，因此能通过提供遮蔽来冷却下方的地表，与形成云的温度上升刚好相反。

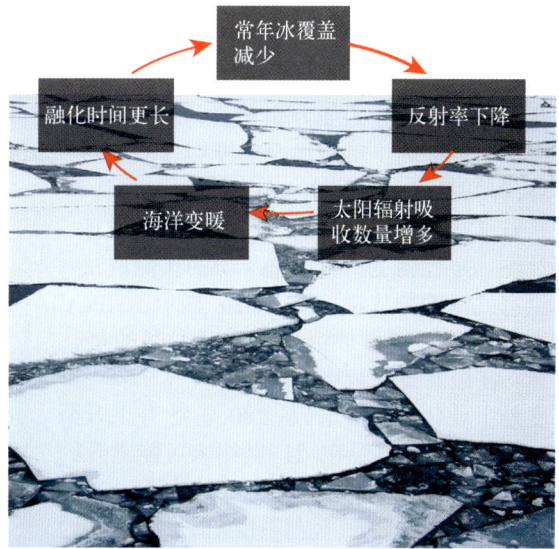

图 21.27　海冰作为反馈机制。这幅图像显示了南极洲附近海冰的春季碎裂，这可能是一种反馈回路。海冰数量减少是一种正反馈机制，因为表面反照率下降，表面吸收的能量随之增多

气候系统极其复杂，包含了许多相互作用的反馈机制，有些是正反馈机制，有些是负反馈机制。例如，虽然云能够反射阳光，冷却地表，但擅长吸收并再次发射地球发出的长波辐射，因此可防止热量向太空中逃逸。在这种角色中，云提供正反馈，趋于增强（而非减弱）地表变暖。

如果二者共存，那么哪种效果更强？最新研究表明，这个问题比最初想象的要复杂得多。云对地表变暖施加的影响是正反馈还是负反馈主要取决于云的类型，例如薄云层增大反照率（而非吸收地球外逸辐射），具有冷却效应；厚积云吸收更多的地球外逸辐射（与反射入射太阳辐射相比），引发气候变暖。云对气候变化的综合影响目前尚未可知，因此是未来气候变化建模的重大障碍。

21.7.2 气候计算机模型

在许多研究领域，通过实验室中的直接实验或者现场观测和测量，人们可对各种假说进行检验。但是在气候研究中，这种检验往往不可能，科学家必须构建地球气候系统如何运行的计算机模型。若正确理解了气候系统并构建了合适的模型，则气候系统模型的行为应能模拟地球气候系统的行为（见图 21.28），使科学家能够探索可能的气候变化。

地球气候系统的复杂度惊人，当前的计算机模型融合了物理学和化学基本定律，以及人类和生物的相互作用，称为综合环流模型/大气环流模式（General Circulation Models，GCM）。这个模型可模拟许多变量，

包括温度、降雨量、积雪、土壤湿度、风、云、海冰和海洋环流，覆盖了全球数十年来的各个季节。

哪些因素会影响气候模型的准确性？显然，数学模型是真实地球的简化版，无法捕捉全部复杂性，特别是在较小的地理尺度上。此外，对模拟未来气候变化的计算机模型而言，必须对重要的人类变量（如人口数量、经济增长、化石燃料消耗、技术发展和能源效率提升）做出假设。通常，这些模型是针对某个可能的场景范围运行的。

虽然存在许多障碍，但是人类利用超级计算机来模拟气候的能力非常强大，并且始终在不断地提高。虽然当今的模型远非绝对可靠，但却是了解地球未来气候的强大工具。

计算机模型能够对未来做出哪些预测？在一定程度上，对未来年份的预测取决于温室气体的排放量。图 21.29 显示了 IPCC 报告对两种不同排放情形下全球变暖的最佳估计。在最高排放情形中，预计大气二氧化碳浓度是工业化前的 2 倍（从 280 毫克/升上升至 560 毫克/升），气温在 21 世纪末可能上升约 4.5℃，甚至可能高于 4.5℃。相比之下，在最低排放情形中，地表气温仅比当前水平上升约 1.5℃。该报告继续陈述说，气温上升低于 1.5℃的可能性极小。

复杂计算机模型还显示，二氧化碳和痕量气体导致的低层大气变暖在任何地方都不相同，极地区域的温度变化可能是全球平均温度变化的 2～3 倍。原因之一是极地大气稳定，抑制了垂向混合，进而限制了向上传输的地表热量。此外，海冰数量的减少有助于更大幅度的温度上升。

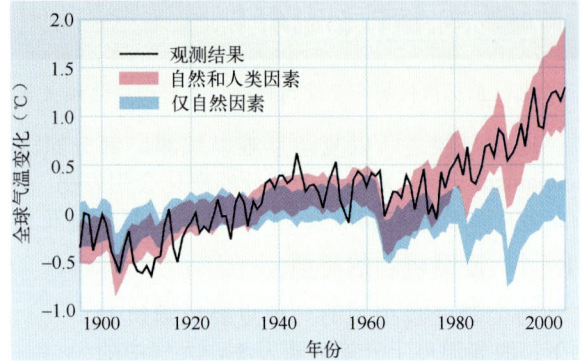

图 21.28 人类和自然对气候的影响区分。蓝色条带显示了全球平均气温仅因自然力而发生的变化，是由气候模型模拟的；粉红色条带显示了人类和自然力共同作用的结果，是由模型预测的；黑色线条显示了实际观测的全球平均气温。如蓝色条带所示，若没有人类的影响，则近百年的气温实际上先上升，然后在近几十年略有下降。彩色条带表示不确定性范围

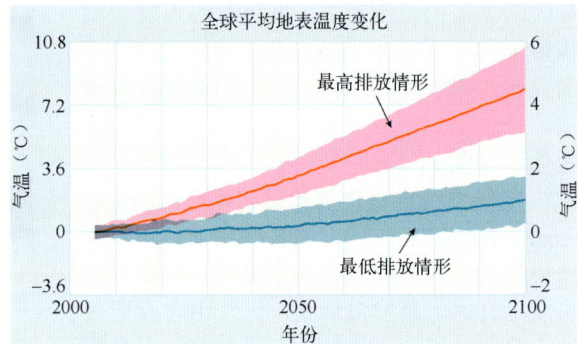

图 21.29 基于两种排放情形的预测气温变化

概念回顾 21.7

1. 区分正反馈机制和负反馈机制，并分别举例说明。
2. 哪些因素影响气候计算机模型的准确性？

21.8 全球变暖的部分后果

讨论全球变暖的几种可能后果。

目前，人们可以预测各种未来情形下产生的大尺度后果；然而，气候系统非常复杂，因此无法准确预测小尺度内将发生什么。

如前所述，气温上升幅度因地而异，热带地区最小，朝向极地逐渐增大。降水量计算机模型表明，有些地区的降水量和径流量将远多于当前，还有些地区将面临因降水量减少和/或蒸发量增大（由气温上升导致）导致的径流量减少。

基于 IPCC 对 21 世纪末的预测，图 21.30 列举了全球变暖的可能影响，按确定性递减顺序排

列，概率基于质量、体积、证据一致性以及科学家的公认度。注意，概率并不等于风险：若后果严重，即使是低概率结果也代表着重大风险。

21.8.1 海平面上升

在人类引发的全球变暖中，海平面上升是一种重要影响。发生这种情况时，沿海城市、湿地和低洼岛屿将受到更频繁的洪水威胁，而且预计海滨线侵蚀和海水入侵向附近城市供应淡水的沿海河流和含水层的情形也增多。

大气变暖与海平面上升如何相关？一个重要因素是全球海洋上层的热膨胀。更高的气温使得邻近海洋上部变暖，随后导致海水膨胀和海平面上升。

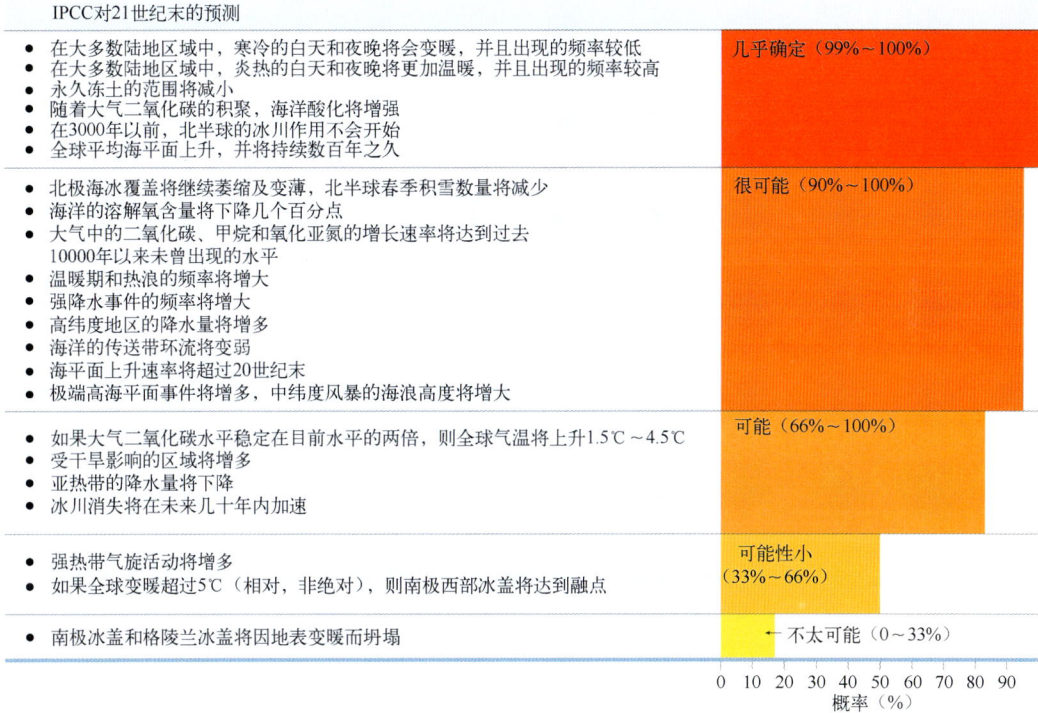

IPCC对21世纪末的预测

	概率
• 在大多数陆地区域中，寒冷的白天和夜晚将会变暖，并且出现的频率较低 • 在大多数陆地区域中，炎热的白天和夜晚将更加温暖，并且出现的频率较高 • 永久冻土的范围将减小 • 随着大气二氧化碳的积聚，海洋酸化将增强 • 在3000年以前，北半球的冰川作用不会开始 • 全球平均海平面上升，并将持续数百年之久	几乎确定（99%～100%）
• 北极海冰覆盖将继续萎缩及变薄，北半球春季积雪数量将减少 • 海洋的溶解氧含量将下降几个百分点 • 大气中的二氧化碳、甲烷和氧化亚氮的增长速率将达到过去10000年以来未曾出现的水平 • 温暖期和热浪的频率将增大 • 强降水事件的频率将增大 • 高纬度地区的降水量将增多 • 海洋的传送带环流将变弱 • 海平面上升速率将超过20世纪末 • 极端高海平面事件将增多，中纬度风暴的海浪高度将增大	很可能（90%～100%）
• 如果大气二氧化碳水平稳定在目前水平的两倍，则全球气温将上升1.5℃～4.5℃ • 受干旱影响的区域将增多 • 亚热带的降水量将下降 • 冰川消失将在未来几十年内加速	可能（66%～100%）
• 强热带气旋活动将增多 • 如果全球变暖超过5℃（相对，非绝对），则南极西部冰盖将达到融点	可能性小（33%～66%）
• 南极冰盖和格陵兰冰盖将因地表变暖而坍塌	← 不太可能（0～33%）

概率（%）：0 10 20 30 40 50 60 70 80 90

图 21.30 未来气候变化的可能性及其影响

冰川融化是导致全球海平面上升的第二个因素（见图21.31）。在最近100年间，除了少数例外，全球冰川一直在以前所未有的速率后退。在历时16年的一项卫星研究中，人们发现格陵兰冰盖和南极冰盖的总质量平均每年下降413千兆吨（1千兆吨等于10亿吨），这种水量足以使海平面每年上升1.5毫米。在整个研究期间，冰的流失率加快。山岳冰川也以惊人的速率萎缩，向海洋中输送了大量的水。

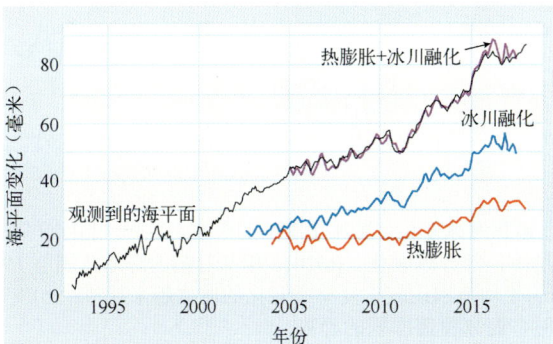

图 21.31 1993—2017 年的海平面上升。黑色曲线显示了观测到的海平面上升，红色曲线显示了由热膨胀导致海平面上升的模型估计值，蓝色曲线显示了由冰川融化导致海平面上升的模型估计值。当这两种来源叠加时（紫色曲线），与观测到的海平面上升吻合度较高

科学研究表明，海平面自 1870 年以来上升了约 25 厘米，近几十年来的上升步伐进一步加快。在 20 世纪的大部分时间里，全球海平面平均每年上升 1.7 毫米，但从 1993 年至今已翻倍至 3.4 毫米/年。如图 21.32 所示，未来海平面上升多少取决于海洋变暖和冰盖损失的程度，预计上升区间为 0.2～2 米。最低的曲线仅简单推断了 1870—2000 年间的海平面上升速率（1.7 毫米/年），但是，如前所述，1993 年至今的实际海平面上升速率约为这个数字的 2 倍。这些数据表明，海平面上升幅度确实可能远高于最低情况下的数值。

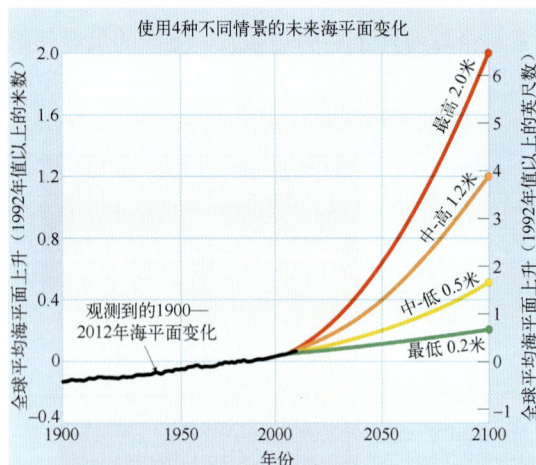

图 21.32　海平面预测值（至 2100 年）。1900—2012 年的海平面变化，采用 4 个不同的场景预测至 2100 年。目前，最高预测值和最低预测值被认为是极不可能的，影响估值的最大不确定性是格陵兰冰盖和南极冰盖损失的速率与程度。图上的零值位置为 1992 年的平均海平面

在平缓倾斜的海滨线沿线（如美国大西洋及墨西哥湾海岸），海平面即使小幅上升，也会引发严重的侵蚀作用和永久性内陆洪水。发生这种情形时，许多海滩和湿地将被清除，人口稠密的沿海地区将被淹没。地势低洼和人口稠密的地方尤其脆弱，例如马尔代夫的平均海拔仅为 1.5 米，最高点的海拔仅为 2.4 米。

21.8.2　北极的变化

在北半球的高纬度地区，全球变暖的影响最明显。30 多年来，海冰的范围和厚度一直在快速减小。此外，永久冻土的温度一直在快速上升，影响区域一直在减少。与此同时，山岳冰川和格陵兰冰盖一直在收缩。北极正在快速变暖的另一个迹象与植物生长相关，某项科学研究表明，2013 年北纬地区的植被生长与 1982 年更南的纬度（4°～6°）地区（距离为 400～700 千米）的相似。一位研究人员这样描述这一发现："这就像曼尼托巴省温尼伯市仅用 30 年时间就搬到了明尼阿波利斯-圣保罗。"

1．北极海冰

气候模型通常坚持认为全球变暖的最强迹象之一是北极海冰的数量下降。在秋季和冬季，当气温降至冰点以下（约-1℃，因为是咸水）时，北冰洋海冰的范围和厚度都增大，3 月份达到最大范围。海冰的厚度可达 6 米，与陆地接触并常年堆积的位置通常最厚。在夏季，随着气温的攀升，北极海冰的范围和厚度都减小，常在冰缘附近破裂形成大型板片（见图 21.23）。

图 21.33 比较了北极海冰 2017 年 9 月的平均范围与 1981—2010 年

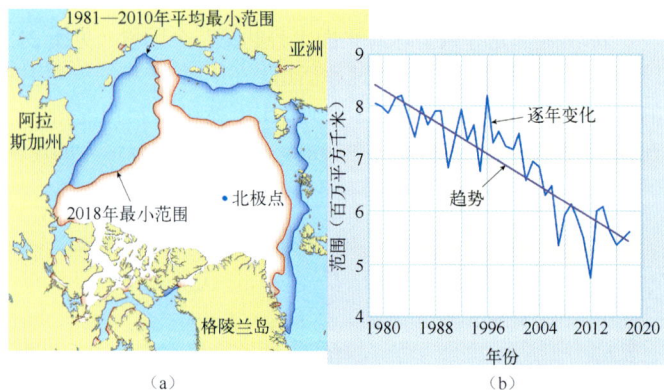

图 21.33　追踪海冰变化。海冰是冻结的海水。冬季，北冰洋完全被冰覆盖；夏季，部分冰融化。(a)2018 年 9 月初的海冰范围与 1981—2010 年的平均范围比较。夏季不融化的海冰越来越薄；(b)夏季融化期结束时，海冰覆盖面积的趋势

的长期平均值。观测结果表明，2017 年 9 月 13 日，海冰范围收缩至自 1979 年卫星记录开始以来最小范围的第八低（9 月代表融化期结束，海冰覆盖面积最小）。不仅海冰覆盖面积正在减小，剩余海冰也正变得越来越薄。

自 1979 年以来，北极海冰的最大范围平均每 10 年下降 2.8%。实际上，2017 年的海冰最大范围是有记录以来的最低值。据与历史趋势吻合度最高的模型预测，21 世纪 30 年代，北极水域夏末可能没有冰。如前所述，海冰数量减少是加剧全球变暖的一种正反馈机制。

2．永久冻土

第 15 章简要介绍了永久冻土景观。永久冻土占据了北半球的大部分高纬度地区（见图 15.21）。但是，在最近 10 年间，越来越多的证据表明，北半球中永久冻土的范围已经缩小，这刚好与长期变暖条件下的预期相符。

在观测永久冻土范围的变化时，一种方法是调查点缀在北极夏季景观中的数千个水塘。在永久冻土健康处，仅冻土顶层在夏季融化。在这个活动层（active lager）之下，永久冻土就像是游泳池的水泥底部，迫使融水堆积在地表池塘中。但是，在永久冻土融化之处，水分能向下渗透而排干水塘。据卫星影像显示，大量湖泊已收缩或完全消失。

通过在阿拉斯加州进行研究，人们发现融化发生在永久冻土温度接近解冻点的该州内陆和南部，随着北极气温持续上升，有些模型预测到 21 世纪末，阿拉斯加州大部分地区可能完全失去近地表永久冻土。

永久冻土融化（解冻）代表加剧全球变暖的重要正反馈机制。当北极的植被死亡时，寒冷气温抑制其分解，因此数千年以来，大量有机物质封存在永久冻土中。当永久冻土融化时，这些有机物质（可能已冻结数千年）就从冷藏库中分解，释放导致全球变暖的二氧化碳和甲烷。

21.8.3　海洋酸度上升

当人类引发大气二氧化碳的含量增多时，对海洋化学和海洋生物会产生严重影响。目前，近半数人类产生的二氧化碳最终溶解在海洋中。当溶解在海水（H_2O）中时，大气二氧化碳形成碳酸（H_2CO_3），降低海洋的 pH 值（见图 21.34）。实际上，自前工业化时代以来，海洋已吸收足够数量的二氧化碳，使得表层海水的 pH 值下降了 0.1，即海水的酸性变得更强（见图 21.35）。此外，若二氧化碳排放的当前趋势持续，则到 2100 年，海洋的 pH 值将至少下降 0.3。

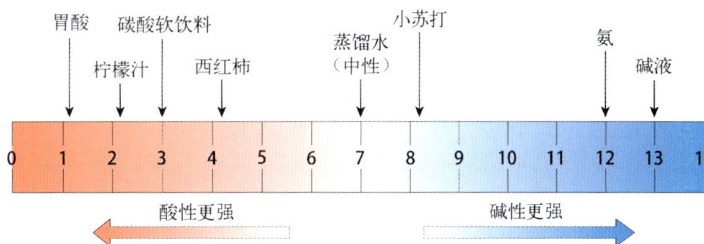

图 21.34　pH 值。这是溶液酸度（或碱度）的常用衡量标准，标度范围为 0～14，7 表示溶液呈中性，低于 7 的数值表示酸性较强，高于 7 的数值表示碱性较强。注意，pH 值是对数刻度，即每个整数增量代表 10 倍差异，因此 pH 值 4 的酸性是 pH 值 5 的 10 倍，也是 pH 值 6 的 100 倍（10×10）

这种向酸性的转变及其引发的海洋化学变化，使得某些海洋生物更难利用碳酸钙来构建硬质部分（甲壳）。这种影响威胁到分泌甲壳的多种生物（如微生物和珊瑚），海洋科学家对此深感忧虑，因为这些生物的健康和可用性对其他海洋生物具有潜在的影响。

21.8.4　"惊吓"的可能性

如前所述，21 世纪的气候与之前 1000 年不同，预计不会太稳定。未来气候变化的数量和速率主要取决于当前及未来人类排放的吸热气体和大气颗粒。许多变化可能循序渐进，逐年递进难以察觉，但数十年积累的影响将产生强大的经济、社会及政治后果。

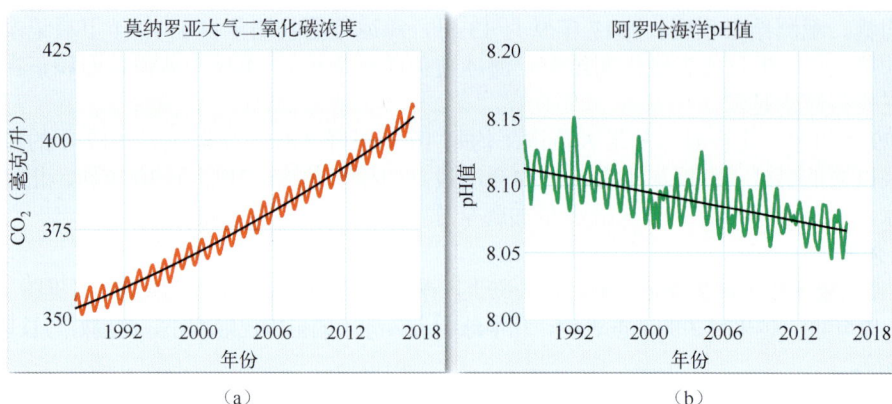

图 21.35　海洋的酸性变得更强。(a)莫纳罗亚天文台测得大气二氧化碳浓度上升；(b)阿罗哈附近海洋的 pH 值下降。随着二氧化碳在海洋中积聚，海水的酸性变得更强（pH 值下降）

虽然人们尽了最大努力来了解未来的气候变化，但也存在发生惊吓的可能性。这仅意味着地球气候系统极其复杂，可能引发气候某些方面出乎意料的变化。许多预测结果预测了持续不断变化的条件，给人的印象是人类将有时间去适应，但是科学界一直在关注以下可能性：至少有些变化非常突然，可能极快地越过阈值或临界点，以至于人们几乎没有时间做出反应。

这种担忧相当合理，因为纵贯整个地球历史，较短时间（几十年甚至几年）内发生突变始终是气候系统的自然组成部分。在本章前面描述的古气候记录中，即包含了这种突变的充分证据。其中，一次突变发生在称为新仙女（Younger Dryas）木事件的时间跨度结束时，这是约 12000 年前发生在北半球的一段异常寒冷及干旱时期。经过长达 1000 年的寒冷期后，新仙女木事件在几十年或更短时间内突然结束。在这次突变发生的同时，北美洲超过 70% 的大型哺乳动物灭绝。

潜在惊吓的示例很多，每个都会产生严重后果，只不过人类根本无法知晓在以意料不到的方式做出反应之前气候系统或其影响的其他系统能被推进多远。即使发生任何特别惊吓的可能性很小，但至少发生一次此类惊吓的可能性要大得多。换句话说，虽然人类可能不知道这些事件中的哪个将发生，但最终可能发生一次或多次惊吓事件。

世界各地的科学家均认为，大气中二氧化碳和痕量气体增多的影响毋庸置疑：全球变暖真实存在，而且是人为（anthropogentic）导致的。政策制定者面临着以下事实：与气候系统相关的时间尺度极其漫长，因此气候引发的环境变化无法快速逆转（若可能的话）。解决方案非常明确：要避免出现（或大幅减少）灾难性后果，必须快速摆脱对化石燃料的依赖。

概念回顾 21.8

1. 描述导致海平面上升的各种因素。
2. 北极海冰如何变化，可能对未来气候变化产生何种影响？
3. 何种预期变化与温度之外的其他因素相关？

主要内容回顾

21.1　气候与地质学

关键词：天气，气候，气候系统，冰冻圈

- 气候是某个地方（或区域）在一段较长的时间内的综合天气条件。若这些条件随着时间的推移而向新状态转变，温度上升或下降，降水量增多或减少，则称气候发生了变化。

- 地球气候系统是能量和水分在大气圈、水圈、地圈、生物圈和冰冻圈之间的复杂交换。当气候变化时，各种地质过程也可能发生变化。

问题：气候系统的哪个圈层主导了附图？当前还存在哪些其他圈层？

21.2 气候变化探测

关键词：代用资料，古气候学，氧同位素分析，树木年代学

- 地质记录提供了关于过去气候的多种间接证据，这些代用资料是古气候学关注的重点，可在冰川冰芯、海底沉积物、氧同位素、珊瑚、树木年轮以及花粉化石中找到。
- 氧同位素分析基于 ^{18}O（较重）与 ^{16}O（较轻）的差异，以及其在水分子中的相对数量，这个比率可用来衡量气温的高低。在海洋生物化石的甲壳、珊瑚结构或者构成冰川冰的水分子中，同样可以测量氧同位素。
- 树木年轮在温暖湿润的年份生长得更厚，在寒冷干燥的年份生长得更薄。年轮厚度模式可在年龄重叠的树木之间匹配，进而形成某个地区气候的长期记录。

21.3 大气基础知识

关键词：气溶胶，对流层，无线电探空仪，平流层，中间层，热层

- 空气是许多离散气体的混合物，其成分因时间和地点而异。氮气和氧气约占干洁空气体积的 99%。二氧化碳虽然数量极少（0.405%），但却是地球发射能量的有效吸收器，因此会影响大气的加热。
- 空气中的两种重要可变成分是水蒸气和气溶胶。类似于二氧化碳，水蒸气吸收地球释放的热量。气溶胶非常重要，这些通常不可见的颗粒可充当水蒸气凝结的表面，也是入射太阳辐射的良好吸收器和反射器。
- 距离地表最近的大气密度最大。随着高度的上升，大气层快速变薄，并逐渐消失在太空中。在大气层的垂向部分，温度会发生变化。一般而言，对流层中的温度下降，平流层中的温度上升，中间层中的温度下降，热层中的温度上升。

问题：附图曲线显示了从地表到约 140 千米高空的大气要素变化。图中描述的是哪种要素：是大气压、湿度还是温度？如何利用该曲线图将大气层划分为多层？

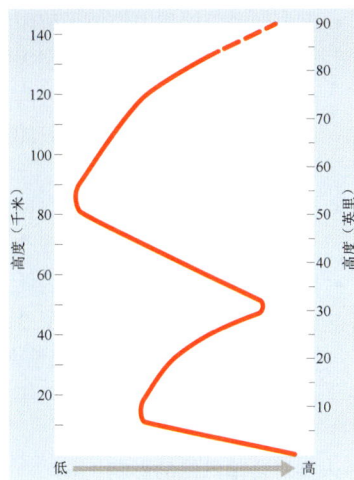

21.4 大气加热

关键词：反照率，温室效应

- 辐射（电磁辐射）是通过真空传递热量的唯一机制，由一个大型波长阵列组成，包括 X 射线、可见光、红外线、微波和无线电波。波长越短，能量越大。
- 辐射有 4 个基本定律：①所有物体均发射辐射能；②与较冷的物体相比，较热物体单位面积辐射的总能量更多；③辐射体越热，最大辐射的波长越短；④若物体是辐射的良好吸收器，则其也是辐射的良好发射器。气体是选择性吸收器，即它吸收和发射某些特定的波长。
- 在冲击大气层顶部的太阳能中，约 50% 抵达地表，约 30% 被反射回太空，剩余 20% 被云和大气中的气体吸收。
- 地表吸收的辐射能量最终被再次向天空辐射。地表温度远低于太阳，因此其辐射是长波红外辐射。
- 在地球发射的长波辐射中，很大一部分被某些大气气体吸收，主要是水蒸气和二氧化碳。这种被吸收的能量加热空气，加快其向太空和地表辐射能量的速率。未辐射到太空中的部分使地球比其他情况下更暖，这就是温室效应。

21.5 气候变化的自然原因

关键词：太阳黑子

- 地球系统的自然功能导致了气候变化。岩石圈板块的位置可能影响各大陆的气候及海洋环流。地球轨道形状、自转轴倾角及自转轴方向的变化都会导致太阳能分布的变化。
- 火山气溶胶的作用类似于遮阳板，遮蔽了部分入射太阳辐射。抵达高层大气中的火山二氧化硫排放尤为重要。通过与水结合形成微小的硫酸液滴，这些气溶胶能在空中停留数年之久。
- 火山也会排放二氧化碳。在剧烈喷发期间，火山二氧化碳排放可能导致全球变暖。
- 地球气候由太阳能驱动，因此太阳能输出变化影响地球气温。太阳黑子是太阳表面的暗色特征，与太阳能输出略有增多的时期相关。太阳黑子的数量在 11 年周期内上升和下降。

21.6 人类对全球气候的影响

关键词：痕量气体，炭黑

- 通过用火和过度放牧来改变地表覆盖，人类改变了气候因素。
- 通过释放二氧化碳和痕量气体，人类活动也能导致气候变化。当砍伐森林或燃烧化石燃料时，人类会释放二氧化碳。
- 冰川冰中封闭的气泡表明，当前大气中的二氧化碳含量比过去 80 万年间的任何时候至少高 40%。
- 增加的温室气体容纳了更多的热量，因此在过去 100 年间地球大气变暖了约 0.8℃，预计未来气温还将上升 2℃～4.5℃。
- 总体而言，气溶胶将部分入射太阳辐射反射回太空，因此具有冷却作用。

问题：与温室气体相比，气溶胶在大气层中的滞留时间是更多还是更少？这种滞留时间差的意义是什么？解释理由。

21.7 未来气候变化预测

关键词：反馈机制，正反馈机制，负反馈机制

- 在气候系统中，一个部分的变化可能引发其他部分的变化，进而放大或缩小最初的影响。若它们增强了最初变化，则称为正反馈机制；若它们抵消了最初变化，则称为负反馈机制。
- 全球变暖导致的海冰融化是正反馈机制的示例。产生更多云是负反馈机制的示例。
- 气候计算机模型是检验气候变化假说的工具。虽然这些模型比真实气候系统简单，但却是预测未来气候的有用工具。

问题：由气候变化导致的降水量和温度变化可能增大森林火灾风险。描述附图所示事件可能导致全球变暖的两种方式。

21.8 全球变暖的部分后果

- 未来，极地地区的气温增幅可能最大，热带地区的气温增幅可能最小，有些地区变得更干燥，有些地区则变得更湿润。
- 冰川冰融化和海水热膨胀，海平面预计上升，地势低洼、坡度平缓且人口稠密的沿海地区的风险最大。
- 自 1979 年开始卫星观测以来，北极海冰的覆盖率和厚度一直在下降。
- 北极变暖，永久冻土正在融化，因此向大气中释放二氧化碳和甲烷。
- 人们无法完整了解气候系统，因此在没有预警的情况下，气候系统可能发生突然且意想不到的变化。

问题：一艘破冰船正在犁过北冰洋中的海冰。附图表现了气候系统的哪些圈层？自 1979 年开始卫星监测以来，夏季海冰的覆盖区域发生了怎样的变化？这种变化如何影响北极气温？

深入思考

1. 图 21.1 描绘了地球气候系统的各个组成部分，

标注代表气候系统中发生的相互作用或变化。选择其中三个标注，提供与每个标注相关的相互作用或变化示例，解释这些相互作用如何影响温度。

2. 当气象气球发射时，地表气温为 17℃。附图中气球现在位于海拔 1 千米的高处。何种术语适用于该气球携带的仪器包？该气球位于大气层中的哪层？以平均条件衡量时，该高度的气温是多少？

3. 对海洋动物甲壳化石进行氧同位素分析时，如何获知冰川冰中封存的水量及这些动物生存时的全球气候状况？

4. 如图 21.14 所示，在地球拦截的太阳能中，约 30% 被反射或散射回太空。若地球的反照率增至 50%，则预计地球的平均地表气温如何变化？解释理由。

5. 火山事件与全球气温下降相关，但白垩纪的火山活动与全球变暖相关。解释这个明显的悖论。

6. 附图是加拿大落基山脉阿萨巴斯卡冰川的近景，标志牌标出了该冰川 1925 年时的外边界。阿萨巴斯卡冰川的行为是否是世界上其他冰川的典型表现？描述这种行为的重大影响。

7. 机动车辆是二氧化碳的重要来源，使用附图中的电动汽车是减少这种排放的方法之一。即使这些车辆很少向空气中排放二氧化碳或其他污染物，它们是否仍与这些排放物相关？解释理由。

8. 在一次交谈中，一位熟人表示他对全球变暖持怀疑态度。当你问他为什么时，他回答说：在过去几年间，这个区域的气候在我的记忆中最凉爽。你认为这个人质疑科学发现是合理的，但请同时向他说明他的推断在这种情况下可能是有缺陷的。利用你对气候定义的理解以及本章中的一张或多张图表，说服此人重新评估其推断。

9. 附图中这个大型养牛场位于得克萨斯州的狭长地带。减少牛肉消费会如何影响全球气候变化？

地球之眼

1. 附图中卫星影像显示了 2014 年 1 月 16 日印尼锡纳邦火山喷发形成的大范围火山灰羽流。a. 这次喷发的火山灰如何影响气温？b. 这种影响是否持久？解释理由。c. 何种不可见火山排放比火山灰的影响更大？

火山灰羽流

← 锡纳邦火山

2. 附图中卫星影像获取于 2007 年 8 月，显示了巴西西部亚马孙盆地部分区域热带森林砍伐的影响。未受侵扰的原始森林呈深绿色，被砍伐的森林则呈棕褐色（裸露地面）或浅绿色（农作物和牧场）。可以看到，影像左侧中心部位的烟雾相对较浓。**a**. 热带森林的破坏如何改变大气成分？**b**. 描述热带森林砍伐对全球变暖的影响。

第 22 章　地球演化历史

在纽芬兰迷斯塔肯角，人们发现了许多"埃迪卡拉纪生命形式"的印痕化石

新闻中的地质：地球上的最早动物

在诞生后约 30 亿年间，地球上的生命非常简单，主要是微生物。直至在约 5.41 亿年前的一次爆发性创新中，带硬质部分（如甲壳和下颌）的复杂可移动动物才最终诞生。

但是，在古代微生物世界与 5.41 亿年后的世界之间，海洋曾是与任何现存生物均不相同的那些生物的家园。这段时期称为埃迪卡拉纪（Ediacaran），期间的海底覆盖着大片微生物垫，上方坐落着大型、软体且大多静止的生命花园，包括直立的叶子、卷曲的生物残骸和平伏的生物。

狄更逊水母化石，这是迄今发现的最古老多细胞动物之一

世界上的许多地方均保存着这些生物的详细印痕，但是虽然经过长期深入研究，科学家还是不知道它们到底是什么。是动物、藻类、真菌，还是地衣？

对于这些生物之一，人们现在已经知道了答案，这就是狄更逊水母，一种没有嘴巴和眼睛的动物，形状颇似絮棉餐具垫。从保存完好的狄更逊水母化石中，通过检查残留有机膜中的分子，科学家最近做出了这种判断。当生物体死亡时，部分分子可能形成可在岩石中存活数亿年的化学物质。

检查狄更逊水母化石后，科学家发现了源于胆固醇的生物标志物。只有动物才产生胆固醇，因此狄更逊水母是一种动物。由此可以确认狄更逊水母及其亲缘关系的出现非常关键，这是随后寒武纪动物生命大爆发的前奏。

学习目标

22.1 列举使地球宜居的主要特征。

22.2 概述地球演化的主要阶段，从宇宙大爆炸到地球分层内部结构的形成。

22.3 描述地球大气和海洋的形成及演化历史。

22.4 解释陆壳的形成、陆壳如何组装成大陆以及超大陆旋回的作用。

22.5 列举并讨论古生代、中生代和新生代的主要地质事件。

22.6 描述生命起源相关假说以及早期原核生物、真核生物和多细胞生物的特征。

22.7 列举古生代生命史中的主要发展。

22.8 总结中生代生命史中的主要发展。

22.9 讨论新生代生命史中的主要发展。

地球具有漫长而复杂的历史，随着各大陆的分离与碰撞，多次引发新洋盆和高大山脉的形成，以及地球大陆的演化。此外，对地球生命的进化程度无论怎样强调都不为过。本章首先探索使地球宜居的各种特征，然后简要介绍地球的自然及生物演化历史。

22.1 地球宜居的原因

列举使地球宜居的主要特征。

自从伽利略首次将望远镜指向天空以来，社会公众从未像今天这样对天文学兴趣浓厚和狂热。全世界各行各业的人们都对发现绕其他恒星运行的行星［称为系外行星（exoplanet）］感兴趣，这种兴趣很大程度上无疑源于人类的好奇心，即人类想要知道自己在宇宙中是否孤单。

利用美国航空航天局（NASA）的开普勒望远镜，人们近年来发现了大量系外行星（见图 22.1）。截至 2016 年，这架太空望远镜已识别出 2000 多颗系外行星及许多候选行星。开普勒任务的目标之一是调查银河系附近区域，搜寻在各行星系统的宜居带内（或附近）运行的地球大小的行星。广义而言，宜居带（habitable zone）是环绕在一颗主恒星周围的区域，绕其运行的行星有机会具有表面能够束缚住液态水的足够大气压。

图 22.1 显示了开普勒太空望远镜最新发现的部分小型系外行星，这些行星均位于 3 类恒星之一的宜居带内：G 型恒星是黄色类太阳恒星，质量为 0.8～1.2 倍太阳质量，表面温度约为 5800℃。K 型恒星是体积稍小的橙色恒星，质量为 0.45～0.8 倍太阳质量，表面温度约为 4000℃。K 型恒星可能是承载宜居行星的候选恒星，因为其寿命比类太阳恒星更长，且发射的紫外辐射（对生物体的 DNA 有害）数量更少。M 型恒星颜色偏红，体积不到太阳的 1/2。由于各种原因，它们曾被视为不太可能成为承载宜居行星的候选恒星，但它是迄今为止最常见的恒星类型，因此仍是搜寻具有生命支撑能力的行星的可能位置。

天文学家通常认为，宜居行星是在宜居带内运行的类地球行星，其条件与地球大致相当，因此有利于支撑类地生命。对于宜居带的重要性，

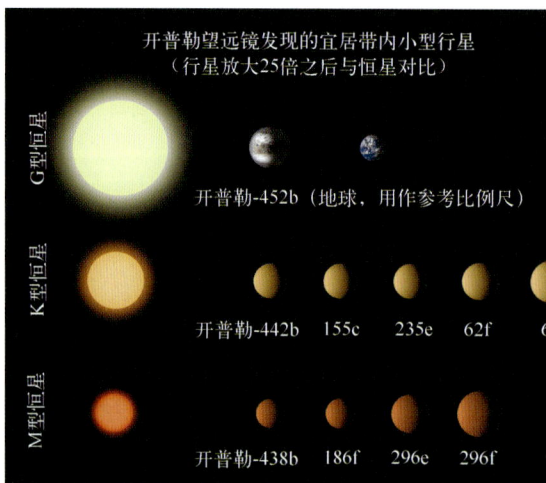

图 22.1 **主恒星宜居带内发现的小型系外行星。** 开普勒太空望远镜发现的部分系外行星，体积足够小（类似于地球）且位于其主恒星的宜居带内

金星提供了一个清醒的视角。就大小、质量和组成而言，金星与地球几乎相同，但其运行轨道比地球更靠近太阳，因此其大气层已演化成一层"厚毯"，使得金星的表面气温足以融化铅，这么高的温度显然无法维系生命。

哪些偶然事件造就了如此适合生命生存的地球？地球并不总像现在这样，形成期间曾支撑岩浆海洋，也受过较大的小行星的频繁轰炸。太阳系诞生很久后，地球的富氧大气逐渐发育，使得许多现代生命形式成为可能。无巧不成书，地球似乎在正确的时间和正确的位置成了正确的行星。

22.1.1 正确的行星

在太阳系的各大行星中，哪些特征使得地球如此独特？简要列举如下：

- 若地球相当大（质量更大），则其引力应会相应增大，随后可能像巨行星那样，持有由氨和甲烷（可能还有氢和氦）组成的对人类极不友好的厚层大气。
- 若地球显著变小，则氧气、水蒸气及其他挥发分应会向太空中逃逸并永远消失，因此类似于缺乏数量可观大气的月球和水星，地球上应不会存在生命。
- 若地球没有覆盖在弱软流圈之上的刚性岩石圈，则板块构造就不会发挥作用。若没有板块的多次旋回，则陆壳（地球高地）就不会形成，因此整个地球很可能被数千米深的海洋覆盖，正如作家比尔·布莱森描写的那样："孤寂的海洋中或许存在生命，但肯定不会有棒球。"
- 或许最令人惊讶的是，若地球没有熔融金属外核，则地球上的大多数生命形式应不存在。从根本上讲，若没有地核中的铁流动，地球应无法支撑阻止致命宇宙射线向地表倾泻并剥离大气的磁场。

22.1.2 正确的位置

当确定某颗行星是否宜居时，一个主要因素是考虑其相对于主恒星的位置。以下情景证实了地球的有利地位：

- 若地球距离太阳近约 10%，则地球大气层应更像金星（主要由温室气体二氧化碳组成），地表温度会因过高而无法支撑更高的生命形式。
- 若地球距离太阳远约 10%，则问题正好相反，即地表温度过冷导致海洋冻结，地球的活跃水循环将不复存在。没有液态水，大多数生命都会灭绝。
- 地球靠近一颗中等大小的恒星。一方面，太阳的寿命约为 100 亿年，期间大部分时间均以相当恒定的水平发射辐射能。另一方面，巨星（巨型恒星）则以极高的速率消耗核燃料，然后在几亿年内燃烧殆尽。地球靠近一颗中等大小的恒星意义重大，为人类（数百万年前才首次出现在地球上）的进化留出了足够时间。

22.1.3 正确的时间

最后，地球宜居的偶然因素是时间。地球上的最早生物出现在约 38 亿年前，随后发生了不计其数的变化，各种生命形式不断诞生和消亡，地球自然环境在许多方面发生了巨变。下面介绍在适时改造地球的诸多事件中的两个事件：

- 地球大气随着时间的推移而发展演化。地球原始大气主要由氮气、水蒸气、甲烷和二氧化碳组成，但是没有游离氧（未与其他元素相结合的氧气）。所幸的是，微生物随后诞生并进化，通过光合作用将氧气释放到大气中。约 25 亿年前，含有游离氧的大气终于出现，由此导致诞生并进化了地球上当前可见的大量多细胞生物的祖先。
- 约 6600 万年前，地球受到一颗小行星（直径约为 10 千米）的撞击，这种冲击力导致了一次生物大灭绝，近 3/4 的动植物物种惨遭毁灭，包括除鸟类外的恐龙，如图 22.2 所示（注：这里用术语恐龙来指代除鸟类外的该种群的所有成员）。虽然看上去可能并不幸运，但是恐龙的灭绝为幸存的小型哺乳动物打开了新生境，这些新生境连同进化动力一起，促进了占据现代世界的许多大型哺乳动物的发育。若没有这一事件，则哺乳动物可能大多体型较小而不引人注目。

如许多观察家指出的那样，地球的发展演化处于支撑更高生命形式的恰到好处的条件下，天文学家将其称为金发姑娘场景（Goldilocks scenario）。借用经典寓言"金发姑娘和三只熊"中的描述：金星太热（熊爸爸的粥），火星太冷（熊妈妈的粥），地球刚刚好（熊宝宝的粥）。

图 22.2　白垩纪晚期恐龙的复原场景。约 6600 万年前，一次小行星撞击导致了恐龙灭绝，为幸存的哺乳动物打开了新生境

22.1.4　纵览地球历史

地球是宇宙中孕育生命的已知地点，本章剩余部分重点介绍其起源和演化。如第 9 章所述，研究人员借助许多工具来破译关于地球过往的各种线索，利用这些工具以及岩石记录中包含的线索，科学家坚持不懈地解开了地质时期中的许多复杂事件。本章简要概述地球及其生命形式的演化历史，这段旅程将回溯至约 46 亿年前的地球形成，然后介绍自然世界如何呈现出当前的状态，以及地球居民如何随着时间的推移而改变。当阅读本章时，请参阅图 22.3 中的地质年代表。

概念回顾 22.1

1. 解释地球大小为何刚好可以支撑生命。
2. 地球的熔融金属核以何种方式帮助保护地球上的生命形式？
3. 地球在太阳系中的位置为何对复杂生命形式（如人类）的发展非常理想？

22.2　地球的诞生

概述地球演化的主要阶段，从宇宙大爆炸到地球分层内部结构的形成。

宇宙起源于 138 亿年前的大爆炸（Big Bang），所有物质和空间转瞬诞生。不久后，两种最简单的元素氢和氦形成，这些基本元素是首个恒星系统的组成部分。数十亿年后，人类的银河系家园诞生。在这个旋涡星系的某个旋臂中的某个恒星和星云碎片内，太阳及其行星最终诞生于约 46 亿年前。

22.2.1　从大爆炸到重元素

大爆炸的产物之一是一系列亚原子粒子，包括质子、中子和电子（见图 22.4）。后来，随着碎片逐渐冷却，这些亚原子粒子结合生成两种最轻元素（氢和氦）的原子。大爆炸后数亿年，原始氢和原始氦凝结及合并，形成了首批恒星和星系（见图 22.4c）。在这些早期恒星的核心内，加热引发了核聚变（nuclear fusion）过程，氢核结合形成氦核，释放出大量辐射能（热、光和宇宙射线）。随着这些恒星的衰老和死亡[某些情况下通过灾难性的超新星（supernova）爆发]，其他核反应生成了元素周期表上的所有元素，并将它们送入星际空间。正是这种物质以及原始氢和原始氦形成了太阳和太阳系中的其他部分。基于这个场景可知，人体中的所有原子（氢和氦除外）均形成于数十亿年前的恒星中，珠宝中的黄金主要形成于超新星爆发和中子星并合期间。

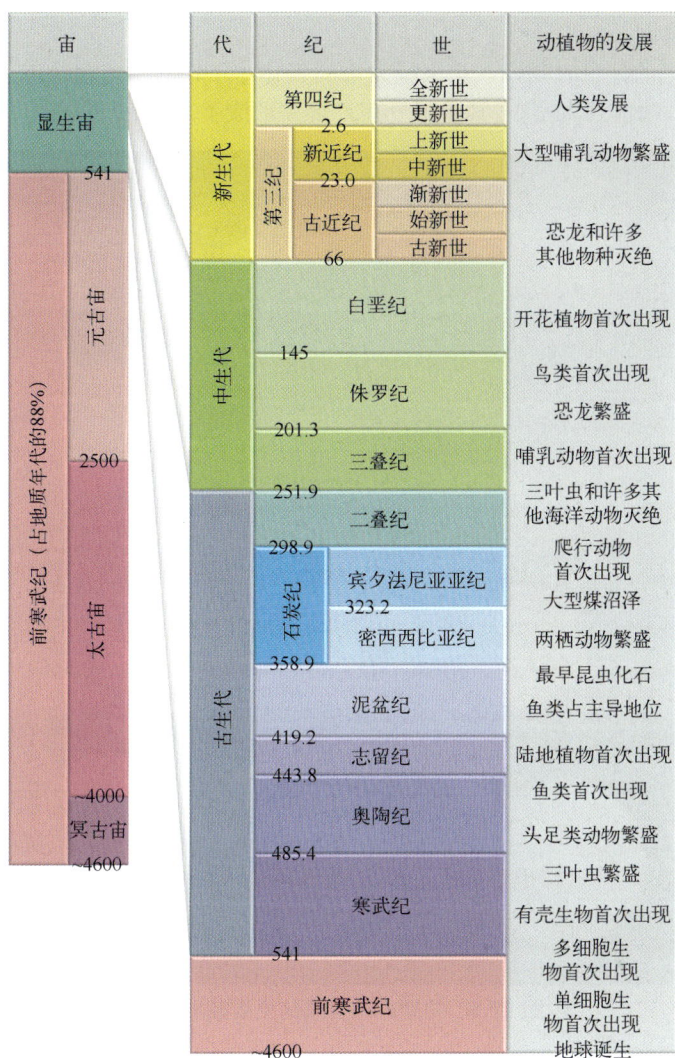

宙	代	纪	世	动植物的发展
显生宙	新生代	第四纪 2.6	全新世 / 更新世	人类发展
		第三纪 新近纪 23.0	上新世 / 中新世	大型哺乳动物繁盛
		第三纪 古近纪 66	渐新世 / 始新世 / 古新世	恐龙和许多 其他物种灭绝
	中生代	白垩纪 145		开花植物首次出现
		侏罗纪 201.3		鸟类首次出现 / 恐龙繁盛
		三叠纪 251.9		哺乳动物首次出现
	古生代	二叠纪 298.9		三叶虫和许多其 他海洋动物灭绝
		石炭纪 宾夕法尼亚亚纪 323.2		爬行动物 首次出现 / 大型煤沼泽
		石炭纪 密西西比亚纪 358.9		两栖动物繁盛
		泥盆纪 419.2		最早昆虫化石 / 鱼类占主导地位
		志留纪 443.8		陆地植物首次出现
		奥陶纪 485.4		鱼类首次出现 / 头足类动物繁盛
		寒武纪 541		三叶虫繁盛 / 有壳生物首次出现
前寒武纪（占地质年代的88%） 元古宙 2500 太古宙 ~4000 冥古宙 ~4600		前寒武纪 ~4600		多细胞生 物首次出现 / 单细胞生 物首次出现 / 地球诞生

*冥古宙是地质年代中的非正式名称，始于地球形成，结束于地球的已知
最古老岩石

图 22.3　地质年代表。数字表示距今时间，单位为百万年。前寒武纪约占地质年代的 88%

22.2.2　从星子到原行星

如前所述，太阳系（含地球）约 46 亿年前由太阳星云（solar nebula）形成，太阳星云是由星际尘埃及气体构成的大型旋转云（见图 22.4e）。随着太阳星云的收缩，大部分物质聚集在中心部位，形成了炽热的原太阳（protosun）。剩余物质则形成扁平且旋转的厚圆盘，内部物质逐渐冷凝成冰质、岩质和金属质物质的颗粒及团块。这些颗粒及团块反复碰撞，导致大部分固态物质最终聚集成小行星大小的天体，称为星子/微行星（planetesimal）。

在很大程度上，星子的组成取决于其到原太阳的距离。显然，温度在内太阳系中最高，朝向圆盘外侧边缘逐渐下降。因此，在水星与火星的当前轨道之间，星子主要由熔点较高的物质（金属和岩石）组成。在温度较低的火星轨道外，星子则含有较高比例的冰（水冰和冻结形式的二氧化碳、氨及甲烷）以及少量岩石和金属碎片。

通过反复碰撞和吸积（黏合在一起），这些星子逐渐成长为 8 颗原行星（protoplanet），以及矮行星和部分大卫星（见图 22.4g）。在这个过程中，物质逐渐集中到越来越少的天体中，各个天体的质量则变得越来越大。

在地球早期演化的某个时刻，一个火星大小的天体与年轻的半熔融地球之间发生巨大撞击。这次碰撞将巨量碎片喷射到太空中，其中部分碎片合并形成了月球（见图22.4j、图22.4k和图22.4l）。

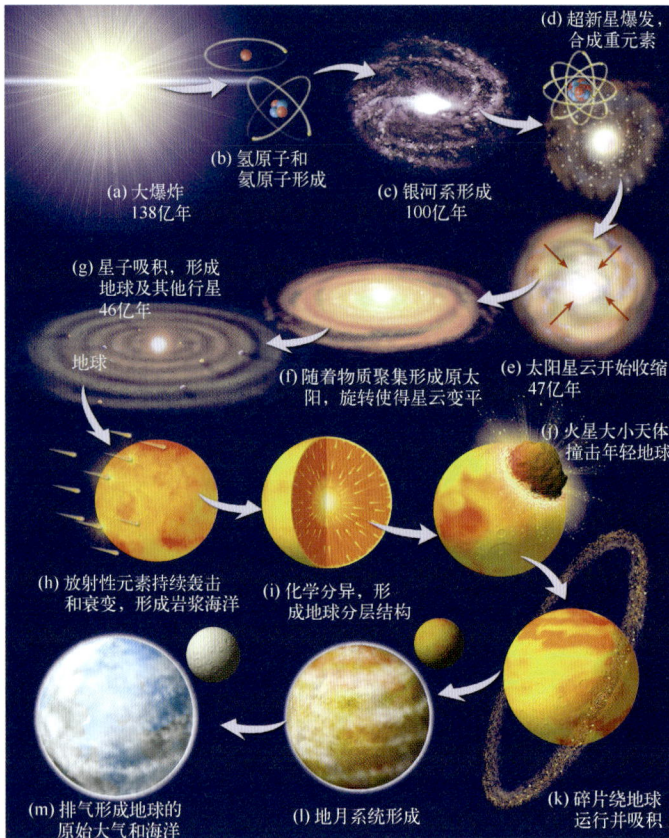

图 22.4　早期地球形成的主要触发事件

22.2.3　地球的早期演化

随着物质的持续碰撞和吸积、行星际碎片（星子）的高速撞击以及放射性元素的衰变，最终导致地球温度稳步上升。早期加热形成了可能深达数百千米的岩浆海洋，这个岩浆海洋中的漂浮熔融岩石块体朝向地表浮升，最终固化形成了地壳岩石"薄筏"。地质学家将这个地球历史早期称为冥古宙（Hadean），它始于约46亿年前的地球形成，终于约40亿年前（见图22.5）。冥古宙的希腊语含义为冥界，指当时地球上的地狱般环境。

图 22.5　冥古宙的地球艺术刻画。冥古宙是出现在太古代之前的非官方地质年代，意指地球上的地狱般环境。在冥古宙早期，地球上存在一个岩浆海洋，经历着星云碎片的强烈轰击

地球在这段剧烈的加热时期变得极其炽

热，铁和镍开始熔化并形成液态重金属团块，这些团块在重力作用下朝向地心下沉。这个过程快速发生（以地质年代尺度衡量），形成了地球的致密富铁地核。如第 12 章所述，熔融铁核的形成是化学分异的许多阶段之一，在这些化学分异阶段中，地球从所有深度处物质大致相同的均质天体，转变为物质按密度和组成进行分选的分层行星（见图 22.4i）。

在这个化学分异时期，地球内部形成了 3 个主要的图层：①富铁地核；②薄层原始地壳（primitive crust）；③地幔，位于地核与地壳之间的地球最厚层。此外，最轻的物质（包括水蒸气、二氧化碳及其他气体）向外逃逸，形成了原始大气，不久后又形成了海洋。

> **概念回顾 22.2**
> 1. 哪两种元素构成了极早期宇宙中的大部分可观测物质？
> 2. 大质量恒星爆炸形成重元素的灾难性事件是什么？
> 3. 简要描述从太阳星云到行星的形成过程。

22.3　大气和海洋的起源及演化

描述地球大气和海洋的形成及演化历史。

人类应当感谢地球大气，因为没有它就不会有温室效应，地球应当会寒冷近 60℃，地球上的水体几乎全部都冻结成冰，水循环将不再出现。

人类呼吸的空气是一种相对稳定的混合物，含有 78% 的氮气、21% 的氧气、1% 的氩气（惰性气体）和少量其他气体（如二氧化碳和水蒸气），但是地球原始大气则大不相同。

22.3.1　地球原始大气

在地球形成后期，地球大气可能由早期太阳系中的最常见气体组成，例如氢气、氦气、甲烷、氨气、二氧化碳和水蒸气。氢气和氦气的重量最轻，地球引力太弱而无法束缚它们，因此很可能已逃逸到太空中；剩余气体（甲烷、氨气、二氧化碳和水蒸气）则含有生命的基本成分——碳、氢、氧和氮。

随着时间的推移，通过称为 排气 / 释气（outgassing）的过程，地球内部的受困气体得到释放，地球大气得到增强。在世界范围内，数百座活火山的排气仍是重要的行星过程（见图 22.6），这些火山喷发主要释放水蒸气、二氧化碳、二氧化硫以及少量其他气体。因此，地球早期大气逐渐富含二氧化碳（大部分水蒸气凝结形成液态水），这方面可能类似于金星和火星的大气。

同样重要的是，至少在地球历史的前 20 亿年间，氧分子（O_2）并未以可观数量存在于地球大气中。氧分子通常称为游离氧/自由氧，由不与其他元素结合的氧原子组成。

22.3.2　大气中的氧气

图 22.6　排气过程形成了地球上的首个持久大气。今天，全球数百座活火山仍在持续排气

随着地表冷却，水蒸气凝结形成云，暴雨形成海洋。基于西澳大利亚产出的遗迹化石证据，可知至少在 35 亿年前，古老微生物就开始在这些海洋中繁盛。这些原始生命形式称为蓝细菌（cyanobacteria），以前曾称蓝藻（blue-green algae），其后代发育出了通过植物执行光合作用（称为植物光合作用）的能力，并开始向水中释放氧气。植物光合作用（plant photosynthesis）利用太阳光作为能量源，从二氧化碳分子（CO_2）和水分子（H_2O）中合成富含能量的糖分子。光合作用生

成的糖（葡萄糖及其他糖）可用于各种现生生物的代谢过程，光合作用的副产物是氧分子。

最初，通过各种地质过程（如岩石的化学风化），新释放的氧分子可能与其他元素结合。科学家还发现了相关证据，确认数量可观的氧气曾被溶解在年轻海洋中的铁吸取。显然，通过喷出含有铁及其他金属的热水溶液，热液喷口曾将大量铁释放到年轻的海洋中。

铁对氧具有巨大的亲和力，二者结合会形成氧化铁（铁锈）。这些早期氧化铁在海底堆积形成了富铁岩石与燧石互层，称为条带状含铁建造（banded iron formation）。这种类型的铁矿床大多沉积于前寒武纪（35亿年前～20亿年前），成为世界上最重要的铁矿石储层。因此，在早期海洋中，氧气占比保持低位。

随着光合生物的快速繁殖，氧气开始在海洋和大气中积聚。岩石化学分析结果表明，约23亿年前，氧分子开始在大气中大量出现，这一现象称为大氧化事件（Great Oxygenation Event）。大氧化事件的一种正效益如下：当被阳光照射时，氧分子形成称为臭氧（ozone）（O_3）的一种化合物，这种氧分子由3个氧原子组成，能够吸收太阳的大部分有害紫外辐射（在其抵达地表之前），集中分布在地表上方10～50千米（平流层（stratosphere）中。因此，由于大氧化事件的发生，地球陆地受到保护而免受紫外辐射（对现生生物基因蓝图DNA的伤害特别大）的影响。海洋生物始终受到海水的保护而免受有害紫外辐射的侵扰，大气中保护性臭氧层的发育也使得各大陆变得更加宜居。

在大氧化事件发生后的10亿年间，大气中的氧气含量可能有所波动，但是仍然保持在当前水平之下。然后，刚好在寒武纪开始之前（5.41亿年前），大气中的游离氧水平开始上升。由于大气中的可用氧气数量丰富，有氧生命形式（耗氧生物）数量激增。但是，另一方面，地球上很大一部分厌氧生物（不需要氧气进行呼吸的生物）可能被消灭，因为氧气对这些生物是有毒的。

氧气水平的明显峰值之一出现在宾夕法尼亚亚纪（约3亿年前），当时氧气的大气占比高达35%，远超当前水平（21%）。随着这种氧气含量的增多，一种可能影响是该亚纪出现了体型异常大的昆虫（科学研究表明，至少对某些昆虫而言，氧气水平越高，体型就越大）。1979年，人们发现了一个翼展长达50厘米的蜻蜓化石。还有一个标本甚至更大，翼展长达75厘米，被命名为巨脉蜻蜓（Meganeura）。一种假说认为，在宾夕法尼亚亚纪，气候对于植物生长非常理想，无论是在陆地上的广阔沼泽区域中，还是在海洋中（见图22.26），所有树木和海中浮游生物均能通过光合作用产生氧气，这种环境非常有利于大型昆虫的发育。

22.3.3　地球海洋的演化

当地球冷却到足以使水蒸气凝结时，雨水会降落并积聚在低洼区域中。到了40亿年前，据科学家估计，多达90%当前体积的海水蕴含在正在发育的洋盆中。由于火山喷发向大气中释放出大量二氧化硫，这些二氧化硫很容易与水结合而形成硫酸，因此最早雨水的酸度极高，甚至高于20世纪后半叶破坏北美洲东部湖泊与河流的酸雨。因此，地球岩质表面的风化速率加快，化学风化释放的产物包括各种物质（如钠、钙、钾和二氧化硅）的原子和分子，它们由流水携带进入新形成的海洋。其中，有些溶解物质沉淀变成覆盖在海底的化学沉积物，还有些物质则形成可溶性盐而增大海水盐度。科学研究表明，海洋的盐度最初快速增大，但在过去20亿年间保持相对稳定。

地球海洋也是巨量二氧化碳的储库。二氧化碳曾是原始大气的主要成分，这一点意义重大，因为二氧化碳是严重影响大气加热的一种温室气体。金星曾被视为与地球非常相似，其大气由97%的二氧化碳组成，这会产生极端的温室效应，导致金星的表面温度为475℃。

二氧化碳很容易溶解在海水中，在那里通常与其他原子（或分子）结合形成各种化学沉淀物。矿物沉淀形成的最常见化合物之一是碳酸钙（$CaCO_3$），结晶质碳酸钙是矿物方解石，这是沉积岩石灰岩的主要成分。约5.41亿年前，为了建造甲壳及其他硬质部分，海洋生物开始从海水中提取大量碳酸钙。当生命周期结束时，数以万亿计的微小海洋生物（如有孔虫）将其甲壳沉积到海底。今天，在英国多佛白色悬崖（White Cliffs）沿线出露的白垩层中，可观察到这些沉积物的一部分（见图22.7）。通过锁定二氧化碳，这些石灰岩沉积存储了巨量温室气体，使其无法轻易重新进入大气层，因此分泌碳酸钙甲壳的生命体的进化有助于从大气中清除这种温室气体。

图 22.7　英国多佛的白色悬崖。法国北部也发现了类似的白垩沉积

概念回顾 22.3

1. 列举通过排气过程添加到地球早期大气中的主要气体。
2. 光合蓝细菌的演化为何对大型耗氧生物（如人类）的进化非常重要？
3. 海洋如何消除地球大气中的二氧化碳？在消除二氧化碳方面，微小海洋生物（如有孔虫）发挥着何种作用？

22.4　前寒武纪历史

解释陆壳的形成、陆壳如何组装成大陆以及超大陆旋回的作用。

地球最初 40 亿年时间跨度称为前寒武纪（Precambrian），代表了近 90% 的地球历史，可划分为太古宙（Archean eon）、元古宙（Proterozoic eon）和冥古宙（Hadean）。人类对这一古老时期的了解极为有限，因为大部分早期岩石记录被各种地球过程（特别是板块构造、侵蚀作用和沉积作用）掩盖。大多数前寒武纪岩石缺乏化石，这阻碍了岩石单位的相关性研究（见第 9 章）。此外，这么古老的岩石通常会变质、变形、受到广泛侵蚀或者频繁受到更新地层的覆盖。实际上，前寒武纪历史是以各种零散和推测性事件进行书写的，就像缺失了许多章节的一部长书。

22.4.1　地球最初的大陆

在 44 亿年前形成的大陆岩石中，地质学家发现了微小的锆石矿物晶体，证明在地球历史早期，大陆即已开始形成。相比之下，在海洋盆地中，最古老岩石的年龄通常低于 2 亿年。

陆壳和洋壳的差异是什么？如前所述，洋壳是相对致密（3.0 克/立方厘米）的玄武质岩石均质层，源于岩质上地幔的部分熔融。此外，洋壳的厚度非常薄，平均厚度仅为 7 千米。陆壳则由多种岩石构成，平均厚度近 40 千米，含有较大比例的低密度（2.7 克/立方厘米）富硅岩石（如花岗岩）。

当回顾地球的地质演化时，陆壳与洋壳之间差异的重要性怎么强调都不为过。洋壳相对较薄且致密，发现于海平面之下数千米处（除非被构造力推到陆地之上）；陆壳厚度较大且密度较小，可以轻松延伸到海平面之上。此外，请务必牢记，正常厚度的致密洋壳很容易发生俯冲，较厚且有浮力的陆壳块体则难以再次循环进入地幔。

1．陆壳的形成

陆壳的形成是地球物质发生重力分离的延续，这种分离始于地球形成的最后阶段，致密金属物质（主要是铁和镍）下沉而形成地核，留下密度较小的岩石物质形成地幔。从地球的岩质地幔中，低密度富硅矿物逐渐蒸馏而形成陆壳。以一种类似方式，地幔岩石部分熔融生成低密度富硅熔体，这些熔体向地表浮升而形成地壳，背后留下致密的地幔岩石（见第 5 章）。但是，对太古宙这些富硅熔体的形成机制细节，人们目前还知之甚少。

地球最初的地壳可能为超镁铁质成分，但是，物理证据已不存在，无法对它们进行确认。炽热而湍流的地幔在太古宙最可能存在，它们将这种地壳物质大部分回收到地幔中。实际上，它可能一直被持续不断地回收，就像熔岩湖上形成的壳被下方上涌的新鲜熔岩反复取代一样（见图 22.8）。

现存最古老的大陆岩石以高度变形的小型地体（terrane）形式出现，这些地体包含在较年轻的陆壳块体内部（见图 22.9）。在格陵兰岛伊苏阿附近，就有年龄高达 38 亿年的这样一个地体。在加拿大西北领地，人们还发现了年龄更老的地壳岩石，称为阿卡斯塔片麻岩（Acasta Gneiss）。

图 22.8 地球早期地壳被持续不断地回收

在格陵兰岛伊苏阿，这些岩石是世界上最古老的岩石之一，年龄高达 38 亿年

图 22.9 地球上现存最古老大陆岩石的年龄超过 38 亿年

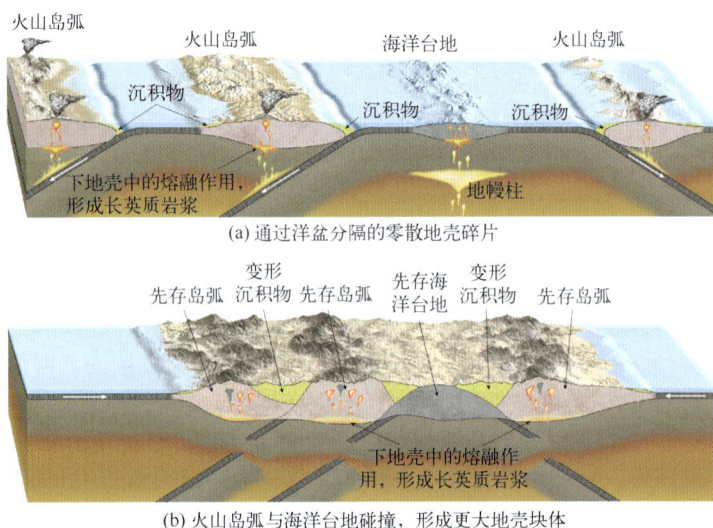

有些地质学家认为，地球历史早期曾存在一种类板块运动，且热点火山作用在这段时间内可能较为活跃。但是，由于太古宙时期的地幔比今天更炽热，这两种现象的发展速度应比现代情形更快。地幔柱引发的热点火山活动被视为形成了巨型盾状火山和海洋台地，洋壳俯冲则形成了火山岛弧。总体而言，这些相对较小的地壳碎片代表了形成稳定的大陆规模陆地块体的第一阶段。

2．从陆壳到大陆

通过较薄且高度流动的地壳碎片发生碰撞和增生，更大规模的大陆块体实现生长，如图 22.10 所示。在这种类型碰撞构造的作用下，正在汇聚的地壳碎片之间的沉积物发生变形及变质，因此缩短并增厚了正在发育的地壳。在这些碰撞带的最深部区域中，增厚地壳的部分熔融形成了上升并侵入上方岩石的富硅岩浆，引发了大型地壳单元/地壳省（crustal province）的形成，随后又增生至其他地壳单

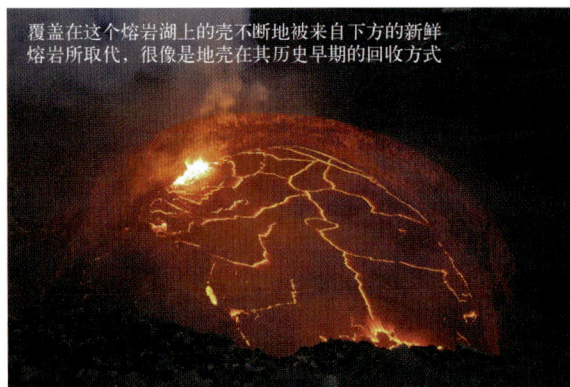

(a) 通过洋盆分隔的零散地壳碎片

(b) 火山岛弧与海洋台地碰撞，形成更大地壳块体

图 22.10 大陆的形成。大型大陆块体的生长通过较小地壳碎片的碰撞和增生而实现

元，直至形成更大型的地壳块体，称为克拉通（craton）。

大型克拉通的组装涉及导致主要造山事件（类似于印度与亚洲碰撞）的几个地壳块体的增生。图 22.11 显示了太古宙和元古宙形成并保留至今的地壳物质分布。在现代大陆内部，这些古老克拉通在地表出露的区域称为地盾（shield），如图 14.1 所示。

虽然前寒武纪是地球大部分陆壳的形成时期，但是大量地壳物质也遭到破坏，部分物质由于风化作用和侵蚀作用而流失。此外，在太古宙的大部分时间里，陆壳薄板片似乎被俯冲到地幔中。但是，到了约 30 亿年以前，这些克拉通变得又大又厚，足以抵抗俯冲作用的发生。自那以后，风化作用和侵蚀作用成了地壳破坏的主要过程。当前寒武纪结束时，估计约 85% 的现代陆壳已经形成。

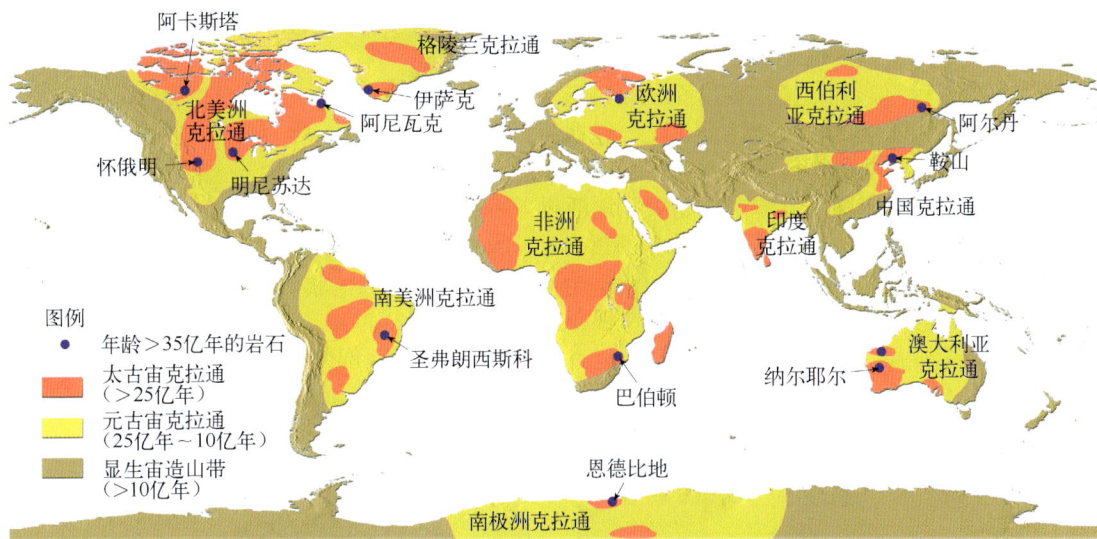

图 22.11　从太古宙和元古宙形成并保留至今的地壳物质分布

22.4.2　北美洲的形成

对于陆壳的发育及其零碎地组装形成一块大陆，北美洲提供了一个极佳示例。除了图 22.11 中标出的几个位置，几乎没有年龄超过 35 亿年的残留陆壳。在太古宙晚期（30 亿年前～25 亿年前）的一段主要大陆生长期（见图 22.12 中的紫色）中，大量岛弧及其他碎片增生形成了几个大型地壳单元。北美洲包含一些这样的地壳单元，例如苏必利尔克拉通和赫恩-雷克拉通（见图 22.12），但是这些古老大陆块体的形成位置尚不清楚。

大约在 19 亿年前，这些地壳单元碰撞形成了跨哈德逊造山带，如图 22.12 所示（这种造山事件不限于北美洲，其他各大陆也发现了类似年代的古老变形地层）。这一事件形成了北美洲克拉通，后来周围又增加了几个大型和大量小型地壳碎片，例如阿巴拉契亚单元。此外，在中生代和新生代，北美洲西部边缘又增加了几个地体，最终形成了多山的北美科迪勒拉山系（见图 14.13）。

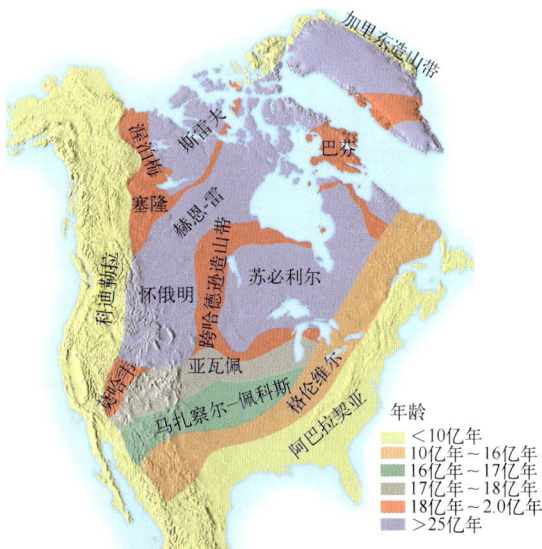

图 22.12　北美洲主要地质单元

22.4.3 前寒武纪超大陆

在不同时代,当前北美洲的部分区域与其他大陆块体拼合形成了超大陆(supercontinent)。超大陆是包含所有(或几乎所有)已有大陆的大型陆块,潘吉亚超大陆/泛大陆/泛古陆/联合古陆/盘古大陆(Pangaea)是地质历史上曾经存在的最新(但不唯一的)超大陆。罗迪尼亚超大陆(Rodinia)是有充分记载的最早超大陆,形成于约 11 亿年前的元古宙,如图 22.13 所示(注:另一种观点认为最早的超大陆是古元古代晚期的哥伦比亚超大陆)。虽然地质学家仍在研究其构建过程,但是罗迪尼亚超大陆的格局形态显然与潘吉亚超大陆差异极大,明显区别之一是北美洲位于这个古陆块的中心附近。

8 亿年前～6 亿年前,罗迪尼亚超大陆逐渐裂解。到了前寒武纪晚期,许多大陆碎片重新拼合,在南半球形成了一个大型陆块,称为冈瓦纳古陆/冈瓦纳大陆/南方大陆(Gondwana),主要由现在的

图 22.13　罗迪尼亚超大陆的可能格局形态。为了清晰起见,各大陆均以现代形状绘制,而非 10 亿年前的实际形状

南美洲、非洲、印度、澳大利亚和南极洲组成,如图 22.14 所示。部分大陆碎片(如北美洲、西伯利亚和北欧)仍然是独立的陆块。下一节介绍这些前寒武纪地块的命运。

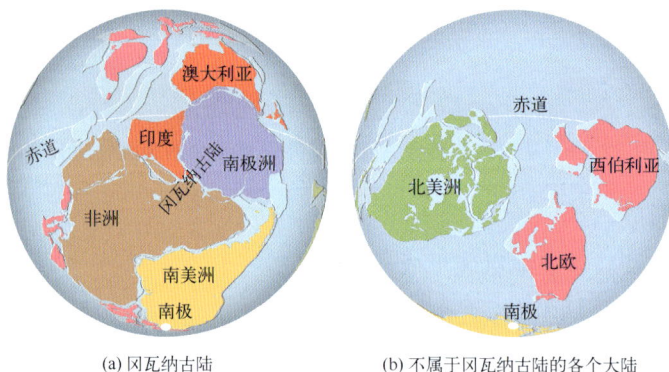

(a) 冈瓦纳古陆　　　　　(b) 不属于冈瓦纳古陆的各个大陆

图 22.14　前寒武纪晚期的可能地球外观重建。南部各大陆连接成为单一大陆,称为冈瓦纳古陆。不属于冈瓦纳古陆的其他陆块包括北美洲、欧洲西北部和亚洲北部

1. 超大陆旋回

超大陆旋回(supercontinent cycle)涉及一个超大陆的裂解和分散,随后经过很长一段时间,大陆碎片逐渐重新聚合为具有不同格局形态的新超大陆。超大陆的聚散(聚合和分散)对地球大陆演化具有较深远的影响。此外,这一现象极大地影响了全球气候,以及海平面的周期性升降。

2. 超大陆和气候

各大陆的运动改变了洋流和全球风的形态,进而影响了全球气温和降水量的分布。南极洲巨型冰盖的形成被视为大陆运动影响气候变化的典型示例。虽然南极洲东部在南极点之上区域的持续停留时间超过 1 亿年,但是直到约 3400 万年前,南极洲才被稳定的大陆规模冰盖覆盖。在这个冰川作用时期之前,南美洲和南极洲曾经相连。如图 22.15a 所示,这种陆地块体排列有助于维持暖流抵达南极洲海岸的环流模式,保持南极洲基本上无冰,方式类似于现代墨西哥湾流帮助冰岛保持基本上无冰(虽然名称中有冰)。

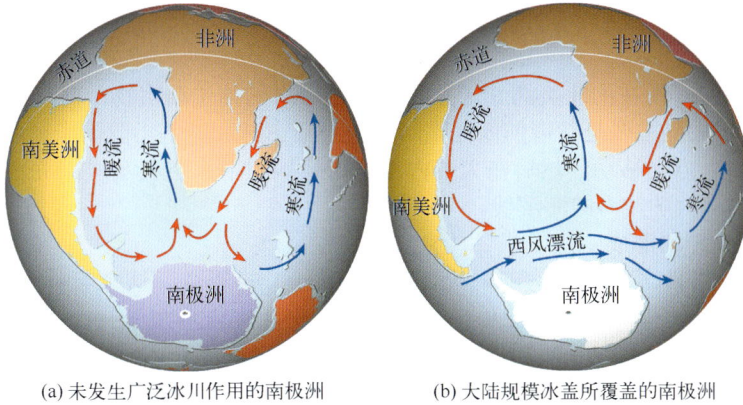

5000万年前，暖流使得南极洲几乎无冰

随着南美洲与南极洲分离，西风漂流发育。这种新形成的洋流有效地切断了南极洲与暖流之间的联系，并促成了其巨大冰盖的形成

(a) 未发生广泛冰川作用的南极洲　　　　(b) 大陆规模冰盖所覆盖的南极洲

图 22.15　海洋环流与南极洲气候之间的关系

随着南美洲与南极洲分离并向北移动，形成了一种从西向东绕整个南极洲大陆流动的海洋环流模式（见图 22.15b）。这种寒流称为西风漂流（West Wind Drift），它有效地将整个南极海岸与南大洋中的向极暖流隔离开来。这种环流变化加上一段时期的全球降温，可能导致了南极洲大规模冰盖的生长。

局部及区域性气候还会受到大型克拉通碰撞形成的大型山系的影响，例如印度次大陆与亚洲大陆南部的碰撞形成了喜马拉雅山脉。由于海拔高度较高，山脉的平均气温明显低于周围低地。此外，在这些高耸山脉之上，空气上升能够促进冷凝和降水，使得该地区下风位置相对干燥。现代类比示例如下：与内华达山脉东部大盆地沙漠（Great Basin Desert）的干燥气候相比，该山脉西部斜坡区域气候湿润且森林茂密。

3．超大陆和海平面变化

地质历史中记录了大量重要海平面变化，其中许多变化似乎与超大陆的聚散有关。若海平面上升，则浅海会向陆推进。海洋向大陆推进时期的证据包括：古老海相沉积岩序列覆盖了现代陆块的大片区域，例如美国东部 2/3 的大部分区域。

超大陆旋回和海平面变化与海底扩张速率直接相关。如第 13 章所述，当海底扩张速率较快时（类似于现在的东太平洋海隆沿线），温暖洋壳的生成速率也很高。由于新的温暖洋壳比寒冷地壳的密度低（占据更多空间），与缓慢扩张中心相比，快速扩张的洋脊占据了洋盆中的更多体积（想象进入满水浴缸时的情形）。因此，当海底扩张速率增大时，更多海水发生位移，会导致海平面上升，进而导致浅海向各大陆的低洼部分推进。

概念回顾 22.4

1. 描述克拉通如何形成。
2. 超大陆旋回是什么？哪个超大陆位于潘吉亚超大陆之前？
3. 解释海底扩张速率与海平面变化之间如何相关。

22.5　显生宙地质历史

列举并讨论古生代、中生代和新生代的主要地质事件。

前寒武纪结束至今的时间跨度称为显生宙（Phanerozoic eon），总计覆盖了 5.41 亿年，可划分为 3 个代，即古生代（Paleozoic）、中生代（Mesozoic）和新生代（Cenozoic）。显生宙的起始标志是首次出现了含有硬质部分（如甲壳、鳞片、骨骼或牙齿）的生命形式，所有这些硬质部分均可极大增强生物体被保存在化石记录中的机会。因此，化石的可用性有助于研究显生宙地壳历史，可提高人们对地质事件进行定年和关联的能力。此外，由于每种生物均与其特定环境生态位相关，化石记录的大幅提升为破译古环境提供了宝贵信息。

22.5.1 古生代历史

当古生代开启时，现在的北美洲并未见到体型足够大的陆生动植物，而仅有体型微小的微生物（如细菌）。这块大陆主要是贫瘠的低地，阿巴拉契亚山脉和落基山脉尚未诞生。在早古生代，浅海曾经几次向内陆方向移动，然后在大陆内部消退，残留下厚层石灰岩、页岩和纯砂岩沉积，标志着这些以前中部大陆浅海的海滨线。

1. 潘吉亚超大陆的形成

古生代的重大事件之一是潘吉亚超大陆（Pangaea）的形成。这个事件始于数百万年的一系列碰撞，北美洲、欧洲、西伯利亚及其他较小地壳碎片聚合形成了一个巨型大陆，称为劳亚古陆/劳亚大陆/北方大陆（Laurasia），如图 22.16 所示。在劳亚古陆以南，另一大片南方大陆称为冈瓦纳古陆/冈瓦纳大陆/南方大陆（Gondwana），主要包括 5 个现代陆块（南美洲、非洲、澳大利亚、南极洲和印度），可能还有中国部分地区。大范围大陆冰川作用的证据表明，这个陆块曾位于南极附近，晚古生代时向北迁移，然后与劳亚古陆发生碰撞，开始了潘吉亚超大陆聚合的最后阶段。

地球上所有主要陆块聚合形成了潘吉亚超大陆，时间总跨度超过 3 亿年，并且导致形成了几个造山带。欧洲北部（主要是挪威）与格陵兰岛的碰撞形成了喀里多尼亚山脉/加里东山脉（Caledonian Mountains），亚洲北部（西伯利亚）与欧洲的碰撞形成了乌拉尔山脉。中国北部也被视为在晚古生代增生至亚洲，中国南部则可能直到潘吉亚超大陆开始裂解后才成为亚洲的一部分（如前所述，印度直到约 5000 万年前才开始增生至亚洲）。

3 亿年前～2.5 亿年前，随着非洲与北美洲发生碰撞，潘吉亚超大陆达到最大规模（见图 22.16d）。在阿巴拉契亚山脉的漫长历史上，这个事件标志着最后（也最激烈）的造山期（见图 14.10）。这个造山事件形成了大西洋沿岸各州的阿巴拉契亚山脉中部、新英格兰地区的阿巴拉契山脉北部以及延伸进入加拿大的山脉构造（见图 22.17）。

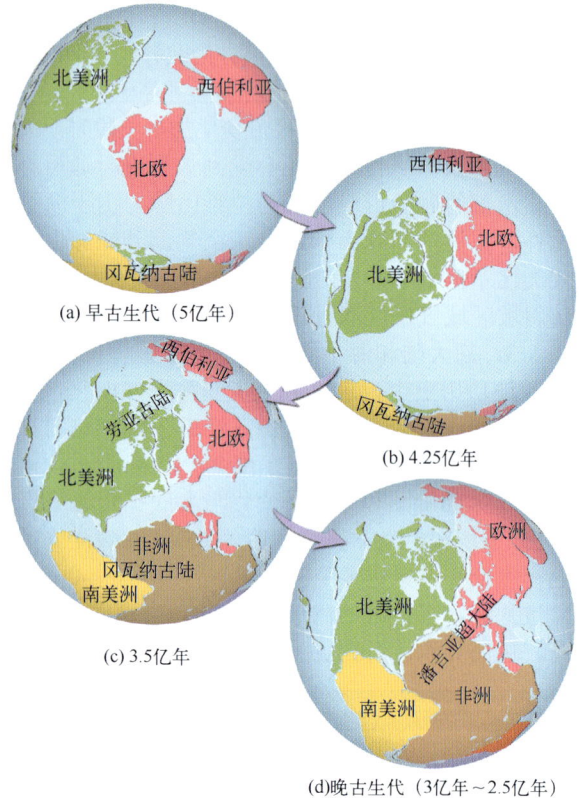

(a) 早古生代（5亿年）

(b) 4.25亿年

(c) 3.5亿年

(d) 晚古生代（3亿年～2.5亿年）

图 22.16 潘吉亚超大陆的形成。在晚古生代，地球各主要陆块聚合形成了潘吉亚超大陆

22.5.2 中生代历史

中生代跨越约 1.86 亿年，可划分为 3 个纪，即三叠纪（Triassic）、侏罗纪（Jurassic）和白垩纪（Cretaceous）。主要地质事件包括潘吉亚超大陆的裂解和现代洋盆的演化。

1. 海平面的变化

当中生代开始时，世界各大陆大部分位于海平面之上，三叠系地层主要出露缺乏海洋化石的红色砂岩和泥岩，说明其为陆地环境（砂岩中的红色来自铁氧化）。

当侏罗纪开始时，海洋侵入北美洲西部，大范围大陆沉积物在这片浅海附近（现在的科罗拉多高原）沉积。其中，纳瓦霍砂岩（Navajo Sandstone）最为著名，这是一套具有交错层理且富含石英的岩层，在某些地点的厚度接近300米。这些巨大沙丘残余物表明，在早侏罗世，巨大沙漠占据了美国西南部大部分地区。莫里逊组（Morrison Formation）是另一著名侏罗纪沉积，这是世界上最丰富的恐龙化石宝库之一，含有部分大型恐龙［如迷惑龙（Apatosaurus）、腕龙（Brachiosaurus）和剑龙（Stegosaurus）］的骨骼化石。

2．潘吉亚超大陆的裂解

中生代的另一个重大事件是潘吉亚超大陆的裂解。约1.85亿年前，一条裂谷在现在的北美洲与非洲西部之间发育，这标志着大西洋的诞生。随着潘吉亚超大陆逐渐解体分离，向西移动的北美洲板块开始在太平洋海盆之上仰冲，这个构造事件引发了在整个北美洲西部边缘沿线向内陆移动的连续变形波。

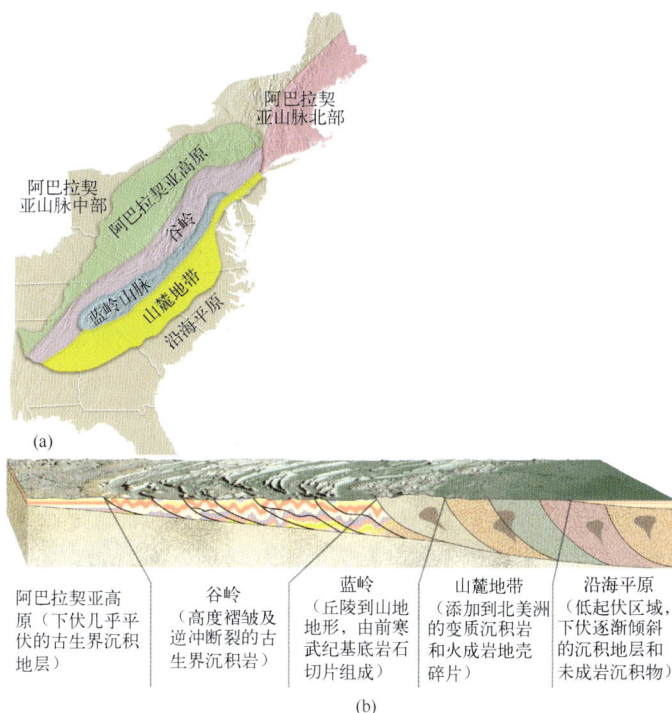

图 22.17 阿巴拉契亚山脉的主要单元（省）

3．北美科迪勒拉山系的形成

到了侏罗纪时代，随着太平洋海盆俯冲在北美洲板块之下，开始形成加利福尼亚州海岸山脉中当前存在的杂乱岩石混合物（见图14.7）。再向内陆方向延伸，火成岩活动广泛分布，在超过1亿年的时间里，火山活动非常活跃，巨量岩浆上涌至距离地表数千米内。在这种活动的残余物中，包括内华达山脉的花岗质深成岩体，以及艾奥瓦岩基和不列颠哥伦比亚省海岸山脉岩基。

随着太平洋海盆在北美洲板块之下进行俯冲，还使得地壳碎片零碎地拼贴到北美洲大陆的整个太平洋边缘，从墨西哥巴哈半岛到美国阿拉斯加州北部（见图14.13）。每次碰撞都会导致地壳碎片（地体）发生移位，并增生至更早且更远的内陆，添加至变形带，增大该大陆边缘的厚度和横向范围。

挤压力使得巨型岩石单元以叠瓦状方式向东移动。在北美洲西部边缘的大部分区域中，较老岩石向东逆冲在较新地层之上，距离超过150千米，最终形成了北美科迪勒拉山系的大部分山区，从怀俄明州延伸到阿拉斯加州。

在晚中生代，落基山脉南部已经发育（见图22.18）。这次造山事件称为拉腊米造山运动（Laramide Orogeny），在陡峭的倾向断层沿线，大型深埋前寒武纪岩石几乎垂直抬升，使得上覆更新沉积地层向上翘曲。拉腊米造山运动形

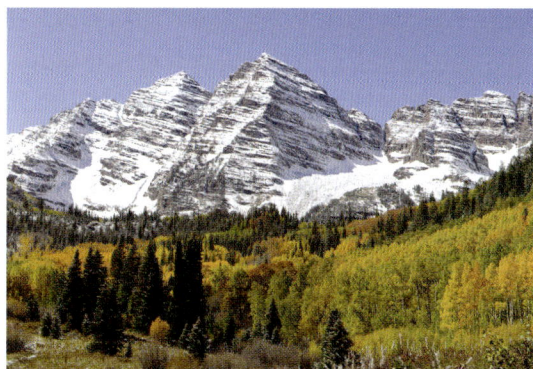

图 22.18 褐铃群峰的秋天。这些白雪覆盖的山峰是拉腊米落基山脉的一部分

成了多个山脉，例如科罗拉多州的弗兰特山脉、新墨西哥州和科罗拉多州的森格雷-德克里斯托山脉，以及怀俄明州的大角山脉（见地质美图 14.1）。

22.5.3 新生代历史

新生代覆盖了最近 6600 万年的地球历史，正是在这一时期中，现代世界的自然景观以及人们熟悉的许多生命形式才得以出现。新生代所代表的地质时期远短于古生代或中生代，但是人们对这一时间跨度的了解要多得多，因为其岩层分布比以往任何时代都更广泛，且受干扰程度更小。

在新生代，北美洲大部分地区均位于海平面之上，但是由于板块边界关系不同，大陆东部边缘和西部边缘经历了明显不同的事件。大西洋及墨西哥湾沿海区域远离活动板块边界，构造上较为稳定。相比之下，北美洲西部是北美洲板块的前缘，各板块在新生代相互作用，引发了许多造山运动、火山活动和地震事件。

1．美洲东部

在北美洲东部，稳定的大陆边缘是丰富的海洋沉积地点，最广泛分布的沉积物环绕在墨西哥湾周围，从尤卡坦半岛到佛罗里达州，大量沉积物堆积导致地壳向下翘曲。在许多情况下，断层作用形成了石油和天然气富集的构造。在当今的墨西哥湾沿岸，这些及其他石油圈闭（见图 23.6）是经济意义最重要的资源，大量近海钻井平台证实了这一点。

在早新生代，阿巴拉契亚山脉受到剥蚀，形成了低平原。后来，均衡调整再次抬高了该地区，使其河流恢复了活力，河流以恢复后的活力进行侵蚀，逐渐将地表蚀刻成当前的地形。这种侵蚀作用形成的沉积物在东部大陆边缘沿线沉积，累积厚度达数千米。如今，新生代沉积的部分地层出露为平缓倾斜的大西洋及墨西哥湾沿海平原，这里居住着美国东部及东南部人口数量的很大一部分。

2．北美洲西部

在北美洲西部，拉腊米造山运动（负责落基山脉南部造山）即将结束。随着侵蚀力使山脉高度下降，抬升山脉之间的盆地开始充填沉积物。在落基山脉以东，来自正在侵蚀山脉的一个大型沉积物楔形成了平缓倾斜的大平原（Great Plains）。

从中新世（约 2000 万年前）开始，一片广阔区域（从内华达州北部到墨西哥）经历了地壳伸展，形成了 100 多个断块山脉。今天，它们突然上升到相邻盆地之上，最终形成了盆岭省（见图 14.15）。

在盆岭省的发育过程中，整个大陆西部内陆逐渐抬升，这一事件抬高了落基山脉，使得西部许多主要河流恢复了活力。河流切割形成了许多壮观峡谷，例如科罗拉多河大峡谷、斯内克河大峡谷和甘尼森河黑色峡谷。

在新生代的大部分时间里，火山活动在北美洲西部也很常见。从中新世开始，在今天的华盛顿州、俄勒冈州和艾奥瓦州的部分地区，大量流体玄武质熔岩从裂缝中流出，喷发形成了 340 万平方千米的哥伦比亚高原。在广阔的哥伦比亚高原以西，火山活动的特征有所不同。在这里，二氧化硅含量更高的更黏稠岩浆呈爆炸式喷发，最终形成了喀斯喀特山脉，这是一系列成层火山，从加利福尼亚州北部延伸到加拿大，其中部分火山至今仍然活跃（见图 5.30）。

随着新生代即将结束，在造山运动、火山活动、均衡调整以及广泛的侵蚀作用和沉积作用的影响下，创造了人们今天所知的自然景观。新生代仅剩下最后 260 万年，称为第四纪（Quaternary period）。在地球历史的这个最近且正在经历的阶段，人类最终得以进化，冰川冰、风和流水的作用被增加到地球漫长而复杂的地质历史中。

概念回顾 22.5

1. 潘吉亚超大陆形成于哪个地质历史时期中？
2. 比较北美洲东部和西部的新生代地质特征。

22.6 地球上的最早生命

描述生命起源相关假说以及早期原核生物、真核生物和多细胞生物的特征。

地球上的生命至少在 35 亿年前就已存在，最古的老化石为这种观点提供了证据（见图 22.19）。在世界各地的富硅燧石沉积中，人们发现了类似现代蓝细菌的微体化石。以下示例值得关注：在非洲南部，岩石定年结果超过 31 亿年；在加拿大安大略省西部和美国明尼苏达州北部的苏必利尔湖地区，火石燧石含有年龄超过 20 亿年的部分化石。通过研究更古老岩石中有机物质的化学痕迹，古生物学家得出了结论：生命在更早的时间之前可能已经存在。

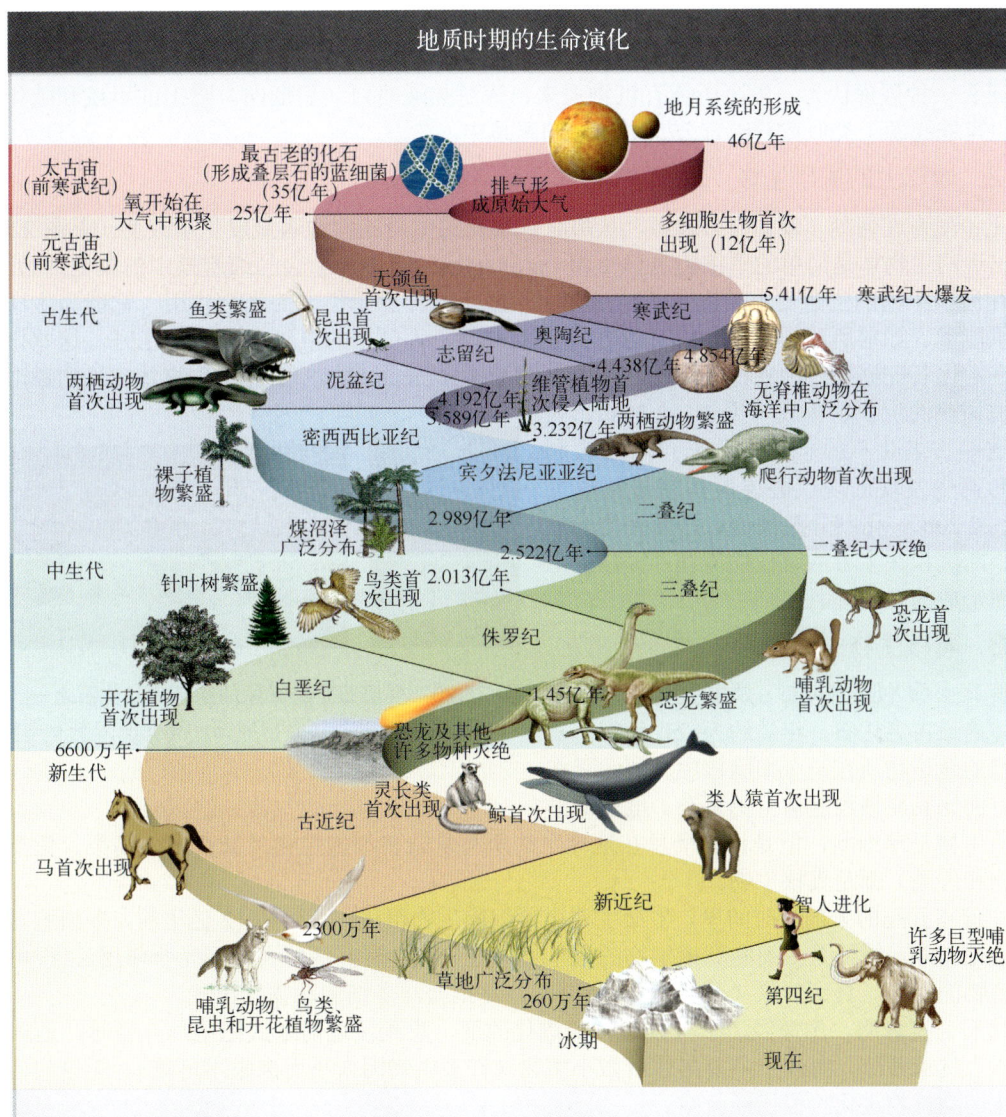

图 22.19 地质时期的生命演化

22.6.1 生命的起源

生命是如何开始的？这个问题引发了相当大的争论，各种假说众说纷纭。生命除了需要宜居环境，还需要对生命至关重要的原始化学物质，主要是复杂有机化合物。蛋白质（protein）

是为生命提供主要结构物质并助其发挥作用的有机分子。蛋白质是由相对较小的分子单位［称为氨基酸（amino acid）］组成的长链。由于蛋白质无法实现自身复制，但自身复制是生命增殖的一种必要条件，从更简单的氨基酸形成蛋白质需要一个模板。这些生命组成部分携带信息且能自我复制（或遗传），就是人们可能非常熟悉的核酸（nucleic acid）类型——DNA（脱氧核糖核酸）和RNA（核糖核酸）。

成为地球上首个生命的基本有机分子的来源是什么？首批有机分子可能由二氧化碳和氮合成，这两种物质在地球原始大气中都很丰富。有些科学家认为，这些气体很容易被紫外光重组成氨基酸。还有些科学家认为闪电是动力，生物化学家斯坦利·米勒和哈罗德·尤里利用开创性实验对此进行了证实。

还有其他研究人员认为氨基酸是成品，由与年轻地球相撞的小行星（或彗星）提供。这种假说的证据来自含有类氨基酸有机化合物的一组陨石，称为碳质球粒陨石（carbonaceous chondrite）。

还有一种假说认为，生命所需有机物质来自深海热液喷口（黑烟囱）喷出的甲烷和硫化氢。生命也可能起源于类似黄石国家公园中那样的温泉中。

22.6.2　地球上的最早生命：原核生物

无论生命在何处（或如何）起源，从那时到现在的生命旅程均明显发生了改变（见图22.19）。最早出现的生物体是简单的单细胞原核生物（prokaryote），DNA不会与细胞核中的其他细胞分离。

在原核生物的生命史上，巨大成功是演化形成了一种原始类型的光合作用，它能为生命的繁殖提供能量。如前所述，在蓝细菌光合作用的帮助下，大气中的氧气含量逐渐上升。这些微小细菌存在的化石证据是一种独特层状垫，称为叠层石（stromatolite），由这些生物体分泌的黏滑物质以及被捕获的沉积物构成（见图22.20a）。人们对这些古老化石的了解主要来自对澳大利亚鲨鱼湾中发现的现代叠层石构造进行研究（见图22.20b），化石外观像是这些微生物为避免被不断沉积在上方的沉积物掩埋，缓慢向上移动而形成的短粗柱。

22.6.3　真核生物的进化

真核生物（eukaryote）是更大且更复杂的生物体的最古老化石，年龄约为21亿年。真核细胞的遗传物质在一个细胞核中分离，且在其他方面比其原核细胞前身更复杂。虽然最早

(a) (b)

图22.20　叠层石是最常见的前寒武纪化石之一。(a)蓝细菌沉积的叠层石化石剖面图；(b)在澳大利亚西部，低潮时出露的现代叠层石

的真核生物是单细胞，但是目前栖息在地球上的所有复杂多细胞生物（如树木、鸟类、鱼类、爬行动物和人类）都是真核生物。

在前寒武纪的大部分时间里，生命主要由单细胞生物组成。直到约12亿年前，多细胞真核生物才进化出来。绿藻是多细胞真核生物的最早类型之一，含有叶绿体（用于光合作用），很可能是现代植物的祖先。直到后来（可能是6亿年前），首批海洋多细胞动物才出现。

化石证据表明，生命经历了极其缓慢的进化改变，直到接近前寒武纪尾声。当时，地球各大陆基本上贫瘠荒凉，海洋中主要居住着微小生物（许多生物因太小而肉眼不可见）。无论如何，更多样化的动植物进化阶段已经就绪。

概念回顾 22.6

1. 哪类有机化合物结合形成蛋白质，因此对人们所知的生命必不可少？
2. 什么是叠层石？
3. 比较原核生物和真核生物。大多数现代多细胞生物属于哪一类？

22.7 古生代：生命大爆发

列举古生代生命史中的主要发展。

寒武纪标志着古生代的开始,期间出现了各种各样的新生命形式,所有的主要无脊椎动物(invertebrate)即缺乏脊椎的动物类群都变得广泛分布,包括水母、海绵、蠕虫、软体动物(包含蛤蜊和蜗牛的类群)和节肢动物(包含昆虫和螃蟹的类群)。这种生物多样性扩张始于约 5.41 亿年前,称为寒武纪大爆发/寒武纪生命大爆发(Cambrian explosion)。

22.7.1 早古生代生命形式

寒武纪大爆发持续了 2000～3000 万年,使得地球海洋中栖息着各种各样的无脊椎动物。硬质甲壳和骨骼逐渐发育,各种捕食者进化出利爪和改良嘴部来捕捉及分解其猎物。还有些动物则发育了防御机制,包括尖刺或护甲。

寒武纪是三叶虫(trilobite)的黄金时代,如图 22.21 所示。类似于现代螃蟹和龙虾,三叶虫具有由关节相连的外骨骼,能够移动并获取食物。这些泥沙潜穴食腐动物和食草动物在世界各地繁盛,属的数量超过 600 个。

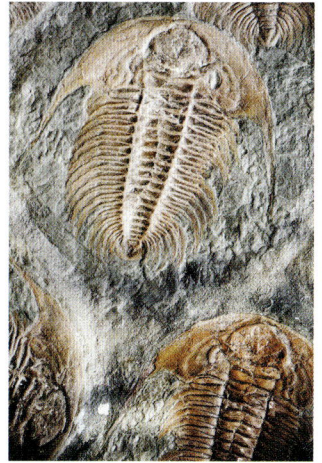

图 22.21　三叶虫化石。三叶虫在早古生代极为常见,在海底觅食

奥陶纪以头足类动物(cephalopods)的大量出现为标志,这些头足类动物是可移动且高度发育的软体动物,成为那段时期的主要捕食者(见图 22.22)。在现代海洋中,这些头足类动物的后代依然存在,包括乌贼、章鱼和珍珠鹦鹉螺。头足类动物是地球上首次出现的真正大型生物,其中一种的体长接近 10 米。

早期动物多样化部分缘于捕食性生活方式的出现,体型较大的可移动头足类动物捕食体型通常小于儿童手掌的三叶虫。有效运动的进化往往与更强感知能力和更复杂神经系统的发育相关,这些早期动物精心构建了可用于探测光线、气味和触觉的感觉器官。

图 22.22　奥陶纪浅海的艺术描绘。在奥陶纪(4.88亿年前～4.44 亿年前),北美洲中部内海的浅水中富含海洋无脊椎动物。重建图中显示了:①珊瑚;②三叶虫;③蜗牛;④腕足类动物;⑤直壳头足类动物

22.7.2 中古生代生命形式

约 4.5 亿年前,已适应在水边生存的绿藻发展出了首批多细胞陆地植物。在维持陆地上植物生命所需的适应能力中,主要包括在内部输送水分和矿物质,以及为抗衡重力和风的作用而保持直立。到了 4.2 亿年前,植物能够保持直立,并且拥有一种可输送富含离子的水的原始维管系统(vascular system)。这些无叶垂直尖刺约有人类食指那么大,高度约为 10 厘米。到密西西比亚纪开始时,拥有数十米高树状植物的森林终于出现了(见图 22.23)。

在海洋中,脊椎动物(vertebrate)开始繁盛,主要是现代鱼类的祖先。这些早期脊椎动物的一种重要衍生特征是有颌,使其能够抓住、撬开(或咬掉)一大块肉,例如在奥陶纪进化出来的称为盾皮鱼(placoderm)的甲胄鱼,如图 22.24 所示。

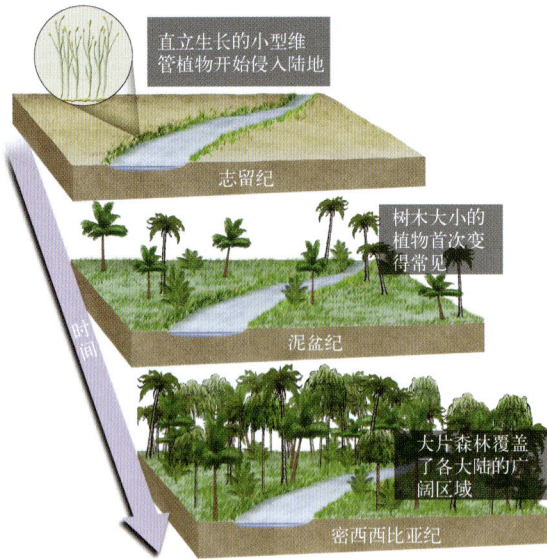

图 22.23 古生代陆地植物。在志留纪，直立生长（维管）植物首次出现。从泥盆纪开始，植物化石变得越来越常见

图 22.24 甲胄鱼化石，属于盾皮鱼纲。这种特殊盾皮鱼是一种可怕的捕食者，虽然大多体长较短，但最长可达 10 米

其他鱼类在泥盆纪进化形成，包括鲨鱼（具有软骨骨骼）和硬骨鱼（具有硬质内骨骼），大多数现代鱼类均属于这两个类群。作为首次亮相的大型脊椎动物，鱼类的游泳速度确实快于大多数无脊椎动物，且具有敏锐感官和大脑袋。鱼类成了海洋中的优势捕食者，因此泥盆纪有时被称为鱼类时代。

22.7.3 脊椎动物向陆地迁移

在泥盆纪开始时，所有脊椎动物的结构都与鱼类相似。此后不久，某一鱼类开始适应陆地环境，称为总鳍鱼类/总鳍鱼（lobe-finned fish/lobe-fins），如图 22.25a 所示。泥盆纪景观包括丰富的滨海湿地，那里存在各种各样的总鳍鱼类。类似于某些现代鱼类（如非洲肺鱼），当总鳍鱼类占据缺氧水域时，它们会用原始肺进行呼吸。有些总鳍鱼类无疑还会利用其粗壮的硬骨鳍从一个池塘移动到另一个池塘中。到了晚泥盆世，一个总鳍鱼类的鳍已进化成四肢和带脚趾的足部（见图 22.25b），四肢用于支撑该动物在陆地上的重量，足部用于帮助行走。到了约 3.65 亿年前，这个总鳍鱼类已进化成为四条腿的首批两栖动物祖先，并最终进化成其他陆地脊椎动物类群，包括爬行动物和哺乳动物（见图 22.26）。

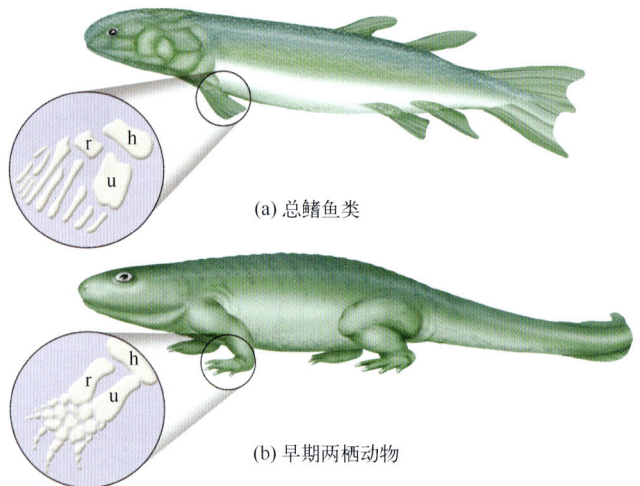

图 22.25 总鳍鱼类与早期两栖动物的解剖学特征之比较。(a)总鳍鱼类的鳍包含的基本要素与两栖动物的相同，其中 h（肱骨）对应上臂，r（桡骨）和 u（尺骨）对应前臂；(b)这种两栖动物有标准的 5 个脚趾，但早期两栖动物的脚趾多达 8 个，且具有使其与现代两栖动物截然不同的其他特征。最终，两栖动物进化成标准的 5 个脚趾

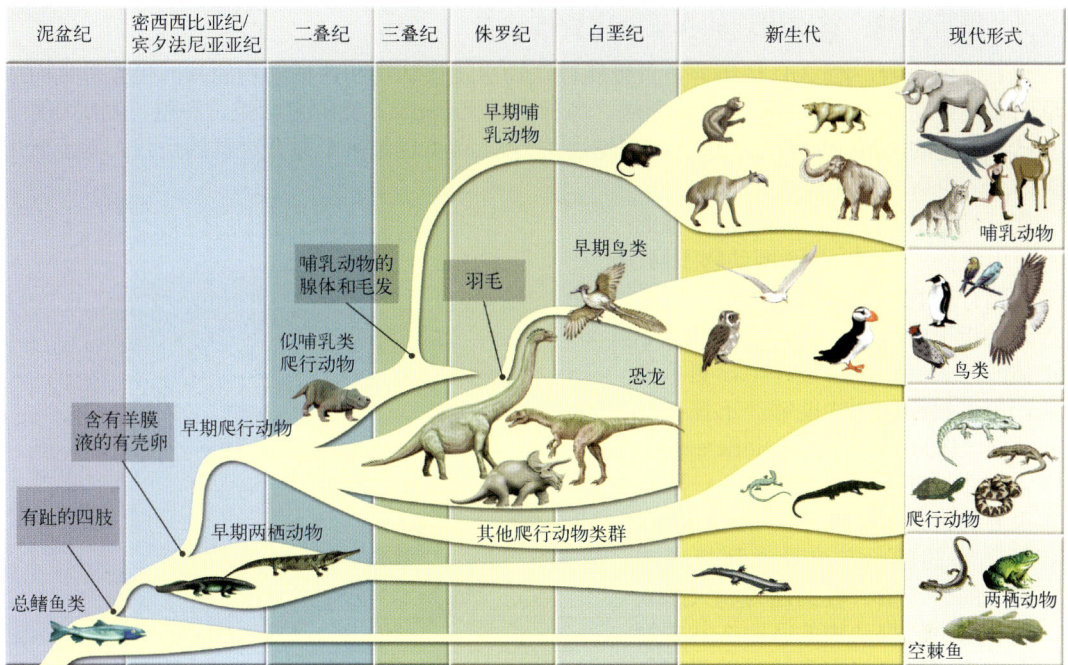

图 22.26　主要陆地脊椎动物类群的关系及其与总鳍鱼类的趋异

现代两栖动物（如青蛙、蟾蜍和蝾螈）均体型较小，主要占据池塘或潮湿生境（如沼泽和雨林）。在晚古生代，条件对这些新来者登陆而言较为理想。大型热带沼泽充满了昆虫和马陆（千足虫），遍布于北美洲、欧洲和西伯利亚，形成了在美国东部大部分地区发现的煤矿床（见图 22.27）。由于理想生境的数量极其丰富，两栖动物快速多样化，有些两栖动物的生活方式和形态甚至类似于现代爬行动物（如鳄鱼）。

图 22.27　宾夕法尼亚亚纪煤沼泽的艺术描绘。图中所示为鳞木（左）、种子蕨（左下）和马尾植物（右）。注意观察那只大蜻蜓

两栖动物虽然成功登上陆地，但并未完全适应更干燥的生境，而必须在陆地上的水体（或潮湿环境）中产卵，因为它们的卵缺乏外壳，在干燥空气中容易脱水。实际上，两栖动物（amphibian）的含义即以两种方式生活，例如青蛙在水中产卵并发育为有鳃和尾巴的水生蝌蚪（鱼类的特征），成熟后则变成长有 4 条腿的呼吸空气成体青蛙。

22.7.4　爬行动物：首次出现的真正陆生脊椎动物

化石证据表明，约 3.1 亿年前，首批爬行动物由爬行动物和两栖动物的共同祖先进化而成，最早已知爬行动物像牙齿又小又尖的蜥蜴。爬行动物（reptile）类群包括蛇、海龟、蜥蜴和鳄鱼，以及已经灭绝的类群（如恐龙、鱼龙类和蛇颈龙类）。鸟类也是某个恐龙类群的后代，基于所用的分类体系，也可视为爬行动物。

爬行动物共享对陆地上生命有益的几种衍生特征。例如，与两栖动物不同，大多数爬行动物具有由角质蛋白（也可见于人类指甲中）构成的鳞片，有助于防止体液流失并抵抗磨蚀作用。更重要的是，大多数爬行动物能够产下覆盖着外壳的卵，称为羊膜卵（amniotic eggs），其中含有沐浴胚胎的一种液体——这是非常重要的进化步骤（见图 22.28）。由于爬行动物的胚胎在这种水环境中成熟，有壳的卵（蛋）被描述为私人水族馆，这些陆生脊椎动物的胚胎在其中度过生命的水栖阶段。有了这种羊膜卵，与水环境的残余联系最后终于被打破。因此，与两栖动物不同，最早爬行动物能够占据更广泛的陆地生境，特别是干旱地区。

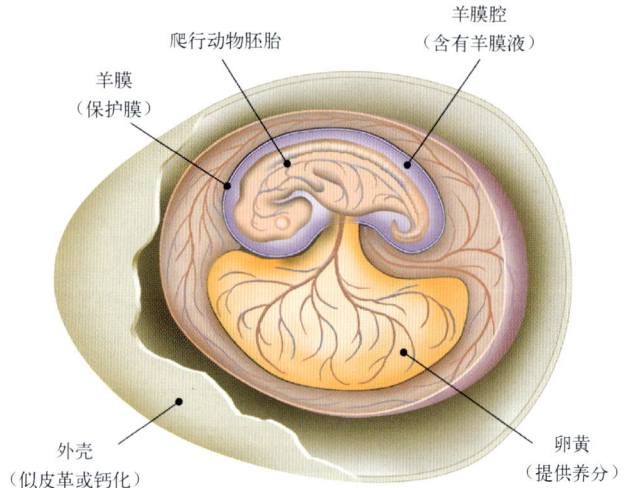

图 22.28　爬行动物的带壳卵。羊膜卵含有特殊的薄膜，包括羊膜（包裹着沐浴胚胎的液体，并充当着保护胚胎的液压减振器）。哺乳动物也产生羊膜卵，但是在大多数哺乳动物类群中，外膜形成胎盘和脐带并附着在怀孕成体的子宫上

22.7.5　二叠纪大灭绝

二叠纪末期发生了一次大灭绝，地球上的大量物种彻底消失。在这次大灭绝期间，70% 的陆生脊椎动物物种以及 90% 的海洋生物消失得无影无踪，在过去 5 亿年发生的 5 次大灭绝中，这次灭绝最为严重。每次灭绝都对已有生物圈造成严重破坏，从地球上抹去大量物种，但是在每次灭绝事件中，幸存者都会建立更加多样化的新生物群落。因此，大灭绝实际上会使地球上的生命更加兴旺，因为少数顽强的幸存者最终填补了受害者遗留的环境生态位。

对于这些古老的大灭绝事件，人们提出了若干解释机制。古生物学家最初认为，这些大灭绝是由气候变化和生物力（如捕食和竞争）共同引发的渐进式事件。还有些研究团队则尝试将特定大灭绝与较大小行星撞击地表的爆炸性撞击进行关联。

最广为接受的观点认为，二叠纪大灭绝主要由火山活动引发，因为它与一次溢流玄武岩的大规模喷发相吻合，这次喷发的覆盖面积约为 160 万平方千米（几乎相当于整个阿拉斯加州）。这一系列喷发前后持续了约 100 万年，发生在俄罗斯北部称为西伯利亚暗色岩（Siberian Traps）的一个区域中。这是过去 5 亿年来规模最大的一次火山喷发，大量二氧化碳的释放可能导致一段时期的温室变暖加速，二氧化硫的排放则被视为海洋环境中形成大量酸雨及低氧条件的原因，这些剧烈环境变化可能给地球上的许多生命形式带来过大压力。

概念回顾 22.7

1. 什么是寒武纪大爆发？
2. 描述植物为了在大陆上生存而必须要克服的障碍。
3. 哪个动物类群被视为已经迁移到陆地上，从而成为最早出现的两栖动物？
4. 哪些主要发展使爬行动物能够向内陆迁移？

22.8 中生代：恐龙称霸陆地

总结中生代生命史中的主要发展。

二叠纪大灭绝的幸存者成了中生代黎明时存在的生命形式，这些生物以多种方式多样化发展，填补了晚古生代形成的生物空白。随着恐龙的崛起，陆地上的生命发生了彻底转变，海洋中的生命同时进入了令人瞩目的转变阶段，诞生了当今海洋中繁盛的许多动物类群，包括鱼类、甲壳动物、软体动物、海星及其亲缘生物的现代类群。

22.8.1 裸子植物：中生代的优势树种

陆地上的条件有利于能够适应干旱气候的生物，一种有用的进化适应性是种子（seed），即在保护层内包被营养物质供应的胚胎。种子植物有两个类群：裸子植物（gymnosperms）和被子植物（angiosperms）。裸子植物形成裸露的种子，发育在经过改造的叶子上，通常形成锥形的鳞片状结构。裸子植物（Gymnosperms）的种子之所以称为裸，是因为其未包被在一个结构中，不同于那些最终变成果实的花朵中的种子（如苹果籽）。裸子植物的种子一旦成熟，锥形鳞片就会分离并释放出种子。与最早侵入陆地的植物（更原始的蕨类植物）不同，含有种子的裸子植物不再被迫依赖水分来补充养分，因此很容易适应更加干燥的生境。

在整个中生代（2.52 亿年前～6600 万年前）的大部分时间里，裸子植物均主导着陆地生态系统，典型类群示例包括：苏铁（铁树），与大型菠萝植物类似；银杏树，具有扇形叶片；针叶树（conifer），当时最大植物，现代后裔如松树、刺柏和红杉（见图 22.29）。这些古树的最著名化石出现在亚利桑那州北部的石化森林国家公园中，巨大石化原木出露在这里的地表位置，由三叠系钦尔组（Chinle Formation）岩石风化剥蚀而出（见图 22.30）。

图 22.29 巨型红杉是锥形针叶树。巨型红杉或许是最大的现生生物，重量高达 2500 吨（相当于约 24 头蓝鲸或 40000 人的质量）。巨型红杉的自然分布地位于内华达山脉西部。作为其近亲，海岸红杉是最高的现生树木，最高可生长至 115 米

图 22.30 亚利桑那州石化森林国家公园中的三叠纪石化原木

22.8.2 爬行动物占领陆地、海洋和天空

在这些动物中，爬行动物很容易适应更干燥的二叠纪和三叠纪环境。在陆地上，恐龙的体型大小变化较大，从小鸟大小的两足动物（两只脚移动的动物），到 40 米长（脖子长到足以吃到高

大树木上的树叶）的四足动物（四只脚移动的动物）。还有一些大型恐龙是食肉动物，例如凶猛的两足动物霸王龙（Tyrannosaurus）。

有些爬行动物进化出了特殊的特征，能够栖息在截然不同的生境中。其中，翼龙（pterosaurs）类群变成了空中滑翔龙，目前尚不清楚最大翼龙（部分翼展超过 11 米，体重超过 90 千克）的飞行机制。有些爬行动物则重返海洋，例如以鱼为食的蛇颈龙（plesiosaurs）和鱼龙（ichthyosaurs），如图 22.31 所示。这些爬行动物变成了游泳高手，通过肺（而非鳃）进行呼吸，与现代海洋哺乳动物（如鲸和海豚）较为相像。

图 22.31　重返海洋的爬行动物。鱼龙是中生代期间重返海洋的爬行动物之一

到了约 1.6 亿年前，某个带羽毛的恐龙类群演化成了现代鸟类（见图 22.32）。许多研究者认为，始祖鸟（Archaeopteryx）是最早出现的已知鸟类。始祖鸟长有带羽毛的翅膀，但是仍然保留牙齿，翅膀上有爪状脚趾，且拖着一条含有许多椎骨的长尾。最近一项研究认为始祖鸟在高速状态下飞行得非常好，但是与大多数现代鸟类不同，它可能无法从站立位置起飞，这些类鸟恐龙的后代通过奔跑和跳跃到空中起飞。还有些研究人员则不同意这种观点，按照鸟类由树栖滑翔动物进化而来的观点，将它们想象成向下滑翔到地面的攀爬动物。最早的鸟类是从地面飞到空中、是从树上飞到空中，还是这两种机制同时存在，科学家对此始终争论不休。

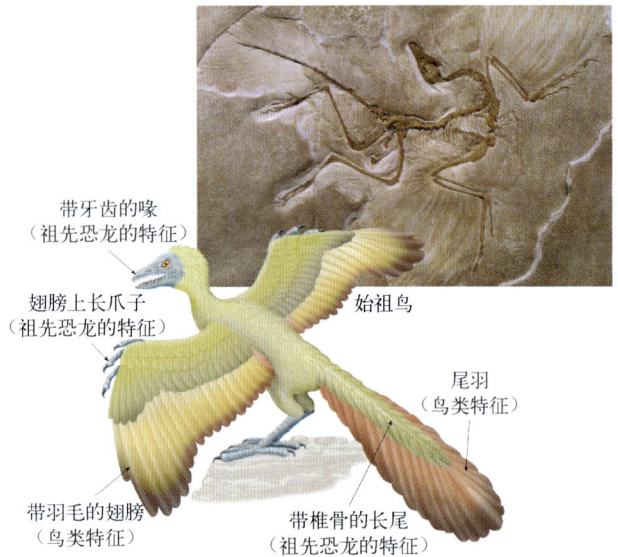

带牙齿的喙（祖先恐龙的特征）
翅膀上长爪子（祖先恐龙的特征）
始祖鸟
尾羽（鸟类特征）
带羽毛的翅膀（鸟类特征）
带椎骨的长尾（祖先恐龙的特征）

图 22.32　始祖鸟是与现代鸟类相关的过渡形态。始祖鸟长有带羽毛的翅膀和尾巴，似乎是为了飞行，但在很多方面与祖先恐龙相似。这幅草图显示了艺术家对始祖鸟的重建

恐龙繁盛了近 1.6 亿年，但是到了晚中生代，所有恐龙（除了现代鸟类的祖先）和大量相关爬行动物都灭绝了。只有通过化石记录，巨大的陆栖恐龙、海栖蛇颈龙和滑翔翼龙才为人类所知。究竟是何种因素导致了这次大灭绝呢？

22.8.3　恐龙的灭绝

在地质年代表上，不同部分之间的边界表示重大地质和/或生物变化的时代，其中约 6600 万年前的中生代与新生代之间的边界特别引人注目。在这段过渡时期的另一次大灭绝中，约 3/4 的动植物物种彻底消失。这个边界标志着恐龙及其他大型爬行动物主宰景观时代的结束（见图 22.33），以及哺乳动物接替其地位时代的开始。

究竟是何种因素引发了最成功的陆地动物类群之一（恐龙）的灭绝呢？越来越多的研究人员支持以下观点：恐龙是左右开弓组合拳的受害者。第一次打击（左勾拳）发生在中生代的最后几百万年间。气候数据

图 22.33　艺术家渲染的异特龙。异特龙是生活在晚侏罗世（1.55 亿年前～1.45 亿年前）的大型食肉恐龙

研究表明，在这段时间内，陆地平均气温可能在数万年（地质时期中的一瞬间）内上升了 20℃。这一全球变暖事件被视为与大规模玄武岩喷发（形成了现在的印度德干高原）同时发生，德干火山喷发释放出大量二氧化碳，导致了一段时期的温室变暖，进而引发气温急剧上升。据推测，这段时间的全球变暖扼杀了部分物种，同时阻碍了另一部分物种。

最后一击（右勾拳）发生在约 6600 万年前，地球当时受到一颗石陨石（太阳系形成时的残余物）的撞击。这个脱轨岩石块体的直径约为 10 千米，撞击时的速度约为 90000 千米/小时，撞击地点是位于北美洲南部的一个热带浅海（现在的墨西哥尤卡坦半岛），如图 22.34 所示。

撞击发生后，悬浮尘埃遮蔽极大减少了抵达地表的阳光数量，导致全球降温（撞击冬季），抑制了光合作用，扰乱了粮食生产。在尘埃落定后很久，由爆炸增添到大气中的硫化合物仍然悬浮，并将太阳辐射反射回太空，使得异常寒冷的温度持续存在。

有一项证据指向 6600 万年前发生过一次灾难性碰撞，即在全球几个地点均发现了一个沉积物薄层（厚度不到 1 厘米）。这种沉积物含有较高含量的铱元素，该元素在地壳中非常罕见，但在石陨石中则含量很高（见图 22.35）。这个薄层很可能包含了对环境变化负有责任的陨石散落残骸，而环境变化是导致许多爬行动物类群灭绝的第二次（也是最后一次）打击。

无论何种原因导致了这场大规模灭绝，都为理解灾难性事件在塑造地球的自然景观和生物圈中发挥的作用提供了宝贵教训。恐龙的灭绝为幸存的哺乳动物开辟了生境，这些新生境再加上生物进化力，使得占据现代世界的哺乳动物呈现出极大的多样化发展。

图 22.34　希克苏鲁伯陨石坑。希克苏鲁伯陨石坑是一个巨型撞击坑（直径为 180 千米），形成于约 6600 万年前，此后充满了沉积物。形成这个陨石坑的那次撞击可能推动了恐龙的灭绝

图 22.35　铱层：6600 万年前发生灾难性撞击的证据。在分隔中生代与新生代的地球物理边界处，世界多地都发现过一个沉积物薄层。这种沉积物含有较高含量的铱，该元素在地壳中较为罕见，但在石陨石中的浓度要高得多

概念回顾 22.8

1. 哪种植物类群是中生代的优势树种？说出这个类群的现代后裔的名称。
2. 在中生代，陆地上的主导爬行动物类群是什么？
3. 现代鸟类由哪种爬行动物类群进化而来？

第 22 章　地球演化历史　　**583**

22.9 新生代：哺乳动物多样化

讨论新生代生命史中的主要发展。

在新生代（约 6550 万年前至今），哺乳动物（取代恐龙）成了陆地上的优势脊椎动物。在植物中，约 1.4 亿年前出现的被子植物（angiosperms）即开花植物逐渐占据大多数陆地环境，现在约占所有植物物种的 90%。

开花植物的发展强烈影响了鸟类和哺乳动物（以种子和果实为食）以及许多昆虫类群的进化。在新生代中期，草（一种被子植物）快速蔓延，形成草原，这是一种全新的景观类型。同时，草食性哺乳动物类群进化出了种类繁多的食草动物，食肉动物则进化为食草动物的捕食者（见图 22.36）。

图 22.36　在新生代，被子植物成为优势植物。被子植物通常称为开花植物，由具有生殖结构（称为花和果实）的种子植物类群组成。(a)在现代植物中，被子植物种类最多且分布最广，大多开出易于辨认的花朵；(b)有些被子植物（包括草）开的花极小。在新生代，草原扩张极大地增强了放牧哺乳动物及以它们为食的捕食者的多样性

新生代海洋中有很多现代鱼类，例如金枪鱼、剑鱼和梭鱼。此外，有些哺乳动物（如海豹、鲸和海象）也在海洋中生活。

22.9.1　从恐龙到哺乳动物

哺乳动物和恐龙曾经共存近 1 亿年，但是大多数保持较小体型，而且可能大部分在夜间活动。然后，在约 6600 万年前，大型陨石与地球发生碰撞逆转了二者的命运，对恐龙的统治造成了最后的毁灭性打击。在化石记录中，这种命运转换（从一个突出类群到另一个突出类群）清晰可见。

哺乳动物（mammal）因其为后代产奶的乳腺（mammary glands）而得名。哺乳动物的另一种独特特征是毛发。此外，与鸟类差不多，哺乳动物也具有吸热性（endothermic），即它们能够通过代谢活动保持体温恒定，且大脑体积大于其他脊椎动物类群。

随着大型中生代恐龙的灭绝，新生代哺乳动物快速多样化。现存许多形式均由小型原始哺乳动物（以短腿、五趾平足和小脑袋为特征）进化而来，它们的发育及特化的 4 个主要方向如下：体型增大；大脑容量增加；牙齿特化，以适应更多样化的饮食；四肢特化，以更好地适应特定生活方式（或生境）。

22.9.2　哺乳动物类群

在中生代，现生哺乳动物出现了以下 3 种主要谱系：单孔类（monotremes），即产卵的哺乳动物；有袋类（marsupials），即有育儿袋的哺乳动物；有胎盘类（placentals），即人类所属的类群。这些类群的差异主要体现在繁殖方式上。单孔类动物能够产下硬壳卵（蛋），这是该类群及大多数现代爬行动物保留的祖先特征，鸭嘴兽（原产于澳大利亚和塔斯马尼亚）是目前仅存的少数单孔类动物之一。

另一方面，年轻有袋类动物出生时位于发育极早期阶段，出生时的幼崽进入母体的育儿袋，在吮吸过程中完成发育。如今，有袋类动物主要在澳大利亚发现，在那里走上了一条与有胎盘类哺乳动物基本分离的独立进化路径。现代有袋类动物包括袋鼠、负鼠和考拉，如图 22.37 所示。

有胎盘类哺乳动物也称真哺乳亚纲动物（eutherians），在母体的子宫内完成胚胎发育，并通过胎盘获得营养（由脐带连接）。大多数哺乳动物（包括人类）都是有胎盘类动物，这个类群的其他成员包括狼、象、蝙蝠、海牛和猴子等。

22.9.3 人类：大脑较大和两足行走的哺乳动物

化石和基因证据均表明，到了 650 万年前，原始人（hominins）已从通往现代黑猩猩的路线上分支出来。在非洲几个沉积盆地（包括东非大裂谷）发现的化石中，科学家对这种进化有着良好的记录。迄今为止，人类学家已发掘出了约 20 种与人类更密切相关（与黑猩猩相比）的已灭绝灵长类动物。

南方古猿（Australopithecus）属大致存在于 420 万年前，骨骼特征介于类人猿祖先与现代人之间。特别值得一提的是，南方古猿能够直立行走，这种两足行走证据包括坦桑尼亚莱托里 320 万年前火山灰沉积中保存的足迹（见图 22.38）。这种新移动方式使人类祖先可能离开森林生境，长途跋涉去狩猎和觅食。

人属（Homo）的最早化石［包括能人（Homo habilis）的遗骸］被戏称为手巧之人，因为在 240 万年前～160 万年前的沉积物中，人们发现这些早期类人动物经常使用锋利石器。与其祖先相比，能人的下颌更短且大脑更大。

在随后 130 万年间，人类祖先大体发育出了更大的大脑，以及髋关节适合长距离行走的细长双腿。这些种［包括直立人（Homo erectus）］最终进化成为人类的种，即智人（Homo sapiens），以及某些已经灭绝的相关种，例如尼安德特人（Neanderthals/Homo neanderthalensis）。虽然尼安德特人的大脑比当今人类更大，且能用木头和石头制作狩猎工具，但他们在约 28000 年前就灭绝。尼安德特人曾被视为智人进化的一个阶段，但是这种观点已被放弃。

基于人们当前的理解，智人约 20 万年前起源于非洲，然后开始在全球迁移。在非洲之外，最古老的智人化石在中东地区被发现，可以追溯到 11.5 万年以前。人类已知与尼安德特人及其他史前人口曾经共存，在西伯利亚、中国及印度尼西亚均发现过遗骸。此外，有基因证据表明，人类种与生活在欧亚大陆的尼安德特人混种繁殖。

到了 36000 年前，人类在欧洲创作了壮观的洞穴绘画（见图 22.39）。约 28000 年前，所有史前人类种群（智人除外）均已灭绝。

图 22.37 袋鼠是有袋类哺乳动物的示例。潘吉亚超大陆裂解后，澳大利亚有袋类动物独立进化

图 22.38 坦桑尼亚莱托里火山灰沉积中的南方古猿足迹

图 22.39 早期人类在洞穴中绘制的动物

22.9.4 大型哺乳动物及其灭绝

在新生代哺乳动物的快速多样化过程中，有些种变得非常庞大。例如，到了渐新世（约 2300 万年前），一种无角犀牛（巨犀）进化到接近 5 米高，这是已知存在的最大陆地哺乳动物。随着时间的推移，许多其他哺乳动物进化成为大型哺乳动物——实际数量比现在更多。在这些大型哺乳动物中，许多在 11 000 年前极为常见，但是晚更新世的一波灭绝使得它们从景观中快速消灭。

北美洲经历了乳齿象和猛犸象的灭绝，它们都是现代大象的大型近亲（见图 22.40）。此外，剑齿虎、巨型海狸、大型地懒、马、巨型野牛及其他动物也相继灭绝。在欧洲，晚更新世的物种灭绝包括披毛犀、大型洞穴熊和爱尔兰麋鹿。对于这些大型哺乳动物近期灭绝的原因，科学家仍然感到困惑。由于这些大型动物在几次主要冰期和间冰期中幸存，很难将其灭绝归因于气候变化。有些科学家推测，早期人类选择性地狩猎大型哺乳动物，加速了这些哺乳动物的衰落。

图 22.40 艺术家对猛犸象的演绎。现代大象的这些近亲是冰期结束时灭绝的大型哺乳动物之一

概念回顾 22.9

1. 解释恐龙的灭绝如何影响哺乳动物的发展。
2. 研究人员在哪里发现了人类祖先早期进化的大部分证据？
3. 将人类与其他哺乳动物区分开来的两种最佳特征是什么？

主要内容回顾

22.1 地球宜居的原因

关键词：系外行星，宜居带

- 据目前所知，地球在孕育生命的行星中独一无二，大小、成分和与太阳之间的距离均有助于维持生命。

22.2 地球的诞生

关键词：超新星，太阳星云，星子，原行星，冥古宙

- 宇宙形成于 138 亿年前，大爆炸形成了空间、时间、能量和物质，包括氢元素和氦元素。比氢和氦更重的元素通过恒星中发生的核反应合成。

- 地球和太阳系形成于约 46 亿年前的太阳星云收缩。在这个旋转圆盘中，各物质团块之间发生碰撞，导致星子和原行星不断生长。随着时间的推移，太阳星云物质集中在少数较大天体中，例如太阳、岩质内行星、冰质外行星、卫星、彗星和小行星。

- 由于撞击小行星和星子的动能和放射性同位素的衰变，早期地球的温度炽热到足以使岩石和铁熔化，使得铁下沉而形成地核，岩石物质上升而形成地幔和地壳。

问题：附图显示了舒梅克-利维 9 号彗星与木星在 1994 年的撞击。在这次事件后，木星的总质量发生了何种变化？太阳系中的天体数量受到何种影响？

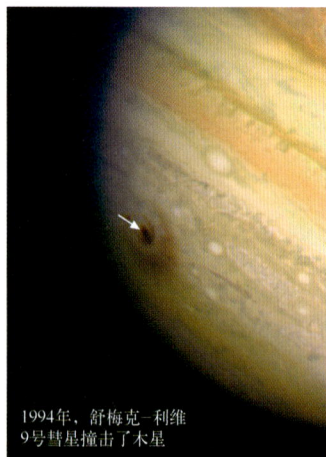

1994年，舒梅克-利维 9号彗星撞击了木星

22.3 大气和海洋的起源及演化

关键词：排气，植物光合作用，条带状含铁建造，大氧化事件

- 随着火山持续排气，向早期太阳系常见气体原始大气中添加了大量水蒸气和二氧化碳，地球大气最终得以形成。
- 蓝细菌通过植物光合作用开始积聚游离氧，并将氧气作为副产品释放。大部分这种早期氧气立即与溶解在海水中的铁发生反应，并以称为条带状含铁建造的化学沉积物形式沉积在洋底。大氧化事件发生在 23 亿年前，这是标志着大气中存在大量游离氧的首个证据。
- 地球海洋在地表冷却后形成。地壳风化形成的可溶性离子被搬运到海洋，使其盐度增大。海洋还从大气中吸收了巨量二氧化碳。

22.4 前寒武纪历史

关键词：克拉通，地盾，超大陆，超大陆旋回

- 前寒武纪包括太古宙和元古宙。人们对这些宙的了解有限，因为侵蚀作用已经破坏了大部分岩石记录。
- 通过板块构造中超镁铁质和镁铁质地壳的再循环，陆壳随着时间的推移而形成。小型地壳碎片形成并聚合成为大型地壳单元，称为克拉通。随着时间的推移，通过这个地壳中央核边缘的新地体增生，北美洲及其他各大陆生长形成。
- 早期克拉通不仅聚合，有时还会裂解。罗迪尼亚超大陆形成于约 11 亿年前，然后裂解并打开新洋盆。随着时间的推移，这些洋盆在约 2.5 亿年前闭合形成一个新超大陆，称为潘吉亚超大陆。像之前的罗迪尼亚超大陆一样，作为正在进行的超大陆旋回的一部分，潘吉亚超大陆最终也发生了裂解。
- 超大陆裂解后，抬升洋脊的形成移位了足以导致海平面上升的海水，浅海最终淹没了各个大陆。各大陆的裂解也会影响洋流的方向，对气候产生重要影响。

22.5 显生宙地质历史

关键词：潘吉亚超大陆，劳亚古陆，冈瓦纳古陆

- 显生宙始于 5.41 亿年前，可划分为古生代、中生代和新生代。
- 在古生代，北美洲经历了一系列碰撞，导致

年轻的阿巴拉契亚造山带隆起，成为潘吉亚超大陆聚合的一部分。较高海平面导致海洋覆盖了广阔的大陆区域，并形成了沉积地层的厚层序列。

- 在中生代，潘吉亚超大陆裂解，大西洋开始形成。当北美洲大陆向西移动时，由于西海岸沿线的俯冲作用和地体增生，科迪勒拉山系开始隆升。在西南部地区，广阔的荒漠堆积了厚层沙丘沙。
- 在新生代，在北美洲大西洋边缘和墨西哥湾沿线，沉积了厚层沉积物序列。同时，北美洲西部经历了一次非同寻常的地壳伸展事件，最终形成了盆岭省。

22.6 地球上的最早生命

关键词：蛋白质，原核生物，叠层石，真核生物

- 生命始于非生命。氨基酸是蛋白质的必要构成单元，可能由紫外光或闪电或者温泉中的能量组装而成，也可能后来通过陨石输送到地球。
- 最早生物是相对简单的单细胞原核生物，在缺氧情况下繁殖，可能形成于 38 亿年前。由于光合作用的出现，微生物垫得以堆积并形成叠层石。
- 与原核生物相比，真核生物的细胞更大且更复杂。已知最古老的真核细胞可以追溯到约 21 亿年前。真核细胞提升了多细胞生物的巨大多样性。

22.7 古生代：生命大爆发

关键词：无脊椎动物，寒武纪大爆发，脊椎动物，两栖动物，爬行动物，羊膜卵，大灭绝

- 在寒武纪初期，沉积岩中出现了丰富的化石硬质部分。这些甲壳及其他骨骼物质来自众多新动物，包括三叶虫和头足类动物。
- 约 4 亿年前，植物在陆地上大量生长，并很快多样化为森林。
- 在泥盆纪，有些总鳍鱼类逐渐进化为最早的两栖动物。两栖动物种群的子集之一进化出防水皮肤和有壳卵，并分化成爬行动物。
- 古生代以地质记录中最大的一次大灭绝结束，这一致命事件可能与西伯利亚暗色岩的溢流玄武岩喷发有关。

问题：简要描述附图中羊膜卵给爬行动物在干旱陆地上生存带来的优势。

羊膜卵

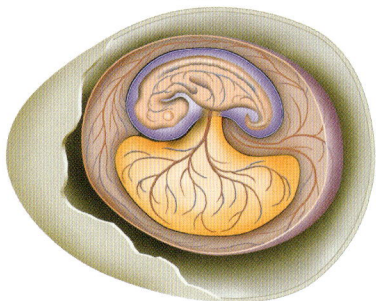

22.8 中生代：恐龙称霸陆地

关键词：种子，裸子植物

- 在中生代，植物多样化发展。植物群以裸子植物为主，这是最早的含种子植物。

- 恐龙开始统治陆地，翼龙飞向天空，一系列海洋爬行动物在海洋中游动。最早鸟类进化于中生代，始祖鸟就是证据。

- 类似于古生代，中生代同样以大灭绝告终。这次灭绝缘于大规模陨石撞击，以及一段时期的大规模火山作用，二者均将颗粒物质释放到大气中，极大地改变了地球气候，扰乱了地球食物链。

22.9 新生代：哺乳动物多样化

关键词：被子植物，哺乳动物，吸热性

- 开花植物称为被子植物，在新生代多样化并在世界各地传播。

- 一旦中生代巨型爬行动物灭绝，哺乳动物就能在陆地、空中和海洋中多样化。哺乳动物具有吸热性，有毛发，用乳汁喂养幼崽。有袋类哺乳动物出生时非常不成熟，然后转移到母体身上的育儿袋中。有胎盘类哺乳动物在子宫内的停留时间更长，出生时处于相对成熟的状态。

- 人类从位于非洲的灵长类祖先进化而来，总计历时约 650 万年。人类与其猿类祖先的区别在于：直立双足姿势、较大的大脑以及复杂工具的使用。在解剖学意义上，最古老的现代人类化石有 20 万年历史，其中部分人类从非洲向外迁徙，与尼安德特人及其他类人种群共存。

深入思考

1. 参考图 22.4，简要总结导致地球形成的各个事件。

2. 附图显示了称为条带状含铁建造的层状富铁岩石，这些年龄为 23 亿年的岩石存在暗示了关于地球大气演化的何种信息？

3. 约 23 亿年前，大气中的氧气突然出现，描述其如何影响现代生命形式的发展。

4. 化石记录中记载了 5 次大灭绝，每次都有 50% 或更多地球海洋物种灭绝。附图描绘了每次大灭绝的时间和范围。**a**. 在 5 次大灭绝中，哪次最极端？通过名称和发生时间，识别这次大灭绝。**b**. 最近一次大灭绝发生在什么时候？**c**. 在最近一次大灭绝中，哪种著名陆地动物类群彻底消失？**d**. 在最近一次大灭绝后，哪种陆生动物类群经历了重要的多样化时期？

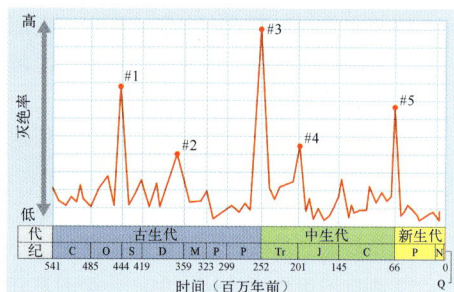

5. 海洋目前覆盖了地表约 71%，但是在地球历史早期，海洋的地表覆盖比例更大。解释理由。

6. 比较新生代北美洲东部及西部边缘与其板块边界之间的关系。

7. 3 亿年前～2.5 亿年前，板块运动将之前分离的所有陆块聚合在一起，形成了潘吉亚超大陆。潘吉亚超大陆的形成使得洋盆变深和海平面下降，导致浅海区域干涸。因此，除了重新排列地球的地理位置，大陆漂移对地球上的生命也有重大影响。利用显示假设地块运动的附图和上述信息，回答以下问题：**a**. 在超大陆的形成过程中，以下哪种类型的生境可能缩小：深海生境、湿地、浅海环境或陆地生境？解释理由。**b**. 在超大陆裂解期间，海平面是保持不变、上升还是下降？**c**. 超大陆裂解期间形成的广阔海岭系统的发育如何以及为何影响海平面？

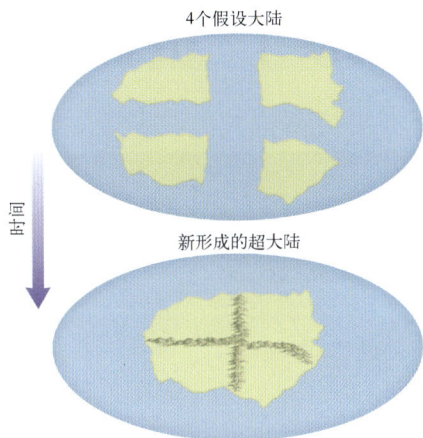

4个假设大陆

回卷

新形成的超大陆

地球之眼

1. 附图显示了澳大利亚西部杰克山区域的一块变质砾岩中,人们发现了 44 亿年前的一个锆石晶体,这是已知最古老的地球标本。锆石是一种硅酸盐矿物,在大多数花岗岩中均痕量存在。**a.** 变质砾岩的母岩是什么? **b.** 假设这个锆石晶体起源于花岗岩侵入体,简要描述其从形成到在杰克山被发现时的过程。**c.** 这个锆石晶体比变质砾岩更新还是更老?解释理由。

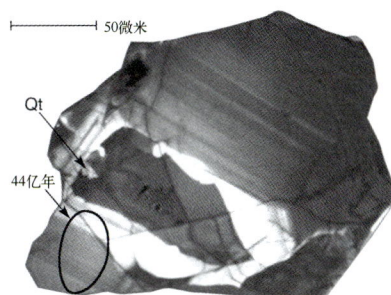

50微米

Qt

44亿年

2. 附图显示了霍伊特石灰岩中的寒武纪叠层石,出露于纽约州萨拉托加斯普林斯附近的莱斯特公园中。**a.** 利用图 22.3,大致判断这些岩石多少年前发生沉积。**b.** 可能形成这些石灰岩沉积的生物类群名称是什么? **c.** 当这些岩石沉积时,纽约州这个部分的环境可能如何?

第 23 章　能源及矿产资源

这座大型骨料矿位于加拿大安大略省卡莱登附近，对砂和砾的需求正在上升

新闻中的地质： 盗采海滩、河床及岛屿上的沙子

沙子海盗听起来像是电影中虚构的怪物敌人，其实这类人在现实生活中确实存在。沙子是混凝土及其他建筑材料的关键成分，全球建筑业的繁荣引发了巨大用沙需求，根据美国地质调查局的数据，美国 2017 年生产的建筑用砂砾高达 8.9 亿吨。据联合国估计，全世界每年开采 470～590 亿吨砂。砂砾是世界上最常见的不可再生资源之一，需求量远超供应量（特别是在亚洲）。在有些地区，这种情形为沙子黑手党利用短缺资源获利提供了便利。

印度河流中的非法采砂

在最近 10 年里，印尼官方一直在与沙子海盗作斗争，这些海盗会对小型岛屿进行整体挖掘，然后将沙子装船运走并用于建筑施工。在摩洛哥和印度，犯罪组织也从海滩和河流中非法采砂。这些非法作业当然不会遵守安全规程，经常危害海滨线和江河流域的生态系统。在印度，非法采砂甚至破坏了多座桥梁的根基。

有些人可能认为，存在高耸沙丘之处（如撒哈拉沙漠）应当拥有足够数量的沙子来满足人们的需求，遗憾的是，沙漠中的风化砂是圆状颗粒，无法与混凝土很好地混合，可作为优质建筑材料的棱角状砂通常仅在河床中（或海岸沿线）形成。

23.1 区分可再生资源和不可再生资源。

23.2 比较各种化石燃料类型，并分别描述其对美国能源消耗的贡献。

23.3 描述核能的重要性，并讨论其利与弊。

23.4 列举并讨论可再生能源的主要来源，描述其对美国整体能源供应的贡献。

23.5 区分资源、储量和矿石。

23.6 解释不同火成过程和变质过程如何形成具有重要经济意义的矿床。

23.7 讨论地表过程形成矿床的方式。

23.8 区分两大类非金属矿产资源，并分别列举相关示例。

人类从地球中提取的物质是现代文明的基础，在人们每天使用的产品和物质中，较大比例从地壳中开采，或者利用从地壳中提取的能量制造。人类消耗了大量能源及矿产资源，而且需求数量仍在持续增长。1960年的世界人口总量为30亿，2018年已增至76亿，预计2025年将超过80亿。随着世界许多地区的人口数量增长和生活水平提高，人类对各种资源的需求数量持续攀升。

对于当今工业化国家不断提升的生活水平，以及发展中国家日益增长的资源需求，地球剩余资源还能维持多长时间？在追求资源的同时，人们愿意接受多大程度的环境恶化？是否能够找到替代方案？要满足日益增长的人均需求和不断增长的世界人口总量，就要了解地球的资源及其局限性。

23.1 可再生资源和不可再生资源

区分可再生资源和不可再生资源。

人们通常根据再生能力将资源划分为两大类，即可再生资源和不可再生资源。可再生资源（renewable resources）能够在相对较短的时间内重新补满，例如玉米（食品和酒精）、天然纤维（衣服）以及林产品（木材和纸张）。某些能源（来自流水、风和太阳）也被认为是可再生资源。

相比之下，许多重要金属（如铁、铝和铜）以及常用燃料（如石油、天然气和煤炭）都是不可再生资源，如图23.1所示。虽然这类资源可能持续形成，但是形成过程却极其缓慢，具有经济意义的矿床需要数百万年才能重新补满。因此，地球中含有的这些物质实际上数量固定，当前供应将随着地下开采（或泵送）而耗尽。虽然有些不可再生资源（如容器用铝）可以回收，但是很多其他资源（如燃料用石油）则无法回收。

人类利用的大部分能源及矿产资源都是不可再生资源。美国普通人一生之中需要消耗多少不可再生资源？表23.1提供了几种非燃料矿产品的美国人均用量估计值，虽然数量似乎可能高得惊人，但事实确实如此，例如在一辆普通美国汽车中，通常含有1吨多钢铁、240磅铝、42磅铜、41磅硅、22磅锌及其他30余种矿产品（如钛、铂和金）。

图 23.1 **犹他州宾厄姆峡谷铜矿**。这个采坑是世界上最大的露天矿之一，直径近4千米，深度近900米。虽然岩石中的铜含量低于0.5%，但是从每天挖掘巨量物质中提炼出的金属数量仍足以盈利。除了铜，该矿山还生产金、银和钼等不可再生资源

表 23.1　美国人均资源消耗量

矿产品	一生中消耗的数量		矿产品	一生中消耗的数量	
	单位：磅	单位：千克		单位：磅	单位：千克
铝	5677	2555	铁矿石	29608	13324
水泥	65480	29466	铅	928	417
黏土	19245	8660	磷矿石	19815	8917
铜	1309	589	石头、砂和砾	1610000	724500
金	99	45	锌	671	302

概念回顾 23.1

1. 区分可再生资源和不可再生资源。
2. 可回收资源（如铝）是否可被视为可再生资源？

23.2　能源资源：化石燃料

比较各种化石燃料类型，并分别描述其对美国能源消耗的贡献。

在最近 200 年间，地球大规模工业化主要由燃烧煤炭、石油和天然气提供动力，这些物质都是数百万年前的生物残骸，因此称为化石燃料（fossil fuels）。今天，约 80% 的美国能源消耗来自化石燃料，图 23.2 显示了这些能源的来源和用途，美国对化石燃料的依赖显而易见。

23.2.1　煤炭

煤炭价格长期低廉且储量丰富，数百年以来始终是重要燃料。19 世纪～20 世纪初，煤炭推动了工业革命，1900 年提供了美国 90% 的能源，2017 年的美国能源总量占比则要小得多（约 14%）。美国煤田分布广泛，应能持续供应数百年（见图 23.3）。煤炭形成相关讨论见第 7 章。

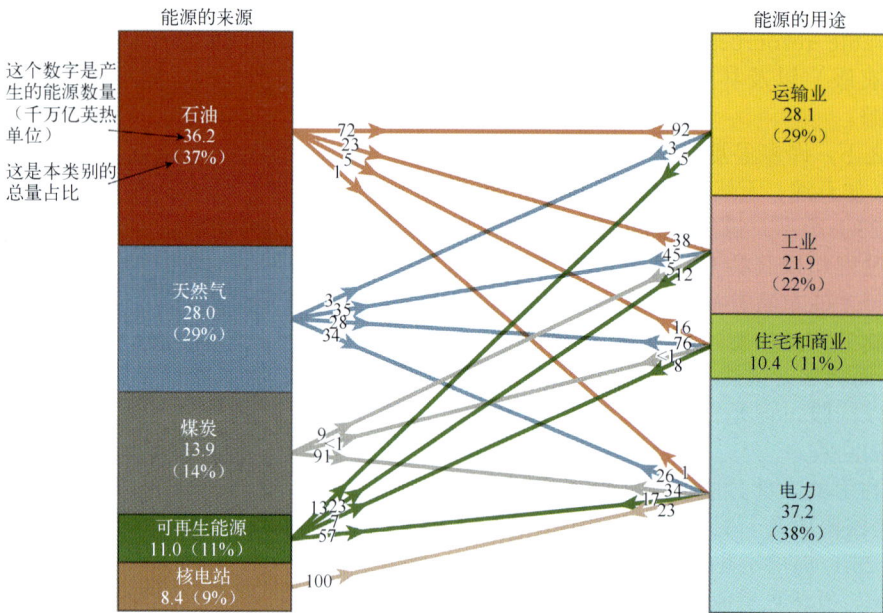

阅读这两个图表：
左侧表示美国人所用能源的来源，右侧显示美国人在哪里使用这些能源。连接两张图表的带数字线条提供了更多细节，例如顶部线条显示出 72% 的石油为运输部门所用，同时运输部门 92% 的所用能源来自石油。

图 23.2　美国 2017 年的能源消耗。总量为 97.7 千万亿英热单位（Btu），1 千万亿等于 10 的 15 次方，或者 10 亿个 100 万。1 千万亿英热单位便于表述美国能源的整体用量

截至 2017 年，美国约 91% 的煤炭用于发电厂发电。如图 23.2 所示，目前美国约 1/3 的电力来自煤炭发电。如前所述，最近几十年来，所有部门的煤炭用量均在稳步下降，特别是近期急剧下降。2014 年，煤炭占美国能源消费总量的 17%。仅 3 年后，这一比例再次降至 14%。

煤炭的开采和利用面临着诸多挑战。目前在美国，所有露天采矿都必须进行土地复垦，若不进行细致（费用昂贵）的土地复垦，则露天采矿可能将乡村变成伤痕累累的荒地。虽然地下采矿不会对地面景观造成同样程度的创伤，但是对人类的生命健康来说代价高昂。联邦安全法规的力度较大，使得美国采矿业相当安全，但是顶板坍塌、气体爆炸和所需重型设备仍然存在危害。多年来，露天煤矿生产的煤炭份额大幅增长，从 1949 年的 51% 增加到 2017 年的 65%（见图 23.4）。

煤炭燃烧会排放大量有害物质，主要包括：

- 二氧化硫（SO_2）：引发酸雨和呼吸道疾病。
- 氮氧化物（NO_x）：引发烟雾和呼吸道疾病。
- 颗粒物质：引发烟雾、雾霾、呼吸道疾病和肺病。
- 二氧化碳（CO_2）：化石燃料燃烧形成主要温室气体，在大气变暖中发挥重要作用（第 21 章详细探讨了这个问题）。

煤炭工业现在利用若干方法来减少煤炭中的二氧化硫、氮氧化物及其他杂质，并且开发了更有效的开采后洗煤方法，煤炭消费者也已转向更多利用污染较小的低硫煤，但是挑战依然巨大。

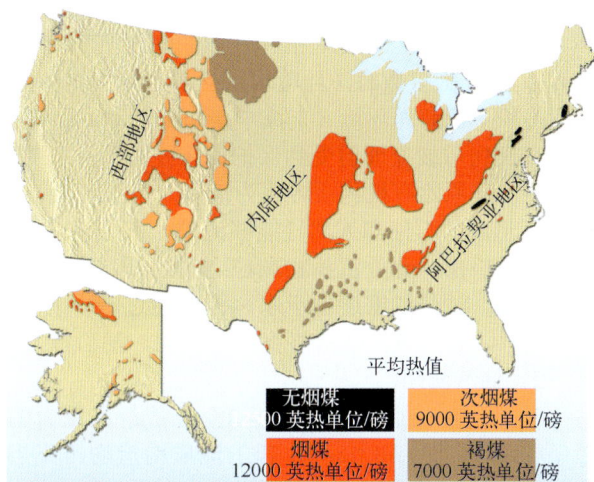

图 23.3 美国的煤田分布。西部地区产量最高，约 40% 的美国煤炭产量来自怀俄明州，阿巴拉契亚地区的西弗吉尼亚州（11%）和宾夕法尼亚州（6%）分列第二位和第三位。在煤炭产量中，烟煤约占 45%，次烟煤约占 45%，褐煤约占 10%，无烟煤可忽略不计

图 23.4 露天煤矿。美国约 65% 的煤炭产量来自露天煤矿，这个矿场位于怀俄明州坎贝尔县

23.2.2 石油和天然气

2017 年，石油和天然气合计提供了美国 66% 的能源消耗，经济运输部门几乎完全依赖石油作为能源（见图 23.2）。2011 年，在美国能源的来源中，天然气 30 多年来首次超过煤炭，重要原因之一是技术开发提升了页岩层的产气量。由图 23.2 可知，天然气的使用几乎在 3 种类型（运输除外）之间平均分配。

1. 油气形成

石油和天然气（简称油气）可见于相似环境中，而且经常同时存在，均由烃类（碳氢化合物）组成，也可能含有少量其他元素（如硫、氮和氧）。类似于煤炭，石油和天然气也是从生物体残骸中提取的生物产品，但是形成环境和生物体均差异极大，煤炭主要来自海平面以上沼泽环境中堆

积的植物（见图 7.20），石油和天然气则来自海洋中的动植物残骸。

油气形成始于富含动植物残骸的海洋沉积物堆积，地点必须位于生物活性较高处（如近滨区域）。但是，大多数海洋环境均富含氧气，生物体残骸在被其他沉积物掩埋之前会发生腐烂，因此油气堆积不像海洋环境（支撑丰富生物活动）那样广泛分布。即便如此，在许多近海沉积盆地中，大量有机物质被掩埋但受到保护而未发生氧化。数百万年来，随着埋藏深度越来越大，化学反应逐渐将某些原始有机物质转化为液态及气态烃类，称为石油和天然气（petroleum and natural gas）。

新形成的石油和天然气能够流动，部分流体从其源于相邻透水层（如砂岩）处的压实富泥岩层中逐渐挤出，此处沉积物颗粒之间的开口变得更大。这种情形发生在水下，因此含油气岩层发生水饱和。油气的密度低于水，因此通过围岩的充满水孔隙向上运移。除非有遮挡物阻止了这种向上运移，否则该流体最终将抵达表面，随后挥发性成分蒸发。

2．油气圈闭

油气的向上运移有时会停止，经济意义重大的大量油气能在地下聚集的地质环境称为油气圈闭/石油圈闭（oil trap）。若干地质构造均可充当油气圈闭，但都具有两种共同基本要件：一是多孔可渗透的储层岩石/储集层（reservoir rock），可产出足够数量的石油和天然气，使得钻探活动能够发挥价值；二是几乎不可渗透油气的盖层岩石/盖层（cap rock），例如页岩。盖层岩石能够阻止向上流动的油气，防止它们在地表处发生逃逸。图 23.5 描绘了部分常见油气圈闭，现分别列举如下：

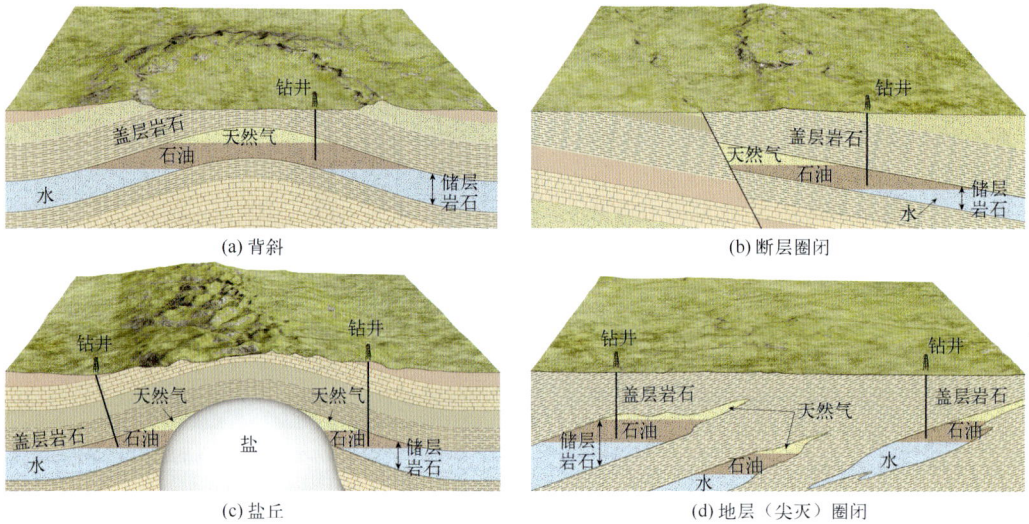

图 23.5　常见油气圈闭

- 背斜。背斜（anticline）圈闭最简单，这是一系列上拱沉积地层（见图 23.5a）。当地层弯曲时，上升油气聚集在褶皱顶部。由于密度较小，天然气聚集在石油之上，二者全部位于密度更大的水（使储层岩石饱和）之上。
- 断层圈闭。当地层发生错断时，若倾斜的储层岩石进入不透水层之间的夹挤位置，则形成断层圈闭（fault trap），如图 23.5b 所示。在这种情况下，油气的向上运移在遇到断层处终止。
- 盐丘。在美国墨西哥湾沿岸平原地区，重要石油聚集与盐丘（salt dome）相关。这种区域具有较厚的沉积地层（包括岩盐层）堆积，在上覆岩层的压力之下，地下极深处出现的盐被迫呈柱状上升，这些上升盐柱使得上覆地层逐渐变形。油气极力向上运移，最终聚集在靠近盐柱的上翻砂岩层中（见图 23.5c）。
- 地层（尖灭）圈闭。地层圈闭（stratigraphic trap）是可能引发大量油气聚集的另一重要地质环境，这些含油构造主要形成于原始沉积模式（而非构造变形）。图 23.5d 中描绘的地层圈闭之所以存在，是因为倾斜的砂岩层逐渐变薄到消失（尖灭）的程度。

地质学家如何定位油气圈闭？如前所述，当岩石组分（或构造）发生改变时，地震波会从层间边界处反射出去。在油气勘探中，这种地震波特征特别有用，人工生成的地震波随时能够用于探测地壳（见图 23.6）。若没有地震成像，则油气发现会更加困难且昂贵，因为必须随机钻取大量钻井来定位油气圈闭。

当钻井刺穿盖层岩石形成的岩盖时，在压力的作用下，油气经由储层岩石孔隙向钻孔中运移。在极少数情况下，若流体压力非常大，则可能迫使石油沿着钻孔上升到地表，然后在地表形成喷油井或油喷泉。但是，一般而言，人们通常需要使用油泵来抽取石油（见图 23.7）。

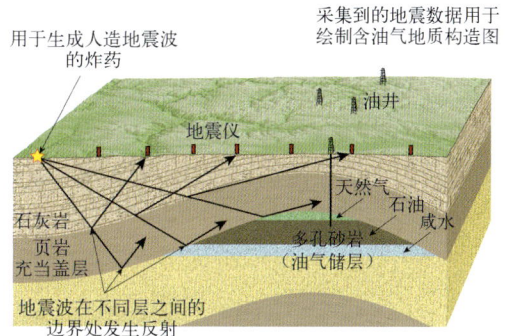

图 23.6　石油和天然气的地震勘探。反射地震波用于搜索地下油气藏。在不同成分层之间的边界处，爆炸产生的地震波被反射。计算机程序利用这些数据，可以显示该地层的几何形态，包括褶皱和断层。在这些信息的帮助下，地质学家就可绘制地壳中的潜在油气藏图

图 23.7　石油钻采。石油聚集在由多孔可渗透储层岩石组成的油气圈闭中，上覆不可渗透的盖层岩石

钻井并非油气从圈闭中逃逸的唯一途径。圈闭可能被自然力打破，例如地球运动可能产生裂缝，使得烃类流体得以逃逸。地表侵蚀也可能破坏圈闭，从而产生类似的结果。

3. 油砂

油砂（oil sands）是一种非常规（但却重要）的石油来源，未来数十年内可能变得越来越重要。与圈闭中聚集的石油不同，油砂通常是一种混合物，组成物质包括黏土、砂、水以及不同数量的黑色高黏度柏油状物质（沥青）。术语砂可能产生误导，因为并非所有沉积都与砂和砂岩相关，还有些油砂存在于其他物质（如页岩和石灰岩）中。油砂矿床中的石油与钻井中抽出的重质原油非常相似，主要区别在于黏度（流动阻力），油砂中的石油黏度要高得多，无法轻而易举地进行抽取（见图 23.8）。

大量油砂矿床分布在世界各地的若干地点，到目

图 23.8　油砂近景特写。注意观察该物质的固体程度。有时，人们用焦油砂（tar sand）来描述沥青矿床，但这并不准确，因为焦油是通过蒸馏有机物质而形成的人造物质，沥青的外观虽然与焦油类似，但却是一种天然物质

前为止，最大油砂矿床位于加拿大阿尔伯塔省（见图 23.9）。有些油砂以露天剥采方式（类似于煤炭）在地表采出，然后利用加压蒸汽对采出物质进行加热，直至沥青软化并上升。沥青采集后，对油性物质进行处理以去除杂质，然后加入氢气。最后一步是将该物质升级为合成原油，然后就可进行精炼。油砂的提取和精炼需要大量能源——几乎是最终产品所提供能源的 1/2。2017 年，每天生产近 280 万桶天然沥青。从油砂中获取石油具有环境缺陷，大量土地扰动与开采巨量岩石及沉积物相关。油砂处理需要大量水，处理后被污染的水和沉积物会堆积在有毒处置池中。

图 23.9　加拿大阿尔伯塔省的油砂。在阿尔伯塔省北部，巨大石油储量的分布面积超过 14 万平方千米。有些富含沥青的物质能够在地表开采（如照片所示），但是大多数物质在注入蒸汽后被泵送到地表

在阿尔伯塔省，约 80%油砂的埋藏深度因太深而无法进行露天开采。要回收这些深层矿床中的石油，就需要利用原位（in situ）技术。利用钻井技术向矿床中注入蒸汽以加热油砂，从而降低沥青的黏度。高温流动沥青朝向油井运移，油井将其泵送到地表，砂则留在原位。利用原位技术的生产已可与露天开采相媲美，未来将取代露天开采，成为从油砂中生产沥青的主要来源。

原位工艺面临着诸多挑战，包括提高石油回收效率、管理用于制造蒸汽的水，以及降低该工艺所需的能源成本。

4. 水力压裂

并非所有油气都会运移到烃源岩（生油层）中，然后在油气圈闭中聚集，巨量油气仍然被限制在不可渗透的烃源岩（通常是页岩）中。在钻探和打开页岩中裂隙的方法取得进展之前，钻取受陷油气并不经济可行。水力压裂（Hydraulic Fracturing）通常称为水力压裂法（fracking），通过压碎页岩而打开裂隙，天然气和石油（若有的话）可通过这些裂隙流入钻井，然后被泵送到地表。页岩气（shale gas）和页岩油（shale oil）的回收促进了美国的能源繁荣，但随即出现了某些环境问题。

图 23.10 描绘了水力压裂过程。首先，在极高压力下将流体压入岩石，使得页岩破碎。所用流体主要是水，但也包括有助于该过程的其他化学物质，其中有些化学物质可能有毒，使得人们担心水力压裂液会泄漏到供应饮用水的淡水含水层。注入流体中还含有砂，一旦页岩中的裂隙打开，砂粒即可支撑并保持裂隙呈打开状态，并允许气体持续流动。接下来，水力压裂液被回收并返回地表，回收废水随后将注入深层处理井。在有些地方，这些注入似乎引发了大量小地震。由于担心潜在地下水污染和诱发地震活动，水力压裂仍是一种有争议的做法，其环境影响始终是研究重点。

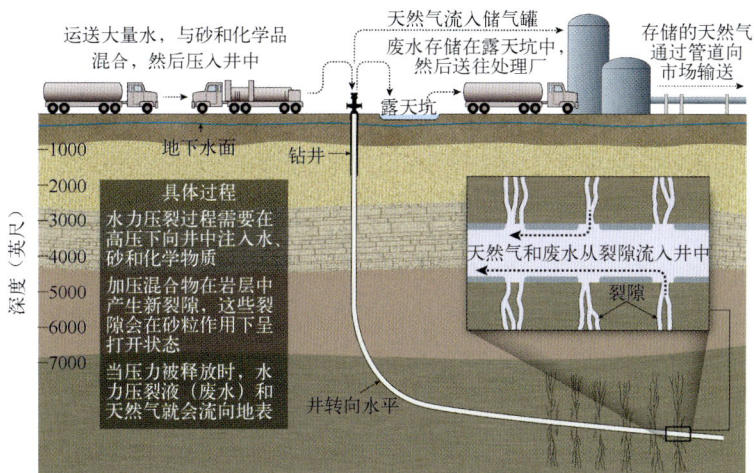

运送大量水，与砂和化学品混合，然后压入井中

天然气流入储气罐

废水存储在露天坑中，然后送往处理厂

存储的天然气通过管道向市场输送

露天坑

具体过程

水力压裂过程需要在高压下向井中注入水、砂和化学物质

加压混合物在岩层中产生新裂隙，这些裂隙会在砂粒作用下呈打开状态

当压力被释放时，水力压裂液（废水）和天然气就会流向地表

天然气和废水从裂隙流入井中

裂隙

地下水面

钻井

井转向水平

深度（英尺）

图 23.10 **水力压裂。** 这种增产工艺通常用于低渗透岩石（如页岩），以增大石油和/或天然气的流量

概念回顾 23.2

1. 比较煤炭与石油和天然气的形成。在美国的能源消耗中，各种化石燃料的占比分别是多少？
2. 什么是油气圈闭？所有油气圈闭具有何种共同点？
3. 什么是油砂？它们在哪里最富集？
4. 描述水力压裂的应用环境。

23.3 核能

描述核能的重要性，并讨论其利与弊。

核能满足了美国能源需求的重要部分。回顾图 23.2 可知，核能约占美国 2017 年能源消耗总量的 9%，这些能源 100% 用于发电，提供了美国 23% 的电力。在全球范围内，11% 的电力来自核电站。

这些核电站的燃料来自通过核裂变（nuclear fission）释放能量的放射性物质。当重原子（如铀-235）的原子核变得不稳定并分裂成碎片时，通过释放中子和热量而发生裂变。对铀-235 而言，发射出的中子可能引发其他铀-235 原子核发生裂变，产生链式反应（chain reaction）。若裂变物质充足且允许反应以不受控的方式进行，则会以原子爆炸的形式释放出巨大能量。

在核电站中，裂变反应通过将中子吸收棒移入（或移出）核反应堆进行控制，形成释放出巨大热量且受控的核链式反应。将热量从核反应堆中输送出来后，即可用于驱动转动发电机的蒸汽涡轮机，这与大多数传统发电厂的情况类似。

23.3.1 铀

铀-235 是在自然条件下容易裂变的唯一同位素，是核电站中采用的主要燃料（注：虽然钍自身无法维持链式反应，但可与铀-235 组合用作核燃料）。虽然大量铀矿石已经发现，但是铀含量大多低于 0.05%，而且即使在含量极微的这些铀中，99.3% 为铀-238（非裂变同位素），仅 0.7% 为铀-235（可裂变同位素）。大多数核反应堆所用的燃料至少应含有 3% 的铀-235，因此为了浓缩可裂变同位素铀-235，必须分离这两种同位素。同位素的分离过程非常困难，并且极大地增加了核能发电成本。

虽然铀是地壳中的一种稀有元素，但在富集矿床中确实存在。有些最重要的铀矿点与河床中的古代砂矿床相关（注：本章稍后将讨论砂矿床），例如在南非的威特沃特斯兰德，铀矿石颗粒（以及富金矿床）富集在主要由石英中砾组成的岩石中。美国最富铀矿床发现于科罗拉多高原的侏罗系及三叠系砂岩中，以及怀俄明州的较新岩石中，这些矿床大多通过铀化合物在地下水中沉淀而成。铀的沉淀缘于与有机物质发生化学反应，铀富集在原木化石和富含有机质的黑色页岩中即为明证。

要强调的是，核电站会充分考虑可裂变铀-235 的浓度和核反应堆的设计，因此不会像原子弹一样发生爆炸。虽然如此,核反应堆的乏燃料(用过的核燃料)中含有钚,而钚能够再加工为武器(若有合适设备)。

23.3.2 核电的挑战

支持者一度宣称,核能是清洁且廉价的能源类型,未来应能取代化石燃料。核能的优势之一是核电站不排放二氧化碳,这是对全球变暖贡献最大的温室气体(见第 21 章)。相比之下,化石燃料发电会产生大量二氧化碳。因此,核电替代化石燃料发电是减少碳排放的一种选择。

虽然核电是一种具有吸引力的清洁能源,但并未发展成为全球主要能源。美国始终存在一个问题,就是缺乏永久性的核电站废物存储设施。核设施必须具有大量安全措施,建造成本注定非常高昂,因此阻碍了美国许多核电站的建设。基于以下事实可知,成本高昂的预防性安全措施极其必要:清理核电站事故非常困难,为了确保该地点恢复安全,受到污染的表土及其他物质必须进行物理清除。同时,在来自事故发生地的漂移气流中,放射性物质可能对人们产生深远影响。

虽然核事故极为罕见,但是仍发生了几次严重事故。2011 年,日本福岛核电站附近发生了强烈地震,引发的海啸摧毁了该核电站所在的沿海区域,随后发生了一系列设备故障、核熔毁以及放射性物质的释放。该核电站及其周边地区已被疏散,清理工作预计需要耗时数十年。1986 年,乌克兰切尔诺贝利核电站发生事故,最初直接造成超过 30 人死亡,放射性沉降物后来在乌克兰、俄罗斯和白俄罗斯导致了 6000 多例甲状腺癌。据国际原子能机构估计,对切尔诺贝利核电站周边地区而言,未来 20 000 年内可能不适合人类长期居住。

概念回顾 23.3

1. 美国能源消耗中的核电占比是多少?
2. 核电站使用的主要燃料是什么?
3. 列举核能的一些优点和缺点。

23.4 可再生能源

列举并讨论可再生能源的主要来源,描述其对美国整体能源供应的贡献。

可再生能源的利用并不新鲜,150 多年前,木材在人类能源需求中所占的比例很大。当前,不可再生的煤炭、石油和天然气仍然占据主导地位,但可再生形式的能源利用正在增多。2017年,在美国所有能源用量中,可再生能源约占11%(见图 23.11),全美约 17%的电力来自可再生能源(高于 3 年前的 13%)。预计在未来数十年内,可再生燃料的利用将持续增长。虽然如此,据美国能源部预计,人们仍将依赖不可再生燃料来满足大部分需求。

23.4.1 太阳能发电

太阳是可用于发电的强大能量源,太阳能具有明显优势——可再生、无污染且不会产生温室气体。2008—2017 年,太阳能发电量从 1.2 吉瓦增长到 53.3 吉瓦。2017 年,美国近 2%的发电量来自太阳能,足以为超过 1000 万户家庭供电。

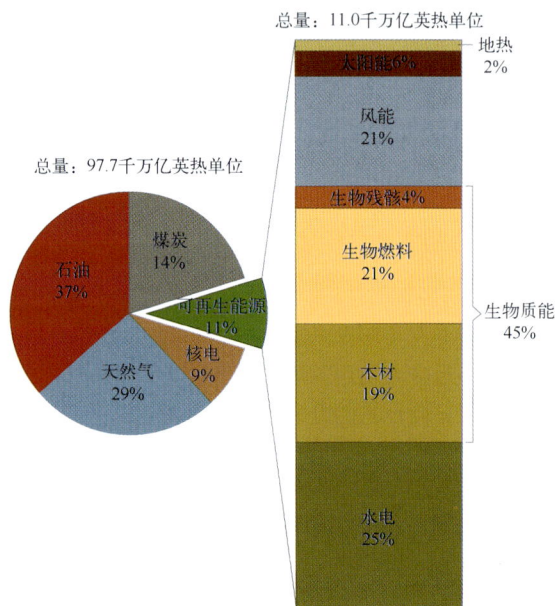

图 23.11 **可再生能源**。2017 年,可再生能源约占美国能源消费总量的 11%

据美国能源部预计，这一数字 2023 年还将翻一番。这一非凡增长反映了以下事实：在许多地方，太阳能发电现在比传统能源更具经济竞争力。太阳能发电主要采用两种不同方式，即光伏发电（photovoltaic）和聚光太阳能发电（concentrating solar power）。

1. 光伏发电（PV）

太阳能光伏设备（或太阳能电池）将太阳光直接转化为电能。单个光伏设备称为一块电池（cell）。单个光伏电池通常很小，发电功率为 1～2 瓦，可为计算器、手表及其他电子设备供电。若将许多太阳能电池排列成光伏板，然后将多个光伏板排列成光伏阵列，则可为整栋房屋供电。光伏发电厂拥有占地数英亩的大型阵列，可为数千户家庭发电（见图 23.12）。2017 年，以下 4 个州总发电量中的光伏发电占比超过 10%：加利福尼亚州（15%）、夏威夷州（11.8%）、内华达州（10.8%）和佛蒙特州（11.5%）。

2. 聚光太阳能发电（CSP）

通过利用蒸汽来旋转大型涡轮机，大多数发电厂能够驱动发电机来发电。发电厂通常需要燃烧化石燃料来烧水和生成蒸汽，但是对拥有聚光太阳能发电（CSP）系统的新一代发电厂而言，可将太阳用作热量源。有一种类型的 CSP 系统利用抛物面槽来聚焦太阳光，如图 23.13 所示。抛物面槽是巨大的 U 形反射镜，多个抛物面槽线状排列并全天跟踪太阳。当来自太阳的热量被反射镜反射时，弯曲形状将大部分反射热量输送到接收器上。接收器管道中充满了能够较好地保持热量的流体物质，例如油或熔盐。超高温液体（200℃）加热热交换器中的水，使得这些水转化为蒸汽，然后用于驱动发电机。槽式系统的优点之一是加热后的流体可存储起来，以后在太阳亮度不足时继续发电。由于拥有晴朗的天空和炎热的气温，美国西南部成为这类发电厂的理想家园。

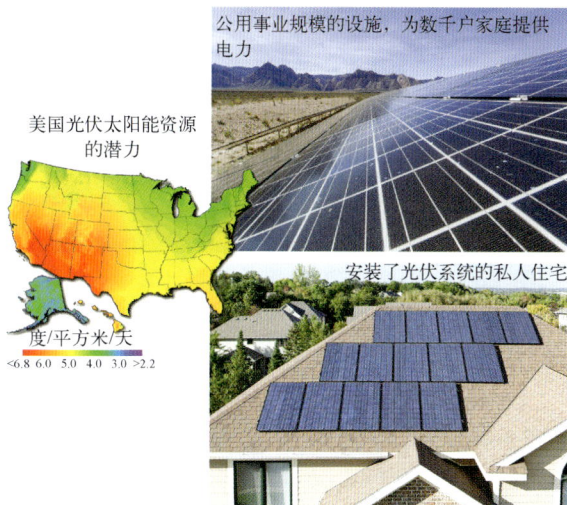

图 23.12　光伏（太阳能）电池。光伏（PV）电池将太阳辐射直接转化为电能。在美国西南部沙漠地区，天空基本无云，太阳能的开发潜力最大

图 23.13　抛物面槽聚焦太阳光。这些太阳能采集器是聚光太阳能发电（CSP）的示例，将太阳光集中在充满流体的采集管上，热量用于制造驱动发电涡轮机的蒸汽

23.4.2　风能

空气存在质量，运动（刮风）时含有运动能量（动能），其中部分能量可以转化为其他形式（机械力或电）以供利用。

风能转化的机械能通常用于农村（或偏远地区）的抽水，例如农场风车仍是许多农村地区的常见景象。风能转化的机械能也可用于锯木头、磨谷物和推动帆船。更重要的是，在美国及全球范围内，现代风力发电涡轮机所贡献的电力数量越来越多。像太阳能一样，风能不仅可再生和无污染，还不会产生温室气体。

2017 年，全球风电装机容量接近 540000 兆瓦，比 2010 年增长了 270%（见图 23.14）。中国的装机容量最大（2017 年接近 188000 兆瓦），美国紧随其后（2017 年约为 89000 兆瓦）。根据世界风能协会的数据，风力涡轮机 2018 年初能够满足全球约 5% 的电力需求。

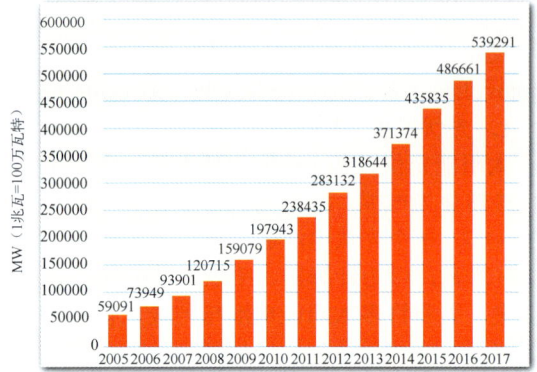

图 23.14　2005—2017 年全球累计风电装机容量。对许多国家而言，风电已成为逐步淘汰化石能源和核能战略的重要组成部分。2017 年，丹麦创造了新的世界纪录，43%的电力来自风能。越来越多的国家的风电份额已达两位数，包括德国、爱尔兰、葡萄牙、西班牙、瑞典和乌拉圭

在确定安装风能设施的合适地点时，风速至关重要。一般而言，大型风力发电厂要盈利，所需的最小平均风速为 21 千米/小时。风速的微小差异会导致能源产量的巨大差异，从而形成发电成本的巨大差异。例如，与 17.7 千米/小时的风速相比，若涡轮机运行在平均风速为 19.3 千米/小时的地点，则发电量会高出约 33%。此外，低风速下几乎没有能量可供收集，若空气以 9.6 千米/小时的速度移动，则其所含能量不到以该速度 2 倍移动空气时的 1/8。

图 23.15 显示了美国 48 个毗邻州陆地区域的风能潜力，平均风速大于 6 米/秒的地方被认为具有开发潜力。图 23.15 还显示了近海区域的潜力，近海风比陆地风更强劲且更持久。虽然近海区域的风能开发尚处于早期阶段，但是潜力无限，例如美国近海风具有发电量超过 2000 吉瓦/年的技术资源潜力，几乎是目前用电量的 2 倍，意味着若仅回收 1%的技术潜力，则近 650 万户家庭即可用上近海风能。

23.4.3　水力发电

在人类历史的大部分时间里，建在河流上的水轮利用流水能量为工厂及其他机械提供动力。今天，落水产生的力量被用于驱动涡轮机发电，因此称为水力发电（hydroelectric power）。2017 年，水力发电厂满足了美国约 7.5%的电力需求，这种能量大部分在允许控制水流的水坝处形成（见图 23.16）。水库蓄水是一种储能形式，可以随时释放出来发电。

虽然水电被认为是一种可再生资源，但是水坝（为提供水力发电而建造）的使用寿命则

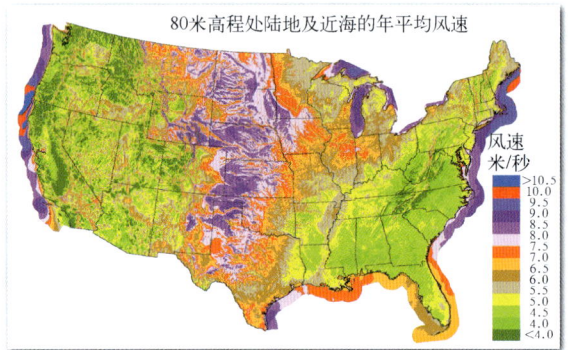

图 23.15　美国的风能潜力。2017 年底，得克萨斯州的风电装机容量最大（23262 兆瓦），然后依次为俄克拉荷马州（7495 兆瓦）、艾奥瓦州（7312 兆瓦）和加利福尼亚州（5686 兆瓦）。许多沿海地区潜力巨大，因为近海风比陆地风更强劲且更持久

图 23.16　大古力水坝。美国半数以上的水力发电能力集中在华盛顿州、俄勒冈州和加利福尼亚州。2017 年，约 29%的水力发电量来自华盛顿州，这里有美国最大的水力发电设施——大古力水坝

较为有限。如第 16 章所述,河流携带着悬浮泥沙,水坝建成后,泥沙开始在水坝后面沉积,最终可能完全填满水库。这种状况的出现可能仅需要数十年(或数百年),具体取决于该河流搬运的悬浮物质数量。例如,埃及的阿斯旺水坝规模巨大,建成于 20 世纪 60 年代,预计到了 2025 年,该水库的 1/2 将被来自尼罗河的泥沙填满。

在大型水力发电厂的开发中,合适场地的可用性是重要限制因素之一,良好地点可为水的下落提供有效高度和较高流速。美国许多地区建有水力发电大坝,东南部和西北部太平洋地区最为集中。美国大多数最好地点的发电站已开发完毕,这限制了水力发电的未来扩张。水力发电的总发电量可能仍会增加,但是由于其他替代能源的增速更快,这种来源提供的相对份额可能下降。

23.4.4 地热能

地热能(geothermal energy)是来自地球内部的热量,人们可以利用这种能量来为建筑物供暖或发电。大多数地热能通过开采地下深处的天然蒸汽和热水储库进行利用,所在地点由于存在相对较近的火山活动(或者位于岩浆房附近)而导致地下温度较高。意大利人从 1904 年开始利用地热发电,所以这种想法并不新鲜。

1. 开发深部热库

冰岛是大型火山岛,火山活动至今仍在继续(见图 23.17)。在冰岛首都雷克雅未克,地下蒸汽和热水被泵入整个城市的建筑物以用于供暖。蒸汽和热水也温暖了温室,那里全年都种植着水果和蔬菜。在美国西部几个州,有些地方利用来自地热的热水供暖。

图 23.17 **冰岛的地热开发**。地热资源占冰岛初级能源利用的 66%,许多直接用于供暖,10 户家庭中有 9 户采用这种供暖方式。冰岛约 25%的电力来自地热

通过钻探最深达 3 千米的钻井,现代地热发电厂可以开采高温(150℃~370℃)水热储层。蒸汽(或热水)通过管道输送到地表,然后为发电的涡轮机提供动力。2017 年,20 多个国家通过这种方式发电超过 13270 兆瓦。美国是地热发电的主要国家,但是地热发电仅占美国公用事业规模电力的 0.4%。

美国首座商业地热发电厂建于 1960 年,位于旧金山北部的间歇泉(The Geysers),如图 23.18 所

示。间歇泉仍然是世界上最大的地热发电厂，年发电量近 1000 兆瓦。除了间歇泉，内华达州、犹他州以及加利福尼亚州南部的帝王谷（Imperial Valley）也在进行地热开发。2017 年，美国 3567 兆瓦的地热发电能力足以供应 300 多万户家庭，相当于每年燃烧约 7000 万桶石油。

下列地质因素使得地热储库利于开发地热发电厂：

- 强大的热量源，例如足够深的大型岩浆房，确保具有足够压力和缓慢冷却，但是深度不足以抑制自然水循环。这种岩浆房最可能出现在最近的火山活动区域。
- 经通道与热量源相连的大型多孔储库，水能在热量源附近循环流动，然后存储在储库中。

图 23.18　间歇泉。该设施位于加利福尼亚州北部圣罗莎市附近，这是世界上最大的地热发电开发项目，大多数蒸汽井深约 3000 米。2017 年，加利福尼亚州有 35 座地热发电厂，约占美国地热发电总量的 80%

- 低渗透性的岩石盖层，阻止水和热量向地表流动。与不隔热的类似储库相比，较深且隔热良好的储库含有更多存储能量。

在日益增长的世界能源需求中，预计地热资源所占的比例不会很高。但是，在可以开发其潜力的地区，由于具有清洁及可再生特征，这类能源的用量会持续增长。

2．地热热泵

虽然地面以上的气温存在着日变化和季节变化，但是地下 3 米处的温度通常保持为 10℃～16℃。对美国的许多地区来说，这意味着近地表的温度在冬季比气温更高，在夏季比气温更低。利用地球相对恒定的温度，地热热泵可为建筑物供暖和制冷，冬季将热量从地下转移到建筑物中，夏季则从建筑物中转移到地下。地热热泵具有高能效和成本效益，且几乎没有负面环境影响。实际上，减少利用对环境产生更多（或更大）负面影响的能源，它们反而能产生积极影响。

23.4.5　生物质能

生物质能/生物质（biomass）是由植物和动物形成的有机物质，由于总能种植更多的树木和作物，残骸应当永远存在，因此这是一种可再生能源。生物质燃料的部分示例包括木材、农作物、肥料和某些垃圾。当生物质燃烧时，化学能以热量形式获得释放，常见示例如在燃木炉（或壁炉）中烧木头。木头和垃圾燃烧能够产生发电用蒸汽，也可为工业和家庭提供热量。

生物质燃烧并非其释放能量的唯一途径，生物质能还可转化为其他形式的可用能源（如甲烷气体）或运输燃料（如乙醇和生物柴油）。2017 年，生物质燃料提供的美国所用能源总量占比超过 4.9%。生物质能的主要来源如下：

- 木材（wood biomass）：包括林业作业产生的木屑；砍伐、纸浆/纸张和家具厂产生的残留物；供暖用燃料木柴。木材能源的最大单一来源是纸浆黑液，即纸浆、纸张和纸板生产的残留物。
- 生物燃料（Biofuels）：包括酒精燃料，例如乙醇；生物柴油，由谷物油和动物脂肪制成的一种燃料。美国使用的大多数生物燃料是由谷物生产的乙醇。
- 城市废物（Municipal waste）：含有生物质能的纸张、硬纸板、食物残渣、草屑和树叶，可以回收、堆肥、送往垃圾填埋场或者用于废物发电厂。美国数百个垃圾填埋场回收沼气，即废物在低氧（厌氧）条件下分解时形成的甲烷，然后通过燃烧甲烷来产生电和热。

23.4.6　潮汐发电

人们已提出从海洋中产生电能的若干方法，但是海洋的能源潜力很大程度上仍未得到开发。潮汐能的开发是从海洋中生产能源的主要示例。

作为一种能源，潮汐的利用历史长达数百年。从 12 世纪开始，潮汐驱动的水车就被用来为磨粉厂和锯木厂提供动力。17～18 世纪，波士顿的大部分面粉均由潮汐式磨机生产。今天，由于必须满足更大规模的能源需求，必须采用更复杂的方法来利用海洋永不停歇涨落时形成的力量。

在具有较大潮差的沿海地区的湾口（或河口）处，通过建造水坝即可控制潮汐发电（见图 23.19a）。在海湾与开阔大洋之间，狭窄开口放大了潮汐涨落时发生的水位变化，这类地点能够产生强大的进出水流，随后可用于驱动涡轮机和发电机。

数十年来，在商业潮汐能生产中，以法国兰斯河口的潮汐发电厂最为著名。该发电厂于 1966 年投入运营，持续生产足够多的电力来满足布列塔尼地区的需求。2011 年，这座法国发电厂（装机容量 240 兆瓦）被韩国西北海岸沿线的四洼湖项目超过，这座发电厂的装机容量为 254 兆瓦，年发电量相当于约 86 万桶石油产生的能量（见图 23.19b）。

遗憾的是，大多数海岸沿线不可能利用潮汐能，若潮差小于 8 米或者没有狭窄的封闭海湾，则潮汐能开发在经济上并不可行。因此，在人类不断增长的电能需求中，潮汐永远不会提供很高比例部分。虽然如此，潮汐能开发仍然值得在可行地点进行尝试，因为潮汐发电不消耗可耗尽的燃料，也不会产生有毒废物。

| (a) | (b) |

图 23.19　**潮汐发电**。(a)显示潮汐坝原理的简化示意图。在海湾与海洋之间，仅当水位差足够高时才能发电；(b)四洼湖潮汐发电厂是世界上最大的潮汐发电设施，位于韩国西北海岸

概念回顾 23.4

1. 可再生能源对美国整体能源供应的重要性有多大？
2. 描述太阳能发电的两种方式。美国的太阳能消耗量与风能消耗量相比如何？
3. 什么是生物质能？列举 4 个示例。
4. 美国水力发电开发的最集中地点在哪里？地热能开发呢？

23.5　矿产资源

区分资源、储量和矿石。

地壳是种类繁多的有用和必需物质的源头，实际上几乎每种制成品均含有从矿物中获取的物质，图 3.39 中的经济用途栏提供了部分重要示例。

矿产资源（mineral resource）是指最终能以商业方式获得有用矿物的禀赋。资源/资源量（resource）既包括矿物中经济可采的已探明矿床部分［称为**储量**（reserve）］，又包括经济（或技术）上不可采的已知矿床部分，推断存在（但尚未发现）的矿床也被视为矿产资源（注：对于固体矿

产资源储量和资源量的定义和划分，国内外标准不同，GB/T 17766-2020 是最新发布实施的中国国家标准）。建筑石材、道路骨料、磨料、陶瓷和肥料等物质通常不称为矿产资源，而被归类为工业岩石及矿物（注：原文如此，本章最后一节将这类物质归类为非金属矿产资源）。

矿石（ore）沉积称为矿床（ore deposit），是一种（或多种）金属矿物的自然浓缩物，可以提取并用于经济商品中。在通常用法中，术语矿石也适用于部分非金属矿物，例如萤石和硫。如第 3 章所述，98%以上的陆壳仅由 8 种元素构成，除了氧和硅，所有其他元素在普通地壳岩石中所占的比例均相对较小（见图 23.20）。实际上，许多元素的自然丰度都非常低。若提取有价值元素的成本超过回收物质的价值，则含有有价值元素平均百分比的矿床就没必要开采。

要具有经济价值，矿石沉积（矿床）就必须高度集中。例如，铜约占地壳的 0.0068%，要将某一沉积视为铜矿石，则其铜含量必须是该数量的 100 倍左右，即约 0.68%。另一方面，铝约占地壳的 8.1%，当铝含量是该数量的 3～4 倍时，即可进行有利可图的提取。

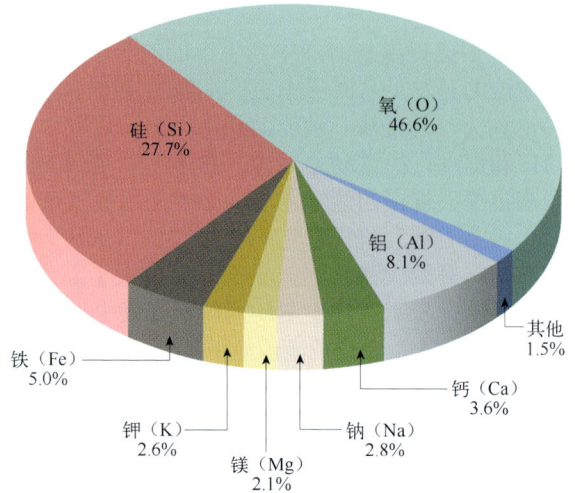

图 23.20　陆壳中丰度最高的元素。98%以上的陆壳仅由 8 种元素构成。许多重要矿产资源的元素丰度属于图表中"其他"类别的一部分

重要的是，要理解当经济（或技术）条件发生改变时，某一矿床可能盈利，也可能失去盈利能力。若人们对该金属的需求量增加，则其价值会充分提升，以前无利可图的沉积（矿床）即可从矿物升级为矿石。技术进步使得资源能够被更加有效地开采，因此比以前更加有利可图也可能引发地位变化。这种情形发生在犹他州宾厄姆峡谷的铜矿开采作业中，这是地球上最大的露天矿之一（见图 23.1）。1985 年，那里的采矿作业终止，因为陈旧设备使得铜的开采成本超过了当时的售价。1989 年，新所有者做出了正确反应：通过传送带和管道来输送矿石和废物，取代了一条陈旧铁路（含 1000 节车厢）。先进设备将开采成本降低了近 30%，最终使得铜矿运营恢复盈利。

多年来，对于了解自然过程如何形成局部富集的重要金属矿产，地质学家始终非常感兴趣。一个公认的事实是，有价值矿产资源的出现与岩石循环密切相关，也就是说，在形成有用元素的集中堆积方面，火成岩、沉积岩和变质岩的形成机制（包括风化作用和侵蚀作用过程）发挥着重要作用。此外，随着板块构造理论的发展，地质学家又增加了另一种工具来理解岩石转化过程。

概念回顾 23.5

1. 比较资源和储量。
2. 什么是矿石？

23.6　火成过程和变质过程

解释不同火成过程和变质过程如何形成具有重要经济意义的矿床。

有些重要的金属（如金、银、铜、汞、铅、铂和镍）堆积由火成过程和变质过程形成（见表 23.2），这些矿产资源（类似其他大多数）形成于将可取物质聚集到经济可采程度的各种过程。

表 23.2 金属矿产的地质过程

金 属	主要矿石	地质过程
铝	铝土矿	风化残余物
铬	铬铁矿	岩浆分异
铜	黄铜矿/斑铜矿/辉铜矿	热液矿床；接触变质作用；风化过程富集
金	自然金	热液矿床；砂矿
铁	赤铁矿/磁铁矿/褐铁矿	条带状沉积建造；岩浆分异
铅	方铅矿	热液矿床
镁	菱镁矿/白云石	热液矿床
锰	软锰矿	风化残余物
汞	辰砂	热液矿床
钼	辉钼矿	热液矿床
镍	镍黄铁矿	岩浆分异
铂	自然铂	岩浆分异；砂矿
银	自然银/辉银矿	热液矿床；风化过程富集
锡	锡石	热液矿床；砂矿
钛	钛铁矿/金红石	岩浆分异；砂矿
钨	黑钨矿/白钨矿	伟晶岩；接触变质矿床；砂矿
铀	晶质铀矿（沥青铀矿）	伟晶岩；沉积矿床
锌	闪锌矿	热液矿床

23.6.1 岩浆分异和矿床

形成某些金属矿床的火成过程相当简单，例如随着大型玄武质岩浆体的冷却，早期结晶的重矿物趋于沉降到岩浆房下部（晶体沉降），这种类型的岩浆分异（见图 4.22）能够聚集某些金属，最终形成铬铁矿（铬矿石）、磁铁矿及自然铂的主要矿床。在蒙大拿州斯蒂尔沃特杂岩体中，此类矿床开采出了与其他重矿物互层的铬铁矿。另一示例是南非布什维尔德杂岩体，含有世界上已知铂储量的 70% 以上。

1. 伟晶岩矿床

在岩浆过程的晚期阶段，岩浆分异作用非常重要。其中，花岗质岩浆尤为重要，残余熔体可能富含稀有元素，包括某些重金属。此外，由于水分及其他挥发性物质不会与大部分岩浆体一起结晶，在最后的固结阶段，这些流体在熔体中所占的比例较高。在富含流体的环境中，离子迁移增强，结晶作用导致形成几厘米（甚至几米）长的晶体，由此形成的岩石由这些异常大的晶体组成，称为伟晶岩（pegmatite），如图 23.21 所示。

大多数伟晶岩具有花岗质成分，由异常大的石英、长石和白云母晶体组成，其中长石可用于生产陶瓷，白云母可用作电绝缘和闪光材料。此外，伟晶岩通常含有一些最不丰富的元素。除了常见的硅酸盐，有些伟晶岩还含有各种半宝石，例如绿柱石、黄玉和电气石，偶尔还被发现含有锂、铯、铀和稀土元素的矿物［注：稀土是一类元素，由具有相似性质的 15 种元素（原子序数 57~71）组成，是石油精炼中的有用催化剂，可用于制造涡轮机中的强磁铁，

图 23.21 伟晶岩。这种花岗伟晶岩出露于科罗拉多大峡谷的谷底，主要由石英和钾长石组成

以及手机和电脑中的可充电电池］。大多数伟晶岩位于大型火成岩体内，或者以岩墙或矿脉形式切入岩浆房周围的赋矿主岩（见图 23.22）。

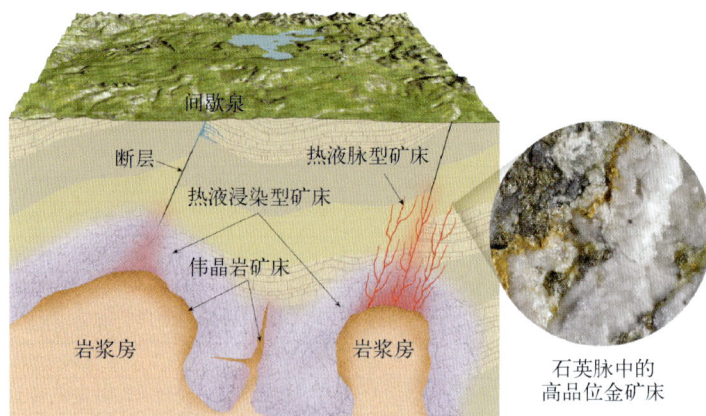

图 23.22　伟晶岩和热液矿床。火成岩体与相关伟晶岩及热液矿床之间的关系

　　并非所有晚期阶段岩浆都会形成伟晶岩，也并非所有岩浆都具有花岗质成分。相反，有些岩浆富含铁，偶尔也富含铜，例如在瑞典基鲁纳，岩浆由品位超过 60%的磁铁矿组成，固结形成了世界上规模最大的铁矿床之一。

23.6.2　热液矿床

　　有些最著名及最重要的矿床由富含离子的高温流体形成，这些流体称为热液/水热溶液（hydrothermal solution）[注：由于这些富含离子的高温流体趋于以化学方式改变赋矿主岩，这个过程称为热液变质作用（hydrothermal metamorphism），详见第 8 章]。这类矿床包括南达科他州霍姆斯特克矿的金矿床；艾奥瓦州科达伦附近的铅、锌和银矿石；内华达州康斯塔克矿的银矿床；密歇根州基维诺半岛的铜矿石（见图 23.23）。

　　1．热液脉型矿床

　　大多数热液矿床起源于富含金属的高温流体，这些流体是岩浆过程晚期阶段的残余物。在固结期间，流体及各种金属离子堆积在岩浆房顶部附近。在最终沉积（通常作为各种金属硫化物）之前，这些富含离子的溶液能够穿越围岩并迁移很远距离。

图 23.23　天然铜。这种近纯金属（来自密歇根州北部基维诺半岛）是热液矿床的极佳示例，该区域曾是铜的重要产地，但现在已基本枯竭

有些流体沿着开口（如裂隙或层理面）移动，在那里冷却并沉淀金属离子，最终形成脉型矿床（vein deposit），如图 23.22 中的照片所示。许多最具生产力的金、银及汞矿床都是热液脉型矿床。

　　2．热液浸染型矿床

　　热液活动形成的另一种重要堆积类型称为浸染型矿床（disseminated deposit），所含矿石并不在狭窄的矿脉和岩脉中集中堆积的，而是以微小质量存在于整个岩石块体中。全球大部分铜均从浸染型矿床中提取，包括智利的丘基卡马塔矿床和美国犹他州宾厄姆峡谷大型铜矿（见图 23.1）。在这些矿床中，铜品位仅为 0.4%～0.8%，因此必须开采 125～250 千克矿石才能回收 1 千克金属，而大规模挖掘会对环境（包括废物处理问题）产生重大影响。

　　有些热液矿床形成于地表附近岩浆侵位区域的普通地下水环流，美国黄石国家公园就是这种情形的现代示例。当侵入最近火成活动区域时，地下水的温度升高，溶解矿物质的能力极大增强。这些迁移热水从其侵入的火成岩中去除金属离子，然后携带它们向上运移，最后作为矿体进行沉积。取决于不同的条件，由此形成的堆积物可能以脉型矿床（或浸染型矿床）形式出现，或者当热液以温泉（或间歇泉）形式抵达地表时，以地表矿床形式出现。

3．洋脊位置的热液活动

在洋脊沿线，新形成的洋壳之间相互作用，既改变海水，又改变地壳。上地壳含有可渗透和高度断裂的玄武岩，使得海水能够渗透至 2～3 千米深处。海水环流时被加热并与玄武质地壳发生反应，从周围岩石中剥离各种金属（如铁和铜，偶尔包括银和金）及其他元素（如硫）。一旦海水温度达到数百摄氏度，这些富含矿物质的流体就会沿着裂缝上升，最终抵达洋底。当高温流体从喷口喷出并与冷海水混合时，溶解矿物质会沉淀形成块状金属硫化物矿床。地质美图 13.1 描绘了这个过程。

23.6.3　金刚石的形成

金刚石（diamond）是经济意义重要的另一种火成成因矿产。虽然金刚石作为宝石（钻石）最为著名，但在工业和制造业中还被广泛用作研磨剂。金刚石是最坚硬的天然物质之一，硬度远大于刚玉，在摩氏硬度计上紧邻刚玉（见图 3.17）。金刚石可用于制造许多工具，例如锯、钻头和磨床（见图 23.24）。

金刚石形成于近 200 千米地下深处，那里的围压巨大到足以产生碳的这种高压形式。一旦结晶，金刚石就通过直径朝地表增大的管状岩管向上输送。在含金刚石岩管中，几乎整个岩管均含有金刚石晶体，这些晶体散布在一种超镁铁质岩石中，称为金伯利岩（kimberlite）。产量最高的金伯利岩管位于俄罗斯。美国唯一金刚石产地（等效源）位于阿肯色州默弗里斯伯勒附近，但是这个矿床已经资源枯竭，如今仅能作为旅游景点。

23.6.4　变质过程

在矿床的形成过程中，变质作用发挥的作用经常与火成过程相关。例如，接触变质作用形成了许多最重要的变质矿床，其间由于侵入火成岩体产生的热量、压力和热液，赋矿主岩会重结晶并发生化学变化，赋矿主岩的蚀变程度取决于其性质以及侵入火成岩体的性质。

有些抗蚀物质（如石英砂岩）可能显示出较少的蚀变，还有些物质（如石灰岩）可能在火成岩

图 23.24　金刚石不仅仅是宝石。金刚石最为人所知的是精美珠宝中的宝石（钻石）。由于其物理性质（特别是硬度），金刚石也有许多工业应用，例如钻孔、切割和研磨

体数千米范围内呈现出变质作用影响。当富含离子的高温流体移动穿越石灰岩时，会发生化学反应，形成有用矿物（如石榴子石和刚玉）。此外，这些化学反应能够释放出二氧化碳，可极大地促进金属离子向外迁移，因此在已侵入石灰岩地层的火成岩体周围，可能环绕着大范围富含金属的矿床带。

在与接触变质作用相关的金属矿物中，最常见矿物包括闪锌矿（锌）、方铅矿（铅）、黄铜矿（铜）、磁铁矿（铁）和斑铜矿（铜）。热液矿床可能散布在整个蚀变带中，或者可能以位于侵入体旁边或变质带边缘沿线的集中块状物形式存在。

区域变质作用也可能形成有用矿床。如前所述，在汇聚型板块边界处，洋壳和堆积在大陆边缘的沉积物被携带至地下极深处。在这些高温及高压环境中，俯冲物质的矿物学特征和结构会发生改变，因此可能形成非金属矿床（如滑石和石墨）。

概念回顾 23.6

1. 描述与岩浆分异相关的两个矿产资源示例。
2. 什么是热液矿床？列举两种常见类型。
3. 描述洋脊处形成硫化物矿床的过程。
4. 将矿床与接触变质作用进行关联。

23.7 与地表过程相关的矿产资源

讨论地表过程形成矿床的方式。

前述讨论聚焦于与火成活动和变质作用密切相关的矿产资源，本节介绍因地表过程而聚集的金属矿产资源示例。

23.7.1 风化作用和矿床

通过将散布在未风化岩石中的少量金属聚集成具有经济价值的浓度，风化作用能够形成许多重要矿床，这种转化常称次生富集（secondary enrichment），主要以两种方式发生。在一种方式下，化学风化叠加向下渗透的水分，从正在分解的岩石中去除不需要的物质，最终将所需元素富集在土壤上部区域。另一种方式基本上相反，即移除地表附近发现的低浓度理想元素，然后将其携带至更低的区域，最后在那里重新沉积并变得更加富集。

1. 铝土矿

作为铝的主要矿石，铝土矿（Bauxite）是风化作用过程富集形成矿石的重要示例（见图 23.25）。虽然铝是地壳中含量第三丰富的元素，但这种重要金属的经济价值浓度并不常见，因为大多数铝都被硅酸盐矿物包裹，从中提取的难度极大。

铝土矿形成于多雨热带气候中，与称为红土（laterite）的深度风化土壤相关。实际上，铝土矿有时称为铝红土（aluminum laterite）。当富铝源岩受到热带地区强烈而长期的化学风化时，大多数常见元素（如钙、钠和硅）都会通过淋洗作用而被去除。由于极度无法溶解，铝在土壤中以铝土矿（一种水合氧化铝）形式聚集。因此，铝土矿的形成既取决于化学风化和淋洗作用明显的气候条件，又取决于富铝源岩的存在。在红土土壤（由富含铁镁质硅酸盐矿物的火成岩发育而成）中，还发现有重要的镍矿床和钴矿床。

图 23.25 铝土矿。这种铝矿石形成于热带条件下的风化过程，颜色从红色（或棕色）变化为近白色

2. 其他矿床

当风化过程聚集了由低品位原生矿石沉积的金属时，还形成了许多铜矿床和银矿床。通常，这种富集发生在含有黄铁矿（FeS_2）的矿床中，黄铁矿是最常见和最广泛分布的硫化物矿物。黄铁矿之所以重要，是因为它在化学风化时会形成硫酸，使得正在渗透的水分能够溶解矿石金属。一旦被溶解，金属就逐渐向下迁移穿越原生矿体，直到发生沉淀。沉积作用之所以发生，是因为当抵达饱水带（地表之下所有孔隙均充满地下水的区域）时，溶液的化学性质发生了变化。通过这种方式，占比较小的分散金属能够从较大体积岩石中去除，然后在较小体积岩石中再次沉积为更高品位的矿石。

这种富集过程是许多铜矿床取得经济成功的原因，例如在位于亚利桑那州迈阿密的一个铜矿床中，铜矿石品位从原生矿床中的不到 1% 提升至部分局部富集区中的 5%。当黄铁矿在地表附近风化（氧化）时，氧化铁残余物得以保留，若地表存在这些铁锈色的铁帽，则表明下方可能富集铜矿石，这对勘探者而言是一种可见的找矿标志。

23.7.2 砂矿床

通过风（或水）对沉积物进行分选，通常会使得类似大小颗粒沉积在一起，但也会根据颗粒的比重进行分选。后一种类型的分选作用是砂矿（placer）形成的原因，即重矿物被水流机械聚集时形成的矿床。与河流相关的砂矿最常见和最著名，但是波浪的分选作用也会在海滨沿线形成砂矿。砂矿床通常不仅包含重矿物，还包含持久性强（能够承受搬运过程中的物理破坏）和耐化学侵蚀（能够承受风化作用过程）的矿物。砂矿之所以形成，是因为重矿物从水流中快速沉降，密度较小的颗粒则保持悬浮状态并被向前携带。常见堆积地点包括曲流河内侧的边滩（点沙坝），以及河床上的裂缝、洼地及其他不规则地点。

许多砂矿具有重要经济意义，其中以金的堆积最为著名。实际上，正是 1848 年发现的沙金矿床引发了著名的加利福尼亚州淘金热。几年后，类似矿床还引发了阿拉斯加淘金热（见图 23.26）。利用平底锅来淘洗砂和砾，然后在底部聚集精细灰尘，有望实现淘金梦，这是早期勘探者用于回收贵金属的常见方法，这一过程与砂矿在最初地点形成的过程类似。

图 23.26　砂矿。当重矿物被水流机械聚集时，这些矿床就会形成

除了金，较重且持久性强的其他矿物也能形成砂矿，包括铂、金刚石和锡。乌拉尔山脉含有富铂砂矿，砂矿也是南部非洲金刚石的重要来源。在世界锡石（主要锡矿石）供应中，很大一部分来自马来西亚和印度尼西亚的砂矿。锡石经常广泛散布在花岗质火成岩中，这种状态下的矿物浓度不高，无法进行有利可图的开采。但是，随着围岩发生溶解和分解，较重且持久性强的锡石颗粒被释放，释放的颗粒最终被冲刷到河流中，最后沉积在比原始矿床浓度高得多的砂矿中。在从砂矿中开采的许多矿物中，类似的情况和事件极为常见。

在有些情况下，若砂矿的源岩能够定位，则其也可能成为一个重要矿体。通过追踪上游砂矿床，有时能够找到原始矿体，加利福尼亚州内华达山脉岩基中母矿（Mother Lode）的含金矿脉以及南非著名的金伯利（Kimberley）金刚石矿即以此种方式发现。砂矿首先被发现，然后才能发现其来源地。

概念回顾 23.7

1. 什么是次生富集？
2. 说出铝的原生矿石名称，并描述其形成过程。
3. 矿物黄铁矿在矿床形成中如何发挥作用？
4. 描述矿物在砂矿中积聚的方式，列举从这种矿床中开采的 4 种矿物。

23.8　非金属矿产资源

区分两大类非金属矿产资源，并分别列举相关示例。

未用作燃料或不处理其所含金属的地球物质称为非金属矿产资源（nonmetallic mineral resource）。注意，术语矿产在这种经济背景下的使用非常宽泛，与第 3 章中地质学家对矿物的严格定义截然不同。非金属矿产资源针对其所含元素（或具有的物理及化学性质）进行提取和处理。

人们通常不会意识到非金属矿产的重要性，因为他们仅看到利用非金属矿产生产的产品

（而非矿产本身）。也就是说，在生产其他产品的过程中，许多非金属材料被用完。例如，萤石和石灰岩是炼钢过程的一部分，也是制造机器所需的研磨剂，以及种植粮食所需的肥料（见表 23.3）。

表 23.3　非金属矿产的地质过程和用途

矿　产	用　途	地质过程
磷灰石	磷肥	沉积矿床
石棉	阻燃纤维	变质蚀变（温石棉）
方解石	骨料；炼钢；土壤改良；化学制品；水泥；建筑石材	沉积矿床
黏土矿物	陶瓷制品；瓷器	风化残余产物（高岭石）
刚玉	宝石；磨料	变质矿床
金刚石	宝石；磨料	金伯利岩管；砂矿
萤石	炼钢；铝精炼；玻璃；化学制品	热液矿床
石榴子石	磨料；宝石	变质矿床
石墨	铅笔铅；润滑剂；耐火材料	变质矿床
石膏	熟石膏	蒸发岩矿床
石盐	食盐；化学制品；防冰措施	蒸发岩矿床；盐丘
白云母	电气应用中的绝缘体	伟晶岩
石英	玻璃的主要成分	火成侵入；沉积矿床
硫化物	化学物质；肥料制造	沉积矿床；热液矿床
钾盐	钾肥	蒸发岩矿床
滑石	用于油漆及化妆品等的粉末	变质矿床

非金属矿产的年用量巨大。由表 23.1 可知，美国非燃料资源的消耗量很大，其中非金属资源的占比极高。非金属矿产资源通常划分为两大类，即建筑材料（building material）和工业矿物（industrial mineral）。有些物质具有许多不同用途，同时属于这两种类型，典型示例如石灰岩，这或许是所有岩石中用途最为广泛的一种岩石。作为建筑材料，石灰岩不仅用作碎石和建筑石材，还可用于制造水泥；作为工业矿物，石灰岩是炼钢中的一种成分，以及在农业中降低土壤酸度（见地质美图 7.1）。图 23.27 显示了一个石灰岩采石场。

图 23.27　石灰岩采石场。石灰岩既是建筑材料，又是工业矿物。这个采石场位于印第安纳州阿姆斯特丹附近

23.8.1　建筑材料

天然骨料由碎石、砂和砾组成。从数量和价值的角度看，骨料是一种非常重要的建筑材料。美国每年生产近 20 亿吨骨料，约占全部非能源开采量的 1/2。骨料在每个州都进行商业生产，几乎用于所有建筑施工和大多数公共工程项目。

其他重要建筑材料包括石膏（用于灰泥和墙板）、黏土（用于瓷砖和砖块）以及组合形成水泥的石灰岩和页岩。水泥和骨料用于制造混凝土，这种物质对几乎所有建筑物而言均至关重要。骨料为混凝土赋予强度和体积，水泥将混合物黏合成岩石状坚硬物质。仅修建 2 千米长的四车道公路，所需骨料就超过 8.5 万吨。若建造一栋平均有 6 个房间的房屋，则需要 90 吨骨料。

由于大多数建筑材料分布广泛，且数量几乎无限，其内在价值极低，经济价值只有在从地面上移除并加工后才能体现出来。由于每吨价值较低（与金属和工业矿物相比），采矿和采石作业通常是为了满足本地需求。除了用于建筑物和纪念碑的特殊类型切割石块，运输成本极大地限制了大多数建筑材料的经济运输距离。

23.8.2 工业矿物

许多非金属资源被归类为工业矿物。在有些情况下，这些物质非常重要，因为它们是特定化学元素（或化合物）的来源，可用于制造化学用品和生产肥料。在另一些情况下，它们的重要性与其呈现出的物理性质相关，例如可用作磨料的刚玉和石榴子石等矿产。虽然工业矿物的供应通常较为丰富，但是大多数这些矿产远不如建筑材料丰富，而且矿床在分布和范围上受到的限制要大得多。因此，许多这些非金属资源必须远距离运输，这当然会增大成本。与大多数建筑材料（使用前需要最少加工）不同，为了能以适当纯度提取出所需物质以供最终使用，许多工业矿物需要大量加工。

1. 肥料

为了满足不断增长的世界人口需求，粮食生产规模必须持续扩大，因此肥料（主要是硝酸盐、磷酸盐和钾化合物）对农业而言极为重要。合成硝酸盐工业从大气中获取氮，几乎是世界上所有氮肥的来源。但是，磷和钾的主要来源仍然是地壳。磷灰石（磷酸钙矿物）是磷酸盐的主要来源，美国大部分产量来自佛罗里达州和北卡罗来纳州的海洋沉积矿床。虽然钾是许多矿产富含的元素，但其主要商业来源是含有钾盐的蒸发岩矿床，美国新墨西哥州卡尔斯巴德附近的矿床尤为重要。图 23.28 显示了犹他州南部生产钾盐[通常称为钾肥（potash）]的采矿作业。

2. 硫化物

硫化物的用途非常广泛，其用量甚至被视为国家发展水平的指示器。全世界 80% 以上的硫化物用于生产硫酸，硫酸是制造磷肥的必需品。硫化物的来源包括与盐丘和火山区相关的天然硫化物矿床，以及常见的铁硫化物（如黄铁矿）。近年来，有一种来源变得越来越重要，就是从煤炭、石油和天然气中去除掉的硫化物，

图 23.28　**犹他州莫阿布以西的钾盐矿蒸发池。**这里的钾肥（氯化钾）获取自利用溶液采矿与太阳能蒸发相结合的系统。人们从附近的科罗拉多河中取水后，注入位于地表之下 900 米深处的矿床中。富含矿物质的水被带到地表后，通过管道输送到 400 英亩规模的浅池中。水分蒸发后，留下钾肥和普通盐（氯化钠）沉积。为了辅助蒸发作用过程，添加了蓝色染料。晶体被收集并送往选矿厂后，通过浮选工艺分离钾肥与盐

这样做的目标是减少这些燃料的污染。

3. 盐

普通盐[石盐（halite）]是重要且用途广泛的另一种资源，这是化学工业中用作原料的最突出非金属矿产之一。此外，大量食盐被用来软化水，除去街道和高速公路上的冰。当然，大多数人知道它是一种基本营养成分，也是许多食品的一部分。

盐是一种常见蒸发岩，可利用传统地下采矿技术来开采厚层矿床（见图 3.40）。当开采地下盐矿床时，利用盐水井将管道引入盐矿床，然后将水从管道中向下泵入。水溶解的盐通过第二条管道被带到地表。这也是获得氯化钾（或碳酸钾）所用的过程，如图 23.28 所示。此外，海水仍然是盐的来源，数百年以来始终如此。盐在太阳蒸发水分后进行收获（见图 7.18）。

概念回顾 23.8

1. 对金属矿产资源和非金属矿产资源而言，人均消耗数量哪个更大？
2. 区分建筑材料和工业矿物。
3. 列举 2 种建筑材料和 3 种工业矿物。

主要内容回顾

23.1 可再生资源和不可再生资源

关键词：可再生资源，不可再生资源

- 可再生资源能够在相对较短的时间内得到补充，例如家具和纸浆所用的树木。不可再生资源的形成速率极慢，以至于从人类视角观察，地球上的供应量固定不变，例如燃料和金属。

问题：有些资源能够被回收，这是否意味着它们可被归类为可再生资源？解释理由。

23.2 能源资源：化石燃料

关键词：化石燃料，油气圈闭，储层岩石，盖层岩石，油砂，水力压裂

- 煤炭、石油和天然气都是化石燃料，在被沉积物掩埋数百万年的植物的碳氢化合物中存储能量。

- 煤炭由最初在古代沼泽中沉积的压缩植物碎屑形成。煤炭燃烧为美国提供了约14%的能源使用。煤炭开采可能有风险和破坏环境，煤炭燃烧会产生多种污染。

- 石油和天然气由海洋浮游生物的加热残骸形成，二者总共占美国能源使用量约66%。石油和天然气均离开了其源岩，然后迁移到由其他多孔岩石组成的油气圈闭中，这些储层岩石上覆适当的不透水盖层岩石。

- 油砂是孔隙中含沥青的一种沉积矿床。由于黏度较高，沥青无法从岩石中涌出，需用蒸汽进行处理。

- 水力压裂是在原本不透水的岩石中打开孔隙的一种方法，使得天然气能够流入钻井。

问题：如附图所示，辛克莱石油公司的标志直接表明了其所销售燃料的化石性质。但是，辛克莱石油公司的石油中是否可能含有恐龙的碳？解释理由。

23.3 核能

关键词：核裂变

- 核电站利用受控核裂变链式反应，通过中子轰击重原子（如铀原子）而使其分裂。这个过程释放热量，使得水沸腾并驱动蒸汽轮机发电。

- 铀矿石开采自古老的砂矿床或地下水沉淀处。为了支持裂变反应，铀-235的比例必须浓缩。

- 核电站具有重大风险，建设安全核电站非常昂贵。

23.4 可再生能源

关键词：水力发电，地热能，生物质能

- 可再生能源资源能够得到快速补充，且可以无限期地持续使用。

- 太阳能以两种方式发电。光伏电池将太阳光直接转化为电能。另一个过程涉及太阳能聚光，利用太阳光作为燃料源生成蒸汽来驱动发电机。

- 风能用风车或涡轮机进行采集。在考虑安装涡轮机地点时，风速是一种重要变量。

- 当流水遭遇筑坝时，可通过水力发电来获取其能量。

- 地热能利用地下热量来生产热水或发电。商业地热地点需要：①强烈热量源；②大型地下储层；③低渗透性岩石盖层。

- 生物质是直接燃烧的动植物物质。篝火、谷物乙醇汽油添加剂和垃圾填埋场捕获的甲烷都是生物质能源示例。

- 潮汐能的工作原理如下：高潮时蓄水，低潮时通过水坝将其释放，类似于水力发电。由于需要合适的海岸线和潮差，不适用于大多数地区。

23.5 矿产资源

关键词：矿产资源，储量，矿石

- 矿石是经济可采的金属矿产资源。人们将尚未开采但经济可采的矿产资源称为储量。矿产资源要被认为有价值，必须具有浓度在平均地壳丰度水平之上的目标元素。

问题：举出导致美国铂储量估计值被修改的两个事件示例。

23.6 火成过程和变质过程

关键词：伟晶岩，热液，脉型矿床，浸染型矿床

- 火成过程通过岩浆分异、伟晶岩侵位和金伯利岩侵入聚集某些元素。

- 岩浆可能释放出穿透围岩的热液，其中携带着溶解的金属。金属矿石可能以裂隙充填矿床（矿脉）的形式沉淀，或者可能穿透周围地层，在整个赋矿主岩中形成大量微小浸染型矿床。洋脊沿线的深海喷口是富金属热液矿床的另一示例。

- 接触变质作用和区域变质作用均可能形成非金属及金属矿产资源的聚集，特别是在火成岩体侵入石灰岩的地方。

问题：附图中这块标本主要由石英、钾长石和

612 地质学与生活——故事背后的地球科学（第13版）

电气石组成，右上角大型电气石晶体的长度超过 4 厘米。何种术语适用于由异常大晶体组成的这类岩石？该岩石与何种过程相关？

23.7 与地表过程相关的矿产资源

关键词：次生富集，砂矿

- 风化作用通过将少量金属浓缩成具有经济价值的沉积而形成矿床。这个过程称为次生富集，由以下两种过程之一实现：①去除不需要的物质，并使所需元素富集在土壤上层区域；②去除所需元素，并将其携带到下层区域，在那里再次沉积并变得更浓缩。铝土矿是铝的主要矿石，与第一个过程相关。
- 当坚硬致密的矿物（如金）被水流分选并与低密度沉积物分离时，形成砂矿床。

问题：牙买加（或瑞典）目前是否更有可能形成铝土矿？解释理由。

23.8 非金属矿产资源

关键词：非金属矿产资源

- 不用作燃料或不加工其所含金属的地球物质称为非金属矿产资源。许多非金属矿产资源是沉积物或沉积岩。非金属资源的两大类是建筑材料和工业矿物。

问题：石灰岩是工业矿物还是建筑材料？举例说明。

深入思考

1. 美国所用的大部分能源曾是可再生能源，这种曾占主导地位的可再生能源是什么？

2. 当你和朋友驱车旅行时，电台新闻报道中提到了一起煤矿事故，有些矿工在事故中受伤。听到这个新闻后，你的朋友说："煤炭是已经很少使用的一种过时燃料。"你如何说服你的朋友认识到他错了？

3. 附图中的场景不太可能是可再生能源，但事实确实如此。为什么？

4. 当你和同伴经过附图中的垃圾桶时，同伴说道："仅回收铝。他们这些天肯定回收了很多铝，这使其成了一种可再生资源，对吧？"你应当如何回答？

5. 工业矿物是矿物吗？即它们是否符合第 3 章中概述的矿物定义？解释理由。

6. 假设你刚读到一篇关于一座即将关闭铜矿的文章。在这篇文章中，一位采矿地质师指出，该铜矿仍然残留大量含铜岩石，铜的品位均匀且与以往相同。在该文章的后面，矿主的发言人表示没有矿石残留。假设地质师和发言人均正确，请对这两种明显矛盾的说法进行解释。

地球之眼

1. 附图显示了一个繁忙的垃圾填埋场，每天都有成吨的垃圾废物在此倾倒。最终，这个地点将被复垦为右图所示的类似区域，并将变成能量源。
   a. 解释充满垃圾废物的区域如何变成能量源。这是何种能源形式？如何对其进行利用？b. 这种能源是可再生的还是不可再生的？解释理由。

第 24 章　漫游太阳系

与建在月球表面之下相比，月表基地面临着更多风险

新闻中的地质：月球古熔岩管可能容纳人类月球基地

2009 年，为了查明月球上的熔岩管是否真实存在（人们很久以前就猜测其隐藏在月球的陨击坑中），日本宇宙航空研究开发机构（JAXA）的研究人员开展了相关工作，利用月球轨道飞行器采集了雷达数据。在马里乌斯山（以火山穹丘闻名的月球区域）附近，科学家发现了一个坑洞证据，但是直到几年后，随着 JAXA 和 NASA 共享相关数据，日本和美国的科学家才最终合作估算出了这个坑洞的大小。科学家于 2017 年宣布，这个坑洞位于一个巨型洞穴的顶部，现在被命名为马里乌斯山天光。它的规模究竟有多大呢？这个古熔岩管能够轻松容纳比美国费城还要大的城市，于是有些科学家立即宣布马里乌斯山天光是建造人类月球基地的完美地点。

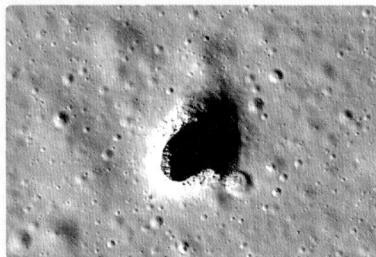

马里乌斯山天光

缺氧并非人类在月球上生活时出现问题的唯一原因。由于不存在与地球类似的大气层和磁场，月球表面温度变化很大，辐射水平高得惊人，航天器（或栖息地）被微流星撞击而毁损的风险极大。因此，有遮蔽的洞穴场所是潜在人类月球基地的重要发现。

马里乌斯山天光的发现特别及时。2017 年 12 月，美国航空航天局（NASA）确定了新工作重点：将探索工作聚焦于宇航员重返月球，最终目标是探索火星及其他更遥远的天体。最近还有部分最新发现（如在月球北极附近的洞穴中发现了冰），同样提升了人类月球基地未来梦想成真的可能性。

学习目标

24.1 根据星云理论描述太阳系的形成。比较类地行星和类木行星。

24.2 列举并描述月球的主要特征,解释月海盆地如何形成。

24.3 概述水星、金星和火星的主要特征,描述它们与地球之间的异同点。

24.4 总结和比较木星、土星、天王星和海王星的特征,包括它们的光环系统。

24.5 列举并描述太阳系小天体的主要特征。

行星科学家主要研究太阳系内外天体的形成和演化,包括8大行星和无数较小的天体(如卫星、矮行星、小行星、彗星和流星体)。通过研究这些天体,可为了解地球上运行的动态过程提供重要借鉴。通过了解其他大气层如何演化,可帮助建立更好的模型来预测地球气候变化。此外,通过观察侵蚀力如何作用于其他天体,人们可观测到景观形成的多种方式。最后,通过对其他行星体进行探索,还可揭示地球作为孕育生命天体的独特性。

24.1 太阳系概述

根据星云理论描述太阳系的形成。比较类地行星和类木行星。

太阳是跨度高达数万亿千米的旋转系统的中心,由 8 大行星及其卫星以及大量更小的天体(矮行星、小行星、彗星和流星体)组成。据估计,太阳系约 99.85% 的质量包含在太阳中,全部行星占剩余 0.15% 的大部分。从太阳开始向外,各大行星依次为水星、金星、地球、火星、木星、土星、天王星和海王星(见图 24.1)。

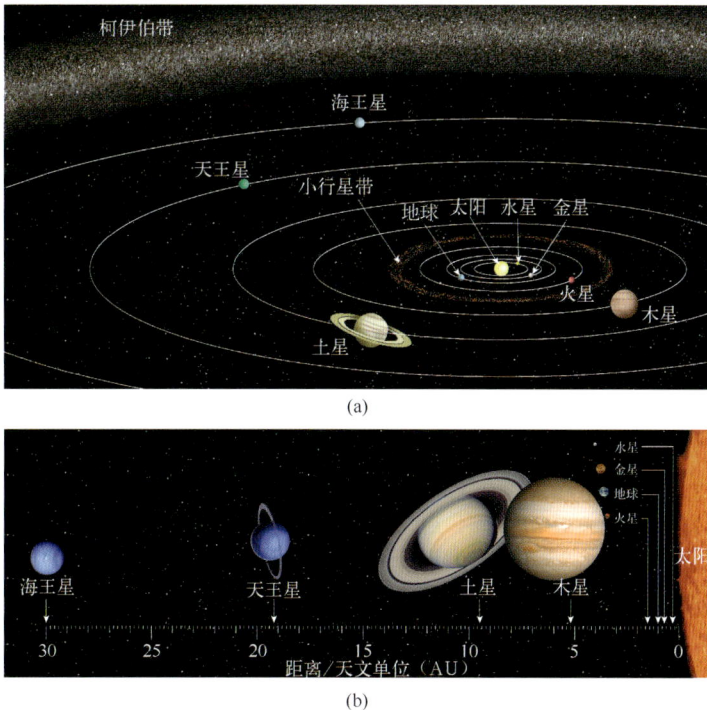

(a)

(b)

图 24.1 **行星的轨道。**(a)太阳系的艺术渲染图(未按比例绘制);(b)行星的相对大小及其到太阳的距离,采用两种不同比例尺进行显示。距离以天文单位(AU)表示,1AU 等于日地平均距离(1.5 亿千米)。若太阳和行星的大小按距离所用的比例显示,则相关大小将约为此处显示的 1/5000

这些行星通过引力与太阳束缚在一起,在略呈椭圆形的轨道上以相同的方向运行,距离太阳最近的行星运行速度最快（见表 24.1）。水星的轨道速度最快（48 千米/秒），绕太阳公转的周期最短（88 个地球日）。相比之下，海王星的轨道速度仅为 5.3 千米/秒，公转周期长达 165 个地球年。大多数大型天体大致在同一个平面上绕太阳运行。这些行星相对于日地轨道面[称为黄道（ecliptic）]的倾角如表 24.1 所示。

表 24.1　行星数据

行　星	符　号	到太阳的平均距离			轨道周期	轨道倾角	轨道速度	
		AU*	百万英里	百万千米			英里/秒	千米/秒
水星	☿	0.39	36	58	88 天	7°00′	29.5	47.5
金星	♀	0.72	67	108	245 天	3°24′	21.8	35.0
地球	⊕	1.00	93	150	365.25 天	0°00′	18.5	29.8
火星	♂	1.52	142	248	687 天	1°51′	14.9	24.1
木星	♃	5.20	483	778	12 年	1°18′	8.1	13.1
土星	♄	9.54	886	1427	30 年	2°29′	6.0	9.6
天王星	♅	19.18	1783	2870	84 年	0°46′	4.2	6.8
海王星	♆	30.06	2794	4497	165 年	1°46′	3.3	5.3

行　星	绕轴自转周期	直　径		相对质量（地球=1）	平均密度（克/立方厘米）	极向扁率（%）	偏心率**	已知卫星数量†
		英里	千米					
水星	59 天	3015	4878	0.06	5.4	0.0	0.206	0
金星	243 天	7526	12104	0.82	5.2	0.0	0.007	0
地球	23h56m04s	7920	12756	1.00	5.5	0.3	0.017	1
火星	24h37m23s	4216	6794	0.11	3.9	0.5	0.093	2
木星	9h56m	88700	143884	317.87	1.3	6.7	0.048	79
土星	10h30m	75000	120536	95.14	0.7	10.4	0.056	62
天王星	17h14m	29000	51118	14.56	1.2	2.3	0.047	27
海王星	16h07m	28900	50530	17.21	1.7	1.8	0.009	14

*AU = 天文单位，即地球到太阳的平均距离（日地平均距离）；**偏心率是轨道偏离圆形的测量值，数字越大，轨道圆度越小；
†截至 2018 年 8 月发现的所有卫星。卫星是绕行星而非恒星（如太阳）运行的天体。

24.1.1　星云理论：太阳系的形成

星云理论/星云说（nebular theory）描述太阳系的形成，认为太阳及其行星由相同的旋转星际气体云形成，称为太阳星云（solar nebula），如图 1.18 所示。对于太阳及其他恒星的形成，人类的认知大多来自对当前正在形成恒星区域的观测。在所有情况下，恒星的形成都发生在广阔的星际云中。人们基于这一观测得出结论：太阳星云最初是缓慢旋转的冷云，主要是气态物质，98% 以上由氢和氦组成，所有其他元素之和不到总量的 2%。固态物质由通常称为星际尘埃（interstellar dust）的微小颗粒组成。当这个极其巨大的尘埃及气体云坍缩时，引力能转化为运动能和热能，导致正收缩气体的温度大幅上升。太阳星云中的大部分物质聚集在温度最热的中心，形成了原太阳（protosun）。

随着太阳星云的坍缩，旋转速度变得越来越快，就像滑冰运动员旋转时收缩手臂一样。旋转运动使得有些物质形成了一个扁平旋转圆盘，环绕在炽热的原太阳周围。这个旋转圆盘中的物质逐渐冷却，随后凝聚为微型金属颗粒以及冰质和岩质物块。经过反复多次碰撞，大部分物质聚集形成越来越大的块体，最终成为巨砾大小的天体，称为星子/微行星（planetesimal），意思是行星碎片。最大星子具有更强的引力，使其直径快速增长至数百千米。

星子的组成（成分）很大程度上取决于到原太阳的远近，内太阳系中的温度当然最高，朝向旋转圆盘外缘时的温度逐渐下降。在水星（轨道周期为 88 天）与火星（轨道周期为 687 天）的轨道之间，这些星子主要由熔化温度较高的物质（金属和岩质物质）组成。在这个区域中，通过反复碰撞和吸积，这些小行星大小的岩质天体结合形成了 4 颗原行星（protoplanet），直至演化成类地行星水星、金星、地球和火星。

相比之下，木星、土星、天王星和海王星［统称气态巨行星（gas giants）］的轨道周期为 12～165 年，质量之和超过类地行星的 150 倍。这些行星由起源于火星轨道（冰冻线（frost line））之外的星子吸积而成，对内太阳系中以气体形式存在的某些化合物而言，在这里会因温度足够低而凝结成冰。因此，这些星子中含有较高比例的冰，主要是水、二氧化碳、氨和甲烷冰，以及少量岩质和金属碎片。实际上，太阳系外围的冰含量远高于金属及岩质物质的含量，这在一定程度上解释了外行星体积大且密度小的原因。木星和土星是质量最大的两颗行星，表面重力足以吸引和束缚大量氢气和氦气等轻元素。

木星、土星、天王星和海王星统称为气态巨行星，轨道周期为 12～165 年，质量之和超过类地行星的 150 倍。

在诞生之初的数亿年间，太阳系充满了活力和暴力。在一段时期的强烈轰击中，通过吸积（合并）大部分剩余物质，这些行星扫清了各自的轨道。在陨击程度较高的月球表面，这一时期的碰撞痕迹仍然非常明显。由于各大行星（特别是木星）的引力作用，小型天体会被吸入行星交叉轨道（或星际空间）。少量行星际物质在这一剧烈时期中幸存，最终成为小行星或彗星，后者主要位于太阳系外围。

星云理论成功地解释了太阳系的几乎所有主要特征，但是最新发现使得有些行星科学家得出结论：这个模型可能需要做一些调整。特别是基于通过巡天（如 NASA 的开普勒任务）发现的数千颗系外行星（绕其他恒星运行的行星），行星科学家开始意识到，与太阳系相似的星系相对罕见。许多最早已知系外行星都是热木星，即绕其恒星加速运行（轨道周期为几天）的气态巨行星。此外，在迄今发现的各个行星系中，大多含有一个或多个轨道周期小于100 天的超级地球（体积数倍于地球的行星）。如前所述，水星是太阳系中的小不点（最内侧行星），轨道周期为 88 天。

在冰不可能存在的地方，巨行星如何接近灼热的恒星呢？内太阳系中为何缺少绕太阳运行的超级地球？

24.1.2 行星：内部结构和大气层

基于位置、大小和密度，太阳系中的 8 大行星可划分为两大类：第一类是类地行星（terrestrial planet），包括水星、金星、地球和火星；第二类是类木行星（jovian planet），包括木星、土星、天王星和海王星。由于相对于太阳的位置靠内，4 颗类地行星也称内行星/带内行星（inner planet），4 颗类木行星也称外行星/带外行星（outer planet）。行星的位置与大小之间存在相关性，内行星的体积远小于外行星，例如海王星（最小类木行星）的直径几乎是地球（或金星）的 4 倍，质量几乎是地球（或金星）的 17 倍。

其他性质也可用于区分不同的行星，例如密度、化学组成、轨道周期和卫星数量（见表 24.1）。各大行星之所以存在密度差异，很大程度上是因为它们的化学组成不同。类地行星主要由岩石和金属组成，平均密度约为水的 5 倍；类木行星含有较高比例的氢、氦及低密度化合物，平均密度仅为水的 1.5 倍。实际上，土星的密度仅为水的 0.7 倍，这意味着它应能漂浮在足够大的水箱中。外行星的特征还包括轨道周期长和卫星数量多。

如第 12 章所述，地球形成后不久，物质的分离形成了 3 个主要层，按它们的化学组成定义为地壳、地幔和地核。这种类型的化学分异也适用于其他行星，但是由于类地行星与类木行星的组成不同，这些层的性质也各不相同（见图 24.2）。

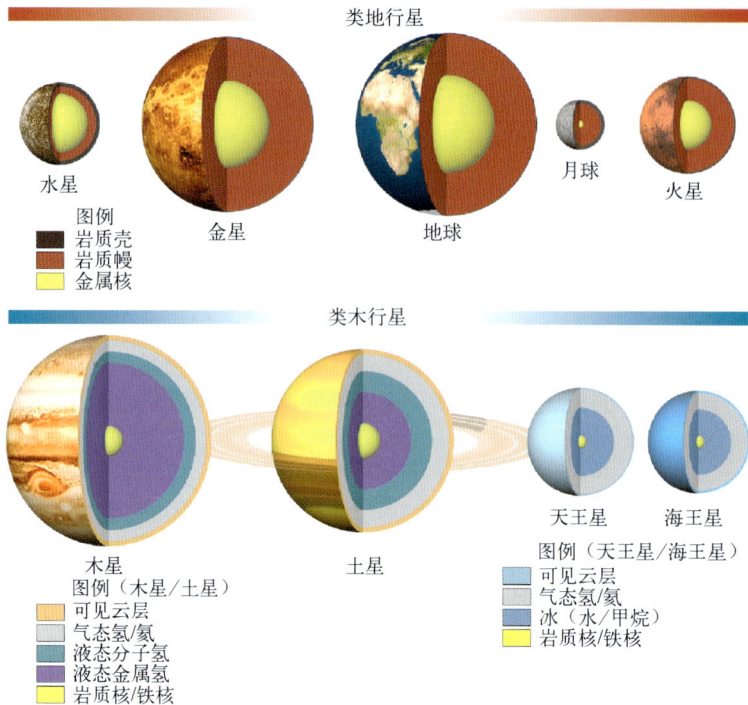

图 24.2　行星内部结构之比较

1. 类地行星的内部结构

类地行星的密度很大，具有主要由铁和镍组成的相对较大的核心（内核）。硅酸盐矿物及其他较轻化合物构成了类地行星的幔。与幔相比，类地行星的硅酸盐壳相对较薄。

基于地震学证据可知，地球外核呈熔融状态。此外，受益于适度快速的行星自转，地球熔融外核内的对流产生了强磁场。

火星核被视为呈部分熔融状态，但是炽热程度不足以支持对流，因此火星缺乏磁场。金星核被视为具有熔融金属层（与地球非常类似），但是金星也没有磁场，人们推测这是因为金星核不够炽热而无法驱动对流，或者自转周期太慢（243 天）而无法产生磁场。研究人员惊讶地发现，虽然水星体积小且自转周期缓慢（59 天），但却拥有可测量的磁场，不过强度仅有地球的 1%。这可能缘于水星的部分熔融金属核，与水星的大小相比，水星的金属核异常大。

2. 类木行星的内部结构

木星和土星是体积最大的两颗类木行星，可能具有小型固态核心，由铁化合物（类似于类地行星的核心）和岩质物质（类似于地幔）构成。由内向外，核心上方层由处于极高温度和压力下的液态氢组成。大量证据表明，在这种环境条件下，氢的行为就像金属一样，电子可以自由移动并有效传导热和电。电流在液态金属氢旋转层内流动，因此木星具有强磁场。土星的磁场要比木星弱得多，因为其液态金属氢外壳较小。在这个金属层之上，科学家相信木星和土星均由液态分子氢和氦混合组成。最外层是气态大气层，主要由氢和氦组成，还包括少量水、氨、甲烷及其他物质。

天王星和海王星也有小型富铁岩质核心，但其幔可能是炽热且致密的水、甲烷和氨。类似于木星和土星，它们的大气层以氢和氦为主。

3. 行星的大气层

类木行星的大气层非常厚，主要由氢和氦组成，还含有少量水、甲烷、氨及其他氢化合物；类地行星（包括地球）的大气层相对稀薄，主要成分是二氧化碳（或氮气）；大多数太阳系小天体不含空气。两种因素能够解释这些显著差异，即太阳加热（温度）和引力，如

图 24.3 所示。这些变量决定了在太阳系的形成过程中哪些行星气体（若有的话）能被行星俘获并最终得以保留。

在行星的形成过程中，正在发育的太阳系的内层区域温度过高，冰和气体无法凝结；但是，在温度较低且星子被太阳加热最少的地方，水蒸气、氨和甲烷能够凝结成冰，直至形成外行星，因此类木行星含有大量这些挥发物。随着行星的生长，两颗最大类木行星（木星和土星）的强引力场也吸引了大量最轻气体（氢气和氦气），因此解释了类木行星为何含有较厚的大气层。

地球如何获得水及其他挥发性气体？似乎是在太阳系历史早期，气态巨行星（主要是木星和土星）的引力将星子送入了极偏心轨道，导致地球遭遇了冰质天体（主要是类彗星天体）的轰炸，带来了水及其他元素。对当前的地球生物而言，这只是一个偶发事件。虽然在发育早期肯定受到过冰质天体的轰炸，但是水星、月球及其他许多小天体都缺乏重要大气层。

无空气天体发育在太阳加热强烈和/或引力较弱之处。简单而言，温暖小天体（small warm body）更有可能失去大气层，这是因为气体分子在温暖天体上更有能量（因此移动速度更快），仅需较低速度即可逃离小天体的微弱引力。在 8 大行星中，水星的体积和质量均最小，表面重力较低，使得束缚大气具有挑战性。此外，该行星距离太阳最近，不断受到太阳风的轰击，因此水星大气层在所有行星中最薄。

体积更大的类地行星（地球、金星和火星）保留了部分较重气体，包括氮气、二氧化碳、氧气甚至水蒸气。但是与总质量相比，大气层仍然微乎其微。类地行星发育早期可能含有更厚大气层，但是随着时间的推移，这些原始大气随着轻气体逐渐逃逸进入太空而发生改变。地球大气层将氢和氦（两种最轻气体）持续泄漏到顶部附近的太空中，那里的空气非常稀薄而无法阻止移动最快的粒子飞入太空。逃离行星引力所需的速度称为逃逸速度（escape velocity）。氢气是最轻的气体，因此最容易达到克服地球引力所需的速度。未来数十亿年后，氢（水的成分之一）的损耗最终将使地球海洋干涸，进而终结地球水循环。

大质量类木行星具有较强引力场，部分解释了其含有较厚大气层的原因。此外，它们与太阳相距甚远，因此太阳加热数量很小。气体的分子运动依赖于温度，即使是氢和氦的运动也非常缓慢，以至于无法逃脱类木行星的引力。寒冷温度也解释了土卫六（土星的卫星）为何能够持有大气，与地球相比，土卫六的体积很小，但是到太阳的距离则要远得多，因此更寒冷。

24.1.3 行星撞击

纵贯整个太阳系的演化历史，天体之间的碰撞始终在发生。因此，在大气极少（或没有）的天体（如月球）上，不存在空气阻力，因此即使是最小的行星际碎片（陨石）也能抵达表面。在

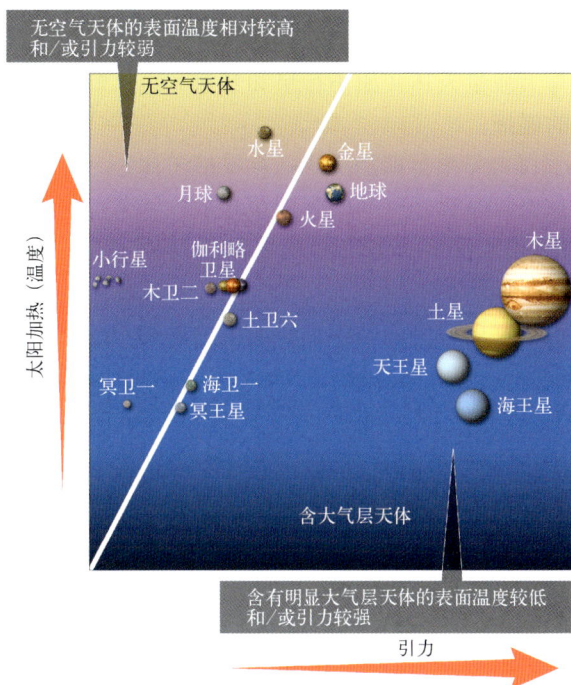

图 24.3 含大气层的天体和无空气天体。无空气天体具有相对温暖的表面温度和/或弱引力，含明显大气层的天体具有较低的表面温度和/或强引力

速度足够快的情况下，这些碎片能够在单个矿物颗粒上产生微小孔洞。相比之下，大型**撞击坑**（impact crater）则形成于与大质量天体（如小行星和彗星）之间的碰撞。

在太阳系早期历史中，行星撞击比现在更为频繁。早期的强烈轰炸后，陨击率急剧下降，现在则基本上保持不变。在月球和水星上，几乎不存在风化作用和侵蚀作用，因此以往撞击证据仍然清晰可见。

对更大的天体而言，大气层的存在可能导致撞击天体发生裂解和/或减速，例如当质量小于 10 千克的流星体穿越地球大气层时，失速最高可达 90%。因此，小质量天体的撞击只会在地球上形成较小的陨击坑。在减缓大型天体的撞击影响方面，地球大气层的作用要差得多，但幸运的是这种情形很少出现。

图 24.4 描绘了大型撞击坑的形成过程。流星体的高速撞击挤压了被撞击物质，形成了一次几乎瞬间的反弹，将物质从表面溅射而出。在地球上，撞击速度可能超过 50 千米/秒，如此高的撞击速度会形成冲击波，对撞击物和被撞击物都会产生挤压。几乎就在一瞬间，过度挤压物发生反弹，爆炸性地将物质溅射出新形成的陨击坑。此外，大型陨击坑经常呈现出一个中央峰（见图 24.5），这些中央峰也是地壳回弹的结果。

溅射而出的物质称为**喷出物**（ejecta），大部分落在陨击坑内（或附近），并在那里堆积形成边缘。其余物质在陨击坑周围形成了一层喷出覆盖物。当面临再次撞击时，大型流星体可

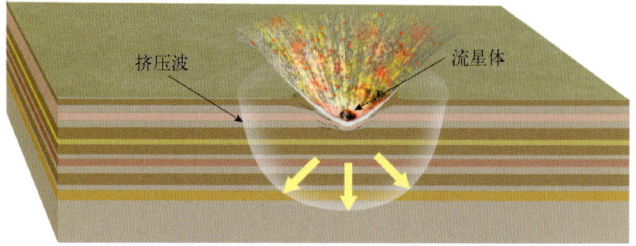

(a) 快速运动天体的能量被转化为热量和冲击波

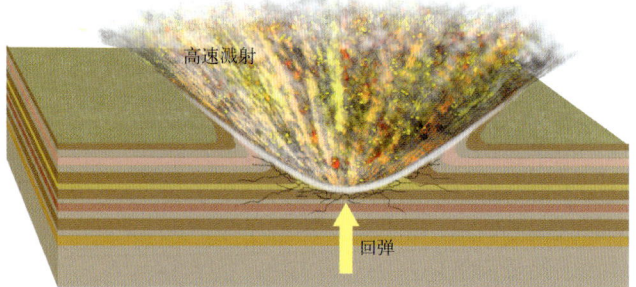

(b) 过度压缩的岩石发生回弹，导致碎片爆炸性地从陨击坑中溅射而出，部分物质可能会熔化并沉积为玻璃珠

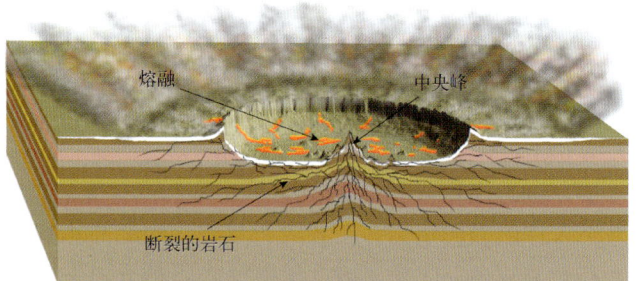

(c) 在大型陨击坑中，可能含有被撞击熔融的岩石区域以及回弹中央峰

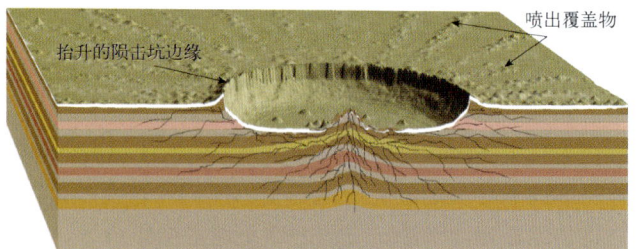

(d) 溅射出的物质在陨击坑周围形成"毯子"

图 24.4　撞击坑的形成

能喷出大型抛射物并撞击周围景观，形成更小的构造，称为**次级陨击坑**（secondary crater）。大型流星体也会产生足够的热量，熔融后将部分受撞击岩石作为玻璃珠喷出。在地球和月球上，人们已采集到了以这种方式形成的玻璃珠标本，以及由撞击热量焊接的破碎碎片构成的熔融角砾岩。

1. 根据星云理论，简述太阳系的形成步骤。

2. 行星根据何种标准被划分为类地行星或类木行星？

3. 在类地行星与类木行星之间，密度差异较大的原因是什么？

24.2 月球

列举并描述月球的主要特征，解释月海盆地如何形成。

地月系统之所以独特，部分原因是相对内太阳系中的其他天体而言，月球的体积较大。月球的直径为 3475 千米，约为地球直径（12756 千米）的 1/4；月球表面的昼夜温差较大，白天平均温度为 107℃，夜间平均温度为-153℃。月球绕轴自转和绕地球公转的周期相等，因此相同半球始终朝向地球。阿波罗载人任务的所有着陆点均局限在月球朝向地球一侧（正面）。

月球的密度是水的 3.3 倍，与地球上的地幔岩石相当，但远低于地球的平均密度（水密度的 5.5 倍）。相对于地球而言，月球的质量较小，引力为地球的 1/6。质量较小和引力较低是月球无法持有大气层的主要原因。

图 24.5 **月球上的欧拉环形山**。这个环形山（陨击坑）宽约 20 千米，位于雨海的西南部，明亮射线纹、中央峰、次级陨击坑和陨击坑边缘附近的大量喷出物堆积清晰可见

24.2.1 月球的形成

当前模型表明，地球体量太小，形成时不可能带有卫星，特别是体积这么大的月球。此外，被俘获的卫星应当具有偏心轨道，类似于绕类木行星运行的被俘获卫星。

天文学家普遍认为，大约在 45 亿年前，月球形成于一个火星大小天体与年轻半熔融地球之间的碰撞。在这次碰撞期间，部分喷出碎片被抛入绕地球运行的轨道，然后逐渐并合形成月球。计算机模拟结果显示，大部分喷出物质应来自撞击天体的岩质幔，而其核心则被同化进入不断生长的地球。月核的月球占比小于地核的地球占比，因此月球的密度较小，该撞击模型刚好与此相符。

24.2.2 月球表面

伽利略首次将望远镜瞄准月球，观测到了两种不同类型的地形，即暗色低地和陨击程度较高的浅色高地（见图 24.6）。暗色区域似乎较为平滑，类似于地球上的海洋，因此称为月海（maria）。阿波罗 11 号任务最终发现，月海是由玄武质熔岩构成的极平坦平原。这些广阔平原主要集中在月球面向地球一侧，覆盖了约 16%的月球表面（月面）。这些表面缺乏大型火山锥，这是流动性极强的玄武质熔岩的高喷发率的证据，类似于地球上的哥伦比亚高原溢流玄武岩。

图 24.6 **月球表面的望远镜视图**。主要特征是暗色月海和陨击程度较高的浅色高地

相比之下，月球上的浅色区域类似于地球大陆，因此首批观测者将其命名为月陆/台地（terrae）。

由于高出月海之上几千米，这些区域现在被称为月面高地（lunar highland）。从高地上取回的岩石主要是角砾岩，被月球历史早期的大规模轰炸磨得粉碎。月陆和月海交相辉映，造就了月球人的传奇面孔。

部分最明显的月面特征是撞击坑/陨击坑/环形山。直径为 3 米的流星体能够炸出 50 倍大（直径约 150 米）的陨击坑。如图 24.6 所示，开普勒环形山（直径为 32 千米）和哥白尼环形山（直径为 93 千米）均为较大的陨击坑，由直径为 1 千米（或更大）的天体轰击形成。

1. 月面的历史

当科学家研究月面的历史时，所用证据主要来自以下两种途径：阿波罗任务取回岩石的放射性测年；陨击坑密度研究（计数单位面积的陨击坑数量）。由于各行星和卫星在演化历史上始终受到流星体的撞击，其表面特征上的陨击坑密度越大，说明该特征的推断年龄就越老。这些证据表明，月球并合后经历了以下 4 个阶段：①原始月壳的形成；②大型陨击盆地的挖掘；③月海盆地的填充；④射线纹陨击坑的形成。

在吸积后期，月球外壳很可能完全熔融，实际上成为岩浆海洋。然后，约在 44 亿年前，岩浆海洋开始冷却并经历岩浆分异，大多数致密矿物（如橄榄石和辉石）下沉，密度较小矿物（如硅酸盐矿物）漂浮形成月壳。月面高地由这些火成岩构成，就像结晶岩浆中的上浮浮渣一样。最常见的高地岩石类型是斜长岩（anorthosite），主要由富钙斜长石构成。

月球形成后，随着太阳星云中碎片的清除，月壳不断受到撞击，其间形成了若干大型撞击盆地（见图 24.7）。然后，约在 38 亿年前，月球及太阳系中的其他天体经历了陨石轰击率的突然下降。

月球的下一个重大事件是填充至少 3 亿年前形成的大型撞击盆地（见图 24.7）。月海玄武岩的放射性测年结果表明，它们的年龄为 30～35 亿年，比最古老的月壳要年轻得多。

月海玄武岩被视为起源于 200～400 千米深处，

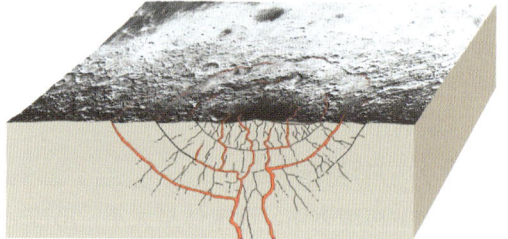

一颗小行星大小的天体撞击月球，形成了一个直径达数百千米的巨大陨击坑，并扰动了陨击坑之外的月壳

撞击坑中充满了流体玄武岩，可能源于月幔深处的部分熔融

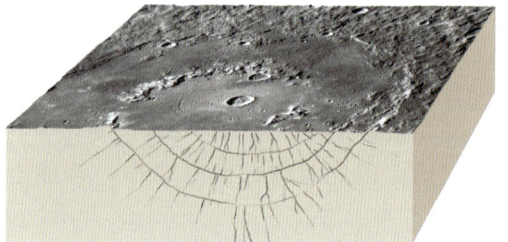

如今，这些充满熔岩的盆地构成了月海，以及水星上的类似大型构造

图 24.7　大型撞击盆地的形成和填充

很可能形成于放射性元素衰变引发的温度缓慢上升。阿波罗任务中取回的岩石具有不同化学组成，说明部分熔融可能发生在几个孤立的岩浆房中。最新证据表明，有些形成月海的火山喷发可能发生在较近的 10 亿年前。

在与这段火山作用时期相关的其他月面特征中，主要包括小型盾状火山（直径为 8～12 千米）、火山碎屑喷发证据、被视为坍缩熔岩管的狭窄蜿蜒山谷[沟纹（rilles）]，以及类似于地球上断陷山谷[地堑（graben）]的长线状凹陷。

射线纹陨击坑是月面形成的最后突出特征，例如图 24.6 中所示的哥白尼环形山（宽约 93 千米）。从这些陨击坑中喷出的浅色物质称为射线纹（rays），因为它们向外辐射并覆盖了月海表面和没有射线纹的许多更老陨击坑。哥白尼环形山相对年轻，被视为有约 10 亿年的历史。若在地球上形成，则风化作用和侵蚀作用早就将其抹平。

2．月面的现状

由于引力较弱以及缺乏大气和水，月球上几乎不存在地球上可见的风化作用和侵蚀作用。此外，月球上的构造力不再活跃，因此月震和火山喷发已终止。侵蚀作用主要受控于来自太空中的微小颗粒[微陨星（micrometeory）]的撞击，这些颗粒持续不断地轰击月球表面，使得月面景观逐渐变平。这种活动挤压并反复混合了月壳的上部。

月海和月面高地上均覆盖着一层灰色松散碎屑物，起源于数十亿年前的陨石轰炸（见图 24.8）。这种类似土壤的层通常称为*月壤/月面浮土/月表岩屑*（lunar regolith），厚度为 2～20 米，由火成岩、角砾岩、玻璃珠和精细月尘构成。

图 24.8　宇航员哈里森·施密特在月面取样。注意观察月球土壤中的足迹（插图），虽然称为月壤，但是由于缺乏有机质而并非真正的土壤

概念回顾 24.2

1. 简述月球的起源。
2. 比较月球上的月海和高地。
3. 陨击坑密度如何用于月面特征的相对年代测定？

24.3　类地行星

概述水星、金星和火星的主要特征，描述它们与地球之间的异同点。

从太阳开始向外，类地行星依次为水星、金星、地球和火星。这里主要介绍水星、金星和火星，并将其特征与地球进行比较。

24.3.1　水星：最内侧的行星

水星（Mercury）是最内侧也是体积最小的行星，绕太阳公转的速度很快（88 天），但是绕自身轴自转的速度极慢，1 昼夜周期持续 176 个地球日，因此水星上的 1 个夜晚大致相当于地球上的 3 个月，之后的白天也是相同情形。水星的表面温度在所有行星中最高，夜间最低温度至-173℃，中午最高温度超过 427℃，炽热到足以熔化锡和铅，使得人类所知的生命几乎不可能存在。

水星吸收大部分入射太阳光，仅将其中约 6% 反射回太空，这是几乎很少（或没有）大气层的类地天体的特征。水星大气层的极少量组成气体可能来自多种来源，主要包括源于太阳的电离气体、相对较近彗星撞击所蒸发的冰以及水星内部的排气作用。

虽然水星体积很小且科学家最初预测其内部已经冷却，但是 NASA 的信使号（messenger）探测器 2012 年却发现水星存在磁场，不过强度仅约为地球的 1/100，这说明较大水星核的外层仍然呈熔融状态，并且能够进行对流——这是产生磁场的必要条件。

水星与月球类似，反射率极低，无持续性大气层，火山特征众多，陨击程度极高（见图 24.9）。作为水星上的已知

图 24.9　水星。这幅高分辨率彩色增强图像由信使号探测器（在水星轨道上运行）获取的数千幅图像镶嵌而成

最大撞击坑，卡路里盆地/卡洛里斯盆地的直径约为 1300 千米，参见图 24.9 中右上角的巨大圆形棕褐色特征。像月球一样，水星具有广阔且平坦的平原，这些平坦区域大多与大型撞击盆地（如卡路里盆地）相关，熔岩部分填充了盆地和周围低地，因此其起源似乎与月海相似。最近，信使号探测器在水星上发现了其他类型火山作用的证据，包括一个巨型溢流玄武岩单元（远大于地球上的哥伦比亚高原）。在暗无天日的极地陨击坑内，研究人员还发现了大量冰沉积。

如图 24.10 所示，水星具有独特的数百处**叶状悬崖**（lobate scarp），从太空中观察时的外观像是扇形边缘悬崖。这些悬崖切穿了众多陨击坑，长度高达数千千米，有些悬崖高出周围景观 3 千米，可能形成于水星内部冷却收缩时的壳收缩。随着水星的收缩，在大型逆冲断层沿线，挤压力使得大型壳岩石板片彼此之间发生移位（见图 24.10）。

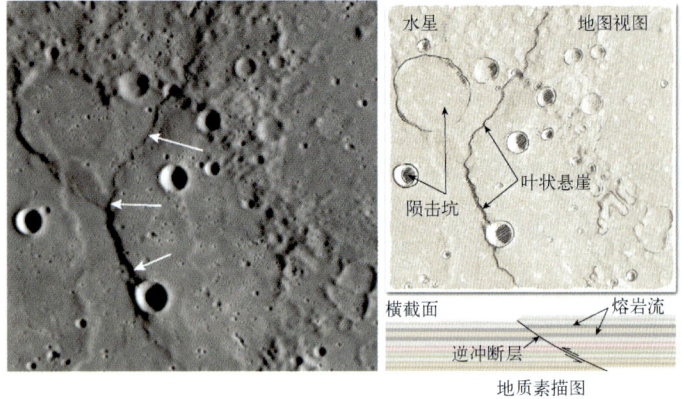

图 24.10　水星上的叶状悬崖。这些悬崖状构造的高度通常超过 1.6 千米，形成于水星内部冷却时的壳收缩。这幅图像由信使号轨道飞行器获取

24.3.2　金星：披着面纱的行星

金星（Venus）在夜空中的光辉仅次于月球，以罗马"爱与美"女神的名字命名。金星绕太阳公转的轨道几乎呈圆形，公转周期为 225 个地球日。但是，金星的自转方向与其他行星刚好相反[**逆行运动**（retrograde motion）]，且自转速率极其缓慢：1 个金星日相当于约 243 个地球日。在类地行星中，金星大气层的密度最高，主要由二氧化碳组成（97%），这是极端**温室效应**（greenhouse effect）的原型。金星表面的昼夜平均温度均超过 450℃。金星的致密大气强烈混合，因此表面温度变化通常很小。通过调查金星极端且均匀的表面温度，科学家能够更全面地理解地球上的温室效应当如何运行。

金星内部组成可能与地球相似。虽然可能具有熔融外核（类似于地球），但是金星基本上缺乏磁场，表明核心不会发生对流，这可能缘于金星自转缓慢和温度梯度不足。但是科学家认为，幔对流确实在金星上运行，但板块构造过程似乎对当前金星地形没有贡献。

金星表面被主要由微小硫酸液滴构成的厚云层完全遮蔽。1961—1984 年，虽然金星上的温度和压力极高，10 艘俄罗斯航天器还是成功着陆金星，传回了相关数据（包括表面图像）。但是不出所料，在着陆后 1 小时内，所有探测器均被金星的极强大气压（约为地球大气压的 90 倍）压碎。利用雷达成像技术，无人值守的麦哲伦号航天器测绘了金星表面的惊人细节（见图 24.11）。

人们在金星上识别出了数千个撞击坑，数量远少于水星和火星，但却多于地球。研究人员原本预期，金星应会显示出强烈轰炸时期的广泛陨击证据，但却发现一段大规模火山作用时期重塑了金星表面。通过瓦解来袭的大型流星体以及焚毁大部分小型碎片，金星的厚层大气也限制了撞击次数。

图 24.11　金星表面的全球视图。经过多年调查研究并最终由麦哲伦任务收尾，人们构建了这幅计算机生成的金星假彩色影像，横跨全球的扭曲明亮特征是阿佛洛狄忒高地东部高度断裂的山脊和峡谷

金星表面约 80%由熔岩流覆盖的低洼平原组成，有些熔岩流沿着熔岩通道延伸前行数百千米。金星上的巴尔提斯峡谷是太阳系中的已知最长熔岩通道，蜿蜒穿越金星 6800 千米。在金星上，人们已识别出直径超过 20 千米的 1000 多座火山。但是，较高表面压力使得熔岩中的气体成分无法逸出，并限制了火山碎屑物质和熔岩喷泉的形成（这种现象趋于使火山锥变陡）。此外，金星的高温使得熔岩能够保持更长流动时间，因此能够流到距离喷口更远处。这些因素均导致火山趋于比地球（或火星）上的火山更平坦且更宽。玛阿特山是金星上的最大火山，高约 8.5 千米，宽约 400 千米（见图 24.12）。相比之下，地球上的最大火山莫纳罗亚火山高约 9 千米，宽仅 120 千米。

金星也含有一些主要高地，由高原、山脊和平原上耸立的地形隆起构成。这些隆起被视为形成于炽热幔柱与金星壳底部相遇而导致抬升之处。与地球上的地幔柱特别相像，大量火山作用与金星幔升流相关。欧洲空间局（ESA）的金星快车最近采集的数据表明，金星高地含有富硅花岗质岩石，这些抬升的陆地块体与地球大陆相似，但是规模较小。

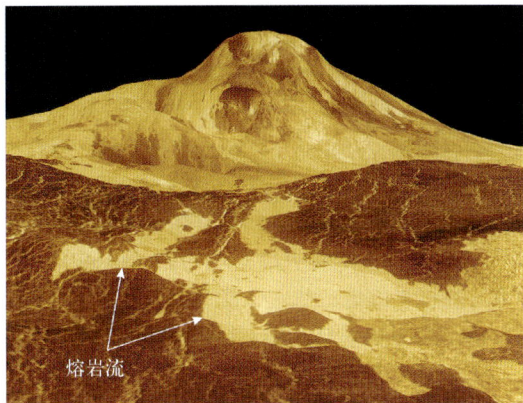

图 24.12　金星上的玛阿特山。玛阿特山是金星上的最大火山，高约 8.5 千米，宽约 400 千米。前景中的明亮区域是熔岩流。在这幅图像中，垂向比例尺夸大了约 22 倍，因此这座火山的侧翼显得比实际更陡

24.3.3　火星：红色行星

火星（Mars）的直径约为地球的 1/2，绕太阳公转的周期为 687 个地球日，平均表面温度最低可达−140℃（冬季两极），最高可达 20℃（夏季赤道）。虽然季节性温度变化与地球相似，但是由于火星大气层非常薄（密度仅为地球的 1%），每日温度变化更大。稀薄的火星大气主要由二氧化碳（95%）组成，同时含有少量氮、氧和水蒸气。

1．火星地形

像月球一样，火星上布满了撞击坑。较小陨击坑通常充满了风吹尘，证明火星是干燥的荒漠世界。由于存在氧化铁（铁锈），火星景观呈现红色调。大型撞击坑提供了关于火星表面性质的各种信息，例如在由干燥岩质碎屑构成的表面位置，人们发现了大小和形状类似于月球陨击坑周围喷出物的物质，但是有些火星陨击坑特征的喷出物看似好像从陨击坑中溅射出来的泥浆。行星地质学家推断，部分火星表面下方存在着永久冻土层（永冻层），撞击产生的热量融化了冰，形成了这些喷出物的流体状外观。

火星表面约 2/3 由陨击程度较高的高地组成，主要集中在南半球（见图 24.13）。陨击高峰发生在火星历史早期，结束于约 38 亿年前，与太阳系中的其他部分基本相同。因此，火星高地的年龄与月面高地类似。

火星其余 1/3 位于北半球，被较低平原覆盖。基于相对较少的陨击坑数量（Tharsis bulge），可知这些北部平原比高地更年轻，它们的平坦地形（可能是太

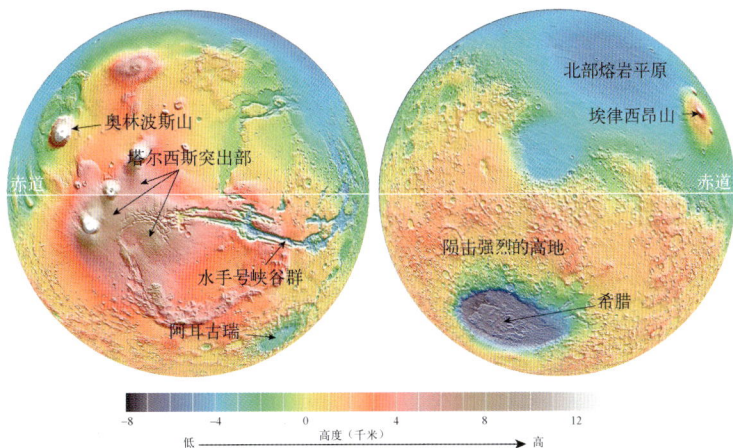

图 24.13　火星的两个半球。颜色代表平均火星半径之上（或之下）的高度：白色比平均值高约 12 千米，深蓝色比平均值低约 8 千米

阳系中的最平滑表面）与巨量喷涌的流体玄武质熔岩相一致。这些平原上可以看到火山锥，有些火山锥还存在火山口和边缘褶皱的熔岩流。若火星曾经含水丰富，则其应当流向高度较低的北方，最终可能形成广阔的海洋。

火星赤道沿线存在一个巨大的抬升区域，规模相当于北美洲，称为塔尔西斯突出部（Tharsis bulge）。该特征高约 10 千米，似乎被大规模火山岩堆积抬升并覆盖，其中包括太阳系中的最大火山。

形成塔尔西斯突出部的构造力也产生了从其中心向外辐射的裂缝，类似于自行车车轮上的辐条。该突出部东翼沿线发育了一系列巨型峡谷，称为水手号峡谷群/水手谷（Valles Marneris），如图 24.13 所示。这个峡谷网络主要由向下的断层作用形成，而非河流的侵蚀作用（蚀刻亚利桑那州大峡谷那种类型），因此由地堑状山谷（类似东非大裂谷）组成。一旦形成，由于水的侵蚀作用和裂谷壁的坍塌，水手号峡谷群不断生长壮大，主峡谷的长度超过 5000 千米，深度约为 7 千米，宽度约为 100 千米。

大型撞击盆地是火星景观的另一种突出特征。希腊是火星上的最大可见撞击盆地，直径约为 2300 千米，高程也最低。从这个盆地喷出的碎屑抬升了邻近高地。埋藏的其他陨击坑盆地甚至比希腊还大，包括海盗 2 号火星探测器着陆的乌托邦盆地。

2. 火星上的火山

在火星历史上的大部分时间里，火山作用始终普遍存在。有些火山表面撞击坑稀少，说明火星上的火山活动依然活跃。火星上有几座太阳系中的已知最大火山，例如规模巨大的奥林波斯山，其大小大致相当于亚利桑那州，高度接近珠穆朗玛峰的 3 倍。这座巨型火山在几百万年前非常活跃，类似于地球上的夏威夷盾状火山（见图 24.14）。

与地球上的类似构造相比，火星上的火山规模为何如此之大？在类地行星上，最大规模火山趋于在内部深处上涌炽热岩石柱之处形成。在地球上，板块运动使得地壳保持恒定运动，因此地幔柱趋于形成火山构造链（如夏威夷群岛）。相比之下，火星上不存在板块运动，因此连续性喷发堆积在相同位置，最终形成了巨型火山，而非一系列较小火山。

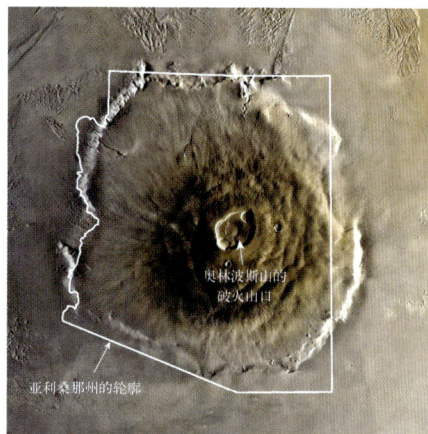

图 24.14　奥林波斯山。火星上的这座巨型盾状火山是死火山，覆盖面积大致相当于亚利桑那州

3. 火星上的风蚀作用

目前，塑造火星表面的主要力量是风蚀作用，大范围沙尘暴可能持续数个星期，风速高达 270 千米/小时。行星科学家还记录到了尘卷风，如图 24.15 所示。大部分火星景观类似于地球上的岩质荒漠，含有大量沙丘以及布满尘埃的部分低洼区域。

4. 火星历史上的水

大量证据表明，在火星历史上的前 10 亿年中，液态水在火星表面流动，形成了河谷及相关特征。在图 24.16 所示的火星勘测轨道飞行器影像中，可以看到有个地方的流水参与了山谷蚀刻。注意观察含有许多泪珠状岛屿的流线型堤岸，这些山谷似乎已经被灾难性洪水（流量是密西西比河的 1000 多倍）切穿。这些大型洪水通道大多出现在似乎是表面坍塌时形成的混乱地形区域。对形成洪水的这些山谷而言，最可能存在的水源是地下冰的融化。但是，并非所有火星山谷均以这种方式释放的水形成，有些山谷呈现出树枝状分叉形态，类似于地球上的树枝状河流排水网络。

2012 年 8 月 6 日，好奇号火星车在盖尔陨击坑中着陆，这是一个撞击坑，其中含有 5 千米高的沉积物堆积，称为夏普山。截至 2018 年 10 月，好奇号已经行驶了约 20 千米，调查了这个成层山脉的下部斜坡（见地质美图 24.1）。在 NASA 称为长臂的目标区域，火星手动透镜成像仪拍摄了含有圆状颗粒沉积物的图像，这些沉积物在沉积之前一定行进了较长距离。沉积物分析结果表明，盖尔陨击坑周期性地充满了水，形成了一个持续数百年（甚至数千年）的湖泊。这种情形清晰地表明，火星必定曾经拥有更厚大气层，支撑着与地球上类似的水循环。这也意味着其他陨击坑很可能支撑着长寿湖泊，从而可能为微生物生命提供合适生境。

图 24.15 高约 20 千米的火星尘卷风

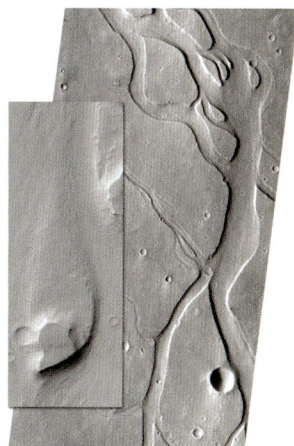

图 24.16 类似地球上的河道。这些类似河流的通道有力证明了火星上曾经存在流水。插图显示了一个流线型岛屿的近景特写，流水在其河道沿线遇到了抗蚀物质

自从 1965 年获取了首张火星近景照片以来，航天器行进至从太阳起算的第 4 颗行星（即火星），揭示出一个陌生而又熟悉的世界。火星拥有薄层大气、极地冰盖、火山、熔岩平原、沙丘和季节。与地球不同，火星表面似乎缺乏任何可观数量的液态水，但是许多火星景观表明，流水在火星历史上曾经是一种有效侵蚀营力。对于火星探测而言，典型问题是"火星上是否曾经孕育过生命？"

NASA 的凤凰号着陆器在火星表面向下挖掘，揭示出了火星北部区域的水冰。至于这种冰是否能够作为液态水来支持微生物生命，目前还没有明确答案。

美国已经成功地将 7 艘航天器着陆在火星表面，最近一次是 NASA 的好奇号于 2012 年 8 月在盖尔陨击坑中着陆。

凤凰号
海盗 2 号·
海盗 1 号· ·探路者号
·机遇号
好奇号
勇气号·
火星着陆点

航天器*	类型	着陆或进入轨道	活跃年数***
1 好奇号	火星车	2012 年 8 月	仍在运行
2 凤凰号	着陆器	2008 年 5 月	在首个火星冬季期间，电力耗尽
3 火星勘测轨道飞行器	轨道飞行器	2006 年 3 月	任务计划为期 2 年，仍在运行
4 勇气号	火星车	2004 年 1 月	任务计划 4 年，已经运行超过 6 年
5 机遇号	火星车	2004 年 1 月	任务计划 90 天，仍在运行
6 奥德赛号	轨道飞行器	2001 年 10 月	保持活跃，在绕另一颗行星运行的轨道上，活跃时间最长的航天器
7 海盗 1 号	着陆器**	1976 年 7 月	运行时间超过 6 年
8 海盗 2 号	着陆器**	1976 年 9 月	运行时间超过 3 年
9 火星大气与挥发物演化	轨道飞行器	1976 年 9 月	仍在运行

*NASA 任务；**同时具有轨道飞行器；***截至 2019 年

NASA 的好奇号火星车有一辆汽车那么大，从 21000 千米/小时减速到完全停止以后，优雅地在火星表面着陆，这次着陆被描述为"惊悚 7 分钟"，启动了在盖尔陨击坑及其周围为期 2 年的任务，以发现过去（或现在）的微生物生命迹象。

地质美图 24.1 火星探测

24.3.4 火星现在是否存在液态水

没有液态水，人类所知生命就不可能存在，因此人们对太阳系中其他天体上的液态水探测兴趣浓厚。

在 NASA 的火星勘测轨道飞行器上搭载的高分辨率相机拍摄的最新影像中，显示了火星上的深色条纹，称为季节性斜坡纹线，如图 24.17 所示。研究人员认为，这些条纹季节性地出现在陡峭且相对温暖的火星斜坡上，由含盐液态水（咸水）的流动导致。虽然这些深色条纹的宽度仅为 0.5～5 米，但其可能向下坡方向延伸数百米。此外，这些特征在温暖天气下出现，但是在温度下降时逐渐消失，进一步证明液态水参与了它们的形成。

这些深色条纹的发现对未来任务具有重要意义。21 世纪 30 年代末，NASA 计划将宇航员送往这颗红色行星，液态水（甚至极咸水）的存在届时应当为火星上的人类探险者提供急需水源。

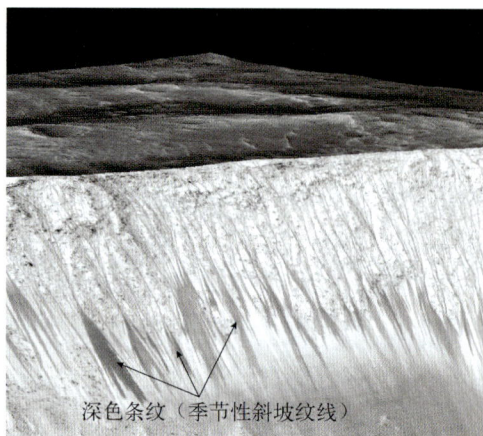

深色条纹（季节性斜坡纹线）

图 24.17 **火星上的深色条纹被视为由盐水流动导致**。这些条纹称为季节性斜坡纹线，发现于陡峭且温暖的火星斜坡上，在寒冷季节消失

NASA 的凤凰号火星着陆器在火星表面挖掘，在向极纬度约为 30°位置处，发现冰位于火星表面之下 1 米内。此外，火星的永久性极地冰盖主要由水冰构成，寒冷季节覆盖着薄层二氧化碳冰。目前估计结果表明，火星极地冰盖所含的最大水冰数量约为格陵兰冰盖的 1.5 倍。

30 多年前，科学家曾经假设火星极地冰盖下方可能存在液态水。根据对地球的研究，可知在上覆冰块的压力下，水的融点降低。此外，火星表面广泛分布盐类，应当会将水的冰点从 0℃降至-70℃。

2018 年，基于欧洲空间局的火星快车航天器上搭载的探地雷达获取的数据，研究人员发现了强有力的证据，证明在靠近火星南极的极地冰盖下可能存在着规模相对较大的液态水体。该仪器朝向冰质表面发送雷达脉冲，然后记录下它们反射回航天器时所需的时间。由获得的雷达数据可知，火星南极地区覆盖着深度约为 1.5 千米的许多层冰和碎屑物，冰层底部也探测到了特别强烈的雷达反射。通过分析这些较强的雷达信号属性，人们发现它们很可能反射自极地冰盖与其下方液态水体之间的边界处。这一发现令人想起了沃斯托克湖的发现，该湖泊位于地球南极冰盖之下约 4 千米处。已知某些微生物生命在地球的冰下环境中繁盛，但是火星上的含盐液态水是否能够为类似生命形式提供合适生境呢？答案仍然未知。

2018 年，研究人员发现了强有力的证据，证明在靠近火星南极的极地冰盖下可能存在着规模相对较大的液态水体。

概念回顾 24.3

1. 太阳系中还有哪个天体最像水星？
2. 金星曾被称为地球的孪生兄弟。这两颗行星如何相似？二者之间有何差异？
3. 火星和地球存在何种共同表面特征？

24.4 类木行星

总结和比较木星、土星、天王星和海王星的特征，包括它们的光环系统。

从太阳开始向外，4 大类木行星依次为木星、土星、天王星和海王星。基于它们的位置、大小和组成，通常也称*外行星/带外行星*（outer planets）和*气态巨行星*（gas giants）。

24.4.1 木星：太阳系巨无霸

木星（Jupiter）是巨行星，质量为太阳系中所有其他行星、卫星及小行星质量之和的 2.5 倍，不过仍然仅为太阳质量的 1/800。

木星绕太阳公转的周期是 12 个地球年，自转周期不到 10 小时（快于任何其他行星）。当从望远镜中观测时，这种快速自转效应非常明显，赤道区域隆起，两极区域稍扁（见表 24.1 中的"极向扁率"列）。

木星的外观主要由 3 个主云层反射的光的颜色决定，如图 24.18 所示。最热也最低的云层主要由水冰构成，呈蓝灰色；中间云层的温度较低，由褐色到橙褐色的氢硫化铵液滴云构成，这些颜色是木星大气层中发生化学反应的副产物；大气层顶部附近的云层为绺状白色氨冰云。

由于引力巨大，木星每年都会收缩几厘米，这种收缩生成了驱动木星大气环流的大部分热量。因此，与地球上由太阳能驱动的风不同，源于内部的热量形成了木星大气层中的可观测巨型对流。

木星的对流形成了交替出现的深色带和浅色区。浅色云（浅色区）是暖物质上升和冷却的区域，深色带则代表正在下沉和变暖的冷物质。这种对流循环再加上木星的快速自转，生成了深色带与浅色区之间的可观测东西向高速流动。

木星上的最大风暴是**大红斑**（Great Red Spot），人类观测这个超级反气旋风暴（地球大小的两倍）已经长达 300 年。除了大红斑，木星上还有各种白色及褐色椭圆形风暴，其

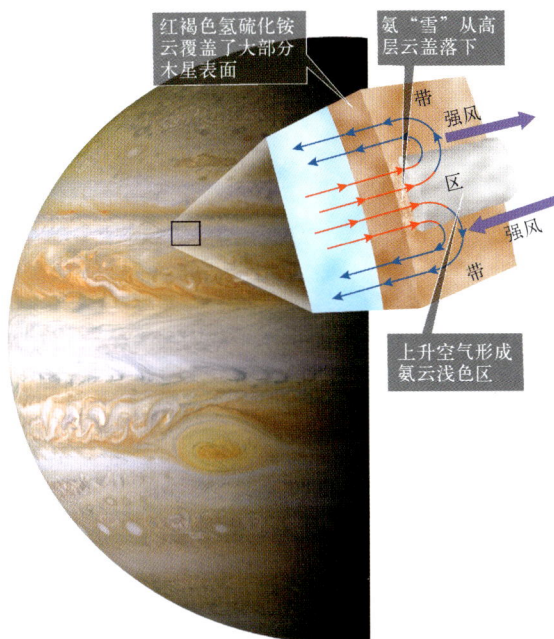

图 24.18 **木星大气层的结构**。浅色云区域（浅色区）是气体上升和冷却的区域，下沉和变暖主导了深色云层（深色带）中的流动。这种对流循环再加上木星的快速自转，生成了浅色区与深色带之间的可观测高速风

中白色椭圆是巨型风暴（比地球上的飓风大很多倍）的冷云顶部，褐色风暴云则位于大气层中的下层。卡西尼号航天器曾经拍摄到白色椭圆风暴中的闪电，但是闪电袭击的频率似乎低于地球上的闪电。

2016 年，朱诺号探测器回传了木星北极地区的首幅影像，这个区域比其他区域更蓝，并且具有与太阳系中任何气态巨行星不同的许多风暴系统。

木星的磁场在太阳系中最强，可能由其核心周围快速自转的液态金属氢层产生。在木星的两极上空，人们曾经拍摄到与磁场相关的明亮极光。地球上的极光仅在太阳活动增强时才会出现，木星上的极光则具有连续性。

1. 木星的卫星

木星的卫星系统由迄今发现的 79 颗卫星组成，相当于微型太阳系（注：截至 2024 年 7 月 29 日，共发现木星卫星 95 颗）。1610 年，伽利略发现了木星的 4 颗最大卫星，统称为伽利略卫星（见图 24.19）。其中，木卫三和木卫四较大，体积大致相当于水星；木卫一和木卫二较小，体积大致相当于月球；8 颗最大卫星似乎在太阳系冷凝时在木星周围形成。

木星还含有许多非常小的卫星，绕木星公转的方向大多与最大卫星相反（逆行），并具有朝向木星赤道急剧倾斜的偏心（拉长）轨道。这些卫星似乎是飞掠距离足够近的小行星（或彗星），或者是较大天体碰撞的残留物，或者被木星引力俘获。

伽利略卫星本身非常有意思，可以利用双筒望远镜（或小型望远镜）进行观测。旅行者 1 号和旅行者 2 号回传的影像令大多数地球科学家感到惊讶，因为 4 颗伽利略卫星各具特色且非常独特（见图 24.19）。伽利略任务还出人意料地揭示了每颗卫星组成的惊人差异，这意味着每颗卫星的演化过程都不相同，例如木卫三具有一个动态核心，能够生成其他卫星中无法观测到的强磁场。

(a) 木卫一：可能是太阳系中火山活动最活跃的天体，含有 80 多个活动含硫火山构造

(b) 木卫二：冰质表面相当平坦，被认为覆盖了由咸水构成的广阔海洋

(c) 木卫三：木星的最大卫星，既包含平滑区域，也包含陨击区域，说明其仍然活跃

(d) 木卫四：伽利略卫星中最外层的一颗，陨击程度较高，特别像月球

图 24.19　木星的 4 颗最大卫星。这些卫星通常称为伽利略卫星，因为发现者是伽利略

木卫一是最内层的伽利略卫星，被视为太阳系中火山活动最活跃的天体，人们已发现 80 多个活动含硫火山中心，并且观测到伞状喷发柱从木卫一表面的上升高度超过 100 千米（见图 24.20a）。火山活动的热量源是潮汐能，由木星与其他伽利略卫星之间的无情拉锯战形成（以木卫一为绳索）。当木卫一稍微偏离轨道时，木星和附近其他卫星的引力场对其潮汐隆起连推带拉，使其交替性地靠近和远离木星。木卫一的这种引力弯曲被转化为热量（类似于金属片来回弯曲），引发了木卫一的壮观含硫火山喷发，熔岩（主要由硅酸盐矿物组成）定期在其表面喷发（见图 24.20b）。

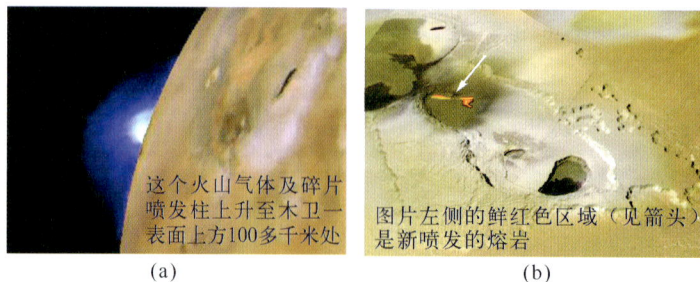

这个火山气体及碎片喷发柱上升至木卫一表面上方100多千米处

图片左侧的鲜红色区域（见箭头）是新喷发的熔岩

(a)　　　　　　　　　　(b)

图 24.20　木卫一上的火山喷发

在太阳系的所有天体（地球除外）中，木卫二（木星的冰质卫星）最有希望孕育生命。大多数研究人员认为，木卫二的冰质壳可能仅有 25 千米厚，下方隐藏着巨型地下液态海洋（见图 24.21）。木卫二表面虽然年代久远，但几乎没有撞击坑，因此有人假设冰质壳以与地球上的板块构造相似的方式运动。当冰质壳在下方海洋之上运动时，碎片之间相互碰撞、弯曲和滑动，有些碎片甚至可能发生裂解，从而形成更年轻的冰质壳板片。这些过程可能有潜力将海水和生物（若存在的话）输送到表面。众所周知，液态水是地球生命的必需品，因此木卫二上存在液态水的潜力意义重大，意味着人们对向木卫二发射轨道飞行器，以及最终能够发射机器人潜艇进行探测的着陆器有着相当大的兴趣。

图 24.21　木卫二的冰质壳。冰很可能掩盖了巨型液态海洋

2. 木星环

旅行者 1 号和伽利略任务都研究了木星的光环系统。通过分析这些光环如何散射光，研究人员确定其由大小与烟雾颗粒相似的精细深色颗粒组成。此外，光环的模糊性质表明，这些微小颗粒广泛散布。主环由从木卫十六和木卫十五（木星的两颗小卫星）表面喷射出的碎片组成，对木卫五和木卫十四的撞击则被视为形成外层薄纱环碎片的来源。

24.4.2　土星：优雅的行星

土星（Saturn）到太阳的距离几乎是木星的 2 倍，绕太阳公转的周期为 29 个地球年，但是它们的大气层、组成和内部结构非常相似。土星的最引人注目特征是其光环系统，1610 年由天文学家伽利略（20 世纪伽利略航天器的同名者）首次观测，如图 24.22 所示。通过他的原始望远镜进行观测，这些光环似乎像是与土星相邻的两个小天体。50 年后，克里斯蒂安·惠更斯（荷兰天文学家）确定了它们的光环性质。

图 24.22　土星的主环。两个亮环称为 A 环（外环）和 B 环（内环），通过卡西尼环缝进行分隔。第二个小缝隙称为恩克环缝，也可见为 A 环外侧部位的细线

类似于木星，土星大气层也是动态的。虽然赤道附近的云带更微弱且更宽，但是类似于木星大红斑的自转风暴也会出现在土星大气层中，强烈的闪电也是如此。虽然土星大气含有约 90% 的氢和近 10% 的氦，但是云（或冷凝气体）主要由氨、氢硫化铵和水组成，每种组分都因温度而分开。此外，与木星非常相似，土星发射的能量约为从太阳处接收能量的 2 倍，这意味着它必定具有内部热量源，可能来自其内部化学分异。

1. 土星的卫星

土星的卫星系统由 62 颗已知卫星组成，其中 53 颗卫星已获命名（注：截至 2024 年 7 月 29 日，共发现土星卫星 146 颗）。在大小、形状、表面年龄和起源方面，这些卫星存在着很大差异，其中有些卫星是与母行星同时形成的原始卫星。土星的最小卫星大多形状不规则，直径仅有数十千米。

土卫六/泰坦星（Titan）是土星的最大卫星，体积甚至比水星还要大，也是太阳系中的第二大卫星。在太阳系的已知卫星中，仅有土卫六和海卫一拥有充足大气。2005 年，卡西尼-惠更斯号探测器造访并拍摄了土卫六的照片。土卫六的表面大气压约为地球表面的 1.5 倍，大气组成约为 98% 的氮、2% 的甲烷以及痕量有机化合物。土卫六具有与地球类似的地貌和地质过程，例如沙丘的形

成和甲烷雨引发的河流状侵蚀。此外，北纬地区似乎存在着液态甲烷湖。

土卫二（Enceladus）是土星的另一颗独特卫星，即为数不多的喷发出含有少量其他碎片液态冰的冰质卫星之一。这种火山作用的惊人表现称为低温火山作用（cryovolcanism），描述了由冰（而非硅酸盐岩石）的部分熔融形成的岩浆喷发（见图 24.23）。在南极地区，称为虎纹的区域由两侧存在山脊的大裂缝组成，喷发出间歇泉状喷发柱。这些喷发喷射出的物质被视为土星 E 环补给物质的来源。

2．土星环

20 世纪 80 年代初，旅行者 1 号和旅行者 2 号探测至土星云层顶部 160000 千米之内。与之前（伽利略 17 世纪初首次观测到这颗优雅的行星以来）获取的土星相关信息相比，那段时期短时间内收集到了更多信息。最近，通过利用地基望远镜、哈勃太空望远镜和卡西尼–惠更斯号航天器进行观测，人们对土星环系统有了更多了解。1995—1996 年，当地球和土星的位置允许人们侧向观测土星环时，人类首次看到了土星的最微弱光环和卫星。2009 年，这些光环再次侧向可见。

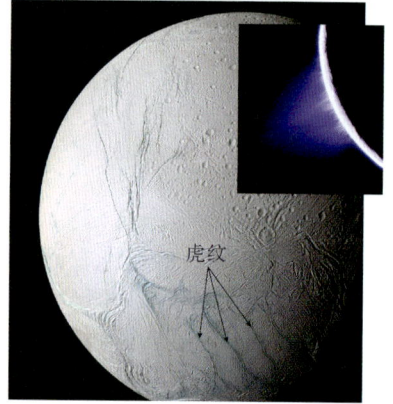

图 24.23　土卫二是构造活跃的土星冰质卫星。土卫二具有虎纹的活动线性特征，这是低温火山活动的来源区域。插图显示了从虎纹区域中喷出的冰颗粒、水和有机化合物

土星环系统更像是密度和亮度不同的大型自转圆盘，而非一系列独立小环。每个光环均由单一类型颗粒（主要是水冰，还有少量岩质碎屑）组成，这些颗粒环绕在土星周围，彼此之间频繁地发生撞击。这些光环仅存在少量几个环缝，这些区域大多数似乎空空荡荡，仅含有精细尘埃颗粒或者带覆盖层的冰颗粒（低效光反射器）。

基于密度的差异，大多数土星环可划分为两类。土星的主环（亮环）被命名为 A 环和 B 环，颗粒紧密堆积且大小不等，从数厘米（中砾大小）到数十米（房屋大小），大多相当于大型雪球（见图 24.22）。在这些致密光环中，颗粒绕土星运行时经常会发生碰撞。虽然土星主环（A 环和 B 环）的宽度高达 40000 千米，但其厚度却非常薄，从顶到底仅有 10～30 米。

另一个极端是土星的微弱光环。土星最外层的光环（E 环）在图 24.22 中不可见，由广泛散布的微小颗粒组成。如前所述，土卫二上的低温火山作用（水/冰混合物的喷发）是 E 环的物质来源。

科学研究表明，相邻卫星的引力会改变其轨道来守护光环颗粒，如图 24.24 所示。例如，F 环（非常狭窄）似乎由位于两侧的卫星维持平衡，它们通过拉回试图逃逸的颗粒来限制光环。另一方面，卡西尼环缝（图 24.22 中的清晰可见缝隙）形成于土卫一的引力拉动。

有些光环颗粒被视为从卫星上抛射出来的碎屑，也可能是物质在光环与光环卫星之间持续回收。光环卫星逐渐清除通过与大块光环物质发生碰撞，或者可能与其他卫星发生高能碰撞而随后喷出的颗粒。于是，土星环似乎在不断地回收和改变。

行星环系统的起源仍然争论不断，土星环可能形成于各类天体（如彗星、小行星甚至卫星）被土星的强大引力拉

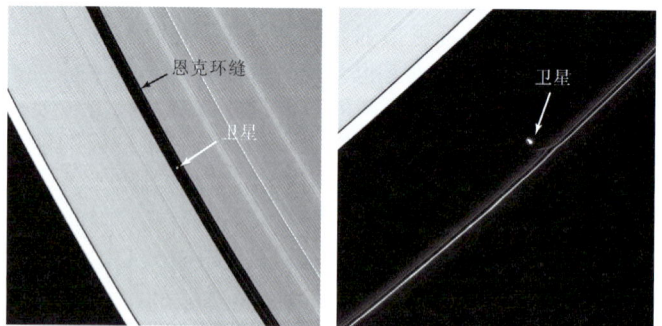

(a) 土卫十八是直径约为 30 千米的小卫星，在恩克环缝（位于 A 环中）中绕轨道运行。通过清除可能进入的任何杂散物质，它负责保持恩克环缝的开启状

(b) 土卫十六是马铃薯状卫星，充当其中一个光环的守护卫星，其引力有助于限制构成土星较薄 F 环的颗粒

图 24.24　两颗土星环卫星

开时，这些天体的碎片应当已经相互碰撞而破碎形成更小碎片。这些碎片之间的碰撞趋于相互推挤而导致散开，从而形成今天可观测到的扁平且较薄的光环系统。与太阳系的年龄相比，土星环（及其他行星环）被视为寿命短暂，意味着土星在其历史早期可能缺乏光环，现有光环系统在遥远的未来也可能消散。

24.4.3　天王星和海王星：双胞胎

虽然地球和金星具有许多相似特征，但是天王星（Uranus）和海王星（Neptune）可能更值得被称为双胞胎。二者的直径几乎相等（均为地球直径的 4 倍），外观由于大气层中存在甲烷而呈蓝色调，自转周期几乎相同（分别约为 17 小时和 16 小时），核心由岩质硅酸盐和铁组成（与其他类木行星相似）。但是，它们的幔主要由水、氨和甲烷组成，被视为与木星幔和土星幔差异极大。二者之间的一种最明显区别是绕太阳公转的周期不同，分别为 84 个地球年和 165 个地球年。

1．天王星：侧卧的行星

天王星的独特之处在于其自转轴的方向，其他行星绕太阳公转时像自转的玩具陀螺，天王星则像是自转轴横卧的自转陀螺（见图 24.25）。天王星之所以具有这种不同寻常的特征，是因为它经历了一次（或多次）撞击，导致其在演化早期就偏离了原始方向。

天王星显示了存在巨型风暴系统的证据，其规模比地球上的大陆还要大。哈勃太空望远镜最近拍摄的照片还显示，带状云主要由氨和甲烷冰组成，这与其他类木行星的云系统相类似。

2．天王星的卫星

旅行者 2 号拍摄的壮观影像显示，天王星的 5 颗最大卫星具有不同地形，有些卫星具有长且深的峡谷和线状悬崖，还有些卫星则在陨击程度较高的表面上存在较大且光滑的区域。NASA 喷气推进实验室开展的研究表明，天卫五（5 颗最大卫星中的最内侧卫星）最近在地质上非常活跃，很可能由引力加热驱动，类似于木卫一上发生的情形。

3．天王星环

图 24.25　天王星周围环绕着主环和部分已知卫星。在这幅影像中，也可见到云形态和几个椭圆风暴系统。这幅假彩色影像由哈勃太空望远镜的近红外相机获取的数据生成

1977 年，人们吃惊地发现天王星具有光环系统，发现于天王星从一颗遥远恒星前方经过并挡住了其视线时，这个过程称为掩/掩星（occultation）。在主掩之前，观测者短暂地看到这颗恒星眨眼了 5 次（说明有 5 个光环）；主掩后，又看到了 5 次。最新地基和空基观测表明，至少有 10 个边缘清晰的光环环绕在天王星的赤道区域运行，这些不同结构之间散布着大片尘埃。

4．海王星：多风的行星

海王星距离地球非常遥远，天文学家对其知之甚少。1989 年，旅行者 2 号在 12 年间行进近 30 亿英里后，人类终于获得了这颗最外层行星的更详细视图。海王星具有动态大气层，与其他类木行星非常相像（见图 24.26）。狂风环绕着这颗行星，风速接近 2400千米/小时，使其成为太阳系中风力最大的地方。

这颗行星还呈现出了大暗斑，被视为类似于木星大红斑的自转风暴。但是，海王星上的风暴似乎寿命相对较短，通常仅有几

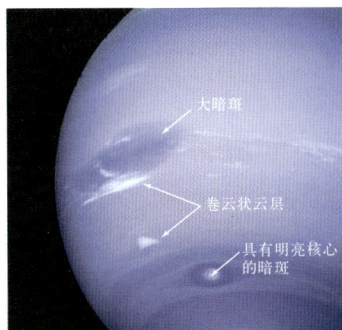

图 24.26　海王星的动态大气层

年。海王星与天王星还有另一个共同点，即在主云盖上方约 50 千米处存在白色卷云状云层，成分可能是冰冻甲烷。

5. 海王星的卫星

海王星具有 14 颗已知卫星，其中海卫一最大，其余均为形状不规则的小型天体（见图 24.27）。与土卫二类似，海卫一也呈现出低温火山作用。海卫一的冰质岩浆很可能是由水冰、甲烷和氨构成的混合物，部分熔融时的行为类似于地球上的熔融岩石。实际上，抵达表面后，这些岩浆能够生成平静的冰熔岩喷涌，并且可能流动到远离其源头之处，有些类似于夏威夷的玄武质熔岩流。它们偶尔也会产生爆炸式喷发，形成相当于火山灰的冰。1989 年，旅行者 2 号探测器在海卫一上方探测到了活动喷发柱，这些喷发柱上升到表面上方 8 千米处，并被顺风吹动了 100 多千米。

6. 海王星环

海王星含有 5 个已获命名的光环，其中 2 个较宽，3 个较窄，宽度可能不超过 100 千米。最外层光环似乎部分受限于海卫六。类似于木星环，海王星环外观微弱，表明其主要由尘埃大小的颗粒组成。海王星环也显示出红色，表明尘埃由有机化合物组成。

图 24.27　海卫一是海王星的最大卫星。图像底部显示了海卫一被风和升华侵蚀的南极冰盖。升华是固体（冰）直接转变为气体的过程

概念回顾 24.4

1. 木星大红斑的性质是什么？
2. 木卫一有何奇特之处？
3. 在行星环系统的性质中，光环卫星扮演着哪两种角色？

24.5　太阳系小天体

列举并描述太阳系小天体的主要特征。

在 8 大行星与太阳系最外围之间，不计其数的碎屑块游荡其中。2006 年，国际天文学联合会将未归类为行星（或卫星）的太阳系天体划分为两大类：①太阳系小天体，包括小行星、彗星和流星体；②矮行星，例如谷神星和冥王星，前者是小行星带中的最大已知天体（直径约为 1000 千米），后者曾被视为行星。

小行星和流星体在成分上非常相似，均由岩质和/或金属物质组成（像类地行星一样），一般通过大小进行区分（小行星的体积远大于流星体），但是确切大小差异尚未明确定义。彗星是冰的集合，含有少量尘埃和小岩粒，主要分布在太阳系外围。

24.5.1　小行星：残留的星子

小行星（Asteroids）是太阳系形成后残留下的小型天体（星子），意味着其年龄约为 46 亿年。超过 10 万颗小行星的轨道已获精确测量，但是仍有数千颗小行星的轨迹尚不完全清楚，因此未入列官方名单。

大多数小行星在火星与木星之间绕太阳运行，这个区域称为小行星带（asteroid belt），如图 24.28 所示。仅有 20 多颗小行星的跨度（直径）超过 200 千米，但是太阳系中总计含有 100～200 万颗跨度大于 1 千米的小行星，此外还有许多百万颗更小的小行星。

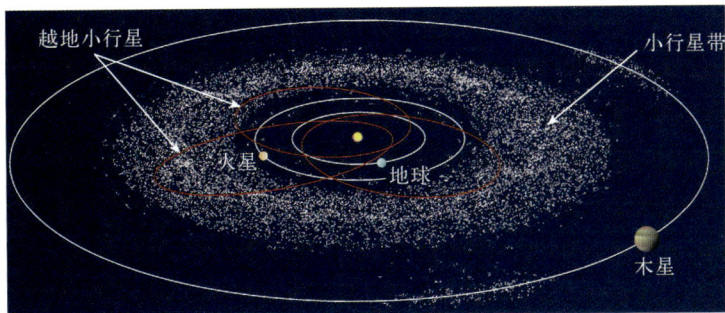

图 24.28　小行星带。大多数小行星的轨道位于火星
与木星之间。部分已知近地小行星的轨道以红色显示

少数小行星沿着靠近太阳的偏心轨道运行，其中约 1300 颗被称为越地小行星（Earth-crossing asteroids），它们最终将与地球相撞。地球上最近发现的许多大型撞击坑均形成于小行星的撞击，虽然这类事件很少发生，但是由于具有极大的潜在破坏性而值得高度关注，人们正在推进旨在高精度测量小行星轨道的观测措施。

1．小行星的结构和组成

由于形状由引力决定（就像行星和大卫星一样），最大小行星大致呈球形。源于陨石的间接证据表明，最大小行星在历史早期曾遭受撞击事件的加热而发生熔融，从而引发了早期化学分异，直至形成致密的富铁核和岩质幔。

但是，大多数小行星体积特别小且形状不规则，行星地质学家由此得出结论，认为它们是太阳星云的残留碎屑。此外，这些较小小行星的密度低于科学家的最初预测值，说明它们是相对多孔的天体，类似于通过微弱引力场松散堆积的瓦砾堆（见图 24.29）。

2001 年 2 月，一艘美国航天器首次造访了一颗小行星。虽然 NEAR-舒梅克号探测器并不是为着陆设计的，但是却成功地着陆小行星爱神星/厄洛斯（Eros），并且采集到了令行星地质学家好奇且困惑的信息。该探测器向爱神星漂移时获取的图像显示，爱神星的贫瘠岩质表面由大小不等的颗粒（从精细尘埃到跨度最高达 10 米的巨砾）组成。研究人员意外地发现，精细碎屑趋于集中在低洼区域，形成类似池塘的平坦沉积。

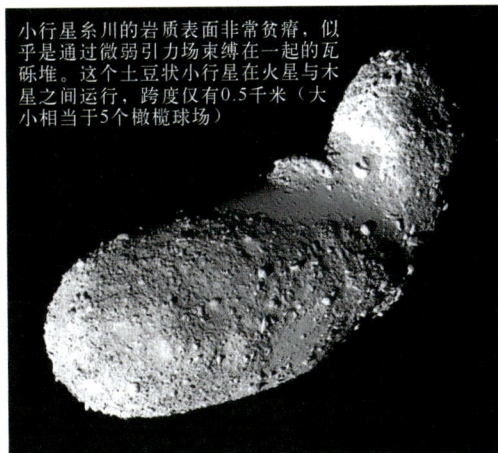

图 24.29　小行星糸川。糸川的岩质表面非常贫瘠，似乎是通过微弱引力场束缚在一起的瓦砾堆。这个土豆状小行星在火星与木星之间运行，跨度仅有 0.5 千米（大小相当于 5 个橄榄球场）

在这些低洼区域周围，景观则以富含大型巨砾为标志。在解释巨砾遍布地形的几种假说中，地震摇晃假说是其中之一，这会导致巨砾随着更细粒物质下沉而向上移动，类似于摇晃装有砂粒和各种大小中砾的罐子时发生的情形：较大中砾上升到顶部，较小砂粒则沉降到底部，有时称为巴西果效应。

2．小行星的探测

2005 年 11 月，在小型近地小行星糸川/伊藤川上，日本隼鸟号探测器成功实现软着陆，并在 2010 年 6 月返回地球前采集了部分岩屑（见图 24.29）。通过对此次任务所采集的样品进行化学分析，人们发现这颗小行星的表面成分与岩质陨石的几乎相同，有力地支持了以下观点：小行星是大多数流星体（体积大到足以抵达地表）的来源。

2014年，日本发射了隼鸟2号探测器，2018年6月抵达名为龙宫的小行星。龙宫含有较高百分比的碳，称为**碳质小行星**（carbonaceous asteroid）。在18个月间，该航天器预计将探测并撞击这颗小行星，在其表面形成人工撞击坑。它还将部署1个小型着陆器和3个漫游器（车），这些仪器将沿着龙宫表面弹跳，近距离观测并采集相关数据。该航天器然后将折返地球，计划将于2020年末返回（注：隼鸟2号回收舱已于2020年12月6日返回地球，探测器变轨后踏上了太空新旅程）。

24.5.2 彗星：脏雪球

像小行星一样，**彗星**（Comets）也是太阳系形成期间的残留物质。彗星是岩质物质、尘埃、水冰和冷冻气体（氨、甲烷和二氧化碳）的松散集合体，因此俗称为脏雪球。最新彗星探测太空任务发现，彗星表面干燥而多尘，因此冰隐藏在岩质碎屑层之下。

大多数彗星位于太阳系外围，绕太阳公转的周期约为数十万年，但是也有少数短周期（轨道周期小于200年）彗星（如著名的哈雷彗星）在内太阳系中频繁出现（见图24.30），最短周期彗星（恩克彗星）的公转周期为3年。

图 24.30 绕太阳运行时的彗尾方向变化

1．彗星的结构和组成

与彗星相关的现象起源于一个小型中心天体，称为**彗核**（nucleus），直径通常为1～10千米，但是人们已经观测到了跨度（直径）为40千米的彗核。当彗星进入距离太阳约5天文单位（AU）的区域范围时，太阳能会充分加热其表面，使其冰质成分开始蒸发成气体。随后，逃逸气体裹挟着彗星表面的尘埃，形成巨型尘埃质大气，称为**彗发**（coma），如图24.31所示。当彗星接近内太阳系时，彗发逐渐生长，部分尘埃和气体被朝向与太阳相反的方向推离，从而形成可能生长至数亿千米长的彗尾。

明亮的彗星含有两条可见彗尾：一条深蓝色彗尾，径直指向太阳相反方向；另一条较亮彗尾，指向太阳相反方向，但朝彗星前行方向稍微弯曲。科学家已经确定了这些彗尾的形成机制。微弱且笔直的气体彗尾由已电离彗星气体组成，这些气体被太阳发射带电粒子的太阳风压力从彗发中推离（注：这类彗尾称为离子彗尾）；较亮且弯曲的尘埃彗尾由尘埃颗粒组成，这些尘埃颗粒被更弱的太阳光压力（辐射压力）从彗发中推离。由于明亮且移动

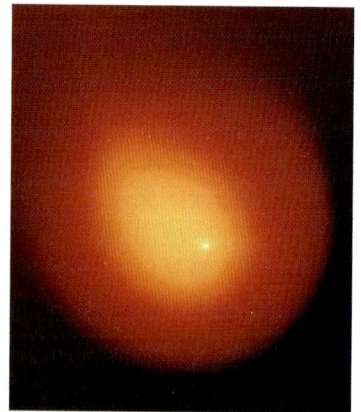

图 24.31 霍姆斯彗星的彗发和彗核。霍姆斯彗星的彗核是红橙色彗发内的黄色亮斑

相对缓慢的颗粒记录了彗星沿轨道运行时的方向变化（朝向太阳），尘埃彗尾略有弯曲。

当彗星的轨道携其远离太阳时，形成彗发的气体消散，彗尾随之消失，彗星返回冷藏搁置状态，从彗发中吹出并形成彗尾的物质将永远消失。所有气体排出后，这颗不活跃彗星将在无彗发（或彗尾）的状态下继续绕轨运行。有时，该彗星还会分解成若干小型碎片，这些碎片继续绕太阳运行。科学家认为，很少有彗星能够在太阳的几百条近距离轨道上保持活跃。

2015 年，欧洲空间局的罗塞塔号航天器获取了 67P/丘留莫夫-格拉西缅科彗星的彗核近景图像，为彗星的活动范围提供了新的视角。如图 24.32 所示，气体和尘埃喷流从彗核中心区域发出，然后朝图像右上角方向延伸。这幅图像还显示了从该彗星的明亮光照表面逃逸的模糊物质辉光。

图 24.32　从 67P 彗星的彗核中喷出的气体和尘埃喷流。这颗彗星的全名是 67P/丘留莫夫-格拉西缅科彗星，像大多数其他彗星一样，以其发现者的名字命名。该彗星是内太阳系中的常客，每 6.5 年绕太阳一周

2. 彗星大本营：柯伊伯带和奥尔特云

大多数彗星起源于以下两个区域之一：柯伊伯带或奥尔特云。柯伊伯带以天文学家杰拉德·柯伊伯（柯伊伯带的预测者）的名字命名，含有外太阳系中（海王星轨道之外）的大量冰质天体。冥王星的轨道位于柯伊伯带内，科学家 2005 年还发现了质量比冥王星更大的柯伊伯带天体阋神星（Eris）。

与内太阳系中的大多数其他天体类似，柯伊伯带彗星绕太阳运行的方向和轨道面与行星的大致相同（见图 24.33a）。这个圆盘状结构被视为含有约 10 万个跨度超过 100 千米的天体，以及许多更小天体。最大柯伊伯带天体远大于内太阳系中的可观测彗星，这可能是因为与较大天体相比，相对较小的天体更有可能改变轨道。

柯伊伯带天体同样被视为残留的星子，在太阳系的寒冷外围形成并保留下来。通过与其他邻近天体之间相互作用，或者受到类木行星的引力影响，柯伊伯带天体的轨道偶尔会发生改变，从而使其能够进入人类的视野。

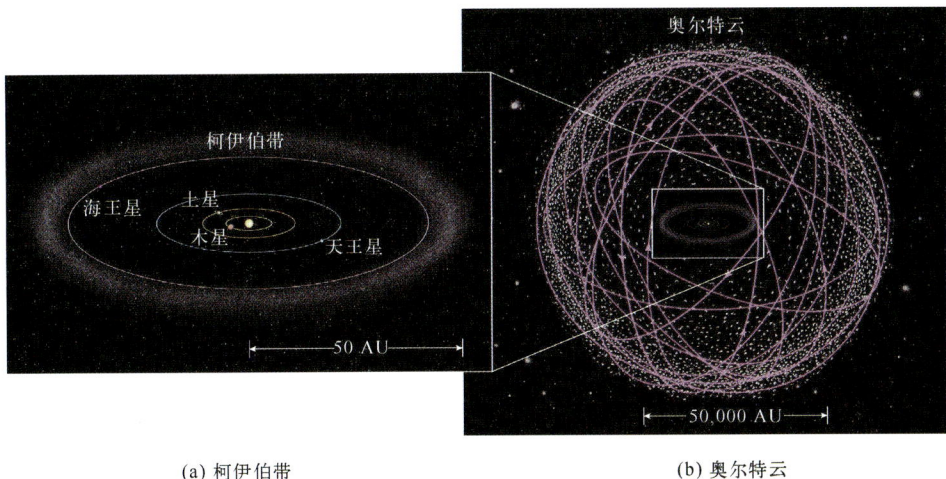

(a) 柯伊伯带　　　　　　　　　　　(b) 奥尔特云

图 24.33　彗星大本营：奥尔特云和柯伊伯带。大多数彗星位于两个区域之一。(a)柯伊伯带位于海王星轨道之外，这是由冰质天体组成的圆盘，冰质天体的轨道大致呈圆形，与各行星的行进方向相同；(b)奥尔特云是一种球状云，所含冰质星子到太阳的距离约为日地距离的 50000 倍

奥尔特云以荷兰天文学家简·奥尔特的名字命名，由在太阳系外围形成大致呈球形外壳的冰质星子组成（见图24.33b）。奥尔特云天体具有随机轨道，到太阳的距离通常超过日地距离的50000倍，使其与比邻星（太阳的最邻近恒星）之间的距离要近1/2。这些冰质天体与太阳系的结合非常松散，以至于即便是一颗遥远途经恒星的引力，也可能偶尔将奥尔特云天体送入将其带向太阳的高度偏心轨道。由于进入内太阳系的大多数彗星具有随机轨道，它们被假定认为来自奥尔特云。

奥尔特云估计至少含有1万亿颗彗星，这么多彗星为何最终落脚在太阳系外围？最广为接受的假说认为，这些天体形成于太阳系历史早期，位于仍在发育的类木行星占据的区域中。这些彗星并未被这些不断生长的行星之一俘获，而是被引力抛向了四面八方。

24.5.3 流星、流星体和陨石

几乎每个人都见过流星（meteor/shooting stars），这些光迹的可观测时间可能在眨眼之间，或者也可能持续几秒钟。当称为流星体（meteoroid）的小型固态颗粒从行星际空间进入地球大气层时，流星体与地球大气层之间摩擦生热，即可形成划过天际的肉眼可见光迹。大多数流星体源于以下3种来源之一：①在太阳系形成过程中，行星引力清除时错过的行星际碎片；②小行星带中的喷射物质；③曾经穿越地球轨道的彗星岩质残留。

在抵达地表之前，直径小于1米的流星体通常会发生气化。有些流星体称为微陨星/微陨石（micrometeorite），体积很小且下落速度很慢，以至于像太空尘埃一样逐渐漂落到地球上。研究人员估计，每天都有数千颗流星体进入地球大气层。在晴朗且黑暗的夜晚，日落后，许多流星体非常明亮，肉眼足以可见。

1. 流星雨

流星的可见次数偶尔会急剧增加到60次/小时（或更多），当地球遇到移动速度与地球几乎相同的同向移动流星体群时，会形成这种流星雨（meteor shower）。这些流星体群与某些短周期彗星的轨道密切相关，充分证明了它们是这些彗星失去的物质（见表24.2）。有些流星体群则与已知彗星轨道不相关，可能是早已消失彗星的彗核散落残骸。著名的英仙座流星雨每年8月12日左右出现，很可能是斯威夫特-塔特尔彗星以前接近太阳时喷射的物质。

表24.2 主要流星雨

流 星 雨	大致日期	相关彗星
象限仪座流星雨	1月4~6日	未知*
天琴座流星雨	4月20~23日	撒切尔彗星
宝瓶座η流星雨	5月3~5日	哈雷彗星
宝瓶座δ流星雨	7月30日	麦克霍尔茨彗星**
英仙座流星雨	8月12日	斯威夫特-塔特尔彗星
天龙座流星雨	10月7~10日	贾可比尼-秦诺彗星
猎户座流星雨	10月20日	哈雷彗星
金牛座流星雨	11月3~13日	恩克彗星
仙女座流星雨	11月14日	比拉彗星
狮子座流星雨	11月18日	滕佩尔-塔特尔彗星
双子座流星雨	12月4~16日	未知*

*象限仪座流星雨和双子座流星雨被视为与作为已消失彗星残骸的小行星相关。
**麦克霍尔茨彗星仅为候选之一，并非所有天文学家都同意其与宝瓶座δ流星雨相关。

2．陨石：地球访客

撞击地表的流星体残骸称为陨石（meteorite），如图 24.34 所示。对于体积大到足以穿越大气层的流星体而言，大多数很可能最初为小行星，受到偶然碰撞（或与木星之间的引力交互）而变轨并被推向地球，最后由地球引力将其拉入。少量陨石是月球、火星甚至水星的碎片，通过剧烈的小行星撞击而向外喷射。在阿波罗宇航员将月球岩石带回地球之前，陨石是可在实验室中研究的唯一地外物质。

大型陨石撞击在地表形成了 40 多个直径大于 20 千米的陆地环形坑，这些环形坑的特征只可能形成于小行星（或者甚至彗核）的爆炸性撞击。250 多个较小环形坑也被视为源于撞击，其中亚利桑那陨星坑最为著名，宽约 1.2 千米，深约 170 米，边缘向上翻转并高出周围乡村（见图 24.35）。在直接相关区域中，人们发现了 30 多吨铁碎片，但是未能找到主体残骸。基于在陨击坑边缘观察到的侵蚀程度，估计撞击可能发生在近 50000 年内。

图 24.34　亚利桑那陨星坑附近发现的铁陨石

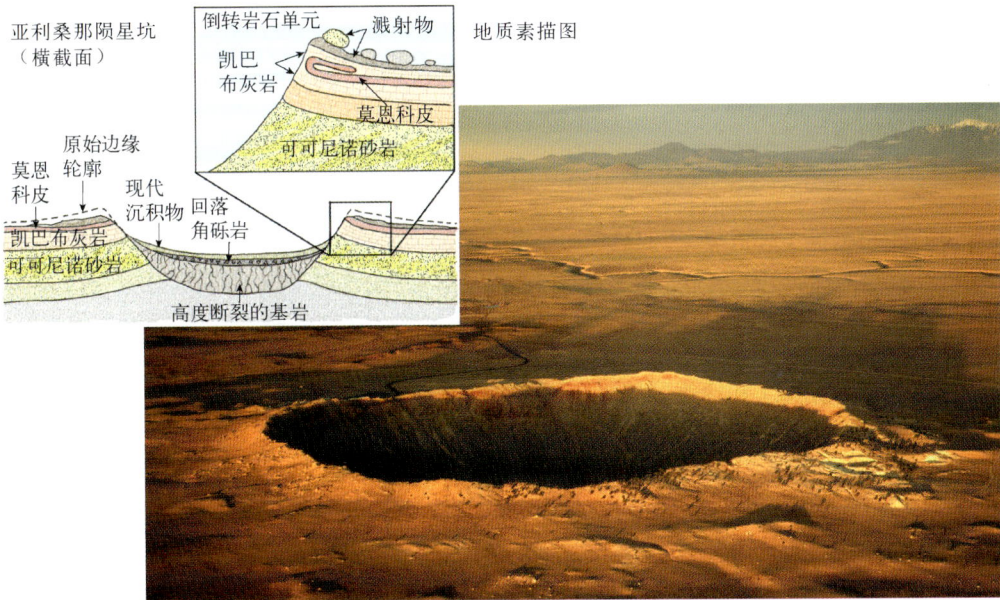

图 24.35　亚利桑那州温斯洛附近的陨星坑。这个环形坑的直径约为 1.2 千米，深度约为 170 米。太阳系中充满了能够以爆炸力撞击地球的小行星和彗星

3．陨石类型

陨石按成分可划分为 3 种基本类型：①铁陨石，主要是铁的集合体，含有 5%～20% 的镍和痕量其他元素；②石陨石，硅酸盐矿物，含有其他矿物包裹体；③石铁陨石，铁和硅酸盐矿物的混合物，在所有已知陨石中占比低于 2%。虽然石陨石最为常见，但铁陨石的数量仍然很多，因为金属质陨石更能承受撞击，受天气影响更缓慢，而且很容易与陆地岩石进行区分。铁陨石可能是较大的小行星（或较小的行星）曾经熔融核心的碎片。

碳质球粒陨石（carbonaceous chondrite）是石陨石的子类型，含有较高比例的水和有机化合物，偶尔还含有简单氨基酸，这些物质都是生命的基本组成部分。这一发现证实了观测天文学中的类似发现，表明星际空间中存在大量有机化合物。由于存在水和挥发性有机质，也表明这种类型的碳质球粒陨石自形成以来没有经过显著加热。因此科学家认为，这些陨石的成分与形成太阳系的

太阳星云相似。

陨石数据已被用于确定地球内部结构和太阳系的年龄。若陨石代表类地行星的成分（有些行星地质学家持此观点），则地球的含铁比例必定远大于地表岩石显示，这也是地质学家认为地核主要是铁和镍的原因之一。此外，陨石的放射性测年结果显示，太阳系的年龄约为 46 亿年，从月球样品中获得的数据证实了这种古老年龄。

24.5.4 矮行星

冥王星（Pluto）曾被视为第 9 颗行星，1930 年由克莱德·汤博发现，当时他正在搜寻一颗尚未发现的行星，以解释天王星轨道的不规则性。天文学家很快就意识到，冥王星太小且太远，无法解释这种不规则性。冥王星的直径约为 2370 千米，约为地球的 1/5，不到水星的 1/2，长期以来被视为太阳系中的矮子

当天文学家开始发现了其他大型柯伊伯带天体时，人们更加关注冥王星的行星地位，冥王星及其他大型柯伊伯带天体显然与类地行星（或类木行星）完全不同。2006 年，国际天文学联合会（负责天体的命名和分类）经过投票，决定命名一类新的太阳系天体，称为矮行星（dwarf planet）。某一天体若要被归类为矮行星，则其必须要绕太阳运行，而且必须基本上呈球形（由于其自身引力），但是体积不能大到足以清除轨道上的其他碎片。根据这一定义，冥王星被认定为矮行星，并且是这种新类型行星天体的原型。其他矮行星包括：阋神星/厄里斯（Eris）、鸟神星/复活兔/马奇马奇（Makemake）和妊神星/哈乌美亚（Haumea）；许多柯伊伯带天体；谷神星（Ceres），即体积最大的已知小行星。

1. 冥王星的探测

2015 年 7 月，NASA 的新视野号/新地平线号航天器经过 9 年的长途飞行，在距离冥王星表面 12500 千米内掠过冥王星。新视野号回传的图像显示，冥王星应当是一个活动天体，含有若干不同地形，包括山区（由水冰块组成）、平坦冰平原（由氮冰组成）和崎岖区域（说明经历了长期撞击）。

其中最有趣的一块区域被命名为斯普特尼克号平原，位于冥王星标志性心脏特征的左半部（见图 24.36a）。斯普特尼克号平原是直径约为 1050 千米的大型冰原，最大深度约为 4 千米，发现于冥王星的北半球，边缘周围存在流动冰块，类似于地球上的冰川。冥王星的表面温度约为-235℃，对斯普特尼克

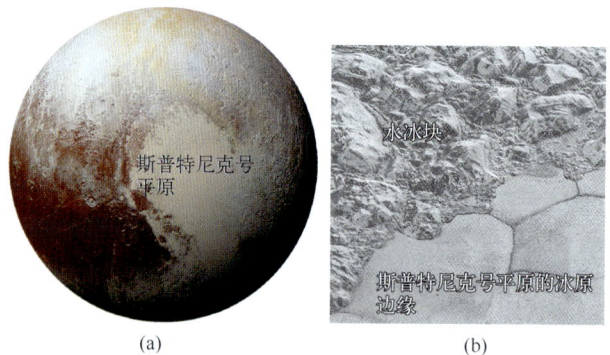

图 24.36　NASA 新视野号航天器获取的冥王星图像。(a)生成这幅彩色增强图像的目标是为了探测冥王星表面的成分和纹理差异。中下部明亮区域的非正式名称为斯普特尼克号平原，主要由细腻的富氮冰构成，某些地方似乎像地球上的冰川一样流动；(b)斯普特尼克号平原位于这张近景视图的右下部，在这个区域中形成了一个碎裂成蜂窝状单元的近水平面。左上角区域由水冰块构成，其中部分冰块高出周围平原之上近 2.5 千米

号平原的冰原而言过于寒冷，因此不可能由水组成，而是主要由冷冻氮气组成，同时含有少量一氧化碳和甲烷冰（可在这些寒冷温度下流动）。

如图 24.36b 所示，斯普特尼克号平原表面大部分由不规则多边形（通过线状槽分隔）构成，这种结构使得研究人员得出以下结论：来自行星内部的热量产生了一种对流，氮冰上升流发生在蜂窝状单元的中心，然后沿着表面向外扩散，最终在线状槽处下沉。这种对流模型得到了这些蜂窝状单元中心与其下边缘之间存在近 100 米高差的支持。斯普特尼克号平原表面并未发现陨击坑，因此研究人员得出结论，认为其表面相对年轻（年龄不到 1 亿年）。

一种假说认为，斯普特尼克号平原最初是一个大型撞击盆地，与月球上的月海（见图 24.7）非常相像。一旦形成，冥王星上的撞击盆地就开始填充氮冰，而非填充月海的玄武质岩浆。冥王星大气层是主

要由氮气组成的脆弱气体层，被视为覆盖斯普特尼克号平原氮冰的来源，涉及以下两个过程：在行星最直接接收阳光的区域，氮冰升华（固体直接转化为气体）；在更寒冷的撞击盆地中，氮气沉积而形成冰。

2．天涯海角

成功飞掠冥王星后，新视野号航天器改变了飞行方向，拍摄了另一颗柯伊伯带天体的图像，称为天涯海角。这个遥远天体由两个小型球状天体组成，二者很可能在太阳系刚形成时发生过碰撞，NASA 预计将在 2019 年提供更高分辨率的图像（注：2019 年 1 月 1 日，新视野号在 3500 千米高空飞掠了天涯海角，这是迄今为止人类探测器到访过的最遥远天体）。

概念回顾 24.5

1. 比较小行星和彗星。大多数小行星在哪里发现？
2. 大多数彗星的大本营位于何处？运行轨道靠近太阳的彗星最终会变成什么？
3. 具有何种特征的天体才能被归类为矮行星？

主要内容回顾

24.1 太阳系概览

关键词：星云理论，太阳星云，星子，原行星，类地行星，类木行星，逃逸速度，撞击坑

- 太阳是太阳系中质量最大的天体。太阳系中含有行星、矮行星、卫星及其他小天体。各行星的轨道方向相同，速度与到太阳的距离成正比，内行星的移动速度更快，外行星的移动速度更慢。
- 太阳系最初为太阳星云，后来由于引力而冷凝。大部分物质最终进入太阳，部分物质在早期太阳周围形成一个厚圆盘，后来聚集形成逐渐变大的天体。星子碰撞形成原行星，原行星生长成为行星。
- 4 颗类地行星富含岩质和金属质物质，类木行星含有更高比例的冰和气体。类地行星相对致密，大气层较薄；类木行星密度较小，大气层较厚。
- 较小行星将气体束缚在大气层中的引力较小，重量较轻的气体更容易达到逃逸速度，因此类地行星的大气层趋于富含较重气体。

24.2 月球

关键词：月海，月球高地，月壤

- 月球的成分与地幔大致相同。月球很可能形成于火星大小的原行星与早期地球之间的碰撞。
- 月表主要是浅色月球高地和深色低地，后者主要形成于溢流玄武岩。月球高地和月海均被微陨星轰击形成的月壤部分覆盖。

24.3 类地行星

- 水星具有极薄大气层和弱磁场。像月球一样，

水星上既有陨击程度较高的区域，也有平坦的平原。

- 金星具有极其致密的大气层，主要由二氧化碳组成。由此产生的极端温室效应导致表面温度约为 450℃。活跃的火山作用使得金星的地形一直在重塑表面。
- 火星的大气量约为地球的 1%，温度相对较低。火星似乎是与地球最相像的行星，显示出了裂谷作用、火山作用和流水改造的表面证据。由于缺少板块运动，火星上的火山远大于地球上的火山。

问题：从附图中的曲线可知，水星上的昼夜温差很大，金星上的温度则相对恒定。请说明存在这种差异的原因。

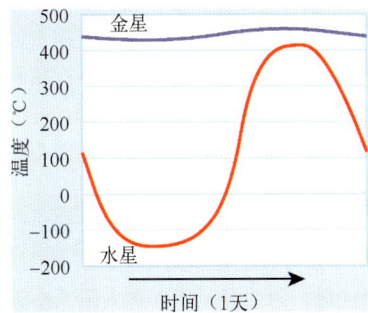

24.4 类木行星

关键词：低温火山作用

- 木星的质量数倍于太阳系中所有其他天体（太阳除外）的质量之和。对流及其 3 个云层形成了带状外观。条带之间持续存在着巨型自转风暴。许多卫星绕木星运行，包括木卫一和木卫二。
- 像木星一样，土星也是气态巨行星，拥有数十颗卫星。有些卫星显示了构造证据，土卫六具有自己的大气层。土星的发育良好光环

由许多水冰和岩质碎屑颗粒组成。

- 像其双胞胎海王星一样，天王星具有以甲烷为主的蓝色大气层，直径约为地球的 4 倍。天王星相对于太阳系平面侧卧自转，具有相对较薄的光环系统和至少 5 颗卫星。
- 海王星具有活跃的大气层，风速猛烈且存在巨型风暴。它具有 1 个大卫星——海卫一，以及 13 个较小卫星和 1 个光环系统。

24.5 太阳系小天体

关键词：太阳系小天体，矮行星，小行星，小行星带，彗星，彗核，彗发，柯伊伯带，奥尔特云，流星，流星体，流星雨，陨石

- 太阳系小天体包括岩质小行星和冰质彗星，二者基本上都是太阳系形成时残留的碎片，或者是后来撞击时形成的碎片。
- 大多数小行星都集中在火星与木星轨道之间的广阔地带。有些小行星是岩质，有些小行星是金属质，还有些小行星基本上是瓦砾堆。
- 彗星以冰为主，被岩质物质和尘埃弄脏，大多数起源于海王星之外的柯伊伯带或奥尔特云。当彗星轨道带其穿越内太阳系时，太阳辐射会导致其冰蒸发，从而形成彗发及其特征性彗尾。
- 流星体是在太空中穿梭的小型岩质/金属质天体。当进入地球大气层时，会作为流星而短暂地闪耀，然后燃烧或撞击地表而成为陨石。穿越内太阳系时，小行星和彗星损失物质是流星体的最常见来源。
- 质量大到足以形成球状但仍不足以清除轨道上的碎片的天体被归类为矮行星，包括岩质小行星谷神星，以及位于柯伊伯带中的冰质天体冥王星和阋神星。

问题：附图显示了 4 种太阳系小天体，分别指出其类型，并解释它们之间的差异。

深入思考

1. 假设银河系附近区域发现了 1 个太阳系，附表显示了绕这一新发现太阳系中心恒星运行的 3 颗行星的数据。参照表 24.1，将每颗行星归类为类木行星、类地行星或二者均非。解释推断过程。

	行星 1	行星 2	行星 3
相对质量（地球=1）	1.2	15	0.1
直径（千米）	11000	52000	2200
到恒星的平均距离（天文单位）	1.4	17	35
密度（克/立方厘米）	4.8	1.22	1.8
轨道偏心率	0.01	0.05	0.23

2. 为将地球和月球的大小与尺度概念化为相对于太阳系中的其他部分，回答下列问题：a. 大致多少个月球（直径为 3475 千米）刚好能并排穿越地球的直径（12756 千米）？b. 已知月球的轨道半径为 384798 千米，地球与月球之间刚好能够并排放置多少个地球？c. 大致多少个地球刚好能够并排穿越太阳（直径约为 139 万千米）？d. 大致多少个太阳刚好能够并排放置在日地之间（距离约为 15000 万千米）？

3. 在太阳系的形成过程中，与太阳之间不同距离处的温度如附图所示（虽然可能并不完全正确，但可假设这些行星在大致当前距离处形成），用其回答以下问题：a. 在太阳系中，哪些行星的温度高于水的沸点？b. 在太阳系中，哪些行星的温度低于水的冰点？

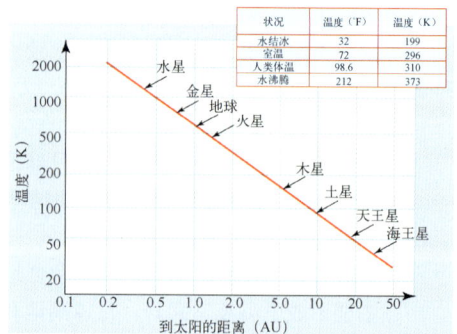

4. 附图显示了 4 个主要陨击坑（A、B、C 和 D）。形成陨击坑 A 的撞击还形成了 2 个次级陨击坑（标为 a）和 3 个射线纹。陨击坑 D 有 1

个次级陨击坑（标为 d）。按照从老到新顺序，对 4 个主要陨击坑进行排列，并解释理由。

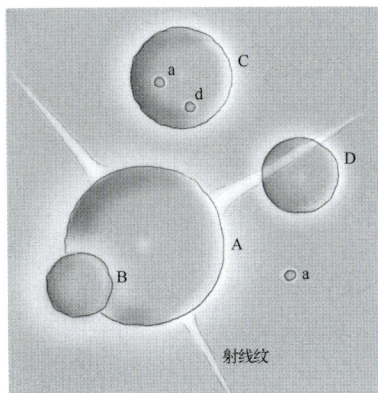

射线纹

5. 哈雷彗星的质量估计为 1000 亿吨。此外，当其轨道靠近太阳时，估计会损失约 1 亿吨物质。轨道周期为 76 年，计算哈雷彗星的最大剩余寿命。

6. 如附图所示，天卫七和天卫六是天王星的两颗卫星，而且充当了 ε 环（艾普西隆环）的牧羊人卫星（守护卫星）。若一颗大型小行星撞击天卫七并将其逐出天王星系统，则 ε 环应当会发生何种状况。

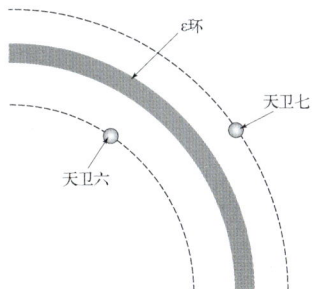

ε环

天卫七

天卫六

7. 假设刚刚发现了形状不规则的 3 颗类行星天体，体积均小于月球，以 35AU 的距离绕太阳运行。你的一个朋友认为，这些天体应当被归类为行星，因为它们很大且绕太阳运行。另一个朋友则认为，这些天体应当被归类为矮行星，就像冥王星一样。你是否同意这两位朋友的意见？解释理由。

地球之眼

1. 水手 9 号探测器拍摄了火卫一的图像，其直径仅有 24 千米如附图所示。**a.** 火卫一的哪些特征与月球相似？**b.** 列举火卫一与月球的可区分特征。**c.** 上网搜索，了解火卫一和火卫二如何得名。

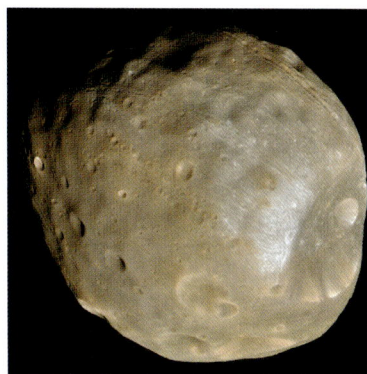

附录A 公制单位和英制单位

A.1 单位

1千米（km）=1000米（m）   1米（m）=100厘米（cm）

1厘米（cm）=0.39英寸（in）   1英里（mi）=5280英尺（ft）

1英尺（ft）=12英寸（in）   1英寸（in.）=2.54厘米（cm）

1平方英里（mi^2）=640英亩（a）   1千克（kg）=1000克（g）

1磅（lb）=16盎司（oz）   1英寻=6英尺（ft）

A.2 单位换算

A.2.1 长度换算

换算前	乘以	换算后	换算前	乘以	换算后
英寸	2.54	厘米	码	0.91	米
厘米	0.39	英寸	米	1.09	码
英尺	0.30	米	英里	1.61	千米
米	3.28	英尺	千米	0.62	英里

A.2.2 面积换算

换算前	乘以	换算后	换算前	乘以	换算后
平方英寸	6.45	平方厘米	平方米	10.76	平方英尺
平方厘米	0.15	平方英寸	平方英里	2.59	平方千米
平方英尺	0.09	平方米	平方千米	0.39	平方英里

A.2.3 体积换算

换算前	乘以	换算后	换算前	乘以	换算后
立方英寸	16.38	立方厘米	立方千米	0.24	立方英里
立方厘米	0.06	立方英寸	公升	1.06	夸脱
立方英尺	0.028	立方米	公升	0.26	加仑
立方米	35.3	立方英尺	加仑	3.78	公升
立方英里	4.17	立方千米			

A.2.4 质量和重量换算

换算前	乘以	换算后	换算前	乘以	换算后
盎司	28.35	克	磅	0.45	千克
克	0.035	盎司	千克	2.205	磅

A.2.5 温度换算

要将华氏度（℉）转换为摄氏度（℃），可以首先减去32°，然后除以1.8；要将摄氏度（℃）转换为华氏度（℉），可以首先乘以1.8，然后加上32°；要将摄氏度（℃）转换为开尔文（K），可将其加上273；要将开尔文（K）转换为摄氏度（℃），可将其减去273。